试验通信技术词典

赵宗印　李正伟　马立波　编著

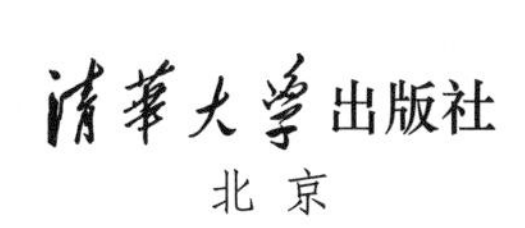
北　京

内容简介

试验通信是国防科研试验重要的技术支持系统之一，包括指挥话音通信、实时数据传输、现场图像传送、站间时间同步等。本书收录了国防科研试验通信常用的技术术语2100余条，这些术语按专业分为基础与通用、光通信、卫星通信、无线通信、IP承载网、数据通信、话音通信、图像通信、时间统一系统、通信保密与安全、网络管理、通信线路电源机房、新技术共13章。本书读者对象为通信专业大专以上文化水平的技术人员和管理人员，以及对试验通信有兴趣的其他人员。

图书在版编目(CIP)数据

试验通信技术词典/赵宗印，李正伟，马立波编著．—北京：清华大学出版社，2022.6
ISBN 978-7-302-60025-1

Ⅰ．①试…　Ⅱ．①赵…　②李…　③马…　Ⅲ．①通信技术-词典　Ⅳ．①TN91-61

中国版本图书馆CIP数据核字(2022)第021625号

责任编辑：王　倩
封面设计：何凤霞
责任校对：王淑云
责任印制：朱雨萌

出版发行：清华大学出版社
网　　址：http://www.tup.com.cn，http://www.wqbook.com
地　　址：北京清华大学学研大厦A座　　**邮　　编**：100084
社 总 机：010-83470000　　**邮　　购**：010-62786544
投稿与读者服务：010-62776969，c-service@tup.tsinghua.edu.cn
质量反馈：010-62772015，zhiliang@tup.tsinghua.edu.cn
印 刷 者：三河市铭诚印务有限公司
装 订 者：三河市启晨纸制品加工有限公司
经　　销：全国新华书店
开　　本：185mm×260mm　　**印　　张**：31　　**字　　数**：960千字
版　　次：2022年7月第1版　　**印　　次**：2022年7月第1次印刷
定　　价：168.00元

产品编号：046120-01

本书编写组

主　　编　赵宗印

副 主 编　李正伟　马立波

委　　员　张　林　左延智　韦　蓉　韦荻山　王　莉　牛晓华

吴训吉　韩晓亚　陈　雅　王　伟　李　洁　董行健

曹　江　梁前熠　童咏章　许生旺

前　言

试验通信是国防科研试验重要的技术支持系统之一，涉及指挥话音通信、实时数据传输、现场图像传送、站间时间同步等。在试验通信技术工作中，经常使用大量的技术术语。这些术语来源广泛，有的来自论文著作，有的来自标准，有的来自厂家资料，有的是试验通信领域内约定俗成的，因此很难在一本书中查找到全部这些术语。即使在其他文献中找到这些术语，也很难找到针对试验通信的解释。因此，由于理解上的差异，在使用过程中常发生为一个术语的含义进行讨论以致争论的事情。有鉴于此，我们萌生了编写一部试验通信技术术语工具书的想法。通过调研，我们了解到广大科研试验通信技术工作者和管理人员，也希望有一部针对试验通信的工具书，来解决在工作中遇到的术语方面的问题。这最终使我们下定决心编写这本词典。

本词典收录国防科研试验通信常用技术术语2100余条，涵盖了试验通信的各个专业，分为基础与通用、光通信、卫星通信、无线通信、IP承载网、数据通信、话音通信、图像通信、时间统一系统、通信保密与安全、网络管理、通信线路电源机房、新技术共13章。编写人员全部是北京跟踪与通信技术研究所通信总体研究室的技术人员，编写分工如下：第1章和第13章由赵宗印负责编写，第2章和第12章由李正伟负责编写，第3章由马立波和董行健负责编写，第4章由张林负责编写，第5章由韦荻山、韦蓉、赵宗印、韩晓亚和梁前熠负责编写，第6章由左延智负责编写，第7章由李洁和牛晓华负责编写，第8章由王伟负责编写，第9章由王莉负责编写，第10章由吴训吉负责编写，第11章由陈雅和曹江负责编写。另外，许生旺、童咏章应邀为本词典编写了部分条目。全书的统稿和补充完善工作由赵宗印完成。

本词典的编写工作历时十年完成，其中之艰辛不是亲历者所能体验到的。如果没有各级领导和同志们的大力支持、帮助、鼓励，甚至理解和谅解，完成这一工作是不可能的。当年，当我们把编写这本词典的想法汇报给时任室主任朱天林时，他给予了充分的肯定和支持，并具体安排编写人员，他调到其他岗位后，仍关心词典的编写工作，在列入研究所著书立说计划、联系落实出版社方面做了大量工作。梅强主任在通信总体技术工作日益繁重的情况下，仍然尽量保证编写人员的编写时间，为编写工作提供各种保障和支持。郑玉洁、王娟、黄雅琳、陈运军等虽然没有担任具体的编写工作，但随叫随到，参与技术讨论，对本书出版给予了无私的帮助。在此向上述人员表示衷心的感谢。

由于我们的水平有限，错误之处在所难免，敬请读者批评指正。

赵宗印

2017年11月

使 用 说 明

1. 本书由正文和索引组成。

正文由词条组成,每个词条包括词条名称和释文。

索引包括正文中所有词条的名称及该词条在正文中对应的序号和页码。

2. 正文首先按专业分为基础与通用、光通信、卫星通信、无线通信、IP 承载网、数据通信、话音通信、图像通信、时间统一系统、通信保密与安全、网络管理、通信线路电源机房、新技术共 13 章。每章中的词条按照名称中包含的阿拉伯数字、英文字母、汉字进行排序。数字优先,英文字母其次,汉字再其次。同为数字者和英文字母者,则按升序排序。同为汉字者,则按汉字的汉语拼音字母进行升序排序。排序时,首先比较词条名称的第一个数字/英文字母/汉字。若相同,则比较第二个,以此类推,直到决定出顺序为止。

索引中词条名称的排序不按章排序,所有的词条名称统一排序,排序方法同正文中词条的排序方法相同。

3. 词条内容包括以下部分:

(1) 中文名称。

(2) 英文名称及其简称(必要时)。

(3) 定义。

(4) 中文简称、别称(必要时)。

(5) 内容解释

(6) 与近义词语的辨析(必要时)。

(7) 使用规范(必要时)。

4. 查阅方法:

(1) 根据词条排列顺序规则,从索引中找到词条在正文中的位置。

(2) 在已知词条所在章的情况下,也可根据词条排列顺序规则,直接查正文。

目　录

第 1 章　基础与通用……………………………………………………… 1
第 2 章　光通信 ……………………………………………………… 31
第 3 章　卫星通信 …………………………………………………… 73
第 4 章　无线通信…………………………………………………… 113
第 5 章　IP 承载网 ………………………………………………… 156
第 6 章　数据通信…………………………………………………… 232
第 7 章　话音通信…………………………………………………… 268
第 8 章　图像通信…………………………………………………… 306
第 9 章　时间统一系统……………………………………………… 339
第 10 章　通信保密与安全 ………………………………………… 359
第 11 章　网络管理 ………………………………………………… 376
第 12 章　通信线路电源机房 ……………………………………… 399
第 13 章　新技术 …………………………………………………… 427
参考文献……………………………………………………………… 437
索引…………………………………………………………………… 457

第 1 章　基础与通用

1.1　3σ 准则(3σ rule)

以偏离均值 3 倍标准差为限的准则。在正态分布中,随机变量分布在($\mu-3\sigma,\mu+3\sigma$)的概率为 0.9974,其中 μ 为均值,σ 为标准差。通信技术指标在允许范围内变动的概率不小于 0.9974;在概率不小于 0.9974 的条件下,指标在允许的范围内变动,均可认为符合 3σ 准则。

1.2　6σ 准则(6σ rule)

以偏离均值 6 倍标准差为限的准则。在正态分布中,随机变量分布在($\mu-6\sigma,\mu+6\sigma$)的概率为 0.999 996,其中 μ 为均值,σ 为标准差。通信技术指标在允许范围内变动的概率不小于 0.999 996;在概率不小于 0.999 996 的条件下,指标在允许的范围内变动,均可认为符合 6σ 准则。

1.3　C^4ISR 系统(command,control,communicatons,computers,intelligence,surveillance and reconnaissance system)

由指挥、控制、通信、计算机、情报、监视与侦察有机结合组成的军队指挥自动化系统。指挥自动化系统源于美军,早期为 C^3I 系统,只包括指挥、控制、通信和情报。在 C^3I 系统的基础上增加计算机,成为 C^4I 系统。在 C^4I 系统的基础上增加监视和侦察,成为 C^4ISR 系统。美军的 C^4ISR 系统分为战略 C^4ISR 系统和战术 C^4ISR 系统。战术 C^4ISR 系统按军种分为陆军 C^4ISR 系统、海军 C^4ISR 系统、空军 C^4ISR 系统等。

1.4　MATLAB

MathWorks 公司出品的商业数学软件。MATLAB 由“matrix”与“laboratory”各取前 3 个字母组合而成,意为矩阵实验室。

MATLAB 由开发环境、数学函数库、语言、图形处理系统和应用程序接口这 5 部分构成。开发环境包括命令窗口、启动平台窗口、工作空间窗口、命令历史窗口、当前路径窗口、程序文件编辑器、在线帮助浏览器等。数学函数库包括了大量的算法,从基本算法如加法、正弦,到复杂算法如矩阵求逆、快速傅里叶变换等。语言是一种高级的基于矩阵/数组的语言,具有程序流控制、函数、数据结构、输入/输出和面向对象编程等功能,用户可用该语言编写计算程序文件。图形处理系统能图形化显示向量和矩阵,具有图像处理和动画显示等功能。应用程序接口完成与 C、Fortran、Java 等其他高级编程语言的交互,调用这些语言编写的程序。

MATLAB 包括拥有数百个内部函数的主工具箱和数十种专业工具箱。通信工具箱是其专业工具箱之一,包括信号源、信号分析函数、信源编码、差错控制编码、交错与解交错、调制与解调、脉冲成型、滤波器、信道函数、均衡器、有限域计算等,可方便地用于通信系统的计算与仿真。

1.5　OPNET

OPNET 公司出品的网络仿真软件。OPNET 为通信网络和分布式系统的建模和性能评估提供了综合的开发环境和分析平台。OPNET 由许多具有图形化界面的软件工具组成,每个工具关注仿真任务的一个具体方面,分为建模工具、数据收集工具和仿真结果分析工具。

1) 建模工具

建模工具用于建立网络模型,与实际的网络构成一一对应关系,主要由下列编辑器组成。

(1) 项目编辑器:用于定义网络的拓扑模型,用子网、节点、链路和地理背景描述网络拓扑。

(2) 节点编辑器:用于定义网络拓扑中的节点模型,用功能实体和它们之间的数据流描述节点内部结构。

(3) 进程编辑器:用于定义节点中各个进程的模型,协议、算法、应用等进程行为用有限状态机和可扩展高级语言进行定义。

(4) 链路模型编辑器:用于定义连接节点之间的链路模型。

(5) 包格式编辑器:用于定义网络模型中传输

的数据包的格式。

(6) 接口控制信息编辑器：用于创建、编辑和查看接口控制信息的格式。接口控制信息用于各种网络体系结构中进程间的相互控制和进程间的通信。

(7) 概率密度函数编辑器：用于创建、编辑和查看各种仿真随机事件的概率密度函数，如链路的误码、数据包的丢包等。

(8) 外部系统编辑器：用来定义和开发外部系统，与 OPNET 进行协同仿真。

(9) 需求编辑器：用于定义需求模型。每个需求对象的底层模型决定了需求对象的属性接口、表示和行为。

OPNET 为用户提供了众多的节点、链路、进程和外部系统的模型，用户可以选用或在原模型的基础上进行修改而生成新的模型。

2) 数据收集工具

数据收集工具主要是探针编辑器，用于指定仿真过程中需要采集的统计量。探针可放置在网络模型中的任意位置。在仿真运行时指定探针列表，激活相应统计量或动画的收集进程，这样仿真输出的数据就会以文件的形式被保存起来。输出的数据类型包括矢量、标量、基于特定应用的统计量、动画等。

3) 仿真结果分析工具

仿真结果的基本分析由项目编辑器提供，详细的分析可通过专门的仿真结果分析工具完成。

OPNET 仿真一般分为以下 6 个步骤：配置网络拓扑、配置业务、设置统计量、运行仿真、查看并分析结果、调试模型再次仿真直至得到最终的结果。在试验通信中，常用 OPNET 进行网络仿真，分析网络性能，查找网络存在的问题，优化网络设计。

1.6　TestCenter

思博伦公司出品的超高端口密度数据测试平台。TestCenter 是思博伦公司 SmartBits 测试设备的升级版，可以对网络设备和终端设备进行性能测试和服务质量(QoS)测试、接入测试、交换测试、路由测试、多协议标记交换(MPLS)及虚拟专用网测试、城域以太网测试、网络电视测试、协议一致性测试、高层性能测试等。

TestCenter 机箱可插多种、多个功能模块，每个功能模块上有多个端口，每个端口在测试中可作为一台终端或子网对外的接口。端口类型有百兆以太网口、千兆以太网口、万兆以太网口、ATM 端口、POS 端口等。在试验通信中，TestCenter 常被用来在大流量下测试网络的性能。单个 TestCenter 测试的基本原理是：向被测网络发送以太网帧(承载 IP 包)、ATM 信元、POS 帧等形式的数据流，每个数据流的源和目的地址、流量大小、流量模型(均匀或突发)、数据包长均可设置，这些数据流经被测网络传输后，又送至 TestCenter，从而测量出吞吐量、延迟、延迟抖动、丢失率以及缓冲器容量等性能指标。多个 TestCenter 外接 GPS 进行时间同步后，可进行异地对测。

1.7　白噪声(white noise)

功率谱密度在整个频域内均匀分布的噪声。一般认为通信系统中的起伏噪声是一种白噪声。噪声信号产生器产生的白噪声为限带白噪声。

1.8　备份(back-up)

配置备用资源，以便主用发生故障时能及时代替主用工作的方法和手段。备份方式主要有热备份、冷备份、互相备份等。主用和备用一同加电，但只有主用在工作，当主用发生故障时，工作立即被自动切换到备用上，这种备份方式称为热备份。备用不加电工作，当主用发生故障时，用人工的方式将工作更换到备用上，这种备份方式称为冷备份。不分主用和备用，一同加电工作，只要有一个不发生故障，就能保证正常工作，这种备份方式称为互相备份。在互相备份方式中，如果各自均承担部分工作，当其中一个或数个发生故障时，其余正常工作的自动接管故障方的工作，这种备份方式称为负载分担式备份。根据备份的对象不同，备份又可分为系统备份、手段备份、链路备份、设备备份、板卡备份、部件备份、数据备份等。

在试验通信中，备份作为提高系统可靠性的方法得到了广泛应用。手段备份、链路备份、设备备份、板卡备份是最为常用的备份方法。

1.9　编码(coding)

按照预先明确的规则，将信息变换成数字码流的过程。编码所使用的规则称为编码算法，编码的优劣主要体现在编码算法上。完成编码的设备称为编码器。编码的逆过程称为解码或译码。在双向通信环境中，编码和解码通常由同一个设备来完成，这个设备称为编解码器。

对原始信息的编码称为信源编码，如话音编码、图像编码等。为发现和纠正信道传输过程中造成的码元错误，对信源编码后的数字码流再次进行的编码称为信道编码,如卷积编码,循环编码等。

一般对原始模拟信息进行采样、量化后的比特数量很大,为了节省传输资源和存储资源,需要对比特数量进行压缩处理。这种以压缩比特数量为目的的编码称为压缩编码,压缩编码分为有损压缩和无损压缩两种。无损压缩能原样恢复出压缩前的信息,否则为有损压缩。无损压缩压缩的是信息中的冗余信息。有损压缩在适当降低信息质量的前提下,能大幅减少信息的比特数量。目前图像编码和音频编码大多为压缩编码。

1.10　并行传输(parallel transmission)

将数据单元分成 N 份,采用 N 条线路同时进行的传输。通信中常用的并行传输以字节为数据单元,字节中的每一比特单独占用一条线路。并行传输的优点是传输速率高,缺点是所需线路多。并行传输常在设备内部使用。

1.11　补充业务(supplementary service)

在基本业务的基础上附加的业务。补充业务是网络运营部门为了使用户对基本业务有更好的使用体验而提供的,故无法单独提供,须与对应的基本业务一起提供,用户可有选择地使用,例如,对于电话网来说,拨打和接听电话是基本业务,来电显示、呼叫转移则是补充业务。

1.12　层(layer)

通信系统的一种逻辑划分单位。通信系统按功能划分成若干层,每一层实现不同的通信功能。在同一实体内,下层依次向相邻上层提供服务。不同实体间,对等层按照层协议互相通信。

1.13　产品型谱(product spectrum)

同一类不同规格产品构成的产品系列,简称型谱。就一个产品而言,其适用范围是有限的。为了扩大产品的适用范围,须增加该类产品的规格品种构成产品型谱。产品型谱一般按照产品的适用环境、容量、技术性能等类别进行选择和确定。

1.14　场区通信(site area communication)

根据科研试验任务的要求和日常需求,在场区内部建立的通信。主要任务是在场区范围内,为科研试验任务以及日常工作和生活提供指挥调度、数据传输、时间统一、电视、电话等通信保障。场区通信组织实施的基本原则是充分利用既有通信设施满足试验任务要求。既有通信设施不能满足试验任务要求时,须对其进行改造或建设新的通信设施。不同的试验任务对场区通信的要求不同,场区通信的组织实施也有所区别。固定台站间的通信手段一般以光纤和电缆通信为主,机动台站之间及机动台站与固定台站间的通信手段一般以无线通信为主。

1.15　承载(bear)

对用户提交的用户信息不做任何改变的传输。在开放系统互连参考模型中,承载由网络层及其以下各层共同承担。用户向网络提供的网络层协议数据单元中,网络可改变协议数据单元的头部,但不能改变用户数据部分,对于因加密等原因不得不改变时,须在提交给用户前将被改变数据予以恢复。

1.16　承载业务(bearer service)

在用户—网络接口之间提供传输能力的一种通信业务。承载业务由 OSI 模型的低三层完成,主要承担用户信息透明传递的功能。用户信息数字化后,承载业务只提供用户之间的数字信息传送功能而不改变数字信息的内容。原始信息如话音和图像等的数字化编码和解码不属于承载业务的功能。

承载业务的特征用来规范化承载业务,向用户提供无歧义的承载业务。这些特征包括信息传送方式、信息传送速率、信息传送能力、信息结构、通信的建立、对称性、通信配置、接口及速率、接入规程、附加业务、业务质量、互通可能性、运营与商用等。对于一个具体的承载业务,其特征可以是上述特征的部分组合。

1.17　抽样(sampling)

提取信号某一时刻的值,又称采样。抽样是模拟信息数字化的一个必然过程,通过抽样,将时间上连续的信号变成时间上离散的信号,但信号的取值仍是连续的。通常用抽样时间间隔或抽样频率来表示抽样的快慢。抽样频率越高,最终形成的数字信号的比特率就越高,数字化损失就越小。

1.18　抽样定理(sampling theorem)

模拟信号数字化的重要理论之一,又称采样定理。抽样定理从理论上证明了任何模拟信号都可以转换为数字信号进行传输,其表述如下。

(1) 对于频率范围为 $0\sim f_h$ 的低通连续信号

$x(t)$,如果以不小于 $2f_h$ 的抽样频率对其抽样,则能从抽样后得到的离散信号中完全恢复出 $x(t)$。

(2) 对于频率范围为 $f_l \sim f_h$ 的带通连续信号 $x(t)$,如果以不小于 $2f_h/n$ 的抽样频率对其抽样,则能从抽样后得到的离散信号中完全恢复出 $x(t)$。n 取不大于 $f_h/(f_h-f_l)$ 的最大整数。

1.19　传递(transfer)

通信信号通过通信网全程的过程。一般来讲,传递指信号通过传输系统、复用设备和交换设备的全过程,而传输指信号通过传输系统的过程。

1.20　传输(transmission)

通信信号通过传输媒质的过程,一般包括信道编码、信号的调制、放大、发送、再生中继、接收、解调、信道解码等环节。

1.21　传输线路(transmission line)

两点间经加工制成的并以最小辐射量传送电磁能量的传输媒质,简称线路。常用的传输线路有电缆、光缆、波导。

1.22　传送(transport)

将以记号、符号、文件、图像或声音所表示的信息,用信号从一点传递到另一点或多点的过程。传输和传送多数情况下可以混用,其主要区别是,传输侧重于物理和实体,而传送侧重于功能和逻辑。

1.23　串行传输(serial transmission)

将数据单元按顺序在一条线路中进行的逐比特传输。为节省线路,简化接口,通信设备之间通常采用串行传输方式。为提高速率和吞吐量,通信设备内部通常采用并行传输。外部串行传输、内部并行传输的通信设备均具有串并转换和并串转换模块。

1.24　带宽(bandwidth)

频带的最高频率与最低频率的差值。信号的带宽指其包含的最高频率与最低频率之差。模拟电路的带宽指允许通过的信号频率范围的宽度。数字电路的带宽指其传输速率。设备的带宽指设备的吞吐量或设备总线的传输速率。

1.25　单点故障(single point of failure)

故障发生后,其功能无法被其他功能点替代的功能点。单点故障是点而不是故障,是系统的薄弱环节。在高可靠性的系统中,应尽可能消除单点故障,常用的消除方法是备份和负载分担。试验通信中,把消除单点故障作为系统设计的重要原则之一。

1.26　单方(one-way)

通信工作方式的属性之一。通信双方始终只能由其中一方发起呼叫。

1.27　单工(simplex)

通信工作方式的属性之一。通信的一方固定为发送方,另一方则固定为接收方,信息只能沿一个方向传输。

1.28　单向(unidirectional)

链路或电路的属性之一。两点之间的信息只能沿既定的单方向传递。

1.29　宕机(down)

系统无法从一个系统错误中恢复出来,以致长时间无响应的现象,又称死机。宕机后,一般需要重新启动系统。

1.30　电磁干扰(electromagnetic interference)

引起设备、传输通道或系统性能下降的电磁骚扰,简称 EMI。电磁干扰分为传导干扰和辐射干扰两种。传导干扰是指通过导电介质把一个电网络上的信号耦合到另一个电网络上。辐射干扰是指干扰源通过空间把其信号耦合到另一个电网络上。

1.31　电磁兼容(electromagnetic compatibility)

设备或系统在电磁环境中能正常工作且不对该环境中其他设备或系统构成不能承受的电磁干扰的能力。电磁兼容性要求包括两个方面:一方面,设备或系统在正常运行过程中对其所在环境产生的电磁干扰不能超过一定的限值;另一方面,所在环境中的电磁干扰在规定范围内时,设备或系统应能正常工作。

1.32　电磁敏感度(electromagnetic susceptibility)

设备或系统对电磁骚扰的敏感程度,简称 EMS。电磁敏感度常用敏感度电平来衡量。敏感度电平指设备或系统刚开始出现性能降低时的骚扰电平。敏感度电平越低,电磁敏感度越高。

1.33　电磁频谱(electromagnetic spectrum)

按频率或波长排列的电磁波簇。如图1.1所示，电磁波按频率从低到高排列，依次为无线电波、红外线、可见光、紫外线、放射性射线。电磁频谱是一种不可再生的资源。由于在同一时空下，使用同频电磁波会产生相互干扰，因此须对电磁频谱的使用进行管理。

1.34　电磁骚扰(electromagnetic disturbance)

任何可能引起设备或系统性能降低或对有生命或无生命物质产生损害作用的电磁现象，简称EMD。电磁骚扰可能是电磁噪声、无用信号或传输媒介自身的变化。根据传递的途径，电磁骚扰分为传导骚扰和辐射骚扰。通过一个或多个导体传递能量的电磁骚扰，称为传导骚扰。以电磁波的形式通过空间传播能量的电磁骚扰，称为辐射骚扰。

1.35　电路(circuit)

在两点之间进行双向传输的两个信道的组合。电路的两端通常以标准化的电路接口终结。电路种类繁多，有多种分类方法：按传输的信号是模拟还是数字，分为模拟电路和数字电路；按照业务类型，分为话音电路、图像电路、数据电路等；按照传输媒介，分为有线电路、无线电路。有线电路又分为光纤电路、电缆电路、明线电路等。无线电路又分为长波电路、短波电路、超短波电路、微波电路、卫通电路、无线激光电路等；按照占用的方式，分为交换电路、半永久电路和永久电路(专用电路或专线电路)；按照电路实现的方式，分为实电路和虚电路；按照两个方向的带宽或速率是否一致，分为对称电路和不对称电路。在实际应用中，上述类型之间互相交叉，派生出多种电路的名称，如永久虚电路，交换虚电路、微波数字电路等。

1.36　电平(level)

通信系统中，电平在不同的应用场合具有不同的含义，常见的有以下3种。

(1) 信号代表的值在有效期间内所保持的电压。因该电压不变，故称电平。在数字通信设备内部，用两个不同的电平分别代表数字“0”和数字“1”，其中低电平代表“0”，高电平代表“1”。

(2) 以分贝表示的信号功率或电压。

(3) 以分贝表示的两个信号的功率或电压之比。

1.37　电气和电子工程师学会(The Institute of Electrical and Electronics Engineers)

电子技术与信息科学工程方面的国际性专业学会，简称IEEE。该学会成立于1963年，总部设在美国纽约。IEEE制定的局域网等标准在信息技术领域有着广泛的应用。

1.38　电信工业协会(Telecommunication Industries Association)

美国的行业协会之一，简称TIA。该协会是由美国国家标准局认可的电信行业标准制定者。TIA制定的TIA 568商用建筑通信布线系列标准得到了广泛的应用。

1.39　电子工业协会(Electronical Industries Association)

美国的行业协会之一，简称EIA。总部设在弗吉尼亚州的阿灵顿。EIA制定的RS-232、RS-422、RS-449、RS-530等通信接口标准得到了广泛的应用。

1.40　电子示波器(electronic oscilloscope)

显示信号时域波形的仪器，简称示波器。示波

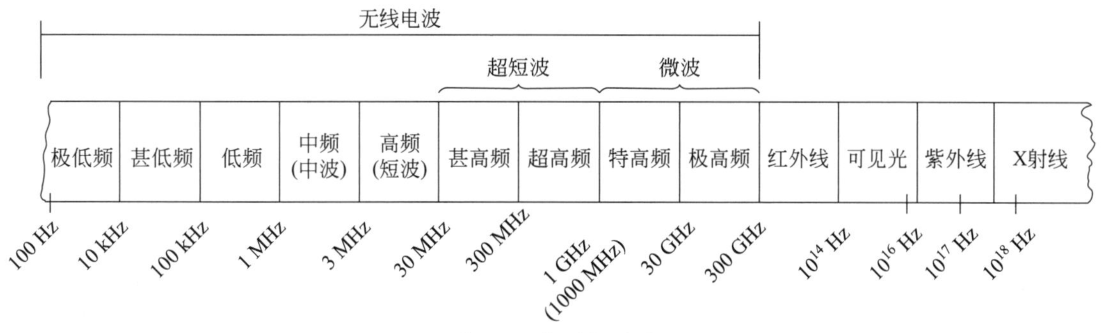

图1.1　电磁频谱图

器除显示信号的波形外，还能测量信号的幅度、频率、周期等参数。依据输入的信号通道数，示波器可以分为单踪示波器、双踪示波器和多踪示波器三大类。示波器一般由模拟通道、采集与存储、时钟与触发、接口与控制、微处理等部分组成。示波器的主要指标有带宽、上升时间、扫描速度等。

1.41　端到端(end-to-end)

源端与目的端之间的连接。对于一个网络来说，端到端指发送用户的用户/网络接口到接收用户的用户/网络接口之间的连接，包括网络中相应的节点和链路。在网络中，每一个节点都是信息的转发点，而不是信息的最终目的地，所以网络内的任何一段都不是端到端的。在开放系统互联参考模型中，传输层在网络层之上，只存在于用户终端之内，所以传输层的连接是端到端的。

1.42　对等体(peer entity)

地位对等，并交互协议报文的协议实体。一般来讲，两个或多个协议实体互相配合，交互协议报文，才能实现协议的功能。在同一个协议内，如果两个交互的协议实体地位相等，则互称对方为对等体。

1.43　对等网络模式(peer-to-peer mode)

一种应用软件的体系结构，又称工作组模式，简称 P2P 模式。网上计算机的身份地位相等，无客户机和服务器之分。任意一台计算机既可作为服务器，设定共享资源供网络中其他计算机使用，又可作为客户机，访问其他计算机的资源。

1.44　发射(transmitting，emitting)

将射频信号发送到空间的过程。射频信号经功率放大到一定强度后，输入到天线系统，由天线系统辐射到空间中。

1.45　防爆等级(explosion-proof grade)

依据防爆能力、防爆型式、应用场合等的不同对防爆电气设备进行的分级。防爆等级由防爆标识符、防爆型式、设备类型、设备分级和最高表面温度分组这 5 部分组成。

(1) 防爆标识符：Ex。

(2) 防爆型式：见表 1.1。同一设备，可采用多种防爆型式。

表 1.1　防爆型式

序号	防爆型式	代号	主要技术措施	说明
1	隔爆型	d	隔离存在的点火源	
2	增安型	e	设法防止产生点火源	
3	本安型	ia、ib	限制点火源的能量	ia 要求高于 ib
4	正压型	p	危险物质与点火源隔开	
5	充油型	o	危险物质与点火源隔开	
6	充砂型	q	危险物质与点火源隔开	
7	无火花型	n	设法防止产生点火源	
8	浇封型	m	设法防止产生点火源	
9	气密型	h	设法防止产生点火源	

(3) 设备类型：根据使用场合，分为Ⅰ类、Ⅱ类和Ⅲ类。其中，Ⅰ类用于煤矿，Ⅱ类用于非煤矿、爆炸性气体环境，Ⅲ类用于非煤矿、爆炸性粉尘环境。

(4) 设备分级：对于采用隔爆型和本安型的Ⅱ类和Ⅲ类设备，再细分为 A、B、C 三级。C 级的要求高于 B 级，B 级的要求高于 A 级。

(5) 最高表面温度分组：根据设备表面所允许的最高温度，分为 T1～T6 共 6 组，所对应的最高表面温度分别为 450℃、300℃、200℃、135℃、100℃、85℃。最高表面温度越低，防爆要求越高。

国防科研试验中，在燃料加注间、发射塔架等地方使用的调度设备和电视监视设备需进行防爆加固，防爆等级一般为 Exd[ib]ⅡCT4，即防爆型式为隔爆型兼本安型(ib)，设备类型为Ⅱ类，设备分级为 C，最高表面温度分组为 T4。

1.46　分贝(decibel)

代号为分贝的电信传输单位。假如传输电路上某一点的功率为 P_1，基准值为 P_0，则该点以分贝表示的以 P_0 为基准的功率电平为 $10\lg(P_1/P_0)$。国际上为纪念美国电话发明家贝尔，将 $\lg(P_1/P_0)$ 的单位取为贝尔，故称贝尔的十分之一为分贝尔，简称分贝。

采用分贝，能够将电路放大或衰减倍数的计算由乘除转换为加减,带来计算上的方便。人耳对声音信号大小的感觉与信号功率的对数成正比,因此,以分贝表示的信号功率电平能够与人耳对声音信号大小的感觉相吻合。

由于基准值的单位和基准点的选取不同,分贝所代表的电平意义也不同。为表示这些不同,在 dB 后加若干字母数字来加以区分。常用的电信传输单位代号及其含义如下。

(1) dBm:取 1 mW 作基准值,以分贝表示的绝对功率电平。

(2) dBr:相对于所选定的传输参考点,以分贝表示的相对电平。

(3) dBm0:取 1 mW 作基准值,相对于零相对电平点,以分贝表示的信号绝对功率电平。

(4) dBmp:取 1 mW 作基准值,以分贝表示的绝对噪声计功率电平。

(5) dBm0p:取 1 mW 作基准值,相对于零相对电平点,以分贝表示的绝对噪声计功率电平。

(6) dBW:取 1 W 作基准值,以分贝表示的绝对功率电平。

(7) dBu:取有效值 0.777 V 作基准值,以分贝表示的绝对电压电平。

(8) dBV:取 1 V 作基准值,用分贝表示的信号绝对电压电平。

(9) dBμV:取 1 μV 作基准值,以分贝表示的绝对电压电平。

1.47　分片(fragment)

将上层交付的用户数据单元分成若干段分别进行传输的技术,又称分段。在分层结构的通信网络中,由于受第 $N-1$ 层最大传输单元的限制,当第 N 层无法一次将第 $N+1$ 层交付的用户数据单元交付给第 $N-1$ 层时,则将其分成若干段交付给第 $N-1$ 层。传送到对端第 N 层后,再将各段合并成完整的用户数据单元交付给第 $N+1$ 层。

1.48　覆盖网(overlay network)

建立在其他网络之上的网络。被覆盖网络只向覆盖网络提供节点间的逻辑连接,覆盖网络不必关心被覆盖网络的内部细节。覆盖网络的实质是屏蔽异构的底层网络,实现异构网络的融合。

1.49　服务原语(service primitive)

开放系统互连(OSI)参考模型中,同一实体内相邻层间一次单向交互的信息,简称原语。原语是本地事件,无须在协议中具体规定其实现方法和信息交互格式。原语分为以下 4 种。

(1) 请求:上层向下层发出,用于向下层或对等层请求服务。

(2) 指示:下层向上层发出,用于通知上层有服务请求。

(3) 响应:上层向下层发出,用于通知下层或对等层服务的完成情况。

(4) 证实:下层向上层发出,用于通知上层服务的完成情况。

假如实体 A 的 $N+1$ 层向实体 B 的 $N+1$ 层提出服务请求,则完成服务所需要的原语交互如图 1.2 所示,分为以下 4 个过程。

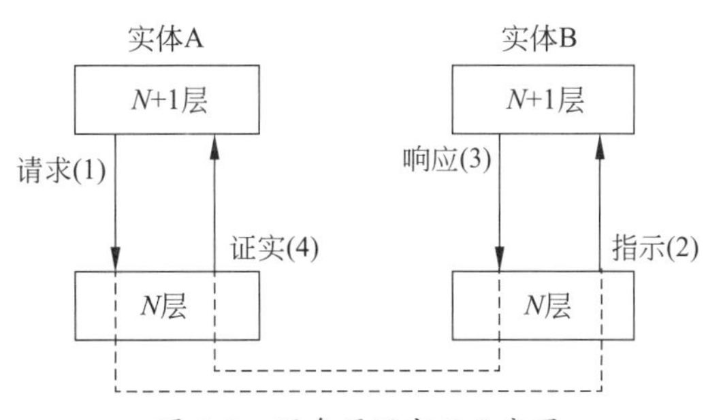

图 1.2　服务原语交互示意图

(1) 实体 A 的 $N+1$ 层向 N 层发送请求原语。

(2) 实体 A 的 N 层收到请求原语后,将其内容封装在 N 层协议数据单元内,然后传送到实体 B 的 N 层。实体 B 的 N 层转化为指示原语,发送到实体 B 的 $N+1$ 层。

(3) 实体 B 的 $N+1$ 层收到指示原语后,完成或者拒绝所请求的服务后,向实体 B 的 N 层发送响应原语。

(4) 实体 B 的 N 层收到响应原语后,将响应内容封装在 N 层协议数据单元内然后返回到实体 A 的 N 层。实体 A 的 N 层转化为证实原语,发送到实体 A 的 $N+1$ 层。

1.50　服务质量(quality of service)

向用户提供的业务的质量,也叫业务质量,简称 QoS。通常用一组直接反映用户业务感受的指标来衡量。

1.51　复用(multiplexing)

多路信号共用一个传输信道进行传输的方式。

多路信号在发送端变换成一个适合在信道中传输的混合信号,在接收端从该混合信号中恢复出多路信号。多路信号中的任何一路信号称为支路信号或用户信号,复用后的信号称为合路信号或群路信号。将群路信号变换为各个支路信号称为解复用或分用。在双向通信环境中,复用和解复用通常由同一个设备来完成,称为复用解复用器,简称复用器。

从资源分配的角度,复用就是分割共用信道资源供支路信号使用的方式。根据信道资源的不同,复用分为频分复用、时分复用、码分复用、波分复用等。频分复用指把信道的频带分为多个不交叉的频率段,并为每一个支路信号分配不同的频率段。时分复用指把信道发送的时间分为多个不交叉的时间段(时隙),并为每一个支路信号分配不同的时隙。时分复用又分为固定时分复用和随机(统计)时分复用两种。固定时分复用指时隙固定分配给支路信号的时分复用,又称数字复接。随机(统计)时分复用指时隙按需分配给支路信号的时分复用。实质上,随机(统计)时分复用就是多路信号以数据包的形式在发送端以排队方式发往同一信道上的方式。码分复用指在发送端把支路信号分别调制到不同的正交码上,然后混合在一起,在接收端利用码的正交性区分出各个支路信号。波分复用指把信道的波长范围分为多个不交叉的波段,并为每一个支路信号分配不同的波段。波分复用一般指光信号的复用,又分为粗波分复用和密集波分复用两种。粗波分复用的波长间隔比较大,同一个光纤传输的波数较少;密集波分复用的波长间隔比较小,同一个光纤传输的波数较多。

在频分复用和固定时分复用中,为提高复用的支路数,常采用等级复用体制,即将群路信号作为支路信号再次进行复用。模拟传输话路等级复用体制划分为前群(复用3路话音)、基群(复用4路前群)、超群(复用5个基群)、主群(复用5个超群)、超主群(复用3个主群)、巨群(复用4个超主群)。数字传输等级复用体制分为准同步复用体制和同步复用体制。准同步复用体制划分为基群(群路速率为2 M,复用30路数字话音),二次群(群路速率为8 M,复用4个基群),三次群(群路速率为34 M,复用4个二次群),四次群(群路速率为140 M,复用4个三次群)。同步复用体制划分为STM-1(速率为155 M),STM-4(速率为622 M),STM-16(速率为10 G),STM-64(速率为40 G)。

1.52　高斯噪声(Gaussian noise)

瞬时值服从高斯(正态)分布的噪声。通信系统中起伏噪声等一大类噪声可认为是高斯噪声。功率谱密度均匀分布的高斯噪声称为高斯白噪声。

1.53　功率计(power meter)

用于精确测量信号功率电平的仪器。功率计由功率探头和主机组成。功率探头将输入的射频信号转化为直流信号,并把直流信号进行斩波变为交流信号,然后将交流信号送入主机进行处理。主机将来自功率探头的交流信号进行放大,然后将其转换为数字信号,转换后的数字信号与输入到功率探头中的功率电平相对应,将二者按一定的算法和补偿进行处理,并最终在主机上将功率显示出来。功率计的技术指标主要有频率范围、功率范围、通道数、功率分辨率、测量误差等。功率计的测量精度比频谱仪高,可达到0.01 dB。

1.54　功率谱密度(power spectral density)

功率信号在频率域上的功率分布。功率谱密度是信号的主要特征之一,在信号分析、处理和监测中得到广泛应用。在横坐标为频率,纵坐标为功率密度的直角坐标系下,功率谱密度曲线直观地反映了信号的功率分布情况,是频谱仪显示的主要图形之一。

1.55　沟通(linking up)

建立通信业务层面上的联络并验证其畅通的过程。

1.56　孤岛(isolated island,silo)

在通信系统中,孤岛有以下两个方面的含义。

(1) 与其他系统有互连互通、共享信息需求,而又不能与之互连互通、共享信息的系统,又称烟囱。系统缺乏顶层设计,各自独立开发和建设,封闭运行。当这些系统需要互连互通、共享信息时,由于接口、协议、数据格式不统一,彼此无法互连互通、共享信息,从而形成一个个孤岛或烟囱。

(2) 一种通信网向新一代网过渡的方法。在新建和有条件改造的地方,按新一代网建设,形成一个个新一代网"岛",并通过网关与老一代网互通。如此,新一代网不断增加,旧一代网不断减少,直到旧一代网被新一代网完全取代为止。

1.57　故障(failure)

产品或产品的一部分不能或将不能完成预定功能的事件或状态。故障一般分为 3 种情况：一是产品不能完成预定功能;二是产品的一部分不能完成预定功能;三是产品能完成预定功能,但可以从现在的状态预见该产品发展下去将不能完成预定功能。

1.58　故障树(fault tree)

用于故障分析的倒立树状逻辑因果关系图。它用事件符号、逻辑门符号和转移符号描述系统中各种事件之间的因果关系。逻辑门的输入事件是输出事件的“因”,逻辑门的输出事件是输入事件的“果”。利用故障树不仅可以对系统故障进行定性分析,而且也可以进行定量分析。图 1.3 为分析某话音通信设备噪声干扰情况所用的故障树。采用故障树对通信故障进行分析的一般过程是：选择顶事件、构造故障树、定量分析和定性分析。

1.59　归零(closing of all action items)

对在设计、生产、试验、服务中出现的质量问题,从技术上、管理上分析问题产生的原因、机理,并采取纠正措施、预防措施,以避免问题重复发生的活动。归零分为技术归零和管理归零两类。

1.60　国际标准化组织(International Organization for Standardization)

从事标准化工作的非政府国际组织,简称 ISO。ISO 并不是英文全称的首字母缩写,而是源于希腊语,意为相等、一致。ISO 成立于 1947 年,总部设在日内瓦,其任务是促进全球范围内的标准化工作及其有关活动。ISO 有关信息技术方面的标准被通信领域广泛采用。

1.61　国际电工委员会(International Electrical Commission)

国际性电工标准化机构,简称 IEC。IEC 成立于 1906 年,总部设在日内瓦。1947 年,国际标准化组织(ISO)成立后,IEC 曾作为电工部门并入 ISO,但在技术、财务上仍保持其独立性。根据 1976 年 ISO 与 IEC 的新协议,两组织都是法律上独立的组织,IEC 负责有关电工、电子领域的国际标准化工作,其他领域的国际标准化工作则由 ISO 负责。

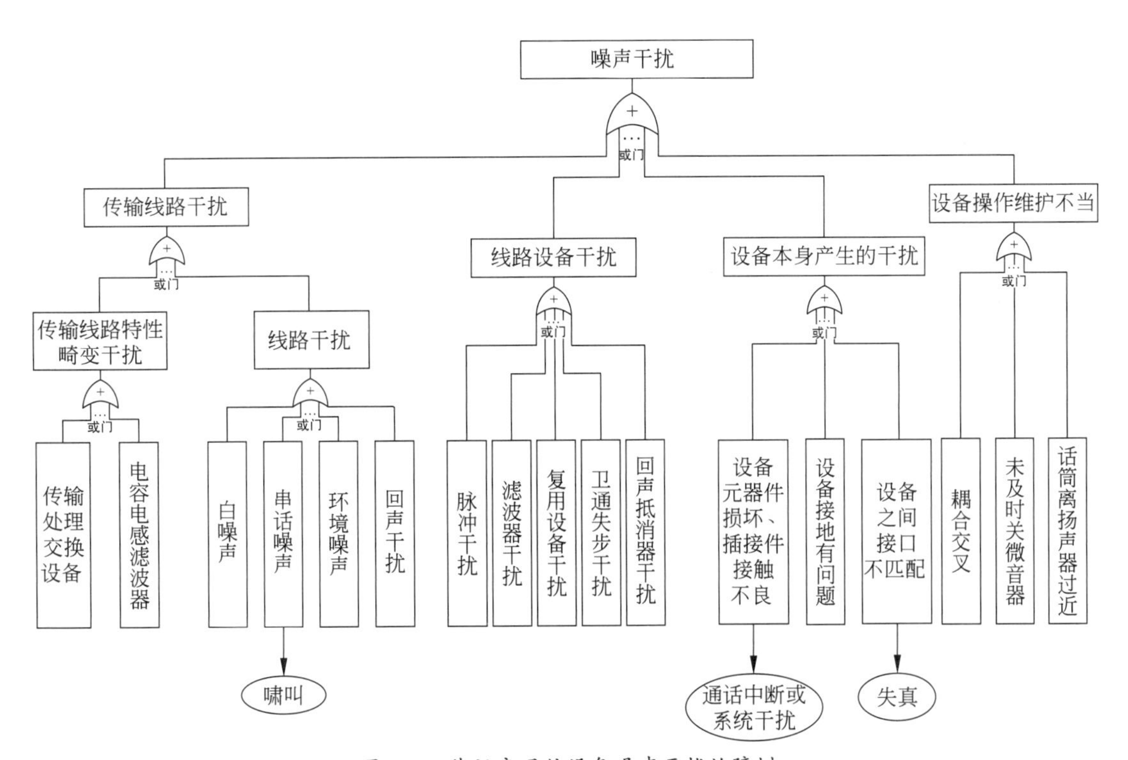

图 1.3　某话音通信设备噪声干扰故障树

1.62　国际电信联盟(International Telecommunication Union)

联合国下属的专门机构,简称国际电联、电联或ITU。总部设在瑞士日内瓦。ITU 的组织结构如图 1.4 所示,最高机构为全权代表大会,常设职能部门有电信标准化部门、无线电通信部门、电信发展部门和国际电信世界大会,分别负责电信标准化、无线电通信规范和电信发展等工作。ITU 制定的标准在世界范围内得到了广泛的应用。

1.63　互操作(interoperability)

不同系统之间共享信息并依据共享信息而执行相应操作的能力。互操作体现在不同系统之间能够透明地访问对方资源。互操作是在互连、互通基础上实现的。

1.64　互连(interconnection)

不同系统之间能够互相接收对方信号的能力。互连在物理层打通了信息传输的通道,为不同的系统间进行信息交换提供了物质基础和可能性,但并不能保证系统间一定能够进行信息交换。

1.65　互通(interworking)

不同系统之间能够进行信息交换的能力。在互连基础上,系统之间采用相同或互相匹配的通信协议,即可实现互通。

1.66　基本业务(basic service)

网络向用户提供的基础业务。网络向用户提供的业务分为基本业务和补充业务。基本业务是网络必须提供的业务,是补充业务赖以存在的业务,如固定电话网的固定电话业务、移动电话网的移动电话业务、数据通信网的数据通信业务等均为基本业务。

1.67　基带传输(baseband transmission)

对基带信号进行波形成形后,不经调制直接进行的传输。基带传输的关键技术问题是:一要设计好基带信号的码型和波形;二是在基带传输终端或信道中插入滤波器进行均衡,减少甚至消除接收端的码间串扰。

1.68　基带信号(baseband singnal)

没有经过频谱搬移或扩展的电信号。基带信号一般为由图像、声音等原始信息经过光电转换、声电转换等直接得到的电信号,频带从 0 Hz 开始,其最高频率即为基带信号的带宽。在一个具有调制解调的通信系统中,调制前或解调后的信号习惯上称为基带信号,调制后或解调前的信号称为频带信号。

1.69　技术规范书(technical specification)

买方向卖方提交的技术文件之一,简称规范书,又称研制任务书或任务书。买方一般将技术规范书作为询价书的附件提交给卖方,以此作为卖方制定技术建议书的依据。内容包括项目背景、主要技术要求、设备技术文件、检验和验收、设备运输安装调试和开通、技术服务、对技术建议书的要求等。

1.70　技术建议书(technical recommendation)

卖方向买方提交的技术文件之一,简称建议书。技术建议书是卖方对买方技术规范书的回应。在技术建议书中,卖方根据买方技术规范书的要求,使用自己的产品和技术提出项目的完整解决方案,对是否满足技术规范书要求逐条做出满足、部分满足、不满足等回应,必要时,还需说明原因和情况。

1.71　技术协议书(technical agreement)

合同双方就项目的技术条款达成的书面协议。一般作为合同的附件,具有与合同同等的法律效力。内容包括项目背景、工作范围、技术要求、设备配置、

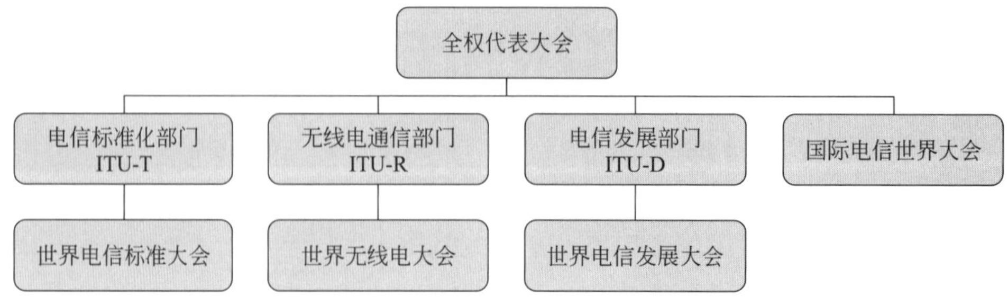

图 1.4　国际电信联盟组织结构

技术文件、设计评审、验收测试与移交、技术服务等。

1.72　技术状态冻结(freezing of technical status)

禁止改变试验任务通信系统技术状态的行为。经过近似实战的全区合练,验证通信系统技术状态正确无误后,须冻结其技术状态。其目的是保证所有参试设备以经过验证无误的技术状态参加任务,最大限度地避免任务中出现差错。

1.73　假设参考通道(hypothetical reference path)

为便于分配和规定通信系统的传输质量指标而假想出的一条具有确定环节和长度的传输路径,简称HRP。实际通信系统传输路径经过的环节,环节间距离差别很大,适合某个实际传输路径的质量指标,很难适合其他传输路径。于是,抽象出一条具有代表性的传输路径即假设参考通道,并以此为参考,制定通信系统传输质量指标及其分配方式,作为系统规划、设计和设备研制的依据。

1.74　交换(exchange,switch)

网络节点将一条电路来的信息转发到另外一条电路上的方法和过程。

根据占用电路的方式分类,交换分为电路交换和报文交换两大类。电路交换基于物理电路的连接,通信之前要在通信双方之间建立一条被双方独占的物理电路(由通信双方之间的交换设备和链路逐段连接而成)。报文交换基于存储—转发机制,通信前并不建立物理电路的连接,节点收到一个报文后,根据报文携带的目的地址将其转发到相应的电路上。电路交换与报文交换最大的区别是:前者独占电路资源,在电路未释放前即使没有信息发送,所占用的电路资源也不能为其他用户所使用;后者以按需的方式占用电路资源,没有信息发送时不占用电路资源,有信息发送时,以排队的方式占用电路资源。分组(包)交换是报文交换的特例,指限制报文最大长度的报文交换。由于报文长度受到了限制,采用分组(包)交换能更好地控制网络时延、增加传输可靠性,便于节点的存储管理。

另外,根据交换所在的层级分类,交换分为二层(数据链路层)交换、三层(网络层)交换、四层(传输层)交换等;根据信号是模拟还是数字分类,交换分为数字交换和模拟交换;根据业务内容分类,交换分为电话交换、电报交换、数据交换等。

1.75　节点(node)

通信网中传输电路的交叉连接点。节点的主要功能是汇集、交换和路由。在不同的网络中,节点功能的实现形式不一:电话网中的节点功能由电话交换机实现;IP网中的节点功能由交换机和路由器实现;光传输网中的节点功能由端复用器、分叉复用器和交叉连接设备等实现。

1.76　接口(interface)

系统(设备)之间或功能单元之间连接的公共界面。接口是系统互连互通互操作的基础,必须标准化或协商一致。最初的接口多指物理接口,涉及连接器结构和尺寸,插针分配以及接口电路的特性阻抗、电平、信号波形、信号带宽等电性能。电话交换和数据通信的进一步发展,需要连接双方进行互动操作,如数据终端向调解器发送的“请求发送”信号,调解器向数据终端发送的“允许发送”或“不允许发送”的信号等,从而使接口中出现了操作和功能的内容。一个接口电路只完成一种功能,若要增加接口的操作和功能,就只能增加接口电路的数量,如此造成了一个接口的连接插针过多的问题,如数据通信DTE/DCE接口中出现了25插针和37插针的连接器。为解决这一问题,可以将设备间互动操作的信息进行编码,或形成数据单元包含在业务信号波形中,同业务信号一起经由一个接口电路传送,这样大大减少了接口电路的数量。国际电联在制定准同步数字体系(PDH)技术标准时,决定接口中不再设专门的控制电路和定时电路,只保留收发各一对线。

物理接口多按接口电路特征分类,根据同一个接口电路的两根导线对地的特性,分为平衡接口和非平衡接口:采用差分输出,两根导线对地一致,则为平衡接口;一根接地的输出,则为非平衡接口。对于非平衡接口,多个电路可以共用地线。一般来讲,平衡输出抗噪声干扰能力强,可提高传输速率,并能降低接口电路电压,但在强电压干扰情况下,由于接口电路不接地,容易损坏接口芯片或设备。数据通信用的接口,根据码元信号在接口中发送的次序,分为串行接口和并行接口:如果只有一个发送电路,码元按顺序发送,则称为串行接口;如果有多个发送电路,码元在多个电路上同时发送,相当于一次发送多个码元,则称为并行接口。设备之间的接口多为串行接口,设备内部多为并行接口(总线)。根据接口电路码元或字符是否等间隔发送,接口分为同步接口和异步接口。在同步接口中,定时信号或通过专门的定时电路传送给接收者,或将定时信号在传输码型中体现,使接收端能根据接收信号提取出定时。在异步接口中,不发送定时信号,依靠起止位确定字符的边界。在以太网接口中,有类似于异步的"起止位",同时,定时信号在传输码型中体现,这种接口已无法被认定是同步接口还是异步接口,可认为是同步和异步相结合的接口。

随着通信技术的发展,接口的概念不断宽泛和抽象。网络分层体系结构的出现,接口也呈现出层次化特征,层间出现了"无形"的逻辑接口: 两个跨越多个设备和线路的设备(系统),只要在某一层次上有握手,就存在逻辑接口;同一个设备内部,功能模块间也出现了逻辑接口。

接口种类繁多,又无统一的命名规则,呈现出约定俗成的状态。同一接口有多个名字,同一名字有多个接口的现象时常发生。只有根据具体的语言环境和应用领域,才能区别开来。

1.77　接入(access)

在网络的边缘,将用户连接到网络的部分。接入有时属于用户的一部分,有时属于网络的一部分。

1.78　《军用设备和分系统电磁发射和敏感度要求》(Electromagnetic Emission and Susceptibility Requirements for Military Equipment and Subsystems)

中华人民共和国军用标准之一,标准代号为GJB 151A—1997。1997年5月23日,国防科学技术工业委员会发布,自1997年12月1日起实施。标准规定了控制军用电子、电气、机电等设备和分系统的电磁发射和敏感度特性的要求,为研制和订购单位提供电磁兼容性设计和验收依据,适用于每个单独的设备和分系统。该标准内容包括范围、引用文件、定义、一般要求和详细要求。在详细要求中,规定了19项(见表1.2)电磁发射和敏感度要求及极限,并给出了适用范围。试验通信中,对设备电磁兼容性要求比较高的场合,参照该标准执行。

表1.2　电磁发射和敏感度要求项目

项目	名称
CE101	25 Hz～10 kHz 电源线传导发射
CE102	10 kHz～10 MHz 电源线传导发射

续表

项目	名称
CE106	10 kHz～40 GHz 天线端子传导发射
CE107	电源线尖锋信号(时域)传导发射
CS101	25 Hz～50 kHz 电源线传导敏感度
CS103	15 kHz～10 GHz 天线端子互调传导敏感度
CS104	25 Hz～20 GHz 天线端子无用信号抑制传导敏感度
CS105	25 Hz～20 GHz 天线端子交调传导敏感度
CS106	电源线尖锋信号传导敏感度
CS109	50 Hz～100 kHz 壳体电流传导敏感度
CS114	10 kHz～400 MHz 电缆束注入传导敏感度
CS115	电缆束注入脉冲激励传导敏感度
CS116	10 kHz～100 MHz 电缆和电源线阻尼正弦瞬变传导敏感度
RE101	25 Hz～100 kHz 磁场辐射发射
RE102	10 kHz～18 GHz 电场辐射发射
RE103	10 kHz～40 GHz 天线谐波和乱真输出辐射发射
RS101	25 Hz～100 kHz 磁场辐射敏感度
RS103	10 kHz～40 GHz 电场辐射敏感度
RS105	瞬变电磁场辐射敏感度

1.79　开放系统互连参考模型(open system interconnection/reference model)

国际标准化组织(ISO)在其ISO 7498中提出的信息系统互连体系架构,简称OSI/RM。如图1.5所示,OSI/RM把具有信息处理和/或信息传送功能的独立实体称为实系统,把能与其他实系统交换信息的实系统称为开放实系统,把开放实系统中与系统互连有关的部分称为开放系统。开放系统分为端开放系统和中继开放系统两种: 端开放系统与信息初始源点或最后终点位于同一个实系统;中继开放系统与信息初始源点或最后终点无关,只对信息进行转发。中继开放系统的集合称为通信子网,所有的开放系统的集合称为开放系统互连环境。

OSI/RM从逻辑上把每个开放系统划分为功能上相对独立的7个子系统。所有互连的开放系统中完成同一功能的子系统构成开放系统互连基本参考模型中的一层。这样,就把所有互连的开放系统划分为功能上相对独立的7层。这7层自下而上分别是: 物理层(第1层)、数据链路层(第2层)、网络层(第3层)、传送层(第4层)、会话层(第5层)、表示

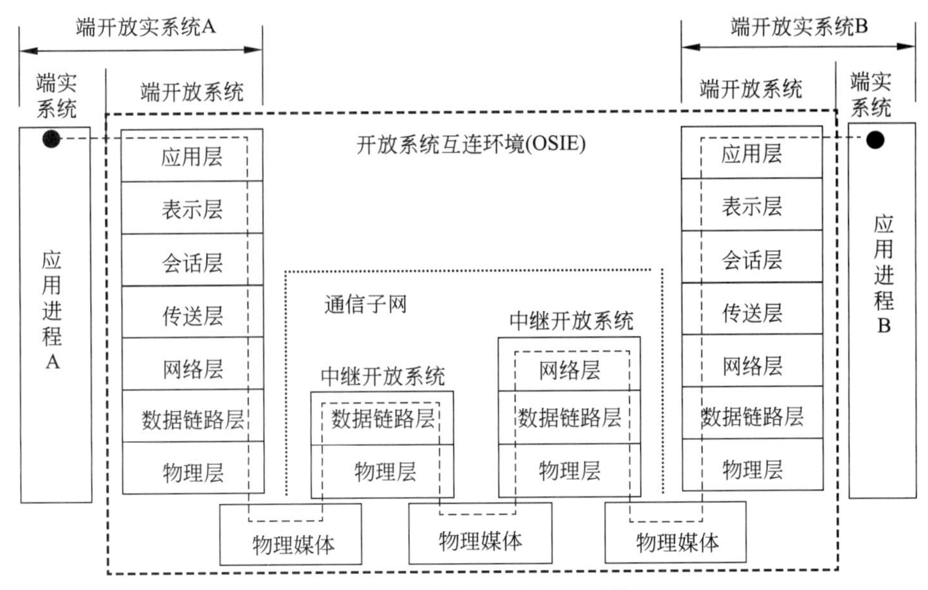

图1.5　开放系统互连体系结构

层(第6层)和应用层(第7层)。物理层至表示层各层均直接向其相邻的上层提供服务,应用层直接向端开放实系统中的应用进程提供服务。

传送层、网络层、数据链路层和物理层共同组成开放系统低层。其中,网络层、数据链路层和物理层主要完成通信子网的功能。它们通过各种可用的物理媒体和多个中继开放系统,在端开放系统之间实现逐层增强功能的信息传送。传送层面向端开放系统提供端到端的控制和可靠的端到端的数据传送。在中继开放系统中,可以没有传送层和网络层。低层与本地实系统没有接口,因此低层功能的实现可独立于本地实系统。

应用层、表示层和会话层共同组成开放系统高层。开放系统高层面向应用进程,主要完成通信终端的功能,向同处一端的端实系统中的应用进程提供服务。高层的特点是与本地实系统有接口,特别是应用层直接服务于应用进程,所以它与本地实系统有着更为密切的关系。

在OSI/RM中,一个端开放实系统的应用进程A与另一个端开放实系统的应用进程B之间通信的路径为:应用进程A—端开放系统—通信子网和/或物理媒体—端开放系统—应用进程B。

OSI/RM只是规定了一种分层的体系结构,并没有规定具体的实现方法。实际系统多数采用了分层的思想,但简化了层数。

1.80　开通(establishing circuit)

建立通信电路并使之畅通的过程。一般来讲,开通的对象是电路,沟通的对象是业务。

1.81　勘点(field survey)

为试验站点选址而进行的实地考察,又称勘察。勘点一般由多个专业系统参加,通信系统作为其中的一个业务系统,重点考察拟选站点的通信保障问题。考察内容包括查看周围的地形地貌是否存在电波遮挡、当地电信网和军网提供的业务能力及入网地点、周围的电磁环境等。根据考察结果,通信系统应提出选址建议或意见。

1.82　抗扰度(immunity)

系统和设备面临电磁骚扰而不降低运行性能的能力。抗扰度常用抗扰度电平、抗扰度限值、抗扰度裕量、电磁兼容裕量等指标来衡量。抗扰度电平指将电磁骚扰施加于某一系统或设备而其仍能正常工作,并保持所需性能等级时的最大骚扰电平。超过该电平,系统或设备就会出现性能下降。抗扰度限值指规定的最小抗扰度电平。抗扰度裕量指抗扰度限值与电磁兼容电平之间的差值。电磁兼容裕量指抗扰度限值与骚扰源的发射限值之间的差值。此外,抗扰度与电磁敏感度是一对矛盾体,抗扰度高,则电磁敏感度低。

1.83 客户机/服务器模式(client/server mode)

应用软件的体系结构之一,又称客户机/服务器结构或客户机/服务器架构,简称C/S模式、C/S结构或C/S架构。C/S模式下的应用软件分为客户机端软件和服务器端软件两部分,分别安装在称为客户机和服务器的计算机内。客户机端软件的任务是将用户的要求提交给服务器,再将服务器返回的结果以特定的形式显示给用户;服务器端软件的任务是接收客户机提出的服务请求,进行相应的处理,再将结果返回给客户机。

从体系结构上看,C/S模式与浏览器/服务器(B/S)模式并无本质的不同,二者的差别主要有以下几点。

(1) B/S模式下,客户机与服务器之间的通信协议采用超文本传输协议(HTTP),而C/S模式无此限制。

(2) C/S模式下,不同的应用需要不同的客户机端软件。在B/S模式下,无论何种应用软件,均用浏览器作为客户机端软件。

(3) 浏览器是一个通用的客户机端软件,故在B/S模式下,不需要开发客户机端软件,软件开发工作集中在服务器端。而在C/S模式下,客户机端和服务器端软件均需要被开发。

(4) C/S模式中的客户端软件是为某项应用专门开发的,因此C/S模式的实时性和可靠性一般要优于B/S模式。

1.84 可靠度(reliability)

产品在规定条件下和规定时间内完成规定功能的概率。可靠度是可靠性的概率度量。可靠度与时间的关系用可靠度函数表示,记为$R(t)$,其中t为规定的时间。t越大,可靠度越低。

1.85 可靠性(reliability)

产品在规定的条件下和规定的时间内完成规定功能的能力。可靠性要求包括定性要求和定量要求。定性要求主要有采用成熟技术、模块化、冗余备份、元器件老化筛选等要求。定量要求有可靠度、平均故障前时间(MTTF)、平均故障间隔时间(MTBF)等要求。确定可靠性要求、建立可靠性模型、进行可靠性分析与预计、采取可靠性技术措施、进行可靠性试验与评定等是可靠性工作的主要内容。

1.86 颗粒度(granularity)

参数设置和调整的步长,简称粒度。传输速率、电平等参数的设置和调整是分档步进的,相邻档之间的间隔有时称为颗粒度。例如,某设备的发送电平分为-20 dBm,-19 dBm,…,0 dBm等21档,则其电平调整的颗粒度为1 dBm。

1.87 可用度(avaliability)

产品在规定的条件下和规定的考察时间内,处于可执行规定功能状态的概率。可用度是可用性的概率度量,其与平均故障间隔时间、平均故障修复时间的关系如下:

$$A = \frac{\text{MTBF}}{\text{MTBF} + \text{MTTR}} \tag{1-1}$$

式中:A——可用度;

MTBF——平均故障间隔时间,h;

MTTR——平均故障修复时间,h。

对于一个串联系统,其可用度可用式(1-2)计算:

$$A = \sum_{i=1}^{N} A_i \tag{1-2}$$

式中:A——串联系统的可用度;

N——组成串联系统的串联单元总数;

A_i——第i个串联单元的可用度。

对于一个并联系统,其可用度可用式(1-3)计算:

$$A = 1 - \prod_{i-1}^{N}(1 - A_i) \tag{1-3}$$

式中:A——并联系统的可用度;

N——组成并联系统的并联单元总数;

A_i——第i个并联单元的可用度。

对于串联和并联混合的系统,可首先计算出各并联部分的可用度,然后再按串联系统的可用度计算方法,计算出系统的可用度。

1.88 可用性(avaliability)

产品在规定的条件下和规定的考察时间内,处于可执行规定功能状态的能力。考察时间为指定瞬间,则称瞬时可用性;考察时间为指定时段,则称时段可用性;考察时间为连续使用期间的任一时刻,则称固有可用性。衡量可用性的技术指标有可用度、平均故障间隔时间(MTBF)、平均故障修复时间(MTTR)等。

可用性与可靠性的区别在于:可用性是可靠性、维修性和维修保障性的综合反映,可靠性是产品不发生故障的能力,未能反映产品维修性和维修保障性。

1.89 空间数据系统咨询委员会(Consultative Committee for Space Data Systems)

世界各国的空间组织为了相互支持而建立的技术协商性机构,简称CCSDS。该组织成立于1982年1月,只有各国空间组织才可以成为其成员或观察员。截止到2012年,该组织有11个成员,28个观察员和140多个非正式成员。该组织的宗旨是通过技术协商方式,建立一整套空间数据系统的标准,以便实现广泛的国际合作和相互支持。该组织根据研究方向设若干研究组,每个研究组下面又设若干个小组。其制定的标准涵盖航天器星载接口服务、空间链路服务、交互支持服务、空间网络互联服务、任务操作和信息管理服务、系统工程等领域。

1.90 跨场区通信(cross-site area communication)

根据科研试验任务的要求,在场区之间建立的通信。主要任务是为试验任务提供各种跨场区传输电路。跨场区通信组织实施的基本原则是充分利用既有通信设施满足试验任务要求,指挥调度电路须采用加密措施。不同的任务对跨场区通信的要求不同,跨场区通信的组织实施也有所不同。同一方向的传输电路采用主用和备用两种不同路由,主用路由一般采用卫星通信、微波通信,备用路由一般采用国防通信网或租用电路。

1.91 立项论证(feasibility study for project authorization)

项目立项前,对项目建设进行的可行性和必要性论证。立项论证是项目立项阶段的重要工作,其主要任务是形成立项论证报告,报有关部门批准立项。

1.92 链路(link)

两点之间具有规定性能的电设施。在开放系统互连参考模型中,数据链路层建立的连接称为数据链路,简称链路。一般来讲,电路两端加上数据链路层就构成了链路。在试验通信中,有时将电路称为链路。

1.93 量化(quantization)

将抽样值近似为有限个离散值的过程。抽样后的信号在时间上是离散的,但在幅值上仍是连续的,无法对其进行编码形成数字信号,因此需要进行幅值的离散化即量化。量化包括对模拟信号的样值的分段与取整。分段指将信号样值的整个可能取值范围分为若干段,每一段对应一个离散值。如果是等间隔分段,则这种量化称为均匀量化,否则为非线性量化。取整指信号的样值落入哪一段,就用该段对应的离散值来代替信号样值。

离散值与实际样值存在误差,导致恢复出来的信号产生失真。这种失真称为量化失真。为减少量化失真,一般根据信号的特点采用非线性量化。国际电联规定的两种话音信号脉冲编码调制(PCM)方案中,采用的都是非线性量化,分别为十三折线A律和十五折线μ律。中国采用的是十三折线A律。

1.94 流(stream)

具有相同路径、内容相关、先后次序保持不变的数据单元序列。这样的序列在网络中传送,就如同水在管道里流动一样,故称流。流通常前加限定词,用以限定流的特征,如音频流,视频流等;也可用来限定其他词,如流媒体等。

1.95 浏览器/服务器模式(browser/server mode)

应用软件的体系结构之一,又称浏览器/服务器结构或浏览器/服务器架构,简称B/S模式、B/S结构或B/S架构。该模式的应用软件分为浏览器和服务器端软件两部分,分别装在用户计算机和服务器内。浏览器的任务是将用户的要求提交给服务器,再将服务器返回的结果以特定的形式显示给用户;服务器端程序的任务是接收浏览器提出的服务请求,进行相应的处理,再将结果返回给浏览器。浏览器与服务器之间的通信协议采用超文本传输协议(HTTP)。

1.96 六性(6-performance)

产品的可靠性、维修性、保障性、测试性、安全性和环境适应性的统称。六性是在五性基础上,增加环境适应性而形成的。六性是所有产品的共性要求,与具体产品的功能要求无关,它集中反映了产品的实用效果。六性是产品的先天属性,是生产出来的,管理出来的,更是设计出来的。只有在设计阶段,把六性设计到产品中去,产品的实用效果才能在生产和使用过程中得到保证。否则,就会带来六性“先天不足,后天很难弥补”的局面。

1.97 路由(route,routing)

路由有下列两种含义。

(1) 网络层设备如路由器为数据包选择下一跳的行为和过程。

(2) 从一个用户/网络接口到另一个用户/网络接口的信息传送路径。

1.98　率失真函数(rate distortional function)

描述信息编码速率与信息失真度关系的函数,记为$R(D)$。率失真函数的反函数,称为失真率函数,记为$D(R)$。率失真函数的求解有一定难度,但函数变化的一般趋势都很简单。如图 1.6 所示,率失真函数是一个在$(0,D_{max})$上严格递减、下凸的函数。D大于D_{max}以后均取零;$D=0$时,对离散信源等于信源的熵,对连续信源则趋于无限大。率失真函数的意义在于:在给定信息失真度的条件下,给出了理论上所能达到的最低信息编码速率;在给定信息编码速率的条件下,给出了理论上所能达到的最低信息失真度。

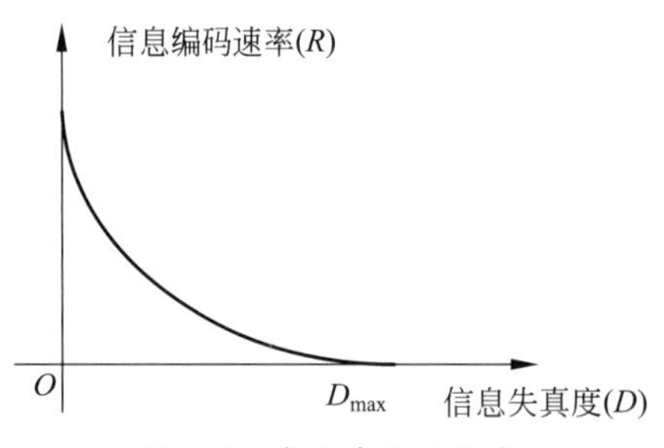

图 1.6　率失真函数曲线

1.99　媒体(medium)

信息或信号的载体。国际电联(International Telecommunication Union, ITU)将媒体分为感觉媒体、表示媒体、显示媒体、存储媒体和传输媒体共 5 类。感觉媒体指人的感觉器官直接感知的媒体,如声音和图像等;表示媒体指用于数据交换的编码,如图像编码、声音编码和文本编码等;显示媒体指信息输入/输出的媒体,如显示器、打印机、麦克风等;存储媒体指能够存储信息的媒体,如光盘、硬盘等;传输媒体指传输信息的媒体,如电缆、光缆、空间等;多媒体指以时空同步方式存在的多种表示媒体。

1.100　面向连接(connection-oriented)

一种端到端通信的工作方式。在面向连接的方式中,通信前须建立连接;通信中须维持连接;通信结束后,须拆除连接,释放网络资源。在不面向连接的方式中,无须建立连接,即可进行通信。一般来讲,面向连接在通信前已建立了通信的路径并保留了必要的通信资源,提供的是有质量保证的服务,而不面向连接在通信前并不建立通信的路径和保留必要的通信资源,提供的是“尽力而为”的服务。在开放系统互连参考模型中,不仅面向连接的第$N-1$层可以支持面向连接的第N层,不面向连接的第$N-1$层也可以支持面向连接的第N层。

1.101　模拟信号(analogue signal)

在取值上连续的信号。模拟信号的参数(幅度、频率或相位)值连续变化。但在时间上,模拟信号既可以是连续信号,也可以是离散信号。

1.102　模数转换(A/D convertion)

将模拟信号转变为数字信号的过程。模拟信号经过抽样、量化和编码后才能转换成数字信号。

1.103　奈奎斯特准则(Nyquist criterion)

当基带传输系统具有理想低通滤波器的特性时,将码元速率限制在其截止频率两倍之内,便能消除码间串扰。奈奎斯特准则表明:基带传输系统的极限频带利用率为 2 baud/Hz。需要说明的是,由于一个码元可携带多个比特信息,因此 baud/Hz 与 b/(s · Hz)并非同一概念。

1.104　欧洲电信标准化协会(European Telecommunications Standards Institute)

1988 年欧共体委员会批准建立的非赢利性的电信标准化组织,简称 ETSI,总部设在法国的尼斯。ETSI 的标准化领域主要是电信业,并涉及与其他组织合作的信息及广播技术领域。ETSI 作为一个被欧洲标准化协会(CEN)和欧洲邮电主管部门会议(CEPT)认可的电信标准协会,其制定的推荐性标准常被欧共体用作欧洲法规的技术基础。

1.105　频道(frequency channel)

规定了所传输信号的频率上限和下限的信道。频道在无线电通信中又称波道。频道可以用指定的两个频率极限来规定,也可以用中心频率及所占的频宽来规定。采用频分复用技术和频分多址技术,可在频段内划分出多个频道。

1.106　频段(frequency band)

在特定的两个界定频率之间的一段连续频率,

又称频带,波段。根据传播特性和应用领域等的不同,无线电频谱和光频谱可被划分为若干频段。频段可进一步被划分为若干信道,工作在某一频段的设备可在该频段内选择信道。

1.107　频谱分析仪(spectrum analyzer)

对信号频谱进行测量、显示和分析的仪器,简称频谱仪。通信系统中应用较多的是超外差式频谱分析仪,其基本原理如图 1.7 所示,输入信号与频率可调的本振信号通过混频器转换到中频,中频滤波器采用高斯带通滤波器,其带宽的大小决定了频谱仪分辨率的高低。对经过中频滤波器的中频信号进行包络检波得到视频信号,再由视频滤波器滤除信号的噪声,平滑轨迹,使显示稳定。通过锯齿波发生器对本振和显示进行协调,使被测信号的频谱最终能够被清楚地呈现出来。

频谱分析仪的性能指标主要包括频率范围、参考电平、分辨率带宽、视频带宽、扫频宽度、灵敏度、最大输入电平、显示动态范围、扫描时间、噪声边带、噪声电平等。在通信系统中,频谱分析仪常用来对微波信号的多项指标进行测量,如频率、功率、载噪比、相位噪声、杂散等,也可用作频谱监测。

1.108　平均故障间隔时间(mean time between failure)

两次相邻故障之间时间的平均值,又称平均无故障时间,简称 MTBF,单位为 h。MTBF 是衡量系统可靠性和可用性的重要指标之一。一般来讲,MTBF 越高,系统的可靠性和可用性就越高。

1.109　平均故障修复时间(mean time to repair)

从发生故障到排除故障所需的平均时间,简称 MTTR,单位为 h。MTTR 是衡量系统可用性和维修性的重要指标之一。一般来讲,MTTR 越小,系统的可用性和维修性就越高。

1.110　平面(plane)

通信系统或网络的一种划分单位。平面既可以是逻辑划分的结果,也可以是物理划分的结果。按信息传输的类型,通信系统或网络可垂直划分为若干平面,如业务平面、控制平面、管理平面等,每个平面可再水平划分为若干层。

1.111　平台(platform)

满足上层通信要求,对上层提供基础支撑的通信设施。平台是上层实体为实现其功能所直接依赖的通信环境。该术语前通常加限定词,以限定该平台的功能和用途,如传输平台、通信平台、承载平台、业务平台等。

1.112　抢代通(line recovery through emergency repair or equipment replacement)

抢通和带通的简称。出现电路中断和业务中断时,加紧排除故障的过程称为抢通;采用临时替代措施,顶替故障线路和设备,恢复通信的过程,称为代通。

1.113　全区合练(system rehearsal)

试验任务所有系统按照任务模式和流程进行的一比一演练。全区合练是任务准备阶段的最后一项工作。合练结束后,通信系统冻结技术状态,等待执行任务。

1.114　任务保驾(specialist support for mission operation)

在任务实施阶段,通信系统(设备)承研单位派人赴任务现场开展的技术保障工作,简称保驾。其目的是及时解决系统(设备)出现的问题,以及配合其他系统(设备)人员的工作,保证试验任务按计划和进度进行。

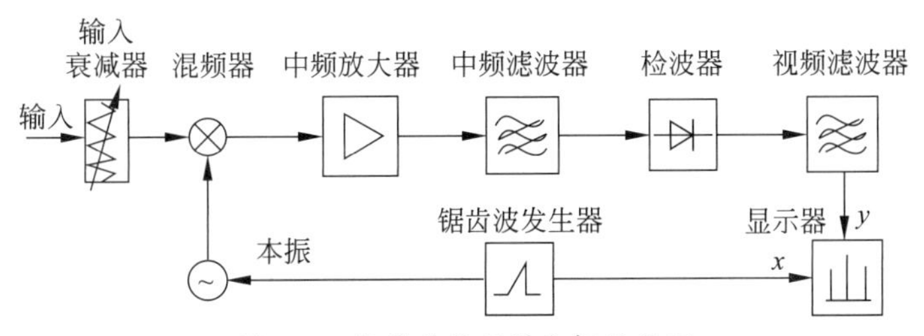

图 1.7　超外差式频谱分析仪原理

1.115 日常通信(routine communication)

用于日常办公和生活的通信。主要业务形式是电话、网络办公、电报和传真。日常通信和试验通信并非截然分开,往往共用光传送网和电话交换网等底层基础资源。

1.116 容错(fault tolerance)

保证系统在某些组成部分出现故障或差错时仍能正常工作的技术。容错的主要方法有自检和冗余。自检指系统在发生非致命性故障时能自动发现故障和确定故障的性质、部位,并自动采取措施更换和隔离产生故障的部件。自检需采用诊断技术,常用专门程序实现。冗余可分为硬件冗余(增加硬件)、软件冗余(增加程序,如同时采用不同算法或不同人员编制的程序)、时间冗余(如指令重复执行、程序重复执行)、信息冗余(如增加数据位)等。最常用的两种冗余方法是重复(并联)和备份。

应用容错技术构造的能够自动排除非致命性故障的系统,称为容错系统。在容错系统中,自检技术常配合冗余技术一同使用。

1.117 软件工程(software engineering)

研究如何用系统化、规范化、数量化等工程原则和方法来进行软件的开发和维护的学科。软件工程包括软件开发技术和软件项目管理:软件开发技术包括软件开发方法学、软件工具和软件工程环境;软件项目管理包括软件度量、项目估算、进度控制、人员组织、配置管理、项目计划等。

1.118 软件设计(software design)

从软件需求规格说明书出发,根据需求分析阶段确定的功能,设计软件系统的整体结构、划分功能模块、确定每个模块的实现算法以及编写具体的代码,形成软件的具体设计方案。

软件设计包括软件的结构设计、数据设计、接口设计和过程设计。结构设计定义软件系统各主要部件之间的关系。数据设计将模型转换成数据结构的定义。接口设计是指软件内部、软件和操作系统间以及软件和人之间的通信方式。过程设计是指系统结构部件转换成软件的过程描述。

软件设计一般分为概要设计和详细设计两个阶段。概要设计的主要任务是把需求分析得到的数据流图转换为软件结构和数据结构。详细设计是对概要设计的细化,就是详细设计每个模块的实现算法和所需的局部结构。

在网络管理系统等以软件开发为主的通信建设项目中,软件设计成为了该项目的主要设计内容。

1.119 软件生命周期(software life cycle)

软件从产生到报废的整个过程。一个软件在生命周期内,经历问题定义与规划、需求分析、软件设计、程序编码、软件测试、运行维护共6个主要阶段。

1.120 软件生命周期模型(software life cycle model)

软件开发的方法模型。根据软件开发方法的不同,软件生命周期模型主要分为以下几种。

(1) 瀑布模型:是一种严格按照需求、设计、实施、交付这4个阶段进行软件开发的模型,并且在各个阶段结束时要经过严格的评审。只有评审通过后,才能够进行下一阶段的开发。

(2) 原型模型:先借用已有的类似系统作为原型,征求用户意见,然后根据用户意见,对原型进行改进,用改进后的原型再次征求用户意见。如此最终得到用户满意的软件产品。原型模型通过向用户提供原型获取用户的反馈,使开发出的软件能够真正反映用户的需求。同时,原型模型采用逐步求精的方法完善原型,使原型能够被快速开发,避免了像瀑布模型一样在冗长的开发过程中难以对用户的反馈作出快速响应的问题。

(3) 增量模型:把软件分为若干个业务功能,一次完成其中的几个功能,经多次后,完成全部的业务功能。

(4) 迭代模型:一次完成所有业务功能,但并不要求一步到位,下一次,再对所有的业务功能进行补充完善,如此多次,直至所有的业务功能满足要求为止。每一次完成称为一次迭代。每次迭代都遵循瀑布模型的过程,包含需求、设计、测试和交付等过程,而且每次迭代完成后都是一个可以交付的原型。

(5) 螺旋模型:将瀑布模型的多个阶段转化到多个迭代过程中。螺旋模型的每一次迭代都包含了6个步骤:决定目标、替代方案和约束,识别和解决项目的风险,评估技术方案和替代解决方案,开发本次迭代的交付物和验证迭代产出的正确性,计划下一次迭代,提交下一次迭代的步骤和方案。

一般来讲,在前期需求明确的情况下尽量采用瀑布模型或改进型的瀑布模型;在用户无信息系统使用经验,需求分析人员技能不足情况下采用原型模型;在不确定性因素很多,很多东西前面无法计划的情况下，尽量采用增量、迭代和螺旋模型；在需求不稳定的情况下，尽量采用增量、迭代模型；在资金和成本无法一次到位的情况下，可以采用增量模型，将软件产品分多个版本进行发布；对于多个完全独立的功能开发，可以在需求阶段就并行开发，但每个功能内遵循瀑布模型。增量、迭代和原型可以综合使用，但每一次增量或迭代都必须有明确的交付准则。

1.121 软件需求分析(software requirement analysis)

研究用户需求，获得和确认用户对软件功能完整需求的过程。软件需求分析的结果是软件需求规格说明书，该说明书是软件设计的基本依据。软件需求分析的具体内容包括软件的功能需求、软件与硬件或其他外部系统接口、软件的非功能性需求、软件的反向需求、软件设计和实现上的限制、阅读支持信息共6个方面。

软件需求分析分为需求提出、需求描述及需求评审3个阶段。需求提出阶段获取用户对系统的需求描述。需求描述阶段对用户的需求进行鉴别、综合和建模，消除用户需求的模糊性、歧义性和不一致性；分析系统的数据要求，为原始问题及目标软件建立逻辑模型；将对原始问题的理解与软件开发经验结合起来，以便发现哪些要求是由于用户的片面性或短期行为所导致的不合理要求，哪些是用户尚未提出但具有真正价值的潜在需求。需求评审阶段在用户和软件设计人员的配合下对生成的需求规格说明和初步的用户手册进行复核，以确保软件需求的完整、准确、清晰、具体。

1.122 赛博空间(cyberspace)

通过网络和相关的物理基础设施，使用电子和电磁频谱来存储、修改或交换数据的虚拟空间，又称网络电磁空间。赛博空间主要由电磁频谱、电子系统以及网络化基础设施3部分组成。随着信息技术的发展，几乎所有的信息都在赛博空间中传递，对赛博空间的使用和控制越来越重要，因此同陆海空天一样，赛博空间也成为了军事行动的战场。

1.123 三横两纵(3-horizontal-2-vertical architecture)

试验通信体系结构的代名词。三横指传送层、业务承载层和业务层；两纵指网络管理系统、保密与安全系统。

1.124 三图两表一案(3 diagrams-2 tables-1 emergency solution)

设备原理图、设备连接关系图、试验信息流程图和设备状态表、设备参数配置表、设备应急预案的简称。试验任务中，设备技术人员为每一台参试设备制定“三图两表一案”，并以此作为操作设备和检查设备连接关系和设备状态的依据。

1.125 设计评审(design reviews)

对设计所作的正式的、综合性的和系统性的评议与审查，是设计工作的中间过程之一。评审人员一般由不直接参加设计工作的相关专家组成，以保证评审的客观和公正。评审须形成书面评审意见，主要内容包括评价、结论和建议。设计评审有会议、会签等多种形式。

1.126 设计确认(design confirmation)

对设计最终产品的认可。设计确认后，进入按照设计进行建设的阶段。在国防科研试验中，一般以上级机关对设计方案的批复作为设计确认的标志。

1.127 设计验证(design verification)

通过提供客观证据证明设计满足规定设计要求的活动，是设计工作的中间过程之一。设计验证方法主要有采用变换方法进行论证计算、复核复算、与已成功的类似设计进行比较、仿真与试验、评审、联试联调等。

1.128 实时(real-time)

及时。在通信领域，实时意味着有严格的传输时延要求。通信双方要求具有类似面对面交谈的自然感，接收方需要对发送方发送的信息作出快速反应的，均对传输时延有严格的要求，如试验任务中的指挥调度话音、试验数据、视频信息的传输。这类对传输时延有严格要求的通信业务称为实时业务；而对传输时延没有严格要求的通信业务称为非实时业务，如电子邮件、浏览网页等。

1.129 视图(viewpoint)

从一个视角(方面)对系统体系结构进行的描述。美军在《国防部体系结构框架2.0》(DoDAF2.0)中，提出了全视图、能力视图、数据和信息视图、作战视图、项目视图、服务视图、标准视图和系统视图等八视图组成的系统体系结构描述方法。

1.130　时隙(time slot)

能独一无二地加以识别和定义的任何周期性时间间隔,简称 TS。在固定时分复用中,时隙为一次轮流发送中为支路分配的一个连续时间片段。一般来讲,一次轮流发送中,一条支路只有一次机会,占用一个时隙或多个连续时隙发送。一条支路可占用多个时隙,但一个时隙只能分配给一条支路。一次轮流发送中的所有时隙构成一帧。图 1.8 为 PCM 基群帧的时隙分配图。该帧长 256 bit,帧频为 8 kHz,帧周期为 0.125 ms,分为 32 个时隙,每个时隙 8 bit,时隙号从左至右依次为 0~31。时隙 0 为帧头,时隙 16 为信令时隙,其余每一个时隙固定分配给一条支路。

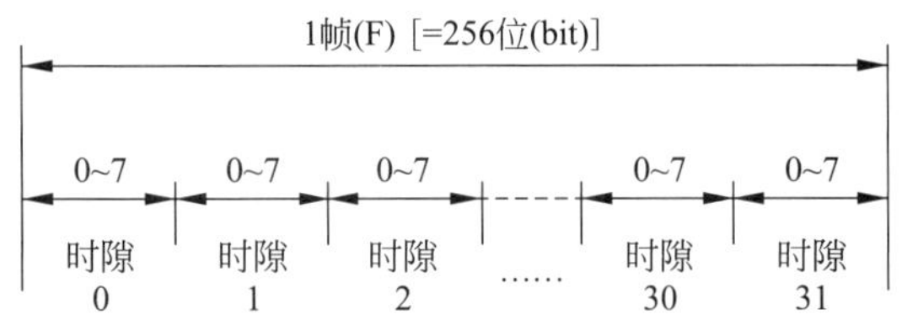

图 1.8　PCM 基群帧的时隙分配

1.131　时延(time delay)

信号或数据单元从一点传送到另一点所经历的时间,又称延时。信号延时为信号同一相位点的延时。数据单元延时从数据单元的第一比特发送开始至接收方接收到最后一个比特为止。数据单元延时不但与信号延时有关,也与链路传输速率、节点处理能力有关。

1.132　试验床(test bed)

为新技术和新产品的试验和验证提供真实应用环境的试验平台。试验床采用实际设备构造出各种真实的应用环境,使新技术和新产品在该环境中进行试验和验证,从而发现实际应用中可能出现的问题,以此改进新技术和新产品的性能,为新技术和新产品的大面积推广、应用铺平道路。

1.133　试验通信(test communication)

根据试验任务的要求建立的通信联络。其主要任务是:建立试验指挥控制中心、试验场区和参试台站间的指挥调度;完成各种语音、数据、图像等信息的传输和交换任务;实现各有关系统和设备间的频率校准和时间同步;保障各参试部门内外通信顺畅。

根据科研试验对象的不同,试验通信分为导弹试验通信、卫星发射通信、载人航天通信、核试验通信、常规兵器试验通信、电子装备试验通信、风洞试验通信等。

试验通信的组织与实施分为准备阶段、实施阶段和结束阶段。在准备阶段,完成通信系统总体技术方案、通信组织实施方案、通信应急抢代通方案、通信保障措施等文件的制定,建立任务通信系统并通过联调测试,使该系统满足科研试验任务的要求;在实施阶段,向试验任务提供各种通信业务,完成保障任务;在结束阶段,完成通信装备的撤收和通信电路由任务状态到日常状态的恢复。

1.134　试验文书(documentation of test communication)

试验任务使用的所有文件的统称,主要包括方案类文件、操作类文件、管理类文件等。

1.135　试运行(trial-operation)

系统开通至正式移交前的运行。试运行期间的各种运行数据是正式移交的重要依据。

1.136　时钟(clock)

产生定时信号的单元或设备。时钟内的振荡器产生规定频率的周期信号,经频率变换和波形处理后,输出满足频率和波形要求的定时信号。具有受控功能的时钟,还能接收并同步于外部定时信号。

1.137　数据包(data packet)

网络层的协议数据单元,又称数据分组,简称包或分组。包具有网络层协议规定的结构,边界可识别,通常由包头和网络用户数据组成。包头一般包含信源的网络地址、信宿的网络地址、包长度、用户数据类型、服务质量等网络层协议信息。

1.138　数据链(data link)

在多个传感器、指挥信息系统、武器系统等作战单元之间,按规定的消息格式和通信协议实时传输格式化数字信息的战术信息系统。

与一般通信系统不同,数据链除了拥有终端设备、传输设备等基本要素以外,还拥有特殊的通信规范,即数据报文的消息标准和控制链路运行的通信协议。另外,数据链还包括一些保障通信安全和可靠运行的辅助设备,如加密/解密装置(密码设备)、自检设备、电源等。

数据链主要有以下特点。

(1) 链路平台一体化。以“机—机”方式工作,实现了直接面向传感器、指挥系统和武器系统的有效链接,将空间分散的各种作战单元紧密交链,充分发挥了整体的作战效能,实现了链路平台的自动化、一体化。

(2) 信息传输实时化。“机—机”的工作方式,大大减少了由于人为因素造成的时间延误,实现了信息传输的实时化。

(3) 传输内容格式化。采用统一的格式化消息标准,统一的信息编码,避免了信息格式转换带来的弊端。

(4) 时间空间一致化。为实现传感器信息被其他运动平台用户所共享,数据链的用户需要统一时间和位置参考点,使数据链所链接的各个指挥系统、传感器和作战单元都能保持一致的时间和空间参考基准。

(5) 传输方式的多样性。数据链传输信息的方式有多种,既有点到点的单链路传输,也有点到多点、多点到多点的网络传输,还能通过中继平台实现跨网传输,信息传输的网络结构与网络通信协议具有多样性。根据应用需要与作战环境的不同,数据链可综合采用短波信道、超短波信道、微波信道(包括卫星信道)及有线信道进行信息传输。

(6) 信息传输可靠性较高。针对无线信道传输中的各种自然和人为干扰,数据链普遍采用了先进的纠错编码和误差校正技术,有效地降低了传输的误码率。同时,数据链一般都采用了数据和信道加密技术,从而确保了信息的安全传输。

1.139　数模转换(D/A convertion)

将数字信号转变为模拟信号的过程。数字信号经解码和滤波后才能转换成模拟信号。

1.140　数字信号(digital signal)

在时间和取值上都离散的信号。数字信号承载的是数字序列。模拟信号通过抽样、量化和编码后,可转换为数字信号,这一过程称为模/数转换(A/D)。数字信号通过解码、滤波等处理,可恢复出原来的模拟信号,这一过程称为数/模转换(D/A)。

1.141　双方(both-way)

通信工作方式的属性之一。通信的双方均可发起呼叫。

1.142　双工(duplex)

通信工作方式的属性之一。通信双方能够互发信息:如果通信双方能够同时互发信息的,称为全双工;不能同时互发信息,依靠收发互换实现双工通信的,称为半双工。在有些应用场合,也将半双工称为单工。

1.143　双向(bidirectional)

链路或电路的属性之一。两点之间的用户信息能够同时双向传递。若两个方向的信道传输能力(容量、速率等)相等,则称为双向对称,否则称为双向不对称。

1.144　速率(rate)

单位时间内传送的信息数量。根据信息单位的不同,速率单位有比特/秒、波特(码元/秒)、帧/秒、包/秒等。

1.145　锁相环(phase-locked loop)

闭环的相位自动控制电路或模块,简称 PLL。如图 1.9 所示,锁相环通过鉴相器比较输入信号与输出信号的相位,二者的相位差信号经环路滤波后,控制压控振荡器,并调节其输出信号的相位,使之与输入信号的相位保持一致。锁相环常用作频率合成、载波同步和位同步的核心部件。

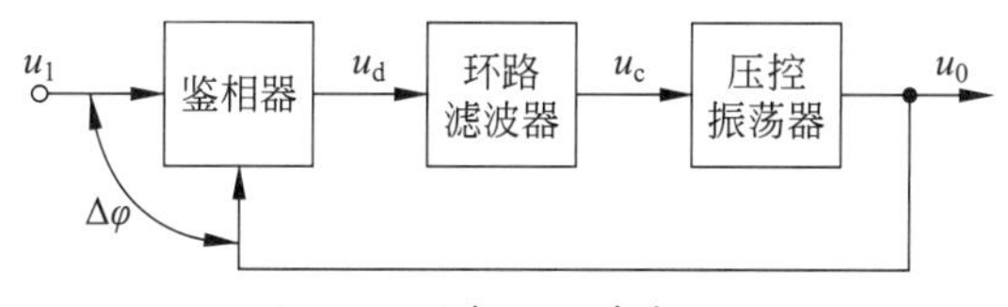

图 1.9　锁相环的基本结构

锁相环分为模拟锁相环和数字锁相环两类。对输出信号的相位进行连续调整的锁相环称为模拟锁相环。模拟锁相环的输入和输出均为模拟信号,使用的器件均为模拟器件。关于数字锁相环,最初认为输入和输出均为数字信号的,即为数字锁相环,在这种锁相环中,中间器件仍为模拟器件,环路中间环节仍存在模拟信号。后来,锁相环实现了全数字化,对输出信号的相位由连续调整变为量化调整。为示区别,将采用全数字部件的锁相环称为全数字锁相环。

1.146 调制(modulation)

用一个信号的值改变另一个信号的参数(如幅度、相位和频率等),从而使后者携带前者的过程,前者称为调制信号,后者称为载波信号,调制后的载波信号称为已调载波信号。基带信号含有直流分量和频率较低的频率分量,而远距离传输所用的信道频率远远高于基带信号,而且频率越高,其拥有的信道带宽资源越多。这样,就需要把基带信号调制到适合信道传输的更高频率的信号上,因此调制成为了传输系统必不可少的组成部分。调制的逆过程称为解调。在双向通信环境中,调制和解调通常由同一个设备来完成,称为调制解调器。

调制有如下几种分类:根据载波信号是正弦信号还是脉冲信号,分为正弦调制和脉冲调制;根据载波信号是电信号还是光信号,分为电调制和光调制;根据载波信号是一个还是多个,分为单载波调制和多载波调制;根据改变正弦载波的参数的不同,分为幅度调制、频率调制和相位调制;根据改变脉冲载波的参数不同,分为脉冲幅度调制、脉冲宽度调制、脉冲位置调制、脉冲编码调制等;根据调制信号是数字信号还是模拟信号,分为数字调制和模拟调制;根据数字调制信号的进制数,分为二进制调制、四进制调制、八进制调制……上述类型之间互相交叉,派生出多种调制方式,如无载波幅相调制(CAP),正交幅度调制(QAM),直接序列调制扩频(DS)等。

将调制与编码、复用等技术结合起来,又产生了格状编码调制(TCM)、正交频分复用(OFDM)等调制方式。

1.147 同步(synchronization)

在通信领域中,同步具有下列多种含义。

(1) 两个或两个以上随时间变化的量在变化过程中保持确定的相对关系。

(2) 两个有差别的事物保持一致的过程。

(3) 一个信号以确定的关系,实时地跟随另一个信号变化而变化的过程。

(4) 具有周期性特征的字节、帧、包的传递方式。

1.148 通道(path)

在通信领域中,通道具有下列两种含义。

(1) 信号在两点间传输时所经过的连续路径,包括传输媒介及连接媒介的手段。

(2) 网络中任意两个节点之间的路由。

1.149 通信(communication, telecommunication)

将信息从一点传递到另外一点或多点的过程。广义的通信包括任何方式的信息传递;狭义的通信特指利用电磁信号传递信息的通信,故狭义的通信又称电信。任何通信都离不开信息、信号和信道。信息是通信的内容,信号携带信息,信道传送信号。

1.150 通信工程设计(communication engineering design)

根据通信建设工程和法律法规的要求,对通信建设工程所需的技术、经济、资源、环境等条件进行综合分析、论证,编制通信建设工程设计文件,并提供相关服务的活动。设计文件主要包括设计说明、设计图纸和工程概算(预算)书。一个完整的通信工程设计分为初步设计、扩充初步设计和施工图设计3个阶段。根据实际工程的规模和技术复杂程度,实际的工程设计可省略初步设计和/或扩充初步设计阶段。初步设计和扩充初步设计的结果只是整个工程设计的中间结果,只有施工图设计的结果才是整个工程设计的最终结果,才能作为现场施工的依据。

1.151 通信联试(co-exercise of communications)

试验通信系统在实现互连互通后,按照执行任务的工作模式和状态进行的系统检查性过程。通信联试旨在验证试验通信系统执行任务的工作模式和状态的正确性,确保系统不带隐患执行试验任务。

1.152 通信联调(co-adjustment of communications)

试验通信系统各设备互相配合,实现互联互通的调试过程。通信联调是试验任务通信系统建立物理连接后的主要工作之一。通过通信联调,实现系统内部以及系统与其他试验任务系统的互联互通。按照范围和规模划分,通信联调分为站内联调、基地内联调、基地间联调、全系统联调。一般先进行站内联调,然后进行基地内联调,再进行基地间联调,最后进行全系统联调。

1.153 通信手段(communication means)

传输信息的媒体、途径和措施的统称。按照信息传输的媒体,通信手段分为无线电通信、有线电通信和光通信,亦可分为无线通信和有线通信。无线通信包括无线电通信和无线光通信,有线通信包括有线电通信和光纤通信。

1.154 通信网(commnnication network)

具有节点和连线的拓扑结构,向多个用户提供相互通信的系统,简称网络或网。在点到点通信方式下,N 个用户实现任意的两两通信,需要 $N(N-1)/2$ 条电路。随着用户数量的增加,所需的电路数量大致以平方的关系增加,即 N 平方问题。N 平方问题制约了用户数量的增加。合理的解决方案是设置若干节点,节点之间用电路连接起来,形成通信网,用户连接到节点上,节点负责选路,并将选中的电路连接起来,最终形成一个用户到用户的通信路径。因此,网络是用户数量需求增多,点到点通信无法满足用户使用需求后的必然产物。传统的网络由传输(电路)、交换(节点)和终端(用户)3个部分组成。随着网络规模扩大,功能增加,网络中出现了用于自身安全和运行管理等的支撑系统。根据节点和连线的拓扑关系,网络结构分为总线型、环型、星型、树型、网状型等结构。

为了满足不同应用场合、不同业务需求,出现了多种类型的网络:根据业务划分,网络分为电话网、电报网、数据网、图像网、计算机网等;根据传输媒体划分,分为无线电网、无线光网、有线电网、光纤网等;根据工作频率划分,分为短波网、超短波网、微波网等;根据终端是否可移动使用划分,分为固定网、移动网等;根据主要设备所在的位置,分为地面网、卫通网、空间网等;根据所传输的信号是数字还是模拟划分,分为数字网、模拟网;根据交换方式是人工还是自动划分,分为自动网和人工网;根据通信距离划分,分为长途网、本地网;根据覆盖范围划分,分为局域网、园区网、城域网、广域网;根据技术的先进程度划分,分为一代网、二代网、三代网、四代网等;根据用户范围划分,分为公用网、专用网等;根据实际用途划分,分为办公网、指挥网、试验网等。一个具体的网络,根据不同的分类标准,可归入多个类型。

随着网络规模的扩大和复杂度提高,同一个网内再分为若干网:按照垂直划分的原则,分为业务网、业务承载网和传送网;按照水平划分的原则,分为核心网、接入网和用户驻地网,或者骨干网和边缘网。网络的支撑系统构成网络形态的,又称网,如同步网、信令网、管理网等。在一个实体网络内,采用虚拟技术虚拟出来的网,称为虚拟网,如虚拟局域网、虚拟专用网等。在IP网平台上构建的各种不同形式的应用,也可称为网,如万维网、对等网、客户机/服务器网。

1.155 通信系统(communication system)

将信息从一点传递到另外一点或多点的系统。由于采用的技术手段和实现的方式众多,通信系统种类繁多,互相差别很大,但从用户的角度看,总可以抽象为一个由信源、信宿和信道组成的模型。通信系统可按照传输媒体、业务、通信距离、使用对象、使用场合、技术特点等进行分类。

通信系统是信息系统的组成部分,主要承担信息传输的任务。但是一个通信系统通常并不完全隶属于同一个信息系统,而是多个信息系统共用的基础设施。这使通信系统能够独立于信息系统的其他部分而发展。

1.156 通信业务(communication service)

通信系统向用户提供的服务,又称通信服务,简称业务。一般按照业务信息内容和使用特点进行分类和命名:按照业务信息内容,分为电话业务、图像(视频)业务、数据传输业务、互联网业务、电报业务、传真业务等;按照用户终端的移动性,分为固定业务、游牧业务和移动业务等;按照业务能否单独提供,分为基本业务和补充业务;按照是否包括用户终端功能,分为承载业务和用户终端业务。

在试验任务中,通信业务质量须满足规定的技术指标要求。这些指标通常在通信系统论证和设计阶段确定下来,并作为系统设计和建设的依据。

1.157 通信应急预案(emergency plan of communication)

为应对试验任务中可能出现的通信故障和问题,事先制定的处理方案。通信应急预案一般包括职责与分工、保障措施、预想的故障和问题、处理方法和处理步骤等。

1.158 通信总体技术方案(test communication general technical design)

对试验任务通信系统的传输手段和业务系统进行总体设计的文件。通信总体技术方案是组织实施试验通信的依据之一,内容包括概述、依据和原则、任务和要求、方案设计、设备改造与经费估算等。方案设计是通信系统总体技术方案的核心内容,一般包括传输手段、承载系统、指挥调度系统、数据传输系统、时间统一系统、图像系统等。

1.159　通信组织实施方案(test communication organization and implementation design)

对试验任务通信的组织与实施作出明确规定和要求的文件。通信组织实施方案是实施科研试验任务通信保障的基本依据,根据试验任务要求和试验通信总体技术方案制定,其主要内容包括试验通信系统担负的任务、有线电和无线电通信的组织和电路分配、协同和外事通信的组织、无线电通信联络和通信设备工作的有关规定、各参试单位的任务和职责以及通信台站间业务指导关系。

1.160　透明(transparent)

接收端收到的信息与发送端发送的信息完全一样的现象。在透明方式下,通信系统不对用户发送的信息内容和先后次序做任何改变。如果发送端发送什么样的比特序列,接收端就收到什么样的比特序列,这种透明方式称为比特透明;如果发送端发送什么样的数据包,接收端就收到什么样的数据包,这种透明方式称为包透明。在包透明方式中,接收端收到的包头可能与发送端发送的不完全相同,但包内的用户数据完全一样。

1.161　拓扑结构(topological structure)

采用拓扑学方法描述的系统或网络结构。拓扑学方法是一种研究与大小、距离无关的几何图形特性的方法。网络拓扑结构由若干节点和连接这些节点的线条组成,节点之间有直接连接关系时,用线条将他们连接到一起,而不必关心节点间的距离和传输容量等。拓扑结构是网络的重要设计内容,对网络的性能和可靠性有着重要的影响。

1.162　网关(gateway)

将不同网络连接起来的功能实体。网关具有物理接口转换、协议转换等功能。

1.163　网络地址(network address)

通信网中用来识别和寻找用户的一串数字或字符,因其作用类似于邮政中的通信地址而得名。在固定电话网等网络中,地址习惯上叫号码。网络给一个用户分配一个全网唯一的地址,并将其与用户接入的位置关联起来。网络地址可以固定分配给用户,也可以在用户每次登录或呼叫时,临时从公共地址池中分配。网络地址是网络进行路由选择的重要依据。网络根据地址才能正确选择路由,将信息发送到该信息的接收用户。

1.164　网络融合(network convergence)

异构的网络通过各种方式进行的渗透和整合。网络融合包括两层含义:一是在数据传输层面,所有网络的数据传输均被整合在一个网络中进行;二是在应用层面,把以前各种异构的网络上的应用全部整合到同一个 IP 网络上,从而实现应用上的统一。网络融合的实质不是消灭异构,而是屏蔽异构。

网络融合的技术架构如图 1.10 所示,其目标是实现统一的应用界面、统一的运行平台、统一的网络管理。

1.165　网守(gatekeeper)

网络中负责地址解析、呼叫接入控制、带宽控制和区域管理的功能单元。网守与网关的区别在于,网守负责网络的呼叫控制,而网关用于连接不同的网络。

1.166　网同步(network synchronization)

数字网内交换局(节点)时钟之间的同步,又称

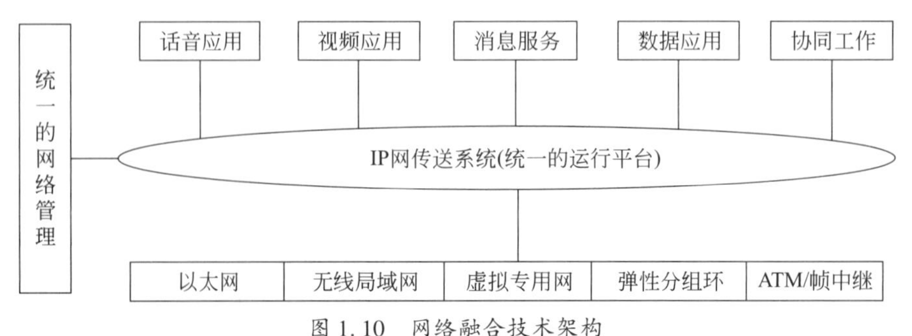

图 1.10　网络融合技术架构

交换同步。在数字交换中,对特定电路的交换只能在特定的时隙上进行,这就要求各个方向传送来的数字信息流的定时信号与本地时钟信号同步工作。否则,必然产生收快转发慢或收慢转发快的现象。当收发快慢不一致积累到一定程度时,将导致缓冲器溢出或读空,从而产生错读,这一现象称为滑动。滑动问题是网同步所要解决的问题。

网同步主要分为准同步和全网同步两类。在准同步方式下,网内各节点均采用高精度的时钟,但相互独立,在交换时通过缓存换钟的方式实现同步。准同步不能完全避免滑动,但采用的时钟精度越高,滑动的间隔时间就越长。在全网同步方式下,网内各节点时钟实现同频,达到全网同步工作。根据网内时钟控制关系的不同,全网同步又分为主从同步、相互同步和外部基准同步:主从同步是由主站时钟控制各从站时钟,通过多级的主从控制实现的全网同步;相互同步是各站时钟相互控制,最终实现的全网同步;外部基准同步是各站时钟均同步在同一个外部基准时钟上实现的全网同步。

一般来讲,不同的网络之间连网时,相互之间采用准同步方式工作,在网络内部采用全网同步方式工作。

1.167　误差(error)

测量值或计算值与真实值之差。误差是客观存在的,不可避免,但可以减少。根据产生的原因及性质,误差分为系统误差与随机误差两类:系统误差是由于测量设备精度、测量所依据的理论公式的近似性、测量条件和测量方法不当等引起的误差。其特点是测量结果向一个方向偏离。因此减小系统误差无法采用数理统计的方法,只能采用提高测量设备精度、改进测量方法等措施;随机误差是由于测量时的随机因素造成的误差。一般难以找出随机误差的真正原因。但随机误差都服从一定的统计规律,如高斯分布等。这样,就能通过多次测量,运用数理统计的方法来减小随机误差。只要测量次数足够多,就能将随机误差减小到足够小。

1.168　无缝连接(seamless connection)

在通信领域,无缝连接的含义有两种。

(1) 用户感受不到的系统内部之间的连接。多个系统连接成一个大系统,用一个接口向用户提供服务时,用户只感受到大系统的存在,而感受不到内部系统的存在。

(2) 用户感受不到切换的连接。线路切换、设备切换、移动导致的接入点切换等,都会使当前的连接中断,再建立新的连接。如果是无缝连接,则在切换的过程中,用户感受不到业务中断或严重的质量下降,如同两个连接之间没有“缝隙”,用户感受不到切换一样。

1.169　五性(5-performance)

可靠性、维修性、保障性、测试性、安全性的统称。增加环境适应性而成六性。

1.170　谐波失真(harmonic distortion)

谐波所造成的失真。由于电子器件的非线性,使系统或设备的输出信号中出现了输入信号的高次倍频信号,这些倍频信号称为谐波,输入信号称为基波,基波的二倍频谐波称为二次谐波,三倍频谐波称为三次谐波,以此类推。谐波在输出端叠加在基波信号上,造成了输出信号的失真。$N(N>1)$次谐波产生的失真,称为N次谐波失真。所有谐波共同产生的失真称为总谐波失真。总谐波失真用总谐波失真系数表示,记为THD。

$$\text{THD} = \sqrt{\frac{Q^2 - Q_1^2}{Q^2}} \times 100\% \qquad (1\text{-}4)$$

式中:Q——输出信号总有效值,可以是电压和电流;

Q_1——输出信号中基波信号的有效值。

总谐波失真与基波频率和输出功率有关,因此测量一个系统或设备的总谐波失真系数时,须规定输入信号频率和输出信号功率。输入信号频率一般在输入信号频率范围内选出若干个具有代表性的频率,输出信号功率一般选为最大输出功率。

1.171　协议(protocol,agreement)

在设备对设备和设备对人的通信中,对双方的互动以及如何处理遇到的情况进行的事先约定,又叫规程。通过执行协议,通信双方相互配合,完成通信任务。协议双方互发的协议信息称为协议数据单元。通过解读接收到的协议数据单元,一方了解对方“意图”并作出相应的响应。如果没有协议,通信双方互相不理解对方“意图”,通信就无法进行下去。

语义、语法和时序是构成协议的三要素:语义解释协议数据单元每个部分的意义,规定需要发出何种协议数据单元,以及需要完成的动作与做出什么样的响应。语法是协议数据单元的结构与格式，以及各种协议数据单元出现的顺序。时序是对事件发生顺序的规定。

1.172 协议数据单元(protocol data unit)

在分层结构的网络中，对等层实体之间交互的数据包，简称PDU。协议数据单元由包头和用户数据组成。包头的组成结构和各组成部分的含义由该层协议规定，用户数据是该层的上层交付给该层的，实质上是上层的协议数据单元。

1.173 协议栈(protocol stack)

网络中各层协议的总和。在分层的网络中，根据协议执行的主体，每一个网络协议都可归为某一层，如此形成一个有层次结构的协议集合，即协议栈。

1.174 协议转换器(protocol converter)

完成协议转换功能的设备，又称接口转换器，简称协转。协议转换器将两个不同协议(接口)的系统(设备)连接起来，通过协议翻译，实现互连互通。

1.175 信道(channel)

两点之间单向传输信号的手段，又称通路。信道是一个相对的概念，如调制器使用的信道称为调制信道，保密机使用的信道称为保密信道，数据终端使用的信道称为数传信道。

1.176 信道倒换(switching of channel)

用备用信道替换故障信道工作的过程，又称信道切换，简称倒换或切换。信道倒换分为1+1、1∶1和1∶n这3种方式。

(1) 1+1倒换方式：又称单端倒换。发端在主备两个信道上同时发送同样的信息。在正常情况下，收端选收主用信道上的信息；主用信道故障时，收端切换到备用信道。该方式倒换速度快但信道利用率低。

(2) 1∶1倒换方式：又称双端倒换。发端在主用信道上发主用信息，在备用信道上不发信息或发低级别信息。正常情况下，收端从主用信道上收主用信息，从备用信道上收低级别信息。当主用信道故障时，发端在备用信道上停发低级别信息，改发主用信息，收端切换到备用信道上接收主用信息。这种方式倒换速率较慢，但信道利用率高。

(3) 1∶n倒换方式：一条备用信道保护n(n>1)条主用信道。这种方式的信道利用率高，但两条以上主用信道同时发生故障时，只能保护一条，降低了信道传输信息的可靠性。

在试验任务中，重要信息均采用双路由进行传输。如果用户只提供一个接口，则倒换方式一般为1∶1，倒换由通信系统完成。如果用户提供两个接口，在两个接口上同时发送同样的信息，则倒换方式为1+1，倒换由用户系统完成。

1.177 信道容量(channel capacity)

理论上信道传输信息的最大速率。香农推导出了信道容量的计算公式即香农公式：

$$C = B\log_2(1 + S/N) \tag{1-5}$$

式中：C——信道容量，单位为b/s；

B——信道带宽，单位为Hz；

S/N——信道接收端信号的信噪比。

1.178 信号(signal)

随时间变化的物理量。在通信领域，信号指承载信息的电光信号。信号是信息的表现形式，是信息传输的客观对象，而信息是信号代表的具体内容，蕴藏在信号之中。信号随时间变化，是时间的函数，因而表现出一定的时间特性，如出现时间的先后、持续时间的长短、重复周期的大小以及随时间变化的快慢等。同样，信号也可以分解为许多不同频率的正弦分量，因而表现出一定的频率特性，如各频率分量的相对大小、主要频率分量占用的范围等。

信号的分类方法很多。按照取值是否确定，可分为确定信号和随机信号；按照取值在时间上是否连续，可分为连续信号和离散信号；按照信号是否模拟信息的变化，分为模拟信号和数字信号；按照信号是否重复，分为周期性信号和非周期性信号。

1.179 信号频谱(frequency spectrum)

信号各频率分量的值(幅值、功率或功率密度)按频率排列而成的系列，简称频谱。信号频谱直观反映了信号的频率成分及各频率分量的大小。

1.180 信息(information)

消息中包含的接收者不确定或不知道的内容。消息的接收者通过获得信息，而将自己不确定或不知道的内容变为确定和知道的内容。信息包含在消息中，消息以接收者能够接收的形式表现出来，如话音、图像、文件等。在不容易引起混淆的情况下，消息通常称为信息。

1.181　信息系统(information system)

以信息应用为目的，以计算机技术和通信技术为基础构建的系统。一般由信息获取、信息传输、信息处理、信息应用以及安全、管理等支撑系统组成。

1.182　虚拟(virtual)

以真实资源为基础，采用逻辑分割、资源共享、仿真等手段，建立与实体具有同样功能和性能的非实际存在的技术。实物和虚拟物虽然实现方法不同，但没有使用上的差别。虚拟出的设备、电路和网络等的建立、改变和拆除，一般不需要改变硬件，仅需改变参数配置即可。在通信技术领域，采用虚拟方法，可产生虚电路、虚通道、虚拟局域网、虚拟专用网等。

1.183　需求分析(requirement analysis)

通过分析需求得到明确的设计要求的过程。一般情况下，试验任务的原始需求存在不全面、不直接、不合理、相互矛盾等问题，不能直接作为通信系统设计的输入和依据。需求分析的主要任务就是对原始需求进行分析，将其转化为明确的系统设计要求。

1.184　验收(acceptance)

系统接收和移交前的各种检验。验收通过是设备接收和移交的必要条件。

1.185　业务指导关系(professional guidance relationship)

没有行政隶属关系的单位之间建立的业务指导与被指导关系。为便于组织和协调业务工作，上级业务主管部门在具有同一业务的各站中，指定其中一个站为业务指导站，其他站服从业务指导站的指导。

1.186　异步(asynchronization)

在通信领域，异步有以下几种含义。

(1) 两个或两个以上随时间变化的量在变化过程中没有确定的相对关系。

(2) 两个或两个以上的信号相互独立。

(3) 无周期性特征的字节、帧、包的传递方式。

1.187　异构网(heterogeneous network)

由不同类型的网络组成的网络。异构主要体现在接口、协议、接入、终端、手段、业务的不同上。异构的网络不能直接互连互通，需要采用网关等网络融合手段屏蔽网络的异构性，才能将异构的网络连接起来。互联网就是一个异构网络，其用路由器(网关)将各种异构的物理层网和链路层网连接在一起。

1.188　移交(transfer,handover)

卖方将系统和设备移交给买方的行为。移交后，系统和设备的产权或管理权转移到买方。

1.189　一体化(integration)

一体化通常具有下列几种含义。

(1) 把多个实体逐步融合成一个实体的过程。

(2) 把多个实体融合成一个实体的结果。

(3) 作为限定语，表示限定的对象已由多个实体融合成了一个实体。

一体化可以从多个视角去界定和理解，因此可能具有不同的内涵。通信系统的一体化，主要体现在互联互通的能力和标准化程度上。

1.190　远程协同系统(remote collaborative system)

为地域分散的用户提供协调与协作完成一项任务所需信息的交流平台，是试验通信业务系统之一。如图1.11所示，系统采用三层体系架构，分为接入层、控制层和应用层，三者相互分离，既可独立发展，又可实现分布式配置，依靠承载网络灵活的业务承载能力，可向用户提供即时通信、电子白板、桌面会议、程序共享、电子邮件、文件传输、决策会商等多种服务。系统采用VoIP、IPTV、远程呈现等多种计算机及通信技术实现。信息传输基于TCP/IP协议

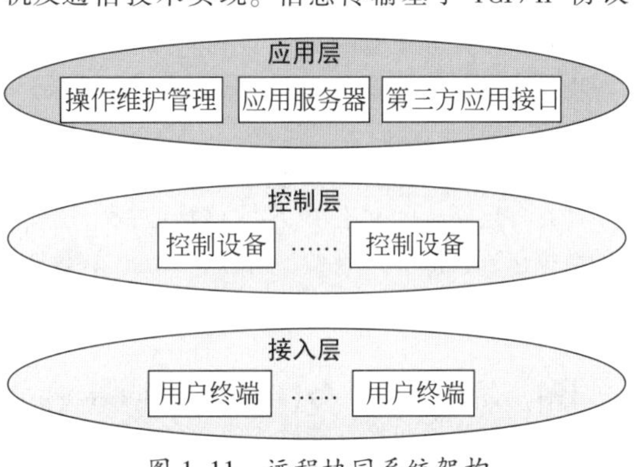

图1.11　远程协同系统架构

族，一路多媒体信息传输速率根据网络条件可在64 kb/s～8 Mb/s调整。为提高网络适应性，系统还采用丢包恢复、动态抖动缓冲及话音视频差错消隐等技术保障业务服务质量。远程协同系统的设备组成主要包括各种业务功能服务器、维护操作控制台及多媒体用户终端等设备。系统的主要功能如下。

(1) 即时通信：类似QQ、腾讯通软件的功能，异地参试用户可实现点对点及点对多点的短消息发送、音视频通信和文件传输。

(2) 桌面会议：采用多媒体计算机作为终端设备，用户通过摄像头、耳麦可实现两人或多人之间的音视频实时交互。

(3) 电子白板：类似黑板功能，异地参试用户通过各自的鼠标，可共同对同一个文件、PPT或图片进行描绘、标注等操作。

(4) 程序共享：通过共享计算机屏幕显示，用户可将本人的屏幕显示信息实时共享给其他用户查看，实现信息共享。

(5) 决策会商：采用电话会议的模式实现多个用户间实时话音沟通，用户通过既定的分组，以头戴耳麦的方式实现相互的实时交流。

1.191　用户(user, subscriber)

业务的使用者，可以是人，部门和系统。在试验任务中，测试发射系统、测控系统、气象系统、试验指挥系统等都是试验通信系统的用户。试验通信系统内部的通信业务使用者，也构成试验通信系统的用户。

1.192　用户到用户(user-to-user)

用户终端与用户终端之间的连接。当用户以终端的身份接入网络时，用户到用户等同于端到端。当用户以用户驻地网的身份接入网络时，用户到用户由用户驻地网和端到端两部分构成。

1.193　用户数据单元(subscriber data unit)

在分层结构的网络中，层实体接收的上层实体的数据包，简称SDU。层实体将用户数据单元作为协议数据单元中的用户数据进行透明传送。

1.194　用户终端业务(terminal service)

为用户提供包括终端设备功能在内的完整通信能力的电信业务。

1.195　游牧(nomadic)

一种业务接入方式。用户可以在网络覆盖范围内任意一点接入，但每次接入都要中断当前连接，再次通过身份确认接入网络。与固定式业务接入不同的是，能够在多个接入点接入；与便携式和移动式业务接入不同的是，不支持用户在接入点之间进行自动切换。

1.196　在线(on-line)

在通信领域，在线具有下列几种含义。

(1) 设备连接到系统中，加电正常工作。

(2) 用户终端登录上网。

(3) 监测设备实时对被监测系统进行监测。

1.197　噪声(noise)

混入到有用信号之中的干扰信号的总和。干扰信号分为乘性干扰和加性干扰两种：乘性干扰以与有用信号相乘的方式反映到实际信号中，主要是由信道的线性畸变、非线性畸变、交调畸变、衰落畸变等引起的。乘性干扰与有用信号密切相关，如果有用信号不存在，乘性干扰随之消失；加性干扰以与有用信号相加的方式反映到实际信号中，主要来自外部干扰和设备固有的噪声干扰。加性干扰独立于有用信号，与有用信号是否存在无关。

任何有用信号都不可避免地混入噪声。为克服噪声干扰，出现了众多抗噪声干扰的通信技术。克服无线信道的多径效应产生的乘性干扰，一般采用抗多径效应的分集接收、信道纠错编码和调制技术。加性干扰主要为脉冲噪声和起伏噪声。脉冲噪声一般干扰强度大，但短暂，对数字通信的危害是导致突发误码。起伏噪声可看作服从高斯分布、功率谱密度为常数的高斯白噪声，对数字通信的危害是产生随机零星误码。克服加性干扰，一般采用信道纠错编码和提高信噪比的技术。

1.198　增益(gain)

衡量设备或系统的信号放大能力的指标，单位为dB。放大器、增音器、再生中继器等设备的增益为以dB表示的输出功率与输入功率之比。天线的增益为在相同的输入信号、相同的位置和相同的测试点下，以dB表示的天线信号强度与理想全向天线信号强度之比。天线增益衡量的是天线相对于理想全向天线而言的信号放大能力。

增益是系统或设备的固有属性，在线性工作范围内与输入信号的大小无关。

1.199 增值业务(value-added service)

凭借通信网的资源和其他通信设备而开发的附加通信业务。增值业务在原有网络的基础上增加了新的服务功能,提高了网络的使用价值和经济效益。

1.200 帧(frame)

物理层和数据链路层的协议数据单元。在物理层的时分复用系统中,群路传输各支路信息所用的帧由帧定位时隙和各支路占用的时隙组成。一般来讲,物理层的帧长固定,不管有无信息传送,均等间隔发送。常见的有脉冲编码调制(PCM)复用帧,准同步数字体系(PDH)帧,同步数字体系(SDH)帧等。数据链路层的帧包括帧头和用户数据字段。协议不同,帧的结构也不同。一般来讲,数据链路层的帧长不固定,但规定最小帧长和最大帧长。帧排队发送,无信息内容时停发。常见的有以太网帧,点到点协议(PPP)帧,高级数据链路控制规程(HDLC)帧等。

1.201 重点保障(key support)

任务关键时段的通信保障,简称重保。在持续时间较长的试验任务中,有若干时段进行的试验对试验任务的成败影响重大,其通信保障较其他时段的要求更高,需采取更多的保障措施予以保障。

1.202 终端(terminal)

连接到网络以便接入一种或多种指定业务的用户设备,通常也叫终端设备。终端按业务可分为数据终端、话音终端、图像终端等。

1.203 中国通信标准化协会(China Communications Standards Association)

中国企、事业单位自愿联合组织起来,经业务主管部门批准,国家社团登记管理机关登记,开展通信技术领域标准化活动的非营利性法人社会团体,简称CCSA。该协会的主要业务包括:开展通信标准体系研究和技术调查,提出制、修订通信标准项目建议;组织会员参与标准草案的起草、征求意见、协调、审查、标准符合性试验和互连互通试验等标准研究活动。

1.204 中继(relay)

信号的再生和/或放大过程。当信号经过一段距离的传输,衰减到一定程度后,需对信号进行再生和/或放大处理,以增加传输距离。实现中继功能的设备,称为中继器。

1.205 中间件(middleware)

处于操作系统软件与用户的应用软件之间的独立的系统软件或服务程序。中间件为应用软件提供运行与开发的环境,管理计算机资源和网络通信,帮助用户灵活、高效地开发和集成复杂的应用软件。应用软件借助中间件在不同的技术之间共享资源。

中间件大致可分为终端仿真/屏幕转换中间件、数据访问中间件、远程过程调用中间件、消息中间件、交易中间件、对象中间件等。

由于中间件需要屏蔽分布环境中异构的操作系统和网络协议,因此它必须能够提供分布环境下的通信服务。由中间件提供的通信服务包括同步、排队、订阅发布、广播等,在此基础上,可构筑各种框架,为应用程序提供不同领域内的服务,如事务处理监控器、分布数据访问、对象事务管理器等。中间件为上层应用屏蔽了异构平台的差异,而其上的框架又定义了相应领域内的应用的系统结构、标准服务组件等。这样用户只需告诉框架所关心的事件,然后提供处理这些事件的代码,不必关心框架结构、执行流程、对系统级的程序调用等。当事件发生时,框架则会调用用户的代码,而用户代码不用调用框架。因此基于中间件开发的应用程序具有良好的可扩充性、易管理性、可用性和可移植性。

1.206 装船要素(element of shipment)

测量船通信设备安装和使用对测量船平台的要求。装船要素是测量船平台设计和建造的依据,主要包括舱室部署、电源部署、空调部署、电缆部署、天线部署等方面的要求。

舱室部署要求至少包括:每个工作舱室的设备布置图(含家具),图中要标明电缆沟(槽)及电缆的走向,主要设备要有定位尺寸,特制家具要有外型图,若家具上面要安装设备,则要标明承受质量;各工作舱室的屏蔽等级要求及接地要求;各工作舱室机柜、工作台的数量,每个机柜、工作台的外型尺寸、质量、重心高度(包括减震器的数量、型号及布置位置、布置方向)。

电源要求至少包括:每个机柜(或设备)使用的电源种类及路数(三相三线制交流380 V、三相三线制交流220 V、直流24 V)要求;功耗要求(平均功耗、最大功耗、功率因数）；每个工作舱室电源插座的数量、位置及电压、功率要求；每个工作舱室的照度要求及照明灯控制路数要求等。

空调要求至少包括：每个机柜（或设备）的设备散热量；每个工作舱室工作人员的数量；每个工作舱室的温度、湿度及通风要求；设备的冷却方式，包括风冷时的风压、风量、温度变化（进出温度）等，水冷时的冷却量，冷却水进出口的水温、水压、流量、阻力损失等。

电缆部署要求至少包括：每个分系统的外部电缆连接图及电缆连接表，包括起始设备及终止设备名称，电缆的数量、型号、规格；每个分系统的内部电缆连接图及电缆连接表，包括起始设备及终止设备名称，电缆的数量、型号、规格（含随机电缆）；波导走向图、直波导标准长度、外形尺寸，弯波导外形尺寸及对波导的安装要求；大型设备的天线圆筒电缆走向图等。

天线部署要求至少包括：需船厂订货的常规天线的数量及安装位置要求；特装天线的质量及重心高度；特装天线的天线外形尺寸，包括天线面大小、天线口面至俯仰轴尺寸及天线俯仰轴至天线底座的尺寸等；特装天线天线座与船体接口处的安装尺寸，包括螺钉孔尺寸大小、位置、数量及对船体基座面的加工要求，含船艏艉线的安装图；特装天线对船体基座刚度及振动频率的要求等。

1.207　字段（segment, field）

协议数据单元的基本组成单位，又称域。协议数据段元由若干字段组成，字段由若干字节或比特组成，其长度和意义由相应的协议规定。

1.208　子接口（sub-interface）

在一个物理接口上虚拟出的多个逻辑接口。这些逻辑接口称为物理接口的子接口。

1.209　自愈网（self-healing network）

能够自动发现故障，快速绕过故障点，从而不影响通信业务的网络。一般通过自动切换，自动路由迂回等手段实现自愈。自愈时间一般在数十毫秒量级。失效元部件的修复和更换，需要人工干预才能完成，不属于自愈的范畴。

1.210　总体设计（general design）

工程项目的总体方案和总体技术途径的设计过程。总体设计侧重于工程项目的顶层设计和技术设计，一般在立项论证完成后展开。其设计成果为总体技术方案，一般作为工程设计与实施的输入和依据。

1.211　组网（networking）

运用网络设备、网络管理设备、网络安全设备、终端设备、线路、软件等构建网络的工作。组网涉及网络结构设计，协议选择、布线设计，设备软硬件选型和配置等。

1.212　最大传输单元（maximum transmission unit）

协议数据单元所能传输的最大用户数据的长度，简称 MTU。如以太网帧中数据字段的最大长度是 1500 B，则以太网数据链路层的最大传输单元为 1500 B；IP 包用户数据字段的最大长度是 65 535 B，则 IP 网网络层的最大传输单元为 65 535 B。

第2章 光 通 信

2.1 C 波段(conventional C band)

光纤通信中波长范围为1530~1565 nm 的波段。C 波段是常规波段的习惯叫法,是光纤通信系统应用较早的波段之一。光纤通信中的 C 波段与无线电通信中的 C 频段不同,无线电通信中所定义的 C 频段频率范围为 4~6 GHz。

2.2 DCN 网(data communication network)

光纤通信系统中,专指用于承载网络管理信息和分布式信令消息的数据网络。DCN 网通过具有路由/交换功能的链路互联而构成,提供物理层、数据链路层、网络层功能。DCN 网的架构可以基于 IP、OSI 或二者混合。

DCN 网有带内和带外两种信道传输方式。带内方式中,网络管理信息和分布式信令消息由基于光纤通信系统本身的数据通信信道(DCC)的嵌入式控制通道(ECC)来传输。带外方式又分为光纤内的带外方式和光纤外的带外方式两种。光纤内的带外方式中,网络管理信息和分布式信令消息由专用信道传输,与业务信道分离,但专用信道和业务信道共用相同的光纤。光纤外的带外方式中,网络管理信息和分布式信令消息由专用信道传输,使用的光纤也与业务信道使用的光纤不同。

2.3 E 波段(extended band)

光纤通信中波长范围为1360~1460 nm 的波段。E 波段是扩展波段的习惯叫法。由于光纤制造技术的进步,消除了光纤 1385 nm 附近的 OH^-离子,明显降低了水峰吸收对光信号的衰减,从而将 E 波段扩展成为实际可用的波段。

2.4 G.651 光纤(G.651 fiber)

ITU-T G.651 建议《用于光接入网的 50/125 μm 多模渐变折射率光纤的特性》规定的多模光纤。G.651 光纤的纤芯直径为 50 μm,包层直径为 125 μm,工作波长为 850 nm 和 1300 nm,在 850 nm 波长处最大衰减系数为 3.5 dB/km,在 1300 nm 波长处最大衰减系数为 1.0 dB/km,模式带宽距离乘积为 500 MHz · km。G.651 光纤主要应用于接入网和局域网场合。

2.5 G.652 光纤(G.652 fiber)

ITU-T G.652 建议《单模光纤的特性》规定的单模光纤,又称标准单模光纤,1310 nm 性能最佳单模光纤,非色散位移光纤。G.652 光纤工作波长为 1310 nm 和 1550 nm。非零色散波长位于 1310 nm,在 1550 nm 波长处衰减最小,具有较大的正色散,色散数值大约为 17 ps/(nm · km)。在 1310 nm 波长处最大衰减系数典型为 0.4 dB/km,在 1500 nm 波长处最大衰减系数典型为 0.3 dB/km。G.652 光纤根据传输性能又分为 G.652A、G.652B、G.652C、G.652D 这 4 个子类。G.652 光纤多应用于本地光缆网。

2.6 G.653 光纤(G.653 fiber)

ITU-T G.653 建议《色散位移单模光纤光缆的特性》规定的单模光纤。G.653 光纤通过改变光纤的结构参数和折射率分布形状,并加大波导的色散,将最小零色散点从 1310 nm 波长处移到 1550 nm 波长处,实现在 1550 nm 波长处衰减最小和零色散。在 1550 nm 波长处,G.653 光纤的色散数值大约为 3.5 ps/(nm · km),最大衰减系数典型为 0.35 dB/km。由于掺铒光纤放大器工作波长区域与 G.653 光纤匹配,G.653 光纤非常适合长距离(数千千米海底系统和长距离陆地干线系统)单信道高速率光纤传输系统。在 G.653 光纤上开通波分复用系统存在四波混频非线性效应,阻碍了其在波分复用领域的应用。

2.7 G.654 光纤(G.654 fiber)

ITU-T G.654 建议《截止波长位移单模光纤光缆的特性》规定的单模光纤,又称 1550 nm 性能最佳单模光纤。G.654 光纤的色散数值大约为 20 ps/(nm · km),在波长 1550 nm 处衰减系数的典型数值为 0.22 dB/km,最小可达 0.18 dB/km,并且弯曲损耗小。G.654 光纤制造困难,造价昂贵,主要应用于传输距离长且不能插入有源器件的无中继海底光纤传输系统。

2.8　G.655 光纤(G.655 fiber)

ITU-T G.655 建议《非零色散位移单模光纤光缆的特性》规定的单模光纤。G.655 光纤分为 G.655A、G.655B、G.655C 这 3 个子类。G.655 光纤最大衰减系数典型为 0.35 dB/km。G.655 光纤由于在波长 1550 nm 处色散数值为 0.1~6.0 ps/(nm · km),很好地平衡了四波混频所引起的非线性,可应用于高速、大容量、密集波分复用的长距离光纤传输系统。

2.9　G.656 光纤(G.656 fiber)

ITU-T G.655 建议《用于宽带光传输的光纤和光缆的特性》规定的单模光纤。G.656 光纤在 1460~1625 nm 的色散系数为 2~14 ps/(nm · km),相对色散斜率接近 G.652 光纤相对色散斜率,但低于 G.655 光纤相对色散斜率,可在整个 S+C+L 波段使用。G.656 光纤是一种新型非零色散位移光纤,适用于宽波段的密集波分复用系统。

2.10　IP OVER SDH

使用 SDH 帧传送 IP 数据包的技术。IP OVER SDH 使用链路适配协议和组帧协议对 IP 数据包进行封装,封装后的 IP 数据包映射到 SDH 虚容器,从而实现 IP 数据包在 SDH 网上传送。

2.11　IP OVER WDM

通过 WDM 光路直接传送 IP 数据包的技术,又称光因特网技术。IP OVER WDM 综合利用 IP 技术和 WDM 光网络技术,使交换机、路由器之间通过光纤直接连接至光网络层,去掉了 ATM 和 SDH 层,减少了网络层次和功能重叠,使设备得以简化,网络管理的复杂性得以降低。IP OVER WDM 最大优点是能充分利用 WDM 的巨大带宽。

2.12　L 波段(long wavelength band)

光纤通信中波长范围为 1565~1625 nm 的波段。L 波段是长波段的习惯性叫法,因比常规波段的波长长而得名。光纤通信中的 L 波段与无线电通信中所定义的 L 频段实际含义不同,无线电通信中所定义的 L 频段的频率范围为 1~2 GHz。

2.13　《N×100 Gb/s 波分复用(WDM)系统技术要求》(Technical Requirements for N×100 Gb/s Wavelength Division Multiplexing(WDM) System)

中华人民共和国通信行业标准之一,标准代号为 YD/T 2485—2013,2013 年 4 月 25 日,中华人民共和国工业和信息化部发布,自 2013 年 6 月 1 日起实施。标准规定了单通路速率为 100 Gb/s 的 WDM 系统在 C 波段传输时的技术要求,适用于单通道速率为 100 Gb/s、基于光相干接收 PM-(D)QPSK 调制码型、工作在 C 波段 50 GHz 波长间隔的 WDM 系统,100 GHz 波长间隔的 WDM 系统也可参照执行。内容包括前言、范围、规范性引用文件、术语和定义、缩略语、系统分类、系统参数要求、OTU 技术要求、FEC 功能与性能要求、波分复用器件的技术要求、放大器的技术要求、动态功率控制和增益均衡技术要求、OADM 技术要求、系统监控通路技术要求、传输功能和性能要求、电源电压容限范围、网络管理系统技术要求、ARP 进程要求、附录 A(Rn 参考点纠错前误码率“Pre-FEC”指标分析)、附录 B(前向纠错“FEC”算法的编码增益“CG”和净编码增益“NCG”)等。

2.14　《N×10 Gb/s 超长距离波分复用(WDM)系统技术要求》(Technical Requirements for Ultra Long Haul N×10 Gb/s Wavelength Division Multiplexing(WDM) System)

中华人民共和国通信行业标准之一,标准代号为 YD/T 1960—2009,2009 年 6 月 15 日,中华人民共和国工业和信息化部发布,自 2009 年 9 月 1 日起实施。标准规定了 *N*×10 Gb/s 的单纤单向超长距离波分复用(WDM)系统(多跨段超长 WDM 系统和单跨段超长 WDM 系统)在 C 波段传输时的技术要求,适用于无电中继距离在 1000~3000 km、单通路速率为 10 Gb/s、工作在 C 波段、传输码型为非归零(NRZ)和归零(RZ)的多跨段超长距离 WDM 系统和无电中继距离在 160~200 km、单通路速率为 10 Gb/s、工作在 C 波段、传输码型为非归零(NRZ)和归零(RZ)的单跨段超长距离 WDM 系统。内容包括前言、范围、规范性引用文件、术语和定义、符号和缩略语、超长距离 WDM 系统分类、系统参数要求、OTU 技术要求、光放大器技术要求、色散补偿技术要求、FEC 技术要求、动态功率控制和增益均衡技术要求、OADM 的技术要求、监控通路要求、传输功能和性能要求、网络管理要求、ARP 进程要求、附录 A(MS-ULH DWM 系统应用若干问题分析)、附录 B(基于 80/10×10 Gb/s 的 SS-ULH DWM 系统)等。

2.15 《N×40 Gb/s 波分复用(WDM)系统技术要求》(Technical Requirements for N×40 Gb/s Wavelength Division Multiplexing(WDM) System)

中华人民共和国通信行业标准之一,标准代号为 YD/T 1991—2009,2009 年 12 月 11 日,中华人民共和国工业和信息化部发布,自 2010 年 1 月 1 日起实施。标准规定了单通路速率为 40 Gb/s WDM 系统在 C 波段传输时的技术要求,适用于单通道速率为 40 Gb/s、工作在 C 波段 100 GHz 或 50 GHz 波长间隔的 WDM 系统,也适用于单通路速率为 10 Gb/s、40 Gb/s 混合传送 WDM 系统。内容包括前言、范围、规范性引用文件、术语定义和缩略语、系统分类、系统参数要求、OTU 技术要求、波分复用器件的技术要求、光放大器技术要求、色散补偿技术要求、FEC 技术要求、动态功率控制和增益均衡技术要求、OADM 的技术要求、监控通路要求、传输功能和性能要求、网络管理要求、ARP 进程要求、附录 A(带啁啾的 RZ-DQPSK WDM 系统光接口参数要求)、附录 B(10 Gb/s/40 Gb/s 光通道混合传送 WDM 系统应用)、附录 C(Rn 参考点纠错前误码率"Pre-FEC"指标分析)等。

2.16 O 波段(original band)

光纤通信中波长范围为 1260~1360 nm 的波段。O 波段是初始波段的习惯叫法,因最早使用而得名。

2.17 PCM 终端机(pulse coding modulation equipment)

采用脉冲编码调制方式和同步复用技术的数字终端设备。PCM 终端机采用时分复用方式把 30 路脉冲编码调制的话音或数据信号、1 路同步通道及 1 路信令通道复用成一路 E1(2048 kb/s)信号。PCM 终端机提供多种模拟话音接口和数据接口,通常作为 PDH、SDH、大气激光通信机等传输系统的终端机,应用于公共通信网、机动骨干通信网、野战专用通信网等多种场合。

2.18 PDH(plesiochronous digital hierarchy)

以 2.048 Mb/s 或 1.544 Mb/s 速率的数字信号为基群(一次群),通过准同步复接方式,把若干支路的低次群数字信号合成一个高次群数字信号的数字信号结构等级。中文名称为准同步数字体系、准同步数字等级、准同步数字系列等。在准同步环境中,支路和群路的时钟不同源,但均有标称的速率和允许的速率偏差。准同步复接采用码速调整技术解决支路和群路时钟不同源的问题。ITU-T G.703 建议制定了两大系列三种体制的准同步数字体系标准(见表 2.1)。我国有关标准规定,四个一次群复接成一个二次群、四个二次群复接成一个三次群、四个三次群复接成一个四次群。

表 2.1　PDH 准同步数字系列三种体制

单位:Mb/s

次群	以 1.544 Mb/s 为基础的系列		以 2.048 Mb/s 为基础的系列		
	日本体制	北美体制	中国体制/欧洲体制	简称	
一次群	1.544	1.544	2.048	2M	E1
二次群	6.312	6.312	8.448	8M	E2
三次群	32.064	44.736	34.368	34M	E3
四次群	97.728	274.176	139.264	140M	E4

2.19 PDH 光端机(PDH optical transmission equipment)

采用准同步数字体系和技术的光传输设备。PDH 光端机采用 PDH 技术体制,将 E1 信号、群路信号、以太网信号等数据复用,映射成为高速率的光信号进行传输,曾作为通信干线传输设备应用,目前主要用于光缆干线的引接。军用 PDH 光端机需要按照标准化、系列化、通用化、小型化和可靠性设计,具有抗恶劣环境、高可靠性特点,可适应 DC24 V、DC48 V、AC220 V 等多种电源环境。为了满足军事应用需要,设备配置灵活,可配置为 TM 或 ADM 设备,支路上下灵活;支持点对点、链形、环形等多种网络拓扑结构。

2.20 SDH(synchronous digital hierarchy)

ITU-T 规定的进行同步信息传输、复用、分插和交叉连接的标准化数字信号结构等级,中文名称为同步数字体系,同步数字系列,同步数字等级等。SDH 定义了5个等级的同步传送模块(synchronous transport module, STM),第一级的速率为155.52 Mb/s,称为STM-1。然后以四倍率逐级递增,分别称为STM-4、STM-16、STM-64、STM-256。SDH为兼容PDH,将PDH各群路信号作为业务信号,进行容器封装,映射到虚容器中,然后对虚容器进行定位和复用,安排到STM帧的确定位置上。

由于SDH采用同步复用方式,且各个业务信号在STM中的位置确定,因此可以直接从STM中提取通道信号,易于上下电路和交叉连接。STM帧结构中安排了丰富的开销字节和比特,可以传送大量的网管信息,使SDH具有了很强的网络管理能力。SDH信号采用光纤传输时,采用了统一的光接口,实现了不同厂家的设备在光层面上的互通。

SDH设备包括终端复用器(terminal multiplexer, TM)、再生中继器(regenerative repeater, REG)、分插复用器(add-drop multiplexer, ADM)和数字交叉连接设备(digital cross connect equipment, DXC)等。由这些设备可组成各种结构的SDH网。环网是SDH网常见的网络结构。为保证正常的同步复用,SDH网络内各设备的时钟应保持同步。

SDH组网不但可以使用光纤信道,也可使用微波和卫通等信道。在试验任务中,建立在光纤信道上的SDH网得到了广泛的应用,在场区通信中发挥了基础传输平台的作用。

2.21 SDH承载以太网(ethernet over SDH)

将以太网帧承载在SDH网上传输的技术。SDH网和以太网的帧结构不同,传输速率也不同,以太网帧在SDH网上传输存在速率和帧结构适配映射问题。目前,以太网帧到SDH帧封装适配映射协议有两种:一种是ITU-T X.86/Y1323建议规定的链路接入规程(link access procedure-SDH LAPS);另外一种是ITU-T G.7041/Y1303建议规定的通用成帧规程(generic framing procedure, GFP)。SDH承载以太网的关键技术除了封装适配映射协议外,还有相邻级联技术与虚级联技术、链路容量调整方案等。

2.22 SDH定位(SDH aligning)

当支路单元(tributary unit, TU)或管理单元(administrative unit, AU)适配到上层帧时,确定其信息净负荷在上层帧中位置的过程,简称定位。支路单元是在SDH低阶通道层和SDH高阶通道层之间提供适配的信息结构,管理单元是在SDH高阶通道层和SDH复用段层之间提供适配的信息结构。具体的定位操作如下:对于支路单元,确定低阶虚容器(支路单元的信息净负荷)起点相对于高阶虚容器起点的偏移,并把所测量的偏移数值写入支路单元指针;对于管理单元,确定高阶虚容器(管理单元的信息净负荷)起点相对于复用段起点的偏移,并把所测量的偏移数值写入管理单元指针。这样由信息净负荷和指针共同组成的支路单元或管理单元在通过SDH系统传输时,携带偏移信息。在接收端,依据指针所包含的偏移信息,可以方便地确定信息净负荷位置,直接提取出信息净负荷。

2.23 SDH段开销(SDH section overhead)

SDH帧的区域之一,简称SOH。段开销分为再生段开销(regenerator section overhead, RSOH)和复用段开销(multiplex section overhead, MSOH),主要用于SDH网络的运行、管理、维护和指配。

2.24 SDH分插复用器(SDH add and drop multiplexer)

SDH网络设备的一种,又称SDH插分复用器,简称ADM。分插复用器有两个方向的群路接口和多个PDH支路接口,可串接在光纤线路中,在无需分接或终结整个STM-N信号的条件下,分出和插入STM-N信号中的任何支路信号。分插复用器主要用作线型网中间节点和环型网节点。

2.25 SDH复用(SDH multiplexing)

将SDH低阶通道层信号适配进高阶通道层,或将多个高阶通道层信号适配进复用段的过程,简称复用。SDH成帧过程中属于复用的环节有:支路单元进入支路单元组、低阶支路单元组进入高阶支路单元组、支路单元组进入高阶虚容器、管理单元进入管理单元组、管理单元组进入高阶管理单元组、管理单元组进入同步传送模块。

2.26 SDH复用结构(SDH multiplexing structure)

ITU-T G.707建议规定的,采用映射、定位和复用等步骤,实现各种速率的业务信号复用成STM-N信号的复用路线图。低速率业务信号的复用路线是:进入容器、容器映射到虚容器、虚容器在支路单元(TU)中定位、支路单元复用成支路单元组、支路单元组复用到高阶虚容器、高阶虚容器映射到管理单元、管理单元复用成管理单元组、管理单元组复用成同步传送模块。高速率的业务信号进入容器后,可直接映射到高阶虚容器,剩下的路线同低速率信号。另外,低阶支路单元组可复用到高阶支路单元组,低阶管理单元组可复用到高阶管理单元组,低阶同步传送模块可复用到高阶同步传送模块。

ITU-T G.707 建议规定的 SDH 复用结构(见图 2.1)考虑到了所有速率的 PDH 信号,复用路线比较复杂。考虑到中国的 PDH 速率等级采用的只是 2 M/8 M/34 M/140 M 系列,再加上实际使用中 8 M 速率用得不是太多,所以中国对 ITU-T G.707 建议的 SDH 复用结构进行了简化,形成了中国自己的 SDH 复用结构(见图 2.2)。

在中国的 SDH 复用结构中,业务信号速率(用户速率)仅支持 2 M、34 M 和 140 M,相应地设有容器 C-12、C-3 和 C-4,虚容器 VC-12、VC-3 和 VC-4,支路单元 TU-12 和 TU-3,支路单元组 TUG-2 和 TUG-3,管理单元 AU-4,管理单元组 AUG-1,同步传送模块 STM-1、STM-4、STM-16、STM-64 和 STM-256。

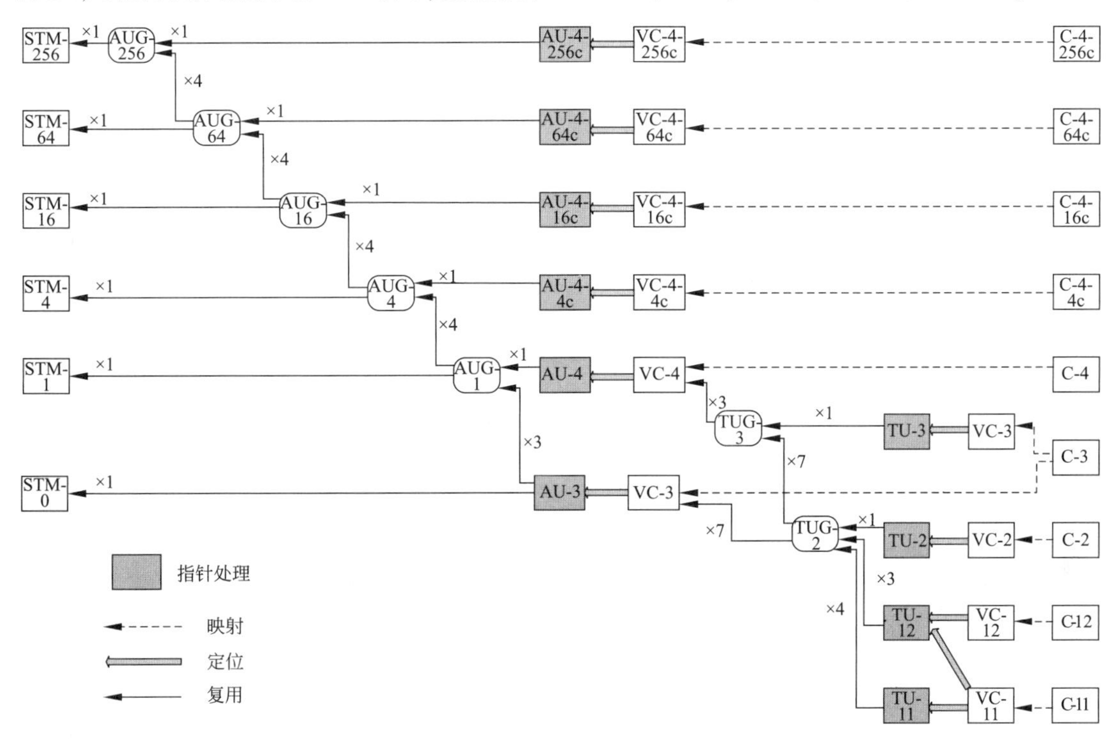

图 2.1　ITU-T G.707 建议规定的 SDH 复用结构

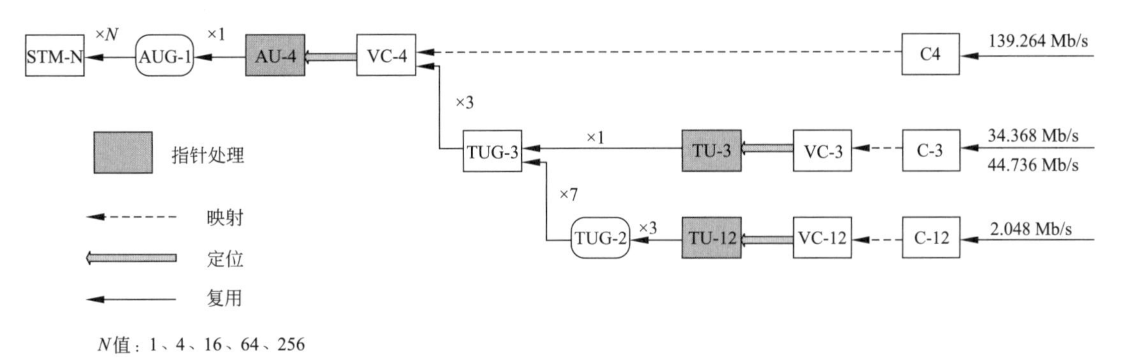

图 2.2　中国标准规定的 SDH 复用结构

2.27 SDH 管理单元(SDH administrative unit)

SDH 同步数字体系中,提供高阶通道层和复用段层之间适配的信息结构,简称 AU。管理单元由高阶虚容器和相应的管理单元指针(pointer)构成。管理单元有 AU-3 和 AU-4 两种。在 STM 帧的净荷中,具有规定位置的一个或多个管理单元的集合,称为管理单元组(administrative unit group, AUG)。1 个 AUG-1 由 1 个 AU-4 或 3 个 AU-3 按照字节交错间插而成。

2.28 SDH 光传送网(SDH transport network)

按照同步数字等级(SDH)技术体制构建的光传送网,又称光同步数字传输(送)网。SDH 光传送网的基本设备有终端复用器(TM)、再生中继器(REG)、分插复用器(ADM)、数字交叉连接设备(DXC)四种类型。终端复用器完成业务信号的接入、复用和解复用。再生中继器串接在光纤线路中,完成整个复用帧的再生中继。分插复用器完成电路的上下线路。数字交叉连接设备完成多路复用帧的交换。利用上述设备,可以组成点到点、线形、环形、星形和网状网等多种网络结构。

2.29 SDH 净荷(SDH payload)

SDH 帧的区域之一,用于存放用户信息。净荷区并非完全是用户数据,还包含了通道开销、支路单元指针等信息。

2.30 SDH 容器(SDH container)

SDH 传送网中,装载各类速率的业务信号的信息结构。业务信号指各类速率的准同步数字体系(PDH)信号。ITU-T G.707 建议《同步数字体系(SDH)网络节点的接口》规定了 C-11、C-12、C-2、C-3 和 C-4 共 5 种标准容器,分别对应于速率为 1.544 Mb/s、2.048 Mb/s、6.312 Mb/s、34.368 Mb/s(或 44.736 Mb/s)、139.264 Mb/s 的业务信号。我国采用了 C-12、C-3(34.368 Mb/s)和 C-4。

2.31 SDH 数字交叉连接设备(SDH digital cross-connection equipment)

用于 SDH 网络的数字交叉连接设备,简称 SDXC。SDXC 拥有一个或多个符合准同步(ITU-T G.703)和同步(ITU-T G.707)标准的数字接口,可以在任意接口间实现接口速率(和/或其子速率)的信号连接,可提供单向、双向、广播、环回、分离接入 5 种连接类型。此外还支持 ITU-T G.784 规定的控制与管理功能,具有保护倒换、网络恢复、通道监视、测试接入等功能。

2.32 SDH 同步传送模块(SDH synchronous transport module)

同步数字系列(SDH)中用来支持段层连接的一种信息结构,简称 STM。STM 为块状帧结构,由段开销和信息净负荷两部分组成,重复周期为 125 μs,即 8000 fps(帧/秒)。如表 2.2 所示,STM 分为 5 个等级,即 STM-1、STM-4、STM-16、STM-64、STM-256。STM-1 的速率为 155.52 Mb/s,高等级 STM 是由低等级 STM 同步复用而成的,STM-N 由 N 个 STM-1 经字节间插而成。

表 2.2　同步传送模块等级

STM 等级	速率/(Mb/s)	简称
STM-1	155.52	155 M
STM-4	622.08	622 M
STM-16	2488.32	2.5 G
STM-64	9953.28	10 G
STM-256	39 813.12	40 G

2.33 SDH 通道开销(SDH path overhead)

位于 SDH 虚容器内,用于通道维护和管理的开销,简称 POH。位于高阶虚容器内的,称为高阶通道开销(higher order path overhead, HPOH),位于低阶虚容器内的,称为低阶通道开销(lower order path overhead, LPOH)。

2.34 SDH 系统误码性能指标(SDH system error performance index)

对 SDH 系统误码性能事件进行规范的参数及其数值要求。ITU-T G.826 建议给出了 27 500 km 国际数字假设参考连接(hypothetical reference connection, HRX)或假设参考通道(hypothetical reference path, HRP)端到端误码性能指标,见表 2.3。针对中国的实际情况,有关标准制定了各类假设参考数字通道和假设参考数字段误码性能指标,见表 2.4~表 2.14,其中表 2.14 的工程数字段短期误码指标与距离无关。长期系统指标测试时间不少于 1 个月,短期系统指标测试时间为 24 h。

表 2.3　27 500 km 国际数字 HRX 或 HRP 端到端误码性能指标

速率/(Mb/s)	连接	通道/(Mb/s)				
	64 kb/s~基群速率	1.5~5	>5~15	>15~55	>55~160	>160~3500
比特/块	不适用	800~5000	2000~8000	4000~20 000	6000~20 000	15 000~30 000
严重误码秒或误块秒比(ESR)	0.04	0.04	0.05	0.075	0.16	待研究
严重误码秒比或严重误块秒比(SESR)	0.002	0.002	0.002	0.002	0.002	0.002
背景误块比(BBER)	不适用	2×10^{-4}	2×10^{-4}	2×10^{-4}	2×10^{-4}	10^{-4}

表 2.4　6800 km 假设参考数字通道的误码指标(长期系统指标)

速率/(kb/s)	2048	34 368/44 736	139 264/155 520	622 080	2 488 320	9 953 280
ESR	1.63×10^{-3}	3.06×10^{-3}	6.53×10^{-3}	待定	待定	待定
SESR	8.16×10^{-5}	8.16×10^{-5}	8.16×10^{-5}	8.16×10^{-5}	8.16×10^{-5}	待定
BBER	8.16×10^{-6}	8.16×10^{-6}	8.16×10^{-6}	4.08×10^{-6}	4.08×10^{-6}	待定

表 2.5　280 km 假设参考数字通道的误码指标(长期系统指标)

速率/(kb/s)	2048	34 368/44 736	139 264/155 520	622 080	2 488 320	9 953 280
ESR	1.54×10^{-4}	2.89×10^{-4}	6.16×10^{-4}	待定	待定	待定
SESR	7.70×10^{-6}	7.70×10^{-6}	7.70×10^{-6}	7.70×10^{-6}	7.70×10^{-6}	待定
BBER	7.70×10^{-7}	7.70×10^{-7}	7.70×10^{-7}	7.70×10^{-7}	7.70×10^{-7}	待定

表 2.6　50 km 假设参考数字通道的误码指标(长期系统指标)

速率/(kb/s)	2048	34 368/44 736	139 264/155 520	622 080	2 488 320	9 953 280
ESR	2.75×10^{-5}	5.16×10^{-5}	1.10×10^{-4}	待定	待定	待定
SESR	1.38×10^{-6}	1.38×10^{-6}	1.38×10^{-6}	1.38×10^{-6}	1.38×10^{-6}	待定
BBER	1.38×10^{-7}	1.38×10^{-7}	1.38×10^{-7}	6.88×10^{-8}	6.88×10^{-8}	待定

表 2.7　420 km 假设参考数字段误码性能指标(长期系统指标)

速率/(kb/s)	2048	34 368/44 736	139 264/155 520	622 080	2 488 320	9 953 280
ESR	2.02×10^{-5}	3.78×10^{-5}	8.06×10^{-4}	待定	待定	待定
SESR	1.01×10^{-6}	1.01×10^{-6}	1.01×10^{-6}	1.01×10^{-6}	1.01×10^{-6}	待定
BBER	1.01×10^{-7}	1.01×10^{-7}	1.01×10^{-7}	5.04×10^{-8}	5.04×10^{-8}	待定

表 2.8　280 km 假设参考数字段误码性能指标(长期系统指标)

速率/(kb/s)	2048	34 368/44 736	139 264/155 520	622 080	2 488 320	9 953 280
ESR	3.08×10^{-5}	5.78×10^{-5}	1.23×10^{-4}	待定	待定	待定
SESR	1.54×10^{-6}	1.54×10^{-6}	1.54×10^{-6}	1.54×10^{-6}	1.54×10^{-6}	待定
BBER	1.54×10^{-7}	1.54×10^{-7}	1.54×10^{-7}	7.70×10^{-8}	7.70×10^{-8}	待定

表 2.9　50 km 假设参考数字段误码性能指标(长期系统指标)

速率/(kb/s)	2048	34 368/44 736	139 264/155 520	622 080	2 488 320	9 953 280
ESR	5.50×10^{-6}	1.03×10^{-5}	2.20×10^{-5}	待定	待定	待定
SESR	2.75×10^{-7}	2.75×10^{-7}	2.75×10^{-7}	2.75×10^{-7}	2.75×10^{-7}	待定
BBER	2.75×10^{-8}	2.75×10^{-8}	2.75×10^{-8}	1.38×10^{-8}	1.38×10^{-8}	待定

表 2.10　6800 km 假设参考数字通道的误码指标(短期系统指标)

速率/(kb/s)	2048	34 368/44 736	139 264/155 520	622 080	2 488 320	9 953 280
ES	43	89	204	待定	待定	待定
SES	0	0	0	0	0	0

表 2.11　420 km 假设参考数字通道的误码指标(短期系统指标)

速率/(kb/s)	2048	34 368/44 736	139 264/155 520	622 080	2 488 320	9 953 280
ES	0	2	7	待定	待定	待定
SES	0	0	0	0	0	0

表 2.12　280 km 假设参考数字通道的误码指标(短期系统指标)

速率/(kb/s)	2048	34 368/44 736	139 264/155 520	622 080	2 488 320	9 953 280
ES	0	0	3	待定	待定	待定
SES	0	0	0	0	0	0

表 2.13　50 km 假设参考数字通道的误码指标(短期系统指标)

速率/(kb/s)	2048	34 368/44 736	139 264/155 520	622 080	2 488 320	9 953 280
ES	0	0	0	待定	待定	待定
SES	0	0	0	0	0	0

表 2.14　工程数字段的误码指标(短期系统指标)

速率/(kb/s)	2048	34 368/44 736	139 264/155 520	622 080	2 488 320	9 953 280
ES	0	0	0	待定	待定	待定
SES	0	0	0	0	0	0

2.35　SDH 虚容器(SDH virtual container)

SDH 中作为逻辑通道承载相应支路、支持通道层连接的信息结构,简称 VC。虚容器由容器加上相应的通道开销(path overhead, POH)构成,分为低阶虚容器 VC-11、VC-12、VC-2 和高阶虚容器 VC-3、VC-4,分别承载 1.544 Mb/s、2.048 Mb/s、6.312 Mb/s、34.368 Mb/s(或 44.736 Mb/s)、139.264 Mb/s 速率的支路信号。虚容器是 SDH 网络中用来传送、交换、处理的最小信息结构单元,不可再分。

2.36　SDH 映射(SDH mapping)

在 PDH/SDH 边界处,将 PDH 信号适配进相应虚容器的过程,简称映射。各种速率的 PDH 信号经过码速调整和适配,以规范的速率和规则装进相应标准的容器,再加上相应的通道开销,即形成虚容器。映射包括异步映射、比特同步映射和字节同步映射 3 类。异步映射利用码速调整将信号适配装入虚容器,比特同步映射和字节同步映射无需码速调整即可将信号适配装入虚容器。因此,异步映射时,所映射的信号无需与 SDH 网同步,对信号结构也没有限制;比特同步映射时,要求所映射的信号与 SDH 网同步,但对信号结构没有限制;字节同步映射时,不但要求所映射的信号与 SDH 网同步,而且对信号结构有要求。上述 3 类映射中,异步映射的信号无需与 SDH 网同步,对信号的结构无限制,且引入的时间延迟小,故异步映射应用最为广泛。

2.37　SDH 帧(SDH frame)

由 SDH 标准规定的 9 行、每行 $270\times N$ 个字节、每个字节 8 bit 的帧。N 是 SDH 同步传送模块的等级数,取值 1、4、16、64、256,分别对应 SDH 信号等级 STM-1、STM-4、STM-16、STM-64、STM-256。所有等级模块的帧频均为 8000 fps。如图 2.3 所示,SDH 帧分为 3 个主要区域:段开销区域、管理单元指针区域、信息净荷区域。段开销是为了保证信息净荷正常和灵活传送所必须的字节,主要供 SDH 传送网运

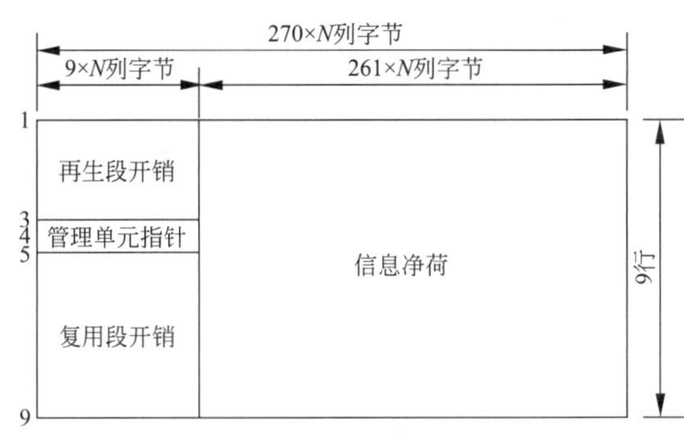

图 2.3　STM-N 帧结构

行、管理和维护使用,分为再生段开销和复用段开销两类。管理单元指针用于指示信息净荷的第 1 字节在帧内的准确位置,是一种指示符。信息净荷区域用于存放支路信息。

2.38　SDH 支路单元(SDH tributary unit)

SDH 同步数字体系中,提供低阶通道层和高阶通道层之间适配的信息结构,简称 TU。支路单元由低阶虚容器和相应的支路单元指针(pointer)构成,主要用来对虚容器进行定位。根据所定位的低阶虚容器的不同,支路单元有 TU-12 和 TU-3 两种。一个或多个支路单元经复用组成支路单元组(tributary unit group, TUG),各支路单元在支路单元组内按照字节交错间插。TUG 有 TUG-2 和 TUG-3 两种。1 个 TUG-2 可复用 3 个 TU-12,1 个 TUG-3 可复用 1 个 TU-3 或 7 个 TUG-2,1 个 VC-4 可复用 3 个 TUG-3。

2.39　SDH 指针(SDH pointer)

SDH 帧中指示虚容器净荷起点在支路单元或者管理单元的位置的信息,简称 PTR。PTR 有 TU-PTR 和 AU-PTR 两种,分别用来指示虚容器在支路单元和管理单元的位置。TU-PTR 又分为 TU-3 指针和 TU-12 指针。

正常情况下,当节点间时钟保持同步时,一个节点的发送时钟与接收时钟的频率保持一致,各虚容器在管理单元和支路单元内保持固定的位置,指针存在的必要性不大。然而当节点间时钟不同步时,发送时钟与接收时钟的频率存在偏差,各虚容器在管理单元和支路单元就无法保持固定的位置,而是随着收发时钟快慢的相对关系,发生位置的前后移动。接收时钟频率高时,位置前移,增加 1 帧内传送的比特;接收时钟频率低时,位置后移,减少 1 帧内传送的比特。如此容纳收发时钟的频率偏差。上述位置的变化,通过改变指针的值通知给下一个节点。虚容器位置的改变,导致指针值的改变称为指针调整。

2.40　SDH 终端复用器(SDH terminal multiplexer)

SDH 网络设备的一种,简称终端复用器、端复用器、TM。终端复用器有一个 STM-N 群路接口、多个 STM-M(M<N)接口和多个 PDH 支路接口,能够接入多个 STM-M 信号和多个 PDH 支路信号,并将其复用成一个 STM-N 信号。

2.41　SDH 自愈环(SDH self-healing ring)

出现故障时能自动恢复业务的 SDH 环形网,又称 SDH 保护环,SDH 倒换环。根据有关标准规定,SDH 自愈环的业务恢复时间限制在 50 ms 内。一个 SDH 网络中,可以有多个自愈环存在。两个自愈环之间可以相交、相切或不相连。

按照连接相邻节点所用光纤的根数,自愈环分为二纤环和四纤环。按照正常情况下业务信号是否都在同一个环向,自愈环分为单向环和双向环。按照自愈环结构,自愈环分为通道保护环和复用段保护环两大类。通道保护环以通道为保护对象,保护的是 STM-N 信号中的某个通道(一个虚容器内的信息),倒换与否由环上的通道信号的传输质量来决定。复用段保护环以复用段为保护对象,保护的是 STM-N 信号,倒换与否由环上的 STM-N 信号的传输质量来决定。实际的自愈环是上述分类方式的组合,有二纤单向通道倒换环、二纤双向通道倒换环、二纤单向复用段倒换环、二纤双向复用段倒换环和四纤双向复用段倒换环 5 种类型。

2.42　S 波段(short wavelength band)

光纤通信中波长范围为 1460~1530 nm 的波段。S 波段是短波长波段的习惯叫法,因比长波长波段的波长短而得名。光纤通信中的 S 波段与无线电通信中所定义的 S 频段实际含义不同,无线电通信中所定义的 S 频段的频率范围为 2~4 GHz。

2.43　U 波段(ultra wavelength band)

光纤通信中波长范围为 1625~1675 nm 的波段。U 波段是超长波长波段的习惯性叫法,因比长波长波段的波长还长而得名。

2.44 半导体光放大器(semiconductor optical amplifier)

用元素周期表Ⅳ~Ⅴ族化合物半导体制成的光放大器,简称 SOA。其工作原理与半导体激光器相似,即采用与半导体激光器相同的双异质结结构,但在激光器芯片的端面采用多层抗反射涂层,将激光器内部光反射抑制到较低水平,避免产生激光,而光信号只通过放大器一次,就能得到放大。半导体光放大器的优点是:工作波段宽,覆盖 1280~1650 nm;体积小、功耗低、成本小。缺点是:与光纤耦合困难,耦合损失大;噪声和串扰较大。半导体光放大器主要用于对传输性能要求不是很高但对成本要求很高的场合,如光接入网环境。另外,利用半导体光放大器可制作全光波长变换器、高消光比开关门电路等设备和器件。

2.45 半导体激光器(semiconductor laser diode)

以一定的半导体材料做工作物质而产生受激发射激光的器件,又称半导体激光二极管。其工作原理是通过一定的激励方式,在半导体物质的能带(导带与价带)之间,或者半导体物质的能带与杂质(受主或施主)能级之间,实现非平衡载流子的粒子数反转,当处于粒子数反转状态的大量电子与空穴复合时,便产生受激发射作用。半导体激光器的激励方式主要有电注入式、光泵式和高能电子束激励式 3 种。半导体激光器波长覆盖范围为紫外至红外波段。它的优点是波长范围宽、制作简单、成本低、易于大量生产,并且由于具有体积小、质量轻、寿命长的特点,使半导体激光器在通信领域常被用作光纤通信的光源。

2.46 背景误块(background block error)

总误块减去不可用时间和严重误块秒期间出现的误块,简称 BBE。不可用时间和严重误块秒期间出现的误块是由突发性质的脉冲干扰产生的,因此背景误块实质上是由零星随机误码产生的。

2.47 背景误块比(background block error ratio)

在一个确定的测试周期内,背景误块数与"总块数—不可用时间中的块数—严重误块秒中的块数"之比,简称 BBER。背景误块比是由 ITU-T G.826 建议《用于国际固定比特率数字通道和连接的端到端差错性能参数和指标》定义的一个误码参数。

2.48 泵浦(pump)

为光信号的放大提供能量的装置。泵浦是英文单词 pump 的音译,是光放大器的重要组成部分,为半导体、掺铒光纤等激活媒质中的电子提高到较高能量等级提供能量,或者为通过非线性效应实现功率的转移提供能量。根据泵浦光与信号光的方向关系,泵浦分为正向泵浦、反向泵浦和双向泵浦。正向泵浦指泵浦光与需要放大的信号光沿着同一方向注入光放大器,反向泵浦指泵浦光与需要放大的信号光沿着相反方向注入光放大器。双向泵浦指泵浦光与需要放大的信号光沿着同一方向和相反方向同时注入光放大器。双向泵浦需要配置两个泵浦源。

2.49 标称中心频率(nominal center frequency)

波分复用系统中,每个光通路中心波长所对应的频率。规定标称中心频率,是为了保证不同波分复用系统之间的横向兼容性。ITU-T G.692 建议、G.694.1 建议、G.694.2 建议对波分复用系统的标称中心频率进行了规定。中国通信行业标准 YD/T 1060—2000《光波分复用系统(WDM)技术要求——32×2.5 Gb/s 部分》、YD/T 1143—2001《光波分复用系统(WDM)技术要求——16×10 Gb/s、32×10 Gb/s 部分》等对我国波分复用系统的标称中心频率进行了规定。对于 C 波段和 L 波段,我国规定标称中心频率从 184.5000 THz(1624.89 nm)起至 195.9375 THz(1530.04 nm),参考频率为 193.1 GHz,各个波长的标称中心频率间隔必须为 12.5 GHz、25 GHz、50 GHz、100 GHz 或其整数倍,当波长的标称中心频率间隔分别为 12.5 GHz、25 GHz、50 GHz、100 GHz 时,可容纳的波长通路数分别是 915 个、457 个、228 个、114 个。

2.50 波长转换器(wavelength converter)

在波分复用系统中,将光信号从一个波长转换到另一个波长的器件,又称波长变换器。由于受到光放大器的频带、波长通路间隔等多种因素限制,经济可用的波长数目有限,导致在大规模的网络节点中,两个相同波长争用同一个输出端口的问题。使用波长转换器可以实现波长的重用和再分配,解决波长争用的问题。波长转换器分为两大类:光—电—光波长转换器和全光波长转换器。光—电—光波长转换器先用光电检测器将光信号变换为电信号,再把电信号调制到另一个波长的光载波上。这种变换的优点是在实现波长变换的同时,可以对电信号进行再生、整形与定时;缺点是对速率和信息格式不透明。全光波长转换器不经过光电变换,直接在光域将一个波长的光信号变换为另一个波长的光信号,可实现对速率和信号格式的全透明。

2.51　波分复用(wavelength division multiplexing)

利用波长分隔技术在一根光纤中传输多路光信号的方式,简称 WDM。发送端将多个信号调制在不同波长的光载波上,通过波分复用器(合波器)复用在一起,然后经过一根光纤传输至接收端;在接收端,利用波分复用器(分波器)将不同波长的光载波分离,由不同的检测器对分离后的光载波进行检测处理。根据波长间隔的大小,波分复用分为密集波分复用(dense wavelength division multiplexing, DWDM)、粗波分复用(coarse wavelength division multiplexing, CWDM)、宽波分复用(wide wavelength division multiplexing, WWDM)。波分复用有双纤单向传输和单纤双向传输两种方式。波分复用可以充分利用光纤的巨大带宽资源,使一根光纤的传输容量成倍甚至百倍地提高,不足之处是波分复用器件引入了较大的插入损耗,复用波长数目较多时,需精确选择激光器波长并保持波长稳定性。从频域角度来看,波分复用实质上是光频段的频分复用。

2.52　《波分复用(WDM)光纤传输系统工程设计规范》(Design Specifications for Wavelength Division Multiplexing (WDM) Fiber Transmission Engineering)

中华人民共和国国家标准之一,标准代号为 GB/T 51152—2015,2015 年 12 月 3 日,中华人民共和国住房和城乡建设部、中华人民共和国国家质量监督检验检疫总局联合发布,自 2016 年 8 月 1 日起实施。标准适用于 C 波段单纤单向开放式的 DWDM 系统和单纤单向开放式 CWDM 系统的工程设计。内容包括总则、术语和缩略语、系统组成和分类、传输系统设计、辅助系统、网络保护、传输系统性能指标、设备选型和配置、局站设备安装、本规范用词说明、引用标准名录等。

中华人民共和国通信行业标准之一,标准代号为 YD/T 5092—2014。2014 年 5 月 6 日,中华人民共和国工业和信息化部发布,自 2014 年 7 月 1 日起实施。标准适用于单纤单向开放式粗波分复用系统和 C 波段单纤单向开放式密集波分复用系统的工程设计。内容包括总则、术语和符号、系统组成和分类、传输系统设计、辅助系统、网络保护、传输系统性能指标、设备选型和配置、局站设备安装、附录 A(本规范用词说明)、附录 B(32/40×2.5 Gb/sWDM 主光通道光接口参数)、附录 C(32/40×10 Gb/sWDM 主光通道光接口参数)、附录 D(80×10 Gb/sWDM 主光通道参数)、附录 E(40/80×40 Gb/sWDM 主光通道参数)、附录 F(40×10 Gb/s 超长距 WDM 主光通道参数)、附录 G(80×10 Gb/s 超长距 WDM 主光通道参数)、附录 H(40×10 Gb/s 超长距单跨段 WDM 主光通道参数)、附录 J(OTU 的 Rn/Sn 接口参数)等。

2.53　《波分复用(WDM)光纤传输系统工程验收规范》(Code for Acceptance of Wavelength Division Multiplexing (WDM) Optical Fiber Transmission System Engineering)

中华人民共和国国家标准之一,标准代号为 GB/T 51126—2015,2015 年 8 月 27 日,中华人民共和国住房和城乡建设部、中华人民共和国国家质量监督检验检疫总局联合发布,自 2016 年 5 月 1 日起实施。标准适用于单纤单向开放式 C 波段密集波分复用和单纤单向开放式粗波分复用系统工程随工检验和竣工验收。内容包括总则、术语和符号、设备安装、设备功能检查及本机测试、系统性能测试及功能检查、竣工文件、工程验收、附录 A(测试记录样表)、本规范用词说明等。

中华人民共和国通信行业标准之一,英文名称"Acceptance Specifications for Wavelength Division Multiplexing(WDM) Optical Fiber Transmission Engineering"。标准代号为 YD/T 5122—2014。2014 年 5 月 6 日,中华人民共和国工业和信息化部发布,自 2014 年 7 月 1 日起实施。标准适用于新建光波分复用传输系统工程施工质量检查、随工检验和竣工验收。内容包括总则、术语和符号、设备安装、设备功能检查及本机测试、系统性能测试及功能检查、竣工文件、工程验收、附录 A(本规范用词说明)、附录 B(DWDM 系统接口参考点定义)、附录 A(CWDM 系统接口参考点定义)、附录 D(测试记录样表)、本规范用词说明等。

2.54　波分复用器件(wavelength division multiplexing device)

实现不同波长光信号合路、分路的器件。波分复用器件包括合波器和分波器：合波器将不同光源的波长信号合路在一起，便于经过一根光纤进行传输；分波器将一根光纤传输来的多个波长的光信号分路为多个独立的波长信号。有时，同一个波分复用器件既是合波器又是分波器。波分复用器的主要参数有插入损耗、隔离度、方向性、通路带宽、通路间隔、通路间损耗的均匀性、中心波长、波长温度稳定性等。波分复用器有角色散型、干涉滤波型、光纤耦合型、集成光波导型四大类，合波分波的路数可达136个波长。

2.55　不可用时间(period of unavailability time)

在一个测量周期内，假设参考连接或假设参考通道处于不可用状态的累计时间。ITU-T G.821建议和ITU-T G.826建议规定：对于一个单向通道或连接，如图2.4所示，连续10个SES(严重差错秒，见2.193)事件发生定义为不可用时间的开始，并且这10 s算作不可用时间；当连续10个非SES事件发生时定义为新的可用时间的开始，并且这10 s算作可用时间。对于一个双向通道或连接，如图2.5所示，只要两个方向中的一个方向处于不可用状态，则该通道或连接处于不可用状态。

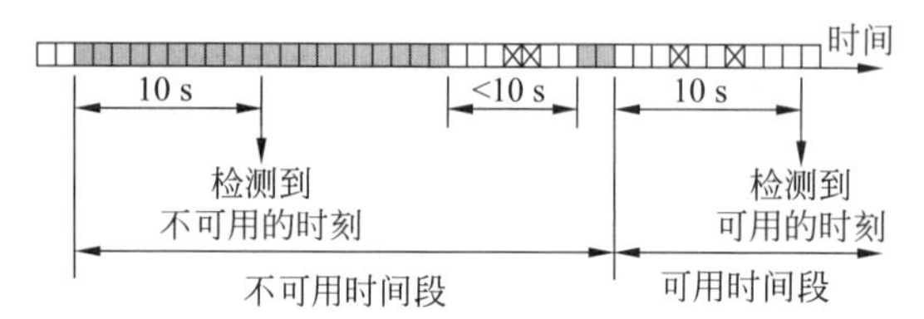

■ 严重差错秒SES
⊠ 差错秒ES
□ 无差错秒

图2.4　不可用状态判断示例

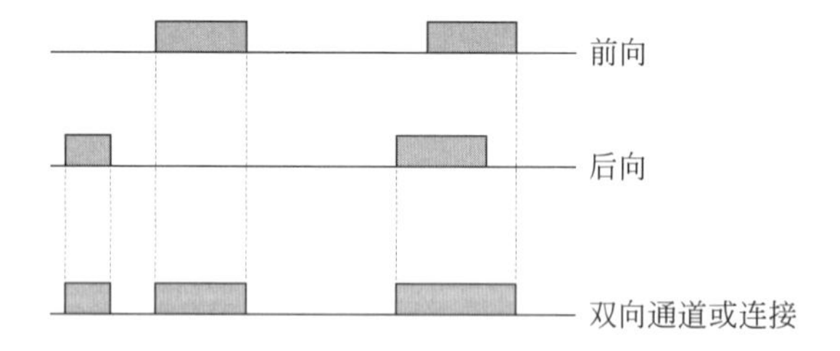

■ 不可用状态

图2.5　双向通道或连接不可用状态示例

2.56　测试光源(test light source)

用于测量测试用途的光信号产生器。测试光源是光纤通信、光电子计量最常用的仪器仪表，通常按照发射的中心波长和功能来分类。按照波长，可分为850 nm、980 nm、1310 nm、1480 nm、1550 nm等光源；按照功能，可分为连续光、带内调制、带外调制、波长可调、分布反馈激光器等光源。为保证测量的准确性和精度，测试光源通常要求有稳定的波长、窄的光谱和稳定的光功率输出，主要技术指标包括中心波长、光谱宽带、输出电平、电平稳定度等。

2.57　差错秒(errored second)

误码秒和误块秒的统称，简称ES。在1 s时间周期内，如果有差错比特、信号丢失(LOS)，或者检测到告警指示信号(AIS)，则称该秒为误码秒。在1 s时间周期内，如果有误块或缺陷，则称该秒为误块秒。缺陷指异常出现的频繁程度达到了妨碍执行所要求功能的程度，如信号丢失、检测到告警指示信号、帧定位丢失(LOF)等。误码秒是由ITU-T G.821建议《工作在比特率低于基群速率并构成ISDN一部分的国际数字连接的差错性能》定义的一个差错性能事件，在ITU-T G.826建议《用于国际固定比特率数字通道和连接的端到端差错性能参数和指标》中也有完全相同的定义。误块秒是由ITU-T G.826建议定义的一个差错性能事件。2002年ITU-T G.826建议颁布施行后，新的系统使用误块秒表征差错性能事件。

2.58　差错秒比(errored second ratio)

在一个测试周期的可用时间内，差错秒数与可用时间秒数之比，简称ESR。测试周期有长期和短期之分，长期为一年或一个月，短期为24 h。当差错秒为误码秒时，差错秒比又称为误码秒比；当差错秒为误块秒时，差错秒比又称为误块秒比。误码秒比是由ITU-T G.821建议《工作在比特率低于基群速率并构成ISDN一部分的国际数字连接的差错性能》定义的一个差错性能参数，在ITU-T G.826建议《用于国际固定比特率数字通道和连接的端到端差错性能参数和指标》中也有完全相同的定义，并且在ITU-T G.826建议中与误块秒比使用同一个定义，在具体应用时，需要根据差错秒是误码秒还是误块秒,来理解差错秒比是误码秒比还是误块秒比。2002 年 ITU-T G. 826 建议颁布施行后,新的系统使用误块秒比表征差错性能参数。

2. 59　掺铒光纤放大器(erbium-doped fibre amplifier)

采用掺铒光纤进行光信号放大的设备,简称 EDFA。掺铒光纤是掺入稀土元素铒离子的单模光纤,其长度为 10~30 m,掺铒后使原来无活性的光纤变为激活性光纤。掺铒光纤放大器工作波段为 1520~1570 nm,根据泵浦光与信号光的耦合形式,分为正向泵浦式、反向泵浦式和双向泵浦式(见图 2. 6)3 种类型,主要由掺铒光纤、泵浦耦合器、光隔离器、泵浦等组成。其工作原理是:泵浦光经泵浦耦合器注入掺铒光纤中,掺铒光纤中的铒离子通过对泵浦光子的受激吸收,从基态能级跃迁到高能级上,并很快衰落到亚稳态能级上。在输入信号光的激励下,铒离子由亚稳态能级回到基态能级,同时辐射出大量与输入光信号同样的光子,使输入光信号得到放大。

2. 60　超短波信号光端机(ultra-short wave signal optical terminal)

实现在光纤中传输频率范围为 30~1500 MHz 超短波信号的光端机。超短波模拟输入信号经过光端机内部调制后,转换成光信号输出。在接收端,光端机把光信号恢复成模拟信号输出。超短波信号光端机主要应用于卫星通信、微波通信中中频信号远距离传输,具有信息保密、不受电磁干扰、频带宽、高灵敏度、输入动态范围大、低失真、长距离无中继传输等特点。超短波信号光端机典型技术指标见表 2. 15。

表 2. 15　超短波信号光端机典型技术指标

光特性	波长	1310 nm/1550 nm
	出纤功率	≥+2 dBm
	光接口	FC/APC
RF 特性	带宽	30~1500 MHz
	输入电平动态范围	≥110 dB
	最小输入电平	-120 dBm
	带内平坦度	±0. 75 dB
	输入输出阻抗	50 Ω
	输入输出 VSWR	≤1. 35
	群时延	≤2 ns(峰—峰值)
	相位稳定度	≤2°/24 h
	增益调整范围	0~20 dB
	连接头	SMA/N 型

2. 61　粗波分复用(coarse wavelength division multiplex)

波长间隔大于 8 nm、小于 50 nm 的波分复用,简称 CWDM。粗波分复用使用的波段包括 S 波段、C 波段、L 波段、E 波段和 O 波段。粗波分复用对激光器性能的要求低,可选用无温度控制的激光器来实现。

2. 62　大有效面积光纤(large effective area fiber)

比常规光纤有更大有效通光面积的光纤。随着输入光纤的光功率的增加,光纤的非线性效应越来越显著,常规光纤难以适应密集波分复用和长距离传输的场合。因此需要通过增大光纤的有效面积,使光纤能够承受更大的光功率,且不产生太大的非线性效应。大有效面积光纤是一种 G. 655 光纤,其模场直径由普通光纤的 8. 4 μm 增加到 9. 6 μm,有效通光面积由 60 μm^2 左右增大到 80 μm^2 左右,降

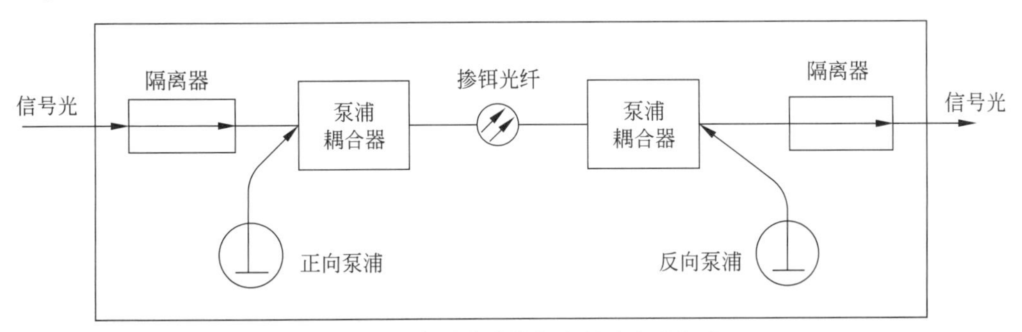

图 2. 6　双向泵浦式掺铒光纤放大器组成

低了光纤中的光功率密度,有效抑制了非线性效应,对增加波分复用信道数目有良好的效果。但是,由于模场直径增加,大有效面积光纤对弯曲变得敏感,工程使用中需要加以注意。

2.63　单模光纤(single-mode fiber)

只允许光以一种模式传播的光纤,简称 SMF。模式指电磁波的电场、磁场强度的振幅在空间的分布特征。典型的单模光纤纤芯直径为 8~10 μm,包层直径为 125 μm,工作于 1260~1625 nm 波长范围内。单模光纤传输带宽大,通常使用激光(LD)作为光源,适用于远距离传输场合。

2.64　《单通路 STM-64 和其他具有光放大器的 SDH 系统的光接口》(Optical Interfaces for Single Channel STM-64 and Other SDH Systems with Optical Amplifiers)

国际电信联盟制定的代号为 ITU-T G.691 的建议。建议规范了使用前置放大器和(或)光功率放大器单通路长距离 STM-4、STM-16、STM-64 系统光接口参数和数值,以及不使用光放大的单信道 STM-64 局内和短距离系统光接口参数。内容包括范围、参考、术语和定义、缩略语、光接口定义、光参数值、光工程方法、附件 A(消光比和眼图模板限制)、附录Ⅰ(极化模色散)、附录Ⅱ(基于 SPM 色散调节描述)、附录Ⅲ(基于色散支持传输“DST”方法的色散调节)、附录Ⅳ(光传输信号啁啾参数的测量)、附录Ⅴ(速率升级需要考虑的事项)等。

2.65　低水峰光纤(low water peak fiber)

消除或者明显降低水峰衰减影响,可使用 1350~1450 nm 波长的单模光纤。ITU-T 将低水峰光纤称为 G.652C/G.652D 光纤。光纤内部存在水的氢氧离子(OH^-),使得普通光纤在 1385 nm 波长附近有一个高的衰减峰,故称该衰减为水峰衰减。水峰衰减使光纤在 1350~1450 nm 波长范围内有大约 100 nm 的带宽无法使用。消除或者明显降低水峰衰减的影响,则可大大扩展光纤的可用带宽。

2.66　短波信号数字化传输光端机(short-wave signal digitization transmission optical terminal)

实现 1~30 MHz 短波信号数字化传输的光端机设备。频率范围在 1~30 MHz 的短波模拟信号,经过数字采样后,转换成光信号输出并通过光缆将光信号传输到接收端,接收端再把光信号恢复成数字信号,然后再转换成模拟信号输出。采用短波信号数字化传输光端机,可以实现短波收发信机设备无人值守以及与终端设备的分离,提高了终端设备操作人员的安全性。短波信号数字化传输光端机典型技术指标见表 2.16。

表 2.16　短波信号数字化传输光端机典型技术指标

光特性	波长	1310 nm/1550 nm
	出纤功率	-5~+5 dBm
	接收灵敏度	-20 dBm
	光接口	FC/APC
射频特性	频率范围	1~30 MHz
	信号幅度	-10~-90 dBm
	输入输出阻抗	50 Ω
	无失真动态范围	≥75 dB
	三阶交调失真	≤-70 dBc

2.67　多波长计(multi-wavelength meter)

采用迈克尔逊干涉仪原理制造,测量多通路光波的仪器。多波长计可精确测量多个光通路的中心频率和波长漂移率,测量的通路数一般在 100 个以上。缺点是动态范围小,测量光信噪比时的误差稍大。多波长计通常用来测量波分复用系统中通路中心频率和中心波长漂移率。

2.68　多模光纤(multi-mode fiber)

允许光以多种模式传播的光纤,简称 MMF。模式指电磁波的电场、磁场强度的振幅在空间的分布特征。典型的多模光纤纤芯直径为 62.5 μm 或 50 μm,包层直径为 125 μm,工作在 770~910 nm 和 O 波段。ITU-T G.651 建议规定的多模光纤的纤芯直径为 50 μm。多模光纤传输带宽小,通常使用发光二极管(light-emitting diode, LED)作为光源,适用于近距离传输场合。

2.69　多业务传送平台(multi-service transport platform)

基于同步数字系列(synchronous digital hierarchy, SDH)技术,同时实现时分复用(time division multiplexing, TDM)、异步转移模式(asynchronous transfer mode, ATM)、以太网等业务接入、处理和传送功能,并提供统一网管的网络,简称MSTP。MSTP的基本原理如图2.7所示,在底层保持SDH架构不变的前提下,通过增加接口类型、协议转换、封装、映射等技术手段,向用户提供专用数字电路、以太网、ATM等多种业务。

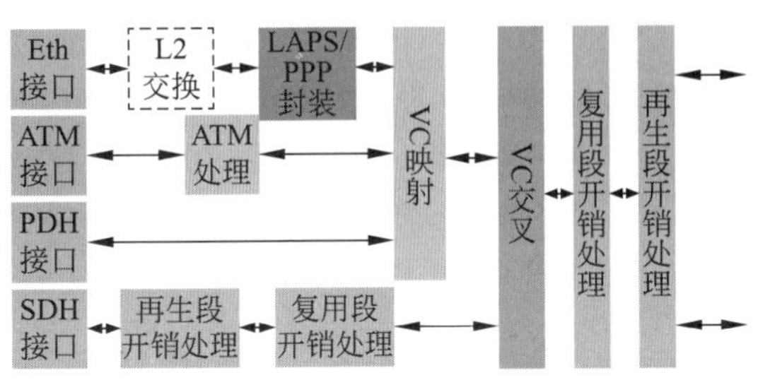

图2.7　MSTP原理

2.70　二纤单向通道保护环(two-fiber unidirectional path protection ring)

SDH光纤自愈环的一种。如图2.8(a)所示,二纤指由两根光纤组成,其中一根光纤用于传输业务信号,称为S1光纤;另一根光纤用于保护,称为P1光纤。单向指正常情况下所有业务信号沿一个方向即S1环的方向传送。通道倒换指故障发生时按通道进行倒换。发送端将业务信号同时发往S1环和P1环,接收端正常情况下只从S1环接收业务信号。如果接收端从S1环收不到业务信号,即判定S1环发生故障,随即切换到P1环接收。如图2.8(b)所示,BC节点间的光纤线路被切断,C端从S1环收不到A端发来的业务信号,故切换到P1环接收。而A端能正常从S1环收到C端发来的业务信号,故不进行通道切换。

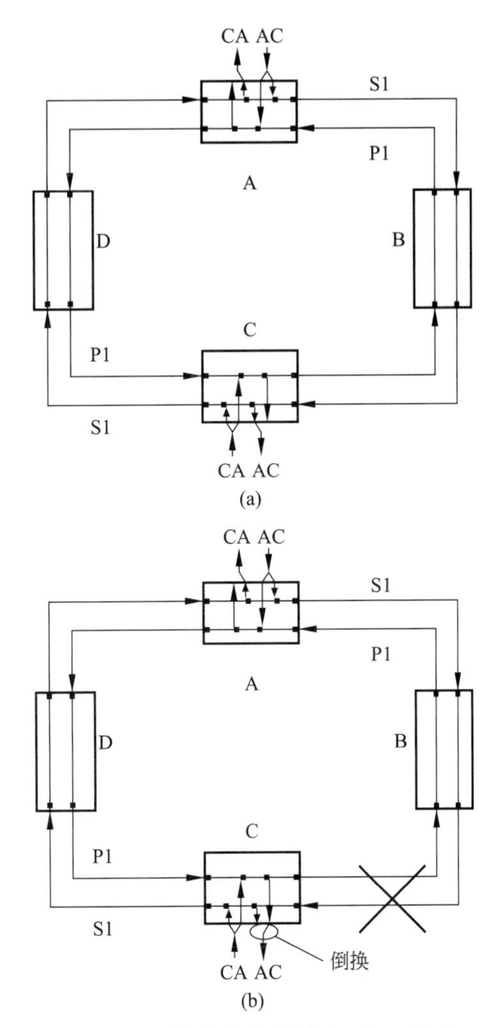

图2.8　二纤单向通道倒换环倒换原理

2.71　二纤双向复用段倒换环(two-fiber bidirectional multiplex section protection ring)

SDH光纤自愈环的一种。如图2.9(a)所示,二纤指由两根传输方向相反的光纤组成,分别称为S1/P2和S2/P1。每根光纤均有一半时隙用来传送业务信号,另一半时隙用来做保护。双向指正常情况下业务信号在两个环向上传输。这样,S1/P2光纤上的保护信号时隙可保护S2/P1光纤上的业务信号,而S2/P1光纤上的保护信号时隙可保护S1/P2光纤上的业务信号。复用段倒换指故障时倒换的是复用段信号而不是通道。如图2.9(b)所示,当BC节点间光纤线路被切断时,与切断点相邻的B节点和C节点中的倒换开关将S1/P2光纤与S2/P1光纤沟通,将S1/P2光纤和S2/P1光纤上的业务信号时隙移到另一根光纤上的保护信号时隙,从而完成保护倒换。当故障排除后,倒换开关将返回其原来位置。

2.72　发光二极管(light-emitting diode)

只产生自发辐射,发射出普通的非相干光的二极管,简称LED。按照光输出位置的不同,发光二极管分为面发光二极管和边发光二极管两类。发光二极管没有光学谐振腔,无论注入多大的电流,都不会产生激光。发光二极管输出光功率小,调制带宽低,输出谱宽大,但线性好,对温度不敏感,不需要制冷器,可靠性高,适合中低速率短距离光传输场合应用。

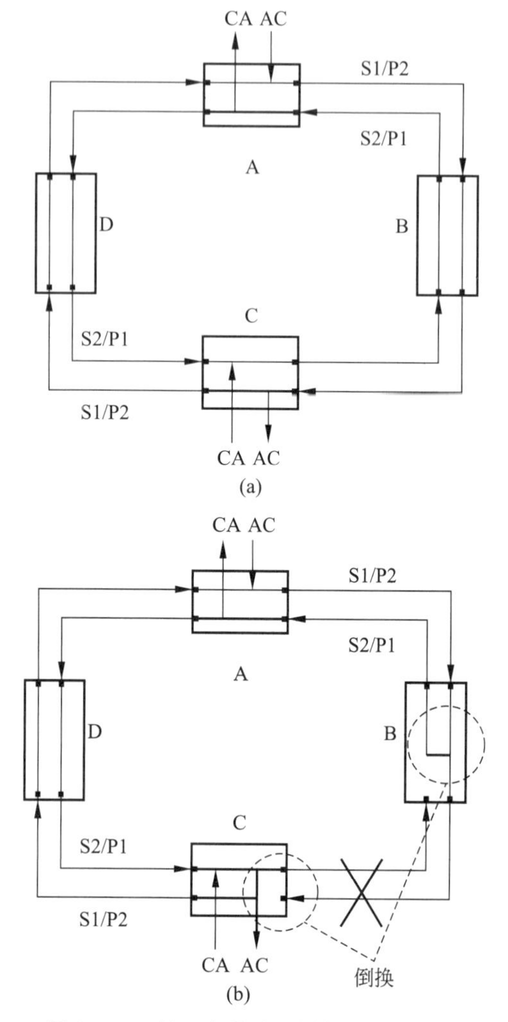

图 2.9　二纤双向复用段倒换环倒换原理

2.73 《光波分复用(WDM)系统测试方法》(Test Methods of Optical Wavelength Division Multiplexing(WDM) System)

中华人民共和国通信行业标准之一,标准代号为 YD/T 1159—2001,2001 年 10 月 19 日,中华人民共和国信息产业部发布,自 2001 年 11 月 1 日起实施。标准规定了单纤单向应用的光波分复用系统技术性能指标和性能要求的测试方法,适用于单通路速为 STM-16 和 STM-64 的集成式和开放式两种配置系统的工厂验收和工程验收。内容包括前言、范围、引用标准、光波分复用(WDM)系统配置和测试参考点定义、集成式发送机测试、集成式接收机测试、波长转换器(OTU)测试、主光通道测试、光波分复用/解复用器测试、光放大器特性验证、光监控通路测试、传输性能测试、网管系统功能测试、WDM 系统温度循环测试等。

2.74 《光波分复用(WDM)系统技术要求—16×10 Gb/s、32×10 Gb/s 部分》(Technical Requirements of Optical Wavelength Division Multiplexing (WDM) System—16×10 Gb/s、32×10 Gb/s Parts)

中华人民共和国通信行业标准之一,标准代号为 YD/T 1143—2001,2001 年 5 月 25 日,中华人民共和国信息产业部发布,自 2001 年 11 月 1 日起实施。标准规定了以 10 Gb/s 速率为基础的干线网 16 和 32 通路点到点线性 WDM 系统的技术要求,规定的光接口参数指标适用于零色散窗口为 1310 mm 的常规 G. 652 光缆系统和非零色散位移(G. 655)光缆系统。内容包括范围、引用标准、光波长区的分配、波分复用器件的基本要求、光放大器、光接口分类、WDM 系统光接口参数的要求、波长转换器(OTU)要求、WDM 系统监控通路要求、网络管理要求、网络性能、ARP 和 ALS 进程等。

2.75 《光波分复用(WDM)系统技术要求—32×2. 5 Gb/s 部分》(Technical Requirements of Optical Wavelength Division Multiplexing (WDM) System—32×2. 5 Gb/s Part)

中华人民共和国通信行业标准之一,标准代号为 YD/T 1060—2000,2000 年 5 月 31 日,中华人民共和国信息产业部发布,自 2000 年 10 月 1 日起实施。标准规定了 32×2. 5 Gb/s WDM 系统的技术要求,适用于 32×2. 5 Gb/s WDM 系统,即以 SDH STM-16 速率为基础的干线网 32 通路单纤单向 WDM 系统的应用,承载信号为其他数字格式或速率的 WDM 系统可参照执行,光接口参数指标适用于零色散窗口为 1310 nm 的常规 G. 652 光缆系列,对非零色散位移(G. 655)光缆系统可以参照执行。内容包括范围、引用标准、光波长区的分配、波分复用器件的基本要求、光放大器、光接口分类、WDM 系统光接口参数的要求、波长转换器(OTU)要求、WDM 系统监控通路要求、OADM 要求、网络管理要求、网络性能、ARP 和 ALS 进程等。

2.76 《光波分复用(WDM)系统总体技术要求(暂行规定)》(General Technical Requirements of Optical Wavelength Division Multiplexing(WDM) System(Provisional Regulations))

中华人民共和国通信行业标准之一,标准代号为 YDN 120—1999,1999 年 8 月 12 日,中华人民共和国信息产业部发布,自 2000 年 1 月 1 日起实施。标准适用于以 2.5 Gb/s 速率为基础的干线网 WDM 系统的应用,承载信号为 SDH STM-16 系统,即 2.5 Gb/s×N 的系统。标准是对基于采用共享掺铒光纤放大器 EDFA 技术和光纤 1550 nm 窗口的密集波分复用系统所提出的总体技术要求,承载信号为其他数字格式或速率的 WDM 系统可参照执行。内容包括前言、范围、引用标准、波分复用系统的分层功能和功能块定义、光波长区的分配、波分复用器件的基本要求、光放大器、光纤的选型及基本要求、光接口分类、WDM 系统光接口参数的定义及要求、波长转换器(OTU)要求、WDM 系统监控通路要求、网络管理要求、网络性能、WDM 系统保护、安全要求、附录 A(级联 EDFA 的 WDM 系统光信噪比"OSNR"计算)、附录 B(双向 WDM 传输的应用)、附录 C(名词术语)等。

2.77 光传输段层(optical transmission section-layer)

为光复用段(OMS)层的光信号在各类光传输媒质上的传输提供光放大、增益均衡、监控等传送功能的层网络。光传输段层是光传送网(optical transport network, OTN)的一个子层,位于物理媒质层(光纤)之上,光复用段(optical multiplex section, OMS)层之下。光传输段层主要的传送功能和实体有光传输段层路径、光传输段层路径源端、光传输段层路径宿端、光传输段层链路连接、光传输段层网络连接,以及光传输段层子网与连接等。为了保证光传输段层所适配的信息完整、可靠传送,光传输段层增加了开销处理、监控等功能。

2.78 光传送网(optical transport network)

ITU-T G.872 建议《光传送网的体系结构》等系列建议所规范,主要在光域上为客户层信号提供传送、复用、选路、监控和处理的网络,简称 OTN。如图 2.10 所示,光传送网自下而上划分为光传输段(OTS)层、光复用段(OMS)层和光通路(OCh)层,可支持 PDH、SDH、ATM、IP 等客户层信号。

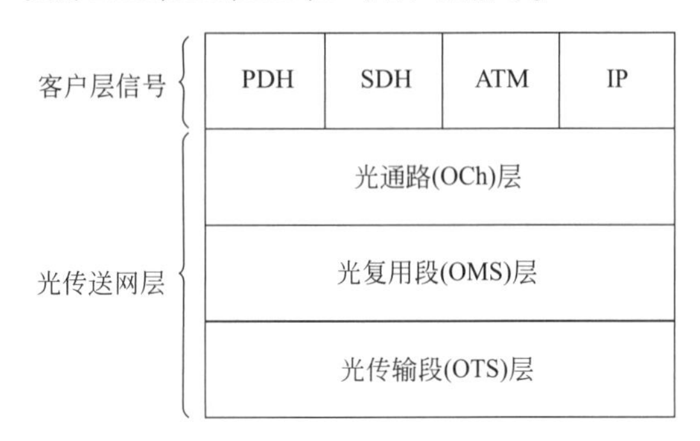

图 2.10 光传送网功能分层结构

2.79 《光传送网(OTN)工程设计暂行规定》(Provisional Design Specifications for Optical Transport Network (OTN) Enginneering)

中华人民共和国通信行业标准之一,标准代号为 YD 5208—2014,2014 年 5 月 6 日,中华人民共和国信息产业部发布,自 2014 年 7 月 1 日起实施。标准适用于采用 OTN 技术新建或扩建的光传送网(OTN)设计。内容包括总则、术语和符号、系统制式、网络设计、系统性能指标、网络互联要求、设备选型与配置、局站设备安装、维护工具及仪表配置、附录 A(本规范用词说明)、附录 B(域间光接口参数规范)、引用标准名录等。

2.80 《光传送网(OTN)工程验收暂行规定》(Provisional Acceptance Specifications for Optical Transport Network(OTN) Enginneering)

中华人民共和国通信行业标准之一,标准代号为 YD 5209—2014,2014 年 5 月 6 日,中华人民共和国信息产业部发布,自 2014 年 7 月 1 日起实施。标准是光传送网(OTN)工程施工质量检查、随工检验和工程竣工验收等工作的技术依据,适用于新建的光传送网(OTN)系统工程。内容包括总则、术语和符号、设备安装、设备功能检查及本机测试、系统性能测试及功能检查、保护性能测试及功能检查、网管基本功能、OTN 控制平面检查及测试、竣工文件、工程验收、附录 A(本规范用词说明)、附录 B(OTN 设备及 OTN 系统接口参考点定义)、附录 C(测试记录样表)、引用标准名录等。

2.81　《光传送网(OTN)网络总体技术要求》(General Technical Requirements for Optical Transport Network(OTN) Enginneering)

中华人民共和国通信行业标准之一,标准代号为 YD/T 1990—2009,2009 年 12 月 11 日,中华人民共和国信息产业部发布,自 2010 年 1 月 1 日起实施。标准规定了基于 ITU-T G.872 定义的光传送网(OTN)总体技术要求,适用于 OTN 终端复用设备和 OTN 交叉连接设备。内容包括前言、范围、规范性引用文件、缩略语、术语和定义、OTN 网络功能结构、OTN 接口要求、复用结构、网络性能要求、OTN 设备类型和基本要求、OTN 保护要求、DCN 实现方式、网络管理、控制平面要求(可选)、附录 A(可用性目标的计算)、附录 B(低速率业务映射方式)、附录 C(10G FC 业务映射方式)、附录 D(分布式基站 CPRI 接口信号 OTN 承载应用)等。

2.82　光端机(optical transceiver)

光信号传输的终端设备。光端机除了光调制和解调功能外,还包括对电信号的编解码、复用、交叉连接等功能。光端机按调制信号是模拟还是数字分类,分为模拟光端机和数字光端机;按照对电信号的处理方式分类,分为 PDH 光端机、SDH 光端机、视频光端机等。

2.83　光放大器(optical amplifier)

对光信号进行放大的有源设备。光放大器通常由增益介质、泵浦源、输入输出耦合部件组成。根据增益介质的不同,光放大器分为两大类型:一类是采用活性介质如半导体材料或者掺入稀土元素(铒、铷)的光纤,利用此类介质受到激发而产生辐射的原理实现光信号的直接放大。这类光放大器有半导体激光放大器和掺质光纤放大器。另一类基于光纤的非线性效应,利用光纤受到激发而散射的原理来实现光的直接放大。这类光放大器有光纤拉曼放大器和光纤布里渊放大器。光放大器主要技术参数有输入功率范围、输出功率范围、工作带宽、小信号增益、饱和输出功率、噪声系数、EDFA 平坦度、增益斜率等。

2.84　光分波器(optical demultiplexer)

将同一根光纤送来的多个不同波长的信号分解为单个波长分别输出的光器件。光分波器反向使用即为光合波器。光分波器和光合波器统称为波分复用器件。

2.85　光分插复用器(optical add and drop multiplexer)

光传送网中实现光信号上下和分插的设备,简称 OADM。光分插复用器主要有 3 种类型:串行结构、并行结构、串并结合结构。串行结构只对上下路的光信号进行复用和解复用处理,对直通的光信号不进行复用和解复用处理;并行结构对上下光信号、直通的光信号均进行复用和解复用处理;串并结合结构先通过子波段滤波器对上下路的光信号、直通的光信号进行滤波,然后对子波段中上下路的光信号进行复用和解复用处理,最后和直通光信号合路处理后输出。

2.86　光分组交换(optical packet switch)

通过光分组交换的形式来承载数据业务的技术,简称 OPS。光分组中,信息净荷的传输和交换在光域中完成,信头的处理和控制在光域或电域中完成。光分组交换具有传输容量大、数据率和格式透明等特点,可以提供端到端的光通道或者是无连接的传输。光分组交换网络特别适合承载具有高突发性且分布不对称的 IP 数据业务。

2.87　光分组同步(optical packet synchronization)

光分组到达交换节点的输入口与本地参考时钟进行相位对准的方式和过程。光分组交换分为两大类:同步光分组交换和异步光分组交换。对于同步光分组交换,需要使来自不同方向、不同支路的固定时间长度的光分组时隙实现同步,才能完成交换和传输。技术上光分组同步通过采用输入粗同步器和快速细同步器来实现。

2.88　光分组再生(optical packet regeneration)

清除光分组信号受到的损伤,恢复光分组信号形状的技术。光分组网中,光分组信号传输距离正比于分组跳数,由于光纤色散、非线性、串扰等影响,使光分组信号受到损伤,因此需要光分组再生。光分组再生多采用色散补偿、再定时、波形整形等技术手段。光分组再生也包括光分组头的重写。

2.89　光复用段层(optical multiplexing section layer)

光传送网三层结构的第二层,简称 OMS 层。光复用段层位于光传输段层之上,光通路层之下,完成光通路层信号到多波长光信号的复用,实现波长的转换与管理,并为多波长光信号的联网提供支持。光复用段层主要的传送和功能实体有光复用段路径、光复用路径源端、光复用路径宿端、光复用段链路连接和光复用段网络连接等。为了保证光复用段层所适配的信息完整、可靠传送,光复用段层增加了开销处理、监控等功能。

2.90　光隔离器(optical isolator)

单向通过光信号的无源光器件。光隔离器主要由起偏器、旋光器和检偏器组成。其基本原理是,起偏器和检偏器的透光轴呈 45°,正向进入光隔离器的光信号经过起偏器,在旋光器中被旋转 45°,恰与检偏器的透光轴方向一致,光信号得以通过。如果有反射光存在,经过检偏器,在旋光器中再次被旋转 45°,恰与起偏器的透光轴呈 90°,反射光被阻止通过。光通路中由于种种原因产生的发射光再次进入光源,导致光源工作不稳定,影响其技术性能。在光源输出端加光隔离器可解决这一问题。

光隔离器从结构上分为块型、光纤型和波导型;从原理上分为光纤型、波导型和微光学型,其中微光学型又分为偏振相关型和偏振无关型。

2.91　光功率放大器(optical booster amplifier)

配置于光发射机输出端的光放大器,简称 OBA。光功率放大器用于提高光发射机的发射功率,补偿光信号在传输通路中的衰减,增大光传输系统的无中继传输距离。

2.92　光功率计(optical power meter)

测量光信号功率的仪器。根据对光功率测量方法的不同,光功率计有两种类型:热转换型和光电检测型。热转换型利用黑体吸收光功率后温度升高的度数来测量光功率的大小,光电检测型利用半导体 PN 结的光电效应来测量光功率的大小。热转换型光功率计具有光谱响应曲线平坦、准确度高等优点,缺点是响应时间长,成本较高,通常作为标准光功率计来使用。光电检测型光功率计根据其采用半导体类型的不同又分为 PIN 光电二极管和 APD 雪崩二极管两种类型。光电检测型光功率计具有响应时间快的优点,不足是温度稳定性差、附加噪声大。光功率计主要技术指标包括工作波长范围、测量功率范围和功率灵敏度等。

2.93　光孤子通信(optical soliton communication)

利用光孤子作为载体进行的光纤通信。经过长距离传输而保持形状不变的特殊光脉冲,称为光孤子。由于光脉冲包含许多不同的频率成分,若光脉冲的频率不同,其在光纤介质中的传播速度也不同,因此光脉冲在光纤中传播会产生脉冲展宽和色散现象。但当高强度极窄单色光脉冲进入光纤时,则会产生克尔效应,即介质折射率随光强度而变化,导致光脉冲产生自相位调制,即脉冲前沿产生的相位变化引起频率降低,脉冲后沿产生的相位变化引起频率升高,于是脉冲前沿比其后沿传播得慢,从而使脉宽变窄。上述两种作用恰好抵消时,脉冲保持波形稳定不变,形成光孤子。光孤子的形成是光纤群速度色散和非线性效应相互平衡的结果。衡量光孤子的主要参数有:孤子宽度、孤子间隔、孤子峰值脉冲功率等。光孤子通信相比常规光纤通信具有通信容量大、误码率低、抗干扰能力强、通信距离远的特点。

2.94　光合波器(optical multiplexer)

将多个不同波长的光信号结合在一起经一根光纤输出的光器件。光合波器反向使用即为光分波器。光分波器和光合波器统称为波分复用器件。

2.95　光检测器(optical photodetector)

利用光电效应,将接收的光信号线性转换为电信号并尽可能地引入最少附加噪声的器件或设备,又称光电检测器。光纤通信系统中,波长与光纤传输窗口匹配的光检测器主要包括具有本征层的光电二极管(PIN 管)和雪崩光电二极管(APD 管)。衡量光检测器性能的主要参数包括波长范围、响应度、响应带宽、响应速度、光检测器噪声、光检测灵敏度等。

2.96　光监控通路(optical supervisory channel)

波分复用系统中,对光纤放大器进行监控的,具有单独波长的信息传输通路。为了保证波分复用系统的可靠性,需要增加对光纤放大器的监视和管理。但是光纤放大器只对光信号进行放大,无法在光信号中插入光纤放大器的监视和管理信息,因此需要增加一个信号通路传输这些监视和管理信息。目前采用在一个独立的波长上传输光纤放大器的监控信息的方法,来实现对光纤放大器的监控。光监控通路主要接口参数见表 2.17。

表 2.17　光监控通路接口参数

监控波长	1510 nm
监控速率	2048 kb/s
信号码型	CMI
发送光功率	0 ~ -7 dBm
光源类型	MLM LD
接收灵敏度	-48 dBm
帧结构	符合 ITU-T G. 704 建议
物理电接口	符合 ITU-T G. 703 建议
误码性能	$BER \leqslant 1 \times 10^{-11}$

2.97　光交叉连接设备(optical cross-connection equipment)

具有交叉连接矩阵,能将光通道信号或某个波长的光信号从一根光纤连接到另外一根光纤上的设备,简称 OXC。光交叉连接设备主要由输入输出光接口、交叉连接矩阵、管理控制单元等组成。光交叉连接设备分为基于电交叉和光交叉两种类型。基于电交叉的连接设备,其外部输入输出接口为光接口,内部交叉连接矩阵为电交叉连接矩阵,故又称为光—电—光(OEO)光交叉连接设备。基于光交叉的连接设备,无论是接口还是内部交叉连接都在光域进行,故又称为光—光—光(OOO)交叉连接设备或波长交叉连接设备。

2.98　光接口(optical interface)

光传输设备与其他光传输设备通过光纤连接的接口。光接口与电接口的根据区别是穿越光接口的信号是光信号。表征光接口的特性包括光纤连接器类型、光纤类型及根数、工作波长及带宽、光调制方式、光复用方式、光线路码型、光信号发射功率范围、光信号接收灵敏度、电调制信号的速率和格式等。

2.99　光接口应用代码(optical interface application code)

国际电信联盟(ITU)对各种光接口参数进行规范和分类所编制的代码。SDH 光接口应用代码格式为 A-B. C,其中 A 为距离代码,B 为 STM 等级代码,C 为光纤类型和工作波长代码。距离代码有 I、S、L、V、U、VSR 共 6 个:I 表示局内通信,目标通信距离为 2 km;S 表示短距离局间通信,目标通信距离为 15 km;L 表示长距离局间通信,目标通信距离为 40 ~ 80 km;V 表示甚长距离局间通信,目标通信距离为 80 ~ 120 km;U 表示超长距离局间通信,目标通信距离为 160 km;VSR 表示甚短距离通信,目标通信距离为 600 m。STM 等级代码有 1、4、16、64、256,分别对应 STM-1、STM-4、STM-16、STM-64、STM-256。光纤类型和工作波长代码有 1 或(空白)、2、3。1 或(空白)表示适用于 G. 652 光纤,工作波长为 1310 nm;2 表示适用于 G. 652 或者 G. 654 光纤,工作波长为 1550 nm;3 表示适用于 G. 653 光纤,工作波长为 1550 nm。其他光接口应用代码见 ITU-T G. 691《具有光放大器的单通路 STM-64 和其他 SDH 系统的光接口》、ITU-T G. 692《具有光放大器的多通路系统的光接口》、ITU-T G. 957《SDH 设备和系统的光接口》、ITU-T G. 959. 1《光传送网物理层接口》。

2.100　光接入网(optical access network)

采用光纤作为传输媒介的接入网,又称光纤接入网或者光纤环路系统,简称 OAN。光接入网主要由光线路终端、光配线网、光网络单元、适配设备等组成。根据光配线网是由有源器件还是无源器件组成,光接入网分为有源光网络和无源光网络;根据技术体制划分,光接入网分为 PDH、SDH、ATM、以太网等接入网;根据光纤深入到用户的程度,光接入网分为光纤到路边(fiber to the curb, FTTC)、光纤到大楼(fiber to the building, FTTB)、光纤到办公室(fiber to the office, FTTO)、光纤到户(fiber to the home, FFTH)、光纤到村庄(fiber to the village, FFTV)等形式。

2.101　光接收机(optical receiver)

接收光信号并对光信号进行必要处理的设备。光接收机通常包括光检测器、光放大器、均衡器和信号处理器等部件。

2.102　光接收机灵敏度(sensitivity of optical receiver)

在满足规定误码率条件下,光接收机所需要的最小光信号平均功率。不同的光通信系统,误码率条件不同:对于 SDH 光传输系统,通常误码率条件为 $BER = 1 \times 10^{-10}$;对于含有光放大器的光接口,误码率条件为 $BER = 1 \times 10^{-12}$。影响灵敏度的因素有光发射机的消光比、发射点的回损、脉冲上升时间和下降时间、接收机的响应度等。需要说明的是，SDH光传输系统定义的接收机灵敏度已将老化、温度等影响包含在内，即所规定的光接收机灵敏度指标数值是指在光接收机接近寿命终期时考虑了各种劣化后的最坏值。

2.103　光开关(optical switch)

具有多个可选的输入或输出端口，对光传输线路或集成光路中的光信号进行切换的光学器件。光开关的形式和种类有很多，按基本原理的不同主要分为机械式光开关、固体波导光开关等。光开关是光分插复用器和光交叉连接设备的核心部件。利用光开关，可实现全光层的路由选择、波长选择、光交叉连接以及自愈保护。

2.104　光缆(optical fiber cable)

对光纤进行加固和保护而形成的线缆。光缆由光纤、护层护套、提高抗拉强度的加强件以及其他构件有机组合而成。光纤的种类和特性决定了光缆线路的传输特性，光缆结构类型决定了光缆对外界机械和环境作用的适应程度。光缆分类方法多样，通常用型号表示光缆的类型。中国标准规定的光缆型号标示由6部分组成，前3部分和后3部分中间用“-”分开。

第1部分是光缆的分类代号，由两个英文字母组成，首字母G表示光缆，具体含义如下。

GY：通信用室(野)外(Y)光缆。

GH：通信用海底(H)光缆。

GJ：通信用室(局)(J)内光缆。

GR：通信用软(R)光缆。

GS：通信用设备(S)内光缆。

GT：通信用特殊(T)光缆。

GW：通信用无金属(W)光缆。

GM：通信用移动式(M)光缆。

第2部分是光缆的缆芯和光缆内填充结构特征的代号。当光缆型式有几个结构特征需要注明时，可用组合代号表示。具体含义如下。

B：扁平形状。

C：自承式结构。

D：光纤带结构。

E：椭圆形状。

G：骨架槽结构。

J：光纤紧套涂覆结构。

T：油膏填充式结构。

R：充气式结构。

X：缆束管式(涂覆)结构。

Z：阻燃。

第3部分是护套的代号，具体含义如下。

A：铝—聚乙烯粘结护套。

G：钢护套。

L：铝护套。

Q：铅护套。

S：钢—聚乙烯粘结护套。

U：聚氨酯护套。

V：聚氯乙烯护套。

W：夹带平行钢丝的钢—聚乙烯粘结护套。

Y：聚乙烯护套。

第4部分是铠装层代号，是1位数字或两位数字，具体含义如下。

5：皱纹钢带。

44：双粗圆钢丝。

4：单粗圆钢丝。

33：双细圆钢丝。

3：单细圆钢丝。

2：绕包双钢带。

0：无铠装层。

第5部分是涂覆层代号，是1位数字，具体含义如下。

1：纤维外被。

2：聚乙烯保护管。

3：聚乙烯套。

4：聚乙烯套加覆尼龙套。

5：聚氯乙烯套。

第6部分是光纤规格型号代号，具体含义如下。

A：多模光纤。

B：单模光纤。

B1.1(B1)：G.652非色散位移型光纤。

B1.2：G.654截止波长位移型光纤。

B2：G.653色散位移型光纤。

B4：G.655非零色散位移型光纤。

当加强构件不是金属加强构件时，加强构件的代号插在第1部分和第2部分之间。加强构件的代号为一个字母，具体含义如下。

缺省：金属加强构件。

G：金属重型加强构件。

F：非金属加强构件。

H：非金属重型加强构件。

例如，GYFTA-53B1表示：通信用室(野)外用非金属加强芯油膏填充式铝—聚乙烯粘结护套皱纹钢带铠装非色散位移型光纤光缆。

2.105　《光缆通用规范》(Cables, Fibre Optics, General Specification for)

中华人民共和国国家军用标准之一,标准代号为 GJB 1428B—2009,2009 年 5 月 25 日由中国人民解放军总装备部发布,自 2009 年 8 月 1 日起施行。标准规定了军用光缆的通用要求,但不适用于海底等特殊用途的军用光缆。内容包括范围、引用文件、要求、质量保证规定、交货准备、说明事项、附录 A(小样材料燃烧产物毒性指数测定方法)、附录 B(材料向上延燃试验方法)、附录 C(释放气体产物的测定方法)等。

2.106　《光缆引接车规范》(Specification for Optic Fiber Communication Vehicle)

中华人民共和国国家军用标准之一,标准代号为 GJB 5649—2006,2006 年 5 月 17 日由中国人民解放军总装备部发布,自 2006 年 10 月 1 日起施行。标准规定了光缆引接车的技术要求和质量保证规范等,适用于采用定型越野汽车底盘改装的引接车。内容包括范围、引用文件、要求、质量保证规定、交货准备、说明事项、附录 A(车辆的一般检查)、附录 B(车门车窗可靠性试验方法)、附录 C(行驶可靠性试验行驶路面标准)等。

2.107　光耦合器(optical coupler)

实现光信号分路和(或)合路的无源光器件,又称为光方向耦合器,光功率分支器。按工作原理的不同,光耦合器分为光纤型、微光学机械型和波导型。常用的光耦合结构有 3 端口分路器(一入二出)、3 端口合路器(二入一出)、4 端口耦合器(二入二出)、$M \times N$ 星型耦合器(M 入 N 出)、分波器、合波器。

2.108　光配线网(optical distribution network)

光接入网中位于光网络单元和光线路终端之间的光纤网络。光配线网是为光网络单元和光线路终端提供光纤连接、完成光信号功率分配功能的设施。光配线网有 4 种基本结构:单星型、树型、总线型、环型。对光配线网的基本要求是具有纵向兼容性、可靠网络结构、光分配功能、大传输容量。

2.109　光谱分析仪(spectrometer)

对光的谱特性、光纤的光波传输特性进行测量的仪器。光谱分析仪利用光栅色散分光原理实现对光谱参数的测量,主要技术指标有工作波长范围、波长准确度、波长分辨率、电平测量范围、电平测量准确度等。光谱分析仪的动态范围大、灵敏度高,但波长测量精度稍差,因此常被用来测量光信噪比和光功率。

2.110　光前置放大器(optical pre-amplifier)

配置于光接收机输入端的光放大器,简称 OPA。在光传输系统中,光前置放大器用于提高光信号的增益来补偿光信号在传输通路中的衰减,以增加光传输系统的无中继传输距离。

2.111　光时分复用(optical time division multiplexing)

光域数字信号的时分复用,简称 OTDM。在发送端,将若干路较低速率的调制光信号转换为等速率光信号,然后利用超窄光脉冲进行时域复用,形成更高速率的光信号,在接收端,再利用光学的方法解调出各个支路调制光信号。光时分复用可以有效解决限制传输速率容量的电子瓶颈,克服波分复用的某些缺点(如放大器级联导致的谱不均匀性),实现信息单波长高速率的传输。

2.112　光时域反射计(optical time domain reflectometer)

利用光纤后向瑞利散射特性,通过时域测量方法对光纤光缆参数和性能进行测试的仪器,简称 OTDR。由于光纤密度微观的不均匀性和掺杂的不均匀性等因素,光在光纤中传输时,会在光纤的每一处产生瑞利散射现象,其中一部分向后传输的瑞利散射光沿光纤回传至光发送端。对于均匀连续的光纤,后向散射光强度随着光纤长度的增长呈指数衰减,而在光纤的断裂点(或者光纤端面),后向散射呈现突变现象。光时域反射计利用上述原理,通过发射具有一定重复周期和宽度的光脉冲来检测光纤后向瑞利散射信号,经时域分析计算得到光纤性能和参数,并显示光纤损耗分布特性曲线。光时域反射计能够测试光纤长度、断点位置、接头位置、光纤衰减系数、链路损耗、接头损耗、反射损耗等参数。按照工作方式的不同,光时域反射计分为单脉冲型、编码脉冲型、相干型 3 种类型,其主要差别在于信号的检测方式。

2.113　光衰减器(optical attenuator)

使光信号功率产生定量衰减的器件。光信号功率的衰减有两种方法：一种是利用光纤位置的变化及其耦合程度的不同，如横向错位、角度倾斜、纤芯距离，实现光信号功率的衰减，这种方法多用于制作可变光衰减器；另一种是在透光性良好的玻璃基片上，通过镀上金属薄膜来吸收光能，其衰减量的大小与薄膜的厚度成正比。这种方法多用于制作固定光衰减器。可变衰减器一般带有光纤连接器，有分档进行衰减的，也有衰减量连续变化的。固定衰减器一般制成光纤连接器的形状，衰减量标准化为3～50 dB的多种规格。光衰减器是光纤通信线路、光纤通信系统测试不可缺少的无源光器件，适用于调整线路损耗、测试系统灵敏度、校正光功率计等场合。

2.114　光调制器(optical modulator)

将电信号调制到光信号上的器件。光调制器分为直接调制器和外调制器两类。直接调制器直接用电信号对光源进行调制，其主要缺点是无法克服频率啁啾的影响，色散受限距离比较短。外调制器将电信号加载在某一媒介上，利用该媒介的物理特性使光信号的光波特性发生变化，从而间接地将电信号调制到光信号上。外调制器分为电光调制器和电吸收调制器两大类。外调制器能有效克服频率啁啾的影响，色散受限距离比较长，广泛应用在超高速长距离的光纤通信系统中。

2.115　《光同步传送网技术体制(暂行规定)》(Optical Synchronous Transport Network Technology System(Provisional Regulations))

中华人民共和国通信行业标准之一，标准代号为YDN 099—1998，1998年7月23日由中华人民共和国信息产业部发布，自1998年10月1日起实施。标准规定了光同步传送网的技术体制，适用于以光纤通信为基本传输手段的传输网，如公用电信网中的省际干线网、省内干线网、中继网以及接入网、专用电信网。其他传输手段如微波传输网也可参照使用。内容包括范围、引用标准、光波长区的分配和比特率、帧结构、同步复用结构、SDH传送网结构、网络性能要求、光接口标准、同步光缆线路系统基本进网要求、SDH设备的类型和基本进网要求、SDH网同步、网络管理、SDH与PDH传送网的互通、附录A(术语)、附录B(对工作在51 840 kb/s的数字段建议的帧结构)、附录C(光放大器配置及级联线路光放大器SDH系统信噪比(OSR)的计算)、附录D(带线路光放大器SDH系统的监控要求)、附录E(带光放大器SDH系统的安全要求)、附录F(参考标准)、附录G(SDH环网的类型和特点)等。

2.116　光通道代价(optical path penalty)

光通道总劣化导致接收灵敏度下降的程度，又称光通道功率代价，单位dB。光通道总劣化是光反射、码间干扰、模式分配噪声、激光器啁啾等诸多因素综合作用的结果，可等价为接收灵敏度下降的程度。通常，光通道代价要求不超过1 dB，即光通道总劣化导致灵敏度下降不超过1 dB。需要说明的是，由光放大器造成的光信噪比的降低所导致的接收机灵敏度下降，不计入光通道代价。

2.117　光通路层(optical channel layer)

光传送网三层体系结构的第三层，又称光通道层，简称OCh层。光通路层的上层是光传送网的服务对象——客户层，下层是光复用段层。光通路层为光传送网格式不同的各类客户层信号的光通路透明传送提供端到端支持和联网功能，其主要的传送功能和实体有光通路层路径、光通路层路径源端、光通路层路径宿端、光通路层链路连接、光通路层网络连接、光通路层子网与连接等。光通路层一般采用光交叉设备实现交叉连接功能。为了保证光通路层所适配的信息完整、可靠传送，光通路层还具有开销处理、监控等功能。

2.118　光通路开销(optical channel overhead)

光网络中，专门用于完成对光通路层性能监视与保护倒换、实现对光通路层的管理与维护的附加信息，简称OChO。光通路开销主要内容包括光通路层保护信号、踪迹字节、服务质量、前向纠错、信号标识、串联连接监视信息、缺陷标识等。实现光通路开销传送的方式包括随路方式和非随路方式。随路方式下，业务信息和开销一起传送；非随路方式下，业务信息和开销分开传送。光通路开销可采用副载波调制、光监控通路、数字包封等手段传送。

2.119　光通信(optical communication)

以光信号作为信息载体的通信方式。广义来讲，历史上的烽火台通信以及现在仍在广泛使用的交通信号灯、旗语、灯语（利用百叶窗和灯光）均属光通信，这些方式可称为原始光通信。现代意义的光通信主要指的是光纤通信和无线光通信。光纤通信以光信号作为信息载体，以光纤作为传输通道。无线光通信与光纤通信不同的是前者以空间作为光的传输通道。无线光通信可用于星间链路、星地链路，也可应用于地面通信。无线光通信在地面应用时，常被称为大气激光通信，由于受地面大气衰减、天气等因素影响，无线光通信传输距离近，通常为数千米。

2.120　光通信波段（optical communication band）

电磁频谱中适用于光通信工作的频谱范围。由于光通信工作频率高，在具体应用时用频率表示不方便，常用波长表示，故用波段而不用频段来表征其工作频谱。如图 2.11 所示，常用的光通信工作波段为 770～1675 nm。对于光纤通信，770～910 nm 波段常用于多模光纤通信，1260～1675 nm 波段常用于单模光纤通信。国际电信联盟（ITU）将 1260～1675 nm 波段划分为 6 个光纤通信波段，从低到高依次为 O 波段（1260～1360 nm）、E 波段（1360～1460 nm）、S 波段（1460～1530 nm）、C 波段（1530～1565 nm）、L 波段（1565～1625 nm）和 U 波段（1625～1675 nm）。

2.121　光网络单元（optical network unit）

光接入网用户侧设备，简称 ONU。光网络单元是光接入网的组成部分，一端连接用户终端设备，另一端连接光配线网，从而实现用户业务的接入。光网络单元除了完成光—电、电—光转换功能外，还要完成语音信号的模数转换、复用、信令处理以及各种业务的接入和管理等功能。

2.122　光纤（optical fiber）

光导纤维的简称。光纤实质上是用玻璃或塑料制成的纤维状光波波导。通信用的光纤多是由石英玻璃制成的横截面积很小的同轴圆柱体。从横截面上看，光纤由折射率较高的纤芯、折射率较低的包层和涂覆层 3 部分组成。光纤按照材料分类分为石英（SiO_2）光纤和全塑光纤；按照光纤截面上的折射率分布分为阶跃型（step index fiber, SIF）光纤、渐变型（graded index fiber, GIF）光纤；按照传输模式的数量分为多模光纤（multi-mode fiber, MMF）和单模（single mode fiber, SMF）光纤。按照 ITU-T 光纤建议标准分类，光纤分为 G.651 光纤、G.652 光纤、G.653 光纤、G.654 光纤、G.655 光纤、G.656 光纤等类型。光纤的主要技术性能参数有：衰耗系数（dB/km）、色散系数（ps/(nm · km)）、模场直径（μm）、截止波长（nm）、宏弯损耗（dB）、零色散波长（nm）、零色散斜率（ps/(nm^2 · km)）、偏振膜色散系数（ps/$\sqrt{km}$）等。

2.123　光纤非线性效应（fiber nonlinear effects）

光纤折射率随光的场强变化而变化，反过来又

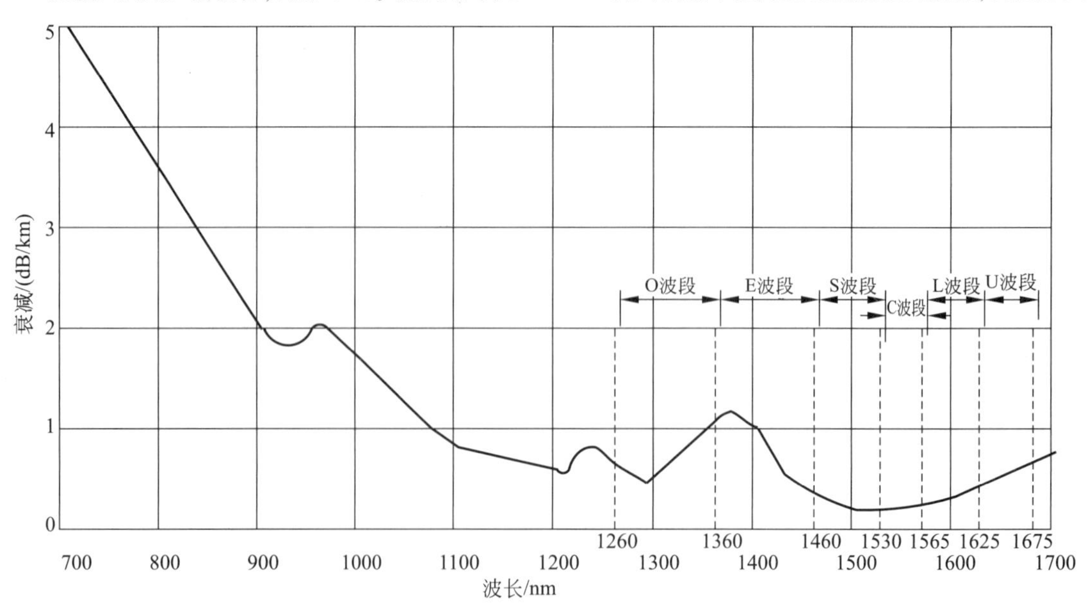

图 2.11　光通信波段

影响光场的物理现象。光纤非线性效应是光纤固有特性。当入射光纤的光信号功率较小时,光纤的非线性效应不明显。在强光场的作用下,光纤介质中的原子受到光子的作用,光纤介电常数不再是一个固定数值,而是随着光强度的变化而变化。光纤介电常数的改变,导致光纤折射率的变化,从而影响光场。光纤的非线性效应主要表现在受激布里渊散射(stimulated Briliouin scattering, SBS)、受激拉曼散射(stimulated Raman scattering, SRS)、自相位调制(self-phase modulation, SPM)、交叉相位调制(cross phase modulation, XPM)和四波混频(four-wave mixing, FWM)5个方面。非线性效应限制了光纤通信的传输容量和最大传输距离,但是对非线性效应加以利用,也可提升光纤通信能力,如利用SRS原理制作的拉曼放大器可实现光信号的放大,利用SPM原理可实现光孤子远距离通信,利用FWM原理制作的波长变换器可实现不同波长光信号之间的变换。

2.124 光纤光栅(fiber bragg grating)

在高功率紫外激光的干涉下,在光纤纤芯内产生沿纤芯轴向的折射率周期性变化,从而形成永久性空间的相位光栅。光纤光栅实质上是一个窄带的滤波器或反射镜,当一束宽光谱光经过光纤光栅时,其中特定波长的光产生反射,其余波长的光穿透光纤光栅。

光纤光栅具有体积小、波长选择性好、不受非线性效应影响、极化不敏感、易于与光纤系统连接、便于使用和维护、带宽范围大、附加损耗小、器件微型化、耦合性好、可与其他光纤器件融成一体等优点,在光纤通信中得到了广泛的应用。主要用于构成色散补偿器、光分插复用器、半导体激光器、光纤激光器、全波长转换器等。

2.125 光纤活动连接器(optic fiber connector)

连接光纤的可拆卸式无源光器件,简称光纤连接器。光纤活动连接器把两根光纤的端面准确地对接起来,使发射光纤输出的光能量最大限度地耦合到接收光纤中。绝大多数光纤连接器一般采用高精密组件以实现光纤的对准连接。该组件由两个插针和一个耦合管组成:光纤穿入并固定在插针中,并对插针端面进行研磨抛光处理,然后将插针安装在耦合管中进行光纤的对准连接。

插针端面的接触方式有平面接触(ferrule contact,FC)、物理接触(physical contact,PC)、超级物理接触(ultra physical contact,UPC)和角度物理接触(angled physical contact,APC)。FC方式容易在插针端面沾染微尘,插入损耗和反射损耗性能不易提高;PC方式将端面改进为微球面,成为了目前广泛应用的端面接触方式;UPC方式仍为微球面接触,但端面加工处理更加精细,插入损耗和反射损耗性能更好,一般用于有特殊需求的场合;APC方式的端面为斜8°的微球面,主要是为了进一步改善端面的反射损耗性能。

光纤连接器按结构分为FC型、SC型、MT-RJ型、ST型、LC型等。FC型采用金属套,并用螺丝扣紧固;SC型外壳呈矩形,采用插拔销闩式紧固,不需旋转;MT-RJ型外形与RJ-45型以太网接口连接器相同;ST型采用带键的卡口式锁紧机构进行紧固;LC型采用模块化插孔闩锁机构进行紧固,其尺寸是FC型和SC型的一半。

2.126 光纤拉曼放大器(fiber Raman amplifier)

利用光纤受激拉曼散射效应原理实现光信号放大的放大器,简称FRA。光纤拉曼放大器包括分布式光纤拉曼放大器和分立式光纤拉曼放大器:分布式拉曼放大器直接利用光传输系统的光纤作为增益介质。这种放大器需要的光纤长度较长,须达50 km以上,工程实施比较方便;分立式拉曼放大器利用高增益的光纤作为增益介质,工程中需要单独配置这种光纤,所需要的光纤长度较短,一般在10 km以内。

2.127 光线路放大器(optical line amplifier)

配置于光纤线路中间的光放大器,简称OLA。光线路放大器只放大光信号的功率,补偿光信号在传输通路中的衰减,从而增大光传输系统的传输距离。

2.128 光纤耦合器(fiber coupler)

采用光纤制作的传送和分配光信号的无源光器件,又称光纤分路器,光纤耦合器是光耦合器的一种,用于将一根光纤的光信号分至多根光纤,具有以下几个特点:一是器件由光纤构成,属于全光纤型器件;二是光场的分波与合波主要通过模式耦合来实现;三是光信号传输具有方向性。主要技术指标有插入损耗、附加损耗、分光比和隔离度。

2.129 光纤熔接机(fiber fusion splicer)

利用电弧放电方式使光纤熔化连接在一起的设备。光纤熔接机利用平行光垂直照射光纤表面,通过显微镜接收其折射光,从而获得光纤包层轮廓、包层与纤芯图像,然后对图像信息进行数字化处理,获得待熔接光纤的空间位置和轴向对中偏差信息。熔接机的控制单元根据偏差信息控制相关的机械伺服机构完成光纤精确对中,并根据预置参数实施放电熔接。光纤熔接机主要技术指标有适用光纤、光纤接续损耗等。

2.130　光纤收发器(fiber optical transceiver)

通过电光信号互换,利用光纤线路延长电信号传输距离的设备,又称光电转换器,简称FOT。光纤收发器的电接口有以太网接口、E1接口、RS-232接口、USB接口等,常用来延长电接口以太网的覆盖范围,附带传输其他数据。光纤收发器有多种类型:按光纤性质分类,分为单模光纤收发器和多模光纤收发器。单模光纤收发器又分为1310 nm波长和1550 nm波长两种。前者传输距离最高可达120 km,后者传输距离在5 km之内;按所需光纤根数分类,分为单纤光纤收发器和双纤光纤收发器。前者接收发送均在一根光纤上进行,通常采用波分复用技术将收发分开,后者接收发送在两根不同的光纤上进行;按工作层次/速率分类,分为100 M以太网光纤收发器和10/100 M自适应以太网光纤收发器。前者工作在物理层,后者工作在数据链路层;按结构分类,分为桌面式(独立式)光纤收发器和机架式(模块化)光纤收发器;按管理类型分类,分为非网管型以太网光纤收发器和网管型以太网光纤收发器。前者即插即用,通过硬件拨码开关设置电口工作模式,后者支持电信级网络管理。

2.131　光纤通信(fiber communication)

以光信号作为信息载体,以光纤作为传输介质的光通信。基本的光纤通信系统由光发信机、光纤(光缆)、光收信机组成。光发信机由调制器、驱动器和光源组成,其作用是将电业务信号(信息)对光源发出的光波进行调制,然后将已调制光耦合到光纤(光缆)中;光纤(光缆)为光的传输提供通道;光收信机由光放大器、光检测器和解调器组成,其作用是完成已调光波的放大和检测,并解调出电业务信号(信息)。光纤通信具有传输容量大、传输质量高等特点。在试验任务中,光纤通信得到了普遍的应用,成为场区通信的主要传输手段和跨场区通信的重要手段。

2.132　光纤线路码(optical fiber line code)

对光信号进行调制的基带数字信号码型。由于光纤的带宽大,线路码及其调制方式对系统性能影响不大,所以光传输系统在10 Gb/s及以下速率的传输线路上都采用不归零码(NRZ),这种方式简单可靠,成本低,对色度色散不敏感。随着传输速率的提高,性能更好的线路码开始被使用,主要有常规归零码(RZ)、载频抑制归零码(CS-RZ)、差分相移键控归零码(DPSK-RZ)、啁啾归零码(C-RZ)、超级啁啾归零码(SC-RZ)等。

2.133　光纤线路自动切换保护装置(optical fiber line auto switch protection equipment)

执行光纤线路自动切换保护的设备,简称OLP。如图2.12所示,OLP有6个光接口,包括一对接光发射机和接收机,一对接主用和备用发射光纤,一对接主用和备用接收光纤。OLP成对应用,互发互收。发端OLP将光发射机送来的一路光信号TX分为T1和T2两路,分别通过主用光纤和备用光纤传输。收端OLP同时接收工作光纤和备用光纤上的光信号R1和R2。正常情况下选用主用光纤的光信号R1输出到光接收机。当主用光纤被切断时,收端OLP及时从主用光纤切换到备用光纤,将光信号R2输出到光接收机。

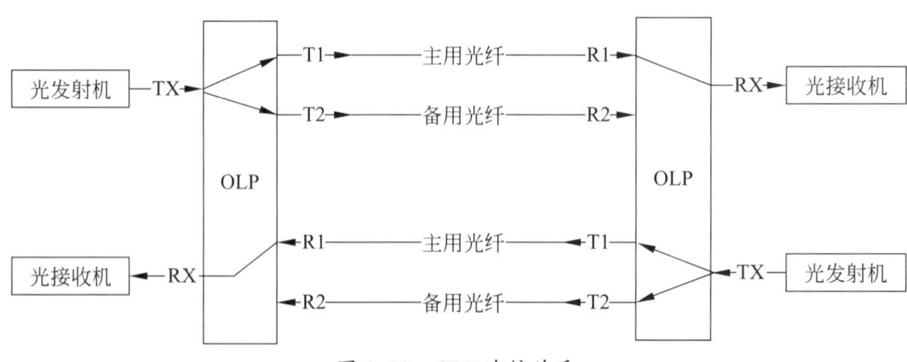

图2.12　OLP连接关系

2.134　光信噪比(optical signal-to-noise ratio)

接收端光通路内信号功率与噪声功率的比值,简称 SNRO。测量光信噪比时,均在光有效带宽内测量,光信号功率取峰峰值。影响光信噪比的主要因素有光纤衰耗、设备老化、光纤的非线性等。

2.135　光虚拟专用网(optical virtual private network)

智能光网络的一种业务,简称 OVPN。光虚拟专用网采用逻辑分割光网络资源方式构造,使用户感觉如同使用一个物理上的专用光网络一样。

2.136　光因特网(optical internet)

直接将 IP 包在光路上传送的因特网。如图 2.13 所示,光因特网的上层是数据网络;底层为光网络,利用波分复用来控制波长接入、交换、选路和保护;位于中间层的 IP 适配层建立数据网络与光网络之间的联系,是光因特网的关键技术。

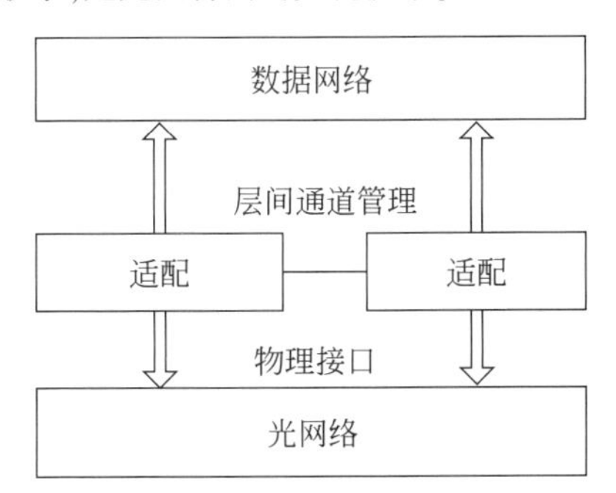

图 2.13　光因特网的分层模型

2.137　光源(light source)

完成电光转换,实现稳定可靠辐射出光波的器件或设备。光通信中,光源是光发射机的关键器件。常用的光源有半导体激光二极管(LD)和发光二极管(LED)。衡量光源的主要性能指标有光源的输出功率、光源的线性、光源的可靠性。光源还是光通信和光纤传感等领域中科研、生产和工程常用仪表,以及光纤通信系统工程建设和维护的必备工具。

2.138　光源消光比(extinction ratio)

用分贝表示的光源逻辑"1"状态下的平均输出光功率 P_1 与逻辑状态"0"下的平均输出光功率 P_0 之比,简称 EX。光源消光比计算式为

$$\mathrm{EX} = 10\lg\left(\frac{P_1}{P_0}\right) \tag{2-1}$$

光源消光比反映了两种发送状态下光源输出功率的相对大小。逻辑"1"状态为光源有光信号发送状态,逻辑"0"状态为无光信号发送状态。一般来讲,无光信号发送状态时,光源输出功率越小越好,即光源消光比越大越好。但对于高速光通信系统,为了提高调制速度或减小调制电流,需选取直流偏置电流大于光源(通常是 LD)的阈值电流,在这种情况下,无信号调制时的光源仍然有残余的光功率输出。另外,过大的消光比也会劣化接收机的灵敏度。因此,光源消光比并非越大越好。

2.139　光中继器(optical repeater)

为增加光信号传输距离,串接在光纤线路中,对光信号进行接收、处理然后再转发的设备,简称中继器。根据是否具有整形、定时功能,中继器分为 1R 功能中继器、2R 功能中继器和 3R 功能中继器。1R 功能中继器只有简单的光信号放大功能,没有整形和定时功能,可以适应多种类型光信号的放大,但不能消除信号损伤,还会引入信号的畸变。光放大器就是典型的 1R 功能中继器;2R 功能中继器具有整形功能但没有定时功能,可以适应多种类型光信号的放大和消除部分信号损伤,但存在抖动积累,限制了允许级联的中继器的数目。全光波长变换器就是典型的 2R 功能中继器;3R 功能中继器具有整形和定时功能,可以消除大部分信号损伤,恢复信号原状,性能最好,但由于需要获得再生信号的时钟,只能适应特定类型光信号的放大。具有光—电—光变换功能的光中继器就是典型的 3R 功能中继器。

2.140　《国际恒定比特率数字通道和连接的端到端差错性能参数和指标》(End-to-end Error Performance Parameters and Objectives for International, Constant bit-rate Digital Paths and Connections)

国际电信联盟制定的代号为 ITU-T G.826 的建议。建议规定了国际恒定比特率数字通道和连接的端到端差错性能参数和指标,内容包括范围、参考、术语、缩略语、块的测量、性能评价、差错性能指标、附件 A(进入和退出不可用状态的标准)、附件 B(PDH 通道性能监测与基于块参数的相互关系)、附件 C(SDH 通道性能监测与基于块参数的相互关系)、附件 D(基于信元的网络性能监测与基于块参数的相互关系)、附录Ⅰ(用于确定缺陷、错误快、ES 和 SES 等数字通道异常的流程图解)、附录Ⅱ(比特

错误和块错误的优点和不足)、附录Ⅲ(本建议对非公用网的适应性)等。

2.141 集成式 WDM 系统(integrated WDM system)

采用标准光接口接入 SDH 等终端设备的波分复用系统。标准光接口指满足 ITU-T G.692 建议《具有光放大器的多通路系统的光接口》要求的光接口。非标准光接口的 SDH 终端设备须完成非标准光接口到标准光接口的变换,才能接入集成式 WDM 系统。集成式 WDM 系统的优点是结构简单,没有波长转换设备。

2.142 激光大气通信机(atmosphere laser communication equipment)

以大气为通信信道,以激光为信息载体,实现信息传输的通信设备。如图 2.14 所示,激光大气通信机由发射和接收两部分组成。发射部分由调制、功率驱动、激光器和光学天线组成。接收部分由光学天线、光检测器、宽带放大、解调组成。由两台激光大气通信机可以构成激光大气通信系统,进行语音、数据、图像等信息的点对点通信。激光大气通信机通常应用于不便铺设光缆等近距离、应急使用场合。由于其抗干扰性、保密性高,激光大气通信机在军事上通常用作集团军野战综合通信系统节点中心内部通信战车之间的传输设备、指挥所入野战网的传输设备、无线接力和引接设备、机动通信设备等。

2.143 激光二极管(laser diode)

能产生激光的半导体二极管,简称 LD。其基本原理是,向半导体 PN 结注入电流,实现粒子数的反转分布,从而产生受激光辐射,同时利用谐振腔的正反馈,产生激光振荡而增强发光强度。激光二极管分多纵模激光器和单纵模激光器两种类型。多纵模激光器存在多个纵模并同时工作。由于通常采用法布里—珀罗腔(fabry-perot cavity, FP)结构,所以又称 FP 激光器。FP 激光器主要应用于 1310 nm 窗口、622 Mb/s 及其以下传输速率的光纤通信系统。单纵模激光器是只有一个纵模工作,其他纵模受到抑制的激光器,主要有分布反馈激光器(DFB-LD)、分布布拉格反射器激光器(DBR-LD)、量子阱激光器(MQW-LD)、垂直腔面发射激光器(VCSEL)等。

2.144 极化模色散(polarization mode dispersion)

由于光纤几何形状的不均匀性,导致光信号两个相互垂直的极化状态以不同的速度传播所形成的色散,又称偏振模色散,简称 PMD。极化模色散是限制 10 Gb/s 以上高速率传输距离的因素之一。极化模色散系数是衡量极化模色散的主要指标,单位为 $ps/\sqrt{km}$。在单模光纤中,光波的基模具有两个相互垂直正交的极化状态,也即偏振状态,所以极化模色散系数可通过测量单位光纤长度两个正交的极化模之间的差分群时延(different group delay, DGD)来获得。

2.145 《基于同步数字体系(SDH)的传送网体系结构》(Architecture of Transport Networks Based on the Synchronous Digital Hierarchy(SDH))

国际电信联盟制定的代号为 ITU-T G.803 的建

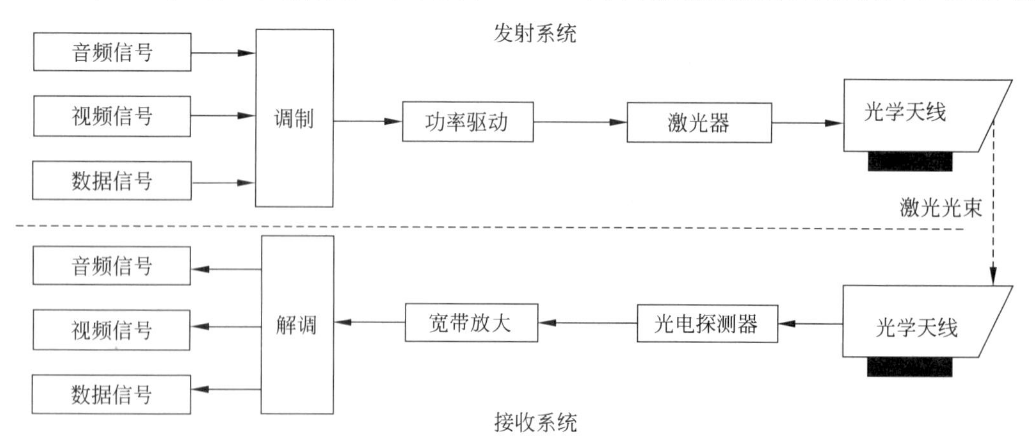

图 2.14 激光大气通信机组成

议。建议规定了 SDH 传送网的体系结构，内容包括范围、参考、术语、缩略语、G. 805 层概念的运用、连接监督、SDH 传送网可用性增强技术、同步网结构、基群速率映射的选择、附录Ⅰ(SDH 客户层与服务层的关系)、附录Ⅱ(基于 SDH 的传送网介绍)、附录Ⅲ(同步网工程指南)等。

2.146 假设参考光通道(hypothetical reference optic path)

国际电信联盟规定的光传送网假设参考通道，简称 HROP。如图 2.15 所示，该通道端到端长度为 27 500 km，包括两个本地运营商网，两个区域运营商网和 4 个骨干运营商网。

2.147 交叉相位调制(cross phase modulation)

多波长光传输系统中，一个波长光信号的相位受到其他波长光信号强度变化的影响的现象，简称 CPM。交叉相位调制使受到影响的光信号脉冲频谱展宽，对相邻通路光信号产生不利影响。通路数越多、通路间隔越小，交叉相位调制对密集波分复用系统的影响越大。

2.148 截止波长(cuto-ff wavelength)

光纤只能传播一种模式光信号的最低波长。截止波长是单模光纤特有的基本参数，不同传播模式具有不同的截止波长。通常所说的截止波长是指单模光纤基模(LP01)以外的第一个高阶模(LP11)的截止波长。当工作波长大于截止波长时，可以保证单模光纤基膜(LP01)传输。理论上，可以利用光纤波导的边界条件，将光纤剖面折射率分布代入光纤标量波动方程，求解理论截止波长。实际上，至今还没有找到一个准确的实验方法来确定光纤截止波长。为了便于工程应用，采用了有效截止波长的概念，即光纤中各阶模所拥有的总功率与基模功率之比降到 0.1 dB 时的波长。国际电信联盟定义了下列 3 种有效截止波长。

(1) 长度短于 2 m 的跳线光缆中光纤的截止波长。

(2) 长度为 2~20 m 的跳线光缆中光纤的截止波长。

(3) 22 m 长光缆中光纤的截止波长。

2.149 《具有光放大器的多通路系统的光接口》(Optical Interfaces for Multichannel Systems with Optical Amplifiers)

国际电信联盟制定的代号为 ITU-T G. 692 的建议。建议规定了使用 G. 652、G. 653、G. 655 光纤，标称跨距为 80 km、120 km、160 km 以及再生中继器目标距离超过 640 km 的比特速率在 STM-16 以上 4、8 和 16 信道系统接口参数。信道中心频率划分的基准是 193.1 THz，信道间隔是 50 GHz 和 100 GHz 的整数倍。内容包括范围、参考、术语、缩略语、光接口分类、应用、执行、参数定义、独立发射机输出、独立信道输入端口、MPI-S 和 S′点的光接口、光通道、光线路放大器参数、MPI-R 和 R′点的光接口、独立信道输出端口、独立发射机输入、光管理信道参数、光接口参数数值、附件 A(标称中心频率)、附件 B(光管理信道的两个实现方法)、附录Ⅰ(光功率电平推导方法)、附录Ⅱ(用于 WDM 设计的最小信道间隔和基准参考频率选择)、附录Ⅲ(使用 G. 652/G. 655 光纤的信道频率分配建议)、附录Ⅳ(使用 G. 653 光纤的信道频率分配建议)、附录Ⅴ(使用 G. 653 光纤基于非等信道间隔的信道分配方法)、附录Ⅵ(在 MPI-S 点使用预补偿)、附录Ⅶ(G. 692 的适用范围扩展到包括双向 WDM 传输)、附录Ⅷ(G. 692 的适用范围扩展到包括 16、32 或者更多信道的传输)、附录Ⅸ(G. 692 的适用范围扩展到包括 STM-64 速率)等。

2.150 绝对参考频率(absolute frequency reference)

波分复用系统复用光通道中心工作频率的绝对

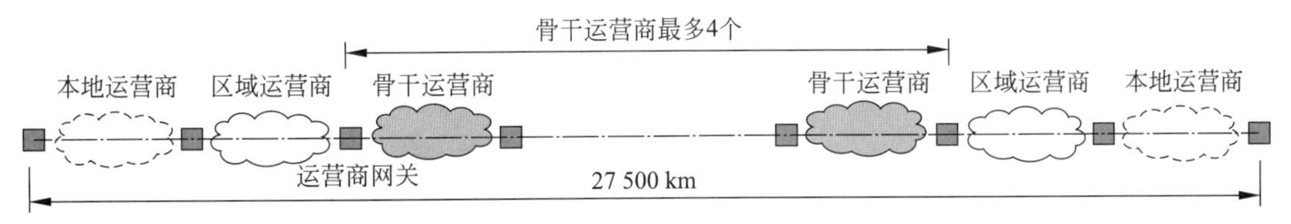

图 2.15　假设参考光通道

参考点,简称 AFR。ITU-T G. 692 建议规定的绝对参考频率为 193. 1 THz,与之相对应的光波长为 1552. 52 nm。将 193. 1 THz 作为绝对参考频率,是因为氦氖激光器容易产生 193. 1 THz 的高稳定度光波。绝对参考频率加上规定的通道间隔就是各波分复用光通道的中心工作频率。

2. 151　军用光纤(military fiber)

按照国家军用标准设计和制造的光纤。根据 GJB 1427A—1999《光纤总规范》和 GJB 3494—1998《偏振保持光纤规范》的规定,军用光纤分为 A、B、C 共 3 类。A 类为多模光纤,B 类为单模光纤,C 类为偏振保持光纤。

A 类光纤按照折射率分布参数、纤芯和包层的组分分类的类型,详见表 2. 18。

表 2. 18　A 类光纤类型

类型	光纤组分	纤芯折射率分布类别	折射率分布参数 g
A1	玻璃纤芯/玻璃包层	渐变型	$1 \leq g < 3$
A2. 1	玻璃纤芯/玻璃包层	准渐变型	$3 \leq g < 10$
A2. 2	玻璃纤芯/玻璃包层	突变型	$10 \leq g < \infty$
A3	玻璃纤芯/玻璃包层	突变型	$10 \leq g < \infty$
A4	塑料光纤		

B 类光纤按照色散特性和光纤组分分类的类型,详见表 2. 19。

表 2. 19　B 类光纤类型

类型	光纤组分	特性	标称工作波长/nm
B1. 1	玻璃纤芯/玻璃包层	非色散位移	1310
B1. 2	玻璃纤芯/玻璃包层	非色散位移	1550
A2	玻璃纤芯/玻璃包层	色散位移	1550
A3	玻璃纤芯/玻璃包层	色散平坦	1310~1550
A4		非零色散位移	1550

C 类光纤按照结构特征分类,分为 5 种类型,各型别和标志符号见表 2. 20,结构见图 2. 16。

表 2. 20　C 类光纤类型

型别	标志符号
熊猫型	PD
领结型	BT
椭圆应力区型	EP
类矩型	KR
椭圆芯型	EC

2. 152　开放式 WDM 系统(free WDM system)

能接入非标准光接口设备的光波分复用系统。WDM 系统的标准光接口为 ITU-T G. 692 光接口,而 SDH 等光传输设备的光接口通常为非标准光接口。

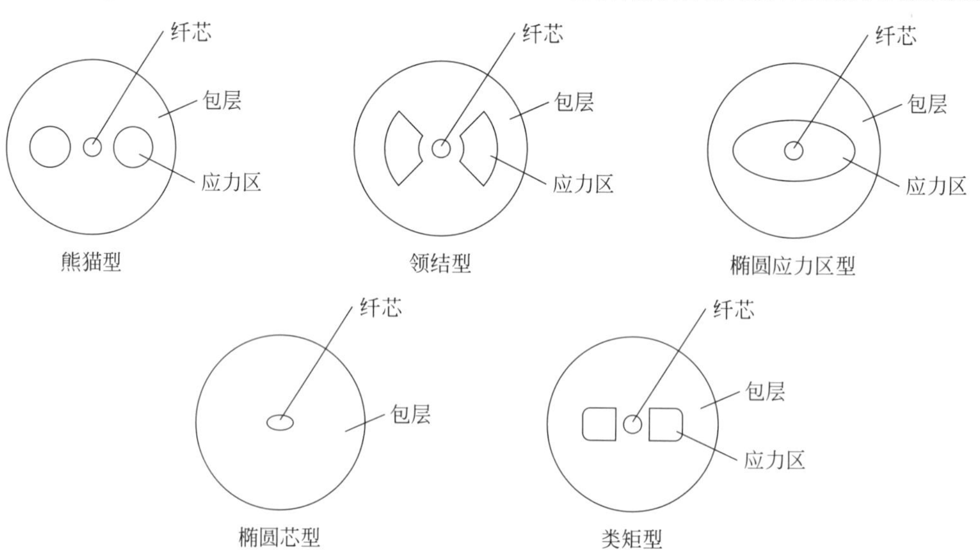

图 2. 16　C 类光纤结构

这些设备须通过波长转换器才能接入具有标准光接口的 WDM 系统。与集成式 WDM 系统相比,开放式 WDM 系统内置各种波长转换器,可直接接入 SDH 等非标准光接口的光传输设备。

2.153　克尔效应(Kerr effect)

光纤的折射率随着光信号功率的变化而呈现的光纤非线性现象。光纤的折射率 n 可用式(2-2)计算得出:

$$n = n_0 + n' = n_0 + \frac{n_\chi P}{A_{\text{eff}}} \tag{2-2}$$

式中: n_0——线性折射率;

n'——非线性折射率;

n_χ——非线性折射率系数;

P——光信号功率;

A_{eff}——光纤有效面积。

当光信号功率较小时,n'很小可以忽略不计,可以认为光纤的折射率为一恒定值。当光信号功率较大时,n'不能忽略,光纤的折射率随光信号功率的变化而变化,因此光信号在光纤中的传输“路程”也随着光信号功率的变化而变化,通过光纤传输后,光信号的相位也会随着光信号功率的变化而变化,而相位的变化将导致光信号频谱展宽,此即为克尔效应。克尔效应引起光信号产生与光信号功率大小有关的相位调制,包括自相位调制(SPM)和交叉相位调制(XPM)。自相位调制是指光信号功率的变化所导致的自身相位的变化(调制),交叉相位调制是指一个光信号功率的变化导致另一个光信号相位的变化,在波分复用系统中,自相位调制(SPM)和交叉相位调制(XPM)均可导致光信道之间的相互干扰。

2.154　可用性比(availability ratio)

在一个测量周期内,端对端数字通道处于可用状态的时间与测量周期的百分比,简称 AR,常称为可用性。与此相对应,在一个测量周期内,端对端数字通道处于不可用状态的时间与测量周期的百分比,称为不可用性比,简称 UR,常称为不可用性。可用性比是由 ITU-T G. 827 建议《端到端国际固定比特率数字通道可用性性能参数和指标》定义的一个差错性能参数。该建议规定通道速率为 1. 5 Mb/s~40 Gb/s,27 500 km 国际数字假设参考通道端到端可用性指标为 98%(高优先级)和 91%(标准优先级),指标的测量周期为 1 年(连续 365 天),测量的滑动窗口为 24 h。对于不同长度的通道,ITU-T G. 827 建议也给出了可用性比的计算方法。中国通信行业标准 YDN 099—1998《光同步传送网技术体制(暂行规定)》规定的可用性目标如表 2. 21 所示。

表 2. 21　数字段可用性目标

长度/km	可用性/%	不可用性	不可用时间/(min/a)
$L \geqslant 420$	99. 977	2.3×10^{-4}	120
$420 > L \geqslant 280$	99. 985	1.5×10^{-4}	78
$L < 280$	99. 99	1.0×10^{-4}	52

2.155　宽波分复用(wide wavelength division multiplexing)

波长间隔大于 50 nm 的波分复用。宽波分复用使用 S 波段、C 波段、L 波段、E 波段、O 波段。宽波分复用对激光器性能的要求比粗波分复用的要求更低。

2.156　冷熔连接(cold fusion connection)

采用粘接方式实现的光纤固定连接,简称冷熔。冷熔连接首先依靠辅助工具,使光纤端头精确对准,然后将粘接剂渗透到光纤端面之间,从而将两根光纤连接起来。根据辅助工具的不同,粘接法分为 V 型槽法、套管法、旋转机械法等。对于单模光纤,接头损耗通常为 0. 20~0. 05 dB,平均为 0. 1 dB,最低可至 0. 035 dB。冷熔连接具有快速、方便等特点,多应用于应急通信场合,因此又称为“应急连接”。

2.157　联合法系统设计(joint method system design)

按照标准的光参数进行设计不能满足实际工程要求,需要与设备生产厂商就工程特殊要求、设备可实现的技术水平进行协商,并达成共识的光传输系统设计方法。联合法系统设计是一种主要针对特殊环境而采用的设计方法,如超长距离传输、海底光缆系统等。联合法所设计的工程设备多为新研制设备。

2.158　链路容量调整方案(link capacity adjustment scheme, LCAS)

ITU-T G. 7042/Y. 1305 建议规定的,动态调整 SDH 传送网或光传送网虚级联组容量的技术。当虚级联组中某一个虚通路发生故障时,LCAS 自动将失效的虚通路从虚级联组中删除,减少虚级联组的可用容量并保持虚级联组可用;当该虚通路故障恢复后,自动恢复虚级联组的可用容量。为此,LCAS 定义了一整套控制分组,描述虚级联组通路状态并控制虚级联组通路源端和末端动作,以保证通路源端和末端协调一致。在 SDH 传送网中,LCAS 控制分组采用 SDH 低阶通道开销 K4 字节传送。提供虚级联组通路源端和末端适配功能。

2.159　零色散波长(zero-dispersion wavelength)

色散为零时的光信号波长。光纤中存在波导色散和材料色散,当光信号的波长等于零色散波长时,波导色散与材料色散相互抵消,色度色散系数最小,接近或等于零。

2.160　零色散斜率(zero-dispersion slope)

色度色散系数随波长变化曲线在零色散波长处的斜率。零色散斜率反映了在零色散波长处,色度色散系数随波长变化的快慢。工程中,零色散斜率是色散补偿技术必须使用的重要参数。

2.161　路径保护(path protection)

当工作路径失效或者性能劣化到指定阈值时,由预先设定的备份路径代替工作路径的技术措施。路径在接入点之间传递有效特征信息,由近端路径终端功能、网络连接、远端路径终端功能结合构成。路径保护是一种复用段和数字段保护,最简单的路径保护是线性 1+1 保护。

2.162　密集波分复用(dense wavelength division multiplexing)

波长间隔小于 8 nm 的波分复用,简称 DWDM。密集波分复用使用 S 波段、C 波段、L 波段。密集波分复用的实现需要依靠稳定、高质量、温度控制、波长控制的激光器来保证。

2.163　模场直径(mode field diameter)

光纤截面上基模光分布的直径,简称 MFD。基模光在纤芯轴心线处光强最大,并随着偏离轴心线的距离增大而逐渐减弱,通常将光功率为轴心线的 e^{-2} 各点所围成圆的直径视为模场直径。模场直径的大小与所使用的波长有关,随着波长的增加,模场直径增大。1310 nm 波长的模场直径典型值为(9.2±0.5) μm,1550 nm 波长的模场直径典型值为(10.5±1.0) μm。模场直径反映了光能量在光纤截面上的分布情况,模场直径越大,能被有效使用的光纤截面越大。在传输同样光能量的条件下,可降低光纤横截面的光能量密度,减小非线性效应。

2.164　目标传输距离(object transmission distance)

传输设备或系统标称的传输距离。光传输设备或系统以目标传输距离为设计依据之一。常用的光传输设备或系统目标传输距离有 160 km、120 km、80 km、60 km、40 km、20 km 等。

2.165　频率啁啾(frequency chirp)

单纵模激光器(SLM-LD)的工作波长随调制信号的强弱变化而发生漂移的现象。单纵模激光器采用强度直接调制时,调制信号的强弱变化引起驱动电流的变化,驱动电流的变化引起有源层的载流子变化,载流子的变化引起有源层的禁带宽度发生波动,禁带宽度发生波动导致工作波长的漂移。同时载流子的变化还会引起有源区的折射率指数发生变化,结果是使激光器谐振腔的光路径长度随之变化,造成激光器谐振腔固有振荡频率间隔的改变,也会影响单纵模激光器工作波长的稳定性。频率啁啾通常采用外调制技术予以克服。

2.166　全光波长转换器(all optical wavelength converter)

不经过光电变换,直接在光域内将一个波长的光信号变换为另一个波长的光信号的设备,简称 AOWC。其基本原理是利用光学媒介的各种非线性效应如交叉相位调制(XPM)、交叉增益调制(XGM)、四波混频(FWM)等实现波长变换。全光波长转换器主要有基于半导体放大器的全光波长转换器、基于半导体激光器的全光波长转换器、基于光纤的全光波长转换器 3 种。全光波长转换器的主要优点是实现全光传输,避免光电转换带来的容量瓶颈等缺点。

2.167　全光通信(all optical communication)

光信号在网络中不需要光电、电光转换的通信。光通信发展的前期,光信号在复用器、分插复用器和交叉连接设备、再生中继器中,须先转换成电信号,然后再转换成光信号输出。将上述对电信号的处理改为对光信号的处理,实现没有电信号只有光信号的通信,故称全光通信。全光通信的优点是,不受检测器、调制器等光电器件响应速度的限制,对比特率和调制方式透明,可大大提高节点的吞吐量。

全光通信的关键技术是光交换技术。光交换技术分为光电路交换(optical circuit switching, OCS)和光分组交换(OPS)两种主要类型。光电路交换类似于现存的电路交换技术,采用光交叉连接设备(OXC)、光分插复用器(OADM)等光器件设置光通路,中间节点不需要使用光缓存。根据交换对象的不同,光电路交换又分为光时分交换技术、光波分交换技术、光空分交换技术和光码分交换技术。光电路交换在光子层面的最小交换单元是整条波长通道上数 Gb/s 的流量,很难按照用户的需求灵活地进行带宽的动态分配和资源的统计复用。为解决这一问题,需要采用分组交换的思想,实现光分组交换。光分组交换根据对控制包头处理及交换粒度的不同,分为光分组交换(OPS)、光突发交换(optical burst switching, OBS)、光标记分组交换(optical multi-protocol label switching, OMPLS)。

组成光交换系统的核心器件是光开关器件、光缓存器件、光逻辑器件和全光波长转换器。光开关是构成光交叉连接设备和光分插复用器的主要器件;光缓存是光分组交换的核心器件,目前还没有全光的随机存储器,只能通过无源的光纤延时线(FDL)或有源的光纤环路来模拟光缓存功能;光逻辑器件由光信号控制其状态,用来完成各类布尔逻辑运算。目前光逻辑器件的功能还较简单;全光波长转换器是波分复用和全光交换的关键部件。

2.168 热熔连接(hot fusion connection)

采用加热融化方式实现的光纤固定连接,又称永久性光纤连接,简称热熔。光纤熔接机是用于热熔连接的专用设备。在使两根光纤的端头对准后,采用局部放电,将光纤端头部分加热融化而成为一体。对于单模光纤,接头损耗通常为 0.01~0.03 dB。热熔连接的接续损耗是所有连接方法中最小的,广泛应用于架空、地埋、管道等多种环境下的光纤接续。

2.169 色度色散系数(chromatic dispersion coefficient)

单位长度光纤中,传播时延对波长的导数,简称色散系数。色度色散系数常用 $D(\lambda)$ 表示(其中 λ 为波长),单位为 ps/(nm · km)。色度色散系数为负数,表明光信号脉冲的长波长分量的光比短波长分量的光传得快;为正数,则情况正好相反。利用正、负色度色散系数抵消的方法,可以减小甚至消除光脉冲的展宽。

2.170 色散(dispersion)

光脉冲信号在光纤中传播时产生的信号展宽现象。色散是由于光信号中的不同频率成分或不同的模式分量在光纤中以不同的速度传播造成的。色散严重时,前后脉冲互相重叠,形成码间干扰,增加误码率,故色散是限制无中继传输速率和传输距离的主要因素之一。色散分为模式色散和色度色散两类。模式色散又称模间色散,只存在于多模光纤中,是由于不同模式的波传播速度不同造成的,主要与光纤折射率分布、光纤材料折射率的波长特性等因素有关。色度色散又称模内色散,分为材料色散和波导色散两种。材料色散是由于光纤折射率随波长改变造成的,主要与光纤折射率的波长特性、光源的谱线宽度等因素有关。波导色散是由于光纤中某一模的传输常数随波长改变造成的,与波导尺寸、纤芯与包层的相对折射率差等因素有关。

2.171 色散补偿光纤(dispersion compensating fiber)

对常规光纤进行色散补偿以减小光纤线路总色散的光纤,简称 DCF。G.652 和 G.655 等常规光纤的色散为正。色散补偿光纤利用光纤的波导色散效应,通过计算和设计光纤的纤芯和包层的折射率分布,使 1550 nm 处的色散为负,从而抵消常规光纤的正色散,以保证整条光纤线路的总色散近似为零。色散补偿光纤是无源器件,理论上可放置在光纤线路的任何位置。色散补偿光纤可分为基于基模的和基于高次模的两种类型:基于基模的通常采用较小的光纤内径和适当的折射率,获得较大的光纤波导负色散;基于高次模的通常采用模式转换方法,获得较大的光纤波导负色散。

2.172 受激布里渊散射(stimulated Brilioun scattering)

光纤中后向散射光导致入射光衰减的现象,简称 SBS。光纤内部存在微弱的声子波,声子波的频率在千兆赫兹左右。而声子波在光纤内部传播会导致光纤物质密度分布的起伏。当一定强度的信号光入射到光纤中时,引起声子振动,出现散射效应。由于物质密度起伏是随着声子波一起变化的,因此散射光会发生频移,如果散射光相对于入射光的频移等于声子频率,使后向散射光从入射光处获得增益,最终结果是导致入射光衰减。此时称这种散射光为受激布里渊散射光。受激布里渊散射与受激拉曼散射类似,但有显著区别:受激布里渊散射出现在后向散射方向,与入射光方向相反;受激布里渊散射峰值增益高,而增益带宽和频移小。受激布里渊散射效应限制了入纤光功率的大小。

2.173 受激拉曼散射(stimulated Raman scattering)

光纤入射光的强度达到一定程度后出现的散射现象,简称SRS。入射光达到一定程度后,强光电场与原子中的电子激发、分子中的振动或者与晶体中的晶格振动相耦合,使入射光被调制,产生上下两个边带,即受激拉曼散射。下边带(低频率)称为斯托克斯线,上边带(高频率)称为反斯托克斯线。边带与入射光之间的频率间隔称为斯托克斯频率。拉曼散射光具有很强的受激特性,方向性强,信号强度高,几乎可达到与入射光同样的强度。受激拉曼散射对单波长光传输系统影响较小,对WDM系统特别是DWDM有影响。另外,利用受激拉曼散射原理可以实现光信号的放大。

2.174 数字交叉连接设备(digital cross-connection equipment)

实现对多路数字信号的解复用、交叉连接、再复用的设备,简称交叉连接设备,DXC。交叉连接设备相当于一个自动的数字电路配线架,其核心部分是可控的交叉连接矩阵。交叉连接设备有两大类:PDH交叉连接设备和SDH交叉连接设备。PDH交叉连接设备可实现不同等级的PDH信号以及任意E1信号之间64 kb/s通路的交叉连接,并具有对随路信令(CAS)处理、配置、管理等功能。SDH交叉连接设备可实现不同等级的PDH信号、SDH信号的交叉连接。

通常用DXC m/n 表示交叉连接设备的类型和性能。m 表示DXC端口速率的最高等级,n 表示DXC能够进行交叉连接的最低速率级别。m、n 取值与速率等级的对应关系如下。

0:64 kb/s。

1:2.048 Mb/s。

2:8.448 Mb/s。

3:34.368 Mb/s。

4:139.264 Mb/s、155.520 Mb/s。

5:622.08 Mb/s。

6:2488.32 Mb/s。

交叉连接设备的主要指标有误码性能、同步、定时、响应时间等。

2.175 数字视音频光传输设备(digital video and audio optical transmission equipment)

通过光纤信道,实现多路视频信号、伴音信号数字化传输的设备。数字视音频光传输设备在发送端对输入的视频信号、伴音信号进行高分辨率采样及时分复用处理后,采用数字化传输,在接收端把光信号恢复成数字信号,然后再转换成视频信号、伴音信号输出。数字视音频光传输设备主要应用于图像监控、广播电视、会议电视等场合。典型数字视音频光传输设备主要技术指标见表2.22。

表2.22　典型数字视音频光传输设备技术指标

光特性	光源	LD
	波长	1310 nm/1550 nm
	光纤类型	单模
	光纤连接器	FC/PC 或 FC/APC
视频特性	带宽	40 Hz~6 MHz
	平坦度	±0.4 dB
	编码位数	12 bit
	加权信噪比(S/N)	≥70 dB
	视频接口	1Vp-p/75 Ω
	微分增益(DG)	±0.5%
	微分相位(DP)	±0.5°
	色度/亮度增益差	±1.5%
	色度/亮度时延差	±10 ns
伴音特性	带宽	20 Hz~15 kHz
	幅频特性	±0.4 dB
	编码位数	16 bit
	信噪比(S/N)	≥75 dB
	伴音接口	卡侬,平衡/莲花,非平衡
	电平	0 dBm,600 Ω
	失真度	≤0.25%
数据特性	数据速率	≤1 Mb/s
	误码率	$\leq 1\times10^{-9}$
	数据接口	RS422

2.176 数字网假设参考通道(hypothetical reference path of digital network)

国际电信联盟(ITU)规定的用于数字网设计和规划的假设参考通道,简称HRP。如图2.17所示,该通道端到端长度为27 500 km,包括两个国内部分

图2.17　数字网假设参考通道

和一个国际部分。国际部分最多包括7个国际接口局。

2.177　衰减系数(attenuation coefficient)

用分贝表示的单位长度光纤上光信号功率的衰减值,又称损耗系数,单位dB/km。造成光纤衰减的主要因素有吸收损耗、散射损耗、辐射损耗。吸收损耗又包括红外吸收、紫外吸收、OH^-离子吸收、金属离子吸收等。散射损耗包括瑞利散射损耗、波导散射损耗、非线性散射损耗等。这两项损耗是光纤材料本身所固有的,又称本征损耗。辐射损耗与光纤的弯曲有关,当光纤弯曲到一定的曲率半径时,就会产生辐射损耗。单模光纤在1310 nm波长区的衰减系数典型数值为0.4 dB/km,在1550 nm波长区的衰减系数典型数值为0.3 dB/km。测量光纤衰减系数的方法主要有剪短法、插入法和背向散射法。

2.178　四波混频(four-wave mixing)

介质中4个光电场相互作用的三阶非线性光学过程,简称FWM。在光纤通信中,四波混频特指两个或者3个不同波长的光波在光纤的非线性作用下,产生三阶混频产物的现象。如图2.18所示,频率分别为f_1和f_2的两个光波在光纤的非线性作用下,产生的三阶混频产物的频率分别为$2f_1-f_2$和$2f_2-f_1$。在波分复用系统中,光信道间隔越小(信道数越多)、单个光信号功率越大、光纤色度色散系数斜率越大,则四波混频越严重。四波混频对波分复用系统影响很大,一旦出现就不可避免地产生信道间串扰。工程上,避免或者降低四波混频影响的主要方法是加大光纤有效面积和限制光纤色散。

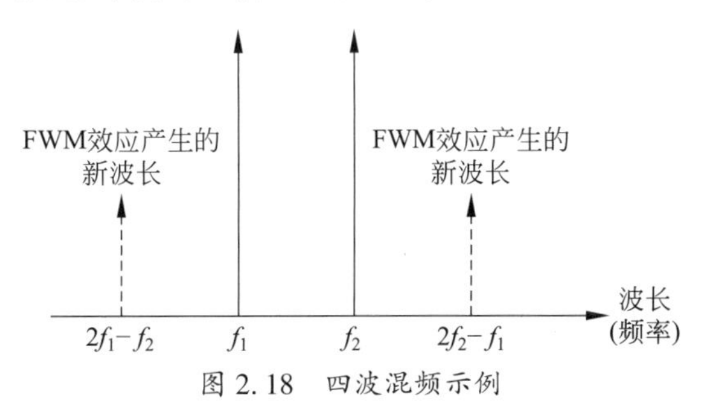

图2.18　四波混频示例

2.179　四纤双向复用段倒换环(four-fiber bi-directional multiplex section protection ring)

SDH自愈环的一种。如图2.19(a)所示,四纤指有4根光纤,其中两根传送业务信号,分别称为S1和S2;另外两根分别作为S1和S2的保护,分别称为P1和P2。双向指正常情况下业务信号在S1和S2两个不同的环向上传送。复用段倒换指故障时倒换的是复用段信号而不是通道。正常情况下,从A节点进入环,以C节点为目的地的低速支路信号顺时针沿S1环传输;从C节点进入环,以A节点为目的地的低速支路信号逆时针沿S2环传输。保护环P1和P2是空闲的。如图2.19(b)所示,当BC节点间的4根光纤全部被切断时,B节点的倒换开关将S1光纤和P1光纤沟通,S2光纤和P2光纤沟通;C节点的倒换开关将S2光纤和P2光纤沟通,S1光纤和P1光纤沟通;其他节点保持不变。故障排除后,倒换开关恢复到原来位置。

在四纤双向复用段倒换环中,仅仅节点失效或光缆切断才需要利用环回方式进行保护,而设备板或单纤失效等单向故障可以利用区段保护方式进行保护。增加区段保护后,可以使四纤双向复用段倒换环抗多点失效,从而使通道可用性大大增加。此外,增加区段保护方式还有利于实现定期维护测试的工作。

2.180　《同步数字体系(SDH)的网络节点接口》(Network Node Interface for the Synchronous Digital Hierarchy (SDH))

国际电信联盟制定的代号为ITU-T G.707的建

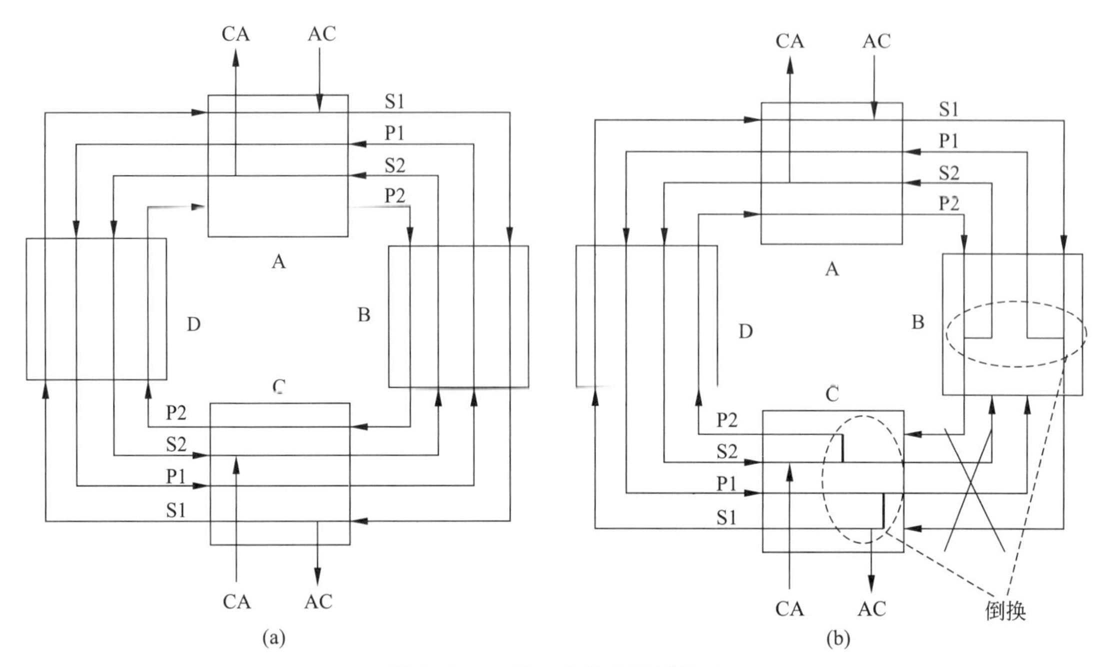

图 2.19 四纤双向复用段倒换环

议。建议规定了 SDH 网节点接口 STM-N 信号的必要条件,包括比特速率、帧结构、客户信号元素(如 PDH、ATM 和以太网)复用和映射格式、开销的功能等。内容包括范围、参考、术语、缩略语、约定、基本复用原理、指针、开销字节描述、支路到 VC-n/VC-m 的映射、VC 级联、附件 A(STM-64 和 STM-256 的前向纠错)、附件 B(CRC-7 多项式公式)、附件 C(VC-4-Xc/VC-4/VC-3 前后级联监测协议: 选项 1)、附件 D(VC-4-Xc/VC-4/VC-3 前后级联监测协议: 选项 2)、附件 E(VC-2、VC-12 and VC-11 前后级联监测协议)、附件 F(10 Gb/s Ethernet 在 VC-4-64c 中的传送)、附件 G(N×TU-12 映射进 *M* 个虚连接 SHDSL 组(dSTM-12NMi))、附件 H(TU-11、TU-12、TU-2 和 TU-3 映射进 G-PON GEM 的连接)、附录Ⅰ(TU-2 地址和在 VC-4 中队列位置的关系)、附录Ⅱ(TU-12 地址和在 VC-4 中队列位置的关系)、附录Ⅲ(TU-11 地址和在 VC-4 中队列位置的关系)、附录Ⅳ(TU-2 地址和在 VC-3 中队列位置的关系)、附录Ⅴ(TU-12 地址和在 VC-3 中队列位置的关系)、附录Ⅵ(TU-11 地址和在 VC-3 中队列位置的关系)、附录Ⅶ(增强型远端缺陷指示 E-RDI)、附录Ⅷ(依靠 TC 监测输入信号的意外行为)、附录Ⅸ(STM-16 的前向纠错)、附录Ⅹ(带内 FEC 性能)、附录Ⅺ(异步映射 ODU1 至 C-4-17 和 ODU2 至 C-4-68 的标称比特率)、附录Ⅻ(10 Gb/s Ethernet WAN 时钟精确度的考虑)、附录XIII(CAS 控制包 CRC 计算的例子)、附录XIV(串行数据到 VCG 映射)等。

2.181 《同步数字体系(SDH)光缆线路系统进网要求》(Requirements for Synchronous Digital Hierarchy (SDH) Optical Fiber Cable Line Systems)

中华人民共和国国家标准之一,标准代号为 GB/T 15941—2008,2008 年 4 月 10 日,中华人民共和国国家质量监督检验检疫总局和中国国家标准化委员会联合发布,自 2008 年 11 月 1 日起实施。标准规定了线路速率为 155 520 kb/s、622 080 kb/s、2 488 320 kb/s 和 9 953 280 kb/s 的 SDH 光缆线路系统的进网要求,适用于公用电信网的 SDH 光缆线路系统,专用电信网也可参照使用。内容包括范围、规范性引用文件、术语定义和缩略语、比特率与帧结构、复用结构、映射方法、系统组成和设备类型、光接口规范、电接口规范、同步定时要求、保护倒换要求、传输性能要求、可用性要求、网管系统、辅助系统和环境条件、供电条件、附录 A(SDH 维护和工程误码参考指标)、附录 B(再生段的误码性能)、附录 C(接收机灵敏度劣化和余度的解释)等。

2.182 《同步数字体系(SDH)光纤传输系统工程设计规范》(Design Specification for Synchronous DigitalHierarchy (SDH) Optical Fiber Cable Transmission System Project)

中华人民共和国通信行业标准之一,标准代号为 YD/T 5095—2014,2014 年 5 月 6 日,中华人民共和国工业和信息化部发布,自 2014 年 7 月 1 日起实施。标准适用于 SDH 光传输系统工程设计。内容包括总则、术语和符号、传输模型及功能要求、网络组织、传输系统设计、辅助系统、通路组织和网络互通、设备选型及配置、局站设备安装、传输系统性能指标、维护工具及仪表配置、附录 A(规范用词说明)、附录 B(光接口参数规范)、附录 C(电接口参数规范)、附录 D(SDH 设备的抖动性能)等。

2.183 《同步数字体系(SDH)网络节点接口》(Network Node Interface for the Synchronous Digital Hierarchy(SDH))

中华人民共和国通信行业标准之一,标准代号为 YD/T 1017—2011,2011 年 6 月 1 日,中华人民共和国工业和信息化部发布,自 2011 年 6 月 1 日起实施。标准规定了同步数字体系(synchronous digital hierarchy, SDH)网络节点接口(network node interface, NNI)的技术要求,适用于公用电信网中以光纤为基本传输手段的传输网,包括省际干线、省内干线和中继网。接入网、专用电信网、无线传输网也可参照使用。内容包括范围、规范性引用标准、术语和定义、缩略语、约定、基本复用原理、复用方法、指针、开销字节描述、支路到 VC-n 的映射、VC 级联、附录 A (STM-64 和 STM-256 的前向纠错)、附录 B(CRC-7 多项式算法)、附录 C(VC-4-Xc/VC-4/VC-3 串联连接监视算法:选项 1)、附录 D(VC-4-Xc/VC-4/VC-3 串联连接监视算法:选项 2)、附录 E(VC-12 串联连接监视算法)、附录 F(VC-4-64c 中 10 Gb/s 以太网的传送)、附录 G(在 M 对 SHDSL 线中映射 N×TU-12(dSTM-12NMi))、附录 H(在 GPON 的 GEM 连接中映射 TU-12、TU-3 信号)、附录 I (STM-256 信号到多个并行通道的适配)等。

2.184 《同步数字体系信号的基本复用结构》(Basic Multiplexing Structure for Synchronous Digital Hierarchy Signals)

中华人民共和国国家标准之一,标准代号为 GB/T 15940—2008,2008 年 10 月 7 日,中华人民共和国国家质量监督检验检疫总局和中国国家标准化委员会联合发布,自 2009 年 4 月 1 日起实施。标准规定了在网络节点接口(NNI)的同步数字体系(SDH)信号的复用结构,适用于公用电信网和专用电信网中的 SDH 系统和采用 SDH 复用结构的通信系统,如 SDH 传输设备、SDH 数字微波系统等。内容包括范围、规范性引用文件、术语和定义、缩略语、同步数字体系信号的基本复用结构和复用方法等。

2.185 《同步数字体系信号的帧结构》(Frame Structure for Synchronous Digital Hierarchy Signal)

中华人民共和国国家标准之一,标准代号为 GB/T 15409—2008,2008 年 10 月 29 日,中华人民共和国国家质量监督检验检疫总局和中国国家标准化委员会联合发布,自 2009 年 5 月 1 日起实施。标准规定了在网络节点接口(NNI)的同步数字体系(SDH)信号的帧结构,适用于 SDH 体制的公用电信网和专用电信网,内容包括网络节点接口(NNI)、具备 SDH 光电接口的光缆数字线路系统、数字微波系统等。标准内容包括范围、规范性引用文件、术语和定义、缩略语、同步数字体系的帧结构等。

2.186 统计法系统设计(statistics method system design)

根据光参数的统计分布特性进行的光传输系统设计。采用统计法进行系统设计,需要对光缆衰减、光缆零色散波长和零色散斜率、接头损耗和连接器损耗、光发射机的光谱特性、光发射机和光接收机之间的可用系统增益等参数进行统计分析,得出其分布特征,然后用蒙特卡罗法、高斯近似法、映射法等数值处理或分析方法对统计的参数进行处理,从而完成系统的链路设计。统计法要求参数统计分析充分,才能使系统技术指标设计余量适当且系统比较经济。统计法设计方法复杂,在工程中较少采用。

2.187 通用成帧规程(general framing procedure)

由 ITU-T. 7041 定义的将高层客户数据适配到 SDH 帧的通用方法,又称通用定帧法,简称 GFP。GFP 是一种面向无连接的数据链路封装技术,采用基于头部差错控制的帧定界机制,支持灵活的头部扩展机制,可以把不同数据协议的码流适配进 SDH

帧。因此,GFP 封装的高层客户数据可以是协议数据单元,也可以是块状编码固定比特速率数据流。GFP 帧分为控制帧和业务帧,映射方式分为帧映射和透明映射。GFP 作为 IP over SDH 数据封装协议的一种,常用来将 IP 包适配到 SDH 帧中。

2.188　微波信号光端机(microwave signals optical terminal)

通过光纤传输频率范围为 1~18 GHz 微波信号的光端机。微波模拟输入信号经过光端机内部调制后,转换成光信号输出。在接收端光端机把光信号恢复成模拟信号输出。典型微波信号光端机主要技术指标见表 2.23。

表 2.23　典型微波信号光端机主要技术指标

光特性	波长	1310 nm/1550 nm
	出纤功率	≥+2 dBm
	光接口	FC/APC
微波特性	频率范围	1 GHz~18 Hz(任选 5 GHz 带宽)
	动态范围	≥90 dB
	最小输入电平	-100 dBm
	幅频响应	≤±1.5 dB
	相位噪声劣化	≤1 dBc/Hz@1 kHz
	输入输出阻抗	50 Ω
	输入输出驻波比	≤2.2
	连接头	SMA/N 型

微波信号光端机具有信息保密、不受电磁干扰、频带宽、灵敏度高、输入动态范围大、低失真、长距离无中继传输等特点,主要应用于卫星通信、雷达、天线系统等相应带宽内的信号传输环境。在试验任务中,卫通天线和射频部分与终端设备异地部署时,即可采用微波信号光端机传输二者之间的射频电信号。

2.189　误块(errored block, EB)

有一个或者多个比特发生差错的块,也称误码块、差错块。块是通道上连续比特的集合,简单来说块就是一组比特。每一比特属于且仅属于唯一的一块。不同技术体制、不同速率的数字通道,块的大小不同,如 PDH 的 2.048 Mb/s 通道块的大小是 2048 bit,SDH 的 VC-12 通道块的大小是 1120 bit,ATM 的 155.520 Mb/s 通道块大小是 11 448 bit。误块是由 ITU-T G.826 建议《用于国际固定比特率数字通道和连接的端到端差错性能参数和指标》定义的一个差错性能事件。在 ITU-T G.826 建议应用之前,差错性能事件用误比特来表征。在以分组(块)为特征的业务信息流(如 ATM、以太网)中,一个块中有一个误比特或者有多个误比特,其效果都是一样的,都会造成块差错,也都会被业务应用层所丢弃。因此用误块“取代”误比特,更能准确表征差错性能事件。

2.190　无源光网络(passive optical network, PON)

由无源器件组成的光配线网。无源光网络作为光接入网的一部分,位于光线路终端和光网络单元之间,其作用是实现光线路终端和光网络单元的光纤连接。无源光网络的无源器件包括光连接器、光分配器、波分复用器、光滤波器、光衰减器以及光纤、光缆等。

2.191　纤芯同心度误差(concentricity error of optical fiber core)

光纤模场中心偏离包层中心的距离。纤芯同心度误差过大,会造成光纤接续时两根光纤的模场中心不能正确对准,使得接头损耗变大。通常要求光纤纤芯同心度误差小于 0.8 μm。

2.192　虚容器级联(concatenation of virtual container)

SDH 同步数字体系中,将多个标准虚容器连接起来形成容量更大的逻辑虚容器的方式,简称级联。为了解决数字图像信号、IP 网络信号传输速率高于虚容器标准速率的问题,可以将多个虚容器彼此关联起来,组成一个逻辑上传输速率高的虚容器,并保证信号数字序列的完整性。级联有两种方法：相邻级联和虚级联。相邻级联要求通道全程都必须是相邻虚容器的级联,虚级联只要求在通道的开始端和终结端为相邻虚容器的级联。

2.193　严重差错秒(severely errored second)

严重误码秒和严重误块秒的统称,简称 SES。在 1 s 时间周期内,误码率不小于 1×10^{-3},或者信号丢失(lost of signal, LOS)、检测到告警指示信号(alarm indication signal, AIS),称该秒为严重误码秒。在 1 s 时间周期内,存在不少于 30%的误块或者出现网络缺陷,称该秒为严重误块秒。网络缺陷是指异常出现的频繁程度达到了妨碍执行所要求功能的程度，如帧定位丢失、管理单元指针丢失、管理单元告警指示信号等。严重误码秒是由 ITU-T G. 821 建议《工作在比特率低于基群速率并构成 ISDN 一部分的国际数字连接的差错性能》定义的一个差错性能事件，在 ITU-T G. 826 建议《用于国际固定比特率数字通道和连接的端到端差错性能参数和指标》中也有完全相同的定义。严重误块秒是由 ITU-T G. 826 建议定义的一个差错性能事件。

2.194　严重差错秒比（severely errored second ratio）

在一个测试周期的可用时间内，严重差错秒数与可用时间秒数之比，简称 SESR。测试周期有长期和短期之分，长期为 1 年或 1 个月，短期为 24 h。当严重差错秒为严重误码秒时，严重差错秒比又称为严重误码秒比；当严重差错秒为严重误块秒时，严重差错秒比又称为严重误块秒比。严重误码秒比是由 ITU-T G. 821 建议《工作在比特率低于基群速率并构成 ISDN 一部分的国际数字连接的差错性能》定义的一个差错性能参数，在 ITU-T G. 826 建议《用于国际固定比特率数字通道和连接的端到端差错性能参数和指标》中也有完全相同的定义，并且在 ITU-T G. 826 建议中是与严重误块秒比使用同一个定义，在具体应用时，需要根据严重差错秒是严重误码秒还是严重误块秒，来理解严重差错秒比是严重误码秒比还是严重误块秒比。2002 年 ITU-T G. 826 建议颁布施行后，新的系统使用严重误块秒比表征差错性能参数。

2.195　野战便携光传输箱（field portable optical fiber transmission trunk）

满足机动点位光纤接入与通信且可搬移的箱式通信装备。如图 2.20 所示，某野战便携光传输箱由便携箱、直流电源、光传输设备等部分构成。便携箱包含箱体、顶盖、排气扇、接线孔、设备安装架、箱体支脚等组件。箱体采用保温泡沫加芯框架式铝合金板材结构，既减轻了质量又有利于保温；正面设置门，两侧设置把手；后面设置接线孔，可输入交流电源、连接光纤以及话音、数据、图像等信号线；顶部设排风扇和吊钩，排风扇用于给设备降温，吊钩用于便携箱的吊装搬运。箱体顶部加活动顶盖，用于防雨隔热。底部安装箱体支脚，箱体支脚可换装减震器以适应车载安装；箱体内部设置设备安装架，用于安

图 2.20　野战便携光传输箱

装通信和电源设备。直流电源包含开关电源和免维护蓄电池等组件，为光通信设备和排风扇供电。光通信设备可选装 PDH、SDH 和综合业务光端机等设备。野战便携光传输箱通过军用标准化、通用化、小型化和可靠性设计，具有体积小、质量轻、功耗低、部署快速、可靠性高等特点，主要用于不便车辆开进的场合和地点，可实现机动或临时阵地话音、数据、图像的接入和传输，也可固定或车载使用。

2.196　野战光传输通信车（field optical fiber transmission communication vehicle）

采用光缆作为传输手段的车载通信站。如图 2.21 所示，野战光传输通信车采用军用越野汽车底盘作为运载工具，方舱作为装载平台，集成多种光传输设备和终端设备，实现机动用户之间、机动用户和固定用户之间的信息传输。野战光传输通信车通信容量大，隐蔽性好，抗干扰性能强，可快速机动部署，在试验任务中常用于机动指挥所、机动测控站点的对外通信。

图 2.21　野战光传输通信车

2.197　野战光接入设备（field optical access equipment）

用于野战环境，具有传输和终端功能的光传输

设备。野战光接入设备综合集成光传输功能和各种用户网络接口，能够实现话音、数据、图像等业务的综合接入和传输。野战光接入设备通过一系列军用标准化、通用化、小型化和可靠性设计，具有体积小、质量轻、功耗低、可靠性高、操作维护简单方便等特点，既可固定使用也可车载使用，广泛应用于机动骨干网、野战通信网等场合。

2.198 野战光缆(field optical fiber cable)

专门为野战环境设计的可快速布线和反复收放使用的无金属军用光缆。野战光缆应符合中华人民共和国军用标准 GJB 1428B—2009《光缆通用规范》要求。衰减为 1 dB/km(多模典型值)、0.4 dB/km(单模典型值)；抗拉强度为 1800 N；线缆直径为 5.2~5.7 mm；质量为 25~30 kg/km；工作温度为 -45~+70 ℃。如图 2.22 所示，野战光缆使用紧套被覆光纤，采用无金属的芳纶增强元件和中心加强元件、外加内嵌式护套的特殊结构设计，具有质量轻、柔软性好、易弯曲、抗张力和抗压力的特点，适合应用于反复收放和快速布线的野战通信环境，也可应用于飞机和舰船布线、通信线路抢修等条件严酷的场合。

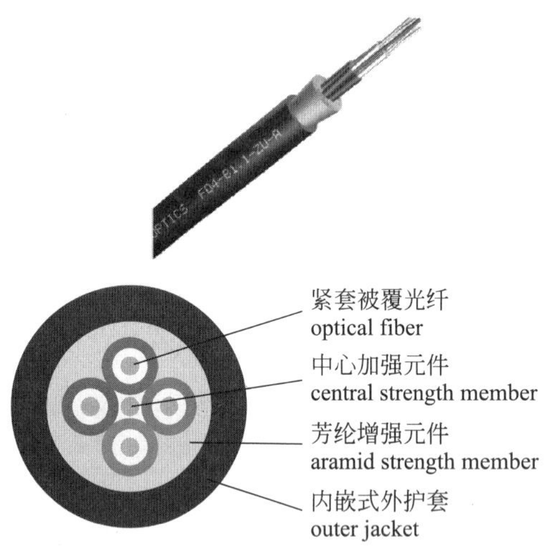

图 2.22 野战光缆结构

2.199 野战光缆车(field optical fiber cable vehicle)

存储野战光缆，并能实现野战光缆自动布放和撤收的军用越野车。野战光缆车是军用机动骨干网、野战通信网的重要通信装备。

2.200 野战光缆连接器(field optical fiber cable connector)

专门用于连接野战光缆的活动连接器。如图 2.23 所示，野战光缆连接器为中性卡口式锁紧结构，主要由壳体、套筒、陶瓷插针、定位销、定位孔、防尘盖等组成。根据是否具有法兰盘，分为插座和插头两种形式。为了使用方便，野战光缆连接器采用中性结构，其插头和插头、插座和插座也可以对接。野战光缆连接器的插入损耗为 0.3 dB(多模典型值)、0.4 dB(单模典型值)；工作温度为-45~+70 ℃。野战光缆连接器与普通光缆连接器相比，环境适应性好，可在雨水、风沙等恶劣环境下使用。

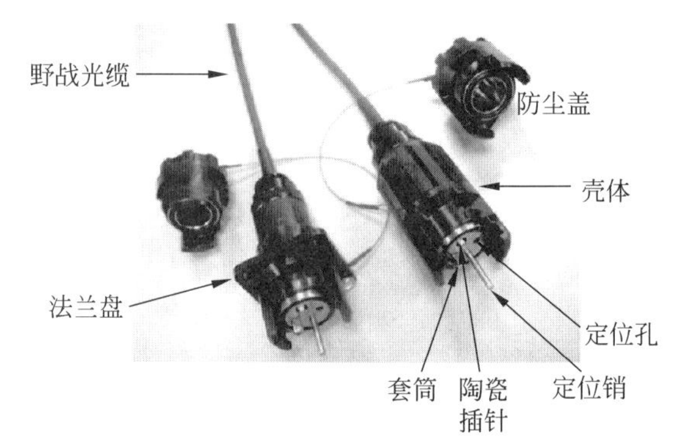

图 2.23 野战光缆连接器(2 芯)
左边是连接器插座，右边是连接器插头

2.201 野战光缆收放架(field optical fiber cable take-up and pay-off stand)

可单兵背负或者便携，实现野战光缆快速收放的装置，又称野战光缆组件。如图 2.24 所示，野战光缆收放架分为移动支架、背负、手提 3 种类型，野战光缆收放架最大光缆装线长度通常为 1000 m、500 m 或 300 m。

图 2.24 野战光缆收放架

2.202 野战光缆引接系统(field optic fiber cable linking system)

将国防战略通信网延伸至野战通信枢纽等临时

设施的光缆通信系统。野战光缆引接系统主要由野战 SDH 光端机、野战 PDH 光端机、野战 PCM 终端机、野战光缆组件等设备组成,提供强机动性、大容量、长距离有线传输通道。野战光缆引接系统主要应用于战略通信网对野战通信枢纽的引接;征用民用光缆线路时,战略通信网对民用光缆网的引接;部队执行抢险救灾任务、应对突发事件时,战略通信网或民用光缆网对事发现场通信设施的引接。

2.203　《野战光缆引接系统通用要求》(General Requirement for Field Optic Fiber Cable Linking System)

中华人民共和国国家军用标准之一,标准代号为 GJB 5655—2006,2006 年 5 月 17 日,中国人民解放军总装备部发布,自 2006 年 10 月 1 日起施行。标准规定了野战光缆引接系统的通用要求。内容包括范围、引用文件、术语和定义、系统应用和构成、系统要求、各设备战术技术指标、包装运输、随机文件和备附件的齐套性等内容。

2.204　野战光纤被复线传输设备(field optical fiber cable and telephone wire transmission equipment)

既能通过被复线又能通过光纤实现话音、数据传输和接入的军用通信设备。野战光纤被复线传输设备用于点对点传输场合,实现机动或临时地点话音、以太网数据、2 M 数据的接入。在应用时,一般是通过人工切换,近距离(3 km 以内)采用被复线传输,远距离(3 km 以上)采用光纤传输。野战光纤被复线传输设备通过一系列军用标准化、通用化、小型化和可靠性设计,具有体积小、质量轻、功耗低、可靠性高、操作维护简单方便等特点。

2.205　有源光网络(active optical network, AON)

光接入网的一种。因其配线网中有光分配终端等有源设备而得名。有源光网络组成的是一个点对多点通信系统,按其技术体制,可分为 PDH 和 SDH 两类。

2.206　中心频率偏移(center frequency offset)

波分复用系统光通路的实际中心频率与标称中心频率之差,又称中心频率偏差。影响中心频率偏移的主要因素有光源啁啾、信号带宽、自相位调制造成的脉冲展宽、温度、器件的老化等。通常对设备所要求的光通路中心频率偏移数值是最坏值,即设备寿命终了时应满足的值。对于光通路间隔为 100 GHz 的波分复用系统,最大中心频率偏移为±20 GHz。

2.207　主通道接口(main path interface, MPI)

长距离高速率光纤通信系统中主光通道的接口。在长距离高速率光纤通信系统中,必须使用光放大器,为了便于设备横向兼容以及简化系统设计,通常将光功率放大器和光发信机组合视为发送子系统,将光前置放大器和光接收机的组合视为接收子系统。发送子系统和接收子系统之间的光路定义为主光通道,简称主通道。发送子系统与主光通道的接口为主通道发送接口,用 MPI-S 表示。接收子系统与主光通道的接口为主通道接收接口,用 MPI-R 表示。主光通道之间如果存在线路放大器,则主光通道被分割为若干区段。

2.208　自动交换光网络(automatic switched optical network)

依靠能够自动发现和动态连接建立功能的分布式控制平面,在光传送网络上实现基于信令、动态的以及策略驱动控制的智能光网络,简称 ASON。自动交换光网络从逻辑上划分为传送平面、管理平面和控制平面。传送平面通过连接控制接口(CCI)与控制平面相连,通过网络管理 T 接口(NMI-T)与管理平面相连,管理平面通过网络管理 A 接口(NMI-A)与控制平面相连。

传送平面由一系列传送实体组成,是通信业务的传输通道,提供信息端到端传输。传送平面结构分层,主要由光通道层、光复用段层、光传输段层组成。自动交换光网络基于格状网络结构,传送节点有光交叉连接、光分插复用等实体设备。

管理平面由网元管理系统、网络管理系统、业务层管理系统等多个管理层面构成,完成对控制平面、传送平面和数据通信网络的管理,体系结构与 ITU-T M.3010 建议规定的电信管理网(TMN)结构相一致。管理平面结合控制平面,协同完成对数据通信网络的管理。

控制平面是自动交换光网络的核心,主要负责完成网络资源的动态分配和网络连接的动态建立,由独立的或者分布在网元设备的多个控制节点组成,通过数据通信网络连接起来。控制平面节点由连接控制器、路由控制器、链路资源管理器、流量策略、呼叫控制器、协议控制器、发现代理、终端适配器等核心功能组件构成。控制平面的存在,是自动交换光网络与传统光传送网(如 SDH 光传送网)有所区别的明显特征。

自动交换光网络直接在光纤网络之上引入以 IP 为核心的智能控制技术,能有效支持连接的动态建立与拆除,实现基于流量工程按需、合理分配网络资源,提供可靠的网络保护和恢复性能。

2.209　子网连接保护(sub-network connection protection)

当工作子网连接失效或者性能劣化到指定水平时,由预先设定的备份子网连接代替工作子网连接的技术措施,简称 SNC-P。子网是在单个层网络中由分割产生的一部分,可以用来实现路由选择和管理的逻辑实体,即子集。子网可由更小的子网和链路组成。例如,SDH 设备可在一根光纤上开通众多通道,可将 SDH 传送网视为众多逻辑通道子网的组合,其通道保护就是一种子网保护。

2.210　自相位调制(self phase modulation)

由于光纤介质的克尔效应,一个光信号的强度变化引起该信号自身相位变化的现象,简称 SPM。光脉冲信号强度的瞬时变化将会导致光纤折射率的变化,而光脉冲信号的相位又随着光纤折射率而变化,即光信号完成了对自身的相位调制。单波长光纤通信系统中,自相位调制效应的结果是展宽光信号的频谱。在密集波分复用系统中,自相位调制所引起的频谱展宽可在相邻光信道内产生干扰。由于自相位调制所导致的传输损伤与光纤的色散成正比,与光纤有效面积成反比,因此降低自相位调制影响的有效办法是减小光纤色散,增加光纤的有效面积。

2.211　最坏值法系统设计(worst-case method system design)

不考虑光参数统计分布特性,而按照最坏数值选取所有光参数进行的光传输系统设计方法。最坏值法系统设计是光传输系统设计的基本方法,也是最简单的设计方法。按照最坏值法进行系统设计的系统,在不考虑人为和自然界不可抗拒等破坏因素情况下,系统在寿命终了、富余度使用完毕以及极端的环境条件中,仍然可以保证系统性能技术要求。该方法的优点是系统设计人员和设备生产厂商可以提供简单明了的设计方法和技术指标;缺点是由于各项参数同时为最坏值的概率极小,使得系统有很大的余量,设计结果比较保守。

2.212　最小通路间隔(mini pathway space)

波分复用系统中,相邻光通路之间的中心频率差。光通路间隔可以是均匀间隔,也可以是非均匀间隔,中国采用的是均匀间隔。实际系统的最小通路间隔有 100 GHz、50 GHz、20 GHz 等。

第3章 卫星通信

3.1 1 dB压缩点(1 dB compression point)

功率放大器增益相对最大线性增益减小1 dB所对应的工作点。功率放大器工作在线性区时，输入与输出保持线性关系，增益不变。当输入信号增大到一定程度时，放大器工作超出线性区，输入与输出不呈线性关系，增益下降。1 dB压缩点是功率放大器从线性区到非线性区过渡的参考点，表明了功率放大器线性放大的能力，所对应的输入和输出功率分别称为1 dB压缩点输入功率和1 dB压缩点输出功率。

3.2 "8"字形漂移(8-character drift)

地球静止轨道卫星相对于地球作"8"字形周期运动的现象。漂移周期为一天，半天在南半球上空绕一圈，另外半天在北半球上空绕一圈。"8"字形漂移是由卫星轨道平面与地球赤道平面不重合造成的。两个平面的夹角越大，"8"字的长和宽越大，漂移越严重。正常情况下，漂移可限制在一个边长约750 km的正方形范围内。"8"字形漂移使卫通载波频率附加了多普勒频偏，使传输的数字信号产生了周期性漂移。对于大中型地球站而言，由于波束较窄，其天线须具有自动跟踪卫星的能力。

3.3 ALOHA(additive links on-line)

一种数据分组随机发送、"碰撞"重发的多址方式。最初的ALOHA研究是在美国夏威夷大学进行的，目的是通过共享无线信道，解决夏威夷群岛之间一点到多点的数据通信问题。ALOHA系统所采用的多址方式实质上是一种随机的时分多址方式。ALOHA分为纯ALOHA(P-ALOHA)、时隙ALOHA(S-ALOHA)、预约ALOHA(R-ALOHA)3种基本方式。

P-ALOHA是一种完全随机的多址方式，其特点是全网不需要定时和同步。在P-ALOHA系统中，各站根据需要随时发送数据，然后等待接收站的应答信号。如果在规定时间内收到应答，则认为数据发送成功，否则重新发送数据。由于存在多个站同时占用信道而产生数据碰撞的现象，导致信道利用率很低，最高为18%。

为减少数据碰撞，S-ALOHA将信道分成多个时隙，各站只允许在时隙始端开始发送数据，每个时隙传送一个分组，分组传送成功后，必须等到下一时隙才能传送下一个分组。发生碰撞后，随机延时若干时隙后重传。时隙的定时由系统时钟决定，各站控制单元的时间必须与此时钟同步。与P-ALOHA相比，S-ALOHA使最高信道利用率提高到36%。

当发送长报文时，为了避免传输时延过长，R-ALOHA采用申请预约，连续多个时隙一次发送一批数据的方式。对于短报文，仍采用S-ALOHA传输。这既解决了长报文的传输时延问题，又保留了S-ALOHA传输短报文信道利用率高的优点，且R-ALOHA的最高信道利用率可达80%。

在卫星通信中，ALOHA主要应用于非实时、随机数据传输以及利用卫星信道特点进行数据广播传输等场合。

3.4 DVB-RCS(digital video broadcasting-return channel via satellite)

欧洲电信标准化协会制定的基于交互式应用的卫星通信行业标准。中文名称为具有回传信道的卫星数字视频广播。2000年提出了第一代标准，规定采用星状结构，中心站和远端站以非对称的前向和回传信道实现双向通信。前向信道采用DVB格式，回传信道采用多频—时分多址(MF-TDMA)方式。

典型的DVB-RCS网络由一个中心RCS网关和多个远程RCS终端组成。中心RCS网关把DVB-RCS网络接入骨干网，RCS终端负责把用户接入DVB-RCS。一个单网关网络可支持数千个用户。DVB-RCS网络采用高性能的卫星信道接入技术，最大限度地利用卫星带宽，具有较强的可扩展性，可以满足用户宽带接入的需要。基于该标准的产品适用于广域性的不对称综合业务接入，尤其适合于为偏远、地面通信网络不便到达的地区提供因特网接入、电话接入、音视频会议及远程专用数据接入等业务。

随着卫星纠错编码、高阶调制等信号处理技术的发展，欧洲电信标准化协会于2008年开始制定第二代标准。至2012年，完成了第二代DVB交互卫星系统(DVB-RCS2)系列标准的制定。该标准由以下三部分组成。

第1部分：综述和系统级规范(ETSI TS 101 545-1)。对标准涉及的系统模型、应用模式等进行了描述。

第2部分：低层协议标准(ETSI EN 301 545-2)。规定了双向交互式卫星网络的低层协议和用于管理及控制系统的低层嵌入信令。

第3部分：高层协议规范(ETSI TS 101 545-3)。规定了双向交互式卫星网络高层协议功能要求，是DVB-RCS标准没有涉及的，强调了与地面网络的互操作性，为与地面网络融合提供了一种技术参考。

DVB-RCS2与DVB-RCS相比，其前向链路不仅支持DVB-S标准，还兼容DVB-S2标准，且使业务量至少提高了30%，并可增加用户数量，提供质量更高的服务。

3.5 E_b/N_0 (average bit energy versus noise spectrum density)

单位数字信号平均能量E_b与噪声谱密度N_0之比，单位为dB。E_b/N_0决定了系统的误比特率。与所要求的误比特率相对应的最小E_b/N_0称为门限E_b/N_0。调制编码方式不同，达到相同的误比特率所需要的E_b/N_0也不同。

E_b/N_0与载噪比的关系如下：

$$E_b/N_0 = C/N - 10\lg(R_b/B_n) \tag{3-1}$$

式中：C/N——载噪比，dB；

R_b——信息传输速率，b/s；

B_n——载波等效噪声带宽，Hz。

3.6 EIRP (equivalent isotropically radiated power)

天线定向辐射的功率所对应的全向天线的辐射功率，中文名称为等效全向辐射功率或有效全向辐射功率，单位为dBW。高功率放大器饱和输出时的EIRP称为饱和EIRP。EIRP是卫星通信地球站及卫星转发器的重要指标，反映了卫星通信地球站和卫星转发器的定向辐射能力。EIRP的计算公式如下：

$$\mathrm{EIRP} = P_T + G_T - L_S \tag{3-2}$$

式中：P_T——高功率放大器的输出功率，dBW；

G_T——天线增益，dB；

L_S——高功率放大器输出口到天线馈源入口的插入损耗，dB。

3.7 LNB(low noise block)

将低噪声放大器与下变频器合为一体的设备。中文名称为低噪声组件。天线接收的射频信号输入到LNB，在LNB内，经过低噪声放大器放大及镜像抑制滤波器选频后，与本振混频，输出中频信号。LNB将两个设备的功能综合到一个设备内，实现了设备小型化，简化了卫星通信系统的配置，主要应用于对性能指标要求不高的卫星单收站。

3.8 SSPB(solid state high power amplifier with built-in block upconverter)

将固态功率放大器与上变频器合为一体的设备，又称BUC(amplifier/block up converter的缩写)。SSPB主要由功率放大器、上变频模块、电源、冷却设备和监控等组成。SSPB将两个设备的功能综合到一个设备内，实现了设备小型化，简化了卫星通信系统的配置，主要应用于车载卫星通信地球站、便携卫星通信地球站等场合。

3.9 TCP协议加速器(TCP protocol accelerator)

提高长时延信道上TCP协议数据吞吐量的设备，简称协议加速器。同步卫星信道的双跳时延约为560 ms，TCP最大接收窗口为64 kB。当未加确认的数据达到64 kB时，发送端停止发送后续的数据。因此，同步卫星信道单个TCP连接的最大吞吐量为(64×8)/0.56=914 kb/s。这表明，如不采取协议加速措施，即使卫星信道速率再高，实际的吞吐量也只能达到914 kb/s。协议加速器主要采用以下机制提高TCP协议数据的吞吐量。

(1) 协议欺骗。在接收端的应答信息没有到达之前，发送侧的协议加速器向发送端发送应答，“欺骗”发送端继续发送数据，避免发送端因等待应答而停发数据，从而提高发送端的数据传输效率。

(2) 选择性确认。只有发送侧协议加速器主动向接收侧协议加速器提出确认请求时，接收侧协议加速器才向其发送确认分组，从而避免不必要的数据重发。

协议加速器可显著提高TCP协议数据的吞吐量，使其接近信道速率。协议加速器既可以是单独的设备，部署在卫星信道的两端，也可以集成到卫通调制解调器中。

3.10 TDMA突发(TDMA burst)

时分多址(TDMA)系统中地球站间歇发送载波

的方式。在 TDMA 系统中,把一帧的发送时间分为若干时隙,各地球站共用同一个载波分时隙轮流发送。一个地球站只能在分配给它的时隙内发送,其余时隙用来接收其他地球站的信息。一个时隙突发的信息称为分帧。TDMA 突发分为基准突发和消息突发两种。基准突发只包含帧头部分,由基准站发送,用来为其他站提供一帧开始的时间基准。消息突发包括分帧帧头和发往其他站的信息,由各业务地球站发送,用来在业务地球站之间传输信息。

3.11 VSAT 网(very small aperture terminal network)

由一个中心站和多个小口径远端站组成的卫星通信网络。典型的 VSAT 网由中心站、卫星和远端站组成。一般的 VSAT 网具有一个外向信道(中心站至远端站)和多个内向信道(远端站至中心站):外向信道一般采用高速率的广播 TDM 体制;内向信道一般采用 TDMA、FDMA/SCPC 和 CDMA 方式。

VSAT 系统多数采用 Ku 频段,部分使用 C 频段。从传播条件考虑,C 频段受降雨衰减影响小,可靠性高,但是由于卫星指标较差,限制了天线尺寸的小型化发展。而使用 Ku 频段,天线尺寸可大大减小,但是会受到降雨衰减的影响,须留有一定的衰减余量。

中心站除完成远端站的通信接入外,还要进行数据交换、业务接口及网络管理等工作。为使远端站小型化,中心站一般采用大、中型天线,使用 Ku 频段时天线口径为 3.5~8 m,使用 C 频段时天线口径为 5~11 m。另外,中心站还须配置较大功率的功放。远端站一般由天线、室外单元(outdoor device unit, ODU)和室内单元(indoor device unit, IDU)组成,具有天线口径小(典型值为 1.2~1.8 m),设备结构紧凑、全固态化、功耗小、成本低等优点。

VSAT 网络由于具有远端站成本低、小型化等优点,适用于用户分布范围广、数量多、远端站业务量小等应用场合。

3.12 按需分配多址接入(demand assignment multiple access)

卫星信道分配的一种方式,简称 DAMA。根据用户呼叫请求,系统自动分配卫通信道。通信结束后,信道自动释放,可再分配给其他用户使用。DAMA 须与 TDMA、FDMA 等其他多址方式结合使用。与预分配方式相比,DAMA 具有信道资源利用率高的优点,但系统控制复杂,存在用户分配不到信道的风险。

3.13 饱和功率(saturated power)

功率放大器所能达到的最大输出功率。由于功率放大器器件的非线性等原因,当输入功率增大到某一个数值时,放大器的输出功率达到最大。此后,随着输入功率的增大,输出功率不增反降。该最大输出功率即为放大器的饱和功率,最大输出功率值对应于功放输入输出特性曲线上的点称为饱和点。

3.14 便携卫星通信地球站(portable Earth station)

可手提或背负的小型化卫星通信地球站,简称便携站。由天线、LNB、SSPB、天线座及天线伺服模块、跟踪接收机模块、业务终端等组成。一般安装在 1~2 个手提箱内。便携站具有如下特点。

(1) 为了减小设备体积和质量,工作频段尽量采用高频段,如 Ku、Ka 频段,且常将调制解调器、复分接器、图像编解码器和保密机通过一体化结构设计,集成到一台终端设备内实现,同时天线采用碳纤维材料,一般为可拼装形式,口径 0.3~1.2 m。

(2) 为减少开通时间,一般具有自动对星功能。开通时间要求不超过 10 min。

(3) 设备自带电池供电,并采用节能设计,降低能耗。

(4) 设备采用抗风、防雨、防尘等设计,满足露天环境条件下工作的要求。

便携站广泛应用于快速通信场合。在载人航天工程着陆场中,采用 0.3 m Ka 频段便携站(见图 3.1)向北京传输现场图像和话音。

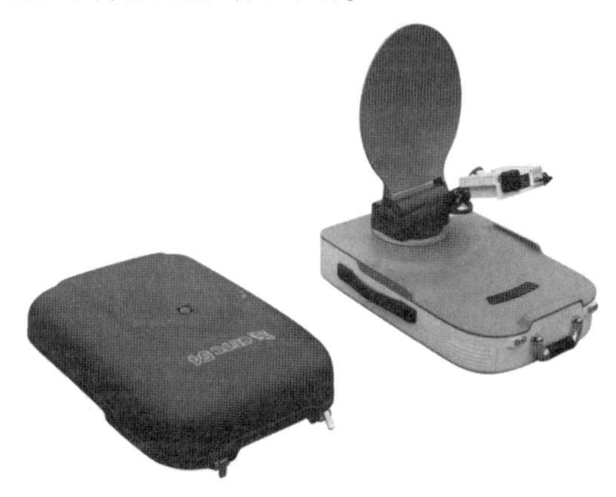

图 3.1 Ka 频段 3 m 便携站

3.15　波束宽度(wave beam width)

天线波束张开的角度。一般用天线波束主瓣上两个半功率点之间的宽度来表示,因此又称为主瓣宽度,半功率主瓣宽度、半功率波束宽度。如图 3.2 所示,在天线方向图上,以主瓣最大功率电平为基准,下降 3 dB 所对应的点称为半功率点。两个半功率点偏离电轴的角度差($B-A$)即为波束宽度。波束宽度是衡量天线定向辐射性能的重要指标,其值越小,则天线辐射的能量越集中,天线定向辐射性能越好。

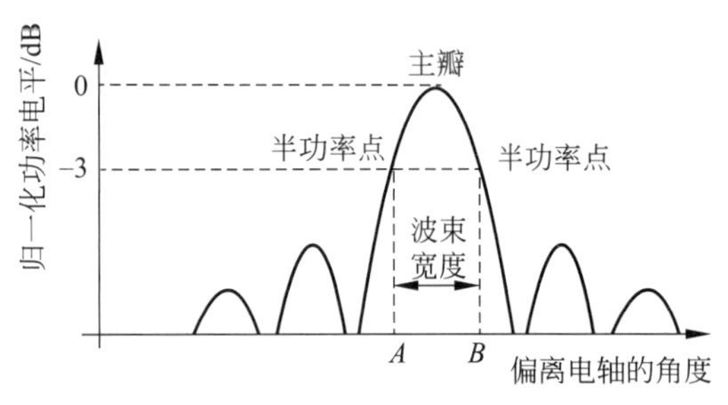

图 3.2　波束宽度

卫星通信中常用的反射面天线的波束宽度,可用式(3-3)计算:

$$\theta_{1/2} = 70c/(fD) \tag{3-3}$$

式中:$\theta_{1/2}$——波束宽度,(°);

c——光速,3×10^8 m/s;

f——天线工作频率,Hz;

D——反射面天线口面直径,m。

3.16　步进跟踪(step tracking)

通过试探法按一定步长寻找卫星信标信号的最大值,使卫通天线对准卫星的跟踪方式,又称为极值跟踪。步进跟踪的基本过程如下。

(1) 开机后,根据地球站经纬度和卫星轨道位置,计算出卫星所在的方位、俯仰,驱动天线,使卫通天线主瓣指向卫星,记录接收信标信号的电平;

(2) 天线在方位面转动一个微小的角度(步长,通常为主瓣波束半功率角的 1/10~1/15),测量信标信号电平,并与上一次收到的信标信号电平进行比较。如果接收信号电平增大,则天线继续沿既定方向步进;如果接收信号电平减小,则天线向反方向步进,直至天线在方位面上收到的信标信号最大;

(3) 同理,使天线在俯仰面上收到的信标信号最大。此时,表明天线已经对准卫星,跟踪结束。

步进跟踪的精度低、速度较慢,但是其设备简单,价格较低,比较适合中、小型地球站使用。

3.17　《车载式卫星通信地球站通信设备通用规范》(General Specification of Communication Equipments for Vehicular Satellite Communication Earth Station)

中华人民共和国国家军用标准之一,标准代号为 GJB 2383—1995,1995 年 5 月 31 日,国防科学技术工业委员会发布,自 1995 年 12 月 1 日起实施。该标准规定了车载式(含方舱式)卫星通信地球站通信设备的设计制造、性能特性、检验与验收、质量保证规定、交货准备等通用要求,适用于 C 波段固定业务的车载式(含方舱式)卫星通信地球站。

3.18　程序跟踪(program tracking)

通过程序计算,控制天线对准卫星的跟踪方式。操作人员将轨道预报信息、标准时间信号、天线所在位置的角位数字信息等通过程序接口输入计算机。计算机对这些信息进行处理运算,最后得到天线方位和俯仰轴上角位误差信息,并输出控制指令,驱动天线运动,从而使天线在规定的时间指向预定的方向。程序跟踪属于开环跟踪,其跟踪精度主要决定于预测数据的精确程度。程序跟踪适用于卫星移动通信。

3.19　船摇隔离度(ship-shaking isolation)

船载卫通天线伺服稳定跟踪系统对船摇摆的隔离程度,单位为 dB。为使船载卫星通信地球站稳定跟踪卫星,一般采取三级稳定措施隔离船摇带来的影响。第一级是船体采用各种减摇措施,以保证船摇角小于规定值;第二级是设置船舶稳定平台;第三级是通过设备自身的伺服系统来稳定天线。船摇隔离度一般用采取隔离措施后卫通天线摇摆的角度与船体摇摆的角度之比表示,其计算式如下:

$$\begin{cases} \Delta_{dB} = 20\lg\omega/\theta \\ \omega = \sqrt{(\omega_e^{\ 2} + \omega_c^{\ 2})/2} \\ \theta = \sqrt{(\theta_e^{\ 2} + \theta_c^{\ 2})/2} \end{cases} \tag{3-4}$$

式中:Δ_{dB}——船摇隔离度,dB;

ω——船体的摇摆角度,(°);

ω_e——ω 的俯仰轴分量,(°);

ω_c——ω 的交叉轴分量,(°);

θ——采取隔离措施后卫通天线摇摆的角度,(°);

θ_e——θ的俯仰轴分量,(°);

θ_c——θ的交叉轴分量,(°)。

船摇隔离度测试一般在摇摆台上进行,首先设置摇摆台俯仰轴和交叉轴方向的摇摆角度。然后在摇摆情况下,测试天线俯仰轴和交叉轴方向指向角度变化。最后,通过计算得出船摇隔离度。船摇隔离度一般要求大于42 dB。

3.20　船载卫星通信地球站(ship-borne satellite communication station)

以舰船为载体的卫星通信地球站,简称船载卫通站或船载站。与其他载体的卫通站相比,船载卫通站具有以下几个主要特点。

(1) 隔离船摇:为克服船摇对卫通天线跟踪带来的不利影响,伺服设备具有隔离船摇的功能。

(2) 遮挡保护:由于船体运动,船上其他物体有时会遮挡天线,在自跟踪状态下造成跟踪接收机失锁。这时,天线需自动切换到位置记忆跟踪状态。当障碍物不再遮挡天线时,天线发现卫星后又自动恢复到自跟踪状态。

(3) 宽带跟踪:由于船只的航线较长,需要更换通信卫星,因此需对具有不同信标频率的通信卫星进行跟踪。这要求跟踪支路具有宽频带特性,能跟踪接收支路575 MHz带宽内的任意信标,且跟踪范围为全方位、能过顶。

(4) 环境适应性强:海上环境恶劣,卫通系统需具有优良的抗盐雾、抗风等性能。通常卫通天线采取加罩措施,以适应恶劣的海况。

(5) 可靠性高:船载站在海上工作时,维修和技术支持相对于陆地站要困难得多,这就要求船载站设备具有很高的可靠性。一般低噪声放大器、高功放、上下变频器、调制解调器等关键设备均采用1∶1热备份。天线A、E、C三轴各采用两台电机同时驱动。另外,三轴驱动电机放大器采用2主1备。

图3.3所示为某远望号测量船卫通站天线,其座架结构方式为方位、俯仰和交叉(A-E-C)三轴形式,基本体制为三轴稳定两轴跟踪方式。在天线背部安装一个敏感轴平行于E轴的陀螺和一个敏感轴平行于C轴的陀螺。无论天线处于何种位置,两个陀螺的敏感轴都是正交的,其输出信号反馈送入稳定系统。跟踪接收机完成指向误差的分解,并变换为误差电压,经跟踪回路修正天线指向,使天线在各种条件下始终对准通信卫星。

图3.3　某远望号测量船卫通站天线

3.21　大气损耗(atmospheric loss)

电磁波受到大气中各种物质的吸收和散射而产生的损耗。大气损耗包括电离层中自由电子和离子的吸收损耗,对流层中氧分子、水蒸气分子以及云雾雨雪等吸收损耗和散射损耗。大气损耗与天气、电磁波频率、天线仰角有着密切的关系。除雨衰外,大气损耗中其他损耗较小,因此,在卫通链路设计中主要考虑雨衰的影响。

3.22　带宽按需分配(bandwidth on demand)

根据卫星通信地球站的业务量大小,卫通系统为其自动分配所需带宽的方式,简称BOD。BOD有两种基本实现方式:一种为业务请求方式,另一种为业务驱动方式。前者由业务终端向卫星通信地球站发送带宽资源请求;后者由卫星通信地球站根据当前用户业务特征及状态(如业务类型、业务到达速率、缓冲区队列长度等),实时计算所需的动态带宽资源,产生带宽资源请求。资源管理系统收到资源请求后,根据剩余带宽情况,分配相应的带宽或拒绝请求。采用带宽按需分配技术,可根据带宽资源请求动态增加或减少信道带宽,因此能够适应多媒体业务高突发性的特点,显著提高卫星带宽利用率。

3.23　带外辐射(out-of-band emission)

由于滤波器特性不良、调制方式不佳、互调产物过大或辐射功率过高而引起的标称载波频带外的电磁波能量辐射。带外辐射分为两类:一类是由于多载波工作产生的互调产物；另一类是除互调产物外的杂散辐射，包括寄生单频、带内噪声或其他不希望出现的信号。卫星通信地球站带外辐射(不包括互调产物)的等效全向辐射功率(EIRP)一般不超过4 dBW/4 kHz，带外互调产物的 EIRP 一般不超过21 dBW/4 kHz(仰角为10°时)。减少带外辐射的主要措施有：采用较大的功放，增加输入回退，使系统工作于线性区；加装带外滤波器，滤除带外信号等。

3.24 单路单载波(single channel per carrier, SCPC)

在一个载波上传送单路信息的方式。单路单载波方式源于话音的传输，由于一个载波仅传输一路话，可以用话音激活技术来节省转发器功率，但系统中载波数量多，容易产生互调干扰。

3.25 单脉冲跟踪(monopulse tracking)

在一个脉冲的间隔时间内，获得完整的天线波束偏离卫星的全部信息(方位、俯仰角误差)，并驱动伺服系统使天线对准卫星的方式。该方式源于单脉冲雷达的跟踪，是一种零值跟踪，其利用差模电场的方向图在天线轴向为零值而在偏轴角度上又有极性的特点实现自动跟踪。

单脉冲跟踪分为多喇叭跟踪和多模跟踪方式。常见的多喇叭跟踪天线具有4个馈源，这4个馈源的信号叠加得到和信号；上面两个馈源信号之和与下面两个馈源信号之和相减，得到俯仰差信号；左边两个馈源信号之和与右边两个馈源信号之和相减，得到方位差信号。当天线波束对准卫星时，天线只能收到和信号，两个差信号输出为零；当天线波束偏离卫星时，除接收到和信号外，还接收到方位差和俯仰差两个误差信号。误差信号经变换处理后送至跟踪接收机，并由跟踪接收机输出相应的直流误差信号到伺服控制单元，以此控制天线运动，完成对卫星的实时跟踪。多模跟踪利用天线波束偏离卫星方向时馈源喇叭内激励起的高次模(又称差模)及主模(又称和模)信号对卫星进行跟踪。

单脉冲跟踪系统复杂且价格昂贵，一般在需要快速响应和高跟踪精度的大型地球站或移动卫星通信地球站中使用。

3.26 等效噪声温度(equivalent noise temperature)

在具有相同噪声功率的条件下，网络所对应的标准热噪声源的温度，单位为开尔文(K)。假定一个具有输入输出的网络产生的噪声功率折合到输入端为 N，标准热噪声源产生噪声功率 N 所需的温度为 T，则 T 为该网络的等效噪声温度。等效噪声温度越低，说明网络产生的噪声越小。等效噪声温度可用式(3-5)计算：

$$T_e = N/(kB_n) \tag{3-5}$$

式中：T_e——等效噪声温度，K；

N——折合到输入端的噪声功率，W；

k——玻耳兹曼常数，取值为$1.380\,54\times10^{-23}$ J/K；

B_n——噪声等效带宽，Hz。

3.27 地理增益(geographic gain)

根据卫通站地理位置的不同，对卫通链路计算的结果进行的修正，单位为 dB。当多个地球站共用一颗卫星相互通信时，由于各地球站处于不同的地理位置，天线仰角不同，各地球站与卫星的距离、传输损耗、天线噪声温度、接收的卫星辐射功率等也不同，从而导致卫通链路的载噪比不同。为便于链路计算，通常选择某一天线仰角作为基准，计算链路的载噪比。其他仰角下的链路载噪比通过地理增益进行修正即可，不必一一从头算起。不同的卫星天线，其波束形状不同，故地理增益也不同。例如，对于使用国际通信卫星 IS-VI 的卫通站来说，以10°天线仰角为基准，其地理增益为 $0.06(\phi_e-10)$ dB，其中 ϕ_e 为天线仰角。

3.28 地球同步轨道卫星(geosynchronous orbit satellite)

运行于赤道平面，高度距地面约为35 786 km 轨道上的卫星，简称同步卫星。由于卫星运转方向和角速度与地球的自转方向和角速度相同，卫星相对地面静止不动，故又称对地静止卫星。地球同步轨道卫星作为通信卫星，具有以下优点。

(1) 卫星“静止”不动，便于地球站对准与跟踪。

(2) 覆盖范围大。除去76°N 和76°S 以上的两极地区，理论上采用彼此间隔120°的3颗卫星就可以覆盖地球表面。

其缺点是传播时延较大。地球站经卫星至另一地球站的单跳传播时延约为270 ms。

3.29 地球站品质因数(figure of merit)

地球站接收天线的增益(G)与接收系统总的等效噪声温度(T)之比，简称 G/T 值，单位为 dB/K。

G/T 值是卫星通信系统的一个重要参数，综合反映了地球站对信号的接收能力。G/T 值越大，信号的载噪比就越大。G/T 值与载噪比的关系如式(3-6)所示：

$$[C/N] = [G/T] + [\mathrm{EIRP}] - [L_d] + 286 - [B_n] \tag{3-6}$$

式中：$[C/N]$——下行载噪比，dBW/K；

$[G/T]$——地球站品质因素，dB/K；

[EIRP]——卫星转发器等效全向辐射功率，dBW；

$[L_d]$——下行链路损耗，dB；

B_n——载波等效噪声带宽，Hz，$[B_n]=10\lg B_n$。

国际卫星通信组织根据 G/T 值的大小对地球站进行分类，各类标准站型的 G/T 值见表 3.1。

表 3.1　地球站标准站型的 G/T 值

标准站型	G/T 值/(dB/K)	工作频率(发/收)/GHz	参考口径/m
A	≥35.0+20lg(f/4)	6/4	16.0~18.0
B	≥31.7+20lg(f/4)	6/4	11.0~15.0
C	≥37.0+20lg(f/11)	14/11、14/12	11.0~13.0
E-1	≥25.0+20lg(f/11)	14/11、14/12	3.4~5.0
E-2	≥29.0+20lg(f/11)	14/11、14/12	5.5~7.5
E-3	≥34.0+20lg(f/11)	14/11、14/12	8.0~10.0
F-1	≥22.7+20lg(f/4)	6/4	5.0~6.0
F-2	≥27.0+20lg(f/4)	6/4	7.3~8.0
F-3	≥29.0+20lg(f/4)	6/4	9.0~10.0
H-1	≥14.0+20lg(f/4)	6/4	1.5~1.8
H-2	≥15.1+20lg(f/4)	6/4	2.0~2.5
H-3	≥18.3+20lg(f/4)	6/4	3.0~3.8
H-4	≥22.1+20lg(f/4)	6/4	4.0~4.5
K-2	≥19.8+20lg(f/11)	14/11、14/12	1.2~1.8
K-3	≥23.3+20lg(f/11)	14/11、14/12	2.0~3.0

3.30　地球站入网验证测试(earth station verification test)

通信卫星运营商对拟入网的地球站进行的测试。通过入网验证测试的地球站才能使用卫星，其目的是保证入网的地球站不干扰其他站和卫星正常工作。

入网验证测试项目分为强制性项目和建议性项目两类：强制性项目一般有天线发射方向图和发射交叉极化隔离度；建议性项目一般有天线增益、接收交叉极化隔离度、功率稳定度、频率稳定度和 G/T 值等。由于天线发射方向图和发射交叉极化隔离度指标不达标，会干扰其他卫星或其他利用反极化工作的用户，因此这两类项目被列入强制性项目。

地球站入网验证测试的一般程序如下。

(1) 提出入网验证申请。用户向卫星运营商提交入网验证申请表，内容主要包括天线口径、频段、联系人等，申请表一般可以从卫星运营商网站处下载；

(2) 卫星运营商对申请进行确认，并安排测试计划；

(3) 卫星运营商按照测试计划，在用户配合下进行测试；

(4) 卫星运营商出具测试报告，做出入网验证测试是否通过的结论。

3.31　地球站天线(antenna of earth station)

完成射频电磁波发射与接收的卫星地球站设备。地球站天线将高功率放大器输出的高频电流转换为向空间定向辐射(指向卫星)的电磁波。同时，汇聚接收卫星发送的电磁波，将其转换为高频电流输出到低噪声放大器中。

地球站天线主要包括天线面、馈源、伺服及跟踪系统。地球站天线样式和种类繁多，按天线口径可分为 13 m、11 m、7 m、5 m、2.4 m 等；按应用场景可分为固定、机载、车载、船载、便携等;按工作原理可分为反射面、相控阵、平板等;按馈源放置位置可分为前馈、偏馈等;按反射面多少可分为单反射面和双反射面;按转动范围可分为全动和限动。

3.32 低噪声放大器(low noisc amplifier)

固有噪声很低的放大器,简称低噪放或 LNA。卫星通信收发距离遥远,地球站接收到的卫星信号非常微弱。接收系统接收到卫星信号的同时,还接收到噪声(如大气噪声、干扰噪声、热噪声等)。这些噪声叠加在接收到的信号上一起被放大器放大,造成信号信噪比的恶化。要从微弱且混有多种噪声的信号中提取有用信号,就必须在接收分系统前端采用低噪声放大器。低噪声放大器首先要对微弱信号进行高倍放大;其次,放大器本身引入的噪声要足够低,不能"淹没"微弱的有用信号。这就要求低噪声放大器具有高增益、低噪声的特点。

目前所采用的低噪声放大器有两种:一种是参量放大器,另一种是场效应晶体管放大器。参量放大器利用非线性电抗特性来实现放大,早期地球站的制冷参量放大器工作在液氦制冷的密闭系统内,虽然噪声温度可以做得很低,但是设备比较复杂,操作维护极不方便。随着半导体工艺技术的发展,目前参量放大器为常温参量放大器,其利用半导体热偶进行制冷,以代替有庞大冷却装置的参量放大器,使用和维护更加方便。场效应晶体管放大器利用 PN 结的正反向偏置,通过栅极电压变化改变漏极电流的大小实现放大。它具有工作频带宽、噪声系数低、体积小以及使用方便等优点,从而被用来大量替代参量放大器,在卫星通信系统中得到了广泛使用。

低噪声放大器通过微波网络连接到馈源喇叭上。低噪声放大器的主要技术指标有噪声温度、增益、增益稳定度、电压驻波比、1 dB 压缩点输出功率、三阶交调截止点输出功率、调幅调频转换、群时延、最大输入功率等。

3.33 电离层闪烁(ionospheric scintillation)

电离层短周期不规则变化的现象。导致电离层闪烁的因素很多,主要有电离层湍流运动、电离动态平衡以及太阳等辐射源的随机变化。电离层闪烁时,穿越电离层的电磁波信号产生衰落,使信道的信噪比下降,误码率上升,严重时可使通信中断。电离层闪烁影响的频段从数十兆赫兹到 10 GHz,频段越低,影响越大。

3.34 电视上行站(satellite television up-link earth station)

完成电视信号上行发射的卫星通信地球站。电视上行站一般由电视编码器、复用器、调制器、上变频器、高功放、天线以及供电系统组成。为了确保可靠工作,电视上行站通常采用双机备份的工作方式,并配备有监控系统,完成对上行系统的状态监测及播出状态记录。电视上行站一般采用 DVB-S 技术体制,为了满足准无误码(QEF)质量指标(在 1 h 内的传输时间里不可纠正的错误少于一个),误码率需达到 1×10^{-10}。与电视上行站对应的卫星电视单收站由接收天线、低噪声模块(LNB)及卫星电视接收机组成。在试验任务中,电视上行站工作在 C 频段,天线口径为 5 m,采用 DVB-S 技术体制,发射 5 Mb/s 标清电视信号。

3.35 电压轴比(voltage axial ratio)

椭圆极化波电场矢量最大值与最小值之比,简称轴比,英文简称 VAR。线极化波和圆极化波可视为椭圆极化波的特例,因此电磁波的极化参量可统一用椭圆极化波的极化参量来表示。轴比为无穷大的椭圆极化波即为线极化波;轴比为 1 的椭圆极化波即为圆极化波。轴比是天线极化的一个重要性能指标,用来衡量极化的纯度。轴比决定了交叉极化隔离度的大小,二者的关系如下:

$$\mathrm{XPI} = 20\lg\frac{\mathrm{VAR}+1}{\mathrm{VAR}-1} \tag{3-7}$$

式中:XPI——交叉极化隔离度,dB;
VAR——电压轴比。

3.36 "动中通"车载卫星通信地球站(satcom on the move, SOTM)

能在移动中进行不间断通信的车载卫星通信地球站,简称"动中通"车载站,英文简称 SOTM。"动中通"车载站在运动过程中,根据姿态传感器测量出载车姿态的变化,通过自动调整天线姿态,消除载车运动对卫星指向的影响,保证天线始终对准卫星,如图 3.4 所示。

"动中通"车载站一般由天馈伺跟系统、姿态敏感系统、转台系统以及射频、终端系统、载车等组成。目前国内"动中通"车载站大多采用 Ku 频段。其天线由最初的抛物面形式发展为目前主流的平板阵列天线,下一代产品主要以相控阵天线为主。相控阵

图 3.4　动中通车载站

天线具有剖面低、高效率及波束赋形灵活等特点，可以最大限度地降低天线的剖面尺寸，使动中通天线具有更高的载体适应能力。试验任务中动中通车载卫星通信地球站采用越野车作为载体，天线口径一般为 0.45 m、0.6 m、0.9 m 等。

3.37　独特码(unique word)

一种独特的不易为随机比特所仿效而造成错误检测的码组，简称 UW。独特码长数十比特，一般选用伪随机码或其改进码。在时分多址系统中，独特码为帧头的组成部分之一，用于帧突发的时间基准。

3.38　端口隔离度(port isolation)

在多端口微波器件中，一端口入射波的功率与该入射波泄漏到另一非直通端口的功率之比，单位为 dB。卫通天线馈源网络是一个重要的多端口器件，向天线发送信号的端口称为发端口，从天线接收信号的端口称为收端口。要求其收—发、发—收端口隔离度大于 80 dB；线极化的收—收、发—发端口隔离度大于 30 dB；圆极化的收—收、发—发端口隔离度大于 20 dB。

3.39　对星(aiming at satellite)

调整天线的方位角、俯仰角和极化面，使天线波束中心对准目标卫星的过程。对星是地球站开通运行和检查维护必不可少的项目。固定地球站对星的一般方法和步骤如下。

（1）根据工作卫星定点位置和地球站的地理位置计算出天线的方位角、俯仰角和极化角；

（2）将信标接收机的频率设置到工作卫星的信标频率上；

（3）松开方位/俯仰锁紧装置，把天线转至预先计算出的方位和俯仰。交替在方位、俯仰上进行搜索，找出信标电平最大者。此时天线在方位和俯仰上已对准卫星，锁紧方位/俯仰锁紧装置；

（4）松开极化面锁紧装置，极化面按照计算出的极化角进行预置。旋转馈源网络有关器件（如分波器或双工器等），使主极化信号最大或交叉极化信号最小。此时，天线的极化面调整完毕，锁紧极化面锁紧装置。

3.40　多波束天线(multiple beam antenna)

具有两个以上独立波束的天线。多波束天线可分为反射面天线、透镜天线和直接辐射阵列（又称相控阵天线）3 种基本类型。反射面和透镜天线具有相似的结构，通常由聚束器件（反射镜或透镜），初级辐射器阵列（喇叭或其他天线阵列）以及其他有关组件（如馈源阵相位振幅控制器，波束形成网络等）组成。反射面天线是实现多波束最简单、便宜及可靠的一种天线型式，通常由一个或两个反射面和若干独立馈源组成。每个馈源照射到反射面上，经反射产生一个波束。这样，多个馈源就产生了多个波束。相控阵天线包括阵列天线、射频接收通道和馈电网络（波束成型网络）三部分。多路信号通过馈电网络调整信号的幅值和相位使波束成型，然后经放大后自阵列天线发射，在空间形成多个互不相干波束。

多波束天线可使一个地球站同时利用多颗卫星实现通信，从而实现一站多用，既可以降低地球站建站成本，又提高了系统应用的灵活性和可靠性。

3.41　多路单载波(multiple channel per carrier，MCPC)

在一个载波上传送多路信息的方式。多路信号采用复用技术合成一个群路信号，调制至一个载波上发送。接收端收到信号后解复用，恢复出多路信号。多路单载波方式减少了卫星转发器的载波数量，有利于节省功率，减少系统的互调噪声。多路单载波适用于传输话音、数据、图像等综合业务信息的卫星通信地球站，是目前科研试验卫星通信网采用的主要方式。

3.42　多频时分多址(multi-frequency time division multiple access，MF-TDMA)

频分多址和时分多址相结合的二维多址方式。

MF-TDMA 采用多个载波,而在每个载波上采用时分多址方式。发送站和接收站在多个载波上跳变发送和接收,实现互相通信。根据载波跳变的不同,MF-TDMA 分为以下 3 种方式。

(1) 站发送载波跳变,接收载波固定。如图 3.5 所示,将所有站进行分组,每组只接收一个载波(称为值守载波),发送站将频率跳变至接收站值守载波的相应时隙上进行通信。

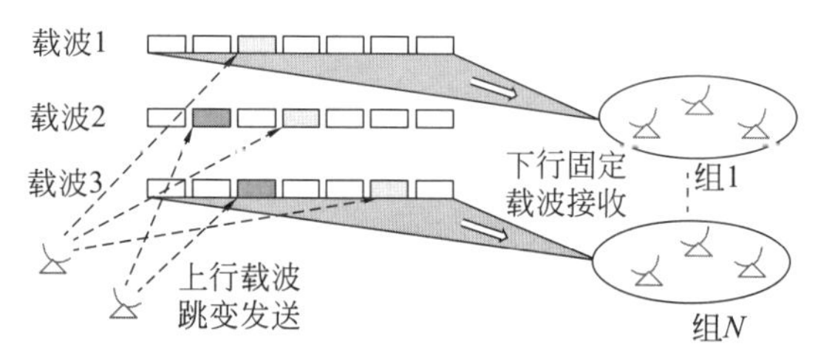

图 3.5　站发送载波跳变与接收载波

(2) 站发送载波固定,接收载波跳变。将所有站进行分组,一个组只使用一个载波发送,接收方跳变至发送站的载波时隙上进行通信。

(3) 站发送载波和接收载波都跳变。各站不再进行分组,根据分配的载波和时隙进行通信。

MF-TDMA 体制克服了单一频分多址(FDMA)实现点对多点时载波多、调制解调器设备配置量大的问题;单一时分多址(TDMA)组网应用时,大小站混合组网能力差、网络扩容能力不足等缺点。同时,利用 FDMA 和 TDMA 的优点,支持不同载波速率、不同站型、不同网络规模的组网应用,但技术实现难度较大。

3.43　法拉第旋转(Faraday rotation)

线极化波通过电磁场时发生的极化面旋转的现象。法拉第旋转是电磁场固有的特性。在卫星通信中,线极化波穿越电离层传播会发生法拉第旋转。旋转角反比于线极化波频率的平方,并与电离层的电子密度、场强、传播路径等密切相关。在工程中,使用经验公式(3-8)估算旋转角:

$$\theta_p = 72/f^2 \tag{3-8}$$

式中:θ_p——旋转角,°;

f——线极化波频率,GHz。

法拉第旋转造成的载波衰减为 $20\log(\cos\theta_p)$(dB),交叉极化鉴别率下降 $20\log(\tan\theta_p)$(dB)。另外,法拉第旋转无法改变圆极化波的极化方向,因此对圆极化波没有影响。

3.44　方位—俯仰—交叉天线座(azimuth-elevation-cross pedestal)

具有方位轴、俯仰轴和交叉轴的三轴天线座。在方位—俯仰天线座的基础上增加交叉轴的目的是解决移动地球站天线高仰角及过顶跟踪问题,实现天线的无盲区跟踪。如图 3.6 所示,三轴互相垂直,方位轴与地面垂直,俯仰轴和交叉轴与地面平行。

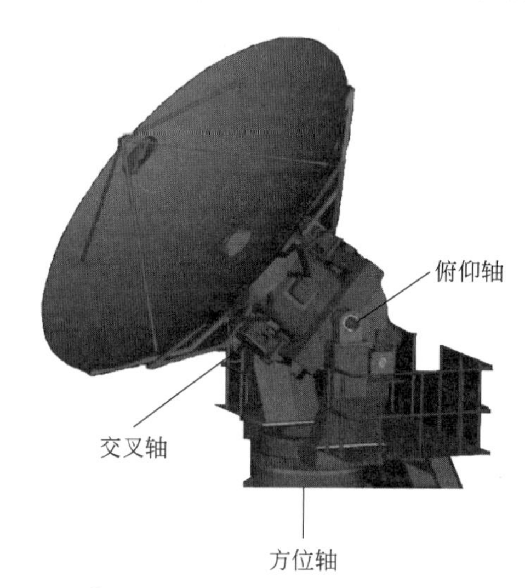

图 3.6　方位—俯仰—交叉天线座

方位轴转动角速度(V_x)、方位跟踪角速度(W_a)与天线仰角(E)三者的关系为:$V_x = W_a/\cos E$。当天线仰角增大时,同样的方位跟踪角速度所需要的方位轴转动角速度增大。当天线仰角接近 90°时,需要的方位轴转动角速度趋于无穷大,导致方位—俯仰座天线无法跟踪。采用方位—俯仰—交叉座天线后,在高仰角时可利用交叉轴进行方位跟踪。试验任务中,测量船经常工作在高仰角地区,其卫星通信地球站采用了方位—俯仰—交叉天线座,有效地解决了天线高仰角及过顶跟踪问题。

3.45　方位—俯仰天线座(azimuth-elevation pedestal)

由方位轴和俯仰轴构成的两轴天线座。方位轴与地面垂直,俯仰轴与地面平行且垂直于天线指向。两轴可独立转动,因此可以对天线的方位和俯仰进行独立调整。方位—俯仰天线座具有桁架式、半转台式和全转台式等多种结构形式。其俯仰转动范围一般为 0°~90°,方位转动范围视天线结构形式而定。一般桁架式天线座架具有 2~3 个扇区,每个扇区转动范围一般小于 70°,总的转动范围小于 180°。半转台式天线,不分扇区,可以连续在较大的范围内转动(一般小于 180°)。全转台式天线波导电缆采用滑环接续,可以在 360°范围内转动。方位—俯仰两轴式天线座架是使用最广泛的卫通天线座架,可应用于固定站、车载站、机载站、便携站等多种站型。

3.46　分合路器(divider and combiner)

将一路射频或中频信号分为多路,又能将多路射频或中频信号合为一路的器件或设备。分合路器分为有源和无源两种:有源分合路器具有调节衰减功能,在卫星通信中一般用于中频信号的分合路;无源分合路器仅对信号进行分路和合路,不能进行衰减调节,可用于射频和中频信号的分合路。在无源分合路器中,分路器和合路器没有本质区别,分路器反向使用时,即为合路器,反之亦然。

3.47　副瓣电平(sidelobe level)

天线副瓣峰值功率与主瓣峰值功率之比,又称旁瓣电平,单位为 dB。副瓣在主瓣方向之外产生辐射,可能对其他站或卫星产生干扰,同时,还分散了主瓣的功率,因此应尽量抑制天线的副瓣电平。在卫星通信中,一般要求第一副瓣电平小于-14 dB,对其他副瓣电平一般采用包络线的形式进行限定。

3.48　高功率放大器(high power amplifier)

将射频信号进行功率放大,输出至天线的设备;简称高功放或 HPA。在卫星通信中,从地球站发向卫星的信号在空间传输过程中会产生较大的衰减。为了使卫星收到的信号电平满足要求,须在地球站配置高功放。高功放类型分为行波管和固态等。行波管放大器具有增益高、输出功率大等优点,但是其电源复杂、成本高,一般用于中大型地球站。固态放大器具有体积小、供电简单、寿命长、可靠性高的优点,但是其输出功率较小,一般用于中小型地球站。高功放的输出功率从几瓦到几千瓦不等,

高功率放大器的主要技术指标包括输出特性和输入特性两个方面。输出特性包括功率、频率范围、静噪抑制比、驻波比、增益、增益调节、增益稳定度、三阶交调、调幅调相转换、群时延、二次谐波等。输入特性包括电平、噪声系数、阻抗等。

3.49　跟踪接收机(tracking receiver)

接收并处理卫星信标信号,用于天线跟踪卫星的地球站设备,又称信标接收机。根据跟踪体制,跟踪接收机分为步进跟踪接收机和单脉冲跟踪接收机等。机动卫星通信地球站在载体运动时,须确保天线实时对准卫星;大中型固定地球站的天线波束较窄,由于卫星的漂移等原因造成天线指向常偏离理想方向。为此,上述类型的地球站专门设有调整天线指向的跟踪系统,跟踪接收机是该系统的关键设备,接收被跟踪卫星发射的信标信号,并根据该信号的大小,采用步进试探、单脉冲跟踪等方法,输出指向误差信号。该误差信号输出至天线驱动装置,调整天线指向,从而确保天线对准卫星。

跟踪接收机的主要技术指标包括频率范围、频率分辨率、频率稳定度、输入信标电平、输入 1 dB 压缩点、输入阻抗、输入驻波比、镜像抑制度、选择带宽、输出电压、输出斜率、输出线性度、捕获载噪比、捕获带宽、捕获时间等。

3.50　跟踪损耗(tracking loss)

由地球站天线跟踪误差引入的损耗。理想情况下,地球站天线应指向卫星的最大增益方向。在跟踪过程中,地球站天线偏离理想方向时,接收到的信号功率下降,由此产生的损耗即为跟踪损耗。跟踪损耗可用式(3-9)计算:

$$L = G(0) - G(\theta) \tag{3-9}$$

式中:L——天线跟踪损耗,dB;

$G(0)$——天线对准卫星时接收到的信号功率电平,dB;

θ——天线偏离卫星方向的角度,即跟踪精度,一般为半功率波束宽度的 1/10~1/8;

$G(\theta)$——天线偏离卫星角度为 θ 时接收到的信号功率电平,dB。

在工程应用中,跟踪损耗一般用式(3-10)进行估算:

$$L \approx e^{2.77}(\theta/\theta_{1/2})^2 \tag{3-10}$$

式中:$\theta_{1/2}$——天线半功率波束宽度。

由于 $\theta_{1/2}$ 取决于天线尺寸和工作频率,因此跟踪损耗最终取决于天线尺寸、工作频率和跟踪精度。通常跟踪损耗应小于 0.5 dB。

3.51　功率通量密度(power flux density)

卫星天线单位有效面积接收到的辐射功率,简称 PFD,单位为 dBW/m²。PFD 与地球站有效全向辐射功率的关系如下:

$$\mathrm{PFD} = \frac{\mathrm{EIRP}}{4\pi d^2} \tag{3-11}$$

式中:EIRP——地球站有效全向辐射功率,dBW;

d——卫星与地球站之间的距离,m。

单载波在饱和工作情况下的功率通量密度称为饱和通量密度,用来衡量卫星转发器的接收灵敏度。饱和通量密度越小,需要地球站发射的上行功率就越低。饱和通量密度是设计地球站上行链路所需的重要参数,直接影响地球站 EIRP 的选取,进而影响天线口径和功放大小的选择。通过改变卫星转发器的增益档,可以在一定范围内调整饱和通量密度。

3.52 共信道干扰(co-channel interference)

使用同一频带的波束间产生的干扰。为了充分利用卫星的频率资源,卫星通信系统用波束隔离的方法重复使用频率资源,即若干波束使用同一频带,但波束照射在互不重叠的地球区域。如果一个波束的旁瓣落在另一个波束的主瓣内,则会对后者形成干扰。干扰的大小用共信道隔离度表示,其定义为一个波束在其最大辐射方向上的功率与干扰波束旁瓣在此方向上的功率分量之比。

3.53 固态功率放大器(solid state power amplifier)

由微波晶体管构成的功率放大器,简称固态功放,英文简称 SSPA。固态功放结构如图 3.7 所示,由驱动模块、功放模块、电源模块及监控系统等组成。驱动模块提供较高的增益和足够的驱动电平,功放模块则通过功率合成将若干个功放芯片的输出功率叠加,以获取较大的输出功率;电源模块将外部的交流供电转换为各模块工作时所需的直流电压;监控系统控制功放的增益和电平,查询功放的功率、温度等状态参数,并在特定条件下执行控制指令。

固态功放与行波管功放相比,其主要优点是:

(1) 工作电压低,一般低于 50 V,这使得放大器的结构简单、体积小、质量轻、耗电省,便于集成化。

(2) 可靠性高、寿命长,其单管寿命为百万小时左右。

(3) 非线性失真小。

3.54 关口站(gateway station)

卫星移动通信系统中与地面通信网连接,实现卫星移动用户与地面通信网用户通信的地球站。关口站负责归属本站的移动用户终端与地面网络之间的通信转接,完成卫星信号的收发、协议转换、流量控制、路由选择等功能,并对系统分配给自己的卫星资源和用户进行管理。

关口站如图 3.8 所示,由空中接口、交换分系统、管理分系统等组成。空中接口是关口站和卫星的接口,完成关口站和卫星之间的信号发射和接收功能,实现关口站和卫星网络的互联;交换分系统实现卫星网络与地面网络信息的交换;管理分系统负责整个系统的控制和管理,主要包括信令的处理、资源的分配及各种业务在各个网关间的调度等。

在海事卫星通信系统中,关口站又称为陆地地球站,除完成移动用户与地面通信网的接续外,还完成移动用户与移动用户之间的通信转接。

3.55 国际 64°卫星(Intelsat IS-906 Satellite)

国际卫星通信组织运营的、定点于东经 64°的地球同步轨道通信卫星,编号为 IS-906。该卫星是

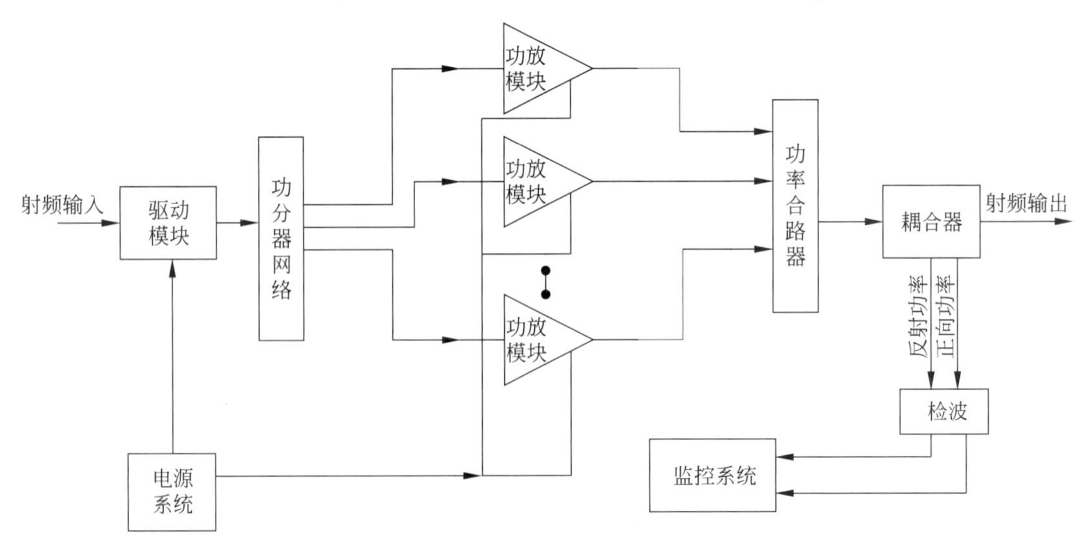

图 3.7 固态功放组成

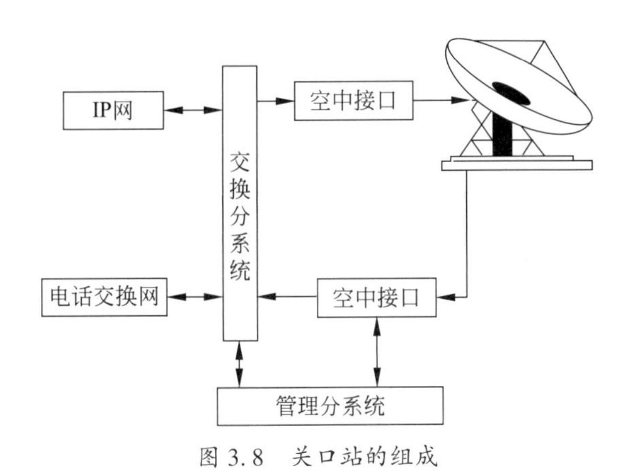

图 3.8　关口站的组成

国际卫星通信组织的第九代卫星，其转发器参数见表 3.2。在国防科研试验中，利用该卫星实现测量船在印度洋海域与北京方向的通信。

3.56 国际海事卫星组织（International Maritime Satellite Organization）

提供海事通信业务的国际组织，英文简称 INMARSAT。该组织成立于 1979 年 7 月，总部设在伦敦，最初只提供海上至陆地的移动卫星服务和全球海上遇险与安全系统服务，如海上安全信息、航行和气象警报、遇险船舶位置标识、搜救协调通信等。20 世纪 80 年代中期，INMARSAT 修订了公约及经营协定，陆续提供了航空移动通信业务及陆地移动通信业务，成为全球卫星移动通信组织，并于 1999 年完成了公司化改造，运营世界上第一个全球性的移动卫星通信系统。

中国是 INMARSAT 的创始成员国。交通运输部中国交通通信信息中心在中国唯一经营海事卫星通信业务，并于 1984 年开始筹备建设北京陆地地球站，建设了 INMARSAT A 系统、B/M/Mini-M 系统、C 系统、F 系统以及宽带业务系统。该地球站于 1991 年正式投入使用。

目前，INMARSAT 拥有四代共 11 颗在轨卫星，分别位于太平洋、印度洋和大西洋的赤道上空，覆盖了南、北纬 70°以下的所有区域。在试验任务中，测量船利用海事卫星通信作为第二传输路由。

3.57 国际卫星通信商用业务（INTELSAT business service）

国际卫星通信组织（intelsat international telecommunication satellite organization，INTELSAT）在其 IESS-309 标准中提出的标准化商用通信业务，简称 IBS。该业务向用户提供透明的数字传输业务，其速率可选范围为 64 kb/s～8.448 Mb/s。IBS 系统采用 FDMA 体制，调制方式为 QPSK，信道编码采用 1/2 或 3/4 率卷积码，具有专用帧结构形式。

IBS 与中等速率业务（IDR）相似，体制基本相同，不同之处在于：

（1）传输速率不同。IBS 最高能工作到 8.448 Mb/s，而 IDR 可以工作到 44.736 Mb/s。

（2）帧结构不同。IBS 帧头速率为数据速率的 1/15；IDR 帧头速率固定为 96 kb/s。

随着技术的发展，出现了新的调制及编码方式。

表 3.2　国际 64°卫星转发器参数

转发器类型	C 频段转发器	Ku 频段转发器
转发器数目	44 个	12 个
工作频率	上行：5925～6425 MHz 下行：3700～4200 MHz	上行：14.00～14.50 GHz 下行：10.95～11.20 GHz 11.45～11.70 GHz
上/下行极化方式	右旋或者左旋圆极化	垂直或者水平线极化
最大有效全向辐射功率(EIRP) (波束峰值～波束边缘)	半球波束：44.5～37.0 dBW 区域波束：47.8～35.1 dBW 全球波束：35.8～31.0 dBW	点波束 1：52.0～47.0 dBW 点波束 2：52.0～47.0 dBW
典型品质因数(G/T) (波束峰值～波束边缘)	半球波束：+2.0～−7.4 dB/K 区域波束：+5.4～−5.0 dB/K 全球波束：−5.6～−11.2 dB/K	点波束 1：+5.0～+0 dB/K 点波束 2：+5.0～+0 dB/K
饱和通量密度	−67.0～−89.0 dBW/m^2(步距小于 2 dB)	−87.0～−69.0 dBW/m^2(步距小于 1.5 dB)

实际应用中,IBS 的调制及编码方式可采用 8PSK、16QAM 等高阶调制和 RS、Turbo、LDPC 等高效编码方式。

3.58 国际卫星通信组织(International Telecommunications Satellite Organization, INTELSAT)

世界上最大的商业卫星通信业务提供商,英文简称 INTELSAT。该组织于 1964 年 8 月 20 日在美国成立,总部位于华盛顿,成立时拥有 11 个成员国,后发展成一个拥有 140 多个成员国的国际性组织。由于 INTELSAT 属于各国政府之间的合作组织,不能平等进入市场,因此为了增强该组织的灵活性与竞争性,2001 年 7 月 18 日,国际卫星通信组织由一个条约国组织转变为一家私营公司,成为了全球第一家商业卫星通信业务提供商。

INTELSAT 自 1965 年发射通信卫星以来,已先后推出十代共 50 多颗卫星,覆盖了大西洋区(AOR)、印度洋区(IOR)和太平洋区(POR)3 个主要区域。除主要经营卫星转发器租赁业务外,INTELSAT 还自建地球站,经营国际或国内卫星固定通信业务。在国防科研和试验任务中,测量船及国外站租用 INTELSAT 的通信卫星与国内进行通信。

3.59 国际移动卫星通信系统(International Mobile Satellite Communication System)

国际海事卫星组织运营的,为海陆空用户提供全球化、全天候、全方位通信和遇险安全通信服务的通信系统。系统原名为国际海事卫星通信系统,1994 年更为现名,但习惯上仍称海事卫星通信系统。系统主要由空间段、网络控制中心(network control center, NCC)、网络协调站(network coordination station, NCS)、陆地地球站(land earth station, LES)、移动终端系统(mobile end system, MES)等组成。

系统的空间段主要由 4 颗工作于同步轨道的通信卫星和 4 颗备用卫星组成。4 颗卫星的覆盖区域分别是大西洋东区、大西洋西区、太平洋区和印度洋区。卫星与移动终端站的链路采用 L 波段,卫星与陆地地球站之间采用 C 和 L 双频段工作。

NCC 设在英国伦敦的国际海事卫星组织总部,负责监测、协调和控制网络内所有卫星的操作和运行。

NCS 为完成所覆盖洋区内卫星通信网络的控制和资源分配工作的地球站。每个洋区至少有一个 LES 兼作 NCS。

LES 是系统与陆地公用通信网的接口,也是控制和接入中心。其主要功能是建立与分配信道、监测与管理信道、编排核对船舶识别码、计费、监听遇难信息等。陆地地球站由所在国国际海事卫星组织签字者建设并经营。

MES 为系统的用户终端,按业务类别不同又分为 A 站、B 站、M 站、C 站、F 站、BGAN 站等类型。移动终端站由 NCS 分配卫星资源,通过 LES 进入公用通信网或与另一个 MES 进行通信。

在试验任务中,国际移动卫星通信系统主要应用于测量船、机载站、国外站的对外通信。

3.60 海事 A 站(maritime A station)

国际海事卫星通信系统移动终端站站型之一。该站为模拟体制,工作在 L 频段,提供一路模拟话音和一路传真业务。话音业务采用单路单载波调频(SCPC-FM)方式,占用带宽为 30 kHz。传真业务采用 TDM/TDMA 方式,岸对船为 TDM 载波,BPSK 调制方式,速率为 1.2 kb/s;22 个船站采用固定预分配方式共用一个 TDMA 载波,BPSK 调制,速率为 4.8 kb/s。船载卫通天线配置自动跟踪系统以确保天线始终对准卫星。该站是国际海事卫星通信系统最早的站型,早期试验任务中,测量船利用海事 A 站外接话音调制解调器传输一路低速数据,作为岸船数据通信的备份路由。

3.61 海事 BGAN 站(maritime broadband global area network station)

国际海事卫星通信系统移动终端站站型之一,中文名称为海事宽带全球区域网络站。该站基于第四代海事卫星,支持的业务类型主要包括电路交换业务、分组交换业务和短信业务。电路交换业务主要负责语音传输、传真和电话上网,分为标准语音业务、高保真语音业务和综合业务数字网(ISDN)业务 3 种。分组交换业务是共享型数据业务,分为标准 IP 业务和流媒体 IP 业务两种:标准 IP 业务采用 TDM/TDMA 方式,16QAM 或 QPSK 调制,Turbo 编码,具有高达 492 kb/s 的信息传输能力,适合电子邮件、文件传输、互联网等业务;流媒体 IP 业务则能够让用户独占数据链路,速率分为 64 kb/s、128 kb/s 和 256 kb/s 这 3 档,能保证数据的传输性能和质量,比较适合对实时性要求较高的 IP 视频和语音进行传输。短信业务为用户提供短信的接收和发送服务。在国防科研试验任务中,测量船、国外站已用海事BGAN站取代海事B站作为第二传输路由。

3.62 海事B站(maritime B station)

国际海事卫星通信系统移动终端站站型之一。海事B站是A站的数字式替代产品,工作在L频段,可提供数据、话音等业务。数据业务采用OQPSK调制方式,采用3/4率的前向纠错编码,速率为64 kb/s;话音业务采用16 kb/s的ADPCM话音编码, OQPSK调制,3/4率的前向纠错编码,多址方式为按申请分配的SCPC,载波间隔为20 kHz。在国防科研试验任务中,测量船、国外站曾利用海事B站作为第二传输路由。

3.63 海事C站(maritime C station)

国际海事卫星通信系统移动终端站站型之一。该站为数字体制,工作在L频段,提供电报/数据,遇险报警,船位、航行计划等数据报告,询呼,电子邮件等业务。

海事C站分为三类,第一类能进行岸到船、船到岸电报和数据通信,能进行打印或显示遇险和安全信息;第二类在第一类的基础上,增加了空载时接收强化群呼业务(EGC)报文的功能;第三类在第一类的基础上,配置第二台接收机,增加了在通信的同时连续接收EGC报文的功能。

海事C站采用低增益的全向天线,在船舶等载体剧烈摇摆等恶劣环境下,无需跟踪卫星,仍能正常工作。信息传输速率最高为1200 b/s,调制方式为BPSK,纠错编码为1/2卷积编码。海事C站对陆地地球站(LES)和网络协调站(NCS)的载波为脉冲方式的TDMA载波, LES和NCS对海事C站的载波为TDM载波。海事C站对LES有3个信道:其一为LES到海事C站的TDM信道,传送独特字、布告板(信令信道、时隙)、数据组(信道分配、认可,数据包信息)等;其二为海事C站到LES的信令信道,传送响应通告、逻辑信道申请认可、预先报警、数据报告等信息;其三为海事C站到LES的信息信道,传送电传和数据信息。海事C站对NCS有两个信道:其一为NCS到海事C站的TDM信道,传送独特字、布告板(各个LES的信息)、数据组(宣布确认入、退网认可,数据组确认)、询呼、EGC信息等;其二为海事C站到NCS的信令信道,传送遇险报警、数据报告,以及入、脱网申请等。海事C站的设备实现了小型化,终端及天线可装在一个手提箱中,质量为3 kg左右。

根据《国际搜寻救助公约》,凡从事国际航行的300 t以上的货船和一切客轮必须安装全球海上遇险和安全系统(GMDSS)设备。远望号测量船按照这一要求,均安装了海事C站。

3.64 海事第四代通信卫星(the Forth Generation International Moblie Communication Satellite)

国际海事卫星组织拥有的第四代地球同步轨道通信卫星。目前,海事第四代卫星已发射3颗,分别定点于东经64°、西经53°和西经98°,覆盖欧洲、非洲、中东、亚洲、印度洋、美洲大陆、大西洋和太平洋东部区域。

卫星设计寿命10年,星上装有一个9 m口径的相控阵多波束天线,设计有1个全球波束、19个宽点波束和228个窄点波束。其中,全球波束用于信令和一般数据传输,宽点波束兼容第三代海事卫星的通信业务,窄点波束用于实现新的宽带业务,宽带业务的传输速率最高可达492 kb/s。

海事第四代通信卫星的主要参数见表3.3。

表3.3 海事第四代通信卫星参数

频段	用户链路: L频段 馈电链路: C频段
波束	全球波束: 1个 宽点波束: 19个 窄点波束: 228
频率范围	前向链路: 用户链路1525~1559 MHz 馈电链路6424~6575 MHz 反向链路: 用户链路1626.5~1660.5 MHz 馈电链路3550~3700 MHz
极化	圆极化
卫星等效全向辐射功率	67 dBW

3.65 合成轴比(composite axial ratio)

卫星天线轴比、地球站轴比以及去极化效应引起的等效轴比的综合轴比。合成轴比是地球站最终接收到的电磁波的轴比。在晴天,可忽略去极化效应引起的等效轴比,这样在小轴比(不大于1.06)的情况下，合成轴比可采用矢量合成法求得。如图 3.9 所示，两个轴比矢量的夹角为 $2\Delta\gamma$，其中 $\Delta\gamma$ 为二者椭圆极化倾角的差值。

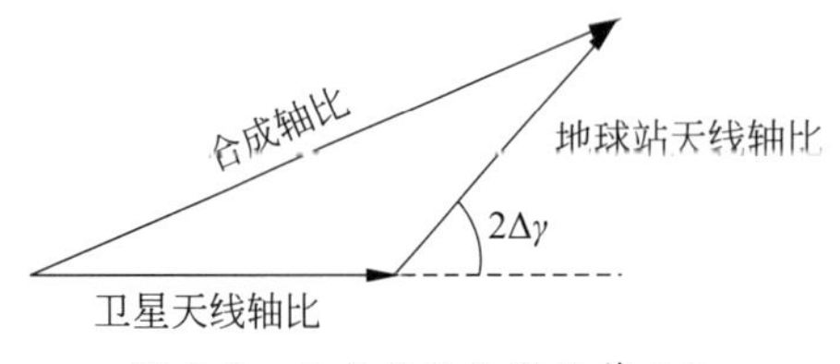

图 3.9　合成轴比矢量计算方法

3.66　后馈天线(feedback antenna)

馈源的辐射方向与天线辐射方向相同的反射面天线。后馈天线的原理如图 3.10 所示，有主、副两个反射面，因此又称为双反射面天线或双镜天线。主反射面为旋转抛物面，副反射面为双曲面或椭球面。副反射面为双曲面的又称卡塞格伦天线，为椭球面的又称格利高里天线。副反射面的一个焦点放置馈源，另一个焦点与主反射面的焦点重合。这样，馈源辐射的电磁波依次经副反射面和主反射面反射后，平行于天线轴辐射出去。

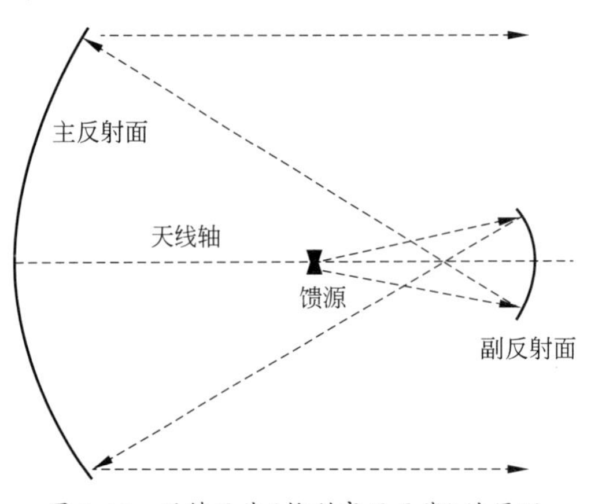

图 3.10　后馈天线(格利高里天线)的原理

3.67　滑环(slide ring)

利用滑动接触在天线转动部分与固定部分之间传递信号与电力的装置。在固定卫通站中，天线与信道及控制设备间的连接电缆采用固定连接，电缆长度留有一定余量来保证天线的必要方位调整范围。而在动中通卫通站中，天线连续转动，电缆采用固定连接，会产生缠绕问题，因此需要采用滑环连接。滑环一般由旋转转轴和钢丝(或电刷)等部分组成。旋转转轴连接天线转动部分，跟随其转动；钢丝(或电刷)连接卫通设备的固定部分。当天线转动时，钢丝(或电刷)与旋转转轴保持滑动接触，从而建立电信号的连接通道。通过滑环传递的信号主要有电机、陀螺、轴角编码、低噪声放大器等供电、传感及控制信号。

3.68　环焦天线(ring focus antenna)

焦点为一圆环的天线。环焦天线为面天线，由主反射面和副反射面组成。如图 3.11 所示，主反射面为绕 AA 轴旋转形成的抛物面，副反射面的母线为椭圆的一部分，绕 AA 轴旋转形成副反射面。副反射面的一个焦点 O 位于馈源喇叭的相位中心，另一个焦点 F 与主反射面的焦点重合，为绕 AA 轴旋转形成的一个圆环，故称为环焦天线。由于副反射面的两个焦点连线 OF 与 AA 轴存在一个夹角，故又称环焦天线为偏焦轴天线。

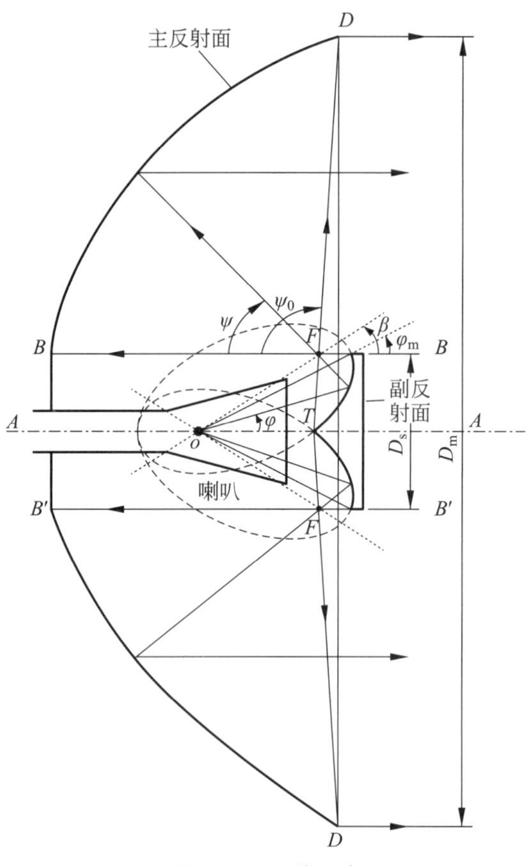

图 3.11　环焦天线

由于馈源位于焦点 O 上，其发射出的电磁波经副反射面反射后，均经过焦点 F 至主反射面，因此可以消除副反射面对电磁波的遮挡效应,也可防止天线发射的电磁波经反射后返回到馈源,从而改善了馈源的驻波特性,提高了天线效率。与前馈天线相比,馈源由焦点 F 移至焦点 O 上,缩短了与主反射面的距离,减少了馈线损耗。由于大口径的环焦天线的副反射面加工困难,环焦天线主要应用在中小型卫星通信地球站。

3.69　极化角(polarization angle)

静止轨道卫星发射的水平极化波电场矢量与地球站天线所在地的地平面的夹角。卫星天线的极化方向以卫星自旋轴为基准,将电场矢量垂直于卫星自旋轴的波定义为水平极化波,平行于卫星自旋轴的波定义为垂直极化波。而地球站天线的极化方向以所在地的地平面为基准,将电场矢量平行于地平面的波定义为水平极化波,垂直于地平面的波定义为垂直极化波。二者极化方向的基准不同,而且随二者的相对位置变化而变化,因此极化角随地球站的经纬度和静止轨道卫星的经度变化而变化,可由式(3-12)计算得出:

$$\theta_{p} = \arctan \frac{\sin\Delta\theta}{\tan\alpha} \tag{3-12}$$

式中:θ_p——极化角,(°);

$\Delta\theta$——地球站与卫星经度之差,(°);

α——地球站纬度的绝对值,(°)。

在北半球,卫星位于地球站西边时,极化角为正;位于东边时,极化角为负。当地球站发生大的位置变化或转星时,需要调整地球站天线的极化面,以抵消极化角改变时产生的极化损耗。

3.70　极化校正(polarization correction)

采用补偿网络对电磁波极化偏转进行的校正。微分相移和微分衰减造成了电磁波的极化偏转,因此极化校正分为微分相移补偿和微分衰减补偿两种。微分相移补偿采用移相器对微分相移进行补偿,补偿网络为主补偿网络,插在天线馈源与高功放(低噪声放大器)之间。微分衰减补偿网络为副补偿,在频率较高的场合下使用,一般插在高功放前和低噪声放大器后。

3.71　极化面调整(polarization plane adjustment)

旋转线极化天线的极化面使其与接收电磁波的极化面一致的过程。矩形波导允许极化面与其窄边平行的电磁波通过,而阻止极化面与其窄边垂直的电磁波通过。因此馈源网络有关器件(如双工器)端口的窄面,可视为天线的极化面。以馈源中心轴为轴心,旋转馈源网络有关器件,即可调整天线的极化面。在工程实现上,通常采用转筒或旋转关节的方式,实现极化面的调整。当地球站发生大的位置变化或转星时,由于极化角改变,需要对地球站天线的极化面进行调整。

3.72　极化损耗(polarization loss)

天线的极化与接收信号的极化不一致引起的损耗,单位为 dB。电磁波穿过电离层时产生的法拉第旋转效应、降雨、卫星姿态变化、收发两端设备不一致等因素,均会导致圆极化或线极化电磁波发生极化改变。当天线的极化与接收信号的极化不一致时,接收信号可分解为与天线极化方向一致的分量和与天线极化正交的分量。由于天线不能接收正交分量,因此产生极化损耗。

设天线极化方向与信号极化方向的夹角为 λ,则极化损耗 L_p(单位:dB)为

$$L_p = -20\lg(\cos\lambda) \tag{3-13}$$

卫星通信的极化损耗一般小于 1 dB。当利用圆极化天线接收线极化信号时,极化损耗可达 3 dB。

3.73　机载卫星通信地球站(airborne earth station)

利用飞机作为载体的卫星通信地球站。飞机飞行速度快,姿态变化大,设备安装条件苛刻。机载卫星通信地球站针对这些特点,通常采用如下技术措施。

(1) 天线安装于机体外部,为了飞机和天线安全,须加装天线罩。天线罩既要满足透波要求,且使天线方向图不发生畸变,又要满足飞机飞行的空气动力学要求和防雷除冰要求。此外,为防止机体电磁反射,需在天线罩里的机体表面粘贴吸波材料。

(2) 采用 GPS 等卫星导航数据和惯导数据引导天线快速捕获卫星。

(3) 消除飞机运动产生的多普勒频移的影响。常用的方法有两种:一是机载站采用专用的大范围跟踪锁相环自动锁定载波;二是由机载惯导等位置姿态设备提供的数据,计算出飞机相对于卫星的速度,对飞机进行校正。

(4) 机载设备体积、质量和功耗严格受限,须采用模块化、小型化、机电一体化设计。为满足机载设备严格的振动及电磁兼容等环境要求,须采用特殊的加固处理方法。

(5) 对于直升机机载站,一般采用载波缝隙突发技术解决旋翼遮挡问题。

在国防科研试验任务中,机载卫星通信地球站常应用于飞机测控通信和载人航天着陆场搜救通信。

3.74 交叉极化隔离度(cross-polarization isolation)

卫星信道的主极化分量与其在另一正交极化信道中产生的交叉极化分量之比,简称 XPI,单位为 dB。交叉极化隔离度反映了天线干扰另一正交极化信道的程度。交叉极化隔离度越高,干扰越小。交叉极化隔离度低时,天线泄露的正交极化信号会对卫星正交极化转发器上的用户造成干扰,因此天线的交叉极化隔离度是入网验证测试的强制性项目。

交叉极化隔离度的测试方法如图 3.12 所示,信号源输出的单载波信号经被测天线发射至辅助站。辅助站的馈源网络分离出同极化信号和交叉极化信号,分别经低噪声放大器输出至频谱仪。频谱仪分别测得同极化信号功率电平值 P_{max} 与交叉极化信号功率电平值 P_{min}。$P_{max}-P_{min}$ 即为被测天线的交叉极化隔离度。

3.75 交叉极化鉴别率(cross-polarization discrimination)

卫星信道的主极化分量与另一正交极化信道的信号在本信道产生的交叉极化分量之比,简称 XPD,单位为 dB。交叉极化鉴别率反映了接收天线抑制交叉极化信号干扰的能力。交叉极化鉴别率越高,接收天线抑制交叉极化信号干扰的能力越强。对同一天线,交叉极化鉴别率与交叉极化隔离度数值相当。

交叉极化鉴别率的测试方法如图 3.13 所示,信号源输出的单载波信号经信标喇叭发射至被测天线。调整信标喇叭的极化,使被测天线接收信号电平最大,记录此时频谱分析仪的接收电平 P_{max};再次调整信标喇叭的极化,使被测天线接收信号电平最小,记录此时频谱分析仪的接收电平 P_{min}。$P_{max}-P_{min}$ 即为被测天线的交叉极化鉴别率。

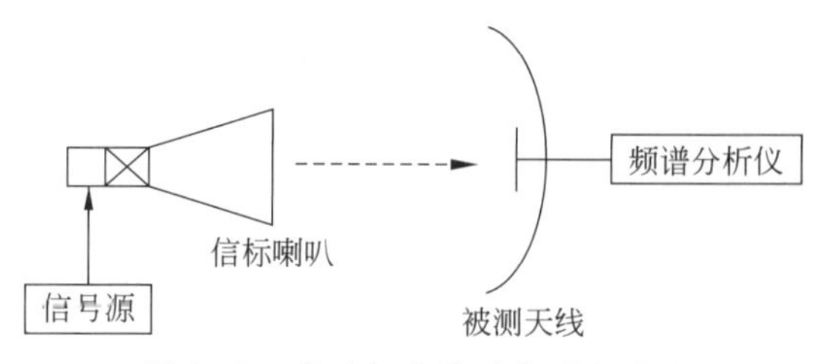

图 3.13　交叉极化鉴别率测试原理

3.76 校相(phase-calibration)

对单脉冲跟踪接收机的和差通道进行相位校准的过程。当天线对准卫星时,馈源的和差网络向跟踪接收机输出的信号中只有和信号;当天线偏离卫星时,不但有和信号,而且出现差信号。接收机根据和差信号,解出方位误差信号(Δ_{AZ})和俯仰误差信号(Δ_{EL}),输出至天线控制单元,引导天线对准卫星。当跟踪接收机和差通道的相位没有校准时,跟踪接收机输出的 Δ_{AZ} 信号中叠加了俯仰误差分量,Δ_{EL} 信号中叠加了方位误差分量,使得 Δ_{AZ}、Δ_{EL} 信号不能准确反映天线的实际跟踪误差值,导致天线不能准确对准卫星。

校相的基本原理是:调整跟踪接收机的移相器,使跟踪接收机相位检波器的相位等于其与差信号的相位差,消除 Δ_{AZ}、Δ_{EL} 信号中的叠加分量。校相过程如下。

(1) 使天线对准卫星,保持天线俯仰不变,方位单独拉偏,调整跟踪接收机的移相器,使 Δ_{AZ} 达到最大值,此时 Δ_{EL} 应为最小。

(2) 天线再次对准卫星,保持天线方位不变,俯仰单独拉偏,调整跟踪接收机的移相器,使 Δ_{EL} 达到最大值,此时 Δ_{AZ} 应为最小。

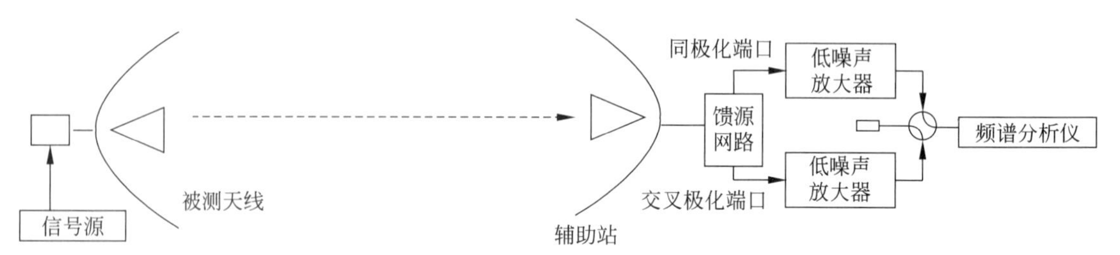

图 3.12　交叉极化隔离度测试原理

(3) 重复步骤1、2,直到步骤1的Δ_{AZ}/Δ_{EL}和步骤2的Δ_{EL}/Δ_{AZ}同时达到最大值。

3.77 “静中通”车载卫星通信地球站(movable vehicular Earth station)

利用车辆运输到指定位置后展开进行通信的卫星通信地球站,简称车载卫通站。车载卫通站有两种安装方式:一种是卫星通信设备固定安装在车辆上,另一种是卫星通信设备安装在方舱里,方舱可与车辆分离,单独运输和使用。车载卫通站天线安装条件受限,工作环境复杂多变,且要求具有快速开通与撤收能力。针对这些特点,车载卫通站采取如下技术措施。

(1) 快速捕星技术。车载卫通站配有GPS、电子罗盘等定位指示设备,天线控制单元及跟踪接收机等伺服设备根据定位指示设备提供的车载站经度和纬度数据,以及车辆姿态数据(包括横倾角、纵倾角等)和卫星的经度数据,进行自动捕星及跟踪操作。

(2) 特殊的天线结构。为便于展开和收藏,车载天线一般采用偏馈结构和赋形或切割方式的天线面。转台一般采用全转台天线座架结构,方位和俯仰运动范围大。天线材料一般采用铝合金或碳纤维等轻型高强度材料。

(3) 一体化设计。采用变频及功放设备一体化的室外单元(ODU),并与天线馈源、伺服传动等室外设备合理布设,达到减少损耗、便于天线收藏和安装的目的。对调制解调器、终端、监控等室内设备尽可能进行一体化设计,以减小车载卫通站设备的体积、质量及功耗。

(4) 环境适应性设计。天线的俯仰轴采用大力矩传动齿轮,车体采用千斤顶托举,天线座架与载体加固连接,以增强天线的抗风性能。通过在电源输出口及车壁信号转接口安装避雷器,采用专用接地桩接地等措施,避免雷击。室内配有空调和暖风机,保证设备在良好的温湿度环境下工作。机柜底部安装减振器,可以减少运输过程中对设备的振动影响。

车载卫通站具有机动灵活、转站方便等特点,在国防科研试验中,常为机动点位提供通信保障,如图3.14所示为2.4 m“静中通”车载卫星通信地球站。

图3.14　2.4 m“静中通”车载卫星通信地球站

3.78 卡赛格伦天线(Cassegrain antenna)

副反射面为旋转双曲面的后馈天线。如图3.15所示,副反射面的一个焦点位于主反射面的焦点上,另一个焦点位于馈源的相位中心。从馈源发出的球面电磁波,经副反射面的反射,形成等效于主反射面焦点发出的球面电磁波,再经主反射面反射后,形成平行于主反射面天线轴的电磁波束。卡赛格伦天线对天线的设计加工要求较低,且馈源网络和低噪声放大器可以安装在主反射面后方的射频箱里,以缩短馈线,减小馈线损耗。与前馈天线相比,副反射面在辐射方向上有遮挡,效率较低;天线的一部分辐射能量又反射回馈源,天线的驻波比较大。对于大型天线来讲,这些不利影响相对较小,因此多采用卡赛格伦天线。

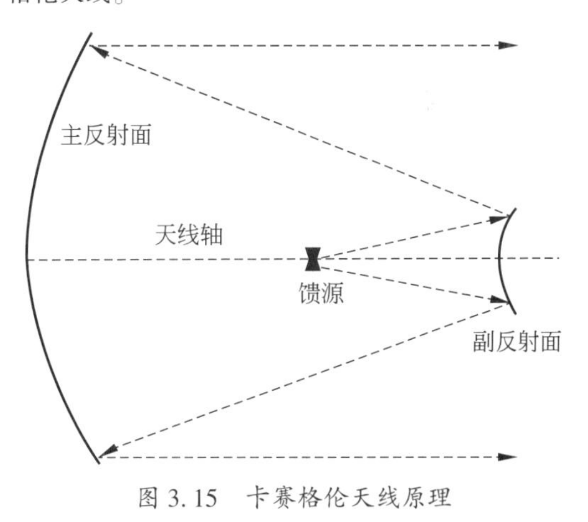

图3.15　卡赛格伦天线原理

3.79 《可搬移式卫星通信地球站设备通用技术要求》(General Specification of Equipments for Transportable Satellite Communication Earth Station)

中华人民共和国国家标准之一,标准代号为

GB/T 15296—1994,1994 年 12 月 6 日,国家技术监督局发布,自 1995 年 7 月 1 日起实施。该标准规定了可搬移式卫星通信地球站设备的技术要求、试验方法、检验规则、标志、包装、运输和贮存等。该标准适用于 C 频段地面可搬移式卫星通信地球站,可作为 C 频段地面可搬移式卫星通信地球站的建设、技术改造和设备生产的技术依据。

3.80　宽带卫星通信(broadband satellite communication)

利用通信卫星传输高速通信业务的通信方式。与窄带卫星通信相比,宽带卫星通信的传输速率可以达到数十兆比特每秒以上,承载的业务由低速数据及话音业务转变为 IP 数据和多媒体业务,是当前卫星通信的主要发展方向之一。宽带卫星通信一般具有以下特点。

(1) 高频段、大带宽

宽带卫星通信系统一般工作于 Ku、Ka、EHF 频段,卫星采用大型可展开式天线和多波束相控阵天线以增大卫星的功率及带宽,卫星转发器带宽可以达到数吉赫兹,甚至更高。

(2) 星上处理及交换

卫星搭载波束交换矩阵和 IP 交换机,具有星上交换和波束、频段交链能力。

(3) 高阶调制高效编码

为提高系统带宽和功率利用率,宽带卫星通信系统普遍采用了高阶调制和高效编码技术,如高阶 PSK、高阶 QAM 调制,Turbo、LDPC 编码等。

(4) 协议加速与服务质量保证

由于卫星信道具有较大往返时延,前(反)向信道不对称使用,以及相对地面较高的信道误码率等特点,因此为地面网络设计的 TCP/IP 协议不能直接应用于高速卫星通信之中。宽带卫星通信系统为了更好地与 IP 网络融合,大都采用了协议加速技术、服务质量保证技术等。

3.81　馈线损耗(feed line loss)

馈线的传输损耗。用馈线输入端的信号功率电平与输出端的信号功率电平之差来衡量,单位为 dB。在卫星通信系统中,馈线一般采用波导,用于连接天线馈源与高功率放大器或低噪声放大器。对于发射端,馈线损耗降低了系统的等效全向辐射功率(EIRP);对于接收端,馈线损耗提高了接收系统的噪声温度。以低噪声放大器为参考点时,馈线的等效噪声温度与馈线损耗的关系如下:

$$T_e = (1 - 1/L_F) T_1 \tag{3-14}$$

式中:T_e——馈线的等效噪声温度,K;

L_F——馈线损耗真值;

T_1——馈线的环境温度,K。

3.82　馈源喇叭(feed horn)

天线的初级辐射器,简称馈源。馈源喇叭位于天线反射面的焦点上,经微波网络连接高功率放大器和低噪声放大器。馈源喇叭将高功率放大器输出的射频信号照射到天线的反射面上;同时卫星发射的电磁波信号经天线反射面反射汇聚到馈源喇叭上,送至低噪声放大器。

馈源喇叭按外形可分为圆锥喇叭和角锥喇叭两大类。圆锥喇叭由圆波导扩展而成;角锥喇叭由矩形波导或方波导扩展而成。圆锥喇叭的频带特性优于角锥喇叭,实际应用也多于角锥喇叭。

馈源喇叭按工作模式可分为主模喇叭、双模喇叭、多模喇叭、介质加载喇叭和波纹喇叭。主模喇叭的内壁截面不发生突变,电磁波只存在一个主模。双模喇叭和多模喇叭的内壁截面发生突变(张角改变),并在突变处产生高次模。介质加载喇叭紧贴内壁放置一个具有一定厚度和宽度的介质环,能产生双模喇叭的效果,而且尺寸和电性能都优于双模喇叭。波纹喇叭的内壁制造成波纹面,能产生 HE 混合模,并使电场和磁场在喇叭内得到相同的边界条件,从而获得轴对称的幅度方向图和相位方向图。波纹喇叭的旁瓣和交叉极化电平很低,频带覆盖可达 1.8 : 1。目前卫星通信地球站天线普遍采用波纹喇叭。

3.83　馈源网络(feed network)

将高功放输出的微波信号照射到天线反射面上,同时将天线接收的电磁波输出至低噪声放大器的微波设备。馈源网络是卫通天线系统的重要组成部分,包含馈源和微波网络两部分。馈源通过微波网络与高功放和低噪声放大器连接。

馈源用来实现电磁波的照射和收集,主要采用多模喇叭和波纹喇叭。微波网络用来实现微波收发信号的分离和极化方式的转换,由分波器、合路器、滤波器、圆极化器、旋转关节、正交模耦合器、连接波导管等多个部件组成。微波网络有多种结构形式:按频段多少可分为单频段微波网络、双频段共用微波网络和多频段共用微波网络;按极化形式可分为线极化微波网络、圆极化微波网络和线圆极化共用微波网络;按收发端口数又可分为两端口微波网络、四端口微波网络和多端口微波网络。馈源网络设计加工难度大,决定了天线收发端口隔离度、驻波比、圆极化轴比、线极化交叉极化隔离度等重要指标的优劣。

3.84　馈源相位中心(feed phase center)

馈源的相位方向图不随俯仰角和方位角变化的假想参考点。在远场,馈源等价为位于相位中心的点辐射源。相位中心与馈源口径面上的电磁场分布、口径面边缘上的最大相位差有关。当电场的相位中心和磁场的相位中心不一致时,取二者位置的算数平均值作为馈源的相位中心,称为外显相位中心。相位中心偏离反射面的焦点,将带来波束指向偏离、展宽,旁瓣增大,增益下降等问题。因此,只有馈源相位中心与反射面的焦点重合,才有可能使天线具有良好的电性能。

3.85　链路设计余量(margin of link design)

链路计算时,在门限载噪比的基础上增加的余量,简称系统余量或余量。根据接收误码率要求,可得到调制解调器接收信号的最低载噪比,即门限载噪比。为克服雨衰以及天线跟踪误差等因素导致的载噪比下降,须留有一定的设计余量。C 频段余量以 2~3 dB 较为合适。Ku、Ka 频段需要考虑雨衰的影响,设计余量更大,一般大于 5 dB。在实际使用中,一般通过调整发端调制解调器的输出功率来调整收端的载噪比。

3.86　邻星干扰(neighbour satellite interference)

卫星通信系统由于卫星轨道位置相邻而产生的互相干扰现象。相邻卫星的轨道间隔小,如果卫星天线和地球站天线的旁瓣特性不好,将与邻星所在的系统产生互相干扰。邻星干扰分为上行邻星干扰和下行邻星干扰两类。上行邻星干扰是指地球站天线的旁瓣功率进入邻星引起的干扰;下行邻星干扰是指地球站天线从其旁瓣方向接收到邻星信号引起的干扰。为了减少邻星干扰,须对地面站的天线旁瓣特性及载波功率谱密度进行限定。

3.87　门限载噪比(threshold carrier to noise ratio)

在给定信道误码率条件下解调器输入端所需要的最低载噪比,通常用$(C/N)_{th}$表示。为了使传输误码率满足要求,必须保证解调器输入端的载噪比在门限载噪比以上。

3.88　旁瓣(side lobe)

天线方向图中对称分布于主瓣两侧的波瓣。如图 3.16 所示,最靠近主瓣的为第一旁瓣,向外依次为第二旁瓣、第三旁瓣、……一般来讲,离主瓣近的旁瓣功率高,远的功率低,通常要求天线的第一旁瓣电平低于主瓣 14 dB,其他旁瓣满足旁瓣包络线要求。

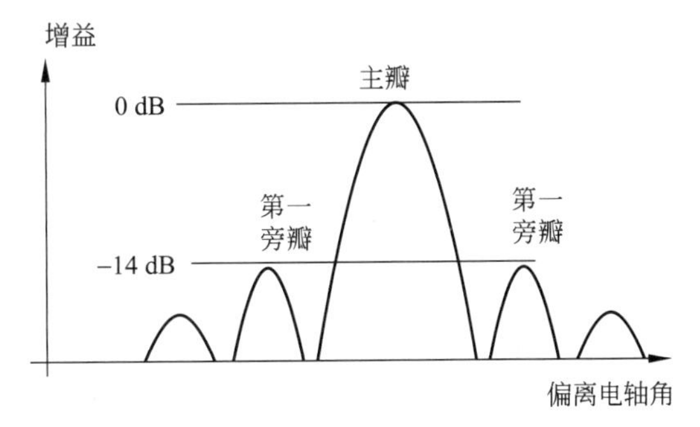

图 3.16　天线方向图

3.89　偏置天线(offset antenna)

馈源在天线面下方的反射面天线,如图 3.17 所示为偏置天线原理。偏置天线的反射面是旋转抛物面被与其轴向不同的圆柱面所截得到的曲面。天线的有效口径为该曲面在垂直于旋转轴平面上投影的直径。抛物面的焦点位于该曲面的下方,馈源、低噪声放大器及其安装支架不遮挡信号,天线增益一般大于前馈式天线。偏置天线主要应用于频率较高、天线尺寸较小的场合。

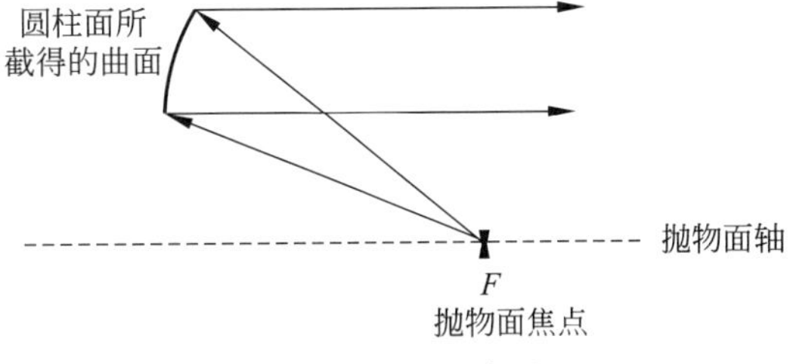

图 3.17　偏置天线原理

3.90　前馈天线(feedforward antenna)

馈源的辐射方向与天线辐射方向相反的反射面天线。前馈天线的反射面采用对称抛物面,馈源放置在反射面的焦点处。如图 3.18 所示,前馈天线的馈源发出的电磁波,经过抛物面反射后,平行于轴向

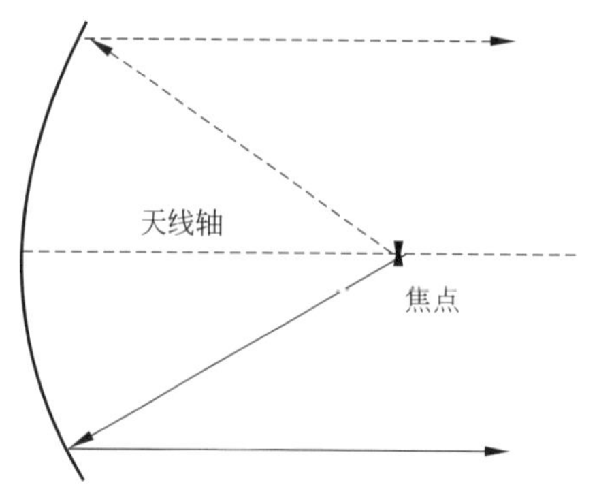

图 3.18　前馈天线原理

辐射至空间。同理,从空间照射到抛物面的、平行于轴向的电磁波,经反射后汇聚到馈源。前馈天线结构简单,安装调试方便,但是馈源系统及其支撑结构的阻挡会使增益和天线效率下降,旁瓣电平和交叉极化电平升高;部分发射电磁波经反射后进入馈源喇叭,导致驻波特性恶化。因此,前馈天线一般应用于对天线性能要求不高的场合。

3.91　全球星系统(global star system)

由美国劳拉公司和高通公司联合研制的公用卫星移动通信系统。全球星系统由空间段(卫星)、地面段部分(关口站)以及用户终端组成,可为用户提供话音、数据、短消息、传真和定位等业务。空间段由 48 颗卫星,另加 8 颗备用卫星组成,分布在 8 个倾角为 52°、高度为 1414 km 的圆形轨道上,每个轨道分布 6 颗卫星和 1 颗备用卫星。系统覆盖南北纬 70°以内区域。空间段采用透明转发,无星间链路,无需星上处理。关口站用于连接卫星网和地面网络,其与卫星的上行信号采用 S 频段,下行信号采用 L 频段。全球星移动用户之间的通信、全球星移动用户与地面其他网络用户的通信均需经关口站转接。用户终端有单模手机、双模手机、车载终端和固定终端等多种类型,工作在 L 频段,调制方式为 QPSK、多址方式为 CDMA。

3.92　去极化效应(depolarization effect)

电磁波穿过雨滴产生的极化偏转现象,又称退极化效应。雨滴在下降的过程中呈椭球形状,电磁波穿过雨滴时,极化方向与雨滴长轴重合,则相移和衰减大;与短轴重合,则相移和衰减小。电磁波入射到雨滴,可分解为沿雨滴长轴和短轴的两个分量。由于这两个分量经过雨滴的相移和衰减不同,出雨滴后,经由这两个分量合成的电磁波极化将发生方向上的改变。去极化效应使接收端极化变换器输出的极化波的方向更加偏离波导要求输入的极化方向,增加了损耗和交叉极化干扰。

3.93　日凌(sun outage)

地球站天线受到太阳直射所产生的严重干扰现象。如图 3.19 所示,当太阳、地球和卫星运行到一条直线上,且卫星位于地球站和太阳之间时,地球站天线对准卫星的同时也对准了太阳,太阳直射的热噪声导致地球站接收信号受到严重干扰,可造成通信中断。

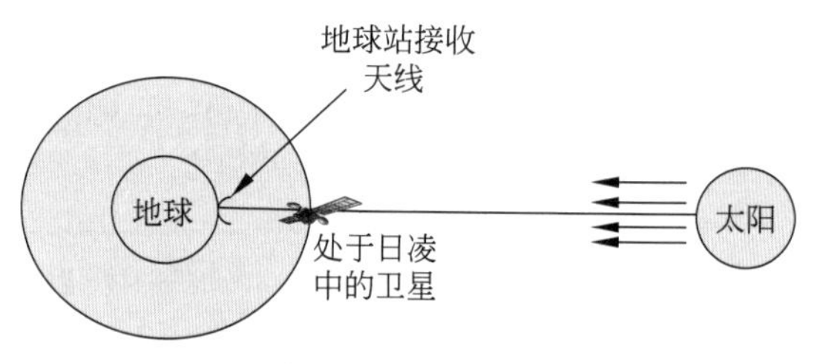

图 3.19　日凌现象

日凌在每年的春分、秋分前后发生,各持续数天,每天持续数分钟。根据太阳年历、使用的卫星、卫星地球站的地理位置,可对日凌发生的时间进行准确预报。地球站的纬度影响日凌每年开始和结束的日期。在北半球春分时,地球站的纬度越高,则日凌开始和结束的日期越早;秋分时,纬度越高,则日凌开始和结束的日期越晚。地球站的经度影响日凌每天开始和结束的时间。地球站的经度越往西,则日凌每天开始和结束的时间越早;经度越往东,则日凌每天开始和结束的时间越晚。另外,地球站天线的波束宽度越窄,日凌持续时间越短。

3.94　三阶互调(3rd order intermodulation)

阶数为 3 的互调分量。频率分别为 f_1 和 f_2 的信号互调产生的三阶互调分量的频率分别为 $2f_1+f_2$、$2f_1-f_2$、$2f_2+f_1$、$2f_2-f_1$。其中,$2f_1-f_2$ 和 $2f_2-f_1$ 距离 f_1 和 f_2 最近,对应的互调分量一般落在信号频带内,对信号的干扰最为严重。在卫星通信中,用三阶互调分量(从频率为 $2f_1-f_2$ 和 $2f_2-f_1$ 的分量中选取功率大者)的功率与基波功率之比来衡量高功率放大器的非线性,单位为 dBc。在不同输出回退条件下,卫通高功率放大器三阶互调的指标要求见表 3.4。

表3.4　三阶互调性能指标要求

输出回退/dB	三阶互调/dBc
0	<-12
-3	<-23
-6	<-27
-9	<-32

3.95　上变频器(up converter)

将来自调制器的已调中频载波通过混频变换成上行射频载波的设备。由于中频频率较低,如果采用一次变频,则绝大多数的本振频率落在射频工作频带之内,形成难以抑制的杂散,因此卫星通信中一般采用二次或多次变频。改变上变频器本振源的频率,可以将地球站的发射载波频率变换到指定的卫星转发器频段中。上变频器一般还具有射频放大功能,把射频信号放大到高功率放大器所需要的输入电平。

上变频器的主要技术指标包括射频输出特性、中频输入特性、中频/射频特性这3个方面。射频输出特性包括输出频率范围、频率步进、阻抗、回波损耗、射频监测、频率稳定性等。中频输入特性包括输入频率范围、输入阻抗、回波损耗等。中频/射频特性包括增益、中频衰减、输出1 dB压缩点、增益变化、增益斜率、增益稳定度、群时延、调幅调相转换、噪声系数、杂散、三阶互调、相位噪声等。

3.96　上行功率控制(up power control)

地球站上行发射功率自动控制技术。主要用于抵消降雨等因素造成的信号衰减,保证整个卫通链路的接收电平满足指标要求。上行功率控制有开路和闭路两种工作模式,开路工作模式根据本站接收到的信号电平,控制本站发射功率;闭路工作模式根据对端站的接收电平,控制本站发射功率。

3.97　上行链路(uplink)

由地球站至卫星的单向链路。上行链路包括地球站的发射通道、自由传播空间、卫星的接收入口。上行链路的工作过程为:地球站的调制器将基带信号调制到中频,经上变频器变换成射频信号,再经高功放放大后由天线向卫星辐射,卫星将接收信号送至下行链路。在上行链路中,为保证设备匹配连接,需合理分配地球站各设备间的节点电平。

3.98　射频信号(radio frequency signal)

载波频率为射频的信号。射频指卫星通信地球站发射和接收的无线电信号的载波频率,通常采用L、S、C、Ku、Ka频段。在上行链路中,中频信号经上变频器变频后,输出射频信号;在下行链路中,射频信号经下变频器变频后,输出中频信号。

3.99　深空通信(deep space communication)

地球站与离开地球卫星轨道的飞行器之间的通信。由于飞行器远离地球,通信距离常达数十万千米以上。深空通信具有传输时延巨大、上下行链路非对称、链路误码率高等特点。针对这些特点采用的技术措施包括增加地球站天线口径、增加射频功率、采用先进的编译码技术、应用信源压缩技术、提高载波频率、降低接收系统噪声温度等。

3.100　室内单元(indoor unit)

安装于室内的集成化卫星通信设备,简称IDU,在卫星电视接收系统中,又称为卫星电视接收机。IDU一般包括调制解调、复接、保密等单元,通过连接电缆与室外单元(ODU)连接,传输中频及监控信号。室内单元将各种业务信号进行编码、复接、加密、调制后输出至室外单元,同时接收室外单元输入的中频信号,并对其进行解调等逆处理。

3.101　室外单元(outdoor unit)

安装在天线馈源附近的室外集成化射频设备,简称ODU。ODU一般由高功率放大器、变频器、电源及监控模块组成,主要完成射频信号的变频和放大。由于ODU能够安装在天线馈源附近,因此避免了长射频馈线产生的损耗,提高了功放的有效利用率。ODU采用封闭式一体化结构,设备体积小,主要用于车载站、便携站等场合。

3.102　手动跟踪(manual tracking)

通过人工控制天线对准卫星的方式。其跟踪过程为:根据卫星和地球站位置,计算出天线的方位、俯仰值,然后人工控制伺服系统,将天线指向预定位置。根据频谱仪或其他设备显示的接收信号电平,在预定位置附近进行微调,使接收信号最大。手动跟踪天线设备简单,一般用于波束宽度较大的小口径天线及对同步卫星的跟踪精度要求较低的场合。在具有自跟踪能力的天线中也往往具有手动跟踪功能,以备自动跟踪失效情况下应急使用。

3.103　输出回退(output backoff)

高功率放大器饱和工作时的单载波输出功率电平与实际工作点所对应的输出功率电平之差,简称

OBO,又称输出补偿。输出回退一般通过输入回退实现,回退值为数分贝(dB)量级。

3.104　输入回退(input backoff)

高功率放大器饱和工作时的单载波输入功率电平与实际工作点所对应的输入功率电平之差,简称IBO,又称输入补偿。当高功率放大器工作在饱和点附近时,进入非线性区,多载波工作时会产生较强的互调干扰。输入回退的目的是使高功率放大器工作在线性区,减少互调干扰。

3.105　双工器(duplexer)

双向传输信号的三端口微波器件。双工器主要用于收发共用天线的馈源网络。如图3.20所示,端口1为发送端口,端口2为接收端口,端口3为收发共用端口;滤波器1用于滤除发射波段外的频率成分,滤波器2用于阻隔发射信号。另外,双工器的接收腔体也具有抑制发射信号的能力,发射腔体也具有抑制接收信号的能力。如此,发射信号经端口1输入,端口3输出,而不会从端口2输出;接收信号从端口3输入,端口2输出,而不会从端口1输出。衡量双工器性能优劣的主要技术指标有收发隔离度与传输损耗,一般要求收发隔离度大于60 dB,传输损耗小于0.5 dB。

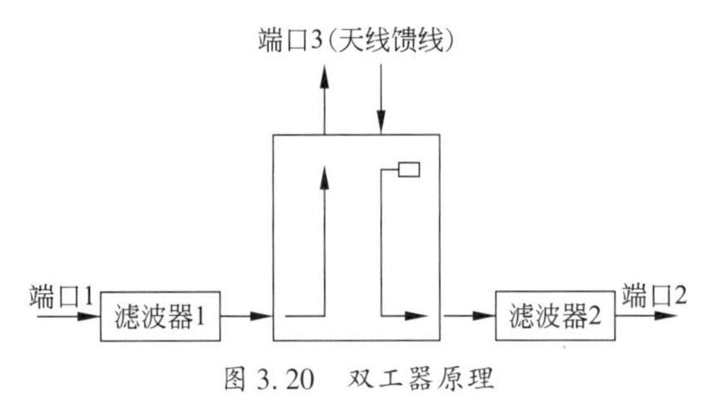

图3.20　双工器原理

3.106　双极化天线(double polarization antenna)

能同时发送和/或接收两种独立极化信号的天线。双极化天线通常采用两个相互正交的极化,可为双圆极化或双线极化。双极化天线馈源网络通常有4个或4个以上端口。相比单极化天线,双极化天线增加了天线使用的灵活性,可适应多种极化卫星,但天线馈源网络较复杂,需要考虑极化隔离等问题。

3.107　天馈伺跟系统(antenna feeding servo and tracking system)

天线面、馈源、伺服、跟踪系统的总称,又称天馈伺跟系统。天馈伺跟系统实质上就是天线系统。功放输出的射频信号经馈源转换成电磁波能量,经天线面反射形成定向辐射的电磁波;同时,天线口面接收卫星发射的电磁波,经反射聚焦至馈源,输出到低噪声放大器。跟踪系统接收卫星信标信号,判断天线是否对准卫星,并向伺服系统发送如何调整天线指向的指令。伺服系统根据该指令驱动天线转动,使之对准卫星。

3.108　天线方向图(antenna pattern)

表征天线辐射特性(场强、功率、相位、极化)与空间角度关系的图形。完整的方向图是以天线相位中心为球心,在半径足够大的球面上,逐点测量其辐射特性绘制而成的。根据测量的辐射特性不同,天线方向图可分为场强方向图、功率方向图、相位方向图和极化方向图。在卫星通信系统中主要使用功率方向图,一般以主瓣的最大值为基准,其他以相对于基准的差值来表示。天线方向图应是三维空间的立体图形,但由于立体方向图难以绘制,一般用方位和俯仰两个平面的方向图来表示。

3.109　天线跟踪精度(antenna tracking accuracy)

天线处于自动跟踪状态下,电轴方向与卫星信号来波的最大值方向的角度差。它反映了天线跟踪、对准卫星的能力。一般要求天线的跟踪精度小于天线波束宽度的1/10。

天线跟踪精度的测量和计算方法是:首先采用手动方式,将天线对准卫星,记录此时的天线方位角和俯仰角;然后将天线偏离一个角度,并使天线进入自跟踪工作状态。在天线跟踪进入稳定状态后,每隔一固定时间记录天线方位角和俯仰角,共记录n组。采用式(3-15)计算出方位跟踪精度σ_{TA}和俯仰跟踪精度σ_{TE}:

$$\begin{cases}\sigma_{TA}=\sqrt{\dfrac{\sum\limits_{i=1}^{n}(\Delta AZ_i-\Delta AZ_0)^2}{n-1}}\\ \sigma_{TE}=\sqrt{\dfrac{\sum\limits_{i=1}^{n}(\Delta EL_i-\Delta EL_0)^2}{n-1}}\\ \Delta AZ_i=AZ_i-AZ_0\\ \Delta AZ_0=\dfrac{1}{n}\sum\limits_{i=1}^{n}\Delta AZ_i\\ \Delta EL_i=EL_i-EL_0\\ \Delta EL_0=\dfrac{1}{n}\sum\limits_{i=1}^{n}\Delta EL_i\end{cases}\tag{3-15}$$

式中：AZ_0——手动对准时测量的天线方位角，(°)；

AZ_i——第 i 次测量的天线方位角，度，$i=1,2,\cdots,n$；

EL_0——手动对准时测量的天线俯仰角，(°)，

EL_i——第 i 次测量的天线俯仰角，(°)，$i=1,2,\cdots,n$。

最后利用式(3-16)计算出天线跟踪精度 σ_T：

$$\sigma_T = \sqrt{\sigma_{TA}^{\ 2} + \sigma_{TE}^{\ 2}} \tag{3-16}$$

3.110　天线控制单元(antenna control unit)

控制天线转动并监视天线状态的设备，英文简称 ACU。天线控制单元是天线跟踪系统的核心部分，主要功能是向天线驱动单元发送控制天线转动的指令。

如图 3.21 所示，天线接收到的下行信号经低噪声放大器后，分出一路到跟踪接收机。跟踪接收机将其转换成与信标信号强度成正比的直流电压并输出到天线控制单元。天线控制单元根据该直流电压信号，产生相应的控制指令，输出到天线驱动单元。天线控制单元还获取并提供天线方位、俯仰和极化的角度信息、电平信息、跟踪方式、电机的转动情况、限位告警状态等。

3.111　天线口径(antenna aperture)

天线的等效口面直径，单位为 m。抛物面天线的口面是圆形，其口径为该圆的直径。对于非抛物面天线，其口径用相同增益的抛物面天线的口径来等效。天线口径越大，天线增益越大。

3.112　天线驱动单元(antenna drive unit)

对天线电机进行操作控制的设备，英文简称 ADU。天线驱动单元包括方位轴驱动单元、俯仰轴驱动单元和极化驱动单元 3 个功能模块，分别驱动天线的方位轴、俯仰轴和极化器。ADU 接收天线控制单元的指令，驱动方位电机和俯仰电机使天线对准卫星，驱动极化器电机，使之与卫星极化保持一致。另外，天线驱动单元也可被手动控制，作为天线控制单元发生故障时的应急手段。

3.113　天线效率(antenna efficiency)

天线辐射出去的功率与功放输入到天线的有效功率之比。影响天线效率的因素主要有热损耗、反射损耗、馈源校准误差、口面加工误差和副面遮挡。天线效率为 0.55~0.75，抛物面天线效率的典型值为 0.65。

3.114　天线仰角(antenna elevation)

卫星通信地球站所处的点位和卫星的连线与地球站所处水平面的夹角。天线仰角的大小由地球站的位置和卫星位置共同决定。当卫星位于地球同步轨道时，天线仰角的计算公式如下：

$$E_L = \arctan\left(\frac{\cos\theta\cos(\varphi - \varphi^*) - 0.151\,27)}{\sqrt{1 - [\cos\theta\cos(\varphi - \varphi^*)]^2}}\right) \tag{3-17}$$

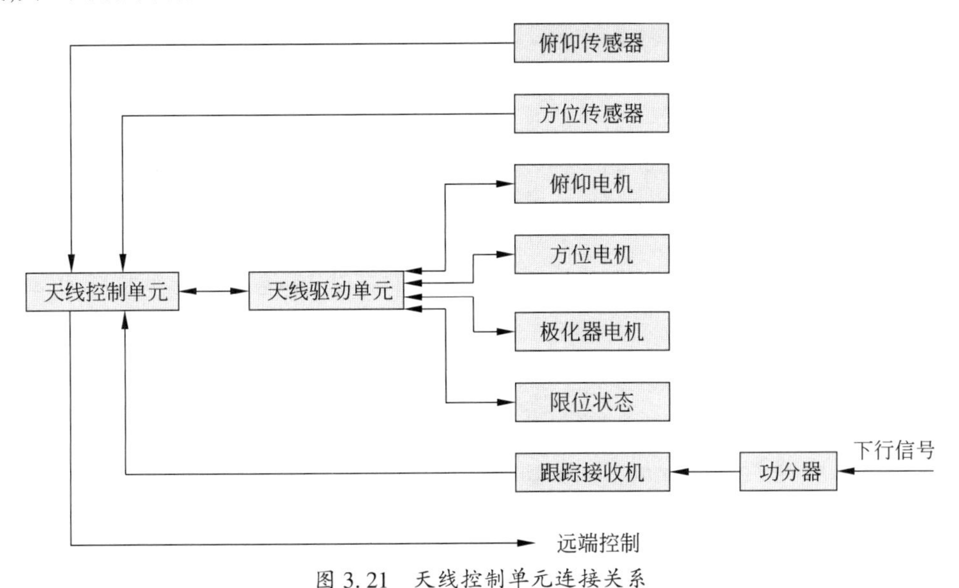

图 3.21　天线控制单元连接关系

式中：E_L——天线仰角，(°)；

θ——地球站的地理纬度，(°)；

φ——地球站的地理经度，(°)；

φ^*——星下点的地理经度，(°)。

天线仰角过低时，地面噪声、周围杂波等干扰将更多地进入天线，也难以避免周边地形地貌和建筑物等对天线产生遮挡，因此天线仰角一般要求大于10°。

3.115 天线噪声(antenna noise)

天线输出端的噪声。天线噪声除天线固有的电阻性损耗引起的噪声之外，还包括从外部接收到的噪声，这些噪声主要为太阳系噪声、宇宙(银河系)噪声、大气噪声及降雨噪声、地面噪声等。天线噪声的大小用噪声温度来表示，其定义是

$$T_a = P_a/(kB_n) \tag{3-18}$$

式中：T_a——天线噪声温度，K；

P_a——天线在匹配条件下接收到的噪声功率，W；

k——波耳兹曼常数，取值为$1.380\ 54\times10^{-23}$ J/K；

B_n——天线噪声等效带宽，Hz。

天线噪声温度越低，表明天线噪声越小。

3.116 天线增益(antenna gain)

在发射方向上，天线的辐射(接收)强度与假想的各向同性天线的辐射(接收)强度之比，单位为dBi。天线增益反映了天线在发射方向上聚集电磁波能量的能力。

天线增益取决于工作频率、天线口面的形状、口面尺寸以及天线效率。一般来说，工作频率越高，天线口径越大，则天线增益越高。对于抛物面天线，增益由式(3-19)计算：

$$G = 10\lg\left(\frac{4\pi A}{\lambda^2}\eta\right) = 10\lg\left[\left(\frac{\pi D}{\lambda}\right)^2\eta\right] \tag{3-19}$$

式中：G——天线增益，dBi；

A——天线口面面积，m^2；

λ——波长，m；

η——天线效率，其典型值为55%~75%；

D——天线口径，m。

3.117 天线指示精度(antenna indication accuracy)

天线伺服系统的轴角编码器所指示的天线角位置与天线基准轴的角位置之间的偏差。天线指示精度的测量和计算方法是，将天线控制系统置于手动方式，光学经纬仪(或测角仪)放置在天线底座上，并对准地面某一远处固定目标。记录经纬仪和轴角编码器显示的方位角和仰角。随机转动天线某个角度，将经纬仪重新对准原目标，记录此时的经纬仪和轴角编码器显示的方位角和仰角。如此，转动大线n次，共得到n组测量数据。采用式(3-20)计算出方位指示精度σ_{IA}和俯仰指示精度σ_{IE}：

$$\begin{cases}\sigma_{IA} = \sqrt{\dfrac{\sum\limits_{i=1}^{n}(\Delta AZ_i' - \Delta AZ_i)^2}{n}}\\ \sigma_{IE} = \sqrt{\dfrac{\sum\limits_{i=1}^{n}(\Delta EL_i' - \Delta EL_i)^2}{n}}\\ \Delta AZ_i = AZ_i - AZ_0\\ \Delta AZ_i' = AZ_i' - AZ_0'\\ \Delta EL_i = EL_i - EL_0\\ \Delta EL_i' = EL_i' - EL_0'\end{cases} \tag{3-20}$$

式中：AZ_0——天线转动前经纬仪测量的目标方位角，(°)；

AZ_i——第i次天线转动后经纬仪测量的目标方位角，(°)，i取1,2,…,n；

AZ_0'——天线转动前轴角编码器显示的方位角，(°)；

AZ_i'——第i次天线转动后轴角编码器显示的方位角，(°)，i取1,2,…,n；

EL_0——天线转动前经纬仪测量的目标仰角，(°)；

EL_i——第i次天线转动后经纬仪测量的目标仰角，(°)，i取1,2,…,n；

EL_0'——天线转动前轴角编码器显示的仰角，(°)；

EL_i'——第i次天线转动后轴角编码器显示的仰角，(°)，i取1,2,…,n；

最后利用式(3-21)计算出天线指示精度σ_I：

$$\sigma_I = \sqrt{\sigma_{IA}^2 + \sigma_{IE}^2} \tag{3-21}$$

3.118 天线指向精度(antenna point accuracy)

天线波束中心轴(电轴)实际指向与理想指向之间的角度差。天线指向精度是衡量天线性能的重要技术指标之一，指向精度越高，向目标方向辐射的功率越大。天线指向精度由机械轴和馈源校准误

差、角读数误差、天线结构的畸变误差、伺服系统误差等因素共同决定，一般要求小于天线波束宽度的 1/5。

天线指向精度常用标校塔的方法进行测量。首先在标校塔上安装卫星通信信标，用光学经纬仪等高精度设备测定标校塔的方位角和俯仰角，并作为基准。然后用天线指向标校塔，使接收到的信标信号值最大。将此时天线的方位角和俯仰角与基准比对，得到单次测量的天线指向精度。重复测量多次，取均方根值作为最终的天线指向精度。

3.119　天线轴比（antenna axial ratio）

天线发送或接收的圆极化波的电压轴比。天线发送波的轴比称为发送轴比，接收波的轴比称为接收轴比。地球站天线波束中心对准卫星时的轴比称为在轴轴比，偏离卫星时的轴比称为离轴轴比。离轴轴比大于在轴轴比，而且偏离角度越大，离轴轴比越大。天线轴比是衡量天线极化性能的主要技术指标，地球站天线轴比一般要求小于 1.06（0.5 dB）。

3.120　调幅调相转换（amplitude modulation to phase modulation conversion）

放大器输入输出信号的相位差随输入幅度变化的现象，简称幅相转换。调幅调相转换是由放大器相移特性的非线性引起的，通常用调幅调相转换系数 K_p 来表示其大小。K_p 定义为在一定频率和一定功率电平下，输入功率最大相对变化时所引起的输入输出最大相位变化，即

$$K_p = \frac{\Delta\varphi}{10\lg\left(\frac{p_i + \Delta p_i}{p_i}\right)} \qquad (3\text{-}22)$$

式中：K_p——调幅调相转换系数，(°)/dB；

$\Delta\varphi$——输入输出最大相位变化，(°)；

p_i——输入功率，W；

Δp_i——输入功率最大变化，W。

在卫星通信系统中，K_p 常用作衡量高功放非线性特性的一个重要指标。K_p 值小，表明高功放的线性特性好，非线性失真小。

3.121　通信距离方程（communication range equation）

接收信号大小与通信距离关系的方程式。假定电磁波信号在自由空间传播，馈线损耗、极化损耗等忽略不计时，通信距离方程为

$$P_R = P_T G_T G_R \left(\frac{\lambda}{4\pi d}\right)^2 \qquad (3\text{-}23)$$

式中：P_R——接收信号功率，W；

P_T——发射信号功率，W；

G_T——发射天线增益；

G_R——接收天线增益；

λ——电磁波波长，m；

d——通信距离，m。

3.122　通信卫星（communication satellite）

作为无线电通信中继站的人造地球卫星。通信卫星转发无线电信号，实现卫星通信地球站之间或地球站与航天器之间的通信。通信卫星按轨道的不同分为地球静止轨道通信卫星、大椭圆轨道通信卫星、中轨道通信卫星和低轨道通信卫星；按服务区域不同分为国际通信卫星、区域通信卫星和国内通信卫星；按用途的不同分为军用通信卫星和商业通信卫星。通信卫星主要包括平台和有效载荷两部分。平台主要包括电源分系统、姿态和轨道控制分系统、推进分系统等，有效载荷为转发器。目前试验任务中使用的主要是地球静止轨道通信卫星。

3.123　卫通多址方式（multiple access mode of satellite communication）

分割卫星信道，供多个地球站同时使用，而又不互相干扰的卫星转发器资源分配方式。根据分割方式的不同，多址方式又分为频分多址、时分多址、码分多址和空分多址以及上述多址方式的组合形式。

3.124　卫通链路计算（link budget of satellite communication）

计算卫通链路的载噪比，以确定卫星通信地球站天线口径、功放功率的过程。卫通链路总载噪比计算式为

$$\left(\frac{C}{T}\right)_T^{-1} = \left(\frac{C}{T}\right)_U^{-1} + \left(\frac{C}{T}\right)_D^{-1} \qquad (3\text{-}24)$$

式中：$\left(\frac{C}{T}\right)_T^{-1}$——总载噪比真值的倒数；

$\left(\frac{C}{T}\right)_U^{-1}$——上行链路载噪比真值的倒数；

$\left(\frac{C}{T}\right)_D^{-1}$——下行链路载噪比真值的倒数。

链路计算所需要输入的参数主要有：

（1）通信频段。

（2）卫星转发器 EIRP、G/T、SFD、输入输出补偿等参数。

（3）系统信息传输速率。

（4）系统要求的门限载噪比、系统余量。

（5）系统采用的调制编码方式。

（6）馈线损耗、低噪声放大器噪声温度。

（7）卫星通信地球站天线口径及地理位置。

（8）地球站高功放功率。

将上述参数的预设值代入链路总载噪比计算式(3-24)，计算出卫通链路的总载噪比。若总载噪比不满足系统要求，则调整卫星通信地球站天线口径、高功放功率等参数，直至满足要求为止。

3.125　卫通网管系统(satellite communication network management system)

对卫通网内的设备状态进行集中监视和控制管理的系统。卫通网管系统通常完成对各站设备参数的配置、运行状态监视、故障告警、对资源进行分配及日常事件管理。在试验任务中，卫通网管系统分为三级，如图 3.22 所示，由一级网管中心、二级网管中心和用户网管站组成。一级网管中心作为全网的管理控制中心，可对网内所有设备进行控制、监视和管理。二级网管中心按区域设置，对所属区域内的设备进行配置、性能管理。用户网管站配于固定站、车载站、船载站等，通过网管代理对本站设备进行设置、管理。卫通网管系统采用光纤信道或者卫通信道传输网管信息。卫通网管系统各级均提供标准简单网络管理协议(SNMP)接口，分别接入对应的综合网管系统。

3.126　卫通信道损耗(satellite communication channel loss)

卫星通信信号在信道传输过程中产生的损耗，

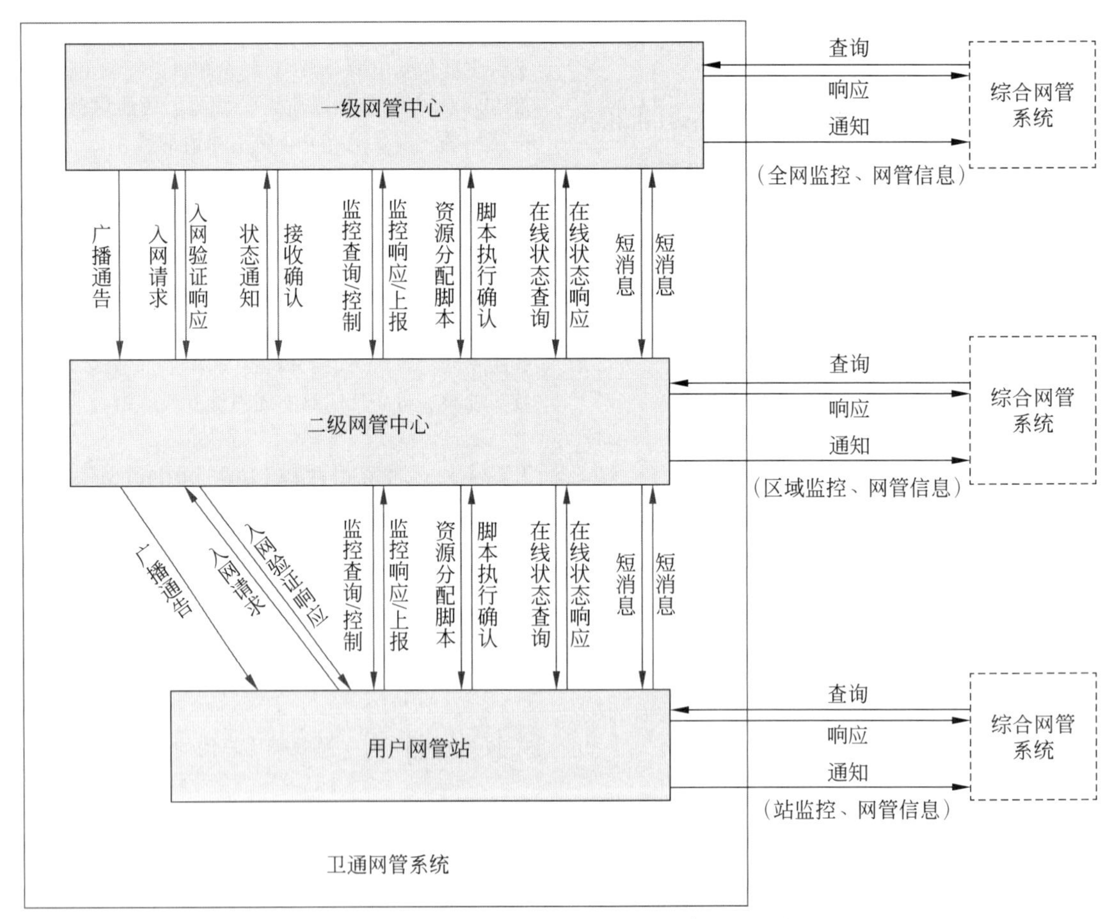

图 3.22　卫通网管系统组成与综合网管系统的关系

单位为 dB。卫通信道损耗一般指射频段损耗，主要包括自由空间传播损耗、大气损耗、极化误差损耗、馈线损耗、天线跟踪误差损耗等。

3.127　卫星波束(satellite beam)

卫星天线发射出的电磁波束。根据覆盖地球表面的范围，卫星波束分为全球波束、半球波束、区域波束和点波束等。对静止卫星而言，全球波束半功率点的波束宽度约为 17.34°，恰好覆盖卫星对地球的整个视区。半球波束宽度在东西方向上约为全球波束的一半，一般覆盖一个洲。区域波束宽度小于半球波束的宽度，只覆盖地面上一个较大的通信区域，往往按地域的形状赋形，故又称赋型波束或成型波束。点波束宽度很窄，集中指向某一区域，波束截面一般为圆形，在地球上的覆盖区域也近似圆形，覆盖范围一般为数百千米。

3.128　《卫星电视上行站通用规范》(General Specification for Satellite Television Up-link Communication Earth Station)

中华人民共和国国家标准之一，标准代号为 GB/T 16953—1997，1997 年 8 月 26 日，国家技术监督局发布，自 1998 年 5 月 1 日起实施。该标准规定了卫星电视上行站的站型分类和设备组成、要求、试验方法及检验规则等。该标准适用于传送 PAL-D 彩色电视制式的 C 频段卫星广播电视上行站的设计、建设和设备的制造；其他类型卫星广播电视上行站亦可参照使用。

3.129　卫星轨道(satellite orbit)

以地球质心为参考点，卫星围绕地球运动的轨迹。按轨道距地面的高度，可分为低轨(LEO)、中轨(MEO)、高轨(HEO)3 类：低轨卫星高度为 700～2000 km，对地球的覆盖范围小，但信号传播衰减小、时延短，为了扩大通信范围和进行不间断通信，一般由多颗低轨卫星组成星座；中轨卫星高度为 8000～20 000 km，具有低轨和高轨系统的折中性能；高轨卫星一般选用高度为 35 786 km 的静止轨道(GEO)，覆盖范围大，但是信号传播衰减大、时延长。目前，通信卫星大多位于静止轨道。

3.130　卫星激光通信(satellite laser communication)

利用激光束作为载波的卫星通信方式。卫星激光通信系统由多个卫星激光通信站组成。卫星激光通信站由发射系统(激光器、调制器、放大器等)、接收系统(光电探测器、信号处理单元等)、捕获对准跟踪系统(APT)以及光学系统组成。

与传统的无线电射频通信相比，卫星激光通信具有通信容量大、抗干扰和抗截获能力强、保密性高、体积小、功耗低等优点。激光传播受天气影响较大，限制了其在星地场合下的应用，但在不受天气影响的星间场合下应用，激光传播则具有明显的技术优势。由于激光波束比电磁波束更窄，因此需要更高精度的捕获对准跟踪系统。

3.131　卫星摄动(satlellite perturbation)

卫星位置偏离理想轨道的现象。地球结构不均匀、月亮和太阳引力、太阳辐射压力、大气阻力是导致卫星摄动的主要原因。为了克服摄动的影响，需要每隔一段时间，对卫星进行位置保持，其方法是利用星上推进器，改变卫星位置，使卫星逼近理想轨道。采用位置保持技术，可使静止卫星的定点精度提高到±0.05°。

Ku 频段 6 m、C 频段 7.3 m 以上口径的卫星地球站天线，由于其波束较窄，因此为消除摄动影响，须采用自跟踪方式工作。

3.132　卫星数字电视直播(digital video broadcasting for satellite)

欧洲数字电视广播组织于 1994 年发布的代号为“ETS 300421”的卫星数字视频广播标准，简称 DVB-S。DVB-S 的音视频采用 MPEG-2 编码，编码速率小于 15 Mb/s，根据编码速率等级的不同，图像质量可以达到标准清晰度或高清晰度水平。信道编码采用 RS 码和卷积码的级联码，RS 码为外码，码型为(204,188)，卷积码为内码，编码率可选择 1/2、2/3、3/4、5/6 和 7/8。调制方式为 QPSK。工作频率为 Ku 频段。

2005 年 3 月，DVB-S 第 2 版本(DVB-S2)发布。与 DVB-S 相比，DVB-S2 的音视频编码不局限于 MPEG-2，信道编码采用 LDPC/BCH 级联，调制方式增加了 8PSK、16APSK、32APSK。

3.133　卫星通信(satellite communication)

利用人造卫星作中继站进行的通信。卫星通信的业务分为固定卫星业务(FSS)、广播卫星业务(BSS)、移动卫星业务(MSS)等；体制分为频分多址

(FDMA)、时分多址(TDMA)、码分多址(CDMA)、空分多址(SDMA)以及混合多址方式;工作频段分为L频段、S频段、C频段、Ku频段、Ka频段等。

卫星通信系统主要由通信卫星和卫星通信地球站组成。卫星通信地球站对基带信号进行处理,使其成为已调射频载波后发往卫星。通信卫星接收卫星通信地球站发来的信号,然后对其进行放大和变频,再转发到其他卫星通信地球站。通信卫星主要包括天线、转发器、遥测遥控及电源分系统。大多数转发器只具有透明转发功能,少数还具有星上处理功能,如解调、基带数字信号处理、星上交换等。卫星通信地球站主要由天线、高功放、低噪声放大器、上下变频器、调制解调器等设备组成。

卫星通信具有通信距离远、覆盖面积大、传输不受地理条件限制、建设费用与通信距离无关等优点,既可以用于固定终端间通信,又可用于车载、船载、机载和个人的移动终端间的通信。利用距离地面约36 000 km的3颗静止轨道卫星可以实现全球通信(除南、北极地区外)。在试验任务中,卫星通信主要承担跨场区、远距离通信任务,在机动和移动平台上一直作为主用通信手段使用。

3.134　卫星通信地球站(earth station of satellite communication)

卫星通信系统中位于地球上的通信站,又称卫星通信地面站,简称地球站或地面站。卫星通信地球站如图3.23所示,一般由天线分系统、发射分系统(高功率放大器、上变频器)、接收分系统(低噪声放大器、下变频器)、终端设备分系统、通信监控分系统、电源分系统以及测试仪器仪表等组成。地面网络(或直接来自其他设备)的信号通过适当的接口送到地球站,然后调制并上变频到所需要的频率,经过高功率放大器后,通过天线发射至卫星。被天线接收到的信号首先在低噪声放大器中放大,然后下变频到中频,解调后通过接口传输到地面网(或直接送至其他设备)。

卫星通信地球站按照载体及使用方式一般可分为固定、船载、车载、机载、便携等站型;按照工作频段一般可分为L频段、C频段、Ku频段、Ka频段等站型。

3.135　卫星通信频段(satellite communication frequency band)

卫星通信系统工作的射频频率范围。卫星通信的频段分为以下几种。

(1) UHF频段(0.3~1 GHz):主要用于军用战术通信,传输速率较低。

(2) L频段(1~2 GHz):主要用于海事卫星通信及卫星移动通信系统。

(3) S频段(2~4 GHz):主要用于卫星移动通信系统。

(4) C频段(4~6 GHz):主要用于固定卫星通

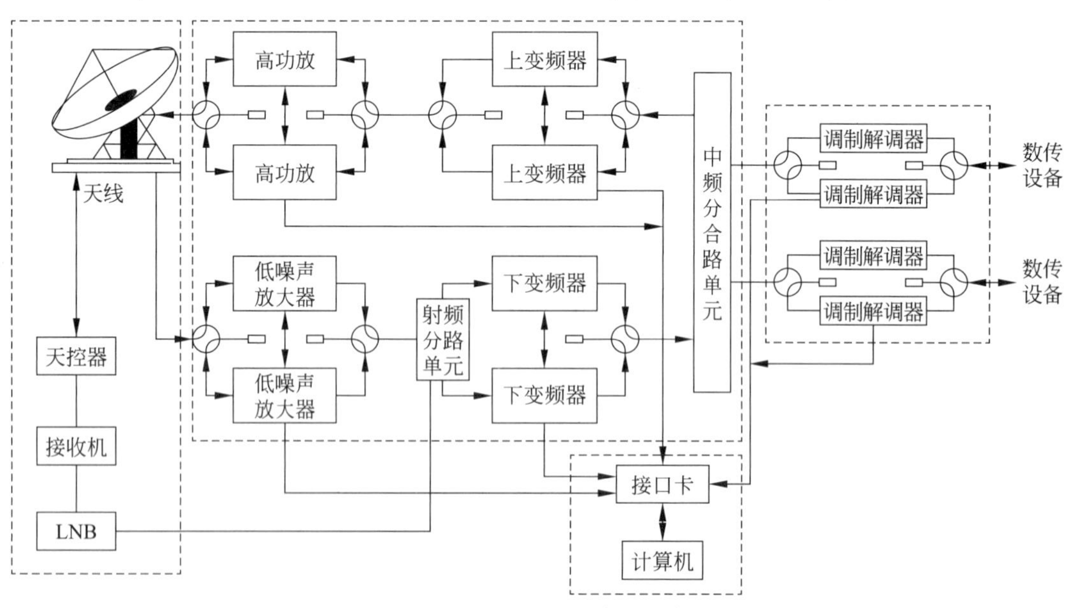

图3.23　卫星通信地球站组成

信系统。

(5) Ku 频段(10~14 GHz):主要用于车载、机载、船载等机动通信系统。

(6) Ka 频段(17~31 GHz):主要用于宽带卫星通信系统。

(7) EHF 频段(40~60 GHz):目前主要用于军事通信。

(8) 激光频段(10^4~10^8 GHz):主要用于星间通信。

一般来讲,频段越高,传输带宽越大,天线增益越高,便于设备小型化,但自由空间传输损耗较高,天线波束较窄,跟踪困难,受降雨、阴天等天气影响较大。Ku 以上频段受天气影响尤其严重,需要在系统设计中留有较大的余量。在降雨严重地区应尽量选用 C 以下频段。

3.136 卫星通信体制(satellite communication scheme)

卫星通信系统所采用的信号传输方式和信号交换方式。卫星通信体制具体规定了一个卫星通信系统的基带信号形式、调制解调制度、信道分配方式和多址连接方式。

3.137 卫星通信调制解调器(satellite communication modem)

用基带信号调制中频载波,并从已调中频载波中恢复出基带信号的卫星通信设备,简称卫通调解器。卫星通信数字化后,基带信号均为数字信号。卫通调解器包括调制和解调两部分,通常合为一体。调制部分把输入的基带数字信号经过成帧处理、信道编码和中频调制后输出;解调部分把下变频器输出的中频信号经过中频解调、信道译码以及解帧处理后输出。

卫通调解器常用的调制方式有 QPSK、8PSK、16QAM、16APSK 调制;常用的纠错编码方式有卷积码、RS、Turbo、LDPC 编码。卫通调解器使用的中频频段有 70 MHz(52~88 MHz)、140 MHz(104~176 MHz)和 L 频段(950~1450 MHz),其中 70 MHz 对应一个 36 MHz 带宽的转发器,140 MHz 对应一个 72 MHz 带宽的转发器,L 频段可对应多个转发器。

卫通调解器的主要技术指标包括工作频率、输出电平、输入电平、最大频差捕获范围、输出杂散、调制方式、纠错编码方式、误码性能、数据时钟源选择、信息速率、组帧方式、线路接口、远控接口、勤务接口等。

3.138 《卫星通信系统通用规范》(General Specification for Communication System of Satellites)

中华人民共和国国家军用标准之一,标准代号为 GJB 1034—1990,1991 年 1 月 26 日,国防科学技术工业委员会发布,自 1991 年 6 月 1 日起实施。该标准规定了卫星通信系统的技术要求,质量保证规定以及标志、包装、运输和贮存要求。标准内容包括术语、技术要求、质量保证规定、标志、包装、运输、贮存等内容。

3.139 卫星通信信道(satellite communication channel)

通过卫星进行信息传输的信道,简称卫通信道。一般卫星通信信道的入口为发送端卫星通信地球站调制解调器的输入,出口为接收端卫星通信地球站调制解调器的输出。信道设备包括调制解调器、上变频器、下变频器、功率放大器、天线、卫星转发器、低噪声放大器及其附属设备。

3.140 《卫星通信中央站通用技术要求》(General Specification of Satellite Communication Center Station)

中华人民共和国国家标准之一,标准代号为 GB/T 16952—1997,1997 年 8 月 26 日,国家技术监督局发布,1998 年 5 月 1 日实施。该标准规定了卫星通信中央站的设备组成、试验方法、检验规则、标志、包装、运输等要求,适用于 C 频段固定业务的卫星通信中央站。

3.141 卫星移动通信(satellite mobile communication)

利用通信卫星实现移动用户之间或移动用户与固定用户之间相互通信的方式。根据使用的通信卫星不同,卫星移动通信可分为静止轨道卫星移动通信和非静止轨道卫星移动通信。静止轨道卫星移动通信一般采用大功率、多波束卫星;地面用户采用小口径面天线或全向天线,体积小、结构简单。移动用户之间的通信一般通过关口站转接。非静止轨道卫星移动通信一般采用中低轨道卫星，如铱星系统和全球星系统，其技术特点如下。

（1）采用星座结构

为增加卫星通信的覆盖范围，采用多颗卫星组成星座。星座中的卫星通过星间链路连接。

（2）星上处理

为解决传输时延、传输质量、系统容量等问题，大多数卫星平台具备调制解调、波束成型、星上交换等星上处理能力。

（3）终端小型化

终端广泛采用大规模专用集成电路以减小体积，并逐渐向手机、平板等个人通信方向发展。

3.142　下变频器（down converter）

接收来自低噪声放大器的射频载波，并将其变换到中频载波的设备。下变频器除了变频功能外，还具有放大、滤波、均衡等功能。如图 3.24 所示，下变频器主要由射频滤波器、微波混频器、本振源、中频滤波器、中频放大器、均衡器等组成。射频滤波器用于抑制通带以外的噪声及干扰信号；混频器完成中频信号与射频信号之间的频率变换；本振源为混频器提供高频振荡信号，通过改变本振频率可实现对通带内信号频率的选择；中频放大器放大混频器输出的中频信号使之达到规定电平；中频滤波器抑制混频过程中产生的带内寄生信号和本振信号的泄漏；均衡器对信号的幅度、相位进行均衡补偿，以满足系统对群时延和幅频特性的要求。

下变频器的主要技术指标包括射频输入特性、中频输出特性、中频/射频特性 3 个方面。射频输入特性包括输入频率范围、频率步进、阻抗、回波损耗、频率稳定性等；中频输出特性包括输出频率范围、输出阻抗、回波损耗等；中频/射频特性包括增益、中频衰减、输出 1 dB 压缩点、增益变化、增益斜率、增益稳定度、群时延、噪声系数、杂散、镜像抑制度、三阶互调、相位噪声等。

3.143　下行链路（downlink）

由卫星至地球站的单向链路。下行链路包括卫星的发射通道、自由传播空间、地球站天线、低噪声放大器、下变频器、解调器。卫星转发的下行信号经自由空间传输至地面，地球站天线接收该信号，送低噪声放大器放大，经下变频器变频后，最后送至解调器解调输出。下行链路设计时，要保证解调器接收到的信号电平大于解调门限。

3.144　先进卫星广播系统（advanced broadcasting system for satellite）

国家广播电影电视总局广播科学研究院制定的卫星电视直播行业标准，简称 ABS-S。ABS-S 借鉴了国际卫星电视广播技术发展的思路与设计理念，定义了编码调制方式、帧结构及物理层信令，对信道编码、交织、符号映射、帧结构设计等技术环节进行了整体性能优化。调制方式可选用 QPSK、8PSK、16APSK、32APSK。信道编码仅采用低密度奇偶校验码（LDPC）。ABS-S 系统的组成如图 3.25 所示：基带格式化模块将输入的数据流格式化为前向纠错块，经 LDPC 编码器编码后输出至比特映射模块进行比特映射；通过物理成帧模块，插入同步字和其他必要的头信息形成高效帧结构，用于实现快速同步；经符号加扰后，送至成型滤波器进行脉冲成形；最后上变频至 Ku 频段，发射上星。与 DVB-S2 系统相比，ABS-S 具有基本相当的性能（门限相差 0.1～0.3 dB），但复杂程度较低，更易于实现。ABS-S 提供广播业务、交互式业务、数字卫星新闻采集业务及

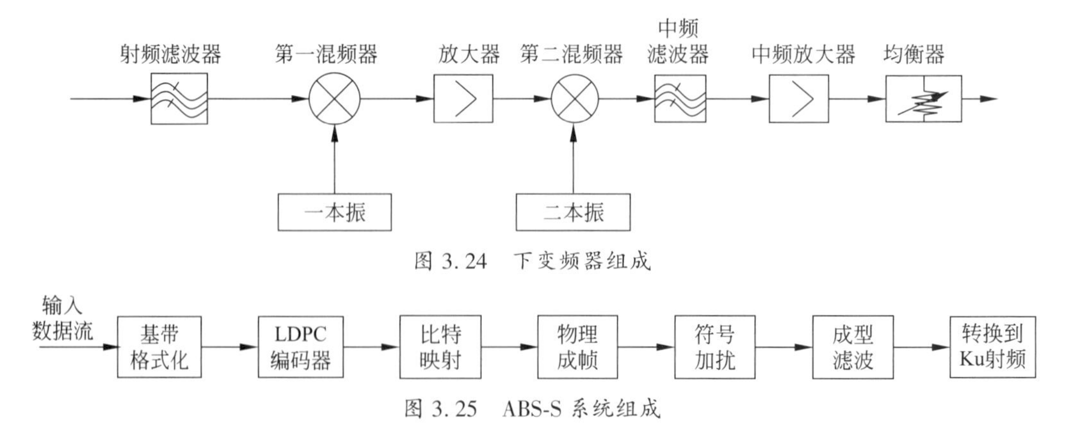

图 3.24　下变频器组成

图 3.25　ABS-S 系统组成

双向因特网服务。目前中星 9 号卫星上的电视节目均采用 ABS-S 标准。

3.145　相控阵天线(phased array antenna)

通过调整阵元的馈电相位来改变方向图的阵列天线。相控阵天线主要由天线阵列、移相器、波束控制器、馈电网络等组成。通过控制移相器的移相量来改变各阵元间的相对馈电相位,使波束可灵活指向需跟踪的空间目标。相控阵天线分为一维相控阵和二维相控阵两种类型:一维相控阵只在俯仰或方位一个方向上采用相控阵波束扫描,而在另一方向上采用机械扫描;二维相控阵在俯仰和方位两个方向上均采用相控阵波束扫描。与机械扫描天线相比,相控阵天线具有体积小、易与载体共形、波束扫描快、可形成多个独立的发射波束和接收波束、可靠性高等优点,但技术复杂、成本高。

3.146　相位噪声(phase noise)

信号相位的随机起伏所产生的噪声。一般由设备的热噪声、散弹噪声、闪烁噪声等随机噪声对信号进行调制而产生。相位噪声对称地分布在主信号两边,可以用一边的特性来描述。相位噪声的大小通常用偏离载波 100 Hz、1 kHz、10 kHz、100 kHz 处,1 Hz 带宽内的噪声功率与载波功率之比来表示,单位为 dBc/Hz。

在卫星通信中,对设备的相位噪声一般要求见表 3.5。

表 3.5　卫通设备相位噪声一般要求

偏离载波频率/kHz	相位噪声/(dBc/Hz)
0.1	<-63
1	<-73
10	<-83
100	<-93

3.147　信标(beacon)

通信卫星发射的便于地球站跟踪卫星的信号。信标用于指示卫星的位置,地球站利用信标指向卫星。信标一般为单载波,波束较宽。为了使地球站天线能够跟踪卫星,信标一般具有较高的频率稳定度和功率稳定度。

3.148　行波管放大器(travelling wave tube amplifier)

通过电磁场与电子流发生能量交换,从而使高频信号得以放大的高功率放大器,英文简称 TWTA。行波管放大器如图 3.26 所示,由行波管、电源系统、信号检测系统等组成,其中行波管是核心器件。射频输入信号先通过一个匹配隔离器,改善输入驻波比,然后经过衰减器,进入行波管;行波管将信号放大后,输出至电弧检测器;当行波管波导中出现电弧时,该检测器会产生响应信号,迅速切断功放的射频激励信号,从而熄灭电弧;谐波滤波器滤除谐波后,将信号送至定向耦合器耦合输出至天线的馈源。

行波管放大器的主要特点如下。

(1) 输出功率大,其功率输出可以达到数千瓦。

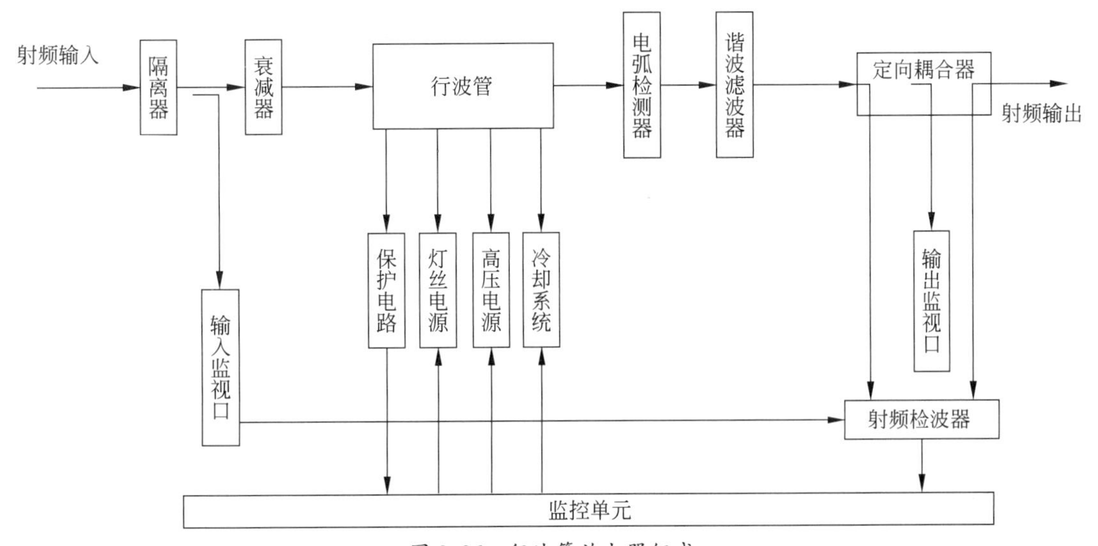

图 3.26　行波管放大器组成

（2）工作频带宽，由于行波管功放不包含谐振系统，所以频带可达几个倍频程以上。

（3）噪声系数低，由于行波管不包含谐振腔，电子流不需通过栅网，电流分配噪声很小，因此可以获得较低的噪声系数（低噪声行波管的噪声系数一般为 1~6 dB）。

（4）电源复杂，寿命比固态功放短。行波管高功放的直流电压可达几千伏到 1 万多伏，因此须有妥善的安全措施和保护电路。

（5）行波管高功放只有通过降低饱和输出功率和额外的线性化电路来改善器件的线性度，线性化电路增加了系统的复杂性和加工成本，也导致系统的工作效率降低。

3.149 星上处理及交换（satellite processing and switching）

由卫星实现的信号解调、译码，以及信令处理和路由选择功能。当卫星只有透明转发功能时，信号的处理与交换由地面系统完成。卫星具有信号处理与交换功能后，可将卫星视为通信网络的一个交换节点。这样，可减少地球站的载波数量，避免多跳现象的发生。在星上对信号进行再生处理，可降低或消除干扰，避免噪声积累，减少传输误码。

3.150 星蚀（satellite eclipse）

卫星被地球遮挡，与太阳视距上不可见的现象。如图 3.27 所示，当太阳、地球和卫星位于一条直线，且地球在中间时，才会出现星蚀现象。每年春分(3 月 21—22 日）和秋分（9 月 22—24 日）前后共 90 天的时间内，每天出现一次星蚀，每次持续几分钟。

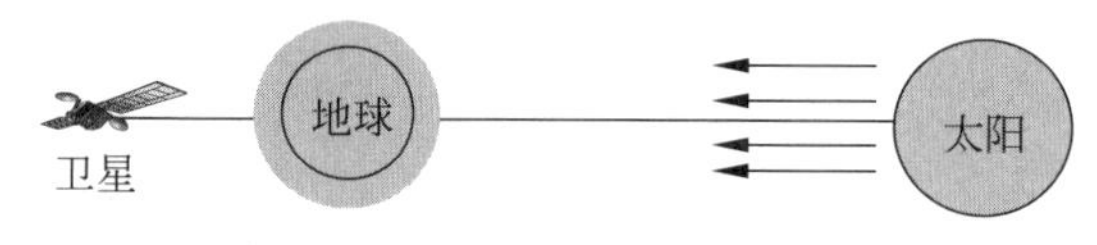

图 3.27 星蚀现象

星蚀发生时，卫星的太阳能电池接收不到太阳光能，卫星改由蓄电池供电。当卫星蓄电池容量不足时，卫星转发器将不能正常工作。随着技术的发展，星上蓄电池质量减轻，容量增大，克服了星蚀对卫星通信的不利影响。

3.151 亚太六号卫星（Apstar Ⅵ Satellite）

定点于 134°E 的地球同步轨道通信卫星。该卫星于 2005 年发射，设计寿命 15 年，由亚太公司负责运营，其主要参数见表 3.6。在试验任务中，利用亚太六号卫星 C 频段转发器实现国土覆盖范围的固定站通信。

表 3.6 亚太六号卫星参数

频段	C 频段	Ku 频段
覆盖范围	中国、印度、东南亚、澳洲、太平洋群岛、夏威夷	中国
极化	双线极化	单线极化
转发器数量	38 个	12 个
等效全向辐射功率（EIRP）/dBW	34~41	46~58.63
品质因素（G/T）/（dB/K）	-9~-2	-2.5~+10

3.152 亚太七号卫星（Apstar Ⅶ Satellite）

定点于 76.5°E 的地球同步轨道通信卫星。该卫星于 2012 年发射，设计寿命 15 年，接替到达设计寿命的亚太-2R 卫星，由亚太公司负责运营，其主要参数见表 3.7。在试验任务中，租用该卫星 C 频段转发器实现印度洋海域测量船以及部分国外站对国内的通信。

表 3.7 亚太七号卫星参数

频段	C 频段	Ku 频段
覆盖范围	亚洲、澳洲、欧洲、非洲	中国、中东—中亚、非洲
极化	线极化	线极化
转发器数量/个	28	28
最大有效全向辐射功率（EIRP）（波束峰值~波束边缘）/dBW	32~41	43~56
典型品质因数（波束峰值~波束边缘）（G/T）/（dB/K）	-10~-1	-4~-11

3.153 铱星系统（Iridium system）

由美国摩托罗拉公司建设的低轨全球个人卫星移动通信系统。铱星系统除了提供话音业务外，还提供传真、数据、定位、寻呼等业务。铱星系统原设计为 77 颗小型卫星，分别围绕 7 个极地圆轨道运行，因卫星数与铱原子的电子数相同而得名。后来改为66颗卫星围绕6个极地圆轨道运行,但仍用原名称。

铱星系统的卫星轨道高度约780 km,每个轨道平面分布11颗工作卫星和1颗备用卫星。每颗卫星均具有星上处理和交换功能,能投射48个波束到地球表面,形成一个通信"蜂窝区"。铱星系统用户与卫星之间的上下行链路工作在L频段。星际链路以及卫星与网管站之间的上下行链路工作在Ka频段,多址方式为多频时分多址(MF-TDMA)。

铱星系统地面设备主要包括用户设备、控制中心以及关口站等。用户设备主要指移动电话,一般具有双模功能:即可在兼容蜂窝网络中作为陆地无线电话使用,也可利用铱星系统作为卫星电话使用。控制中心主要为卫星星座提供全球操作、支持和控制服务。关口站主要功能是为移动、漫游用户提供支持和进行管理,并为铱星系统和地面通信网提供连接服务。

铱星系统作为陆地移动通信系统的有效补充,主要应用于紧急援助、边远地区、航空、海洋等场合。

3.154　有效载荷(payload)

卫星平台上安装的用于完成通信、导航、侦察等任务的仪器、设备和分系统。有效载荷是卫星的核心部分,决定了卫星的主要性能。通信卫星有效载荷由转发器、天线和信标组成。转发器接收天线信号,经变频、放大后,再由天线发出,从而完成天线信号的中继转发。信标用来指示地球站天线跟踪和对准卫星。

3.155　有效载荷在轨测试(payload in orbit test)

卫星发射定轨后,在交付用户使用之前,对其有效载荷(转发器、天线及信标)性能进行的测试。其主要目的是验证卫星有效载荷有无故障,是否满足指标要求,并获取实际性能指标,提供给用户使用。

测试的主要内容包括:

(1) 输入、输出特性。

(2) 单载波饱和EIRP。

(3) 转发器增益。

(4) 饱和通量密度。

(5) *G/T*值。

(6) 幅频响应。

(7) 群时延。

(8) 三阶交调。

(9) 杂散。

(10) 相位噪声。

(11) 增益档位。

(12) 转发器EIRP和增益稳定度。

(13) 星上本振源的频率准确度、稳定度、日老化率。

(14) 信标信号功率和频率稳定度。

3.156　预分配(pre-assignment)

在使用前,预先对地球站使用的信道资源进行分配的方式。在FDMA体制下,信道资源主要是频点和带宽;在TDMA体制下,信道资源主要是时隙;在CDMA体制下,信道资源主要是地址码和信息速率。各地球站在工作过程中,只能使用预先分配给它的信道资源与其他地球站通信。

目前,科研试验卫星通信网主要采用预分配方式,一般在任务前制定频率资源分配方案,各卫星通信地球站按照分配方案建立信道。任务完成后,释放信道,用于新的任务。

3.157　圆极化器(circular polarizer)

将线极化波转换成圆极化波的微波器件,又称π/2移相器。在波导内放置低损耗介质片或销钉排,由此构成移相平面。移相平面与线极化平面成45°,当线极化波通过移相平面时,分解为垂直和平行移相平面的两个幅度相等的分量。介质对垂直分量的相位没有影响,但对平行分量产生滞后90°的相移。这样,线极化波通过圆极化器后,垂直和平行分量再度合成,就转换成了圆极化波。在卫星通信中,圆极化器是发送和接受圆极化波的卫通站必不可少的部件,位于天线馈源网络中。

3.158　圆锥扫描跟踪(conical scanning tracking)

将天线波束轴偏离天线中心轴,以恒定的转速围绕天线中心轴旋转的跟踪方式。当天线精确指向卫星时,波束旋转一周,跟踪接收机的输入信号保持不变;当天线指向偏离卫星时,波束旋转一周,跟踪接收机的输入信号呈现周期性波动。天线偏离卫星的角度越大,接收机输出的误差电压越大。该误差电压被送至天线控制单元(ACU),用于驱动天线对准卫星。圆锥扫描可采用旋转主反射面、副面、馈源等方式来实现。由于主反射面、馈源等质量较大,需要电机有较大的驱动力矩,快速旋转也会对系统平衡、结构刚性等提出更高的要求,因此工程上常采用旋转副面来实现。与单脉冲跟踪相比,圆锥扫描跟踪的设备体积小、价格低，但跟踪精度较低。

3.159　杂散（spurious signal）

电子设备内由于电子起伏引起的主信号以外的无用信号。杂散在频域上表现为与载波频率成非谐波关系的离散频谱。如果杂散信号落在主信号带内，则影响本信道的通信质量；如果落在主信号带外，则有可能影响其他信道的通信质量。

杂散常用杂散电平衡量其大小，其值为杂散信号幅度与主信号幅度的比值，单位为 dBc。卫星通信系统的带外杂散功率谱密度不能超过 4 dBW/4 kHz，带内杂散电平指标要求见表 3.8。

表 3.8　带内杂散电平指标

载波传输速率/(Mb/s)	工作频段/GHz	杂散电平/dBc
≤ 2.048	C 频段：(5.850~6.425) Ku 频段：(14.0~14.5)	≤-40
> 2.048		≤-50

3.160　载波等效噪声带宽（carrier equivalent noise bandwidth）

载波噪声带宽所对应的理想矩形滤波器的带宽。如果白噪声通过实际带通滤波器后的输出噪声功率与通过高度为 1 的理想矩形带通滤波器后的输出噪声功率相同，则该理想带通滤波器的带宽为实际带通滤波器的等效噪声带宽。卫星通信工程中，载波等效噪声带宽采用式(3-25)进行计算：

$$B_{n} = \frac{1.2R_{b}}{C_{r}\log_{2}M} \tag{3-25}$$

式中：B_n——载波等效噪声带宽，Hz；

R_b——信息传输速率，b/s；

C_r——信道编码的编码率；

M——调制点数，如 BPSK 取 2，QPSK 取 4，8PSK 取 8。

3.161　载波叠加（carrier in carrier）

点对点通信的地球站使用同一载波频率进行通信的技术。其基本原理是：任一站从接收到的中频信号中扣除本站发送的中频信号，从而获得对端站发送的中频信号。与传统收发采用不同载波方式相比，载波叠加可大大减少卫星带宽占用，但会提高卫星信道噪声，增加一定的功率占用。

采用载波叠加技术的卫星通信调制解调器必须准确估计链路的幅度、频率漂移、多普勒频移、传播时延、未知的载波相位和定时等，才能准确扣除本站发送的中频信号。与常规调制解调器相比，采用载波叠加技术的调制解调器需要增加以下处理单元。

(1) 自我信号估计模块。用于从混合的下行链路信号中提取自我信号的参数。

(2) 时延、频率、相位和增益调整模块。用于校准本地产生的删除信号的参数，使之与下行链路的信号参数相一致。

3.162　载波分配带宽（carrier alloted bandwidth）

为一个用户载波分配的带宽。为防止载波之间的相互干扰，在分配带宽时，需在载波占用带宽的基础上增加一定的保护带宽。载波分配带宽即为载波占用带宽与保护带宽之和。工程上，一般取保护带宽为载波占用带宽的 5%以上。

3.163　载波功率占用率（carrier power utilization ratio）

载波占用的卫星转发器功率与卫星转发器允许输出的最大功率之比。卫星转发器是一个功率和带宽双受限的系统，如果载波占用功率过大，就会出现不能充分使用转发器带宽的现象。采用各种纠错编码技术如 RS、Turbo、LDPC 等可降低信噪比门限，减少载波发送功率，从而降低载波功率占用率。

3.164　载波频带占用率（carrier bandwidth utilization ratio）

载波占用的卫星转发器带宽与卫星转发器总带宽之比。卫星转发器是一个功率和带宽双受限的系统，如果载波占用带宽过大，就会出现不能充分使用转发器功率的现象。在设计时，一般遵循功率占用率和频带占用率基本平衡的原则。采用各种调制技术如 QPSK、8PSK、16QAM、32APSK 等可降低载波频带占用率。

3.165　载波频谱监视（carrier spectrum monitoring）

对卫星转发器用户载波的功率、频率、带宽等参数进行的实时监视，简称 CSM。其目的是及时掌握业务载波和转发器工作情况，用于快速发现和处理载波频谱的异常问题。监视方式分为全程巡检、预定巡检、多载波监测3种模式。全程巡检对星上所有转发器进行轮询监视，预定巡检对选定的卫星转发器进行轮询监视，多载波监测对选定的载波进行轮询监视。

典型的载波频谱监视系统如图3.28所示，由测试仪器(信号源、频谱仪、功率计)、开关矩阵、测试计算机、耦合器、衰减器等组成。频谱仪对载波信号进行频谱分析，将测量数据发送至测试计算机进行处理。信号源、功率计以及频谱仪一起完成测试链路增益的校准。校准时，天线偏离卫星，信号源发送一未调制载波，经开关矩阵、耦合器、衰减器注入至低噪声放大器。功率计、频谱仪分别测出接收到的载波功率，扣除耦合器、衰减器的损耗，可得到测试链路段的增益。

载波频谱监视系统对注册载波的监视过程如下：测试计算机从载波信息数据库中读取该载波注册的工作参数，包括载波中心频率、带宽、EIRP和C/N。然后，根据这些参数向频谱仪发送配置命令，启动频谱仪进行频谱扫描。根据不同参数对应的测试方法，分别测量出所选载波的参数。最后，将测量值与注册值进行对比，判断载波参数是否在容差范围之内。如果超差，则产生告警输出。另外，对空闲频段进行实时扫描，可监测是否存在非法载波。

3.166　载波占用带宽(carrier occupational bandwidth)

已调载波信号占用的带宽。在卫星通信工程中，将载波在频域上从峰值下降26 dB时所对应的频谱宽度作为载波占用带宽。数字调相信号载波占用带宽的计算式如下：

$$B_o = \frac{(1+\alpha)R_b}{C_r \log_2 M} \tag{3-26}$$

式中：B_o——载波占用带宽，Hz；

α——调制器滚降系数；

C_r——信道编码率；

R_b——信息传输速率，b/s；

M——调制点数，如BPSK取2，QPSK取4，8PSK取8。

3.167　载噪比(carrier to noise ratio)

链路上某点载波信号功率与噪声功率之比，单位为dB。载噪比是卫星通信性能最基本的参数之一，决定链路传输的比特误码率。载噪比越高，比特误码率越低。提高载噪比的常用方法是增加地球站载波的发送功率。

载噪比常采用频谱仪进行测试，从低噪声放大器输出、调制解调器的中频输入等测试点将信号接入频谱仪。由频谱仪直接测出C_0+N_0(载波功率谱密度及噪声谱密度之和)及N_0(噪声谱密度)。通过计算可得出C_0/N_0。根据C_0/N_0，载噪比C/N的计算式如下：

$$C/N = C_0/N_0 + 10\lg R_s - 10\lg B_n = C_0/N_0 - 0.8 \tag{3-27}$$

式中：C/N——载噪比，dB；

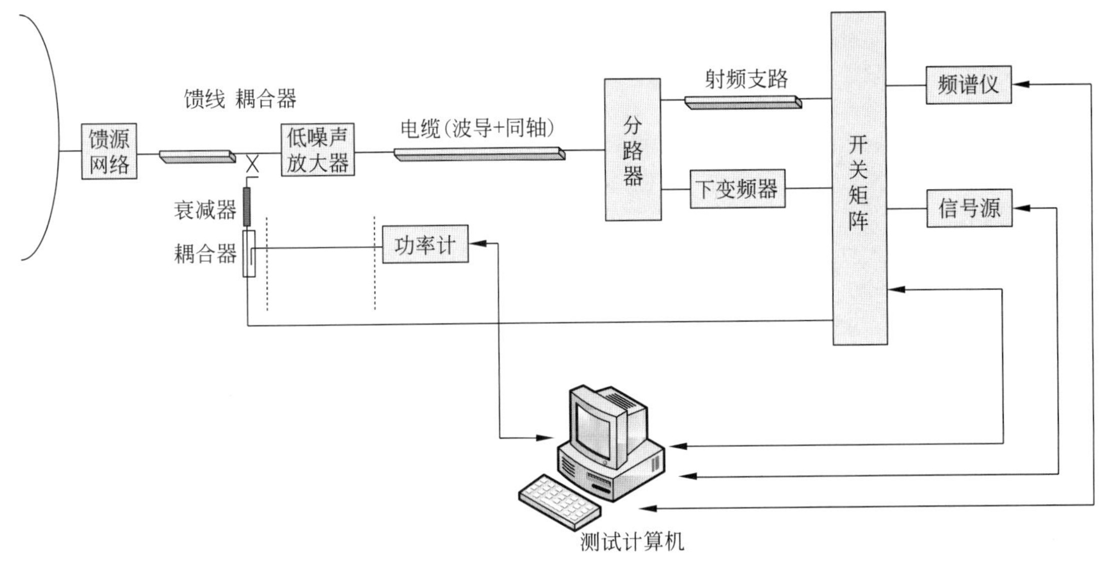

图3.28　载波频谱监视系统组成

C_0/N_0——载波功率谱密度与噪声谱密度之比,dB;

R_s——符号速率, S/S;

B_n——载波等效噪声带宽,Hz。

3.168　噪声等效带宽(equivalent noise width)

对于噪声而言,网络所对应的等效滤波器的带宽,又称等效噪声带宽。设网络的传递函数为 $H(f)$,则噪声等效带宽 B_n 可用式(3-28)计算:

$$B_n = \frac{\int_0^{\infty} |H(f)|^2 df}{|H(f_0)|^2} \tag{3-28}$$

式中:f_0——网络最高频响所对应的频率,Hz。

对于噪声而言,网络相当于一个高度为 $|H(f_0)|^2$,宽度为 B_n 的矩形滤波器。

3.169　噪声系数(noise figure)

衡量器件、设备或系统固有噪声大小的参数。噪声系数用式(3-29)计算:

$$F = (T_0 + T_e)/T_o \tag{3-29}$$

式中:F——噪声系数;

T_e——等效噪声温度,K;

T_o——环境温度,K,取 290 K。

噪声系数越大,固有噪声越大。在卫星通信中,频段越高,低噪声放大器的噪声系数越大,C 频段低噪声放大器的噪声系数一般小于 1.15,Ku 频段低噪声放大器的噪声系数一般小于 1.31。

3.170　增益波动(gain fluctuation)

设备增益在工作频带内的最大变化。增益波动反映了设备在工作频带范围内的幅频特性。当设备增益波动过大时,信号畸变严重,导致误码率升高。在规定的测试频带范围内,每隔一定的频率步长(保证测试带宽内至少 20 个点),采样并记录被测设备的增益。根据测试结果,用式(3-30)计算得出增益波动:

$$G_f = G_{max} - G_{min} \tag{3-30}$$

式中:G_f——增益波动,dB/测试频带;

G_{max}——测试频带内的最大增益,dB;

G_{min}——测试频带内的最小增益,dB。

增益波动有时也用相对增益范围 $\pm(G_{max} - G_{min})/2$ 表示。

卫通设备典型的增益波动指标如下。

(1) C 频段设备:±0.25 dB/40 MHz;

(2) Ku 频段设备:±0.35 dB/60 MHz。

3.171　增益稳定度(gain stability)

设备增益在规定时间内的最大变化。增益稳定度反映了设备输出电平的稳定性。当增益稳定度较差时,将对系统的接收性能产生不利的影响。根据规定时间的长短,增益稳定度分为短期稳定度(约 1 h)、中期稳定度(约 1 天)和长期稳定度(约 1 周)。在规定的测试时间内,每隔一定时间(一般为 10 min),采样并记录被测设备的增益。根据测试结果,用式(3-31)计算得出增益稳定度:

$$G_s = G_{max} - G_{min} \tag{3-31}$$

式中:G_s——增益稳定度,dB/测试时间,

G_{max}——测试时间内的最大增益,dB;

G_{min}——测试时间内的最小增益,dB。

增益稳定度有时也用相对增益范围 $\pm(G_{max} - G_{min})/2$ 表示。

一般功放的增益稳定度指标要求为:短期,±0.1 dB/h;中期,±0.25 dB/d;长期,±0.5 dB/w。

3.172　增益斜率(gain slope)

单位频带内增益的变化量,单位为 dB/MHz。某频率下的增益斜率是增益波动曲线上该频率所对应点的导数,反映了增益随频率变化的快慢。卫星通信设备一般要求增益斜率最大不超过 0.05 dB/MHz。

3.173　站型(station type)

卫星通信地球站的类型。卫星通信地球站的站型有多种分类方式,按载体分为固定站、车载站、船载站、机载站、便携站等;按使用频段分为 L 频段站、C 频段站、Ku 频段站、Ka 频段站等;按天线口径分为 16 m、13 m、7.3 m、5 m、4.5 m、3.8 m、2.4 m、1.8 m、1.2 m 等。

3.174　正交模耦合器(ortho-mode transducer)

天线馈源中混合或分离正交极化信号的三端口微波器件,又称正交模变换器或双模变换器,简称 OMT。在接收通道中,它将输入的电磁波分离成两个相互正交的信号分别输出至不同的低噪声放大器;而在发射通道中将两个输入的相互正交的电磁波混合成一路输出至馈源。

3.175　指向跟踪(pointing tracking)

根据卫星通信地球站地理位置、姿态及卫星位置计算出天线指向角,引导天线指向卫星的一种跟踪方式。在载体运动情况下,需实时解算出天线指

向角,使天线电轴实时对准卫星。指向跟踪属开环跟踪,跟踪精度不高,但设备简单。

3.176 中等速率数据传输业务(intermediate data rate)

INTELSAT IESS 308 标准制定的速率为 64~44.736 Mb/s 的点对点数字话音和数据业务,简称IDR。IDR 是 20 世纪 80 年代后期推出的业务,填补了原有低速单路单载波业务(最大为 56 kb/s)和高速数据业务(120 Mb/s)之间的空白。1.554 Mb/s 以上速率与 ITU-T 建议的准同步数字体系保持一致;低于 1 Mb/s 的速率等级与 ITU-T 建议的综合业务数字网(ISDN)传输速率等级保持一致。IDR 采用频分多址方式,QPSK 调制,前向 1/2 或 3/4 卷积编码方式。IDR 没有时分多址方式复杂,不需要严格的全网同步控制,设备价格也较为便宜,已成为一种重要的卫星通信业务。

3.177 中频信号(intermediate frequency signal)

卫星通信中载波频率介于基带信号频率与射频信号频率之间的信号。对基带信号进行调制,或对射频信号进行下变频后输出的信号,即为中频信号。中频信号的频率范围通常选用(70±18) MHz、(140±36) MHz 和 950~1450 MHz。

3.178 中星十号卫星(Chinasat-10 Communication Satellite)

定点于东经 110.5°E 的地球同步轨道通信卫星。该卫星于 2011 年 6 月 21 日发射,设计寿命 15 年,由中国卫星通信集团有限公司运营,其主要参数见表 3.9。在试验任务中,主要利用该卫星 Ku 频段转发器进行机动通信。

3.179 轴角编码器(angular encoder)

将旋转变压器输出的天线方位、俯仰等角度信息实时转换成数字量输出的设备。旋转变压器是转角检测器件,其输出的模拟信号幅度随转角做正余弦变化。轴角编码器将该输出信号转换成二进制数字角度,送至天线控制单元。天线控制单元将其转换成十进制数字并显示在面板上,为步进跟踪、命令位置等操作提供依据。轴角编码器一般为一块接口板,插在天线控制单元内,但在测量船地球站上为独立的设备。

3.180 转发器(transponder)

通信卫星上用于中继转发的通信设备。根据是否具有处理功能,转发器分为透明转发器和处理转发器两种基本类型。透明转发器接收来自地球站或航天器的信号,并对其进行放大、变频后转发,不对信号进行其他处理;处理转发器首先将接收到的信号经放大和下变频,解调出基带数字信号,经交换等处理后再进行转发。目前试验任务中使用的主要是透明转发器。

3.181 转发器输入输出特性(input and output performance of transponder)

卫星转发器输出功率随输入功率变化的关系,又称转发器功率转移特性。卫星转发器输入输出特性一般用曲线表示,如图 3.29 所示,输入用通量密

表 3.9 中星十号卫星转发器参数

频段	C 频段	Ku 频段
覆盖范围	中国、南亚、东亚、西亚、中亚、东南亚	中国、南亚、东亚、西亚、中亚、东南亚
极化方式	线极化	线极化
转发器数量/个	30	16
转发器带宽/MHz	32、36、38、54	30、36、54
等效全向辐射功率(EIRP)/dBW	44(峰值) >40(中国周边)	55(峰值) >47(中国周边)
品质因数(G/T)/(dB/K)	1.8(峰值)	10(峰值)
饱和通量密度(SFD)/(dBW/m^2)	固定增益模式:-98~-70 自动电平控制模式:-90~-75	固定增益模式:-98~-70 自动电平控制模式:-90~-75

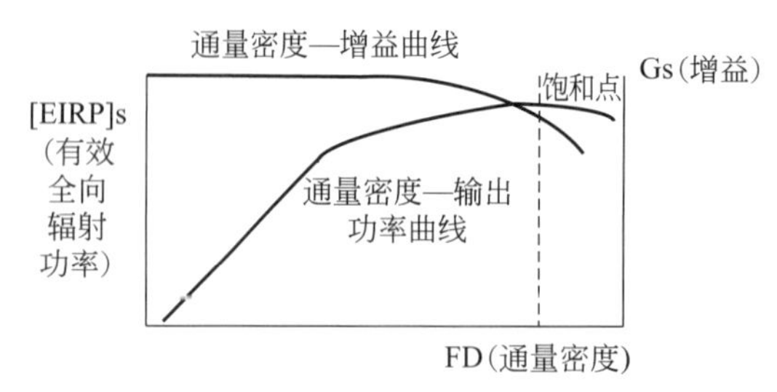

图 3.29　转发器输入输出特性曲线

度(FD)表示,输出用等效全向辐射功率(EIRP)和转发器增益(Gs)表示。该曲线反映了卫星转发器 FD 与 EIRP 和 Gs 之间的关系。

转发器输入输出特性采用步进功率扫描法测试。如图 3.30 所示,信号源发送频率为转发器中心频率的单载波,经卫星转发器到达地球站。由上行功率计的数值,推算得到转发器的 FD。由频谱仪测得的接收信号电平,推算得到转发器的 EIRP 或 Gs。信号源输出功率从小到大以一定步长增加,直至转发器饱和,从而得到转发器输入输出特性。

3.182　转发器增益档位(transponder gain step)

转发器增益调整的步进位置。增益调整通过调整末级功放前的可变衰减器来实现。在可变衰减器调整范围内,均匀设置若干档位,相邻档位之间的衰减值一般相差 1 dB。转发器增益由卫星运营商实施调整,一般情况下设置为中间档。当卫通链路其他环节衰减过大时,可适当调高档位,抵消链路衰减;当卫通链路其他环节增益过大时,可适当调低档位,防止转发器被推饱和。

3.183　自跟踪(auto tracking)

根据接收到的卫星信标信号,卫通天线自动判断其电轴偏离卫星的方向和大小,并自动调整天线对准卫星的工作方式。自跟踪属闭环跟踪,跟踪精度较高。根据工作原理和实现方法,自跟踪分为单脉冲跟踪、步进跟踪、圆锥扫描跟踪等类型。由于静止卫星每天相对于地面做“8”字形漂移,而大、中型地球站天线的波束较窄,跟踪精度要求高,因此一般大、中型地球站天线都具有自跟踪功能。

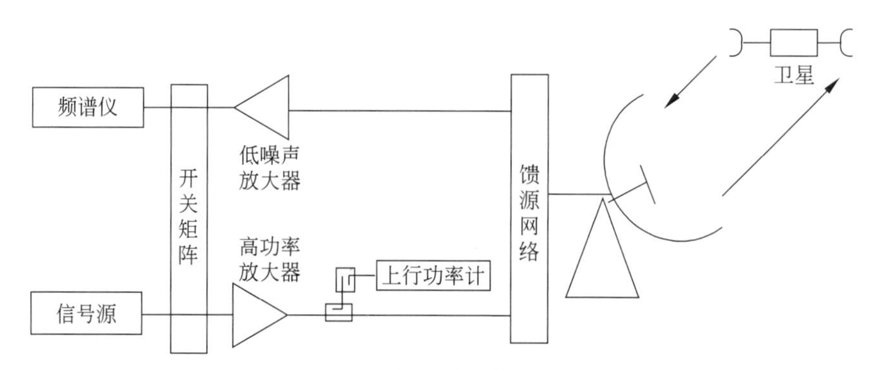

图 3.30　输入输出特性测试

第4章 无线通信

4.1 3GPP（3rd Generation Partnership Project）

第三代合作伙伴计划的简称。1998年底，由欧洲电信标准化协会（ETSI）、日本无线工业及商业协会（ARIB）、日本电信技术委员会（TTC）、韩国电信技术协会（TTA）和美国T1电信标准委员会5个成员发起成立的标准化组织。该组织旨在研究、制定并推广基于GSM核心网络演进的第三代移动通信标准，即WCDMA、TD-SCDMA、EDGE等。中国无线通信标准研究组（CWTS）于1999年6月在韩国正式签字加入3GPP，成为组织伙伴。中国通信标准化协会成立后，在3GPP组织里更名为CCSA。

如图4.1所示，3GPP在项目协调组（PCG）下，设GSM/EDGE无线接入网、无线接入网、业务与系统、核心网与终端共4个技术规范组。每个技术规范组下设多个工作组。

4.2 3GPP2（3rd Generation Partnership Project 2）

第三代合作伙伴计划2的简称。1999年1月，由日本无线工业及商业协会（ARIB）、日本电信技术委员会（TTC）、韩国电信技术协会（TTA）和北美电信工业协会（TIA）4个成员发起的标准化组织。旨在制定以ANSI-41核心网为基础，CDMA2000为无线接口的第三代移动通信标准。中国无线通信标准研究组于1999年6月在韩国正式签字加入3GPP2，成为组织伙伴。中国通信标准化协会成立后，在3GPP2组织里更名为CCSA。3GPP2设TSG-A、TSG-C、TSG-S和TSG-X共4个技术规范组。TSG-A负责制定接入网接口相关标准，TSG-C负责制定空中接口相关标准，TSG-S负责制定核心网络以及系统架构相关标准，TSG-X负责制定安全和需求相关标准。

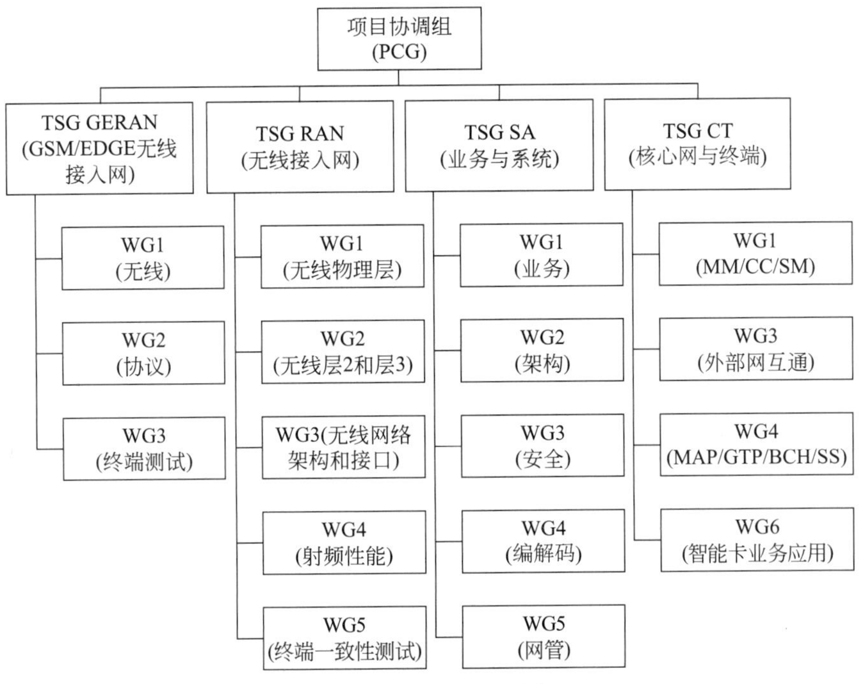

图4.1 3GPP组织结构

4.3 Ad Hoc 网(Ad Hoc network)

一种多跳的、无中心的、自组织的无线网络,又称多跳网、无基础设施网或自组织网。Ad Hoc 一词来源于拉丁语,意思是“专用的、特定的”。Ad Hoc 技术起源于 20 世纪 70 年代的美国军事领域,是在美国国防高级研究计划局(DARPA)自主研究的“战场环境中的无线分组数据网”项目中产生的新型网络架构技术。IEEE 称其为 Ad Hoc 网,IETF 称其为移动 Ad Hoc 网(MANET)。Ad Hoc 网无需中心控制节点,所有网络节点兼具移动终端和路由功能,地位平等。网络节点由主机、路由器和电台 3 部分组成。根据网络规模大小,Ad Hoc 网通常采用平面结构和分级结构。Ad Hoc 网与传统移动通信网相比,具有部署快速、环境适应力强、抗毁性强等优点,多用于战术互联网和无线传感器网。

4.4 CDMA 2000(code division multiple access 2000)

由窄带码分多址发展而来的第三代移动通信系统空中接口标准,是由 3GPP2 在 IS-95A/B 标准基础上完成的 3G 标准。CDMA 2000 由高通北美公司为主导提出,有多个不同的类型。CDMA 2000 1x 是 CDMA2000 技术的核心,其中 1x 指使用一对 1.25 MHz 无线电信道。CDMA 2000 1xRTT 是 CDMA2000 的一个基础层,支持最高 153.6 kb/s 数据速率,通常被认为是 2.5G 或者 2.75G 技术。CDMA 2000 1xEV 在 CDMA2000 1x 基础上附加了高数据速率能力。CDMA2000 1xEV 分为两个阶段:第一阶段称为 CDMA2000 1xEV-DO,在一个无线信道只传送数据的情况下,支持下行速率最高可达 3.1 Mb/s,上行速率最高可达 1.8 Mb/s;第二阶段称为 CDMA 2000 1xEV-DV,在一个信道传输数据和话音的同时,支持下行速率最高可达 3.1 Mb/s,上行速率最高可达 1.8 Mb/s。

4.5 GPRS(general packet radio service)

通用分组无线业务的简称。GPRS 是第二代移动通信技术向第三代发展的中间技术,常被称为 2.5 代移动通信技术。其在 GSM 系统的基础上,提供端到端的、广域的无线 IP 连接,由叠加在 GSM 电路交换网上的分组交换网提供。GPRS 通过与 GSM 蜂窝移动通信系统共享基站收发信台(BTS)和基站控制器(BSC)作为无线接入设备,共享归属位置寄存器(HLR)和移动交换中心(MSC)的访问位置寄存器(VLR)以解决终端移动性问题。GPRS 分组网由 GPRS 服务支撑节点(SGSN)、GPRS 网关支撑节点(GGSN)和相关的传送网络构成,通过网关与外部数据网连接。GPRS 采用分组交换技术,提高了信道传输资源的利用率,有利于突发数据的传输。当 GPRS 用户独占一个载频上的 8 个时隙时,数据传输速率最高,理论上可达 171.2 kb/s。

4.6 GSM(global system for mobile communications)

欧洲电信标准化协会(ETSI)提出的第二代移动通信系统标准,中文简称全球通。最初 GSM 标准定义了 900 MHz、1800 MHz 和 1900 MHz 共 3 个频段,后来又补充了 850 MHz 和 450 MHz,以适应各国无线电频率分配的不同情况。GSM 系统以话音业务为主,也支持无线数据业务,其双工方式为 FDD,多址接入方式为 TDMA/FDMA,调制方式为高斯最小频移键控(GMSK)方式,语音编码为规则脉冲激励长期预测编码(REP-LTP),信道编码为卷积码。每个 GSM 载频的带宽为 200 kHz,每帧 8 个时隙,帧周期为 4.615 ms。

4.7 IP 数字微波通信系统(IP digital microwave communication system)

将 IP 包直接映射到微波帧的数字微波通信系统,又称分组微波通信系统,分组传送网络(PTN)微波,简称分组微波,IP 微波。IP 微波在业务接入、处理和空口帧结构方面全面支持 IP 分组化业务,同时对 PDH/SDH 等传统 TDM 业务很好地兼容,单通道传输容量达到 1 Gb/s。依据设备结构不同,IP 微波分为全室内微波、分体式微波和全室外微波。分体式微波分室内单元和室外单元。依据工作频率主要分为:传统 IP 微波,工作频率为 6~42 GHz;V 波段(V-band)IP 微波,工作频率为 59~64 GHz;E(E-band)波段 IP 微波,工作频率为 71~86 GHz。依据业务映射和处理技术不同,IP 微波设备分混合(Hybrid)IP 微波和纯分组(Packet)IP 微波两种。前者空中接口支持 TDM 数据和 IP 包的混合传送,TDM 业务和分组业务各自映射到微波帧,通过统一的微波帧进行混合传送;后者将 TDM 业务和分组业务等经过边缘到边缘的伪线仿真技术(MPLS/PWE3)统一封装处理,然后以分组形式传送到微波端口,映射成微波帧传输。

4.8　IS-95

美国高通公司提出的基于码分多址（CDMA）技术的第二代移动通信系统标准，简称IS-95。IS-95是美国电信工业协会（TIA）于1993年公布的双模式（CDMA/AMPS）的标准。双模式是指IS-95标准兼容模拟调频系统和码分多址数字系统。IS-95标准全称是“双模式宽带扩频蜂窝系统的移动台—基站兼容标准”。IS-95采用1.25 MHz的系统带宽，提供话音业务和简单的数据业务。从概念上讲，IS-95A和IS-95B总称为IS-95，通常将基于IS-95的一系列标准和产品统称为CDMAone。CDMAone包括更多的相关标准，如IS-95、IS-95A、TSB-74、J-STD-008以及IS-95B。IS-95是CDMAone系列标准中最先发布的空中接口标准，IS-95A则是1995年美国TIA颁布的第一个得到广泛应用的商用化标准。1998年TIA制定了新标准IS-95B标准，通过对物理信道的捆绑应用，以承载比IS-95A更高速率数据业务，允许连接多达8个码道，支持最高数据速率为115.2 kb/s的无线数据业务。IS-95蜂窝通信系统网络结构符合典型的数字蜂窝移动通信的网络结构，由交换子系统、基站子系统和移动台子系统3大部分组成。

4.9　ISM频段（industrial scientific medical band）

国际电联规定的主要用于工业、科学和医学机构使用的无线电频段。ISM频段的特点是没有使用授权的限制，可自由使用，但发射功率受限，一般不高于1 W，不对其他频段造成干扰即可。如熟知的2400～2483.5 MHz、5725～5850 MHz频段即为ISM频段。在中国，2400～2483.5 MHz频段可用于宽带无线接入（含无线局域网）、蓝牙、点对点传输等无线电通信系统；5725～5850 MHz频段可用于宽带无线接入（含无线局域网）、点对点传输、电子不停车收费等无线电通信系统。

4.10　LMDS（local multipoint distribution system）

工作在厘米波或毫米波频段的点到多点宽带无线固定接入系统，中文名称为本地多点分配系统。LMDS采用类似蜂窝网络的结构，将业务覆盖区域划分为若干服务区，服务区的覆盖范围从几千米到十几千米不等。每个服务区设一个基站（又称中心站）。为扩大覆盖范围和提高频谱利用率，各个基站的服务区可以划分为多个扇区，组织成蜂窝系统。如果服务区划分为多个扇区，则基站为每个扇区设一副天线；如果不设扇区，则基站设一副全向天线。终端站采用窄波束定向天线，与基站建立无线信道。厘米波和毫米波频段的无线电信号穿透建筑物能力弱，基站与终端站之间需要有直视路径。理想状态下，LMDS系统通信可靠性及传输性能与光纤通信系统相当，可为用户提供高达35～58 Mb/s的下行速率，40 Mb/s的上行速率。

在不同的国家和地区，分配给LMDS的工作频段和带宽各有不同。LMDS微波频段分布见表4.1。美国联邦通信委员会（FCC）将LMDS的频谱分成两段：27.50～28.35 GHz、29.10～29.25 GHz和31.075～31.225 GHz为A段，共1.15 GHz；31.225～31.300 GHz为B段，共150 MHz。我国允许使用26 GHz频段的FDD方式LMDS频率为24.507～25.515 GHz（下行）和25.757～26.765 GHz（上行），收发频率间隔1250 MHz。基本波道带宽为3.5 MHz、7 MHz、14 MHz、28 MHz。可根据具体业务需求，将基本波道合并使用。

表4.1　LMDS微波频段分布

LMDS系统/GHz	10	24	26
频段/GHz	10.15～10.65	24.25～25.25	24.25～26.06
收发间隔/MHz	350	800	1008
LMDS系统/GHz	28	31	38
频段/GHz	27.5～31.225	31.0～31.30	38.6～40.0
收发间隔/MHz	350	225	700

4.11　LTE（long term evolution）

第三代移动通信的长期演进技术，中文名称为长期演进。LTE采用OFDM和MIMO作为其无线网络演进的唯一标准，改进并增强了3G的空中接入技术。LTE定位于3G与4G之间。除最大带宽、上行峰值速率两个指标略低于4G要求外，其他技术指标都已经达到了4G标准的要求，因此俗称为3.9G。它的主要特点是在20 MHz频谱带宽下能够提供下行100 Mb/s与上行50 Mb/s的峰值速率；相比3G网络，大大提高了小区的容量，同时LTE网络节点主要包括演进型基站(eNode B)和接入网关(aGW),相比3G省去了无线网络控制器(RNC),网络结构更加扁平化,网络延迟大为减小。TD-LTE是TDD版本的LTE的技术,FDD-LTE是FDD版本的LTE技术。TDD和FDD的差别在于,TDD采用时分双工,而FDD采用频分双工。

4.12 LTE-A(LTE-Advanced)

LTE的演进,正式名称为Further Advancements for E-UTRA。2008年6月,3GPP完成了LTE-A的技术需求报告,提出了LTE-A的最小需求:下行峰值速率1 Gb/s,上行峰值速率500 Mb/s,上、下行峰值频谱利用率分别达到15 b/(Hz · s)和30 b/(Hz · s)。这些指标已经远高于4G的最小技术需求指标。

LTE-A后向兼容LTE,两者拥有相同的无线接入物理层和网络结构,以及相同的核心网结构。LTE-A在扇区容量、边缘用户吞吐量、频谱效率方面较LTE有大幅提高。LTE-A引入了更为先进的技术:载波聚合(CA)、多点联合协作(COMP)、中继(Relay)与异构网络(Het-Net)、多输入多输出(MIMO)技术等。LTE-A包括TDD和FDD两种制式。TD-SCDMA网络能够演进到TDD制式, WCDMA网络能够演进到FDD制式。

4.13 McWiLL(multi-carrier wireless information local loop)

多载波无线信息本地环路的简称。McWiLL是北京信威科技集团股份有限公司自主研发的移动宽带无线接入系统,也是SCDMA综合无线接入技术的宽带演进版SCDMA V5的俗称。McWiLL单基站占用5 MHz的载频带宽,最高吞吐量为15 Mb/s,终端最高吞吐量为3 Mb/s,最多能支持并发300路语音。McWiLL主要是在智能天线技术方面开发了高性能的信道跟踪和预测技术,提高波束赋形和联合检测的速度,从而保证高速移动下的信号质量。McWiLL可以同时支持语音业务、数据业务、多媒体,是语音数据一体化的宽带无线接入系统。McWiLL系统成为我国第一个拥有国家授权频段并制定了行业标准的宽带无线接入技术制式。McWiLL及其后续演进版本主要定位于区域性的宽带移动无线接入应用。

4.14 MIMO(multiple input multiple output)

在无线收发的两端均使用多个天线的无线电通信技术,又称多入多出。其基本原理是,利用多个天线将时域和空域结合起来进行空时信号处理,通过空时编码获得分集增益和复用增益。MIMO信号可以通过两种不同方式改善无线通信:一种是分集机制,通过发射与接收之间多条通路改善系统健壮性、误码率;另一种是空间复用机制,利用收发之间多条相对独立的路径并行传输信号,每个子信道承载不同的数据流,在不增加带宽的条件下,相比单入单出成倍地提升了信息传输速率,从而极大地提高了频谱利用率。MIMO技术已经成为无线通信领域的关键技术之一。在无线宽带移动通信系统方面,3GPP已经在标准中采用MIMO技术。在无线宽带接入系统中,IEEE 802.16e、802.11n和802.20等标准也采用了MIMO技术。

4.15 PTT开关(push to talk)

无线通信手持机或车载台送话器上的讲话开关,又称一键通,即按即说键。主叫用户只要一按该键就能建立主叫和被叫之间的半双工通话链路,主叫即可讲话,被叫无须按键即可接听。主叫松开PTT开关,通话链路即被释放。

PTT功能是对讲机类型的业务,目前可分为两大类系统:数字集群通信系统和公众移动通信系统。数字集群通信系统对应于有指挥调度需求的专业用户;公众移动通信系统基于IP多媒体子系统(IMS)也实现了PTT功能,成为3G的一项增值业务,简称PoC,又叫一键通业务,是在手机上增加对讲机PTT功能的一种半双工通话方式,向个人用户提供一对多和一对一通话服务。

4.16 RAKE接收机(rake receiver)

一种能分离多径信号并有效合并多径信号的接收机,是第三代CDMA移动通信系统的一项重要技术。在CDMA系统中,传播时延差超过一个码片周期的多径信号可被看作互不相关的信号。如果不同的路径信号的延迟差超过一个伪码的码片时延,则在接收端可将其区别开来。将这些不同的信号分别经过不同的延迟线,对齐后合并在一起,就可把原来的干扰信号变成有用信号。RAKE接收机就是根据这一原理设计出来的。通过多个相关检测器接收多径信号中的各路信号,可以在时间上分辨出细微的多径信号,对这些分辨出来的多径信号分别进行加权调整,使之复合成加强的信号。由于该接收机中横向滤波器具有类似锯齿状的抽头,就像耙子一样,故称该接收机为 RAKE 接收机。

4.17　TD-SCDMA (time division-synchronous code division multiple acces)

基于时分同步码分多址的第三代移动通信系统的空中接口标准。TD-SCDMA 是中国提出的享有自主知识产权的第一个完整的通信技术标准。系统采用 DS-CDMA 多址方式,载波带宽为 1.6 MHz,码片速率为 1.28 Mchip/s,最高速率为 2.8 Mb/s。TD-SCDMA 采用了 UMTS 网络结构,分为核心网、无线接入网络以及终端用户部分。它的主要技术特点有:

(1) 采用不需配对频率的时分双工模式,上行和下行信道特性基本一致,因此,基站根据接收信号估计上行和下行信道特性比较容易。

(2) 采用同步 CDMA 技术。上行链路各终端信号与基站解调器完全同步,可使正交扩频码的各码道在解扩时完全正交,相互之间不会产生多址干扰,克服了异步 CDMA 的码道不正交所带来的干扰问题。

(3) 采用联合检测技术使得检测的效率大为提高。TD-SCDMA 是一个时域和帧控的 TDMA 方案。用户分布到每个时隙中,最终使时隙中并行用户数量很少,这样,通过较低的计算量和信号处理要求,就能有效地检测到目标信号。

(4) 采用智能天线技术,而智能天线技术的使用又引入了空分多址技术的优点,减少了用户间干扰,提高了频谱利用率。

TD-SCDMA 技术与标准发展和演进路径可分为 3 个阶段和两大类技术。3 个阶段分为基本版本及增强型技术标准阶段、长期演进阶段、4G 阶段;两大类技术为基本版本及增强型技术标准阶段基于 CDMA 技术、长期演进阶段和 4G 阶段基于 OFDM 技术。

4.18　UMTS 地面无线接入网(UMTS terrestrial radio access network)

通用移动通信系统陆地无线接入网,简称 UTRAN。UTRAN 为用户终端设备提供无线接口,完成与用户无线接入有关的所有功能。UTRAN 由一组通过 Iu 接口(无线网络控制器与核心网之间的接口)连接到核心网的多个无线网络子系统组成。无线网络子系统由数个基站和无线网络控制器组成。基站服务于一个无线小区,提供无线资源的接入功能,无线网络控制器提供无线资源的控制和管理功能。

4.19　U-NII 频段(unlicensed national information infrastructure band)

美国联邦通信委员会(FCC)规定的无许可证的国家信息基础设施频段。U-NII 频段没有使用授权的限制,可自由使用。在美国,U-NII 频段包括 3 个频段,分别为低频段 5.15~5.25 GHz,中频段 5.25~5.35 GHz,高频段 5.725~5.825 GHz,其中低频用于室内通信;中频室内外兼顾,适用于中等距离通信;高频室外使用,通常作为社区无线宽带接入通信。我国将 5.725~5.850 GHz 频段作为点对点或点对多点扩频通信系统、高速无线局域网、宽带无线接入系统、蓝牙技术设备及车辆无线自动识别等无线台站的共用频段,其中站台设立要到当地无线电管理部门报批。

4.20　WCDMA (wide band code division multiple access)

基于宽带码分多址的第三代移动通信系统空中接口标准。系统采用 DS-CDMA 多址方式,码片速率为 3.84 Mchip/s,载波带宽为 5 MHz。不同基站可选择同步和不同步两种方式。在反向信道上,采用导频符号相干 RAKE 接收的方式,解决了 CDMA 中反向信道容量受限的问题。还可采用自适应天线、多用户检测、分集接收、分层式小区结构等,进一步提高系统的性能。WCDMA 系统可以划分为核心网、无线接入网络以及终端用户。根据 3GPP 的发展和演进计划,WCDMA 最终发展成为第四代移动通信系统。

4.21　Wi-Fi(wireless fidelity)

符合 IEEE 802.11 系列标准的无线网络通信技术产品的品牌,中文直译为无线保真,表 4.2 为 IEEE 802.11 系列标准概况。Wi-Fi 商标由 Wi-Fi 联盟持有,是一种商业认证。Wi-Fi 联盟是一个非赢利性商业联盟,成立于 1999 年,制定了一套用于验证符合 IEEE 802.11 标准的无线局域网产品兼容性的测试标准,旨在通过对基于 IEEE 802.11 标准的产品进行互操作性测试,在全球范围内保证 Wi-Fi 产品的互通,从而促进 Wi-Fi 行业的发展。经过 Wi-Fi 联盟认证的产品,贴有 Wi-Fi 标志,成为符合 IEEE 802.11 技术标准的同义词。

表 4.2　IEEE 802.11 系列标准概况

标准	频段/GHz	传输速率/(Mb/s)	使用范围/m	兼容情况
IEEE 802.11	2.4	2	50	基础标准
IEEE 802.11a	5	54	50	不兼容
IEEE 802.11b	2.4	11	100	兼容 802.11
IEEE 802.11g	2.4	54	100	兼容 802.11b
IEEE 802.11n	2.4/5	300~600	125	兼容 802.11a/b/g

4.22　WiMAX (worldwide interoperability for microwave access)

中文名称为全球微波接入互操作性，是IEEE 802.16标准系列的无线城域网技术。IEEE 802.16标准又称为IEEE Wireless MAN空中接口标准，对工作于2~66 GHz频带的无线接入系统空中接口物理层和媒体接入控制层进行了规范，包括802.16、802.16a、802.16c、802.16d、802.16e、802.16f、802.16g、802.16h、802.16i、802.16j、802.16k、802.16m等标准。IEEE 802.16根据使用频段高低不同，可分为应用于视距和非视距两种；根据是否支持移动性，可分为固定宽带无线接入空口标准和移动宽带无线接入空口标准。标准的技术细节见表4.3。

WiMAX网络组成包括WiMAX终端、接入网和核心网。支持点对多点的蜂窝网结构和网状网结构。传输距离最远可达50 km，最高传输速率可达75 Mb/s。此外802.16m是移动WiMAX的下一代标准，保持与现有WiMAX的互通，又称为WirelessMAN-Advanced或WiMAX-2，传输速率目标在固定状态下达到1 Gb/s，移动状态下达到100 Mb/s，被ITU确定为4G标准。

WiMAX规章工作组建议频段采用2.5 GHz（许可频段）、3.5 GHz（许可频段）、5.8 GHz（免许可频段）。2007年ITU无线通信全体会议上，WiMAX作为3G标准取得了3G TDD频段，与中国的TD-SCDMA占有相同的TDD频段。3GPP规定的UTRA TDD频段为1900~1920 MHz，2010~2025 MHz；1850~1910 MHz，1930~1990 MHz；1910~1930 MHz。

4.23　ZigBee

通信距离介于无线标记技术和蓝牙技术之间的短距离低速率无线网络技术，中文名称为紫蜂。ZigBee一词源自蜜蜂在发现花粉位置时，通过跳ZigZag形舞蹈来向同伴传递信息。ZigBee工作在2.4 GHz（全球）、868 MHz（欧洲）和915 MHz（美国）3个频段上，分别具有最高250 kb/s、20 kb/s和

表 4.3　WiMAX 标准的技术细节比较

标准	802.16	802.16d	802.16e
使用频段/GHz	10~66	2~11（非视距） 10~66（视距）	2~6
信道条件	视距	非视距，视距	非视距
固定/移动性	固定	固定	移动，漫游
复用方式	SC	OFDM/OFDMA	OFDM/OFDMA
调制方式	QPSK、16QAM、64QAM	256OFDM(BPSK/QPSK/16QAM/64QAM) 2048 OFDMA	256OFDM (BPSK/QPSK/16QAM/64QAM), 128/512/1024/2048 OFDMA
双工方式	TDD，FDD	TDD，FDD	TDD，FDD
信道带宽/MHz	25，28	1.25~20 （1.25 MHz和1.75 MHz倍数系列）	1.25~20（1.25 MHz和1.75 MHz倍数系列）
数据速率/(Mb/s)	32~134（28 MHz）	75（20 MHz）	15（5 MHz） 30（10 MHz）
覆盖半径/km	5	15	5

40 kb/s 的传输速率,传输距离为 10~75 m。

采用 ZigBee 技术构建的 ZigBee 网络用于工业现场自动化控制数据的传输。ZigBee 网络的物理层和媒体接入访问控制层协议采用 IEEE 802.15.4 标准,主要技术参数见表 4.4。ZigBee 技术联盟在 IEEE 802.15.4 标准基础上制定了网络层和应用层的标准,包括组网、安全服务等功能以及一系列无线家庭、建筑等解决方案,还负责提供兼容性认证、市场运作以及协议的发展延伸。ZigBee 网络包含 3 种设备:ZigBee 协调器、ZigBee 路由器和 ZigBee 终端设备。

表 4.4　IEEE 802.15.4 标准的工作频段、传输速率和调制方式

频段/MHz	扩频参数		数据参数		
	码片速率/(kchip/s)	调制方式	比特率/(kb/s)	波特率/kbaud	符号特征
868~868.6	300	BIT/SK	20	20	二进制
902~928	600	BIT/SK	40	40	二进制
2400~2483.3	2000	Q-QPSK	250	62.5	十六进制

4.24　编码正交频分复用(coded orthogonal frequency division multiplexing)

将编码与正交频分复用相结合的调制技术,简称 COFDM。编码是指信道编码采用编码率可变的卷积编码,以适应不同的误码率要求。正交频分指使用大量的正交子载波。由于正交,相邻子载波可以在频率域有部分重叠。复用指多路数据相互交织地调制到上述载波上。调制方式采用 QPSK、16QAM 或 64QAM 等。

COFDM 的主要特点是各子载波相互正交,使调制后的频谱可以相互重叠,从而减小了子载波间的相互干扰。每个子载波可以使用不同的调制方式,从而使各个子载波能够根据信道状况的不同选择不同的调制方式,达到频谱利用率和误码率之间的最佳平衡。采用功率控制和自适应调制相协调的工作方式,信道质量好时,可以提高传输速率,或降低发射功率;信道质量不好时,可以提高发射功率,或降低传输速率。COFDM 在误码性能、抗多径衰落、抗窄带干扰、频带利用率等方面性能优良,是一种很有应用前景的技术。

4.25　波导(waveguide)

定向引导电磁波的中空器件。电磁波被限制在波导内的空间中传播。根据横截面形状,可分为矩形波导、圆波导;根据柔软性,可分为软波导、硬波导。软波导主要用于工作过程,需要经常改变弯曲形状的场合。

4.26　波道配置(radio channel configuration)

无线电通信系统射频频段的划分和分配方案。在系统可以使用的射频频率范围内,划分为若干波道,分配给各站使用。每一个波道以中心频率(工作频率)和波道带宽限定。两个相邻波道中心频率之差称为相邻波道间隔。相邻波道间隔越大,相邻波道间干扰就越小。为尽量避免收发干扰,将波道分为低端和高端两部分,使用时,在低端和高端各取一个波道组成一对波道,以波道对为单位进行分配。高端波道中的最低工作频率与低端波道中的最高工作频率之差称为相邻收发间隔,相邻收发间隔越大,收发干扰就越小。此外,通过合理配置波道的极化方式,如一个波道对的收发波道采用不同的极化方式,可进一步减少收发干扰和相邻波道的干扰。

4.27　残余误码率(residual bit error ratio)

信道无衰落时的比特差错率,简称 RBER,又称背景误码率,是数字微波通信系统在可用状态下的主要误码性能指标之一。一般认为信道不可用和存在严重误码秒是信道衰落造成的,因此,残余误码率指扣除系统不可用时间和严重误码秒影响后的误码率。它等于在一较长测量时间内(如 15 min)进行统计所得的平均误码率,实际上是对设备本身性能提出的要求,该项指标数值很低,即要求具有极少的背景误码。

4.28　长波通信(long-wave communication)

工作频率在 3 Hz~300 kHz 的无线电通信。可进一步分为长波(30~300 kHz)、甚长波(3~30 kHz)、特长波(300~3 kHz)、超长波(30~300 Hz)、极长波(3~30 Hz)通信。

通常波长越长,传播衰耗越小,穿透海水和土壤的能力也越强,但相应的大气噪声也越大。并且随着工作波长的增大,其发射天线尺寸也越大,超长波发射天线的长度可达数十千米甚至上百千米。长波波长为 1~10 km,主要沿地球表面以地波方式传播,陆地传播距离为几十千米至几百千米,海面传播距离可达数百至数千千米。长波通信只能传电报或低速数据;甚长波波长为 10~100 km,主要靠大地与电

离层(低层)形成的波导进行传播,传播距离可达数千千米乃至覆盖全球。甚长波穿透海水能力较强,适用于水下通信。甚长波通信只能传电报或几十波特的低速数据;超长波波长为 1000~10 000 km,其传播衰减很小,穿透海水能力很强,可深达 100 m 以上,用于远距离和大深度下航行的潜艇通信。超长波通信传输速率很低,1 个码元长达 30 多秒;极长波波长大于 10 万千米,其在陆地和海水中的传播衰减都很小,适宜数百米水下的潜艇通信。

4.29 超短波电台(ultrashort wave station)

工作在超短波波段的无线电台,又称甚高频电台。超短波电台主要由超短波收发信机、超短波天线和馈线、终端设备、电源设备、监控设备等构成,主要用于电话通信,也可传送数据或图像。当其用于接力通信时,有终端站和中继站之分。在设计和建造时,要避免在天线主波束方向上出现高大树木或建筑物,以减小传播损耗。

4.30 超短波通信(ultrashort wave communication)

工作频率在 30~300 MHz 的无线电通信,又称米波通信、甚高频通信。超短波通信具有频段宽、通信容量大等优点,但传播路径主要靠空间波进行视距范围内的传播,因此受地形地物影响较大。当要进行远距离通信时,需加设中继站进行接力。除了与具有较高增益的天线(如八木天线)相配合应用于定点超短波中继通信外,超短波通信还广泛应用于移动通信、散射通信和一点多址通信。在试验通信中,常把频率在 30~1000 MHz 的无线电通信称为超短波通信。

4.31 超宽带(ultra wide band)

以占空比很低的冲击脉冲作为信息载体传输数据的无载波扩频技术,又称为极宽带,无载波无线技术,脉冲无线电技术,简称 UWB。超宽带信号通常指-10 dB 功率点处的相对带宽(信号带宽与中心频率的比)大于 20%或射频的绝对带宽大于 500 MHz 的无线电信号。UWB 原为美国军方为防止通信被窃听而开发的军用通信技术。2002 年 2 月,美国联邦通信委员会(FCC)授权 UWB 可用于民用通信,规定 UWB 在 3. 1~10. 6 GHz 频段中占用 500 MHz 以上的带宽,频谱范围很宽,但是发射功率非常低,低于-41 dBm。UWB 调制采用脉冲宽度在纳秒级的快速上升和下降冲击脉冲,脉冲成型后直接送至天线发射。接收端不需要中频处理,直接接收。UWB 信号是一种持续时间极短,带宽很宽的短时脉冲,功率谱密度相当低,被称为隐形电波。调制可采用开关键控(OOK),对应脉冲键控,脉冲振幅调制或脉位调制。

IEEE 802. 15a 工作组负责制定 UWB 技术标准,已形成直接序列扩频码分多址和多频正交频分复用两大主流标准方案。

4.32 超外差接收机(superheterodyne receiver)

将输入的高频信号在混频器内与本振信号混频,使该高频信号的频率降到一个低得多的中频频率后进行滤波、放大和解调的接收机。因输出的中频频率低于输入的高频信号的频率,而且又是本振频率与输入的高频信号的频率之差,故称超外差接收机。目前,大多数接收机都是超外差接收机,常用的为超外差一次变频和二次变频结构。超外差接收机降低了对信道滤波器的要求,但由于混频的非线性效应,会产生很多组合频率分量,产生镜像干扰、组合频率干扰和中频干扰等特有的干扰。超外差接收机中频的选择需要兼顾接收灵敏度和信道选择性。依靠周密的中频频率选择和高品质的射频滤波器(镜像抑制和频带选择)、中频滤波器(信道选择),可以获得很高的接收灵敏度、较好的选择性和较大的动态范围。

4.33 大气窗口(atmospheric window)

电磁波在大气中传播时,大气吸收作用相对比较弱的频段,又称无线电窗。常用的大气窗口在可见光及近红外谱段为 0. 30~2. 5 μm;在红外谱段为 3. 5~4. 2 μm,8~14 μm;在微波波段有 1. 4 mm、3. 5 mm、8 mm 附近的波段以及波长大于厘米波的波段。

4.34 大气吸收衰减(atmospheric absorption loss)

电磁波通过大气传播时,因大气分子的吸收作用而产生的衰减。大气中的水蒸气分子具有电偶极子,氧分子具有磁偶极子,这些分子从通过它们的电磁波中吸收能量,从而使电磁波产生吸收衰减。水蒸气的最大吸收峰在 23 GHz 处,氧分子的最大吸收峰在 60 GHz 处。电磁波频率低于 12 GHz 后,大气吸收衰减为 0. 015 dB/km。

大气损耗包括电离层中自由电子和离子的吸收损耗，对流层中氧分子、水蒸气分子以及云雾雨雪等吸收损耗和散射损耗。大气损耗与天气、电磁波频率、天线仰角有着密切的关系。除雨衰外，大气损耗中其他损耗较小，因此，在卫通链路设计中主要考虑雨衰对其的影响。

4.35　大气折射(atmospheric refraction)

低空大气对电波传播产生的折射。大气的成分、压力、温度、湿度随高度和地域的不同而变化，是一种折射率不均匀的无线传输媒质。电波在这种折射率不均匀的媒质中传播，将改变传播方向，即发生折射。

4.36　单边带通信(single sideband)

将载波和一个边带去除掉，只发送一个边带的通信方式，简称 SSB。幅度调制后的已调载波包含载波和分别位于载频两边的上边带和下边带。这两个边带均包含有调制信号的全部内容，为了提高通信效率和节约频带，发送前可将载波和一个边带去掉，只发送一个边带。

根据载波是否完全被抑制，单边带通信分为部分抑制载波单边带通信和抑制载波单边带通信。如果发送上边带，则称为上边带通信；如果发送下边带，则称为下边带通信；如果将两个边带分别加以利用，传送不同的信号，则称为独立边带通信。

4.37　单呼(private conversation)

任意两个用户之间进行的一对一的通信方式，又称选呼，私人通话。在集群移动通信中，用户通过按数码键(键入身份码)选择呼叫另一个用户。建立起单呼的两个用户，将听不到其他一般呼叫，直至解除单呼状态为止，同时其他用户也听不到该单呼。

4.38　导频(pilot frequency)

用来反映传输电平变化情况的一种单频引导信号。导频还可作为两地载频同步的参考信号。在基于码分多址技术的移动通信系统中，导频信号是基站连续发射未经调制的直接序列扩频信号，使用户可以获得前向码分多址信道时限，提供相干解调相位参考，并且为基站提供信号强度比较手段，确定移动台用户何时切换。导频技术可以有效提高不同载频之间切换的成功率，在网络优化中被广泛采用。

4.39　等效地球半径(equivalent earth radius)

将大气折射对于电波传输的影响等效折算所得的地球半径。由于受大气折射的影响，电波不是沿直线传播，而是沿具有一定曲率的弧线传播。工程上为了计算方便，将电波假定为沿直线传播，而把折射对电波传输的影响折算到地球曲率的改变上，并将曲率改变后的地球半径称为等效地球半径。

等效地球半径与真实地球半径之比，称为等效地球半径系数，记为 K。$K=1$，表示无折射；$K<1$，表示负折射，即电波射线弯曲与地球表面弯曲方向相反；$K>1$，表示正折射，即电波射线弯曲与地球表面弯曲方向相同。在工程计算时，一般正折射时取 K 为 4/3，负折射时取 K 为 2/3，越站干扰时 K 按无穷大考虑，即不计地球凸起的高度对电波传播的影响。在温带地区，通过大量实验求得 K 的平均值为 4/3，通常称此时的大气为标准大气，$K=4/3$ 的大气折射为标准大气折射。

4.40　第二代移动通信系统(the second generation mobile communication system)

窄带数字蜂窝移动通信系统，简称 2G，因全面取代第一代移动通信系统而得名。其以数字化为主要特征，以传送数字话音为主要业务，也可提供低速电路型数据业务和短消息业务。2G 系统主要基于 TDMA 和 CDMA 两种数字无线标准技术，典型系统有 GSM、CDMA IS-95、D-AMPS 和 PDC 等，主要技术规格见表 4.5。表 4.5 中，3S 站指 3 扇区单载波站，Q_1 站为单载波全向站。

表 4.5　第二代移动通信系统技术规格

系统		GSM	CDMA		D-AMPS	PDC
			IS-95	2001 1x		
工作频率/MHz	下行	935~960 1805~1850	825~835		869~894	810~826 1429~1453
	上行	890~915 1710~1755	870~880		824~849	940~956 1477~1501

续表

系统	GSM	CDMA		D-AMPS	PDC
		IS-95	2001 1x		
接入方式	TDMA	CDMA		TDMA	TDMA
双工方式	FDD	FDD		FDD	FDD
双工间隔/MHz	45 95	45		45	130 48
载频带宽/kHz	200	1.23		30	50
业务信道数/每载频	8	3S 站：21 Q_1 站：23	3S 站：35 Q_1 站：40	3	3
调制方式	GMSK	下行：QPSK 上行：BPSK		π/4 DQPSK	π/4 DQPSK
使用地区国家	中国、欧洲	中国、美国		美国	日本

4.41　地面波(ground wave)

沿地球表面传播的无线电波，简称地波。地波受地形和地面电磁特性的影响较大。地波在地面上产生感应电流而衰减，在起伏不平的地面上，会发生散射而衰减。波长越长，这两种衰减就越小。因此工作波长不宜过短，通常位于超长波、长波、中波和短波低频段。地波传播优点是比较稳定、信号质量好。

4.42　第三代移动通信系统(the third generation mobile communication system)

以多媒体业务为特征，能够将语音通信和多媒体通信相结合，支持高速数据传输的蜂窝移动通信系统，简称3G。因最初作为第二代移动通信系统的下一代而得名。国际电信联盟(ITU)曾称其为未来公众陆地移动通信系统(FPLMTS)，后改名为全球移动通信系统(IMT-2000)。在室内、室外和行车的环境中能够分别支持至少 2 Mb/s、384 kb/s 以及 144 kb/s 的传输速度。ITU 确定的 3 个主流无线接口标准分别是美国的 CDMA2000、欧洲的 WCDMA 和中国的 TD-SCDMA，见表 4.6。除此之外，以 IEEE 802.16 系列标准为基础的宽带无线接入技术 WiMax 也称为第 4 种 3G 主流标准。

表 4.6　3G 三大主流技术标准对照表

项目	WCDMA	CDMA2000	TD-SCDMA
提出国家	欧洲、日本	美国、韩国	中国
继承基础	GSM	IS-95CDMA	GSM
载频带宽/MHz	5	N×1.25	1.6
码片速率/(Mchip/s)	3.84	N×1.2288	1.28
扩频因子	4~512	4~256	1.16
双工方式	FDD/TDD	FDD	TDD
基站同步	不需要	GPS 同步	上下行均需同步
智能天线	不支持	不支持	支持
核心网	GSM MAP	ANSI-41	GSM MAP
理论单用户最高速率	R99：384 kb/s	1X：384 kb/s	R4：384 kb/s
	HSDPA：14.4 Mb/s	EVDO：3.1 Mb/s	HSDPA：2.8 Mb/s
我国运营商(频段)	中国联通：基于 FDD 模式，获得了 1940 ~ 1955 MHz 和 2130 ~ 2145 MHz 频段。	中国电信：获得 1920~1935 MHz 和 2110~2125 MHz 频段。	中国移动：获得了核心频段的 1880~1920 MHz 和 2110~2125 MHz 频段资源；在补充频段拥有 2300~2400 MHz 的 100 MHz 资源。

3GPP 主要采用 WCDMA 和 TD-SCDMA 技术构建无线接入网,核心网与无线接入网作为整体向前发展。3GPP2 主要采用 CDMA2000 技术构建无线接入网,核心网与无线接入网分别独立向前发展。两种技术体制的核心网在现有第二代移动通信网的核心网基础上平滑演进。WiMax 主要采用 OFDMA 技术构建无线接入网。

4.43　第四代移动通信系统(the fourth generation mobile communication system)

国际电联(ITU)提出的未来移动通信系统,又称 IMT-Advanced,简称 4G。4G 是多功能集成的宽带移动通信系统,包括宽带无线固定接入、宽带无线局域网、移动宽带系统和交互式广播网络,具有非对称的超过 100 Mb/s 的室外数据和 1G Mb/s 的室内数据传输能力。系统能在不同的固定和无线平台及跨越不同频带的网络运行中提供无线服务。根据 ITU 的定义,静态传输速率达到 1 Gb/s,用户在高速移动状态下的传输速率可以达到 100 Mb/s,就可以作为 4G 的技术之一。

2012 年 1 月,ITU 会议正式通过将 3GPP 的 LTE-A(包括 TDD 和 FDD 两部分)和 WiMax 论坛的 IEEE 802.16m 技术规范作为 4G 国际标准,技术对比见表 4.7。

4.44　第一代移动通信系统(the first generation mobile communication system)

模拟蜂窝移动通信系统,简称 1G。因最早投入商业运营而得名。其主要特征是采用模拟调频制式和频分多址技术。该系统始于 20 世纪 70 年代末,主要商用时间从 20 世纪 80 年代初开始到 20 世纪 90 年代前期。典型代表是北美的先进移动电话系统(AMPS)、英国的全接入通信系统(TACS)和北欧的 Nordic 移动电话 (NMT),技术规格见表 4.8。第一代移动通信系统仅支撑语音业务,容量小,存在信号质量不好、安全保密性差、设备难以小型化等问题。

表 4.7　LTE-A 和 802.16m 技术对比

	3GPP LTE Advanced	IEEE 802.16m
信道带宽	支持 1.25~20 MHz 带宽。	5~20 MHz 的可变带宽,某些特殊性信道可支持高达 100 MHz 的带宽。
峰值速率	下行: 1 Gb/s 上行: 500 MHz	静止: 1 Gb/s 移动: 100 MHz
移动性	0~15 km/h: 最佳性能; 0~120 km/h: 较好性能; 120~350 km/h: 保持连接,确保不掉线。	0~15 km/h: 最佳性能; 0~120 km/h: 较好性能; 120~350 km/h: 保持连接,确保不掉线。
基带传输技术与多址技术	下行: OFDMA 上行: SC FDMA	OFDMA
双工方式	FDD 与 TDD 尽可能融合,FDD 半双工方式	FDD、TDD 和 FDD 半双工
调制方式	QPSK、16QAM、64QAM	BPSK、QPSK、16QAM、64QAM
编码方式	Turbo、LDPC	卷积码、卷积 Turbo 码和 LDPC
多天线技术	基本 MIMO 模型	MIMO、自适应天线阵(AAS)
H-ARQ	Chase 合并与增量冗余 H-ARQ、异步 H-ARQ、自适应 H-ARQ	Chase 合并、异步 H-ARQ、非自适应 H-ARQ

表 4.8　第一代移动通信系统技术规格

系统		TACS	NMT		AMPS
			NMT450	NMT900	
工作频率/MHz	下行	935~950	461.3~465.74	935~960	917~950
	上行	890~905	453~457.5	925~942	824~894

续表

系统	TACS	NMT		AMPS
		NMT450	NMT900	
接入方式	FDMA	FDMA	FDMA	FDMA
双工间隔/MHz	45	10	45	45
频道间隔/kHz	25	25	25	30
数据信号	直接 FSK	副载波 FFSK	副载波 FFSK	直接 FSK

4.45　电波传播(radio wave propagation)

由天线发射或自然源辐射的无线电波,在地面、大气层和宇宙空间传播的过程。无线电波在介质或介质分界面的影响下,会发生被折射、反射、散射、绕射和吸收等现象,使电波的特性参量,如幅度、相位、极化、传播方向等发生变化。电波传播方式通常有以下几种方式。

(1) 地波传播。主要受地形的影响,沿地球表面传播。

(2) 对流层电波传播。主要受对流层的影响,在对流层中产生散射。

(3) 电离层电波传播。主要受电离层的影响,在电离层中产生折射和反射。

(4) 地—电离层波导电波传播。主要受电离层下缘和地面的影响,如同在波导中传播。

(5) 自由空间传播。主要在大气层以外的自由空间(接近真空状态)传播,能量随传播距离增加而扩散。

4.46　电离层(ionosphere)

高空大气受太阳辐射(紫外线,X 射线和微粒辐射)作用呈电离状态的大气层。范围从离地面 60 km 开始,一直可伸展到 1000 km 以上。按照电子浓度的大小,自下而上分为 D、E、F 层。D 层位于 60 ~ 90 km 高度处,只在白天出现。E 层在 90 ~ 140 km 高度处,F 层在 140 ~ 500 km 处。各层高度、厚度和电子浓度随昼夜更替和季节变换而变化,也受太阳活动(太阳黑子)的影响。

不同频段的电波通常受不同层的电离层反射或折射。长波和超长波波段的电波,通常在电离层低层的下缘被反射;中波段的电波,在电离层 D 层和 E 层中受到吸收,在 F 层中反射;短波段的电波,在电离层中受到折射和吸收,在一定条件下能由电离层反射回到地面。高于 100 MHz 以上的电波可穿透电离层。

电波在电离层中的传播分为透射传播和反射传播。直接穿透电离层的传播称为透射传播。透射传播主要应用于天地通信;在电离层中反射回到地面的传播称为反射传播。反射传播主要用于地面对地面的远距离短波通信。

4.47　电压驻波比(voltage standing wave ratio)

驻波电压的最大幅度与最小幅度之比,简称驻波比、VSWR 或 SWR。负载与传输线特性阻抗不匹配,产生反射。反射波在传输线上各点与入射波相加,随着传输距离的不断变化,二者相位差随之改变,各点电压的振幅也随之呈波浪式起伏,称为行驻波。最高点入射波与反射波相位相同,电压振幅相加为最大,称为波腹;最低点入射波与反射波相位相反,电压振幅相减为最小,称为波节;其他点振幅值介于波腹和波节之间。驻波比就是波腹与波节处的电压振幅之比。驻波比反映了反射波的相对大小和阻抗匹配的程度。当阻抗匹配时,没有反射波,驻波比为 1;当完全反射时,入射波和反射波相等,驻波比为无穷大。驻波比表征了功率传输效率或失配程度,是无线通信中天馈系统的重要性能指标,通常工程上允许不大于 1.5。

4.48　短波电台(short wave station)

工作在短波波段的无线电台,主要由短波收发信机、收发信天线和馈线、控制设备、终端设备、电源设备等部分构成,有便携式、车载式和固定式 3 类。小型便携式短波电台,发射功率较小,一般采用鞭状天线,主要用于近距离话音通信;中型短波电台传播距离较远,用作电报、数据和话音通信;大型短波电台,一般用于远距离的国际通信。短波电台常用的终端设备有耳机、电键、电传机和综合业务终端。通常采用多副天线进行空间分集接收,以减少电波衰落的影响。在接收方向上两副分集接收天线之间的距离应保持在 10 个波长以上,以提高分集接收效果。

短波电台具有使用简便、机动性强、设备简易和造价低廉等优点,在军事通信中占有重要地位。

4.49　短波发信机(short wave transmitter)

发射短波通信信号的设备,简称发信机。发信机是短波通信系统的主要设备之一,由激励器、功率放大器和电源组成。激励器采用数字信号处理(DSP)和数字频率直接合成(DDS)技术,其频率间隔为10 Hz,激励器的信道由自适应控制器控制。功率放大器采用全固态线性功放技术。发信机具有微机控制功能,提供按程序操作2~30 MHz频率范围内的多个信道,信道频率、工作种类、音频源和输出电平等参数也可人工设置。此外具有天线自动调谐匹配和全自动天调预存功能,并带有遥控接口和自适应控制接口,可与全波段接收机、自适应控制器等组成自适应短波通信系统。不同功率发射机在功能和操作上基本相同,只在输出功率、设备形状和结构上有所区别。大型短波固定台站通常配置400 W、1000 W数字化自适应短波发射机,车载、船载一般采用双工型。

4.50　短波后选器(HF postselector)

短波台站中的发信附属设备之一,简称后选器。后选器实际上为通带很窄,同时又可方便改变中心频率的带通滤波器。后选器用于短波发信设备激励器端(射频小信号输出与功放之间),可降低系统输出信号的宽带噪声及高次谐波分量,提高杂散发射抑制能力。当短波台站收发共址或多部电台同址(如车载、舰载环境下)工作时,有时需要增加后选器来解决电磁兼容问题。

4.51　短波接收机(short wave receiver)

接收短波通信信号的设备,又称短波收信机。短波接收机一般可在调幅话、等幅报、下边带、上边带、独立边带方式下工作,工作频率为10 kHz~29.9999 MHz,具有100个存储信道(存储频率、工作种类、滤波器带宽、AGC时间常数等工作参数)。能够按照信道顺序扫描或分组扫描,可按键选择工作种类、滤波器带宽、AGC等工作参数。全部参数可进行遥控,按照国军标要求,其遥控接口符合RS-232C和RS-422标准。目前试验任务中装备的短波收信机均为数字化自适应短波接收机。

4.52　短波频率预报(frequency forecast for short-wave communication)

向地理位置和通信对象确定的短波通信站,发布的工作频率使用预报。短波频率预报通常以曲线图的形式给出每个时间段的最高可用频率、最低可用频率和最佳工作频率3个要素。由于电离层的电子浓度分布随时间、地理位置、高度、太阳活动等变化而变化,使依靠电离层反射进行通信的短波信道呈现出典型的变参信道特征。为便于用户在不同地区、不同时间选取较好的工作频率,短波频率预报根据电离层模型和收发地点的经纬度,通过计算机运算预测出数月内所有时间段的最佳工作频率,供用户参考使用。

4.53　短波通信(short-wave communication)

工作频率在3~30 MHz的无线电通信,又称高频通信。实际通信中一般将中波1.5~3 MHz的高频段范围也划分为短波频段。短波以天波和地波两种方式传播。地波传播衰减较快,主要在5 MHz以下频段。天波传播主要靠电离层反射实现远距离通信,短波在电离层与地面之间通过一次反射或多次反射的方式向前传播,可以覆盖全球,但通信受电离层变化的影响十分严重。对于短波来说,F层反射,E层和D层皆吸收。短波通信按太阳黑子数多少及季节、昼夜的变化应采用不同的短波频率。由于短波通信具有设备较简单、机动性强、传输距离远、建立通信电路容易等特点,特别是电离层的不可摧毁性,使得短波通信在军事通信、应急通信中得到普遍应用。

4.54　短波预选器(short wave preselector)

短波台站中的收信附属设备之一,简称预选器。预选器实际上是一种通带很窄,同时又可方便改变中心频率的带通滤波器。预选器用于短波收信设备,将邻近发射机引起的接收机过载及相邻射频信道造成的干扰降至最小,可提高系统抗阻塞、倒易混频、互调和交调干扰性能。当短波台站收发共址或多部电台同址(如车载、舰载环境下)工作时,有时需要增加预选器来解决电磁兼容问题。

4.55　短波自适应(short wave adaption)

能够实时地、自动调整设备的工作参数,保持短波通信系统工作在最佳状态的技术。根据调整的参数不同,短波自适应包括频率自适应、功率自适应、传输速率自适应、分集自适应、均衡自适应及天线调零自适应等。由于选频和换频是提高短波通信质量最有效的途径,因此通常所说的短波自适应一般指频率自适应。

传统短波通信依靠人工利用长期频率预报和经验进行选频,通信双方预置一组频率—时间呼叫表,轮询发起呼叫应答建立链路,这种通信方式时效低,对人员专业素质要求高。频率自适应技术通过在通信过程中不断测试短波信道传输质量,实时选择最佳工作频率,保持通信链路工作在传输条件较好的信道上,因此这种技术实时性、自动化程度高。

实现频率自适应的基本方法分为通信与探测分离的独立系统、通信与探测一体的系统两类。独立系统是最早实用的实时选频系统,也称自适应频率管理系统,其利用独立的探测系统组成一定区域内的频率管理网络,在短波范围内快速扫描探测,得到通信质量优劣的频率排序表,统一分配给用户使用。由于这种方法不能实时与通信系统匹配,实时性较差,因此目前均采用融探测与通信一体的强实时性的频率自适应技术,此种技术能对信道初步探测,具备限定信道的实时信道估值功能(RTCE),能够完成链路质量分析(LQA),并自动建立链路(ALE),以确保通信工作在质量最佳的信道上。

在短波自适应通信系统中,完成上述功能的部件为自适应控制器。其基本工作过程如下。

(1) 链路质量分析(LQA)。在通信前或通信间隙进行的信号质量测试。根据测试结果,对可用信道进行评分排队,获得的数据存储在 LQA 矩阵中。通信时根据 LQA 矩阵中信道排列次序选择工作频率。为简化设备复杂性和减少 LQA 试验循环时间,LQA 试验仅在有限信道上进行信道质量评估,不利用全部频率资源,通常信道数以 10~20 个为宜。

(2) 自动扫描接收。为了接收选择呼叫和进行 LQA 试验,网中所有电台都具有自动扫描接收功能,在预先设定的一组信道上循环扫描,在每一信道停顿期间等候呼叫信号或 LQA 探测信号的出现。

(3) 自动建立通信链路。综合运用自动扫描接收、选择呼叫和 LQA 矩阵全自动建立通信链路。系统呼叫方依据 LQA 矩阵内频率的排列次序,从最高频率开始向被叫方发起呼叫,等待应答,若收不到应答则转为下一工作频率继续呼叫。接收方在扫描接收过程中发现呼叫信号,停止扫描并识别确认呼号,若为本台则应答并建立链路,否则继续扫描。

(4) 信道自动切换功能。在通信过程中,遇到电波传播条件变坏或严重干扰的情况,自适应系统自动切换信道,使通信频率自动调到 LQA 矩阵中的下一频率上。

4.56 短波自适应控制器(short wave adaptive controller)

控制短波发射机和接收机实时选择最佳频率的核心部件。自适应控制器以微处理器为基础,通过编制相应软件完成短波通信过程中的线路质量分析、自动扫描接收、自动链路建立和信道自动切换,自动控制收发信机、调制解调器等,从而为用户提供高质量的短波通信电路。配接外部调制解调器后,可进行数据通信、呼叫(单呼、网呼、全呼),能对发射机进行面板监控。自适应控制器通常由协议处理、信号处理及接口单元组成。常用的自适应控制器可存储、修改和使用 100 个不同信道的有关参数,在需要时也可存储和修改 100 个电台和网络信息。信息可在呼叫或探测过程中更新、存储,并提供给下次通信使用。

4.57 对流层电波传播(troposphere radiowave propaoation)

无线电波在对流层中的传播,对流层是大气层的一部分,位于地球大气低层,它从地面向上延伸的高度随纬度的不同而变化,一般约为十几千米。对流层的折射率随时间和空间而变化,大致按高度分层。由于折射指数随空间变化,因此无线电波在对流层中会因折射而弯曲。此外,在对流层中,气体分子与水汽凝聚物对电波也会有吸收和散射作用。

对流层电波传播模式有视距传播、折射传播、反射传播、散射传播、绕射传播、大气波导传播等。

4.58 多点多路分布业务(multichannel multipoint distribution services)

网络结构为点对多点,工作在微波频段的低端(通常为 2~5 GHz),提供宽带业务的无线接入系统,又称多信道微波分配系统,微波多点分配系统,简称 MMDS。MMDS 起源于有线电视网络,最初用于通过微波单向传送有线电视的系统,后改造为双向,成为一个支持点对多点服务的宽带无线接入系统。MMDS 适用于大区域覆盖的场合。

在我国,MMDS 又称为 3. 5G 固定无线接入系统。2000 年 4 月,信息产业部无线电管理局分配 3400~3430 MHz 和 3500~3530 MHz 两个 30 MHz 频段用于 3. 5 GHz 固定无线接入,通信方式为 FDD,下行采用 TDM 方式,上行采用 TDMA 方式。其中,终端站发射频段为 3400~3430 MHz,中心站发射频段为 3500~3530 MHz,双工间隔为 100 MHz。该系统支持固定用户的接入,不支持漫游功能。基站端与网络的接口,以及与用户端接口为 ITU G. 703、以太网等,可以为用户提供互联网业务接入、本地用户的数据交换、话音业务和视频点播业务。

4.59　多径效应(multipath effect)

同一个发射源发射的无线电波经多条路径到达同一个接收者所产生的信号衰落现象。由于发射源与接收者之间地理环境的复杂性,使接收者实际收到的信号来自不同的传播路径,不仅有直射波的主径信号,还有经反射、绕射和散射的多条不同路径的无线电波。由于不同路径信号的幅度、时间、相位或时延快速变化,相互干涉引起合成波场的随机变化,从而造成信号衰落。

多径效应产生的多径衰落是一种快衰落,根据其产生条件大致分为空间选择性衰落、频率选择性衰落、时间选择性衰落。大多数情况下,多径衰落的概率分布为瑞利分布,当存在一个强的直射波路径时,概率分布接近于莱斯分布。多径效应对于数字通信而言,会引起接收信号脉冲宽度展宽,造成码间串扰。

4.60　多普勒效应(Doppler effect)

波源向接收者方向移动时,接收者收到的波的频率变高,反之变低的现象。1842 年,奥地利物理学家和数学家多普勒(Doppler)发现和揭示了这一现象。

设波源发射的波的频率为 f,接收者收到的波的频率为 f',则

$$f' = \left(\frac{v + v_0}{v - v_s}\right) f \tag{4-1}$$

式中: v——波的传播速度,m/s;

v_0——接收者向发射源方向移动的速度,m/s;

v_s——发射源向接收者方向移动的速度,m/s。

多普勒效应产生的附加频移称为多普勒频移。在通信系统中,多普勒频移是有害的,可导致信道时间选择性衰落、接收端载波失锁或接收数据缓冲器溢出。

4.61　多用户检测(multiple user detection)

联合考虑同时占用某个信道的所有用户或某些用户,消除或减弱其他用户对任一用户的影响,并同时检测出所有这些用户或某些用户的信息的一种信号检测方法,简称 MUD。最佳多用户检测器就是最大似然序列估计检测器。多用户检测的主要优点是可以有效地减弱和消除多径干扰、多址干扰和远近效应;简化功率控制;减少正交扩频码互相关性不理想所带来的不利影响;改善系统性能、提高系统容量、增加小区覆盖范围。

4.62　多载波调制(multi-carrier modulation)

将用户信息调制到多个载波上的调制方式。用户信息经过串并转换,将串行高速数据流转换成若干个低速并行的数据流,并将每一路低速数据流进行独立的单载波调制,然后合路发出。采用多载波调制,可构成多载波多址接入系统,同一小区中的用户可以分别使用不同的子信道,在同一个时隙中通信。

4.63　多址干扰(multiple access interference)

码分多址通信系统独有的一种干扰,简称 MAI。在码分多址通信系统中,许多用户共享同一频率,采用不同扩频序列码区分。基站同时接收小区内所有用户发射的信号,每个用户的信号都会干扰其他用户,从而形成多址干扰。码分多址通信系统克服多址干扰的技术措施有多用户检测技术、功率控制技术等。

4.64　多址接入(multiple accessing)

将无线电通信资源按某种方式分割成多个信道,固定或动态地分配给多个用户使用的方式,又称多址联接、多址连接、媒体接入控制。无线电信号只要在频率、时间、正交码和物理空间上有一个域不重叠在一起,就能在接收端识别出来。据此,信道的分割方式即多址接入方式,分为频分多址(FDMA)、时分多址(TDMA)、码分多址(CDMA)和空分多址(SDMA)4 种,其中前 3 种接入方式最为常见。

4.65　反射面天线(reflector antenna)

馈源辐射的电磁波经过一次或多次反射后向空间定向辐射的天线。位于反射面焦点的馈源,其发射的电磁波经过一次或多次反射后,向指定方向汇聚,变成平行于轴向的电磁波向空间辐射;而反射面从空间接收的电磁波经过一次或多次反射后,聚焦到馈源。根据反射面的数量,反射面天线分为单反射面天线和双反射面天线。早期的反射面天线为单反射面,通常为抛物面,其结构简单,但天线噪声温度高。另外,由于馈源和低噪声放大器必须放在天线反射面的焦点上,故馈线较长且不便安装。双反

射面天线具有两个反射面,分别称为主反射面和副反射面,主反射面为抛物面,副反射面为双曲面(卡塞格伦型)、椭球面(格里高利型)或旋转曲面(环焦型)。馈源发射的电磁波依次经副反射面、主反射面反射后,向空间辐射。馈源位于副反射面焦点上,因此可靠近主反射面安装,馈线损耗低,适用于具有复杂馈源网络的天线。与单反射面天线相比,双反射面天线的效率高,噪声温度低。

4.66 费涅尔区(Fresnel zone)

以无线收发点为焦点的一系列椭球面所包围的空间,又称费涅尔带。费涅尔区的椭球面上的各点到收发点距离之和与收发最短路径之差是半波长的整数倍,倍数 n 即是费涅尔区的序号(对应第 n 费涅尔椭球面)。如图 4.2 所示,在收发点连线某一点 P 上,垂直于收发点连线做切面,可得第 n 费涅尔区的切面圆。该圆的半径称为第 n 费涅耳区半径 F_n(单位: m),其计算式如下:

$$F_n = \sqrt{\frac{n\lambda d_1 d_2}{d}} \tag{4-2}$$

式中: n——费涅尔区的序号,大于 1 的整数;

λ——无线电波长,m;

d_1——路径上 P 点距发射点的距离,m;

d_2——路径上 P 点距接收点的距离,m;

d——收发两点的直线距离,为 d_1 和 d_2 之和,m。

工程上,将 $0.577F_1$ 称为最小费涅尔区半径,记为 F_0,并规定在最小费涅尔区范围内不能有遮挡物。

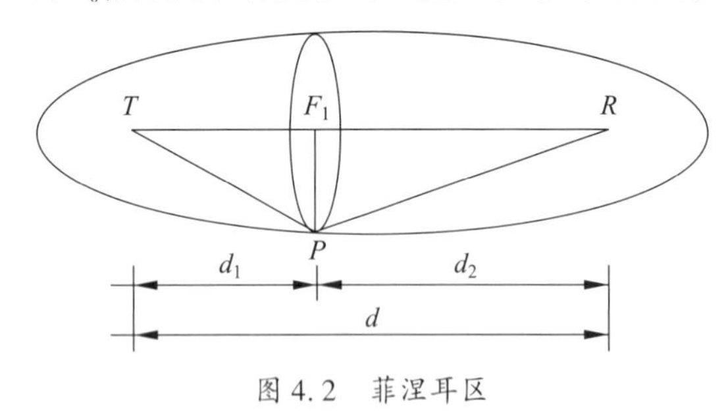

图 4.2 菲涅耳区

4.67 非视距传播(none line of sight propagation)

无线电波的传播路径不是直线的传播方式,简称 NLOS。起伏的地形、建筑物和植被等使无线电波产生折射、反射和绕射,到达接收端的信号是这些非直接波的叠加。非视距传播的结果是造成接收信号严重的瑞利衰落,对传输速率和质量影响很大。克服非视距传播的关键在于抗多径和利用多径,以及链路的自适应调整。在城区、山地、建筑物内外等不能通视及有遮挡的环境中,目前主要采用 OFDM/OFDMA、子信道化、智能天线、分集等技术克服非视距传播带来的不利影响。

4.68 分集接收(diversity reception)

对同一来源的信号分散接收再合并,以改善信道衰落和损耗的技术。多径效应使接收端收到的信号是各个多径分量的合成信号。如果从若干独立的途径获取多个这样的合成信号,并尽量使这些合成信号之间没有相关性,则将它们适当合并起来得到的总接收信号,将有可能极大地改善衰落的影响。由于分散接收的信号没有相关性,一个途径来的信号衰落时,其他途径来的信号就不一定衰落,因此将这些信号进行合并,就能改善衰落的影响。

常用的分集的方式有空间分集、频率分集、时间分集和极化分集。空间分集指在接收端相距足够的间距架设多个天线接收。频率分集指发送端用不同载频传送同一信息,接收端分别接收。时间分集指同一信息在不同的时间区间内重复发送多遍。极化分集指同一信息用水平极化和垂直极化方式发送,接收端分别接收。

将分散收到的多路合成信号进行合并的方式有选择式合并、等增益合并、最大比合并等。选择式合并就是选择瞬时信噪比最高的信号。等增益合并就是把各支路信号进行同相后迭加,各路的加权权重相同。最大比合并就是对多路信号进行同相加权合并,权重由各支路信号所对应的信噪比决定。最大合并的输出信噪比是各路信噪比之和。从效果来看,最大比合并的效果最好。

4.69 蜂窝系统(cellular system)

采用蜂窝结构组网的移动通信系统,又称蜂窝网络。如图 4.3 所示,服务区被划分成多个彼此相连的正六边形小区,类似蜂窝。采用蜂窝结构源于蜂窝的仿生学启示,也具有数学上的理论支持依据:当用相同半径的圆覆盖一个区域时,每个圆周围只与 6 个圆等距相交,重复覆盖的面积最小,因此所用的圆的数量最少。公用陆地移动通信系统几乎无一例外地采用了蜂窝结构。一个小区分配一组或若干组频率,超过视线传播距离的另一小区可以再重复使用该组频率,频谱利用率高,因此蜂窝结构可以构

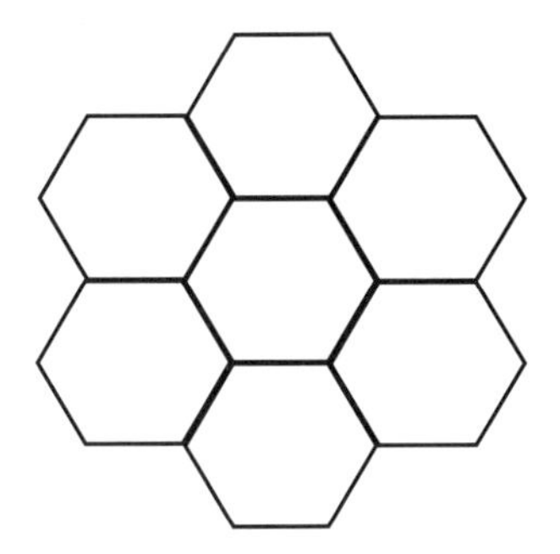

图 4.3　蜂窝网络服务区

成大容量移动通信系统。在业务量高的市中心采用较小的小区,在业务量低的郊区采用较大的小区。随着业务增加还可以进行小区分裂。

建网初期,蜂窝小区的覆盖半径较大,一般为 1~2.5 km,有的甚至达到 20 km 以上,称为宏蜂窝小区。宏蜂窝小区的基站的天线尽可能架得高一些,基站之间的间距也很大。因为小区的覆盖面积较大,所以在覆盖区域内往往存在盲区、忙区两种特殊的微小区域。为了解决盲区和忙区的问题,就出现了微蜂窝和微微蜂窝的技术。

4.70　峰值平均功率比(peak-to-average power ratio)

信号的峰值功率与平均功率之比,简称峰均比(PAPR)。正交频分复用(OFDM)信号由多个统计独立的经过调制的子载波信号相加而成,合成信号可能产生比较大的峰值功率,因此与单载波系统相比,其峰均比较大。OFDM 系统中存在峰均比较大的现象,要求系统内功率放大器、A/D 转换器、D/A 转换器等具有较大线性区域,线性区域小会给系统带来非线性失真和谐波分量。高峰均比会降低终端的功率利用率,降低上行链路覆盖范围。为了提高功率放大器的放大效率,需要对 OFDM 系统较高的峰均比进行有效抑制。

降低峰均比又称削峰处理,根据所处系统位置可分为中频消峰和基带削峰。中频消峰方法主要为限幅类。限幅类是在信号放大前直接对大于门限的信号进行限幅处理,实现简单,但会导致误码性能下降。基带削峰方法主要为编码类和概率类。编码类将原信息映射到峰均比比较好的传输码集上;概率类通过对输入信号进行线性变换,使信号峰值出现的概率比较低,但此种削峰方法通过引入冗余信息降低峰均比,计算复杂。

4.71　俘获效应(capture effect)

调频接收机特有的现象。表现为在同一频率上同时出现两个强度不同的信号时,调频接收机接收较强的信号并解调,并同时抑制较弱的信号。调频系统的非线性解调作用使调频系统在输入信号信噪比足够大时,相比调幅系统能得到更高的输出信噪比,而当输入信号信噪比低于一定值(阈值)时,输出信噪比会急剧下降。这样,当输入的两个信号强度差大时,就会产生俘获效应,而当两个信号强度相当时,输出可能会在两个信号之间跳动。为避免跳动,两个信号强度差应足够大,此时所需的最小差值称为俘获比。

4.72　干扰容限(interference margin)

在保证扩频通信系统正常工作的条件下,接收机输入端能承受的干扰信号比有用信号高出的分贝数。干扰容限 M_j(单位: dB)的计算式为

$$M_j = G_p - [L_s + (S/N)_{out}] \tag{4-3}$$

式中: G_p——扩频增益,dB;

L_s——系统损耗,dB;

$(S/N)_{out}$——接收机输出信噪比,dB。

干扰容限直接反映了扩频通信系统接收机允许的极限干扰强度,比扩频处理增益更准确地反映了系统的抗干扰能力。

4.73　高速分组接入(high-speed packet access)

宽带码分多址(WCDMA)系统在 3G 技术基础上引进的无线接入增强演进技术,简称 HSPA。WCDMA 在 R5 规范中引入了高速下行分组接入(HSDPA),在 R6 规范中引入了高速上行分组接入(HSUPA);二者合称为 HSPA。HSDPA 在下行链路上能够实现高达 14.4 Mb/s 的接入。通过新的自适应调制、编码以及将部分无线接口控制功能从无线网络控制器转移到基站中,实现了更高效的调度以及更快捷的重传。HSUPA 在上行链路中能够实现高达 5.76 Mb/s 的接入。基站中更高效的上行链路调度以及更快捷的重传控制,提高了上行链路的性能。3GPP 第 7 版的演进式 HSPA(HSPA+),在使用 MIMO 技术以及更高速的调制技术下,传输速率可达到下行 42 Mb/s,上行 22 Mb/s。

4.74　隔离器(isolator)

正向通过信号反向阻断信号的双端口微波器

件。隔离器在电路中主要起级间去耦作用，例如，加在功放与天线电路之间，阻止发射信号因阻抗不匹配等原因从天线反射回功放。

4.75　功分器（power splitter）

将一路信号均分为多路信号的微波器件，全称为功率分配器，又称分路器。常见的有二功分、三功分、四功分功分器。接头类型分 N 型（50 Ω）、SMA 型（50 Ω）和 F 型（75 Ω）。功分器反向可作合路器使用，能够起到将多路信号合为一路的作用。

4.76　功率回退（power back-off）

减小发射机高功率放大器的输出功率，使其远离 1 dB 压缩点的技术措施。现代宽带无线通信系统通常共用宽带功率放大器放大多个载波，由于功率放大器的非线性特点，多个载波之间会产生互调干扰信号并伴随有用信号发射，造成发射互调。为减小发射互调，需要改善功放的线性度。功率回退是改善功放线性度的方法之一，它把功率放大器的输出功率从 1 dB 压缩点向后回退，令其工作在远小于 1 dB 压缩点的电平上，使功率放大器远离饱和区，工作在线性区，从而改善功率放大器发射互调。功率回退是以牺牲功率放大器输出功率和效率为代价，来减小发射互调的。

4.77　故障弱化（fail soft）

在集群移动通信系统中，控制器发生故障后系统保持常规通信能力的状态。基站子系统与交换子系统之间的传输链路中断，或基站收发信机与基站控制器之间的传输链路中断等，将导致控制器失效。控制器失效后，用户自动地回到预先设定的信道上。系统虽然因此失去集群功能，但可在此信道上进行常规通信，避免整个系统瘫痪。

4.78　光纤无线电（radio on fiber）

将射频信号调制到光波载波上实现基于光网络分布的无线电通信技术，又称射频光纤传输，简称 ROF。光纤无线电是应高速大容量无线电通信需求而出现的将光纤通信和无线电通信相结合的无线电接入技术。它降低了射频传输损耗，在卫星通信、移动通信中被广泛采用。在蜂窝移动通信中，为改善室内或特殊场景覆盖的光纤分布式天线系统以及光纤直放站，即采用了光纤无线电技术。

4.79　国际电信联盟区域划分（ITU regions and areas）

为划分无线电频率，国际电信联盟《无线电规则》对地球进行的区域划分。该规则在地球上画出 *A*、*B*、*C* 这 3 条线，将地球分为第一、第二和第三等三个区，区再分为子区，由位于同一个区内的两个或多个国家组成。其中，中国位于第三区。

A 线由北极沿格林尼治以东 40°子午线至北纬 40°线，然后沿大圆弧至东 60°子午线与北回归线的交叉点，再沿东 60°子午线而至南极。*B* 线由北极沿格林尼治以西 10°子午线至该子午线与北纬 72°线的交叉点，然后沿大圆弧至西 50°子午线与北纬 40°线的交叉点，然后沿大圆弧至西 20°子午线与南纬 10°线的交叉点，再沿西 20°子午线而至南极。*C* 线由北极沿大圆弧至北纬 65°30′线与白令海峡国际分界线的交叉点，然后沿大圆弧至格林尼治以东 165°子午线与北纬 50°线的交叉点，再沿大圆弧至西 170°子午线与北纬 10°线的交叉点，再沿北纬 10°线至与西 120°子午线的交叉点，然后沿西 120°子午线而至南极。

第一区为东限于 *A* 线和西限于 *B* 线之间的地区，第二区为东限于 *B* 线和西限于 *C* 线之间的地区，第三区为东限于 *C* 线和西限于 *A* 线之间的地区。考虑到国家因素的影响，实际划分并非严格按照上述方法进行，第一区还包括了亚美尼亚、阿塞拜疆、格鲁吉亚、哈萨克斯坦、蒙古国、乌兹别克斯坦、吉尔吉斯斯坦、俄罗斯、塔吉克斯坦、土库曼斯坦、土耳其和乌克兰的整个领土以及俄罗斯以北、*A* 线和 *B* 线两限之外的地区；第三区还包括了位于 *C* 线和 *A* 线两限之外的伊朗领土。

4.80　国际无线电咨询委员会（Consultative Committee of International Radio）

国际电信联盟（ITU）的 4 个常设机构之一，简称 CCIR。其任务是对无线电的技术和运用问题进行研究并提出建议。其前身是 1927 年设立的国际无线电通信技术咨询委员会，1932 年改称国际无线电咨询委员会。该委员会下设 13 个研究组，出版物有《国际无线电咨询委员会的建议和报告》，每 4 年修订一次。

1993 年 3 月，国际无线电咨询委员会与国际频率登记委员会合并，更名为国际电信联盟无线电通信部门，简称 ITU-R。ITU-R 下辖 6 个研究组，其中第一研究组(SG1)负责频谱管理,第三研究组(SG3)负责无线电波传播,第四研究组(SG4)负责卫星业务,第五研究组(SG5)负责地面业务,第六研究组(SG6)负责广播业务,第七研究组负责科学业务。

4.81　毫米波通信(millimeter-wave communication)

工作频率在30~300 GHz的微波通信。毫米波波长为1~10 mm,频段又称极高频(EHF)。毫米波以直射波的方式在空间进行传播,波束很窄,具有良好的方向性,可利用的频带宽,信息容量大。当毫米波在空间传播时,由于受大气的影响,有的频率衰减小,有的则很大:因为水汽和氧分子的吸收作用,在60 GHz、120 GHz、180 GHz附近传输时衰减出现极大值,称为衰减峰;在35 GHz、45 GHz、94 GHz、140 GHz、220 GHz附近传输衰减较小,称为大气窗口。目前绝大多数的应用研究集中在上述大气窗口频率和衰减峰频率上。大气窗口频率比较适用于点对点通信,而利用衰减峰频率,则可实现保密通信:一方面,由于毫米波受大气吸收和降雨衰落影响严重,所以单跳通信距离较短;另一方面,由于频段高,干扰源少,所以传播稳定可靠。毫米波通信设备轻小可靠,便于移动,装撤方便;毫米波天线波束窄,定向性好,抗地/海杂波和多径效应,抗电磁干扰,因此不易被截获和干扰。

4.82　红外线通信(infrared communication)

利用红外线传送信息的无线通信。用作载频的红外线,其波长范围为0.70 μm至1 mm,在大气中传输时一般会受到大气分子的强烈吸收,因此只有一些特定的波长区段红外辐射才能利用其进行红外线通信。这些特定的区段称为红外辐射大气窗口,集中在25 μm以下的近红外和中红外区域。红外数据协会(IrDA)发布了IrDA1.1标准,统一了红外线通信标准。因此利用红外线进行点对点通信的技术又称为IrDA技术。IrDA最初传输速率为4 Mb/s,目前其传输速率已经达到了16 Mb/s。由于波长短,对障碍物的衍射能差,因此红外线通信距离通常不超过10 m,通信角度不能超过30°。

红外线通信对其他传输系统不会产生干扰,安全性强;信号发射和接收通过光仪器,无需天线系统,设备体积较小,成本低。因此适合于室内通信、飞机内广播、航天飞机内宇航员间通信、沿海岛屿间的辅助通信、近距离遥控等场合。

4.83　互调(intermodulation)

两个以上不同频率的信号因互相调制而产生新的组合频率分量的现象。互调是放大器等电路的非线性造成的。由于非线性的作用,输入单一频率的信号,会产生多次谐波分量;输入频率不同的多个信号,则其中一个信号的基波和谐波会与其他信号的基波和谐波相互混频,产生组合频率分量,这些组合频率分量称为互调分量。如输入信号的频率分别为f_1和f_2,则互调分量的频率为mf_1+nf_2($m,n=\pm1,\pm2,\cdots$)。$|m|+|n|$称为互调分量的阶。若互调分量落在信号频带内,则会对信号产生干扰。对信号产生干扰的互调分量又称为互调干扰。在通信系统中,两个频率分别为f_1和f_2的输入信号,产生的频率为$2f_1-f_2$和$2f_2-f_1$的三阶互调信号一般位于f_1和f_2附近,产生的干扰最为严重。

互调包括发射机互调、接收机互调及外部效应引起的互调。由于多部发射机载频信号落入另一部发射机,产生了不需要的组合频率产物,从而对频率与组合频率相同的接收机造成干扰,这种互调称为发射机互调。处于互调关系的两个或多个强无线电信号被接收机接收,由于接收机放大器和混频器的非线性,或由于接收机天线接头、触点等锈蚀后产生的类似于半导体的单向导电性,从而产生相互混频现象,这种互调称为接收机互调。由发信机馈线、高频滤波器等无源电路接触不良或由于异种金属接触部分非线性等因素,在强射频场中产生检波作用而产生互调信号的辐射,这种互调称为外部效应引起的互调。

4.84　呼吸效应(breath effects)

在码分多址(CDMA)移动通信系统中,小区覆盖半径随业务量的增减而改变的动态平衡现象,又称小区呼吸。采用CDMA技术的移动通信系统是自干扰系统,小区的容量和覆盖范围与相同干扰有密切关系。当小区用户数增多、即容量增大时,基站接收到的干扰会随之增大,并会呈指数级增长,从而难以保证小区边缘用户的通信质量,因此这部分边缘用户的通信就被切换到相邻小区,即小区覆盖半径缩小。当小区用户减少时,基站受干扰功率随之减少,因此可以接入更远距离的用户,即小区覆盖半径扩大。CDMA系统实现呼吸效应的本质在于控制各个小区基站的覆盖范围和系统能够实现软切换,以调整小区用户数量,实现小区之间的容量均衡,降低小区内用户干扰。

4.85　环行器(circulator)

只能单方向环形传输信号的多端口微波器件。端口数为 n 的环形器,其信号传输的唯一途径是:端口 1 入端口 2 出,端口 2 入端口 3 出,……,端口 n 入端口 1 出。在收发天线合用的情况下,三端口环形器常用做双工器。端口 1 接天线,端口 2 接收信机,端口 3 接发信机。这样,从天线来的信号只能送到接收机,从发信机来的信号只能送到天线。

4.86　回波损耗(return loss)

设备或器件端口由于反射造成的电磁波功率损耗,通常用入射功率电平与反射功率电平之比来表示,单位为 dB。回波损耗是由于端口负载阻抗与传输线阻抗不匹配造成的,回波损耗越大,电压驻波比越小,二者的关系如下:

$$R_{\mathrm{L}} = 20\lg\left|\frac{\mathrm{VSWR}+1}{\mathrm{VSWR}-1}\right| \tag{4-4}$$

式中:R_{L}——回波损耗,dB;

VSWR——电压驻波比。

4.87　混合自动重传请求(hybrid automatic repeat request)

自动请求重发(ARQ)与前向纠错(FEC)相结合的一种链路自适应技术,简称 HARQ。其可以自适应地基于信道条件提供精确地编码速率调节,并补偿由于采用链路适配所带来的误码以提高系统性能,且能够补偿无线移动信道时变和多径衰落对信号传输的影响,因此成为未来 3G 长期演进系统中的关键技术之一。3GPP 标准规定了 3 种混合自动重传请求机制:HARQ-Ⅰ、HARQ-Ⅱ和 HARQ-Ⅲ。

HARQ-Ⅰ即传统 HARQ 方案。其在 ARQ 的基础上引入了纠错编码,即对发送数据包增加循环冗余校验(CRC)比特并进行 FEC 编码,接收机一旦发现接收数据不能正确解码,即行丢弃,并在上行信道中要求重传。HARQ-Ⅰ的性能主要依赖 FEC 的纠错能力。

HARQ-Ⅱ又称完全递增冗余方案。信息比特经过编码后,将编码后的校验比特按照一定的周期打孔,根据码速率兼容原则依次发送给接收端,接收错误的数据包不会被丢弃,而重传资料通常与第一次传输不一样,前后两种数据会进行并整,形成纠错能力更强的前向纠错码。

HARQ-Ⅲ是对 HARQ-Ⅱ的改进方案。对于每次发送的数据包采用互补删除方式,各个数据包既可以单独译码,也可以合成一个具有更大冗余信息的编码包进行合并译码。每次重传都可自译码,无须再合并以前的传输资料。

4.88　极化(polarization)

电磁波电场矢量的变化规律。沿着电磁波的传播方向,如果电场矢量端点随时间变化的轨迹是一条直线,则为线极化。电场矢量方向与地平面平行的线极化称为水平极化,与地平面垂直的线极化称为垂直极化。如果电场矢量端点随时间变化的轨迹是一个椭圆,则为椭圆极化。圆极化是椭圆极化的一个特例。沿着电磁波的传播方向,电场矢量旋转方向为顺时针时称为右旋圆极化,为逆时针时称为左旋圆极化。

天线只能接收与其极化一致的电磁波,同时抑制与其极化正交的电磁波。利用这一原理,可实现极化复用,即在同一频率上使用极化正交的载波传输两路信号。现代无线通信广泛采用极化复用技术,以提高频率资源利用率和通信容量。

4.89　集群调度台(dispatching console)

对移动台进行指挥调度和管理的设备,分为无线调度台和有线调度台。无线调度台由收发信机、控制单元、天馈线或双工器电源和操作台组成。有线调度台除操作台外还包括与控制中心的接口设备。调度台提供单呼、组呼、全呼、紧急呼叫、强拆、强插、话务转接等功能,支持调度员对多个通话组进行指挥调度。

4.90　集群方式(trunking mode)

集群移动通信系统分配信道的方式,分为消息集群、传输集群和准传输集群。

消息集群指,在通话期间,控制系统始终给用户分配一个固定的无线信道。从用户最后一次讲完话并松开 PTT 开关开始,系统将等待 6~10 s 的信道保留时间后脱网。占用的信道释放,可分配给别的用户使用。若在保留时间内,用户再次按 PTT 开关,则继续占用该信道。传输集群指,用户按下 PTT 开关,就占用一个空闲信道工作。当用户发完第一个消息松开 PTT 开关时,就有一个传输完毕的信令送到控制中心,以指示该信道可再分配给其他用户使用。准传输集群为传输集群的改进型。仿照消息集群,增加了松开 PTT 开关后的信道保留时间,但比消息集群的保留时间短,为 0.5~6 s。

消息集群采用按需分配方式,信道利用率不高。传输集群的信道采用动态分配方式,频谱利用率高,但可能导致通话不连续和不完整。准传输集群兼顾了消息集群和传输集群的优点,信道利用率介于二者之间。

4.91 集群移动通信系统(trunking mobile communication system)

由多个用户共用一组信道,并动态使用这组信道的移动通信系统,又称中继系统,意为将电话中继线的工作方式应用到移动通信系统中,把有限的信道动态地分配给整个系统的所有用户,最大程度地使用整个系统的信道资源。

集群移动通信系统分为单基站系统和多基站系统两类,采用大区制组网结构。系统一般由基站、控制中心、调度台和移动台 4 部分组成。基站负责转发调度台和移动台的信息,由若干转发器、天馈线系统和电源等设备组成。天馈线系统包括接收天线、发射天线、馈线和天线共用器。天线共用器包括发信合路器和接收多路分路器;控制中心包括系统控制器和系统管理终端等设备,控制和管理集群系统的运行、交换和接续,并实现与有线网的连接;调度台对移动台进行指挥调度和管理,分有线和无线调度台两种;移动台为可移动的用户台,包括车载台、便携台和手持台。移动台可被分组,每组均有自己的调度台。

集群移动通信系统主要以半双工方式通信。用户按下即按即说开关(PTT),占用一个上行信道,将信息发往基站。基站占用一个下行信道,将信息转发给另一个或多个用户。用户释放 PTT 开关,立即或延迟数秒后所占用的上行信道和下行信道被释放。如此,在一次通信过程中,可进行多次信道的占用和释放。组内用户共享下行信道,即基站在一个下行信道转发的用户信息,可被组内其他用户同时接收。

集群通信系统具有以下优点:信道动态共享,利用率高;组内用户共享下行信道,可以方便地进行一对多的通信;通过话音加密可保证通话的私密性和安全性;能为高优先级用户或业务优先分配信道,保证重要用户的通信;通过动态重组实现灵活的多级别分组调度指挥功能。在试验通信系统中,集群移动通信系统常被用来保障机动环境下的指挥调度通信。

4.92 基站子系统(base station sub-system)

移动通信系统中由基站控制器和若干基站组成的系统,在 GSM 系统中称为 BSS,UMTS 系统中称为 Node B,LTE 系统中称为 e-Node B。BSS 由基站控制器和基站收发信机两种基本设备组成。一个基站控制器可控制多个基站收发信机。基站控制器主要负责管理基站收发信机与移动交换中心之间的信息流。基站收发信机则主要负责与无线覆盖区域内的移动台进行通信,并对空中接口进行管理。

4.93 假负载(dummy load)

替代终端设备,为其他设备创造仿真工作环境的装置。在调试或检测设备性能时,假负载替代终端设备接在设备的输出端口,使该设备如同接了终端设备一样。假负载分为电阻负载、电感负载、容性负载等。对假负载的基本要求是阻抗在频段内匹配并能承受相应的设备输出功率。

4.94 交叉极化干扰抵消(cross polarization interference cancellation)

抵消交叉极化干扰的技术,简称 XPIC。利用电磁波正交极化特性,可在一个波道内同频传输两路极化正交的信号,使单波道传输容量成倍增长。理想情况下,两路同频信号是正交信号,二者之间不会发生干扰,接收机很容易恢复出这两路信号。但在实际工程条件下,无论两个信号的正交性如何,总是要受天线交叉极化鉴别率和信道传输劣化的影响,会无法避免地存在两个信号之间的干扰现象。XPIC 技术的基本原理是从水平极化链路中引入抵消信号,抵消垂直极化信号中的干扰信号;从垂直极化链路中引入抵消信号,抵消水平极化信号中的干扰信号。根据交叉极化干扰抵消的实现阶段不同,干扰抵消分为射频抵消、中频抵消、基带抵消等方式。

4.95 交调(cross-modulation)

在非线性设备或传输媒介中,各信号间相互作用产生的无用信号对有用信号的载波的调制。交调的表现是,接收机输出的信号中除有用信号外,还包括了来自其他信道的信号,即产生“串音”现象。其原因是,接收机混频器输入端除了要接收的已调载波信号 A 外,同时还有一个其他信道的已调载波信号 B,在混频器非线性效应作用下,B 信号的调制信号调制到了 A 信号上。这样，解调输出信号中包含了 B 信号的调制信号，形成了交调干扰。如果 A 信号不存在，则 B 信号的调制信号随之消失。从信号失真的角度看，交调失真是一种幅度失真。抑制交调干扰的主要措施有提高前端电路的选择性，滤除带外信号，以及选择合适的器件和工作状态，减少组合频率分量。

4.96 接收天线共用器（receiving antenna multicoupler）

将多部接收机连接到一副接收天线的设备。接收天线共用器一端连接天线，另一端有多个接口连接多部接收机。它将天线接收到的信号，利用带通滤波器抑制短波频带外的干扰信号后，送至低噪声放大器进行功率补偿，将输出信号分配给多个接收机。共用器可以是无源网络，也可以是具有低噪声、低增益、宽频的放大器。

4.97 紧急呼叫（emergency call）

用户按紧急呼叫键发起的呼叫。在集群移动通信中，遇紧急情况，用户将被保证获得一条信道用于紧急呼叫，同时在监视终端显示紧急呼叫者身份码，并发出声光提示。紧急呼叫有强拆式和队首式两种：强拆式是指紧急呼叫发出而又无空闲信道时，中央控制器将提供话务信道，分配给紧急呼叫用户。紧急呼叫用户争用此信道，直至释放发话键为止；队首式是指紧急呼叫发出而无空闲信道时，这个紧急呼叫用户将被排在队首，一旦有空闲信道就优先分配给紧急呼叫用户。

4.98 静区（dead belt）

短波通信中天波与地波均不能到达的地域。在短波通信中，时常会遇到在距离发信机较近或较远的区域都能收到信号，而在中间某一区域却收不到信号的现象。其原因是，地波受地面障碍物的影响，衰减很大，到达静区时降到接收灵敏度以下，而天波经反射又超出了静区的范围。采用降低工作频率，适当增加发射功率和使用高仰角天线等措施，可消除静区现象。

4.99 镜像干扰（image interference）

超外差接收机特有的干扰之一。设本振频率为 f_1，输入信号的频率为 f_c，经混频器输出的中频信号频率为 $f_m=f_1-f_c$。如果在混频器输入端有一个频率为 f_1+f_m 的干扰信号，经混频后，频率变为 $f_1+f_m-f_1=f_m$，与中频信号频率相同，从而会对中频信号造成干扰。因干扰信号的频率（f_1+f_m）与输入信号的频率（f_1-f_m）对称分布于本振频率两侧，故称干扰信号为输入信号的镜像干扰。如果像频位置以及附近处无信号，就只增加噪声，降低信噪比；如果像频处正好有信号，该信号就会和接收信号差拍形成啸叫，较强的像频会抑制输入信号。

4.100 空分多址（space division multiple accessing）

采用空间分割的方式划分信道，接入并识别用户的多址技术，简称 SDMA。空间分割指每个信道的波束在空间上互不重叠。空分多址的关键是形成足够窄的波束。空分多址通常与其他多址方式混合使用。

4.101 空间无线电通信（space radio communication）

任何涉及使用空间站、卫星或其他空间飞行器的无线电通信，简称空间通信。空间通信分为近空通信和深空通信。近空通信是指地球上的通信实体与离地球距离小于 2×10^6 km 的空间中的飞行器之间的通信。这些飞行器包括各种人造卫星、载人飞船、航天飞机等。深空通信是指地球上的通信实体与处于深空（离地球的距离等于或大于 2×10^6 km 的空间）的飞行器之间的通信。深空通信最突出的特点就是信号传输的距离极其遥远。空间无线电通信常用业务频段见表 4.9。

表 4.9 空间无线电通信常用字母代码和业务频段对应表

字母代码	标称频段/GHz	举例/GHz
L	1.5	1.525~1.710
S	2.5	2.5~2.690
C	4/6	3.4~4.2
		4.5~4.8
		5.85~7.075
X	—	—
Ku	11/14	10.7~13.25
	12/14	14.0~14.5
K	20	17.7~20.2
Ka	30	27.5~30.0
V	40	37.5~42.5
		47.2~50.2

注：对于空间无线电通信，K 和 Ka 频段一般只用字母代码 Ka 表示。

4.102　空中接口(air interface)

终端与无线接入网间的接口,又称无线接口。因无线接入网基站与终端之间通过空中无线链路连接,故称空中接口。空中接口在 GSM 和 CDMA2000 网络中称为 Um 接口,在 TD-SCDMA 和 WCDMA 网络中称为 Uu 接口,在 LTE 中称为 Uu 接口。在 LTE-A 系统中,中继基站(RN)与施主基站(DeNB)通过无线接口通信,该空中接口称为 Un 接口。

空中接口主要用来建立、重配置和释放各种无线承载业务,包括物理层、数据链路层和网络层。物理层涉及信道编码、错误检测、复用、速率匹配、调制、同步、无线特性的测量、功率控制、射频处理等。数据链路层涉及媒质接入控制(MAC)、无线链路控制(RLC)、分组数据控制(PDCP)和广播/多播控制(BMC)。网络层涉及无线资源控制、移动性管理、呼叫控制、会话管理、补充业务等。

4.103　空中平台通信(air platform communication)

利用近地空间航空器作为中继转发的无线通信系统。为区别于 ITU 定义的处于平流层的高空平台通信(HAPS),把低于平流层的空中平台通信称为近地空间平台通信。空中平台通信本质是利用安装了无线电通信设备的升空平台来中继、转发、交换无线电信号,用来实现地面站之间大区域、超视距通信,通常工作在超短波、微波频段。常用的空中平台有系留气球、飞机、无人机、飞艇等。空中平台载有无线转发器、基站等设备。在试验通信中,利用空中平台通信,完成机动和移动条件下的常规通信任务,或扩大通信覆盖范围。空中平台通信方便组网,机动灵活,除常规通信外,也非常适合用作军事通信以及区域应急通信手段。

4.104　扩频(spread spectrum)

扩展频谱的简称。在通信系统中,扩频技术主要用作扩频通信,保证信息传输的正确性和可靠性。在发送端将待传信息的频谱用某个特定的独立于所传数据的扩频码通过调制的方法扩展为宽频带信号,使该信号所占频带远大于所传信息必需的带宽。在接收端使用相同的扩频码进行相关解调来恢复出所传信息。扩频的基本方法分为直接序列扩频、跳频、跳时和线性调频这 4 种,如图 4.4 所示。将上述 4 种基本扩频方法结合起来使用的扩频,称为混合扩频。扩频的主要优点是抗干扰、抗多径衰落能力强,截获概率低。

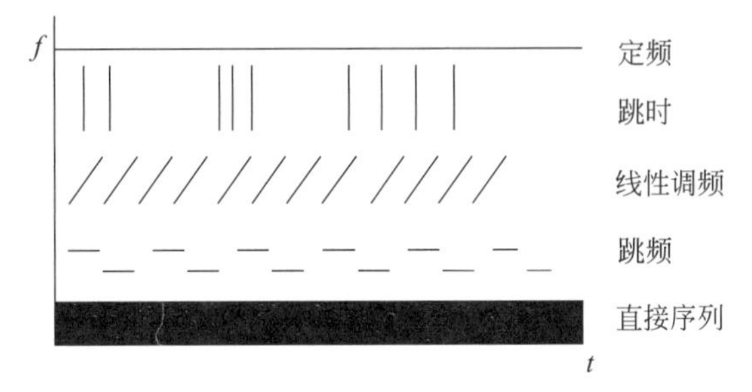

图 4.4　4 种基本扩频方法的时间频率关系

4.105　扩频处理增益(spread spectrum processing gain)

扩频通信系统中,解扩后的信噪比与解扩前的信噪比之差,单位 dB。根据香农定理,在保持信息容量不变时,可以把扩频处理增益转换为扩频后的信号速率与信息速率之比。因此扩频处理增益 G_p(单位: dB)为

$$G_p = 10\log(R_c/R_b) \tag{4-5}$$

式中: R_c——扩频后的信号速率,b/s;

R_b——扩频前的信息速率,b/s。

扩频处理增益衡量了扩频通信系统信噪比改善的程度,是扩频通信系统一个重要的性能指标,决定了系统抗干扰能力的强弱。

4.106　扩频数字微波通信系统(spread spectrum digital microwave communication system)

采用扩展频谱技术将传送信息用伪随机编码调制再进行传输的数字微波通信系统。系统利用微波地面视距传播实现点对点或点对多点的固定无线通信。根据国家无委会规定,系统(设备)通常采用 2.4G(2.4~2.4835 GHz)和 5.8G(5.725~5.850 GHz)频段,大多采用直接序列扩频技术,支持点对点、点对多点组网,支持标准的 N×64 kb/s、(1~16)×E1 链路以及以太网连接,能够满足中小容量无线通信需求。相比常规数字微波通信系统,106 扩频数字微波通信系统具有抗干扰、抗多径、保密性、架设方便和可移动性好、频点问题易处理等优点。

4.107　蓝牙(Bluetooth)

一种支持设备低功耗、短距离通信的全球通用的无线通信技术。蓝牙工作于 2.4 GHz 的 ISM 频段,共 79 个频道,相邻频道间隔 1 MHz,采用速率为 1 Mb/s 的 GFSK 调制和 1600 跳每秒的跳频技术,发射功率为 1 mW、2.5 mW 和 100 mW 可选,有效通信距离根据发送功率的不同,在 10 m 以内或 100 m 以内变化。蓝牙支持点对点、点对多点通信,多个蓝牙设备可互联成一个近距离的无线网络。

蓝牙技术联盟是一家贸易协会,由电信、计算机、汽车制造、工业自动化和网络行业的领先厂商组成,致力于推动蓝牙无线技术的发展,为短距离连接移动设备制定低成本的无线规范。目前蓝牙技术规范已由最初的 V1.1 版本发展到 V4.0 版本。

研究无线个人区域网络和短距离无线网络标准的 IEEE 802.15 工作组,将蓝牙规范发展成为 IEEE 802.15.1 标准,完全兼容蓝牙 V1.1。IEEE 802.15.1 为物理层和无线媒体接入控制规范,在无线个人区域网络中,将其和蓝牙视为同一种技术。

4.108　链路预算(link budget)

对想定的无线电链路方案,通过计算验证输出信噪比是否满足设计要求的过程,又称链路计算。在无线电通信链路设计中,首先根据设计要求和客观约束条件想定一种链路方案,然后进行链路预算,以验证方案是否满足设计要求。通过“预算—修改方案—再预算”的反复过程,直至设计出满足要求的方案为止。

链路预算是无线通信系统设计的重要方法。一个典型的无线通信系统进行链路计算所要考虑的环节有:信道编码、调制、上变频、功率放大、天线发射、空间传播损耗和干扰、天线接收、低噪声放大、下变频、解调、信道译码、设备连接馈线损耗以及工作裕量。如果存在中继转发,还应考虑中继转发器环节。每一环节都与业务性能要求和设备的技术性能密切相关。上述各环节应根据实际情况合理分配衰减、增益和工作裕量值。空间传播损耗和干扰与电磁环境、气象条件、地形地貌等因素有关,这些因素集中反映在电波传播模型中,因此链路预算还必须配有比较准确的无线通信路径上的电波传播模型。

4.109　链路自适应(link adaptation)

动态跟踪无线信道变化,根据信道情况实时调整链路参数的技术。变参的无线信道只有自适应调整链路参数,才能最有效地提高传输质量。链路自适应的基本原理是实时感知信道变化,根据当前信道情况确定当前信道容量,进而确定传输的信息符号速率、发送功率、编码速率和编码方式、调制星座图和调制方式等参数。链路自适应技术包括自适应调制编码(AMC)、动态功率控制、混合自动请求重传(HARQ)等。

4.110　邻道干扰(adjacent channel inetrference)

相邻波道之间的干扰。多信道无线通信系统中,波道间隔小,由于发射机的调制边带扩展和边带噪声辐射,干扰台信号功率落入接收机临近接收频带内,造成邻道干扰。邻道干扰取决于接收机中频滤波器的选择性和发信机在相邻波道通带内的边带杂散辐射特性。消除邻道干扰通常采取以下措施:减少发射机带外辐射;采用高品质滤波器,提高接收机邻道选择性;在进行系统工作波道分配时,需要考虑邻道干扰的影响,避免相邻波道在同一或相邻小区使用。

4.111　零中频接收机(zero-IF receiver)

取消中频,射频信号直接下变频为基带信号的接收机,又称直接变换线性接收机。零中频接收机的本机振荡频率等于载频,去除了镜像干扰;射频电路只有低噪声放大器和混频器,容易满足线性动态要求;信道选择利用低通滤波器完成。零中频接收机应用于终端设备,有利于终端设备的小型化、集成化、模块化。

4.112　流星余迹通信(meteor burst communication)

利用流星穿过大气层时形成的短暂电离层余迹对电磁波的反射或散射作用,进行超视距通信的方式,又称流星突发通信。每天有 80 亿~100 亿颗大小不等的流星以 10~75 km/s 的速度进入地球大气层,与大气层摩擦,使得流星表面的原子气化电离,在距离地面 80~120 km 的高空形成细长的圆柱状尾迹,称为流星余迹。电磁波经流星余迹散射或反射到地面形成一个狭长的椭圆覆盖区域,覆盖区内站点可相互通信。流星余迹持续的时间很短,为几百毫秒到几秒,年平均等待时间小于 5 min,所以流星余际通信是一种间歇方式的突发通信,通信发送时间和间歇等待时间受自然流星出现的制约。适合流星余迹反射和散射的信号频率为 30~100 MHz，最佳频率为 40~50 MHz，通信距离 400~2000 km。流星余迹信道是一种短持续、频突发的信道，具有年季月日全天候可用性。流星余迹通信抗干扰性能好，保密性、隐蔽性强，抗截获能力强，设备简单，通信距离远，在军事上主要用于远距离、小容量、多站址、抗核爆的随机猝发专向通信与组网通信，是短波、超短波、卫星等常规通信的重要补充与应急备份。流星余迹通信系统分主站和从站。从站只能与主站通信，主站既可以与从站通信又可以与其他主站通信。主站既可作终端站，也可作中继站。

4.113　路径余隙（path clearance）

视距微波传播路径上发射天线与接收天线连线到刃形障碍物顶的距离。当路径余隙为零时，障碍物遮挡损耗为 6 dB。当路径余隙大于第一费涅尔区半径一半以上时，障碍物遮挡损耗很小，可忽略不计。

4.114　滤波器（filter）

有选择地允许给定频率范围的信号通过，而滤除其他频率范围信号的器件。信号能通过的频带称为通带，信号不能通过的频带称为阻带。根据通带和阻带在频率轴上位置的不同，滤波器分为低通滤波器、高通滤波器、带通滤波器和带阻滤波器；按构成元件的不同，可分为 LC、有源 RC、晶体、陶瓷、机械、开关电容、声表面波和数字滤波器等类型；在射频段，常用的滤波器有腔体滤波器、介质滤波器、声表滤波器和超导滤波器等。

4.115　码分多址（code division multiple access）

采用地址码分割的方式划分信道，接入并识别用户的多址技术，简称 CDMA。地址码是多个彼此正交的伪随机序列，在 CDMA 中用来识别不同的用户，故称地址码。利用地址之间的不相关性，对不同的用户信号用不同的地址码进行扩频，从而能够在频率域、时间域和空间域都重叠的情况下提取出用户信号。CDMA 按照获得带宽信号所采取的调制方式的不同分为直接序列扩频（DS）、跳频（FH）和跳时（TH）。

4.116　码片（chip）

码元的若干分之一。在直接序列扩频中，一个信息码元（比特）被长度为 N 的扩频码分成了 N 等份，故称其中的一份为码片。从这个意义上说，码片就是扩频后的码元。

4.117　漫游（roaming）

用户的移动台在其归属地以外仍可正常使用的功能。具有漫游功能的移动台，从本地移动到外地后，无须做任何改变，就能同在本地一样使用。漫游的基本原理是，归属地移动无线局（HMSC）进行移动台位置跟踪，访问地移动无线局（VMSC）设置来访位置注册处。当移动台进入访问地时，将在访问地进行登记。VMSC 审核移动台是否登记过，将移动用户号码与一临时号码对应，并通知 HMSC。HMSC 记录移动台所在的 VMSC。当移动台进入新的 VMSC 或返回 HMSC 时，HMSC 就通知原 VMSC 清除来访注册记录中有关该移动台的数据。当呼叫漫游的移动台时，呼叫首先会被路由至 HMSC，获取移动台当下的 VMSC，然后呼叫被转接至 VMSC，并且由 VMSC 确定位置，通过基站进一步转接至移动台。

4.118　莫尔斯电码（Morse code）

美国人莫尔斯 1844 年发明的用来发送电报信息的电码，又称莫尔斯报。每个字母和数字由点“·”、划“-”两种符号的不同组合来表示。点、划所占时间之比为 1∶3。最初莫尔斯报的收发全用人工完成，目前基于通用计算机平台的报务终端已经实现了莫尔斯报的自动收发，但因传统的人工拍发和收报方式的便携性和顽存性，使人工收发方式仍然有必要存在。

4.119　耦合器（coupler）

从射频传输主干通道中耦合提取少量信号的微波器件。耦合器有输入端、直通端和耦合端 3 个端子。根据输入端与耦合端的功率差，分为 5 dB、6 dB 等多种型号；根据直通端与耦合端的功率比，分为 1∶1、2∶1、4∶1 等多种型号。耦合器插入损耗小，回波损耗大，一般被用来提取检测信号。

4.120　频分多址（frequency division multiple accessing）

采用频率分割的方式划分信道，接入并识别用户的多址技术，简称 FDMA。在一频段上划分出多个频率互不重叠的频道，每个用户占用其中一个频道发送信号。

在移动通信中，单独使用频分多址方式，每个频道只传输一个用户信号，频带占用较窄，移动台设备简单，但基站设备庞大复杂，有多少个信道就要有多少个收发信机，因此需要天线共用器，功率损失大。另外，越区切换较为复杂，切换时通信会中断数十到数百毫秒，给数据传输带来损伤。在模拟蜂窝移动通信系统中都采用了频分多址技术。在数字移动通信系统中，频分多址可以单独使用或与其他多址方式混合使用，一般多与时分多址或码分多址混合使用。这时，每个频道再划分为多个时分多址的信道或多个码分多址的码道。

在卫星通信中，为了防止邻道干扰，FDMA 常在各载频间设置适当的保护频带。与其他多址方式比，频分多址方式技术成熟，传输容量大，大小站兼容，单站传输能力可以到 30 Mb/s 以上，但该方式中心站终端设备较多，为减少互调干扰，卫星转发器需工作在线性区，转发器功率利用率相对较低。

4.121　频分双工(frequency division duplex)

使用频率分割实现的双工方式，简称 FDD。通信双方使用不同的频率发送。为克服收发之间的干扰，收发频率之间需设置保护频带，而且发射滤波器和接收滤波器要具有良好的带外防护度。该方式在支持对称业务上能充分利用上下行频谱，但在支持非对称业务上频谱利用率不高。当收发共用一个天线时，需要插入一个双工器将接收和发射隔离开，增加了系统成本。由于频分双工系统需要一对具有一定间隔的频率才能工作，因此，必须对频率进行规划。

4.122　全呼(all call)

集群移动通信系统中授权用户与系统所有其他用户一对多的通信方式，又称通播。全呼模式有等待和中断两种：在等待模式下，授权用户发起全呼后，禁止其他用户发起新的呼叫，但必须等待正在发话的用户释放 PTT 开关后，才能开始全呼，在中断模式下，授权用户发起全呼后，立即中断其他用户的通话，开始全呼，但正在发话的用户需释放 PTT 开关才能接收全呼通话。

4.123　全球海上遇险与安全系统(global maritime distress and safety system)

国际海事组织提出并实施的用于海上遇险、安全和日常通信的海上无线电通信系统，简称 GMDSS。由国际移动卫星通信系统、低极轨道搜寻救助卫星系统和甚高频、中/高频地面通信系统等组成，具有遇险报警、搜救协调通信、救助现场通信、海上安全信息播发、寻位、日常通信以及驾驶台对驾驶台安全避让通信等功能。船舶一旦遇险，GMDSS 能够立即向陆上搜救机构及附近航行船舶通报遇险信息，陆上有关搜救机构能够以最短时间延迟进行协同搜救活动。

GMDSS 将全球海域分为 A1、A2、A3 和 A4 海区。《1974 年国际海上人命安全公约》(88 修正案)规定，所有从事国际航行的客船、300 总吨及其以上的货船，必须按照航行的海区配备符合 GMDSS 要求的无线电通信设备。

4.124　绕射(diffraction propagation)

根据波的衍射特性，波长小于或相当于障碍物尺寸的无线电波越过障碍物向前传播的现象。在物理概念中，绕射指的是电磁波通过一个小缝隙时在裂缝远端发生的扩散现象。绕射现象基于惠更斯—菲涅耳原理，电磁波在传播过程中，行进的波前(面)上的每一点，都可作为产生次级波的点源，这些次级波组合起来形成传播方向上新的波前(面)。绕射由次级波的传播进入遮挡阴影区而形成，绕射波场强为围绕阻挡物所有次级波的矢量和。

当收发传播路径之间的传播余隙小于第一菲涅尔半径时，就会产生绕射损耗，损耗的大小与频率、余隙、障碍物的位置和形状等因素有关。超短波、微波的频率越高，波长越短，绕射能力越差，从而在高大建筑物后形成阴影区。实际计算绕射损耗时，常利用一些经典的绕射模型。

4.125　热点(hot spot)

无线通信网覆盖范围内用户密集、业务量高的区域。常见的热点包括商业中心、车站和大型会场、大专院校等。进入热点后，用户会感到接入困难，业务速率降低。热点是公共移动通信系统、无线局域网等无线网络需要重点关注的区域。在热点区域，移动通信系统需投入大容量基站来对其进行覆盖，并进行及时的扩容。目前也采用无线局域网与移动通信融合组网的方式解决热点相关问题。

4.126　认知无线电(cognitive radio)

认知无线电是一种可以感知无线环境并相应改变其频谱使用方式的智能无线通信系统，又称为智能无线电或感知无线电。认知无线电能感知周围环境，使用人工智能技术从工作环境中获取信息，并通过实时调整发送功率、通信频率、调制与编码方式等工作参数来适应工作环境的变化，以达到两个最主要的目的：高度可靠的通信以及高效的频谱利用效率。认知无线电技术的概念最早由瑞典 Joseph Mitola 博士于 1999 年提出，是对软件无线电功能的扩展。

认知无线电被视为解决目前频谱资源利用率低的有效方案，各标准化组织和行业联盟正着手制定认知无线电标准和协议，推动其发展和运用。2004 年 11 月，美国电子与电气工程师协会（IEEE）成立 IEEE 802.22 工作组，该工作组是第一个基于认知无线电技术的空中接口标准化组织，研究基于认知无线电技术的无线区域网络（WRAN），并于 2007 年下半年完成了标准化工作。2003 年 12 月，美国联邦通信委员会（FCC）在其 FCC 规则中规定"只要具备认知无线电功能，即使是其用途未获许可的无线终端，也能使用需要无线许可的现有无线频带"，为认知无线电技术的应用提供了法律法规基础。

4.127　软件无线电（software radio）

将模块化、标准化的硬件单元以总线方式连接构成基本平台，并通过加载不同软件实现各种无线电功能的开放式体系结构，简称 SR，又称软件定义无线电（SDR）。软件无线电的核心思想是，将模数和数模尽可能靠近天线，用软件来完成尽可能多的无线电功能，从而构建一个能兼容多个通信频段、多种调制方式、多种抗干扰方式和多种通信业务的通用平台，实现与不同体制和标准的设备互通和兼容。典型的软件无线电系统由宽带多频段天线、射频模块、宽带模数和数模转换器及高速 DSP/FPGA、业务转换模块等组成。

4.128　软扩频（tamed spread spectrum）

采用信息序列映射到伪随机序列的编码方式完成的信号频谱扩展，又称缓扩频。其基本思想是将信息码流分为一个个长度为 k 的信息序列，然后建立 k 位信息序列与 N 位伪随机序列的一一对应关系，从而将发送信息转换为发送伪随机序列。k 位信息序列的元素有 2^k 个，N 位伪随机序列的元素中也必须有 2^k 个互相正交的元素，才能建立一一对应的关系，所以 N 大于 k。软扩频的扩频增益为 N/k。

软扩频不仅从编码中获得编码增益，而且可以通过对信息序列扩频获得扩频增益，主要应用于频带受限而传输质量要求较高的通信系统中。

4.129　散射通信（scatter communication）

利用空中不均匀媒质对电磁波的散射作用进行的超视距无线电通信，一般使用超短波和微波频段。由于空气中有许多微小尘埃，使空气成为不均匀介质，因此无线电波在空中传播时，一小部分波遇到不均匀介质，会改变原传播方向，向四面八方散射，远处的接收机接收这些散射来的微弱电磁波，从而实现远距离通信。散射通信包括对流层散射通信、电离层散射通信和流星余迹通信等。

电离层散射通信可用频率为 40～50 MHz，只能通一个话路，费用昂贵，很少被使用。对流层散射通信可用频率为 100～10 000 MHz，最大通信距离可达 800～1000 km，通信容量可达数十个话路，不受核爆炸、太阳黑子、磁爆和极光影响，保密性强，稳定可靠，机动性较好，广泛应用于军事通信。流星余迹通信指利用流星穿过大气层时形成的短暂电离余迹对电磁波的反射和散射进行的通信，可用频率为 30～100 MHz，通信距离单跳可达 2000 km。由于流星余迹持续时间仅为秒级，因此流星余迹通信是一种间歇性、突发性的通信，实时性不强。由于其抗干扰性能好，保密性、隐蔽性强，抗截获能力强，设备简单，通信距离远，因此在军事上主要用于远距离、小容量、多站址、抗核爆的随机猝发专向通信与组网通信，是短波、超短波、卫星等常规通信的重要补充与应急备份。

4.130　射频拉远（remote radio head）

使射频单元与基带处理单元分离的技术，简称 RRH。现代数字移动通信系统采用分布式基站架构，基带处理单元放于室内，射频单元分散放置在天线附近，基带处理单元可以带多个射频单元。射频单元与基带处理单元之间通过射频拉远技术互联。拉远技术是指将功放、低噪声放大器、射频收发信机甚至中频单元置于远端模块并拉远至远离基站的覆盖区，从而使室内基带处理单元和室外无线拉远单元分离，室内和室外单元之间通过电缆或光纤连接，达到增加覆盖距离的目的。目前，常采用光纤连接的方式进行射频拉远，称为光载射频拉远。

4.131　射频识别技术（radio frequency identification）

利用射频信号及其空间耦合特性，非接触式自动获取识别对象特征信息的技术，简称 RFID。RFID 是一种自动识别领域的无线射频技术，可以通过无线电信号识别特定目标并读取相关数据，无需使系统与特定目标之间建立机械连接。射频识别系统一般由电子标签(又称射频标签或射频卡)、阅读器和数据交换与管理系统组成。电子标签设置在识别对象上,具有唯一的电子编码,由耦合元件及芯片组成,标签含有内置天线,具有智能读写和加密通信功能,通过无线方式与阅读器进行数据交换。电子标签的工作能量由阅读器发出的射频提供。阅读器由天线系统、耦合元件及芯片组成,可为手持式或固定式,由阅读器将读写指令传送到标签,与标签交换信息。数据交换与管理系统完成数据信息的存储管理、对电子标签的读写控制等。

RFID 系统的基本工作流程是:阅读器通过发射天线发送一定频率的射频信号,当电子标签进入发射天线工作区域时产生感应电流,电子标签获得能量被激活;电子标签将自身编码等信息通过内置天线发送出去;阅读器通过接收天线接收到从电子标签发送来的载波信号,进行解调和解码,然后将其送到数据交换与管理系统进行相关处理;数据交换与管理系统根据逻辑运算判断该卡的合法性,针对不同的设定做出相应的处理和控制,发出指令信号控制执行机构动作。

RFID 系统的工作频率划分为低频段和高频段。低频段小于 30 MHz,典型的为 125 kHz、13.56 MHz,适合近距离、低速移动、少数据量使用;高频段大于 400 MHz,典型的为 433 MHz、800 MHz/900 NHz、2.45 GHz 和 5.8 GHz,适合远距离、高速移动、大数据量使用。

4.132　时分多址(time division multiple accessing)

采用时间分割的方式划分信道,接入并识别用户的多址技术,简称 TDMA。在无线载波上把时间分成周期性的帧,每一帧再分为若干时隙,每站占用其中一个时隙发送信号。TDMA 的中心站终端设备配置简单,单站与多个方向通信时,仅需配置一套 TDMA 调制解调器,节省经费和设备安装空间。且中心站的系统扩展性强,系统扩容时,已有站无需增加信道设备。但网内大小站不易兼容,小站需与中心站传输能力一致。另外,各站必须在规定的时间发射自己的载波,因此对系统时间同步要求较高。

4.133　时分双工(time division duplex, TDD)

使用时间分割技术实现的双工方式。通信双方使用同一个频率,但占用帧的不同时隙发送。通过调整帧时隙的分配比例,可根据需要实现双向不对称传输。由于交替发送,避免了发射和接收互相干扰。由于上下行使用单一频率,传播特性一致,有利于智能天线的使用。但时分双工对同步的要求比较高,因此应用到移动通信系统中,存在移动速度受限、小区覆盖范围小的问题。

4.134　视距传播(line-of-sight propagation)

无线电波的传播路径为直线的传播方式,又称直接波传播,空间波传播。利用视距传播的条件是第一费涅尔区内无障碍物,频段为超短波、微波及以上频段。视距传播的主要影响来自直射波与地面反射波的干涉效应。在较高频率上,山、建筑物和树木等对电波的散射和绕射作用变得更加显著,此外还必须考虑雨和大气成分的衰减和散射影响。

由于受地球曲率的影响,地面上的视距传播存在一个极限直视距离 R_{max}。在 R_{max} 之内的区域称为照明区,之外的区域称为阴影区。R_{max} 与发射天线高度和接收天线高度之间的关系为

$$R_{max} = 3.57(\sqrt{H_T} + \sqrt{H_R}) \tag{4-6}$$

式中:R_{max}——极限直视距离,km;

H_T——发射天线高度,m;

H_R——接收天线高度,m。

若考虑大气折射作用,式(4-6)修正为

$$R_{max} = 4.12(\sqrt{H_T} + \sqrt{H_R}) \tag{4-7}$$

视距传播除了要求天线应具有一定的架设高度外,还要求天线的方向性强。

4.135　实时信道估算(real time channel evaluation, RTCE)

实时地获取一组信道参数,通过获取的参数来定量描述信道的状态和传输某种通信业务的能力。测量的参数包括接收信号功率的强弱、噪声功率及其分布、多径延时、多普勒展宽、给定时段内接收的错误码元数目、自动差错重发(ARQ)系统中给定的时段内请求重发的次数等。根据所采用的技术不同,RTCE 可分为电离层脉冲探测、电离层调频连续波探测(Chirp)、导频探测、8FSK 信号探测等,其中 8FSK 探测是目前自适应短波电台使用最广泛的信号格式。

4.136　数字微波接力通信系统(digital microwave relay communtcation system)

以接力方式完成远距离通信的数字微波通信系

统，又称数字微波中继通信系统。信号由一个终端站发出后，经过若干中继站的转发，以接力方式传送至另一个终端站，如图4.5所示。微波通信为视距通信，其传输的电磁波基本上沿着地面的直线视距进行，站间距离一般在50 km左右。系统容量是指每一射频波道传输的标称比特率，小容量指10 Mb/s以下；中等容量指大于10 Mb/s而小于100 Mb/s；大容量指大于100 Mb/s。点对点微波传输容量大，传输距离高，信道误码率低且稳定，但是当用于长距离通信时，需要多次中继完成，设备过多，架设和维护困难，使用不方便。

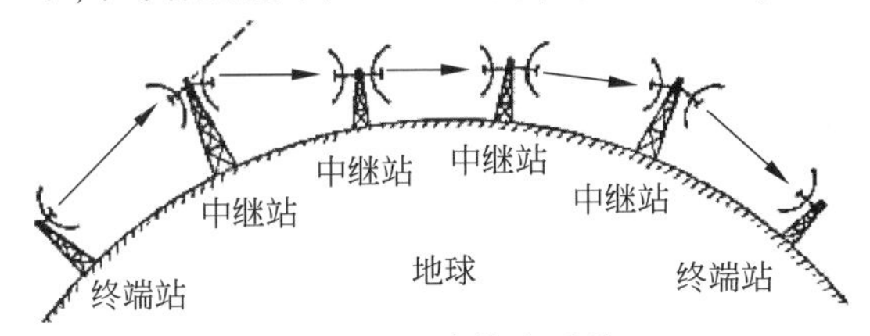

图4.5　微波接力通信

终端站设备包括天馈线系统、微波收发信设备、调制解调设备、数字复用设备等。中继站设备包括天馈线系统、微波收发信设备和中继再生设备。微波收发信设备分为室内一体设备、室外一体设备和室内室外分体设备。目前广泛使用分体设备，中频部分放置室内，称为室内单元（IDU）；射频部分放在室外，称为室外单元（ODU）。系统的数字复用设备可采用PDH、SDH和IP体制。系统还设有监控系统，对信道及主备用设备运行情况进行自动监视与控制。在中小容量的系统中，常把监控信息和公务联络电话信号作为公务信号，并用专门的公务信道传输。在大容量的系统中，常在主信道的信息码流中插入一定的公务信息，用以传送公务信号。

4.137　衰减器（attenuator）

对指定频率范围的信号进行衰减的器件。其主要用途是调整电路中信号的大小、改善阻抗匹配、避免高功率信号对仪器或接收机前端造成破坏。按衰减量是否可调，衰减器分为固定衰减器和可调衰减器。衰减器连接头有BNC型、N型等多种形式。

4.138　衰落（fading）

电磁波在传播过程中，电磁场值或信号功率值随时间的起伏。通常指接收信号电平的随机起伏。衰落对传输质量和传输可靠性影响很大，严重的衰落将导致传输中断。

根据发生衰落的物理原因，衰落分为闪烁衰落、K型衰落、波导型衰落和极化衰落。闪烁衰落是由大气湍流对电磁波的散射造成的；K型衰落是由地面反射和大气折射等所产生的多径传输造成的，故又称多径衰落；波导型衰落是大气波导对电磁波的反射造成的；极化衰落是电磁波在传播过程中由于极化发生变化而造成的。

根据衰落速率的快慢，衰落分为快衰落和慢衰落。前者是瞬时信号电平短时间内的起伏；后者是短期信号电平中值长时间内的起伏。快衰落的幅度分布一般服从瑞利分布，但在对流层散射传播中，服从对数正态分布，而对慢衰落进行较准确的统计分布描述比较困难。

根据衰落对接收信号的改变，衰落分为平衰落和频率选择性衰落。平衰落指在信号传输带宽内对所有频率的信号具有相同的衰落比例，否则就是频率选择性衰落。平衰落能够造成接收电平起伏，频率选择性衰落除了引发接收电平起伏外，还会造成信号波形失真。

衰落特性可用衰落深度、衰落率和衰落持续时间等主要参量来描述。

4.139　天波（sky wave）

向高空辐射经电离层反射或折射而回到地面的无线电波，又称电离层波。频率越高，电波在电离层中的衰减就越小，电波穿透电离层的能力也越强，但当频率超过一定值时，电波将穿透电离层而不能回到地面。因此工作频率不能过低也不能过高，一般位于短波波段。天波传播规律与电离层密切相关，由于受电离层随机变化的影响，天波传播具有时变特性，但传播的距离很远，甚至经过多次反射可作环球通信。

4.140　天地超短波通信系统（ultrawave communication system between spacecraft and ground）

载人航天工程专用的天地通信系统。其传输业务主要有天地间双向话音、飞船下行关键遥测数据等内容。系统工作频率为250～300 MHz，传输速率为24 kb/s，上行采用2CPFSK调制，下行采用DS-BPSK调制。系统由飞船超短波通信设备、地面站超短波通信设备和天地通信监控中心组成。通常情况下，为了达到一定的天地通信覆盖率，地面布设多个地面站。地面站设备按承载方式的不同,分为地面固定站、车载站、船载站;按照布设区域范围的大小,可分为国内站、国外站和海上站。天地通信监控中心的作用是监控地面站超短波通信设备的工作状态;开、关地面站超短波设备上行激励;汇集地面站天地下行话音并选优输出至地面天地话音用户;汇集地面天地话音用户上行话音,选择上行话音,话音数字编码、加密并送至地面站。

天地超短波通信系统地面站设备一般包括收发信机、调制器、解扩解调器、数字复分接器、保密机、天线及伺服跟踪系统、数传计算机、监控计算机和供电电源等。

4.141 天线(antenna)

无线电设备中,能够有效地向空间辐射或从空间接收无线电波的装置。向空间辐射无线电波的天线称为发射天线,其作用是把发射机送来的交变电源能量转换为空间电磁波能量;从空间接收无线电波的天线称为接收天线,它能够将从空间获取的电磁波能量转换为交变电波能量送给接收机。天线是通信、雷达、电子对抗和导航设备的重要组成部分。

因工作频率、工作原理、使用场合、指标要求等不同,天线种类繁多,大小不一,形状各异,但天线按结构特征,可分为线天线和面天线两大类。前者用细导线构成,后者用导电面构成。一般来讲,工作频率越低,增益要求越高,则天线尺寸越大。

不同用途的天线有不同的性能要求,但基本要求是一致的,即有一定的方向辐射特性或方向接收特性;有良好的与馈电线阻抗匹配特性;有一定的极化形成;有一定的频带宽度;有较好的机械结构性能。表征天线性能的主要技术指标有极化方式、辐射方向图、增益、输入阻抗、前后向比等。另外,天线具有互易性,同一设计既可用作发射天线也可用作接收天线,且二者具有相同的性能和增益,配有双工器时,既可作为发射天线,也可作为接收天线。

天线按用途可分为通信天线、广播天线、电视天线、雷达天线、导航与测向天线等;按方向性可分为全向天线和定向天线等;按极化方式可分为线极化天线、圆极化天线、椭圆极化天线等;按工作波长可分为长波天线、中波天线、短波天线、超短波天线、微波天线等;按使用场合可分为手持台天线、车载天线、基地台天线、机载天线、星载天线、舰载天线等。

无线电设备中馈线和匹配网络连接天线与收发设备,常见馈线形式有平行双导线、同轴线、波导等,传输的是高频电流或导行波。匹配网络起到馈线与天线之间传输匹配的作用。设计天线时,通常将馈线、匹配网络与天线体看成一体,统称天馈系统。

4.142 天线极化(antenna polarization)

天线发射的电磁波电场矢量端点在空间的轨迹图形。电场水平分量与垂直分量的相位相同或相差180°时,天线的极化为一直线,故称线极化,其中电场垂直分量为0的称为水平极化,电场水平分量为0的称为垂直极化。电场的水平分量与垂直分量的振幅相同,但当相位相差90°或270°时,电场矢量的端点轨迹为一个圆,故称天线的极化为圆极化。其中,若电场矢量的旋转方向与电磁波传播方向成右螺旋关系,称此种方式的天线极化为右圆极化,反之,则称为左圆极化。利用正交极化隔离的特性,可实现同频信号的极化复用,在同样的频带上,可将传输速率提高一倍。

4.143 天线交换器(antenna switching unit)

在短波通信中位于天线与收发信机之间的切换设备。天线交换器实质上是一种同轴电缆交换矩阵。天线和收发信机同轴馈缆按纵横顺序接至该矩阵上,通过控制该矩阵交叉点的开和关完成切换。天线交换器适用于多天线多收发信机,并且需要经常改变天线和收发信机连接关系的场合。

4.144 跳频(frequency hopping)

信号载波频率按编码序列指令在一定频段内以预定速率离散跳变的扩频方法,简称FH。这种载波频率变化的规律,称为跳频图案。跳频实际上是一种用伪随机码进行多频频移键控的通信方式。跳频分慢跳频和快跳频。慢跳频是指跳频速率低于信息比特速率,即连续几个信息比特跳频一次;快跳频是指跳频速率高于信息比特速率,即每个信息比特跳频一次以上。也有人把几十跳每秒的跳频称为慢跳频,几百跳每秒的跳频称为中跳频,几千跳每秒的跳频称为快跳频。一般来说,跳频速率越高,跳频系统的抗干扰性能就越好,但相应的设备复杂性和成本也越高。跳频技术可以抗多径衰落和近台干扰,具有电子反对抗能力,可提高通信的可靠性和保密性。

4.145 跳时(time hopping)

一种以伪随机码控制射频信号的发射时刻和持续时间的扩频方法,简称TH。跳时也可以看成一种时分系统,所不同的是,它不是在一帧中固定分配一定位置的时片,而是由扩频码序列控制的按一定规律跳变位置的时片。跳时系统的处理增益等于一帧中所分的时片数。由于简单的跳时抗干扰性不强,故很少单独使用,通常与其他方式结合使用。

4.146 同信道干扰(shared channel inetrference)

凡是其他信号源发出的与有用信号载频相同并以同样方式进入中频通带的干扰,又称同频干扰。蜂窝移动通信系统中采用频率复用增加频谱效率,但同时带来同频干扰。同频干扰对业务的主要影响是网络信号良好时,用户接入失败率或掉话率较高。同信道干扰用同频干扰比来衡量。同频干扰比为有用信号与同频干扰信号幅度的比值,取决于设备参数、传播环境、通信概率、小区半径、双工方式、同频复用距离等因素。

4.147 通用移动通信系统(universal mobile telecommunications system)

3GPP组织制定的全球3G标准之一,简称UMTS。由一系列包含码分多址接入网络和分组化核心网络的技术规范和接口协议构成。WCDMA凭借与GSM之间的平滑过渡以及自身技术优势,成为UMTS的首选空中接口技术。因此通用移动通信系统UMTS等同于WCDMA通信系统。通用移动通信系统由核心网(CN)、通用陆地无线接入网(UTRAN)和用户设备(UE)组成。通用陆地无线接入网由一个或多个无线网络子系统(RNS)构成。一个无线网络子系统由一个无线网络控制器(RNC)和一个或多个基站(Node B)组成。

3GPP组织考虑移动通信技术和业务运营的当前需求和持续发展,一直致力于UMTS技术规范的制定和完善,分成R99、R4、R5、R6共4个技术规范版本。3G网络无线接入网技术和核心交换网技术可以分别独立演进,实现平滑过渡,最终目标是实现全IP化的全球宽带移动通信网络。在无线接入网技术方面,3GPP致力于不断提高频谱利用率,除将WCDMA作为首选空中接口技术外,还引入了TD-SCDMA和高速下行链路数据分组接入(HSDPA)技术。在核心网技术方面,则引入了分组软交换技术和IP多媒体子系统(IMS),以实现全IP多业务移动网络的发展目标。

4.148 突发通信(burst communication)

把要发送的信息存储起来,等到信道条件满足时在很短的时间内将其高速发出的无线通信方式,又称猝发通信,瞬间通信。突发通信的时间通常不到1 s,由于这种通信电波瞬间即逝,不易受到干扰和破坏,因此通常用于隐蔽通信。突发通信常用于流星余际通信,以及海军潜艇的高频猝发通信。

4.149 脱网工作(talk around)

在集群移动通信中,不经基站转发,移动台之间直接进行通信的工作模式。两个以上移动台在越出网络覆盖范围,或需要直接对讲的情况下,可通过人工转换到脱网工作模式,在常规信道上进行单工对讲通信。

4.150 网络子系统(network sub-system)

移动通信系统中以移动交换中心为基础的网络,简称NSS。网络子系统与基站子系统相接,主要负责端到端的语音呼叫、用户数据管理、移动性管理及与固定网络的连接。其内部功能单元除了移动交换中心之外,还包括组呼寄存器、码型变换/速率适配器、鉴权中心、设备识别寄存器、访问位置寄存器和归属寄存器等。

4.151 微波通信(microwave communication)

工作频率为300 MHz到3000 GHz的无线电通信。波长为1 m到0.1mm,微波按波长大小包含分米波、厘米波、毫米波和亚毫米波。微波频段包括很宽的频率域,通常把微波频段再分为若干个子频段,见表4.10。微波通信包括地面微波中继通信、对流层散射通信、卫星通信、空间通信以及工作于微波频段的移动通信等,但目前通常所说的微波通信则专指地面微波中继通信。微波中继通信使用的频率多数在2~38 GHz,目前实际应用较多的是2 GHz、4 GHz、6 GHz、7 GHz、8 GHz、11 GHz、15 GHz、18 GHz、23 GHz、26 GHz频段。对于这些无线电频率的具体使用安排,国际电联无线电通信部门(ITU-R)作了统一明确的建议,各国生产微波设备的厂家和使用者多数都遵守这些建议。我国微波射频波道配置及容量系列应遵守信部无[2000]705号《关于调整1~30 GHz数字微波接力通信系统容量系列及射频波道配置的通知》。

微波以直线方式传播,对障碍物的绕射能力很弱,适于进行视距通信。地面传输距离与超短波相同,约为50 km。采用接力通信方式,可实现超视距通信。微波通信具有频带宽、通信容量大、传输质量

表 4.10　微波频段划分

序号	频段名称	频率范围/GHz	波长范围
1	UHF	0.30~1.12	100.00~26.79 cm
2	L	1.12~1.70	26.79~17.65 cm
3	Ls	1.70~2.60	17.65~11.54 cm
4	S	2.60~3.95	11.54~7.59 cm
5	C	3.95~5.85	7.59~5.13 cm
6	XC	5.85~8.20	5.13~3.66 cm
7	X	8.20~12.40	3.66~2.42 cm
8	Ku	12.40~18.00	2.42~1.67 cm
9	K	18.00~26.50	1.67~1.13 cm
10	Ka	26.50~40.0	1.13~0.75 cm
11	Q	33.0~50.0	9.09~6.00 mm
12	U	40.0~60.0	7.50~5.00 mm
13	M	50.0~75.0	6.00~4.00 mm
14	E	60.0~90.0	5.00~3.33 mm
15	F	90.0~140.0	3.33~2.14 mm
16	G	140.0~220.0	2.14~1.36 mm
17	R	220.0~325.0	1.36~0.92 mm

好等特点，目前所发展的新一代大容量数字微波通信，在解决区域性通信、专网通信、农村通信、山区和海岛通信等通信问题中，都是一种最有效的手段。

4.152　无线 Mesh 网（wireless mesh network, WMN）

从移动 Ad hoc 网分离出来，并承袭了部分无线局域网技术的网络技术，又称无线网状网，无线网格网，无线多跳网。无线 Mesh 网是一种多跳的、具有自组织和自愈特点的宽带无线网络，由 Mesh 路由器和 Mesh 终端组成。Mesh 路由器配置有多个无线接口，除了具有传统的无线路由器的网关/中继功能外，还具有支持 Mesh 网络互连的路由功能。无线 Mesh 网由 Mesh 路由器互连构成无线骨干网，通过其中的网关 Mesh 路由器与外部网络相连。Mesh 终端通过 Mesh 路由器接入上层网络，Mesh 终端通常只具有一个无线接口，实现复杂度远小于 Mesh 路由器。Mesh 终端可以是笔记本电脑、掌上电脑、PDA 以及手机等。Mesh 终端也具有一定的 Mesh 网络互连和分组转发功能，Mesh 终端之间进行互连可以构成一个小型对等通信网络。

无线 Mesh 网可以和多种宽带无线接入技术如 802.11、802.16、802.20 以及 3G 移动通信等技术相结合，组成一个含有多跳无线链路的无线网状网络。无线 Mesh 网的网络架构根据节点功能的不同，可以分为基础设施/骨干无线 Mesh 网、客户端无线 Mesh 网和混合无线 Mesh 网。

无线 Mesh 网与无线 Ad hoc 网的比较见表 4.11。二者的最大区别是无线 Mesh 网移动终端的移动性要求较低。

表 4.11　无线 Mesh 网与无线 Ad hoc 网比较

	无线 Mesh 网	无线 Ad hoc 网
网络拓扑	相对静止	快速变化
节点移动性	低	高
能量约束	低	高
组网特点	半永久/永久	临时组网
基础设施	部分或全部固定基础设施	无基础设施
数据转发	依靠固定 Mesh 节点	依靠移动节点转发
路由性能	表驱动或分级路由	分布式按需路由
快速部署	是	是
应用环境	军用或民用	军用或民用

4.153　无线城域网（wireless MAN）

以无线方式构成的城域网，简称 WMAN。WMAN 主要用于解决城域网的接入问题，覆盖范围为几千米到几十千米，除提供固定的无线接入外，还提供具有移动性的接入能力，具有点对点、点对多点、蜂窝组网等多种网络结构。WMAN 通常包括终端、基站和核心网，所涉及的技术包括多信道多点分配系统（MMDS）、本地多点分配系统（LMDS）、IEEE 802.16d/e 和高性能城域网（HiperMAN）技术、多载波无线信息环路（McWill）。

4.154　无线传感器网络（wireless sensor network）

在监测区域内大量的静止或移动的传感器以无线方式构成的多跳自组织的网络系统，简称 WSN。WSN 是一种新型的信息感知和数据采集网络系统，通过协作地感知、采集、处理和传输网络覆盖地理区域内感知对象的监测信息，能够获取各种详尽、准确的环境数据或目标信息，并最终把这些信息发送给网络的所有者。WSN 是一种低功耗、自组织、大规模、以数据为中心的可靠网络，一般由多个汇聚节点和大量部署于监测区域、配有各类传感器的无线网络节点构成，实现了数据采集、处理和传输 3 种功能。目前大部分 WSN 都限于采集温度、湿度、位置、压力等环境标量数据。通过在传统 WSN 的基础上增加能够采集视频、音频、图像等多媒体信息的传感器节点，能够组成具有存储计算和通信能力的无线多媒体传感器网络（wireless multimedia sensor network），简称 WMSN。WMSN 集成和拓展了传统 WSN 的应用场合，可广泛应用于军事国防、城市管理、安全监控、智能交通、环境监控、医疗卫生等多个领域。

4.155　无线电波（radio wave）

频率在 3000 GHz 以下的电磁波。不同频率范围的无线电波，传播特性差异很大。为便于使用，将无线电频谱划分为 14 个频带，频带号为－1～12，见表 4.12。从使用的角度出发，也有观点认为无线电波是频率为 3 Hz～300 GHz 的电磁波。

无线电波的频谱范围很宽，但也是不可再生的自然资源，需要合理利用。如果对无线电频率的使用缺乏有效的规划和管理，极易造成浪费和相互干扰。我国研制、生产、试验和设置的无线电通信设备使用的频率应遵守《中华人民共和国无线电频率划分规定》。通常根据通信业务需要和无线电波特性，把频段划分给指定的通信业务，然后根据该业务信道所需要的带宽，对该频段进行合理的规划，即进一步细分为若干频道，供业务使用。

4.156　无线电管理（radio management）

国家通过专门机构对研究、开发、利用无线电频谱资源和卫星轨道资源的活动进行的管理。无线电管理的主要内容包括对频率的划分、分配和指配；对无线电台（站）的布局规划和设台电磁兼容分析及审批；对无线电信号实施监测和监督检查；对无线电干扰的协调和处理；对无线电管理法规和技术标准的制定；对无线电发射设备的检测；对研制、生产、销售、进口无线电发射设备的管理以及代表国家参加无线电管理方面的双边和多边国际活动。《中华人民共和国无线电管理条例》《中华人民共和国无线电管制规定》和《中华人民共和国无线电频率划分规定》是无线电管理的专门性法规，是进行无线电管理的基本依据。

国家无线电管理局是我国无线电管理方面的职能部门，负责全国无线电管理工作。国家无线电监测中心是中国无线电管理技术支撑机构，隶属于工业和信息化部，主要承担国家无线电频谱管理、无线电台站管理、无线电监测、无线电设备管理、无线电管理信息化等业务技术工作。中心建有先进的国家无线电短波/卫星监测网（北京监测站已加入 ITU 国际无线电监测网）、北京及周边地区无线电超短波监测网、全国无线电管理信息系统、频谱工程实验室、无线电设备检测实验室及国家无线电管理指挥调度中心等技术设施。

4.157　无线电管制（radio control）

是对无线电波的发射、辐射和传播实施的强制性管理。是指在特定的时间和特定区域内，依法采取

表 4.12　无线电频谱和波段划分

带号	频带名称	频率范围	波段名称	波长范围
□1	至低频（TLF）	0.03～0.30 Hz	至长波或千兆米波	10 000～1000 Mm
0	至低频（TLF）	0.3～3 Hz	至长波或百兆米波	1000～100 Mm
1	极低频（ELF）	3～30 Hz	极长波	100～10 Mm
2	超低频（SLF）	30～300 Hz	超长波	10～1 Mm
3	特低频（ULF）	300～3000 Hz	特长波	1000～100 km
4	甚低频（VLF）	3～30 kHz	甚长波	100～10 km
5	低频（LF）	30～300 kHz	长波	10～1 km
6	中频（MF）	300～3000 kHz	中波	1000～100 m
7	高频（HF）	3～30 MHz	短波	100～10 m
8	甚高频（VHF）	30～300 MHz	米波	10～1 m
9	特高频（UHF）	300～3000 MHz	分米波	10～1 dm
10	超高频（SHF）	3～30 GHz	厘米波	10～1 cm
11	极高频（EHF）	30～300 GHz	毫米波	10～1 mm
12	至高频（THF）	300～3000 GHz	丝米波或亚毫米波	10～1 dmm

注：频率范围含上限，不含下限，波长范围含下限，不含上限。

限制或者禁止无线电台(站)、无线电发射设备和辐射无线电波的非无线电设备的使用,以及对特定的无线电频率实施技术阻断等措施。根据维护国家安全、保障国家重大任务、处理重大突发事件等需要,国家可以实施无线电管制。《中华人民共和国无线电管制规定》是我国施行无线电管制的法规。无线电管制措施主要包含:

(1) 对无线电台(站)、无线电发射设备和辐射无线电波的非无线电设备进行清查检测。

(2) 对电磁环境进行监测,对无线电台(站)、无线电发射设备和辐射无线电波的非无线电设备进行监督。

(3) 采取电磁干扰等技术阻断措施。

(4) 限制或禁止无线电台(站)、无线电发射设备和辐射无线电波的非无线电设备的使用。

4.158　《无线电规则》(Radio Regulations)

国际电信联盟(ITU)制定的一项国际无线电法规。用来管制无线电通信,调整各国在无线电管理活动中的相互关系,规范其权利和义务。该规则附属于国际电信联盟组织法和公约,与其共同行使对整个电信的管理,并对联盟全体会员的行为予以规范与约束。该规则分 A 和 B 两大部分:A 部分主要包括无线电业务定义、无线电频率划分、无线电频率通知、协调和登记程序、频率的技术特性及其使用的原则、干扰处理程序等;B 部分主要包括各种无线电台的操作和使用规定。

世界无线电通信大会(WRC)是国际电信联盟组织召开的有关无线电频率、卫星轨道资源的划分、分配、指配、规划及管理的国际会议,每 3 年或 4 年召开一次。届时,审议并在必要时修订《无线电规则》。国际电联 2016 年版《无线电规则》现已发布并生效。2016 年版《无线电规则》包含了由世界无线电通信大会(1995 年)(WRC-95)通过并随后由 1997 年(WRC-97)、2000 年(WRC-2000)、2003 年(WRC-03)、2007 年(WRC-07)、2012 年(WRC-12)及 2015 年(WRC-15)世界无线电通信大会修订并批准的《无线电规则》完整文本,其中包括所有附录、决议、建议和引证归并的 ITU-R 建议书。

4.159　无线电监测(radio monitoring)

采用技术手段或设备设施对空中无线电信号进行的信号监视和信号参数测量分析。无线电监测是指探测、搜索、截获无线电管理地域内的无线电信号,并对该无线电信号进行分析、识别、监视并获取其技术参数、工作特征和辐射位置等技术信息的活动。无线电监测是无线电频谱管理的重要组成部分分,是施行无线电频率管理、保护,进行无线电干扰查处、协调,维护空中电波秩序,保障用户正常开展无线电业务,保障国家通信信息安全,有效实施无线电管理的必要手段和技术支撑。按监测频段分类,主要有短波无线电监测、超短波无线电监测、卫星空间业务的无线电监测等。按监测任务分类,主要有常规监测项目、无线电干扰监测、监测和查找未经核准的国内或不明电台的发射、联合监测项目。

无线电监测机构是负责无线电监测的技术机构。我国的无线电监测国家机构包含国家无线电管理局和国家无线电监测中心。无线电监测由各级无线电监测中心(站)负责。依据《中华人民共和国无线电管理条例》,我国的各级无线电监测中心(站)的主要职责是:

(1) 监测无线电台(站)是否按照规定的程序和核定的项目工作;

(2) 查找无线电台(站)干扰源及未经批准使用的无线电台(站);

(3) 测定无线电设备的主要技术指标;

(4) 监测工业、科学和医疗应用设备、信息技术设备和其他电器设备等非无线电设备的无线电波辐射;

(5) 国家和地方无线电管理机构规定的其他职责。

国家无线电监测网是为完成无线电监测任务,有效施行无线电监测建设的技术基础设施,由国家、省、州(市)无线电监测中心(站)组成,主要完成对无线电信号的监测、监听、测向和电磁环境测试等任务。国家无线电监测网采用以国家无线电监测中心为中心的星型结构,由短波、超短波、卫星 3 个网组成,中心设全网指挥调度控制中心,对全国各级无线电监测网络进行控制管理,与省级监测控制节点和国家级监测站点直接互联通信,查询、交互数据并下达任务。

4.160　无线电台(radio station)

开展无线电通信业务或射电天文业务所必需的一个或多个发信机或收信机,或发信机与收信机的组合(包括附属设备),又称无线电台站,简称电台。一部可以投入使用的无线电通信设备,不论是收信设备、发信设备,或二者兼有的设备,都统称为无线电台。

国际电信联盟(ITU)将无线电业务分为无线电通信业务和射电天文业务,无线电通信业务又分为地面无线电通信业务和空间无线电通信业务。相应地,无线电台划分为地面电台、地球站(用于空间无线电通信业务)、空间电台、射电天文电台 4 大类。但在具体应用中存在多种分类方式。按照使用方式的不同,无线电台可分为手持式、车(船、机)载式、固定式、转发式;按照通信方式的不同,无线电台可分为单工、半双工和全双工模式;按照实现功能的不同,无线电台可分为通信类、雷达类、导航类、射电天文类;按照工作方式的不同,无线电台可分为单发、单收、收发一体;按照使用频段的不同,无线电台可分为长波电台、中波电台、短波电台(高频电台)、超短波电台、微波电台。

在中国境内使用无线电频率,设置、使用无线电台,研制、生产、进口、销售和维修无线电发射设备,应当遵守《中华人民共和国无线电管理条例》。为保证合法电台正常工作,必须对无线电频率使用进行严格的分配和管理,相关的管理法规有《无线电台执照管理规定》和《个人业余无线电台管理暂行办法》。

4.161　无线对讲机(walkie-talkie)

用于话音通信的便携式双向无线电收发器,又称无线步话机,简称对讲机。无线对讲机采用半双工工作方式,按下 PTT 开关,进入发话状态;松开 PTT 开关,转入接听状态。根据我国无线电频率划分规定,专业对讲机使用 V 频段(136~174 MHz)和 U 频段(400~470 MHz),武警公安系统使用 350 MHz,海岸使用 220 MHz,业余使用 433 MHz,集群使用 800 MHz,公众对讲机使用 409~410 MHz。

4.162　无线个人区域网(wireless personal area network)

在个人使用的便携式电子设备和通信设备之间进行短距离自组织连接的无线网络,简称无线个域网,WPAN。WPAN 是以个人为中心来使用的微微网络,连接时不需要使用接入点,覆盖范围从几厘米到几米,可看作一种低功率、小范围电缆替代技术。WPAN 是随着短距离无线移动网络技术的发展而产生的,能够在近距离为设备提供连接服务,典型技术有紫蜂(ZigBee)、红外(IrDA)、蓝牙(Bluetooth)、射频识别(RFID)等,见表 4.13。其共同的特点是短距离、低功耗、低成本和个人专用。

目前,IEEE、ITU 和 HomeRF 等组织都致力于 WPAN 的标准研究,其中 IEEE 研究的 WPAN 技术标准主要集中在 IEEE 802.15 系列,是目前国际上权威的 WPAN 标准。WPAN 标准主要分为基于蓝牙的 WPAN,以及低速 WPAN、高速 WPAN 和超高速 WPAN。IEEE 802.15.1 标准对应于蓝牙 1.1,新的 IEEE 802.15.1a 标准对应于蓝牙 1.2,传输速率不超过 1 Mb/s。低速 WPAN(LR-WPAN)符合 IEEE 802.15.4 标准,传输速率约为 0.25 Mb/s,主要用于工业监控及组网,以及便携式多媒体设备之间数据传输。高速 WPAN 符合 IEEE 802.15.3 标准,传输速率可达 55 Mb/s。超高速 WPAN 符合 IEEE 802.15.3a 标准,传输速率可达 110~480 Mb/s,主要用于高速传输高质量视频图像。中国无线个域网标准工作组(CWPAN)已发布实施中国低速无线个域网国标 GB/T 15629.15—2010,频率采用 779~787 MHz,该标准兼容 IEEE 发布的专门在我国应用的 IEEE 802.15.4c 标准。

表 4.13　典型 WPAN 技术的比较

技术类别	工作频段	传输速率/(Mb/s)	连接设备数	功耗	用途
ZigBee	868 MHz 915 MHz 2.4 GHz	0.02 0.04 0.25	255/65 000	1~3 mW	家庭网络、工业控制网络、传感网络
IrDA	820 nm	1.521、4、16	2	数兆瓦	透明可见范围内的数据传输、近距离遥控
Bluetooth	2.4 GHz	1、2、3	7	1~100 mW	个人网络
RFID	5.8 GHz	0.212	2	无供电	物流管理、交通运输

4.163　无线广域网(wireless wide area network)

把地域分布极为广泛的局域网连接起来的无线网络,简称 WWAN。WWAN 最主要的目标是支持全球范围内无线网络的广泛的移动性,能够提供覆盖全国或全球范围内的无线接入。典型的无线广域网包括卫星通信网络,以及如第四代移动通信系统这样的具有宽带数据传输能力的蜂窝移动通信网络。为提供高效的移动宽带无线接入,IEEE 制定了无线广域网移动宽带接入技术标准 IEEE 802.20。IEEE 802.20 是无线广域网空中接口标准,采用纯 IP 体系结构,适用于高速移动环境下的宽带无线接入系统。

4.164　无线接入(wireless access)

利用无线信道,将用户终端接入业务网的方式。分为固定无线接入和移动无线接入两种方式。

在固定无线接入方式中,用户终端固定或在小范围内移动,但接入点不变,不支持用户漫游。通常接入的下行链路点对多点工作,上行点对点工作。系统通常由中心站、终端站和网管系统组成。中心站将终端站和业务网的业务节点连接起来,包括中心控制站和射频站。中心站控制站又称中心站室内单元,通过业务节点接口与业务节点连接。射频站又称中心站室外单元,安装有全向天线或扇区天线,通过无线信道为覆盖范围内的终端站服务。终端站安装定向天线,通过用户网络接口与用户终端或用户驻地网连接。固定无线接入分为无线本地环路(包括固定蜂窝、基于无绳电话的技术、微波一点多址)、甚小口径天线地球站(VSAT)、直播卫星系统(DBS)、本地多点分配业务(LMDS)、多路多点分配业务(MMDS)、光无线接入等。

在移动无线接入方式中,用户终端可移动,接入点可变,一般支持漫游。系统由控制器、基站、操作维护中心、固定终接设备等组成。控制器处理用户呼叫、对基站进行管理,通过基站进行无线信道控制、基站监测和对固定终接设备进行监视和管理。基站通过无线收发信机提供与固定终接设备和移动终端之间的无线信道,并通过无线信道完成呼叫。操作维护中心负责整个无线接入系统的操作和维护,主要进行配置管理。固定终接设备又称固定用户单元,与基站通过无线接口相接,与用户终端通过标准接口相接,向用户透明传送业务网提供的业务和功能。如果固定终接设备与用户终端合并为一个物理实体,则称之为移动终端。移动无线接入有集群、蜂窝等方式。

中国为无线接入分配的频谱资源有 10 个频段,见表 4.14。

表 4.14　无线接入频谱资源

编号	频段	接入频率/MHz	使用方式	适用范围
1	400 MHz	406.5～409.5	TDD	本地公众通信网无线接入,在此频段内,射电天文业务、固定业务、移动业务等均为主要业务
2	450 MHz	450～470	FDD	在城市及无线通信较普及的地区,主要用于无线对讲;在地广人稀的农村地区,用于无线接入
3	1.8 GHz	1785～1805	SCDMA	本地公众通信网无线接入
4	1.9 GHz	1880～1900	TD-SCDMA	本地公众通信网无线接入
5	1.9 GHz	1900～1920	PHS	本地公众通信网无线接入
6	2 GHz	1920～1980/2110～2170	FDD	本地公众通信网无线接入,主要用于 3G
7	2.4 GHz	2400～2483.5	802.11b、g	为工科医(ISM)频段,用于无线局域网、无线接入系统、点对点扩频通信系统等各类无线电台
8	3.5 GHz	3400～3430/3500～3530	MMDS	固定无线接入
9	5.8 GHz	5725～5850	802.11a	点对点或点对多点扩频通信系统、宽带无线接入系统、高速无线局域网、蓝牙技术设备及车辆无线自动识别系统等无线电台站共用,原则上用于公众无线接入通信时,运营企业必须取得相应的基础电信业务经营许可
10	26 GHz	25 757～26 765/24 507～25 515	LMDS	多点分配业务

4.165 无线接入点(access point)

具备站点功能、通过无线媒体为关联的站点提供访问分布式服务能力的实体,又称无线访问节点,简称无线AP。在无线局域网中,无线AP是无线交换机、无线路由器、无线网关等设备的统称,是无线网络终端用户接入有线网络的接入点,主要用于宽带家庭、楼宇内部以及园区内部,典型通信距离为几十米至上百米。大多数无线AP还带有接入点客户端模式,可以和其他无线AP进行无线连接,扩大网络的覆盖范围。无线AP分为胖AP(Fat AP)和瘦AP(Fit AP)。胖AP能够独立实现配置、管理和工作,也称为非集中控制型AP,独立控制型AP,多用于用户少、AP配置少、网络结构简单的自治式小型无线局域网。瘦AP需要与接入控制器配合,共同实现配置、管理和工作,也称集中控制型AP。集中式无线局域网需采用瘦AP+AC的集中控制架构组网,层次架构清晰,适用于用户规模大、AP配置较多、用户分布较广的情况。

4.166 无线接入控制器(access controller)

无线局域网的集中控制设备,简称无线控制器,无线AC。无线AC的主要作用是对无线接入点(瘦AP)进行集中配置、管理和控制。瘦AP在安装时不需要人工配置,由无线AC统一配置,自动下发。瘦AP与无线AC自动关联,支持无缝漫游。基于无线AC的无线局域网,采用无线AC加瘦AP(Fit AP)覆盖模式,无线AC支持下发配置、射频智能管理、接入安全控制。

4.167 无线接入网桥(wireless access bridge)

采用无线方式将局域网连接起来的网桥。无线接入网桥工作在5.8 GHz免授权频段(5.725~5.850 GHz),可稳定提供最高不低于百兆的网络传输速率,支持点对点、点对多点的网络结构,可将分布于不同地点和不同建筑物之间的局域网连接起来,构建全IP的无线宽带接入网络。由于5.8 GHz使用场合较多,因此对于这个频段的使用和规划,除考虑系统本身的技术问题外,还要对当地的空中无线电进行测试,以免产生强烈的干扰。无线接入网桥技术没有统一的标准,业界通常采用基于802.11a/n标准的无线局域网技术,有的也采用OFDM/TDMA技术。

4.168 无线局域网(wireless local area network)

以无线方式构成的局域网,简称WLAN。WLAN工作于2.4 GHz或5 GHz频段,速率可达数十兆比特每秒,一般只涉及空中接口的物理层和媒体接入控制层。WLAN互联接口标准主要有IEEE 802.11、802.11a/b/g/n和欧洲的RES10、HIPER LAN/1/2等。物理接口可采用直接序列扩频、跳频、红外接口等。节点可分为固定式和漫游式两类,以满足固定终端和手持终端通信的要求。WLAN的配置结构分为独立网络和基础设施网络。独立网络只有一个基本服务群(BSS),各移动站可彼此通信。基础设施网络是一种接入型扩展服务网络,由两个以上基本服务群组成。WLAN的产品中有用于移动台的无线网卡,用于基站的无线接入点、无线网桥等。

IEEE 802.11x标准是现在无线局域网的主流标准,空中接口采用载波侦听多路访问/碰撞避免(CSMA/CA)技术实现共享媒质接入控制,IEEE 802.11对应的ISO标准是ISO/IEC 8802-11,该标准定义了无线局域网的MAC层和物理层规范。

4.169 无线通信(wireless communication)

利用电磁波的辐射和空间传播,经由空间传送信息的通信方式。电磁波以光速向四周辐射,以直线形式在均匀介质中传播,遇到不同介质或障碍物会产生反射、吸收、折射、绕射或极化偏转等现象。一般把频率低于3000 GHz的电磁波称为无线电波,高于3000 GHz的电磁波称为光波。因此无线通信分为无线电通信和无线光通信。

按所用的无线电波波段划分,无线电通信分为甚长波通信、长波通信、中波通信、短波通信、超短波通信和微波通信、毫米波通信等;按用户是否移动,可分为固定通信和移动通信;按接力站是否在地面,可分为卫星(中继)通信和地面(中继)通信。无线电通信不需要有线线路,避免了所有有线电通信的固有缺点,使用机动灵活,但缺点是通信内容易被窃取,通信质量易受外界干扰等。

按所用的光波波段划分,无线光通信分为红外线通信、可见光通信、紫外线通信、射线通信。目前应用最多的是以激光为载波的可见光通信,因此无线光通信通常指无线可见激光通信。根据激光是否在大气层内传播,无线激光通信分为大气激光通信和自由空间激光通信:部分或全部在大气层内传播的通信称为大气激光通信,仅在大气层外传播的通信称为自由空间激光通信。无线光通信的通信容量大,但波束窄,收发天线对准困难,在雨、雪、云、雾等气象条件下衰减很大,甚至无法工作。

4.170　无线网络控制器(radio network controller)

在通用移动通信系统(UMTS)网络中负责控制通用陆地无线接入网络(UTRAN)无线资源的网元,简称 RNC。RNC 是无线接入网络的组成部分,位于基站(NodeB)与移动交换控制中心(MSC)之间,通过 Iu-b 接口与 NodeB 对接,通过 Iu-CS 接口与 MSC 对接。RNC 主要承担无线资源管理、用户终端(UE)接入控制、宏分集合并、功率控制、切换控制、话务统计等功能。在实际组网中,一个 RNC 可以对一个或多个 NodeB 进行管理和控制。

4.171　无线应用协议(wireless application protocol)

用于移动因特网的网络通信协议,简称 WAP。WAP 的目标是将固定因特网的信息及业务引入到移动电话等无线终端之中。WAP 定义可通用的平台,把目前固定因特网上用 HTML 语言描述的信息转换成用无线标记语言(WML)描述的信息,并显示在移动电话的显示屏上。WAP 只要求移动电话和 WAP 代理服务器的支持,而不要求现有的移动通信网络协议做任何的改动,因而可以广泛应用于 GSM、CDMA、3G 等多种移动通信网络中。

4.172　线天线(wire antenna)

由线直径远小于工作波长和天线长度的金属导线构成的天线。线天线的类型很多,常用的有偶极天线、单极天线、八木天线、笼形天线、对数周期天线、螺旋天线、鱼骨天线、菱形天线、蝙蝠翼天线等。主要用于长波、中波、短波和超短波波段内的无线电通信。用以描述方向特性要求的电气参数有方向性图、波瓣宽度、方向性系数等;用以描述匹配和损耗特性的电气参数有输入阻抗、驻波比、效率等;描述其他性能的电气参数还有频带宽度、极化型式、等效长度、等效面积等。

4.173　相关带宽(coherence bandwidth)

在信号无频率选择性衰落的前提下,无线多径信道所允许的最大信号带宽,又称相干带宽。它在数值上大致等于信道最大多径时延展宽的倒数。当信号带宽小于相关带宽时,信道对信号各个频率分量的衰落具有很强的幅度相关性,即对各个频率分量进行一致的衰落。当信号的带宽大于相关带宽时,信道对各个频率分量的衰落呈现出不相关性,即对各个频率分量进行不一致的衰落,因此将产生频率选择性衰落,引起严重的码间干扰。

4.174　协作分集(cooperative diversity)

多个拥有独立天线的无线节点协作实现空间分集的方法。其基本思想是在无线接收端将直传信号(来自源节点)和中继信号(来自中继节点)均作为有用信号,进行合并解码。中继节点对来自源节点信号的处理和转发方式有放大转发、解码转发以及压缩转发等。

4.175　协作无线通信(cooperative wireless communication)

无线通信系统中,通过节点的部分资源共享实现系统容量或节点容量最大化的方法。常用方案有协同编码、协同调制、协同空时码、协作多点传输等。协作无线通信技术融合了分集技术与中继传输技术,在不增加天线数量的基础上,可在传统通信网中实现并获得多天线与多条传输的增益。协作通信在无线通信系统中有多种应用,主要有固定中继的协作通信和用户终端间的协作通信两种方式。考虑到移动终端只配置 1~2 根天线,为了保证天线数受限的终端用户也能获得(MIMO)增益,提出了协作 MIMO 的概念,又称协作多点传输技术(CoMP)。另外,在多跳无线通信网络中,为提高传输速率,提出了多用户协作分集即多个用户相互协作从而实现类似 MIMO 的传输效果。

4.176　信纳德(signal plus noise plus distortion to noise plus distortion ratio)

衡量无线电接收机输出信号质量的技术指标之一,又称信纳比和信杂比,简称 SINAD,单位为 dB。无线电收信机输出端输出的信号中包含有用信号、噪声和失真。设有用信号功率为 S,噪声功率为 N,失真功率为 D,则 $\mathrm{SINAD}=10\log[(S+N+D)/(N+D)]$。SINAD 考虑了谐波失真的影响,因此比信噪比更能准确反映接收机输出信号的质量。

4.177　一点多址微波通信系统(point to multipoint access microwave communication system)

采用多址技术实现一点对多点通信的微波通信系统,又称一点对多点微波通信系统,无线电用户集中器,简称一点多址微波,一点多址。系统由中央站、中继站以及若干用户站组成。当用户站与中央站的距离太远时,中间可设中继站。中心站、中继站和用户站可组成辐射型、分支型和直线型网络结构。各个用户站到中央站的上行传输采用时分多址或频分多址方式,中央站到用户站的下行传输采用时分复用或频分复用方式。中央站和中继站采用全向天线,用户站采用定向天线。国家无线电管理委员会规定,一点多址微波通信系统有 1.5 GHz 频段(1427~1525 MHz)、2.4 GHz 频段(2300~2500 MHz)和 2.6 GHz 频段(2500~2695 MHz)。在试验任务中,一点多址用作多个分散的测量点位到本地中心的数据、话音、图像传输。

4.178 移动交换中心(mobile switching center)

移动通信系统网络子系统中的核心设备,又称移动电话交换局,简称 MSC。MSC 是 2G 移动通信系统的核心网元之一,控制所有基站控制器(BSC)的业务,提供移动通信系统各个功能实体之间的接口以及与固网连接的接口,为移动用户提供移动性管理和交换功能,以及路由、呼叫控制和计费功能,并实现移动用户与移动用户、移动用户与固定用户之间的互连互通。MSC 从归属位置寄存器(HLR)、拜访位置寄存器(VLR)和鉴权中心(AUC)中获取用户位置登记和呼叫请求所需的全部数据,并根据最新获取的信息更新以上数据库。3GPP R4 版在核心网电路域中引入软交换技术,将 MSC 拆分为移动交换中心服务器(MSCS)和电路交换媒体网关(CS-MGW),从而实现了控制与承载分离。

4.179 移动台(mobile station)

移动通信系统中接入网络服务的用户终端设备,简称 MS。移动台与网络之间的接口为无线空中接口。它与基站建立无线链路,并通过基站接入移动通信网,为用户提供包括话音、数据、移动多媒体等业务。移动台有手机、车载台、便携台等多种类型。移动台通常包含移动终端及用户识别模块。其中用户识别模块包含所有与用户有关的无线接口信息,也包含鉴权和加密信息。在 UMTS 移动通信系统中,移动台改称为用户设备,简称 UE。

4.180 移动台遥毙(mobile terminal inhibit)

禁止移动台在网内使用的功能。处于遥毙状态的移动台除了通过广播信道接受激活命令外,既不能发射也不能接收。遥毙方式有两种:一种相当于禁用,另一种不但禁用,还会将移动台的程序清除。移动网络一般通过控制器定时或不定时地发送控制命令来遥毙移动台,也可以在用户发起呼叫时,通过核对用户档案来遥毙移动台。遥毙后的移动台,可通过激活命令而解除遥毙。利用遥毙功能,可防止移动台丢失和被盗所带来的潜在危险,并能够阻止非法用户接入网络。

4.181 移动通信(mobile communication)

通信双方或至少有一方能在移动中进行通信的方式。典型的移动通信系统一般由网络交换、基站、网络维护和移动台组成。基于用户的可移动性要求,用户接入必须采用无线通信手段。移动台与基站建立无线通信链路,接入移动网络,通过网络交换,实现与网内其他移动台的通信。当移动网和固定网联网时,移动台还能与固定用户通信。

移动通信,按照服务区域,分为大区制和小区制;按照用户容量,分为大容量、中容量和小容量;按照工作方式,分为单工制、半双工制和全双工制;按照使用地域,分为陆上、海上和空中;按照技术体制,分为蜂窝移动通信、集群移动通信、无绳电话、移动宽带接入等。蜂窝移动通信是小区制大容量全双工陆上移动通信,是应用最广泛的移动通信技术,目前已经发展到了第五代,其目标是真正实现在任何时间、任何地点、向任何人提供多种业务的通信服务。

4.182 阴影衰落(shadow fading)

无线用户进入阴影区后导致的接收信号衰落,又称阴影效应。当无线电波在传播路径上遇到起伏的地形、高大的建筑物、森林等障碍物遮挡时,会形成电波的阴影区。当无线用户进入阴影区后,导致接收信号场强中值的缓慢变化,从而产生阴影衰落。

4.183 游牧接入(nomadic access)

介入固定接入和移动接入之间的一种接入方式。用户可慢速移动,在不同的网络接入点接入,但不具备移动接入的跨区无缝切换功能。当用户网络接入点发生变化时,业务会被中断,须重新建立连接。

4.184 雨衰(rain fade, rain attenuation)

无线电波在雨中传播,受雨滴的吸收和散射影响而造成的衰减。当电波波长远大于雨滴直径时,衰减主要由雨滴吸收引起;当电波波长相对于雨滴直径逐渐缩短时,散射衰减的作用逐渐增大。工作频率越高，雨衰就越严重。电波频率工作在 10 GHz 以下时，可忽略雨衰的影响；工作在 10 GHz 以上时，需在链路预算中分配功率储备来减少雨衰的影响。此外，雨衰大小还与穿过雨区有效距离及雨量大小有关。无线通信中，常采用位置分集、频率分集、功率控制和自适应编码等技术补偿降雨所带来的衰减。

4.185　远近效应（near-far effect）

距离近的大功率信号淹没距离远的小功率信号的现象，又称近端对远端干扰。当基站同时接收两个不同距离移动台信号时，若两个频率相同或相近，则基站接收的远端移动台较弱信号会被近端移动台较强信号所淹没。在码分多址（CDMA）系统中，由于相同小区用户使用同一载波频率，因此远近效应更加显著。为克服远近效应，移动通信系统对基站和移动台采用自动功率控制的工作方式。

4.186　越区切换（hand off）

当移动用户在通话过程中跨越服务小区时，将接入点由一个基站切换到另一个基站的过程。越区切换是为了实现移动通信的无缝覆盖，切换由系统自动完成，保证通信的连续性。在频分多址和时分多址系统中，越区切换为硬切换，移动用户从一个小区到另一个小区时需要从一个频率切换到另一个频率，切换过程能够被用户感觉到，有时甚至会掉线。在码分多址系统中，越区切换为软切换，用户在切换时会同时与两个以上的小区同时通信，直到完全切换到信号质量最好的小区。软切换不但使用户感觉不到，而且对数据传输也无影响。在码分多址系统中，移动台在扇区化小区的同一小区不同扇区之间进行的软切换称为更软切换。移动通信系统通常使用射频信号强度作为越区切换依据。越区切换的过程控制主要有 3 种。

（1）移动台控制的越区切换。移动台连续监测当前基站和候选基站的信号强度和质量，当满足越区准则后选择具有可用业务信道的最佳候选基站，并发出越区切换请求。

（2）网络控制的越区切换。基站测量来自移动台的信号强度和质量，当信号低于某个门限后，网络控制移动台切换至另一个基站。

（3）移动台辅助的越区切换。移动台测量周围基站信号强度并上报原基站，网络根据测试结果判断何时切换及切换至何基站。

4.187　杂散干扰（spurious interference）

干扰系统发射频段外的杂散发射落入到被干扰系统接收通带内造成的干扰。由于功放、混频器和滤波器等器件的非线性，发射机在远离工作频带以外很宽的范围内产生无用信号发射，包括热噪声、谐波发射、寄生发射、互调产物及变频产物等，称为杂散发射。一般将落在工作频率两侧，且在工作带宽±2.5 倍处或以外的发射均归为杂散发射。杂散发射落入被干扰系统接收频带内，形成杂散干扰。杂散干扰抬升了被干扰系统底噪，造成接收灵敏度下降。为减少杂散干扰，一般采取提高发射机的性能指标、改善射频滤波器的特性等措施来抑制杂散辐射强度。

4.188　正交频分多址接入（orthogonal frequency division multiple access）

采用正交频率分割的方式划分信道，接入并识别用户的多址技术，简称 OFDMA。OFDMA 是一种宽带无线通信系统中新兴的多址技术，已成为 3GPP LTE 的下行链路的主流多址方案。其基本原理是将较宽的传输带宽划分成若干个相互正交的互不重叠的一系列子载波集，将不同的子载波集分配给不同的用户实现多址。OFDMA 将整个频带分割成许多子载波，将频率选择性衰落信道转化为若干平坦衰落子信道，从而能够有效地抵抗无线移动环境中的频率选择性衰落。OFDMA 系统可动态地把可用带宽资源分配给需要的用户，容易实现系统资源的优化利用。由于不同用户占用互不重叠的子载波集，理论上系统无多户间干扰，即无多址干扰（MAI）。

4.189　正交频分复用（orthogonal frequency division multiplex）

子载波相互正交的多载波调制技术，简称 OFDM。其基本原理是将高速数据信号分割为 N 个并行的低速子信号，然后用 N 个子信号分别调制 N 个相互正交的子载波。正交信号可以通过在接收端采用相关技术来分开，这样可以减少子信道之间的相互干扰。每个子信道上的信号带宽小于信道的相关带宽，因此每个子信道可以视为平坦性衰落信道，无码间串扰。由于在 OFDM 系统中各个子信道的载波相互正交，子载波的频谱可部分重叠，因此可以获得较高的频谱效率。OFDM 技术适用于无线环境下的高速传输，在无线通信领域得到了广泛的应用。

4.190 直放站(repeater)

移动通信中用以扩大基站覆盖范围的中继设备,又称转发器、中继器。直放站是基站的延伸设备,可以视为对射频信号进行透明传输的设备,主要用以解决移动区域中盲区、死角、阴影区、地铁、隧道等处的信号覆盖问题。直放站接收移动台的射频信号,经放大转发至基站;同时接收基站的射频信号,经放大转发给移动台。根据基站至直放站的信号传输方式,直放站分为光纤直放站和无线直放站,无线直放站又分为同频直放站和移频直放站。

4.191 直接序列扩频(direct sequence spread spectrum)

在发送端直接用具有高速率的伪随机序列去扩展信号的频谱,在接收端用相同的伪随机序列对接收到的扩频信号进行解扩处理的扩频系统,简称直扩,DSSS。用于扩展频谱的伪随机序列称为扩频码序列。在一般通信系统的基础上,直扩在发送端和接收端分别加入了扩频调制和解扩环节。在发送端,进行信道编码的信息数据与扩频码序列模2加,产生复合码序列,然后经载波调制后发送;在接收端,已调载波信号经解调后,采用同样的扩频码序列进行模2加,解扩还原为信息数据。为实现正确的解扩处理,必须保证收发扩频序列相同且同相,接收端必须完成扩频序列的同步捕捉和跟踪。由于解扩必须使用与直扩相同的扩频码,才能恢复出原始信息,所以扩频码可以作为地址使用,实现多址通信。DSSS是目前应用较广泛的一种扩展频谱系统,具有抗干扰能力强、低截获、抗多径、频谱利用率高等优点,特别适合于无线移动通信应用。

4.192 智能天线(smart antenna)

采用数字信号处理方法实现信号测向和波束成形的天线阵列,简称SA。智能天线通过各阵元信号的幅度和相位加权来改变阵列的方向图形状,将主波束对准入射信号并自适应地实时跟踪该信号,同时将旁瓣或零陷对准干扰信号,抑制干扰信号进入接收机,达到充分高效利用移动用户信号并删除或抑制干扰信号的目的。此外,利用智能天线的波束成形,即在相同时隙,相同频率和相同地址码的情况下,信道可以用空间位置上不重叠的波束来分割,可实现空分多址。

智能天线分为多波束天线和自适应天线阵两类。多波束天线又称波束切换天线,一般由多个窄波束天线构成。利用多个并行波束覆盖整个小区,每个波束指向固定方向。随着用户在小区中的移动,基站选择不同的波束使接收信号最强。自适应天线阵通过不同天线组合形成不同的空间定向波束,采用数字信号处理技术识别用户信号到达方向,根据用户信号的不同空间传播方向提供不同的空间信道。当用户移动时,波束随之作自适应改变,使波束中心始终指向用户方向。

目前,智能天线在通信领域主要用于移动通信,具有抗衰落、抗干扰、增加系统容量和实现移动台定位等多种功能。由于受体积和计算复杂性的限制,目前智能天线技术仅用于基站系统。

4.193 直通工作方式(direct mode opreation)

在数字集群移动通信中,移动台在不受交换与管理基础设施控制的情况下相互直接进行通信的工作方式,简称DMO。数字集群通信系统具有集群和直通两种工作方式。既能工作于集群方式,又能工作于直通方式的移动台,称为双模移动台。直通工作方式有基本方式、转发方式和网关方式3种。基本方式为“移动台—移动台”方式,即对讲机工作方式;转发方式为“移动台—直通转发器—移动台”方式;网关方式为“移动台—集群网关—集群网络—移动台”方式。利用转发器和集群网关可以使直通方式移动台与集群网覆盖范围内的移动台进行通信。

4.194 中波通信(middle-wave communication)

工作频率在300~3000 kHz(波长1000~100 m)的无线电通信,又称中频通信。中波波段是无线电通信发展初期使用的波段之一。中波以地波和天波两种方式传播。白昼,电离层D层对中波吸收强烈,中波主要以地波方式传播,传播信号稳定,但传播距离较近;夜间,中波除可继续以地波方式传播外,由于电离层发生变化,D层消失,因此电离层对中波的吸收较小,从而增加了由电离层(E层)反射的天波传播,天波传播的传播距离较远,但不稳定。与短波通信相比,中波通信受极光、磁爆影响小。根据国际电信联盟(ITU)《国际无线电规则》的频率划分,526.5~1606.5 kHz频段的中波频段用作调幅广播业务,广播频段以下的中波通信主要用于飞机和舰船的无线电通信及军事地下通信等,广播频段以上的中波通信除用于飞机和舰船的无线电通信外,还可用于军事上的近距离战术通信。

4.195　中国宽带无线 IP 标准工作组(China Broadband Wireless IP Standard Group)

由国内企、事业单位自愿联合组织,经信息产业部科技司批准成立的、组织开展宽带无线 IP 领域技术标准制定和研究活动的非赢利性技术工作组织。工作组成立于 2001 年 8 月,简称 ChinaBWIPS。其主要任务是:提出宽带无线 IP 技术领域的相关标准制定、修订项目和相关标准研究课题建议;开展相关标准的起草、意见征求和审查协调等标准制定工作。中国宽带无线 IP 标准工作组致力于中国自主无线局域网安全标准及其相关标准的制定以及产业推广,具有代表国家制定宽带无线 IP 技术领域系统互联的物理层、数据链路层、IP 层等标准的职能。

4.196　自动频率控制(automatic frequency control)

使振荡器输出信号频率自动稳定在预期的标准频率的控制方法,简称 AFC。自动频率控制电路广泛用作接收机和发射机中的自动频率微调,又称自动频率微调系统,是电子通信设备中常用的反馈控制系统。由于外界环境影响以及电路选频特性不理想,通信电子线路中振荡器的振荡频率会在工作过程中发生变化,偏离预期的标准频率,AFC 通过对振荡频率进行小范围调节,从而稳定振荡频率。如果发射机中发生振荡频率漂移,则利用 AFC 反馈控制作用,可以减少频率的变化,提高频率稳定度;在超外差接收机中,依靠 AFC 系统的反馈调整作用,可以自动控制本振频率,使其与外来信号频率之差始终保持在中频的数值。实现自动频率控制的电路简称 AFC 环,主要由鉴频器和压控振荡器等部件构成。当频率偏离标准频率时,经鉴频器产生与其偏离的量成正比的偏差电压,控制压控振荡器的输出频率,逼近标准频率。经过 AFC 环反复循环调节,最后达到平衡状态,从而使系统的工作频率保持稳定。在调频接收机中,为了改善调频接收的门限效应,采用类似于自动频率控制系统的调频负反馈技术构成调频负反馈解调器,用作对调频信号的解调。

4.197　自动天线调谐器(automatic antenna tuner)

串接在发射机和天线之间,能自动调整天线阻抗使之与发射机阻抗匹配的设备。发射机的频率改变会导致阻抗发生变化,从而产生更大的反射,使发射效率下降。自动天线调谐器能够调整天线的阻抗,进行阻抗匹配,减少反射甚至消除反射。自动天线调谐器是一个具有自动控制功能的阻抗匹配网络,一般要求调谐后的电压驻波比不大于 1.5。现在短波台站常采用免调谐性能的全频段宽带天线,不再配置自动天线调谐器,但在配置鞭天线、双极天线、笼形天线时仍需配置自动天线调谐器。

4.198　自动增益控制(automatic gain control)

接收机根据输入信号的大小,自动调整系统的增益,使输出信号强度稳定的技术,简称 AGC。在无线通信系统中,接收机的输出电平取决于输入信号电平和接收机的增益。由于受发射功率大小、收发距离远近、信号传播衰落等各种因素影响,接收机输入信号电平会变化很大,如果维持接收机增益不变,则信号大时可能使接收机饱和,信号弱时,接收机不能正常工作,因此需采用自动增益控制电路,使接收机增益随输入信号电平变化而变化。自动增益控制电路是在输入信号电平强弱变化时,用改变增益的方法维持输出信号电平基本不变的一种反馈控制系统。对自动增益控制电路的要求是控制范围宽,信号失真小,响应时间快,不影响接收机噪声性能。自动增益控制电路采用闭环控制方法,通过检测输出信号的大小,调整系统的增益。在超外差接收机中,自动增益控制系统主要应用于中频放大级,也可用于混频前的射频放大级。

4.199　自适应天线(adaptive antenna)

具有可控波束形成和自适应调零功能的天线阵列,又称自适应天线阵,自适应调零天线。自适应天线可以根据外界的电磁环境变化自动优化其辐射/接收方向图,即利用基带数字信号处理技术产生空间定向波束,使天线主波束对准用户信号到达路径,旁瓣或零陷对准干扰信号到达路径,从而抑制和消除噪声、干扰和多径的影响。自适应天线早期应用于雷达信号处理、军事抗干扰通信领域。随着移动通信技术发展,自适应天线引入移动通信领域,可以提高频谱利用率,提高通信容量和质量,是现代移动通信的关键技术之一。

4.200　自适应调制编码(adaptive modulation and coding)

无线通信系统中跟踪无线信道质量变化自适应

选择和调整调制及编码方式的技术，简称 AMC。AMC 就是在传统无线通信系统固定调制和编码方式的基础上，引入多种编码速率和多种调制方式，根据信道质量变化自适应改变编码方式和调制方式。信道质量情况由接收机反馈得到。在一个 AMC 系统中，网络侧根据用户瞬时信道质量状况和目前资源状况，选择最合适的下行链路调制和编码方式，使用户获得尽可能高的数据吞吐率。当用户处于有利的通信位置时（如靠近基站或存在视距链路），用户会采用高阶调制和高速率的信道编码方式发送数据，如 16QAM 和 3/4 编码速率，从而得到高的峰值速率；而当用户处于不利的通信位置时（如位于小区边缘或者信道深衰落），会选取低阶调制方式和低速率的信道编码方式发送数据，如 QPSK 和 1/4 编码速率，来保证通信质量。

4.201　自由空间传输损耗（free-space transmission loss）

无线电波在自由空间传输过程中因扩散而造成的损耗。自由空间是充满理想介质的无限空间。理想介质指均匀、各向同性、无损耗的介质，其相对介电常数 ε_r 和相对磁导率 μ_r 均为 1。在自由空间传播的电波不产生反射、折射、吸收和散射等现象，但会因能量向空间扩散而衰耗。当电波传播路径远离地面、地物并且大气对电波传播影响可以忽略时，近似认为电波在自由空间传播。

电磁波在自由空间以球面波形式传播，电磁波能量分布在球面上，随着传播距离的增加，球面越大，单位面积的能量越小，接收到的信号越小。自由空间传播损耗与距离的平方成正比，与电磁波频率的平方成正比。通常以分贝为单位计算，即

$$L_f = 92.45 + 20\lg d + 20\lg f \tag{4-8}$$

式中：L_f——自由空间传播损耗，dB；

d——自由空间传播距离，km；

f——电磁波频率，GHz。

4.202　自组织网（self-organizing network）

提供自动安装、配置、优化、维护等功能的移动通信网络技术，简称 SON。SON 是伴随 LTE 发展而引出的一套完整的网络理念和规范。由全球主要移动网络运营商组成的下一代移动网络联盟（NGMN）提出了 SON 的需求，发布了关于 SON 的建议，并通过 3GPP 进行标准化。3GPP 在发行版本 8 中定义了 SON 的概念和需求，并在后续版本中持续更新。SON 的主要目的是减少人工参与，使日常运维工作更加合理。其主要功能可以归纳为自配置、自优化和自愈。

自配置：从基站设备安装上电到用户能正常接入各环节，很少甚至无须人员干预。目标是做到即插即用，减少人工干预环节，降低对运维人员的要求，提高运维效益。

自优化：根据测量得到的网络运行状况，对网络参数进行自动调整优化，提高网络整体性能。

自愈：对系统告警和性能监测发现的网络问题，通过自检进行定位，在无人员干预的情况下消除问题影响，提高网络运行质量。

SON 关键技术包括物理小区标示（PCI）自动配置、覆盖和容量优化、自动邻区关系功能、负荷均衡优化、随机接入信道优化技术。

4.203　组呼（talkgroup call）

通话组内任一用户与组内所有其他用户的一对多的通信方式。在集群移动通信中，两个或多个有业务联系的用户被划分到一个通话群组。每个群组有一个唯一标志号，用于实现组呼。当选组开关放置在该组位置上时，用户只须按下 PTT 开关即可与同组用户通话。不属该组的用户收不到该组的组呼。

4.204　阻塞干扰（barrage jamming）

强干扰信号进入接收机使接收机前端电路非线性器件饱和所产生的干扰现象。强信号会使接收机的非线性器件进入非线性区（饱和区），非线性失真急剧增加，造成有用信号增益降低或噪声提高，或导致接收机信噪比急剧下降。严重时，导致接收机失效，通信中断。产生阻塞干扰的外部原因是输入信号幅度过大，内部原因是接收机的线性动态范围不够。

第5章 IP承载网

5.1 Access端口(access port)

处于接入(Acess)工作模式的以太网端口。一个Access端口只能属于一个VLAN。当交换机的Access端口从外部线路上接收到以太网帧时,标记上所属VLAN的标签(Tag),将其内部转发至交换机的其他端口;当交换机的Access端口从交换机其他端口接收到以太网帧时,删除帧中的VLAN标签,并将其发送至外部线路。交换机一般用Access端口连接用户主机或路由器。

5.2 ARP缓存表(ARP cache table)

主机中存放的IP地址与MAC地址的映射表。ARP表项分为动态ARP表项和静态ARP表项。动态ARP表项中的映射关系由ARP协议动态维护,静态ARP表项中IP地址和MAC地址之间具有固定的映射关系,由用户手动配置。动态ARP表项设有老化时间,如果超过老化时间,该表项未被使用,就会被从ARP缓存表中删除。静态ARP不存在老化问题,始终有效。静态ARP表项的优先级高于动态ARP表项。如果ARP表中存在某IP地址的动态ARP表项,当手动配置同一IP地址的静态ARP表项时,该表项将覆盖原有的动态ARP表项。

5.3 Console端口(console port)

网络设备的控制端口。Console端口采用异步RS-232串口,过去采用DB9接口连接器,现在常用RJ-45接口连接器。Console端口通常用于实现设备的初始化配置或者远程控制,一般通过外接计算机,利用终端仿真程序,如Windows操作系统中的"超级终端"对设备进行配置。路由器和交换机默认Console端口具有最高权限,可执行设备的一切操作与配置。

5.4 CPU占用率(CPU utilization)

在规定的测量时间内,CPU执行进程时间与该测量时间之比,反映了网络设备CPU资源占用情况。当设备CPU占用率过高时,设备性能下降。该参数是网络设备管理中需重点关注的指标,在专业网管中通常需设置CPU占用率的告警阈值。

5.5 C-RP通告报文(C-RP advertisement)

候选RP(C-RP)将其可服务的组播地址通告给自举路由器(BSR)的报文。在PIM-SM自举机制中,C-RP将自己的优先级、IP地址以及可以服务的组播组地址封装在C-RP通告报文中,然后以单播方式定期发送给BSR,其格式如图5.1所示。

C-RP通告报文各字段含义如下。

PIM版本:PIM协议的版本号,目前PIM协议的最高版本号为2。

类型:PIM协议报文类型,C-RP通告报文的类型值为8。

前缀数:报文中包含的组播地址的数量,指C-RP可服务的组播地址数。

优先级:C-RP的优先级,最高级为0。

有效时间:报文内容的有效时间。从BSR收到

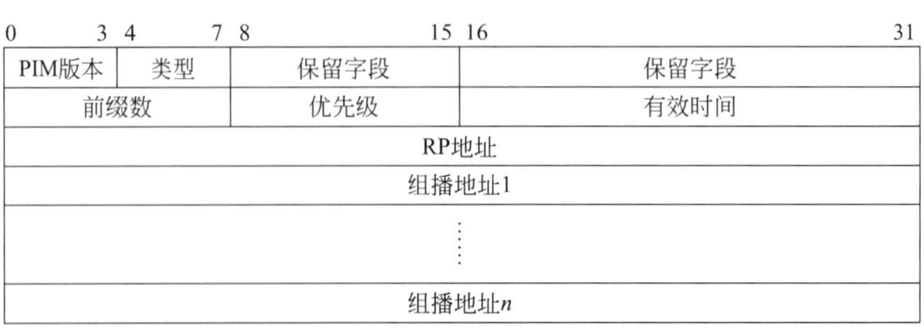

0–3	4–7	8–15	16–31
PIM版本	类型	保留字段	保留字段
前缀数		优先级	有效时间
RP地址			
组播地址1			
⋮			
组播地址n			

图5.1 C-RP通告报文格式

报文开始计算,有效时间后失效。有效时间一般设置为 C-RP 通告周期的 2.5 倍。

RP 地址：C-RP 地址。

组播地址 1～n：C-RP 可服务的组播地址列表。

5.6　Hybrid 端口(hybrid port)

处于混合(hybrid)工作模式的以太网端口。Hybrid 端口同时具有 Access 端口和 Trunk 端口的功能,因此既可用作交换机连接主机、路由器,也可用作交换机互连。一个 Hybrid 端口可属于多个 VLAN,其中包含一个缺省 VLAN。当交换机的 Hybrid 端口从外部线路接收到以太网帧时,若没有 VLAN 标签(Tag),则标记缺省 VLAN 的标签,然后转发至交换机的相应端口;若存在标签,经验证合规后,转发至交换机的相应端口。当 Hybrid 端口从交换机内部其他端口接收到以太网帧时,若符合剥离标签条件,则删除数据帧中的标签,发送至外部线路;否则,使用原标签,发送至外部线路。

5.7　ICMP 重定向(ICMP redirect)

改变主机中非优化路由的机制。如图 5.2 所示,G1 为主机的网关,当 G1 收到一条主机发往目的地址 X 的报文时,查找路由表发现该报文的下一跳为 G2。如果 G2 与主机在同一 IP 子网,G1 将向主机发送 ICMP 重定向报文,请求主机将路由表中目的地址 X 对应的网关改为 G2。主机收到该报文后,修改路由表,完成重定向。但是,当主机发出的报文包含逐跳选项字段时,则 G1 不会向主机发送重定向报文。

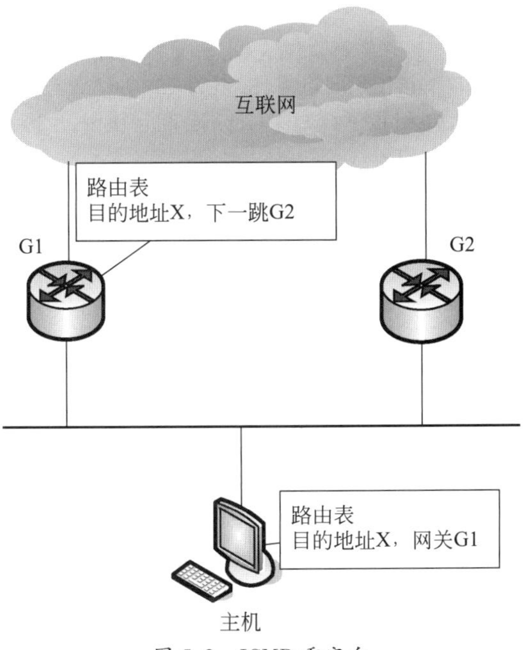

图 5.2　ICMP 重定向

ICMP 重定向报文格式如图 5.3 所示。

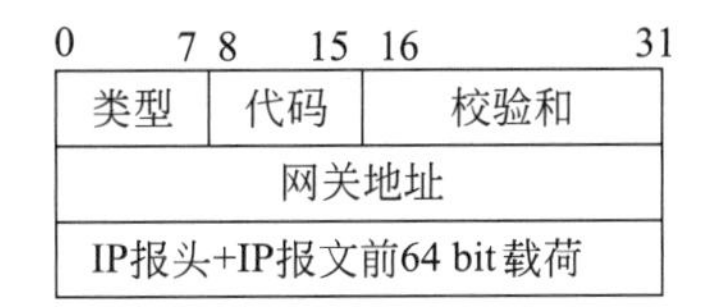

图 5.3　ICMP 重定向报文格式

ICMP 重定向报文各字段含义如下。

(1) 类型：ICMP 报文的类型,取值为 5。

(2) 代码：对重定向进行分类,取值为 0～3。其中,0 表示网络重定向,1 表示主机重定向,2 表示服务类型和网络重定向,3 表示服务类型和主机重定向。

(3) 网关地址：重定向后使用的网关地址。

(4) IP 报头+IP 报文前 64 bit 载荷：所指的 IP 报文为主机发出的、触发重定向的 IP 报文。

5.8　IEEE 802.3x 流控(802.3x flow control)

IEEE 802.3x 规定的全双工以太网的流控方式。接收主机接收流量过大时,向组播地址 01-80-C2-00-00-01 发送暂停帧(pause 帧)。发送主机接收到该帧后,暂停发送,从而完成流量控制。

5.9　IGMP 查询路由器(IGMP querier router)

因特网组管理协议(IGMP)中向网段内主机发送组播查询报文的路由器,简称查询器。为掌握网段内组成员情况,查询路由器周期性发送组播组查询报文。当一个网段中有多个路由器时,如果都作为查询路由器会出现查询混乱的问题。IGMPv1 依靠组播路由协议,选择其中一个作为查询路由器。IGMPv2 设计了查询路由器选举机制,选举方法是：首先所有路由器都发送组播组查询报文,当一个路由器收到其他路由器的查询报文后,与发送路由器比较 IP 地址,如果对方 IP 地址小于自己的就退出,最终选举出 IP 地址最小的路由器作为查询路由器。其他路由器一直监听查询路由器的查询报文,一旦在规定时间内没有收到查询报文则认为查询路由器失效,并开始新一轮查询路由器的选举。

5.10 IGMP 窥探(IGMP snooping)

通过侦听 IGMP 报文,在以太网交换机上建立组播 MAC 地址与端口映射关系的技术。通常情况下,以太网交换机以广播方式转发组播报文,这样非组播组成员也能收到组播报文,不但浪费了网络带宽,而且降低了组播信息的安全性。IGMP Snooping 通过侦听查询路由器和主机之间交互的 IGMP 报文,建立 MAC 层组播转发表,从而实现 MAC 层组播。MAC 层组播转发表的表项一般包括:VLAN 编号、组播 MAC 地址和出端口。出端口包括路由器端口和组成员端口,路由器端口是以太网交换机上指向路由器的端口,组成员端口是以太网交换机上指向组成员的端口。以太网交换机从某一端口收到组播报文后,根据 VLAN 编号和报文的组播 MAC 地址,查找 MAC 层组播转发表,将报文转发到除该端口外的所有出端口。若查找不到对应的转发表项,则丢弃报文或在 VLAN 内广播报文。

MAC 层组播转发表项的建立和维护方法如下:当以太网交换机从某端口侦听到 IGMP 查询报文时,则说明发往路由器的组播报文应从该端口转发,因此将该端口设置为路由器端口,并启动路由器端口老化定时器;当从某端口侦听到 IGMP 报告报文时,则说明发往组成员的组播报文应从该端口转发,因此将该端口设置为组成员端口,并启动组成员端口老化定时器。当老化定时器超时时,如仍未收到相应的 IGMP 报文,则从 MAC 层组播转发表中删除该出端口。若在老化定时器超时前,收到相应的 IGMP 报文,则重置老化定时器。从某出端口收到 IGMP 离开报文时,如果设置了快速删除模式,则不再等待端口老化,立即从 MAC 层组播转发表中删除该出端口;否则只调整端口老化时间。

5.11 IGMP 协议(internet group management protocol)

为管理组播组成员,组播查询路由器获取同一子网内组播组成员信息的协议,中文名称为因特网组管理协议。IGMP 查询路由器与主机之间的协议,通过交互 IGMP 报文,使查询路由器动态掌握子网内有无组成员,便于及时向子网内转发或停发组播报文。IGMP 报文包括查询报文、报告报文和离开报文 3 种,均封装在 IP 报文中传输,协议号为 2,TTL 值为 1。

到目前为止,IGMP 协议有 3 个版本,分别为 IGMPv1、IGMPv2 和 IGMPv3。

IGMPv1 的文档号为 RFC 1112,定义了基本的组成员查询和报告过程。查询路由器以组播方式定期发送普遍组(所有组)查询报文,组播地址为 224.0.0.1。组成员收到查询报文后,以所在组播组地址为目的地址发送报告报文。组成员在未发送报告报文前,若收到同一组播组成员的报告报文,则不再重复发送报告报文。当主机新加入某组播组时,不需等待查询报文,直接发送报告报文。组成员采用不应答查询报文的方式默默离开。IGMPv1 没有独立的查询路由器选举机制,当本地网段上有多个路由器时,由组播路由协议选举出的指定路由器(DR)作为查询路由器。

IGMPv2 的文档号为 RFC 2236,在 IGMPv1 的基础上增加了组成员离开主动报告、指定组查询、查询路由器选举等功能。组成员的离开采用主动报告的方式,发送组成员离开报文,目的地址为 224.0.0.2。指定组查询指,查询路由器向指定组成员发送查询消息,目的地址为被查询的组播组地址。当本地网段上有多个路由器时,IGMPv2 使用独立的查询路由器选举机制选举出 IP 地址最小的组播路由器作为查询路由器。

IGMPv3 的文档号为 RFC 3376,在 IGMPv1 和 IGMPv2 的基础上增加了组播源过滤功能,允许主机指定组播源。为此,增加了指定组和源查询报文。报告报文的目的地址由组成员所在组播组的地址改为 224.0.0.22。

IGMP 的 3 个版本都支持任意源组播。IGMPv3 可直接支持指定源组播,IGMPv1 和 IGMPv2 与指定源组播映射技术(SSM-Mapping)配合使用,也能支持指定源组播。

5.12 IP-Trunk 接口(IP-Trunk interface)

由一个路由器上的多个 POS 接口捆绑而成的逻辑接口。捆绑在一起的每个 POS 接口称为成员接口。捆绑后,多条 POS 物理链路在逻辑上等同于一条逻辑链路,而又对上层数据传输透明。捆绑必须遵循以下规则。

(1) 物理接口的物理参数必须一致,包括接口数量、接口速率、双工方式和流控方式等。

(2) 必须保证数据的有序性。根据 IP 地址来区分数据流,将属于同一数据流的 IP 包通过同一条物理链路发送到目的地。

捆绑的目的在于增加带宽、进行负载分担、提高可靠性。在同一个 IP-Trunk 内,通过对各成员链路配置不同的权重,可以实现流量负载分担。为提高 IP-Trunk 接口的可靠性,可以为成员接口配置备份接口,成员接口失效时自动启动备份接口。成员接口备份有组外备份和组内备份两种。使用不属于同一 IP-Trunk 的接口作为备份接口称为组外备份;使用同一 IP-Trunk 中处于 Up 状态的其他接口作为备份接口称为组内备份。

5.13　IP 包时延(IP packet tansfer delay)

IP 包从发送端开始发送到接收端全部接收为止所经历的时间,简称 IPTD,单位一般为 ms。假如发送端发送 IP 包第一个比特的时刻为 $t1$,接收端接收 IP 包最后一个比特的时刻为 $t2$,则该包的时延为 $t2-t1$。在网络性能测试中,一般将测试时间段内所有 IP 包时延的平均值作为测试结果。IP 包时延是 IP 网的重要技术指标,反映了传输的实时性。IP 包时延与网络拥塞状况、传输链路带宽、传输距离及 IP 包长等因素相关。网络轻载、传输链路速率高、传输距离近、IP 包小,则 IP 包时延就小。试验任务中对信息实时性要求较高,对于场区间端到端时延要求为 64 B IP 包时延不大于 400 ms。

5.14　IP 包时延抖动(IP packet delay variation)

IP 包时延相对于参考值的偏离,又称 IP 包时延变化,简称 IPDV,单位一般为 ms。参考值可选用最小包时延、平均包时延和前相邻包的包时延。在网络性能测试中,可采用下列方法计算 IP 包时延抖动值。

(1) 包时延的 99.9 百分位值上限与最小包时延之差。

(2) 最大包时延与最小包时延之差。

(3) 基于平均包时延的包时延均方差。

(4) 基于相邻包时延的包时延均方差。

IP 包时延抖动是 IP 网的重要技术指标,对上层和业务应用影响较大。如时延抖动较大时,会造成业务终端缓冲器的溢出或者读空,从而导致丢包;导致 TCP 重传定时器超过门限,频繁启动重传;传输时间信号时,会降低时间传输的精度。IP 包时延抖动主要是由 IP 网内节点排队时延的不确定性引起的,网络轻负载运行、避免拥塞可有效减小包时延抖动。试验任务中对包时延抖动要求较高,场区间端到端时延抖动要求为 64 B IP 包时延抖动不大于 50 ms。

5.15　IP 包吞吐量(IP packet throughput)

在不丢包的情况下,网络或设备在单位时间内能够传输的 IP 包的最大数量,单位通常为包/秒(p/s)或比特/秒(b/s)。IP 包吞吐量是反映网络或设备性能的主要指标,其大小受网络带宽、设备处理能力等多种因素的限制。IETF RFC 2544《网络互联设备标准测试方法》规定了 IP 包吞吐量的测试方法:以一定的速率发送固定包长的 IP 包,如果不丢包则提高发送速率,如果丢包则降低发送速率,直至测出不丢包情况下的最大发送速率,该速率即为 IP 包吞吐量。常用二分法作为增加和降低速率的方法。标准规定吞吐量的测试结果以图表的形式表示:X 轴(行)表示帧大小,Y 轴(列)表示包频率。紧挨着图表的文字应该指出协议、数据流格式以及测试过程中使用的媒介类型。

5.16　IP 报文分片(IP packet fragmentation)

将过长的 IP 报文分割成若干较短数据包进行传输的机制。由于网络链路层发送数据帧的最大长度受最大传输单元(MTU)大小的限制,IP 层需将超过 MTU 的数据报文分割成若干小于 MTU 的报文,依次进行传输。到达目的地后再在 IP 层将数据报文重新组装。

IPv4 协议与 IPv6 协议的分片机制不同。

在 IPV4 协议中,分片在不同 MTU 网络交界处进行,由网关或源主机完成,分片的数据包可能会再次进行分片,IP 首部有 3 个字段用于分片机制:标识、标志和片偏移。16 位标识用以标识分片属于哪个原始报文,由发送端主机赋值,分片时复制到新的分片中。3 位的标志,低位置 1 时,表示本片不是最后一片;中位置 1 时,数据报文不能分片,若数据报文大于 MTU,网关会丢弃报文并向发送主机发送内容为"需分片但设置了不分片比特"的 ICMP 差错报文;高位保留。13 位的片偏移指明本片偏移原始报文开始处的位置。

在 IPV6 协议中,分片只能由源主机完成,信宿机完成重组,中间网关不再分片。发送数据前,源主机通过路径 MTU 发现(PMTUD)确定路径上的最小 MTU。需要分片时,源主机在每个数据报文分片的报头后插入一个分片扩展头。扩展头中的标识域和片偏移域与 IPv4 报头部分相关域作用相同,但标志域只有 1 位,置 1 时,表示该片不是最后一片。引起的 ICMP 差错报文内容为"报文过大"。

5.17　IP 地址(IP address)

IP 网中用来标示主机所处位置、识别主机身份的标识符。IPv4 协议规定的 IP 地址为 4 B 计 32 bit。书写时,字节之间用点号分开,每个字节用十进制数字表示,如 211. 12. 32. 112。IP 地址的范围为 0. 0. 0. 0~255. 255. 255. 255。每个 IP 报文头部均有源 IP 地址和目的 IP 地址字段。源 IP 地址为发送主机的 IP 地址,目的 IP 地址为接收主机的 IP 地址。发送主机发送 IP 报文时,将自己的 IP 地址和接收主机的 IP 地址填入 IP 报文头部的相应字段,IP 网根据目的 IP 地址,将 IP 报文送至接收主机。

IP 地址最初划分为网络号和主机号两部分。据此,因特网号码分配局(IANA)将 IP 地址分为以下 5 类。

(1) A 类 IP 地址:第 1 个字节为网络号,第 1 个字节第 1 个比特为 0,地址范围为 0. 0. 0. 0~127. 255. 255. 255。

(2) B 类地址:前两个字节为网络号,第 1 个字节前 2 个比特为 10,地址范围为 128. 0. 0. 0~191. 255. 255. 255。

(3) C 类地址:前 3 个字节为网络号,第 1 个字节前 3 个比特为 110,地址范围为 192. 0. 0. 0~223. 255. 255. 255。

(4) D 类地址:第 1 个字节前 4 个比特为 1110,地址范围为 224. 0. 0. 0~239. 255. 255. 255。D 类地址为组播地址。

(5) E 类地址:第 1 个字节前 4 个比特为 1111,地址范围为 240. 0. 0. 0~255. 255. 255. 255。E 类地址为保留地址,一般用于实验目的。

为节约 IP 地址资源,IP 地址可进一步划分为网络号、子网号和主机号 3 部分。具体方法如图 5.4 所示,网络号保持不变,将主机号的前若干位作为子网号,剩余的仍然作为主机号。

32 bit

网络号	主机号	
网络号	子网号	主机号
子网号(网络号)		主机号

图 5.4 带子网的 IP 地址结构

子网号划分不再受制于网络号之后,网络号和子网号合二为一,称为子网号或网络号。主机号为全 0 的 IP 地址,称为子网地址或网络地址。子网号长度可变,采用子网掩码标示子网号长度。子网掩码从形式上看,仍是一个 IP 地址,但子网号部分为全 1,主机号部分为全 0。子网掩码给出了子网号和主机号的边界,将主机地址与子网掩码按位进行"与"运算,可方便地得出子网地址。

有些特殊用途的 IP 地址不能分配给主机使用,这些地址主要有以下 5 种。

(1) 网络地址。

(2) 直接广播地址:主机号为全 1 的 IP 地址。该地址只能作为目的地址,目的地址为直接广播地址的 IP 包,在子网内被转发给所有主机。

(3) 受限广播地址:子网号和主机号均为全 1 的地址。受限广播地址只能用作目的地址。当主机在本网内广播,而又不知道自己的网络号时,使用受限广播地址。

(4) 本网络地址:子网号为 0 的 IP 地址,分为本网络特定主机地址和本网络本主机地址两种。主机号不为 0 时,为本网络特定主机地址,只能用作目的地址。主机号为 0 时,即全 0 地址,为本网络本主机地址,只用作源地址,一般在主机不知道自己的 IP 地址时使用。

(5) 环回地址:第 1 个字节为 127 的 IP 地址,用于主机测试用。目的地址为环回地址时,IP 包将不发送到网上,而是在离开本机的网络层后,从下层再逐层返回到本机的有关应用进程中。

在对 IP 网进行地址分配时,除对主机分配地址外,还需留出一定的地址空间为网络设备和设备的链路接口分配地址。同一条链路连接的多个设备的接口必须在同一个网段内,即地址具有相同的子网号。

IPv6 协议规定的 IP 地址长度为 16 B 计 128 bit。书写时,每两个字节之间用冒号分开,每个字节用十六进制数字表示,如 FEDC:BA98:7644:FED3:2110:1232:112A:123B。IPv6 地址分为单播地址和组播地址两大类。单播地址又分为可聚集全球地址、链路本地地址、网点本地地址和特殊地址。特殊地址包括本地单播地址、与 IPv4 的兼容地址、任意播地址等。

5.18 IP 丢包率(IP packet loss rate)

丢失的 IP 包数与发送 IP 总包数的比值,简称丢包率。丢包率是网络服务质量的主要指标之一。丢包主要由网络拥塞和线路误码引起。线路误码导致 IP 包部分传输错误时,网络将错包整个丢弃。在同样线路误码率条件下,包长越长,丢包概率越大。IP包在网络中采用排队方式进行转发,当流量过大,导致排队队列溢出时,则丢弃溢出的IP包。因此丢包率与包长和网络流量有直接的关系。试验任务IP网采用了轻载设计,并要求线路误码率优于1×10^{-6},以满足64 bit包长条件下用户端到端1×10^{-3}的丢包率要求。

5.19 IP多媒体子系统(IP multimedia subsystem)

美国朗讯公司提出的下一代网络(NGN)实现大融合方案的网络架构,简称IMS。其特点是采用SIP协议进行端到端的呼叫控制;采用基于网关的互通方案,使核心网与接入无关。

IMS的功能实体包括本地用户服务器(Home Subscription Server,HSS)、呼叫会话控制功能(Call Session Control Function,CSCF)、多媒体资源功能(Multimedia Resource Function,MRF)和网关功能。

HSS在IMS中作为用户信息存储的数据库,主要存放用户认证信息、签约用户的特定信息、签约用户的动态信息、网络策略规则和设备标识寄存器信息,用于移动性管理和用户业务数据管理。它是一个逻辑实体,物理上可以由多个物理数据库组成。

CSCF是IMS的核心部分,主要用于基于分组交换的SIP会话控制。在IMS中,CSCF负责对用户多媒体会话进行处理,可以看作IETF架构中的SIP服务器。根据各自不同的主要功能分为代理呼叫会话控制功能(Proxy CSCF,P-CSCF)、问询呼叫会话控制功能(Interrogation CSCF,I-CSCF)和服务呼叫会话控制功能(Serving CSCF,S-CSCF)。三个功能在物理上可以分开,也可以独立。

MRF主要完成多方呼叫与多媒体会议功能。MRF由多媒体资源功能控制器(Multimedia Resource Function Controller,MRFC)和多媒体资源功能处理器(Multimedia Resource Function Processor,MRFP)构成,分别用以实现媒体流的控制和承载功能。MRFC解释从S-CSCF收到的SIP信令,并且使用媒体网关控制协议指令来控制MRFP完成相应的媒体流编解码、转换、混合和播放功能。

网关功能主要包括出IMS网关控制功能(Breakout Gateway Control Function,BGCF)、媒体网关控制功能(Media Gateway Control Function,MGCF)、IMS媒体网关(IMS Media Gateway,IMS-MGW)和信令网关(Signaling Gateway,SGW)。

5.20 IP服务质量等级(IP network QoS class)

按IP包端到端传输性能指标的优劣,对IP服务质量进行的分级,简称QoS等级。ITU-T Y. 1541《基于IP服务的网络性能指标》中规定了0~5级IP服务质量等级(见表5.1)。0级适用于实时性要求高,对抖动敏感,交互性强的业务;1级适用于实时性要求高,对抖动敏感,交互性一般的业务;2级适用于交互性强的数据传送业务;3级适用于交互性一般的数据传送业务;4级适用于对丢包率有严格要求,但对实时性无严格要求的数据传送业务;5级适用于尽力而为的业务。

YD/T 1171—2001《IP网络技术要求——网络性能参数与指标》中规定了0~4级IP服务质量等级(见表5.2)。0级为电信级通信服务;1级为交互型,适用于实时交互业务,对应于IETF的加速转发业务;2级为非交互型,适用于音像流和大批文件的可靠传送,对应于IETF的确保转发业务;3级为不规范型,指传统的尽力而为的IP业务。

表5.2 YD/T 1171—2001规定的IP服务质量等级划分

传输性能指标	指标意义	IP服务质量等级			
		0级	1级	2级	3级
IPTD	IP包传输时延	150 ms	400 ms	1 s	未规定
IPDV	IP包时延抖动	50 ms	50 ms	1 s	未规定

表5.1 ITU-T 1541规定的IP服务质量等级划分

传输性能指标	指标意义	IP服务质量等级					
		0级	1级	2级	3级	4级	5级
IPTD	IP包传输时延	100 ms	400 ms	100 ms	400 ms	1 s	未规定
IPDV	IP包时延抖动	50 ms	50 ms	未规定	未规定	未规定	未规定
IPLR	IP丢包率	10^{-3}	10^{-3}	10^{-3}	10^{-3}	10^{-3}	未规定
IPER	IP错包率	10^{-4}	10^{-4}	10^{-4}	10^{-4}	10^{-4}	未规定

续表

传输性能指标	指标意义	IP 服务质量等级			
		0 级	1 级	2 级	3 级
IPLR	IP 丢包率	10^{-3}	10^{-3}	10^{-3}	未规定
IPER	IP 错包率	10^{-4}	10^{-4}	10^{-4}	10^{-4}
SPR	IP 虚假包率	待定	待定	待定	待定

5.21 IP 广播(IP broadcast)

一种点对其他所有点的数据发送方式。在广播方式中源主机仅发送一份数据,通过网络复制,发送给除源主机外的所有主机。根据广播范围可分为全网广播和子网广播。全网广播向网络的所有主机发送数据包,地址为 255.255.255.255;子网广播向子网的所有主机发送数据包,地址为主机号部分全为 1 的 IP 地址。子网外部的路由器将子网广播视为单播地址,按单播方式转发。广播方式的优点是不需要路由选择,实现简单,缺点是占用大量网络资源,安全性较差。转发全网广播数据包会对网络性能造成严重的影响,因此路由器在默认情况下不转发全网广播包。

5.22 IP 路由(IP route/routing)

路由器为 IP 包选择的转发路径。也指选择该转发路径的行为和过程。IP 包从信源主机传送到信宿主机,是由沿途路由器的"接力"转发而完成的。每一次转发,路由器根据 IP 包的目的地址,查找路由表,选择一个出端口。

根据路由表中路由信息的生成方式,IP 路由分为直连路由、动态路由和静态路由。直连路由由路由器直接生成,其目的网段为与路由器直接连接的子网。动态路由由网络运行的路由协议自动发现、生成和维护,随网络结构和状态的变化而变化。静态路由由人工配置生成,当网络结构和状态发生变化时,静态路由无法自动调整,需由人工重新配置。

试验任务 IP 网的城域网和局域网采用动态路由,广域网因其结构较少调整而采用了静态路由。为了保障广域网的可靠性,利用双向转发检测(BFD)技术来检测静态路由所在链路的状态,以实现广域网静态路由的快速切换。

5.23 《IP 网络技术要求——网络性能参数与指标》(IP Network Specification—Network Performance Parameters and Objectives)

中华人民共和国通信行业标准之一,标准代号为 YD/T 1171—2001,2001 年 12 月 11 日,中华人民共和国信息产业部发布,自 2001 年 12 月 11 日起实施。该标准规定了支持 IPv4 的 IP 网络性能参数和临时指标,以及对每个网络段应该提供的性能指标的要求。本标准适用于具有一个或多个网络段的端到端路径,所定义的 QoS 类型适用于终端用户与网络服务提供商之间以及网络服务提供商之间的 IP 网通信,可作为 IP 网络规划、工程设计、运行维护以及相应设备的引进、开发的技术依据。

5.24 《IP 网络技术要求——网络性能测试方法》(IP Network Technical Requirements—Network Performance Testing Methods)

中华人民共和国通信行业标准之一,标准代号为 YD/T 1381—2005,2005 年 9 月 1 日,中华人民共和国信息产业部发布,自 2005 年 12 月 1 日起实施。该标准规定了 IP 网络性能测量方法,包括单体测量,抽样测量,测量方法中的单位要求、时钟要求、安全性要求、不确定性和误差分析、结果的统计方法等,并规定了 IP 可用性、IP 包传输时延、IP 包时延变化、IP 包丢失率、IP 包误差率、路径吞吐量、IP 包错序等具体性能参数的测量方法,同时列举了部分测量样例。该标准适用于 IPv4 网络性能的测量。

5.25 IP 协议(internet protocol)

RFC 791 和 RFC 2460 规定的网际互联协议,是 TCP/IP 协议簇的核心协议。RFC 791 规定的是 IPv4 版本,RFC 2460 规定的是 IPv6 版本。

IPv4 协议报文格式见图 5.5。

IPv4 报文由首部和数据组成,其中首部长度是 4 B(32 bit)的整数倍,各字段的用途如下。

版本:表示标识 IP 协议的版本号,IPv4 的版本号即为 4。

首部长度:长度单位是 4 B(32 bit),最小值为 5,表示首部长度为 20 B;最大值为 15,表示首部长度为 60 B。无可选项时,首部长度固定为 20 B。

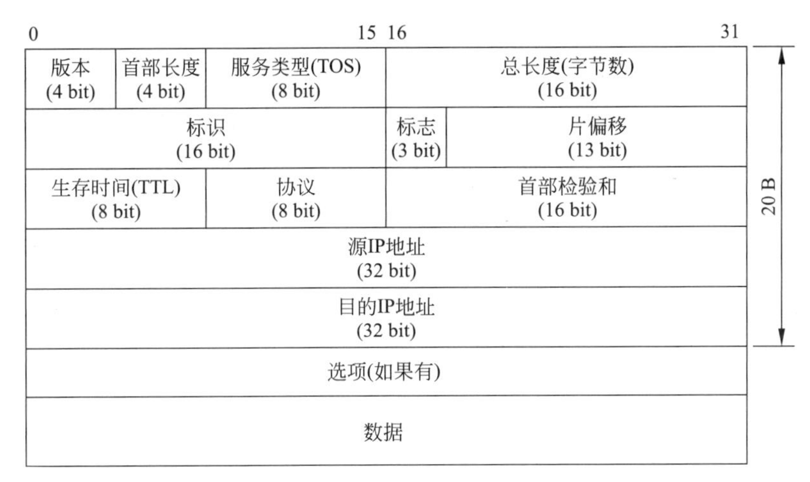

图 5.5　IPv4 报文格式

服务类型(TOS)：用来表明服务质量。字段包含一个 3 bit 的优先级字段、一个 4 bit 的服务类型字段和一个 1 bit 保留位。

总长度：表示 IP 首部与数据部分合起来的总字节数。

标识：用于分片重组。同一个 IP 报文的所有分片标识值相同。

标志：首位不用,中位置 1 时,数据报文不能分片,低位置 1 时,表示本片不是最后一片。

片偏移：用来标识该分片在未分片原始报文中的位置,单位是 8 B。第一个分片对应的位置为 0。

生存时间：它最初的意思是以 s 为单位记录当前包在网络上应该生存的期限。在实际中指 IP 报文在网络层可以被转发的最大次数。

协议：表示数据部分所使用的协议。

首部校验和：用于校验 IP 首部。

源 IP 地址：表示发送端 IP 地址。

目的 IP 地址：表示接收端 IP 地址。

选项：长度可变,很少使用。该字段定义了安全级别、源路径、路径记录、时间戳等信息。当选项字段不是 32 bit 的整数倍时,用“0”填充。

数据：IP 数据报文的载荷。

IPv6 协议数据报文格式见图 5.6。

版本：IPv6 的版本号即为 6。

流类别：相当于 IPv4 的 TOS 字段。

流标号：用于服务质量(QoS)控制。

有效载荷长度：表示数据部分的长度,不含首部。

下一个首部：相当于 IPv4 的协议字段。通常表示数据属于什么协议。在有 IPv6 扩展首部的情况下,该字段表示后面第一个扩展首部的协议类型。

跳数限制：相当于 IPv4 的 TTL 字段。

源 IP 地址：表示发送端 IP 地址。

目的 IP 地址：表示接收端 IP 地址。

IPv6 扩展首部：IPv6 将 IPv4 选项扩展成了扩展首部,位于 IPv6 首部和高层协议首部之间,长度任意,是 8 B 的倍数。每个扩展首部都实现一些可选特性。可以包含扩展首部协议以及下一个扩展首部字段。

相比于 IPv4、IPv6 所引入的主要变化如下。

(1) 更大的地址空间,提供了足够的 IP 地址。

(2) 多等级层次的地址结构,有利于路由的聚合。

(3) 更规整的包头结构,有利于提高路由效率。

(4) 支持即插即用(自动配置)。

(5) 增加流标记字段提供流量区分,为 QoS 提供方便。

(6) 扩展首部代替了 IPv4 的选项字段,具有更大的灵活性。

5.26　IP 业务可用性百分比(percent IP service availability)

IP 业务可用时间占总时间的百分比,简称 PIA。PIA 是评价 IP 网端到端传输的主要技术指标,其测量方法为：把测量时间分为若干个等长的时间间隔,若一个时间间隔内的丢包率满足业务要求,则该时间间隔记为可用时间间隔,否则记为不可用时间间隔。PIA 等于可用时间间隔数占总时间间隔数的百分比。

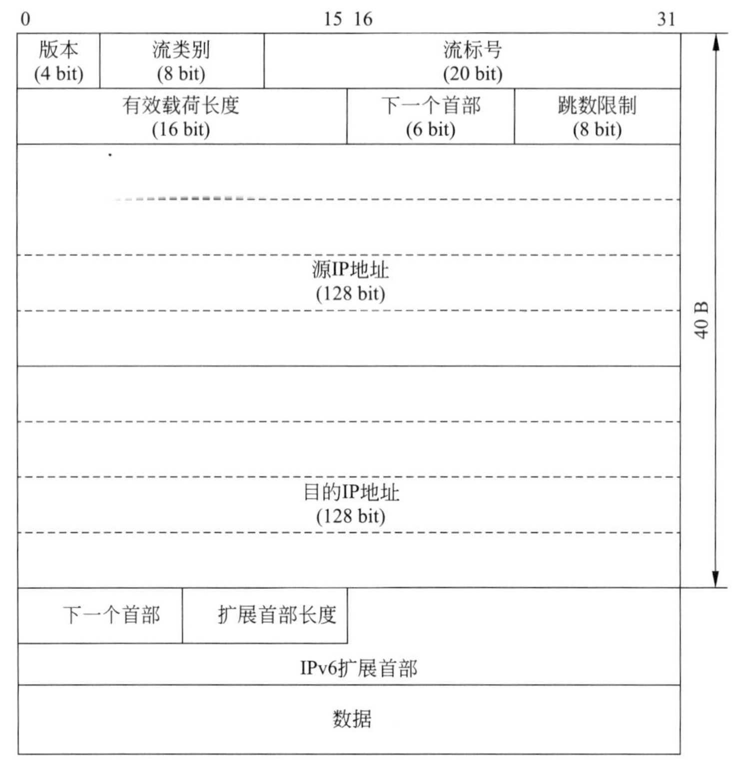

图 5.6 IPv6 报文格式

5.27 IP 优先级(IP precedence)

RFC 1349 规定的用 IP 包头 ToS 字段低 3 位表示的优先级。用于对 IP 包进行区分服务。IP 优先级的取值见表 5.3。IP 优先级的数值越大,优先级越高。通常,用于网络控制的 IP 包使用优先级 6 和 7,用于用户业务的 IP 包使用优先级 0~5。

表 5.3 IP 优先级的取值

IP 优先级(十进制)	IP 优先级(二进制 $b_2b_1b_0$)	用途
0	000	普通(routine)
1	001	优先(priority)
2	010	实时(immediate)
3	011	闪速(flash)
4	100	疾速(flash override)
5	101	关键(critical)
6	110	网间控制(internetwork control)
7	111	网络控制(network control)

5.28 MAC 地址(MAC address)

用来标示以太网主机的一组 6 B 数字。MAC 地址用如下格式的十六进制数字表示:XX-XX-XX-XX-XX-XX,如 2F-37-F6-00-23-4D。MAC 地址存储在以太网主机网卡的只读存储器中。为保证 MAC 地址的全球唯一性,电气与电子工程师协会(IEEE)负责 MAC 地址的分配,并将前 3 个字节分配给网卡的生产厂家,如分配给思科的为 00-00-0C;后 3 个字节由网卡生产厂家自行决定。在每个以太网帧中,均包括源 MAC 地址和目的 MAC 地址字段。源 MAC 地址为发送主机的 MAC 地址,目的 MAC 地址为接收主机的 MAC 地址。发送主机发送 MAC 帧时,将自己的 MAC 地址和接收主机的 MAC 地址填入以太网帧,以太网根据目的 MAC 地址,将 MAC 帧送至接收主机,并据此知道发送主机的 MAC 地址及其位置。接收主机依据以太网帧中的目的 MAC 地址,判断自己是否为该帧的真正接收者。全“1”的 MAC 地址为广播 MAC 地址,只能用作目的 MAC 地址,此时接收者为除发送主机外的全部主机。

5.29 MAC地址表(MAC address table)

指导以太网交换机进行数据帧转发的MAC地址与出端口对应表。MAC地址表项包括MAC地址、VLAN编号、对应的出端口以及表项类型。交换机根据数据帧目的MAC地址,查找MAC地址表,获取出端口,然后将该数据帧从获取的出端口转发出去。

MAC地址表项类型分为动态表项、静态表项和黑洞表项。动态表项通过MAC地址学习的方式自动建立和维护;静态表项由用户手动配置;黑洞表项是一种特殊的静态表项,由用户手动配置,用于丢弃数据帧;当数据帧的源MAC地址或目的MAC地址为黑洞表项中MAC地址时,交换机便将该帧丢弃。

5.30 MAC地址学习(MAC address learning)

交换机通过解析数据帧建立MAC地址动态表项的过程。当交换机从某个端口接收到数据帧时,设备从数据帧中解析出源MAC地址和所带VLAN编号,从而获得MAC地址、VLAN编号与该端口的对应关系,建立动态表项。如果MAC地址表中不存在对应的表项,则建立新表项,并将其添加到MAC地址表中。

5.31 Netstream流量监测系统(Netstream monitoring system)

基于Netstream协议构建的网络流量监测系统。Netstream协议是华为及H3C公司制定的流量信息统计私有协议,主要根据IP数据报文的目的IP地址、源IP地址、目的端口号、源端口号、协议号、服务类型(ToS)值、输入/输出接口组成的7元组来统计流量信息。Netstream系统通常包括数据输出设备(NDE)、采集设备(NSC)以及数据分析设备(NDA)。

NDE负责对流进行采集和发送,提取符合条件的流进行统计,并将统计信息输出给NSC。输出前也可对数据进行聚合等处理。通常,配置了NetStream功能的网络设备在系统中担当NDE角色。网络设备启用Netstream功能后,网络流量信息首先被存储在Netstream缓冲区中,每隔一段时间将流统计信息经UDP封装后向NSC发送。

NSC负责收集和存储来自NDE的报文,并把统计数据收集到数据库中,以供NDA对统计数据进行解析。NSC可以采集多个NDE设备输出的数据,并对数据进行进一步的过滤和聚合。

NDA负责从NSC数据库中提取统计数据,进行进一步的加工处理,生成报表,为流量计费、网络规划、攻击监测等应用提供依据。通常,NDA具有图形化用户界面,使用户可以方便地获取、显示和分析收集到的数据。

5.32 NULL接口(NULL interface)

网络设备的逻辑空接口。NULL接口由网络设备自动创建,永远处于上线(UP)状态。一台网络设备只有一个NULL接口。任何送达NULL接口的报文都会被丢弃,因此可以将需要过滤掉的报文直接发送到NULL接口,而不必配置访问控制列表。NULL接口主要应用在路由选择和策略路由中。

5.33 OSPF链路状态数据库(OSPF link-state database)

OSPF路由器获取和保存的所在区域内链路状态信息的集合,简称LSDB。LSDB是数据化的网络拓扑结构,其示例如图5.7所示。图5.7(b)为图5.7(a)的网络拓扑结构所对应的LSDB。图5.7中,R为OSPF路由器,N为以太网、帧中继网等,交叉点的数值为链路度量值。在同步链路状态信息后,所有OSPF路由器中的LSDB完全相同。OSPF路由器利用LSDB可计算出到各目的网段的最短路径。

5.34 OSPF链路状态通告(OSPF link-state advertisement)

OSPF路由器向其他OSPF路由器通告的链路状态信息,简称LSA。LSA按来源主要分为以下5种类型:1类LSA,又称路由器链路表项,为OSPF路由器对其所在区域产生的链路状态信息,涉及的链路为所在区域内其直接连接的所有链路;2类LSA,又称网络表项,在多路访问网络(如以太网)上由指定路由器(DR)产生,涉及的链路为该多路访问网络上所有路由器直接连接的链路;3类LSA,又称汇总网络链路状态表项,由区域边界路由器(ABR)产生,用于向其他区域通告所在区域的链路状态信息;4类LSA,又称汇总自治系统边界路由器(ASBR)链路状态表项,由ABR产生,用于向ASBR通告;5类LSA,又称外部表项,由ASBR发送,通告自治系统之外的链路状态信息。

一条LSA信息包含的主要内容包括LSA类型、链路总数、每条链路的链路信息。其中链路信息又

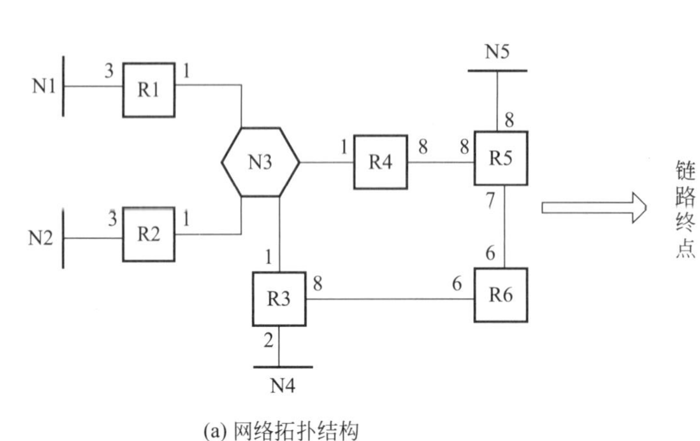

(a) 网络拓扑结构

链路起点

链路终点	R1	R2	R3	R4	R5	R6	N3
R1							0
R2							0
R3						6	0
R4					8		0
R5				8		6	
R6			8		7		
N1	3						
N2		3					
N3	1	1	1	1			
N4			2				
N5					8		

(b) LSDB

图 5.7　链路状态数据库示例

包括：

（1）链路类型，见表 5.4。

（2）链路标示（ID），其值根据链路类型的不同而不同，见表 5.4。

（3）链路数据，其值根据链路类型的不同而不同，见表 5.4。

（4）链路的度量值，一般基于链路速率，速率越高，度量值越小。

表 5.4　链路类型、链路标示、链路数据的对应关系

链路类型	链路 ID	链路数据
点到点链路	邻居路由器的 ID	发源路由器的链路 IP 地址
转接链路	指定路由器（DR）到网络的链路的 IP 地址	发源路由器的链路 IP 地址
端点链路	网络地址	网络的子网掩码
虚拟链路	邻居路由器的 ID	MIB-II 接口索引值

LSA 主要通过链路状态更新报文发布，也有少部分通过链路状态数据库描述报文、链路状态请求报文和链路状态确认报文发布。

5.35　OSPF 邻接（OSPF adjacency）

能够交换链路状态通告信息（LSA）的 OSPF 邻居。在点到点、点到多点和虚链路类型的网络上，OSPF 邻居应进一步建立邻接关系。在广播型多路访问网络和非广播型多路访问网络（NBMA）上，首先选取指定路由器（DR）和后备指定路由器（BDR），然后其他路由器（DROther）与 DR 和 BDR 建立邻接关系，DROther 之间无须建立邻接关系。

具有邻接关系的路由器交换 LSA 的过程如下。

（1）双方协商如何交换链路状态数据库描述报文（DD），建立邻居关系后，具有邻接关系的两台路由器均发送 M/S 标志位置 1 的 DD 报文宣称自己为主路由器。比较路由器标识号后，标识号高的路由器成为主路由器；标识号低的路由器将自己的 M/S 标志位置 0，成为从路由器。主路由器设置 DD 报文中的起始序列号，从路由器则把自己的 DD 序列号设置为与主路由器一致；

（2）交换 DD 报文，主路由器发送的每个 DD 报文，从路由器收到后，发送同序列号的 DD 报文进行确认；

（3）交换 LSA，主从路由器均从对方发来的 DD 报文中，获取 LSA 摘要信息。若发现对方具有自己未知的 LSA，则发送链路状态请求报文（LSR），对方路由器发送链路状态更新报文（LSU）予以响应。收到 LSU 报文后，路由器应予以确认。确认有两种方式，其一为显式确认，直接向对方回送链路状态确认报文（LSAck）；其二为隐式确认，向所有其他邻接路由器发送包含新的 LSA 的 LSU 报文。如此，直至交换所有的 LSA。

交换所有的 LSA 后，邻接双方将各自的链路状态数据库（LSDB）更新到完全一致的状态。然后根据 LSDB，即可计算路由。

5.36　OSPF 邻居（OSPF neighbor）

通过 Hello 协议报文协商一致的两台 OSPF 路由器的互称。两个路由器互为邻居，表明双方建立起了双向通信。邻居的建立过程如下：本端路由器

定期向对端路由器发送 Hello 报文。对端路由器收到 Hello 报文后，进行 Hello 报文的参数匹配，匹配的参数主要包括区域标示号、认证类型及认证、子网掩码、Hello 间隔、死亡间隔等。匹配通过后，对端路由器将本端路由器的标示号列入其 Hello 报文中的邻居路由器字段中。当本端路由器发现对端路由器的 Hello 报文中邻居路由器字段已包含自己的标识号时，邻居关系正式形成。如果未能通过匹配，则双方不能成为邻居。因此，邻居直接相连一跳可达，但并非所有直接相连一跳可达的路由器都是邻居。

5.37 OSPF 路由器(OSPF router)

网络中开启 OSPF 协议功能的路由器。为便于描述，OSPF 协议定义了以下几种路由器。

(1) 内部路由器(IR)：所连接的链路全部在本区域内。

(2) 区域边界路由器(ABR)：所连接的链路至少有一个不在本区域内，但在本自治系统内。

(3) 自治系统边界路由器(ASBR)：所连接的链路至少有一个不在本自治系统内。

(4) 主干路由器：所连接的链路至少有一个在主干区域内。

(5) 指定路由器(DR)：当多路访问网络(如以太网)连接多个路由器时，通过选举指定其中一个作为链路状态通告路由器，该路由器称为指定路由器。作为指定路由器备份的路由器，称为后备指定路由器(BDR)。其余路由器称为 DROther 路由器。

5.38 OSPF 区域(OSPF area)

具有相同链路状态数据库的 OSPF 路由器及其相互连接的链路的集合。一个 OSPF 实例所覆盖的范围称为 OSPF 自治系统。当一个 OSPF 自治系统过大时，OSPF 路由器链路状态数据库容量过大、路由计算量大，收敛慢，且网中出现大量 OSPF 协议报文泛洪，使网络负载加重。因此，需要将大型的 OSPF 自治系统划分为若干区域。在区域内，OSPF 路由器只保存本区域内链路的状态信息。每个区域用一个 32 bit 的区域标识符进行识别。OSPF 区域有以下几种类型。

(1) 主干区域：主干区域的标识符为 0，负责转发其他区域的 OSPF 协议报文。一个 OSPF 自治系统必须且只能有一个主干区域，其他区域必须都有链路连接到主干区域。

(2) 转接区域：OSPF 协议报文可以穿越此区域，到达另一个区域。主干区域即是一种转接区域。

(3) 存根区域：到达外部(其他自治系统)目标网络的路径只有一条，支持 1～3 类链路状态通告信息。

(4) 完全存根区域：达到外部(其他自治系统)目标网络和区域间目标网络的路径均只有一条，支持 1 类和 2 类链路状态通告信息。

(5) not-so-stubby(NSSA)区域：区域中的自治系统边界路由器传输外部链路状态通告信息，但是到其他区域的自治系统边界路由器的路径只有一条。

(6) 标准区域：非主干区域和各种存根区域的区域，支持 1～5 类链路状态通告信息。

区域的内部路由器自身产生的链路状态信息只在本区域内泛洪。向其他区域通告本区域的链路状态信息，统一由区域边界路由器汇总后，发送给其他区域的边界路由器。向其他自治系统通告本自治系统的链路状态，统一由区域边界路由器汇总，然后发送给自治系统边界路由器，再由自治系统边界路由器发往其他自治系统。

5.39 OSPF 网络类型(OSPF network type)

连接 OSPF 路由器的网络类型。OSPF 网络类型实质上是指连接 OSPF 路由器的链路类型。OSPF 网络类型有以下几种。

(1) 点到点网络。路由器通过一个物理接口只能连接一个路由器。路由器以组播形式发送 OSPF 协议报文，组播地址为 224.0.0.5。

(2) 广播型多路访问网络。路由器通过一个物理接口可连接多个路由器，并能够通过该接口发送广播报文。路由器以组播形式发送 OSPF 协议的 Hello 报文、链路状态更新报文(LSU)和链路状态确认报文(LSAck)，组播地址为 224.0.0.5/6；以单播形式发送链路状态数据库描述报文(DD)和链路状态请求报文(LSR)。

(3) 非广播型多路访问网络(NBMA)。路由器通过一个物理接口可连接多个路由器，但通过该接口不能发送广播报文。路由器以单播形式发送 OSPF 协议报文。

(4) 点到多点网络。没有一种网络会被缺省认为是点到多点网络，常用做法是将非全连通的 NBMA 强制改为点到多点网络。路由器以组播形式发送 OSPF 协议的 Hello 报文，组播地址为 224.0.0.5；以单播形式发送其他协议报文。

(5) 虚拟链路。即隧道链路,用于通过另外一个 OSPF 自治系统,将远程区域连接到主干区域。路由器以单播形式发送 OSPF 协议报文。

5.40　OSPF 协议(open shortest path first routing protocol)

IETF 制定的基于链路状态的域内路由协议。中文名称为开放最短路径优先路由协议。OSPF 协议以最短路径为标准选择路由,路径长度为路径上所有链路的度量值之和。链路的度量值与链路带宽成反比,也可手动配置。

OSPF 协议的基本原理是:OSPF 路由器对直接连接的链路,生成链路状态通告信息(LSA),发送给网络中的其他 OSPF 路由器。LSA 主要包含类型、标示、状态、IP 地址和度量值。每台 OSPF 路由器都会收集其他路由器发来的 LSA,所有的 LSA 信息构成了链路状态数据库(LSDB)。LSA 信息同步后,所有 OSPF 路由器的 LSDB 处于完全相同的状态。OSPF 路由器将 LSDB 转换成一张具有链路度量值的有向图,这张图真实反映了整个网络的拓扑。OSPF 路由器根据有向图计算出一棵以自己为根的最短路径树,然后依据该树生成 OSPF 路由。

随着网络规模的扩大,路由计算量增大,收敛速度变慢,为此可将一个 OSPF 自治系统划分为多个区域。路由器仅需要与其所在区域的路由器交换 LSA 信息。区域边界路由器进行路由聚合后,向其他区域发布所在区域的路由信息。

OSPF 路由器之间通过 OSPF 协议报文交互协议信息。OSPF 协议报文直接封装在 IP 包中,协议号为 89。报文头部格式如图 5.8 所示,版本字段标识了 OSPF 协议版本号,目前版本 2(RFC 2328)用于 IPv4,版本 3(RFC 2740)用于 IPv6。类型字段标识了协议报文的类型,取值范围为 1~5,分别表示 Hello 报文、数据库描述报文(DD)、链路状态请求报文(LSR)、链路状态更新报文(LSU)和链路状态确认报文(LSAck)。长度字段标识了包括报文头在内的协议报文总长度,单位为字节(B)。路由器标识符字段为始发该报文的路由器的标识符。域标识符字段为始发该报文的路由器所在的区域标识符。校验和字段对整个报文进行校验。认证类型字段取值为 0、1、2,分别表示不验证、简单(明文)口令验证和 MD5 验证。

图 5.8　OSPF 协议报文头部格式

OSPF 协议启动后,路由器通过组播地址 224.0.0.5 周期性发送 Hello 报文,寻找网络中可与自己交互链路状态信息的邻居路由器。Hello 报文中携带自身的路由器标识符、域标识符、发送间隔时间、邻居失效时间等信息。当域标识符、发送间隔时间、邻居失效时间等信息相互匹配时,路由器之间建立邻居关系。邻居关系确定后,路由器通过数据库描述(DD)报文、链路状态请求(LSR)报文、链路状态更新(LSU)报文完成链路状态信息交换,形成邻接关系。建立邻接关系的路由器采用路由增量更新的机制发布链路状态通告(LSA)。若网络未发生变化,路由器每隔 30 min 向邻接路由器发送 LSA 摘要信息。邻接路由器收到 LSA 摘要信息后,与 LSDB 进行比对,如果发现新的链路,则向对方请求该链路的详细信息。

OSPF 协议可支持数百台路由器组成的大规模网络,在网络拓扑结构发生变化时可立即发送更新报文,收敛速度快;OSPF 采用最短路径树算法,不会形成路由环路。由于路由信息协议(RIP)存在收敛慢、路由环路等问题,因此 OSPF 协议出现后,逐渐取代了 RIP,成为了目前应用最为广泛的域内路由协议。

5.41　PIM-DM 嫁接(PIM-DM graft)

PIM-DM 中使新出现的组播组成员快速收到组播数据的机制。当剪枝区域内出现组成员时,不必等待上游剪枝状态超时,路由器会主动向上游路由器发送嫁接协议报文,上游路由器相应发送嫁接确认报文,从而恢复到转发状态。

5.42　PIM-DM 扩散(PIM-DM flooding)

PIM-DM 中组播报文扩散到组播域内所有路由器的机制,又称为洪泛。路由器第一次收到一个组播报文后,首先根据单播路由表进行反向路径检查,若检查通过则创建对应的组播表项,然后将该组播报文向所有其他接口转发,直至扩散到所有路由器。

5.43 PIM-DM模式(protocol independent multicast-dense mode)

IETF RFC 3973规定的一种协议无关组播路由协议,中文名称为协议无关组播路由协议—密集模式。“密集”是指具有组成员的子网分布密集,而不是子网内组播组成员分布密集。PIM-DM假设网络中的大部分子网存在组播组成员,因此首先通过洪泛方式构建包括所有节点的有源树,然后对没有组播报文转发的分支进行剪枝。各被剪枝端口设置剪枝超时定时器,默认定时时间为3 min。当定时器超时后剪枝状态又重新恢复为转发状态。当被剪分支上出现组播组成员时,使用嫁接机制主动恢复其对组播报文的转发,不用等待定时器超时,从而减少恢复转发状态所需要的时间。PIM-DM的优点是协议机制简单,易于配置;缺点是组播流量在网络中泛滥,效率较低,占用较多路由器资源,可扩展性较差。PIM-DM适合规模较小、具有组播组成员的子网分布密集的局域网。

5.44 PIM-SM模式(protocol independent multicast-sparse mode)

IETF RFC 4601规定的一种协议无关组播路由协议。中文名称为协议无关组播路由协议—稀疏模式。“稀疏”是指具有组成员的子网分布稀疏,而不是子网内的组成员分布稀疏。PIM-SM假设大部分子网不存在组播组成员,因此具有组播需求的各节点采用加入的方式构建以汇聚点(RP)为根节点的共享树。组播源所在网段的指定路由器(DR)向RP注册,建立组播源到RP的最短路径树。这样,组播报文从组播源出发,经DR转发到RP,再经共享树转发到各组播组成员。组播组成员所在网段的DR发现组播源后,通过加入的方式建立以组播源为根节点的最短路径树。当组播流量超过阈值后,可由共享树切换到最短路径树。PIM-SM的优点是报文转发效率高,占用路由表项资源少,可扩展性强,缺点是协议实现复杂,组播流量集中于RP,对RP的可靠性要求高。PIM-SM适用于组成员的子网分布稀疏的大中型网络。

5.45 PIM-SM域(PIM-SM domain)

在网络内运行和交互同一PIM-SM协议实例的封闭区域。PIM-SM域内路由器在拓扑上具有连通性。PIM-SM域内有且仅有一个RP。在实际网络中,PIM-SM域可通过静态配置法和动态配置法划分。PIM-SM域在网络内不允许有交叉重叠。PIM-SM域的划分可以在一定程度上解决网络超过一定规模后RP负担过重的问题。由于PIM-SM协议要求全网只能有一个RP,因此PIM-SM域间组播需要运行组播源发现协议(MSDP)。

5.46 PIM协议(protocol independent multicast)

一种根据单播路由表创建组播路由的域内组播路由协议,中文名称为协议无关组播路由协议。“协议无关”是指组播路由协议与具体使用的单播路由协议无关,只与单播路由表有关。PIM协议利用现有的单播路由信息,创建和动态维护组播分发树、组播路由表项。PIM协议报文主要有以下类型:邻居发现、注册、停止注册、加入/剪枝、自举、仲裁、嫁接、嫁接确认、候选RP通告。其中,注册、停止注册、嫁接、嫁接确认、候选RP通告报文采用单播方式发送,邻居发现、加入/剪枝、自举、仲裁报文采用组播方式向邻居路由器发送,组播地址为224.0.0.13,TTL值为1。根据组播分发树生成机制的不同,PIM协议分为密集模式(PIM-DM)和稀疏模式(PIM-SM)两种。

5.47 PIM仲裁(PIM assert)

PIM协议中避免组播包重复转发的机制,又称PIM断言。在图5.9所示的网络中,组播路由器A、B、C和D通过一个二层以太网交换机相连。组播路由器A、B、C都会向组播路由器D转发组播报文,组播路由器D会收到三份相同的组播报文。

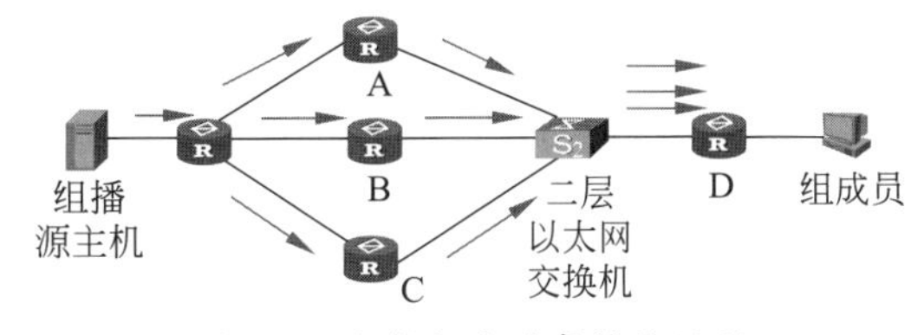

图5.9 组播报文重复接收问题

PIM仲裁基本原理是:组播路由器A、B、C均以组播方式发送仲裁报文。该报文中包含发送者的度量优先级和度量值等信息。邻居收到仲裁报文后,比较度量优先级,优先级高者胜出;度量优先级相同者比较度量值,度量值高者胜出;若仍相同,则进一步比较IP地址,地址最大者胜出。胜出路由器负责组播报文转发,落选路由器停止向下游转发组播报文。路由器D根据收到的仲裁报文,判断出仲裁胜出者,并将其对应的接口确定为组播路由表项的入接口。

5.48 Ping命令(packet internet groper)

通过ICMP回送请求报文来检测指定主机可达性的命令。通过ping命令可以检查远程设备是否可用、与远程主机通信的往返传输时延以及丢包情况。Windows操作系统中完整的ping命令语法格式为:ping [-t] [-a source ip] [-n count] [-l length] [-f] [-i ttl] [-v tos] [-r count] [-s count] [-j host-list] [-k host-list] [-w timeout] destination-list。

常用的参数定义如下。

-t:表明源主机不停运行ping命令,直到按下Control-C进行中断。

-a source ip:指定ICMP回送请求报文的源IP地址。

-n count:每次ping测试发出的ICMP回送请求报文的数目,取值范围为1~4 294 967 295。

-l length:每个测试包的大小,缺省值为32 B。

-f:表明测试数据包在发送过程中不要分段处理。

-r count:要求测试报文记录经过的路由,缺省情况下不记录路由。

destination-list:被测试主机的主机名或IP地址列表。

源主机将ping命令转换为ICMP回送请求报文向目的主机发送,然后等待应答,当该报文到达目的主机后,在一个有效的时间内返回ICMP回送应答报文给源主机,说明目的地可达;如果在有效时间内源主机没有收到ICMP回送应答报文,则认为目的地不可达,并返回超时信息;如果报文在转发的过程中TTL值减为0,则报文到达的路由器会向源主机发送ICMP超时报文,说明目的地不可达;如果某个中间经过的路由器没有到达目的网络的路由,便会向源主机返回一条ICMP目的地不可达报文,说明目的地不可达。

5.49 POS接口(interface of packet over SDH)

路由器上将IP包封装在PPP包或HDLC包再映射到SDH净荷区的SDH接口。POS接口封装协议主要有点对点协议/高级数据链路控制规程(PPP/HDLC)、SDH上的链路接入协议(LAPS)和通用封装协议(GFP)3种。

(1) PPP/HDLC协议

PPP/HDLC协议将IP数据包通过PPP进行分组,然后使用HDLC协议根据RFC 1662规范对PPP分组进行定界装帧,最后将其映射到基于字节的SDH虚容器中,再加上相应的开销置入STM-N帧中。

(2) LAPS协议

LAPS协议是HDLC协议族的一种,与PPP/HDLC协议有很多相似之处,但LAPS信息部分取消了协议字节和填充字节。协议字节的功能移至地址字节。因此,LAPS协议比PPP/HDLC协议更加简单方便,封装效率更高。

(3) GFP协议

GFP协议是由ITU-T G. 7041标准化的一种面向无连接的数据链路层封装协议,能灵活支持现在和将来的各种数据协议的传送。GFP协议的基本思想来源于简单数据链路,它为高层客户信息适配到字节同步的物理传输通道提供了一种通用机制。GFP封装的高层客户信号可以是面向协议数据单元(PDU)的数据流,也可以是面向块编码的固定比特速率数据流。

POS接口的物理层为SDH接口,接口速率主要有155 Mb/s、622 Mb/s、2. 5 Gb/s、10 Gb/s等。POS接口支持主和从两种时钟模式。选择哪种时钟模式应根据连接的对端设备类型而定。当两台路由器的POS接口直接相连或通过波分复用设备相连时,应配置一端使用主时钟模式,另一端使用从时钟模式;当路由器的POS接口与SDH设备连接时,路由器的POS接口时钟应设为从时钟模式。

5.50 PPPoE(point-to-point protocol over ethernet)

在以太网上运行的PPP协议,简称PPPoE。RFC 2516《在以太网上传送PPP的方法》对PPPoE进行了规范。

PPPoE的工作过程分为发现和会话两个阶段。为了在以太网上建立点到点连接,每一个PPPoE会话必须知道通信对方的以太网地址,并建立一个唯一的会话标识符。PPPoE通过地址发现协议查找对方的以太网地址。当某个主机希望发起一个PPPoE会话时,它首先通过地址发现协议来确定对方的以太网MAC地址并建立起一个PPPoE会话标识符Session_ID。虽然PPP定义的是端到端的对等关系,地址发现却是一种客户端—服务器关系。在地址发现的过程中,主机作为客户端,发现某个作为服务器的接入访问集中器(AC)的以太网地址。根据网络的拓扑结构,可能主机与不止一个访问集中器通信。发现阶段允许主机发现所有的访问集中器,并从中选择一个进行通信。主机和访问集中器两者都具备了在以太网上建立点到点连接所需的所有信息后,开始建立PPPoE会话,主机和接入访问集中器都必须为一个PPP虚拟接口分配资源。PPPoE会话建立成功后,主机和接入服务器便进入正常通信状态,即会话阶段。

PPPoE的报文封装在以太网帧内。发现阶段的以太网类型值为0x8863,会话阶段的以太网类型值为0x8864。

PPPoE协议提供了一种多台主机通过以太网连接到远端接入访问集中器上的标准。在PPPoE网络中,所有用户的主机都要求能独立地初始化自己的PPP协议栈。利用以太网将大量主机组成网络,然后通过一个远端接入访问集中器接入因特网。另外,通过PPP协议本身所具有的一些特点,还能在以太网上对用户进行计费和管理。

5.51 PPP密码验证协议(PPP password authentication protocol)

IETF RFC 1994规定的,采用两次握手机制进行PPP链路验证的协议,简称PAP。PPP链路初始建立阶段,链路双方协商是否启用PAP。如果协商确定启用PAP,则被验证方将用户名和密码以明文的方式发给验证方,验证方查询本地用户表验证收到的用户名及密码是否匹配,并返回验证通过与否的信息。被验证方在未收到验证方的响应前,会重复发送用户名和密码。PAP是PPP基本的验证协议,优点是实现简单;缺点是密码采用明文方式传输,容易被窃听,安全性不强。

5.52 QinQ(802.1Q-in 802.1Q)

用公网VLAN标签封装私网VLAN标签的二层隧道技术。当私网VLAN帧进入公网时,公网入端口在源地址字段后插入公网VLAN标签(见图5.10),然后在公网内转发。当其出公网时,公网出端口删除公网VLAN标签,然后发送至私网。QinQ技术不仅将标签资源由2^{12}个扩展到2^{24}个,解决了VLAN标签资源不足的问题,也保证了私网数据在公网传输的安全性。

5.53 RFC文档(request for comments)

因特网工程任务组(IETF)发布的文件。RFC文档的编号形式为“RFC数字”,如RFC 2544。RFC文档包括标准型、试验型和文献历史型3种类型。RFC文档发布后,其内容将保持不变。如果对其进行修改,则修改后的文档作为新的RFC文档发布。RFC文档涵盖了因特网技术的各个方面,其中IP协议、TCP协议、ICMP协议、OSPF协议等众多协议成为了事实上的国际标准,得到了广泛的应用。

5.54 RP自举(RP bootstrap)

PIM-SM组播中由网络自动配置RP的机制。PIM-SM组播中,PIM-SM域内所有PIM-SM路由器均需知道RP地址,为每个PIM-SM路由器人工配置RP地址工作复杂,RP自举机制实现了RP地址的自动配置。首先选择若干PIM-SM路由器,将其手工配置成候选自举路由器(C-BSR)和候选RP(C-RP)。开始工作时,每个C-BSR在网络内每60 s扩散一次自举报文,使其他C-BSR都能收到该报文。自举报文中包含自己的优先级(0~255)和自己的IP地址,每个C-BSR根据先比较优先级再比较IP地址的方法,决定自己是否落选。落选者停止发送自举报文。如此,最后只剩下一个C-BSR还能周期性地发送自举报文,这个C-BSR就变成了BSR。BSR周期地在网络内扩散自举报文,使所有的PIM-SM路由器都知道BSR地址。C-RP从BSR自举报文中得到BSR地址后,将自己的优先级、IP地址以及可以服务的组播组封装在C-RP通告报文中,然后以单播方式定期发送给BSR。由BSR汇总、整理这些C-RP通告报文,定期生成C-RP与组播组对应关系的自举报文,PIM-SM路由器收到这些自举报文后,依照优先级选出RP(若优先级相同,则使用hash算法选出RP),从而完成RP自举。

5.55 RTP报文头压缩(compressed RTP)

IETF RFC 2508规定的,在低速链路上对实时

6 B	6 B	4 B	4 B	2 B	46~1500 B	4 B
目的地址	源地址	802.1q 公网标签	802.1q 私网标签	长度/类型	数据	校验字段

图5.10 QinQ封装

传输协议(RTP)报文的IP/UDP/RTP头部进行压缩的机制,简称CRTP。对于低速链路来说,RTP报文的IP/UDP/RTP报文头共40 B,而RTP载荷一般为20~160 B,因此开销较大。CRTP利用RTP报文头之间的相关性,在发送端将报文头部压缩至2~4 B,然后在接收端进行解压缩,从而极大地提高了RTP报文在数据链路层的传输效率。CRTP在链路层定义了4种新的报文格式,分别用于传送未压缩报文头和数据,携带压缩的IP和UDP报文头,携带压缩的RTP、UDP和IP报文头,传输已经或者可能已经失去同步的上下文标识状态。

5.56 TCP/IP协议族(TCP/IP protocol suite)

利用IP进行通信时所必须用到的协议群的统称。TCP/IP用来泛指这些协议,对应TCP/IP参考模型(又称为TCP/IP协议栈)的各层,完成特定的功能和应用。

TCP/IP协议族通常被认为是一个4层协议系统。协议族组成如图5.11所示。

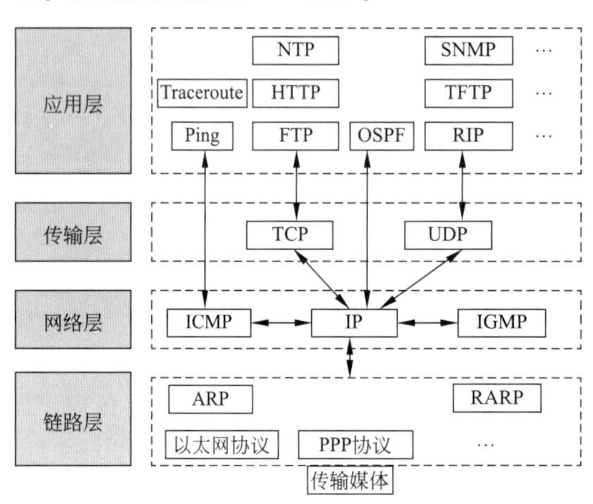

图5.11 TCP/IP协议族组成

链路层:包括局域网使用的以太网协议,各种广域网传输协议,如PPP协议等,还包括与IP协议紧密相关的地址解析协议(ARP)和逆向地址解析协议(RARP),ARP协议将IP地址解析成MAC地址;RARP协议通过RARP广播将MAC地址解析成IP地址。

网络层:主要包括网际互联协议(IP),负责网络层寻址、路由选择、分片及包重组;Internet控制消息协议(ICMP),是IP协议的附属协议,负责提供诊断功能,报告IP数据包的传送错误;Internet组管理协议(IGMP),负责管理IP组播。

传输层:主要包括传输控制协议(TCP),一种面向连接的传输协议;UDP(用户数据报文),一种面向无连接的传输协议。

应用层:主要包括多种应用协议和路由协议。常用的应用协议有超文本传输协议(HTTP)、远程登录(Telnet)、文件传输协议(FTP)、简单网络管理协议(SNMP)等。常用的路由协议有OSPF、RIP等。

5.57 TCP窗口(TCP window)

TCP协议所使用的发送窗口、接收窗口和拥塞窗口的合称。

在TCP协议中,报文数据的每个字节都有一个序号。发送窗口的大小为在接收未确认的情况下所能发送的最大字节数。其左边界为等待确认的第一个字节的序号,右边界为可发送的最后一个字节的序号。窗口指针指向当前要发送字节的序号。随着接收方发来的接收确认序号,发送窗口向右平行移动;随着发送数据的增加,发送指针向右移动。当发送指针在窗口内时,可继续发送;超出发送窗口,则停止发送。这样,发送的每个字节不但都得到了接收方的确认,保证了数据的可靠传输,而且避免了逐字节确认带来的传输效率不高的问题。

接收窗口的大小为接收缓冲区的大小。其左边界为未提交上层的第一个字节的序号,右边界为可接收的最后一个字节的序号。窗口指针指向下一个要接收字节的序号。随着向上层不断提交数据,接收窗口向右平行移动;随着接收数据的增加,接收指针向右移动。当接收指针在窗口内时,可继续接收数据;超出接收窗口,则丢弃后续到达的数据。因此,在TCP协议中接收窗口值需要通告给发送方,以便发送方确定发送窗口的大小。

拥塞窗口大小根据网络拥塞情况动态变化,以最大报文段长度(MSS)为单位进行增减,最初为一个MSS大小。拥塞窗口与接收窗口一起决定了发送窗口的大小,发送窗口值取二者的最小值。一般情况下,接收窗口大于拥塞窗口,这样通过调整拥塞窗口可改变发送窗口,进而对TCP数据流量进行控制。

5.58 TCP端口(TCP port)

TCP协议实体与本地应用进程的逻辑接口。一个TCP端口分配给一个应用进程,应用进程与TCP协议实体通过该端口交互数据。TCP端口用16 bit

的 TCP 端口号标示,因此从理论上讲,一个 TCP 协议实体可有 65 536 个 TCP 端口。1～1023 的端口号为知名端口号,由因特网号码管理局(IANA)管理,以全局方式分配给知名的网络服务,常用的知名网络服务端口号见表 5.5。1024～65 535 的端口号为临时端口号,以本地方式进行分配,由应用进程向系统申请后使用,关闭进程后端口号自动释放。在试验任务中,对重要的应用也规定了 TCP 端口号。在 TCP 报文头中,设有源端口号和目的端口号字段,用于表示该报文来自源端的哪个端口,发送给目的端的哪个端口。

表 5.5　常用的 TCP 知名端口号

端口号	服务	说明
20	FTP	文件传输服务(数据连接)
21	FTP	文件传输服务(控制连接)
23	Telnet	远程登录服务
25	SMTP	发送电子邮件
80	HTTP	超文本服务
110	POP3	接收电子邮件

5.59　TCP 慢启动(TCP slow start)

TCP 协议中逐渐增加发送数据量的拥塞控制方法。在 TCP 传输中,当发送主机不了解网络状况时,发送大流量数据,可能造成网络拥塞,形成丢包,使得 TCP 重传,降低传输效率。为此,TCP 引入了慢启动机制。慢启动在发送和接收窗口的基础上增加了一个拥塞窗口。拥塞窗口单位为字节,以最大报文段长度(MSS)为单位进行增减。发送窗口为拥塞窗口与接收窗口的最小值。一般情况下,接收窗口大于拥塞窗口,这样通过调整拥塞窗口可改变发送窗口,进而对 TCP 数据流量进行控制。

在 TCP 连接建立时,发送方将拥塞窗口大小设置为一个 MSS。慢启动开始后,每确认收到一个 MSS,拥塞窗口就增加一个 MSS,随之将发送窗口也增加一个 MSS。这样,每经过一次调整,拥塞窗口就增加一倍。为避免拥塞窗口增加过快,当达到设定的拥塞阈值时,结束慢启动,进入拥塞避免阶段。一旦发生拥塞,将拥塞阈值调整为当前拥塞窗口的一半,再次进入慢启动阶段。

5.60　TCP 粘包(TCP stick packet)

接收方接收到的多个 TCP 包粘成一包的现象。在接收缓冲区内,后一包数据的头紧接着前一包数据的尾。

出现粘包现象的原因是多方面的,它既可能由发送方造成,也可能由接收方造成。发送方引起的粘包是由 TCP 协议本身造成的,为提高 TCP 传输效率,发送方往往要收集到足够多的数据后才发送一包数据。若连续几次发送的数据都很少,TCP 通常会根据优化算法把这些数据合成一包后一次发送出去,这样接收方就收到了粘包数据。接收方引起的粘包是由于接收方用户进程不及时接收数据,从而导致的粘包现象。这是因为接收方先把收到的数据放在系统接收缓冲区,用户进程从该缓冲区取数据,若下一包数据到达时前一包数据尚未被用户进程取走,则下一包数据放到系统接收缓冲区时就接到前一包数据之后,而用户进程根据预先设定的缓冲区大小从系统接收缓冲区取数据,这样就一次取到了多包数据。

粘包情况有两种,一种是粘在一起的包都是完整的数据包;另一种情况是粘在一起的包有不完整的包,此处假设用户接收缓冲区长度为 m 个字节。不是所有的粘包现象都需要处理,若传输的数据为不带结构的连续流数据(如文件传输),则不必把粘连的包分开(简称分包)。但在实际工程应用中,传输的数据一般为带结构的数据,这时就需要做分包处理。

在处理定长结构数据的粘包问题时,分包算法比较简单;在处理不定长结构数据的粘包问题时,分包算法就比较复杂。特别是不完整包的粘包情况,由于这种情况下一包数据内容被分在了两个连续的接收包中,因此处理起来难度较大。实际工程应用中应尽量避免出现粘包现象。为了避免粘包现象,可采取以下几种措施:一是对于发送方引起的粘包现象,用户可通过编程设置来避免,TCP 提供了强制数据立即传送的操作指令 push,TCP 软件收到该操作指令后,就立即将本段数据发送出去,而不必等待发送缓冲区满;二是对于接收方引起的粘包,可通过优化程序设计、精简接收进程工作量、提高接收进程优先级等措施,使接收方及时接收数据,从而尽量避免出现粘包现象;三是由接收方控制,将一包数据按结构字段,分多次接收,然后合并。

5.61　TCP 全局同步(TCP global synchronization)

因网络拥塞丢弃数据包而导致多个 TCP 连接同时进入慢启动状态的现象。当网络拥塞丢弃 TCP 数据包时,导致 TCP 源端重传定时器超时,拥塞窗口重新置为1,发送流量急速下降,进入慢启动状态,然后逐渐增加流量。如果网络中一个队列存在多个TCP连接的数据包且采用尾部丢弃策略,当队列满时会丢弃新到的数据包,导致这些TCP连接同时进入慢启动状态。TCP全局同步使网络流量急剧变化,网络平均吞吐量大幅下降。当网络中既有TCP流量又有UDP流量时,因UDP流量没有窗口控制机制,会迅速占用TCP流量释放的带宽,造成TCP流量因没有带宽可分配而“饿死”的现象。采用随机早期检测(RED)或加权随机早期检测(WRED)策略,可避免TCP全局同步。

5.62 TCP三次握手(three-way handshake)

TCP建立连接所需要的三次交互过程。如图5.12所示,第一次握手为客户端发送同步报文(SYN)到服务端。同步报文为SYN标识位置1的TCP报文,发送序号为X(X的取值由客户端指定,默认为0)。第二次握手为服务端收到SYN报文后,发送同步和确认报文(SYN和ACK报文)。该报文为SYN标识位和ACK标识位同时置1的TCP报文,发送序号为Y(Y的取值由服务端指定,默认为0),确认序号为X+1。第三次握手为客户端收到服务端的SYN和ACK报文后,向服务端发送确认报文。该报文为ACK标识位置1的TCP报文,确认序号为Y+1。服务端收到该确认报文后,三次握手过程结束,TCP连接建立。

5.63 TCP协议(transmission control protocol)

IETF RFC 793规定的一种面向连接的传输层协议,中文名称为传输控制协议。TCP协议工作在IP协议之上,其报文格式如图5.13所示,首部长度一般为20 B。源端口号和目的端口号分别用于标识源主机和目的主机的应用进程;序列号为本报文数据部分首字节的编号;确认号为期望对端发送下一报文的首字节编号,表示已正确接收此前的报文;首部长度表示TCP报文首部的长度,以4 B为单位;确认标志位(ACK)占1 bit,数值为1时表示确认号字段有效;同步标志位(SYN)占1 bit,数值为1时表示该报文为连接请求或连接请求响应报文;终止标志位(FIN)占1 bit,数值为1时表示数据已发送完毕,用于终止连接;窗口为本报文发送端能够接收的最大未确认字节数。

TCP工作过程包括连接建立、数据传输以及连接释放3个阶段。TCP通过三次握手建立连接。设通信双方为A和B。第一次握手为A方发送SYN位为1的连接请求报文。第二次握手为B方接收到请求报文后,向A方发送ACK和SYN均为1的应答报文。第三次握手为A方对B方的应答报文进行确认,从而完成连接建立。此外在连接建立过程中,双方确认发送和接收的初始序列号、发送和接收窗口大小以及最大报文段长度(MSS),并将MSS作为初始报文的长度。

连接建立后,双方开始数据传输。TCP支持双方同时互传数据,任一方向的数据传输过程如下。

(1) A方设置拥塞窗口为1个MSS长度,发送第一个TCP报文,启动重传定时器,等待B方应答。在重传定时器超时前,A方若收到应答,将拥塞窗口值增加一个MSS长度。A方的发送窗口值选择本端拥塞窗口与B方接收窗口的小者。然后A方在

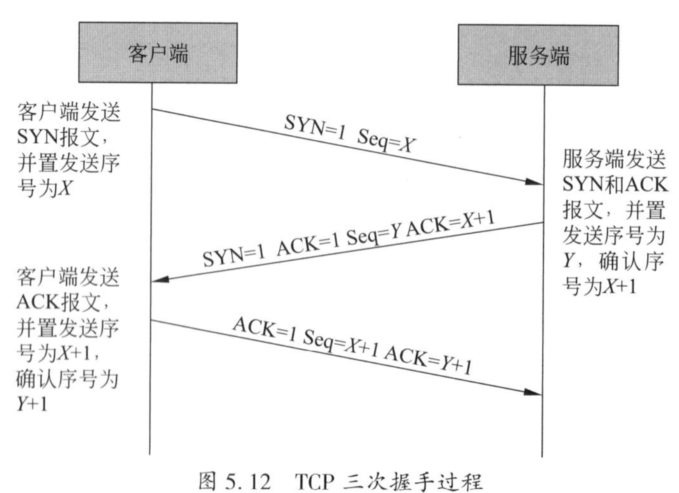

图5.12 TCP三次握手过程

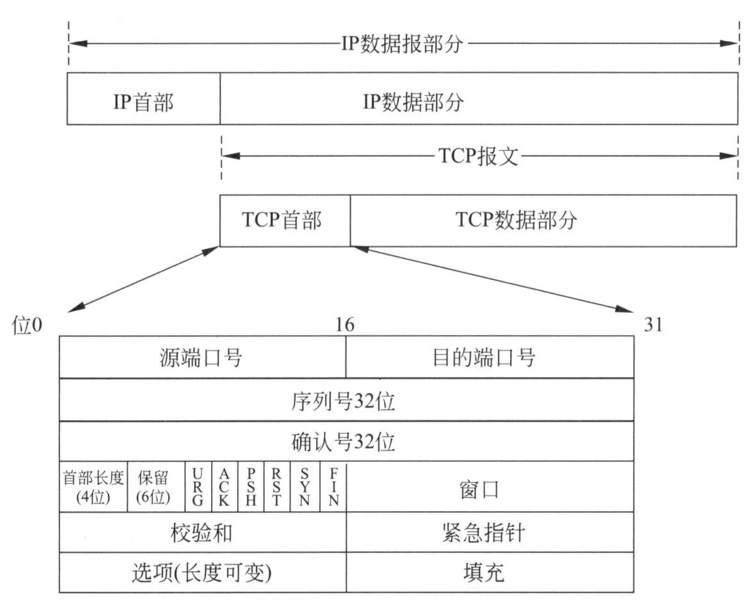

图5.13 TCP报文格式

发送窗口的允许范围内发送多个TCP报文,并等待B方应答。若重传定时器超时,A方仍未收到对方应答,则重传该报文。同时,A方的重传定时器时间增加一倍,重新启动定时器,等待B方应答报文;若重传定时器连续多次超时,则终止TCP连接。

(2) B方收到一个或多个TCP报文后,适时地发送应答报文,确认已正确接收的报文以及通告本端的接收窗口。

TCP连接释放分为正常释放和非正常终止两种。

若A方无数据传输,即可向B方发送FIN标志位为1的连接释放请求报文,启动正常释放。根据B方的状态,又分为以下3种方式。

(1) 四次握手方式:若B方仍有数据传输,仅发送ACK为1的响应报文,A方收到后,关闭A至B的连接;B方在数据传输完成后,发送FIN和ACK均为1的释放请求报文,待收到A方响应后,关闭B至A的连接。

(2) 三次握手方式:若B方无数据传输需求,则直接响应FIN和ACK均为1的释放请求报文,待收到A方响应后,关闭连接。

(3) 双方同时释放方式:若B方已经发送FIN为1的连接释放请求报文,则直接发送ACK为1的响应报文;A方收到响应报文后,关闭A至B的连接。同理,B方关闭B至A的连接。

当拒绝连接请求、网络和应用程序异常以及长时间空闲时,启动TCP连接的非正常终止。启动方发送RST标志位为1的复位报文,对端收到复位报文后,停止数据传输,关闭连接。

TCP协议使用确认重传、完整性校验、滑动窗口、慢启动等多种机制保障在不可靠的IP协议之上获取可靠的传输服务,但其实时性不如UDP协议,因此适用于可靠性要求较高、实时性不强的业务传输。

5.64 TELNET协议(TELNET protocol)

IETF RFC 854规定的,为终端提供登录到远程计算机的应用层协议,又称远程登录协议。TELNET的最初目的是将计算机的终端设备(键盘和显示器)通过IP网络延伸到异地使用。因此,TELNET的作用就是将键盘上键入的字符传送到远程计算机,并将远程计算机的结果回送到显示器。TELNET使用客户端/服务器模式,在TCP连接的基础上传递协议报文,服务器的TCP端口号为23,客户端使用临时端口号。

为支持不同平台和系统的互操作性,TELNET定义了网络虚拟终端(NVT),即数据和命令序列在网络上传输的标准表示方式。NVT把本地的数据或命令转换成NVT格式在网络上传输,同时把收到的NVT格式的数据或命令转换成本地的数据或命令。NVT 采用 7 bit 的 ASCII 字符集,发送时每个字符的最高位前加“0”,以 8 bit 的格式发送。7 bit 的最高位前加“1”,表示协议专用的命令字符。

此外,TELNET 还提供客户机和服务器平等协商选项的机制。选项包括回显、改变命令字符集、行方式等。选项协商的命令形式为:{IAC,命令码,选项码}。其中,IAC 表示下一字节为 TELNET 控制选项,代码值为 255(0xFF);命令码一般为 TELNET 控制选项,值为 WILL、DO、WON'T 或 DON'T,其用法见表 5.6;选项码表示需要协商选项的代码。

5.65　ToS(type of service)

IP 包头的字段之一。用于标识数据包的服务类型。ToS 字段长度为 1 B,在 IP 包头中的位置和结构如图 5.14 所示。ToS 字段 0~2 位表示 IP 优先级;3~6 位表示服务类型,其取值和含义见表 5.7;最高位保留未用,一般填“0”。网络根据 IP 优先级和服务类型的取值,为数据包提供有区别的转发服务。

5.66　traceroute 命令(traceroute)

使用 ICMP 回送请求报文来获取源主机到指定主机的逐跳路由的命令,常用来检查网络连接是否可达,分析网络故障点。Windows 操作系统中完整的 traceroute 命令语法格式为:

traceroute [-a source-ip][-d][-h maximum-hops][-j computer-list][-w timeout] target_name

常用的参数定义如下。

-a:指明 traceroute 报文的源 IP 地址。

-d:指定不将地址解析为计算机名。

-h maximum-hops:指定搜索目的主机的最大跳数,取值范围为 1~255,缺省值为 30。

-j host-list:以空格隔开的多个路由器 IP 地址,最多 9 个。指定 UDP 报文沿 host-list 规定的稀疏源路由列表顺序进行转发。

-w timeout:源主机等待每个回复的超时时间(以 ms 为单位)。

target_name:目的主机名,一般使用 IP 地址。

IETF RFC 1393 规定了该命令的实现方法。源主机首先发送一个 TTL 为 1 的报文,目的端口为一个不可达的端口号(大于 30 000);第一跳路由器收到报文后发回一个 ICMP 超时报文,源主机根据超时报文的目的地址即可获得第一跳路由器的 IP 地址;源主机收到 ICMP 超时报文后将 TTL 加 1,重新发送 UDP 报文;第二跳路由器收到 UDP 报文后再返回 ICMP 超时报文,源主机获得第二跳路由器的 IP 地址。以此类推。当 UDP 报文到达目的主机时,目的主机返回 ICMP 目的地不可达报文(端口不可达)给源主机,测试结束。源主机记录每一个 ICMP 超时报文的源 IP 地址,从而分析到达目的主机所经过的路由。

表 5.6　TELNET 选项协商的含义和语法

发起方发出请求	含义	应答方应答			
		WILL	WON'T	DO	DON'T
WILL	发起方想激活选项	—	—	应答方同意	应答方不同意
WON'T	发起方想禁止选项	—	—	—	应答方必须同意
DO	发起方想让应答方激活选项	应答方同意	应答方不同意	—	—
DON'T	发起方想让应答方禁止选项	—	应答方必须同意	—	—

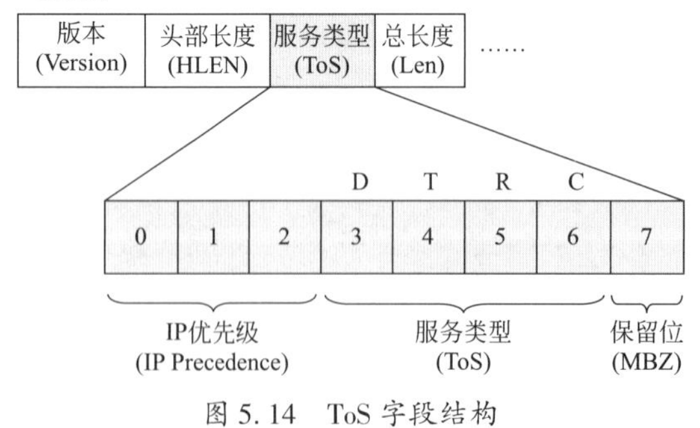

图 5.14　ToS 字段结构

表 5.7　服务类型取值及含义

ToS 取值(二进制)	含义
1000	最小化时延(D)
0100	最大化吞吐量(T)
0010	最大化可靠性(R)
0001	最小化费用开销(C)
0000	一般服务

5.67　Trunk端口(trunk port)

处于中继(Trunk)工作模式的以太网端口。一个Trunk端口可属于多个VLAN,其中包含一个缺省VLAN。当交换机的Trunk端口从外部线路接收到以太网帧时,若没有VLAN标签(Tag),则标记缺省VLAN的标签,并由内部转发至交换机的其他端口;若存在标签,经验证正确后,转发至交换机其他端口。当Trunk端口从交换机其他端口接收到以太网帧时,若帧中的标签为缺省VLAN的标签,则删除标签,发送至外部线路;否则经验证正确后,保留标签,发送至外部线路。Trunk端口主要用于交换机之间的互连。

5.68　UDP端口(UDP port)

UDP协议实体与本地应用进程的逻辑接口。一个UDP端口分配给一个应用进程,应用进程与UDP协议实体通过该端口交互数据。UDP端口用16 bit的UDP端口号标示,因此从理论上讲,一个UDP协议实体可有65 536个UDP端口。1~1023的端口号为知名端口号,由因特网号码管理局(IANA)管理,以全局方式分配给知名的网络服务,常用的知名网络服务端口号见表5.8。1024~65 535的端口号为临时端口号,以本地方式进行分配,由应用进程向系统申请后使用,关闭进程后端口号自动释放。在试验任务中,对重要的应用也规定了UDP端口号。在UDP报文头中,设有源端口号和目的端口号字段,用于表示该报文来自源端的哪个端口,发送给目的端的哪个端口。

表5.8　常用的UDP知名端口号

端口号	服务	说明
53	DNS	域名服务
67	DHCP	动态主机配置服务
69	TFTP	简单文件传送服务
123	NTP	网络时间服务
161	SNMP	简单网络管理服务
162	SNMP	简单网络管理服务(trap报文)

5.69　UDP协议(user datagram protocol)

IETF RFC 768规定的面向无连接的传输层协议,中文名称为用户数据报协议。UDP协议是TCP/IP协议栈的重要协议,与TCP协议一起构成TCP/IP协议栈的传输层协议。UDP协议报文由IP报文封装,协议号为17,其报文格式如图5.15所示。

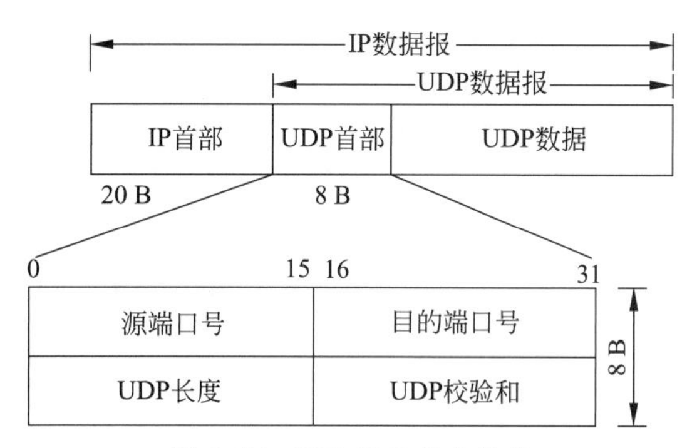

图5.15　UDP协议报文格式

UDP协议报文首部长度为8 B,包括源端口、目的端口、报文长度以及校验和4个字段。其中源端口号和目的端口号分别用于标识源主机和目的主机的应用进程,长度字段为包括首部在内的整个报文的长度,校验和字段用于对UDP伪首部、首部及数据部分进行二进制反码求和校验。UDP伪首部为IP首部的部分字段,包括源地址、目的地址、协议、长度等字段,共12个字节。

UDP协议与TCP协议不同,不需要建立连接,不提供报文接收确认、错误重传及流量控制等可靠传输控制机制,但UDP协议简单、实时性强,在试验任务中常用于传输音频、视频以及实时性要求强的数据。

5.70　VLAN(virtual local area network)

IEEE 802.1Q标准规定的,在物理局域网内划分的逻辑局域网,中文名称为虚拟局域网。一个物理局域网可以划分多个VLAN,广播报文被限制在一个VLAN内,缩小了广播风暴的影响域,有助于提高网络运行的安全稳定性和可靠性。同一VLAN内的主机间可以直接通信,不同VLAN间不能直接互通。当不同VLAN间需要互通时,需为每个VLAN配置IP网关地址,通过第三层转发实现互通。

如图5.16所示,VLAN帧在以太网帧的源MAC地址字段和协议类型字段之间加入4 B标签,其中

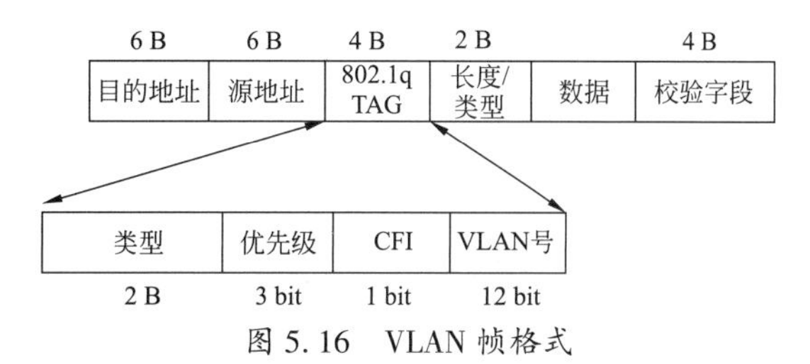

图5.16　VLAN帧格式

类型字段(TPID)为固定值 0x8100,表明该帧为 VLAN 帧,优先级(PRI)用于标示用户优先级,规范格式指示器(CFI)字段在以太网中固定取 0,VLAN 号用于标示不同的 VLAN,取值范围为 0~4095。

常用的 VLAN 划分方法包括基于端口、基于 MAC 地址以及基于 IP 地址等形式。其中基于端口划分 VLAN 是最常用的划分方法,将交换机指定端口加入到指定的 VLAN 即可。试验任务 IP 网中采用基于端口的方法,即将不同业务系统的用户划入不同的 VLAN。

5.71　VLAN 标签(VLAN tag)

IEEE 802.1Q 规定的用于标记以太网帧所属 VLAN 的标签。VLAN 标签位于以太网帧的源地址字段和长度/类型字段之间,长度为 4 个字节。其结构如图 5.17 所示,类型字段(TPID)为固定值 0x8100,表明该帧为 VLAN 帧,优先级(PRI)用于标示用户优先级,规范格式指示器(CFI)字段在以太网中固定取 0,VLAN 号用于标示不同的 VLAN,取值范围为 0~4095。

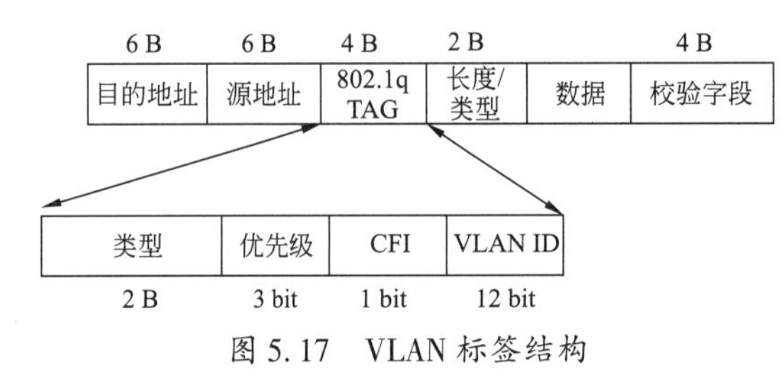

图 5.17　VLAN 标签结构

5.72　VLAN 聚合(VLAN aggregation)

多个 VLAN 共用一个网关地址的技术。VLAN 聚合的目的是为了节省 IP 地址。被聚合的 VLAN 称为子 VLAN,聚合后的 VLAN 称为聚合 VLAN。聚合 VLAN 单独占用一个 VLAN 号,分配一个网关地址,但不与具体的物理端口绑定。各个子 VLAN 没有单独的网关地址,统一使用聚合 VLAN 的网关与其他 VLAN 及外部网络互通。为了既保持各子 VLAN 间的二层隔离,又实现不同子 VLAN 间以及与其他网络的三层互通,需要在聚合 VLAN 中启用地址解析协议(ARP)代理功能,进行 ARP 请求和响应报文的处理。

5.73　VPN(virtual private network)

利用公用网络资源和虚拟技术建立的专用网络,中文名称为虚拟专用网。对用户来说,VPN 提供的服务界面与传统专网相同,因此,由传统专网过渡到 VPN,一般不需要改变用户网络部分。VPN 是在公用网络上建立的一种逻辑隔离的网络,通过隧道把异地的多个用户网络连接起来。隧道采用统计时分复用技术占用网络资源,有效提高了网络资源的利用率。同时隧道是专用的,非 VPN 用户无法使用隧道,因此具有较好的安全访问控制功能。另外,还可通过加密、用户验证等技术进一步提高 VPN 的安全性。

5.74　百兆以太网(100 Mb/s ethernet)

端口速率可达 100 Mb/s 的以太网,又称快速以太网,简称 FE。百兆以太网的标准为 IEEE 802.3u,支持全双工和半双工两种工作模式。百兆以太网是在十兆以太网的基础上发展起来的,兼容十兆以太网。它保留了十兆以太网的帧格式、接口以及程序规则,但改变了编码方式,并将端口速率提高了 10 倍。在全双工模式下,因无介质访问冲突问题,因此不再使用 CSMA/CD 协议。根据编码方式和传输媒体不同,百兆以太网接口分为以下 3 类。

(1) 100Base-T4:编码方式采用 8B6T 编码,传输线路采用 4 对 3 类音频级双绞线。

(2) 100Base-TX:编码方式采用 4B/5B 编码和 MLT-3 编码,传输线路采用两对 5 类非屏蔽双绞线或 1 类屏蔽双绞线。

(3) 100Base-FX:编码方式采用 4B/5B 编码和不归零反向编码(NRZI),传输线路采用多模(62.5 μm 或 125 μm)或单模光缆,半双工模式下,最大传输距离为 400 m,全双工模式下,采用多模光缆最大传输距离为 2 km。

5.75　包数据交换协议(packet data exchange protocol)

导弹航天试验专用的实时数据传输应用层协议,简称 PDXP。协议传输层基于 UDP,其应用层报文包头长度为 32 B,具体定义如图 5.18 所示。其中任务标志(MID)用于标识该包数据所适用的任务,信源(SID)与信宿(DID)地址分别用于标识信息的生成方和接收方,数据标志码(BID)唯一标识应用数据包内数据域的内容,包序号(No.)为端到端通信双方在某一任务中或某一任务弧段内发送的具有同一数据标志(BID)数据包的累计计数,数据处理标志(FLAG)用于标识应用数据包的基本处理要求,发送日期(DATE)和发送时标(TIME)为信源发

应用包头 32 B											
版本 VER	任务标志 MID	信源地址 SID	信宿地址 DID	数据标志 BID	包序号 No.	数据处理标志 FLAG	保留	发送日期 DATE	发送时标 TIME	数据域长度 L	数据域 DATA

图 5.18　PDXP 应用层格式

送该包数据的时间信息,数据域长度为该应用数据包数据域的字节长度。

5.76　背板容量(backboard capacity)

交换机背板数据总线的最大吞吐量,也称为背板带宽,单位为 Gb/s。该参数是衡量交换机性能的重要指标。交换机标称背板容量大于所有端口物理速率之和的两倍,是保证所有端口线速转发的必要条件。

5.77　背到背(back-to-back)

IETF RFC 2544 规定的一项 IP 网络设备的测试指标,又称背对背,背靠背。此处的背到背指测试所用的 IP 包一个紧挨着一个,如同“背靠着背”一样发送出去,即测试仪线速发送测试所用的 IP 包。测试仪以线速连续发送一定数量固定长度的帧,如果丢包则减少帧数量,未丢包则增加,然后再测,直至得到最大不丢失帧的数量,即为背到背值。背到背值反映了被测设备的最大缓存容量。RFC 2544 规定,每次测试至少 2 s,至少测试 50 次。然后求出背到背的平均值。背到背结果以表格的形式呈现,表格中的行表示测试所用的帧长,列表示背到背的平均值。

5.78　背压式流控(back-pressure based flow control)

半双工以太网的流控方式。接收主机在接收流量过大时,模拟以太网的冲突方式,反向发送信号,故意制造冲突,使发送方停止发送,从而完成流量控制。

5.79　边界路由器(border router)

在自治系统边界上与其他自治系统交换信息的路由器,简称 BR。边界路由器与自治系统内部路由器之间使用内部网关协议,与其他自治系统的边界路由器之间使用边界网关协议。

5.80　边界网关协议(border gateway protocol)

在不同自治系统的路由器之间交换路由信息的路由协议,简称 BGP 协议。IETF RFC 1771 中规定了最新的 BGP 协议(版本 4)。当 BGP 运行于同一自治系统内部时,被称为 IBGP;当 BGP 运行于不同自治系统之间时,被称为 EBGP。BGP 是一种外部网关协议(EGP),与 OSPF、RIP 等内部网关协议(IGP)不同,其着眼点不在于发现和计算路由,而在于控制路由的传播和选择最佳路由。BGP 的目标是保证自治系统间无环路路由。运行 BGP 协议的路由器维护两张路由表,一张是存放普通路由的路由表,另一张是 BGP 路由表。BGP 通过维护路由表来实现自治系统之间的可达性。BGP 基于距离矢量路由算法,主要给出到目的地址所经过的自治系统,不关心跳数、开销度量。BGP 的每条路由都包含一条由一系列自治系统号按照一定顺序排列而成的自治系统路径(AS_PATH),该路径标识该路由从本自治系统到达目的网络依次要经过的自治系统序列,可以简单有效地避免路由环路。BGP 在启动时向 BGP 邻居广播整个 BGP 路由表,在这之后只广播网络变化的部分以更新路由表;系统运行过程中通过接收和发送 keep-alive 消息来检测 BGP 邻居之间的连接是否正常。BGP 报文采用 TCP 协议作为传输层协议,端口号为 179。

5.81　边界网关协议多协议扩展(multiprotocol extensions for BGP)

IETF RFC 4760 规定的,在 BGP-4 协议基础之上提供多种网络层协议支持的扩展协议,简称 MP-BGP。传统的 BGP-4 只能管理 IPv4 的路由信息,对于使用其他网络层协议(如 IPv6、组播等)的应用,在跨自治系统传播时就受到一定限制。为了提供对多种网络层协议的支持,IETF 对 BGP-4 进行了扩展,形成 MP-BGP。

为实现对多种网络层协议的支持,MP-BGP 将网络层协议的信息反映到更新报文中,引入了两个新的路径属性。

(1) MP_REACH_NLRI:用于发布多协议可达路由及下一跳信息。

(2) MP_UNREACH_NLRI:用于撤销多协议不可达路由。

MP-BGP 前向兼容,对于不支持 MP-BGP 协议的 BGP 路由器,将忽略这两个属性的信息,不把它们传递给其他邻居。这样,可实现支持 MP-BGP 的 BGP 路由器与不支持 MP-BGP 的 BGP 路由器之间的互通。

5.82　边缘路由器(edge router)

边缘网使用的路由器,又称接入路由器,简称 ER。规模较大的网络一般划分为骨干网和边缘网两部分,边缘路由器负责接入和汇聚用户业务,一侧连接用户网或者用户终端,另一侧连接骨干网。与骨干路由器相比,边缘路由器的接口丰富,但容量较小,技术性能、可靠性和价格较低。

5.83　标签(label)

标示转发等价类的比特串。标签长度为 20 bit,位于多协议标签交换(MPLS)报文头部的第一个字段。标签具有本地意义,即只在上游节点的发送端口与下游节点的接收端口之间有意义。一个节点从上游节点接收的 MPLS 报文中提取的标签,称为入标签;向下游节点发送 MPLS 报文所使用的标签,称为出标签。一个转发等价类在同一节点的同一端口,只有一个出标签,但在不同的节点、同一节点不同的端口可使用相同的出标签。一个节点从其上游节点来的 MPLS 报文中读取入标签,查找标签转发信息库(LFIB)对应的条目,获取去往下游节点的端口和出标签。该报文发往下游节点时,将其标签替换为出标签。

5.84　标签分发(label distribution)

在多协议标签交换(MPLS)节点上为转发等价类分配出标签的过程。标签分发的目的是建立标签交换路径(LSP)。根据标签分发者的不同,标签分为上游分发和下游分发两类。目前,普遍采用下游分发。下游分发又分为下游自主分发和下游按需分发两种。下游节点主动为上游节点分配出标签的,称为下游自主分发;下游节点根据上游节点的请求,为上游节点分配出标签的,称为下游按需分发。下游节点发往上游节点的标签映射报文中含有出标签与转发等价类的绑定信息,从而使上游节点获得与转发等价类绑定的出标签。

建立一条 LSP 所需要的下游按需标签分发过程如下。

(1) 入边界节点向其下游节点发送标签请求报文;

(2) 下游节点认为可以分配标签后,再向其下游节点发送标签请求报文,如此直至出边界节点;

(3) 出边界节点认为可以分配标签后,向其上游节点发送标签映射报文,如此直至入边界节点。

这样,在入边界节点与出边界节点之间,就建立起了一条与转发等价类绑定的、出标签相接续的 LSP。

5.85　标签分发协议(label distribution protocol)

IETF RFC 3036 规定的为多协议标签交换(MPLS)网络节点分发标签的协议,简称 LDP。LDP 是 MPLS 技术的核心,其执行主体为 MPLS 节点。交互 LDP 协议报文的两个节点互称为 LDP 对等体。LDP 对等体之间一跳连接,中间不经过其他节点。

LDP 协议报文由报文头和一个或多个消息组成。报文头由 2 B 的版本号、2 B 的报文长度和 6 B 的 LDP 标示符组成。LDP 标示符的前 4 B 为 IP 地址,后 2 B 用于规定标签范围。消息是 LDP 报文的净荷,LDP 定义的消息类型有以下 11 种。

(1) Hello 消息,用于通告和维护网络中节点的存在。

(2) 初始化消息,用于在两个 LDP 对等体之间协商 LDP 会话参数,如 LDP 版本号,标签分发方式,会话保持定时器值等。

(3) 会话保持消息,用于在没有其他 LDP 消息发送时,保持 LDP 会话的存在。

(4) 地址消息,用于向对等体通告其 IP 地址。

(5) 地址撤销消息,用于通知对等体撤销已通告的 IP 地址。

(6) 标签请求消息,用于上游向下游申请标签。

(7) 标签请求放弃消息,用于上游放弃尚未得到响应的标签请求消息。

(8) 标签映射消息,用于下游向上游分发标签。

(9) 标签收回消息,用于下游向上游收回已分发的标签。

(10) 标签释放消息,用于上游向下游表示不再需要已分发的标签。

(11) 通知消息,用于向 LDP 对等体通知特定事件的发生,如 LDP 消息处理结果,会话状态等。

消息采用类型—长度—值(TLV)结构进行编码,每个消息由未知消息比特(U 比特)、消息类型、消息长度、消息标示符、必选参数、可选参数等组成。

LDP 定义了通用 Hello 参数、通用会话参数、地址列表、转发等价类、标签、跳数、路径向量和状态等 TLV 结构。除 Hello 消息采用一跳的组播方式发送外，其余各消息均在 TCP 连接的基础上，采用单播方式发送。Hello 消息的 UDP 端口号为 646，LDP 会话连接建立的 TCP 端口号为 646。

LDP 的操作过程分为 LDP 发现、会话建立与维护、标签交换路径的建立与维护、会话撤销 4 个阶段。

(1) LDP 发现阶段。希望与相邻建立会话的节点周期性地发送 Hello 消息，让相邻节点发现自己，从而触发建立 LDP 对等体之间的 TCP 连接和 LDP 会话。

(2) 会话建立与维护。对等体建立之后，节点开始会话的建立过程。这一过程又分为两部分，首先是建立 TCP 连接，然后是对等体之间的会话初始化；

(3) 标签交换路径的建立与维护。会话建立后，对等体之间开始为各种有待传输的转发等价类进行标签的分配以及建立标签交换路径。

(4) 会话撤销。节点为每个会话建立一个"生存状态"定时器，每收到一个 LDP 协议报文，就对该定时器进行刷新。若定时器超时，节点则关闭相应的 TCP 连接，终止会话进程。

5.86　标签合并(label merge)

多协议标签交换(MPLS)网络节点将多个入标签映射为一个出标签的过程。同一个转发等价类的报文可由多个入边界节点进入 MPLS 网络。这样，在某个节点上，会从多个上游节点收到转发等价类相同但入标签不同的报文。不管这些报文的入标签是否相同，均使用同一出标签，从同一接口发往下游节点。

5.87　标签交换路径(label switched path)

多协议标签交换(MPLS)报文的转发路径，又称标签交换通路，简称 LSP。LSP 由报文的入边界节点至出边界节点之间的一系列经过节点以及它们之间的链路组成，通常用报文经过的节点序列表示。该序列起始于入边界节点，终止于出边界节点。在报文经过的节点上，用本地的出标签替代上游的入标签。从这个意义上讲，LSP 可看作各节点的入标签和出标签相互映射，拼接起来的的一条路径。

5.88　标签交换路由器(label switching router)

多协议标签交换(MPLS)网络的节点设备，简称 LSR。根据所处的网络位置，LSR 分为边缘 LSR 和核心 LSR 两种：边缘 LSR 又称为 LER，用于将非 MPLS 网络接入到 MPLS 网络；核心 LSR 又简称为 LSR，其不具有接入功能，但拥有更加强大的报文转发能力。根据报文发送和接收的关系，LSR 又分为上游 LSR 和下游 LSR。上游 LSR 发送报文，下游 LSR 接收报文。

5.89　标签映射(label mapping)

多协议标签交换(MPLS)中对标签进行的绑定。标签映射分为两种：一种是入边界节点上的标签映射，另一种是在网络内部各节点上的标签映射。对于前一种，入边界节点依据一定的对应原则，对业务流进行划分，得到多个转发等价类(FEC)，然后进行映射，与标签建立对应关系，并记录在标签信息库(LIB)中。对于后一种，又称入标签映射，建立入标签与下一跳标签转发入口(NHLFE)的对应关系。中间节点收到一个 MPLS 报文，从中获取入标签，然后根据入标签映射关系，查找到 NHLFE，获取出接口和出标签，将报文转发出去。

5.90　标签栈(label stack)

多协议标签交换(MPLS)中一组标签的级联，又称标签栈。MPLS 支持用一个 MPLS 报文头部去封装另一个 MPLS 报文，即嵌套封装。每进入一个级联层次，标签栈就多一个标签，报文随之增加一个 32 B 的报文头部。每离开一个级联层次，标签栈就减少一个标签，报文随之减少一个 32 B 的报文头部。当报文头部栈底标志字段为 1 时，说明标签栈只剩最后一个标签。

5.91　标签转发信息库(label forwarding information base)

多协议标签交换(MPLS)网络节点上的 MPLS 报文标签替换表，简称 LFIB。该信息库以入标签为索引项，每个入标签对应一个 LFIB 条目，包括转发等价类、出标签、出端口、出链路层信息、出封装方式等子条目。当 MPLS 支持区分服务时，LFIB 中还应包括一系列下一跳行为(PHB)等子条目。一个节点从接收到的 MPLS 报文中读取入标签，然后根据入标签查找到对应的 LFIB 条目，获取出端口和出标签。该报文发往下游节点时，将其标签替换为出标签。

5.92　不间断转发(non stop forwarding)

路由器控制层面出现问题后，仍能保持数据正常转发的可靠性技术，简称NSF。路由器控制层面的问题表现为路由器主控板重启并且伴随主备倒换发生。通常情况下，路由器故障会导致路由震荡，使重启路由器在一段时间内出现路由黑洞或者邻居路由器改变路由，旁路重启路由器。NSF的目标就是解决路由震荡问题，采用的技术措施有以下两种。

(1) 将控制与转发分离。路由器主控板主备倒换时，接口板不重启，仍按原有转发表转发数据。

(2) 扩展路由协议的功能，避免邻居路由器与重启路由器的邻居关系在重启时发生震荡。重启后，重启路由器尽快完成与邻居路由器的路由信息的同步，然后更新本地路由信息。扩展的这一功能称为优雅重启(GR)。

NSF需要邻居路由器同时具备优雅重启的感知能力。另外，如果重启路由器的邻居路由器也同时发生重启，则NSF无法实现，即存在重启并发问题。NSF技术同路由快速收敛技术都是希望路由器出现故障后，路由能够尽快地收敛。但两者也有所不同。路由器一旦发生故障，NSF致力于保持原来的业务流仍然按照原有的转发路径转发，而路由快速收敛技术致力于能够快速感知到网络故障，并将流经故障路由器的业务流尽快地旁路到其他正常路由器上去。

5.93　策略路由(policy routing)

根据用户制定的策略进行路由转发的机制，通常用于流量控制、负载分担等目的。策略路由根据访问控制列表(ACL)或者报文长度对所有报文进行过滤，符合过滤条件的报文转发至用户指定的下一跳地址。路由器首先根据策略路由转发，若没有配置策略路由或配置了策略路由但找不到与之匹配的表项时，才根据路由表来转发。试验任务IP网中为了对某些关键信息实现不同路由的可靠性传输保障，常采用策略路由的方案设计。

5.94　场区号(area number)

试验任务IP网地址分配规则中，为各场区城域网/局域网分配的数字编号。城域网编号范围为1~29，局域网编号范围为32~511。在城域网用户地址编号规则中，其场区编号位于地址第1字节，标示唯一确定的城域网；在局域网编号规则中，场区编号位于地址第2字节，标示唯一的局域网。

5.95　超网(supernetting)

将多个子网聚合起来，构成一个单一的具有同一地址前缀的网络。早期IP网地址分为A、B、C、D、E 5类，B类地址的容量为65 536个，C类地址的容量是256个。如果一个网络的容量多于256个，但又远远小于65 536个时，则会出现分配一个C类地址不够，分配一个B类地址严重浪费的现象。此时的做法是分配若干个连续的C类地址，组成一个超网，超网的地址号长度介于B类地址和C类地址之间。超网的主要优点是：减少了路由表的数量，节约了路由器中的资源；按照实际需要进行网络地址分配，提高了地址空间的利用率。

无分类编址方法淘汰了5类地址的编址方法，网络前缀代替了网络号和子网号，可为任意长度，使建立在5类地址编址方法基础之上的超网概念也成为了历史。

5.96　超文本传输协议(hyper text transfer protocol)

IETF RFC 2616定义的，客户端浏览器或者其他程序与Wed服务器之间的应用层通信协议，简称HTTP。超文本传输协议传输层采用TCP协议，一般使用80端口，采用请求/应答模式工作。客户端向服务器发送HTTP请求，常用的请求类型包括GET、HEAD、POST等7种。服务器根据请求信息类型执行相关操作，向客户端返回响应信息。

5.97　承诺访问速率(committed access rate)

网络向用户承诺的最高访问速率，简称CAR。限制某一业务流的入网速率，是流量监管的主要技术手段，采用令牌桶对业务流进行测量，令牌存放速率设为CAR。如果业务流速率不大于CAR，正常转发；否则，采取丢包或其他处置措施，将速率限制到CAR之内。在试验任务IP网中，一般在接入设备上对高优先级的业务流配置CAR，限制其超约定发送流量。

5.98　承诺突发尺寸(committed burst size)

网络承诺的数据流一次突发的最大尺寸，简称CBS，单位为bit或B。在三色标记算法中，C桶的容量为CBS，令牌添加速率为承诺信息速率(CIR)。CBS必须大于数据流中最大报文长度，以确保数据包不被分片传输。在 CBS 下发送的数据包,网络将其标记为绿色,应确保转发。

5.99 承诺信息速率(committed information rate)

可保证的数据流的最大平均速率,简称 CIR,单位为 b/s 或 B/s。在令牌桶算法中将向令牌桶填充令牌的速率设置为 CIR。

5.100 城域网(metropolitan area network)

网络覆盖范围中等规模,通常在一个城市内(距离 10 km 左右)的互联网络。国防科研试验任务 IP 网中的城域网主要指各大型试验场区的 IP 网。网络拓扑采用典型三层结构设计,即核心层、汇聚层、接入层,根据各场区接入节点数量多少确定其具体层次结构,下层设备利用双上联方式接入上层设备。网络设备主要采用交换机组网,交换机利用自主建设的光纤及电缆线路,使用三层方式互联。路由协议采用 OSPF 动态路由协议。

5.101 冲突域(collision domain)

以太网共享总线及其所连接设备的集合。以太网发展初期采用共享总线结构,当同一冲突域内多个设备同时发送数据帧时,会在总线上碰撞形成冲突,导致数据不能正常传输。在同一冲突域中设备数量越多,发送冲突的概率越大。过多的冲突使网络的性能和带宽利用率下降。当带宽利用率大于 40%后,一般采用网桥对冲突域进行分段,将一个大冲突域分割为若干个小冲突域。

集线器基于共享总线结构,其所连接设备属于同一个冲突域,目前以太网一般采用交换机、路由器进行组网,这种方式将冲突域限制在设备的一个端口上,基本解决了冲突问题。

5.102 存储转发(store-and-forward)

以太网交换机转发数据帧的方式之一。交换机收到数据帧后先进行存储,完成校验后再进行转发。由于需要将完整的数据帧接收到端口的缓存中,并对数据帧进行 CRC 校验,因此转发时延较大。

5.103 单臂路由器(router-on-a-stick)

只用一条物理链路与二层交换机相连,实现 VLAN 间互连互通的路由器,又称独臂路由器。路由器和二层交换机相连的链路设为 TRUNK,允许多个 VLAN 的数据包通过该链路在交换机和路由器间传送。假定 VLAN1 的主机 A 和 VLAN2 的主机 B 通信,主机 A 须先把数据包发往路由器,然后由路由器再转发给主机 B,反之亦然。如此,不同 VLAN 间的数据包需要在该链路上传递两次。

5.104 单播(unicast)

IP 网中主机之间一对一的通信方式。单播数据包使用单播地址作为目的地址,网络中的路由器对单播数据包只进行转发不进行复制。单播方式下,网络中传输某信息的数据量与需要该信息的用户量成正比,如果有 n 个主机需要相同的信息,则需要发送 n 次,占用带宽较大。

5.105 单播反向路径转发(unicast reverse path forwarding)

通过检查源 IP 地址,来解决源 IP 地址欺骗攻击的一种安全措施,简称 URPF。一般情况下,路由器接收到报文,获取报文的目的地址,针对目的地址查找转发表,如果找到了就转发报文,否则丢弃该报文,并不检查报文的源 IP 地址。如此主机 A 就可冒用主机 B 的地址,向服务器 C 发送服务请求报文,于是服务器 C 向主机 B 发送响应报文,从而间接产生对主机 B 的攻击。URPF 通过获取报文的源地址和入接口,在转发表中查找源地址对应的接口是否与入接口匹配,如果不匹配,则认为源地址是伪装的,直接丢弃该报文。通过这种方式,URPF 能够有效地防范网络中通过修改报文源 IP 地址所导致的恶意攻击行为的发生。要保证 URPF 的正常工作,必须确保从主机 A 流向网络上主机 B 的报文与主机 B 流向主机 A 的报文所经过的链路一致,也就是要保持二者路由的一致性。否则,URPF 将因为接口不匹配而丢掉某些正常的报文。

5.106 单速率三色着色法(a single rate three color marker)

基于承诺信息速率将报文标记为 3 种颜色的方法,简称 srTCM。srTCM 的基本原理如图 5.19 所示,令牌桶 C 的容量为承诺突发尺寸(CBS),令牌桶 E 的容量为扩展突发尺寸(EBS),两个令牌桶添加令牌的速率均为承诺信息速率(CIR),$Tc(t)$ 表示 t 时刻 C 桶的令牌数,$Te(t)$ 表示 t 时刻 E 桶的令牌数。

srTCM 分为色盲模式和非色盲模式。色盲模式

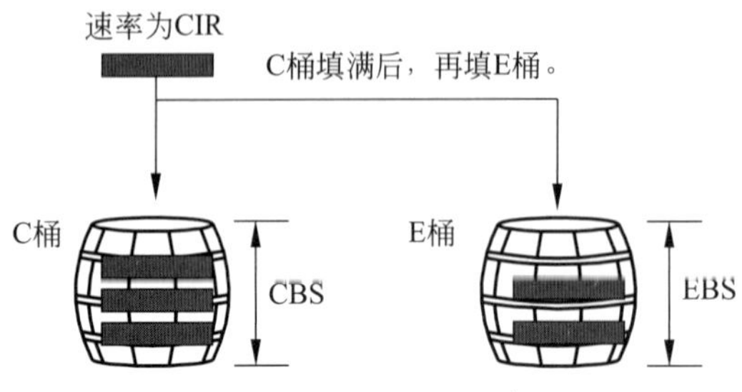

图 5.19　srTCM 处理过程

下不识别报文原来的颜色,非色盲模式下需要识别报文原来的颜色。当长度为 B 的报文在时刻 t 到达时,色盲模式处理过程为:

(1) 如果 $Tc(t) \geq B$,则报文标记为绿色,C 桶令牌减去 B,处理结束,否则执行过程(2);

(2) 如果 $Te(t) \geq B$,则报文标记为黄色,E 桶令牌减去 B,处理结束,否则执行过程(3);

(3) 报文被标记为红色,两桶令牌数均不减,处理结束。

非色盲处理过程为:

(1) 如果报文为绿色,并且 $Tc(t) \geq B$,则报文标记为绿色,C 桶令牌减去 B,处理结束,否则执行过程(2);

(2) 如果报文为绿色或黄色,并且 $Te(t) \geq B$,则报文标记为黄色,E 桶令牌减去 B,处理结束,否则执行过程(3);

(3) 报文被标记为红色,两桶令牌数均不减,处理结束。

着色结果作为设置 IP 包区分服务码点(DSCP)值的依据。srTCM 在区分服务体系结构中,用于对报文进行标记,以便本地对标记后的报文进行区分处理。

5.107　等价路由(equal cost multi-path)

到达同一目的网段,代价相同的路由,简称 ECMP。路由代价是根据到达目的网段的线路延迟、线路带宽、跳数等因素计算的,与路由协议相关。发往同一目的网段的报文可通过多条等价路由同时转发,从而实现负载均衡。在试验任务 IP 网中,为保证路由可控,应尽量避免出现负载均衡,在网络设计时通过设置路由权重(Weight)值,对等价路由进行优先级排序,来避免多条等价路由同时转发的情况。

5.108　迪杰斯特拉算法(Dijkstra algorithm)

用于计算一个节点到其他所有节点的最短路径的单源最短路径算法。该算法是荷兰科学家 Dijkstra 于 1959 年提出的,因此又称 Dijkstra 算法。Dijkstra 算法用于解决有向图中最短路径问题,其思想为:设 $G=(V,E)$ 是一个带权有向图,把图中顶点集合 V 分成两组,第一组为已求出最短路径的顶点集合 S,第二组为其余未确定最短路径的顶点集合 U。初始时,集合 S 只包含源点,然后按最短路径长度的递增次序依次把 U 的顶点加入到 S 中。在加入的过程中,总保持从源点到 S 中各顶点的最短路径长度不大于从源点到 U 中任何顶点的最短路径长度。如此,直到全部顶点都加入到 S 中,算法结束。

在 OSPF 动态路由协议中,网络节点采用 Dijkstra 算法,以自身为源点计算到所有其他节点的最短路径。例如,网络拓扑结构如图 5.20 所示,图中所标注数字为相邻节点之间的距离,A 采用 Dijkstra 算法计算到其他节点的最短路径。以 A 为源点,依次将 C、B、D、E、F 加入到最短路径集合 S 中,从而得到 A 到上述各节点的最短路径分别为 3、5、6、7、9。

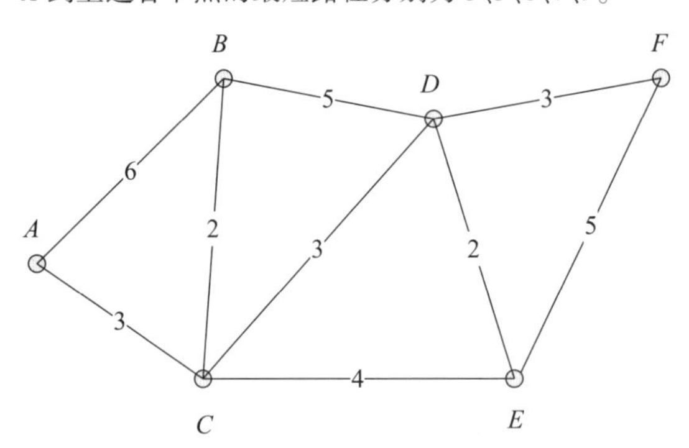

图 5.20　网络拓扑结构示例

5.109　地址解析协议(address resolution protocol)

IETF RFC 826 规定的,将 IP 地址动态映射对应的 MAC 地址的协议,简称 ARP。在同一以太网中主机 A 要向主机 B 发送数据,须知道主机 B 的 MAC 地址。一般情况下,主机 A 只知道主机 B 的 IP 地址,而不知道其 MAC 地址。地址解析协议提供了主机 A 获取主机 B 的 MAC 地址的手段。

每台主机中存在一个 ARP 缓存表,记录了其他主机 IP 地址与 MAC 地址的对应关系。如图 5.21 所示,主机 A 向主机 B 发送报文前,首先查询缓存表获取主机 B 的 MAC 地址。如果表项中不存在主机 B 的 MAC 地址,则主机 A 广播一个 ARP 请求报文,请求主机 B 响应其 MAC 地址。所有主机都会收

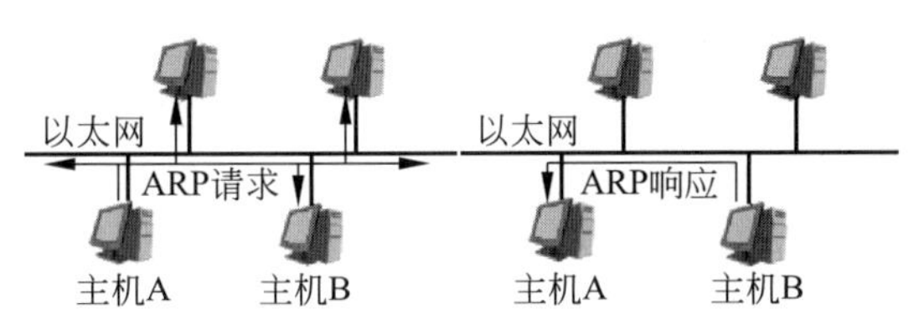

图 5.21　ARP 请求与响应工作过程

到该请求报文，由于 ARP 请求报文包含主机 B 的 IP 地址，所以只有主机 B 响应该请求，向主机 A 发送一个包含其 MAC 地址的 ARP 响应报文。主机 A 收到该响应报文后，在 ARP 缓存表中记录下主机 B 的 IP 地址与 MAC 地址的映射关系。

ARP 报文包括 ARP 请求与 ARP 响应两种，封装在以太网数据帧中，类型字段取值为 0x0806。封装 ARP 请求报文的以太网帧，其目的地址为 MAC 广播地址；封装 ARP 响应报文的以太网帧，其目的地址为请求方的 MAC 地址。两种报文采用同样的报文结构，如图 5.22 所示。其中硬件类型字段取值为 1，代表以太网；协议类型取值为 0x0800，代表解析的地址所属协议为 IP；硬件地址长度和协议地址长度，单位为 B，取值为 6 和 4，分别代表 MAC 地址长度和 IP 地址的长度；操作类型（OP），1 表示 ARP 请求，2 表示 ARP 响应；发送端 MAC 地址表示该报文发送者的硬件地址；发送端 IP 地址表示该报文发送者的 IP 地址；目的 MAC 地址表示该报文接收者的硬件地址；目的 IP 地址表示该报文接收者的 IP 地址。

5.110　点对点协议（point-to-point protocol）

IETF RFC 1661 规定的，一种在点到点链路上封装、传输网络层数据包的数据链路层协议，简称 PPP 协议。PPP 协议包括链路控制协议（LCP）、网络控制协议（NCP）和验证协议。LCP 主要用来建立、拆除和监控 PPP 数据链路，进行数据链路层参数的协商。NCP 主要用来协商网络层协议的类型和属性、所传输数据包的格式和类型。验证协议主要验证 PPP 对端设备的身份合法性，保证链路的安全性，PPP 提供密码验证和询问握手验证两种验证方式。

PPP 会话的建立过程如下：通信双方检测到物理链路激活后，通过 LCP 协议进行链路参数配置和参数协商，以建立数据链路。链路建立后，如果需要验证，则首先采用协商的验证协议进行验证。验证成功后，再使用 NCP 协议进行网络层参数协商。协商通过标志着 PPP 会话成功建立。此后，双方可以在此链路上发送数据。当链路载波丢失、链路质量检测失败、人为关闭链路或认证失败时，通信一方发送 LCP 报文关闭链路，并通知网络层进行相应的操作。

PPP 协议的数据封装格式如图 5.23 所示。

标志字段：其值固定为 01111110，用来标识一个 PPP 帧的起始和结束。

地址字段：PPP 协议是被运用在点对点的链路上，无须知道对方的数据链路层地址，地址字段固定为全 1 的广播地址。

控制字段：其值固定为 11000000，表示这个帧不使用序号，每个帧都是独立的。

协议字段：表示信息字段所承载数据的协议类型，常用的协议类型及其代码见表 5.9。

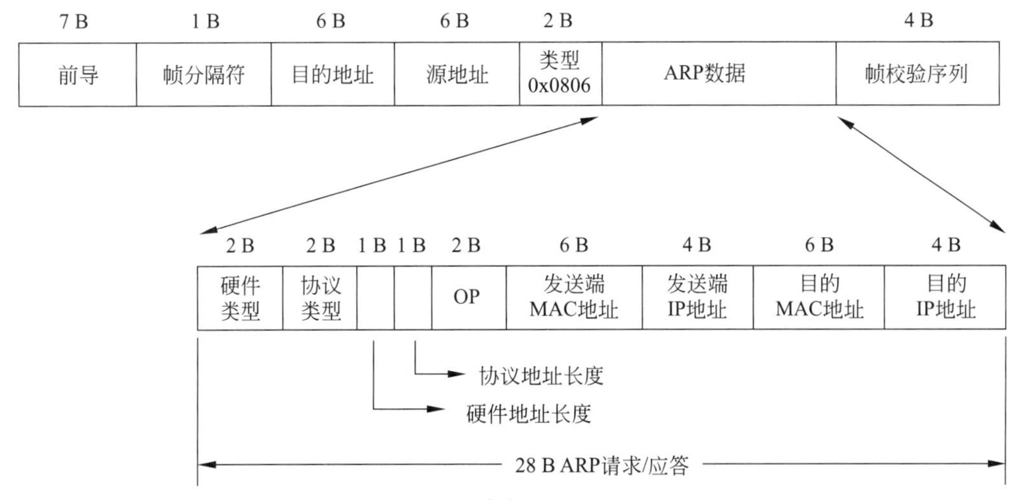

图 5.22　ARP 请求/应答数据帧结构

标志 (flag)	地址 (address)	控制 (control)	协议 (protocol)	信息 (information)	帧校验 (FCS)	标志 (flag)
1 B	1 B	1 B	1 B或2 B	可变	2 B或4 B	1 B

图 5.23　PPP 协议封装格式

表 5.9　PPP 数据帧协议字段常用协议类型及其代码

协议类型	协议代码(十六进制)
填充协议	0001
IPv4 协议	0021
IPv6 协议	0057
链路控制协议(LCP)	C021
链路质量报告	C025
密码验证协议(PAP)	C023
询问握手验证协议(CHAP)	C223

信息字段：承载用户数据或其他信息，默认最大长度为 1500 B。

校验字段：PPP 协议无确认重传机制，仅采用帧校验序列对数据帧传输的正确性进行检测，一旦检测到错误，随即丢弃错误的数据帧。

PPP 协议广泛应用于点对点通信场合。在试验任务 IP 网中，广域网专线电路的数据链路层一般采用 PPP 协议。

5.111　掉头路由器(u-turn router)

将收到的组播报文原路发回的路由器。如图 5.24 所示，组成员加入组播组 G，建立了 RP—R3—R4 的(＊,G)组播转发路径。在 R3 上，(＊,G)表项的入口是 3，出口是 2。源 S1 发送组播报文，R1 向 RP 注册，建立 R1—RP 的(S1,G)路径；源 S2 发送组播报文，R2 向 RP 注册，建立 R2—R3—RP 的(S2,G)路径。此时，组成员只收到 S1 的组播报文而收不到 S2 的组播报文。这是由于 RP(掉头路由器)将收到的 S2 的组播报文原路发回，R3 从接口 3 收到该报文后，进行 RPF 检查，发现该报文的实际入口是 3，而不是 R3 上(S2,G)表项中的入口 1，于是将其丢弃。

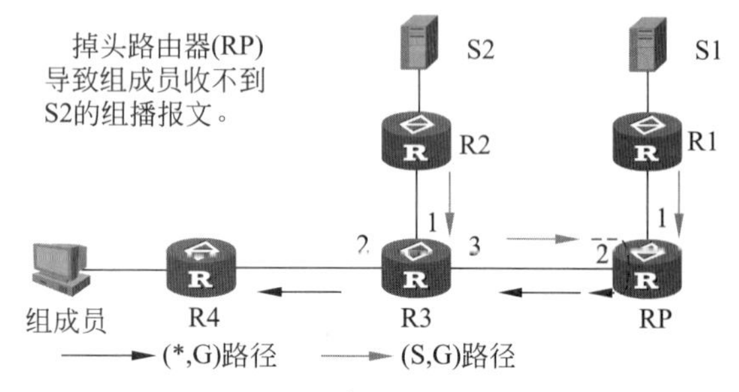

图 5.24　掉头路由器问题

解决掉头路由器的技术方案是：因为在 R3—RP 的链路上来回传输同一组播报文，造成链路资源和路由器资源的浪费，技术上不合理，因此应保证组播报文不能在 RP 上掉头。然后在此基础上，使 R3 在从接口 1 收到 S2 的组播报文后，往接口 3 转发的同时，也往接口 2 转发。具体方法是，RP 记录 S2 的组播报文的入口(接口 2)，在沿共享树转发 S2 的组播报文时，不往接口 2 转发 S2 的组播报文。在路由器 3，(S,G)表项建立时，将(＊,G)表项的出口(接口 2)添加到(S,G)表项的出口中。这样，R3 从接口 1 收到 S2 的组播报文，就从接口 2 和接口 3 转发出去，组成员也就收到了 S2 的组播报文。在 S3 上，没有(S1,G)表项，S3 收到 S1 的组播报文后，同(＊,G)进行匹配，经 RPF 检查通过，发往接口 2，因此组成员能从(＊,G)路径收到 S1 的组播报文。

此外，在路由器上，(＊,G)表项出口发生变化时，(S,G)表项中均应包括(＊,G)表项中除了(S,G)的 RPF 口之外的所有出口。

5.112　定制队列(custom queuing)

按照预先设置的带宽比例轮询发送各队列分组的队列机制，简称 CQ。CQ 可配置多个队列，分组到达时，按照预先设置的流分类规则进行匹配，进入相应的队列。队列调度采用轮询的方式，依次发送各队列中的分组。通过配置每个队列每次调度的字节数，定制各队列占用带宽的比例。CQ 队列的优点是使不同业务的分组获得不同的带宽，既可以保证关键业务能获得较多的带宽，又不至于使非关键业务得不到带宽；缺点是配置比较复杂。在试验任务 IP 网中使用的交换机和路由器，最多可配置 16 个 CQ 队列。

5.113　动态路由(dynamic route)

由路由协议自动发现、生成和维护的 IP 路由。动态路由能够根据网络拓扑结构的变化，及时进行调整,生成新的路由信息。动态路由不需管理员手工维护路由表,适用于网络规模较大、拓扑结构复杂的网络。试验任务IP网局域网采用动态路由。

5.114 动态主机配置协议(dynamic host configuration protocol)

IETF RFC 2131规定的,为主机自动分配IP地址等配置信息的应用层协议,简称DHCP。DHCP的实现采用客户端/服务器模式,客户端向服务器申请IP地址等配置信息;服务器响应客户端请求,分配IP地址,并管理IP地址池。客户端从服务器获取IP地址的过程如下。

(1) 客户端以广播方式发送DHCP-Discover报文,内容主要包括客户端的MAC地址和计算机名;

(2) 收到DHCP-Discover报文的服务器首先检查其静态数据库,如果有匹配MAC地址的表项,则选用该表项对应的IP地址,否则从IP地址池中选出一个IP地址。然后,服务器将IP地址与其他配置参数一起通过DHCP-Offer报文发送给客户端;

(3) 客户端接收到DHCP-Offer报文后,以广播方式发送包含有所选定的服务器和服务器提供的IP地址的DHCP-Request报文。客户端对后续收到的其他服务器发送的DHCP-Offer报文不再响应;

(4) 客户端选定的服务器收到DHCP-Request报文后,如果确认将该地址分配给客户端则返回DHCP-Ack报文,否则返回DHCP-Nak报文,表示该地址不能分配给该客户端。客户端未选定的服务器收到DHCP-Request报文后收回分配的IP地址。

当客户端和服务器不在同一子网时,需要使用中继代理。中继代理在子网上监听到广播的DHCP-Discover报文后,将其封装为单播报文发送给服务器。服务器收到DHCP-Discover报文后,向中继代理应答,中继代理再将应答报文发送给客户端,从而实现客户端和服务器不在同一子网条件下的IP地址动态分配。

在实际应用中,DHCP服务器一般提供3种IP地址分配方式。

(1) 静态分配。在服务器上将客户端的IP地址与其MAC地址绑定,保证客户端永久占用该IP地址。

(2) 自动分配。服务器从地址池中为客户端分配没有时间限制的IP地址,当客户端释放该地址后此IP地址才能被重新分配。

(3) 动态分配。服务器从地址池中为客户端分配具有一定有效期的IP地址,到达使用期限后,服务器收回地址。客户端如需要继续使用该地址,应在有效期到达前重新申请。

使用DHCP协议能够集中管理IP地址资源,提高IP地址的利用率,其缺点主要在于不能发现网络上非DHCP客户端正在使用的IP地址。此外,当子网上有多个DHCP服务器时,一个服务器不能查出其他服务器已经分配的IP地址,从而会给网络造成一定程度的混乱。

5.115 毒性反转(poison reverse)

RIP协议从某个接口学到路由信息后,将该路由的度量值设置为16,并从原接口发回邻居路由器的行为。毒性反转和水平分割具有相似的应用场合和功能,由于毒性反转主动将网络不可达信息通知给其他路由器,毒性反转更健壮和安全;其缺点是路由更新中路由项数量增多,浪费网络带宽,增加系统开销。

5.116 端口绑定(port bind)

将用户主机的MAC地址和IP地址与交换机接入端口进行的关联。没有被关联的MAC地址和IP地址的用户主机不能接入相应的交换机端口。一个端口可以和多个MAC地址多个IP地址绑定。端口绑定可以限制不合规的用户主机接入网络,是一种有效的网络安全接入手段。

5.117 端口隔离(port isolation)

限制交换机同一VLAN端口之间互通的技术措施。在一个交换机的端口上,强制限制向指定的其他端口上发送数据MAC帧,但不能限制接收其他端口的数据MAC帧,即端口隔离是单方向的发送隔离。在一些厂家的交换机上,如果一个端口已经是TRUNK端口,则不能对该端口实施隔离,但不妨碍限制其他端口向该TRUNK端口发送数据MAC帧。使用端口隔离功能,可以限制同一VLAN内端口之间的互通,为用户提供更安全、更灵活的组网方案。

5.118 端口光功率(port optical power)

路由器、交换机端口光模块发射功率或接收功率,单位为dBm。光模块发射功率一般是不可调整的,用户可根据传输距离选择不同发射功率的光模块。试验任务网中常用的光模块收发功率范围如表5.10所示。

表 5.10　常用光模块光功率范围

模块厂家	模块类型	波长/nm	传输距离/km	发送功率范围/dBm	接收功率范围/dBm
思科	1G 多模-SFP	850	0.2	-9.5~-3	-17~0
思科	1G 单模-SFP	1300	10.0	-9.5~-3.0	-20~0
思科	1G 单模-SFP	1550	70.0	0.0~5.2	-17~-3
华为	1G 多模-SFP	850	0.5	-9.5~2.5	-17~0
华为	1G 单模-SFP	1310	10.0	-9.0~-3.0	-20~-3
华为	1G 单模-SFP	1550	80.0	0.0~3.0	-23~-3

网络设备端口光模块的收发光功率有一个范围限制,工程上要求正常工作接收光功率小于过载光功率 3~5 dBm,大于接收灵敏度 3~5 dBm。当光功率低于允许范围的时候,会出现网络丢包的现象,影响网络传输质量;当光功率高于允许范围的时候,不仅影响传输质量,还会缩短光模块的寿命,甚至损坏光模块。因此,在网络维护的过程中,须经常检查收发光功率的数据,确保其在正常允许的范围内。

5.119　端口镜像(port mirroring)

将交换机一个端口的数据流量复制输出到其他端口的方法。被复制的端口称为镜像源端口或镜像端口,复制的端口称为镜像目的端口或观察端口。端口镜像可以对镜像端口的所有流量进行复制,也可以对指定流量进行复制;可以将多个镜像端口映射到一个观察端口,也可以将一个镜像端口映射到多个观察端口。

端口镜像的方式分为 3 种:入方向镜像、出方向镜像和双向镜像。入方向镜像是仅对镜像端口收到的数据进行镜像;出方向镜像是仅对镜像端口发送的数据进行镜像;双向镜像是对镜像端口收到和发出的数据都进行镜像。

在观察端口上连接监测设备,可对镜像端口的数据进行在线监测。在试验任务 IP 网中,网络流量监测、入侵检测等设备采用端口镜像的方法获取监测数据。

5.120　对外联网(network interconnection)

试验任务 IP 网与其他网络的互联。试验任务 IP 网是为保障国防科研试验任务而建设的专用网络,但出于任务需求,需要与其他网络进行信息交换。根据联网对象不同,将对外联网分为军方联网、民用联网、国际联网等。与上述网络进行联网时,安全性要求高,一般采用网闸等网络安全隔离设备进行互联。

5.121　多链路点对点协议(PPP multilink protocol)

IETF RFC 1990 规定的,将多个点到点链路(PPP)捆绑在一起作为一条逻辑链路使用的协议,简称 MP。MP 是 PPP 的扩展,其目的是为了提高 PPP 链路的带宽。对上层协议来说,MP 链路等同于一条 PPP 链路。

在多链路中进行数据传输时,数据首先被分片,然后采用轮询方式在多条被捆绑的 PPP 链路上将其进行发送。为了对分片进行识别、重组,在 PPP 头部和数据分片之间插入 MP 报文头。如图 5.25

PPP头	地址 0xff				控制 0x03
	协议(H) 0x00				协议(L) 0x3d
MP 报文头	B	E	0	0	序号
	分片数据 ⋮				
PPP校验	校验				

短序号格式

PPP头	地址 0xff								控制 0x03
	协议(H) 0x00								协议(L) 0x3d
MP 报文头	B	E	0	0	0	0	0	0	序号
	序号(L)								
	分片数据 ⋮								
PPP校验	校验								

长序号格式

图 5.25　MP 报文头格式

所示，MP 报文头有短序号和长序号两种，短序号报文头为 2 B，长序号报文头为 4 B。MP 默认使用长序号，也可通过 PPP 协商为短序号。MP 报文头中的“B”为分片开始标识，占 1 bit，置 1 时说明该分片是数据的第一个分片。“E”为分片结束标识，占 1 bit，置 1 时说明该分片是数据的最后一个分片。序号字段为 12 bit（短序号）或 24 bit（长序号），其值随数据分片的增加而增加。分片数据字段为净荷，默认最大长度为 1500 B，也可通过 PPP 协商确定。校验字段为当前数据分片的校验。

MP 不但能够提高链路带宽，而且捆绑的多条链路能够互为备份，提高了传输的可靠性，还可在多条链路间进行负载分担。

5.122　多生成树协议（multiple spanning tree protocol）

IEEE 802.1s 制定的基于实例的生成树协议，简称 MSTP。在虚拟局域网（VLAN）技术出现之前，以太网只需一棵生成树即可。VLAN 技术出现之后，如果仍使用一棵生成树，在网络规模较大时，拓扑改变的影响面较大，收敛时间明显增加；在各个 VLAN 的拓扑结构存在差异时，还会影响网络的连通性；当链路被阻塞后，造成带宽浪费。为此出现了基于 VLAN 的生成树协议（PVST），一个 VLAN 对应一棵生成树。当 VLAN 数量较多时，维护多棵生成树的计算量和资源占用量急剧增加。为解决 PVST 存在的问题，MSTP 基于实例创建生成树，将同一以太网内多个结构相同的 VLAN 集合成一个实例，一个实例对应一棵生成树。这样可减少网内生成树的数量，并可实现链路的负载均衡。

当以太网规模较大，协议收敛时间过长时，MSTP 还可以把以太网划分成多个域。在域内，为每个实例单独计算生成树；在域间，利用公共和内部生成树（CIST）保证全网无环路存在。CIST 由内部生成树（IST）和公共生成树（CST）组成。IST 是域内的一个生成树实例，负责收发 CIST 的桥协议数据单元（BPDU）。如果将每个域抽象为一个节点，CST 就等同于这些节点通过生成树协议（STP）或快速生成树协议（RSTP）得到的一棵生成树。

另外，MSTP 兼容 STP 和 RSTP。

5.123　多协议标签交换（multiprotocol label switch）

IETF RFC 3031 提出的采用标签转发数据报文的技术，简称 MPLS。在网络分层体系架构中，MPLS 位于第二层数据链路层和第三层网络层之间，故又称为“2.5 层”技术。“多协议”指 MPLS 可在多种数据链路层协议和多种网络层协议的环境中工作；“标签交换”指 MPLS 使用标签而不再使用网络层地址进行报文转发。

MPLS 报文头部位于网络层报文头部之前，数据链路层报文头部之后。如下图 5.26 所示，MPLS 通用报文头部由标签、EXP、S 和 TTL 这 4 个字段共 32 bit 组成。MPLS 网络将出节点相同或出端口相同、服务质量要求相同的入网报文归为一类，称为转发等价类。标签指明 MPLS 报文隶属的转发等价类。EXP 为实验字段，可传送服务质量方面的信息。S 为栈底标志字段，当其值为 1 时，表明标签栈中只剩一个标签。TTL 为生存周期字段，每经过一跳，其数值减 1。TTL 同 IP 报文头的 TTL 保持一致，在 MPLS 网络入节点，将 IP 报文头部的 TTL 复制到 MPLS 报文头部；在 MPLS 网络出节点，再将 MPLS 报文头部的 TTL 复制到 IP 报文头部。

标签	EXP	S	TTL

图 5.26　MPLS 通用报文头部

标签字段：20 bit；EXP 字段：实验，3 bit；S 字段：栈底标志，1 bit；TTL：生存周期，8 bit。

MPLS 网络的节点称为标签交换路由器（LSR），其中位于网络核心处的称为核心 LSR，位于网络边缘处的称为边缘 LSR 或标签边缘交换路由器（LER）。LER 用于将非 MPLS 网络接入到 MPLS 网络上，而核心 LSR 不具有接入功能，但其拥有更加强大的报文转发能力。非 MPLS 网络的网络层报文进入 MPLS 网络后，LER 对其进行 MPLS 封装，然后转发到下游 LSR。下游 LSR 只根据 MPLS 报文头部中的标签进行转发，而不再识别网络层报文头部。MPLS 报文到达 MPLS 网络出口处，将标签删除，转发到其他非 MPLS 网络。从这个意义上讲，MPLS 相当于为非 MPLS 网络建立了一条隧道。

MPLS 报文的转发路径称为标签交换路径（LSP），由入口 LER、出口 LER、二者之间的一系列 LSR 以及连接它们的链路组成，可用节点序列（R1，R2，…，Rn）表示。一个节点从其某个入口收到的标签，是该节点上游节点的标签，在其出口处，将更换为自己的标签。标签分发协议（LDP）在各个节点上为同一个转发等价类分配标签，建立这些标签的出入对应关系，从而建立标签交换路径。只有标签交换路径建立后，才能开始 MPLS 报文的转发，因此 MPLS 是一种面向连接的转发技术。对于同一转发等价类的网络层报文可由多个 LER 进入，因此对应转发等价类的标签交换路径为一树状结构，树的根部为出 LER，叶子节点为相关的入 LER。这样，在中间某些 LSR 上须进行标签合并，即将多个上游节点的同一转发等价类的标签，在其出口处合并为一个标签。

最初，MPLS 是为了提高 IP 网路由器的报文转发速度而提出来的一种技术。它引入转发等价类，合并了大量的网络层路由。相比网络层的路由表，MPLS 节点的标签转发信息库（LFIB）规模可大大减小，从而加快了报文的转发速度。MPLS 也是一种面向连接的技术，容易实现 IP 与 ATM、帧中继等二层网络的无缝融合。因此，MPLS 在流量工程、虚拟专用网、服务质量等方面也得到了较好的应用。

5.124 二层交换机（layer 2 switch）

工作于数据链路层，根据 MAC 地址转发以太网帧的交换机。二层交换机通过 MAC 地址学习建立 MAC 地址与设备端口对应关系表，并根据该表进行数据交换。二层交换机将冲突域限制在交换机的一个端口，但无法隔离广播域，可通过 VLAN 技术实现对二层交换机的广播域划分。二层交换机组网一般需要启用生成树协议，防止链路环路，形成广播风暴。典型的二层交换机有华为 S2300 系列以及思科 2900 系列交换机。

5.125 二层隧道协议（layer two tunneling protocol）

IETF RFC 2661 规定的一种隧道协议，简称 L2TP。L2TP 在隧道内传送的是点对点协议（PPP）帧，故称二层隧道协议。如图 5.27 所示，PPP 帧封装在 P2TP 数据报文中。L2TP 数据报文和控制报文全部封装在 UDP 报文中进行发送。数据报文不重发，不能保证可靠性；控制报文使用流控和重发机制，能保证可靠传输。

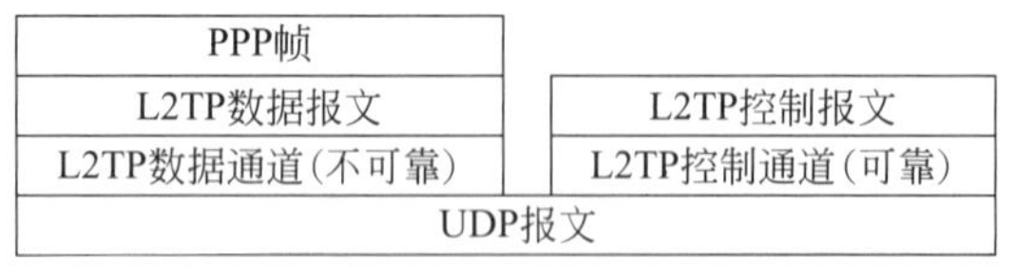

图 5.27 L2TP 协议结构

L2TP 注册了 UDP 端口 1701，这个端口号仅用于初始隧道建立过程。L2TP 隧道发起方任选一个空闲端口（不必是 1701）向接收方的 1701 端口发送报文；接收方收到报文后，也任选一个空闲端口（不必是 1701）给发送方的指定端口回送报文。至此，双方的端口选定，并在隧道连通的时间内不再改变。

L2TP 协议提供了对 PPP 链路层数据包的隧道传输支持，允许二层链路端点和 PPP 会话点驻留在不同设备上，并采用包交换技术进行信息交互，从而扩展了 PPP 模型。L2TP 适用于远程用户接入用户本部网络。远程用户通过拨号网络、因特网等公用网与用户本部的网关之间建立一条 P2TP 隧道，接入用户本部网络。

5.126 反向地址解析协议（reverse address resolution protocol）

IETF RFC 903 标准规定的，根据终端的 MAC 地址动态获取 IP 地址的协议，简称 RARP。RARP 常用于无盘工作站从 RARP 服务器自动获取 IP 地址。无盘工作站启动后广播一个 RARP 请求报文，报文中源 MAC 为其 MAC 地址，目的 IP 为 0.0.0.0。RARP 服务器收到请求报文后，查询预先配置好 MAC 地址与 IP 地址的对应关系表，返回 RARP 响应报文，报文中目的 IP 字段填写为无盘工作站分配的 IP 地址。

RARP 报文包括请求与响应两种，均封装在以太网数据帧中，类型字段取值为 0x0806。报文格式与 ARP 报文格式相同，区别在于操作类型字段部分，3 表示 RARP 请求，4 表示 RARP 响应。

ARP 协议用于从 IP 地址到 MAC 地址的映射，而 RARP 协议用于从 MAC 地址到 IP 地址的映射。由于 RARP 基于链路层协议，在应用上受限于广播域，无法跨网段使用，因此逐渐被自举协议（BOOTP）和动态主机配置协议（DHCP）替代。

5.127 反向路径转发（reverse path forwarding）

对组播报文来向的正确性进行检查的机制，简称 RPF。正常情况下，组播报文向远离组播源（或汇聚点）的方向转发，组播路由器应从朝向组播源（或汇聚点）方向的接口上接收组播报文，如果从其他端口接收到组播报文，则极易形成组播环路。为避免组播环路的产生，须进行 RPF 检查，停止转发从其他端口接收到的组播报文。

RPF 检查的基本原理是，单播路由转发表中指向组播源（或汇聚点）的下一跳所对应的接口应是组播报文到达的正确接口，即 RPF 接口。RPF 接口也可由组播静态路由指定。当收到一个组播报文后,查找组播静态路由表和单播路由表得到 RPF 接口。将其与组播报文实际到达的接口比对,二者一致即认为组播报文来向正确。在下列情况下,路由器收到组播报文后须进行 RPF 检查。

(1) 组播转发表中不存在相应的转发表项。

(2) 组播转发表中存在相应的转发表项,但表项的入接口与报文的入接口不一致。

5.128　访问控制列表(access control list)

IP 网络设备为对数据包分类而设计的规则列表,简称 ACL。同一个设备可以有多个 ACL,用 ACL 编号进行区分,但不同厂家设备的 ACL 编号可能不同,如华为路由器的 ACL 编号范围为 1000~3999。一个 ACL 由多条 permit | deny 语句组成,每条语句包括匹配规则、操作等内容。匹配规则可以是源 IP 地址、目的 IP 地址、传输层协议、端口号等;操作分为"permit"和"deny",分别表示允许和拒绝。ACL 语句的匹配顺序有配置顺序和自动排序两种,配置顺序按照用户配置 ACL 规则的先后顺序进行匹配,是缺省的匹配顺序;自动匹配使用"深度优先"的原则进行匹配,即把指定数据包范围小(如地址掩码长度大)的语句排在前面。ACL 只是一组分类规则,实际应用中需要与策略路由、流分类、防火墙等配合,才能实现数据包过滤等功能。

5.129　非网状测试(non-meshed test)

交换机测试所用的一种流量发送方法,又称端口对测试。将交换机的端口分成两两一组,每组的两个端口间互发测试帧。

5.130　分类编址(classful addressing)

特指五类 IP 地址分类方法。将 IP 地址分为 ABCDE 五类,如图 5.28 所示。A 类 IP 地址中第一个 8 位字段作为网络号,网络号取值范围为 1~126,A 类地址的主机号为剩余的 24 位,A 类地址的地址范围为 1.0.0.0~126.255.255.255;B 类 IP 地址头两比特位以 10 开头,前两个 8 位字段中剩余的比特位作为网络号,网络号取值范围为 128~191。主机号为后两个 8 位字段共 16 位,B 类地址的地址范围为 128.0.0.0~191.255.255.255;C 类地址头 3 比特位以 110 开头,前两个 8 位字段中剩余的比特位作为网络号,网络号取值范围为 192~223,主机号为最后八位字段共 8 位,C 类地址的地址范围为 192.0.0.0~223.255.255.255;D 类地址为组播地址,头 4 比特位以 1110 开头,剩余的比特位作为组播地址。D 类地址的地址范围为 224.0.0.0~239.255.255.255;E 类地址头 5 比特位以 11110 开头,保留用于研究。

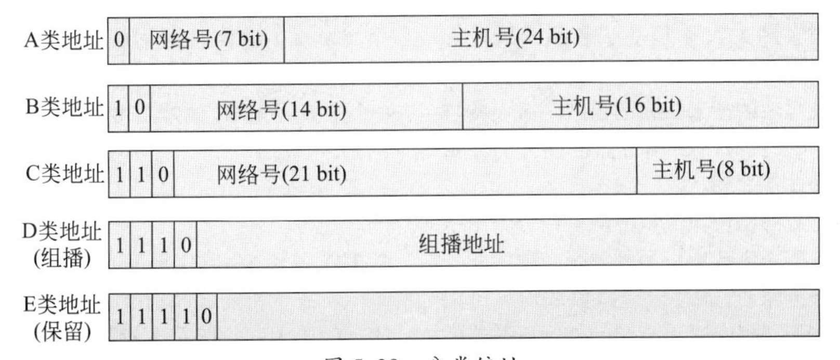

图 5.28　分类编址

5.131　峰值突发尺寸(peak burst size)

网络允许的数据流一次突发的最大尺寸,简称 PBS,单位为 bit 或 B。在双速率三色标记算法中,P 桶的容量为 PBS,令牌添加速率为峰值信息速率(PIR)。PBS 大于承诺突发尺寸(CBS)。在大于 CBS、小于 PBS 下发送的数据包,网络将其标记为黄色,应尽量转发,在大于 PBS 下发送的数据包,网络将其标记为红色,一般将其丢弃。

5.132　峰值信息速率(peak information rate)

网络可允许的数据流的最大突发速率,简称 PIR,单位为 b/s 或 B/s。在双速率三色标记算法中,PIR 为向 P 桶填充令牌的速率。PIR 不小于承诺信息速率(CIR)。

5.133　服务等级协议(service level agreement)

服务提供者与客户签订的有关服务质量的合

同,简称 SLA。一个典型的网络 SLA 包括分配给客户的带宽,主要技术性能指标,技术支持和服务。在国防科研试验中,通信业务提供者与使用者认可的需求分析报告,实质上就是一种服务等级协议。

5.134 负载均衡(load balance)

对负载(工作任务)进行调度,分摊到多个操作单元上完成的技术,简称 LB。在 IP 网中,负载均衡分为服务器负载均衡、网关负载均衡和链路负载均衡。

服务器负载均衡是数据中心最常见的组网模型,包括以下几个基本元素。

(1) 负载均衡设备：负责分发各种服务请求到多个服务器的设备。

(2) 服务器组：由多个服务器组成,负责响应和处理各种服务请求。

(3) 虚拟服务 IP 地址：负载均衡设备的 IP 地址,为服务器组对外提供服务所用的 IP 地址,供用户请求服务时使用。

(4) 服务器 IP 地址：各个服务器的 IP 地址,供负载均衡设备分发服务请求时使用。

依据转发方式,服务器负载均衡分为地址翻译(NAT)方式和直接路由(DR)方式。两种方式的处理思路相同,即负载均衡设备提供虚拟服务,用户访问请求服务后,负载均衡设备根据调度算法将请求分发到各个服务器。但在具体处理方式上有所区别：前者分发服务请求时,进行目的 IP 地址转换(目的 IP 地址为实服务的 IP),通过路由将报文转发给各个服务器;后者分发服务请求时,不改变目的 IP 地址,而将报文的目的 MAC 地址替换为实服务的 MAC 地址后直接把报文转发给服务器。

网关负载均衡包含的要素有负载均衡设备和网关设备组。负载均衡设备有两个,分别连接两个网。网关设备组的各个网关设备,并联连接在两个负载均衡设备上。很多网关设备是基于会话开展业务的,因此一个会话的请求和应答报文必须通过同一个网关设备。发起会话请求一方的负载均衡设备进行负载均衡,另一个负载均衡设备保证应答的流量经由同一个网关设备处理。

链路负载均衡根据业务流量方向可以分为出链路负载均衡和入链路负载均衡两种情况。内网和外网之间存在多条链路时,通过出链路负载均衡可以实现在多条链路上分担内网用户访问外网服务器的流量,通过入链路负载均衡可以实现在多条链路上分担外网用户访问内网服务器的流量。出链路负载均衡中虚拟服务 IP 地址为内网用户发送报文的目的网段。用户将访问虚拟服务 IP 地址的报文发送到负载均衡设备后,负载均衡设备选择物理链路,并将内网访问外网的业务流量分发到该链路。入链路负载均衡中,负载均衡设备记录域名与内网服务器 IP 地址的映射关系。一个域名可以映射为多个 IP 地址,其中每个 IP 地址对应一条物理链路。外网用户通过域名方式访问内网服务器时,本地域名服务器将域名解析请求转发给权威名称服务器——负载均衡设备,负载均衡设备选择物理链路,并将通过该链路与外网连接的接口 IP 地址作为域名解析结果反馈给外网用户,外网用户通过该链路访问内网服务器。另外,路由器在等价路由上进行的负载均衡,也可认为是一种链路负载均衡。

负载均衡的调度算法以连接为粒度,同一条连接的所有报文都会分发到同一个服务器或链路上。这种细粒度的调度在一定程度上可以避免单个用户访问的突发性所引起的负载不平衡。调度算法分为静态和动态两大类：静态算法又分为轮转、加权轮转,随机、加权随机,基于源 IP 地址的哈希算法、基于目的 IP 地址的哈希算法、基于源端口号的哈希算法等多种;动态调度算法又分为最小连接、加权最小连接和带宽等。

5.135 根端口(root port)

以太网交换机的一种端口。每个交换机有一个根端口。通过该端口,交换机与生成树的上游交换机相连,接收上游交换机发送的桥协议数据单元(BPDU)。

5.136 根网桥(root bridge)

以太网生成树根所对应的网桥,又称为主网桥。在由交换机组成的以太网中,根网桥为网中的某一个交换机。根网桥由网桥识别符(BID)决定,BID 最小者为根网桥。BID 由两个字节的优先级字段和 6 个字节的 MAC 地址组成。如果需要人工指定根网桥,可以通过手工配置各网桥的优先级字段的方式来实现。

5.137 共享式以太网(shared ethernet)

所有主机通过同轴电缆或集线器连接在同一总线上的以太网。所有主机处于同一个冲突域中,同一时刻只允许一台主机发送数据,其他主机处于侦听状态,否则将发生冲突。主机间利用CSMA/CD机制来检测和避免冲突。共享式为早期以太网应用模式,目前基本都采用交换式以太网方式组网。

5.138 共享树(shared tree)

同一组播组内,多个组播源共用的转发树。在PIM协议中,又称汇聚点树(RPT)。共享树用(*,G)表示,通配符"*"表示所有组播源地址,G表示组播组地址。共享树不区分组播源,以汇聚点路由器(RP)为根,以连接组播组成员的路由器为叶子。通过共享树,组播组成员无须知道组播源地址,就可接收组播报文。一个组播组的共享树建立后,不同组播源发往该组播组的报文都使用该共享树转发。组播源将组播报文转发给RP,RP再沿共享树将报文转发给所有组成员。共享树的优点是路由器中保存的状态数可以很少,缺点是组播源发出的报文要先经过RP,再转发给接收者,路径不一定是最短路径,而且对RP的可靠性和处理能力要求很高。当叶子路由器接收到RP转发的组播报文后,就获得组播报文的源地址,可根据预先设定的条件,建立并切换至有源树。

5.139 工作组交换机(workgroup switch)

适用于工作组的网络交换机。在企业网内,交换机常分为企业级、部门级和工作组级3种。工作组交换机为二层交换,功能简单,一般没有网管和QoS功能;设备为单板结构,端口数量固定,一般在24端口以下,价格相对便宜。

5.140 骨干路由器(core router)

骨干网使用的路由器,又称核心路由器,简称CR。规模较大的网络一般划分为骨干网和边缘网两部分,骨干路由器负责骨干网的数据转发,一般不与用户网络直接相连。与边缘路由器相比,骨干路由器容量大,技术性能、可靠性和价格较高。

5.141 广播(broadcast)

信源只发送一次,所有信宿均能收到的通信业务方式。一般利用无线信道、共享信道、网络节点复制等方法实现。广播是一种实现一点到多点通信的方式,但一点到多点的通信方式并不局限于广播。

5.142 广播风暴(broadcast storm)

MAC数据帧在广播域内大量复制,占用网络带宽,导致网络性能下降甚至网络瘫痪的现象。广播风暴产生的原因包括病毒、交换机端口或网卡故障、网络环路等。

5.143 广播域(broadcast domain)

同一网段内接收广播帧的所有主机的集合。广播域属于OSI模型的链路层,在共享式以太网中,广播域与冲突域是一致的。在交换式以太网中,一个端口所连的主机构成一个冲突域,同一网段所有端口连接的主机构成一个广播域。当广播域范围过大时,容易产生广播风暴,可通过划分VLAN或者三层设备进行广播域的分割。

5.144 光模块(optical transceiver)

实现光电/电光转换的小型模块化设备。光模块一般集成了独立的光信号发射驱动和接收放大电路,收发功能合一,一般用于远距离的千兆网口连接。以太网中常用的光模块包括千兆以太网接口转换器(GBIC)、小型可插拔收发模块(SFP)等。由于SFP模块与GBIC模块功能一致,且体积更小,因此目前的GBIC模块基本已被SFP模块所替代。

5.145 广域网(wide area network)

分布地域范围广的网络,简称WAN。广域网通常指远距离连接局域网、城域网的各种通信网络和系统。在IP网中,把路由器经由各种通信网络和系统连接起来的部分称为广域网。从向路由器提供连接电路的角度出发,广域网可分为以下几种类型。

(1) 点到点永久性专线电路:一个物理接口对应一条电路,路由器通过EIA RS-232、RS-530、RS-422/449,ITU-T V.35、G.703等各种数据接口与电路连接。广域网进行比特透明传输,路由器一般在链路层采用点到点协议(PPP)。

(2) 点到多点半永久性专线电路:物理接口为信道化接口,一个物理接口对应多条点对点电路。路由器接口的物理层须采用广域网的时分复用帧格式,广域网采用交叉连接的方式,将一个物理接口的数据分为多个方向,同时又能将多个物理接口的数据合为一个方向。路由器一般在链路层采用点到点协议(PPP)。

(3) 虚电路:一个物理接口对应多条点对点电路,广域网根据地址、连接标识符等转发数据包。这类广域网主要有多协议标签交换(MPLS)、虚拟专用网(VPN)、帧中继(FR)、异步转移模式(ATM)等。路由器一般在链路层采用广域网的链路层协议。

5.146　核心层(core layer)

局/城域网分层结构的最高层。局/城域网一般分为接入层、汇聚层和核心层,其中核心层是城域网的中心,连接汇聚层和接入层,对外连接广域网。因此,核心层设备应具备大吞吐量、高可靠性的特点,一般选用模块化设计的核心交换机。

5.147　核心交换机(core switch)

局/城域网核心层使用的交换机。核心交换机是网络中的核心设备,交换能力和可靠性要求高,且转发速率和背板带宽高,可满足全端口配置下线速转发要求。核心交换机采用模块化设计,主控模块及电源可冗余备份。以华为 Quiway S9306 系列交换机为例,其包转发速率为 1080 Mpps,背板带宽为 2.4 Tbps,这样性能的交换机可以应用于试验任务 IP 网中,做核心交换机使用。

5.148　黑洞 MAC 地址(blackhole MAC address)

一种特殊的静态 MAC 地址。当交换机收到目的 MAC 地址或源 MAC 地址为黑洞 MAC 地址的数据帧时,直接予以丢弃。黑洞 MAC 地址由用户手动配置,表项不会老化,系统复位后也不会丢失。在系统模式下配置的黑洞 MAC 地址,全局有效;在 VLAN 模式下配置的黑洞 MAC 地址,仅在该 VLAN 内有效。将非信任用户的 MAC 地址设置为黑洞 MAC 地址,可防止非法用户的攻击。

5.149　黑洞路由(blackhole route)

下一跳是空接口(null)的 IP 路由表项。空接口为逻辑接口,始终处于 UP 状态。黑洞路由为手动配置的静态路由,任何转发到黑洞路由的 IP 报文,实际上被路由器直接丢弃,且不通知源主机。在网络遭受攻击的情况下,可以通过配置黑洞路由丢弃攻击报文。

5.150　环回地址(loopback address)

为主机或路由器虚拟接口配置的掩码为 32 位的 IP 地址。最初的环回地址用于主机的自发自收测试,一般使用 127.0.0.0/8 网段的地址。网络设备的环回地址一般作为设备管理地址以及动态路由协议的路由器标识使用。一台设备可设置多个环回地址,而且不受限于 127.0.0.0/8 网段。

5.151　环回接口(loopback interface)

主机或路由器的一种逻辑接口。环回接口 IP 地址的掩码为 32 位,一台设备可创建多个环回接口。环回接口一旦被创建,其物理状态和链路协议状态始终处于 Up 状态。因此,通常将环回接口用于路由协议中的路由器标识、设备管理、隧道等。

5.152　汇聚层(distribution layer)

局/城域网分层结构的中间层。局/城域网一般分为接入层、汇聚层和核心层,其中汇聚层下联接入层,上联核心层,主要实现区域内的信息汇聚与交换。汇聚层设备一般选用模块化设计的汇聚交换机。在试验任务 IP 网中,为提高可靠性,汇聚层一般采用双上联的组网模式连接核心层。

5.153　汇聚点(rendezvous point)

运行 PIM-SM 协议网络中组播共享树的根节点,简称 RP。汇聚点位于网络中的路由器上,占用一个 IP 地址。每个任意源组播组唯一对应一个汇聚点,但不同的组播组可以对应不同的汇聚点。组播源的组播数据首先发给汇聚点,然后由汇聚点沿共享树转发至组播组成员。汇聚点既可以人工配置指定,也可以通过选举机制自动产生。

5.154　汇聚交换机(distribution switch)

局/城域网汇聚层使用的交换机。汇聚交换机是多台接入交换机的汇聚点,并提供到核心交换机的上行链路,因此要求汇聚层交换机相对于接入交换机具有更高的性能与可靠性,因此汇聚交换机多采取模块化设计、双电源、双主控等可靠性设计。一般情况下,汇聚交换机的转发速率和背板带宽应满足全端口配置下线速转发要求。在接入距离较短,且核心交换机具有足够接口的情况下,网络设计时亦可省去汇聚交换机,使接入交换机直接连接核心交换机。试验任务 IP 网中的汇聚交换机一般采用华为 Quiway S9303 系列交换机,其包转发速率为 540 Mpps,背板带宽为 1.2 Tbps。

5.155　《基于以太网技术的局域网系统验收测评规范》(Acceptance Test Specification for Local Area Network(LAN) System Based on Ethernet Technology)

中华人民共和国标准之一,标准代号为 GB/T

21671—2008,2008 年 4 月 11 日,中华人民共和国国家质量监督检验检疫总局和中国国家标准委员会发布,自 2008 年 9 月 1 日起实施。该标准从功能、传输媒体、设备、性能、网络管理功能、供电和环境等各个方面规定了局域网系统验收测评的技术要求和测试方法,提出了综合验收的测试规则。该标准主要适用于基于以太网技术的局域网系统的验收测试、评估测试以及日常维护中的相关测试。在某些情况下,也可用于设计、施工中的相关测试。

5.156 加权公平队列(weighted fair queuing)

对不同队列分配不同带宽权重值的公平队列,简称 WFQ。对数据流进行分类,不同优先级的数据流进入不同的队列。在出队的时候,采用轮询的方式进行调度。每个队列轮询一次发送的数据量由该队列的带宽权重值确定。一般来讲,优先级越高,分配的权重值越大,一次轮询发送的数据量也越大。WFQ 既保证了相同优先级的数据流能够公平地共享网络资源,又使高优先级的数据流相对低优先级的数据流获得了更多的调度机会,在网络发生拥塞时能均衡各个流的时延和时延抖动。

5.157 加权随机早期检测(weighted random early detection)

通过预测拥塞的发生,在拥塞发生前根据报文优先级的不同按照一定的规则丢弃部分报文以预防网络拥塞的丢包策略,简称 WRED。WRED 在随机早期检测(RED)的基础上,为不同优先级的报文提供不同的丢弃特性,包括计算平均队列长度的指数、队列长度的上下限、丢弃概率等,使高优先级的报文被丢弃的概率相对较小,解决了 RED 不支持区分服务,无法提供有效的公平性保证等问题。

5.158 家乡代理(home agent)

在移动 IP 中,位于家乡网上的移动代理。家乡代理一般设置在路由器上,负责建立和维护移动节点的移动绑定信息,以及至外地代理或移动节点的隧道。在移动节点移动到外地网后,家乡代理通过隧道向其转交数据包。当家乡地址同时绑定多个转交地址时,家乡代理则向所有转交地址转交数据包。

5.159 简单文件传输协议(trivial file transfer protocol)

IETF RFC 1350 规定的文件传输协议,简称 TFTP 协议。TFTP 为应用层协议,其协议数据单元(PDU)如图 5.29 所示,包括读请求 PDU、写请求 PDU、数据 PDU,确认 PDU 和差错 PDU。TFTP 开始工作时,客户进程向服务器进程发送读请求 PDU 或写请求 PDU,表明要从服务器下载文件或向服务器上传文件。服务器确认后开始发送数据 PDU。每发送完一个数据 PDU 后就等待对方确认,确认后再发送下一个数据 PDU。数据 PDU 的数据部分缺省长度为 512 B。若文件长度为 512 B 的整数倍,则文件传送完毕后再发送只含首部的数据 PDU 作为文件传送完毕标志。若文件长度不是 512 B 的整数倍,则以数据部分不足 512 B 的数据 PDU 作为文件传送完毕标志。发送数据方在规定时间内收不到确认 PDU,则重发数据 PDU;接收数据方在规定时间内收不到下一个数据 PDU,则重发确认 PDU。在文件传送过程中若服务器收到差错 PDU,则结束文件的传送。

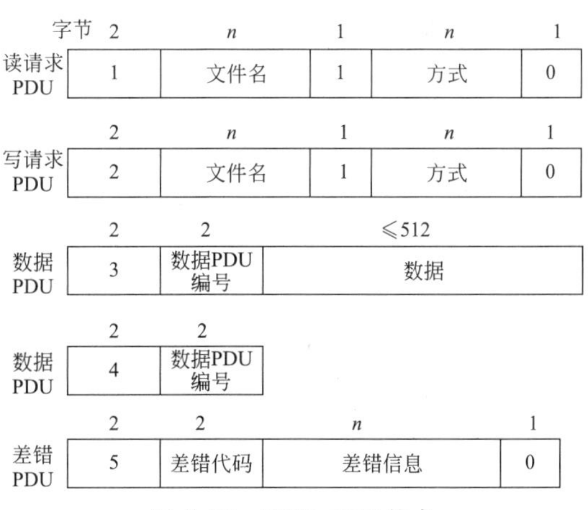

图 5.29 TFTP PDU 格式

TFTP 使用 UDP 作为传输层协议,熟知端口号为 69。与 FTP 相比,TFTP 支持的命令集相对较小,不支持列目录、用户身份鉴别等功能;不支持双向同时传送文件。

5.160 简单邮件传输协议(simple mail transfer protocol)

IETF RFC 788 规定的电子邮件发送协议,简称 SMTP 协议。SMTP 用于客户端(邮件发送者)向邮件服务器发送邮件,其发送过程分为以下 3 个阶段。

(1) 连接建立

客户端进程每隔一定时间扫描一次邮件缓存,

当缓存中有邮件时，客户端就与服务器建立 TCP 连接，熟知端口号为 25。连接建立后服务器发出服务就绪消息，然后客户端向服务器发送“HELO”命令，其中包含发送方主机名。服务器有能力接收，则发送“250 OK”消息，表示准备好接收。

（2）邮件发送

邮件的发送从客户端发送“MAIL”命令开始，该命令中包含发件人地址。若服务器准备好接收邮件，则发送“250 OK”消息。之后客户端发送一个或多个“RCPT”命令，每个命令中均包含一个收件人地址。对于每个“RCPT”命令，若收件人地址可达，则服务器发送“250 OK”消息。接着客户端发送“DATA”命令，开始传送邮件，服务器返回相应的响应消息。邮件发送完毕后，客户端发送“<CRLF>”命令，表示邮件发送结束。

（3）连接释放

邮件发送完毕后，客户端发送“QUIT”命令，服务器返回服务关闭消息，TCP 连接释放，邮件传送过程结束。

5.161　剪枝（prune）

PIM 协议中停止不必要组播转发的机制。当组播路由器不需要从某一端口接收组播报文时，通过该端口向上游路由器发送剪枝报文，上游路由器停止组播报文转发，同时建立剪枝状态，剪枝超时定时器开始计时。当定时器超时，剪枝状态重新恢复为转发状态，组播报文再次从该端口转发，开始新一轮的扩散—剪枝过程。

5.162　交叉网线（ethernet cross-over wire）

将两个 RJ45 连接器不同编号插针连接起来制成的网线，简称交叉线。百兆交叉线连接关系如图 5.30 所示，交叉线一端采用 EIA/TIA 568A 标准，另一端采用 EIA/TIA 568B 标准规定的线序与插针编号的对应关系，与 RJ45 连接器相连。千兆交叉线在百兆交叉线的基础上，分别将插针 4 和 8、5 和 7 交叉连接。一般情况下同类设备连接时，采用交叉线，如路由器之间、交换机之间以及主机之间等。目前，大多数设备均具有端口线序自动反转功能，亦可采用直连网线连接。

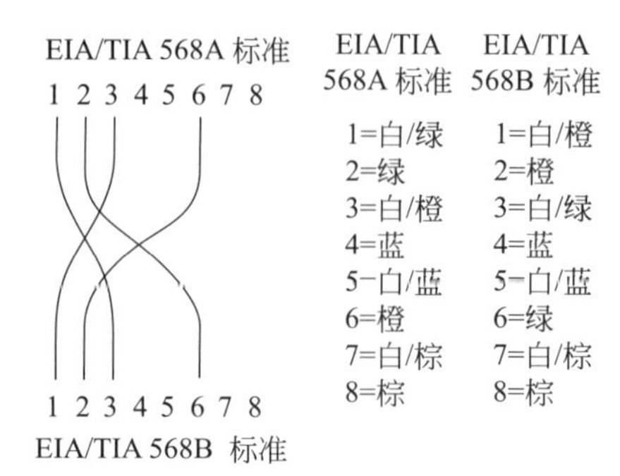

图 5.30　百兆网交叉线连接关系

5.163　交换机堆叠（stack of switch）

将多台交换机通过线缆连接，组成一台逻辑交换机的技术。交换机堆叠的目的是为了增加交换机的端口数量，简化网络结构，便于管理。具有堆叠功能的交换机一般都具有专用的堆叠模块，堆叠模块上具有上联（up）和下联（down）两个端口，堆叠时将一个交换机的上联端口与另一个交换机的下联端口相连。一个 4 台交换机组成的堆叠，如图 5.31 所示，将第 4 台的下联端口与第 1 台的上联端口连接，形成环状结构，这样，任意一根线缆发生故障时仍可保证整组交换机的正常工作。所有参与堆叠的交换机在网络拓扑和网络管理中视为一台交换机，一般堆叠成员通过选举产生一个主交换机，负责堆叠交换机的管理。

图 5.31　交换机堆叠方式

堆叠实质上是交换机背板的连接，不占用用户端口，堆叠后不降低用户端口的交换速率，VLAN 等功能不受影响。

堆叠是一种非标准化的技术，一般不同厂家交换机之间不能在一起堆叠。在试验任务 IP 网中一般采用机架式交换机，这种交换机有多个插槽，端口密度大，较少进行堆叠。

5.164　交换式以太网（switched ethernet）

采用交换机构建的全双工以太网。交换机工作在数据链路层，相当于一个多端口网桥，能根据 MAC 地址将数据帧从一个端口转发至另一个端口。

交换式以太网的每个接口均为一个独立的冲突域，且收发采用不同的线对传输。因此，用户主机能够独占端口全部带宽，进行全双工传输。

5.165 接口限速(limit rate)

限制物理接口或隧道接口发送速率的流量管理技术，简称LR。LR采用令牌桶进行限速，令牌存放速率设置为所限速率。当报文到达时，如果令牌桶里有足够令牌时则发送报文，如果令牌不足则停止发送，等待令牌，直到有足够的令牌再开始发送，这样就把出接口的总速率限制在令牌存放速率以内。与流量整形相比，LR能够限制物理接口或隧道接口上通过的所有报文，而流量整形在IP层实现，可以根据报文分类，限定指定类别的报文。在试验任务中，路由器与卫通电路通过以太网接口连接时，接口速率高于卫通电路的实际速率，一般在路由器的广域网出口进行接口限速，使其不高于卫通电路实际速率。

5.166 接口震荡(port link-flap)

网络设备接口频繁交替出现上线(up)和下线(down)的现象。接口震荡通常由线缆/接口接触不良、主备倒换或者设备参数配置不当等原因引起。接口频繁上下线可导致设备的ARP表、路由表等相关表项频繁更新。更新不及时，将导致数据丢包、甚至网络业务中断。避免接口震荡的一般方法是：启用接口震荡保护功能，检测震荡频率，在指定时间内震荡次数超过阈值时，则关闭震荡接口。

5.167 接入层(access layer)

局/城域网分层结构的最底层。局/城域网一般分为接入层、汇聚层和核心层，其中接入层连接终端用户，上联汇聚层或核心层，主要实现终端用户的接入。

5.168 接入交换机(access switch)

局/城域网接入层使用的交换机。接入层交换机主要提供终端用户的网络接入，通常采用固定端口设计的盒式交换机。与核心和汇聚交换机相比，接入交换机成本低廉，但是功能相对简单，关键部件一般无备份，可靠性不高。以华为Quiway 5300系列交换机为例，其最大可提供48个千兆端口，转发速率最大为102 Mpps/s，背板带宽最大为136 Gb/s，这样性能的交换机可以应用于试验任务IP网中，做接入交换机使用。

5.169 介质独立接口(media dependent interface)

直连线/交叉线线序能够自适应的以太网接口，简称MDI。MDI接口工作模式可分为自动模式、直连模式和交叉模式：自动模式又称为线序自适应模式，能够自动识别线序，协商完成收发对接；直连模式与交叉模式收发管脚固定，不会翻转。直连模式的接口与交叉模式接口连接时，只能使用直连线序，否则只能使用交叉线序。

5.170 尽力而为服务模型(best-effort)

按照先进先出原则对所有报文进行转发的服务模型，简称BE。当网络资源不足时，BE就丢弃后到达的报文。BE的优点是实现简单，处理速度快；缺点是当网络资源不足时，不能对重要业务提供比一般业务更好的质量保证。BE是IP网最早出现的服务模型，目前仍在互联网中被大量使用。

5.171 静态ARP表项(static ARP entry)

人工配置、始终有效的ARP表项，简称静态ARP。如果ARP表中同时存在某IP地址的动态ARP表项和静态ARP表项时，则只有静态ARP表项生效。静态ARP表项主要应用于以下两种情况。

(1) 为了将目的IP地址不在本网段的报文，通过本网段网关转发，将该IP地址固定映射到网关MAC地址。

(2) 当需要过滤非法报文时，可将其目的IP地址固定映射至某个不存在的MAC地址。

5.172 静态路由(static route)

由网络管理员手动配置的路由。一条静态路由的配置项目一般包括：目的地址与掩码、下一跳地址或出接口。静态路由不依赖路由协议，不存在路由老化，当网络发生故障或者拓扑结构发生变化时，无法自动更新。由于试验任务IP网广域网的信息传输关系较为固定，因此广域网路由器之间主要采用静态路由设计，同时为了保障路由可靠性，利用双向转发检测(BFD)技术来检测静态路由所在链路的状态。

5.173 距离矢量路由协议(distance-vector routing protocol)

采用距离矢量算法的动态路由协议，简称

DVRP。距离指路由器以自身为基准，到达目的网络的度量值，度量值可以是跳数、时延等。矢量指到达目的网络的下一跳地址。一个距离矢量组合，即到达一个目的网络的度量值、下一跳地址，实质上就是路由表的一个表项。DVRP 的基本思想是，路由器通过相互发送路由表，发现路由，并且通过比较，从多个路由中找到到达目的网络的最短路由。每个路由器启动后，路由表中只包含直接相邻的网络的路由。它向相邻的路由器发送自己的路由表，每个相邻的路由器收到该路由表后，与自己的路由表比较，添加新的路由，并按照最短距离优先的原则，替换已有的距离长的路由。然后，该相邻路由器再把自己已更新的路由表发送给自己的相邻路由器。每个路由器发送路由表是按周期不间断发送的，经过一段时间的收敛，最终所有路由器的路由表以最短距离为标准达到稳定状态。DVRP 具有简单、易实现的优点，但存在收敛速度慢、容易形成路由环路的问题，不适合在大型网络中使用。目前常用的 DVRP 为路由信息协议（RIP）。

5.174　局域网（local area network）

覆盖局部区域的计算机网络，简称 LAN。LAN 的覆盖范围一般限制在一个独立的建筑物内。随着光纤传输技术的应用，LAN 的覆盖范围得到拓展，可不受此限制。LAN 是数据链路层的网络，按照技术特点可分为以太网（IEEE 802.3）、无线局域网（IEEE 802.11）、令牌环网、光纤分布式数据接口（FDDI）网等，目前应用最普遍的为以太网和无线局域网。

5.175　《局域网交换设备的基准测试》（Benchmarking Methodology for LAN Switching Devices）

IETF 的文档之一，文档号为 RFC 2889，2000 年 8 月发表。RFC 2889 将 RFC 2544《网络互连设备的基准测试》中定义的测试方法引入到局域网交换设备，为交换设备的转发性能、拥塞控制、时延、地址处理和过滤等提供了一套测试基准方法以及测试结果报告的格式。

5.176　可变长子网掩码（variable length subnet mask）

IETF RFC 1009 标准规定的长度可变的子网掩码，简称 VLSM。若对自然分类法的网络进行均等划分时，所有子网具有同一个子网掩码。若进行不均等划分时，不同主机容量的子网具有不同长度的子网掩码。利用可变长子网掩码，可根据实际需求，对网络进行更加灵活的子网划分，更加高效地利用 IP 地址空间。

5.177　可靠交换控制协议（reliable exchange control protocol）

试验任务专用的基于 UDP 的文件交换控制协议，简称 RECP。RECP 协议在应用层实现丢包重传、超时重传、流量控制等服务质量保障功能，为文件交换协议（FEP）提供可靠的运行保障。RECP 协议承载 FEP 报文，其报文格式如图 5.32 所示。协议头部包括标志、序号、保留位、摘要长度（保留）、摘要（保留）等字段。标志字段表示 RECP 包类型，包括连接包（SYN）、应答包（ACK）、数据包（DATA）、结束连接包（FIN）；序号字段确定唯一的数据包，接收端利用序号信息判断报文是否丢失及乱序；数据域为文件交换协议（FEP）报文。

信源在应用层完成 FEP 协议组包后，使用 RECP 协议重新封装，在 FEP 协议包前加上 RECP 包头字段，RECP 协议数据域即为 FEP 协议包。信宿通过 UDP 协议接收到数据后，交给 RECP 协议进行解析，去掉 RECP 包头后交给上层 FEP 协议进行处理。主要工作过程如下。

（1）建立连接

信源构建并发送 RECP 连接包（SYN），等待接收信宿返回相应应答包（ACK）。收到应答后，开始数据传输。如果在连接指定的时间内未收到 ACK，则信源重发 RECP 连接包。

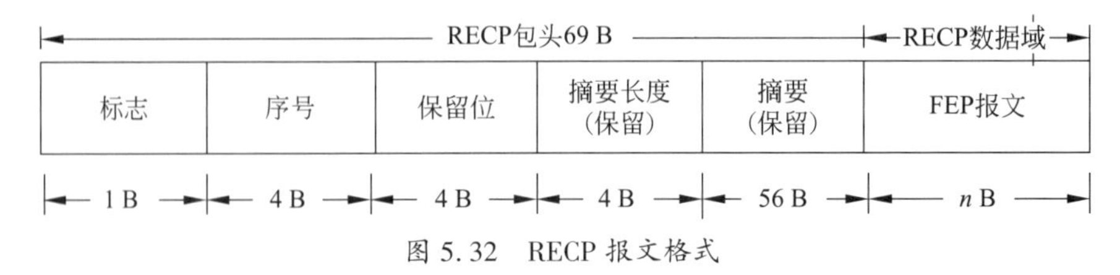

图 5.32　RECP 报文格式

（2）数据传输

信源构建并发送 RECP 数据包，等待接收信宿返回应答包（ACK）。收到应答包（ACK）后，则表明信宿已经收到应答包（ACK）中序号对应的 RECP 数据包。如果超时且没收到应答包（ACK），则信源重发该 RECP 包。数据传输完毕后，结束该 RECP 连接。

（3）结束连接

构建并发送 RECP 结束连接包（FIN），等待接收信宿返回相应应答包（ACK）。接收到相应的应答包后，视本次传输结束。如果超时且没有收到应答包（ACK），则信源重发 RECP 结束连接包。

5.178　快速重路由（fast reroute）

在链路或节点失效时，通过快速检测和快速启用备用路径，迅速恢复业务流的机制，简称 FRR。FRR 操作是节点的本地行为，不涉及与其他节点的交互与配合。在不同的应用场景下，可采用光端口功率检测、减少路由协议 hello 报文的发送时间间隔、双向转发检测（BFD）等多种不同的方法，快速检测出失效的链路和节点。一旦检测到失效，立即将业务流从失效的转发路径切换到预先设置好的备用路径上。路由重新收敛后，再将业务流从修复路径切换到收敛后的最优路径上。因此，FRR 保证了路由收敛过程中业务流的不间断转发。

5.179　快速生成树协议（rapid spanning tree protocol）

IEEE 802.1w 定义的生成树协议的优化版，简称 RSTP。RSTP 现已并入 IEEE 802.1D《介质访问控制（MAC）桥》。RSTP 是在生成树协议（STP）基础上发展而来的，向后兼容 STP，主要解决 STP 收敛慢的问题。与 STP 相比，RSTP 的端口状态转换时间由几十秒钟缩短到几秒钟，其主要改进如下。

（1）增加建议/确认机制

RSTP 不再支持半双工的多点连接，仅支持网桥间的全双工点到点连接。这样当链路一个端口被确定为指定端口后，可快速进入转发状态。具体方法是：在配置 BPDU 报文的标志字段中定义了两比特位，分别表示建议报文和确认报文。指定端口发送建议报文，对端端口返回确认报文，一次握手即可进入转发状态，不再需要定时机制。

（2）增加端口角色

端口角色增加了替代端口、备份端口、不可达端口，其中前两者分别作为根端口和指定端口的备份端口，不可达端口不在生成树中起作用。根端口或者指定端口失效时，替代端口或者备份端口直接进入转发状态。

（3）减少端口状态

端口状态由原来的 5 种减少为 3 种：丢弃、学习和转发。引入丢弃状态代替阻塞状态、监听状态和禁用状态。这样端口从初始状态转变为转发状态只需经过一个转发时延周期时间。

（4）引入边缘端口机制

边缘端口指直接连接终端的端口，这类端口不会在网络中产生环路。边缘端口由管理员手动配置，不接收处理配置 BPDU。引入边缘端口机制后，这类端口始终为指定端口，直接进入转发状态。

5.180　扩展突发尺寸（excess burst size）

网络可容许的数据流每次突发超过承诺突发尺寸的最大尺寸，简称 EBS，单位为 bit 或 B。在单速率三色标记算法中，将 E 桶的容量设置为 EBS，其令牌添加速率与 C 桶相同，为承诺信息速率（CIR）。

5.181　链路分片与交叉（link fragment and interleave）

为保证实时业务传输而对非实时业务的大报文进行分片发送的链路效率机制，简称 LFI。由于使用低速接口发送较大的报文会占用较多的时间，即使为实时业务配置了高优先级队列也只能等待，从而降低了实时交互业务的通信质量。LFI 的原理是将大报文分成若干个小报文（分片报文）后，与其他队列报文一起调度，实时报文优先级较高，可以插入分片报文之间发送，从而减小传送大报文对实时报文造成的时延与抖动。通过分片报文的序号，保证接收端能够恢复原报文。任何一个分片报文的丢失都会导致报文恢复失败。如果分片报文长度过小，会带来过多的开销。LFI 主要用在 PPP 或帧中继等低速链路上。

5.182　链路聚合控制协议（link aggregation control protocol）

IEEE 802.3ad 标准规定的，实现链路动态聚合与解聚合的协议，简称 LACP。LACP 链路聚合分为静态聚合和动态聚合两种模式。静态聚合模式需要管理员手工确定聚合组成员端口以及活动端口数量,而 LACP 协议只确定成员端口中的活动(数据转发)和非活动(备份)端口。动态聚合模式不需要人工介入,设备自动进行链路聚合。

LACP 规定的链路聚合过程如下。

(1) 两端设备互相发送链路聚合控制协议数据单元(LACPDU)报文,向对端通告本端状态,包括 LACP 优先级、设备 MAC 地址、端口号等;

(2) 两端设备根据 LACP 优先级确定主动端。如果 LACP 优先级相同,则选择 MAC 地址小的作为主动端;

(3) 两端设备根据接口 LACP 优先级确定主动端,最终以主动端设备的活动端口确定另一端的活动端口。在所有活动端口上以负载分担的方式转发数据。

当聚合组两端设备中任何一端检测到链路中断、端口不可用等事件时,触发聚合组的链路切换。切换过程如下。

(1) 关闭故障链路;

(2) 从非活动端口中选择 LACP 优先级最高的端口,将其转为活动状态,开始转发数据。

LACP 报文封装在链路层数据帧中,以二层组播方式发送。其格式如图 5.33 所示,目的 MAC 地址为 01-80-C2-00-00-02,源 MAC 地址为发送该 LACP 报文端口的 MAC 地址;长度/类型字段,取值固定为 0x8809。载荷部分长度为 114 B,包含子类型、LACP 版本号、配置参数和聚合状态等。

5.183　链路状态路由协议(link-state routing protocol)

一种基于链路状态的动态路由协议。路由器收集其直连链路的状态信息,主要包括链路的带宽、上/下线状态、IP 地址、掩码等,形成链路状态通告(LSA)信息,将其封装到协议报文中,发送给其他路由器。这样,每台路由器最终接收到所有其他路由器的 LSA,从而建立起完整的链路状态数据库(LSDB)。通过 LSDB,每台路由器生成一个以自己为根节点的到各目的网段的加权有向图,然后以最小代价为原则,计算出到各目的网段的路由,生成路由表。常用的链路状态路由协议有开放最短路径优先(OSPF)、中间系统到中间系统(IS-IS)等。

5.184　令牌桶(token bucket)

流量评估中用作存放令牌的容器。令牌桶以一定的速率均匀地增加令牌,当令牌桶存满时,则丢弃后到的令牌。每通过一个报文,就从令牌桶中减去与报文长度相对应的令牌数。当报文到达时,如果有足够的令牌,则流量合规,否则为不合规。IETF 规定了单速率三色着色法(srTCM)和双速率三色着色法(trTCM)两种双令牌桶算法,对到来的报文进行染色(绿色、黄色或红色),供后续环节对报文进行有区别的处理。

5.185　流量分类(traffic classifying)

按照一定规则对流量进行的分类。流量分类的目的是为了对流量进行标识,以便对不同类型的业务提供不同的服务。分类规则有基于分组的和基于流的两种,基于分组的规则依据 IP 数据报的 IP 优先级、区分服务码点(DSCP),IEEE 802.1p 的服务类别(CoS)等;基于流的规则依据源 IP 地址、目的 IP 地址、源端口号、目的端口号、协议等。在试验任务 IP 网中,一般在接入节点处依据流的源 IP 地址、目的 IP 地址、IP 协议字段和目的端口号进行流量

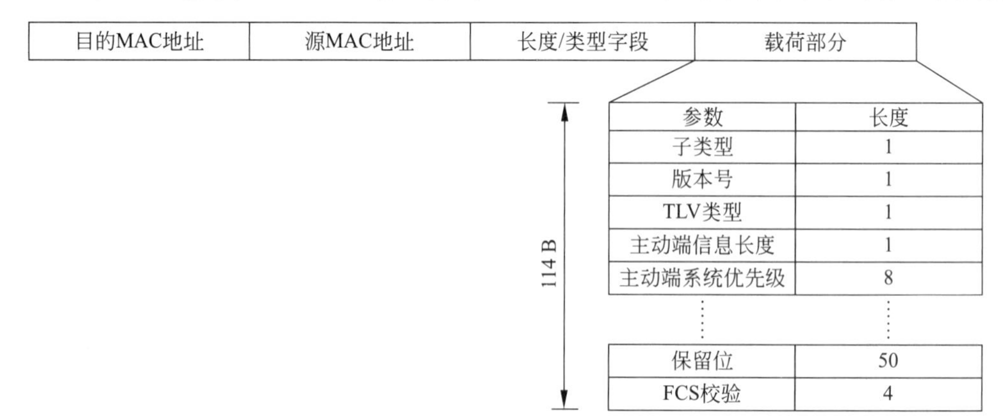

图 5.33　LACP 报文格式

分类，中间节点启用优先级信任机制，直接使用接入节点配置的优先级，不再对流量进行重新分类。

5.186　流量监管（traffic policing）

对进出网络端口的特定流量的规格进行监测，并将其限制在规定范围之内的控制机制。常用的流量监管措施为承诺访问速率（CAR）机制，采用令牌桶测量流入或流出网络端口的业务流，对超出承诺访问速率的流量进行“惩罚”，如丢弃报文、降低IP优先级等。流量监管一般作用在网络的边缘上。

5.187　流量整形（traffic shaping）

平滑网络流量峰值，使流量趋于均匀的控制机制。流量整形通常使用缓冲区和令牌桶来完成。当报文的发送速度过快时，首先在缓冲区对数据进行缓存，在令牌桶的控制下，再均匀地发送这些被缓存的数据。流量整形与流量监管的主要区别在于，流量整形对超过流量规格的报文进行缓存，均匀地向外发送，一般不丢弃报文，但会增加时延；而流量监管不对超过流量规格的报文进行缓存，而是直接丢弃或改变报文优先级，因此不引入额外的时延。

5.188　路由表（routing table）

存储路由信息的数据库。路由表存在于路由器中，其一般结构如图5.34所示，每个表项代表一条路由，包括目的子网地址、子网掩码、下一跳地址、出接口、路由优先级、度量值等信息。路由器根据IP包的目的IP地址查找到对应的表项，将IP包从该表项的下一跳地址或出接口对应的端口转发出去。

目的子网地址	子网掩码	下一跳地址	出接口	路由优先级	度量值
……	……	……	……	……	……

图5.34　路由表的一般结构

5.189　路由聚合（route aggregation）

将具有相同前缀的多条路由合并为一条路由的过程。路由聚合的目的是减小路由表规模，缩短路由查询时间。在路由协议中，路由器向其他路由器通告路由时，利用路由聚合可将多个路由合并成一条路由。如图5.35所示，路由器A具有19.1.0.0/24和19.1.1.0/24这两条路由，启用路由聚合后，其将上述路由聚合成19.1.0.0/23，向路由器B发布。

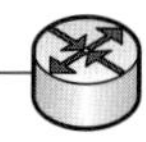

图5.35　路由聚合示例

5.190　路由器（router）

对IP包进行转发的网络节点设备。在网络体系架构中，路由器位于第三层即网络层。每个路由器均有一张路由表，路由器收到IP包后，根据其目的地址，查找路由表获取转发端口，将IP包转发到下一个路由器。经多个路由器转发，最终将IP包送达目的主机。按照在网络中的地位划分，路由器可分为骨干路由器与边缘路由器。骨干路由器位于网络的核心位置，一般不与用户网络直接连接，要求其具有快速的包转发能力、高速的接口以及较高的可靠性。边缘路由器位于网络边缘，同时与用户网络和骨干路由器相连，对包转发能力和接口方面的要求相对较低。

典型的路由器结构包括带有CPU的控制单元、接口卡、背板。控制单元负责路由协议、路由表的运行维护；接口卡连接物理链路，对报文进行转发处理；背板为各接口卡之间提供数据通道。路由器接口种类丰富，能够满足多种类型网络接入的需要。路由器主要指标包括包转发率、背板带宽、支持的接口类型、数量、路由协议等。

5.191　路由器标识（router ID）

用于识别路由器的32位比特数字串。路由器标识一般从路由器的IP地址中选取，用于在路由协议中区分不同的路由器。路由器标识可手动配置，也可自动选取。自动选取时，路由器首先从环回（Loopback）地址中选择最大的IP地址，其次在接口地址中选取最大的IP地址。

5.192　路由收敛（routing convergence）

路由重新建立直至稳定工作的过程。当网络拓扑发生改变时，直接感知这一变化的路由器通过路由协议将其通告给相关路由器。这些路由器据此重新计算路由，更新路由表。路由收敛时间与网络规模和网络协议密切相关。一般网络规模越大，收敛时间越长，对于大型网络可采用分域的方法减小收敛时间。

5.193　路由协议(routing protocol)

用于生成和维护路由表的网络协议。运行路由协议的路由器,相互之间动态交换路由信息,然后通过特定的路由算法计算产生路由,形成路由表。当网络拓扑发生变化时,能够根据这些变化实时更新路由表。通过路由协议,路由器能够自动生成、维护各自的路由表,避免了静态配置路由工作量大、实时性不强的问题。

路由协议分为内部网关协议与外部网关协议两大类。内部网关协议在一个自治域范围内使用,常用的有路由信息协议(RIP)、开放最短路径优先协议(OSPF)等;外部网关协议在自治域间使用,常用的有边界网关协议(BGP)等。

5.194　路由信息协议(routing information protocol)

采用距离矢量算法的一种内部网关协议,简称RIP。RIP 有 RIPv1 和 RIPv2 两个版本,RIPv1 由 IETF RFC 1058 标准规定,采用广播方式发布协议报文,协议报文不携带掩码信息,属于有类路由协议;RIPv2 对 RIPv1 进行了改进,由 IETF RFC 1723 标准规定,采用组播方式发布报文,报文携带掩码信息,支持可变长子网掩码。目前网络中普遍采用 RIPv2。

RIP 采用 UDP 传输协议,端口号为 520。RIPv2 的报文格式如图 5.36 所示。其中控制字段表示报文的类型,数值 1 表示路由请求报文,数值 2 表示路由响应报文;版本字段表示 RIP 的版本号,数值 1 表示 RIPv1,数值 2 表示 RIPv2;地址族标识字段表示对应的地址族,数值 2 表示 IPv4 的地址;外部路由标识用于标记外部路由;IP 地址为该路由的目的 IP 地址,可以为网络或子网地址或者主机地址;子网掩码为目的地址的子网掩码;下一跳用于指出比通告路由器更好的下一跳地址;度量值为到达目的网络的跳数。为限制收敛时间,RIP 规定正常的度量值取 0~15 的整数,大于或等于 16 的度量值被认为目的网络或主机不可达。由于跳数限制,RIP 无法在大型网络中应用。

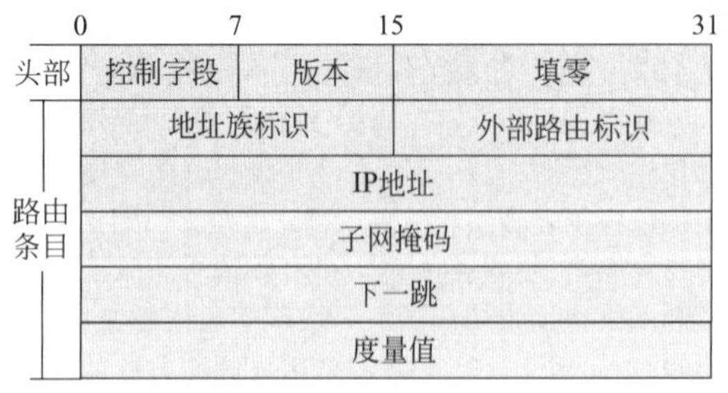

图 5.36　RIP 协议报文格式

路由器启动 RIPv2 后,RIP 路由表首先引入直连网络的路由信息,并以组播地址 224.0.0.9 向相邻的 RIP 路由器发送请求报文。相邻的 RIP 路由器收到请求报文后,回送包含其 RIP 路由表信息的响应报文。路由器收到响应报文后,修改本地路由表,向相邻路由器发送路由更新报文。相邻路由器收到更新报文后,修改路由表,又向其各自的相邻路由器发送更新报文,以此类推。最后,各路由器均得到并保持最新的路由信息。

RIP 采用老化机制对超时的路由进行老化处理,以保证路由的有效性。因此,RIP 每隔一定时间周期性地向邻居路由器发布本地的路由表,相邻路由器在收到报文后,对其本地路由进行更新。所有 RIP 路由器都会重复这一过程。

RIP 采用水平分割和毒性反转机制,提高路由收敛速度和避免产生路由环路。水平分割指从某个端口学到的路由信息,不会从该端口再发回给邻居路由器。水平分割能够避免路由环路的出现和减少路由器更新信息占用的链路带宽资源。毒性反转指当本地某条路由失效后,路由器并不立即将其删除,而是将该失效路由的度量值设置为 16,从原端口(之前从该端口学习到该路由)发回,通告邻居路由器。由于主动将网络不可达信息通知给其他路由器,毒性反转更健壮和安全,缺点是路由更新中路由项数量增多,浪费网络带宽,增加系统开销。

RIP 在配置和维护管理方面远比其他域内路由协议简单,因此在实际组网中仍得到了广泛的应用,主要应用于规模较小的网络。

5.195　路由优先级(route priority)

对不同方式发现的路由赋予的优先选用等级。路由优先级一般用 0~255 数值表示,值越小,优先级越高。网络中可能同时存在多种路由协议发现的动态路由以及直连路由和人工配置的静态路由等。当有多个到达相同目的地址的路由时,需要从中选择一个作为转发路由,选择按照路由优先级的顺序进行。路由优先级可以设置和修改,但设备厂家会规定其缺省值,如直连路由为 0,开放路径最短优先(OSPF)为 10,静态路由为 60。

5.196　路由振荡(route flap, route oscillation)

路由建立与删除频繁交替的现象。路由振荡产生的原因主要有接口/链路故障、地址/路由策略冲突等。发生路由振荡时，相关路由器向邻居路由器反复发布路由更新，收到更新报文的路由器不断计算路由并修改路由表。这样，不但消耗大量的带宽资源和 CPU 资源，而且还造成网络传输时断时续的现象发生，严重时可导致网络无法正常工作。

5.197　路由转发表（forwarding information base）

路由器中真正指导 IP 包转发的表，又称 FIB 表。IP 包转发查找的是 FIB 表而非路由表，这是因为路由表表示所有的有效路由所形成的表项，并不指导转发。FIB 表项是按照一定的规则，如优先级顺序等，从各个路由表的表项中提取出来的。FIB 表项包含的主要元素有：

（1）报文发送的目的网络地址或主机地址。

（2）目的地址前缀长度，可确定目的地址是否对应网络或主机。

（3）为了将报文发送到目的地址所要经过的紧邻的下一跳地址。

（4）标明路由特征的标志。这些标志有网关、静态路由、动态路由、路由状态 Up，黑洞路由即下一跳是空接口（null），下一跳为主机、输出接口、FIB 项生成的时间戳等。

FIB 表的匹配遵循最长匹配原则。查找 FIB 表时，报文的目的地址和 FIB 中各表项的掩码进行按位“逻辑与”，得到的地址符合 FIB 表项中的网络地址则匹配。最终选择一个最长匹配的 FIB 表项转发报文。

5.198　乱序（out-of-order）

IP 报文不按照源主机发送顺序到达目的主机的现象。一般用乱序报文数与发送总报文数之比来衡量。乱序是由于 IP 报文经不同路径传输或者在传输过程中进入不同的优先级调度队列造成的，因此对同一数据流采用相同传输路径及相同的服务质量保障措施，可有效避免乱序。

5.199　逻辑链路控制子层（logical link control）

IEEE 802.2 标准规定的局域网数据链路层的子层之一，简称 LLC。在局域网中，数据链路层分为介质访问控制（MAC）和逻辑链路控制（LLC）两个子层。LLC 在 MAC 之上，主要提供建立和释放数据链路层的逻辑连接、提供与高层的接口、差错控制、给帧加上序号等功能。在 IEEE 802.3 标准规定的以太网数据帧中，用 LLC 头部标识上层协议，包含目标服务访问点（DSAP）、源服务访问点（SSAP）以及控制字段。在采用 Ethernet Ⅱ 封装的以太网中，取消 LLC，在 MAC 帧的类型/长度字段后直接封装 IP 数据报文。

5.200　媒体访问控制子层（media access control）

IEEE 802 标准规定的局域网数据链路层的子层之一，简称 MAC。IEEE 802 协议标准将数据链路层分为逻辑链路控制（LLC）和媒体访问控制（MAC）子层，其中 MAC 位于 LLC 和物理层之间，使 LLC 适用于不同的媒体访问技术和物理媒体。

MAC 子层主要完成媒体访问控制功能和数据帧封装。以太网 MAC 子层规范约定了载波侦听/冲突检测（CSMA/CD）的访问控制方式，其 MAC 数据帧字段主要包括源 MAC 地址、目的 MAC 地址与长度/类型字段，可直接封装 IP 数据报文。

5.201　每跳行为（per hop behavior）

网络节点设备对 IP 报文进行转发的策略，又称为每跳转发行为，简称 PHB。PHB 是网络节点设备的本地行为，各节点的 PHB 相互独立。IETF 定义了下列 3 种 PHB，并将其与区分服务码点（DSCP）相对应。

（1）尽力而为（BE）。按照先进先出原则转发报文，提供尽力而为服务，对应的 DSCP 为 000000。

（2）确保转发（AF）。提供有带宽保证的服务，分为 AF1～AF4 等 4 类，每类又分为 3 种不同的丢弃优先级。发生拥塞时，先丢弃优先级较高的报文。每一类每个丢弃优先级对应一个 DSCP。

（3）加速转发（EF）。提供低延迟、低抖动、低丢包率和保证带宽的优先转发服务，主要用于语音、视频等对延迟和抖动敏感的业务。对应的 DSCP 为 101110。

5.202　内存占用率（memory utilization）

设备已占用内存量与总内存量之比。内存占用率过高，设备内存溢出风险增大，因此内存占用率是网络管理中需要关注的设备指标之一。内存占用率告警阈值一般为 80%～95%。

5.203　平滑重启（graceful restart）

一种在路由器重启时保证转发不中断的机制，简称 GR。当一个路由器重启时，通知其邻居路由器在一定时间内将到该路由器的邻居关系和路由保持稳定。这样,邻居路由器就不会将重启的路由器从邻居列表中删除,非邻居路由器也不会知道有路由器重启。重启完毕后,邻居路由器协助其进行信息同步,在尽量短的时间内使该路由器恢复到重启前的状态。在整个重启过程中不会产生路由振荡,报文转发路径也没有任何改变,整个系统可以不间断地转发数据。

5.204 千兆以太网(1000 Mb/s ethernet)

端口速率可达 1000 Mb/s 的以太网,简称 10CE。千兆以太网采用的标准为 IEEE 802.3z 或 IEEE 802.3ab,支持全双工和半双工两种工作模式。千兆以太网是在百兆以太网的基础上发展起来的,兼容百兆以太网。它保留了百兆以太网的帧格式、接口以及控制规则,但采用了新的编码方式,将端口速率提高了 10 倍。在半双工模式下,千兆以太网仍使用 CSMA/CD 协议解决介质访问冲突,但为了保持一个网段的最大长度仍为 100 m,采用了载波延伸技术,使最短帧长由 64 B 增加到 512 B。当实际帧长不足 512 B 时,在帧后附加特殊字节,使帧长达到 512 B。为了减少附加字节产生的开销,千兆以太网还采用了分组突发技术。当有多个短帧要发送时,第一帧采用载波延伸技术进行发送,随后各帧连续发送,达到 1500 B 甚至更多,从而形成一串短帧的突发。根据编码方式和传输媒体不同,千兆以太网接口分为以下两类。

(1) 1000BASE-X(802.3z 标准):采用基于光纤通道的物理层,即 FC-0 和 FC-1。使用的媒体有以下 3 种:

① 1000BASE-SX,采用 8B/10B 编码,波长为 850 nm,使用的光纤类型和最小距离范围见表 5.11。

表 5.11 1000BASE-SX 支持的光纤类型和最小距离范围

光纤类型	850 nm 模宽/(MHz · km)	最小距离范围/m
62.5 μm 多模光纤	160	2~220
	200	2~275
50.0 μm 多模光纤	400	2~500
	500	2~550

② 1000BASE-LX,采用 8B/10B 编码,波长为 1300 nm,使用的光纤类型和最小距离范围见表 5.12。

表 5.12 1000BASE-LX 支持的光纤类型和最小距离范围

光纤类型	1300 nm 模宽/(MHz · km)	最小距离范围/m
62.5 μm 多模光纤	500	2 550
50.0 μm 多模光纤	400	2~550
	500	2~550
单模光纤	任意	2~5000

③ 1000BASE-CX,采用 8B/10B 编码,使用两对短距离的屏蔽双绞线电缆,传输距离为 0.1~25 m。

(2) 1000BASE-T(802.3ab 标准)

1000BASE-T,采用 4D-PAM5 编码,使用 4 对 5 类非屏蔽双绞线,支持的传输距离为 100 m。

5.205 区分服务码点(diffServ code point)

IETF RFC 2474 规定的,对 IP 报文的区分服务类型进行的编码,简称 DSCP。IETF RFC 2474 对 IP 包头的服务类型(ToS)字段进行了重新定义,改称为区分服务(DS)字段,其低 6 位用作 DSCP,高 2 位保留。DS 字段的低 3 位定义为类选择代码点(CSCP),与原 ToS 字段的 IP 优先级的定义相同。DSCP 可标识 64 个区分服务类型,取值为 0~63。每个 DSCP 编码值对应一个每跳行为(PHB),IETF 已明确规定的 DSCP 与 PHB 对应关系见表 5.13。

表 5.13 IETF 规定的 DSCP 与 PHB 对应关系

DSCP	PHB	DSCP	PHB	DSCP	PHB	对应的 IP 优先级
000000	BE					0
001010	AF11	001100	AF12	001110	AF13	1
010010	AF21	010100	AF22	010110	AF23	2
011010	AF31	011100	AF32	011110	AF33	3
100010	AF41	100100	AF42	100110	AF43	4
101110	EF					5

5.206 区分服务模型(differentiated service)

IETF RFC 2475 规定的,为不同类型的报文提供不同服务的模型,简称 DiffServ。在网络边缘,按照一定的规则对入网的报文进行分类,在报文头部标记区分服务码点(DSCP)。在网内各节点,根据报文的 DSCP 值，采取不同的每跳行为（PHB），从而对不同类型的报文提供有区别的服务质量保证。与尽力而为服务模型相比，DiffServ 能为重要类型的报文提供比一般类型的报文更高的服务质量，但实现稍为复杂。与综合服务模型相比，DiffServ 实现简单，扩展性好，但其针对类型，而不针对具体的业务流，没有端到端的带宽预留机制，因此对具体的业务流不能提供绝对的服务质量保证。

5.207　缺省路由（default route）

在路由表中找不到匹配的路由表项时使用的路由。缺省路由由用户手动配置，目的地址与掩码全为 0。当报文的目的地址不能与路由表的所有表项匹配时，路由器将选择缺省路由。如果没有配置缺省路由，路由器将丢弃不能匹配的报文，并向源端返回一个 ICMP 报文，报告目的主机不可达。

5.208　任意播（anycast）

一种特殊类型的单播。多个设备共享一个任意播地址，任意播地址只能用于目的地址。发送方发送一个任意播 IP 包，路由器收到后，就将该包转发给离它最近的一个任意播成员。将一个任意播地址分配给多个服务器，可实现负载分担和服务器备份。

5.209　任意源组播（any source multicast）

组播组成员接收所有组播源向该组发送的数据包的组播业务，简称 ASM。ASM 使用的组播地址范围为 224.0.1.0～231.255.255.255、233.0.0.0～238.255.255.255。在 ASM 中，组播组成员不能预先知道组播源所在的位置，需要网络发现组播源，与指定源组播相比实现较为复杂。对于一个组播组来说，网内任意一个用户都可以不加限制地作为组播源，安全性较差。

5.210　三层交换机（layer 3 switch）

具有三层路由功能的交换机。在二层交换机的基础上，增加三层路由功能主要是为了解决在一个实体局域网范围内多个虚拟局域网（VLAN）之间的互通问题。与路由器转发不同的是，三层交换机转发采用“一次路由，多次交换”的方式实现，即首次转发在三层完成，同时记录 MAC 地址和 IP 地址的映射关系，后续发往同一 IP 地址的报文在二层以交换方式完成。

5.211　上联端口（uplink port）

在分层的网络中，交换机连接上一层交换机的端口。交换机在线序分配上区分上联端口和下联端口是为了便于二者采用直通线缆连接。交换机具有线序自动翻转功能后，在硬件上不再区分上联端口和下联端口。在网络设计中，一般选择交换机的高速端口作为上联端口。

5.212　生成树协议（spanning tree protocol）

IEEE 802.1D 规定的，在局域网中建立并保持树形转发路径的协议，简称 STP。运行该协议的以太网桥通过彼此交互信息发现网络中的环路，并有选择地对某些端口进行阻塞，最终将物理上的环路网络结构修剪成逻辑上的树形网络结构，从而防止报文循环转发。

对于由多个网桥和连接这些网桥的链路（网段）组成的网络拓扑，存在一个既能保证连通性又没有回路的子集，这个子集称为生成树。生成树的节点为网桥，边为网段或者连接网桥的链路，其中根节点称为根网桥，其他节点称为非根网桥。当一个网段连接多个网桥时，该网段到达根网桥最短路径（代价最小）的网桥称为指定网桥。

网桥上的端口分为根端口、指定端口和候补端口 3 种。根端口是到根桥方向路径开销最小的端口，指定端口是其他具有正常数据帧转发功能的端口，候补端口不在生成树上，不具有数据帧转发功能，但随着网络拓扑的变化，可转为根端口或者指定端口。网桥的端口具有阻塞状态、监听状态、学习状态、转发状态和禁用状态。这些状态下的端口功能见表 5.14。

表 5.14　网桥的端口状态

端口状态	功能	缺省状态转换时间
阻塞	切断环路，只能接收 STP 协议报文	
监听	阻塞到转发之间的过渡状态。在阻塞状态的基础上，增加发送 STP 协议报文的功能	从阻塞到监听：20 s。由生存周期定时器决定
学习	阻塞与转发之间的过渡状态。在监听状态的基础上，增加 MAC 地址学习功能	从监听到学习：15 s。由转发延迟定时器决定

续表

端口状态	功能	缺省状态转换时间
转发	连通生成树，在学习状态的基础上，增加业务流量的转发功能	从学习到转发：15 s。由转发延迟定时器决定
禁用	不参与生成树的形成。既不能收发业务流量，也不能收发 STP 协议报文	

STP 协议报文称为桥协议数据单元（BPDU）。BPDU 分为配置 BPDU 和拓扑变化通告 BPDU 两类。其中配置 BPDU 用于构造生成树，由根桥从指定端口周期性发出，非根桥从根端口接收配置 BPDU，进行更新并从指定端口将其发送出去。拓扑变化通告 BPDU 用于通告网络拓扑结构变化，由下游网桥经上游网桥发送直至根桥，以便通知根桥及时调整生成树。BPDU 采用 MAC 层组播方式发送，目的地址为 01-80-C2-00-00-00。STP 利用 BPDU 在网桥之间交互信息，最终构造出生成树。生成树的构造和调整过程如下。

（1）选举根网桥

STP 协议运行开始后，所有的网桥都通过发送配置 BPDU 报文来声明自己是根网桥。配置 BPDU 报文中包含发送者认可的根网桥的 ID 号、定时器设置，发送者的网桥 ID 号、到达根网桥的代价，发送端口的 ID 号、端口代价等。网桥 ID 号为网桥优先级和 MAC 地址的组合。一个网桥收到一个新的配置 BPDU 后，用 ID 号小的根网桥替代自己认可的根网桥，并将自己重新认可的根网桥 ID 号发送给其他网桥。如此，经过一段时间，ID 号最小的网桥最终成为全网所有网桥均认可的根网桥。根网桥将自己的所有端口设置为指定端口，并处于转发状态。

（2）为非根网桥设置根端口

每个非根网桥上有一个根端口，根据到达根网桥代价最小的原则确定，并将根端口设置为转发状态。

（3）为每个网段选定一个指定端口

每个网桥可有多个指定端口，但每个网段上只有一个指定端口。指定端口处于转发状态。当一个网段上有多个网桥时，根据到达根网桥代价最小的原则，确定指定网桥，将指定网桥位于该网段的端口设置为指定端口，并将指定端口设置为转发状态。

（4）阻塞非根端口和非指定端口

将不是根端口和指定端口的其他端口设置为阻塞状态。至此生成树构造完毕。

（5）适时监测和调整生成树的结构

由于链路和网桥故障，网络结构调整等原因，将导致网络结构发生变化，因此生成树也应进行适时调整。各网桥通过周期性发送 Hello BPDU 报文，监测网络拓扑结构变化。Hello BPDU 报文发送间隔的缺省值为 2 s。一旦有网桥检测到拓扑结构变化，通过拓扑变化 BPDU 报文将其变化通知根网桥，然后根网桥通过发送配置 BPDU 到其他网桥，调整生成树。

STP 的主要缺点是收敛速度慢。生成树计算所需的时间随着网络规模的扩大而增加。端口从阻塞状态调整为转发状态，中间需经过监听和学习两个过渡状态，大约需要 50 s 的时间。

5.213　生存时间（time to live）

IP 报文在网络层可以被转发的最大次数，简称 TTL。生存时间是 IP 数据报文首部一个 8 bit 字段的标识值，取值范围是 1～255，初始值由源主机设置，每经过一个路由器减 1，当减为 0 时，路由器丢弃该数据包，并发送 ICMP 报文通知源主机。使用 TTL 可以限制数据报文转发范围，也可以避免路由环路等原因造成数据包被无限循环转发。另外，traceroute 等网络测试工具，常利用 TTL 追踪报文转发路径。

5.214　实时传输控制协议（realtime transport control protocol）

IETF RFC 3550 规定的实时传输协议（RTP）的控制协议，简称 RTCP。RTCP 协议在 TCP/IP 参考模型中属于应用层协议，与 RTP 协议一起提供流量控制和拥塞控制服务，保障实时数据的端到端传输。RTCP 协议本身不传输实际的业务数据，仅传送控制数据，下层通常采用 UDP 报文封装。

RTP 会话产生的同时，伴随产生 RTCP 会话。在 RTP 会话过程中，会话参与者之间周期性传递 RTCP 报文，交换控制信息。这些信息包括已发送数据包的数量、丢失数据包的统计、时延、时间抖动等数据传输质量信息，以及发送源识别符等保障不同媒体数据互同步的信息。

RTCP 有 5 种报文：发送者报告（SR）、接收者报告(RR)、源描述(SDES)、结束(BYE)、应用描述(APP)。

5.215　实时传输协议(realtime transport protocol)

IETF RFC 3550 规定的封装实时性业务数据的传输协议,简称 RTP。在 TCP/IP 参考模型中属于应用层协议,通常使用 UDP 封装。RTP 协议本身只完成业务数据封装和实时传输功能,不能为数据传输提供可靠的传输保障机制,因此需与 RTCP 协议和下层协议配合,才能完成实时数据的端到端传送服务。

RTP 数据包由报头和有效载荷两个部分组成,见图 5.37。

报文各字段含义如下。

版本(V):表示 RTP 的版本号,当前版本为 2。

填充(P):表示载荷数据尾部是否有填充字节。

扩展(X):表示是否有扩展报头。

参与源计数(CC):表示报头中参与源标识符的数量,取值为 0~15。

标记(M):当此位置 1 时,表示这个 RTP 分组具有特殊意义。例如,在传送视频流时用来表示每一帧的开始。

载荷类型(PT):表示载荷的格式。

序列号:发送端在会话开始时设置一个随机数,然后每发送一个 RTP 分组就加 1,接收端据此检测丢包和重建包。

时间戳:记录 RTP 载荷数据第一个字节的采样时间。

同步源标识(SSRC):SSRC 是一个数,用于标志 RTP 流的来源。RTP 流是媒体设备产生的多媒体数据(声音或视频)流。SSRC 与 IP 地址无关,在新的 RTP 流开始时随机产生,一个 UDP 连接中可以复用多个 RTP 流,接收端根据 SSRC 将流送至各终点。同一会话中,两个同步源有相同的 SSRC 的概率很小,若发生这种情况,这两个源都需重新选择新的 SSRC。

参与源标识(CSRC):标识不同来源的 RTP 流。当不同源的多个媒体流被混合器混合成一个 RTP 流时,才出现参与源(CSRC)标志。参与源标识是一个列表,标识了各参与源的 SSRC 值,参与源个数由 CC 给定,最多识别 15 个。

扩展报头:RTP 报头用来满足大多数应用的要求,满足特定应用也可以进行扩展,若 RTP 报头中的扩展(X)置 1,则有扩展报头加在固定报头之后。扩展报头前 16 bit 用于识别标识或参数并由上层协议定义,另外还有一个 16 bit 用于标识扩展报头长度。

这些报头信息是接收端应用程序重组业务数据的依据。

5.216　双归属(dual homing)

在分层网络中,一个下层节点同时归属于两个上层节点的组网方式,又称为双上联。在图 5.38 所示的网络中,节点 A 双归属于节点 B 和节点 C。双

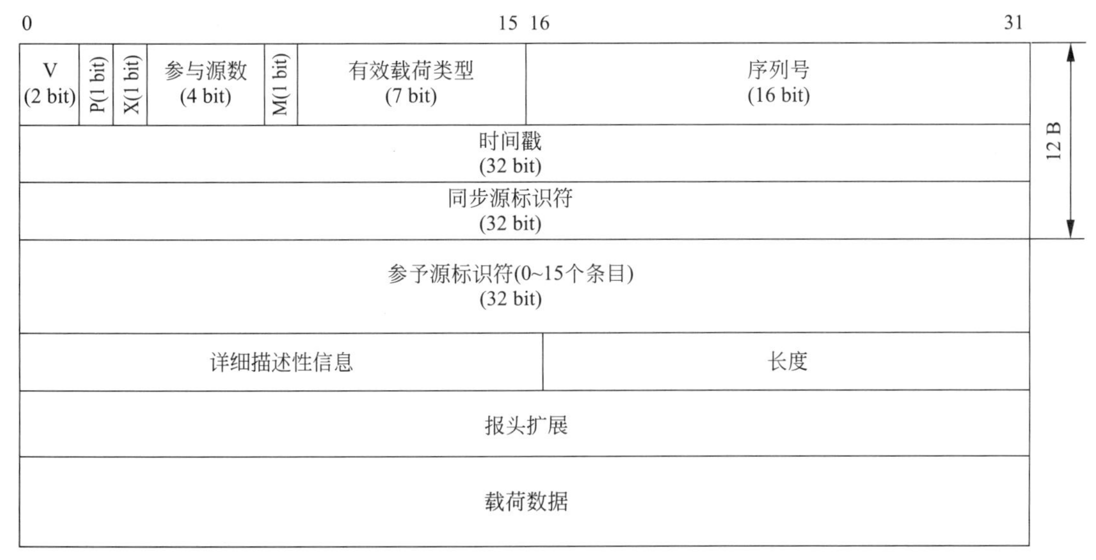

图 5.37　RTP 报文格式

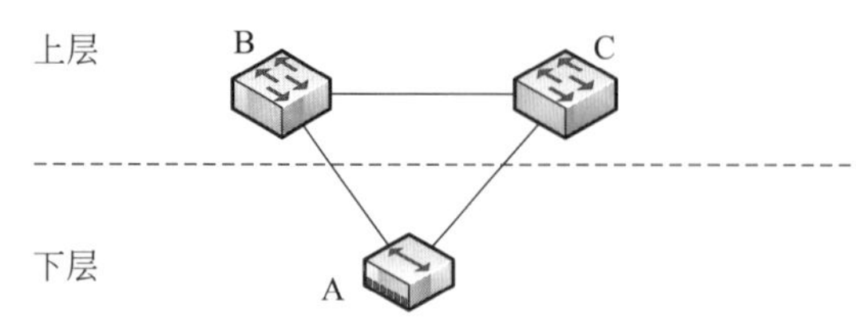

图 5.38　双归属组网示例

归属通常用来增加网络的可靠性，当单个上联链路或上级节点故障时，仍可保证数据的正常传输。正常工作时，双归属也可用来实现负载分担。

5.217　双速率三色着色法（a two rate three color marker）

基于峰值信息速率和承诺信息速率将报文标记为三种颜色的方法，简称 trTCM。trTCM 的基本原理如图 5.39 所示，令牌桶 C 的容量为承诺突发尺寸（CBS），令牌桶 P 的容量为峰值突发尺寸（PBS），C 桶添加令牌的速率为承诺信息速率（CIR），P 桶添加令牌的速率为峰值信息速率（PIR），$Tc(t)$ 表示 t 时刻 C 桶的令牌数，$Tp(t)$ 表示 t 时刻 P 桶的令牌数。

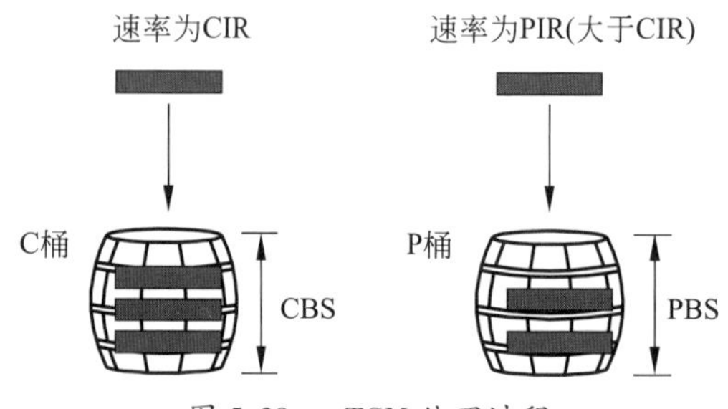

图 5.39　trTCM 处理过程

trTCM 分为色盲模式和非色盲模式。色盲模式的着色过程不考虑报文原来的颜色，非色盲模式的着色过程考虑报文原来的颜色。当长度为 B 的报文在时刻 t 到达时，色盲模式处理过程为：

（1）如果 $Tc(t) \geqslant B$，则报文标记为绿色，C 桶和 P 桶令牌均减去 B，处理结束。否则执行过程（2）；

（2）如果 $Tp(t) \geqslant B$，则报文标记为黄色，P 桶令牌减去 B，处理结束。否则执行过程（3）；

（3）报文被标记为红色，两桶令牌数均不减，处理结束。

非色盲处理过程为：

（1）如果报文为绿色，并且 $Tc(t) \geqslant B$，则报文标记为绿色，C 桶和 P 桶令牌均减去 B，处理结束，否则执行过程（2）；

（2）如果报文为绿色或黄色，并且 $Tp(t) \geqslant B$，则报文标记为黄色，P 桶令牌减去 B，处理结束，否则执行过程（3）；

（3）报文被标记为红色，两桶令牌数均不减，处理结束。

着色结果作为设置 IP 包区分服务码点（DSCP）值的依据。srTCM 在区分服务体系结构中，用于对报文进行标记，以便本地对标记后的报文进行区分处理。

5.218　双向转发检测（bidirectional forwarding detection）

用于快速检测双向转发路径故障的协议，简称 BFD。BFD 的基本原理是：在一对系统（设备）间建立会话，发送检测报文，检测转发路径故障。BFD 有以下两种工作模式。

（1）异步模式。系统之间相互周期性地发送 BFD 控制报文，如果某个系统在检测时间内没有收到对端发来的 BFD 控制报文，则认为转发路径发生了故障。

（2）查询模式。BFD 会话建立后，系统停止发送 BFD 控制报文。在需要验证连接性时，系统发送一个短系列的 BFD 控制报文。如果在检测时间内没有收到对端的回应报文，则认为转发路径发生了故障；如果收到对端的回应报文，则再次停发 BFD 控制报文。

BFD 提供了一种通用的标准化的介质无关和协议无关的快速故障检测机制，对网络间任何类型的双向转发路径进行故障检测，包括直连物理链路、虚电路、隧道、LSP、多条路由路径以及单向链路等。故障检测时间一般小于 1 s。BFD 可以和多种协议关联，检测出故障后，通知其进行相应的处理，可实现快速重选路由、链路倒换等功能。在试验任务 IP 网中，为快速检测通信链路故障以实现路由切换，一般在广域网路由器之间、局域网路由器与核心交换机之间启用 BFD。

5.219　私有 IP 地址（private IP address）

在私有网络中使用的 IP 地址，简称私有地址。因特网 IP 地址分配组织规定的私有地址包括 3 个网段，即 10.0.0.0/8、172.16.0.0/12 和 192.168.0.0/16。私有地址可在不同的私有网络中重复使用，节省了地址空间，但由于不能在公用网络中使用，使得私有网络访问公用网络时需进行地址转换(NAT)。

5.220　隧道(tunnel)

为实现一种协议的数据包在另一种协议网络中透明传输而建立的虚拟通道。隧道的功能是在两个网络节点之间，用其他网络提供一条通路，使数据包能够在这个通路上透明传输。隧道实质上是一种封装技术，在隧道入口，将 A 协议的数据包封装成 B 协议的数据包，然后在 B 协议的网络中传输；在隧道出口，解封装，还原出 A 协议的数据包。根据被封装数据包的协议类型，隧道分为二层隧道和三层隧道。常用的二层隧道协议有点对点隧道协议(PPTP)、二层隧道协议(L2TP)和二层转发协议(L2F)等。常用的三层隧道协议有通用路由封装协议(GRE)和 IPSec 等。隧道是构建虚拟专用网(VPN)不可或缺的部分，用于将 VPN 数据从一个 VPN 节点透明传送到另一个节点。

5.221　随机早期检测(random early detection)

通过预测拥塞的发生，在拥塞发生前按照一定的规则丢弃部分报文以预防网络拥塞的丢包策略，简称 RED。输出队列每加入一个报文，就根据指数加权平均滑动模型计算出平均队列长度。当平均队列长度小于预设的下限时，判定网络不拥塞，故不丢弃报文；当大于预设的上限时，判定网络已经拥塞，故丢弃所有到来的报文；当在上限和下限之间时，判定网络已经存在拥塞的风险，故以一定的丢弃概率丢弃报文。丢弃概率是平均队列长度的线性函数。RED 解决了尾部丢弃机制带来的 TCP 全局同步问题，减少了链路的剧烈振荡，提高了吞吐量，但是该策略对参数配置有很高的依赖性，缺乏一定的稳定性，不支持区分服务，无法提供有效的公平性保证。

5.222　套接字(socket)

将 IP 地址和传输层协议端口号绑定形成的逻辑接口。套接字分为流式套接字和数据报套接字两种，前者使用的传输层协议为传输控制协议(TCP)，后者使用的传输层协议为数据报协议(UDP)。套接字是应用进程和通信协议进程之间的接口，由应用进程调用相应的应用程序接口函数(API)而创建，与通信协议进程绑定。此后，应用进程交给套接字的数据，由通信协议进程发送到网络上。通信协议进程从网上收到数据后，交给套接字，应用进程就可以从套接字中提取接收到的数据。

5.223　通道化电路(channelized circuit)

包含多个独立通道的广域网接口电路。一条高速电路，通过复用技术，可传输多路低速信号。这些低速信号电路被称为通道，复用低速信号的高速电路则被称为通道化电路。如果高速电路不采用复用技术，只传输一路高速信号，则该电路被称为非信道化电路。在 SDH 网络中，STM-N 中的低速支路信号，通过一条 STM-N 电路传送相互独立的多路数据，每一路独享带宽、有自己的起点、终点和监控策略。路由器通过一个通道化的 POS 接口，可建立与多个路由器的点对点电路。

5.224　统一资源定位符(uniform resource locator)

互联网上可访问资源的位置标识符，简称 URL。互联网上的每个资源都有一个唯一的 URL，用户根据 URL 访问和获取对应的资源。IETF RFC 1738 规定了 URL 的格式，其基本格式为：

应用协议：//主机域名或地址/路径/资源名

例如在“http://www.rfc-editor.org/rfc/pdfrfc/rfc1738.txt.pdf”的 URL 中，http 为应用协议，www.rfc-editor.org 为域名，rfc/pdfrfc 为路径，rfc1738.txt.pdf 为资源名(文件名)。

5.225　通用路由封装协议(general routing encapsulation)

IETF RFC 2784 规定的一种通用封装协议，简称 GRE。需要封装和传输的数据包称为净荷，净荷的协议类型为乘客协议，负责对封装后的报文进行转发的协议称为传输协议。GRE 在净荷前加一个 GRE 头部，构成 GRE 报文，然后再把 GRE 报文封装在传输协议的报文中，这样就可完全由传输协议负责此报文的转发。GRE 头部格式如图 5.40 所示。

各字段定义如下。

C：校验和验证位。如果该位置 1，表示 GRE 头插入了校验和字段；如果该位置 0，表示 GRE 头不包含校验和字段。

K：关键字位。如果该位置 1，表示 GRE 头插入了关键字字段；如果该位置 0，表示 GRE 头不包含关键字字段。

递归次数：表示 GRE 报文被封装的层数。完成一次 GRE 封装后将该字段加 1。如果封装层数大于 3，则丢弃该报文。该字段的作用是防止报文被无限制地封装。

预留：当前必须设为 0。

0	1	2	3	4	7	12	15	31
C	0	K	0	0	递归次数	预留	版本号	协议类型
校验和(可选)								0
关键字(可选)								

图 5.40　GRE 头部格式

版本号：置为0。

协议类型：乘客协议的协议类型。

校验和：对 GRE 头及其负载的校验和字段。

关键字：隧道接收端用于对收到的报文进行验证。

GRE 支持多种乘客协议和传输协议,可用于多协议本地网通过单一骨干网传输、扩大跳数受限协议的应用范围、组建 VPN、保护组播数据等。

5.226　透明网桥(transparent bridge)

对所连接的局域网(LAN)透明的网桥。只要将两个局域网的端口连接到透明网桥上,即插即用,不需要做其他任何改变和设置,就能将两个局域网整合为一个局域网。透明网桥在两个连接的局域网之间透明传输以太网包,主机感觉不到网桥的存在。目前使用的网桥均是透明网桥,以太网交换机可以看作多端口的透明网桥。

5.227　外地代理(foreign agent)

在移动 IP 中,位于外地网上的移动代理。外地代理一般设置在路由器上,代替移动节点向家乡代理交互注册请求和注册应答报文,从而完成移动绑定。外地代理通过隧道接收家乡代理转发的报文,将其解封装后发往移动节点。

5.228　万维网(world wide web)

以互联网为基础,应用层采用超文本传输协议(HTTP)的计算机网,又称环球信息网、全球资讯网、Web、WWW、3W 等。万维网上的计算机分为客户机和服务器两大类。客户机上运行 Web 客户端软件(通常为浏览器),服务器上运行 Web 服务器程序。浏览器通过互联网,采用超文本传输协议获取服务器上的信息并将这些信息显示出来。服务器上的文字、图片、动画、声音等多种媒体信息以网页的形式进行组织。一个网页以一个文件的形式存在服务器上。网页文件用超文本标记语言(HTML)编写,称之为超文本文件。每一个网页具有全网唯一的统一资源定位符(URL)。通过 URL 建立的超链接,浏览器用户可以在一个网页上打开另一个网页。

5.229　万兆以太网(10 Gb/s ethernet)

端口速率可达 10 Gb/s 的以太网,简称 10GE。万兆以太网的标准为 IEEE 802.3ae。万兆以太网兼容千兆以太网,仍然使用 IEEE 802.3 标准规定的帧格式、最小帧长和最大帧长,但只支持全双工模式,因此不使用 CSMA/CD 协议。根据编码方式和传输媒体的不同,万兆以太网接口分为以下 4 类。

(1) 10G BASE-X：采用 8B/10B 编码,又分为 10G BASE-LX4 和 10G BASE-CX4 两种。10G BASE-LX4 采用单模或多模光纤传输,波长为 1310 nm;10G BASE-CX4 采用专用的 CX4 电缆传输。

(2) 10G BASE-R：采用 64B/66B 编码,又分为 10G BASE-SR、10G BASE-LR、10G BASE-ER 和 10G BASE-LRM 4 种。10G BASE-SR 采用多模光纤传输,波长为 850 nm;10G BASE-LR 采用单模光纤传输,波长为 1310 nm;10G BASE-ER 采用单模光纤传输,波长为 1550 nm;10G BASE-LRM 采用多模光纤传输,波长为 1310 nm。

(3) 10G BASE-W：与广域网光 SDH 系统 STM-64 接口相连接,将以太网帧插入到 STM-64 的有效载荷中,接口速率为 9.953 28 Gb/s,有效载荷数据速率为 9.584 64 Gb/s。10G BASE-W 采用 64B/66B 编码,又分为 10G BASE-SW、10G BASE-LW 和 10G BASE-EW。10G BASE-SW 采用多模光纤传输,波长为 850 nm;10G BASE-LW 采用单模光纤传输,波长为 1310 nm;10G BASE-EW 采用单模光纤传输,波长为 1550 nm。

(4) 10G BASE-T：采用 64B/65B 编码和 65B-LDPC 编码,使用 4 对 6 类以上的双绞线传输。

5.230　网络地址转换(network address translator)

IETF RFC 1631 规定的,将内部网络 IP 地址与公有网络 IP 地址互相转换的技术,简称 NAT。因特网号码分配局(IANA)规定将部分 IP 地址作为内部网络地址,供一个单位或公司内部网络使用,不在因特网上分配,这样内部网络对外通信时需要进行地址转换。NAT 功能一般设置在内部网络与公有网络的边界处,如网关、防火墙或专用的地址转换设备。根据转换的方法不同,NAT 分为静态 NAT、动态 NAT 和网络地址端口转换(NAPT)。

静态 NAT 设置地址转换表,建立内部网络 IP 地址与公有网络 IP 地址之间的一一对应关系。当内部网络向公有网络发送报文时,通过查表获取公有网络 IP 地址,替换报文中的源 IP 地址;当公有网络向内部网络发送报文时,通过查表获取内部网络 IP 地址,替换报文中的目的 IP 地址。

动态 NAT 建立公有网络 IP 地址池。当内部网络向公有网络发送报文时,NAT 会从地址池中分配一个 IP 地址,替换报文中的源 IP 地址,已选择的公有网络 IP 地址不能再被使用,直到该地址被释放。一般情况下,地址池的地址数量少于内部网络的 IP 地址数量。

NAPT 利用不同的端口号,将内部网络的多个 IP 地址同时映射到 1 个公有网络 IP 地址上,其地址转换表包括内部网络的 IP 地址、端口号,公有网络的 IP 地址、端口号,以及传输层协议。当内部网络向公有网络发送报文时,通过查表,获取公有网络的 IP 地址和端口号,替换报文的源 IP 地址和源端口号;当公有网络向内部网络发送报文时,通过查表,获取内部网络的 IP 地址和端口号,替换报文的目的 IP 地址和目的端口号。

动态 NAT 和 NAPT 使内部网络的大量主机使用少量公有网络 IP 地址就能够访问外部网络资源,可以缓解 IP 地址缺乏问题,提高内部网络的安全性。

5.231　《网络互连设备的基准测试》(Benchmarking Methodology for Network Interconnect Devices)

IETF 的文档之一,文档号为 RFC 2544,1999 年 3 月发表。RFC 2544 规定了网络互连设备吞吐量、时延、丢帧率、背靠背、系统恢复和重启等技术指标的测试方法,以及测试结果报告的格式。

被测设备的端口等分为流量入端口和流量出端口。需要说明的是,流量入端口并非不流出流量,流量出端口并非不流入流量,这样划分只是为了便于说明测试流量模型。RFC 2544 规定的测试流量模型有以下 3 种。

(1) 点对点:每个流量入端口与一个流量出端口建立点对点的流量模型。

(2) 部分网状网:每个流量入端口对所有的流量出端口,每个流量出端口对所有的流量入端口建立的部分网状网流量模型。

(3) 完全网状网:每个端口对所有其他端口建立的全网状网流量模型。

测试流量用的以太网帧帧长为 64 B,128 B,256 B,512 B,1024 B,1280 B,1518 B。每次测试时间缺省为 60 s。测试的背景流量包括广播帧、管理帧、路由协议的更新报文。每个测试都须在有背景流量和没有背景流量两种情况下分别进行。背景流量的要求如下。

(1) 1%的广播流量。

(2) 每秒发送一次 SNMP 管理请求报文。

(3) RIP 每 30 s,OSPF 每 90 s 发送一次路由更新报文。

另外,被测设备还须设置一个 25 行的流量过滤表,前 24 行阻塞流量,最后一行允许所有流量通过。

5.232　网络连通性测试(network connectivity test)

检验网络主机间在网络层(IP 层)是否连通的测试。连通性是网络性能的重要指标,IETF RFC 2678 定义了连通性测量指标,包括瞬时单向连通性、瞬时双向连通性、间隔时间单向连通性、间隔时间双向连通性等。

Ping 程序是最常用的连通性测试工具,基于 ICMP 回应请求/响应机制进行测量。源主机向目的主机发送 ICMP 回送请求(ICMP echo request)包,目的主机收到后以 ICMP 回送响应(ICMP echo reply)报文进行响应,即探测到主机连通。若源主机在一定时间内没有收到目的主机的响应,则认为无法连通目的主机。

5.233　网络拥塞(network congestion)

在包交换网络中,报文排队等待时间过长或转发队列溢出所引起的网络服务质量下降的现象。网络拥塞时,会显著增加报文传输的时延、抖动和丢包率,使用户吞吐量严重下降。网络流量超过网络转发能力时,则必然产生拥塞,通常采用拥塞管理和拥塞避免等方法来缓解或避免网络拥塞。

5.234　网桥协议数据单元(bridge protocol data unit)

以太网生成树协议的数据报文,简称 BPDU。BPDU 的报文格式如图 5.41 所示。

协议标识符	版本	报文类型	标记	根网桥ID	根路径开销	网桥ID	端口ID	报文寿命	最大寿命	Hello时间	转发延迟
2 B	1 B	1 B	1 B	8 B	4 B	8 B	2 B	2 B	2 B	2 B	2 B

图 5.41　BPDU 的报文格式

BPDU 分为配置 BPDU、拓扑变更通告 BPDU 和拓扑变更确认 BPDU。配置 BPDU 的报文类型字段为 0x00,并且使用组播地址发送。协议初始启动后,每个网桥均发送配置 BPDU,直到竞争出一个根网桥为止。然后,由根网桥定期发送配置 BPDU,所有指定桥转发,最后发送到所有的网桥。拓扑变更通告 BPDU 和拓扑变更确认 BPDU 的报文类型字段均为 0x80。标记字段的最低位为 1,表示拓扑变更通告 BPDU;最高位为 1,表示拓扑变更确认 BPDU。当链路故障、网桥故障等原因导致网络拓扑结构改变时,相应的网桥就向指定网桥发送拓扑变更通告 BPDU,指定网桥向该网桥发送拓扑变更确认 BPDU。如此逐级发送到根网桥为止。

5.235　网状测试(meshed test)

交换机测试所用的一种流量发送方法。分为全网状测试和部分网状测试。在全网状测试中,交换机所有端口以循环的方式向所有其他端口发送测试帧。在部分网状测试中,一般将交换机的端口分为尽量相等的两组,任意一组的任一端口轮流向另一组的所有端口发送测试帧,但不向同组的其他端口发送测试帧。

5.236　尾部丢弃(tail drop)

当队列满时直接丢弃新到报文的丢包策略。尾部丢弃是最简单的,也是应用最为广泛的丢包策略,它以队列是否为唯一标准来决定新到报文是否被丢弃,而不考虑报文的重要程度等因素。这样,队列会同时丢弃多个 TCP 连接的报文,从而引发 TCP 全局同步现象,降低网络整体吞吐量。

5.237　伪首部(pseudo header)

从封装 TCP 和 UDP 包的 IP 包首部抽取部分字段组成的格式数据,分为 TCP 伪首部和 UDP 伪首部。伪首部包括 32 位源 IP 地址,32 位目的 IP 地址,8 位填“0”的填充字段,8 位协议字段(TCP 取值为 6,UDP 取值为 17),16 位 TCP 或 UDP 包长度字段。因其不是真正的 TCP 和 UDP 的首部,故称为伪首部。

伪首部是一个虚拟的数据结构,既不向下传送也不向上递交,而仅仅是为计算 TCP 和 UDP 包的校验和。参与对 TCP 和 UDP 包进行校验的数据为 TCP/UDP 包伪首部、TCP/UDP 包首部和 TCP/UDP 数据。这种校验,既校验了 TCP/UDP 包的源端口号和目的端口号以及 TCP/UDP 包的数据部分,又检验了 IP 包的源 IP 地址和目的地址,保证了 TCP/UDP 包到达正确的目的地址。

5.238　卫通信道组播(satellite channel multicast)

利用卫通信道的广播特点实现的 IP 组播。假如 n 个路由器之间用点到点专线电路进行网状网互连,根据 n 平方法则,则需要 $n(n-1)/2$ 条电路,每侧的路由器需要配置 $n-1$ 个互连接口。如果在路由器之间传送组播报文,则会在相应的多条电路上同时传送同样的组播报文。当路由器之间采用卫通信道连接时,则可利用卫通信道的广播特性,仅需要 n 个 1 发($n-1$)收的卫通信道,每个路由器只需配置一个互连接口,并且组播报文在卫通信道上只需传送一次。显然,此种方式与点到点专线电路连接相比,可有效节省卫星转发器资源和卫通设备配置数量。

以 4 个路由器互连为例,利用卫通信道进行组播的基本方法如图 5.42 所示,将路由器用一个类似总线功能的共享网络进行互连。在路由器和卫通信道设备之间串接 1 个二层交换机,该交换机用 4 个端口分别与路由器和 1 发 3 收卫通信道设备(由一个收发设备和两个接收设备组成)连接。卫通信道透明传送二层以太网帧。这样,4 个交换机就组成了一个类似总线的共享网络。路由器 A 发往本地交换机的任何数据报文,都会经卫通一跳,到达其他 3 个交换机。其他路由器亦是如此。

由于利用了卫通信道的广播特性,每个交换机连接卫通的 3 个接口和其他交换机的接口不是一一对应的关系,而是 1 对 3 的关系。比如,路由器 A 发往路由器 C 的数据报文经由交换机 A 的端口 1 发出,而路由器 C 发往路由器 A 的数据报文却从交换机 A 的端口 2 接收。此时,如果开启交换机的 MAC 地址学习功能,则交换机在端口 2 学习到路由器 C

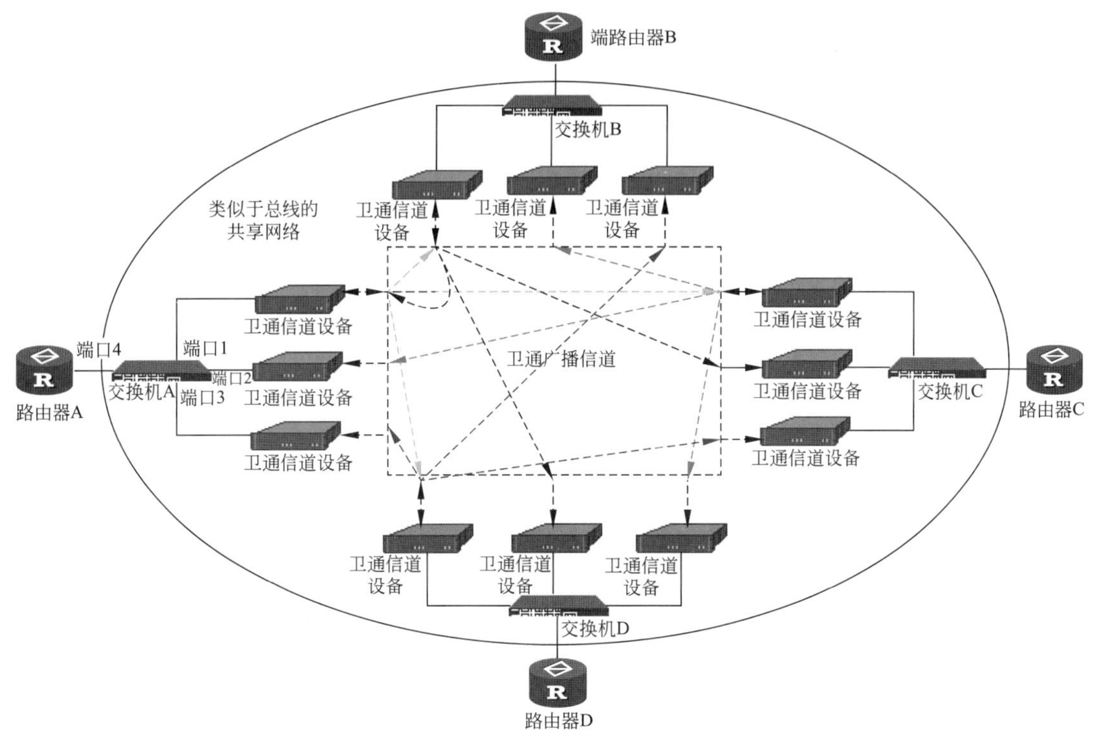

图 5.42　卫通信道组播

接口的 MAC 地址,就会将路由器 A 发往路由器 C 的数据报文经由接口 2 发出,而接口 2 连接的卫通信道只收不发,这样,该数据报文就无法发送到路由器 C。因此,需关闭交换机的 MAC 地址学习功能。

关闭掉 MAC 地址学习功能后,MAC 数据报文就会在交换机内广播,造成接口 2 收到的数据报文又从接口 1 发送出去的问题。为解决这一问题,须对交换机进行端口隔离。在交换机 A 的端口 1,限制向端口 2 和端口 3 发送数据报文;在端口 2,限制向端口 1 和端口 3 发送数据报文;在端口 3,限制向端口 1 和端口 2 发送数据报文;在端口 4,可限制也可不限制向端口 2 和端口 3 发送数据报文。其他交换机也做相同的端口隔离配置。如果静态配置交换机的 MAC 帧转发表而不进行端口隔离,则只能解决单播数据报文来回发送的问题,而无法解决组播数据报文的来回发送问题,因为组播数据报文在交换机内是以广播的形式转发的。

路由器 A 收到不是发送给自己的单播 MAC 帧(目的 MAC 地址不是自己的 MAC 地址),就丢弃掉该 MAC 帧,而只向 IP 层提交组播 IP 报文,以及目的 MAC 地址与自己的 MAC 地址相同的单播 IP 报文。收到的单播和组播 IP 报文分别按照路由器的路由转发表和组播转发表进行转发。这样,在卫通信道上只传送一次组播报文,就能被 3 个路由器同时收到并转发。

经交换机对卫通广播信道的屏蔽,路由器相当于被接到了一个共享网络上,其配置不受卫通广播信道的影响,可以正常启用各种网络协议。

5.239　文件传输协议(file transfer protocol)

IETF RFC 959 规定的,在客户端与服务器之间进行文件传输的应用层协议,简称 FTP。FTP 基于 TCP 协议实现,在客户端与服务器之间建立控制和数据两个 TCP 连接。控制连接用来传输命令和应答等控制信息,如用户名、用户口令、文件目录、文件名、文件类型和格式、客户端 IP 地址和端口号等,以 ASCII 码的形式传送。控制连接由客户端发起建立,服务器端口号为 21。在 FTP 会话的整个交互过程中,控制连接始终处于连接状态。数据连接专门用于传输文件数据,服务器端口号为 20。客户端为数据连接选择一个临时端口号,在控制连接上通过

PORT 命令将此端口号发送给服务器,服务器据此建立数据连接,开始传输数据。数据连接在每一个文件传送时建立,文件传送完毕后关闭。

5.240　无类域间路由(classless inter-domain routing)

IETF RFC 4632 规定的一种 IP 地址无分类编址方法,简称 CIDR。CIDR 采用"子网起始地址/子网号位数"的方式表示一个网段地址,其中子网号位数可取 1~32 的任意整数。CIDR 打破了原自然分类法中子网号位数只能为 8、16、24 的限制,可以根据子网主机的数量更加精细地分配 IP 地址,节省了 IP 地址资源。

5.241　五元组(five tuple)

协议号、源 IP 地址、目的 IP 地址、源端口号、目的端口号的集合。其中,协议号用于指出 IP 包携带的数据属于哪一种高层协议,如 TCP、UDP、OSPF、ICMP、IGMP 等协议的协议号分别为 6、17、89、1、2。端口号为 TCP 或 UDP 端口号。五元组相同的 IP 包常被视为同一个流,因此一般使用五元组对流量进行分类。在试验任务 IP 网中,因部分业务的源端口号在一定范围内动态变化,有时不使用源端口号作为分类依据,这种情况下相应的集合被称为四元组。

5.242　下联端口(downlink port)

在分层的网络中,交换机连接下一层交换机的端口。交换机在线序分配上区分上联端口和下联端口是为了便于二者采用直通线缆连接。交换机具有线序自动翻转功能后,在硬件上不再区分上联端口和下联端口。

5.243　线端阻塞(head of line blocking)

交换机内部发生的一种阻塞现象,如图 5.43 所示,假定各端口的传输速率相同,入端口 1 输入 100%的流量,其中各 50%的流量发往出端口 3 和 4;入端口 2 输入 100%的流量,全部发往出端口 4。这样,在端口 4 发生阻塞。由于端口 1 发往端口 4 的数据帧需要等待,因此,尽管端口 3 空闲,在端口 1 上排在其后的发往端口 3 的数据帧也必须等待。这种外出端口上的拥塞限制了通往非阻塞端口的吞吐量的现象,就是线端阻塞。采用增加端口缓冲,增加输入输出队列的数量等方法,可以有效地减少甚至消除线端阻塞。

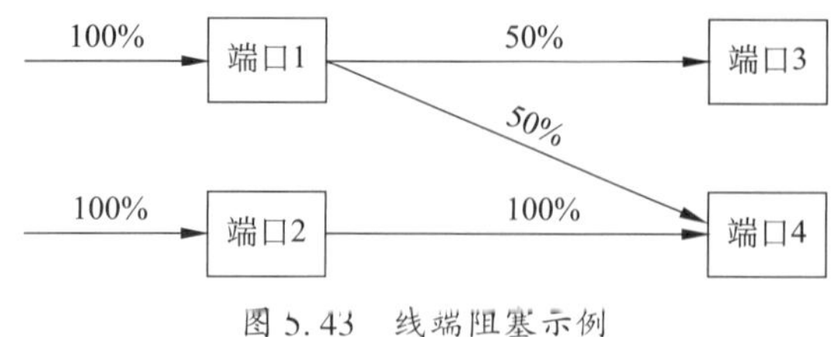

图 5.43　线端阻塞示例

5.244　先进先出队列(first in first out queuing)

按照报文到达的先后顺序发送报文的队列,简称 FIFO 队列,又称先来先服务队列。FIFO 队列是尽力而为服务模型所采用的队列,是其他队列的基础。与其他队列相比,FIFO 队列最简单,对所有报文均采用先到先转发的方式处理,因此不能提供有区别的服务,不适用于区分服务和综合服务模型。

5.245　线速转发(line-speed forwarding)

网络设备在物理层满负荷向线路发送数据的能力。网络设备的转发能力受限于其处理能力与线路速率(端口速率)。当处理能力足够大时,设备的转发能力完全取决于线路速率,即具备了线速转发能力。对于以太网,以 64 B 的最小帧长和符合协议规定的最小帧间隙在设备端口上双向同时传输数据能否不丢帧,作为设备是否具有线速转发的标准。以太网最小帧间隙为 12 B,帧前导符为 7 B,起止符为 1 B,因此线速转发时,帧转发速率为线路转发速率/(84×8),如千兆以太网端口的线速转发帧速率为 1.488 Mfps。

5.246　心跳线(heartbeat line)

连接工作机与备份机的连接线。工作机和备份机之间通过心跳线同步工作现场。这样,备份机一旦检测到工作机故障,则可立即替代工作机工作。

5.247　虚拟路由器冗余协议(virtual router redundancy protocol)

IETF RFC 3768 规定的,用于提高局域网网关可靠性的容错协议,简称 VRRP。通常情况下,局域网中的所有主机都通过出口网关实现与外部网络的通信。当出口网关发生故障时,主机与外部网络的通信就会中断。可通过配置多个出口网关提高系统可靠性,但局域网内的主机通常不支持动态路由协议,无法在一个出口网关出现故障时自动选择另一个出口网关。因此可以在上述多个出口网关(通常为路由器)上运行 VRRP 协议,组成一个备份组即虚拟路由器,局域网内的出口网关地址设置为虚拟路由器的IP地址。这样,只要备份组中有一台路由器能正常工作,就能保证局域网正常对外通信,从而避免了由于出口网关单点故障导致的网络中断。

VRRP协议只有一种报文,即VRRP通告报文,主要包含本路由器的优先级、虚拟路由器标识和虚拟IP地址等信息。VRRP通告报文封装在IP报文中,协议号为112,以组播方式发送给备份组中的其他路由器,组播地址为224.0.0.18。VRRP启动后,备份组中的所有路由器通过发送VRRP通告报文选举出主路由器,负责报文的转发工作,其他路由器则为备份路由器。选举方法为:首先比较优先级的大小,优先级高者当选为主路由器;如果优先级相同,则比较接口IP地址大小,接口地址大者当选为主路由器。主路由器正常工作时,每隔一段时间发送一个VRRP通告报文,以通知组内的备份路由器其处于正常工作状态。当备份路由器一段时间内没有接收到来自主路由器的报文时,则认为主路由器发生故障,然后备份路由器重新选举出新的主路由器接替原主路由器的工作。

VRRP网络开销小,最重要的功能是实现出口网关备份,还可以通过建立多个备份组的方式对网络流量进行负载分担。

5.248　询问握手认证协议(challenge handshake authentication protocol)

采用三次握手机制进行PPP链路验证的协议,简称CHAP。如果PPP链路启用CHAP协议,则在PPP链路建立时或建立后的任何时刻,验证方向被验证方发送一个随机的"询问"消息;被验证方根据"询问"信息和共享的密钥信息,使用哈希函数计算出响应值,发送给验证方;验证方收到应答后也进行相同的计算,如果计算结果一致则验证通过,否则验证失败。CHAP的密钥信息不需要发送,而且每次验证交换的信息都不同,可以有效避免监听攻击,安全性较强。

5.249　压力测试(pressure test)

通过加载饱和负载或过载,对网络、设备性能极限进行的测试。压力测试是检验被测系统的容错能力、可恢复能力,发现系统隐患的有效方法。根据目的不同,一般分为稳定性压力测试和破坏性压力测试。稳定性压力测试,指在饱和负载或一定超负载情况下,检验被测系统是否能在一段时间内稳定工作,例如,网络在吞吐量负载下长时间的考核性测试,路由表满配置时的路由振荡测试等。破坏性压力测试,指在增加负载导致系统崩溃的测试。通常通过破坏性压力测试来检测被测系统性能拐点、检验系统崩溃后的恢复能力、发现系统漏洞等。

5.250　移动IP(mobile IP)

移动节点(主机或路由器)从家乡网移动到外地网而保持IP地址不变的机制,简称MIP。IETF RFC 5944和RFC 6275分别规定了IPv4网络和IPv6网络条件下的移动IP规范。

移动节点在家乡网的IP地址称为家乡地址。无论移动节点是否移动,网内用户与移动节点通信时均使用家乡地址。移动节点离开家乡网,还会被分配一个转交地址。当外地网设置外地代理时,转交地址为外地代理的地址,否则为外地网分配给移动节点的地址。

移动IP在家乡网设家乡代理,在外地网可设也可不设外地代理。设外地代理的情况如图5.44所示,移动节点移动到外地网后,首先从外地代理获取转交地址。然后通过外地代理与家乡代理交互注册请求报文和注册应答报文,从而在家乡代理上创建家乡地址和转交地址的移动绑定。家乡代理依据移动绑定信息建立从家乡代理至外地代理的隧道。隧道地址为转交地址。网络其他用户发往移动节点的数据包首先被发往家乡网,然后被家乡代理通过隧道转交给外地代理,外地代理将其解封装后转发给移动节点。

不设外地代理的情况如图5.45所示,移动节点移动到外地网后,首先从外地网关或通过其他方式获取转交地址。然后直接与家乡代理交互注册请求报文和注册应答报文,从而在家乡代理上创建家乡地址和转交地址的移动绑定。家乡代理依据移动绑定信息建立从家乡代理至移动节点的隧道。隧道地址为转交地址。网络其他用户发往移动节点的数据包首先发往家乡网,然后被家乡代理通过隧道转交给移动节点。

当移动节点回到家乡网后,与家乡代理交互注册请求报文和注册应答报文,解除移动绑定。另外,需要说明的是,移动节点发往其他用户的数据包均不经隧道转发。

5.251　一对多/多对一测试(one-to-many/many-to one test)

交换机测试所用的一种流量发送方法。一个端

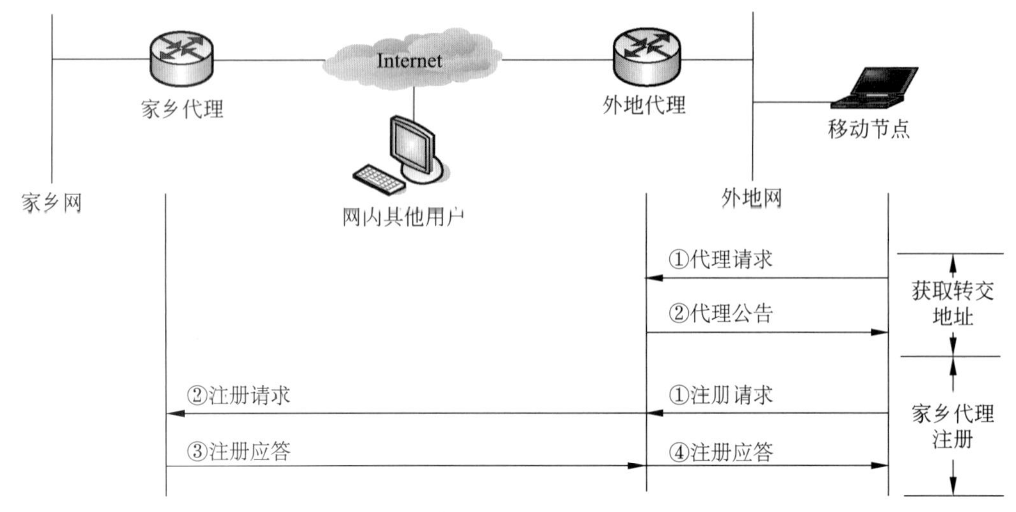

图 5.44　具有外地代理的移动绑定过程

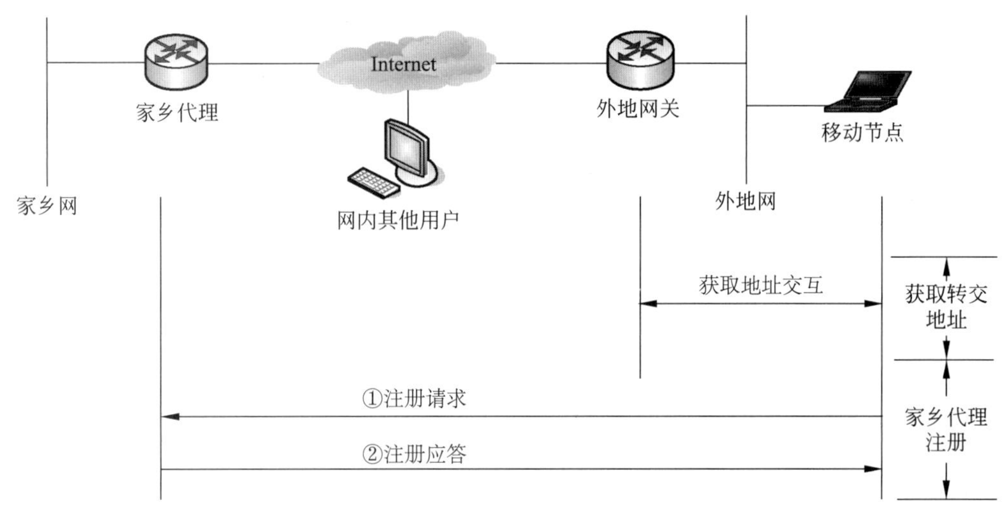

图 5.45　无外地代理的移动绑定过程

口向所有其他端口轮流发送测试帧,同时其他端口也向该端口发送测试帧。

5.252　以太网(Ethernet)

DIX 联盟发布的局域网标准,也指符合该标准的局域网。DIX 联盟由 DEC、Intel、Xerox 这 3 家公司组成,发布了两个版本的以太网标准,V1 版本已被淘汰,目前使用的是 V2 版本。电气与电子工程师协会(IEEE)发布的 IEEE 802.3 局域网标准与 DIX 标准兼容,故符合 IEEE 802.3 标准的局域网通常也称为以太网。以太网是一个二层网络,只包括物理层和数据链路层,理论上可支持多种上层协议,但实际上主要支持 TCP/IP 协议族。

早期的以太网即标准以太网,以同轴电缆或双绞线为传输媒介,各主机内插入网络接口卡,与线路连接,传输速率为 10 Mb/s,基带码型为曼彻斯特编码。由于各主机采用共享总线的方式连接,因此同一时间内,网内只能由一台主机发送数据,但其他主机可同时接收数据,否则会发生碰撞冲突。为减少和规避碰撞冲突,采用了载波侦听多路访问/冲突检测(CSMA/CD)机制。

以太网的数据链路层称为介质访问控制层(MAC),其协议数据单元称为 MAC 帧或以太网帧。统一的 MAC 帧是以太网的重要标志。MAC 帧长在

64 B 与 1518 B 之间可变。帧头包括 6 B 的源主机 MAC 地址、6 B 的目的主机 MAC 地址、2 B 的长度或上层协议类型、4 B 的循环冗余校验码等 18 个字节。主机收到 MAC 帧,检查帧的目的 MAC 地址与自己的 MAC 地址是否一致,一致则提交给上层,否则丢弃。

以太网的主要网络设备为中继器和网桥。多端口的中继器又称为集线器,多端口的网桥又称为交换机。中继器工作在物理层,主要作用是放大信号,延长传输距离,但冲突域随之扩大。以太网的最远传输距离,除了受发送信号功率、接收灵敏度限制外,还受能确保检测出碰撞冲突的限制。标准规定共享总线结构的以太网最远传输距离为 2500 m,中间最多可串接 4 个中继器。网桥工作在数据链路层,将两个以太网连接成一个更大规模的以太网,广播域随之扩大,但冲突域不变。多个网桥组成的以太网,在物理上可连接成任意的拓扑结构,为避免产生转发环路,须启用生成树协议。一个物理以太网在逻辑上可划分为若干个逻辑子网,称为虚拟局域网(VLAN)。VLAN 可分割广播域,有助于提升网络的安全性能和使用的灵活性,得到了广泛的应用。

继标准以太网之后,以端口速率的提高为标志,相继出现了百兆以太网(又称快速以太网)、千兆以太网和万兆以太网。相应地,网络传输线路出现了光纤线路,同轴电缆逐渐被淘汰。交换机端口收发分开,内部采用交换矩阵等方式转发 MAC 帧,主机可独占端口传输资源,实现了全双工传输。由于不再采用共享总线结构,原理上不再需要 CSMA/CD 机制。为了保证与已有网络的互连互通,以太网走向后兼容的技术发展道路,高速率的端口可降速与低速率端口互通,作为可选项保留了 CSMA/CD 机制。交换机既可直接接入主机,又可与其他交换机互连,成为了以太网的主要网络节点设备,可构成分层结构、星型结构、环状结构以及上述结构的混合结构。另外,随着技术的发展,以太网还逐步增加了三层交换、链路捆绑、组播、端口自协商、端口镜像、端口拥塞控制、网络管理等功能。

在国防科研试验任务中,以太网用于构建试验任务 IP 网的城域网和局域网。

5.253 以太网端口自协商(Ethernet port auto-negotiation)

互连的两个以太网端口自动协商端口速率和工作模式的技术。IEEE 802.3u 规定了百兆以太网端口自协商,IEEE 802.3z 规定了千兆以太网端口自协商。自协商不需要人工配置,可实现即插即用。自协商的内容主要包括端口速率和工作模式,端口速率的选项为十兆、百兆和千兆,工作模式的选项为全双工和半双工。自协商的原则是尽可能实现高速率全双工,对于以太网电口,协商优先级次序为千兆全双工、千兆半双工、百兆全双工、百兆半双工,十兆全双工、十兆半双工;对于以太网光口,协商优先级次序为千兆全双工、千兆半双工。

以太网电口的自协商功能通过快速链路脉冲(FLP)实现。FLP 脉冲间隔为 62.5 μs,每组 33 个脉冲,其中包含 17 个时钟脉冲和 16 个数据脉冲。16 个数据脉冲用来表示端口所支持的速率与工作模式。如果两个端口均支持自协商时,端口互向对方发送 FLP 脉冲信号,从而按照协商优先级次序选择出双方均能支持的端口速率和工作模式。如果只有一个端口支持自协商时,自协商端口检测对端传输的信号特征,判断对方端口的端口速率,然后将本端端口速率设置为与对方一致,工作模式设置为半双工。以太网光口仅支持千兆口的工作模式自协商。光口自协商与电口自协商机理类似,不同的是两端端口均在自协商模式下才能协商成功。

5.254 以太网反射器(Ethernet reflector)

将接收到的以太网测试帧反送至测试源的辅助性测试设备。通常与 IP 或以太网测试仪一起使用,布设在远端测试端口,将测试帧的源地址和目的地址互换,再反方向发送至源端。以太网反射器一般用于单端环回测试,使测试者仅在网络一端使用测试仪表,也可以完成网络的性能测试。

5.255 以太网服务类别(Ethernet class of service)

IEEE 802.1Q 规定的用以太网帧头 TAG 字段前 3 位标识的优先级,简称 CoS。CoS 可区分 8 种业务类型,定义见表 5.15。

表 5.15 CoS 取值及含义

以太网 CoS(十进制)	业务类型	业务特性
7	网络控制业务	要求低丢包率
6	因特网运行控制业务	要求低丢包率和低时延
5	话音业务	要求低时延
4	视频业务	要求低时延

续表

以太网 CoS（十进制）	业务类型	业务特性
3	确保业务	要求确保最小带宽
2	超尽力而为业务	比“尽力而为”业务的传输质量稍高
1	尽力而为	缺省业务类型，只要求尽力而为的服务质量
0	背景业务	不影响用户或关键应用的批量传输业务等

5.256　以太网供电(power over Ethernet)

IEEE 标准规定的，网络设备通过以太网接口向终端供电的技术，简称 POE。以太网供电利用传输数据的以太网电缆，以集中供电的方式，解决用户终端的供电问题。供电方式分为信号线供电和空闲线供电两种。信号线供电使用传输数据信号的连接器插针 1、2、3、6 进行供电，空闲线供电使用连接器空闲插针 4、5、7、8 进行供电。供电为直流，主要技术参数如下。

（1）供电电压标称值为 48 V，可在 44～57 V 变化。

（2）典型工作电流为 10～350 mA，允许最大电流为 550 mA。

（3）每个端口输出功率分挡可调，范围为 3.84～12.95 W。

5.257　以太网光纤收发器(Ethernet fiber-optic transceiver)

将以太网电信号和光信号进行互换的光电转换设备。一般应用在以太网电缆无法覆盖、必须使用光纤来延长传输距离的网络环境中。根据收发是否共用同一根光纤，分为单纤和双纤光纤收发器两种。光纤收发器工作于物理层，只进行以太网光电信号的互换。

5.258　以太网集线器(Ethernet hub)

所有端口属于同一冲突域的以太网设备，简称集线器或 hub。集线器用于汇聚多台终端，接入局域网或构成小型局域网。其工作于物理层，内部结构为一物理总线，端口均并行连接至该总线上。因此，所有端口竞争同一传输带宽，属于同一个冲突域。连接在集线器上的终端采用 CSMA/CD 方式解决冲突问题，只能工作于半双工模式，传输效率低，目前大部分集线器已被交换机替代。

5.259　以太网交换机(Ethernet switch)

根据 MAC 地址进行数据帧转发的多端口网桥，简称交换机。交换机是以太网的节点设备，按照工作速率可分为十兆、百兆、千兆和万兆交换机；按照协议层次可分为二层交换机和三层交换机；按照网络分层结构模型可分为接入交换机、汇聚交换机和核心交换机；按照端口可扩展性可分为固定端口交换机和模块化交换机。交换机的主要技术指标包括转发速率、背板容量、端口数量、端口速率以及所支持的各种功能和协议等。

交换机的工作原理与网桥基本相同。交换机首先通过 MAC 地址学习，在 MAC 地址表中记录数据帧的源 MAC 地址和端口对应关系。后续到达的数据帧，根据帧头目的 MAC 地址查找 MAC 地址表，将数据帧从对应端口转发出去；若没有查找到对应表项，则广播或丢弃该数据帧。交换机的帧转发方式主要有存储转发和直通转发两种。存储转发方式下，交换机收到数据帧后先进行存储，完成校验后再进行转发。由于需要将完整的数据帧接收到端口的缓存中，并对数据帧进行循环冗余校验，因此存储转发方式的转发时延较大。直通转发方式下，交换机一旦读取数据帧目的 MAC 地址，即进行转发，不存储完整数据帧，也不进行循环冗余校验，因此转发时延小，但可能会转发已损坏的数据帧。

支持 VLAN 技术的交换机实现了对以太网广播域的划分，同一 VLAN 内的主机间可以直接通信，不同 VLAN 间不能直接互通，广播报文被限制在一个 VLAN 内。不同 VLAN 的报文通过在帧头插入不同的 VLAN 标签予以区别。VLAN 间的互通传统上需要由路由器来完成，交换机增加三层功能后，可由交换机完成。为了避免以太网中出现转发环路，交换机一般均支持生成树协议。另外，交换机还可支持以太网链路聚合、QinQ、IGMP 侦听、端口镜像、服务质量保证等相关功能。

5.260　以太网链路捆绑(eth-trunk)

将多个以太网物理链路捆绑成一个逻辑链路的技术，又称为以太网链路聚合，简称 eth-trunk。在两个交换机之间存在多个以太网物理链路时，为避免形成环路,只能由其中的一条链路传输数据,其他链路作为备份使用。对这些链路进行捆绑后,这些链路均能传输数据,提高了传输带宽,同时对外表现为一条链路,避免了环路的产生。相应地,在交换机上将多个以太网接口捆绑成一个逻辑接口,称为 eth-trunk 接口。参与捆绑的以太网接口称为成员接口,其中处于活动状态的接口称为活动接口。活动接口分担负载流量,非活动接口作为活动接口的备份,不分担负载流量。

eth-trunk 的配置分为手工负载分担模式和链路聚合控制协议(LACP)模式。手工负载分担模式下,成员接口和活动接口均需手工配置。LACP 模式下,成员接口需手工配置,活动接口由 LACP 协议自动配置。链路上的负载分担分为逐流负载分担和逐包负载分担。逐流负载分担通过五元组(源 IP 地址、目的 IP 地址、协议号、源端口、目的端口)将报文分成不同的流,同一条流的报文在同一个活动接口上发送。逐包负载分担以报文为单位,轮流向所有活动接口发送报文。

eth-trunk 要求被捆绑的链路必须是同速率同性能的全双工点到点链路。目前,性能较高的交换机和路由器均支持 eth-trunk。

5.261　以太网网桥(Ethernet bridge)

根据 MAC 地址进行数据帧转发的两端口以太网设备,简称网桥。如图 5.46 所示,网桥将两个以太网 A 与 B 连接成一个更大规模的以太网 C。网桥连接的两个以太网仍然属于两个不同的冲突域,但属于同一个广播域。

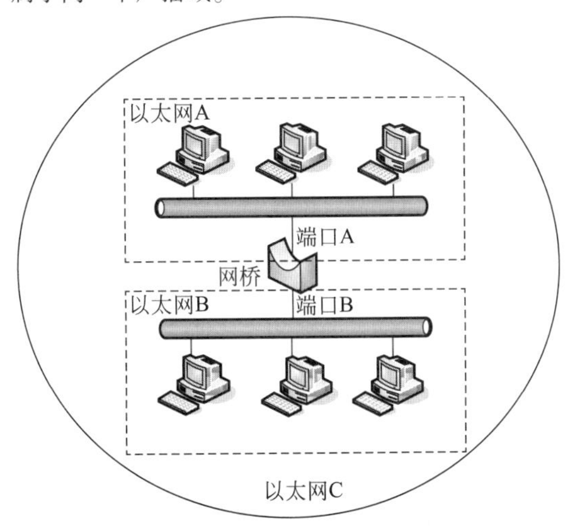

图 5.46　网桥在网络中的位置

网桥工作在数据链路层,其工作过程如下:网桥采用 MAC 地址学习机制发现端口连接的主机,通过查看端口接收到的数据帧源 MAC 地址,建立 MAC 地址与端口的对应关系,即 MAC 地址表。当端口 A 从以太网 A 收到一个数据帧时,根据目的 MAC 地址查询 MAC 地址表。当目的 MAC 地址属于以太网 A 的某台主机时,丢弃该帧;否则将该帧由端口 B 转发至以太网 B。端口 B 以同样的方式处理从以太网 B 接收到的数据帧。当多个网桥连接多个以太网时,需启用生成树协议,堵塞不必要的端口,避免出现转发环路。

网桥与中继器、交换机同为网络设备,但应用场合不同。中继器工作于物理层,仅用于扩大以太网连接范围,其所连接的两个以太网仍属于一个冲突域。交换机可视为一个多端口网桥,不但端口数量多,具有网桥的所有功能,而且还可以划分虚拟局域网(VLAN),具有分割广播域、降低广播风暴影响的功能。目前以太网网桥已基本被交换机取代。

5.262　以太网帧(Ethernet frame)

以太网数据链路层封装上层用户数据所使用的帧。因以太网帧在数据链路层的介质访问子层(MAC)成帧,故又称为 MAC 帧。目前以太网的标准采用由 DEC、Intel 和 Xerox 公司组成的 DIX 联盟发布的 Ethernet Ⅱ 版本。其帧结构如图 5.47 所示,由前导符、起始符、目的地址、源地址、类型/长度、数据/填充和 FCS 校验码 7 个字段组成。前导符为 7 个“10101010”字节,用于接收端提取位同步信号。起始符为“10101011”,标识其后数据为帧的具体内容,因此也有文献认为前导符和起始符字段不属于帧的组成部分。目的地址和源地址分别用于标识帧的目的 MAC 地址和源 MAC 地址。类型字段用于标识上层协议类型,如 0x0800 为 IP 协议,0x0806 为 ARP 协议,0x0835 为 RARP 协议。数据字段为上层用户数据,长度在 46~1500 B 可变。FCS 校验字段为循环冗余校验码,校验内容包括目的地址、源地址、类型、数据部分。以太网帧从前导符开始发送,每个字节从最低比特开始发送。

IEEE 802.3 规定的局域网帧与以太网帧兼容,除类型字段外,其他字段二者保持一致。IEEE 802.3 帧的长度字段对应以太网帧的类型字段,表示数据字段的长度,单位为 B。该字段取值小于或等于 1500,则为 IEEE 802.3 帧;取值大于 1536,则为以太网帧。

7 B	1 B	6 B	6 B	2 B	46~1500 B	4 B
前导符	起始符	目的地址	源地址	类型	数据	FCS校验

图 5.47 以太网帧结构

5.263 以太网帧间隙(inter frame gap)

以太网相邻两帧之间的空闲间隔，简称 IFG。为了保证帧的正确接收，即使两个连续发送的帧，也须保留一定的空闲间隔。标准规定了以太网帧间隙不小于 96 bit 的发送时间，即 96 bit 除以发送速率，如百兆以太网的最小帧间隙为 960 ns，千兆以太网的最小帧间隙为 96 ns。

5.264 以太网子接口(Ethernet subinterface)

在一个物理以太网接口上配置的具有三层特性的逻辑接口。以太网子接口可配置在路由器与局域网连接的以太网接口上，解决局域网内多个 VLAN 间以及 VLAN 对外的通信。传统的三层以太网接口不支持 VLAN 帧，当收到 VLAN 帧时，将其视为非法帧予以丢弃。通过创建以太网子接口，并在子接口上部署终结 VLAN 功能，剥离 VLAN 标签，从而实现 VLAN 间的三层互通。这时，子接口需划入一个 VLAN 之中，并分配相应的 IP 地址，该 IP 地址用作 VLAN 的网关。以太网子接口也可用于局域网与广域网的互连。ATM、帧中继和 PPP 等广域网协议不能识别 VLAN 报文，需要在出接口上创建子接口。VLAN 帧事先在本地记录帧的 VLAN 信息，然后剥掉 VLAN 标签后再转发。

5.265 引入路由(import route)

一个路由协议引入的、由其他路由协议产生的路由。通常情况下，路由协议产生的路由表只是本协议所计算产生的路由。当需要其他路由协议的路由参与路由计算时，需进行路由引入。引入路由常为静态路由和域外路由。

5.266 因特网工程任务组(Internet Engineering Task Force)

负责研究因特网相关技术规范的开放的国际性标准化组织，简称 IETF。IETF 成立于 1985 年底，是因特网最具权威的技术标准化组织，其主要任务是负责因特网相关技术规范的研发和制定。IETF 设因特网架构委员会(IAB)、因特网工程指导委员会(IESG)和工作组(WG)。IAB 是 IETF 的最高技术决策机构，负责定义整个因特网的架构和长期发展规划，通过 IESG 向 IETF 提供指导并协调各个工作组的活动。IESG 是 IETF 的实施决策机构，负责 IETF 活动和标准制定程序的技术管理工作，核准或纠正各工作组的研究成果。工作组主要承担标准制定工作。

IETF 标准的制定经历以下 4 个主要阶段。

(1) 由个人或工作组提出标准草案，提交 IESG 进行审查；

(2) 审查通过后形成建议标准，以 RFC 文档形式发布，并为其分配唯一的序列号。修订过的 RFC 文档需要使用新的序列号；

(3) 建议标准经过一段时间的使用后，不断修改和完善，形成草案标准；

(4) 草案标准再经过一段时间的使用，确认成熟后，成为因特网标准。

5.267 因特网号码分配局(Internet Assigned Numbers Authority)

管理和分配因特网号码资源的机构，简称 IANA。IANA 管理的号码资源主要有：

(1) 域名，管理域名服务(DNS)域名根和“. int”，“. arpa”域名以及国际化域名(IDN)资源。

(2) 数字资源，协调全球 IP 和自治系统(AS)号并将它们提供给各区域因特网注册机构。

(3) 协议分配，与各标准化组织一同管理协议编号系统。

IANA 下设 3 个分支机构，分别负责欧洲、亚太地区、美国与其他地区的号码资源分配与管理。许多国家和地区都成立了自己的域名系统管理机构，如中国互联网络信息中心(CNNIC)，负责从 3 个分支机构中获取号码资源，并在本国或本地区进行分配与管理。

5.268 因特网控制报文协议(Internet control message protocol)

IETF RFC 792 规定的，在 IP 网主机和(或)路由器之间传递控制消息的网络层协议，简称 ICMP。

ICMP 是一种面向非连接的协议，常用于网络层的错误报告和故障诊断。ICMP 报文包括差错报告报文和查询报文。差错报告报文报告路由器或主机在处理 IP 数据包时遇到的问题，只向源端提供差错报告，而不处理差错。查询报文帮助主机或网络管理员从某个路由器或对方主机获取特定的信息。ICMP 报文封装在 IP 数据包中传输，协议字段取值为 1。ICMP 报文格式见图 5.48。

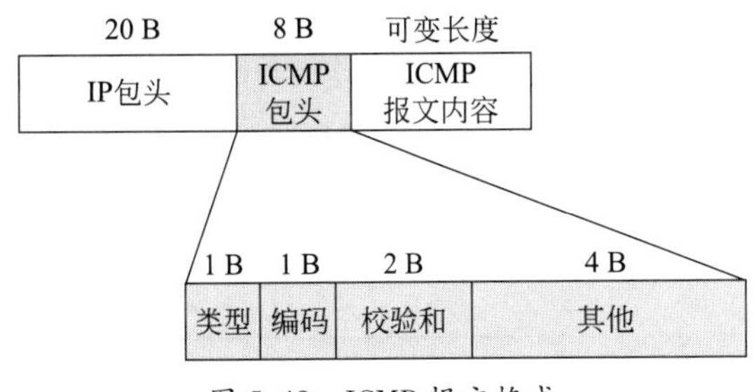

图 5.48　ICMP 报文格式

ICMP 包头的类型字段标识 ICMP 报文类型，编码字段提供 ICMP 报文类型的进一步信息，其取值及含义见表 5.16。

5.269　拥塞避免（congestion avoidance）

在网络发生拥塞的概率较大时，通过主动采取措施降低网络拥塞概率的流量控制策略。传统的丢包策略采用尾部丢弃的方法，只有当队列满时，才丢弃所有新到的报文。这种丢弃策略可能引发 TCP 全局同步问题。为解决这一问题，应在队列未满时，依照一定的规则主动丢弃部分报文，即拥塞避免。其基本原理是，通过监测网络资源的使用情况，如队列长度、内存缓冲区等，根据网络资源占用率的不同，以不同的概率丢弃报文。资源占用率越高，主动丢弃报文的概率越大，从而避免了拥塞的发生。常用的拥塞避免方法有随机早期检测（RED）、加权随机早期检测（WRED）等。

表 5.16　ICMP 报文类型和编码字段值及含义

类型值	类型名称	编码值	编码含义	备注
0	回送应答报文	0	—	查询报文
3	目的地不可达报文	0	网络不可达	差错报告报文
		1	主机不可达	
		2	协议不可达	
		3	端口不可达	
		4	需要进行分片但设置了不分片比特	
		5	源站选路失败	
		6	目的网络不认识	
		7	目的主机不认识	
		8	源主机被隔离	
		9	目的网络被强制禁止	
		10	目的主机被强制禁止	
		11	由于服务类型，网络不可达	
		12	由于服务类型，主机不可达	
		13	由于过滤，通信被强制禁止	
		14	主机越权	
		15	优先权中止生效	
4	源端抑制报文	0	—	差错报告报文
5	路由重定向报文	0	对网络重定向	差错报告报文
		1	对主机重定向	
		2	对服务类型和网络重定向	
		3	对服务类型和主机重定向	
8	回送请求报文	0	—	查询报文

续表

类型值	类型名称	编码值	编码含义	备注
9	路由器通告报文	0	—	查询报文
10	路由器请求报文	0	—	查询报文
11	数据包超时报文	0	传输期间生存时间为 0	差错报告报文
		1	在数据报组装期间生存时间为 0	
12	数据包参数错报文	0	坏的 IP 首部	差错报告报文
		1	缺少必需的选项	
13	时间戳请求报文	0	—	查询报文
14	时间戳应答报文	0	—	查询报文
15	信息请求(已作废)	0	—	查询报文
16	信息应答(已作废)	0	—	查询报文
17	地址掩码请求报文	0	—	查询报文
18	地址掩码应答报文	0	—	查询报文

5.270　拥塞管理(congestion management)

当网络发生拥塞时,对网络资源进行调度的策略。拥塞管理通常采用队列技术实现,常用的有先进先出队列(FIFO)、优先队列(PQ)、定制队列(CQ)、加权公平队列(WFQ)、基于类的加权公平队列(CBWFQ)等。在实际应用中,根据服务质量要求的不同,对报文进行分类,送入不同的队列,然后采用队列调度算法,对不同类型的报文进行有区别的转发。一旦网络发生拥塞,可保证对服务质量要求高的用户得到高质量的传输服务。

5.271　邮局协议(post office protocol)

IETF RFC 1939 规定的电子邮件接收协议,简称 POP 协议。目前广泛使用的是 POP 协议的第三版本,简称 POP3。POP 用于客户端(邮件接收者)从邮件服务器接收邮件。其接收过程如图 5.49 所示,分为以下 3 个阶段。

(1) 连接建立

客户端与服务器建立 TCP 连接,熟知端口号为 110。连接建立后服务器发出服务就绪消息,然后客户端向服务器发送认证消息,其中包含用户名和密码,以防止他人盗窃邮件内容。服务器回复确认消息,其中包含待接收的邮件数量。

(2) 邮件接收

客户端通过与服务器交互获取邮件一览表,之后逐个从服务器上下载邮件。为了节省服务器存储空间,每个邮件下载完毕后,客户端通知服务器将其删除。

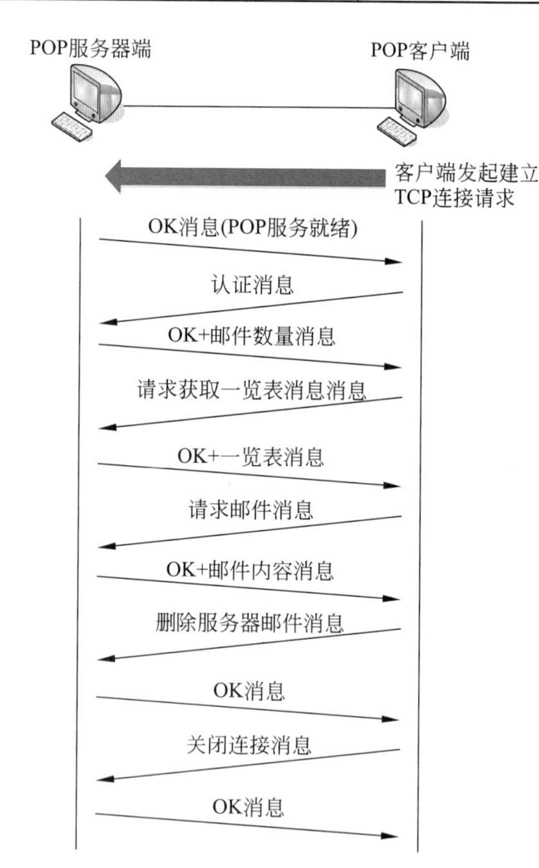

图 5.49　邮件接收过程

(3) 连接释放

邮件发送完毕后,客户端发送关闭连接消息,服务器返回“OK”消息,TCP 连接释放,邮件接收过程结束。

5.272　优先级队列(priority queuing)

按照队列优先级从高到低的顺序发送报文的队列机制,简称 PQ。当报文到达时,首先对报文进行分类,然后根据分类将报文放入不同优先级的队列之中。队列调度时,按照队列优先级从高到低的顺序发送报文,只有高优先级队列空时,才能发送低优先级队列中的报文。这样,就保证了高优先级队列中的关键业务报文被优先传送。PQ 队列的缺点是,如果高优先级队列中一直有报文存在,低优先级队列中的报文将一直得不到转发。在试验任务 IP 网中,为保证高优先级业务尤其是实时业务的传输时延,一般采用 PQ 队列。

5.273　优先级映射(precedence mapping)

不同 QoS 优先级之间的对应关系。报文进入设备端口后,需要将报文携带的 QoS 优先级映射到本地优先级(LP),即设备为报文分配的一种具有本地意义的优先级。报文出设备端口前,将 LP 映射为 QoS 优先级或直接重标记报文优先级,以便后续网络设备能够根据 QoS 优先级提供相应的服务质量。

报文进入设备端口后,设备根据端口配置的不同信任模式进行优先级映射,具体如下。

(1) 信任端口模式。不信任报文携带的 QoS 优先级,设备根据本地规则确定报文的 802.1p、EXP、DSCP、LP 优先级。当报文从设备转发出去时,把重新确定的优先级更新到出报文的 VLAN tag、DSCP 或 MPLS 标签的 EXP 字段。设备在缺省情况下为信任端口模式。

(2) 信任 DSCP 模式。根据 IP 报文的 DSCP 优先级,查看 DSCP 映射表,得到报文的 802.1p、EXP、DSCP、LP 优先级,其中 DSCP 到 DSCP 的优先级映射保持不变。在设备内转发时使用 LP。当报文从设备转发出去时,把映射后的优先级更新到出报文的 VLAN tag、DSCP 或 MPLS 标签的 EXP 字段。

(3) 信任 802.1p 模式。根据 VLAN 报文的 802.1p 优先级,查看 802.1p 映射表,得到报文的 802.1p、EXP、DSCP、LP 优先级,其中 802.1p 到 802.1p 的优先级映射保持不变。在设备内转发时使用 LP。当报文从设备转发出去时,把映射后的优先级更新到出报文的 VLAN tag、DSCP 或 MPLS 标签的 EXP 字段。

(4) 信任 EXP 模式。根据 MPLS 报文的 EXP 优先级,查看 EXP 映射表,得到报文的 802.1p、EXP、DSCP、LP 优先级,其中 EXP 到 EXP 的优先级映射保持不变。在设备内转发时使用 LP。当报文从设备转发出去时,把映射后的优先级更新到出报文的 VLAN tag、DSCP 或 MPLS 标签的 EXP 字段。

5.274　有源树(source tree)

以组播源为根,将组播源到每一个组成员的最短路径结合起来构成的组播树,又称信源树、源树。有源树用(S,G)表示,S 表示组播源地址,G 表示组播组地址。在 PIM-DM 中,网络采用"洪泛—剪枝"的方式为每一个(S,G)建立一颗有源树。在 PIM-SM 中,网络首先建立以汇聚点为根节点的共享树,当组播组成员所在网段的指定路由器发现组播源后,采用加入的方式建立有源树。在指定源组播中,采用加入的方式直接建立有源树。有源树的优点是能构造组播源和组播组成员之间的最短路径,使端到端时延最小,其缺点是路由器必须为每个组播源保存路由信息,会占用大量的系统资源,组播转发表的规模也比较大。

5.275　域名(domain name)

与 IP 地址相对应的字符型地址。IP 地址用数字序列表示,不便于记忆,因此 IP 网还用域名标识主机。在应用中,主机可根据域名获得对应的 IP 地址,其方法是将域名发往域名服务器,域名服务器查找到对应的 IP 地址返回给主机。IETF RFC 1034 规定了域名的语法,域名由标号序列组成,标号之间以"."隔开,标号可以是英文字母、数字或连字符"-",每一个标号不超过 63 个字符,整个域名不超过 255 个字符。

域名空间采用层次化结构,因特网典型的域名格式为"主机名.二级域名.顶级域名"。顶级域名包括国家顶级域名、专用顶级域名和通用顶级域名。国家顶级域名由两位字母组成,如中国的国家顶级域名为"cn"。专用顶级域名主要有"mil""edu"和"gov",分别代表军事机构、教育机构和政府机构,非上述机构不得注册此类域名。通用顶级域名是指来自任何国家的任何人均可自由使用的顶级域名,如"com""org"和"net",分别代表商业企业、非营利性组织和网络服务者。二级域名由域名使用者自行确定。为保证每一个域名的唯一性,域名在使用前需进行注册,域名的注册遵循先申请先注册的原则。因特网号码分配局(IANA)负责域名的顶层管理,因特网注册机构(IR)及其区域分支机构负责大部分顶级域名和二级域名的具体管理。

专用 IP 网的域名可不受因特网域名结构和格式的限制，由网络管理者自行确定，在本网络内有效。

5.276　域名解析(domain name resolution)

根据域名获取对应 IP 地址的服务。域名解析分为静态域名解析和动态域名解析。

(1) 静态域名解析

在主机上人工建立域名和 IP 地址之间的对应关系表，即静态域名解析表。当应用程序需要域名解析时，查询静态域名解析表即可。

(2) 动态域名解析

由域名服务器和客户端共同完成。在主机内部，客户端收到应用程序的域名解析请求后，首先查询 DNS 缓存。如果有相应的解析表项则向应用程序返回解析结果，否则向域名服务器发送查询报文。服务器收到查询报文后查询域名对应的 IP 地址，如果该域名不在本域范围之内则交给上一级服务器处理，直到完成解析，将结果返回客户端。客户端收到响应报文后，将结果返回给用户程序。

静态域名解析速度快，但静态域名解析表不可能做得太大，因此一般将常用的域名放入静态域名解析表中。在解析域名时一般先进行静态解析，如果静态解析不成功，再进行动态解析。

5.277　域名系统(domain name system)

提供域名解析服务的系统，简称 DNS。DNS 采用树状结构划分域名空间，采用客户端/服务器模式进行域名解析。客户端提出查询请求，服务器负责查询请求的处理，获取域名对应的 IP 地址，返回给客户端。DNS 一般被设计成一个联机分布式数据库系统，域名到 IP 地址的解析可由若干个域名服务器共同完成。大部分的域名解析工作可在本地的域名服务器上完成，效率较高。同时，即使单个域名服务器出现故障也不会导致整个系统失效，提高了系统的可靠性。

5.278　载波侦听多址访问/冲突检测(carrier sense multiple access/collision detection)

总线型信道的一种占用与冲突避免机制，简称 CSMA/CD。总线型信道上连接有多个用户，在同一时间内，只能有一个用户占用信道发送数据，其他用户处于侦听状态。如果用户随机占用信道，发送数据，则不可避免地产生碰撞冲突。CSMA/CD 的目的是在保证用户随机发送数据的前提下，尽可能降低发生碰撞冲突的概率，其基本原理与工作过程如下。

(1) 用户无数据发送时处于侦听状态，通过检测载波的有无和大小，可知信道的状态(空闲、占用、冲突)；

(2) 用户需要发送数据时，且侦听到信道空闲，则发送数据。如果侦听到信道处于占用或冲突状态，则等待发送，一旦发现信道空闲，即发送数据；

(3) 用户在发送数据过程中，仍继续侦听信道，一旦发现信道载波明显增强，即判断为冲突发生，则停止当前的数据发送，转而发送干扰信号，进一步增强冲突信号，使信道上所有用户可检测到冲突；

(4) 用户发送完干扰信号后，随机延迟一段时间，重新尝试发送数据。

CSMA/CD 机理简单、技术上易实现，各用户处于平等地位，不需要集中控制，但用户发送数据量过大时，冲突概率增大，信道效率急剧下降。早期的以太网为共享总线结构，采用 CSMA/CD 解决多路访问中的信道冲突问题。以太网采用交换模式后，不存在信道冲突问题，故不再使用 CSMA/CD。

5.279　指定端口(designated port)

以太网交换机的一种端口。每个交换机可有若干个指定端口。通过该端口，交换机与生成树的下游交换机相连，向下游交换机发送桥协议数据单元(BPDU)。

5.280　指定网桥(designated bridge)

以太网生成树中，以某一节点为参照的上游节点所对应的网桥。一个网桥通过其根端口与其指定网桥相连。

5.281　指定源组播(source specific multicast)

组播组成员指定组播源的组播业务模型，简称 SSM。组播组成员只接收指定的组播源发往组播组的数据，而不接收其他组播源发往该组播组的数据。组播组成员将指定的组播源地址告知网络，网络即可在组播源和组播组成员之间建立有源树，而不需要设置汇聚点(RP)，建立共享树。指定源组播使用专用的组播地址 232.0.0.0～232.255.255.255。在试验任务中，大多数组播组成员预先知道组播源地址，因此组播数据传输一般采用指定源组播模型。

5.282　指定源组播映射(source specific multicast mapping)

在支持 IGMP v3 的路由器上进行的组播组到组播源的映射,简称 SSM mapping。在指定源组播中,要求路由器掌握其网段内组成员所指定的组播源。如果主机支持 IGMP v3 协议,路由器可通过 IGMP 报告报文获得指定的组播源地址;如果主机仅支持 IGMP v1 或 IGMP v2,则报告报文中无法指定组播源地址,需要在路由器上人工为组播组指定组播源,即静态配置 SSM mapping 功能。其方法是,在路由器上使用 SSM mapping 功能,配置 SSM mapping 规则,建立组播组地址与组播源地址之间的静态映射关系。配置完成后,当路由器接收到来自主机的 IGMP v1 或 IGMP v2 的报告报文时,检查报文中携带的组地址 G,依据映射关系,将报文中的(*,G)信息转换为一组(S,G)信息,从而为主机提供指定源组播服务。

5.283　直连路由(direct route)

链路层协议发现的路由,又称为接口路由。与路由器接口直接相连的子网称为直连网络,到该直连网络的路由由路由器直接生成,并添加至该路由器的路由表中。一般默认直连路由的优先级最高,度量值最小。直连路由需要由其他路由协议引入并发布,才能被其他路由器发现。例如,一台路由器的千兆以太网口 GigabitEthernet 2/0/0 直接连接的子网为 1.1.1.0/24,则该路由器产生的直连路由如图 5.50 所示,其下一跳地址为 1.1.1.1/24。

目的地址/掩码长度	协议类型	优先级	度量值	下一跳地址/掩码长度	出接口
1.1.1.0/24	直连	0	0	1.1.1.1/24	GigabitEthernet 2/0/0

图 5.50　直连路由示例

5.284　直连网线(Ethernet straight-through wire)

将两个 RJ45 连接器相同编号插针连接起来而制成的网线,简称直连线。如图 5.51 所示,直连线的线序与插针编号的对应关系有两种,分别由 EIA/TIA 568A 和 EIA/TIA 568B 标准规定。一般情况下不同类型的设备连接时,采用直连线,如路由器与交换机之间、交换机与主机之间等。

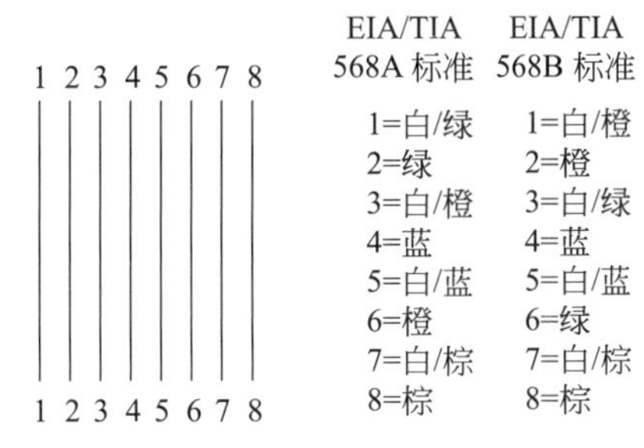

图 5.51　直连线连接关系

5.285　直通转发(cut-through forward)

以太网交换机转发数据帧的方式之一。交换机一旦读取数据帧目的 MAC 地址,即进行转发,不存储完整数据帧,也不进行 CRC 校验。与存储转发方式相比,交换速度快,延迟小,但可能转发已损坏的数据帧。

5.286　主机(host)

数据网络的用户终端。数据网络是为满足计算机通信而发展起来的,所以早期的主机指接入数据网络的计算机。以太网和 IP 网占据数据网络统治地位后,主机实际上指以太网和 IP 网的各种用户终端。每一个主机有一个以太网(二层)的 MAC 地址和 IP 网(三层)的 IP 地址。由于网络依靠地址来识别主机,故网络把一个地址视同一个主机。路由器的每个端口都分配有 IP 地址,故可把路由器看作多个主机组成的设备,其每个主机位于不同的子网上。路由器的作用就是在这些子网间转发数据包。

向网络内发送数据包的主机称为源主机,接收数据包的主机称为目的主机。一般情况下,主机同时具有收发功能,既是源主机又是目的主机。不能与实体主机一一对应的地址,称为虚拟地址。虚拟地址对应的主机称为虚拟主机,如多个主机除了各自本身的地址外,还可共用一个地址,这个共用的地址称为虚拟地址,虚拟地址所代表的多个主机的集合称为虚拟主机。

5.287　主机路由(host route)

目的地址为主机地址的路由表项。有时也指主机内保存的路由。主机路由的子网掩码最长,为 32 位。路由转发遵循子网掩码最长匹配原则,因此当存在多个匹配路由表项时，路由器优先选用主机路由。在路由协议与网络管理中，目的地为路由器、交换机等网络设备的路由一般采用主机路由。

5.288　抓包(packet capture)

对流经网络的数据包进行捕获的方法。一般将需要捕获的数据包进行镜像，在镜像端口连接抓包设备。对于没有镜像端口的网络设备，可通过在线路上串接分路器(tap)或集线器(hub)等方式连接抓包设备。抓包设备的网卡设置为混杂模式，以接收到达网卡的所有数据包。抓包属于在线被动测量方法，不影响网络的正常业务，是流量监视、入侵检测等设备获取网络数据的主要手段。

5.289　转发等价类(forwarding equivalent class)

MPLS 网络中具有相同转发处理方式的报文的集合，简称 FEC。通常将目的相同、转发路径相同和服务质量等级相同的报文归为同一个 FEC，并分配给该 FEC 一个标签。同一 FEC 的所有 MPLS 报文均携带该标签，MPLS 网络对具有相同标签的报文采用相同的转发处理方式。

5.290　自举路由器(bootstrap router)

在 PIM-SM 中，向网络中扩散自举报文的路由器，简称 BSR。在 PIM-SM 中，一般配置多个候选自举路由器(C-BSR)。这些路由器通过自举机制选举产生一个自举路由器，周期性地在网络中扩散自举报文，其余自举失败的路由器停止发送自举报文。

5.291　子网(subnet)

IETF RFC 917 规定的，将自然分类法的网络作进一步划分得到的网络。在自然分类法中，IP 地址为两级结构，由网络号和主机号组成。划分子网后，IP 地址变为三级结构，如图 5.52 所示，网络号保持不变，而将原来的主机号分为子网号和主机号。

自然分类法中的IP地址结构	网络号	主机号	
子网划分后三级IP地址	网络号	子网号	主机号

图 5.52　子网划分

子网划分有利于 IP 地址的有效利用、分配和管理。子网划分属于一个组织的内部事务，外部网络不必了解机构内划分了多少子网。从外部网络发送给组织内部主机的数据依然根据原来的选路规则发送至机构对外联网路由器上。该路由器接收到 IP 数据报文再按照网络号和子网号找到目的子网，将 IP 数据报文交付给目的主机，因此要求路由器具备识别子网的能力。

5.292　子网掩码(subnet mask)

IETF RFC 950 规定的，由一串连续的二进制 1 与跟随的一串二进制 0 组成的 32 位比特串。连续 1 的长度等于“网络号+子网号”的长度，称为子网掩码长度；连续 0 的长度等于主机号的长度。子网掩码决定了子网主机的容量，子网掩码长度越长，主机容量就越小。子网掩码与主机 IP 地址进行逐位逻辑与运算，就可得出该主机所在子网的地址。

子网掩码通常用两种方式表示，一种为点分十进制表示法，如 C 类地址的子网掩码可表示为“255.255.255.0”；一种为位数表示法，也称为斜线表示法，即在 IP 地址后加一斜线“/”，然后写上子网掩码“1”的位数，如 C 类地址子网掩码长度为 24 位，表示为“/24”。

5.293　资源预留协议(resource reservation protocol)

IETF RFC 2205 规定的，网络根据主机请求，预留资源保证其服务质量的信令协议，简称 RSVP。RSVP 是因特网综合服务模型的一部分，运行在 IP 层之上，本身并不负责传送数据，只是传输资源预留的控制信息。其基本原理是，在实际的数据传输之前，主机向网络发出资源预留请求，如果网络能够满足要求，则在数据传输链路的每个节点上预留相应的资源，用于数据传输；如果不能满足请求的条件，则拒绝资源预留请求。

RSVP 定义了一整套消息机制来完成服务质量请求、资源预留、路径的维护、资源释放等功能，其中最主要的是路径消息(PATH)和预留消息(RESV)。资源预留的过程如下。

(1) 发送主机定期向接收主机发送 PATH 消息，用于网络中间节点记录数据传输路径。PATH 消息中包括上游节点的 IP 地址、请求的服务质量、业务流定义(如源 IP 地址、目的 IP 地址、协议、端口号等)等，其目的地址是接收主机的 IP 地址。PATH 消息像其他 IP 包一样被传送到接收端，路径上具有 RSVP 功能的节点收到 PATH 消息后，建立或维护本地路径状态，然后将 PATH 消息中的上游节点的 IP 地址替换为本节点 IP 地址，向下游转发。

（2）接收主机收到PATH消息后，对其进行处理，然后沿着PATH消息相反的路径向发送主机返回RESV消息，用于网络中间节点预留资源。RESV消息中包括发送RESV消息的节点的IP地址、请求的服务质量、业务流定义等。接收到RESV消息的节点检查是否有足够的资源满足所请求的服务质量。如果有，则保留资源，并向上游节点转发RESV消息；否则，向接收主机发送资源预留出错消息，终止接收主机的资源预留请求。

（3）当RESV消息到达发送主机时，说明整条链路上的资源已被预留，发送主机可以沿着该路径发送数据。

RSVP只允许资源保留特定的时间，资源预留状态由PATH和RESV消息建立并定期动态刷新，如果在清除时间间隔内没有收到相应的更新消息，或者收到了主动的资源删除消息，则释放相关的预留资源。

RSVP事先在数据流的传输路径上预留了所需的网络资源，因此能够提供端到端的服务质量保证，适用于对服务质量要求较高的应用。但是其实现复杂，可扩展性不强，难以在大型网络中推广应用。

5.294 自治系统(autonomous system)

由一个管理机构管理的拓扑上连通的路由器集合，简称AS。每个自治系统都有一个唯一的编号，即自治系统号(ASN)，编号范围为1~65 535。其中1~64 511为公用编号，需要向因特网号码分配局(IANA)申请，以保证其唯一性；64 512~65 535为私有编号，供专用网络使用。

自治系统可自主选择内部路由协议，但与其他自治系统交换路由信息时需采用外部网关协议，目前一般使用边界网关协议(BGP)。在自治系统内部，选择若干路由器作为BGP路由器，与其他自治系统交换网络可达信息，BGP协议报文中需携带自治系统号，以与其他自治系统相区别。

5.295 综合服务模型(integrated service model)

通过资源预留保证每一业务流服务质量的QoS模型，又称集成服务模型，简称IntServ。综合服务模型通过资源预留协议(RSVP)在网络上对每一个业务流进行资源预留，只有在传输路径上所有节点均具有足够的资源可供使用时，才能建立连接，开始数据传输。当资源不够时，综合服务模型以拒绝连接的方式，拒绝用户的数据传输请求。一旦资源预留成功，综合服务模型则可提供绝对的服务质量保证。网络内各节点要为其转发的所有业务流进行逐个专门处理，可扩展性差，因此综合服务模型很难在大型网络上应用。

5.296 组播(muliticast)

通过网络节点复制，将源主机发送的数据包转发到多个目的主机的传输方式，又称多播。组播的基本思想是，源主机对同样内容的数据包只发送一次，其目的地址为组播组地址。网络采用组播路由协议建立和维护组播转发树，沿组播转发树对数据包进行复制和转发，最后转发到所有的组播组成员。组播的主要优点在于节省网络流量，减轻源主机发送负担，但其实现要比单播复杂得多，需要解决如何发现组播源、组播组成员，如何建立和动态维护组播转发树等问题。在试验任务中，有很多一点到多点的传输需求，一般采用组播方式满足此类需求。

5.297 组播MAC地址(muliticast MAC address)

一个组播组的所有成员共用的MAC地址。因特网号码分配局(IANA)分配的组播MAC地址范围为01:00:5E:00:00:00~01:00:5E:7F:FF:FF，高25位固定，只有低23位可供分配。组播IP地址到组播MAC地址的映射采用固定映射方式，将组播IP地址的低23位放入组播MAC地址的低23位。组播IP地址是高4位固定，低28位可供分配，因此丢失了5位的地址信息，最多会有32个组播IP地址映射到同一个组播MAC地址上。

5.298 组播IP地址(muliticast IP address)

一个组播组的所有成员共用的IP地址，又称组播组地址、组播地址或组地址。组播地址与组播组一一对应，代表一组共同的接收者，因此只能做目的地址使用。因特网号码分配局(IANA)把IPv4地址空间的D类地址分配给组播使用，地址范围为224.0.0.0~239.255.255.255。

组播地址可再分为固定组播地址、用户组播地址和本地管理的组播地址。

固定组播地址是IANA为路由协议预留的组播地址，又称保留组播地址和永久组播地址，地址范围为224.0.0.0~224.0.0.255。固定组播地址局限在一个网段内使用，即组播源和组播组成员位于同一个网段内，发往固定组播地址的报文的TTL为1，路由器不向外转发，因此该地址可以在不同网段内重复使用。常用的固定组播地址及其用途见表 5.17。

表 5.17　常用的固定组播地址及用途

固定组播地址	用途
224.0.0.0	保留不用
224.0.0.1	同一网段的所有主机与路由器
224.0.0.2	组播组管理协议 v2(IGMP v2)路由器
224.0.0.4	距离矢量组播路由协议(DVMRP)路由器
224.0.0.5	开放最短路径优先路由协议(OSPF)路由器
224.0.0.6	OSPF 指定路由器/备用指定路由器
224.0.0.7	共享树(ST)路由器
224.0.0.8	共享树主机
224.0.0.9	路由信息协议 v2(RIP-2)路由器
224.0.0.11	移动代理
224.0.0.12	动态主机配置协议(DHCP)服务器/中继代理
224.0.0.13	协议无关组播协议(PIM)路由器
224.0.0.14	资源预留协议(RSVP)封装
224.0.0.15	有核树(CBT)路由器
224.0.0.16	指定子网带宽管理(SBM)
224.0.0.17	所有 SBM
224.0.0.18	虚拟路由器冗余协议(VRRP)
224.0.0.22	组播组管理协议 v3(IGMP v3)路由器

用户组播地址是为组播业务用户分配的临时组播地址,地址范围为 224.0.1.0~238.255.255.255。其中有些已指定用途,不能再做他用。这些已指定用途的用户组播地址再分为 3 类:一是预留的非本地组播地址,一般用来在网络上提供公共服务,地址范围为 224.0.1.0~224.0.1.255;二是指定源组播地址,地址范围为 232.0.0.0~232.255.255.255;三是静态全球组播地址(GLOP),是为自治系统分配的全球通用地址,该地址的组成员限制在一个自治系统内,地址范围为 233.0.0.0~233.255.255.255,第 2 字节和第 3 字节为自治系统号,第 4 字节由自治系统自行分配。其他未指定用途的用户组播地址可以自行分配。

本地管理的组播地址只在同一个管理域内使用,地址范围为 239.0.0.0~239.255.255.255,在不同管理域内可重复使用相同的本地管理的组播地址而不会引起冲突。

5.299　组播 VPN(multicast in BGP/MPLS IP VPNs)

在现有 BGP/MPLS IP VPN 基础上支持组播业务的技术,简称 MVPN。该技术用于解决专用网组播报文通过公用网转发的问题。组播 VPN 有多种解决方案, IETF RFC 6037 标准草案阶段曾同时存在 3 种解决方案:组播域(MD)方案、VPN-IP PIM 方案和基于 PIM NBMA 技术的组播 MD 方案。IETF RFC 6037 最终唯一保留了 MD 方案。

在图 5.53 所示的网络中,分布在多地的专用网通过用户边缘路由器(CE)与公用网的边界路由器(PE)相连。公用网为每一个 VPN 生成一个 MD,并为其分配一个唯一的公用网组播地址,即共享组播组地址。组播源产生的组播数据包 C-Packet,经 CE1 转发至 PE1。PE1 使用共享组播组地址作为目的地址,将 C-Packet 封装为公用网组播数据包 P-Packet,然后利用公用网组播,将 P-Packet 转发到 MD 中的 PE2 和 PE3。PE2 和 PE3 将 P-Packet 解封

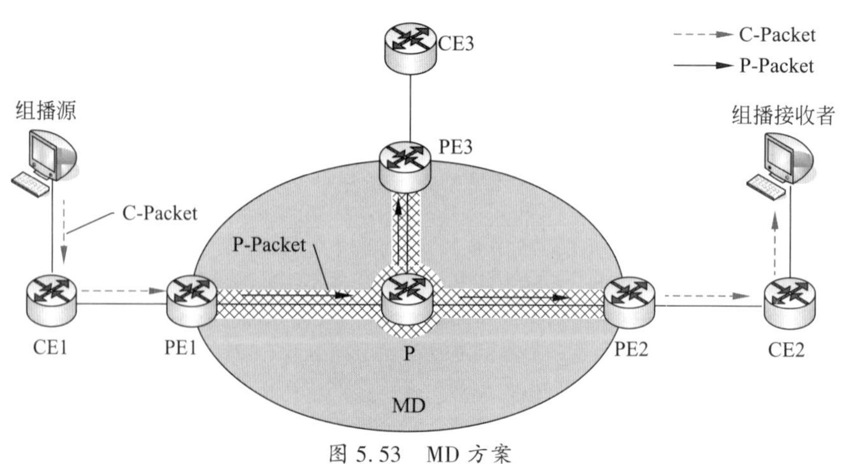

图 5.53　MD 方案

装为C-Packet。PE2将C-Packet转发至CE2;PE3连接的私有网中没有组播接收者,则PE3丢弃C-Packet。从而实现专用网组播数据在公用网中的组播转发。

在公用网中,无论PE连接的专用网中有无组播接收者,组播数据均转发到MD内的所有PE。这将浪费公用网带宽,增加PE处理负担。为此,提出了一个针对MD的优化方案:对于流量较小的组播业务,仍使用共享组播组转发;而对于流量较大的组播业务,则为其单独分配一个组播组即切换组播组转发。

5.300　组播静态路由(multicast static route)

静态配置的组播路由,又称RPF静态路由。组播静态路由的配置项主要包括源地址、RPF接口、RPF邻居,指定某组播源的组播报文须由RPF邻居转发,从RPF接口收到。组播静态路由仅在所配置的路由器上生效。与单播静态路由相比,组播静态路由未指定目的地址及下一跳地址,因此不能直接用于数据转发。通过配置组播静态路由,可创建一条不依赖单播路由的组播路由,实现单播报文和组播报文的分流。在依赖单播路由生成的组播路由上,因无法通过RPF检查,不能选择单向链路。这时可通过配置组播静态路由,实现组播报文在单向链路上的传输。

5.301　组播路由表(multicast routing table)

用于指导组播报文转发的路由表。组播路由表项包括组播树标识,入接口和出接口。组播树标识以"(组播源地址,组播组地址)"形式表示。入接口指组播报文的入口,与上游路由器相连。出接口指组播报文的出口,与下游路由器相连。当一个表项出接口有多个值时,说明路由器需要在多个接口上复制组播报文。在组播路由器上,每个使能的组播路由协议都会产生一个组播路由表,所有组播路由表经过综合产生组播转发表,用于组播报文的转发。

5.302　组播协议(mulitіcast protocol)

组成员与组播路由器之间、组播路由器与组播路由器之间的协议。组成员和组播路由器之间的协议称为组播组管理协议,用于组播路由器动态掌握子网内组成员的分布情况,即子网内存在哪些组播组的成员,常用的有因特网组管理协议(IGMP)。组播路由器之间的协议称为组播路由协议,用于在全网内建立和动态管理组播树,在路由器上建立和动态管理组播路由表。组播路由协议又分为域内组播路由协议和域间组播路由协议两种。域内组播路由协议在一个组播域内运行,主要有协议无关组播协议(PIM)等。域间组播路由协议在多个组播域之间运行,主要有组播源发现协议(MSDP)、边界网关协议多协议扩展(MP-BGP)等。

5.303　组播业务模型(mulitіcast service model)

组播业务的标准模式。根据组成员对组播源的接收要求不同,组播业务模型分为任意源组播(ASM)、信源过滤组播(SFM)和指定源组播(SSM)。在ASM中,组成员能够接收到所在组所有组播源的组播报文。SFM在ASM的基础上增加了信源过滤功能,网络对组播报文的源地址进行检查,有选择地允许或禁止组成员接收某些组播源的报文。在SSM中,组成员能够指定只接收或拒绝接收某些组播源的组播报文。SFM可以看作ASM的扩充,从网络的角度看,二者没有本质的区别。ASM与SSM可以在同一网络中共存,但是二者需使用不同的组播地址。

5.304　组播源(mulitіcast source)

发送组播报文的主机。组播源发送组播报文时,源地址为组播源的IP地址,目的地址为组播组地址。组播源与组播路由器之间无任何组播协议,发送组播报文时即可认为是组播源,不发送时即可认为是一个普通的主机。一个主机可以同时是多个组播组的组播源,一个组播组可以同时有多个组播源。另外,组播源可以是也可以不是组播组成员。

5.305　组播源发现协议(multicast source discovery protocol)

IETF RFC 3618提出的跨PIM-SM域发现组播源的协议,简称MSDP。如图5.54所示,两个PIM-SM域各有一个RP,分别为RP1和RP2,域1的DR1只向RP1登记组播源,域2的组成员在组播源未发现之前,只从以RP2为根的(*,G)共享树上接收组播报文。由于RP2不知道域1上的组播源,因此组播报文不能跨域转发。如果要实现组播报文的跨域转发,须首先解决如何跨域发现组播源的问题。

运行MSDP协议的路由器为MSDP路由器。RP均应运行MSDP协议,但MSDP协议并非都运行

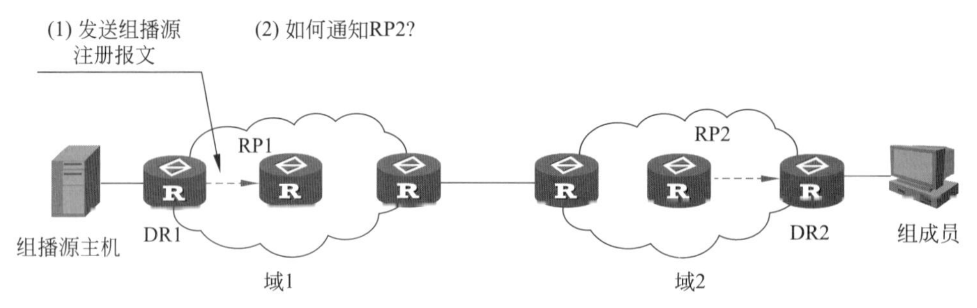

图 5.54　PIM-SM 的跨域组播问题

在 RP 上。MSDP 路由器之间通过 TCP 连接(639 端口)交互 MSDP 协议报文。一个 TCP 连接所涉及的两个 MSDP 路由器互相称对方为 MSDP 对等体。

RP1 和 RP2 运行 MSDP 协议,并通过 TCP 连接成为 MSDP 对等体。DR1 向 RP1 单播发送组播源注册报文,使 RP1 获得组播源地址 S 和组播地址 G,由此触发 RP1 向 RP2 发送称之为活跃源 (SA)的 MSDP 协议报文。SA 报文携带组播源地址 S、组播组地址 G、RP1 地址以及组播源发送的组播报文。RP2 收到 SA 报文后,就相当于得到了组播源的注册报文。此后的工作完全由 PIM-SM 完成,直到域 1 组播源的组播报文沿 DR1 至 DR2 的最短路径树转发到域 2 的组成员。当网内 RP 增多时,这些 RP 通过 TCP 连接形成 MSDP 连通图的拓扑结构。SA 协议报文沿该拓扑结构扩散到所有的 RP。

5.306　组播源注册(multicast source register)

组播源的指定路由器(DR)代表组播源向汇聚点(RP)注册的过程。组播源注册的目的是建立组播源到 RP 的组播分支。DR 第一次收到组播源 S 向组播组 G 发送的组播报文后,将其封装成注册报文,并通过单播方式发送给 RP。当 RP 收到该报文后,一方面解封装注册报文,将封装在其中的组播报文沿着 RPT 转发给接收者;另一方面向组播源方向逐跳发送(S,G)加入报文。这样,从 RP 到组播源所经过的路由器就形成了以 DR 为根,以 RP 为叶子的最短路径树(SPT)分支。此后,组播源发出的组播数据以组播的形式传送至 RP。当 RP 收到沿着 SPT 转发来的组播数据后,通过单播方式向 DR 发送注册停止报文。DR 收到注册停止报文后,确认注册成功,注册过程结束。

注册报文格式如图 5.55 所示。

注册报文各字段含义如下。

(1) PIM 版本:PIM 协议的版本号,目前 PIM 协议的最高版本号为 2。

(2) 类型:PIM 协议报文类型,组播源注册报文的类型值为 1。

(3) 边界标识(B):DR 发送注册报文时,边界标识的值为 0;PIM 组播边界路由器(PMBR)发送注册报文时,边界标识的值为 1。PMBR 为连接 PIM 组播域和非 PIM 组播域的路由器。当组播源在 PIM-SM 组播域外时,由 PMBR 扮演 DR 的角色,向 RP 注册。

(4) 空注册标识(N):空注册报文中 N 的值为 1,注册报文中 N 的值为 0。注册成功后,DR 定期(缺省值为 5 s)向 RP 发送空注册报文,RP 回复注册停止报文,表示注册处于有效状态。当 DR 连续一段时间(缺省值为 60 s)未收到 RP 的注册停止报文时,则重新开始注册过程。

(5) 组播报文:组播源发出的组播报文。

注册停止报文格式如图 5.56 所示。

注册停止报文各字段含义如下。

图 5.55　注册报文格式

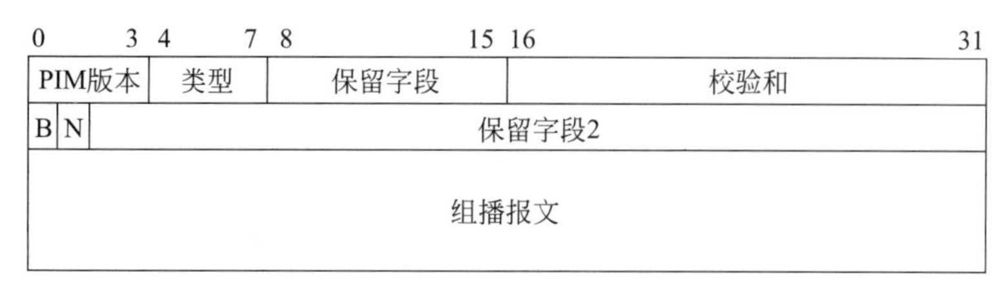

图 5.56　注册停止报文格式

(1) PIM 版本：PIM 协议的版本号，目前 PIM 协议的最高版本号为 2。

(2) 类型：PIM 协议报文类型，停止注册报文的类型值为 2。

(3) 组播地址：停止注册的组播组的地址。

(4) 源地址：停止注册的组播源的地址。

5.307　组播转发表(muliticast forwarding table)

直接用于组播报文转发的路由表。组播转发表项与组播路由表项相同，主要包括组播树标识、入接口和出接口。路由器根据一定的规则，综合各个组播路由协议的组播路由表，产生组播转发表。当路由器收到组播报文后，首先查找组播转发表，如果不存在相应的表项，则进行反向路径转发(RPF)检查。检查通过后，将 RPF 接口作为入接口，新建组播路由表项，并下发到组播转发表中。如果存在相应的表项，且表项的入接口与报文的入接口一致，则向所有出接口转发该报文。如果存在相应的表项，但表项的入接口与报文的入接口不一致，则进行 RPF 检查。如果 RPF 检查通过，则将表项的入接口更新为 RPF 接口，并向所有出接口转发报文，否则丢弃报文。

5.308　组播转发树(muliticast forwarding tree)

组播报文在网络中的转发路径，简称组播树。组播树的节点对应于路由器，节点间的连接线对应于传输链路。组播报文从根节点出发，沿着组播树从父节点(上游节点)向子节点(下游节点)转发，直至所有组播组成员。组播树分为有源树和共享树两种。有源树以组播源所在的指定路由器为根节点，用(组播源地址，组播组地址)表示。共享树一般以汇聚点(RP)为根节点，用(＊，组播组地址)表示。

5.309　组播组(muliticast group)

接收相同组播报文的目的主机的集合。一个组播组的所有成员共用一个目的地址接收组播报文。一个网络内可以同时存在多个组播组。

5.310　组播组成员(muliticast group member)

接收组播报文的目的主机，又称组成员。主机一般采用因特网组管理协议(IGMP)，通过向组播路由器报告加入的方式加入组播组，通过向组播路由器报告离开或不应答组播路由器查询的方式退出组播组。一个主机可以同时加入多个组播组。

第6章　数据通信

6.1　0比特插入法(0 bit insert)

除标志字段外，HDLC帧中每逢5个连续的"1"之后插入一个"0"比特的数据透明传输方法。HDLC帧的标志字段为"01111110"，若在两个标志字段之间的比特串中出现了和标志字段一样的比特组合，则会被认为是帧的标志字段，从而造成帧边界的识别错误。为避免6个连"1"的情况，在发送端连续5个"1"出现时，便在其后插入一个"0"；在接收端，当连续发现5个"1"时，就删除其后的比特"0"。这样既保证了帧边界识别的正确性，又保证了数据传输的透明性。

6.2　2047码(2047 code)

周期为2047位的伪随机码序列。2047码一般由两类11级线性移位寄存器产生，如图6.1所示，对应的本原多项式分别为 $1+X^2+X^{11}$ 和 $1+X^9+X^{11}$。移位寄存器的初始值为任意11位非全"0"的二进制数。在时钟节拍的控制下，每次寄存器 a_0 输出一位，同时其余寄存器向右移动一位，寄存器 a_{10} 则由相应的异或运算结果决定。当输出 $2^{11}-1=2047$ 位后，各移位寄存器的值又回到初始状态，重新开始下一个循环。在数据通信中，2047码通常作为测试码，用于测试中低速率数据电路的误码率。

6.3　2B1Q码(2B1Q code)

基带数字信号的码型之一。2B1Q码有4个码元，其幅度分别为+3、+1、-1和-3，分别代表两个二进制数字组合"10""11""01"和"00"。在数字用户线中，2B1Q码常作为高比特率数字用户线(HDSL)的线路码。

6.4　511码(511 code)

周期为511位的伪随机码序列。511码一般由两类9级线性移位寄存器产生，如图6.2所示，对应的本原多项式分别为 $1+X^4+X^9$ 和 $1+X^5+X^9$。移位寄存器的初始值为任意9位非全"0"的二进制数。在时钟节拍的控制下，每次寄存器 a_0 输出一位，同时其余寄存器向右移动一位，寄存器 a_8 则由相应的异或运算结果决定。当输出 $2^9-1=511$ 位后，各移位寄存器的值又回到初始状态，重新开始下一个循环。在数据通信中，511码通常作为测试码，用于测试低速率数据电路的误码率。

6.5　9600型调制解调器(9600 modem)

试验通信网中使用的一款话带调制解调器。该调制解调器符合ITU-T V.29建议的相关规定，同时兼容ITU-T V.27bis和V27ter。其工作方式为四线全双工和二线半双工可选，支持的同步传输速率包括9600 kb/s、7200 kb/s、4800 kb/s和2400 kb/s，异步速率包括9600 kb/s、4800 kb/s和2400 kb/s。该调制解调器主要用来在四线专用话音电路上传输各类试验数据。

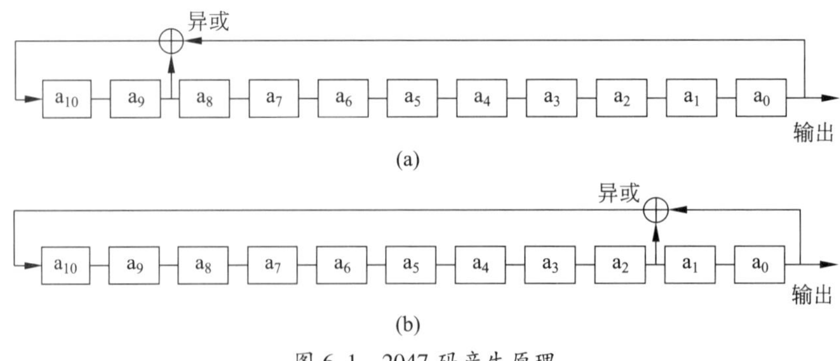

图6.1　2047码产生原理

(a) $1+X^2+X^{11}$ 多项式；(b) $1+X^9+X^{11}$ 多项式

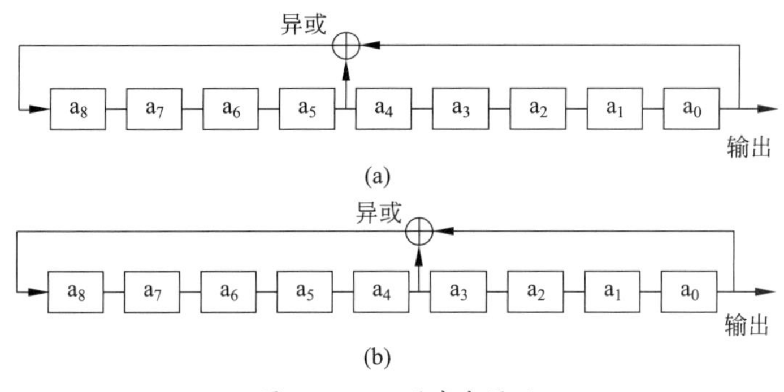

图 6.2　511 码产生原理

(a) $1+X^4+X^9$ 多项式；(b) $1+X^5+X^9$ 多项式

6.6　ADSL(asymmetric digital subscriber line)

在双绞线上传输高速非对称数字信号的传输技术,中文名称为非对称数字用户线。ADSL 的调制方式有无载波幅度/相位调制(CAP)和离散多音频调制(DMT)两种,我国采用 DMT。其上行速率为 16~640 kb/s,下行速率为 1.5~9 Mb/s,传输距离可达 5 km 左右。ADSL 通常应用在互联网访问,视频点播、单一视频和交互多媒体等场合。

6.7　AMI 码(alternative mark inversion code)

基带数字信号的码型之一,中文名称为交替传号反转码。AMI 码的码元有“-1”“0”“+1”3 种状态,用“-1”和“+1”交替表示传号,用“0”表示空号。在数字通信中,传号相当于二进制数字“1”,空号相当于二进制数字“0”。从收到的码元序列中将所有的“-1”置换成“+1”后,即可解码。基于 AMI 码的基带信号中,正负脉冲交替,因此不含直流分量,但有可能出现长的连“0”串,故不易提取码元定时信号。

6.8　APSK(amplitude and phase shift keying)

一种移相键控(PSK)与正交幅度调制(QAM)相结合的幅度相位调制方式。一个 16 个信号点的 APSK 的星座如图 6.3 所示,其分布呈中心向外沿半径发散。由于 QAM 的星座图为方形,故又将 APSK 称为星型 QAM。APSK 星座由多个同心圆组成,每个圆上有等间隔的 PSK 信号点。圆的半径越大,圆上的信号点数越多。APSK 信号幅值比 QAM 信号幅值少,包络起伏不大,抗非线性失真的能力优于 QAM。APSK 易于实现变速率调制,适合在根据信道质量及业务需要进行分级传输的场合下使用。

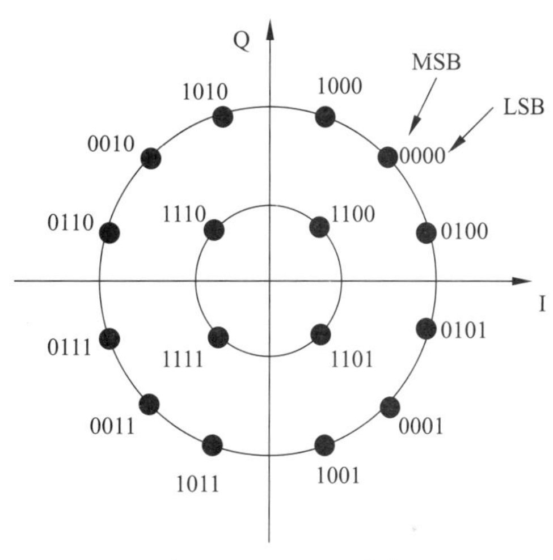

图 6.3　16APSK 星座

第二代卫星广播标准(DVB-S2)提出了可供选择的多种调制方式,其中包含了 16APSK 和 32APSK。

6.9　ASCII 码(american standard code for information interchange)

美国国家标准化协会制定的基于文本的数据交换代码,中文名称为美国标准信息交换代码。ASCII 使用 7 位或 8 位二进制数组合来表示 128 种或 256 种可能的字符。标准 ASCII 码也叫基础 ASCII 码,使用 7 位二进制数来表示所有的大写和小写英文字母,数字 0~9、标点符号,以及换行、回车、换页、删除、退格、文头、文尾、确认等不可显示的控制字符;使用 8 位二进制数时,前 128 个仍为标准 ASCII 码,后 128 个称为扩展 ASCII 码。扩展 ASCII 码包括特殊符号字符、外来语字母和图形符号等。

ASCII 码属于单字节字符编码，因此 7 位的标准 ASCII 码仍占用 8 位，最高位用作奇偶校验位。传输时，低位先传。

6.10　ASN.1(abstract syntax notation one)

国际电信联盟(ITU)和国际标准化组织(ISO)联合制定的一种抽象语法记法，中文名称为抽象语法记法一。ASN.1 提供了一种用于定义和描述数据结构的标准化语言，用于解决不同设备的数据表示的兼容性问题。它使用英文字母、数字 0~9、标点符号和运算符号，定义了布尔、整数、枚举、实数、比特串、八比特组串、空、序列、集合、选择和字符串等基本数据类型及其表示方法。根据上述基本数据类型，规定了更为复杂的数据类型的定义和表示方法。ASN.1 的定义结构如下所示：

```
<模块名> DEFINITIONS<缺省 Tag>::=
        BEGIN
                EXPORTS<导出描述>
                IMPORTS<导入描述>
                AssignmentList<模块体描述>
        END
```

ASN.1 常用来定义和表示各种通信协议的数据单元。

6.11　BCH 码(Bose-Chaudhuri-Hocquenghem code)

由 Bose、Chaudhuri 和 Hocquenghem 这 3 位科学家提出的一种能纠正多位错误的循环码。给定任一有限域 $GF(q)$ 及其扩域 $GF(q^m)$，其中 q 是素数或素数的幂，m 为某一正整数。若对于任意码元取自 $GF(q^m)$ 上的循环码 $C(n,k)$，$n=q^m-1$，它的生成多项式 $g(x)$ 的根集合 R 中含有 s 个连续根，即 R 包含$(a^1,a^2,\cdots,a^{s-1},a^s)$，则由 $g(x)$ 生成的循环码称为 q 进制 BCH 码。BCH 码有严格的代数结构，并且构造方便，编码简单。BCH 码的纠错能力很强，是纠正短突发误码的首选纠错码。BCH 码在短码和中等码长下，其纠错性能接近理论值，在各类通信系统中得到了广泛的应用。

6.12　BECN(backward explicit congestion notification)

帧中继帧结构地址字段中的子字段之一，中文名称为后向显式拥塞通知。BECN 占用地址字段的 1 个比特，该比特置“1”表示拥塞，置“0”表示不拥塞。当网络或者用户发现某一方向拥塞时，就在其相反方向传输的帧中，将 BECN 置“1”，通知上游启动拥塞避免程序。

6.13　CAP(carrierless amplitude/phase modulation)

一种采用数字整形滤波器实现的正交幅度调制，中文名称为无载波幅度/相位调制。CAP 与一般的正交幅度调制相比，用数字整形滤波器代替了码流与载波的相乘器。输入比特流进入 CAP 的编码器后，每 m 个比特被映射为 $k=2m$ 个不同的复数符号，由这 k 个复数符号构成 k-CAP 线路编码。然后被分别送入同相和正交数字整形滤波器。两个滤波器的输出求和后送入 D/A 转换器，最后经低通滤波器输出。在接收端，用前馈均衡器进行信道均衡后，通过软判决解调出原始比特流。CAP 调制后的信号功率谱为带通型，受低频能量丰富的脉冲噪声及高频的近端串扰的影响较小，无低频延时畸变，由群时延失真引起的码间干扰也较小。CAP 在数字用户线(DSL)中得到普遍应用。

6.14　CMI 码(coded mark inversion code)

基带数字信号的码型之一，中文名称为传号反转码。CMI 码用不归零码的两个子码元表示一个二进制数字。其编码规则是数字“1”交替用“11”和“00”表示；数字“0”固定用“01”表示。CMI 码易于实现，含有丰富的定时信息。此外，由于“10”为禁用码组，不会出现 3 个以上的连码，因此该码具有一定的检错能力。CMI 码常用于 ITU-T G.703 140M 接口和 155M 接口的线路码型。

6.15　DDN 广播(broadcast of digital data network)

数字数据网(DDN)中用户数据点对多点的传输方式。国防科研试验数字数据网支持卫通广播和节点广播两种方式。卫通广播采用一个卫通载波，将 DDN 的一个节点与多个节点连接起来，从而实现用户数据的广播传输。节点广播就是在数据目的节点上，将一份数据复制多份分发到多个用户端口。DDN 广播能够有效节省传输资源，减少节点设备的端口数量。在国防科研试验任务中，上述两种广播方式配合使用,将各远端站获取的数据同时传送到多个任务中心。

6.16　DDN 业务(DDN service)

数字数据网(DDN)为用户提供的网络服务,又称数字数据业务,简称 DDS。DDN 业务包括数据专用电路业务、虚拟专用网业务、帧中继和压缩话音/传真业务 4 种。在国防科研试验任务中,DDN 提供的业务主要是数据专用电路业务和压缩话音/传真业务,分别用来传输试验任务数据、话音及传真电报。

6.17　DE(discard eligibility indicator)

帧中继帧结构地址字段中的子字段之一,中文名称为可丢失指示比特。DE 占用地址字段的一个比特,该比特置“1”表示该帧可以丢弃,置“0”表示不可以丢弃。网络和用户根据服务质量等要求设置 DE 的值,当网络发生拥塞时,置“1”的帧优先被丢弃。

6.18　DMI 码(differential mode inversion code)

基带数字信号的码型之一,中文名称为差分模式翻转码。用不归零码的两个码元(子码元)表示一个 DMI 码元。其编码规则是:码元“1”交替用子码元组合“11”和“00”表示。码元“0”在子码元“1”之后用“01”表示,在子码元“0”之后用“10”表示。

6.19　DTE-DCE 接口(DTE-DCE interface)

数据终端设备(DTE)与数据电路终接设备(DCE)连接的接口,又称数据接口。接口连接器采用国际标准化组织(ISO)规定的 9 芯、15 芯、25 芯、37 芯 D 型连接器以及 34 芯矩型连接器。接口电路分为地线与公共回线、数据电路、定时电路和控制电路 4 类,其功能和相互配合的规程由 ITU-T V. 24 建议规定。接口电路的电气特性有 4 种标准,分别由 ITU-T V. 28、V10、V. 11、V. 35 建议规定,其中前两种为非平衡型,后两种为平衡型。接口连接器、接口电路定义、接口电气特性的不同组合,使实际使用的 DTE-DCE 接口具有多种类型。

美国电子工业协会(EIA)也是 DTE-DCE 接口标准的主要制定者,其制定的 RS-232、RS-530、RS-422/RS-449,与 ITU-T 制定的标准相互兼容。RS-232 等同于 25 芯连接器、ITU-T V. 24 和 ITU-T V. 28 的组合;RS-530 等同于 25 芯连接器、ITU-T V. 24 和 ITU-T V. 11 的组合;RS-422/RS-449 等同于 37 芯连接器、ITU-T V. 24 和 ITU-T V. 11 的组合。

DTE-DCE 接口的一条接口电路只完成一种功能,增加功能需增加接口电路,接口扩展性差。因此后来的 ITU-T G 系列数字接口、以太网接口等均不再采用 DTE-DCE 接口。

6.20　FECN(forward explicit congestion notification)

帧中继帧结构地址字段中的子字段之一,中文名称为前向显式拥塞通知。FECN 占用地址字段的一个比特,该比特置“1”表示拥塞,置“0”表示不拥塞。当网络或者用户发现某一方向拥塞时,就在其相同方向传输的帧中,将 BECN 置“1”,通知下游启动拥塞避免程序。

6.21　FR 帧传送时延(frame transmission delay)

帧中继网端到端传送一帧信息所需的时间,简称 FTD。是帧中继网服务质量参数之一。计算公式为

$$FTD = t_2 - t_1 \tag{6-1}$$

式中:t_1——发送终端开始发送帧的第一个比特的时刻;

t_2——接收终端接收完帧的最后一个比特的时刻。

6.22　FR 帧丢失率(frame loss rate)

帧中继网丢失的用户信息帧占用户所有发送帧的比率,简称 FLR。是帧中继网服务质量参数之一。计算公式为

$$FLR = FL/FA \tag{6-2}$$

式中:FL——丢失的用户信息帧总数;

FA——用户终端发送的信息帧总数。

6.23　G. 703 2048 kHz 同步接口(G. 703 2048 kHz synchronizaton interface)

ITU-T G. 703 规定的频率为 2048 kHz 的同步信号接口,简称 T12 接口。该接口用于数字通信设备输入或者输出时钟信号,接口规范如表 6. 1 所示。根据接口电路对地的平衡特性,接口分为同轴线对和对称线对两种类型。同轴线对接口对地不平衡,外导体接地。对称线对接口对地平衡,但线对的屏蔽可以接地。

表 6.1　G.703 2048 kHz 同步接口规范

频率/kHz	2048	
波形	正弦波	
每个传输方向的线对	一个同轴线对	一个对称线对
负载阻抗/Ω	75,电阻性	120,电阻性
最大峰值电压/V	1.5	1.9
最小峰值电压/V	0.75	1.0

6.24　G.703 2 M 接口(G.703 2 M interface)

ITU-T G.703 规定的速率为 2048 kb/s 的数字接口,简称 2 M 接口。是准同步数字体系(PDH)基群的标准接口。接口规范如表 6.2 所示。根据接口电路对地的平衡特性,2 M 接口分为同轴线对和对称线对两种类型。同轴线对接口对地不平衡,外导体接地。对称线对接口对地平衡,但线对的屏蔽可以接地。由于 2 M 接口的码型采用 HDB3 码,编码后的信号中含有定时信息,接收端可从中提取定时信号,因此该接口不需要单独的接口定时电路。

6.25　HDB3 码(high density bipolar of order 3 code)

基带数字信号的码型之一,中文名称为三阶高密度双极性码。三阶指码元的状态有 3 种,即"-1""0""+1";双极性指"-1"和"+1"两个极性相反的电平,用来交替表示数字"1";高密度指在长连"0"码元串中,将部分数字"0"置换为"-1"或"+1",相当于增加了双极性码元的数量。HDB3 码的编码规则如下。

(1) 若连"0"的个数不大于 3 时,数字"0"用码元"0"表示,数字"1"用交替的码元"+1"和"-1"表示。

(2) 若连"0"的个数大于 3 时,则将每 4 个连"0"视为一个特殊序列。该特殊序列的编码为"000V"或"B00V"。当前后相邻的两个特殊序列之间有奇数个数字"1"时,后一个特殊序列的编码为"000V",否则为"B00V"。B 取"+1"或"-1",与相邻前一个"1"反极性;V 取"+1"或"-1",与相邻前一个"1"同极性。

HDB3 码确定的基带信号中不含直流分量,通过变压器等器件输入输出时,不会因阻断直流分量而产生信号失真。码流中连"0"串的长度最多为 3 个,易于提取定时信号。由于特殊序列破坏了极性交替的规律,接收方很容易识别出来,将其恢复为"0000",故其编码复杂,译码简单。ITU-T G.703 2M、8M、34M 接口均采用 HDB3 码。

表 6.2　G.703 2M 接口规范

符号率/kbaud	2048	
码型	三阶高密度双极性码(HDB3)	
脉冲形状	标称为矩形。不管极性如何,有效信号的所有波形应符合 ITU-T G.703 所规定的波形样板。	
每个传输方向的线对	一个同轴线对	一个对称线对
负载阻抗/Ω	75,电阻性	120,电阻性
输出口"传号"(有脉冲)的标称峰值电压/V	2.37	3
输出口"空号"(无脉冲)的峰值电压/V	0±0.237	0±0.3
标称脉冲宽度/ns	244	
脉宽中点处正负脉冲幅度比	0.95~1.05	
标称半幅度处正负脉冲宽度比	0.95~1.05	
在输出口的最大峰—峰抖动	抖动频率为 20~100 kHz,小于 1.5UI 抖动频率为 18~100 kHz,小于 0.2UI	
输出口到输入口衰减/dB	6	
输入口反射损耗	51~102 kHz:不小于 12 dB; 102~2048 kHz:不小于 18 dB; 2048~3072 kHz:不小于 14 dB。	

6.26 HDLC(high data link control)

国际标准化组织(ISO)制定的一种面向比特的数据链路层协议,中文名称为高级数据链路控制规程,简称 HDLC。HDLC 标准包括 ISO 3309《HDLC 帧结构》、ISO 4335《HDLC 规程要素》和 ISO 7809《HDLC 规程类别》。HDLC 帧由标志字段、地址字段、控制字段、信息字段和帧校验字段组成。HDLC 规程要素定义了数据链路信道状态、操作与非操作方式、控制字段的格式和参数、链路级的命令及响应、异常状态的报告与恢复等内容。HDLC 规程类别包括不平衡操作的正常响应方式(UNC)、不平衡操作的异步响应方式(UAC)和平衡操作的异步响应方式(BAC)。HDLC 为每一个规程类别定义了基本帧集和可选帧集。

HDLC 与面向字节的数据链路控制协议相比,具有如下特点。

(1) 不依赖任何一种字符编码集。

(2) 采用“0 比特插入法”实现数据报文的比特透明传输。

(3) 所有帧采用 CRC 校验,提高了对错误帧的检错能力。

(4) 采用滑窗确认机制,确保帧的正确接收,传输可靠性高。

HDLC 是最早的面向比特的数据链路层协议之一,得到了广泛的应用。其他很多链路层协议如点到点协议(PPP)都可视为 HDLC 的改进协议。在国防科研试验领域,对 HDLC 进行了重大简化,形成了专门用于试验任务的数据传输规程。

6.27 HDLC 透明数据业务(HDLC transparent data service)

国防科研试验数据交换网提供的数据传输业务之一,简称 HTDS。该业务为 HDLC 格式的用户终端提供一条专用的逻辑传输链路,并保证其传输的透明性。链路带宽为预先分配,能够保证其实时性。该业务在国防科研任务中主要用来完成路由器设备间广域网接口的互连。

6.28 HDLC 帧(HDLC frame)

高级数据链路控制规程(HDLC)的协议数据单元。分为信息帧、监控帧和无编号帧 3 类。其中信息帧只有一种,用来传输用户数据信息;监控帧有 4 种,用来监控链路状态;无编号帧有 21 种,用来提供附加的链路控制功能和无编号的用户数据信息传送。HDLC 的帧结构如图 6.4 所示。

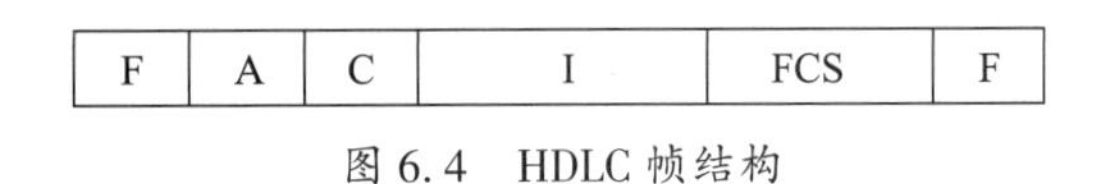

F	A	C	I	FCS	F

图 6.4 HDLC 帧结构

F:标志字段。长度为 8 bit,值固定为“01111110”,用以标志本帧的起始和上一帧的终止。标志字段也可以作为帧与帧之间的填充字符。

A:地址字段。长度为 8 bit,用于识别链路上不同的站。一般每个站分配一个地址。也可将某一地址同时分配给多个站,用于对多个站进行探寻或将同一帧数据一次发送给多个站。HDLC 约定,全 1 地址为全站地址,全 0 地址为无站地址。

C:控制字段。长度为 8 bit,用于识别帧的类型。另外帧的编号也包含在控制字段内。

I:信息字段。长度不限,一般为 1000~2000 bit。信息字段可以是任意的二进制比特串。监控帧无信息字段。

FCS:帧校验字段。长度为 16 bit 或 32 bit。对 A、C、I 字段进行校验。16 位校验的生成多项式为 $X^{16}+X^{12}+X^{5}+1$。

6.29 HDSL(high-speed digital subscriber line)

在双绞线上双向传输 2048 kb/s 数字信号的传输技术,中文名称为高速数字用户线。HDSL 的调制方式有 2B1Q 和无载波幅度/相位调制(CAP)两种。在 2B1Q 调制方式下,传输线路为 1~3 对双绞线可选;在 CAP 调制方式下,传输线路为 1~2 对双绞线可选。HDSL 采用混合电路和回波抵消技术,在一个线对上传输双向数字信号。典型传输距离为 4~5 km。

在发送端,首先将用户数据流放入 144 B 的 HDSL 核心帧中,然后将该帧送到 HDSL 公共电路部分,由公共电路将核心帧与必要的定位比特、维护比特和开销比特组合在一起形成 HDSL 帧,在双绞线上透明传输。在接收端,将 HDSL 帧分解出核心帧后,提取出用户数据流,送往用户终端。

在电话双绞线条件下,HDSL 提供短距离的双向 2048 kb/s 数字电路,可用于 2 M 专线、数字交换机的中继连接等。

6.30 I/O 通道(I/O channel)

采用 LINk/2+设备组成的数字数据网中,为用户终端提供的端到端专用通道。根据业务种类的不同,分为数据 I/O 通道和话音 I/O 通道。I/O 通道起始于节点 I/O 模块的某一个端口,终止于另一个端口(可以和起始端在同一节点同一模块)。I/O 通道的两端连接用户终端设备。I/O 通道由网络管理员使用人机命令配置建立。

6.31 LAPF 协议(link access procedures to frame mode bearer services)

ITU-T G.922《适用于帧模式承载业务的综合业务数字网数据链路层协议》规定的帧模式业务的数据链路接入协议。LAPF 分为数据链路核心协议(DL-CORE)和数据链路控制协议(DL-CONTROL)。前者提供非确认信息传送,用于帧中继的用户面。后者提供非确认和确认信息传送,用于帧中继的控制面。在同一链路上,两种信息传送方式可以同时存在。

LAPF 帧结构如图 6.5 所示,由帧标志字段、地址字段、控制字段、信息字段、帧校验序列字段组成。LAPF 的帧结构与 HDLC 的帧结构基本相同,只是在地址字段和控制字段的内部安排上有所不同。

帧标志	地址	控制	信息	帧校验序列

图 6.5 LAPF 帧结构

帧标志字段为 1 个字节,比特序列为"01111110"。

地址字段一般为两个字节,必要时可扩展到 4 个字节,其结构如图 6.6 所示。地址字段扩展比特为 0,表明后 1 个字节仍为地址字段;为 1,表明地址字段结束。

数据链路连接标示(DLCI)(高阶比特)			命令/响应比特	地址字段扩展比特(EA=0)
数据链路连接标示(DLCI)(低阶比特)	前向显式拥塞通知比特(FECN)	后向显式拥塞通知比特(BECN)	可丢失指示比特(DE)	地址字段扩展比特(EA=1)

图 6.6 LAPF 帧地址字段

控制字段的格式如图 6.7 所示,LAPF 有信息帧、监视帧和无编号帧 3 种帧。信息帧和监视帧的控制字段为两个字节,无编号帧的控制字段为 1 个字节。三者通过控制字段的第 1 比特和第 2 比特予以区分。

控制字段比特	8	7	6	5	4	3	2	1
信息帧格式	N(S)							0
	N(R)							P
监视帧格式	X	X	X	X	S	S	0	1
	N(S)							
无编号帧格式	M	M	M	P/F	M	M	1	1

N(S)——发送器发送序号;N(R)——接收器接收序号;X——保留并置 0;S——监视功能编码;M——链路控制功能编码;P——询问比特;P/F——询问比特或终止比特

图 6.7 LAPF 帧控制字段

信息字段包含的是用户数据,可以是任意的比特序列,但长度必须是整数个字节。LAPF 默认的最大长度为 260 个字节。

帧校验序列字段长度为两个字节,校验用的生成多项式为 $X^{16}+X^{12}+X^{5}+1$。

DL-CORE 使用的帧结构,即帧中继用户面使用的帧结构,如图 6.8 所示,取消了 LAPF 帧结构的控制字段,其余与 LAPF 帧结构保持一致。

帧标志	地址	信息	帧校验序列

图 6.8 DL-CORE 帧结构

6.32 LINk/2+

美国 TimePlex 公司生产的数字数据网设备。该设备有 LINk/2+、Mini LINk/2+和 Micro LINk/2+ 3 种型号。各型号除容量外,其他性能基本相同。LINk/2+有 18 个通用槽位,Mini LINk/2+有 13 个通用槽位,Micro LINk/2+有 5 个通用槽位。另外 LINk/2+可以通过扩展机框增加槽位数,最大为 54 个槽位(3 个机框)。LINk/2+的主要功能模块如下。

(1)网络控制模块(NCL)。LINk/2+设备的主控模块,负责完成对整个节点设备的管理和控制。NCL 模块必须安装在主控机框的第 1 个槽位,当该模块有冗余配置时,冗余配置模块必须安装在第 2 个槽位。

(2)中继链路模块(ILC)。LINk/2+设备上提供节点间中继连接的功能模块。每个模块提供一个中继端口,速率最高达 2048 kb/s。ILC 有 4 种类型:ILC.2、ILC.3、ILC.2/S、ILC.3/S。其中 ILC.2 只适用于双向对称中继链路;ILC.3 既可以用于双向对称中继链路,也可用于双向不对称和单向中继链路;ILC. 2/S、ILC. 3/S 带有一个缓冲存储器(Buffer),适用于卫星中继线路。为提高网络可靠性,NCL 通常采用双冗余热备份配置模式。

(3) 四通道同步模块(QSC)。含有 4 个同步数据接口,用于连接用户终端。QSC 支持双向对称的同步数据业务,速率最高达 256 kb/s。QSC 有两种类型：QSC 和 QSC. 2。QSC 上的接口为 EIA RS-232C/ITU-T V. 24,QSC. 2 上的接口为 EIA RS-422/ITU-T V. 11(X. 21)。

(4) 四通道同步处理模块(QSP)。支持双向对称、单向和双向不对称同步数据业务,每通道最高速率可达 1984 kb/s,其他特性与 QSC 相同。

(5) 四通道异步模块(QAM)。含有 4 个异步数据接口,用于连接用户终端。QAM 支持双向对称的异步数据业务,速率最高达 19. 2 kb/s。QAM 有两种类型：QAM 和 QAM. 2。QAM 上的接口为 EIA RS-232C/ITU-T V. 24,QAM. 2 上的接口为 EIA RS-422/ITU-T V. 11(X. 21)。

(6) 增强型话音模块(EVM)。含有 4 个四线 E&M 话音接口,用于连接四线话音设备。

(7) FXS。含有 4 个二线话音接口,用于连接电话机类型的终端。

(8) FXO。含有 4 个二线话音接口,用于连接电话交换机类型的设备。

(9) 旁路模块(BPM)。提供用户数据的不落地转接功能。一个节点的旁路模块最多可以同时提供 511 个旁路信道,一个信道通路最多可以通过 7 个旁路节点。

国防科研试验任务中的数字数据网选用 LINk/2+、Mini LINk/2+两种型号的产品进行组网。

6. 33　mBnB 码(mBnB code)

信息码长为 m bit 总长为 n bit 的分组码。mBnB 码把输入的二进制原始码流进行分组,每组有 m 个二进制码,记为 mB,称为一个码字,然后把一个码字变换为 n 个二进制码,记为 nB,并在同一个时隙内输出。其中 m 和 n 都是正整数,$n>m$。mBnB 码有 1B2B、3B4B、5B6B、8B9B、8B10B、17B18B 等。

mBnB 码的主要优点是：码流中“0”和“1”码的概率相等,连“0”和连“1”的数目较少,定时信息丰富;高低频分量较小,信号频谱特性较好;在码流中引入一定的冗余码,便于在线监测误码。缺点是传输辅助信号比较困难。mBnB 码在光纤通信系统和以太网中得到了广泛的应用。

6. 34　MSS 虚拟路由器(MSS virtual router)

利用北方电信公司生产的多业务交换机(MSS)资源配置的一个具有路由器功能的逻辑部件,简称 VR。一台 MSS 交换机可以同时配置多个 VR。通过软件配置,VR 能够提供 LAN、PPP、FR、ATM 和 X. 25 等协议端口。LAN、PPP 协议端口通过映射,分别同 MSS 实际的以太网、同步数据端口(V. 35)绑定,使其成为 VR 的物理端口,可与路由器、以太网交换机和用户终端等实体设备互连。ATM、FR 和 X. 25 协议端口通过映射,分别同对应协议的永久虚电路(PVC)绑定,用于 VR 之间的互连。在国防科研试验中,试验任务 IP 网部分节点采用 VR 作为路由器。

6. 35　NRZ 码(non-return-to-zero code)

基带数字信号的码型之一,中文名称为不归零码。NRZ 的码元信号持续整个码元周期。例如,当码元信号是矩形脉冲时,则该脉冲的宽度等于码元周期。如果码元只有两种状态,则过长的连“0”串和连“1”串,会造成码元同步信号的丢失,故须在发送端采取扰码等技术措施。常用的 RS-232 和 RS-422 等接口码型均为 NRZ 码。

6. 36　RS-232 接口(RS-232 interface)

美国电子工业协会(EIA)制定的一种 DTE/DCE 型接口。有 A、B、C、D 共 4 个版本,RS-232-D 为最新版本。接口连接器采用 ISO 2110—1980 规定的 25 芯 D 型连接器。接口电路共有 21 个,如表 6. 3 所示。在实际应用中,通常只采用表中的部分接口电路。最简单的情况下,只需要 BA、BB、AB 这 3 个接口电路就能实现数据的传送。

表 6. 3　RS-232-D 接口电路定义及插针分配

插针号	接口电路	接口电路名称	电路信号方向
1		屏蔽	—
2	BA	发送数据	DTE ⟶DCE
3	BB	接收数据	DCE ⟶DTE
4	CA	请求发送	DTE ⟶DCE
5	CB	允许发送	DCE ⟶DTE

续表

插针号	接口电路	接口电路名称	电路信号方向
6	CC	DCE 准备好	DCE ⟶DTE
7	AB	信号地线	—
8	CF	载频检测	DCE ⟶DTE
12	SCF	反向信道载频检测	DCE ⟶DTE
13	SCB	反向信道准备好	DCE ⟶DTE
14	SBA	反向信道发送数据	DTE ⟶DCE
15	DB	发送器信号码元定时(DCE)	DCE ⟶DTE
16	SBB	反向信道接收数据	DCE ⟶DTE
17	DD	接收器信号码元定时(DCE)	DCE ⟶DTE
18	LL	本地环路	DTE ⟶DCE
19	SCA	发送反向信道线路数据	DTE ⟶DCE
20	CD	数据终端准备好	DTE ⟶DCE
21	RL/CG	远地回路/质量检测	DCE ⟶DTE
22	CE	振铃指示器	DCE ⟶DTE
23	CH/CI	数据信号速率选择器(DTE/DCE 源)	DTE ⟶DCE/ DCE ⟶DTE
24	DA	发送器信号码元定时(DTE)	DTE ⟶DCE
25	TM	测试方式	DCE ⟶DTE

接口电路为非平衡双流。发送数字“0”和“接通”状态时,接口输出电压范围为 5~15 V;发送数字“1”和“断开”状态时,接口输出电压范围为-5~-15 V。在接收端,当接口电路传送的是数据时,接口输入电压小于-3 V,则判为“1”,大于 3 V,则判为“0”;当接口电路传送的是定时和控制信息时,接口输入电压大于 3 V,则判为“接通”状态,接口输入电压小于-3 V,则判为“断开”状态。

RS-232-D 接口支持同步和异步传输,最高数据传输速率为 128 kb/s,传输距离为数十米量级。在国防科研试验中,该接口主要用来传输速率不高于 64 kb/s 的同步/异步数据。

6.37　RS-422 接口(RS-422 interface)

美国电子工业协会(EIA)制定的一种 DTE/DCE 型接口电路,其修订版为 RS-422-A。该接口是采用集成电路技术实现的平衡电压数字接口电路。发送数字“0”和“接通”状态时,接口输出电压范围为 2~6 V;发送数字“1”和“断开”状态时,接口输出电压范围为-2~-6 V。在接收端,当接口电路传送的是数据时,接口输入电压小于-0.2 V,则判为“1”,大于 0.2 V,则判为“0”;当接口电路传送的是定时和控制信息时,接口输入电压大于 0.2 V,则判为“接通”状态,小于-0.2 V,则判为“断开”状态。该接口标准仅规定了接口电路的电气特性,需要与规定接口机械特性、功能特性、规程特性的标准配合使用。

RS-422 接口支持同步和异步传输,最高传输速率为 10 Mb/s,传输距离为数十米量级。在国防科研试验中,该接口主要用来传输速率不高于 2048 kb/s 的同步/异步数据。

6.38　RS-449 接口(RS-449 interface)

美国电子工业协会(EIA)制定的一种 DTE/DCE 型接口。该接口采用 37 针 D 型连接器。其插针分配见表 6.4。

表 6.4　RS-449 接口插针分配

插针号	接口电路	接口电路名称	电路信号方向
1	屏蔽		—
2	SI	信号速率指示器	DCE ⟶DTE
4	SD	发送数据 A	DTE ⟶DCE
5	ST	发送定时 A(DCE)	DCE ⟶DTE
6	RD	接收数据 A	DCE ⟶DTE
7	RS	请求发送 A	DTE ⟶DCE
8	RT	接收定时 A	DCE ⟶DTE
9	CS	发送准备好 A	DCE ⟶DTE
10	LL	本地环回	DTE ⟶DCE
11	DM	数据方式 A	DCE ⟶DTE
12	TR	终端准备好 A	DTE ⟶DCE
13	RR	接收器准备好 A	DCE ⟶DTE
14	RL	远程环回	DTE ⟶DCE
15	IC	入呼叫	DCE ⟶DTE
16	SF/SR	选择频率/信号速率选择器	DTE ⟶DCE
17	TT	终端定时 A	DTE ⟶DCE
18	TM	测试方式	DCE ⟶DTE
19	SG	信号地	DTE ⟶DCE

续表

插针号	接口电路	接口电路名称	电路信号方向
20	RC	接收公共参考点	DCE ⟶DTE
22	SD	发送数据 B	DTE ⟶DCE
23	ST	发送定时 B(DCE)	DCE ⟶DTE
24	RD	接收数据 B	DCE ⟶DTE
25	RS	请求发送 B	DTE ⟶DCE
26	RT	接收定时 B	DCE ⟶DTE
27	CS	发送准备好 B	DCE ⟶DTE
28	IS	终端在服务	DTE ⟶DCE
29	DM	数据方式 B	DCE ⟶DTE
30	TR	终端准备好 B	DTE ⟶DCE
31	RR	接收器准备好 B	DCE ⟶DTE
32	SS	选择备用	DTE ⟶DCE
33	SQ	信号质量	DCE ⟶DTE
34	NS	新信号	DTE ⟶DCE
35	TT	终端定时 B	DTE ⟶DCE
36	SB	备用指示器	DCE ⟶DTE
37	SC	发送公共参考点	DTE ⟶DCE

该接口标准仅规定了接口的连接器及其插针分配,通常需要与规定接口电气特性的 RS-422-A 和 RS-423-A 标准配合使用。

6.39　RS-530 接口(RS-530 interface)

美国电子工业协会(EIA)制定的一种 DTE/DCE 型接口,其修订版为 RS-530-A。接口连接器采用 ISO 2110—1980 规定的 25 芯 D 型连接器。接口电路共有 14 个,如表 6.5 所示。在实际应用中,通常只采用表中的部分接口电路。最简单的情况下,只需要 BA、BB、AB 共 3 个接口电路就能实现数据的传送。

表 6.5　RS-530 接口插针分配

插针号	接口电路	接口电路名称	方向
1	屏蔽		
7	AB	公共回线	—
2	BA	发送数据 A	DTE ⟶DCE
14	BA	发送数据 B	DTE ⟶DCE
3	BB	接收数据 A	DCE ⟶DTE
16	BB	接收数据 B	DCE ⟶DTE

续表

插针号	接口电路	接口电路名称	方向
4	CA	请求发送 A	DTE ⟶DCE
19	CA	请求发送 B	DTE ⟶DCE
5	CB	允许发送 A	DCE ⟶DTE
13	CB	允许发送 B	DCE ⟶DTE
6	CC	数据设备准备好 A	DCE ⟶DTE
22	CE	数据设备准备好 B	DCE ⟶DTE
20	CD	数据终端准备好 A	DTE ⟶DCE
23	AC	数据终端准备好 B	DTE ⟶DCE
8	CF	数据信道接收线路信号检测器 A	DCE ⟶DTE
10	CF	数据信道接收线路信号检测器 B	DCE ⟶DTE
24	DA	发送器信号码元定时(DTE)A	DTE ⟶DCE
11	DA	发送器信号码元定时(DTE)B	DTE ⟶DCE
15	DB	发送器信号码元定时(DCE)A	DCE ⟶DTE
12	DB	发送器信号码元定时(DCE)B	DCE ⟶DTE
17	DD	接收器信号码元定时(DCE)A	DCE ⟶DTE
9	DD	接收器信号码元定时(DCE)B	DCE ⟶DTE
21	RL	环回/维护测试	DTE ⟶DCE
18	LL	本地环回	DTE ⟶DCE
25	TM	测试指示器	DCE ⟶DTE

RS-530 接口内含有平衡和不平衡两种接口电路。平衡电路的电气特性符合 RS-422 的规定,不平衡电路的电气特性符合 RS-423 的规定。RS-530 接口支持同步和异步传输,最高数据传输速率为 10 Mb/s,传输距离为数百米量级。在国防科研试验中,该接口主要用来传输速率不高于 2048 kb/s 的同步/异步数据。

6.40　RZ 码(return-to-zero code)

基带数字信号的码型之一,中文名称为归零码。RZ 码的码元信号不占据整个码元周期。例如,码元信号为矩形脉冲时,脉冲宽度小于码元周期。RZ 码的每个码元都包含有码元定时信息,因此过长的连“0”串和连“1”串,不会影响接收端对定时信号的提取。

6.41 Turbo 码(turbo code)

一种并行级联卷积码。Turbo 码的内码和外码均使用卷积码,其编码器如图 6.9 所示,由分量编码器、交织器、删余及复用 3 部分组成。两个分量编码器结构相同,均为带有反馈的递归系统卷积编码器。交织器用来改变信息序列的排列顺序,获得与原始信息序列内容相同,但排列不同的序列。删余复用单元是改善 Turbo 码码率的部分,通过删余复用单元,Turbo 码可以获得不同码率的码字。输入信息序列 M 分为 3 路,第 1 路直接送到复用器;第 2 路送入分量编码器 1 进行编码,编码后的输出 X_{p1} 送入删余器,经删余后得到校验码 X_{p3};第 3 路送至交织器,经交织后再送入分量编码器 2 进行编码,编码后的输出 X_{p2} 送入删余器,经删余后得到校验码 X_{p4}。最后,信息序列和两路校验码复用后形成 Turbo 码序列 X。

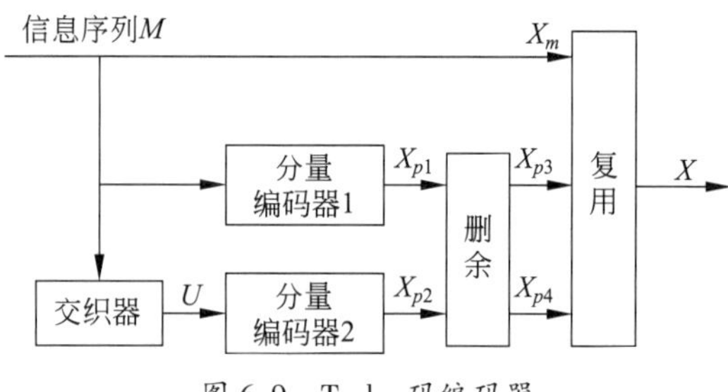

图 6.9 Turbo 码编码器

Turbo 的译码器如图 6.10 所示,由两个相同的软输入软输出译码器、交织器以及相应的去交织器组成。译码方案采用最大后验概率译码策略,由两个译码器分别计算每一译码比特的对数似然比,通过译码器之间的多次相互迭代,使译码输出收敛于最大对数似然比值,从而使两个相互独立的译码器充分利用彼此的信息,也因此将各个子码连成一个真正意义上的长码。

Turbo 码的最大特点在于将卷积码和随机交织器结合起来,实现了随机编码的思想;通过交织器由短码构造长码,并采用软输出迭代译码来逼近最大似然译码。在高斯白噪声信道下应用 BPSK 调制方式,码率为 1/2,E_b/N_0 为 0.7 dB 的条件下,可获得 10^{-6} 的误码性能,十分接近香农极限。Turbo 码的不足之处在于:译码算法较为复杂,由于交织长度过长以及迭代译码而造成的译码延时较大;由于 Turbo 码的自由距离较小,随着误码率的降低,其纠错能力将变弱,提高功率对误码率改善几乎没有效果;交织器深度对于 Turbo 码的误码性能、编译码延时的影响较大。

通常,在延时与误码性能之间进行折中,其措施是减小交织器大小,同时增加编码器的约束长度值。另外,低编码效率对于改善误码性能也有帮助。在实际应用系统中,Turbo 码的设计应该兼顾误码性能、数据速率、系统延时和增益需求等因素,合理选择交织器、交织深度、移位寄存器长度、分量编码器的结构、译码算法和迭代次数等。Turbo 码较适合在中等误码率需求、长信息分组情况下使用。

6.42 V.10 接口(V.10 interface)

国际电信联盟(ITU)在 ITU-T V.10 建议中制定的一种 DTE/DCE 型接口电路。该接口与 RS-423 接口兼容,是采用集成电路技术实现的不平衡双流接口电路,发生器为不平衡驱动电路,而接收器为平衡差分接收电路。发送数字“0”和“接通”状态时,接口输出电压范围为 4~6 V;发送数字“1”和“断

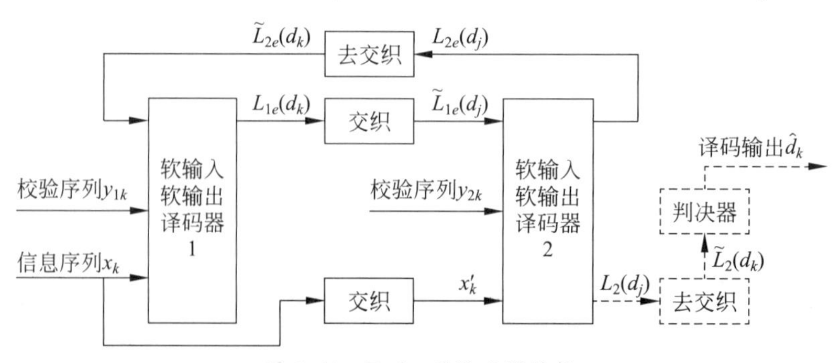

图 6.10 Turbo 码译码器结构

开”状态时，接口输出电压范围为-4～-6 V。在接收端，当接口电路传送的是数据时，接口输入电压小于-0.3 V，则判为“1”，大于 0.3 V，则判为“0”；当接口电路传送的是定时和控制信息时，接口输入电压大于 0.3 V，则判为“接通”状态，小于-0.3 V，则判为“断开”状态。该接口标准仅规定了接口电路的电气特性，需要与规定接口机械特性、功能特性、规程特性的标准配合使用。V.10 接口支持同步和异步传输，最高传输速率为 100 kb/s，传输距离为数十米量级。在国防科研试验中，该接口主要用来传输速率不高于 64 kb/s 的同步/异步数据。

6.43　V.11 接口(V.11 interface)

国际电信联盟(ITU)在 ITU-T V.11 建议中制定的一种 DTE/DCE 型接口电路。该接口与 RS-422 接口兼容，是采用集成电路技术实现的平衡双流接口电路。发送数字“0”和“接通”状态时，接口输出电压范围为 4～6 V；发送数字“1”和“断开”状态时，接口输出电压范围为-4～-6 V。在接收端，当接口电路传送的是数据时，接口输入电压小于-0.3 V，则判为“1”，大于 0.3 V，则判为“0”；当接口电路传送的是定时和控制信息时，接口输入电压大于 0.3 V，则判为“接通”状态，小于-0.3 V，则判为“断开”状态。该接口标准仅规定了接口电路的电气特性，需要与规定接口机械特性、功能特性、规程特性的标准配合使用。V.11 接口支持同步和异步传输，最高传输速率为 10 Mb/s，传输距离为数十米量级。在国防科研试验中，该接口主要用来传输速率不高于 2048 kb/s 的同步/异步数据。

6.44　V.24 接口(V.24 interface)

国际电信联盟(ITU)在 ITU-T V.24 建议中制定的一种 DTE/DCE 型接口。该建议定义了 100 和 200 两个系列的接口电路，其中 100 系列适用于 DTE 与调制解调器、串行自动呼叫和/或自动应答器等类型的 DCE 设备之间的接口；200 系列适用于 DTE 与并行自动呼叫器等类型的 DCE 设备之间的接口。在国防科研试验网中仅使用 100 系列。其接口电路分为 4 类：信号地线(公共回线)、数据电路、控制电路和定时电路，见表 6.6。

表 6.6　V.24 100 系列接口电路

接口电路编号	接口电路名称	地线	数据		控制		定时	
			自 DCE	至 DCE	自 DCE	至 DCE	自 DCE	至 DCE
102	信号地线或公共回线	√						
102a	DTE 公共回线	√						
102b	DCE 公共回线	√						
102c	公共回线							
103	发送数据			√				
104	接收数据		√					
105	请求发送					√		
106	发送准备好				√			
107	数据设备准备好				√			
108/1	把数据设备接至线路					√		
108/2	数据终端准备好					√		
109	数据信道接收线路信号检测器				√			
110	数据信号质量检测器				√			
111	数据信号速率选择器(DTE)					√		
112	数据信号速率选择器(DCE)				√			
113	发送器信号码元定时(DTE)							√
114	发送器信号码元定时(DCE)						√	
115	接收器信号码元定时(DCE)						√	

续表

接口电路编号	接口电路名称	地线	数据		控制		定时	
			自 DCE	至 DCE	自 DCE	至 DCE	自 DCE	至 DCE
116/1	直接方式备用转换					√		
116/2	认可方式备用转换					√		
117	备用设备指示器				√			
118	反向信道发送数据			√				
119	反向信道接收数据		√					
120	发送反向信道线路信号					√		
121	反向信道准备好				√			
122	反向信道接收线路信号检测器				√			
123	反向信道信号质量检测器				√			
124	选择频率群					√		
125	呼叫指示器				√			
126	选择发送频率					√		
127	选择接收频率					√		
128	接收器信号码元定时(DTE)							√
129	请求接收					√		
130	发送反向单音					√		
131	接收的字符定时						√	
132	返回至非数据方式					√		
133	接收准备好					√		
134	接收数据存在				√			
136	新信号					√		
140	环回/维护测试					√		
141	本地环回					√		
142	测试指示器				√			
191	发送的话音应答					√		
192	接收的话音应答				√			

该接口标准仅定义了接口电路及其功能和规程特性,通常需要与规定接口的机械特性、电气特性的标准配合使用。

6.45　V.27 调制解调器(V.27 modem)

国际电信联盟(ITU)在 ITU-T V.27 建议中规定的一种在专用话音电路上使用的调制解调器。该调制解调器采用八相差分调制和相干解调方式。四线全双工和二线半双工可选,数据接口为 V.24/V.28 接口。主用信道的传输速率为 4800 kb/s,辅助信道传输速率为 75 b/s。

V.27 调制解调器的改进型有 V.27bis 和 V.27ter 两种。V.27bis 调制解调器增加了自适应均衡器,增强了对线路的适应能力,并可采用四相差分调制方式降速至 2400 b/s。V.27ter 调制解调器在 V.27bis 调制解调器的基础上,为适应电话交换网信道,增加了 125 接口电路,用于呼叫指示。

6.46　V.28 接口(V.28 interface)

国际电信联盟(ITU)在 ITU-T V.28 建议中制定的一种 DTE/DCE 型接口电路。该接口与 RS-232 接口兼容,为不平衡双流接口电路。发送数字"0"和"接通"状态时,接口输出电压范围为 5~15 V;发送数字"1"和"断开"状态时,接口输出电压范围为 −5~−15 V。在接收端,当接口电路传送的是数据时,接口输入电压小于−3 V,则判为"1",大于 3 V,

则判为“0”；当接口电路传送的是定时和控制信息时，接口输入电压大于3 V，则判为“接通”状态，接口输入电压小于-3 V，则判为“断开”状态。该接口标准仅规定了接口电路的电气特性，需要与规定接口机械特性、功能特性、规程特性的标准配合使用。V.28接口支持同步和异步传输，最高数据传输速率为128 kb/s，传输距离为数十米量级。在国防科研试验中，该接口主要用来传输速率不高于64 kb/s的同步/异步数据。

6.47 V.29调制解调器(V.29 Modulator-Demodulator)

国际电信联盟(ITU)在ITU-T V.29建议中规定的一种在四线专用话音电路上使用的调制解调器。数据接口为V.24/V.28接口。传输速率为9600 kb/s、7200 kb/s和4800 b/s可选，分别采用四幅八相的幅相混合调制、二幅八相的幅相混合调制和四相调制方式。

6.48 V.35接口(V.35 interface)

国际电信联盟(ITU)在ITU-T V.35建议中制定的一种DTE/DCE型接口。该接口采用ITU-T V.24定义的100系列接口电路，使用ISO 2593规定的34针连接器。接口插针分配及定义见表6.7。

表6.7 V.35接口的插针分配及定义

插针(孔)编号	接口电路定义(ITU-T V.24)	信号方向
B	102	—
P,S	103A,103B	DTE ⟶DCE
R,T	104A,104B	DCE ⟶DTE
C	105	DTE ⟶DCE
D	106	DCE ⟶DTE
E	107	DCE ⟶DTE
H	108	DTE ⟶DCE
F	109	DCE ⟶DTE
U,W	113A,113B	DTE ⟶DCE
Y,AA	114A,114B	DCE ⟶DTE
V,X	115A,115B	DCE ⟶DTE
J	125	DCE ⟶DTE
N	140	DCE ⟶DTE
L	141	DCE ⟶DTE
M	142	DCE ⟶DTE

接口的定时电路和数据电路采用平衡双流接口，发送数字“0”和“接通”状态时，接口输出电压范围为0.44~0.66 V；发送数字“1”和“断开”状态时，接口输出电压范围为-0.44~-0.66 V。在接收端，当接口电路传送的是数据时，接口输入电压小于0 V，则判为“1”，大于0 V，则判为“0”。接口的控制电路采用不平衡双流接口，符合ITU-T V.28的相关规定。V.35接口支持同步和异步传输，最高数据传输速率约为6 Mb/s，传输距离为数十米量级。在国防科研试验数据交换网中，该接口主要用作数据用户接口和节点间中继接口。

6.49 VDSL(very-high-bit-rate digital subscriber line)

在双绞线上双向传输高速非对称数字信号的传输技术。中文名称为甚比特率数字用户线。VDSL采用离散多音频调制(DMT)方式，上行速率为1.5~13 Mb/s，下行速率为3~55 Mb/s。传输距离为300~1400 m。VDSL通常应用在互联网访问，视频点播、单一视频和交互多媒体等场合。

6.50 Viterbi译码(viterbi decoding)

卷积码的一种最大似然译码。该算法的基本原理是：计算编码篱笆图上到达所有状态的路径与第一个接收序列码组之间的距离，得到似然函数即度量值。一个(n_0, k_0, m)卷积码，其篱笆图的状态有2^{mk_0}个，因此最初到达这些状态的路径也为2^{mk_0}个。当多条路径相交时，淘汰累加度量值小的路径，保留累加度量值最大的路径即幸存路径。然后，根据下一个接收码组，计算剩下的各幸存路径的累加度量值。如此，不断淘汰累加度量值小的路径，使幸存路径越来越少，最后剩下的所有幸存路径汇于一点。此时，累加度量值最大的路径成为最终的幸存路径。最终的幸存路径决定了译码的输出。

Viterbi译码器如图6.11所示，由分支度量计算单元(BMU)、路径度量加—比—选单元(ACSU)和幸存路径单元(SUM)组成。分支度量计算单元比较输入信号和由篱笆图上得到的期望值，得到分支度量。ACSU接收来自分支度量计算单元计算的分支度量值，进行度量值累加，并对相交路径进行比较，选择其中累加度量值最大的路径作为幸存路径。SMU保留了当下的幸存路径。当剩下一条幸存路径时，SMU回溯该路径，进行译码输出。

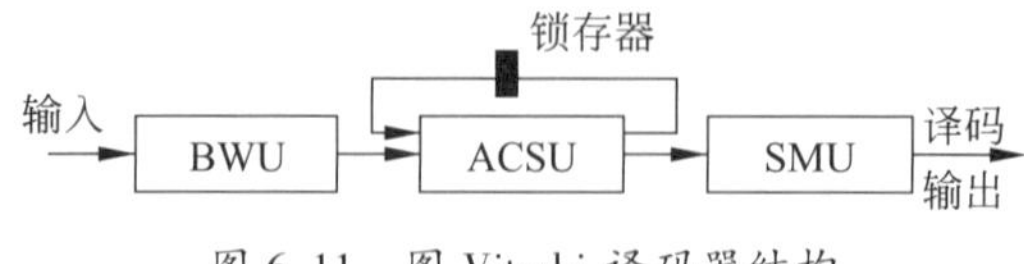

图 6.11　图 Viterbi 译码器结构

Viterbi 译码的优点在于,性能与数据速率无关,没有明显的门限效应。在码的约束度较小时,比序列译码效率更高,速度更快,译码器结构也相对简单。不足之处在于,随着编码器存储长度的增加,Viterbi 译码的复杂度呈指数上升,使编码性能的进步提高受到限制。

6.51　X.25 接口(X.25 interface)

国际电信联盟(ITU)在 ITU-T X.25 建议中制定的公用分组交换网用户网络接口。该接口为三层接口,其中物理层可采用 ITU-T X.21、X.21bis 和 ITU-T V 系列接口;链路层采用高级数据链路控制规程(HDLC)的一个子集——链路接入规程(LAPB)作为链路层协议。分组层向用户提供交换虚电路(SVC)和永久虚电路(PVC)两种基本业务,具体功能如下。

(1) 为每个用户呼叫提供一个逻辑信道。

(2) 通过逻辑信道号(LCN)来区分同每个用户呼叫有关的分组。

(3) 为每个用户的呼叫连接提供有效的分组传输,包括顺序编号、分组的确认和流量控制。

(4) 提供交换虚电路(SVC)和永久虚电路(PVC)的连接。

(5) 提供建立和清除交换虚电路连接的方法。

(6) 检测和恢复分组层的差错。

6.52　X.50 复用(X.50 mutiplex)

国际电信联盟(ITU)在 ITU-T X.50 建议中规定的一种同步数据复用方式。支路信号速率为 2.4 kb/s、4.8 kb/s 和 9.6 kb/s 等,群路信号速率为 64 kb/s。复用效率为 75%。复用帧长有 20 B 和80 B 两种。每一个字节为一个包封结构,其中第 1 bit 为帧比特,与同帧的其他帧比特构成帧同步序列;第 2~7 bit 为信息比特,用于传送支路数据或控制信息等;第 8 bit 为状态比特,用于表示信息比特的种类,为“1”时表示信息比特为支路数据,为“0”时表示信息比特位控制信息或呼叫信令。每 4 个包封结构承载 1 个 2.4 kb/s 支路信道数据,采用包封交织方式插入到帧中的相应位置。

6.53　X.51 复用(X.51 mutiplex)

国际电信联盟(ITU)在 ITU-T X.51 建议中规定的一种同步数据复用方式。支路信号速率为 600 b/s、2.4 kb/s、4.8 kb/s 和 9.6 kb/s 等,群路信号速率为 64 kb/s。复用效率为 75%。复用帧长为 2560 bit。每 10 bit 为一个包封结构,其中第 1 bit 为状态比特,用于表示信息比特的种类,为“1”时表示信息比特为数据信息,为“0”时表示信息比特位控制信息或呼叫信令;第 2 bit 用作包封校准;第 3~10 bit 为信息比特,用于传送支路数据或控制信息。每帧包括 240 个包封结构,在连续 240 个包封结构中,每 15 bit 插入一个填充比特,用作帧同步、码速调整、差错校验和勤务等。

6.54　X.58 复用(X.58 mutiplex)

国际电信联盟(ITU)在 ITU-T X.58 建议中规定的一种同步数据复用方式。支路信号速率为 2.4 kb/s、4.8 kb/s、9.6 kb/s 和 19.2 kb/s 等,群路信号速率为 64 kb/s。复用效率为 90%。复用帧长为 80 B。该复用方式的帧结构见图 6.12。S1~S4 为帧同步字符,T1~T4 为业务管理字符,A~F 为用户数据字符。由于在帧结构中没有安排信令信息,因此该复用方式不适用于交换网络。

6.55　xDSL(x digital subscribe line)

各种类型数字用户线的总称,是在现有的电话用户线路上传输高速数字信号的技术。它利用电话用户线路的实际带宽,采用不同的基带调制技术,实现数字信号的高速传输。根据基带调制方式和传输速率的不同,xDSL 分为 ADSL、RADSL、HDSL、SDSL、VDSL 和 IDSL 等,其主要特性见表 6.8。

S1	A1	B1	C1	D1	E1	F1	B2	A2	D2	C2	F2	E2	A3	B3	C3	D3	E3	F3	T1
S2	B4	A4	D4	C4	F4	E4	A1	B1	C1	D1	E1	F1	B2	A2	D2	C2	F2	E2	T2
S3	A3	B3	C3	D3	E3	F3	B4	A4	D4	C4	F4	E4	A1	B1	C1	D1	E1	F1	T3
S4	B2	A2	D2	C2	F2	E2	A3	B3	C3	D3	E3	F3	B4	A4	D4	C4	F4	E4	T4

图 6.12　X.58 复用帧结构

表6.8 xDSL主要特性

类型	中文名称	调制方式	传输速率	参考传输距离	备注
ADSL	非对称数字用户线	离散多音频调制(DMT)或无载波幅/相调制(CAP)	上行：16~640 kb/s 下行：1.5~9 Mb/s	5 km	一对双绞线
RADSL	速率自适应数字用户线	离散多音频调制(DMT)或无载波幅/相调制(CAP)	上行：16~640 kb/s 下行：1.5~8 Mb/s	5 km	一对双绞线
HDSL	高速数字用户线	2B1Q或无载波幅度/相位调制(CAP)	2048 kb/s	4~5 km	2B1Q：1~3对双绞线可选;CAP：1~2对双绞线可选。 不能与电话线共用。
SDSL	对称数字用户线	2B1Q	256~2048 kb/s	3.5~7 km	一对双绞线。 不能与电话线共用。
VDSL	甚高速数字用户线	采用离散多音频调制(DMT)	上行：1.5~13 Mb/s 下行：3~55 Mb/s	300~1400 m	一对双绞线
IDSL	综合业务数字网(ISDN)数字用户线	2B1Q	128 kb/s	5 km	一对双绞线

6.56 八相相移键控(8-phase shift keying)

以载波的8个特征相位对应8个3 bit码元的相位调制方式,简称8PSK。8PSK的星座如图6.13所示,由同一个圆上等距离分布的8个点组成,理论频谱利用率为3 (b/s)/Hz。8PSK与BPSK、QPSK相比,频谱利用率更高,常用于转发器频带受限的系统。

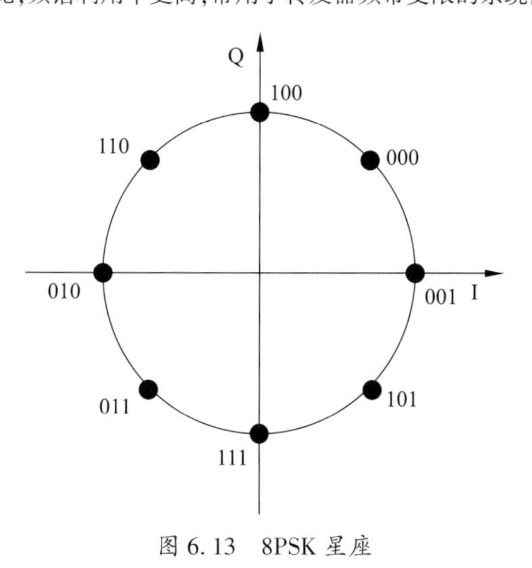

图6.13 8PSK星座

6.57 比特(bit)

信息量单位之一。假如一条消息出现的概率为P,则该消息所含的信息量为$-\log_a P$。如果$a=2$,则信息量单位为bit。对于二进制数字信号来说,如果“0”和“1”等概率出现,则1位二进制数字的信息量为1 bit。因此习惯上把1个二进制数字位称为1 bit。

6.58 比特透明数据业务(bit trasparent data service)

国防科研试验数据交换网提供的数据传输业务之一,简称BTDS。该业务为用户提供一条双向恒定比特速率的逻辑传输链路,并保证其传输的透明性。链路带宽为预先分配,能够保证其实时性,速率范围为9.6 kb/s~3.84 Mb/s。该业务经过的所有节点设备必须保持时钟同步。

6.59 并行接口(parallel interface)

采用多个数据接口电路同时传输一路数据的接口。数据接口电路的个数称为并行接口的位数,常见的有8位、16位、32位和64位等。由于接口连接电缆对数较多,不适用于远距离传输,因此一般用在设备内部连接和相邻设备连接。常见的并行接口有计算机内部数据总线接口,计算机连接打印机和扫描仪的LPT接口。

6.60 编码增益(coding gain)

在误码率相同的情况下,信道未采用纠错编码时所需要的输入信噪比与采用了纠错编码时所需要的输入信噪比之差,单位为 dB。编码增益是衡量纠错编码性能的重要指标。编码增益越大,在同样误码率条件下,节省的功率越多;在同样信号功率的条件下,误码率越低。单独采用分组码所获得的编码增益较低,大约 2.7 dB。常用的卷积码在 3 bit 量化软判决时编码增益为 5 dB 左右,加长卷积码的约束长度和细化量化级数可以提高编码增益。串行级联码选用 R=1/2 卷积码作内码,RS 码作外码时,编码增益可达 7~8 dB。Turbo 码的编码增益较高,如 1/2 码率的 Turbo 码,采用 65 535 bit 的随机交织器、经 18 次迭代的编码增益可达 8.9 dB。规则 LDPC 码的编码增益不如 Turbo 码,而当码长超过 10^4 后,不规则 LDPC 码的编码增益开始高于 Turbo 码。

6.61　波特(baud)

码元传输速率单位,1 码元/秒记为 1 波特(baud)。对于 2^N(N 为大于或等于 1 的整数)进制码元系统,1 baud=N b/s。

6.62　差分两相码(differential binary phase-code)

两相码的改进码型之一。二进制数字信号的每个码元用"01"或"10"子码组合表示。码元"1"的子码组合,与前一位码元的子码组合相反;码元"0"的子码组合,与前一位码元的子码组合相同。在解码端,只要一个码元与前一个码元相位相反,即判为码元"1",与前一个码元相位相同,即判为"0"。差分两相码除具有一般两相码丰富的定时信息外,还具有子码组合不与码元固定映射的特点。差分两相码一般用作基带调制解调器的线路码型。

6.63　串行接口(serial interface)

采用一个数据接口电路按顺序传输一路数据的接口,又称串行通信接口,简称串口。与并行接口相比,接口连接电缆对数少,适用于远距离传输。目前通信设备数据接口绝大多数采用串行接口,如 V.35、RS-232、RS-422、RS-530、G.703 等。

6.64　从时钟(slave clock)

在主从同步方式中,处于从地位的时钟。从时钟接受主时钟的定时信号,并跟踪其变化。从时钟的跟踪性能一般用牵引入范围、牵引出范围和保持入范围表示。在失锁情况下,只要输入定时信号的频率处于牵引入范围内,从时钟就能重新锁定。在锁定情况下,只要输入定时信号的频率位于牵引出范围,从时钟则由锁定状态变为失锁状态。在锁定情况下,只要输入定时信号的频率位于保持入范围,从时钟就能保持锁定状态。

在数字同步网中,除基准参考时钟外,其余节点时钟均为从时钟,分为二级节点时钟、三级节点时钟和 SDH 设备时钟。这 3 种从时钟的主要技术性能指标要求如表 6.9 所示。

6.65　大楼综合定时供给系统(building-integrated timing supply system)

在一栋建筑物范围内,统一提供定时信号的时钟及分配系统,简称 BITS。是数字同步网的主要组成部分,我国在数字同步网的二、三级节点设 BITS。BITS 设有一个主钟,楼内所有其他时钟与该主钟同步。BITS 由参考信号入点、定时供给发生器、定时信号输出、性能检测及告警 5 个部分组成。BITS 有 GPS、来自上级的同步基准等多个输入源,一般可自动选择最高精度的输入源作为主钟的定时基准。BITS 的输出有 2048 kHz、2048 kb/s、1 MHz、5 MHz、10 Hz 等多种形式。

6.66　代码(code)

用一组字符、符号或信号码元以离散形式表示信息的明确的规则体系。在电报通信中称为电码。

表 6.9　数字同步网从时钟性能指标要求

性能指标要求	二级节点时钟	三级节点时钟	SDH 设备时钟
频率准确度	优于$\pm1.6\times10^{-8}$	优于$\pm4.6\times10^{-6}$	优于$\pm4.6\times10^{-6}$
牵引入范围	$\geqslant\pm1.6\times10^{-8}$	$\geqslant\pm4.6\times10^{-8}$	$\geqslant\pm4.6\times10^{-6}$
牵引出范围	待研究	待研究	$\geqslant\pm4.6\times10^{-6}$
保持入范围	$\geqslant\pm1.6\times10^{-8}$	$\geqslant\pm4.6\times10^{-8}$	不要求
漂移(MTIE、TDEV)	ITU-T G.812 Ⅱ型时钟	ITU-T G.812 Ⅲ型时钟	ITU-T G.813
抖动产生(2.048 MHz 或 2.048 Mb/s 接口)	≤0.05UI	≤0.05UI	≤0.05UI
相位不连续性	≤150 ns	≤150 ns	≤1 μs

为便于信息交换,代码须标准化。

代码一般用编码表的形式表示,表 6.10 中列出字符和符号集中所有字符的编码。著名的莫尔斯电码用不同的“点”“划”组合表示英文字母、数字、标点符号。后来的国际 2 号电码和国际 5 号电码用二进制数字表示英文字母、数字、符号。表 6.10 为国际 5 号电码,其用 7 位二进制码表示一个字母、数字或符号。该码最初由美国标准化协会提出,称为 ASCII 码,后来被国际标准化组织和国际电信联盟采用,而成为国际通用信息交换标准代码。我国将 2/4 位置上的图形字符改为人民币符号,即成为我国信息处理交换用的 7 位代码。

我国的汉字代码有 GB 码和 GBK 码,前者由国家标准 GB 2312—1980《信息交换用汉字编码字符集》规定,后者由《汉字内码扩展规范》规定。ISO 10646《通用多八位组编码字符集》规定的 UCS 码,为世界各种主要文字的字符(包括繁体及简体的汉字)及附加符号,规定了统一的编码。GBK 向下与 GB 码兼容,向上支持 UCS 码。

6.67　单极性码(single polar code)

基带数字信号码型之一。其特征是信号脉冲只有一种极性。通常情况下用有脉冲信号代表数字 1,用无脉冲信号代表数字 0。单极性码不可避免地存在直流分量,一般在设备内部如总线上使用,很少在传输线路和设备接口中使用。

6.68　单位间隔(unit interval)

数字信号 1 个比特所占据的时间,简称 UI。UI 等于数字信号比特速率的倒数,常用作数字信号抖动指标的单位。数字信号的比特速率越高,UI 就越小,如 64 kb/s 数字信号的 1UI = 15.6 μs,2048 kb/s 数字信号的 1UI = 488 ns。

6.69　单向中继(unidirectional trunk)

只有单方向传输信道的中继电路。在数字数据网中,单向中继用来复用和传输单向的用户数据。在国防科研试验任务中,具有数据单向传输的需求,为节省卫星转发器带宽资源,通常采用卫通信道作为数字数据网的单向中继。

6.70　低密度奇偶校验码(low density parity check code)

Gallager 于 1962 年提出的一类基于稀疏校验矩阵的线性分组码,简称 LDPC。稀疏奇偶校验矩阵 $\boldsymbol{H}$ 为 $N \times M$ 矩阵,矩阵中“1”的数目远远小于“0”的数

表 6.10　国际 5 号电码表

$b_4b_3b_2b_1$	$b_7b_6b_5$							
	000	001	010	011	100	101	110	111
0000	NUL	TC_7(DLE)	SP	0	@	P		p
0001	TC_1(SOH)	DC_1	!	1	A	Q	a	q
0010	TC_2(STX)	DC_2	“	2	B	R	b	r
0011	TC_3(ETX)	DC_3	#	3	C	S	c	s
0100	TC_4(EOT)	DC_4	¤	4	D	T	d	t
0101	TC_5(ENQ)	DC_8(NAK)	%	5	E	U	e	u
0110	TC_6(ACK)	DC_9(SYN)	&	6	F	V	f	v
0111	BEL	DC_{10}(ETB)	’	7	G	W	g	w
1000	FE_0(BS)	CAN	(	8	H	X	h	x
1001	FE_1(HT)	EM	)	9	I	Y	i	y
1010	FE_2(LF)	SUB	*	:	J	Z	j	z
1011	FE_3(VT)	ESC	+	;	K	[	k	{
1100	FE_4(FF)	IS_4(FS)	,	<	L	\	l	|
1101	FE_5(CR)	IS_3(GS)	-	=	M	]	m	}
1110	SO	IS_2(RS)	.	>	N	^	n	~
1111	SI	IS_1(US)	/	?	O	_	o	DEL

目,可表示为

$$H = [C_1 C_2] \tag{6-3}$$

式中:C_1——一个稀疏的 $N\times(N-M)$ 的矩阵;

C_2——一个稀疏的 $M\times M$ 的可逆方阵。

根据矩阵 H,得到 LDPC 码的生成矩阵:

$$G^{\mathrm{T}} = \begin{bmatrix} I_k \\ C_2^{-1} C_1 \end{bmatrix} \tag{6-4}$$

式中:I_k——$K\times K$ 的单位矩阵,其中 $K=N-M$。

根据生成矩阵,得到编码后的码字:

$$C = G^{\mathrm{T}} S \tag{6-5}$$

式中:C——编码后的码字;

S——信息码字。

LDPC 码由于采用稀疏校验矩阵,译码复杂度只与码长呈线性关系,编解码复杂度适中。在长码长的情况下,仍然可以有效译码并且能采用并行译码,性能接近香农极限。LDPC 码比 Turbo 码的串行译码具有更快的速度和更低的复杂度,适合硬件实现。在相同调制方式和误码要求下,LDPC 码相对于 Turbo 码有 0.3~0.5 dB 的编码增益。LDPC 码由于其性能接近理论极限,且具有编解码简单、时延短等特点,非常适合高速传输系统。

6.71　定时信号(timing signal)

决定数字信号有效瞬间和采样判决瞬间的信号。通常为周期性脉冲信号。利用定时信号的上升沿或下降沿,触发数字信号的发送和判读。

6.72　端到端测试(end-to-end test)

在全程电路的两端间进行的测试。端到端测试的目的是测量分段电路连接在一起后呈现的整体性能。端到端测试可以单方向进行,也可以双方向同时进行。单向测试时,一端的测试仪模拟发送,另一端的测试仪模拟接收。双向测试时,两端的测试仪均模拟发送和接收。

6.73　多业务交换机(muti-service switch)

北方电信公司生产的能够提供多种类型业务接入的系列数据交换机,简称 MSS。MSS 提供的主要业务有帧中继业务、比特透明数据业务(BTDS)、HDLC 透明数据业务(HTDS)、话音业务(VS)、异步转移模式(ATM)和局域网(LAN)业务。用户接口类型包括 V. 35、E1、STM-1 和以太网等。MSS 采用模块化结构,通过在机框中插入不同的板卡,实现不同种类业务的接入。交换机的板卡分为控制处理器(CP)和功能处理器(FP)两大类。其中 CP 为交换机的主控板,通常采用 1∶1 配置模式。FP 为交换机提供用户接口和中继接口,根据不同业务功能和接口形式,FP 板卡有 V. 35 板卡、E1 板卡、E1C 板卡、E1 MVP 板卡、ATM IP 板卡、10 Base-T 板卡、100Base-T 板卡等。国防科研试验数据交换网由 MSS 系列设备中的 MSS 7480 组网而成,承担着试验任务数据(包括专线数据和 IP 数据)、话音和图像业务的传输及交换。

6.74　二相相移键控(binary phase shift keying)

以载波的两个相反相位分别表征数字信号“0”和“1”的调制方式,简称 BPSK。BPSK 信号的数学表达式为

$$S_{\mathrm{BPSK}}(t) = \left[\sum_{-\infty}^{\infty} a_n g_T(t - nT_s)\right] \cos\omega_c t \tag{6-6}$$

式中:$S_{\mathrm{BPSK}}(t)$——BPSK 信号;

a_n——取值为+1、-1 的二进制数字序列;

$g_T(t)$——基带发送成形滤波器冲击响应;

T_s——调制符号周期;

ω_c——角速度。

BPSK 信号的产生过程如图 6.14 所示。

卫星信道基本上可视为恒参信道,信道干扰主要为加性高斯白噪声。由于转发器功率、效率和非线性等因素的限制,以及对互调干扰等方面的考虑,宜采用恒包络调制方式。故在数字卫星通信中广泛采用相移键控调制解调技术。在选择调制方式时,应从功率利用率和频带利用率两方面权衡考虑。卫星通信建立的初期,卫星转发器功率较小,频带富余,处于功率受限状态,而 BPSK 在误码率相同条件下,所需的 E_b/N_0 最小,因此系统常采用 BPSK 调制方式。随着数字宽带卫星业务的增加和系统容量的扩展,频谱带宽资源趋于紧张,使用代价也越来越

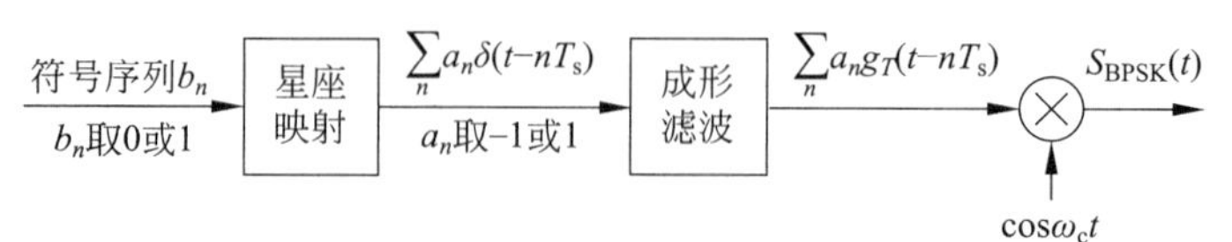

图 6.14　BPSK 信号产生过程

大。为提高频带效益，在信号传输中常考虑采用幅度与相位结合的高阶调制方式（如 QAM，APSK）。其频谱利用率为 1 b/(Hz · s)。

6.75　发送时钟（transmitter clock）

同步数据接口中，DTE 发送数据所使用的定时信号，又称为发送码元定时。ITU-T V. 24 建议规定了编号为 113 和 114 两种发送时钟。113 由 DTE 提供，114 由 DCE 提供。在具体接口中，只选用其中一种。

6.76　反向复用（inverse multiplexing）

将一高速数字码流，分配到多条低速数字电路上进行传输，在接收端再合并恢复为一高速数字码流的方法。由于其与复用相反，故称反向复用。我国的长途数字电路中，2 M 电路之上就是 155 M 电路，没有中间速率的电路。当长途传送 8 M 码流的信号时，通常用 1 个 8 M 的反向复用器和 4 个 2 M 电路来传送。

6.77　非平衡接口（unbalanced interface）

信号发送器和信号接收器采用不平衡电路实现的数据接口电路。采用单个导线和公共回线完成信号的收发。常用的 V. 28 和 V. 10 接口为非平衡接口。与平衡接口相比，非平衡接口的传输速率低，传输距离近。

6.78　分组交换（packet switching）

将用户数据进行分组，以分组为单位进行排队转发的交换方式，又称包交换。分组具有确定的结构，一般由分组头、用户数据和校验字段组成。根据分组的长度是否固定，可分为固定长度分组交换和不固定长度的分组交换。ATM 是一种长度为 53 个字节的固定长度分组交换，帧中继、以太网、IP 和 X. 25 均为不固定长度的分组交换。

6.79　固定编码调制（constant coding and modulation）

调制和信道编码方式在工作过程中保持不变的工作方式，简称 CCM。CCM 不能在工作过程中，根据信道质量变化情况，自适应改变调制和信道编码方式。为了保证不同信道质量下的通信质量，需留有一定的载噪比余量，因此，多数情况下未能充分利用系统资源。然而，CCM 具有设备相对简单、可靠性高的优点。

6.80　光猫（optical modem）

光调制解调器的俗称，又称单端口光端机。它将电接口输入的数字流，进行协议转换和成帧处理，形成具有帧格式的 2048 kb/s 数字流。然后将其调制到光信号上，在光纤线路上传输。同时从光纤线路接收对端传来的光信号，解调出电信号，并进行相应的协议转换，输出电接口所要求的信号形式。根据电接口的不同，光猫分为以太网光猫、E1 光猫、V. 35 光猫、RS-232 光猫等类型。常用于广域网中光电信号的转换和接口协议的转换，典型的应用场景是利用广域网的 2M 电路远距离传输以太网信号。

6.81　国际 2 号码（international telegraph alphabet No. 2 code）

ITU-T S. 1 规定的用于起止式电传电报通信中的标准电码，简称 ITA2，又称博多码。ITA2 为字符编码，采用 5 位二进制数组合编码，编码的字符分为图形字符和控制字符两类。图形字符包括英文字母、0~9 十进制数字、标点符号。控制字符包括回车、换行等。

6.82　国际参考编码字符集（international reference alphabet）

ITU-T T. 50 规定的字符编码，简称 IRA。曾称为国际 5 号码（IA5）。IRA 采用 7 位二进制数组合编码，编码的字符分为图像字符和控制字符两类。图形字符包括英文字母、0~9 十进制数字、标点符号、数学运算符号等。控制字符包括回车、换行、通信控制字符等。IRA 码与标准 ASCII 码基本相同，唯一区别在于第三行第二列的符号，IRA 码为符号“£ ”，ASCII 码为“#”。我国的“信息处理交换用的七单位编码字符集”除了第四行第二列由符号“ ¤ ”改为“ ¥ ”外，其余与 IRA 完全相同。

6.83　话带调制解调器（voice modem）

采用调制解调技术，在话音电路上传输数据信号的传输设备，简称话带 modem 或 modem。modem 的数据传输速率为 2. 4~33. 6 kb/s，数据接口为 RS-232，线路接口为二线或四线话音接口。国际电信联盟在 ITU-T V 系列建议中制订了多个适用于不同应用场合的 modem 标准,常用的有 V. 27、V. 29、V. 32、V. 33、V. 34 等。在国防科研试验网中,话带调制解调器主要用来传输 9. 6 kb/s 以下的低速数据。

6. 84 滑动(slip)

由于数字信号收发速率不一致,导致设备接口缓冲存储器溢出或读空的现象,又称滑码。当接口缓冲存储器的输入速率大于输出速率时,经过一段时间,缓存器将会发生溢出,造成比特丢失;当输入速率小于输出速率时,经过一段时间,缓存器将会被读空,造成重读。消除和减少滑动的主要方法有以下几种。

(1) 使系统中各设备时钟追溯到同一个时钟源,从而使系统内各设备的时钟精确同步,可消除滑动。

(2) 提高设备的时钟精度,减少设备间的时钟频率偏差,可减少滑动的频率。

(3) 增加设备接口缓存器的容量,也可减少滑动的频率,但会增大信号的传输时延。

6. 85 环回(loopback)

在电路的某一点,使发送信号经由接收通路返回至发送端的操作。当电路出现故障时,通过设置环回,对电路进行分段测试检查,以实现故障定位。环回的方式有软件环回和硬件环回两种。软件环回通过参数配置完成;硬件环回通过线路物理连接完成。根据环回点的不同,数字数据网的环回分为本地用户环回、远端用户环回、本地中继环回、远端中继环回和旁路环回等;话带数据电路的环回分为近端数字环回、近端模拟环回、远端模拟环回和远端数字环回。

6. 86 基带调制解调器(baseband modem)

采用基带调制解调技术,在实线电路上传输数据信号的传输设备,简称基带调解器或基带 modem。基带调解器的数据传输速率为 1. 2~2048 kb/s,数据接口为 RS-232、RS-422 和 V. 35,线路接口为二线或四线接口。基带调解器不对原始数据信号进行频谱搬移,而是采用扰乱、滤波和码型变换等方式进行处理。其作用是形成适当的波形,使数据信号在通过带宽受限的传输信道时,不会由于波形重叠而产生码间干扰,同时在接收端对已调信号进行滤波、均衡、抽样判决、码型逆变换及解扰等环节处理后恢复出原始的数据信号。基带调解器适合短距离(十几千米之内)使用。在国防科研试验网中,基带调解器主要用来在短距离范围内传输试验任务数据,传输速率通常为 24~128 kb/s。

6. 87 奇偶校验(parity check)

一种校验代码传输是否正确的方法。在一组二进制代码中附加一位,使整个码组“1”的个数为奇数或偶数。若为奇数,则称为奇校验;若为偶数,则称为偶校验。接收端收到这组代码后,通过检查“1”的个数判断传输是否正确。奇偶校验能够检测出一位错误。是最早的纠错编码之一,目前仍在一定范围内使用。

6. 88 基准参考时钟(primary reference clock)

为数字网络全网或部分区域提供参考频率信号的频率标准,简称基准时钟。是全网内级别最高的时钟,又称一级时钟,其他时钟直接或间接地同步于基准时钟。ITU-T G. 811 规定了基准时钟的性能指标,其中频率准确度优于 1×10^{-11}/周,抖动小于 0. 05 UIpp,相位不连续性小于(1/8)UI。

基准时钟有两种配置方法:一种是全网只配置一个基准时钟,另一种是分区域配置多个基准时钟。分区域配置的基准时钟之间没有直接的同步关系,但是一般通过卫星导航定位系统溯源到协调世界时(UTC)。

6. 89 简化 HDLC(simplified HDLC)

国防科研试验规定的专用数据传输规程之一。该协议对高级数据链路规程(HDLC)进行了简化,仅保留了 HDLC 的信息帧结构,并对信息字段做了进一步的规定,如图 6. 15 所示。

各字段的含义与作用如下。

F——帧标志序列,占 1 个字节,符合 HDLC 的规定;

A——地址字段,占 1 个字节,一般不用;

C——控制字段,占 1 个字节,填全“0”;

S——信源地址,即本帧信息产生站或发出站的地址,占 1 个字节;

D——信宿地址,即本帧信息接收站的地址,占 1 个字节;

M——任务代号,占 1 个字节;

B——信息类别码,占 1 个字节;

L——数据字段长度,表示本帧 DATA 字段所占

HDLC 信息帧结构	F	A	C	I							FCS	F
简化 HDLC 帧结构	F	A	C	S	D	M	B	L	DATA	P	FCS	F
	帧标志序列	网络头				用户头			数据字段	帧校验结果	帧校验序列	帧标志序列
字节数	1	1	1	1	1	1	1	1	n	1	2	1

图 6.15　简化 HDLCD 的帧结构

的字节数，占 1 个字节，用二进制数表示，计数范围为 0~255；

DATA——数据字段，其长度是字节的整倍数，在 0~255 可选；

P——帧校验结果，表示本帧数据在接收端进行校验的结果，占 1 个字节。产生本帧信息的数据站将该帧的 P 字段填全“0”，接收站将 P 字段左移一位，将 FCS 的校验结果填在 P 字段的最低位。若校验结果正确，填“0”；否则，填“1”。若该帧数据需要接收站转发时，则将修改后的 P 字段一并转发。

FCS——帧校验序列，占两个字节，符合 HDLC 的规定。

上述 A、C、S、D 这 4 个字段共同组成了网络头，M、B、L 这 3 个字段共同组成了用户头。

帧的字段传送顺序为从左至右。字段内各位的传送顺序为：除了帧校验序列先传高位，后传低位外，其余字段均先传低位，后传高位。

6.90　交织（interleaving）

各支路信号在群路中交替传输的方式。分为比特交织、字符交织和分组交织。以比特为基本单位进行交替传输的方式称为比特交织；以字符为基本单位进行交替传输的方式称为字符交织；以分组为基本单位进行交替传输的方式称为分组交织。

6.91　接口缓冲存储器（interface buffer memory）

设备接口中用于缓冲存放接收数据的存储器，简称缓存。在收发时钟同步的情况下，缓存用来调整接收信号的相位，使其与设备内部的时钟同相。在收发时钟不同步的情况下，缓存还用来减少滑动。初始条件下，当缓存写入到一半容量时，才开始从缓存中读出数据。在工程应用中，缓冲器容量由收发时钟的频差和滑动间隔指标共同确定。

6.92　接收时钟（receiver clock）

同步数据接口中，DTE 接收数据所使用的定时信号，又称为接收码元定时。ITU-T V. 24 建议规定了编号为 115 的接收时钟。115 由 DCE 提供，实质上就是 DCE 向 DTE 发送数据的发送时钟。

6.93　卷积码（convolutional code）

伊莱亚斯（Elias）于 1955 年提出的一种信道纠错编码。卷积码通常表示为(n,k,N)，其中 n 为码长，k 为输入码组的码元个数，N 为相互关联的码组个数，又称为约束长度（有些文献把 $N-1$ 或 Nk 称为约束长度）。卷积码的编码率为 k/n。卷积编码的基本原理如图 6.16 所示，输入移位寄存器共有 N 段，每段 k 位，共 Nk 位，存储输入序列 M 的 N 个连续码组。模 2 加法器共 n 个，每个的输入均为输入

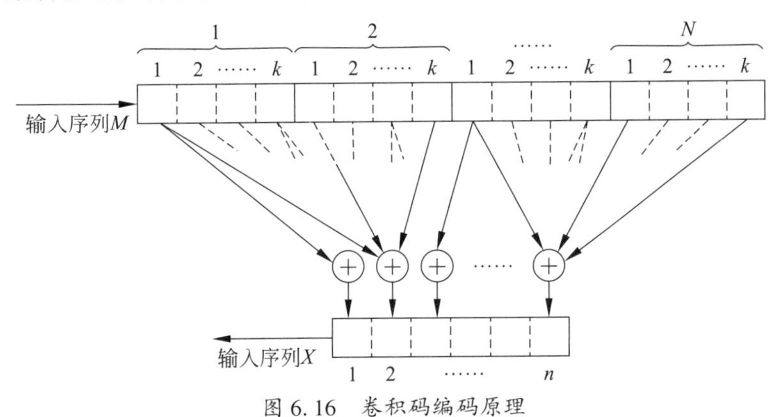

图 6.16　卷积码编码原理

移位寄存器 Nk 位的不同组合，组合方式由给定的生成多项式确定。模 2 加后，生成卷积码的码组，经输出移位寄存器并串转换，形成输出序列 X。卷积码的输出码组不仅和当前的输入码组有关，也与前 $N-1$ 个输入码组有关，所以又称为连环码。

卷积码的译码分为代数和概率译码两种。代数译码根据卷积码本身代数结构进行译码，由于其不考虑信道的统计特性，没有充分利用卷积码的特点，目前很少应用。概率译码则根据信道的统计特性，从概率的角度进行译码，已成为卷积码主要的译码方式，其中常用的有维特比（Viterbi）译码、序列译码等。

卷积码充分利用了各码组间的相关性，在编码复杂度相当的条件下，卷积码的性能优于分组码；在纠错能力相当的条件下，卷积码的实现比分组码简单，但卷积码没有类似分组码的严密数学方法，将纠错能力与码的构成有规律地联系起来，一般通过计算机搜索来寻找合适的编码算法。此外，n 和 k 的取值一般较小，故编码时延小。

采用编码率为 3/4、7/8 的卷积码，编码增益一般可达 2~5 dB。

6.94　控制字符（control character）

在字符集中，用于表示控制功能的字符，又称非打印字符，与字母、数字和标点符号等图形字符相比，控制字符没有图形显示，仅表示一个动作，如空白、回车、换行、换页、删除、退格、正文开始和正文结束等。在同一字符编码标准中，控制字符与图形字符采用不同的数字组合予以区别。

6.95　里德—所罗门编码（Reed-Solomon code）

由里德（Reed）和所罗门（Solomon）在 1960 年构造的一种多进制 BCH 循环分组码，简称 RS 码。RS 码是为纠正突发错误而设计的编码，不直接对比特进行编码，而是先将比特分组，形成符号，然后将这些符号编成码字。每个符号由 m 个比特组成，可映射到 q 个符号集合，其中 $q=2^m$。一个码字长为 n 个符号，其中包括 k 个信息符号，$n-k$ 个监督冗余符号，编码率 $R=k/n$。

RS 码字符号均在伽罗华域 GF(2^m) 上取值，其基本思想就是选择一合适的生成多项式 $g(X)$，并且使对每个信息码计算得到的码字多项式 $c(X)$ 都是 $g(X)$ 的倍式，即使 $c(X)$ 除以 $g(X)$ 的余数多项式为 0。这样，如果接收到的码字多项式除以 $g(X)$ 的余数多项式不为 0，则可以知道接收的码字中存在错误。RS 码纠正的符号差错数 t 为 $(n-k)/2$，由此确定的 RS 码的生成多项式为 $g(X)=(X+a^0)(X+a^1)(X+a^2)\cdots(X+a^{2t})$。

由于 RS 码是在多进制域上的纠错码，且每个多进制符号可以表示成若干比特，因此它具有纠正突发错误的能力，常用它作为级联编码的外码。

6.96　离散多频音调制（discrete multitone modulation）

一种多载波调制方式，简称 DMT。其基本思想是，将信道分成若干个互不重叠的子信道，每个子信道单独进行调制。在发送端，将高速数字流分解为多个低速数字流，分别在子信道中传输；在接收端，将各个子信道的低速数字流合并，恢复出原高速数字流。在非对称数字用户线路（ADSL）中，采用 DMT 技术，将电话用户线上的 0~1.104 MHz 频段划分成 256 个频宽为 4.3 kHz 的子信道。其中，4 kHz 以下频段仍用于传统电话业务，26~138 kHz 的频段用于上行信号传输，138 kHz~1.104 MHz 的频段用于下行信号传输。

DMT 根据各子信道的瞬时衰减特性、群时延特性和噪声特性决定子信道的传输速率。发送端发送测试信号（训练序列），接收端进行频谱估计，计算出各个子信道的信噪比，据此分配各子信道的传输速率。DMT 能够根据信道质量自适应调整子信道速率，也可以关闭干扰严重、误码率高的子信道。因此 DMT 具有很强的抗噪声性能。

6.97　连续相位频移键控（continuous phase frequency shift keying）

码元转换瞬间载波相位保持连续的频移键控，简称 CPFSK。根据码元进制的不同，CPFSK 分为两电平 CPFSK 和多电平 CPFSK。根据调制指数是否恒定，CPFSK 分为单模 CPFSK 和多模 CPFSK。由于 CPFSK 信号在码元转换瞬间没有相位突变，因此信号频谱在频带之外的衰减快，占有的频带比相移键控小。

6.98　两相码（binary phase-code）

基带数字信号的码型之一，又称裂相码。二进制数字信号的每个码元用两个相位相反的子码表示。一般用“10”表示二进制数字“1”，“01”表示二进制数字“0”。两相码的每个码元信号中间均发生电平跃变，因此含有丰富的码元定时信息，不需要再用专门电路传送码元定时信号。但是，子码元速率是二进制数字比特速率的两倍，频带利用率不高。

6.99　码间串扰（intersymbol interference）

码元展宽后部分波形落到相邻码元的现象。码间串扰主要是由信道带宽小于码元脉冲带宽造成的，其危害是增加了接收端错误判决的概率，使传输误码率增大。将示波器水平扫描周期调至码元周期，可观察到码元信号眼图。根据眼图的形状，可直观了解码元串扰的情况。

6.100　码距（code distance）

同一编码集内两个码组在对应位置上码元不同的个数，又称汉明距离。如码组“10111”与“10100”的码距为 2。一个码的码距有多个，其中最小的称为该码的最小码距。最小码距决定了该码的检错和纠错能力。码的最大检错能力为最小码距-1；最大纠错能力为（最小码距-1）/2。

6.101　码速调整（justification）

调整准同步支路信号的速率，以实现同步复用的方法。码速调整原理如图 6.17 所示。

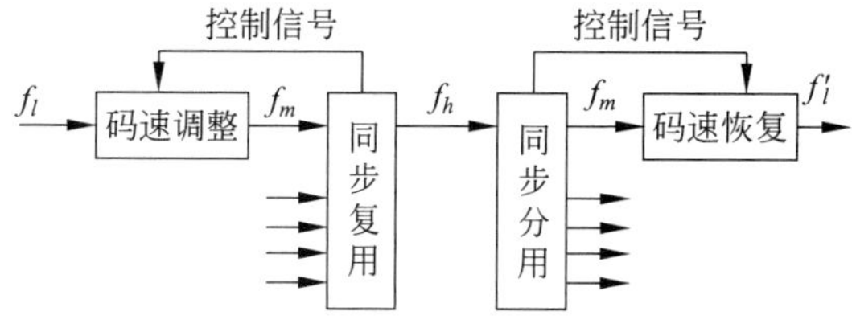

图 6.17　码速调整原理

码速调整单元的主体是一个缓冲存储器，其输入为未经调整的准同步支路码流，写入频率记为 f_l，其输出为调整后的同步支路码流，读出频率记为 f_m。根据码速调整的状态，分为下列 3 种调整方式。

（1）正码速调整

f_m 大于 f_l 的容差上限，因此调整单元的输出速率始终大于输入速率。一旦发现缓冲存储器存储的比特数减少到一定程度，读出时钟就会停顿一个拍节，即停止读出一个比特的时间。而此时，写入并没有停止，因此缓冲存储器的容量又增加了 1 bit。读出时钟每停止读出一次就是一次正码速调整。通常在复用帧的支路时隙中规定 1 bit，兼顾传送码速调整信息。该比特称为正码速支路调整比特或正码速调整支路数字时隙。如果支路不需要调整时，该比特照常传送支路信码；如果支路需要调整时，该比特为填充比特。正码速调整比特是填充比特还是支路信码，必须告诉对端。为此，在复用帧中留出几个特定的位时隙，来传送码速调整与否的指示信号。这种码速调整指示信号称为码速调整指示数字或塞入指示数字。在码速恢复单元中，根据码速调整指示数字，可知正码速支路调整比特是填充比特还是支路信码。如果是填充比特，则不读出该比特信息。如此进行调整和恢复，就可以保证支路码流的无误传输。

（2）正/0/负码速调整

f_m 与 f_l 的标称值相同，两者的偏差存在大于、小于和等于 3 种可能，因此对应于 3 种调整状态。当调整单元的输出速率大于输入速率时，采用正码速调整；输出速率等于输入速率时，不进行码速调整；输出速率小于输入速率时，采用负码速调整。负码速调整时，复用帧中必须提供额外的专用时隙用于传送多余的支路信码。

（3）正/负码速调整

与正/0/负码速调整基本相同，不同的是，用正、负调整交替进行来代替不调整状态，这样使 3 种调整状态变为两种。

由于正码速调整只有一种调整状态，设备实现简单，因此得到了广泛应用。

6.102　码型（code pattern）

码元的存在形式。码型考虑码元脉冲的占空和极性，而不考虑脉冲波形形状。最简单的码型就是用有电和无电两种状态分别表示“1”和“0”。这种码型的信号中存在大的直流分量和大量低频分量，容易被传输电路中的电容性器件、变压器等过滤掉，造成信号失真。当出现长串连“0”或连“1”序列时，难以提取定时信息。因此这种码型一般在设备内部使用。基带传输用的码型一般需考虑以下几点。

（1）信号频谱中不含有直流分量，低频分量应尽可能少。

（2）便于从信号中提取定时信息。

（3）良好的抗噪性能和误码性能。

（4）良好的传输效率。

根据码元脉冲的极性，码型分为单极性码和双极性码。单极性码用脉冲的有无表示“1”和“0”，双极性码用正极性脉冲和负极性脉冲表示“1”和“0”。

采用双极性码,可有效减小码元信号中的直流分量和低频成分。根据码元脉冲归零情况,码型分为归零码和不归零码。所谓归零,指码元脉冲信号在码元周期结束前回到零点。不归零码的码元脉冲宽度占据整个码元周期,归零码则占据部分码元周期。与不归零码相比,归零码不但可减少码间串扰,而且便于提取定时信息,但信号能量减小。

在极性和归零的基础上,辅之以极性交替、差分,多电平等方法,可衍生出多种码型。常用的码型有单极性不归零码(NRZ)、双极性不归零码(BNRZ)、单极性归零码(RZ)、双极性归零码(BRZ)、极性交替反转码(AMI)、曼彻斯特码、三阶高密度双极性码(HDB_3)码、nBmT 码、格雷码等,如图 6.18 所示。

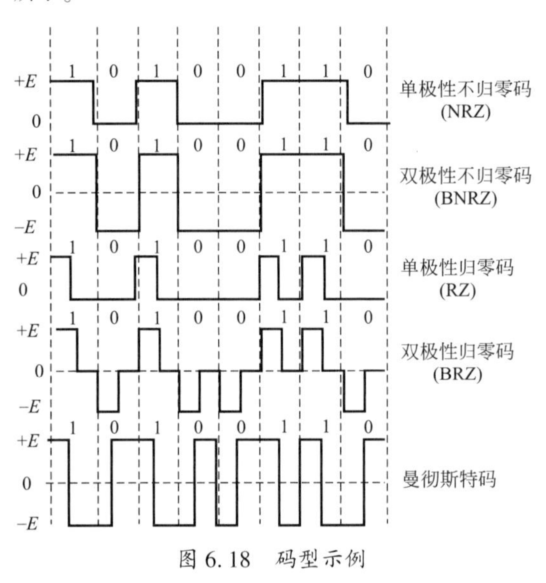

图 6.18　码型示例

6.103　码元(code element)

基带数字信号的基本单位。由码元周期,码型和码元波形所决定。一个码元可携带一个或多个二进制数字信息。

6.104　码重(code weight)

一个码组中非“0”码元的个数,又称为汉明重量。对二进制码来说,码重就是码组中所含码元“1”的数目,如码组“110000”的码重为 2。

6.105　曼彻斯特编码(Manchester code)

一种 1B/2B 编码方式,用“01”代表比特 0,用“10”代表比特 1。如图 6.19 所示,在每一个码元的中间位置必然产生一次跳变,利用该跳变解码端可恢复出时钟信号,因此可取消单独的时钟信号传输电路,但使用两个电平传输 1 bit,编码效率低。曼彻斯特编码应用在 10 M 以下的以太网中,在 100 M 以上以太网中不再使用。

6.106　欧氏距离(Euclidean distance)

在幅度—相位坐标系下,调制星座图中两个星座(调制点)之间的距离,又称欧几里得距离。欧氏距离越小,就越容易相互干扰,误码率就越高。

6.107　旁路(bypass)

特指数字数据网节点的不落地转接功能。用户数据途经中间节点时,不在该节点用户端口输出,而是在该节点内部解复用后再次复用到另一条中继电路上,发往其他节点。国防科研试验数字数据网中,节点的旁路功能由旁路模块(BPM)实现。一个节点最多可以同时为 511 条用户电路提供旁路功能,一条用户电路最多可以途经 7 个旁路节点。

6.108　偏置正交相移键控(offset quadrature phase shift keying)

正交相移键控(QPSK)的改进型之一,简称 OQPSK。OQPSK 与 QPSK 相同的是,二者均将输入码流以 1 bit 为单位分为均等的两路,即同相支路 I 和正交支路 Q,然后用两个相互正交的载波分别对其进行两相调制。不同的是,QPSK 的两个支路的码元转换时刻一致,而 OQPSK 将 Q 支路的码元转换时刻延迟 I 支路一个码元宽度(分路前码元的宽度),使 I 支路和 Q 支路的码元转换时刻错开,将调制后信号的最大相位突变由 180°降为 90°。这样,OQPSK 信号通过带限滤波器后,包络的起伏变化变

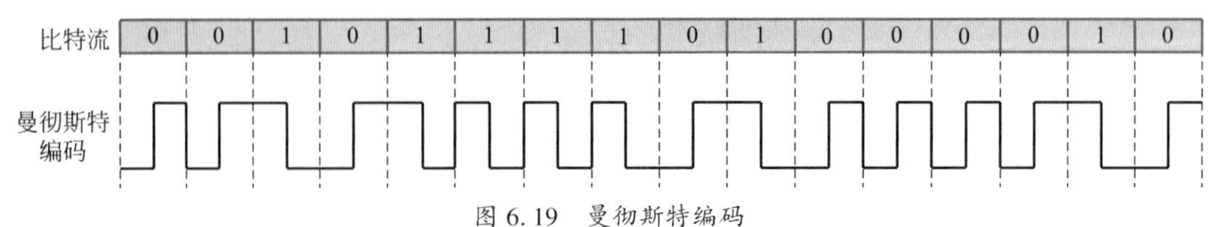

图 6.19　曼彻斯特编码

小,性能得到改善。

6.109　平衡接口(balanced interface)

信号发送器和信号接收器采用差分驱动电路实现的数据接口。采用两根对地平衡的导线完成信号的收发。常用的 V. 35 和 V. 11 接口为平衡接口。与非平衡接口相比,平衡接口的传输速率高,传输距离远。

6.110　群时延(group delay)

信道相频函数的负导数。群时延的定义表达式为

$$\tau_g = -\frac{d\varphi(\omega)}{d\omega} = -\frac{1}{2\pi}\frac{d\varphi(f)}{df} \tag{6-7}$$

式中:τ_g——群时延,s;

ω——角频率,rad/s;

$\varphi(\omega)$——相频函数;

f——频率,Hz。

不同频率的信号经过信道传输后,产生不同的相移,该相移值映射到时域即为群时延。在信道频带范围内,群时延的最小值称为绝对群时延,一般位于信道频带的中心区域。其他频率的群时延与绝对群时延的差,称为相对群时延。一般信道的群时延随频率改变,从而造成信号畸变,该畸变称为群时延失真。如果信道的群时延不随频率改变,为一个常量,则不会产生群时延失真。工程上一般采用均衡器对群时延失真进行校正。

6.111　扰码(scramble)

把一个码元序列变换为另一个统计特性更完善的序列的过程,又称扰乱。扰码的目的主要有两个,其一是减少码元序列的连"0"和连"1"长度,保证接收端从线路信号中提取到位定时信息。其二是使加扰后的信号频谱更适合基带传输。扰码通常用反馈移位寄存器的方法实现。扰码不额外增加码元,故不会增加码元速率。

6.112　时间偏差(time deviation)

衡量时钟漂移的指标,简称 TDEV。其估算式如式(6-8)所示:

$$\text{TDEV}(n\tau_0) = \sqrt{\frac{1}{6n^2(N-3n+1)}\sum_{j=1}^{N-3n+1}\left[\sum_{i=j}^{n+j-1}(x_{i+2n}-2x_{i+n}+x_i)\right]^2},$$
$$n = 1,2,\cdots,N/3(\text{取整}) \tag{6-8}$$

式中:x_i——第 i 个 τ_0 时刻,与理想定时信号的时间差;

N——总时间差样本数;

τ_0——时间差样本间隔;

τ——观测时间;

n——在观测时间 τ 内,时间差样本间隔的数量,$n=\tau/\tau_0$。

ITU-T 规定的基准参考时钟的 TDEV 指标见表 6.11。

表 6.11　基准参考时钟的 TDEV 限值

观测时间间隔/s	TDEV 限值/ns
$0.1<\tau\leqslant 100$	3
$100<\tau\leqslant 1000$	0.03τ
$1000<\tau\leqslant 10\,000$	30

6.113　试验任务数据交换网(the Data Switching Network of Test Mission)

承担国防科研试验任务各类数字业务传输及交换的专用数据网络。该网采用北方电信公司生产的多业务交换机(MSS),按照星状网和网状网相结合的结构进行组网。中继电路采用地面光缆和卫通信道,传输速率为 9.6 kb/s 至 3.84 Mb/s。节点间采用基于 HDLC 的非确认(UNACK)专用中继协议,建立基于帧和信元的两种逻辑通道。基于帧的逻辑通道用于传输帧中继业务,基于信元的逻辑通道用于传输恒定比特速率业务(如话音和视频)。网络可向用户提供帧中继、比特透明数据(BTDS)、HDLC 透明数据(HTDS)、话音(VS)、局域网(LAN)和异步转移模式(ATM)等多种类型的业务。

6.114　时钟同步(clock synchronization)

时钟之间建立和保持长期频率准确度相同的过程。每个数字设备内部都设有一个时钟,产生各种频率的定时信号,用于数字信号的读出和写入控制。设定 f_A 为设备 A 的时钟产生的定时信号频率,设备 A 以 f_A 的速度向设备 B 发送数字码流;f_B 为设备 B 的时钟产生的定时信号频率,设备 B 用 f_B 的速度接收设备 A 发送的数字码流。如果设备 A 的时钟与设备 B 的时钟相互独立,则尽管 f_A 和 f_B 标称值相同,仍不可避免地存在频率偏差。这样在设备的接口缓冲器中,必然存在写入和读出的快慢不同,从而导致滑动。为避免滑动,这两个时钟须保持同步。时钟同步的一般方法是,用设备 A 的时钟去锁定设

备B的时钟,反之亦然。锁定者称为主时钟,被锁定者称为从时钟。锁定用的定时信号,一般为从时钟设备从主时钟设备来的业务码流中提取,也可以采用专门的定时电路传送。在多个节点组成的同步转移模式网络中,一般采用分级的主从同步方式,实现全网时钟的同步。

6.115　数据报(datagram)

采用无连接方式,以数据包为基本单位传输的数据业务。数据包具有确定的结构,一般包括包头、载荷和校验字段3部分,其中包头包含了数据包的源地址、目的地址以及如何处理该数据包等信息。根据数据包携带的地址信息,网络节点为每个数据包选择路由,并在链路上进行排队转发。当出现拥塞或传输错误时,网络都会丢弃数据包,因此不能保证数据包可靠到达目的地。由于网络不对数据包进行纠错重传,因此实时性强。常见的数据报有网络层的IP业务,传输层的UDP业务等。

6.116　数据传输(data transmission)

将数据信号通过传输媒质从一地传送到另一地的过程,简称数传。一般包括信道编码、调制、放大、发送、再生中继、接收、解调、信道解码等环节。严格意义上的数据传输限于透明传送比特数字流或字符流,属于物理层的功能,并不涉及数据链路层及其以上层。但随着数据以包为单位传输后,数据传输也开始向上层扩展,有关协议及其实现也纳入到了数据传输的范围。

数据传输是试验通信的主要业务之一,用于传输任务中的各类试验数据。数据传输设备先后使用过数传机、调制解调器、数据复用器、数字数据网设备、多业务交换机等设备。目前,数据传输的任务主要由试验任务IP网承担。

6.117　数据传输速率(data trasmission rate)

单位时间内传输的数据量,简称传输速率。一般用每秒传送的比特数来表示,常用单位有b/s、kb/s、Mb/s和Gb/s。传输速率是衡量数据传输设备、电路和系统传输能力的重要指标。

6.118　数据电路(data circuit)

传输二进制数据信号的通信电路,由传输信道和两端的终接设备组成。数据电路通过终接设备连接数据终端,将数据信号从一个终端传送到另一个或多个终端。默认情况下,数据电路为双向通路。

6.119　数据电路终接设备(date circuit terminating equipment)

数据电路两端用于连接数据终端的设备,简称DCE。在话音信道和话带调制解调器组成的数据电路中,话带调制解调器即为DCE。在实线信道和基带调制解调器组成的数据电路中,基带调制解调器即为DCE。在高速数字信道和数据复用器组成的数据电路中,数据复用器即为DCE。在数据通信网络中,用户—网络接口的网络侧设备即为DCE。

6.120　数据复用(data multiplexing)

将多路低速数据信号组合成一路高速信号的过程,又称数据复接。通常采用时分的方式进行数据复用。其基本原理是:将高速信号在时域上划分为若干个时隙,并成帧。然后将各路低速数据信号安排在不同的时隙中传输。在对端,按照相反的方式将各路低速信号恢复出来。如果低速数据信号的定时均来自高速数据信号,则称为同步复用;否则称为准同步复用。在数据通信中,完成数据复用功能的设备称为数据复用器或数据复接器。

6.121　数据交换(data switching)

数据网络节点将一条电路上来的数据信息转发到另外一条电路上的方法和过程。数据交换分为电路交换、报文交换和分组交换3种。电路交换的原理是,根据用户呼叫请求,网络在用户间建立一条暂时的物理数据电路,用户双方占用该电路传输数据,传输完毕后拆除。报文交换的原理是,不需要建立连接通路,用户就可以将报文发送到网络内,网络采用存储—转发的方式将报文送达目的地。分组交换的原理是,把报文划分为若干个长度较短的分组,以分组为单位排队转发。3种交换方式的比较见表6.12。

表6.12　3种交换方式的比较

交换方式	电路交换	报文交换	分组交换
接续时间	较长	无接续时间	虚电路:较短;数据报:无接续时间
信息传输时延	短,时延抖动小	长,时延抖动大	较短,时延抖动较小

续表

交换方式	电路交换	报文交换	分组交换
对业务过载的反应	拒绝接受呼叫(呼损)	报文存在交换机中,传输时延增大	减小用户输入的信息流量或丢弃分组(流量控制),传输时延增大
电路利用率	低	高	高
实时会话业务	适用	不适用	适用

由于分组交换传输时延短,电路利用率高,特别适合传输具有突发特征的数据业务,目前国防科研试验数据通信已全部采用分组交换方式,不再使用电路交换和报文交换。

6.122 数据链路(data link)

具有传输控制功能的数据电路。数据链路的作用是在已经形成物理电路连接的基础上,利用控制规程,把易出错的物理电路改造成相对无差错的逻辑电路,以便通信各方能够有效、可靠地传输数据信息。上述控制规程称为数据链路控制规程或数据链路控制协议。因此数据链路可以看作数据电路和数据链路控制规程的结合体。在OSI分层体系架构中,数据链路的功能等同于数据链路层向上层提供的服务。

6.123 数据链路控制协议(data link control protocol)

建立、保持和释放数据链路以及在其上传送数据的一组规则,又称数据链路控制规程。该协议规定了数据链路建立、保持和释放的规则,链路传送数据时控制信息的格式以及对控制信息进行解释的规则。在OSI分层体系架构中,数据链路控制协议位于数据链路层,分为面向字符和面向比特两类。面向字符的有基本型控制协议(BSC),目前已很少应用。目前广泛应用的是面向比特的协议,常用的有点对点协议(PPP)、高级数据链路控制协议(HDLC)和以太网协议等。

6.124 数据链路连接标识符(data link connection identifier)

帧中继网中,用于区分同一物理电路中不同逻辑链路的标识符,简称DLCI。DLCI占据数据帧地址字段中的10 bit,可以识别1024条数据链路。DLCI仅具有本地意义,即同一帧中继交换机不同的物理端口可以使用相同的DLCI号。帧中继的一条虚电路由多条逻辑链路串接而成,因此可用多个相继的DLCI表示一条虚电路的完整路径。

6.125 数据通信(data communication)

按照协议和约定进行数据传递的过程。数据通信包括从物理层到应用层的所有功能,向用户提供的是应用层的服务。数据通信是在数据传输的基础上进行的,如果把数据通信视为一种业务,则数据通信由数据承载业务和终端业务构成,而数据传输只涉及数据承载业务。

6.126 数据通信基本型控制规程(basic mode control procedures for data communications)

GB/T 3453—1994规定的面向字符的数据链路控制规程。该规程的内容包括字符编码与结构、传输控制字符、文电格式、数据通信阶段、差错控制、恢复规程、传输控制字符的DLE扩充序列的使用。基本型控制规程只能使用GB 1988—80规定的七单位字符编码,兼容性差。

6.127 数据终端设备(data terminal equipment)

数据电路两端连接的设备,简称DTE。在数据通信中,DTE作为数据源和数据宿,与数据电路终接设备(DCE)相连。

6.128 数字数据网(digital data network)

利用数字电路提供半永久性连接专用电路,以传输数据信号为主的数据传输网络,简称DDN。该网络主要向用户提供端到端全程数字化的专用数据电路,同时也提供话音电路和帧中继方式的永久虚电路。数字数据网由节点、中继电路、用户接入电路和网络管理系统组成。节点完成各类用户业务的接入、转换、数据复用和交叉连接等功能。一般的数字数据网节点都具有用户接口、中继接口、网管接口和外时钟接口。中继电路一端连接一个节点的中继电路接口,另一端连接另一个节点的中继电路接口。中继电路有双向对称、双向不对称和单向3种。用户接入电路是连接用户终端和网络节点的电路,可选用实线方式、调制解调器方式、复用器方式和用户电路延伸方式。实线方式和用户电路延伸方式是国防科研试验任务中常用的两种用户接入方式。网络管理系统是用来管理数字数据网的系统。网络的管理人员通过网络管理系统对数字数据网进行性能管理、配置管理、安全管理、计费管理和故障管理。

国防科研试验中的数字数据网采用美国泰讯公司生产的 Link/2+系列产品进行组网。

6.129 数字数据网(DDN)技术体制(Digital Data Network Technical System)

中华人民共和国通信行业标准之一,标准代号为 TZ 016—1994,1994 年 7 月 18 日,中华人民共和国邮电部发布,自发布之日起实施。该标准解决了 DDN 的网络结构、网络控制管理、网同步、不同制式设备的互通等问题,能够为网络规划、装备制式、工程设计以及通信组织等工作提供依据。标准内容包括总则、网络结构、网络业务及业务质量要求、时分复用、帧中继、同步、网络管理和控制、计费方式、用户入网及接口、设备序列及基本入网要求等。

6.130 数字数据网节点编号(DDN node number)

标识数字数据网节点设备的数值,简称节点编号。节点编号与节点设备一一对应,在网络管理和控制中,用于表示节点设备。国防科研试验任务采用 Link/2+设备组网,其节点编号的取值范围为 1~2000。

6.131 数字同步网(digital synchronization network)

提供定时基准信号的网络,简称同步网。同步网由网络节点和数字同步链路组成。网络节点由时钟和相应的定时信号分配系统组成,锁定跟踪上级节点的定时基准信号,为下级节点和用户提供定时基准信号输出。与用户的接口为 ITU-T G.703 2048 kb/s 和 2048 kHz 两种。同步数字链路用于在节点间传递定时基准信号,传送方式主要有 PDH 2048 kb/s 专线、PDH 2048 kb/s 业务电路和 SDH STM-N 线路信号。

同步网采用等级主从同步结构的居多,全网设一个或多个一级节点,配置基准时钟,二级及以下等级的节点配置从时钟。网内所有的定时基准信号都可溯源到基准参考时钟,其传递只能从高等级节点到低等级节点或同等级节点。为避免串接多个用户时钟,引起定时基准信号恶化,节点定时分配系统一般采用并行分配方法,直接向用户输出定时基准信号。

6.132 双向不对称中继(asymmetric trunk)

数字数据网中双向传输速率不一致的中继链路。双向不对称中继中复用的用户数据可以是单向、双向对称和双向不对称。当两个方向的传输速率需求差别较大时,为节省传输信道资源,可采用双向不对称中继。在国防科研试验中,为节省卫星转发器资源,通常建立基于卫通信道的双向不对称中继。

6.133 同步接口(synchronous interface)

具有定时电路的 DTE-DCE 接口。在同步接口中,一条数据电路对应一条定时电路。发送端利用码元定时信号的上升沿,触发码元发送;接收端利用下降沿,判决接收码元。

6.134 同步时分复用(synchronous time-division multiplexing)

每个支路信号与群路信号均保持同步的数据复用方式,简称同步复用。同步复用的基本原理如图 6.20 所示,$S_1 \sim S_n$ 为待复用的支路信号,S_F 为帧定位信号,L_T 是由复用定时单元提供的写入控制信号,f_h 是合路信号的定时信号,是占空比为 50% 的归零矩形脉冲信号。G_h 是合路信号。$R_1 \sim R_n$ 为分用后输出的支路信号,R_F 为从合路信号中分解出来的帧定位信号,L_R 是由分用定时单元提供的读出控制信号。支路定时信号把各支路信码写入相应的支路寄存器(此处把帧定位信号视为一支路信号)。在 L_T 的作用下,将各个支路寄存器存储的内容写入同步复用单元(相当于一个并行输入串行输出的移位寄存器)。然后,同步复用单元受 f_h 上升沿的触发,输出合路信码。每当同步复用单元的内容刚好全部移出之时,L_T 就又一次起作用,再次把支路寄存器的内容写入同步复用单元。如此循环,就完成了复用。

合路定时信号 f_h 与合路时码 G_h 一同到达同步分用单元。此时 f_h 的上升沿与 G_h 的上升沿对齐,不利于信号的判决,所以此时需对 f_h 进行倒相处理,以便 f_h 的上升沿对齐 G_h 码元的中间位置。经倒相后的 f_h 把 G_h 码元写入同步分用器(相当于一个串行输入并行输出的移位寄存器)。当刚好写满同步分用器时,读出控制信号 L_R 起作用,把移位寄

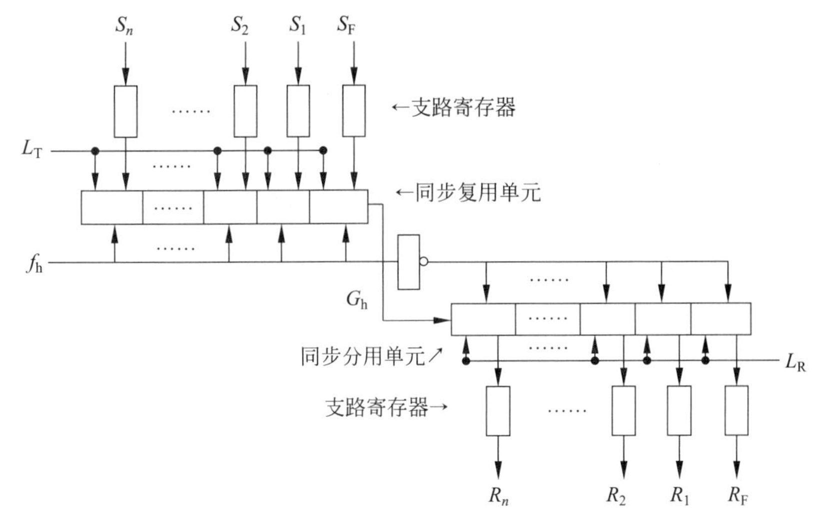

图6.20　同步复用分用原理

存器的内容读出，并分别写入各支路寄存器。如此循环，就把合路信号分解为各个支路信号。

6.135　统计时分复用（statistics time-division multiplexing）

各个支路采用排队转发的方式合为一条群路的复用方式，简称STDM。与传统时分复用固定分配时隙方式不同，STDM只有在支路有数据传输时才为该支路分配群路资源。其基本原理是：各个支路将其数据进行打包，提交给群路发送系统，包中含有数据和包识别标识。如果群路空闲，则发送该数据包；如果群路占用，则排队等待，直到空闲时再发送。在接收端，群路接收系统根据数据包的识别标识，将数据包送往相应的支路。STDM避免了有些支路有数据却无足够时隙传送，而有些支路无数据却占用时隙的问题，提高了链路的利用率。

6.136　网格编码调制（trellis coded modulation）

一种将信道纠错编码和调制相结合的调制技术，又称格状编码调制，简称TCM。

在传统的数字传输系统中，信道纠错编码与调制是两个独立的部分。信道编码一般是从汉明距离为量度的，而误码性能取决于其最小的欧氏距离。在多进制调制中，汉明距离最小不一定欧氏距离也最小，因此以汉明距离为准则的最佳编码在多进制调制中不一定是最佳的。如果将调制和编码结合起来考虑，使最小欧氏距离最大化，就可以进一步提高传输系统的性能。

在网格编码调制中，调制点在幅度—相位空间即信号空间中呈网格状排列。按照最小欧式距离最大的原则，对信号空间进行分级分割。每一次分割都是将一个较大的信号集分割成较小的两个子集，最终将2^{n+1}个调制点分成2^{m+1}个子集（$m \leqslant n$），每个子集有2^{n-m}个调制点。

通用的TCM编码结构如图6.21所示，将待传输的信息比特分为n个一组，其中的m个比特通过一个$m/(m+1)$的卷积编码器扩展成$m+1$比特，这$m+1$个编码比特用来选择2^{m+1}个调制信号子集中的一个，剩下的$n-m$个未编码比特用来在所选定的子集中选择2^{n-m}个信号中的一个。

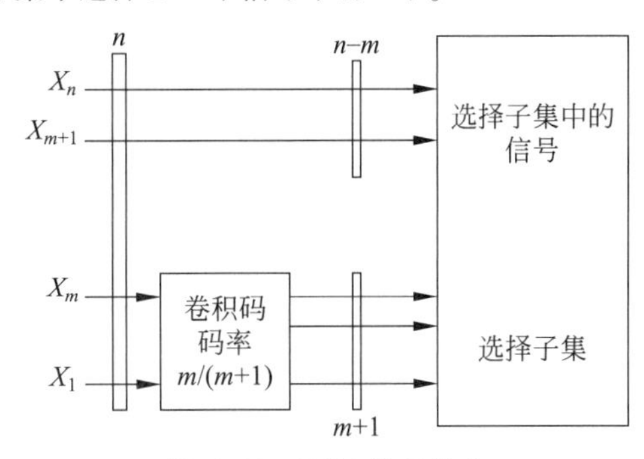

图6.21　TCM编码结构

TCM利用信号集的冗余度，有效地提高了传输系统的编码增益。ITU-T V.32、V.33、V.34建议的调制解调器均采用了TCM技术。

6.137 伪随机序列(pseudo-random sequence)

一种具有近似随机序列的性质并能按一定周期产生和复制的码序列,又称伪随机码序列,简称伪码。伪随机序列具有 3 种特征: 序列中 0 和 1 的个数大致相等;序列平移后和原序列相关性很小;任意两个序列的互相关函数很小。在扩频通信中,用于将待传信息信号的频谱展宽;在通信测试仪器中,用于产生具有随机性质的测试码信号。

6.138 位同步(symbol synchronization)

在接收端产生与接收到的码元信号同步的定时信号的过程,又称为码元同步。该定时信号称为位同步信号。当位同步信号与码元信号同步时,每一个位定时信号脉冲的有效时刻正好对准相应码元信号的最佳抽样判决点,从而判读出码元信号的值。实现位同步的方法大致分为以下两种。

(1) 外同步法: 发送端除了发送码元信号序列外,还专门传送位同步信号。接收端利用该位同步信号对码元信号进行抽样判决。

(2) 自同步法: 发送端不专门向接收端传送位同步信号,接收端从接收到的码元信号中提取出位同步信号。

6.139 误比特率(bit error ratio)

在规定时间内,传送错误的比特数与总传送比特数之比。当码元为二进制码元时,误码率和误比特率相等,此时习惯上常用误码率代替误比特率。

6.140 误码测试仪(code error rate tester)

用于测试数据电路误码性能的仪表,简称误码仪。误码测试仪由发送和接收两部分组成,以数据终端的身份与被测电路连接,可以同时进行双向测试。误码仪发送部分产生一个已知的测试数字序列,一般为伪随机序列,并将其送入被测电路的发送端。在被测电路的接收端,这个已知的测试数字序列又被送往另一台误码仪的接收部分。误码仪通过比对,得到传输错误的比特及其位置。再经过计算得到误码率、误码秒、严重误码秒等性能指标。

6.141 误码率(code error rate)

数据电路或数字电路错误传输码元的概率。当码元为二进制时,又称为误比特率。测试时,用规定时间内传输错误的码元数与总传输码元数之比来代替。误码率是数据电路和数字电路的主要技术指标,用来衡量其传输的正确性。在国防科研试验任务中,通过卫星信道建立的数据电路的误码率要求为 1×10^{-5},通过地面信道建立的数据电路的误码率要求为 5×10^{-5}。

6.142 线性分组码(linear block code)

可以用线性方程确定其编码规律的分组码。记为(n,k)。n 为线性分组码的长度,k 为信息码的长度,$n-k$ 为监督码的长度。将输入的信息流分成长度为 k 的信息码组,在每个信息码组后附加 $n-k$ 个监督码元,即构成(n,k)分组码。编码规则可用式(6-9)表示:

$$\boldsymbol{C}=\boldsymbol{I}\cdot\boldsymbol{G}=[\boldsymbol{I}_0\boldsymbol{I}_1\cdots\boldsymbol{I}_{k-1}][\boldsymbol{I}_k\mid\boldsymbol{P}] \tag{6-9}$$

式中: $\boldsymbol{C}$——编码输出矩阵;

$\boldsymbol{I}$——编码输入矩阵;

$\boldsymbol{I}_0\boldsymbol{I}_1,\cdots,\boldsymbol{I}_{k-1}$——信息码组的 k 个码元;

$\boldsymbol{G}$——编码生成矩阵;

$\boldsymbol{I}_k$——$k\times k$ 阶单位矩阵;

$\boldsymbol{P}$——$k\times(n-k)$阶矩阵,用于生成监督码元。

线性分组码的全体码组集合具有封闭性,即两个码组的模 2 加一定是另一个码组。线性分组码的纠错和检错能力,由码的距离决定。如果要求纠正 t 个错误,则码的最小距离必须不小于$(2t+1)$;如果要求发现 e 个错误,则码的最小距离必须不小于$(e+1)$。线性分组码的最小距离不大于$(n-k+1)$,因此最小距离为$(n-k+1)$的线性分组码的纠错能力最强。这样的码称为极大最小距离码。

线性分组码由于编译码简单,广泛应用于信道的纠错编码。

6.143 相位不连续性(phase discontinuity)

信号相位在某时刻发生的跳变。对于数字信号和定时信号来说,相位不连续性相当于信号间隔与前一个间隔相比,增大或减小。网络重选路由、自动保护切换等原因,可导致数字信号的相位不连续性;时钟输出切换等原因,可导致时钟输出信号的相位不连续性。ITU-T 规定的数字网络各级时钟输出的定时信号的相位不连续性为: 基准参考时钟在 2048 kb/s 或者 2048 kHz 的情况下,不超过(1/8)UI,二级时钟和三级时钟不大于 150 ns。

6.144 相位模糊(phase ambiguity)

相干解调恢复出来的载波与发送载波之间存在的随机相位差。对于 M 阶相位调制而言,两个载波

的相位差为 $2\pi n/M$，其中 n 取值为 $[0,M-1]$ 的整数。n 与开机时载波锁相环的状态有关，是一个随机变量，因此导致该相位差不确定，即相位模糊。相位模糊将会导致将一个相位对应的码元误判为另一个相位对应的码元。采用差分解调可解决相位模糊问题，但因其性能不如相干解调，故通常情况下采用后续译码过程进行识别和纠正，也可以通过在数据帧中插入独特字进行识别和纠正。

6.145　信道编码效率（channel coding efficiency）

信道编码后的码组内，信息码元数与总码元数之比，简称编码效率或编码率。一个 (n,k) 线性分组码的编码效率为 k/n。一般来讲，编码效率越低，纠错能力越强。

6.146　信道均衡（channel equalization）

为减少码间串扰，对信道的线性失真进行校正的过程，简称均衡。均衡分为频域均衡和时域均衡两大类。频域均衡通过补偿信道的频率特性，使整个信道的总传输特性趋于平坦。时域均衡通过直接改变信道的输出波形，使最终的波形在取样时刻其他码元信号的值为零。

频域均衡关注的是信道频率特性，以在信道频带范围内，频率特性平坦为目标。频域均衡无法在通信过程中实时调整，故适用于事前准确知道频率特性的时不变信道。时域均衡关注的是信道的输出波形，以输出波形在取样时刻其他码元信号值为零为目标。时域均衡后的信道频率特性一般并不平坦。时域均衡可以根据信道输出波形进行实时调整，故适用于时变信道。

6.147　虚电路（virtual circuit）

在两个数据终端设备之间建立的一种逻辑连接，简称 VC。VC 是在逻辑信道的基础上建立起来的，可以视为多个逻辑信道经交换节点串接而成。根据建立的方式不同，VC 分为永久虚电路（PVC）和交换虚电路（SVC）两种。PVC 是由网络管理人员通过配置建立和拆除的虚电路，一经建立，就一直处于工作状态，除非网络管理人员通过人机命令拆除。SVC 是由用户通过信令建立和拆除的虚电路，用户在需要通信时发起呼叫自动建立，当通信结束时采用拆线程序拆除。

6.148　循环码（cyclic code）

具有循环移位特点的线性分组码。若循环码的一个码组为 $C=[c_{n-1}c_{n-2}\cdots c_1c_0]$，则 C 依次向左循环移位得到的下列码组也是循环码的码组：

$$C_1 = [c_{n-2}c_{n-3}\cdots c_0c_{n-1}]$$
$$C_2 = [c_{n-3}c_{n-4}\cdots c_{n-1}c_{n-2}]$$
$$\cdots\cdots$$
$$C_{n-1} = [c_0c_{n-1}\cdots c_2c_1]$$

一个 (n,k) 循环码的全体码组可由一个 $n-k$ 次多项式唯一确定，该多项式称为生成多项式，记为 $G(x)$。用 $G(x)$ 除 $x^{n-k}I(x)$（$I(x)$ 为信息码元多项式）所得余式的系数，即构成监督码元位。

根据循环码的循环移位特性，可以很容易地采用反馈移位寄存器实现编译码电路，因此使循环码得到了广泛应用。HDLC、PPP、以太网和 IP 等协议采用了基于循环码的冗余校验。

6.149　异步接口（asynchronous interface）

无定时电路的 DTE-DCE 接口。在异步接口中，发送端以字符为单位，使用自己的时钟发送数据，但在每个字符的前后分别加上起始位和终止位，用于接收端识别字符的边界。接收端识别出字符的起始位置后，用自己的时钟对字符的各位进行判决。

6.150　载波同步（carrier synchronization）

接收端从收到的已调载波中恢复出相干载波的过程，又称载波恢复或载波提取。相干载波与已调载波同频同相。载波同步是实现相干解调的先决条件。实现载波同步的方法有以下两种。

（1）直接提取法。发送端不专门向接收端发送载波信息，接收端直接从收到的已调信号中提取载波。这种方法又分为非线性变换—滤波法和特殊锁相环法。特殊锁相环法又分为平方环、同相—正交环、逆调制环、判决反馈环、四次方环、科斯塔斯环等；

（2）插入导频法：发送端在发送信息的同时还发送载波或与其有关的导频信号。插入导频法又有频域插入法和时域插入法两种。

6.151　帧定位信号（frame alignment signal）

在数字时分复用系统中用于确定帧的起始位置的参考信号。在帧中插入一个比特序列，作为帧定位信号的码型，既可在帧的头部集中插入，也可分散插入到帧的不同位置。接收端通过识别该码型，获取帧定位信号，实现帧同步。例如，ITU-T 规定的 8 M 和 34 M 数字时分复用器的帧定位信号码型为

“1111010000”,140 M 数字时分复用器的帧定位信号码型为“111110100000”。

6.152　帧校验序列(frame check sequenc)

数据帧中用于校验帧传输错误的比特序列,简称 FCS。帧校验序列作为数据帧的一个字段,位于帧的末尾,长度为字节的整数倍,一般为 16 bit 或 32 bit。帧校验序列的生成方法如下。

(1) 计算 $x^k(x^{n-1}+x^{n-2}+\cdots+x+1)/P(x)$ 的余数,其中 k 为被校验序列的长度,n 为校验序列的长度,$P(x)$ 为阶数为 n 的校验生成多项式;

(2) 计算 $x^nG(x)/P(x)$ 的余数,其中 $G(x)$ 为被校验序列对应的多项式;

(3) 将第 1 步和第 2 步所得的余数模 2 加后,逐位取反,即得帧校验序列。

在接收端,计算 $[x^nM(x)+x^{n+k}(x^{n-1}+x^{n-2}+\cdots+x+1)]/P(x)$ 的余数,其中 $M(x)$ 为被校验序列与校验序列合并而成的序列所对应的多项式。若该余数等于一确定序列,则判定传输正确,否则判定传输错误。这一确定序列由生成多项式 $P(x)$ 唯一决定,例如,$P(x)=x^{16}+x^{12}+x^5+1$ 时,这一确定序列为“0001110100001111”。

6.153　帧同步(frame synchronization)

在接收端获取和保持帧开始和结束位置的过程。帧同步的方法有以下两种。

(1) 外同步法:在数字信息流中插入一些帧同步码作为每帧的头尾标志,接收端根据帧同步码的位置找到帧的头和尾,从而实现帧同步。帧同步码的插入方式,分为集中插入和分散插入。所谓集中插入,就是把帧同步码集中放在帧头的位置上。所谓分散插入,就是把帧同步码分为若干部分,分插在一帧的多个位置上。

(2) 自同步法:利用数字码流本身的特性获取帧同步信号。

在数字时分复用系统中,采用的是外同步法。群路信号到达分用端,进入长度为群路帧长的移位寄存器。只有当群路信号的帧定位信号到达移位寄存器的预定位置的瞬间,在分用读出控制信号的作用下,才能从移位寄存器中正确读出各支路信号。帧同步的作用就是建立并保持这种信号时序关系。帧同步包括同步建立和同步保持两个过程。同步建立又称同步搜捕。

传统的同步搜捕方法有逐位调整法和预置起动法。逐位调整法的工作过程是:首先把本地帧状态停顿一个拍节,即本地帧相对于接收帧延迟一步,然后在一个确定的检验周期之内,检查本地帧状态相对于接收帧状态的相位关系。如果确认符合正确的相位关系,就结束搜捕过程,进入同步保持状态。如果发现不符合规定的相位关系,就把本地帧状态再停顿一个拍节,如此重复,直到达到同步状态为止。预置起动法的工作过程是:确认帧失步后,帧定位信号识别器就一直监视接收信号。一旦从接收信号中识别出帧定位信号码型,则不管是不是真正的帧定位信号,就立即输出一个接收帧标志脉冲,这个标志脉冲启动产生本地帧结构。然后在一个确定的检验周期之内,检查本地帧状态相对于接收帧状态的相位关系。如果确认符合正确的相位关系,就结束搜捕过程,进入同步保持状态。如果发现不符合规定的相位关系,就再次监视接收信号,如此重复,直到达到同步状态为止。理论分析表明:在误码比较严重的情况下,逐位调整法的平均搜捕时间比较短;在误码不太严重的情况下,预置起动法的平均搜捕时间比较短。

6.154　帧同步保护(frame synchronization protection)

数字时分复用设备中保护帧同步状态的机制。当帧定位信号码型中出现误码时,并不一定是失步。如果一发现帧定位信号码型有误,就判定为失步,则可能出现在没有失步的情况下进行再同步的问题。帧同步保护的基本原理是,当发现帧定位信号码型丢失时,进行保护计数。只有连续 β 次(同步保护系数,可设置)未在相同位置发现帧定位信号码型时,才进入失步状态,开始重新同步。否则,重新回到同步状态。

6.155　帧同步搜捕校核(search check for frame synchronization)

数字时分复用设备中确保进入帧同步状态的机制。群路信号对各支路信号是透明传输的,不可避免地会在非帧定位信号的位置上出现帧定位信号的码型。在同步搜捕过程中,如果搜索到帧定位信号的码型,就进入帧同步状态,那么就不可避免地造成假同步。帧同步搜捕校核的基本原理是,当发现帧定位信号码型时,进行校核计数。只有连续 α 次(同步搜捕校核系数,可设置)在相同位置发现帧定位信号码型时,才进入同步状态。否则,重新进行同步搜捕。

6.156　帧中继(frame relay)

国际电信联盟(ITU)规定的帧模式承载业务，简称 FR。帧中继的协议结构如图 6.22 所示，纵向分为控制面和用户面两部分，横向分为物理层、数据链路层和网络层。控制面用于用户呼叫建立交换虚电路和网络管理人员配置永久虚电路，用户面用于传送用户数据帧。物理层可采用 ITU-T X 系列、V 系列、I 系列和 G 系列的各种物理层接口。控制面的数据链路层采用 ITU-T G. 922《适用于帧模式承载业务的综合业务数字网数据链路层协议》规定的帧模式业务的数据链路接入协议(LAPF)，用户面采用 LAPF 协议的核心部分即 ITU-T G. 922 的附件 A，即只提供端到端用户之间传输数据的链路层帧模式承载服务，不提供窗口机制的差错控制和流控制。控制面的网络层采用 ITU-T G. 933《帧模式交换虚电路和永久虚电路连接控制与状态监视的信令规范》。用户面的网络层及以上各层属于终端业务的范畴，不在帧中继的协议结构之中。

帧中继是建立在低误码率的高速数字电路基础之上的技术，摒弃了 ITU-T X. 25 的用户数据包逐节点确认转发的机制，简化了节点的通信处理，使网络时延减少，数据吞吐量得到明显提高。

6.157　帧中继带宽控制(FR bandwidth control)

对帧中继虚电路带宽进行控制的技术。帧中继网向用户承诺的予以保证的信息速率称为承诺的信息速率(CIR)。同时，允许用户以高于 CIR 的速率发送数据，但对高出部分不予以保证，在网络拥塞的情况下可以丢弃。具体方法是：在一个约定的时间间隔内，网络对虚电路上的数据流量进行测量。测量结果与预先设置的门限值进行比较，将传输的帧分为确保传输帧、可丢弃帧和直接丢弃帧 3 种类型，然后分别采用不同的处理方法。上述约定的时间间隔称为承诺的时间间隔，记为 T_c，通常为毫秒至秒量级，设置的门限值为承诺的突发尺寸($B_c=T_c\times$CIR)和超过的突发尺寸(B_e)。对 3 种帧的处理方法是：

(1) 当数据流量$\leqslant B_c$ 时，为确保传输帧，将帧的 DE 比特置“0”，继续传输；

(2) 当数据流量$>B_c$ 且$\leqslant B_c+B_e$ 时，B_e 部分的帧为可丢弃帧，将帧的 DE 比特置“1”，继续传输；

(3) 当数据流量$>B_c+B_e$ 时，超过 B_c+B_e 部分的帧为直接丢弃帧，不予传输。

6.158　帧中继网技术体制(Frame Relay Technical System)

中华人民共和国通信行业标准之一，标准代号为 YD/T 1036—2000，2000 年 1 月 7 日中华人民共和国信息产业部发布，自 2000 年 4 月 1 日起实施。该标准规定了帧中继网的网络结构、业务、接口、编号、信令、业务量控制、网络管理、计费、同步、网络互通和业务互通、帧中继组网设备的技术要求等，适用于帧中继网的组建、业务开放、设备开发和引进。

6.159　帧中继拥塞恢复(FR congestion recovery)

在发生严重拥塞的情况下减少数据流量，使帧中继网恢复到正常状态的机制。拥塞恢复时，源点或终点控制策略发出拥塞通知，用户终端在接收到拥塞通知后，降低其数据信息提交速率。同时，网络节点将 DE 比特置“1”的帧丢弃。丢弃的原则是：

(1) 对于具有不同优先级的用户信息帧，应先丢弃优先级低的用户信息帧，后丢弃优先级高的用户信息帧；

(2) 对于具有相同优先级的用户信息帧，应本着公平合理的原则同等对待，使各个用户丢失的帧的数量大致相同，不能造成只有某一个或几个用户丢失其传送数据的问题。

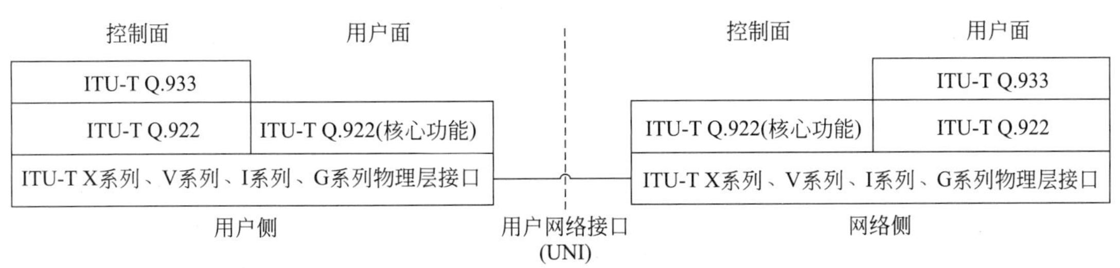

图 6.22　帧中继协议结构

6.160 帧中继拥塞控制(FR congestion control)

通过限制拥塞扩散和拥塞持续时间来减轻帧中继网拥塞的机制。拥塞控制包括终点控制和源点控制两种。终点控制时,将前向传送的帧的 FECN 比特置“1”,通知终点的用户终端,减少数据发送流量。源点控制时,将后向传送的帧的 BECN 比特置“1”,通知源点的用户终端,减少数据发送流量。

6.161 正交幅度调制(quadrature amplitude modulation)

在两个正交载波上进行的幅度调制,简称 QAM。如图 6.23 所示,二进制信息流经串、并变换分成等速率的 I 支路和 Q 支路,每路经 2-L 电平变换,形成具有 L 个电平的基带信号。这两路基带信号分别对两个频率为 ω_c 的正交载波进行 L 电平的幅度调制。两路已调载波相加,输出 QAM 信号。QAM 信号一般采用正交相干解调,分别从正交的载波中恢复出基带信号,再进行 L-2 电平变换和并/串变换,恢复出原始的二进制信息流。

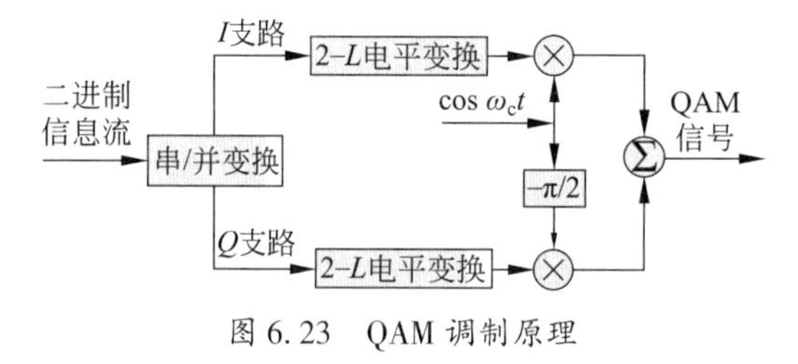

图 6.23　QAM 调制原理

QAM 调制的符号个数为 L^2,一般情况下,L 取值为 2^n(n 为正整数),因此 QAM 调制的符号个数为 4、16、64、256 等,相应的 QAM 称为 4QAM,16QAM,64QAM,256QAM 等。QAM 调制的符号在星座图上表现为 $L\times L$ 个点的矩形星座,如图 6.24 所示,为 16QAM 的 4×4 星座图。

QAM 属于一种幅度相位混合调制,与单纯的幅度调制和相位调制相比,在同样的频率利用率下,具有更高的功率效率;在同样的功率效率下,具有更高的频率利用率。

6.162 正交相移键控(quadrature phase shift keying)

采用正交调制方法实现的四相相移键控,简称 QPSK。QPSK 将输入码流以 1 bit 为单位分为均等的两路,即同相支路 I 和正交支路 Q。I 支路直接用

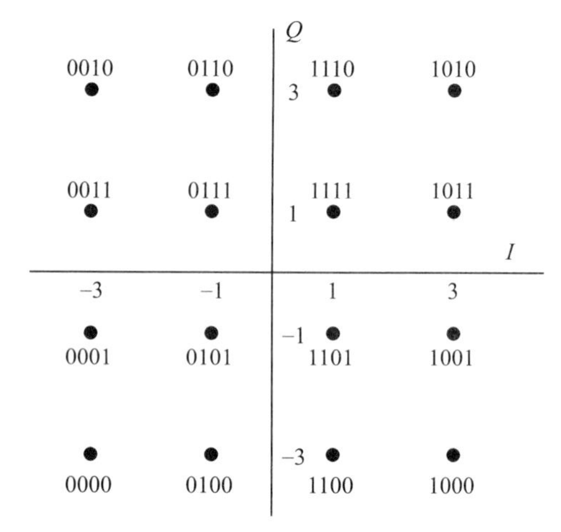

图 6.24　16QAM 星座

载波进行两相调制;Q 支路用移相 90°后的载波进行两相调制。然后将两路已调载波相加,就得到 QPSK 信号。

6.163 主从同步(master-slave sychronization)

一个时钟跟踪另一个时钟的时钟同步方式。被跟踪的时钟称为主时钟,跟踪的时钟称为从时钟。主时钟通过专门的定时电路或业务电路传送定时信号。从时钟提取出定时信号后,通过锁相环,跟踪主时钟的变化,从而实现两个时钟的同步。一个主时钟可同步多个从时钟,一个从时钟也可作为主时钟,去同步其他时钟,如此可形成等级制的主从同步关系,实现多个时钟的同步。主从同步因其实现简单,得到了广泛的应用。从时钟在工作时,只能跟踪一个主时钟,可靠性不高,因此工程应用中通常为从时钟设置多个相互备份的主时钟源,以备切换选用。

6.164 准同步(plesiochronization)

一种同步方式。信号相互独立变化,但变化的参数具有相同的标称值且被限制在确定的范围内。在数字电话交换网中,如果两个节点的时钟以准同步方式工作,则会产生周期性的滑码。在准同步复接技术中,通过码速调整的方法实现无滑码的同步。

6.165 准同步时分复用(plesiochronous time-division multiplexing)

支路信号的时钟与群路信号的时钟不同源的时分复用方式。准同步时分复用曾有高速采样法、跳

变沿编码法和码速调整法 3 种方法。前两种方法因效率低，未能在工程中应用。目前工程中普遍应用的是码速调整法，其基本思想是首先将异步的支路码流调整为同步的支路码流，然后再进行同步复用。

6.166　自适应编码调制（adaptive coding and modulation）

根据信道质量，实时调整信道编码和调制方式的技术，简称 ACM。ACM 预先规定了若干信道编码和调制方案以及使用这些方案的信道条件。接收端将收到的信号质量情况，通过回传信道传送给发送端，发送端据此选择最合适的编码和调制方案，从而使系统的整体传输性能达到最优。ACM 常在信道衰减变化大的场合应用。例如，卫星通信中的功率余量，通常是以覆盖区域内产生的最大雨衰为标准计算得出的。当不降雨或降雨量较小时，造成功率余量的闲置浪费。采用 ACM 后，可根据接收信号的质量调整调制编码方式，充分利用功率余量，提高传输容量。例如，采用 ACM 的 DVB-S2 系统，相对于采用固定编码调制（CCM）的 DVB-S 系统，在同样发射功率的条件下，平均传输容量可以提高 1~2 倍。

6.167　最大时间间隔误差（maximum time interval error）

在测量周期 T 内，一个定时信号与理想定时信号在观测间隔 $\tau(\tau=n\tau_0)$ 内的最大峰值时间差，简称 MTIE。MTIE 可用式(6-10)估算：

$$\mathrm{MTIE}(\tau)=\max_{1\leqslant k\leqslant N-n}\left[\max_{k\leqslant i\leqslant k+n}x_i-\min_{k\leqslant i\leqslant k+n}x_i\right],\quad n=1,2,\cdots,N-1 \tag{6-10}$$

式中：x_i——第 i 个 τ_0 时刻，与理想定时信号的时间差；

N——T/τ_0。

MTIE 用来衡量时钟的漂移。ITU-T 规定的数字网基准参考时钟的漂移指标为

$$\mathrm{MTIE}=\begin{cases}0.275\times10^{-3}\tau+0.025(\mu\mathrm{s}), & 0.1\,s<\tau\leqslant1000\,s\\10^{-5}\tau+0.29(\mu\mathrm{s}), & \tau>1000\,s\end{cases}$$

如果将理想定时信号用一已知的定时信号代替，得到的最大时间间隔误差，称为最大相对时间间隔误差，简称 MRTIE。

6.168　最小频移键控（minimum-shift keying）

两个传信频率之差为最小的连续相位频移键控，简称 MSK。MSK 的两个传信频率按式(6-11)选取：

$$\begin{cases}f_1=\left(N+\dfrac{m+1}{4}\right)R_s\\f_2=\left(N+\dfrac{m-1}{4}\right)R_s\end{cases} \tag{6-11}$$

式中：f_1,f_2——分别为 MSK 的两个传信频率；

R_s——码元速率；

N,m——取正整数。

MSK 的两个传信频率之差为码元速率的二分之一，是所有连续相位频移键控中传信频率之差最小的，而且在一个码元周期内，必须包含四分之一载波周期的整数倍。MSK 调制方式的突出优点是具有恒定的振幅，信号功率谱在主瓣之外衰减较快。另外，为进一步减少 MSK 信号的带外辐射功率，可用高斯型低通滤波器对输入的码元波形进行处理。这种 MSK 称为 GMSK。

第 7 章　话音通信

7.1　5.1 声道(5.1 channel)

由 5 个独立声道和一个超低音声道组合而成的声道。5 个独立声道指中央声道、前置左、右声道,后置左、右环绕声道,分别用位于前中、前左、前右、后左、后右的 5 个扬声器播放。超低音声道,又称"0.1"声道,用一个单独的超低音扬声器播放,其频响范围为 20~120 Hz,一般放置在前方位置。

与 4.1 声道相比,5.1 声道的不同之处在于它增加了中央声道,负责传送低于 80 Hz 的声音信号,有利于在欣赏影片时加强人声,把对话集中在整个声场的中部,以增加整体效果。前置左、右声道,则是用来弥补在屏幕中央以外或不能从屏幕看到的部分所产生的声音。后置左、右环绕声道负责外围及整个背景音乐,让人产生置身其中的感觉。"0.1"声道用于产生令人震撼的重低音效果。5.1 声道已广泛运用于各类传统影院和家庭影院中。一些比较知名的声音录制压缩格式,譬如杜比 AC-3、DTS 等,均为 5.1 声道。

7.2　7.1 声道(7.1 channel)

在 5.1 声道的基础上,增加两个环绕声道组成的声道。这两个增加的环绕声道称为双路后中置声道,用以纠正听者因为没有坐在中心位置而在听觉上产生的声场偏差。

7.3　μ 律(μ-law)

国际电信联盟定义的一种话音信号非线性量化方式。主要应用在北美和日本等地区。μ 律压扩的数学解析式:

$$y = \ln(1+\mu x)/\ln(1+\mu),\quad 0 \leqslant x \leqslant 1 \tag{7-1}$$

式中: y——压扩后的信号;

x——输入信号的归一化值;

μ——常数,值为 255。

为便于数字电路实现,μ 律通常用 15 段折线逼近,如图 7.1 所示。

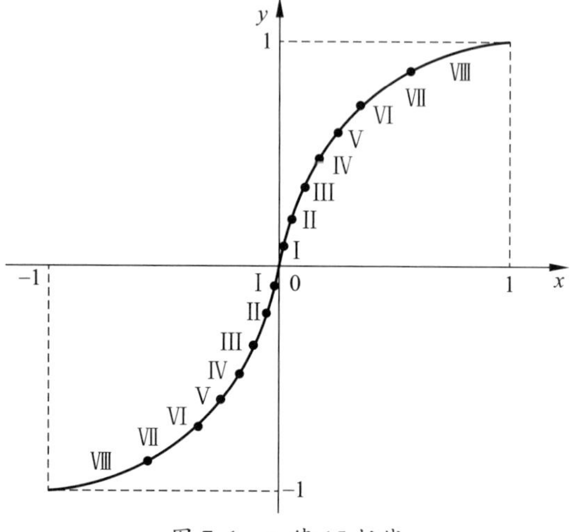

图 7.1　μ 律 15 折线

将 x($x>0$ 部分)划分为不均匀的 8 段。第 1 段为 $0\sim x/255$,第 2 段为 $x/255\sim 3x/255$,第 3 段为 $3x/255\sim 7x/255$,…,第 8 段为 $127x/255\sim x$。然后每段均匀划分为 16 等份,每一份表示一个量化级,8 段共 128 个量化级,需要用二进制 7 位编码表示。将 y 轴均匀划分为 8 段,每段均匀分为 16 份,共 128 个量化级,与 x 轴的 128 个量化级一一对应。

当 x 取负值时,压扩特性曲线与 x 取正值成奇对称。由于在原点两侧的第一条折线都通过原点,斜率相同且对称,为一条直线,可合为一条折线段,因此原来的 16 段合并为 15 段,故又称 μ 律 15 折线。

7.4　AC' 97(audio codec 97)

英特尔(Intel)架构实验室制定的计算机声卡结构标准。该标准采用"双芯片"结构,即将声卡的数字与模拟分为两个独立的模块,每个模块单独使用一块芯片,以降低电磁干扰对模拟部分的影响,提高信噪比。

7.5　A 律(A-law)

国际电信联盟定义的一种话音信号非线性量化方式。主要应用在中国大陆和欧洲等地区的数字电话通信中,其特性可表示为

$$\begin{cases} y = Ax/(1+\ln A), & 0 \leqslant x \leqslant 1/A; \\ y = [1+\ln(Ax)]/(1+\ln A), & 1/A \leqslant x \leqslant 1; \end{cases} \tag{7-2}$$

式中：y——量化输出数据；

x——采样输入信号幅度；

A——常数，值为87.6。

为便于数字电路实现，A律通常用13段折线逼近，如图7.2所示。

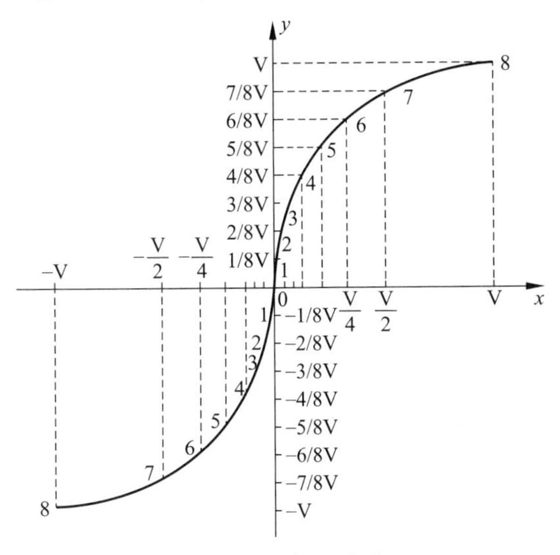

图7.2　A律13折线

将x(x>0部分)划分为不均匀的8段。第1段为0~x/128，第2段为x/128~x/64，第3段为x/64~x/32，…，第8段为x/2~x。然后每段均匀划分为16等份，每一份表示一个量化级，8段共128个量化级，需要用二进制7位编码表示。将y轴均匀划分为8段，每段均匀分为16份，共128个量化级，与x轴的128个量化级一一对应。其对应关系曲线称为压扩特性曲线。

当x取负值时，压扩特性曲线与x取正值成奇对称。由于正1、2段和负1、2段斜率相同，为一直线，可合为一段，因此原来的16段合并为13段，故又称A律13折线。A律在小信号时的量化台阶小，其目的是为了减小小信号的量化噪声。

7.6　BORSCHT(battery feed, over-voltage protection, ringing control, supervision, code, hybrid, test)

数字电话交换机模拟用户接口电路的7种功能，具体含义如下。

(1) B：馈电。向用户话机馈送直流电流。通常馈电电压为48 V，环路电流不小于18 mA。

(2) O：过压保护。防止过压过流冲击和损坏交换设备。

(3) R：振铃控制。向被叫用户话机送铃流信号，通常为25 Hz/90 Vrms正弦波。

(4) S：监视。监视用户环路的状态，检测话机摘机、挂机与用户信令等信号。

(5) C：编解码。将用户环路来的模拟信号转变成数字信号送往交换网络，并将交换网络来的数字信号转变成模拟信号送往用户环路。

(6) H：混合。采用混合电路，完成用户环路的二线与交换网络四线之间的相互转换。

(7) T：测试。对用户环路进行测试。

7.7　cobranet

由美国Peak Audio公司开发并拥有专利的网络音频实时传输技术。它综合硬件、软件和通信协议为一体，能够在标准以太网上传输实时的音频数据流。cobranet采用TCP/IP协议，采样频率支持48 kHz和96 kHz，量化位数有16 bit、20 bit和24 bit，网络延时最小为5.33 ms，一条100 M以太网双绞线每个方向可以传送64路音频通道信号。

7.8　DID(direct inward dialing)

市话局呼叫用户交换机的用户时，可直接拨到被叫用户的方式，又称直接拨入方式。该方式下，每个用户须占用一个市话号码。在试验通信网中，大多数用户交换机以市话局的方式接入公用电话网，实现了直接拨入。

7.9　DOD(direct outward dialing)

用户不经话务员转接，呼叫公用网等外网用户的方式，又称直接拨出方式。摘机后只听一次拨号音的，称为DOD1。摘机后听到用户交换机和端局交换机各一次拨号音的，称为DOD2。在试验通信网中，大多数用户交换机以市话局的方式接入公用电话网，实现了DOD1；少数用户交换机以用户线的方式接入公用电话网，实现了DOD2。

7.10　EC IP话音指挥调度系统(EC VoIP command and dispatch system)

北京峰华智讯技术有限公司研制生产，基于SIP体系架构和软交换技术实现的话音指挥调度系统。该系统以群为基本指挥单位，以通播扬声为常用使用模式,可实现指挥员与下级用户之间点对多点的话音通信。系统支持 G.711A、G.729A、GSM 等多种话音编码方式,并采用动态语音检测(VAD)、回声消除(AEC)、声学反馈抑制(AFR)、自动音量调节(AVG)、自动均衡控制(AEG)、舒适噪声生成(CNG)等技术提高话音质量。系统由调度服务器、调度控制台和调度终端组成,能够实现通播、越级、分隔、屏蔽、会议及点对点呼叫等功能。调度服务器作为系统的核心设备,采用工控机形式,并通过心跳线连接实现双机热备,以提高系统可靠性。EC IP 话音指挥调度系统组成如图 7.3 所示。

7.11 EM 接口(EM interface)

具有 EM 信令方式的话音电路接口。EM 接口的信令线和话音线分开。如图 7.4 所示,E 线和 M 线均有单线和两线两种,共有 5 种连接方式。话音线有两线(收发共用)和四线(收发分开)两种。话音线为两线的接口称为两线 EM 接口,话音线为四线的接口称为四线 EM 接口。

7.12 EM 信令(EM signalling)

在传输设备与交换设备之间通过 E 线和 M 线进行信令传递的随路信令方式。其中,E 是英文“ear”的缩写,表示交换设备经由该线“听”传输设备发来的信令信息;M 是英文“mouth”的缩写,表示交换设备经由该线向传输设备“讲”信令信息。

EM 信令共有 5 种类型,见表 7.1。

表 7.1　EM 信令类型

类型	E 线		M 线	
	占线	释放	占线	释放
Ⅰ	接地	断开	电源	接地
Ⅱ	接地	断开	电源	断开
Ⅲ	接地	断开	回路电流	接地
Ⅳ	接地	断开	接地	断开
Ⅴ	接地	断开	接地	断开

7.13 FXO 接口(foreign exchange office interface)

电话用户环路延伸设备与电话交换机之间的二线模拟话音接口,又称外部交换局接口。该接口位于延伸设备一侧,相当于电话机接口,通过二线音频电缆与电话交换机的用户接口相连。

7.14 FXS 接口(foreign exchange station interface)

电话用户环路延伸设备与电话机之间的二线模拟话音接口,又称外部交换站接口。该接口位于延

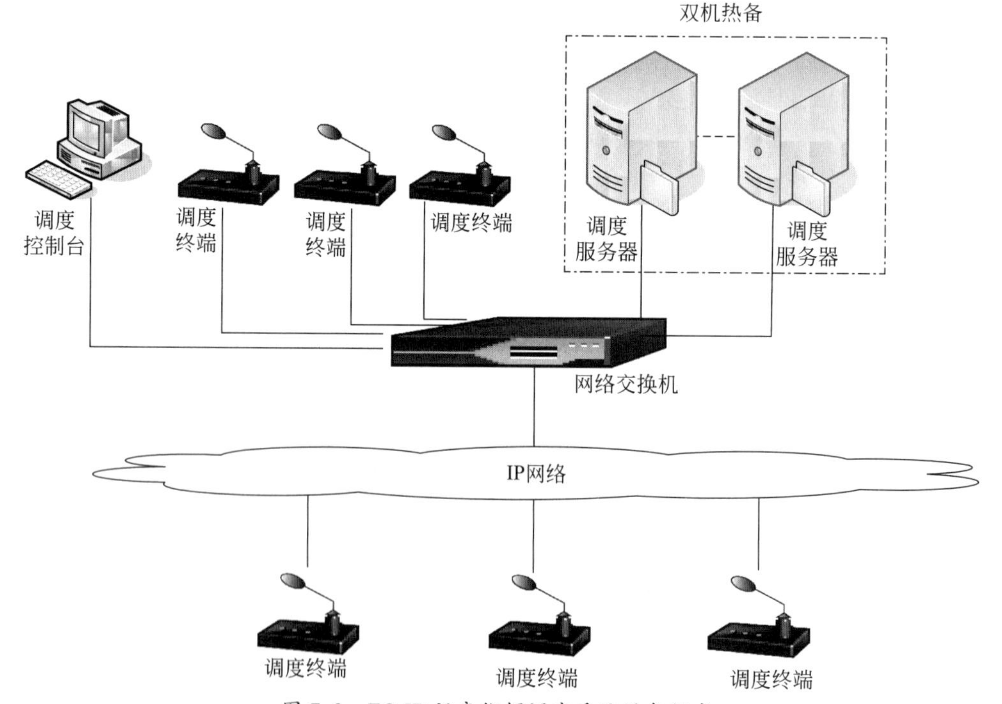

图 7.3　EC IP 话音指挥调度系统设备组成

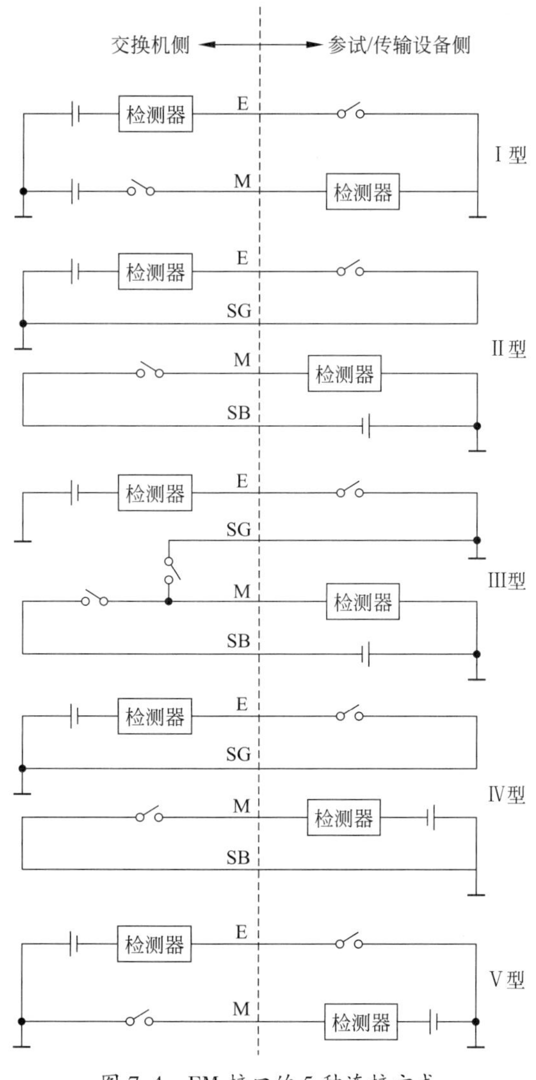

图7.4 EM接口的5种连接方式

E：E线；M：M线；SG：信号地；SB：信号电源

伸设备一侧，相当于电话交换机用户接口，通过二线音频电缆与电话机相连。

7.15 G.711语音编码(G.711 voice coding)

国际电信联盟于1972年制定的一种语音编码标准，因其标准号为G.711而得名。G.711采用脉冲编码调制技术，采样率为8 kHz，量化8 bit，码流速率64 kb/s。G.711标准有两种量化方式：一种是μ律，主要用于北美和日本；另一种是A律，主要用于欧洲和中国。在试验通信网中，G.711是目前指挥调度系统主用的话音编码格式。

7.16 G.722语音编码(G.722 voice coding)

国际电信联盟1988年制定的一种语音压缩编码标准，因其标准号为G.722而得名。G.722的采样率为16 kHz，量化14 bit，编码后的原始码流速率为224 kb/s，可传送带宽为7 kHz的语音信号。根据子带自适应差分脉冲编码(SB-ADPCM)原理，输入音频信号经滤波器分成高子带和低子带两个部分，分别进行ADPCM编码，再混合生成输出码流。224 kb/s的原始码流可以被压缩成48 kb/s、56 kb/s或64 kb/s的码流，能够在64 kbit信道上传送一路广播质量的音频信号。

7.17 G.723.1语音编码(G.723.1 voice coding)

国际电信联盟1996年制定的一种语音编码标准，因其标准号为G.723.1而得名。一个编码帧包含240个样值，周期为30 ms，算法延迟为37.5 ms。编码器的输入输出均为16位的线性PCM数字流。编码器从输入的数字流中解析出声道参数和激励信号参数，并传输这些参数。接收端根据这些参数，恢复出数字语音信号。G.723.1传输码速率有5.3 kb/s和6.3 kb/s两种。5.3 kb/s的编码器采用代数码本激励线性预测(ACELP)算法，6.3 kb/s的编码器则采用多脉冲最大似然量化(MP-MLQ)算法。G.723.1为多信道操作提供了全工和半工传输能力，适合应用在综合处理数字信号的多媒体系统中，如IP电话、视频电话、无线电话等。

7.18 G.726语音编码(G.726 voice coding)

国际电信联盟1986年制定的一种语音编码标准，因其标准号为G.726而得名。该标准提出了把64 kb/s PCM信号转换为40 kb/s、32 kb/s、24 kb/s、16 kb/s的ADPCM信号的方法，取代了G.721和G.723编码标准。G.726标准算法简单，多次转换后语音质量有保证，基本达到电话网话音质量的要求。

7.19 G.728语音编码(G.728 voice coding)

国际电信联盟1992年制定的语音压缩标准。因其标准号为G.728而得名。其使用基于短延时码本激励线性预测(LD-CELP)算法，通过对64 kb/s PCM语音信号的分析，提取CELP模型的参数。在解码端，根据这些参数从激励码本中获取对应的码本矢量。该矢量通过增益控制单元和合成滤波器，生成恢复后的解码信号。然后，经后置滤波器和转换模块输出 64 kb/s PCM 语音信号。G. 728 标准算法时延不超过 2 ms,传输比特率为 16 kb/s,MOS 值为 4. 173,可以达到长途通信质量的要求。

7.20　G.729 语音编码(G.729 voice coding)

国际电信联盟 1996 年提出的语音编码标准。因其标准号为 G. 729 而得名。其使用基于 8 kb/s 码速率的共扼结构代数码本激励线性预测(CS-ACELP)算法,话音模拟信号经过电话带宽滤波,以 8 kHz 采样,再转换为 16 bit PCM 码,送入编码器编码,输出比特流参数。解码器对比特流参数解码,得到 16 bit PCM 码流输出,然后再转换为模拟信号。G. 729 编解码器具有很高的语音质量和很低的延时,广泛地应用在话音通信的各个领域,如 VoIP 和 H. 323 网上多媒体通信系统等。为了降低计算的复杂度,对 G. 729 进行了简化,简化后的版本为 G. 729A。目前使用的大多数为 G. 729A。在试验通信网中,G. 729 是目前指挥调度系统中继路由为卫星通信线路时所用的话音编码格式。

7.21　IP 电话(IP telephone)

部分或全程采用 TCP/IP 协议实时传送话音数据的电话业务,又称网络电话。与传统电话相比,IP 电话的本质特征在于采用 IP 包传送话音数据,通话终端可以是电话机或计算机(PC)。因此按照通话终端的类型,IP 电话可分为计算机到计算机(PC-PC)、计算机到电话(PC-Phone)、电话到电话(Phone-Phone)3 种。PC-PC 应用的双方都为计算机用户,双方通过安装 IP 电话软件实现话音通信;PC-Phone 应用的一方为计算机用户,另一方为普通电话,计算机用户通过 IP 电话软件实现和普通电话的话音通信;Phone-Phone 方式的双方都为普通电话,但中间传输部分或全部采用 IP 方式。

IP 电话的基本原理是,将普通电话的模拟信号转变为数字话音信号,通过话音压缩算法对话音数据进行压缩编码处理,然后把这些话音数据按 IP 等相关协议进行打包,通过 IP 网络把数据包传输到接收端。接收端再把这些话音数据包重新装配,经过解码解压处理后,恢复成原来的模拟话音信号,从而达到用 IP 网络进行话音通信的目的。

IP 电话最初在内联网使用,实现网内 PC-PC 的话音通信。随着 IP 技术应用领域的拓展,IP 电话与传统的固定电话网结合,形成了一种新的应用模式。如图 7. 5 所示,该模式下的系统由终端、网关、网守等设备组成。

(1) 终端:直接面向用户,提供话音的输入输出。一般分为普通电话终端和 IP 电话终端两大类。普通电话终端仅具有模拟话音信号处理功能。IP 电话终端不但具有模拟话音信号处理功能,还具有 IP 网络话音数据包的收发、话音编解码以及其他处理功能,此类终端常见的有专用 IP 电话机、多媒体 PC、IP 可视电话、视频多媒体会议终端等。

(2) 网关:用于连接 IP 网络和公用电话网(PSTN)。可连接多种电话线路,包括模拟电话线、数字中继线和 PBX 连接线路,并提供话音编码、压缩、呼叫控制、信令转换等功能。

(3) 网守:把各个终端及网关智能地结合在一起,进行统一的管理、维护、配置和开发。具有呼叫控制、地址翻译、带宽管理、拨号计划管理、网络管理和维护、数据库管理、集中化账务和计费管理功能。

IP 电话的呼叫控制协议采用 H. 323 协议或 SIP 协议。基于 H. 323 协议的 IP 电话采用 ITU-T 的 H. 323 系列建议实现呼叫控制等信令,主要包括用于控制的 H. 245,用于建立连接的 H. 225. 0,用于大型会议的 H. 332,用于补充业务的 H. 450. 1、H. 450. 2 和 H. 450. 3,用于安全的 H. 235,用于与电路交换业务互操作的 H. 246 等。基于 SIP 协议的 IP 电话采用 IETF 的 SIP 协议实现呼叫控制等信令功能。SIP 是一种基于文本的应用层协议,采用 UDP 或 TCP 作为其传输协议。用 SIP 规则资源定位语言进行描述,易于实现和调试,具有灵活性和扩展性好的特点。由于 SIP 仅用于初始化呼叫,而不是传输媒体

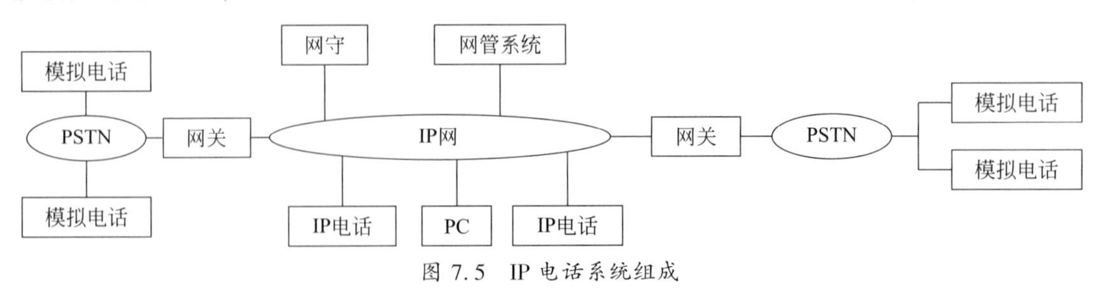

图 7. 5　IP 电话系统组成

数据,因而造成的附加传输代价不大。与 H.323 相比,SIP 具有协议简单,建立呼叫快,支持传送电话号码等优点,但其集中控制功能不及 H.323。在试验通信系统中,采用基于 SIP 协议的 IP 电话系统,实现各级指挥员之间的话音沟通。

IP 电话由于采用多路复用,允许多个用户共用同一传输资源,改变了传统电话单个用户独占一个信道的方式,节约了传输成本,降低了使用价格。但是由于 IP 技术采用尽力而为的传输机制和传输路径的不确定性,IP 电话的话音质量也有所下降,这主要由传输时延和时延抖动引起。为减少影响,目前通常采用区分服务、资源预留等传输保障机制,提高话音的实时性,确保话音质量。

7.22　IP 话音网关(IP voice gateway)

连接电话交换网与 IP 网的网关设备,简称话音网关。用户话音经电话交换网进入话音网关后,话音网关对话音信号进行编码、压缩、分组等处理,通过 IP 网络传输到对端后,对端的 IP 网关对 IP 话音数据包进行相反的处理,恢复出用户的原始话音,再经电话交换网转接到被叫终端。

7.23　IP 话音网守(IP voice gatekeeper)

IP 电话系统中的服务控制模块之一,简称话音网守,又称话音网闸。主要用于管理话音网关设备,负责完成用户认证、地址解析、带宽管理、路由管理、安全管理、区域管理和计费管理等功能。

7.24　ISP-1000 综合指挥调度系统(ISP-1000 integrated command and dispatch system)

广州智讯通信系统有限公司研制生产、基于 H.323 体系架构实现的话音指挥调度系统。该系统以群为基本指挥单位,以通播扬声为常用使用模式,可实现指挥员与下级用户之间点对多点的话音通信。系统支持 G.711A、G.729A 两种话音编码方式,并采用动态语音检测(VAD)、回声消除(AEC)、声学反馈抑制(AFR)等技术提高话音质量。系统由 X80-80 综合业务平台、控制台系列(包括维护控制台、总操作控制台、群操作控制台)、各类调度终端(包括指挥单机、IP 扬声单机、数字扬声单机、模拟扬声单机等)以及与系统关联的外围设备(包括录音系统、语音直播服务器等)组成,能够实现通播、越级、分隔、屏蔽、录音、话音信息共享等常用指挥调度功能。单套调度系统最多可设置 40 个群,每群由 1 个指挥员和最多 59 个下级用户组成。X80-80 综合业务平台作为调度的交换处理平台,是系统的核心设备,其电源模块和主控单元采用双冗余热备工作,大大提高了设备可靠性。平台基本机框高 10U,采用板卡插入方式提供 U 类 2B+D 数字用户接口、四线模拟用户接口、IP 用户接口、四线模拟中继接口、IP 中继接口、群间级联接口及录音接口,可连接各类控制台、调度扬声终端及外围设备。ISP-1000 综合指挥调度系统组成如图 7.6 所示。

7.25　MID(musical instrument digital)

音频文件格式之一。该格式的文件以后缀“mid”为标志。MID 文件包含的信息并不是波形信息,而是“乐谱”。声卡等 MIDI 设备根据 MID 文件提供的“乐谱”而演奏“音乐”。MID 文件主要包括两部分,标头数据和音轨数据。标头数据出现在文件的开头,规定文件的类型(单音轨,同步多音轨或异步多音轨)、文件中的音轨数量、四分音占用的时间片等。标头数据之后是音轨数据。音轨数据由标头、时间片和 MIDI 事件组成。音轨标头规定每个音轨的长度和字节数。MIDI 事件是向 MIDI 发送的命令,包含各种命令参数。时间片规定了 MIDI 事件执行的开始时间。

7.26　MIDI 接口(musical instrument digital interface)

1983 年由 YAMAHA、ROLAND、KAWAI 等电子乐器制造厂商联合制定的乐器数字接口。MIDI 接口标准规定了不同厂家的电子乐器与计算机之间的接口及通信协议,确保乐器与计算机之间能够发送和接收数字编码和命令信号。用于连接各种 MIDI 设备所用的 5 芯电缆和 5 芯连接器,分别称为 MIDI 电缆和 MIDI 插座(头)。

7.27　MP3 音频编码(MPEG-1 audio layer-3 coding)

活动图像专家组(MPEG)于 1992 年 11 月提出的基于媒体转储的音频压缩编码标准。MPEG 制定的第一个音视频压缩编码标准称之为 MPEG-1,其音频部分称为 MPEG-1 audio。MPEG-1 audio 分为 3 个等级,MP3 是其第 3 个等级。MP3 能以较小的比特率、较大的压缩比达到接近 CD 的音质。它虽然是一种有损

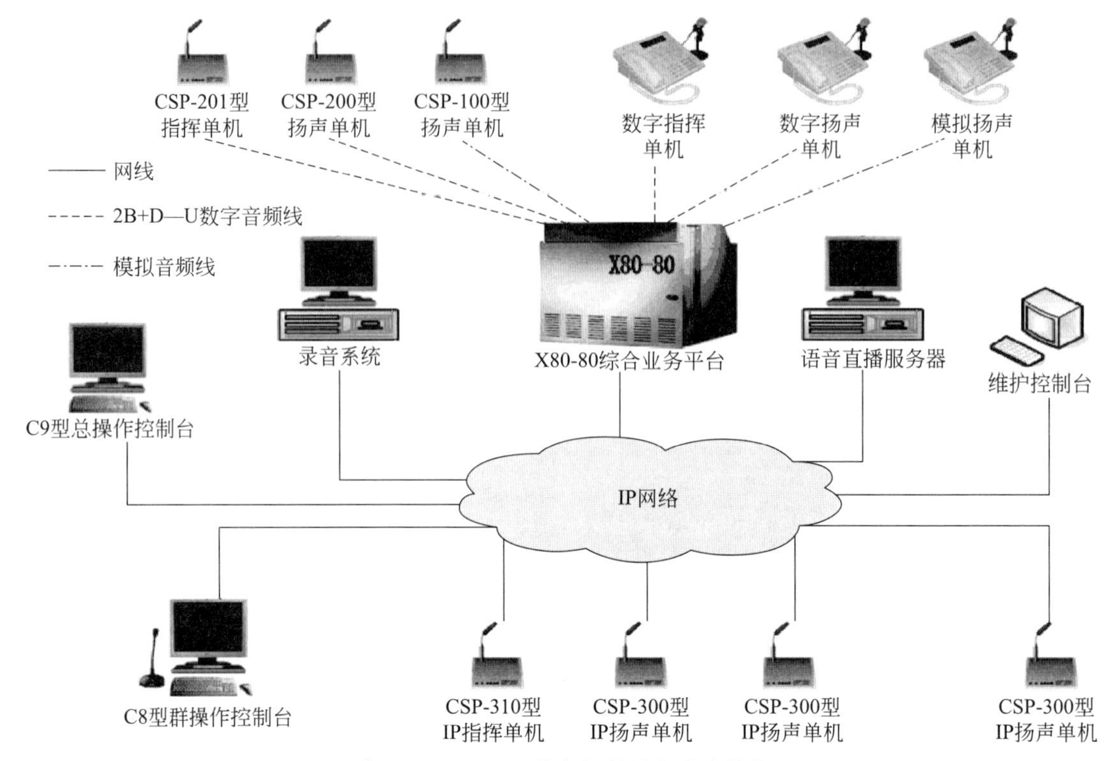

图 7.6　ISP-1000 综合指挥调度系统结构

压缩编码,但运用了心理声学的理论去掉了音频中人们不能感知或不需要的部分,从而达到听觉上的“无损”压缩。MP3 采样频率可选择 32 kHz、44.1 kHz、48 kHz 等,压缩比可达 1∶10 至 1∶12,码流速率可选择 64 kb/s、128 kb/s、384 kb/s 等多种。这样既可以采用低采样频率以节省存储空间,也可以采用高采样率以获得更高的音质,从而满足多样化的应用需求。由于数据量小、音质好,MP3 目前成为网络上主流的音频格式。

7.28　PCM 标准发送侧(PCM standard send side)

PCM 话路测试中模拟发送端的理想设备。由一个理想低通滤波器(没有衰减、频率失真和群时延失真)和一个完善的模/数变换器组成。在实际测量中,可以用虽不理想但也有适当精度的设备来代替。

7.29　PCM 标准接收侧(PCM standard receive side)

PCM 话路测试中模拟接收端的理想设备。由一个完善的数/模变换器和一个理想低通滤波器(没有衰减、频率失真和群时延失真)组成。在实际测量中,可以用虽不理想但也有适当精度的设备来代替。

7.30　PCM 数字参考序列(PCM digital reference sequence)

ITU-T 定义的一组标准化的 PCM 码化正弦信号,又称数字正弦,简称 PCM DRS。根据话音信号的频率,可分为 1 kHz 和 800 Hz 两种。1 kHz 时的序列长度为 64 bit,800 Hz 时的序列长度为 80 bit。根据话音信号的非线性量化方式,可分为 A 律和 μ 律两种。

当一个理想的解码器对 PCM DRS 解码时,将产生一个频率为 1 kHz(800 Hz)、电平为 0 dBm0 的模拟正弦信号。相反,将一个频率为 1 kHz(800 Hz)、电平为 0 dBm0 的模拟正弦信号加到一个理想编码器的入口,可输出 PCM DRS。PCM DRS 一般用于 PCM 音频通路的测量和调整。

7.31　PCM 音频编码(PCM audio coding)

采用脉冲编码调制(PCM)技术对模拟音频信号进行的数字化编码。模拟音频信号经过采样、量化、编码,生成音频数字信号。PCM 编码属于波形编码,达到了数字音频中的最高保真水平,在 CD、DVD 以及 WAV 文件中均有广泛应用。但其生成的文件体积大,码流速率高;因此,PCM 编码生成的数字码流常用其他音频压缩算法进行压缩。

7.32 PCM 音频通路(PCM voice channel)

在两点间实现 PCM 音频信号单向传输的通路。如图 7.7 所示,发送端为实现模/数转换的编码器,接收端为数/模转换的译码器。该通路可以看成由两个数模通路串联而成。

ITU-T G.712 规定的 PCM 音频通路主要技术指标如下。

标称阻抗：600 Ω;

相对电平：发-14 dBr,收+4 dBr;

频率失真：300~2400 Hz, <0.5 dB;

2400~3000 Hz, <0.9 dB;

3000~3400 Hz, <1.8 dB。

绝对群时延：500~2800 Hz, <600 μs;

衡重噪声：300~3400 Hz, <-65 dBm0p。

7.33 VoIP(voice over IP)

将话音信号数字化后通过 IP 网络传送的一种技术。基本原理是通过话音压缩算法对话音进行压缩编码处理,然后把这些话音数据按 IP 相关协议进行封装打包,经过 IP 网络把话音数据包传输到目的地,在目的地再把这些话音数据包经过解码解压处理后,恢复成原来的话音信号,从而达到由 IP 网络传送话音的目的。通过 IP 网传送数字化话音具有占用信道资源少、成本低、价格便宜等优势,但话音业务的性能会受到时延、抖动和丢包等因素的影响。在试验通信网中,VoIP 技术广泛应用在指挥调度、电话通信等业务中。

7.34 WAV 音频文件格式(wave audio file format)

一种由微软和 IBM 联合开发的用于数字音频存储的音频文件格式。采用该格式的文件的扩展名为“WAV”。WAV 采用 44.1 kHz 的采样频率,16 位比特量化,声音质量和 CD 相当,是目前 PC 机上广为流行的声音文件格式,常用的音频编辑软件都可以处理 WAV 格式文件。

7.35 WMA 音频编码(windows media audio coding)

由微软开发的一种音频压缩编码格式。其压缩比可达 1∶18 左右,比 MP3 高,而且音质优于 MP3。WMA 支持音频流技术,适合在网络上在线播放。此外,WMA 支持防复制功能,内容提供商可以通过数字版权管理(DRM)方案加入防复制保护,这种内置的版权保护技术可以限制播放时间、播放次数以及播放设备。

7.36 Z 接口(Z interface)

电话交换机的二线模拟用户接口。用于连接用户环路,接入电话机、传真机、调制解调器等用户终端。该接口向用户终端发送话带信号以及振铃、忙音、催挂音等信号,接收用户终端的话带信号以及摘挂机、拨号等信号。

该接口的电气特性及技术要求如下。

(1) 接口线：二线。

(2) 话带信号频率范围：300~3400 Hz。

(3) 用户环路电阻(包括话机电阻)一般小于 1800 Ω,特殊情况允许达到 3000 Ω。

(4) 馈电电流不小于 18 mA。

(5) 接口点的输入相对电平为：-0.3~0.7 dBr,输出相对电平为：-0.7~0.3 dBr。

(6) 回输损耗应满足图 7.8 所示要求。

(7) 对地不平衡损耗应满足图 7.9 所示要求。

(8) 终端平衡回输损耗应满足图 7.10 所示要求。

(9) 稳定损耗：在终端条件为开路、短路等条件下,稳定损耗在 200~3600 Hz 大于 2 dB。

7.37 《靶场指挥调度设备规范》(specification for command and dispatch equipment of range)

中华人民共和国国家军用标准之一,标准代号

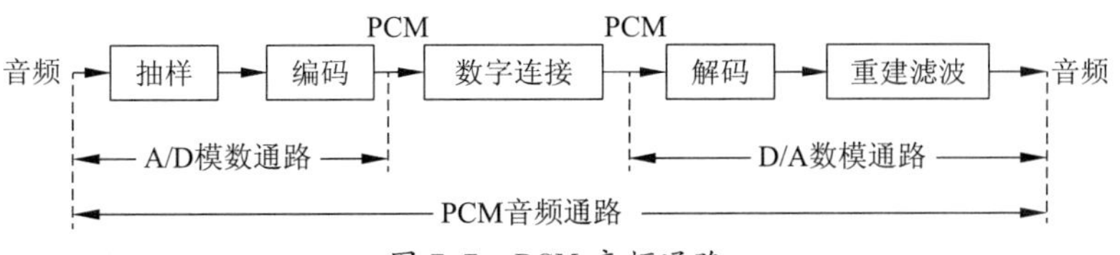

图 7.7　PCM 音频通路

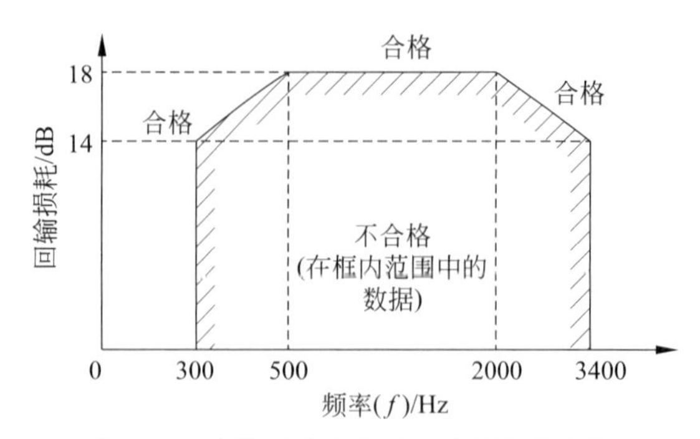

图 7.8　连接测试网络时回输损耗最小值

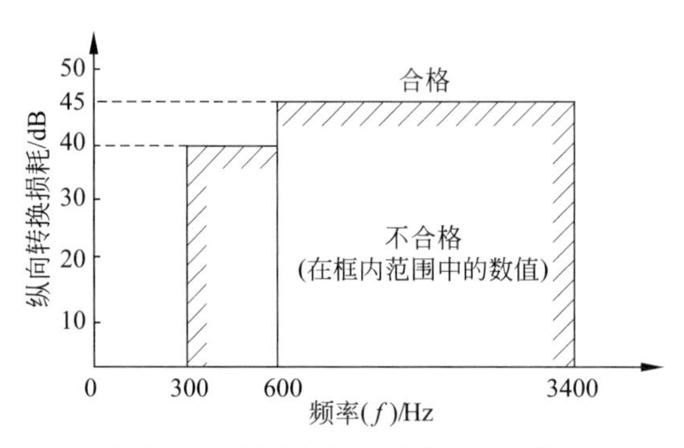

图 7.9　二线模拟接口对地不平衡损耗

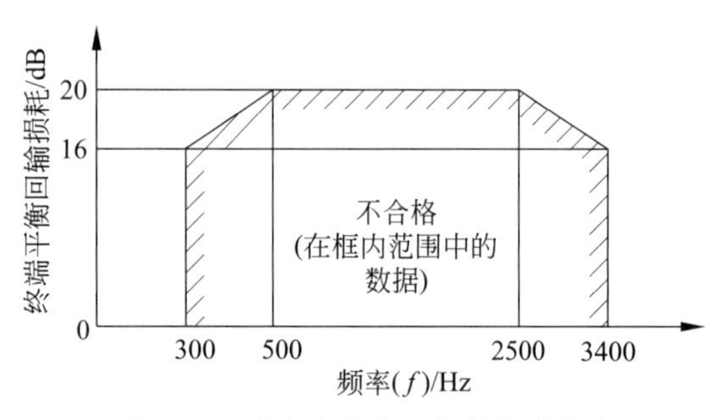

图 7.10　对终端平衡回输损耗的要求

为 GJB/T 1570A—2012。2012 年 7 月 24 日中国人民解放军总装备部批准，自 2012 年 9 月 1 日起实施。该规范规定了靶场指挥调度设备性能、检验及测试方法、质量保证规定和交货准备等要求，适用于靶场指挥调度设备的设计、研制、订购、生产、检验、验收、交付及使用。规范内容包括范围、引用文件、要求、质量保证规定、交货准备和说明事项。

7.38　被叫(called party)

电话通信中接受呼叫的一方，即接电话者。呼叫信号到达被叫后，引起被叫电话振铃或发出其他指示信号，被叫摘机，即可与主叫方进行通话。

7.39　倍频程(octave)

上限频率与下限频率之比为 2∶1 的频带，又称倍频带。如 27.5～55 Hz、55～110 Hz、110～220 Hz 均为 1 倍频程。1 倍频程按照等比关系分为 3 段，则每一段称为 1/3 倍频程。之所以用倍频程划分频带，主要是因为倍频程与人耳对声调高低的感觉成线性关系。

7.40　本底噪声(ground noise)

扩声系统中除有用信号以外的总噪声，包括剩余噪声和环境噪声。剩余噪声指一个系统中不输入有用信号时，在输出端仍然存在的各种信号，其来源有放大器噪声、电子元器件的热噪声等。环境噪声即外部噪声，包括工业噪声、建筑施工噪声，社会生活噪声等。本底噪声过大，不仅会使人烦躁，还会淹没声音中较弱的细节部分，使声音的信噪比和动态范围减小，影响扩声质量。

7.41　辨认发音人时间(duration of identification speaker)

听音人根据收听到的话音正确识别发音人所需的时间，简称辨认时间，用 T_s 表示。T_s 分为 5 个质量等级，如表 7.2 所示。在试验通信系统中，一般要求辨认发音人时间等级不低于 3 级。

表 7.2　辨认发音人时间等级

等级	1	2	3	4	5
辨认时间/s	$120<T_s\leq 180$	$60<T_s\leq 120$	$30<T_s\leq 60$	$12<T_s\leq 30$	$0<T_s\leq 12$

7.42　波形编码(waveform coding)

对信号的波形(电压、电流)进行采样、量化和编码的话音编码方式。基本原理是在时间轴上对模拟话音进行采样、量化和编码处理，形成数字化的比特流。在接收端，根据该比特流，进行逆操作，重建原信号波形。波形编码具有适应能力强、语音质量好等优点。脉冲编码调制(PCM)、增量调制(ΔM)、自适应增量调制(ADM)和自适应差分编码(ADPCM)等都属于波形编码。在试验通信网中，电话系统、调度系统的话音编码通常都采用波形编码。

7.43　参数编码(parameter coding)

提取信号特征参数并对其进行编码的话音编码方式,又称参量编码。其基本原理是,首先将音频信号以某种数学模型来表示,再提取出该模型所需要的信号特征参数和参考激励信号进行数字编码后传输;在接收端,将收到的数字编码经变换后恢复出特征参数,再根据特征参数重建语音信号。线性预测编码(LPC)及其改进都属于参数编码。参数编码可实现低速率话音编码,适于带宽敏感的话音业务,其比特率可压缩到2~4.8 kb/s,甚至更低。但参数编码也存在计算量大、音质不高、对环境噪声敏感等缺点。

7.44　测试声源(measuring sound source)

用于测量扩声系统各项性能指标的专用发声器。主要用于测量建筑物如大厅的声场特性、隔音特性、墙壁对声音的吸收和反射特性等。测试声源的主要技术性能指标有频率特性、指向性和发射声功率等。

7.45　层次感(layering)

人对声音的一种听觉感受。如果声音的高中低层次分明,高音谐音丰富,清澈纤细而不刺耳;中音明亮突出,丰满充实而不生硬;低音厚实而无鼻音,则认为层次感强。

7.46　差分脉码调制(differential pulse code modulation)

脉码调制的一种改进方式,简称 DPCM。根据信号的过去样值预测下一个样值,并将预测误差加以量化、编码,而后进行传输。由于预测误差的幅度变化范围小于原信号的幅度变化范围,因此在相同量化噪声条件下,其量化比特数小于 PCM,从而达到语音压缩编码的目的。32 kb/s DPCM 的话音质量,可达到 64 kb/s PCM 的水平。

7.47　插话(forced insertion)

指挥调度常用功能之一。在通播模式下,指挥员可以强行介入两个转接用户的通话,与他们形成三方互听互讲。在插话状态下,其他通播用户听不到指挥员讲话,但指挥员可以监听其他通播用户讲话。

7.48　程控交换机(stored program control switching system)

由计算机程序控制的电话交换机,全称为存储程序控制交换机。程控交换机由硬件和软件两部分组成,硬件分为话路系统、控制系统和输入输出系统,软件存放在存储器中,包括程序和数据。预先把电话交换的功能编制成相应的程序(或软件),放在处理机存储器中。当用户呼叫时,由处理机根据程序所发出的指令来控制交换机的操作,完成相应的功能。在试验通信系统中,主要采用数字程控交换机,提供电话、传真等业务。

7.49　传声器(microphone)

将声音信号转变为相应的电信号的电声换能器,俗称话筒或麦克风。传声器把语言和音乐等声信号变成电信号后,经过放大,可以用来进行语言通信、录音、广播和扩声。目前传声器的种类很多,按换能原理可分为电容话筒和动圈话筒;按换能类型可分为动圈式、电容式、铝带式及近年来出现的驻极体电容式、压力区域式。传声器的主要电声性能指标有灵敏度、频率响应、指向性、输出阻抗、动态范围等。

7.50　传声增益(audio gain)

扩声系统达最高可用增益时,厅堂内观众席各测量点稳态声压级平均值与系统传声器处稳态声压级的差值,单位为 dB。传声增益是考察扩声反馈啸叫程度的重要指标,传声增益越高,声反馈啸叫越小,话筒声音的放大量越大。根据 GB/T 4959—2011《厅堂扩声特性测量方法》的规定,传声增益的测量方法如下。

(1) 将扩声系统调至最高可用增益;

(2) 将测试声源置于舞台(或讲台)上设计所定的使用点上,将扩声系统传声器和测量传声器分别置于测试声源声中心两侧的对称位置上,两传声器距地高度 1.2~1.6 m,与测试声源高音声中心等高;

(3) 调节测试系统输出,使测量点的信噪比≥35 dB;

(4) 在规定的扩声系统频率范围内,按 1/3 倍频程中心频率逐点在厅堂内各测量点上测量声压级,由此计算得出稳态声压级平均值 SPL_1;

(5) 测量系统传声器处稳态声压级 SPL_2;

(6) SPL_1 与 SPL_2 的差值,即为全场传输频率范围内的传声增益。

大厅扩声系统的传声增益指标为:125~4000 Hz 内的平均值≥-10 dB。

7.51　串音(crosstalk)

一个话音通路(主串通路)的信号出现在另一个话音通路(被串通路)中的现象,又叫串声。当主串通路中的信号消失时,串音也跟着消失。串音是由感应、传导或非线性等引起的。根据串音是否可懂,串音分为可懂串音和不可懂串音。一般可懂串音对听话者的干扰更大。根据主串通路的发送端与被串通路接收端的位置关系,串音分为近端串音和远端串音两种。位于同一端的称为近端串音,位于两端的称为远端串音。近端串音中,主串通路与被串通路的信号传送方向相反;远端串音中,方向相同。衡量串音的技术指标为串音衰耗或串音衰减,即主串通路的信号功率电平与被串通路中串音功率电平之差,单位为 dB。在话音指挥调度系统中,任意两个相邻电路的串音衰耗不小于 73 dB,同一电路内两个通路之间的串音衰耗不小于 66 dB。

7.52　带外信号鉴别(out-off-band signal identification)

衡量话音通路对频带外信号衰减能力的指标。一般用带内信号与带外信号的电平差表示。根据带外信号的来源,分为带外输入信号鉴别和带外输出信号鉴别。在通路输入端输入一个带外正弦波信号,输入信号与输出端产生的带外信号电平之差,称为带外输入信号鉴别。在通路输入端输入一个带内正弦波信号,输入信号与输出端产生的带外信号电平之差,称为带外输出信号鉴别。

在二线模拟音频通路测试中,在输入端输入一个频率高于 4.6 kHz、电平为-25 dBm0 的任一正弦波信号,要求带外输入信号鉴别不小于 25 dB。在输入端输入一个电平为 0 dBm0 的任意频率的带内正弦波信号,要求带外输出信号鉴别不小于 25 dB。

7.53　单声道(monophony)

采用一个声道进行录制的模式。录音时,只用一只话筒,信号录在一条轨迹上。单声道的声音源只有一个,即使放音时分出多路,采用多个扬声器播放,也不属于多声道。

7.54　等响度技术(equal loudness technology)

校正声音实际响度与人耳感受响度之间差异的技术。声音实际响度和人耳感受响度并不完全呈线性关系,在小音量的时候,人耳对中高频的听觉会有生理性衰减,音量越小,衰减越明显。这种生理性衰减特性可用等响度曲线来表示。每个人的等响度曲线是不同的,统计不同人的等响度特性,可以得出不同响度下的等响度曲线,如图 7.11 所示。由等响度曲线可知,当一个复音(包含许多频率的纯音的声音)的全部频率成分的强度都提高或降低同样数值时,由于人耳的听觉特性会使人感觉音色改变。因此为了在小音量的时候保持人耳听觉相对大音量时高低频段听觉的等响度效果,音响系统的前级放大器插入了等响度效果电路。其原理是在小音量的时候适当提升中高频段放大比例,以达到与人耳听感的一致性。

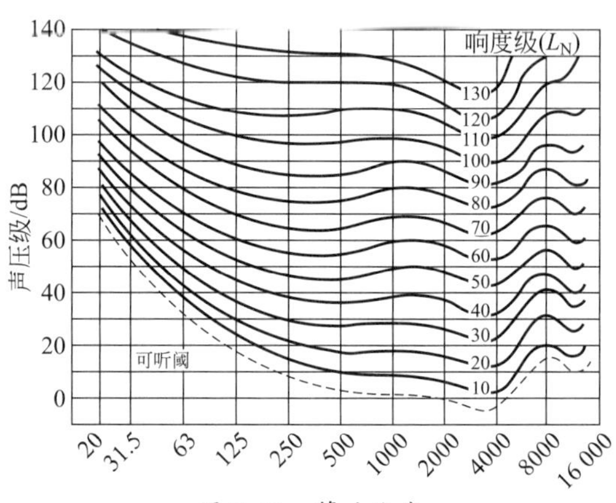

图 7.11　等响曲线

7.55　电话号码(telephone number)

电话网用户终端的识别号码。由 0~9 这 10 个数字组成,长度可根据网内用户数量的多少而定。同一个电话网中,一个电话号码只能分配给一个用户使用。一个用户(主叫)通过拨打另一个用户(被叫)的电话号码,向电话网发出通话申请。电话网根据主叫拨打的电话号码,接通被叫的电话电路,振铃通知被叫接通电话,从而建立起主被叫双方的通话电路。

一个完整的电话号码由国际长途区号、国内长途区号和本地号码组成。当本地网内部之间呼叫时,不拨国际长途区号和国内长途区号;当国内跨本地网呼叫时,不拨国际长途区号。在试验通信网中,各场区的本地网一般同时入本地公用电话网和全军电话网,因此,一个电话用户同时具有本地公用电话网的电话号码和全军电话网的电话号码,二者通过不同的前缀加以区别。

7.56　电话衡重杂音(telephone weighted noise)

将不同频段的杂音进行加权后得到的等效杂

音,又称电话加权杂音。人耳对功率相同但频率不同的杂音的大小感受是不同的,将 25 Hz 至 5 kHz 各个频段的杂音功率等效到 800 Hz 的杂音功率,即为电话衡重杂音功率。国际电信联盟规定的电话衡重杂音的加权系数与限值见表 7.3。在指挥调度系统中,四线模拟接口的衡重杂音指标不大于-68.8 dBm0p。

表 7.3　电话衡重杂音的加权系数与限值

频率/Hz	加权系数/dB	限值/±dB	频率/Hz	加权系数/dB	限值/±dB
50	-63.0	2	1200	0.0	1
100	-41.0	2	1400	-0.9	1
200	-21.0	2	1600	-1.7	1
300	-10.6	1	1800	-2.4	1
400	-6.3	1	2000	-3.0	1
500	-3.6	1	2500	-4.2	1
600	-2.0	1	3000	-5.6	1
700	-0.9	1	3500	-8.5	2
800	0.0	0.0(参考点)	4000	-15.0	3
900	+0.6	1	4500	-25.0	3
1000	+1.0	1	5000	-36.0	3

7.57　电话交换局(telephone exchange office)

包含交换实体的电话网节点,简称交换局或局。电话交换机是电话交换局的核心设备。交换局种类繁多,根据是否人工完成接续,分为自动交换局和人工交换局。根据其在网络中的地位和作用,分为长途局和市话局(本地局)。有些交换局兼有长途局和市话局的双重地位,称为长市合一局。在多层级的电话网络中,可分为汇接局和终端局(分局),汇接局可再分为一级汇接局、二级汇接局等。

如果距离交换局较远的一个区域集中分布一定数量的用户,为远距离覆盖用户和节省用户线路资源,常将交换局的用户模块部分放置在该区域,然后再用传输系统连接至交换局。该用户模块部分相对于交换局而言,称为远端模块局;该交换局相对于远端模块局而言,称为主局。

常在电话局前面冠以用户号码的前缀或长途区号作为交换局的名字。如某交换局的用户号码范围为 360000~36999,则将该局称为 36 局。

7.58　电话网(telephone network)

向用户提供电话业务的通信网络。电话网通常由电话交换机、线路传输设备和用户终端等设备组成。电话交换机是电话网的核心和枢纽,用户终端之间需要经过交换机接通线路才能通话。常用的电话交换机有人工和自动两大类。线路传输设备包括有线电通信线路和无线电通信线路。用户终端通常为电话机,可分为磁石式、共电式和自动式等不同种类。在试验通信领域,电话网是试验通信系统的重要组成部分,主要向用户提供自动电话、人工电话、首长热线、勤务电话和传真等多种业务。

7.59　电容话筒(capacitance microphone)

传声器的一种类型,也称驻极体话筒。电容话筒的核心组成部分是极头,由两片金属薄膜组成。这两片金属薄膜起到了一个可变电容的作用,容量大小由薄膜的间隔所决定。在声波的作用下,金属薄膜产生振动,由于金属薄膜间距的不断变化导致电容不断变化,从而产生与声波变化一致的电流信号,完成由声波信号到电信号的转换。电容话筒一般需要使用 48 V 幻象电源供电,具有灵敏度高,指向性高的特点,一般与话筒放大器或调音台配合起来使用,应用在背景杂音较低的音乐厅、剧院、录音室或需要高音质的场所。在试验通信系统中,电容话筒作为扩声系统的拾音设备,主要配置在指挥大厅,供首长及指挥员使用。

7.60　调度操作控制台(dispatch operation console)

对指挥调度系统实施操作、控制和管理的工作台。操作控制台一端与调度主机相连,另一端向操作人员提供人机接口。操作控制台一般为一台微机,根据群操作权限不同,分为总操作控制台、群操作控制台等类型。

总操作控制台能够对一套调度系统中的所有群进行操作,群操作控制台只能对一个固定的群进行操作。操作控制台通过串口或 IP 接口向调度主机发送通播、越级、屏蔽等指令,调度主机根据操作控制台的各种指令实现相应的调度功能。操作控制台软件界面如图 7.12 所示,通过软件界面上群标签的切换,用户可对群中所有用户实施各种调度功能操作及状态监视。

7.61　调度单机(dispatch set)

面向各类调度岗位,是完成调度通信的用户终端设备。主要实现声音信号与电信号之间的相互转换和传输。调度单机如图 7.13 所示,话筒和扬声器

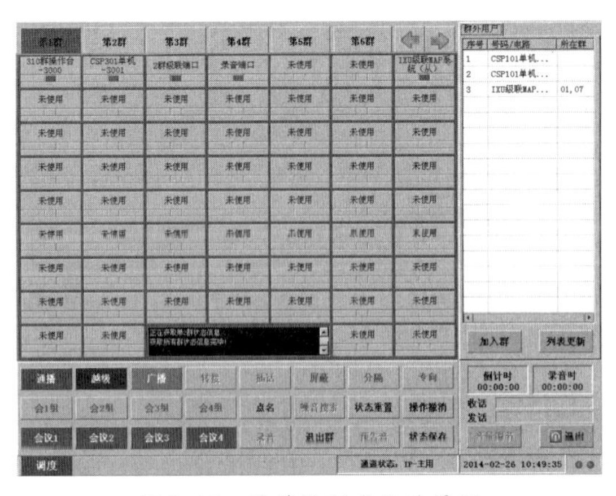
图 7.12　操作控制台软件界面

图 7.13　调度单机

均可采用内置和外接两种方式。根据与调度主机的接口不同，分为模拟调度单机、数字调度单机和 IP 调度单机等类型。模拟调度单机的接口为四线模拟话音接口，收发分离传输；数字调度单机采用窄带 ISDN 的 2B+D 接口；IP 调度单机采用以太网电接口。根据单机使用类型不同，分为指挥单机和普通调度单机两类。指挥单机配置在指挥岗位，能够对本群调度用户独立实现通播及分隔功能操作。普通调度单机配置在普通参试岗位，不能进行调度功能操作。

7.62　调度点名（dispatch call）

指挥员通过调度系统依次呼叫各参试岗位的过程。指挥员一般呼叫岗位代号，岗位人员听到自己岗位的代号后，进行应答。通过调度点名，指挥员可以了解各岗位人员的到岗情况，确保各参试岗位的人员在位。

7.63　调度岗位（dispatch post）

值守调度的工作岗位。每个调度岗位至少配置一台调度单机。调度岗位分为指挥岗位和一般岗位。指挥岗位下达指挥口令、听取下级汇报；一般岗位听取上级指挥口令，并向上级汇报。同级岗位之间根据需要也可进行双向通话。

7.64　调度沟通（dispatch link-up）

调度设备操作维护人员与参试的各调度岗位人员之间进行的通话测试，又称试调度。其目的是测试通信线路是否畅通，测试调度话音的音质是否良好，以确保调度设备正常工作。

7.65　调度广播（dispatch broadcast）

指挥调度常用功能之一。在通播模式中，当把某个下级用户设置成广播用户时，该用户的讲话能够发送到其他用户，而其他用户的讲话不能传送到该用户。广播功能避免了其他用户的干扰，多用于任务前动员及首长讲话。

7.66　调度中继端口（dispatch trunk port）

用于连接调度主机与调度主机之间的调度用户端口。中继端口为模拟接口的，称为四线模拟中继；中继端口为 IP 接口的，称为 IP 中继。利用它可实现多套指挥调度系统级连。

7.67　调度主机（dispatch exchange）

指挥调度系统中完成调度通信的核心设备。用于连接各种调度终端设备，主要完成音频及调度指令数据的交换、处理及传输，实现分群、分级、通播、会议、屏蔽、分隔、越级等指挥调度的功能，其作用类似于电话交换机。按照用户容量，可分为 16 门、32 门、64 门、128 门、256 门和 512 门等。为提高设备可靠性，调度主机通常采用 1 : 1 冗余热备份。主用、备用设备同步运行，当主用设备宕机后，系统可自动切换到备用设备运行，终端用户的各种调度状态信息不会中断或改变。图 7.14 为某型号的调度主机。

图 7.14　调度主机

各场区的调度主机通过中继端口互相连接,可构成跨场区的指挥调度系统。

7.68 定位感(positioning sense)

人从听到的声音中对声源位置进行的判断。人的定位感主要由首先到达两耳的直达声决定。根据人耳的生理特点,同一声源首先到达两耳的直达声的最大时间差为0.44~0.5 ms,同时还有一定的声压差、相位差。研究表明,20~200 Hz低音主要靠相位差定位,300 Hz~4 kHz中音主要靠声压差定位,4 kHz以上的高音主要靠时间差定位。在音响系统中,多个喇叭产生的多声道声音如果能重现现场的声场,就会使听者区别出现场各个声源的位置,从而产生身临其境的感觉。

7.69 定压功率放大器(power amplifier with fixed voltage)

输出电压不随负载阻抗变化而变化的音频功率放大器,简称定压功放。定压功放通过采用深负反馈来保持输出电压稳定,输出电压主要有70 V、90 V、100 V、120 V、240 V等几种。按输入线路形式,可分为合并型(带前置)和纯后级型;按输出线路形式,可分为带分区型和不带分区型;按音源组成形式,可分为组合一体型和常规型。与定压功放连接的扬声器(喇叭)安装有配套的匹配变压器用以降压。定压功放适合在远距离传输的场合如公共广播系统中应用。在功率足够的情况下,一台定压功放可以连接若干扬声器。

7.70 定阻功率放大器(scheduled resistance power amplifier)

对负载阻抗有严格要求的音频功率放大器,简称定阻功放。负载阻抗主要有4 Ω、8 Ω和16 Ω等几种。定阻功放的输出电压随负载阻抗的变化而变化,因此传输距离不远。近距离场合下使用的功放绝大多数为定阻功放,信号放大后直接驱动音箱,可达到较高的保真度。

7.71 动圈话筒(dynamic microphone)

传声器的一种类型。音圈搭载于振动膜上,置于磁铁的磁场间。在声波的作用下,振动膜产生振动,音圈随之运动,切割磁力线,产生交变电信号,从而完成声波信号到电信号的转换。动圈话筒产生的音色比较柔润、朦胧,多用于摇滚乐、人声歌唱及背景杂音较大或音响较剧烈的室外环境。试验通信系统中,调度岗位一般使用动圈话筒。

7.72 动态范围(dynamic range)

音响设备最大不失真输出功率电平与静态时系统噪声输出功率电平之差,单位为dB。一般性能较好的音响设备的动态范围在100 dB以上。试验通信系统中,大厅扩声系统使用的话筒,其动态范围为112 dB。

7.73 杜比数码(dolby digital)

杜比公司开发的新一代家庭影院多声道数字音频系统,又称杜比数字。1994年,日本先锋公司宣布与美国杜比实验室合作研制成功一种新的环绕声制式,并命名为杜比环绕声音频编码-3,简称杜比AC-3。1997年初,杜比实验室正式将杜比AC-3更名为杜比环绕数码,简称杜比数码。

杜比数码为5.1声道,每一声道根据人耳听觉特性划分为多个狭窄频段,利用听觉掩蔽效应,删除人耳听不到或可忽略的部分后,进行压缩编码。同时,利用频段划分,可滤除部分频段噪声,并且其余噪声的频谱靠近在信号频谱附近,可被信号抑制。因此杜比数码的抑噪性能好,能以较低的码速率支持全音频多声道。杜比数码每声道的采样频率为32 kHz、44.1 kHz或48 kHz,码速率为32~640 kb/s。杜比数码的音质可达到或接近CD唱片的水平,已被美国数字电视广播系统采用,也是DVD影片所使用的标准声音格式。

7.74 多路按键话筒(multi-route push-button microphone)

通过多个按键控制话音输出方向的话筒。该话筒对外输出一路音频信号和一路控制信号。如图7.15所示,音频信号通过卡侬接口连接至音频输入接口机,音频输入接口机将其进行数字编码后,经由以太网络接入数字音频矩阵。控制信号采用RS-485协议通过4芯航空接口连接至多按键话筒控制主机,经由以太网络接入数字音频矩阵。用户按下不同的话筒按键,产生相应的控制信号,该控制信号经多按键话筒控制主机编码后发往数字音频矩阵,数字音频矩阵根据该信号选择输出接口机的相应接口输出。多路按键话筒实现了用户对话音输出方向的灵活控制,在试验任务中一般供指挥员使用。

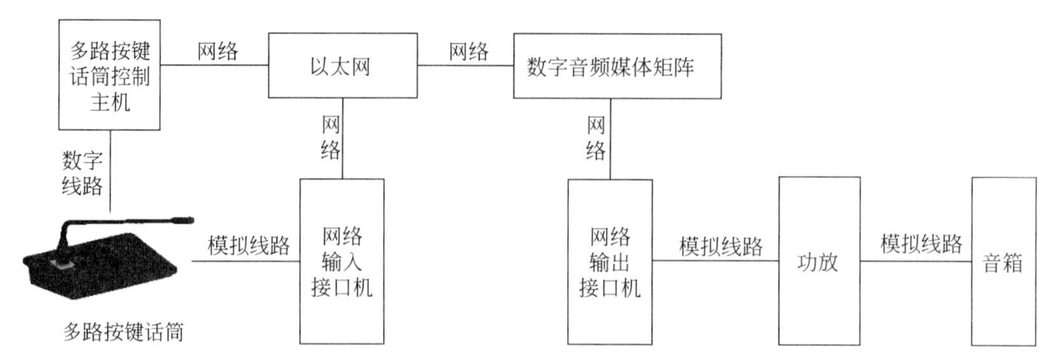

图 7.15　多路按键话筒设备连接关系

7.75　多频互控(multifrequency control)

多频记发器信令的传送方式之一。去话记发器持续发送一位前向信号,直到接收到后向证实信号时才停止发送。来话记发器收到前向信号后,持续发送后向证实信号。当检测到前向信号停止发送后才停发后向信号。一个互控周期分为 4 个节拍:主叫端发送前向信号;被叫端收到前向信号,回送后向信号;主叫端收到后向信号,停发前向信号;被叫端检测到前向信号停发,停发后向信号。多频互控方式的优点是信号传递可靠性高,缺点是信号传递速度慢。因此在长时延的卫通电路中,一般采用不互控方式。

7.76　多频记发器(multifrequency register)

电话自动交换网中传送局间号码信号和接续控制信号的信令设备,分为发送和接收两部分。发送部分包括多频信号发生器和发码控制电路及相应的连接部件。接收部分包括多频信号接收器和收码识别及相应的连接部件。记发器发送和接收的信号采用双音多频方式编码。前向信号的频率从 1380 Hz、1500 Hz、1620 Hz、1740 Hz、1860 Hz、1980 Hz 中选其二,最多可组成 15 种信号。后向信号的频率从 780 Hz、900 Hz、1020 Hz、1140 Hz 中选其二,最多可组成 6 种信号。

7.77　多频记发器信令(multifrequency register signalling)

多频记发器传送的随路信令,简称记发器信令。记发器信令主要完成主、被叫号码的发送和请求,主叫用户类别、被叫用户状态及呼叫业务类别的传送。根据信令的传输方向,分为前向信号和后向信号。前向信号发往被叫方向,又分为Ⅰ、Ⅱ两组。后向信号发往主叫方向,又分为 A、B 两组。它们的基本含义如表 7.4 所示。

表 7.4　记发器信令信号的基本含义

前向信号			后向信号		
组别	名称	基本含义	组别	名称	基本含义
Ⅰ	KA	主叫用户类别	A	A 信号	收码状态和接续状态的回控证实
	KC	长途接续类别			
	KE	长市、市内接续类别			
	数字信号	数字 0~9			
Ⅱ	KD	发端呼叫业务类别	B	B 信号	被叫用户状态

记发器信令采用多频编码、连续互控、端到端的传输方式。在 PCM 数字信道中,记发器信令并不在第 16 时隙传送,而是经话音编码后,在对应的话路时隙中传送。

7.78　耳机(earphone)

把电信号转换成声波,并可与人耳做紧密声耦合的电声换能器,由磁路部分、振动部分和外壳部分组成。其基本原理与扬声器相同,当音圈通以音频电流时,音圈受力,带动振膜振动,发出相应声波。与扬声器不同的是,扬声器向自由空间辐射声能,而耳机则是在一个小空穴内造成声压,因此只有佩戴耳机的人才能听到声音。

7.79　二/四线转换(two wire-four wire transformation)

将二线话音电路与四线话音电路连接起来的技

术。在电话通信中,交换机内部采用四线实现双向传输,而用户电话机采用二线电路连接至交换机,因此需要在交换机的用户接口处进行二/四线转换。这种二/四线转换的装置通常采用带有平衡网络的混合线圈实现。如图 7.16 所示。混合线圈具有 4 个线对,第 1 和第 2 线对分别与四线话音电路的发收连接,第 3 线对与电话机或二线话音电路连接,第 4 线对与由电阻和电容组成的平衡网络连接。平衡网络与二线电路保持阻抗匹配以减少反射功率。混合线圈的作用是使从任一线对来的信号通过变压器耦合到相邻的线对,而阻止信号耦合到非相邻的线对。这样,从四线设备接收侧进入混合线圈的信号,一半耦合到平衡网络,另一半耦合到用户话机侧;从用户话机侧进入的信号,一半耦合到四线设备接收侧,另一半耦合到四线设备发送侧。信号通过混合线圈一般会有 3.5 dB 的损耗。

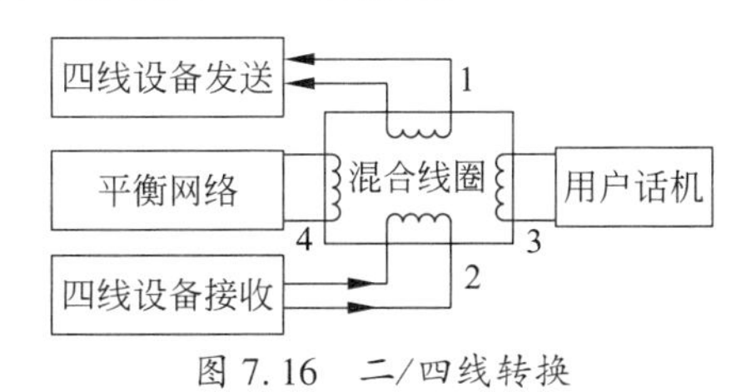

图 7.16　二/四线转换

7.80　二线话音电路(two-wire vice circuit)

发送通路和接收通路在同一频带采用同一对线(二线)完成话音传输的电路。在电路两端,一般加二四线转换装置进行收发分离。其优点是节省了线路资源,但也带来了收发串扰的问题。二线话音电路的电气指标为如下。

频率范围:300~3400 Hz;

标称阻抗:600 Ω;

接口线:二线(a、b 线),收、发共用。

在电话通信中,用户环路均采用二线话音电路。早期的电话交换机之间的中继线也部分采用二线话音电路。

7.81　二线环路中继接口 C2(2-wire loop trunk interface C2)

电话用户交换机的二线模拟中继接口,又称直流环路接口。用于连接公用电话网的用户环路,使电话用户交换机以用户身份接入公用电话网。该接口向公用电话网发送话带信号以及摘挂机、拨号等信号,接收公用电话网的话带信号以及振铃、忙音、催挂音等信号。

该接口的电气特性及技术要求如下。

(1) 接口线:二线;

(2) 话带信号频率范围:300~3400 Hz;

(3) 中继回路电阻不大于 2000 Ω,特殊情况允许达到 3000 Ω;

(4) 馈电电流不小于 18 mA;

(5) 接口点的输入相对电平为-0.3~0.7 dBr,输出相对电平为-0.7~0.3 dBr;

(6) 回输损耗应满足图 7.17 所示要求:

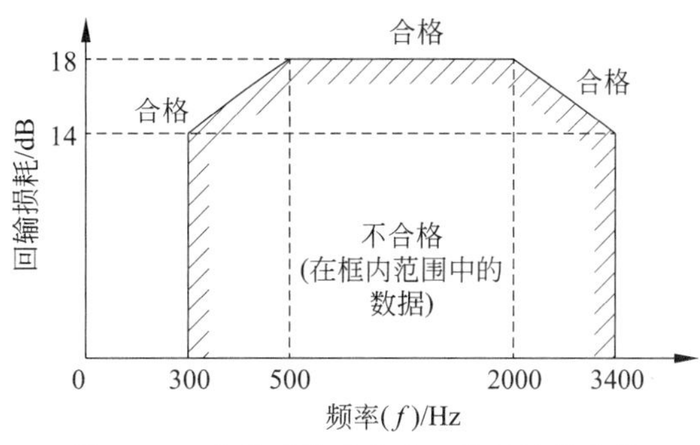

图 7.17　连接测试网络时回输损耗最小值

(7) 对地不平衡损耗应满足图 7.18 所示。

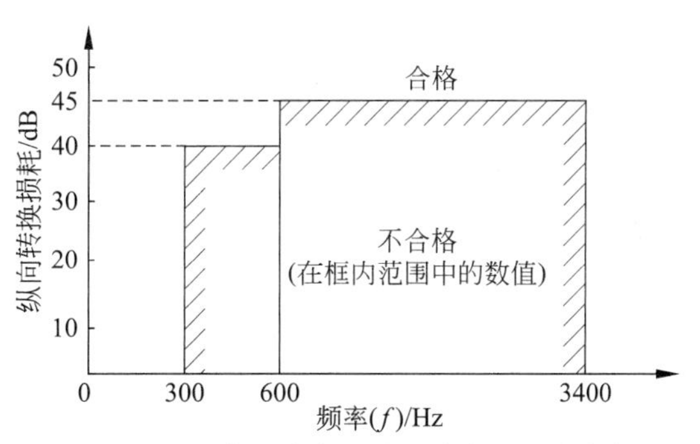

图 7.18　二线环路中继接口对地不平衡损耗

7.82　防爆调度单机(explosion-proof dispatch set)

采用防爆技术措施加固的调度单机,能够承受可燃性混合物在内部爆炸而不会引起外部爆炸,一般应用在火箭及航天器燃料存储、加注等易燃易爆环境。按照防爆要求,国防科研试验中使用的防爆调度单机的防爆等级为 Exd[ib]ⅡC T4(隔爆型兼本安型),其总体结构分为本安腔体和隔爆腔体。本安腔体电路采用低功耗设计,使器件表面发热温度低于防爆规定的温度要求,并具有过热、过流、短路保护措施。本安腔体内主要放置麦克前置放大板、显示屏、指示灯板等本质安全型器件。隔爆腔体采用优质碳素结构钢焊接而成,具有足够的强度和刚度来承受其内部爆炸压力而不发生明显的变形或破坏,不会引燃周围爆炸性气体。隔爆腔体内主要放置电源/接口处理板、本安电源模块、终端主板等非本质安全型器件。图 7.19 为某型号的防爆调度单机。

图 7.19　防爆调度单机

7.83　分隔(separation)

指挥调度常用功能之一。在由指挥员与下级用户组成的通播群中,分隔指切断任意下级用户的听话链路,使其无法听到指挥员的讲话,但指挥员仍能听到被分隔用户的讲话。分隔操作在操作控制台或指挥单机上完成。

7.84　粉红噪声(pink noise)

功率谱密度低频段强、高频段弱的噪声,因其频谱图类似偏红的光谱即粉红光谱而得名。粉红噪声的功率谱密度与频率成反比,其频率分量功率主要分布在中低频段,通常为每倍频程(一个八度)下降 3 dB。粉红噪声是自然界常见的噪声,如瀑布声、下雨声等,比较悦耳,因此常用于声学测试。

7.85　分级(grade)

按照任务明确的指挥关系,对调度群进行的上下级划分,一般分为三级。同一调度主机内部的群通过级联端口实现连接;不同调度主机之间的群通过中继端口实现连接;下级群对级联端口或中继端口进行越级操作,形成上下级关系;如果不进行越级操作,则形成平级关系。

7.86　分群(group division)

指挥调度常用功能之一。为避免相互干扰,在一套指挥调度设备中,可将用户分成若干个群。每个群由一个指挥员(用户)和若干个下级用户组成,其中指挥员可视为指挥单机或群操作控制台,下级用户可视为调度单机、中继板的中继端口和数字级联板的级联端口等。通过操作控制台可对每个群进行会议、通播、越级、屏蔽、分隔、群间级联等功能操作。在设备配置时定义用户分群,分群后多个群可同时使用。

7.87　感觉编码(perceptual coding)

利用人对声音的感觉特性,对声音数据进行的压缩编码。感觉编码只对被人听觉感知的声音信息进行编码,以达到减少数据量而不降低音质的目的。感觉编码是宽带音频压缩编码技术中的重要方法,在杜比数码、DTS 及 MPEG4 中的 AAC 等诸多标准中得到了应用。

7.88　高保真(high-fidelity)

对扩声系统高质量重现原有声源特性的评价标准,简称 Hi-Fi。高保真的评价包含客观评价和主观评价两方面。客观评价是使扩声系统的特性参数满足规定的技术指标;主观评价是听者对音质进行综合性的主观感受。在实际扩声系统中,有时会采取补偿措施以提高声音的保真度。

7.89　高保真系统(Hi-Fi system)

满足高保真技术指标要求的扩声系统。评价高保真系统的主要技术指标有频率响应、动态范围、信噪比和失真。失真包括谐波失真、互调失真和瞬态失真。目前对高保真系统的基本技术指标要求是:在 20 Hz 至 20 kHz 频率范围内均匀放声,信噪比大于 85 dB,动态范围大于 100 dB,失真小于 1%。对于高保真立体声系统,还须增加立体声分离度和立体声平衡度两项指标。

7.90　高级音频编码(advanced audio coding)

音频压缩格式之一,简称 AAC。由德国 Fraunhofer 研究院、杜比和 AT&T 于 1997 年共同研发,其目的是替代 MP3。AAC 是 MPEG-2 标准的一部分。2000 年,MPEG-4 标准出现后,对 AAC 进行了改进,使其成为了 MPEG-4 的一部分。为了与 MPEG-2 标准下的 AAC 相区别,将其称为 MPEG-4 AAC,而把原来的 AAC 称为 MPEG-2 AAC。

AAC 属于感知音频编码,其原理是利用人耳听觉的掩蔽效应,去除被人耳掩蔽的信息,并控制编码时的量化噪声。AAC 的编码速率范围为 8~320 kb/s,支持 48 个音轨、15 个低频音轨,既可对单声道普通音质的话音进行编码,又可对多声道超高音质的音乐进行编码。

与 MP3 相比,AAC 提高了频率分辨率,增加了线性预测和时域噪声整形,改进了联合立体声编码以及哈夫曼码本,在时—频变换中使用了自适应的长短窗切换机制,有效地增加了压缩比,提高了音频质量。杜比实验室对 AAC 测试后认为,不易察觉到 128 kb/s 的 AAC 立体声音乐与原来未压缩音源的区别;AAC 格式在 96 kb/s 编码速率的表现超过了 128 kb/s 的 MP3 格式;同样是 128 kb/s,AAC 格式的音质明显优于 MP3。通常情况下,在比 MP3 文件缩小 30%的情况下,AAC 仍能提供比 MP3 更好的音质。

7.91　公共信道信令(common channel signalling)

电话网中采用独立于话音电路的数据链路,以数据单元的形式集中传送多个话音电路的信令,简称共路信令。与随路信令相比,一条共路信令链路可以同时传送多条话音电路的信令,传送速度快,信令容量大,并且可以在通话的同时传送信令。另外,共路信令编码灵活,信令内容丰富,不仅适用于电话业务,也适用于数据等其他业务。国际电信联盟制订的 7 号信令是应用最为广泛的共路信令。

7.92　功率放大器(power amplifier)

把输入的音频电信号进行放大,驱动扬声器的设备,简称功放。功率放大器通常由前置放大器、驱动放大器、末级功率放大器 3 部分组成。前置放大器起匹配作用,其输入阻抗高(不小于 10 kΩ),输出阻抗低(几十欧姆以下)。驱动放大器起桥梁作用,将前置放大器送来的电流信号进一步放大成中等功率的信号。末级功率放大器起关键作用,将驱动放大器送来的电流信号放大成大功率信号,带动扬声器发声。功放的技术指标主要有输出功率、频率响应、失真度、动态范围、信噪比、输出阻抗和阻尼系数等。末级功放的技术指标决定了整个功率放大器的技术指标。试验通信系统中,需要为大厅扩声系统配置功率放大器。

7.93　挂机(hanging up)

将电话机手柄放回原处,手柄压迫插簧,使电话用户环路断开的动作。早期,电话机安装在墙壁上,电话不用时,手柄挂在电话机上,故称挂机。在自动电话网中,挂机意味着结束通话,释放电路。

7.94　关调度(dispatch off)

关闭各参试岗位的调度单机。关调度是试验任务中的一个工作环节。某一阶段的任务全部完成后,指挥员发出关调度的指挥口令,调度系统退出工作。

7.95　哈斯效应(Hass effect)

声音延迟对声源定位感的影响远大于音量影响的现象,又称优先效应。因其由亥尔姆·哈斯在博士学位论文中首次提出,故被称为哈斯效应。该效应是一种双耳心理声学效应。假定两个声源的声音强度相同,一个是另一个经过延迟的声音。如果延迟在 30 ms 以内,听者感觉不到延迟声源的存在,听出的是一个声音;如果延迟超过 30 ms 而未达到 50 ms,听者可以感觉到延迟声源的存在,但仍感到声音来自未经延迟的声源;如果延迟超过 50 ms,听者才能感觉到延迟声源的位置。哈斯效应为立体声技术和厅堂扩声系统设计提供了理论基础。

7.96　厚度感(sense of thickness)

人耳的一种听感。表现为低音沉稳有力,厚重而不浑浊,高音不缺,音量适中,有一定亮度,混响合适,失真小。

7.97　呼叫接通率(call connection rate)

接通的呼叫占整个呼叫的比率。呼叫接通率是衡量电话网服务质量的一个重要指标。呼叫接通的标志是电话网在主被叫之间成功分配一条电路,因此不管被叫是否摘机接听,只要电话网向被叫用户振铃,即可视为呼叫接通。

7.98　呼损(call loss)

因电话网资源不足而使用户呼叫失败的情况。被叫不应答导致的呼叫失败,不属于呼损。呼损次数占整个呼叫次数的比率,称为呼损率。呼损率是衡量电话通信服务质量的一个重要指标。呼损率与话务量和中继线数量有密切关系。中继线越多,话务量越小,则呼损率越低。根据话务量和在该话务量下的呼损率要求,可计算出电话交换机所需的中继线数量。

7.99　话筒灵敏度(microphone sensitivity)

话筒的输出电压与输入声压的比值,单位为 V/Pa 或 mV/Pa。在 94 dB 的声压级即 1 Pa 声压下,用 1 kHz 正弦波作为输入激励信号,测得的话筒输出信号幅度即为话筒灵敏度。话筒灵敏度是衡量话筒性能的一项关键指标。灵敏度越高,拾音能力越强。

7.100 话筒指向性(microphone directionality)

描述话筒对来自不同角度的声音的灵敏度。常用极性图表示话筒的指向性,图中用不同半径的同心圆表示灵敏度,圆心代表话筒的位置,话筒头正对的方向为 0°,反方向为 180°。话筒指向性分为全指向式、单指向式和双指向式等。

全指向式话筒对所有角度具有相同的灵敏度,因此使用时话筒不必指向某一方向,但是无法避开声源如广播扩音器等,可能会产生回音。领夹式话筒通常采用全指向式。

单指向式包括心型和超心型。心型话筒前端灵敏度最高,后端灵敏度最低,可以隔绝多余的环境噪声,且消除回音的效果优于全指向式话筒。心型话筒主要适用于喧闹的舞台。超心型话筒的拾音区域比心型话筒更窄,能够更有效地消除周围噪声,适用于在吵闹的环境中拾取单一声源。试验通信系统中,通常使用超心型话筒作为扩声系统发射现场的拾音设备。

双指向式话筒分别从话筒前方和后方拾取声音,但不从侧面(90°)拾音。因其指向图状似 8 字,故双指向式又称 8 字型。

7.101 话务量(traffic)

电话业务量。表示电话负载的强度,单位为爱尔兰,简称 Erl。在 1 h 的时间内,若所有呼叫占用的时间之和为 x h,则话务量为 x Erl。话务量的大小与用户数量、用户拨打电话的频繁程度、用户每次通话所占用的时长有关。由于忙时的呼损率高于其他时间的呼损率,因此按忙时话务量指标要求,设计电话交换机的交换能力和中继线的数量,以确保不超过规定的呼损率。

7.102 话音电平(electrical speech level)

话音电信号相对大小的数值。一般是两点功率 $P1$ 和 $P2$ 比值的对数值,计算式为 $10\lg(P2/P1)$,单位为 dB。其中 $P2$ 为测试点的信号功率,$P1$ 为基准点的信号功率。人耳对声音大小的感觉与声音信号功率的大小呈对数关系,因此,人耳对声音大小的感觉与话音电平保持正比关系。另外,采用话音电平,可将乘除运算转换为加减运算,简化了计算。几种常用的话音电平单位的符号及其意义为如下。

(1) dBm:取 1mW 作基准功率值,以 dB 表示的绝对功率电平,计算式为 $10\lg(P/1)$,式中 P 为测试点的功率值。

(2) dBr:相对于传输参考点,以 dB 表示的相对电平,计算式为 $10\lg(P/P_{\text{ref}})$,式中 P_{ref} 为所选定的传输参考点的功率。传输参考点的相对电平为 0 dBr,故又称为零相对电平点。

(3) dBu:取 0.775 V 为基准电压值,以 dB 表示的绝对电压电平,计算式为 $20\lg(U/0.775)$,式中 U 为测试点的电压有效值,0.775 V 为 1 mW 功率消耗在 600 Ω 纯电阻上的电压有效值。

(4) dBm0:取 1 mW 作基准功率值,折合到零相对电平点,以分贝表示的绝对功率电平,对于一个测试点来说,该值与该测试点相对电平之和即为该测试点的绝对功率电平。

(5) dBm0p:其意义和 dBm0 相同,只是电平是用噪声计(电话加权)测量,而不是用电平表测量。

7.103 话音激活检测(voice activity detection)

对话音输入端话音信号的有无进行检测的技术,简称 VAD。为节约话音传输资源,没有话音信号时,话音电路停止进行传输。这就要求一旦输入端出现话音信号时,能迅速检测出来,并激活话音电路。检测方法有基于线谱频率、全带宽信号能量、低频带信号能量和过零率等多种方法。话音激活检测在 IP 电话和指挥调度系统中得到了广泛的应用。

7.104 话音信息共享系统(voice information sharing system)

在 ISP-1000 指挥调度系统中,将用户话音、终端状态等信息进行共享的系统。该系统包括话音信息共享服务器与话音信息共享客户端软件。话音信息共享服务器采用工控机设备,通过二线音频接口与调度系统中的录音用户板相连,实时获取调度话音,并通过 IP 网络获取操作控制台各个群的调度用户状态信息,实现话音信息的集中采集、处理和分发;话音信息共享客户端软件安装在用户计算机上,通过 IP 网络可远程访问话音信息共享服务器,获取共享权限范围内相关群的实时语音,并能查看权限范围内相关群的调度用户状态信息。

7.105 环境噪声(ambient noise)

指在工业生产、建筑施工、交通运输和社会生活中所产生的干扰周围生活环境的声音。环境噪声主要包括交通噪声、工业噪声、建筑施工噪声、社会生活噪声等。

GB3096—2008《声环境质量标准》规定了 0~4 共 5 类环境的噪声限值,其中第 4 类又分为 4a 和 4b 两种,见表 7.5。一般来讲,不影响听力和身体健康的噪声限值为 75~90 dB(A),保证交谈和通信联络的噪声限值为 45~60 dB(A),保证睡眠的噪声限值为 35~50 dB(A)。

表 7.5　环境噪声限值

类别	昼间/dB(A)	夜间/dB(A)	类别	昼间/dB(A)	夜间/dB(A)
0 类	50	40	3 类	65	55
1 类	55	45	4 类(4a 类)	70	55
2 类	60	50	4 类(4b 类)	70	60

7.106　回波抵消器(echo cancellor)

在话音电路 2/4 线转换点加入的抵消回波的设备或功能模块。它用一横向滤波器代替 2/4 线转换点的混合线圈,在它的输出中减去了接收话音信号的泄漏部分,而且对发送与接收通道没有附加损耗。与回波抑制器相比,其克服了双方同时讲话时回波抑制效果差、话音剪切现象和"咔咔"声干扰等缺点。

7.107　回波抑制器(echo suppressor)

在话音电路 2/4 线转换点加入的抑制回波的设备或功能模块。它是根据电话用户在发话时基本上不收听,在听话时不发话的特点而设计的。其基本原理是,在收听对方的话音时将本地的话音发送通道断开,以防止接收信号经混合线圈泄露又被发回到对方;在本地发话时则将接收通道的衰减加大,使收到的回波大为减弱。回波抑制器的主要缺点是,双方同时讲话时回波抑制效果差,收、发通道的开关动作容易产生话音剪切现象和"咔咔"声干扰。

7.108　会话初始协议(session initiation protocol)

因特网工程任务组(IETF)发布的基于文本的应用层信令控制协议,简称 SIP 协议。1999 年,IETF 发布了第一个 SIP 规范,即 RFC 2543。2001 年发布了 RFC 3261 取代了 RFC 2543。此后,陆续发布了 RFC 3262、RFC 3263、RFC 3264、RFC 3265、RFC 3853、RFC 4320、RFC 4916、RFC 5393 等增补版本,对 SIP 协议进行了完善,重点充实了安全性和身份验证等内容。

会话指 IP 电话、多媒体会议或多媒体分发等各种基于 IP 的网络业务。SIP 协议的主要目的是为各种网络业务提供高级的信令和控制功能,包括资源定位,加入服务会话,会话参数协商等。利用 SIP 协议,可以创建、修改和释放一个或多个参与者参加的会话。SIP 协议不定义要建立的会话的类型,而只定义如何管理会话,因此 SIP 协议可以用于众多应用和服务中,包括交互式游戏、音乐和视频点播以及语音、视频和 Web 会议。

SIP 实体的构成如图 7.20 所示,由用户端、代理服务器、重定向服务器、注册服务器、定位服务器、网关组成。用户端又称用户代理(UA),可以看作驻留在用户终端的 SIP 功能模块。SIP 协议的报文是基于 ASCII 文本的,被封装在传输层协议报文(UDP 或 TCP)中,从一个用户端传送到其他用户端。代理服务器为 SIP 协议报文提供路由功能。用户端产生的 SIP 协议报文既可以通过一个或多个代理服务器

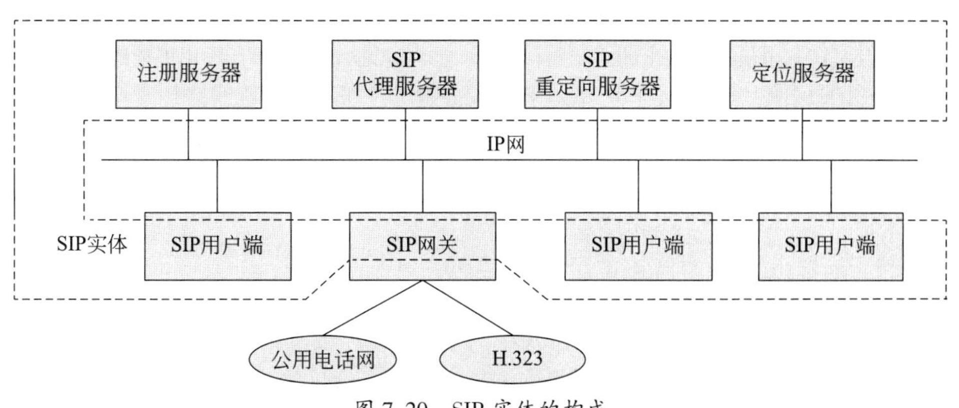

图 7.20　SIP 实体的构成

传送到其他用户端,也可以不经过代理服务器直接传送。重定向服务器向用户端提供下一个可连接的代理服务器地址。用户端开机后,需要向注册服务器注册,注册服务器通过用户端的注册后,将注册信息存放在定位服务器中。网关用来连接公用电话网、H. 323 等外部网络和系统。

SIP 协议报文包括用户端发送给服务器的请求报文和服务器发送给用户端的响应报文。协议报文的头部包括一个开始行和协议报文描述头。对于请求报文来说,开始行表示为请求行;对于响应报文来说,开始行表示为状态行。协议报文描述头包括通用部分、请求/应答部分、实体(净荷)描述部分。

请求行格式是"会话方式+空格+请求方 URL 地址+空格+协议版本"。SIP 提供 6 种会话请求,分别是本地服务登记(REGISTER)、初始化呼叫(INVITE)、确认最后的响应消息(ACK)、取消正在进行中的请求(CANCEL)、结束会话(BYE)、询问远端支持的特性(OPTIONS)。

状态行格式是"协议版本+空格+状态码+空格+原因描述"。状态码由 3 位数字组成,第 1 位表示响应结果级别,后两位对结果进行具体的描述。SIP 提供了 6 种响应结果级别:第 1 级表示请求已经被接收,正在处理中;第 2 级表示请求已经被成功接收,并被理解和接受;第 3 级表示重定向,需要进一步操作;第 4 级表示用户错误,请求中有错误文法,服务器不能接收;第 5 级表示服务器错误,服务器无法响应正确有效的请求;第 6 级表示全局错误,任何服务器都无法响应请求。

SIP 的主要工作过程包括注册、通过代理模式建立连接、通过重定向模式建立连接、呼叫复制。呼叫复制指代理服务器将呼叫发起方的请求复制后发给被叫方的多个终端,并选择最早应答的终端与呼叫发起方建立连接。

H. 323 协议是国际电信联盟推出的应用层信令控制协议,比 SIP 协议推出的更早,在 IP 电话中得到了广泛的应用。SIP 协议在制定时吸取了 H. 323 协议的经验和教训,并结合了当时应用的发展。二者的不同之处如下。

(1) H. 323 和 SIP 分别是电信与因特网两大阵营推出的协议。H. 323 协议试图把 IP 电话视为传统电话,仅仅是传输方式发生了改变,即由电路交换变成了分组交换。而 SIP 协议侧重于将 IP 电话作为因特网上的一个应用,利用 RTP 协议作为媒体传输的协议。

(2) H. 323 采用基于 ASN. 1 的二进制方法表示其协议报文。ASN. 1 通常需要特殊的代码生成器来进行词法和语法分析。而 SIP 协议报文是基于 ASCII 文本的,一目了然,便于理解。

(3) 在支持会议电话方面,H. 323 由多点控制单元(MCU)集中执行会议控制功能,所有参加会议的终端都向 MCU 发送控制消息,因此 MCU 可能会成为瓶颈;H. 323 不支持信令的组播功能,其单播功能限制了可扩展性,降低了可靠性。而 SIP 设计为分布式的呼叫模型,具有分布式的组播功能,其组播功能不仅便于会议控制,而且简化了用户定位、群组邀请等。另外,H. 323 的集中控制便于计费,对带宽的管理也比较简单、有效。

(4) H. 323 中定义了专门的协议用于补充业务,如 H. 450. 1、H. 450. 2 和 H. 450. 3 等。SIP 没有专门定义的协议用于此目的,但它能很方便地支持补充业务或智能业务。只要充分利用 SIP 已定义的头域,并对 SIP 进行简单的扩展(如增加几个域),就可以实现这些业务。如呼叫转移,只要在 BYE 请求消息中添加头域,加入转移的第三方地址即可实现该业务。对于通过扩展头域较难实现的一些智能业务,可在体系结构中增加业务代理,提供补充服务或与智能网设备的接口等来实现。

(5) 在 H. 323 中,呼叫建立过程涉及 3 条信道,即 RAS 信令信道、呼叫信令信道和 H. 245 控制信道。这 3 条信道协调配合,才能完成呼叫,因此呼叫建立时间较长。在 SIP 中,会话请求过程和媒体协商过程等一起进行,呼叫建立时间大为缩短。尽管 H. 323 V2 版本已对呼叫建立过程进行了改进,但仍然无法与 SIP 相比。另外,H. 323 的呼叫信令通道和 H. 245 控制信道需要可靠的传输协议,而 SIP 独立于低层协议,用应用层的可靠性机制来保证消息的可靠传输。

总之,H. 323 协议沿用了传统的电话信令模式,体现了通信领域传统的集中、层次控制的设计思想,便于与传统的电话网相连。SIP 协议借鉴了其他因特网的标准和协议的设计思想,在风格上遵循因特网一贯坚持的简练、开放、兼容和可扩展等原则,比较简单。

7. 109　会议(conference)

指挥调度常用功能之一。对同一个调度群中的用户进行会议分组,组内用户相互之间可以通话,而不同分组之间无法进行通话。目前调度系统中,一个调度群中的用户最多可划分为4个会议组。

7.110　混合编码(hybrid coding)

同时使用两种或两种以上编码方式进行的话音编码。混合编码一般将波形编码和参数编码结合起来使用,以利用波形编码的高质量和参数编码的低数据率的优点。在参数编码的基础上,应用波形编码准则去优化激励信号,从而在低码率上获得较高质量的合成语音。根据采用的激励信号模型不同,混合编码分为矢量和激励线性预测(VSELP)、码本激励线性预测(CELP)、短时延码本激励线性预测编码(LD-CELP)以及规则码激励长时预测(RPE-LTP)等。

7.111　混响(reverberation)

由于声场边界或声场中的反射体及散射体使声波在其间多次反射或散射而产生的声音效果。来自各个方向的多次反射声既无方向性又无间隔地混合在一起,故称为混响。

混响的强弱用混响时间来衡量。混响时间指室内声音达到稳定状态后,令声源停止发声,其残留声音的平均声能密度自原始值衰减到百万分之一(或声能密度衰减60 dB)所用的时间,单位是s。用T60或RT表示。混响时间一般由建筑物的体积大小、吸音量等因素决定,体积大且吸音量小的房间,混响时间长,吸音量大且体积小的房间,混响时间短。混响时间是声学设计中的重要指标,既不能太长也不能太短。太长,声音含混不清,清晰度下降,易啸叫;太短,声音发干,枯燥无味,不亲切自然。电影院的最佳混响时间一般为0.8 s左右,大厅扩声系统的最佳混响时间应为0.9~1.1 s,音乐厅的最佳混响时间一般为1.5 s左右。

混响时间的测量原理如图7.21所示,由噪声源发出的1/3倍频程粉红噪声信号直接馈入扩声系统输入端,调节扩声系统输出,使测点处的信噪比不小于35 dB,当声源停止发声后,由测量装置测出混响时间。根据GBT 4959—2011《厅堂扩声特性测量方法》的要求,测量的频率不小于以下6个倍频程中心频率:125 Hz、250 Hz、500 Hz、1000 Hz、2000 Hz、4000 Hz;空场(指厅堂内只有必要的测量人员)时测量点数不少于5个,满场时不少于3个;所有测点离墙1.5 m远,测点距地高1.2~1.6 m。

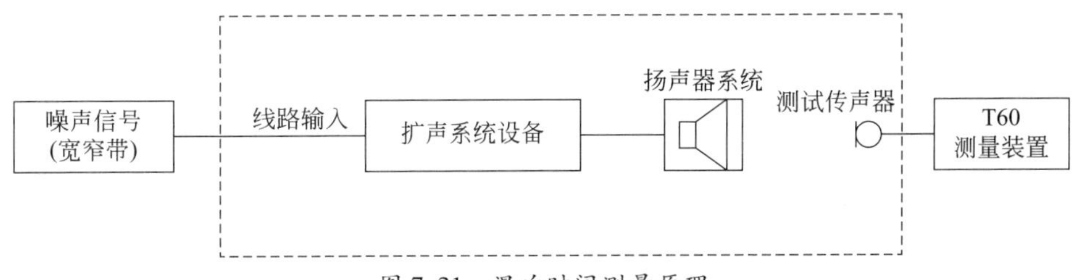

图7.21　混响时间测量原理

7.112　激励器(stimulator)

利用人的心理声学特性,通过增加声音的谐波成分,对声音信号进行修饰和美化的电声处理设备,又称谐波发生器。通过增加声音的谐波成分,可以改善音质、音色,提高声音的穿透力,增加声音的空间感。激励器利用这一原理,将从高频中分离出来的谐波(激励信号)与高频成分反相相加,使新的谐波成分混加到原有声音中去,达到改善音质的效果。现代激励器不仅可以产生高频谐波,而且还具有低频扩展功能,使低音效果更加完美、音乐更具表现力。

激励器可采用串接或旁链式接入音响系统中,多数场合采用串接式。当采用旁链式时,激励器输出的是纯激励信号。原声和激励信号均输出到混音台,进行混音。

7.113　鸡尾酒会效应(cocktail party effect)

人的一种听觉现象,又称选择性关注。由于该现象常以鸡尾酒会为例进行解释,因此称为鸡尾酒会效应。在声音嘈杂的鸡尾酒会上,虽然周围很吵,但仍能听到所关注的声音。该现象说明当人的注意力集中到某个声音时,就会忽略背景中其他的声音,只选择听自己关注的声音。

7.114　交换网络(switching network)

电话交换机中完成话路接续的功能部件,又称接续网络。无论是用户线还是中继线,在交换机内部最终均一一对应地连接到交换网络的各个入线和出线上。交换网络的作用就是根据交换机控制部分的接续命令和拆除命令，分别建立入线与出线的临时连接和拆除已有的临时连接。在纵横制交换机中，交换网络由各种机电式接线器如纵横接线器、编码接线器、笛簧接线器等构成。在数字程控交换机中主要由 T 型时分接线器和/或 S 型时分接线器构成。T 型时分接线器能够完成同一 PCM 复用线路不同时隙的交换，S 型时分接线器能够完成不同 PCM 复用线路相同时隙的交换。对于大容量数字程控交换机，为增加交换容量，交换网络可采用接线器级联的方式实现。常见的级联方式有 T-T、T-T-T、T-S-T、S-T-S、S-S-T-T-S-S 型等多种，其中 T 代表 T 型时分接线器，S 代表 S 型时分接线器。

7.115　局间数字型线路信令（interoffice junction digital line signalling）

利用 PCM 2M 中继电路第 16 时隙传输的局间线路信令。PCM 的 16 个帧组成一个复帧，在每个复帧中为每个话路分配 4 个信令比特，分别记为 a、b、c、d，GB 3971.2-83 规定了电话自动交换网局间中继数字型线路信令的编码格式，前向采用 a_f、b_f、c_f 三位码，后向采用 a_b、b_b、c_b 三位码，d 保留。其基本含义如下。

a_f 码：表示发话交换局状态的前向信号。$a_f=0$ 为摘机占用状态，$a_f=1$ 为挂机拆线状态。

b_f 码：表示故障状态的前向信号。$b_f=0$ 为正常状态，$b_f=1$ 为故障状态。

c_f 码：表示话务员再振铃或强拆的前向信号。c_f 码 $=0$ 为话务员再振铃或进行强拆操作，c_f 码 $=1$ 为话务员未进行再振铃或未进行强拆操作。

a_b 码：表示被叫用户摘挂机状态的后向信号。$a_b=0$ 为被叫摘机状态，$a_b=1$ 为被叫挂机状态。

b_b 码：表示受话局状态的后向信号。$b_b=0$ 为示闲状态，$b_b=1$ 为占用或闭塞状态。

c_b 码：表示话务员回振铃的后向信号。c_b 码 $=0$ 为话务员进行回振铃操作，c_b 码 $=1$ 为话务员未进行回振铃操作。

7.116　局间直流线路信令（interoffice direct signalling）

通过直流电压极性变化的方式在两个交换局间传送的线路信令。该信令在市话电缆上传输，将一个传输线对分为 a 线和 b 线，每根线有 5 种状态。

（1）“+”：线路接地。

（2）“-”：线路接负电源。

（3）“0”：线路断路。

（4）“高阻+”：线路通过一个不小于 9000 Ω 的电阻接地。

（5）“高阻-”：线路通过一个不小于 9000 Ω 的电阻接负电源。

通过 a、b 线不同的状态组合，表示线路的各种接续状态。GB 3379—82 规定了纵横制局间及其与其他指定制式局的直流线路信令，共 16 种，其中纵横制局间的直流线路信令标志方式如表 7.6 所示。

表 7.6　局间直流信令信号标志方式

接续状态			出局 a	出局 b	入局 a	入局 b
示闲			0	高阻+	-	-
占用			+	-	-	-
被叫应答			+	-	-	+
复原	主叫控制	被叫先挂机	+	-	-	-
		主叫后挂机	0	高阻+	-	-
		主叫先挂机	0	-	-	+
			0	-	-	-
			0	高阻+	-	-
	互不控制	被叫先挂机	+	-	-	-
			0	高阻+	-	-
		主叫先挂机	0	-	-	+
			0	-	-	-
			0	高阻+	-	-
	被叫控制	被叫先挂机	+	-	-	-
			0	高阻+	-	-
		主叫先挂机	0	-	-	+
		被叫后挂机	0	高阻+	-	-

7.117　句子可懂度（sentence intelligibility）

听音人听懂被传送的、相互无联系的句子占总发送句子的百分数，用 BK 表示。句子可懂度是评估话音质量的一项指标，分为 5 个等级，如表 7.7 所示。在试验通信系统中，一般要求句子可懂度等级不小于 3 级。

表 7.7　句子可懂度等级

等级	1	2	3	4	5
可懂度/%	0≤BK<75	75≤BK<85	85≤BK<94	94≤BK<98	98≤BK≤100

7.118　空分交换(space division switching)

数字电话交换机交换网络的实现方式之一。在一时隙内,某一入线与某一出线连接;在下一时隙,该入线可与另一出线连接。如此可将某一入线的多个时隙信号交换到多个出线。完成空分交换功能的部件称为空间接线器,由空分矩阵和控制存储器组成。空分矩阵的每条入线设一个控制存储器,在不同的时隙控制该入线连接到不同的出线上。一个时隙信号经过空间接线器输出后不改变时隙号。

7.119　空间感(sense of space)

人耳的一种听感。一次反射声和多次反射混响声虽然滞后直达声,对声音方向感影响不大,但反射声总是从四面八方到达两耳,使人有被环绕包围的感觉,即空间感。空间感对判断周围空间大小有重要影响。

7.120　空闲信道噪声(idle channel noise)

信道空闲时的固有噪声。一般由热噪声、电源干扰等原因产生。ITU-T G.712 规定的 PCM 话音电路中,空闲信道噪声分为衡重噪声、单频噪声和接收设备噪声三种,其技术指标如下。

(1) 衡重噪声,300~3400 Hz: ≤-65 dBm0p;

(2) 单频噪声,300~3400 Hz: ≤-50 dBm0;

(3) 接收设备噪声,300~3400 Hz: ≤-75 dBm0p。

7.121　扩声系统(sound reinforcement system)

通过声电和电声转换,实时放大讲话者声音的系统。扩声系统通常由扩声设备和声场组成。扩声设备一般包括把声音转变成电信号的话筒、放大信号并对信号进行美化加工的音频处理设备、传输线缆以及把电信号转变为声音信号的扬声器。声场指的是听众区的声学环境。根据音频信号处理的电路原理可分为模拟式扩声系统和数字式扩声系统。在试验通信系统中,大厅扩声系统通常采用数字扩声系统。数字扩声系统的整体构架如图 7.22 所示。前端音源设备(话筒)拾取的模拟音频信号通过网络输入输出接口机转换为数字音频信号,通过以太网发送给数字音频媒体矩阵进行处理,然后再将处理后的数字音频信号发送给网络输入输出接口机,转换为模拟信号发送给后端功放进行功率放大,最后送给音箱扬声出来。

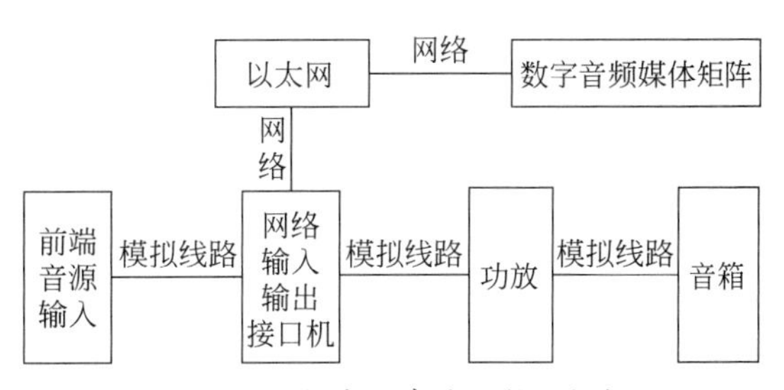

图 7.22　数字扩声系统整体构架

7.122　立体感(three-dimensional sense)

由声音的空间感(环绕感)、定位感(方向感)、层次感(厚度感)等所构成的听感。根据人耳固有的生理特点,只要对声音的强度、延时、混响、空间效应等进行适当控制和处理,在两耳之间人为地制造具有一定时间差 Δt、相位差 $\Delta\theta$、声压差 ΔP 的声波状态,并使这种状态和原声源在双耳处产生的声波状态完全相同,人就能逼真地感受到重现声音的立体感。与单声道声音相比,多声道声音通常具有声象分散、各声部音量分布得当、清晰度高、背景噪声低的特点,能给人更强的立体感。在试验通信系统中,通常在大厅扩音系统设计及建设时需要考虑声音的立体感。一般通过音箱的位置、角度等因素提高立体感效果。

7.123　立体声(stereo)

具有立体感的声音。自然界的声源都有确定的空间位置,其发出的声音有确定的方向来源,人能判别出声源所在的位置,所以自然界发出的声音都是立体声。如果把这些自然界的立体声用一个传声器录制后,由一个扬声器重放出来,声音的立体感消失。如果把多个传声器放置在不同位置同时录音,就可以得到一个多声道声音。放音时,把多个扬声器放在对应位置上,每个扬声器对应一个声道,同时进行重放,则重放的声音就有了立体感。在音响技术领域,这种重放的具有立体感的声音称为立体声。多声道重放是立体声的必要条件。

7.124　量化失真(quantization distortion)

由量化误差引起的失真。对模拟信号抽样值进行量化编码时,量化值与实际抽样值存在误差,因此使解码后重建的模拟信号产生失真。量化失真是数字通信系统所特有的失真,也是主要的传输损伤,兼有非线性和噪声双重特点。非线性特点指有输入信号时才有量化失真,信号被量化的同时产生失真,该失真与输入信号电平有关,当输入信号峰值超过一定限度时,量化失真显著加大。噪声特点指量化噪声具有均匀的功率谱,量化噪声功率完全落在0~$f/2$(f为抽样频率)。此外,量化编码位数每增加1 bit,量化级数加倍,量化失真电压减半,量化失真功率减少3/4,信号对量化失真的功率比增加6 dB。

7.125　铃流(ringing current)

电话交换局通过用户环路向被叫用户终端发送的振铃信号。其目的是通知被叫用户接听电话。当被叫用户摘机后,铃流自动停止发送,主被叫双方进入通话状态。GB 3380—1982《电话自动交换网铃流和信号音》规定,铃流源输出的铃流信号为90 V,25 Hz的交流信号,交换局采用5 s断续方式发送铃流信号,即1 s送,4 s断。

7.126　录音(sound recording)

将声音信号存储到介质上的过程,又称录声。录音一般分为机械录音、光学录音、磁性录音和数字录音等方式。机械录音(唱片录音)借助录音针产生机械振动,在转动着的圆形塑制片上刻成槽纹,使声音保存在唱片上。光学录音采用光调制器将电振荡转变为光强的变化并使电影胶片感光而形成声带。磁性录音将声音变为强弱不同的磁场感应,记录在磁带上。数字录音是用脉码调制或增量调制将声频信号量化、编码为数字信号后,记录在硬盘、光盘等高密度载体上。

7.127　录音服务器(sound recording server)

用于实现调度话音集中录音功能的设备。录音服务器通常采用工控机或多媒体计算机,通过2线模拟音频接口与调度主机相连,实现多个调度群实时话音采集与录制;通过IP接口与网络相连,实现调度话音的远程监听、控制及回放。录音服务器通常用于故障查找及定位。录音控制方式有声控、压控两种:声控即为说话时启动录音;压控即为电压变化时(调度中录音用户进入通播)启动录音。在科研试验任务中一般采用压控方式。

7.128　码激励(code-excited)

在语音压缩编码中,采用矢量量化码本作为激励源的工作方式,又称码本激励,码书激励。人的肺部和气管部分为气源,气源产生的气流经过声门(声带)的作用输出激励气流。激励气流经过咽腔、口腔和鼻腔组成的声道到达嘴唇。最终由嘴唇发生人耳所听到的语音。据此,语音信号数字模型的传递函数为声门(声带)产生的激励函数、声道产生的调制函数和嘴唇产生的辐射函数的乘积。所谓码激励,就是在编码端和解码端均保存同一个激励矢量码本。码本中每个激励矢量唯一分配一个标号。n个连续的语音采样点构成一个n维的语音矢量。编码端根据该语音矢量,利用合成分析方法,从码本中搜索出最佳激励矢量,然后将该矢量的标号发往解码端。解码端收到该标号后,从激励矢量码本中找到对应的激励矢量,由此获得激励信号。将激励信号输入到合成滤波器(模拟声道和嘴唇的作用),即可得到合成语音信号。在ITU-T G.728建议中,一个语音矢量为5个连续的语音采样点,共40 bit。码本中共有1024个激励矢量,其标号可用10 bit编码,这样就可把PCM的64 kb/s编码速率压缩成16 kb/s。

7.129　忙时试呼次数(busy hour call attempts)

电话交换机的控制系统在呼叫繁忙时,每小时能够处理的呼叫次数,单位次,简称BHCA。一般按此指标设计电话交换机控制系统的呼叫处理能力。该指标的确定与电话容量,话务量等指标密切相关。工程设计中,可按式(7-3)确定BHCA。

$$\mathrm{BHCA} = N_{\mathrm{sub}} \times \frac{A_{\mathrm{so}} \times 3600}{T} + N_{\mathrm{ict}} \times \frac{A_{\mathrm{T}} \times 3600}{T} \tag{7-3}$$

式中:N_{sub}——电话交换机电话容量,单位门;

A_{so}——单个电话忙时发话负荷,单位爱尔兰;

T——一次呼叫平均通话时长,单位秒;

N_{ict}——电话交换机中继线数量,单位条;

A_{T}——单条中继线忙时来话负荷,单位爱尔兰。

通常,A_{so}取0.1爱尔兰,A_{T}取0.7爱尔兰,T取60 s,则每部电话的BHCA为6次,每条中继线的BHCA为28次。

7.130　屏蔽(shield)

指挥调度常用功能之一。指在同一群中,切断下级用户讲话的链路,不让其声音传送给指挥员,但该下级用户仍能听到指挥员讲话的声音。屏蔽功能通过操作控制台实现,只能对下级用户进行操作。在科研试验任务中,当指挥员不需要听到某个下级用户的讲话时,采用屏蔽功能可隔离该下级用户的干扰和影响。

7.131 平衡回输损耗(balance return loss)

表示话音接口二/四线转换单元与其二线口所连线路或设备的阻抗匹配程度的参数,也称平衡发射衰耗,简称 BRL。BRL 数值越大,匹配程度越高,表明反射回二线的信号越小,其计算式如下(单位 dB):

$$BRL = 20\lg\left|\frac{Z1 + ZB}{2Z1} \times \frac{ZTW + Z1}{ZTW - ZB}\right| \quad (7\text{-}4)$$

式中:ZB——平衡网络阻抗;

Z1——二/四线转换单元二线口输入阻抗;

ZTW——二/四线转换单元二线口输出阻抗。

ITU-T G.712 规定的 PCM 话音电路平衡回输损耗技术指标如下。

(1) 300 Hz: >13 dB;

(2) 500 Hz: >13 dB;

(3) 500~2500 Hz: >18 dB;

(4) 2500~3400 Hz: >14 dB。

7.132 平均意见评分(mean opinion score)

国际电信联盟(ITU)对话音质量进行主观综合评定的一种方法,简称 MOS。其要求规定的发话者和听话者在指定的环境下,通过收集听话者在不同情景下的主观感受,评价得分的平均值。MOS 评分标准见表 7.7,分值为 1~5 分,分值越高,质量越好。在试验通信系统中,一般要求 MOS 分值不低于 4 分。

表 7.7 MOS 评分标准

分值/分	评分标准
5	很好,话音清晰,一次能听懂,音质音量好,发音人音色可辨
4	好,话音清晰,一般不重复即可听懂,音质音量较好,发音人音色可辨
3	一般,只需少量重复即可听懂,但噪声较大,音质较差
2	差,话音不太清晰,需多次重复方能听懂
1	很差,话音不清晰,通话困难以致无法通话

7.133 七号信令(signaling system number 7)

国际电信联盟在 20 世纪 80 年代提出的专门用于数字电信网的信令国际标准。由于在信令标准中排序第七,故称七号信令。因多路业务的信令采用分组方式在一个信道传送,又称为公共信道信令。传送七号信令的系统称为七号信令网,是一个叠加在数字电信网上的数据通信网。七号信令不仅可以提供用户的基本呼叫业务,还可支持智能网、ISDN 等业务。

七号信令采用模块化的功能结构,如图 7.23 所示共分为 4 个功能级:第 1 个功能级为数据链路功能级(MTP1),第 2 个功能级为链路控制功能级(MTP2),第 3 个功能级为网络功能级(MTP3),第 4 个功能级为用户部分(UP)。前 3 个功能级合称为消息传递部分,负责信令的正常传输,确保传输的信令不出现错误,为用户部分提供服务。用户部分在网络功能级的基础上,实现各种和业务有关的协议和功能,包括电话用户部分(TUP)、ISDN 用户部分(ISUP)、事务处理应用部分(TCAP)、移动应用部分(MAP)、操作维护应用部分(OMAP)和信令连接控制部分(SCCP)等。SCCP 和 MTP3 一起提供网络层功能,支持与电路接续无关的应用业务,如 ISUP、TCAP。

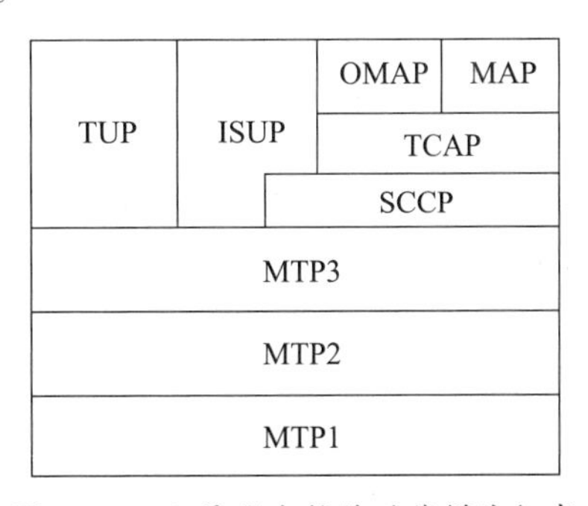

图 7.23 七号信令软件功能模块组成

7.134 前置放大器(preliminary amplifier)

把音频信号放大至功率放大器所能接收的输入范围的设备。该设备主要有两个功能:一是选择所需要的音源信号,并放大到额定电平;二是进行各种音质控制,以美化声音。其基本组成有音源选择电路、输入放大电路和音质控制电路。音源选择电路的作用是选择所需的音源信号送入后级,同时关闭其他音源通道。输入放大电路的作用是将音源信号放大到额定电平,通常是 1 V 左右。音质控制电路的作用是控制系统的频率特性,以达到高保真的音质;或者根据聆听者的爱好,修饰与美化声音。

7.135 勤务话(service telephone)

通信台(站)间用于业务联络的热线电话或自动电话。光传输和卫星通信等系统内部设计有专门的勤务电话电路,电路两端接上电话机,使用时摘机即可通话。未设计专门勤务电话电路的系统,一般将一条业务电路用作勤务电话电路,或者用自动电话兼作勤务电话。

7.136　全程传输损耗(full range transmission loss)

在电话网中,为保证两个电话用户在规定的全程参考当量内正常通信而确定的两个用户间所允许的最大传输损耗。全程传输损耗由国际段、长途段、市话段、用户段等传输段的损耗组成,各段的损耗值依据参考当量值来分别配置。我国有关标准规定,国内长途模拟网全程传输损耗应不大于 33 dB,长途数字网全程传输损耗应不大于 22 dB。

7.137　群时延失真(group delay distortion)

由信号不同频率分量的群时延不一致性引起的失真。通常以各频率点的群时延与绝对群时延的差值表示。群时延失真造成信号分量之间相位关系错乱和合成信号波形失真。一般在有效传输频带中部群时延较小,其边缘群时延较大。由于人耳对信号相位关系的相对变化不敏感,因此电话系统的群时延失真对话音质量的影响不大。对群时延失真要求严格的通路,可加群时延均衡器。群时延均衡器具有与通路相反的群时延/频率特性,可有效减小通路的群时延失真。ITU-T G. 712 规定的 PCM 话音电路群时延失真技术指标如下。

(1) 500~600 Hz:小于 1.5 ms;

(2) 600~1000 Hz:小于 0.75 ms;

(3) 1000~2600 Hz:小于 0.25 ms;

(4) 2600~2800 Hz:小于 1.5 ms。

7.138　群外用户(out of group subscriber)

不专属于某个固定群的调度用户。当一个用户被定义为群外用户后,可根据需要任意加入和退出调度系统中的一个群。群外用户加入群后,等同于本群的一个下级用户。群外用户在初始配置调度数据库时明确,然后可根据需要通过操作控制台实现入群、退群的操作。目前,科研试验指挥调度系统中,一套指挥调度设备最多可定义 256 个群外用户。

7.139　热线电话(hot-wire telephone)

双方通话的电路始终保持接通状态的电话业务。因为电路始终是接通的,故称热线。任意一方摘机,对方电话即振铃,省去了用户拨号的环节,而且避免了因电路拥塞而拨不通的问题。缺点是单独占用电路,不通话时,电路也不能提供给其他用户使用。有时,也把自动交换网提供的免拨号补充电话业务,称为热线电话。这种免拨号电话,只是电话交换机代替用户拨号,并未始终保持通话电路接通。在试验任务中,热线电话通常为指挥员和首长使用。

7.140　人工长途台(artificial toll station)

用人工方式转接长途电话的台站。由人工接续台、记录—查询台、检查分发台、长途台出—入中继器和长途电路中继器等设备组成。接续台是人工长途台的主要设备,完成来话、去话和转接接续。与自动电话交换网连接的人工接续台,装有多频信号发码按键,话务员可直接拨叫自动电话网用户,实现半自动长途呼叫。在我国,人工长途台的呼叫号码为 113,自动电话网用户拨叫该号码,通过话务员转接至被叫用户。

7.141　声场(sound field)

声波存在的区域。声波在传播的任一瞬间,声场内每一点都存在空气压力,并随着传播时间和空间变化。

7.142　声道(sound channel)

经声—电—声的转换或经声—电—存储介质—电—声的转换,将一传声器接收到的声音重现出来的通道。只能处理一个声道的系统,称为单声道系统。同时处理两个以上声道的系统,称为多声道系统。在多声道系统中,通道之间是相互独立的。

7.143　声反馈(acoustic feedback)

扬声器发出的声音通过声传播的方式又返回到传声器(话筒)的现象。产生声反馈需满足以下条件。

(1) 传声器与扬声器同时使用。

(2) 扬声器放送的声音能够通过空间传到传声器。

(3) 扬声器发出的声音能量足够大,传声器的拾音灵敏度足够高。

声反馈一旦发生,轻者会造成传声器通路音量无法调大并可能产生啸叫;重者导致扬声器或功率放大器由于信号过强而烧毁。目前,抑制声反馈的方法如下。

(1) 调整距离法:将传声器距离扬声器尽量远,扬声器距听众尽量近;同时充分利用传声器和扬声器的指向特性抑制声反馈。

(2) 频率均衡法：用频率均衡器补偿扩声曲线，把系统的频率响应调成近似的直线，使各频段的增益基本一致，提高系统的传声增益。

(3) 反馈抑制器法(窄带陷波法)：采用声反馈自动抑制装置将声反馈消除。

(4) 反相抵消法：在音频放大电路中增加返回声通道，通过反相后与功放输入信号相加，抵消返回声信号。

7.144　时分交换(time division switching)

数字电话交换机交换网络的实现方式之一。其将入线上某一时隙的信号，交换到另一时隙输出。完成时分交换功能的部件称为时间接线器，由话音存储器和控制存储器组成。控制存储器用于控制话音存储器的写入或读出。时间接线器采用话音编码的数字信息缓冲存储，用控制读出或控制写入的方法来实现时隙交换，工作方式有两种，一种是顺序写入，控制读出；另一种是控制写入，顺序读出。

7.145　矢量量化(vector quantization)

对抽样信号进行量化的一种方法。首先将 $k(k\geqslant 2)$ 个连续的抽样值形成 k 维空间中的一个矢量，然后对该矢量进行量化。将量化矢量所在的 k 维空间分成多个区域，每个区域被赋予一个量化矢量值，位于同一个区域的矢量均被量化为该值。矢量量化利用信号的前后相关性，消除了信号的冗余度。与标量量化($k=1$)相比，矢量量化在同样质量条件下，可显著降低编码速率，因此在各种压缩编码中得到了普遍的应用。

7.146　《数字程控自动电话交换机技术要求》(technical requirements of digital SPC automatic telephone exchange)

中华人民共和国国家标准之一，标准代号为GB/T 15542—1995，1995年4月6日，邮电部电信传输研究所发布，自1995年12月1日起实施。该标准规定了局用数字程控自动电话交换机的主要技术要求。该标准适用于国家公用长途电话网、本地电话网中的各种数字程控自动电话交换机的研制、设计、检验和验收。其他专用网中的交换机也可参照该标准。标准内容包括主题内容与适用范围、引用标准、主要业务性能和呼叫处理功能、话务负荷能力和服务标准、编号要求、信号方式、网路配合及接口要求、计费要求、网同步要求、交换系统的维护和管理要求、硬件要求、软件要求、技术指标和附录。

7.147　数字音频媒体矩阵(digital audio media matrix)

对多路输入音频信号进行各种数字化处理的矩阵设备。该设备由硬件和软件组成，硬件用来对声音信号进行转换和处理；运行软件的计算机与硬件设备相连，提供人机界面，对声音系统进行设计和控制。该设备是现代数字音频扩声系统的核心设备，能够替代调音台、配线架、压缩器、延时器、均衡器、分频器等传统模拟音频处理设备。

7.148　数字影院系统(digital theater systems)

一种营造真正三维空间感、追求身临其境的极端高保真的数码立体环绕音响系统，简称DTS。它从多角度进行音频采集，然后制作、合成为前左、前右、中置、后左、后右及低音6个声道的重放系统，能够使听众产生如同置身现场的聆听感觉。

7.149　衰减失真(attenuation distortion)

在话音通路的有效传输频带内，不同的频率信号通过通路传输产生的衰减不一致而引起的失真。通路的衰减失真首先取决于发送及接收设备的衰减频率特性，其次是传输线路的衰减频率特性。在接收设备中常设有频率均衡电路，以补偿线路的频率衰减特性。衰减失真会影响话音的清晰度和音色，易造成电路不稳定和振鸣，还会影响信令接收及话音频带内的数据传输等。ITU-T规定以各频率点的衰减相对于800 Hz或1000 Hz信号衰减的差值曲线来表示衰减失真。ITU-T G.712规定的PCM四线话音电路衰减失真技术指标如下。

(1) 300~2400 Hz：小于0.5 dB；

(2) 2400~3000 Hz：小于0.9 dB；

(3) 3000~3400 Hz：小于1.8 dB。

7.150　双音多频(dual-tone multi-frequency)

电话机至交换机的信令方式之一，简称DTMF。双音多频使用的频率为音频频率，分为高群和低群，每群4个频率。从高群和低群中分别抽出一个频率组成一个双音信号，对应电话机上的一个按键。交换机接收双音信号，通过解码获得用户所拨的电话号码。如表7.8所示，标准的双音多频拨号键盘是一个 4×4 矩阵。一般电话机上没有第 4 列。

表 7.8 双音多频

低群/Hz	高群/Hz			
	1209	1336	1477	1633
697	1	2	3	A
770	4	5	6	B
852	7	8	9	C
941	*	0	#	D

7.151 四声道环绕(4-channel surround)

在听众前左、前右、后左、后右 4 个位置设置发音点的音响技术。4 个发音点环绕在听众的四周,每个发音点为一个独立的声道,故称四声道环绕。一般除了这四个声道外,还建议增加一个低音声道,以加强对低频信号的回放处理,该低音声道称为 0.1 声道。四声道环绕可以为听众带来多个不同方向的声音,使其获得身临其境的听觉感受。

7.152 四线话音电路(four-wire voice circuit)

发送通路和接收通路采用两对线(一对用于发送,一对用于接收)完成话音传输的电路。与二线话音电路相比,其优点是收发分开,避免了串扰,增加了传输距离。四线话音电路的电气指标如下。

频率范围：300~3400 Hz。

标称阻抗：600 Ω。

接口线：四线,收、发各用两线。

在电话通信中,电话交换机之间的中继线大多采用四线话音电路。在指挥调度系统中,模拟调度单机与调度主机之间也采用四线话音电路。

7.153 四线模拟中继接口 C1(4-wire analog trunk interface C1)

电话交换机的四线模拟中继接口,用于连接电话交换机之间的四线中继电路。该接口的电气特性及技术要求如下。

(1) 接口线：四线。

(2) 话带信号频率范围：300~3400 Hz。

(3) 阻抗特性：平衡式 600 Ω。

(4) 回输损耗：在 300~3400 Hz 频带范围内应不小于 20 dB。

(5) 接口点的输入相对电平为-0.3~0.7 dBr,输出相对电平为-0.7~0.3 dBr。

(6) 对地不平衡损耗应满足图 7.24 所示要求。

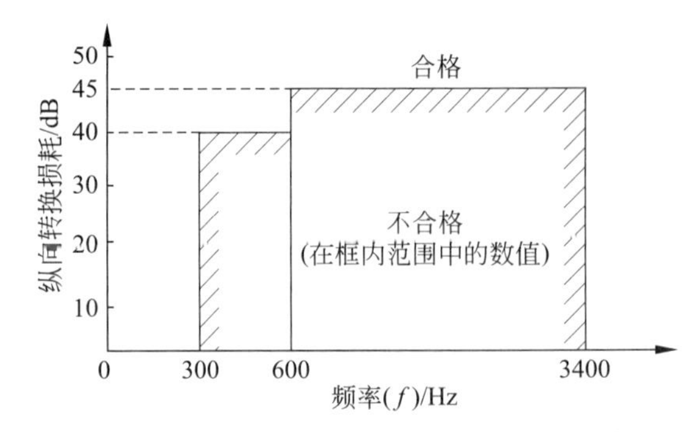

图 7.24 四线模拟中继接口对地不平衡损耗

7.154 随路信令(channel associated signalling)

电话网中随话音电路一起传送的信令。随路信令一般包括占线、拆线、用户号码等信息,用于完成对用户呼叫的处理、接续和控制。按传送范围划分,随路信令可分为用户线信令和局间信令。用户线信令为用户与电话局之间交互的信令;局间信令为电话局之间交互的信令。随路信令与话音电路一一对应,在传输方式上分为以下 3 种。

(1) 占用话音电路传输,与话音信号分时使用电路。

(2) 采用与话音电路并行的其他电路单独传输。

(3) 在数字群路中单独占用某一固定时隙传输。

随路信令速度慢,信号种类少,只能满足基本电话业务的需要。国内主要的随路信令为中国 1 号信令。

7.155 缩位拨号(abbreviated dialling)

主叫以短于实际号码长度的号码呼叫被叫的拨号方式,简称 ABD。缩位拨号的实现方式有多种。在电话通信中,一般将被叫用户电话号码预先存于交换机或电话机的存储器中,并建立缩位号码与被叫号码的映射关系。当主叫拨叫缩位号码时,交换机或电话机查找对应的被叫电话号码,并用该号码呼叫。

7.156 特殊用户(special subscriber)

同时属于多个固定群的调度用户。当一个用户被定义为特殊用户后,其可以同时听到多个通播群指挥员的话音;特殊用户讲话,也可以被多个通播群的指挥员听到。特殊用户在初始配置调度数据库时明确,然后通过调度控制台实现其加入多个群的操作。在科研试验任务指挥调度系统中,一个特殊用户最多能同时加入 4 个群。当一个用户需要接受多个群的指挥员指挥时,一般将该用户定义为特殊用户。

7.157　天地话音(space-ground voice communication)

飞船或目标飞行器与地面之间的双向话音。在中国载人航天工程中,天地话音采用中继卫星、S 波段统一测控设备(USB)和 VHF 天地超短波通信系统传输。一般为两路: 第 1 路为任务话,用于地面试验任务指挥人员与航天员之间的话音通信,为天地话音通信的主要形式;第 2 路为专用话,用于航天员系统医监医保医生、航天员家属与航天员之间的话音通信,为有限范围内的私密通话。中继卫星和 USB 信道宽,可用于任务话和专用话传输;VHF 信道窄,一般用于任务话传输。

7.158　调音台(sound mixing console)

将多路输入的音频信号进行放大、混合、分配、音质修饰和音响效果加工的设备,又称调音控制台。图 7.25 为调音台的实物照片。按照输入路数分类,可分为 8 路、16 路、32 路等;按照电路原理分类,可分为模拟式和数字式。在试验通信中,通常为大厅扩声系统配置调音台,进行声音的控制。

图 7.25　调音台

7.159　《厅堂扩声特性测量方法》(methods of measurement for the characteristics of sound reinforcement in auditoria)

中华人民共和国国家标准之一,标准代号为 GB/T 4959—2011,2011 年 10 月 31 日,国家质量监督检验检疫总局、国家标准化管理委员会第十五号公告批准,自 2012 年 2 月 1 日起实施。该标准规定了装有扩声系统的厅堂声学特性测量方法。该标准适用于装有扩声系统的各类厅堂(如剧院、多功能厅、会议厅、体育馆等及其他类似场所)的声学特性测量。体育场的声学特性测量也可参照此标准。标准内容包括范围、规范性引用文件、术语和定义、测量条件、测量仪器、测量方法、测量报告和附录。

7.160　听阈(hearing threshold)

人耳能感觉到的声音的最小声压,又称闻阈。当一个声音的声压低于听阈后,人耳就听不到这个声音。听阈是评价听力敏锐度的指标,其值越大,则听力敏锐度越低;其值越小,则听力敏锐度越高。当声压在听阈以上继续增加时,人耳感觉到的声音也相应增强,但当声压增加到某一值时,听者开始感到鼓膜疼痛,该值称为最大可听阈。听阈与最大可听阈间的声压范围,称为听域。听阈与声音的频率有关,人耳对 1000 Hz 的声音最灵敏,其听阈约为 20 μPa。

7.161　通播(special broadcast)

指挥调度常用功能之一。在由指挥员与下级用户组成的群中,指挥员讲话,所有下级用户都可以听到;下级用户讲话,只有指挥员能够听到,其他下级用户无法听到。通播功能是科研试验任务指挥调度中最基本的功能,它体现了指挥调度的上下级关系。越级、屏蔽、分隔等功能也都是在该功能的基础上实现的。通播由于减少了混音处理的路数和噪声来源,话音质量明显提高,此外,由于话音接收方受限,话音数据的网络占用带宽也大大减少。

7.162　网络音频输入/输出接口机(network audio input and output interface)

将话筒拾取的模拟音频信号转换为数字信号后通过网络发送给数字音频媒体矩阵进行处理,或将数字音频媒体矩阵送出的数字信号转换为模拟信号送给扬声器的设备。在试验通信系统中,网络音频输入/输出接口机大多采用插卡式,一台接口机可插 4 块卡,每块卡包括 4 路模拟输入接口或 4 路模拟输出接口,接口形式采用音频平衡凤凰插接口。根据用户需求,网络音频接口机的输入接口卡和输出接口卡任意搭配,可配置成 16(入)×0(出)、0(入)×16(出)、12(入)×4(出)、4(入)×12(出)或 8(入)×8(出)形式。

7.163 稳态声场不均匀度(steady sound field nonuniformity)

扩声系统工作时,各测点测得的稳态声压级的极大值和极小值的差值,单位为 dB。大厅扩声系统的声场不均匀度指标要求为:1000 Hz 时不大于+8 dB;4000 Hz 时不大于+8 dB。GB/T 4959—2011《厅堂扩声特性测量方法》规定,使用 1/3 倍频程粉红噪声在 1 kHz 和 4 kHz 分别进行稳态声压级的测量,然后根据稳态声压级计算出相应的声场不均匀度。测量原理如图 7.26 所示,噪声信号源产生的粉红噪声,经测试功率放大器放大到规定功率后,经测试声源输送到扩声系统的传声器,扩声系统将此粉红噪声扩音出去。将连接声级计的测试传声器放在各个测试点,即可测得各个测试点的声压级。

7.164 吸声材料(sound-absorbing material)

专门用于吸收声能的材料。吸声材料利用自身的多孔性、薄膜作用或空腔共振,可对入射声能产生较强的吸收作用,主要用于控制和调整室内的混响时间,消除回声,改善室内的听闻条件。吸声材料按其物理性能和吸声方式可分为多孔性吸声和空腔共振吸声两大类。

7.165 吸声系数(sound-absorbing coefficient)

在给定频率和规定条件下,吸声材料单位面积所吸收的声能与入射声能的比值,常用 α 表示。吸声系数的大小与声波的入射方向和测量方法有关。测定吸声系数通常采用混响室法和驻波管法。混响室法采用测量条件接近实际声场的混响室,从各个角度将声音入射到被试材料上,通过测量有无被测材料两种情况下的混响时间,计算吸声系数。混响室法测得的是声波无规则入射时的吸声系数,因此常用此法测得的数据作为实际设计的依据。驻波管法测得的是声波垂直入射时的吸声系数。声波垂直入射到测试材料的表面,从而产生反射,在管内形成驻波。驻波反映了材料的反射性能,因此可根据驻波比计算出材料的垂直入射吸声系数。驻波管法通常用于产品质量控制、检验和吸声材料的研制分析。混响室法测得的吸声系数,一般高于驻波管法。

7.166 线路信令(line signalling)

用来监视电话交换机局间中继线占用、释放和闭塞状态的随路信令。根据信令的传输方向,分为前向信令和后向信令。前向信令发往被叫方向,后向信令发往主叫方向。根据信令的信号形式,又可分为模拟线路信令和数字型线路信令。模拟线路信令通过中继线的电流或某一单音频(2400 Hz 或 2600 Hz)脉冲信号表示;数字型线路信令通过数字编码表示。

7.167 线群(line group)

电话交换机内部交换网络的一组出线,又称线束。线群内出线的数量,称为线群容量。根据线群内的出线能否同时全部被入线占用,分为全利用度线群和部分利用度线群。在全利用度线群中,只要还有空闲的出线,就能被入线占用。在部分利用度线群中,被占用的出线达到某一限值后,即使还有空闲的出线,也不能被入线占用。因此,无阻塞交换网络必须采用全利用度线群。

7.168 线性预测(linear prediction)

将已知的前若干个信号值代入一线性方程,来预测下一个信号值的方法。设预测的第 n 个采样点信号为 $s(n)$,则其预测值 $\hat{s}(n)$ 为

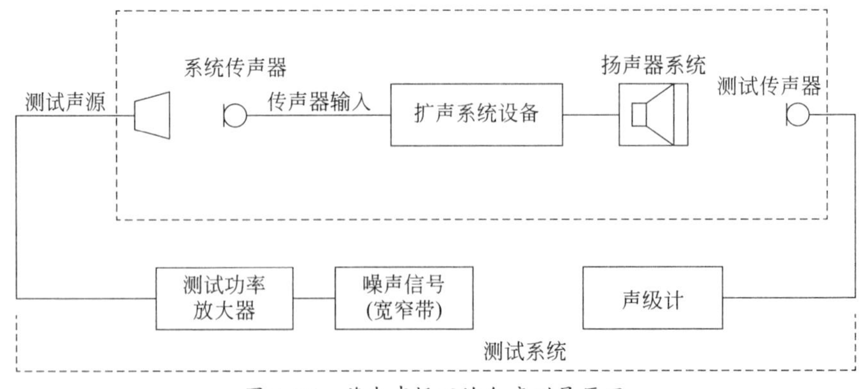

图 7.26 稳态声场不均匀度测量原理

$$\hat{s}(n) = \sum_{i=1}^{p} a_i s(n-i) \qquad (7\text{-}5)$$

式中：p——参与预测的信号值个数；

a_i——对应于第 $n-i$ 个已知信号值的预测系数。

预测误差 $e(n)$ 为

$$e(n) = s(n) - \hat{s}(n) = s(n) - \sum_{i=1}^{p} a_i s(n-i) \qquad (7\text{-}6)$$

预测的准确性取决于参与预测的信号值个数及其预测系数。以减少预测误差为目的，对预测系数进行自适应调整的线性预测，称为自适应线性预测。如果一个信号的值具有前后相关性，则预测误差信号的变化范围就比信号本身的变化范围小，传送预测误差所用的比特数就比传送信号本身所用的比特数要小。因此线性预测可用于音视频等各类具有相关性信号的压缩编码之中。

7.169　响度（loudness，volume）

人主观听觉判断的声音强弱程度，又称音量。响度主要取决于声音的强度，但与声音的频率和波形也有关。响度的单位是宋。响度的大小用响度级表示，单位为方。以频率为 1000 Hz 的纯音作为基准音，将基准音调到与被测声音一样响，则被测声音的响度级在数值上等于基准音的强度（单位为 dB）。例如，某噪声的频率为 100 Hz，强度为 50 dB，听起来与强度为 20 dB 的基准音一样响，则该噪声的响度级为 20 方。响度级是定量表示某一声音相对于标准声音的相对响度，而宋是定量地表示一个声音比另一个声音响几倍。响度和响度级的关系为宋 $=2^{0.1(方-40)}$，1 宋=40 方。

7.170　响度当量（loudness reference equivalent）

在输入确定的电信号的情况下，在人耳处测得的声压级数值。数值越小，说明输入同样的电信号所得到的声信号的声压级越小，电声转换效率越低。数值越大，说明输入同样的电信号所得到的声信号的声压级越大，电声转换效率越高，主观感受的力度也越大。响度当量一方面与器件有关，同时也与扬声器的腔体和安装方式有关。响度当量不能过大，一是要考虑人的讲话和接收习惯，二是考虑电话传输的稳定可靠性。

7.171　响度评定值（loudness rating）

经过中间参考系统（IRS）修正的响度参考当量，简称 LR。可分为发送响度评定值（SLR）、接收响度评定值（RLR）、全程响度评定值（OLR）和中继电路响度评定值（JLR）。响度评定值的测量方法如图 7.27 所示，使用以下 6 个通道进行测试。

通道 0：基准系统（NOSFER）。

通道 1：完整的被测通话连接。

通道 2：被测系统（发送、中继、接收）。

通道 3：被测发送系统和 IRS 的接收系统。

通道 4：被测接收系统和 IRS 的发送系统。

通道 5：插入中继电路的 IRS。

通道 1～5 分别与通道 0 进行响度平衡，分别得到衰耗分贝值 x_1、x_2、x_3、x_4、x_5。通过式（7-7），可得各响度评定值（单位为 dB）：

$$\begin{cases} \text{SLR} = x_2 - x_3 \\ \text{RLR} = x_2 - x_4 \\ \text{OLR} = x_2 - x_1 \\ \text{JLR} = x_2 - x_5 \end{cases} \qquad (7\text{-}7)$$

7.172　信号音（signal tone）

电话交换机向用户话机发送的各种可闻音频信号。信号音用于向用户发送各种提示信息，以使用户了解交换机的状态并做出相应动作。常用的信号音有以下 5 种。

（1）拨号音：连续音，用于通知用户可以开始拨号。

（2）回铃音：5 s 断续音，表示被叫用户正在振铃。

（3）忙音：0.7 s 断续音，用于向用户提示本次连接遇到被叫用户忙或线路忙。

（4）空号音：1.4 s 不等间隔断续音，表示该用户所拨号码为空号。

（5）催挂音：连续信号音，强度逐渐增强，表示本次接续遇到机键拥塞，催促用户挂机。

前 4 种信号音为 450 Hz 的正弦信号，催挂音为 950 Hz 的正弦信号。

7.173　心理声学模型（psychoacoustic model）

描述声音与它引起的人耳听觉之间关系的数学统计模型。主要包括声音的强度和频率与声阈的关系；声音的强度、频率、频谱和时长与响度、音调、音色、音长等主观听觉的关系；与复合声音有关的余

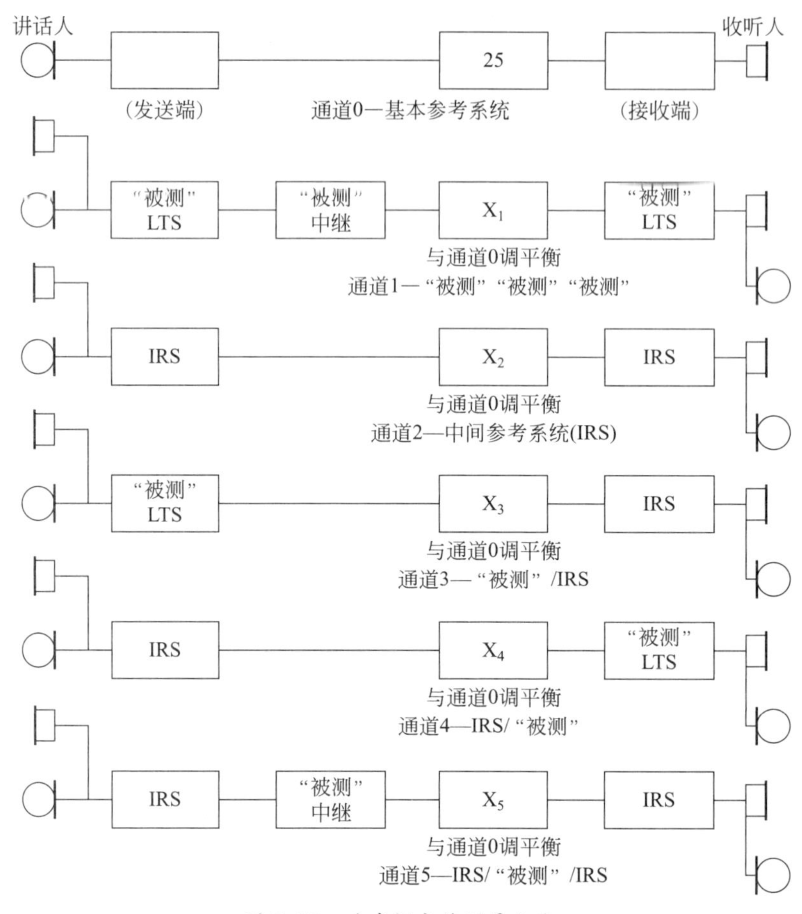

图 7.27　响度评定值测量方法

音、掩蔽、非线性、双耳效应等特殊的心理声学效应。利用心理声学模型原理,可优化音频编码算法和音响系统的设计等。

7.174　掩蔽效应(masking effect)

人的一种听觉效应。当一个复合声音信号作用到人耳时,如果其中有响度较高的频率分量,则人耳不易察觉到那些低响度的频率分量,该现象称为掩蔽效应。在 MP3 等数字音乐压缩格式中,应用掩蔽效应,对于人耳感觉不到的不相关部分不编码、不传送,从而达到数据压缩的目的。

7.175　延伸电话(extension of the telephone)

将用户环路延伸的电话,在试验任务中,又称远端放号电话。因受信号衰减的限制,实线用户环路长度为数千米。为解决少量远距离电话用户接入较困难的问题,可采用光纤、卫通、微波等传输系统提供的话音电路,代替实线用户环路,从而解决远距离用户接入难的问题。话音电路除传输话音外,还必须传输用户信令。话音电路与电话交换机相连的一端,实现电话机的接口功能;与远端用户相连的一端,实现交换机接口的功能。

7.176　扬声器(loudspeaker)

将声音电信号转换成声波并辐射到空气中去的电声换能器,俗称喇叭。扬声器有电动式、电磁式、压电式等多种,使用较多的是电动式扬声器(动圈扬声器)。电动式扬声器又可细分为纸盆扬声器、球顶形扬声器和号筒扬声器。扬声器的主要技术指标有额定功率、频率范围、阻抗、指向性、灵敏度等。

7.177　音调(pitch)

声音频率的高低,又称音高,表示人的听觉分辨一个声音调子高低的程度。根据音调可以把声音按高低排列成音阶。音调主要由声音的频率决定,低频率的声音音调低,高频率的声音音调高。但音调与频率不成正比关系,它还与声压及波形有关。音调的定量判断是让听者调节发生器产生一系列纯音,使它们在音调上听来间隔相等。这样取得的平均判断构成了音调量表,其单位称为美(mel)。在此量表上,1000 Hz 纯音的音调被定为 1000 mel。

7.178　音节清晰度(syllable articulation)

听音人正确收听到被传送的、相互无联系的音节占总发送音节的百分数,用 Bq 表示。对汉语而言,习惯上称为“单字清晰度”。音节清晰度是评估话音质量的一项指标,分为 5 个等级,如表 7.9 所示。在试验通信系统中,一般要求单字清晰度等级不低于 3 级。

表 7.9　音节清晰度等级

等级	1	2	3	4	5
清晰度/%	0≤Bq<60	60≤Bq<75	75≤Bq<86	86≤Bq<96	96≤Bq≤100

7.179　音频编码(audio coding)

对量化后的音频信号进行的编码。音频信号的频带宽、音质要求高,对其进行数字化,需要比语音信号更高的采样率和更多的量化比特数。原始的数字音频信号的编码速率很高,可高达 Mb/s 量级,因此需要对其进行压缩处理。这种以压缩数据量为目的的音频编码,称为音频压缩编码。

音频压缩编码的技术途径有两个。其一,根据人耳听觉的掩蔽效应,对人耳不敏感的部分少分配量化比特数,这样在同样音质条件下,可减小编码速率,在具体实现上,一般采用自适应量化方法。其二,转换到频域进行压缩,采用滤波和快速傅里叶变换,在频域内将音频信号能量较小的部分忽略;利用人耳的听觉掩蔽效应,在满足一定量化噪声的前提下进行压缩,具体的实现方法有子带编码和变换编码两种。

音频压缩编码标准主要有 MPEG-1 音频、MPEG-2 音频、MPEG-4 音频、杜比数码、DTS HD、AVS 等,广泛应用于各种数字声音录放系统和通信系统之中。

7.180　音频均衡器(equalizer)

一种可以独立调节声音电信号中各种频率成分大小的电子设备,又称等化器。通过调节,可补偿声源、扬声器和声场的缺陷,修饰声音。均衡器可分为图示均衡器,参量均衡器和房间均衡器。图示均衡器又称图表均衡器,通过面板上推拉键的分布,可直观地反映出所调出的均衡补偿曲线,各个频率的提升和衰减情况一目了然。参量均衡器又称参数均衡器,能对参数进行细致调节,多附设在调音台上,能对高频、中频、低频三段频率电信号分别进行调节。房间均衡器用于调整房间内的频率响应特性。因为装饰材料对不同频率的吸收(或反射)量不同以及简正共振的影响造成声染色,所以用房间均衡器加以补偿调节。试验通信系统中,通常在小规模的大厅扩声系统中配置均衡器,用于调节扩音质量。

7.181　音频群时延(audio group delay)

衡量音频信号传输性能的一项指标。设音频通路输入端加有信号 $U\cos\omega t$,在音频通路输出端信号变为 $|H(\omega)|U\cos[\omega t-\Phi(\omega)]$,其中 $|H(\omega)|$ 表示通路的幅频特性,$\Phi(\omega)$ 表示相位特性。在通带内特定角频率 ω_0 上的群时延 $\tau_g(\omega_0)$ 可定义为相位—角频率特性曲线在 ω_0 时的斜率,即

$$\tau_g(\omega_0) = \left.\frac{\mathrm{d}\Phi(\omega)}{\mathrm{d}\omega}\right|_{\omega=\omega_0} \tag{7-8}$$

在 500~2800 Hz 频率范围内,最小数值的 τ_g 称为绝对群时延。ITU-T G.712 规定的 PCM 四线话音电路绝对群时延小于 600 μs。

7.182　音频信号(audio signal)

人耳所能听到的声音信号。音频信号的频率范围在 20 Hz~20 kHz,可分为低频段(20~150 Hz)、中低频(150~500 Hz)、中高频段(500~5000 Hz)和高频段(5000 Hz~20 kHz)。音频信号的来源并不局限于人声,包括了人耳所能听到的所有声音,音源多,信号复杂,无法用统一的声源模型来处理。

7.183　音色(tone colour)

人们在主观感觉上借以区别具有同样响度和音调的两个声音的特性,又称音品。音色是一种复杂的感觉特性,主要决定于声音的波形,但也同响度和音调有关。乐器、人以及所有能发声的物体发出的声音,除了一个基音外,还伴随产生其他频率的声音,这些声音称为泛音。泛音决定了音色,使人能辨别出是不同的乐器甚至不同的人发出的声音。因为每个人的音色不同,所以不同的人即使说相同的话,也能辨别出发音人。

7.184　音箱(speaker)

把扬声器放在箱体内形成的设备。把扬声器放在箱体内,主要是为了防止扬声器振膜正面和反面的声波信号直接形成回路,导致仅有波长很小的高中频声音可以播放出来,而其他的声音信号被叠加抵消掉。

音箱包括扬声器、箱体和分频器3部分。音箱有多种类型,也有多种分类方法。按放音频率,可分为全频带音箱、低音音箱和超低音音箱。按用途,一般可分为主放音音箱、监听音箱和返听音箱等。按箱体结构,可分为封闭式音箱、倒相式音箱、迷宫式音箱和后开启式音箱等。按扬声器单元数量,可分为2.0音箱、2.1音箱和5.1音箱等。按是否内部有功放电路,可分为有源音箱(又称主动式音箱)和无源音箱(又称被动式音箱)。

音箱通常需要配合功放一起使用。音箱与功放功率配置的标准是:在一定阻抗条件下,功放功率应大于音箱功率。在一般应用场合,功放的不失真率应为音箱额定功率的1.2~1.5倍;而在大动态场合,则应为1.5~2倍。按照这个标准进行配置,既能保证功放在最佳状态下工作,又能保证音箱的安全。试验通信系统中,大厅扩声系统音箱与功放的功率比为1∶1.5左右。

7.185　音箱阻抗(speaker impedance)

音箱输入音频信号的电压与电流的比值。音箱阻抗一般用1 kHz的正弦波信号作为输入信号进行测量。音箱阻抗值有4 Ω、8 Ω、16 Ω等多种,国际标准推荐值为8 Ω。在功放和输出功率相同的情况下,低阻抗的音箱可以获得比较大的输出功率,但是阻抗太低会造成欠阻尼和低音劣化现象。试验通信系统中,大厅扩声系统所采用的全频音箱阻抗值为8 Ω,低音音箱阻抗值为4 Ω。

7.186　音乐功率(music power output)

扬声器所能承受的短时间最大功率,简称MPO。在播放音乐信号时,音频信号的幅度变化极大,有时音乐功率会超过额定功率的数倍。

7.187　音质(audio quality)

声音的质量。一般指经传输、处理后音频信号的保真度。音质一般从音量、音调和音色这3个方面来衡量。根据声音信号的带宽,音质标准分为4级。

(1) 数字激光唱盘(CD-DA)质量,其信号带宽为10 Hz~20 kHz。

(2) 调频广播FM质量,其信号带宽为20 Hz~15 kHz。

(3) 调幅广播AM质量,其信号带宽为50 Hz~7 kHz。

(4) 电话的话音质量,其信号带宽为300~3400 Hz。

评定音质的方法一般有主观评定和客观评定。主观评定以平均意见分来度量。客观评定主要通过仪器仪表测试声音的技术指标,主要测试失真度、频响特性、信噪比等指标。对模拟音频来说,再现声音的频率成分越多,失真与干扰越小,声音保真度越高,音质越好。对数字音频来说,再现声音频率的成分越多,误码率越小,音质越好。音质有时也用清晰度、可懂度和辨认发音人时间等特性参数来衡量。在试验通信系统中,话音通信设备一般要求单字清晰度在75%以上;句子可懂度在85%以上;辨认发音人时间在60 s以内。

7.188　用户环路(subscriber loop)

用户设备安装场所与提供服务的本地电信局之间的电路。在电话网中,用户线一般是二线电路,连接的一端是电话机或传真机,另一端是交换局或复用器、集中器等设备。用户环路具有电压供给、过压保护、振铃、线路监测、信号传输等功能。采用实线时,用户环路的最大长度为7 km左右。

7.189　用户线信令(subscriber line signalling)

在用户电话机与电话交换机的二线用户线上相互传送的信令。用户向交换机发送的信令包括摘机、挂机、电话号码等。交换机向用户发送的信令包括振铃信号、拨号音、回铃音、忙音等。

7.190　越级(upgrade)

指挥调度常用功能之一。在由指挥员与下级用户组成的通播群中,越级指提高下级用户的级别,使其具有指挥员听、讲的功能,即该越级用户可以听到本群其他下级用户的讲话,其他下级用户也可听到该越级用户的讲话,此时,该越级用户和指挥员之间为会议模式,双方可以互听互讲。越级功能通过操作控制台实现,只能对下级用户进行操作,目前一个群中不能超过8个越级用户。在科研试验任务中,当某个下级用户临时需要与其他下级用户沟通时,通过越级功能可快速实现。

7.191 语音编码(voice coding)

对量化后的语音信号进行的编码。在电话通信中,指对300~3400 Hz的语音信号进行的编码,又称话音编码。将模拟语音信号进行抽样、量化后,得到有限个幅度取值的脉冲信号序列。对这些幅度值用二进制数字进行编码,即可得到用比特流表示的数字语音信号。一般来讲,直接对量化的幅度值进行编码所得到的数据量比较大,不利于存储和传输。为降低数据量,可利用语音信号中的冗余度和人耳的听觉掩蔽效应,对其进行压缩。这种以压缩数据量为目的的语音编码,称为语音压缩编码。

语音编码按编码方式分为波形编码、参数编码和混合编码。波形编码将时间域信号直接变换为数字信号,重建语音信号以与原始语音信号波形近似的程度为衡量的标准。波形编码的编码速率较高,一般为16~64 kb/s,典型的波形编码有脉冲编码调制(PCM)、自适应脉冲编码调制(ADPCM)等。参数编码以语音信号产生的数字模型为基础,提取一组特征参数(主要是表征人的声门振动的激励参数和表征人的声道特性的声道参数),对这些参数进行编码。在解码端,由这些参数重新合成语音信号。参数编码以可懂度为衡量标准,不追求波形的近似。与波形编码相比,参数编码的数据量小,可实现更低的比特速率,但语音质量差,自然度较低。混合编码是将波形编码和参数编码结合起来的编码,其在参数编码的基础上,引入波形编码准则以优化激励源信号,克服了二者的不足而汲取了二者的长处,但其以复杂的算法和大运算量为代价。混合编码的编码速率一般为4~16 kb/s。常用的混合编码有多脉冲激励线性预测编码(MPELP)、码激励线性预测编码(CELP)等。

语音编码标准主要有ITU-T G.711、G.723.1、G.726、G.728、G.729,用于移动通信的RPE-LTP、AMR等,其名称及编码速率见表7.10。

表7.10 主要语音编码标准

标准号	编码名称	编码速率/(kb/s)
ITU-T G.711	话带脉冲编码调制(PCM)	64
ITU-T G.723.1	用于多媒体通信的双速率语音编码	5.3、6.3
ITU-T G.726	自适应脉冲编码调制(ADPCM)	40、32、24、16
ITU-T G.728	低延时码激励线性预测编码(LD-CELP)	16
ITU-T G.729	共轭结构代数码激励线性预测编码(CS-ACELP)	8
	规则码激励长时预测编码(RPE-LTP)	13
	自适应多速率(AMR)	4.75、5.15、5.90、6.70、7.40、7.95、10.20、12.2

7.192 语音信号(voice signal)

来源于人声的信号,在电话通信中又称话音信号。语音信号是一种特殊的音频信号,可以用人的发声原理建立声源模型。语音信号的能量主要集中在音频信号的中低频段和中高频段,故在电话通信中,话音信号的频率范围限定在300~3400 Hz。

7.193 摘机(off hooking)

提起电话机手柄,插簧弹起,使电话用户环路闭合的动作。早期,电话机安装在墙壁上,手柄挂在电话机上,使用时需拿下来,故称摘机。摘机意味着准备呼叫。

7.194 指挥调度系统(command and dispatch system)

为保障各级指挥人员实施组织、指挥、协调而建立的专用通信系统,简称调度系统。调度系统以语音为主,其组成如图7.28所示,包括调度主机、操作控制台、调度单机和录音服务器等。多个调度主机互连,可构成一个覆盖范围更大、用户更多的指挥调度系统。指挥调度系统采用集中控制的方式,所有调度终端的调度控制指令和话音信息都传送给调度主机,由调度主机进行处理,调度主机再将话音信息按照调度控制指令要求发送给相应的指挥单机和调度单机。

与普通电话通信相比,调度系统为满足任务指挥调度的需要,具有通播、专向、强拆、监听、分隔、越级、会议等多种特殊功能。按照技术体制不同,调度

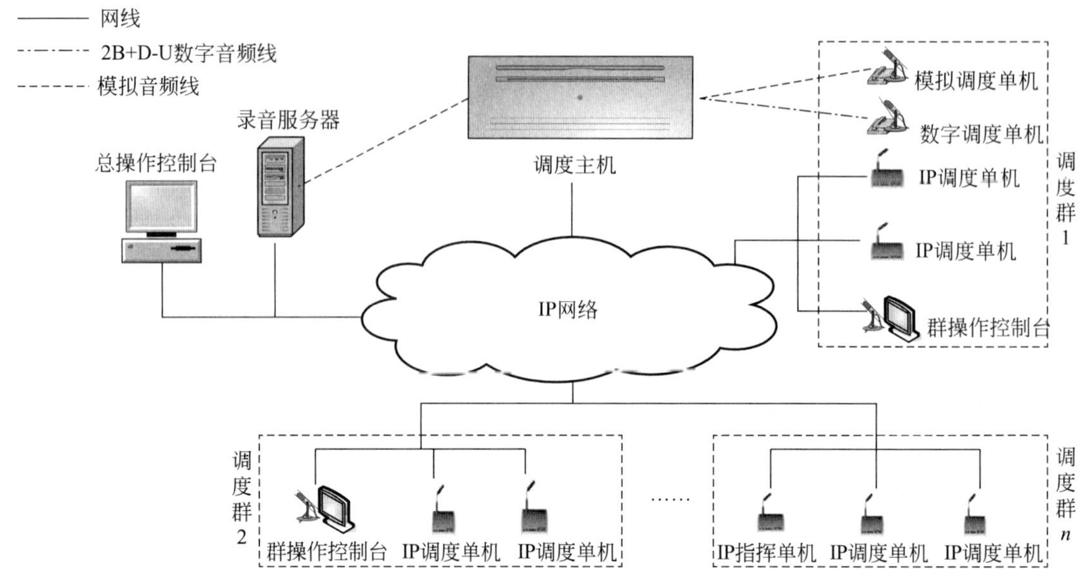

图 7.28　指挥调度系统组成

系统可分为数字指挥调度系统、IP 话音指挥调度系统和 IP 多媒体指挥调度系统。数字指挥调度系统采用数字交换方式实现。IP 话音指挥调度系统采用 VoIP 技术,实现了话音的 IP 化接入、IP 化传输、IP 化交换及 IP 化应用。与数字指挥调度系统相比,IP 话音指挥调度系统终端接入更灵活、远程管理更方便、安装维护更简单。IP 多媒体指挥调度系统在 IP 话音指挥调度系统基础上,增加了数据、图片及视频传输功能。

7.195　指向角度(directional angle)

音箱发出的声音可覆盖的有效范围。根据扩声场所不同,使用者需要不同指向角度的音箱,体育场馆等大空间范围使用宽角度指向性音箱。对于厅堂扩声,一般使用窄角度指向性音箱。试验通信系统中,大厅扩声系统采用的音箱指向角度为 60°×40°、90°×40°、130°×28°。

7.196　中国 1 号信令(China signalling system No. 1)

中国国标规定的电话自动交换网随路信令的总称。根据功能,中国 1 号信令分为线路信令和记发器信令两部分。线路信令主要用于传送线路的占用、空闲、复原等内容。根据不同的传输媒介,线路信令又分为直流线路信令、带内单频线路信令和数字线路信令 3 种。直流线路信令采用线路上的直流电位变化来表示各种接续状态。带内单频信令通过不同的脉冲信号的组合来表示各种接续状态。数字线路信令采用编码方式表示各种接续状态,并通过 2M PCM 系统的第 16 时隙传输。记发器信令主要用于传送用户号码信息。记发器信令分为前向和后向两种。前向记发器信令采用 6 中取 2 的频率组合,组成 15 种不同信号;后向记发器信令采用 4 中取 2 的频率组合,组成 6 种不同信号。

7.197　中继线路(trunk line)

连接两个交换局的线路和所属设备,简称中继线。一条中继线路可双向传送一路话音。交换局之间通过信令交互,对中继线进行占用和释放控制,从而实现一条中继线可以被多个呼叫分时占用。中继线分为模拟中继线和数字中继线两大类。模拟中继线根据收发是否分开,又分为两线中继线和四线中继线。数字中继线多采用 PDH 或 SDH 数字电路。一条数字电路可传送多路数字话音,如一条 2 M 数字电路可传送 30 路 PCM 数字话音。

7.198　主叫(calling party)

电话通信中发起呼叫的一方,即打电话者。在自动电话中,主叫通过摘机,拨打被叫号码而完成呼叫。在人工电话中,主叫摘机呼叫话务员,由话务员完成对被叫用户的呼叫。呼叫成功后,双方即可通话。

7.199　转接(transfer)

指挥调度功能之一。在通播或会议模式下,通过操作控制台,可以将任意两个下级用户连接在一起,使他们互听互讲。此时,指挥员听不到两个转接用户的讲话,转接用户也听不到指挥员的讲话。若指挥员想听到转接用户的讲话,通过点击操作控制台的插话选项,即可与转接用户互听互讲。

7.200　专向(special)

指挥调度功能之一。在通播群中,指挥员可对某个专向的下级用户进行一对一的双向通话。此时,指挥员仍然可以听到其他下级用户的讲话,但其他下级用户听不到指挥员的讲话。

7.201　自适应差分脉码调制(adaptive differential pulse code modulation)

差分脉码调制的一种改进方式,简称 ADPCM。两者主要区别在于 ADPCM 中的量化器和预测器采用了自适应控制。同时,在译码器中多了一个同步编码调整,其作用是为了在同步级连时不产生误差积累。ADPCM 具有重建信号质量好、编码时延小、工程实现复杂性低等优点,被广泛应用于话音压缩设备和数字电路倍增设备(DCME)、数字用户环路(DSL)等数字增容设备中。

7.202　阻尼(damping)

由于外界作用或系统本身固有原因,振动系统的振动幅度呈现的逐渐衰减的特性。阻尼系数是衡量振动系统阻尼特性的重要指标,在扩声系统中,阻尼系数指功率放大器的额定负载(扬声器)阻抗与功率放大器输出内阻的比值。输入到扬声器中的音频信号消失后,由于惯性的作用,喇叭音盆的振动仍然会持续一段时间,从而导致喇叭音盆的振动与音频信号不能完全同步。严重时,喇叭发出的声音将浑浊不清。这种惯性对低音的影响尤其明显。阻尼系数大,喇叭纸盆振动的惯性就小,有利于改善音质尤其是低音音质。功率放大器的阻尼系数一般在数十到数百量级,质量高的可达 200 以上。

7.203　最大声压级(maximum sound pressure level)

厅堂听众席处扩声系统产生的稳态最大有效值声压级。根据 GB/T 4959—2011《厅堂扩声特性测量方法》,用测试声源发出 1/3 倍频程粉红噪声信号,由传声器接收进入扩声系统,测出传输频率范围内各频带的最大声压级后加以平均。大厅扩声系统的最大声压级指标为额定通带内不小于 98 dB。

第8章 图像通信

8.1 1080i/1080p(1080-interlaced-scanning/1080-progressive-scanning)

由美国电影电视工程师协会(SMPTE)制定的高清电视标准。电视画面具有1920×1080的分辨率。1080i采用隔行方式扫描,信号带宽是1080p的一半,原NTSC模拟电视系统国家多采用1080i/60 Hz格式,而欧洲和中国等PAL制国家则采用1080i/50 Hz格式。1080p采用逐行方式扫描,常用有24 Hz、25 Hz、30 Hz这3种场频。其中,因为1080p/24 Hz格式与数字电影可以实现点对点的无损变换,所以被用于高清数字电影摄像机的标准。而1080p/24 Hz图像可以无损地拆分为1080p/50 Hz图像,方便应用于欧洲和中国这些原PAL制国家的高清电视系统。同理,1080p/60 Hz方便应用于美国和日本等原NTSC制国家的高清电视系统。

8.2 3CCD(three charge-coupled device)

由3块独立的电荷耦合元件(CCD)分别处理红、绿、蓝三原色的感光器件。3CCD以特制的光学菱镜,将光源分成红、绿、蓝三原色,分别用3块独立的CCD进行光电转换,然后经电路处理后产生图像信号。3CCD成像颜色的准确程度及影像质量比使用一块CCD有很大的改善,常应用于专业级以上的图像获取设备。

8.3 4k分辨率(4k resolution)

超高清影像的解析度标准。水平分辨率在4000个像素左右。多数情况下特指4096×2160分辨率。根据使用范围的不同,4k分辨率也有各种不同的衍生标准,如电影行业的Full Aperture 4k(4096×3112)、Academy 4k(3656×2664)等多种标准。

8.4 Alpha通道(Alpha channel)

传送图像透明度信息的通道。每个像素在24位RGB颜色信息的基础上,增加8位表示透明度的信息,即Alpha通道。Alpha通道值记为A,为0~255,表示256个不同等级的透明度。0为不透明,255为全透明。假如图像某一点的32位像素值为(R,G,B,A),则显示的像素为(R×A/255,G×A/255,B×A/255)。

Alpha通道主要用于图像合成。例如,用“A/255”和“1-A/255”作为加权系数将两幅图像的每一像素值相加,即可得到合成图像。

8.5 ASF(advanced streaming format)

微软公司开发的流媒体容器格式。ASF是Windows Media框架的组成部分之一,主要用于数字媒体服务器、HTTP服务器和本地存储设备的音、视频回放。它仅规定了如何对流媒体进行封装,而不包括如何对音频和视频进行编码。封装的流媒体包括视窗音频媒体(WMA)、视窗视频媒体(WMV)和MPEG4等。ASF格式的流媒体文件的后缀有“.asf”“.wma”和“.wmv”。

8.6 ASI接口(asynchronization serial interface)

欧洲数字视频广播(DVB)标准规定的异步串行接口。ASI采用分层结构,最高处采用MPEG2标准,然后将8 bit的MPEG2传送包转换为10 bit码字,而当数据没有准备好时,则插入一个K28.5的同步字,使接口速率保持270 Mb/s不变。标准规定了同轴电缆和多模光纤两种连接方式。同轴电缆连接时,采用BNC接口连接器;多模光纤连接时,采用FC型光纤连接器。

8.7 ATSC(advnced television system committee)

美国的数字电视标准。ATSC是美国高级电视系统委员会的英文缩写。该标准规定了一个在6 MHz带宽的信道中传输高质量的视频、音频和辅助数据的系统。该系统如图8.1所示,由视频子系统、复用和传送子系统、射频传输子系统组成。系统的视频压缩编码采用MPEG-2,音频编码采用AC-3。传送格式和协议是MPEG-2系统规定的兼容子集。系统信道编码与调制分为地面广播模式和有线电视模式两种,前者采用8VSB,后者采用16VSB。

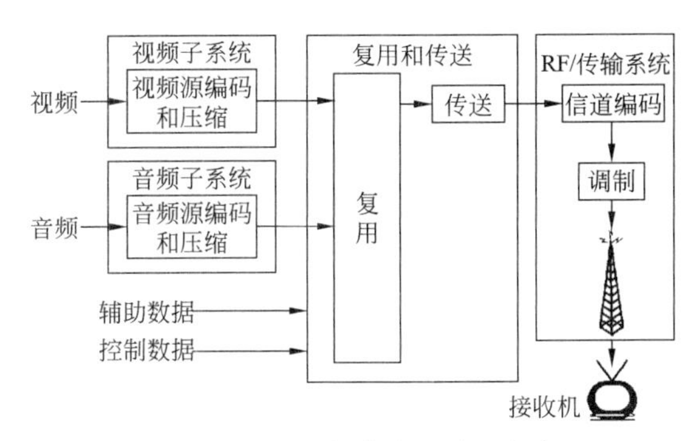

图8.1　ATSC数字电视系统组成

8.8　AVS(audio video coding standard)

具有自主知识产权的中国音视频编码标准,中国国家标准GB/T 20090《信息技术先进音视频编码》的简称。AVS包括系统、视频、音频、数字版权管理等九部分内容。涉及视频压缩编码的是AVS第二部分(AVSI-P2)和第七部分(AVSI-P7)。AVSI-P2主要针对高清晰度、标准清晰度数字电视广播以及高密度激光数字存储媒体的应用,性能与MPEG-4/H.264主档次相当。AVSI-P7主要针对低码率、低复杂度和较低分辨率的移动视频应用,性能与MPEG-4/H.264基本档次相当。

8.9　AV接口(audio-video interface)

音视频分离传输的模拟电视信号接口。该接口采用3种不同颜色的RCA连接器分别传输复合视频和立体声信号。黄色的传送复合视频信号,白色的传送左声道音频信号,红色的传送右声道音频信号。AV主要用于家用电子产品。

8.10　BT.601

国际电信联盟制定的演播室标清数字电视编码标准。该标准定义了625行和525行系统电视演播室数字编码的基本参数,规定了4∶2∶2 YCbCr采样格式演播室彩色电视数字编码。

8.11　BT.656

国际电信联盟制定的基于ITU-R BT.601编码标准的数字分量接口标准。该标准规定了一个27 Mb/s速率的8 bit或10 bit的并行接口和一个270 Mb/s速率的串行接口。接口视频信号为4∶2∶2 YCbCr数字视频信号。该信号由未压缩的PAL或NTSC(525行或者625行)信号编码而成。

8.12　BT.709

国际电信联盟制定的数字高清晰度电视演播室标准。该标准规定了具有1920×1080分辨率、16∶9画幅、4∶2∶2 YCbCr采样的演播室彩色电视数字编码。BT.709支持60、59.94、50、30、29.97、25、24的刷新率,以及隔行和逐行扫描。

8.13　B帧(B frame)

双向预测帧。B帧采用双向预测的帧间压缩算法,根据相邻的前一帧、本帧以及后一帧数据的不同点来压缩本帧数据,也即仅记录本帧与前后帧的差值。B帧一般可以达到200∶1的高压缩比。

8.14　CCD(charge coupled device)

电荷耦合元件的简称。由美国贝尔实验室的威拉德·博伊尔(Willard S. Boyle)和乔治·史密斯(George E. Smith)发明。CCD上有一系列排列整齐的电荷存储单元,通过控制可以使元件表面存储的电荷向相邻的存储单元移动。最初的目的是利用CCD的电荷移位功能,制作延时线和记忆装置。但随后发现CCD具有光电效应,能将光信号变为电荷,并将表面感应的电荷转换为图像信息。用CCD制成的图像传感器通常也简称为CCD。CCD的光效率可达70%(能捕捉到70%的入射光),常应用于高端的摄像机。

8.15　CIF(common intermediate format)

一种基于YCbCr颜色空间的视频图像格式,中文译名为通用中间格式。该格式首先在H.261中采用。采样格式为4∶2∶0,图像分辨率为352×288,帧频为29.97帧/秒(fps)。由于CIF采用横纵比为12∶11的长方形像素,所以在正方形像素的显示器播放时需要横向拉伸12/11倍。

8.16　CMMB(China mobile multimedia broadcasting)

中国制定的面向小屏幕手持移动终端电视传输标准。它提供数字电视广播节目、综合信息和紧急广播服务,实现卫星传输与地面网相结合的无缝协同覆盖。

8.17　CMOS(complementary metal-oxide semiconductor)

互补金属氧化物半导体。一种在硅晶圆上制作出的 PMOS(p-type MOSFET)和 NMOS(n-type MOSFET)元件。PMOS 与 NMOS 在特性上互补,故称 CMOS。CMOS 经过加工可作为数码摄影中的图像传感器。因此,COMS 也常指采用 COMS 材料制成的图像传感器。CMOS 图像传感器可细分为被动式传感器与主动式传感器。被动式传感器的每个像素由一个反向偏置的光敏二极管和一个开关管构成,可等效为一个反向偏置的二极管和一个 CMOS 电容并联。当开关管开启时,光敏二极管与垂直的列线连通,位于列线末端的电荷积分放大器将储存的电荷读出。主动式传感器又称有源式像素传感器,其每一像素内都有放大器。由于主动式 CMOS 像素内的每个放大器仅在此读出期间被激活,所以主动式 CMOS 的功耗比 CCD 图像传感器低。与 CCD 图像传感器相比,CMOS 图像传感器的优点是成本低、功耗低、整合度高,缺点是灵敏度、分辨率、噪声控制等方面稍差。

8.18 CRT 显示器(cathode ray tube display)

采用阴极射线管显示图像的显示器。CRT 显示器由电子枪、偏转线圈、荫罩、高压石墨电极和荧光粉涂层及玻璃外壳组成。荧光粉涂层上涂满了按一定方式紧密排列的红、绿、蓝 3 种颜色的荧光粉点或荧光粉条,称为荧光粉单元。相邻的红、绿、蓝荧光粉单元组成一个像素。电子枪内的灯丝加热阴极,阴极发射出电子,经聚焦形成很细的电子束,然后在加在阳极和阴极之间高电压形成的电场作用下,高速轰击荧光粉单元,使被轰击的荧光粉单元发光。彩色显示器有 3 支电子束,其发射的电子数量分别受红、绿、蓝三基色信号的控制。这 3 支电子束分别轰击荧光粉涂层上相应颜色的荧光粉单元,经空间混色发出不同亮度和不同色度的颜色。荫罩位于荧光屏后方,上面分布有很多小孔或细槽,与像素一一对应。3 支电子束经过小孔或细槽后只能击中同一像素中的对应荧光粉单元。由行同步信号和场同步信号产生的控制信号分别加到水平偏转线圈和垂直偏转线圈上,控制电子束的水平扫描和垂直扫描,完成行扫和场扫,从而在荧光屏上显示出彩色图像。

8.19 D1

一种符合 ITU-R BT.601 建议的分量视频记录格式,常用于高端的 19 mm 磁带记录设备。D1 采用非压缩数字复合视频编码,采用 YCbCr 颜色空间和 4∶2∶2 采样格式,音频采用 PCM 编码。也常指 720×576(PAL)或 720×480(NTSC)的标清数字电视显示格式。

8.20 DCT 录制格式(DCT recording format)

一种由 Ampex 公司开发的图像记录格式。它可以在 19 mm (3/4″)磁带上以 2∶1 的压缩比记录 ITU-R BT.601-2 和 SMPTE 125M 图像数据。

8.21 DisplayPort

视频电子标准协会(VESA)推动的数字视频接口标准。该接口是一种高清数字显示器接口,1.1 版本可以提供高达 10.8 Gb/s 的数据传输速率,目的是采用统一的链路实现电脑与显示器、电脑与家庭影院的连接。超高的数据传输速率可支持 WQXGA(2560×1600)和 QXGA(2048×1536)高分辨率图像。与 HDMI 相比,DisplayPort 无需高额的授权费。

8.22 DivX

DivXNetworks 公司的数字多媒体压缩格式。DivX 的视频采用 MPEG-4 Part2 和 H.264/MPEG-4 AVC 两种编解码器,音频采用 MP3 压缩。DivX 格式文件以“.avi”为后缀。

8.23 DVB(digital video broadcasting)

欧洲数字电视标准,中文译名为数字广播电视标准。它包括了数字电视地面广播(DVB-T)、数字电视卫星广播(DVB-S)和数字电视有线广播(DVB-C)3 个标准。

8.24 DVI 接口(digital video interface)

由 Intel、IBM、HP、NEC、富士通等国际知名公司组成的数字显示工作组(DDWG)推出的接口标准,中文译名为数字视频接口。DVI 采用最小转换编码将 8 bit 数据(R、G、B 中的各基色信号)转换为 10 bit 数据(包含行场同步信息、时钟信息、数据、纠错等),经直流平衡后,以差分信号输出。单通道能支持最大分辨率 1920×1200/60 Hz 的图像传输。如图 8.2 所示,DVI 包括 DVI-A、DVI-D 和 DVI-I 3 种接口。DVI-A 只有模拟接口,DVI-D 只有数字接口,DVI-I 包括数字和模拟接口。DVI-D 连接器有 18+1 和 24+1 两种规格,DVI-I 有 18+5 和 24+5 两种规格。图 8.3 为 DVI-I 24+5 规格的连接器插针分配。

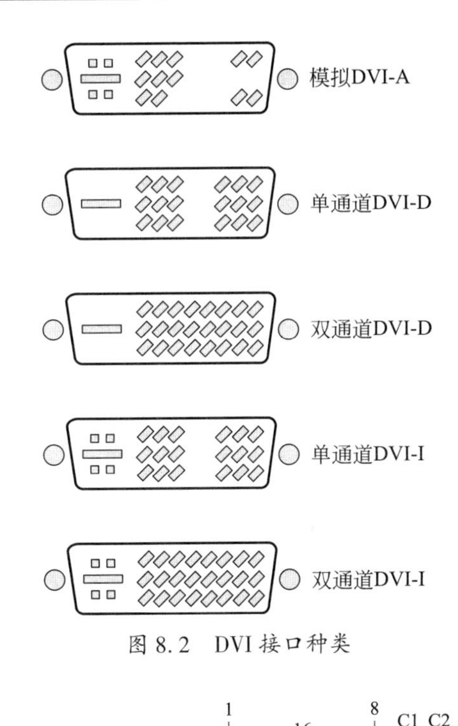

图 8.2　DVI 接口种类

DVI-I接口连接器

针脚	功能	针脚	功能
1	TMDS数据 2–	13	TMDS数据 3+
2	TMDS数据 2+	14	+5V直流电源
3	TMDS数据 2/4屏蔽	15	接地（+5回路）
4	TMDS数据	16	热插拔检测
5	TMDS数据	17	TMDS数据 0–
6	DDC时钟	18	TMDS数据 0+
7	DDC数据	19	TMDS数据 0/5屏蔽
8	模拟垂直同步	20	TMDS数据 5–
9	TMDS数据 1–	21	TMDS数据 5+
10	TMDS数据 1+	22	TMDS时钟屏蔽
11	TMDS数据 1/3屏蔽	23	TMDS时钟+
12	TMDS数据 3–	24	TMDS时钟–
C1	模拟红色	C4	模拟水平同步
C2	模拟绿色	C5	模拟接地(RGB回路)
C3	模拟蓝色		

图 8.3　DVI-I 接口连接器插针分配

DVI 接口广泛应用在微机、DVD、高清晰电视(HDTV)、高清晰投影仪等设备上。

8.25　H.261

国际电信联盟制定的 $p\times64$ kb/s 音视频业务的编解码的标准。H.261 最初是针对在综合业务数字网(ISDN)上实现面对面的可视电话和视频会议而设计的。国际电信联盟于 1990 年颁布了 H.261 视频编码器标准，为 64 kb/s 及其多倍码率的 ISDN 提供视听服务。因此有时 H.261 又称为 $p\times64$，其中 p 为 1~30 的可变参数。

H.261 使用了常见的 YCbCr、4∶2∶0 和 8 bit 的图像格式。视频编码以 16×16 的宏块为单位，按 8×8 分块进行离散余弦变换，结合帧间预测、变换编码与运动补偿技术进行数据压缩，支持 40 kb/s 至 2 Mb/s 的编码速率。在图像格式上，H.261 仅支持 QCIF 和 CIF 两种分辨率。

8.26　H.263

国际电信联盟制定的用于低比特率通信的视频编码的标准。H.263 是国际电信联盟为低码流通信而制定的，但实际上这个标准适应于很宽的码流范围，在许多应用中可取代 H.261。H.263 采用了更先进的编码技术，以提高性能和纠错能力，在低码率下能够提供比 H.261 更好的图像效果，两者的区别如下。

(1) H.263 的运动补偿使用半像素精度，而 H.261 采用全像素精度和循环滤波。

(2) 数据流层次结构的某些部分在 H.263 中是可选的，使得编解码可以配置成更低的数据率或更好的纠错能力。

(3) H.263 提供了无限制运动矢量、基于语法的算数编码、先进的预测以及 P-B 帧模式 4 个可协商选项以改善性能。

(4) H.263 支持 5 种分辨率，即除了 H.261 的 QCIF 和 CIF 外，还支持 SQCIF、4CIF 和 16CIF。

8.27　H.263+

H.263 建议的第 2 版。它提供了 12 个新的可协商模式和其他特性，进一步提高了压缩编码性能。如 H.263 只有 5 种视频源格式，H.263+允许使用更多的源格式。图像刷新频率也有多种选择。其还有一项重要的改进是可扩展性，它允许多显示率、多速率及多分辨率，增强了视频信息在易误码、易丢包异构网络环境下的传输。另外，H.263+对 H.263 中的不受限运动矢量模式进行了改进。

8.28　H.264

国际电信联盟制定的用于通用音视频业务的先进视频编码的标准。H.264 最初来源于国际电信联盟的 H.26L 项目，是其视频编码专家组与 ISO/IEC

MPEG 标准委员会联合研究的成果,通常称为 H.264/ AVC 或 MEPG-4 /AVC,其中 AVC 是 ISO/IEC MPEG 对该编码标准的命名。

H.264 编解码器在保持 MPEG-4 第二部分或 H.263 方案相同视频质量的同时,大大提高了编码效率。其基本思想是独立设计两个不同的层,即视频编码层和网络适应层,视频编码层用于高效地显示视频内容,而网络适应层的作用是采用适当的方式封装编码数据以方便编码数据在网络上传输,解决实时会话和非实时会话面临的各种问题。

8.29　H.323

国际电信联盟制定的基于包的多媒体通信系统的标准。H.323 定义了终端、网关、网守和多点控制器 4 个部件,利用它们可以支持音频、视频和数据的点到点,或点到多点的通信。H.323 是一个标准协议簇,根据功能分为总体框架、系统控制、音视频编码和数据应用四类协议。系统控制是 H.323 终端的核心,整个系统的信道控制、呼叫信令和 RAS(注册、许可、状态)由 H.245 和 H225.0 实现。音频编码包括了 G.711、G.722、G.723.1 协议,并由 H.245 协商确定编码协议。视频编码包括 H.261、H.263 协议。视频会议的电子白板、静止图像传输、文件交换、数据共享等数据应用采用 V.150、T.120 和 T.38 协议。

8.30　HDBaseT 接口(HDBaseT interface)

一种基于以太网电缆的高清视频信号传输接口标准。HDBaseT 接口采用普通 CAT5e/6 电缆和 RJ45 连接器,最高支持 20 Gb/s 的传输速率,传输距离达到 100 m。

8.31　HDCP(high bandwidth digital content protection)

好莱坞与 Intel 合作制定的高速数字接口内容保护协议,旨在保护未经压缩的数字音视频内容,适用于高速的数字视频接口 Displayport、HDMI、DVI 等。HDCP 不允许完全内容拷贝行为。它采用源设备和显示设备间直接认证、内容加扰等技术实现对数字音视频内容的保护。

8.32　HDMI 接口(high-definition multimedia interface)

高清晰度多媒体接口,用于传输未压缩数字流的音视频标准。它可以将视频和多声道音频组合成单一的数字连接,节省了多条线路连接及相关成本。

HDMI 采用最小转换差分信号(TMDS)传输技术。电缆采用带有 3 个 TMDS 通道的屏蔽线。每个通道传送一种颜色,默认配置为 RGB。并且通过这 3 个 TMDS 通道,支持 8 个音频通道。与 DVI 不同,HDMI 支持 YUV 分量(YCbCr 4∶4∶4 和 YCbCr 4∶2∶2)格式,HDMI 接口连接器有 A、B、C、D 这 4 种类型,其中 A 型为标准型,见图 8.4。

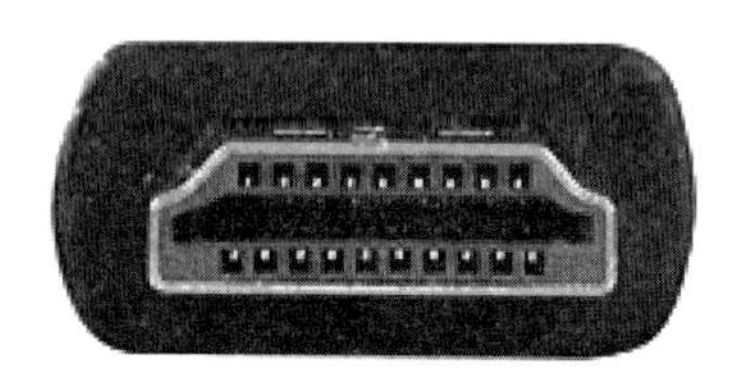

图 8.4　HDMI 接口 A 型连接器插座

8.33　IEEE 1394 接口(IEEE 1394 interface)

IEEE 1394《高性能串行总线标准》规定的接口。该接口最初由苹果公司主导下的联盟开发,称为 FireWire,俗称火线接口。1995 年,IEEE 将其作为标准发布。该接口采用菊花链拓扑结构,理论上可以将 64 台装置串接在同一网络上,传输速率最高可达 800 Mb/s 以上。如图 8.5 所示,IEEE 1394 接口连接器有 4 插针和 6 插针两种形式。

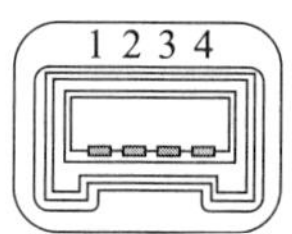

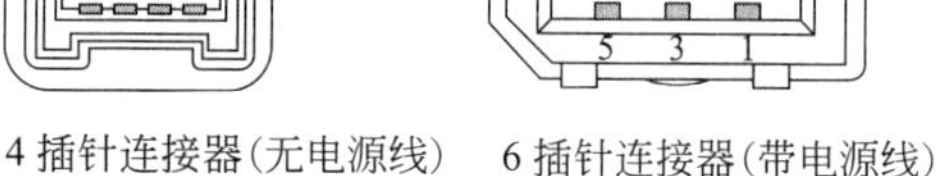

图 8.5　IEEE 1394 接口连接器及插针分配

8.34　IPTV(internet protocol television)

用 IP 网传输电视信号的电视系统,因特网协议电视的简称,又称网络电视。其基本原理是,以 IP 网作为传输手段,以电视机或计算机作为主要终端设备,向用户提供多种交互式数字多媒体服务。国际电信联盟(ITU)对 IPTV 的定义如下:IPTV 是在 IP 网络上传送包含电视、视频、文本、图形和数据等,并提供 QoS/QoE、安全、交互性和可靠性的可管理的多媒体业务。IPTV 业务平台一般由业务管理、门户导航、媒体交付、运行支撑和扩展业务几个子系统组成，通过与机顶盒、计算机之间的交互，完成IPTV 的内容和业务的管理，并实现认证、计费、鉴权和媒体服务等功能。

8.35　IRE(institute of radio engineers)

模拟电视信号电平的计量单位。无线电工程师学会(IRE)首先提出了这一概念。如图 8.6 所示，将模拟电视信号的取值范围等分为 140 份，每一份为 1 个 IRE。IRE 表示相对大小。消隐电平点为 0 IRE 点，同步信号的钳位电平为−40IRE，白电平为+100 IRE。演播室复合模拟视频信号的幅度通常为 1 V，因此，在演播室 1 IRE 等于 1/140 V 或 7.14 mV。

8.36　ISDB (integrated services digital broad-casting)

日本数字广播专家组制定的数字广播系统标准。它采用频带分割传输正交频分复用(BST-OFDM)的调制方式，可以灵活地集成和发播多套节目的电视和其他数据业务。

8.37　I 帧(Intrapictures frame)

内部帧。在 MPEG 压缩编码的过程中，连续若干幅图像被分为 I 帧、P 帧和 B 帧 3 种类型，并组成一个图像组(GOP)。I 帧位于每个图像组的第一帧，仅利用帧内的图像信息进行数据压缩。经过适度压缩的 I 帧图像可以达到 6∶1 的压缩比。I 帧可作为关键帧，作为随机访问的参考点。

8.38　JPEG (Joint Photographic Experts Group)

联合图片专家组的简称。JPEG 是国际标准化组织(ISO)下属的从事静止图像数字压缩编码的专家工作组，制定了第一个静止图像数字压缩编码的国际标准——ISO/IEC 10918《信息技术连续色调静止图像数字压缩编码》。该标准包括以下几个部分。

第一部分：要求和指南。

第二部分：一致性测试。

第三部分：扩展。

第四部分：JPEG 配置，SPIFF 配置，SPIFF 标记，PIFF 彩色间隔，APPn 标签，SPIFF 压缩类型的登记及登记权限(REGAUT)。

第五部分：JPEG 文件交换格式(JFIF)。

第六部分：打印系统的应用。

由于该标准由 JPEG 制定，因此也将该标准简称为 JPEG。JPGE 广泛应用于非线性编辑领域，把运动的视频序列作为连续的静止图像来处理，在编辑过程中可随机存储每一帧，可进行精确到帧的编辑。

8.39　MPEG(Moving Picture Experts Group)

活动图像专家组的简称。MPEG 是国际标准化组织(ISO)和国际电工委员会(IEC)的联合专家工作组，成立于 1988 年，致力于制定视频、音频的数字压缩编码标准。MPEG 制定的标准主要有以下几个。

MPEG-1：MPEG 制定的第一个音视频压缩标准，随后在 VCD 中被采用，其中的音频压缩的第三级(MPEG-1 Layer 3)简称 MP3，成为流行的音频压缩格式。

MPEG-2：广播质量的视频、音频压缩标准，广泛应用于数字电视以及 DVD 视频。

MPEG-3：原目标是为高清电视设计，随后发现 MPEG-2 已足够高清电视应用，故中止了 MPEG-3 的制定工作。

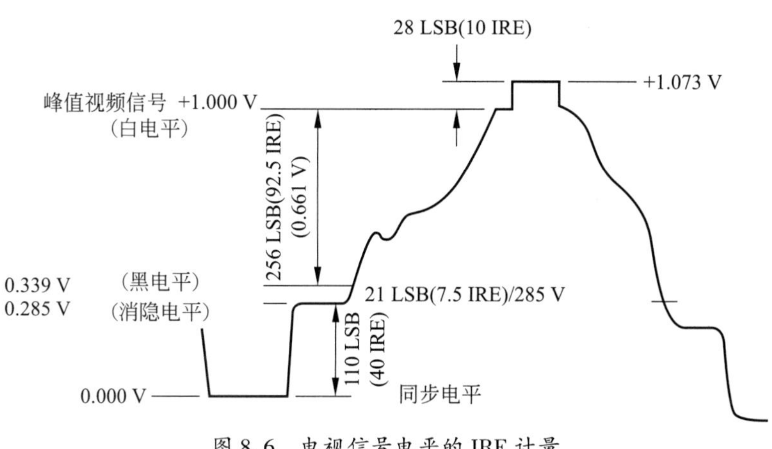

图 8.6　电视信号电平的 IRE 计量

MPEG-4：2003年发布的视频压缩标准，主要是扩展MPEG-1、MPEG-2等标准以支持音/视频对象编码、3D内容、低码率和数字版权管理，其中第10部分由ISO/IEC和ITU-T联合发布，称为H.264/MPEG-4 AVC。

MPEG-7：多媒体内容描述接口的标准，为各类多媒体信息提供一种标准化的描述。

MPEG-21：正在制定中的标准，其目标是为未来多媒体的应用提供一个完整的平台。

8.40 MPEG-1 (moving picture experts group 1)

MPEG制定的第一个活动图像及其伴音的编码标准。标准代号及名称为ISO/IEC 11172《适用于1.5 Mb/s数字存储媒体的活动图像及其伴音的编码》。该标准包括5个部分：第一部分说明了如何根据第二部分(视频)以及第三部分(音频)的规定，对音频和视频进行复合编码；第四部分说明了检验解码器或编码器的输出比特流符合前三部分规定的过程。第五部分是一个用完整的C语言实现的编码和解码器。

在图像编码方面，MPEG-1采用了块方式的运动补偿、离散余弦变换(DCT)等技术，可以在1.2 Mb/s数据率上，获得与家用盒式磁带录像机相媲美的图像质量。

在音频编码方面，MPEG-1音频分为三层，分别称为MP1、MP2和MP3，并且高层兼容低层。每一层在保持相同输出质量的条件下，提高了压缩比。MP1应用于激光视盘(LD)的数字音频；MP2应用于欧洲版的DVD音频层；MP3则成为广泛应用的音频压缩技术。

MPEG-1可以提供30 fps CIF分辨率的图像，经过MPEG-1标准压缩后，视频和音频数据压缩比分别约为26∶1和6∶1，并允许超过70 min的高质量的视频和音频存储在一张CD-ROM盘上。

8.41 MPEG-2 (moving picture experts group 2)

MPEG制定的第2个活动图像及其伴音的编码标准。标准代号及名称为ISO/IEC 13818《活动图像及其伴音信息的通用编码》。MPEG-2适用于广播级的数字电视的编码和传送，是标清电视和高清电视的编码标准，主要包括以下几个部分。

(1) 系统部分(ISO/IEC 13818-1)：定义了用于广播电视领域的传输流，描述视频和音频数据流的同步以及混合方式。

(2) 视频部分(ISO/IEC 13818-2)：与MPEG-1兼容，定义了支持隔行和逐行视频的编解码器，同时支持1.5～80 Mb/s的标清和高清视频的编码。

(3) 音频部分(ISO/IEC 13818-3)：定义了伴音信号的编解码器，向后兼容MPEG-1，向前支持更好性能的先进音频编码(AAC)。

(4) 一致性部分(ISO/IEC 13818-4)：定义了一致性测试的程序。

(5) 参考软件部分(ISO/IEC 13818-5)：提供了用于演示功能和说明本标准其他部分功能的软件。

(6) 数字存储媒体指令与控制部分(ISO/IEC 13818-6)：描述交互式多媒体网络中服务器与用户间的会话指令集。

(7) 先进的音频编码(AAC)部分(ISO/IEC 13818-7)：AAC为多通道音频编码，与MPEG-1音频不兼容。

(8) 实时接口扩展部分(ISO/IEC 13818-8)：规定了传输码流的实时接口。

8.42 MPEG-2 档次(MPEG-2 profile)

MPEG-2按压缩比大小进行的分类，简称档或型。MPEG-2分为5档，分别是简单型、主用型、信噪比可分级型、空间可分级型、增强型。

8.43 MPEG-2 级(MPEG-2 level)

MPEG-2按图像分辨率高低进行的分类。MPEG-2定义了从SIF到HDTV共4个等级的图像分辨率，分别是低级(LL)，主用级(ML)，高-1440级(H1440L)，高级(HL)。

8.44 MPEG-4

MPEG制定的第4个活动图像及其伴音的编码标准。标准代号及其名称为ISO/IEC 14496《音频视频对象的编码》。MPEG-4是针对数字电视、交互式绘图应用(影音合成内容)、交互式多媒体等整合及压缩技术的需求而制定的国际标准。MPEG-4将众多的多媒体应用集成于一个完整的框架内，旨在为多媒体通信及应用环境提供标准的算法及工具，从而建立起一种能被多媒体传输、存储、检索等应用领域普遍采用的统一数据格式。MPEG-4的主要特点是：

(1) 对于不同的对象可采用不同的编码算法，

适应性更强；

(2) 对象各自相对独立，提高了多媒体数据的可重用性；

(3) 允许用户对单个对象进行操作，提供更加便利的交互性；

(4) 允许在不同的对象之间灵活分配码率，对重要的对象可分配较多的字节，对次要的对象可分配较少的字节，从而能在低码率下获得更好的效果；

(5) 可以方便地集成自然音视频对象和合成音视频对象。

MPEG-4 由一系列的子标准组成，主要包括以下几个部分。

(1) 系统部分（ISO/IEC 14496-1）：描述视频和音频数据流的控制、同步以及混合方式。

(2) 视频部分（ISO/IEC 14496-2）：定义了一个对自然视频、静止纹理、计算机合成图形等各种视觉信息的编解码器。

(3) 音频部分（ISO/IEC 14496-3）：定义了一个对各种音频信号进行编码的编解码器的集合，包括高级音频编码（AAC）的若干变形和其他一些音频/语音编码工具。

(4) 一致性部分（ISO/IEC 14496-4）：定义了对其他部分进行一致性测试的程序。

(5) 参考软件部分（ISO/IEC 14496-5）：提供了用于演示功能和说明其他部分功能的软件。

(6) 多媒体传输集成框架部分（ISO/IEC 14496-6）。

(7) 优化的参考软件部分（ISO/IEC 14496-7）：提供了对实现进行优化的例子。

(8) 在 IP 网上传输部分（ISO/IEC 14496-8）：定义了在 IP 网上传输 MPEG-4 内容的方式。

(9) 参考硬件部分（ISO/IEC 14496-9）：提供了用于演示怎样在硬件上实现其他部分功能的硬件设计方案。

(10) 高级视频编码（AVC）部分（ISO/IEC 14496-10）：定义了一个视频编解码器。AVC 和 XviD 都属于 MPEG-4 编码，但由于 AVC 属于 MPEG-4 第十部分，在技术特性上比属于 MPEG-4 第二部分的 XviD 先进。另外，它和 ITU-T H. 264 标准是一致的，故又称为 H. 264。

(11) 基于 ISO 的媒体文件格式部分（ISO/IEC 14496-12）：定义了一个存储媒体内容的文件格式。

(12) 知识产权管理和保护拓展部分（ISO/IEC 14496-13）。

(13) MPEG-4 文件格式部分（ISO/IEC 14496-14）：定义了基于 ISO/IEC 14496-12 的用于存储 MPEG-4 内容的视频档案格式。

(14) AVC 文件格式部分（ISO/IEC 14496-15）：定义了基于 ISO/IEC 14496-12 的用于存储 AVC 的视频内容的文件格式。

(15) 动画框架扩展部分（ISO/IEC 14496-16）。

(16) 同步文本字幕格式部分（ISO/IEC 14496-17）。

(17) 字体压缩和流式传输部分（ISO/IEC 14496-18）。

(18) 合成材质流部分（ISO/IEC 14496-19）。

(19) 简单场景表示部分（ISO/IEC 14496-20）。

(20) 用于描绘的 MPEG-J 拓展部分（ISO/IEC 14496-21）。

(21) 开放字型格式部分（ISO/IEC 14496-22）。

(22) 符号化音乐表示部分（ISO/IEC 14496-23）。

(23) 音频与系统交互作用部分（ISO/IEC 14496-24）。

(24) 3D 图形压缩模型部分（ISO/IEC 14496-25）。

(25) 音频一致性检查部分（ISO/IEC 14496-26）：定义了测试音频数据与 ISO/IEC 14496-3 是否一致的方法。

(26) 3D 图形一致性检查部分（ISO/IEC 14496-27）：定义了测试 3D 图形数据与 ISO/IEC 14496-11：2005，ISO/IEC 14496-16：2006，ISO/IEC 14496-21：2006，和 ISO/IEC 14496-25：2009 是否一致的方法。

8.45　MPEG 码流数据层次（MPEG stream data level）

MPEG 规定的视频编码数据的六层次结构。如图 8.7 所示，自下而上分别为块、宏块、宏块条、图像、图像组、视频序列。块为亮度和色差分量中 8×8 的数据阵列。4 个块构成一个宏块。宏块是进行运动补偿的基本单位。若干个连续的宏块构成宏块条。宏块条是为了防止误码扩散而设置的。当发现码流中有误码时，解码器将跳到下一个宏块条的开始，而不受有误码的宏块条的影响。图像是视频序列中一个基本的编码单元，包含一个亮度阵列和两个色差阵列。图像组是视频序列中连续的几个图像组成的群组，为方便随机存取和编辑而设置。视频序列为整个被传输的连续图像，其由一个序列头开

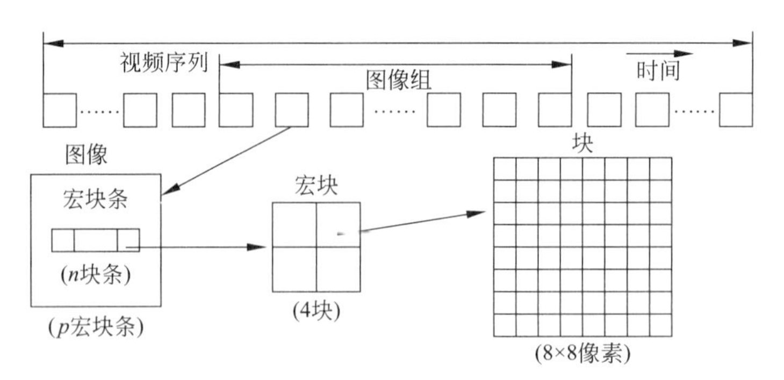

图 8.7　MPGE-2 码流数据层次

始,接着是一个或多个图像组,最后是一个视频序列结束码。

8.46　MP@HL(main profile at high level)

MPEG-2 中常用的一种编码器等级,意为主档/高级,表示编码器能达到 4∶2∶0 图像采样质量和高清分辨率。

8.47　MP@ML(main profile at main level)

MPEG-2 中常用的一种编码器等级,意为主档/主级,表示编码器能达到标清电视的图像质量。

8.48　NTSC 制(national television system committee)

彩色电视制式之一,中文译名为美国电视制式委员会制,实质是正交调幅平衡制,即将 B-Y 和 R-Y 两个色差信号采用正交平衡调幅方式调制在 3.579 545 MHz 彩色副载波上,实现亮度和两个色差信号的同时传送。NTSC 制具有较高的彩色图像质量,易于实现,但对相位失真比较敏感,存在色彩不够稳定的问题。

8.49　PAL 制(phase alternation line)

彩色电视制式之一,中文译名为逐行倒相正交平衡调幅制,即将 B-Y 和 R-Y 两个色差信号采用正交平衡调幅方式调制在 4.433 361 875 MHz 彩色副载波上,实现亮度和两个色差信号同时传送制,但对 R-Y 色度信号分量逐行倒相进行调制。PAL 制对相位失真不敏感,多径接收影响小,但容易产生“爬行”和半帧闪烁现象。

8.50　PAT(program association table)

MPEG-2 传输流中包识别符(PID)为 0 数据包,中文名称为节目表。PAT 包含了传输流所传输的节目,每个节目由一个 16 位的二进制数表示。PAT 指向节目映射表(PMT),通过 PMT 可以索引到对应节目的 PID。

8.51　PCR(program clock reference)

MPEG-2 传输流中的系统时钟信息,中文名称为节目时钟参考。它的高 33 bit 时间信息由 90 kHz 时钟产生,低 9 位时间信息由 27 MHz 时钟产生。PCR 允许的最大抖动范围为±500 ns。

8.52　PID(packet ID)

MPEG-2 传送流数据包头中的 13 bit 包识别符。PID 用于区分不同类型的数据包,不同的节目数据包由不同的 PID 表示,如 PID 为 0 表示节目表数据包,PID 为 8191 表示填充数据包。

8.53　PMT(program map table)

MPEG-2 传送流中各节目数据包的 PID 映射表。每一个节目对应一个 PMT,它保存了对应节目的信息,通过 PMT 可以检索到节目的 PID。MPEG-2 传送流允许多个 PMT 封装在一个特定的包中。

8.54　PTZ(camera-pan, tilt and zoom)

一种用于对摄像机俯仰、平移和场景拉伸进行遥控的装置或功能。通常附属在视频切换矩阵中。

8.55　P 帧(predictive-coded picture)

前向预测帧。在活动图像编码过程中,将连续若干幅图像分为 I 帧、P 帧和 B 帧 3 种类型,组成一个图像组(GOP)。P 帧位于 I 帧或 P 帧之后,采用运动矢量预测等方法来压缩本帧数据,与 I 帧联合压缩可以达到更高的压缩比。

8.56 QCIF(quarter common intermediate format)

四分之一通用中间格式。其图像尺寸是 CIF 格式的 1/4,分辨率为 176×144,主要应用于无线手持终端。

8.57 QSIF(quarter source input format)

四分之一源输入格式。其图像尺寸是 SIF 格式的 1/4。分辨率有 176×144(PAL/SECAM 制)和 176×120(NTSC 制)两种类型。

8.58 RGB 颜色空间(RGB color space)

用红、绿、蓝三色作为笛卡儿坐标系的 3 个坐标表示的颜色空间。任何一种颜色都是该坐标系下的一个点,有 R、G、B 共 3 个分量。

在具体实现上,RGB 颜色空间存在多种不同类型,常见的有 sRGB、Adobe RGB 和 scRGB。sRGB 是 standard RGB 的简称,其颜色只是人眼能识别的一部分,在显示器、扫描仪、打印机、数码相机上得到了广泛的应用。Adobe RGB 是 Adobe 公司推出的颜色空间,比 sRGB 的范围大,但仍不能完全覆盖人眼可识别的颜色范围。scRGB 是微软公司推出的颜色空间,每分量采用 16 bit 编码,远远超过了人眼识别的颜色范围。

8.59 SDI 接口(serial digital interface)

ITU-R BT. 656-4 1998 规定的数字分量视频信号串行接口。我国相应的国家标准为 GB/T 17953—2000《4∶2∶2 数字分量图像信号的接口》。该接口的最大传输距离为 300 m,其主要参数如下。

(1) 传输速率:传输 4∶2∶2 格式时,达 270 Mb/s;

(2) 字节长度:10 bit(对于 8 bit 和 9 bit 字节的信号,将相应的最低位置为 0);

(3) 码型:不归零反转码(NRZI);

(4) 扰码多项式:$G_1(X)=X^9+X^4+1$, $G_2(X)=X+1$;

(5) 输出信号幅度:800×(1±10%)mVp-p;

(6) 接口连接器:BNC;

(7) 连接电缆:75 Ω 同轴。

SDI 接口在传输视频信号的同时,还可在行、场消隐期间传输 4~8 路数字音频信号。SDI 接口采用 75 Ω 同轴电缆和 BNC 连接器,使电视台模拟时代敷设的大量电缆在数字电视时代得以继续使用,因此成为了演播室、主控室、播控系统数字设备的标准配置接口。

8.60 SECAM 制(sequential color and memory)

法国开发的彩色电视制式,中文译名为顺序彩色与存储制。国际三大彩色制式之一。B-Y 和 R-Y 两个色差信号采用调频方式分别调制在 4. 25 MHz 和 4. 406 25 MHz 的彩色副载波上。并且隔行轮流传送 B-Y 和 R-Y 色差信号。由于在电视接收机中必须同时存在 Y、R-Y 和 B-Y 这 3 个信号才能解调出三基色信号,所以需要将上一行的色差信号贮存一行的时间,然后与本行传送的色差信号一并使用。故称顺序彩色与存储制。SECAM 由于在同一时间内传输通道中只传送一个色差信号,因此从根本上避免了两个色差分量的相互串扰。其主要缺点是在受到较大误差影响的情况下,存在行顺序效应问题。

8.61 SIF(source input format)

MPEG-1 定义的一种数字视频图像存储和传输格式,中文译名为源输入格式,用于对电视信号进行数字化编码。625/50 SIF 格式(PAL/SECAM 制)具有 360(或 352)×288 个有效像素以及 25 fps 的刷新率。525 /59. 94 SIF 格式(NTSC 制)具有 360(或 352)×240 个有效像素以及 29. 97 fps 的刷新率。

8.62 S 端子(separated video port)

将亮度信号和色度信号分别传输的模拟视频接口。S 端子的阻抗为 75 Ω,一般采用 4 个插针的 DIN 连接器,其插针分配见表 8. 1。与复合模拟视频接口相比,S 端子传输的图像锐利、干扰较少,支持标清图像分辨率,但与其他更为复杂的模拟分量信号接口相比,S 端子的性能较差。

表 8. 1 DIN 连接器插针分配

插针号	简称	用途
1	GND	亮度信号地线
2	GND	色度信号地线
3	Y	亮度信号
4	C	色度信号

8.63 VGA(video graphics array)

IBM 公司于 1987 年随 PS/2 个人计算机一起推

出的计算机图像模拟显示标准，中文译名为视频图形阵列。VGA 定义了几种不同的图像分辨率和色彩模式。在 600×480 分辨率下可以同时显示 16 种颜色或 256 种灰度；在 320×240 分辨率下可以同时显示 256 种颜色。VGA 采用 D-Sub 接口连接计算机显示卡与显示器。

1990 年 IBM 公司推出扩展图形阵列（XGA），在 800×600 分辨率下可显示真彩色，在 1024×768 分辨率下可显示 65 536 种颜色，并兼容 VGA。在 VGA 和 XGA 的基础上，派生出了多种图形阵列显示模式，见表 8.2。

表 8.3　VGA 接口连接器插针分配

插针编号	信号内容	插针编号	信号内容
1	红基色	9	保留
2	绿基色	10	数字地
3	蓝基色	11	地址码
4	地址码	12	地址码
5	自测码	13	行同步
6	红地	14	场同步
7	绿地	15	地址码
8	蓝地		

8.64　VGA 接口（VGA interface）

传输 VGA 视频信号的接口。VGA 接口采用 15 插针的 D-Sub 连接器，插针分配见表 8.3。

8.65　WMV（windows midia video）

微软开发的视频格式，是 Windows Media 框架的组成部分之一。WMV 视频文件的后缀为“. wmv”。WMV 是在 MPEG-4 第二部分基础上发展而来的，主要用于互联网流媒体应用。扩展类型有 WMV 9、WMV screen 和 WMV image。WMV 9 用于高清图像编解码，WMV Screen 可以实现对计算机屏幕图像的截取和编码，WMV image 用于幻灯片制作。

8.66　Xvid

基于 OpenDivX 编写的开源 MPEG-4 视频编解码器。Xvid 支持量化、范围控制的运动侦测、码率

表 8.2　常用图形阵列显示模式及其分辨率

序号	显示模式	分辨率（宽/像素×高/像素）	备注
1	VGA	320×240 600×480	320×240 分辨率下显示 256 种颜色； 600×480 分辨率下显示 16 种颜色或 256 种灰度
2	QQVGA	160×120	Q：1/4
3	QVGA	240×320	Q：1/4
4	HVGA	320×480	H：1/2
5	WQVGA	400×240	W：宽；Q：1/4
6	WVGA	854×480 800×480	W：宽
7	SVGA	800×600	S：高级
8	XVGA	1280×960	X：扩展
9	XGA	800×600 1024×768	800×600 分辨率下显示真彩色； 1024×768 分辨率下显示 65 536 种颜色
10	WXGA	1280×800	W：宽
11	WXGA+	1280×854 1440×900	W：宽
12	SXGA	1280×1024	S：高级
13	SXGA+	1600×1200	S：高级
14	UXGA	1600×1200	U：极速
15	WSXGA	1600×1024	W：宽；S：高级
16	WSXGA+	1680×1050	W：宽；S：高级
17	WUXGA	1920×1200	W：宽；U：极速

曲线分配、动态关键帧距、心理视觉亮度修正、演职员表选项、外部自定义控制、运动向量加速编码以及画面优化解码等众多编码技术。

8.67 YCbCr

ITU-R BT.601《演播室标准4:3和宽屏16:9数字电视编码参数》规定的分量视频信号的颜色空间。Y为亮度分量,取值范围为0~1;B-Y为蓝色色差分量,取值范围为-0.886~0.886;R-Y为红色色差分量,取值范围为-0.701~0.701。对B-Y和R-Y进行归一化处理,使Cb和Cr在-0.5~0.5取值范围内,由此得到归一化后的YCbCr与RGB之间的转换关系为

$$\begin{cases} Y = 0.299R + 0.587G + 0.114B \\ Cb = 0.564(B - Y) \\ \quad = -0.169R - 0.331G + 0.500B \\ Cr = 0.713(R - Y) \\ \quad = 0.500R - 0.419G - 0.081B \end{cases} \tag{8-1}$$

每个分量采用8 bit量化编码。为防止过载,每个分量的量化级均预留了超过动态范围的保护带。Y分量在上端预留了20个量化级,下端预留了16个量化级,因此Y分量有219个量化级。Cb和Cr分量上下两端均预留了16个量化级,因此各有224个量化级。由于Cb和Cr的模拟电平范围为-0.5~0.5,故其零电平对应的量化级是128。量化编码后的YCbCr称为$\underline{Y}\ \underline{Cb}\ \underline{Cr}$,其与量化编码前的YCbCr的关系如下:

$$\begin{cases} \underline{Y} = 219Y + 16 \\ \underline{Cb} = 224Cb + 128 \\ \underline{Cr} = 224Cr + 128 \end{cases} \tag{8-2}$$

8.68 YIQ

用于NTSC模拟电视系统的颜色空间。Y为亮度分量,I分量为从橙色到青色的颜色变化分量,Q分量为从紫色到黄绿色的颜色变化分量。YIQ空间实际上是YUV空间的U、V坐标旋转33°后得到的。YIQ与RGB之间的转换关系为

$$\begin{cases} Y = 0.299R + 0.587G + 0.114B \\ I = V\cos(33°) - U\sin(33°) \\ \quad = 0.569R - 0.275G - 0.322B \\ Q = V\sin(33°) + U\cos(33°) \\ \quad = 0.212R - 0.523G + 0.311B \end{cases} \tag{8-3}$$

8.69 YPbPr

模拟色差分量信号的颜色空间。Y为亮度分量,B-Y为蓝色色差分量,R-Y为红色色差分量。有两种归一化处理方式;其一是Pb分量为0.564(B-Y),Pr分量为0.713(R-Y),一般用于标准清晰度电视;其二是Pb分量为0.539(B-Y),Pr分量为0.635(R-Y),一般用于高清晰度电视。两种归一化方式下的YPbPr与RGB之间的转换关系如下。

其一:

$$\begin{cases} Y = 0.299R + 0.587G + 0.114B \\ Pb = 0.564 \times (B - Y) \\ \quad = -0.169R - 0.331G + 0.500B \\ Pr = 0.713 \times (R - Y) \\ \quad = 0.500R - 0.419G - 0.081B \end{cases} \tag{8-4}$$

其二:

$$\begin{cases} Y = 0.213R + 0.715G + 0.072B \\ Pb = 0.539 \times (B - Y) \\ \quad = -0.114R - 0.385G + 0.500B \\ Pr = 0.635 \times (R - Y) \\ \quad = 0.500R - 0.454G - 0.046B \end{cases} \tag{8-5}$$

YPbPr是为了满足高质量视频传输而设计的色彩分量形式。模拟分量传输绕过了PAL编码与解码,减轻了亮/色串扰对图像质量的影响,但传输距离受到限制。YPbPr与YCbCr不同之处在于前者是模拟的,后者是数字的。

8.70 YUV

PAL制电视采用的,由亮度分量、蓝色色差分量、红色色差分量表示的颜色空间。彩色摄像机摄取的图像经分色、分别放大校正后得到RGB三基色分量,再经过矩阵变换电路得到亮度分量Y和两个色差分量U和V。在PAL制中,Y分量为RGB分量的加权平均,U分量为0.492(B-Y),V分量为0.877(R-Y)。由此得到伽马校准的YUV与RGB之间的转换关系为

$$\begin{cases} Y = 0.299R + 0.587G + 0.114B \\ U = 0.492(B - Y) = -0.147R - 0.289G + 0.436B \\ V = 0.877(R - Y) = 0.615R - 0.515G - 0.100B \end{cases} \tag{8-6}$$

8.71 YUV采样格式(YUV sampling format)

对YUV模拟色差分量信号进行数字化采样的格式。用YCbCr 3种分量的采样比例来表示。由于人眼对色度信号的分辨不如亮度信号细致,因此可以降低色差信号的采样频率,以减少图像的信息量。常见的采样格式如图8.8所示,有4:4:4,

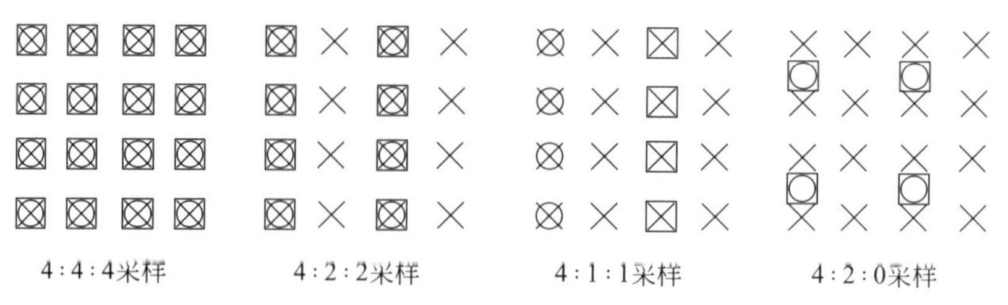

图 8.8　YUV 采样格式示例

注：×：Y 分量；○：U 分量；□：V 分量

4：2：2,4：1：1 和 4：2：0 这 4 种。需要说明的是,4：2：0 是 Cb 分量和 Cr 分量隔行采样,垂直空间色度采样位置处于相邻两行的中间,因此 4：2：0 采样结构要求 Cb 和 Cr 采样内插。

8.72　YUV 格式(YUV format)

YUV 分量在图像数据中的排列格式,分为打包格式和平面格式两大类。前者将 YUV 分量存放在同一个数组中,通常是若干相邻的像素组成一个宏像素。后者使用 3 个数组分开存放 YUV 3 个分量,如同一个三维平面一样。根据 YUV 3 个分量的采样格式和排列顺序,两类格式下又分为若干种,常用的打包格式有 YUY2、YUYV、YVYU、UYVY、AYUV、Y41P、Y411、Y211 格式,常用的平面格式有 IF09 格式、IYUV、YV12 和 YVU9 格式。

8.73　白电平(white level)

电视系统中白色视频信号对应的电平。白电平高于其他颜色的电平,为 100 IRE。

8.74　白平衡(white balance)

对偏色进行的补偿。由于物体在不同色温的光源下会使摄像机拍摄的图像色调发生变化,与人的实际视觉发生偏差,即出现偏色现象。为了消除这种视觉偏差,摄像机需要参考白色物体对图像的色调进行补偿。在摄像前,通过对准白色参照物进行校准,使白色物体的图像颜色还原为白色。

8.75　包基本流(packet elementary stream)

对基本流进行封装后形成的码流,简称 PES。封装的包结构如图 8.9 所示,由包起始码前缀、基本流识别符、PES 包长度、扩展 PES 头、PES 包负载组成。

8.76　闭路电视(closed circuit TV)

一种为限定用户服务的电视系统,简称 CCTV。相对于广播电视,闭路电视是封闭系统。有线电视和监控电视都属于闭路电视。

8.77　标清电视(standard definition TV)

标准清晰度数字电视系统的简称,又称 SDTV。

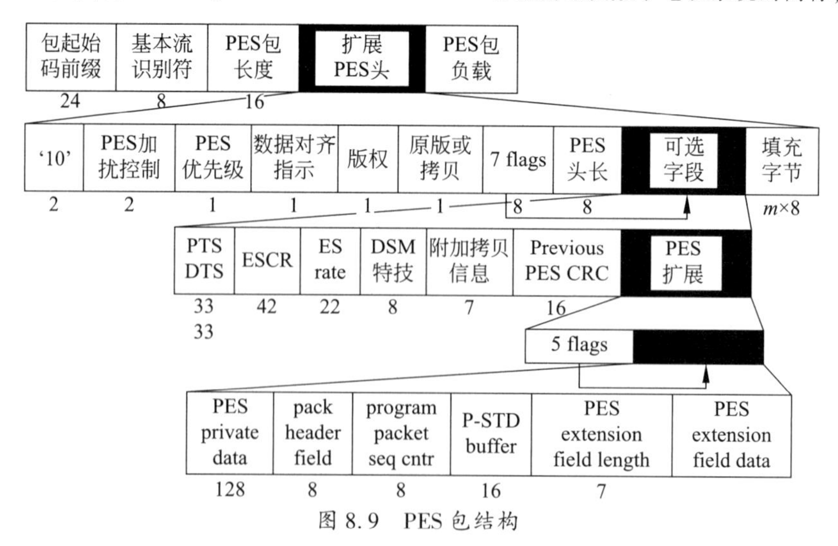

图 8.9　PES 包结构

其图像格式源于 ITU-R BT.601 建议。对具有代表性的节目素材样本进行判断时,其主观评价质量优于常规 PAL-D 电视。标清电视的分辨率为 720×576,采样方式为 4∶2∶2 或 4∶4∶4。

8.78　表色系(color specification system)

表示颜色的系统,又称色度系统。由于颜色具有3个独立变量,所以表色系都是三维的。表色系所表示的颜色的集合,称为颜色空间。

1931年,国际照明委员会(CIE)根据颜色加法混合的规律,在颜色匹配实验的基础上,提出了 CIE 1931-RGB 表色系。该表色系确定的 RGB 三基色为:波长为 700 nm 的红光,波长为 546.1 nm 的绿光和波长为 435.8 nm 的蓝光。由于该表色系计算中会出现负值,用起来不方便也不易理解,CIE 又提出了 CIE 1931-XYZ 表色系。该表色系改用3个假想的原色 X、Y、Z。X 和 Z 只表示色度不表示亮度,亮度由 Y 表示。其匹配等能光谱的三刺激值定名为"CIE 1931 标准色度观察者光谱三刺激值",简称为"CIE 1931 标准色度观察者"。XYZ 与 RGB 之间的转换关系如下:

$$\begin{cases} X = 2.769R + 1.7517G + 1.1302B \\ Y = 1.0000R + 4.5907G + 0.0601B \\ Z = 0.0565G + 5.5943B \end{cases} \quad (8\text{-}7)$$

CIE 1931-XYZ 表色系建立后,经过多年实践证明,该表色系的数据代表了人眼 2°视场的色觉平均特性。当观察视场增大到 4°以上时,在波长 380~460 nm 数值偏低。为了适应大视场颜色测量的需要,CIE 在 1964 年提出了"CIE 1964 补充标准色度观察者光谱三刺激值",简称 $X_{10}Y_{10}Z_{10}$ 表色系,表示 10°视场色觉平均特性。

8.79　标准白(standard white)

含有 380~780 nm 波长范围内所有光谱分量的可见光。物体的颜色与照射光源密切相关,光源不同,从景物表面反射的颜色也不同,由于光照条件差异,物体将呈现不同颜色。彩色电视系统为了统一标准,采用能发出标准白的光源作为照明光源。

8.80　彩色副载波(colour subcarrier)

被色差信号调制的副载波。彩色电视系统中,为了在同一频带内同时传输亮度和色差信号,需要将 B-Y 和 R-Y 两个色差信号以正交调制方式调制在一个载波上,然后将其与亮度信号合并为彩色全电视信号。为了与全电视信号发射载频相区别,将上述调制载波称为彩色副载波。

8.81　彩色三要素(three factors of color)

亮度、色调和色饱和度。三者唯一决定了一种颜色。亮度决定了颜色的明亮程度。色调决定了颜色的类别,如红色、绿色、蓝色等。色饱和度决定了颜色的深浅或纯度,高饱和度的彩色光可因掺入白光而降低纯度或变浅,变成低饱和度的色光。

8.82　彩条信号(color bar)

由彩色竖状条纹组成的电视机测试信号,又名测试色。彩条信号由三基色信号组合而成,其彩色从左至右依次为白、黄、青、绿、紫、红、蓝、黑。通常分为 75%彩条和 100%彩条两种信号格式,分别表示 R、G、B 分量达到视频信号最大幅度的 75%和 100%。我国彩色电视广播标准规定采用 100%饱和度和 75%幅度的彩条信号,标记为 100/0/75/0 彩条。

8.83　参考帧(anchor frame)

活动图像压缩编码中用于预测的视频帧。活动图像的信息压缩利用了活动图像序列的时间和空间冗余特性。活动图像压缩编码算法将一个图像序列分为 I 帧、P 帧和 B 帧,I 帧仅对帧内的空间冗余信息进行压缩,P 帧参考其前的 I 帧和 P 帧进行压缩,B 帧参考 I 帧和 P 帧进行双向预测压缩。因此 I 帧和 P 帧可以作为参考帧,B 帧不能作为参考帧。

8.84　测试卡(test card)

一种用于电视机测试的静态图片。电视台每天开播之前,首先播出测试卡。观众可以根据收到的测试卡判断电视机的状态及性能是否良好。图 8.10 为测试卡的一个示例。

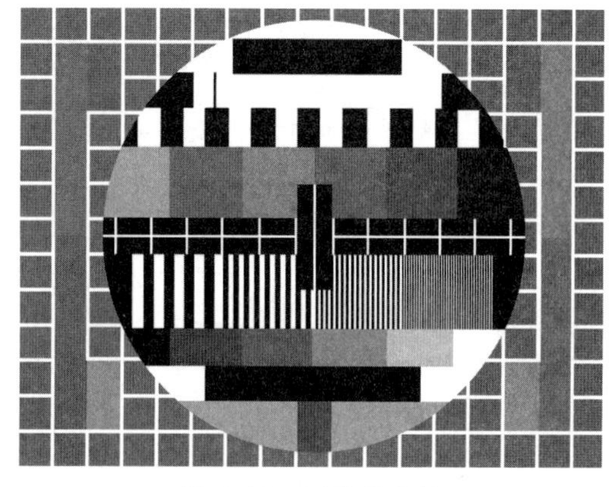

图 8.10　测试卡示例

8.85　场(field)

在隔行扫描方式中,一次自上而下连续扫描的电视画面。1帧画面分为顶场和底场,顶场由所有的奇数行组成,底场由所有的偶数行组成。

8.86　场同步信号(field synchronizing signal)

在场消隐期间传送的用来保持收、发两端场扫描同步的脉冲信号。对PAL制电视来说,场同步信号的脉冲宽度为行周期的2.5倍,即160 μs。

8.87　传送流(transport stream)

用于信道传输,由一个或多个包基本码流(PES)组合而成的码流,简称TS。如图8.11所示,在MPEG-2中,传送流包长固定为188 B,可以封装多路节目流。包头含有包标识(PID)域,用来标识包的类型,如视频、音频、节目制定信息等。

8.88　垂直分辨率(vertical resolution)

垂直方向上画面细节的表现能力,通常用可区分的水平交替黑白线条的数量来衡量。垂直分辨率主要取决于每帧图像扫描线的数量,其次与摄像机和显示器的像素有关。

8.89　等离子显示器(plasma display panel)

利用等离子体放电原理制成的彩色显示器,简称PDP。PDP以大量的等离子管排列在一起构成显示屏幕。每个等离子管内有一个充有惰性气体的封闭小室,在等离子管电极间加上高压后,小室中的气体电离成等离子,并发出紫外线。紫外线激发平板显示屏上的红绿蓝三基色荧光粉发出可见光。加在等离子管上的电压不同,荧光粉发光的亮度不同,不同亮度的三基色的混合,产生了不同亮度和色彩的图像。

8.90　电缆调制解调器(cable modem)

在有线电视系统中进行数据传输的调制解调器,简称CM。CM以同轴电缆为传输介质,其对端设备为电缆调制解调器终接系统(CMTS)。CMTS与多个CM形成一对多的连接关系。CM向CMTS申请上行带宽,并在分配的带宽里上传数据。

上行频率范围为5～42 MHz(欧洲标准:5～65 MHz),调制采用QPSK或16 QAM调制,传输速

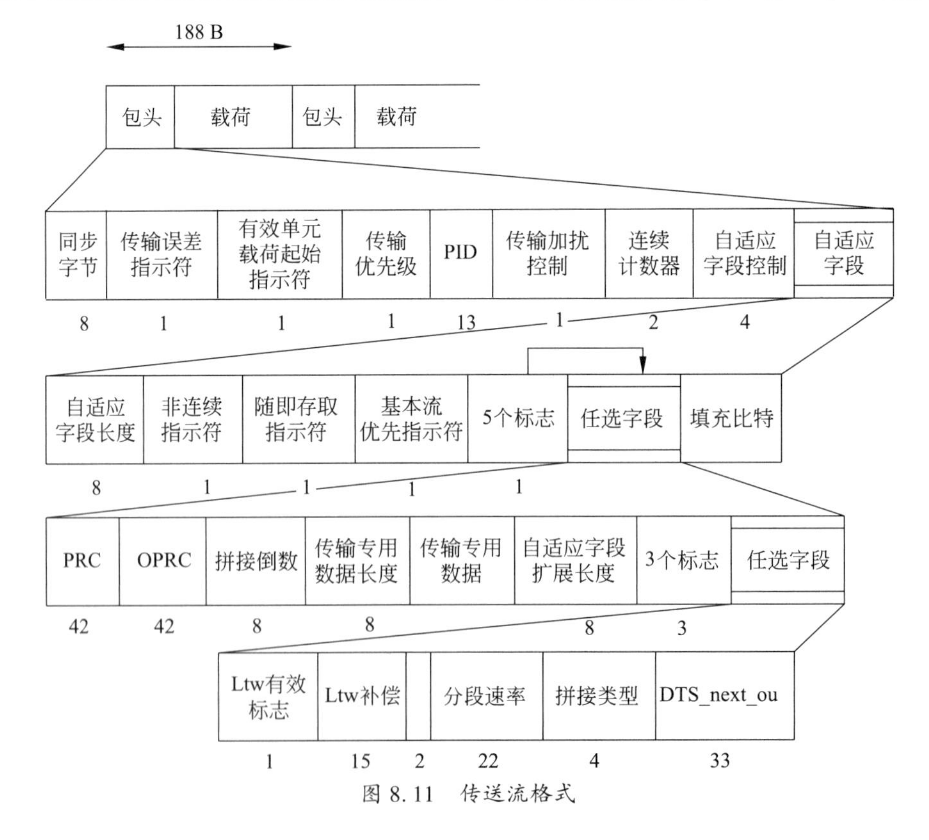

图8.11　传送流格式

率为 320 kb/s 至 10.24 Mb/s 。多个 CM 采用 TDMA 方式共享上行通道，CMTS 上行通道时隙映射表控制 CM 使用上行通道。

下行频率范围为 88~860 MHz（欧洲标准：108~862 MHz），调制采用 64 QAM 或 256 QAM 调制，传输速率分别为 30.3 Mb/s 和 42.9 Mb/s。下行数据由 CMTS 广播到下行端口上的所有 CM。

电缆调制解调器主要用于解决用户利用有线电视系统登录因特网的问题。用户侧的计算机、路由器等设备通过以太网口连接至电缆调制解调器，电缆调制解调器再通过有线电视接口连接至有线电视系统。

8.91　电视伴音（television audio，television sound）

伴随电视图像信号一起传送的声音信号：电视伴音的调制方式为调频，频谱位于基带图像信号频谱的右方。伴音制式主要有 D/K、I、BG、M、L 等，我国采用 D/K 制式，载频为 6.5 MHz。有线电视的伴音电平低于基带图像信号-14~-23 dB，其他系统低于-7~-20 dB。当伴音为图像中人物说话的声音时，在电视信号的传输和处理过程中，需解决好唇音同步问题，即口形与声音相一致。

8.92　电视测试信号（television test signal）

输入到电视系统中，用于测试电视各项技术指标的标准化信号。根据测试方法的不同，电视测试信号可分为全场测试信号和插入行测试信号。全场测试信号是人为模拟产生的全电视信号，测试时，需中断电视播放。插入行测试信号，简称插测信号，是插入场消隐期间的信号，测试时，不影响正常的电视播放。

标准规定的全场测试信号主要有如下几种。

（1）场方波信号 A：测量场时间波形失真。

（2）2T 正弦平方波信号 B1 和条脉冲信号 B3：测量短时间波形失真、行时间波形失真、2T 正弦平方波失真（过冲失真）等。

（3）多波群信号 C：测量反射损耗、幅频特性等。

（4）阶梯波信号 D1：测量亮度非线性失真。

（5）阶梯波叠加副载波信号 D2：测量微分增益失真和微分相位失真。

（6）250 kHz 方波信号 E：测量通道的过渡特性和高频脉冲的过渡失真。

（7）副载波填充的 10T 脉冲信号 F 和条脉冲信号 G：测量色度/亮度增益差和色度/亮度时延差。

（8）用 10T 脉冲和条脉冲调制副载波的信号 F1、G1：测量色度信号对亮度信号的交调失真。

（9）三电平色度信号 G2：测量通道的交调失真，色度信号增益的非线性失真。

（10）平场信号 K 和 K_s：K 信号测量输出功率、输出功率变化、消隐电平变化、视频信杂比和无用功率发射等指标。K_s 信号测量幅频特性、群延时失真和内载波噪声。

国际标准规定的插测信号如下。

（1）第 17 行插测信号：由 10 μs 宽的条脉冲、2T 正弦平方波脉冲、20T 填充副载波正弦平方脉冲（也可用 10T）和五级阶梯波信号组成。条脉冲可用作白电平基准、短时间和行时间波形失真测量。2T 脉冲用于线性失真中 K 系数的测量。20T 填充用来测量色亮增益差和色亮时延差。五级阶梯用于测量亮度非线性失真。

（2）第 18 行插测信号：为多波群信号，6 个群频分别为 0.5 MHz、1.0 MHz、2.0 MHz、4.0 MHz、4.8 MHz、5.8 MHz，用于检查色度通道的幅频特性。

（3）第 330 行插测信号：由 10 μs 宽的条信号、2T 脉冲信号和填充了彩色副载波的五级阶梯信号组成，用于测量微分增益和微分相位失真。

（4）第 331 行插测信号：由三电平信号和一个延长的彩色副载波填充的条信号组成，用于测量色亮交调失真，系统对色度信号的非线性幅度失真、相位失真。

国家标准规定的国内插测信号如下。

（1）第 19 行插测信号：由 10 μs 宽的条脉冲、2T 正弦平方波脉冲、副载波填充的 10T 正弦平方脉冲和副载波填充的五级阶梯波信号组成，用于测量亮度非线性失真、色亮时延差等。

（2）第 20 行插测信号：为一多波群信号，6 个群频分别为 0.5 MHz、1.5 MHz、2.5 MHz、4.0 MHz、4.8 MHz、5.8 MHz，用于检查色度通道的幅频特性。

8.93　电视频道（television channel）

一个全电视射频信号占据的频率范围。我国标准规定，一个电视频道的带宽为 8 MHz。电视频道的频率分配见表 8.4。标准电视频道 DS1~DS68 指地面无线广播电视使用的频道。增补电视频道 Z1~Z37 所占用的无线频率资源已分配给其他领域使用，不能在地面无线广播电视中使用，但可在有线电视中使用。有线电视可使用标准电视频道和增补电视频道。

表 8.4　电视频道划分

波段	频道号	频率范围	说明
R	—	5.0~30.0	用于服务
	S-1	14.0~22.0	上行电视频道
	S-2	22.0~30.0	上行电视频道
Ⅰ	DS1~DS5	48.5~92.0	标准电视频道
AⅠ	Z1~Z7	111.0~167.0	增补电视频道
Ⅲ	DS6~DS12	167.0~223.0	标准电视频道
AⅡ	Z8~Z16	223.0~295.0	增补电视频道
B	Z8~Z37	295.0~463.0	增补电视频道
Ⅳ	DS13~DS24	470.0~566.0	标准电视频道
Ⅴ	DS25~DS68	606.0~958.0	标准电视频道

注：DS—“dianshi”的首字母；
Z—“zengbu”的首字母。

8.94　电视墙(video-wall,TV-wall)

由多个电视屏幕单元拼接而成的大型电视显示设备。因其显示面积大,状似一面墙而得名。早期的电视墙,只是将普通的电视机和显示器拼接在一起,相互之间存在很大的缝隙,独自显示一幅画面,相互之间没有关联。后来逐渐发展到屏幕无缝(或缝隙极小)拼接,各个显示器既可独立显示一个或多个画面,又可共同显示一幅画面。

8.95　电视制式(television system)

根据一套完整的技术要求,能够全面确定电视信号的形成、传输和图像重现方法的一种方案。它包括扫描方式、同步信号形状、伴音和图像传输方法、频道宽度、频率间隔及载频位置等。

历史上先有黑白电视后有彩色电视。黑白电视制式共有 A、E、M、B/G、C、D/K、H、I、K1、L、N 共 11 种。彩色电视需考虑与黑白电视兼容的问题。兼容的基本原则是黑白电视机能接收彩色电视信号,彩色电视机也能收黑白电视信号,只不过看到的都是黑白电视图像,为此,需在保持黑白电视制式不变的情况下增加彩色信息的内容。具体做法是将色度信号进行副载波调制,然后同黑白电视信号合在一起,成为彩色电视信号。彩色电视制式从副载波频率、色差信号调制方式和传输方式进行标准化。目前世界上的彩色电视制式有 NTSC 制、PAL 制和 SECAM 制。

一个完整的电视制式应包括黑白电视制式和彩色电视制式,通常用“彩色电视制式—黑白电视制式”表示,如我国的电视制式为 PAL-D。

8.96　电影与电视工程师学会(the Society of Motion Picture and Television Engineers)

1916 年,由 C. F. 詹金斯等多名工程师在美国华盛顿成立的学会,简称 SMPTE,成立时的学会名称为电影工程师学会。1930 年,学会迁往纽约。由于电视的迅速发展,1950 年改为现名。SMPTE 在电影、电视、视频和多媒体行业中,具有很强的影响力,制定了多项电影、电视行业的技术标准。

8.97　对比度(contrast)

景物中最大亮度与最小亮度之比。人眼在适中环境亮度下,对亮度的分辨率最高,可感知的对比度约为 1000。而在低亮度条件下,分辨能力显著下降,可感知的对比度约为 10。对于大多数景物,人眼能感知的对比度约为 100。当电视的对比度达到 50 时,就可达到比较满意的视觉效果。

8.98　多点控制器(multipoint control unit)

会议电视系统的核心设备,简称 MCU。因其对多个会场的信息进行控制而得名。MCU 汇集各个会议电视终端(每个会场一个)产生的信息流,经过同步分离后,抽取出音频、视频、数据等信息和信令,然后送入相应的处理模块,完成相应的音视频混合或切换、数据广播和路由选择、定时和会议控制等功能,最后将各会场所需的各种信息重新组合起来,送往相应的会议电视终端。一个会场能看到和听到哪些会场的情况,何时开始,何时结束,均通过 MCU 进行控制。

8.99　发光强度(luminous intensity)

发光体单位立体角内传输的光通量,简称光强。单位为坎德拉(cd),简称坎。坎德拉是国际单位制的一个基本单位,每球面度(sr)辐射 1/683 W,记为 1 cd。光通量衡量的是光功率的大小。发光强度为指定方向单位立体角通过的光通量,反映了光源在该方向上的辐射光功率的强弱。亮度是发光面(光源)单位面积的发光强度,衡量的是发光面的明亮程度。照度是被照物体单位面积上的光通量,反映的是被照物体的明亮程度。

8.100　防爆电视(explosion-proof television)

按照有关规定设计制造,不会引起周围爆炸性混合物爆炸的电视系统。防爆电视设备通常具有防爆外壳，能防止自身产生的电弧、火花和高温引起爆炸性混合物爆炸。国防科研试验中，发射塔架、火工品场房、燃料加注等易燃易爆场所安装的电视设备均需按规定采取防爆措施。

8.101　非线性编辑(non-linear editing)

以随机存取的方式对音视频素材进行的剪辑处理。非线性编辑以计算机和硬盘技术为基础进行数字化制作，几乎所有的编辑工作都可在计算机内完成。而线性编辑以磁带作为存储介质，素材按录制的先后顺序记录在磁带上。寻找素材，需要不断地重放磁带。对已编辑的节目进行修改，除了替换内容和被替换内容的时间长度一样外，任何替换、删除、增加都必须对修改位置之后的内容重新编辑。非线性编辑对素材可以随机存取，不需要反反复复在磁带中寻找。素材可以随意剪切、粘贴等。这种编辑突破了单一的时间顺序编辑限制，各种素材犹如并排放置，可随意直接调用。

非线性编辑系统由计算机、非线性编辑软件以及非线性编辑卡(增速用)组成。它可以代替传统电视节目后期制作系统中的切换台、数字特技台、录像机、录音机、编辑机、调音台、字幕机及图形创作系统等设备。非线性编辑系统已经成为影视后期制作的核心设备。

8.102　分辨率(resolution)

图像系统对图像细节的表现能力。在打印和印刷领域，分辨率用点每英寸(dpi)衡量；电脑显示领域，分辨率用像素每英寸(ppi)衡量；在光学领域，分辨率用线每英寸(lpi)衡量。在模拟电视中，分辨率用 1 帧图像可辨认的水平线数来衡量；在数字电视中，分辨率用 1 帧图像的水平像素数和垂直像素数来衡量。一般来讲，分辨率越高，图像表现出的细节越丰富。

8.103　峰值信噪比(peak signal-to-noise ratio)

图像客观评价质量指标之一，简称 PSNR。PSNR 的计算式如下：

$$\mathrm{PSNR} = 10\lg \frac{f_{\max}^2}{\dfrac{1}{MN}\sum_{x=0}^{M-1}\sum_{y=0}^{N-1}[f(x,y)-f_0(x,y)]^2} \tag{8-8}$$

式中：M——图像的水平像素数；

N——图像的垂直像素数；

$f_0(x,y)$——参考图像在(x,y)点的灰度取值；

$f(x,y)$——待评价图像在(x,y)点的灰度取值；

$f_{\max}$——图像在所有点上灰度的最大取值，如采样值采用 n 位编码，则$f_{\max}=2^n-1$。

8.104　复合视频信号(composite video baseband signal)

将色彩信号、亮度信号和同步信号混合在一起的模拟信号，简称 CVBS，又称全电视信号(FBAS)。黑白复合视频信号由亮度、复合同步和复合消隐信号组成。彩色复合视频信号由亮度、色度、复合同步、复合消隐和色同步信号组成。图 8.12 是彩条图像一行扫描的复合视频信号波形。

8.105　伽马校正(gamma correction，gamma calibration)

对光电转换的非线性进行的补偿，又称伽马校准，γ 校正，γ 校准。现实世界中，几乎所有的光电转换设备的光电转换特性都是非线性的。它们的输出与输入之间的关系可以用一个幂函数来表示，即输出=(输入)$^\gamma$，其中 γ 是幂函数的指数，用来衡量非线性部件的转换特性。按照惯例，输入和输出都缩放到 0~1。其中，0 表示黑电平，1 表示白电平。

CRT 显示设备的 γ 值约等于 2.5。而在暗淡环境下观看电视，屏幕图像相对于原始场景的 γ 大约为 1.25 比较合适。因此需要 γ 校正，以补偿 CRT 的非线性特性。在所有广播电视系统中，γ 校正是在摄像机中完成的。摄像机的 γ 设置为 0.5，就能使从摄影到显示的 γ 保持为 1.25。

8.106　干线放大器(trunk amplifier)

有线电视系统干线传输使用的放大器。其作用是补偿射频电视信号在干线上的传输损耗，以保证传输信号在满足性能指标要求的前提下，进行远距离传输。

按控制功能，可分为Ⅰ类、Ⅱ类和Ⅲ类干线放大器。Ⅰ类同时具有自动增益控制和自动斜率控制功能，采用双导频信号控制，适用于 10 km 以上传输距离的大型网络；Ⅱ类具有自动增益控制或自动斜率

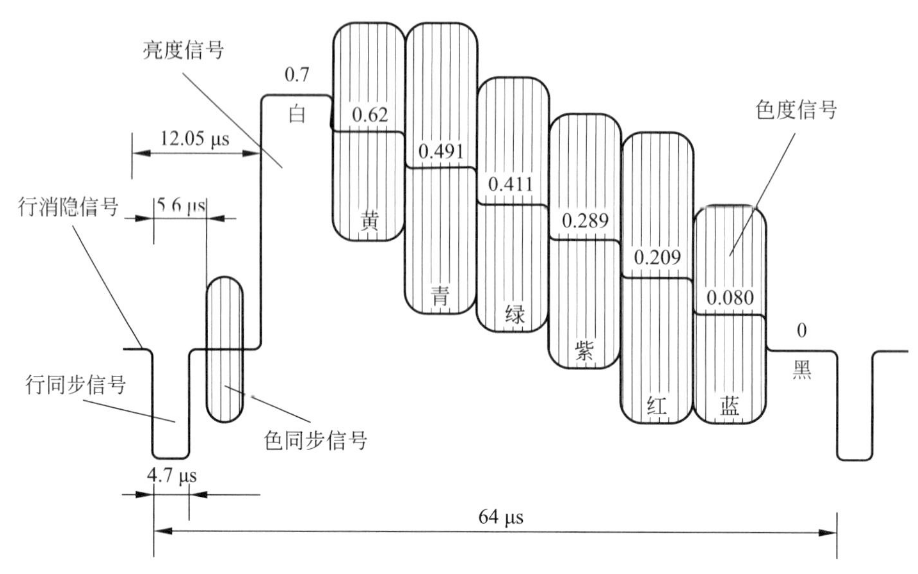

图 8.12　彩条图像的复合视频信号波形

控制功能,采用单导频信号控制,适用于 5 km 传输距离的中型网络;Ⅲ类只具有手动增益控制或手动斜率控制,适用于 1 km 传输距离的小型网络。

按照在干线传输中的应用,可分为干线延长放大器、干线分配放大器、干线分支放大器。干线延长放大器只有一个主干线输出端口,只用于干线的延伸;干线分配放大器除了一个主干线输出端口外,还有数个电平低于主干线输出端口的分配输出端口,供直接分配用;干线分支放大器除了一个主干线输出端口外,还有数个分支输出端口。分支输出端口具有放大器,其输出电平高于主干线端口输出电平。

8.107　高清电视(high definition television)

高清晰度数字电视系统,简称 HDTV。一个正常视力的观众在距该系统显示屏高度的 3 倍距离上所看到的图像质量应具有观看原始景物或表演时所得的印象。高清电视画面的水平和垂直分辨率是常规电视的两倍左右,并配有多路环绕立体声。

HDTV 显示屏的宽高比为 16 : 9,有 3 种显示格式。

(1) 720p: 分辨率为 1280×720,逐行扫描,帧频为 25、30 或 60。

(2) 1080i: 分辨率为 1920×1080,隔行扫描,场频为 50 或 60。

(3) 1080p: 分辨率为 1920×1080,逐行扫描,帧频为 25 或 30。

8.108　《高清晰度电视节目制作及交换用视频参数值》(Video Parameter Values for the HDTV standard for Production and Programme Exchange)

国家广播电影电视行业标准之一,标准代号为 GY/T 155—2000。该标准主要参考了 ITU-R BT. 709-3 中的方形像素通用视频格式,主要内容包括节目制作的光电转换特性、图像特性、信号格式、模拟参数、数字参数、图像扫描特性等。标准适用于高清晰度电视节目制作及节目交换,并可作为设计、生产、验收、运行和维护高清晰度电视节目制作系统及其设备的技术依据。

8.109　隔行扫描(interlaced scanning)

先扫描完所有的奇数行后再扫描所有偶数行的图像扫描方式。在隔行扫描方式中,每帧图像分割为顶场和底场。顶场包含了所有的奇数行,底场包含所有的偶数行。扫描时,先按自上而下的顺序扫描完顶场后,再按自上而下的顺序扫描底场。隔行扫描可以减少视频信号带宽,同时保持较高的帧刷新率,以防止画面闪烁抖动。

8.110　工业电视(industry television)

用于监视工业生产过程及其环境的电视系统。一般采用闭路电视形式,由摄像机、传输通道、控制器和监视器等组成。选用的设备具有较强的环境适应性,以满足工业生产的严酷环境要求。

8.111 广播级(broadcast quality)

广播电视级别的简称。同类制式或体制电视设备质量的最高级别。一般广播电视台所用设备的技术性能指标最高,故用广播级代表最高级别。其次是专业级、工业级、民用级(家用级)。上述分级都是约定俗成的叫法,并没有明确和严格的标准界定。

8.112 光圈(aperture)

控制镜头进光孔大小的部件。对于已经制造好的镜头,镜头直径已经确定,无法通过改变镜头直径来调节进光量,但可以在镜头内部加装光圈,通过改变光圈孔径的大小来调节进光量。光圈与快门协同控制总的进光量。此外,镜头的进光量还与镜头的视场角成正比关系。焦距越短、视场越大、进光量也越多;反之则进光量越少。因此,光圈的大小用"镜头焦距/光圈透光孔直径"来表示,记为 F。F 的取值系列为 1.0、1.4、2.0、2.8、4.0、5.6、8.0、11、16、22、32、45、64。相邻两档光圈透光孔的直径是$\sqrt{2}$倍的关系,即前一档光圈透光孔的面积是后一档的 2 倍。F 值越小,进光量越大。

8.113 光通量(luminous flux)

指人眼视觉能感觉的辐射功率,用 Φ 表示,单位为流明(lm)。1 lm 等于具有 1 cd 均匀发光强度的点光源在 1 sr 单位立体角内发射的光通量。光通量是辐射功率按国际规定的人眼视觉特性进行评价的导出量,光通量与辐射通量的关系为

$$\Phi = K_m \int V(\lambda) \Phi_e(\lambda) \mathrm{d}\lambda \tag{8-9}$$

式中:K_m——光谱光视效能的最大值,等于 683 lm/W;

$V(\lambda)$——国际照明委员会规定的标准光谱光视效率函数;

$\Phi_e(\lambda)$——光谱光辐射通量密度。

8.114 光纤同轴电缆混合网(hybrid fiber coax)

在同轴电缆有线电视系统的基础上,采用光纤传输技术改造而成的双向非对称宽带传输网,简称 HFC。具体的改造方法是,干线部分用双向光纤传输系统代替原来的同轴电缆,其拓扑结构为星形;用户分配网仍保留树形的同轴电缆网络结构,但放大器改为双向。在业务方面,保留原有单向电视广播业务,利用剩余频带提供宽带数据业务。用户通过电缆调制解调器接入宽带数据业务。

我国标准规定的用户分配网的频率分配如下。

(1) 上行信道:5~68 MHz;

(2) 下行信道:原有线电视信道为 88~550 MHz;数字下行信道为 550~750 MHz;个人通信为 750~1000 MHz。

8.115 国际照明委员会(International Commission on Illumination)

由国际照明工程领域中光源制造、照明设计和光辐射计量测试机构组成的非政府间多学科的国际性学术组织,简称 CIE(法语简称)。CIE 总部设在奥地利维也纳,其前身是 1900 年成立的国际光度委员会,1913 年改为现名。CIE 是一个非营利性国际标准化组织,其主要工作是制定照明领域的基础标准和技术标准。CIE 下设 7 个部门:视觉与色彩、光与辐射测量、室内环境与照明设计、交通照明与信号标志、户外照明与其他应用、光生物学与光化学、图像技术。通信中的光学、视觉计量、影像制作和重放、成像装置、存储媒体和成像媒体,也都在 CIE 的工作范围内。

8.116 行(line)

沿图像水平方向自左至右扫描一次获取或显示的像素集合。一幅画面由若干行组成。

8.117 行同步信号(line synchronizing signal)

电视信号中在行消隐期间用来保持收、发两端行扫描同步的脉冲信号。电视接收机利用行同步信号确定行扫描的起始时刻。PAL-D 制模拟电视的行同步信号是叠加在行消隐电平上的 4.7 μs 脉宽的负脉冲,幅度为-0.3 IRE。

8.118 黑场(black burst)

场内各行的图像信号为黑电平的全电视信号。一般用于电视设备之间的同步。

8.119 黑电平(black level)

黑色视频信号对应的电平。黑电平低于其他颜色的电平,略高于消隐信号电平。CRT 显像管内射出的电子束能量,低于磷质发光体(荧光物质)开始发光所需的最低能量时,屏幕上所显示的就是黑色。黑电平最高值称为绝对黑电平,低于绝对黑电平的都应显示黑色。我国电视系统把绝对黑电平定位在

0 IRE 的位置。美国 NTSC 系统则把绝对黑电平定位在 7.5 IRE 的位置。

8.120 灰度(grey scale)

图像信号中亮度分量的大小。以黑色为基准色,用不同饱和度的黑色来表示灰度,通常用百分比表示。图像中的每个像素具有从 0%(白色)到 100%(黑色)的灰度值。数字图像中常用 8 bit 数字信号表示亮度分量,可表示的灰度级为 256。在同样的亮度范围内,图像灰度级越多,图像越柔和细腻。

8.121 会议电视系统(video conference system)

支持异地人员开会的多媒体电视系统,又称视频会议系统。会议电视系统的作用就是将各会场的音视频和数据信息传送到其他会场,同时接受其他会场的音视频和数据信息,使参会人员如同在一个会场交流一样。

会议电视系统一般由多点控制器(MCU)、会议电视终端、传输电路和管理中心组成。MCU 是会议电视系统的核心,通过传输电路连接各个会议电视终端。MCU 集中对会议电视终端的信息流进行分离、混合等处理,再通过传输电路将各个会场需要的信息传送给各个会议电视终端。会议电视终端主要完成音视频编解码、输入输出,以及远程信息处理和显示(电子白板)等功能。管理中心设备连接到 MCU,负责监视 MCU 的状态,进行故障诊断、记录会议情况等。

国际电信联盟(ITU)对会议电视系统的兼容性进行了规范,主要涉及语音、视频、数字信号的编码格式,用户控制模式等要件。适用于会议电视的标准有用于综合业务数字网(ISDN)传输环境的 H.320 协议、用于互联网传输环境的 H.323 协议、用于电话网传输环境的 H.324、用于 ATM 和 B-ISDN 传输环境的 H.310。其中,H.323 协议成为目前应用最广泛的协议标准。

8.122 霍夫曼编码(Huffman coding)

霍夫曼于 1952 年提出的一种无损数据压缩编码。霍夫曼编码为不等长编码,符号编码长度与该符号出现的概率严格逆序,理论上可以证明其平均码长最短。许多国际标准如 ITU-T H.261、JPEG 和 MPEG 采用了霍夫曼编码技术,并给出了相应的码表。

8.123 基本码流(elementary stream)

编码器视频、音频或辅助数据原始码流的通称,简称 ES。视频基本码流是由块、宏块、宏块条、图像、图像组、视频序列构成的层次化视频数据。基本码流通过包封装形成包基本码流(PES),包基本码流再通过复用,形成传送码流(TS)或节目码流(PS)。

8.124 机顶盒(set-top box)

连接电视机与外部信号源的设备,简称 STB。因其形状似盒子而又通常被放置在电视机上而得名。不同的时期,机顶盒的概念有所不同。早期是为了解决电视机接收增补频道的问题。现在的机顶盒一般指数字电视机顶盒和网络电视机顶盒,解决模拟电视机接收数字电视的问题。不同种类的机顶盒可以接收来自有线电视系统、卫星天线、宽带网络、因特网以及地面广播的内容,包括图像、声音和数据。机顶盒一般具有解扰和解密功能,可实现条件接收,开展付费电视等付费业务。

8.125 焦距(focal length)

透镜中心到焦点的距离,又称焦长。是衡量透镜对光的聚焦和发散能力的指标,分为像方焦距和物方焦距。一组平行光穿过透镜,聚集到成像一侧的像方焦点上,其与像方镜头主面的距离称为像方焦距;一个点光源,放置在物方焦点上,穿过透镜的光成为平行光,其与物方镜头主面的距离称为物方焦点。镜头的焦距一般指像方焦距,与物距和像距的关系为

$$\frac{1}{\text{像方焦距}}=\frac{1}{\text{物距}}+\frac{1}{\text{像距}} \tag{8-10}$$

8.126 交扰调制比(cross-modulation ratio)

衡量有线电视系统非线性失真的指标之一,简称 CM,单位为 dB。交扰调制指其他频道的信号调制到被干扰频道上而造成的干扰。交扰调制对图像质量的影响表现为串像或“雨刷”。CM 的定义式为

CM = 20lg(指定频道上有用调制信号的电压峰峰值/交扰调制信号的电压峰峰值)　　(8-11)

我国标准规定,$CM \geqslant 46+10\lg(N-1)$,其中 N 为系统的频道数。

8.127 节目码流(program stream)

由一个或多个具有共同时间基准的基本码流组

合而成的码流，简称 PS。节目码流的包比较长，用于相对无误码的环境，适合于节目信息的软件处理和存储等。

8.128　可逆变长编码（reversible variable length code）

具有可双向解码特点的变长编码，简称 RVLC。RVLC 最早由 Takishima 等提出，可以有效地解决变长编码随机误码扩散的问题。变长编码虽然能够提高编码效率，但是一旦出现误码，解码器便失去同步。因需重新建立同步而丢弃当前数据，这样会造成大量无差错数据的丢失，加剧了差错对图像重建质量的影响。如图 8.13 所示，与 VLC 相比，RVLC 增加了部分编码数据，使其具有可双向解码的功能。解码器可分别由两个方向进行解码，当差错发生后，可恢复部分本应丢弃的数据，同时通过比较前向和逆向解码的数据，可以更精确地确定差错发生的位置。因此，RVLC 有效地提高了压缩视频数据对抗差错的能力。

8.129　快门（shutter）

摄像机和照相机中控制曝光时间的部件。快门打开，光线进入镜头；快门关闭，阻止光线进入镜头。快门从打开到关闭的时间称为快门速度，单位是 s。常见的快门速度系列为 1、1/2、1/4、1/8、1/15、1/30、1/60、1/125、1/250、1/500、1/1000、1/2000、1/4000、1/8000 等。相邻两档的快门速度相差一倍，即进光量相差一倍。快门速度越快，进光量就越少。拍摄移动物体时，快门速度应快一点，否则图像容易模糊。快门与光圈协同控制总的进光量。

8.130　宽高比（aspect ratio）

图像宽度与高度之比，通常用 X：Y 表示。传统电视机和显示器的宽高比为 4：3。根据人体工程学的研究，人眼的视野范围是一个宽高比例为 16：9 的长方形。故后来的高清晰度电视采用了 16：9 的宽高比。现在生产的电视机和计算机显示器的宽高比一般均为 16：9。

8.131　勒克斯（lux）

照度单位。1 m^2 面积接受 1 lm 光通量时的照度，为 1 勒克斯（lux）。

8.132　离散余弦变换（discrete cosine transform）

与傅里叶变换相关的一种变换，简称 DCT。其基本原理是将原序列拓展为一个实偶函数，然后进行离散傅里叶变换，因此离散余弦变换只包含实数项，长度大概是对应离散傅里叶变换的两倍。

图像编码中的离散余弦变换是一个二维的傅里叶变换。一个 $N\times N$ 的像素块 $f(x,y)$ 与其离散余弦变换 $F(u,v)$ 的相互变换关系如下：

$$\begin{cases} F(u,v) = \sum_{x=0}^{N-1}\sum_{y=0}^{N-1} f(x,y)g(x,y,u,v); & u,v = 0,1,\cdots,N-1 \\ f(x,y) = \sum_{u=0}^{N-1}\sum_{v=0}^{N-1} F(u,v)g(x,y,u,v); & x,y = 0,1,\cdots,N-1 \end{cases} \quad (8\text{-}12)$$

式中：

$$g(x,y,u,v) = g_1(u,x)g_2(v,y) = \frac{2}{N}C(u)C(v)\cdot \cos\frac{(2x+1)u\pi}{2N}\cos\frac{(2y+1)v\pi}{2N}$$

$$C(u) = \begin{cases} \frac{1}{\sqrt{2}}, & u = 0 \\ 1, & u \neq 0 \end{cases}$$

利用离散余弦变换，将空间像素的几何分布变换为空间频率分布，减弱了图像数据的空间相关性。变换后，能量主要集中在直流和少数低频的变换系数（$F(u、v)$）上。因此，对 $F(u、v)$ 编码的效率远远高于直接对空间域像素 $f(x,y)$ 编码的效率，从而达到图像压缩的目的。在解码端，经过反变换，可得到像素块 $f(x,y)$。

与离散傅里叶变换相比，离散余弦变换是实数变换，处理起来比较容易。JPEG、MPEG-1、MPEG-2、MPEG-4、H.26x、HDTV 等图像压缩编码标准均采用

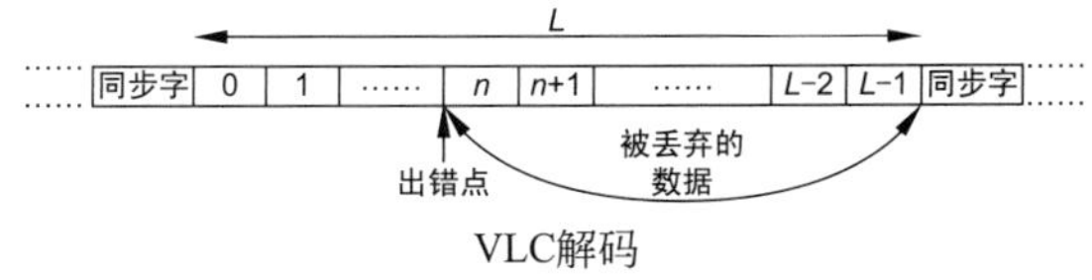

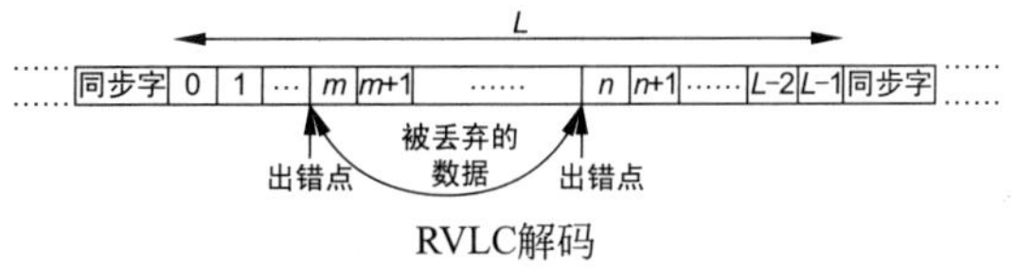

图 8.13　VLC 解码与 RVLC 解码

了离散余弦变换。

8.133　亮度(luminance)

发光面的明亮程度。用发光面单位面积的发光强度表示,单位为坎每平方米(cd/m^2)。图像画面每个点的亮度是图像信息的主要内容。一个画面最大亮度和最小亮度之比称为对比度。最大亮度和最小亮度之间能分辨的不同亮度层级,称为灰度。

8.134　模拟电视(analogue television)

电视信号为模拟信号的电视系统。世界上的模拟电视系统有 NTSC、PAL 和 SECAM 3 种制式,目前世界已全面进入数字电视时代,模拟电视广播将被数字电视广播所取代。

8.135　模拟分量视频(component analog video)

采用 3 个独立通道分别传输 3 个视频分量的模拟视频信号格式。具体包括 RGB;Y、R-Y、B-Y;YPbPr;YUV 和 YIQ 等格式。

8.136　内容分发网络(content distribution network)

建立在现有 IP 网络结构之上的一种应用层网络,简称 CDN。其核心思想是将内容从中心推到边缘靠近用户的地方,这样不但有效地提高了用户访问内容的性能,而且也有效地减轻了中心设备和骨干网络的压力。CDN 主要包括内容管理、内容路由、内容存储等几个部分。其中,内容管理部分主要负责内容的注入、发布、分发、审核、服务以及全局的网络流量管理等。内容路由部分负责将用户请求调度到适当的设备上,一般通过负载均衡技术来实现。内容存储部分是业务的提供点,分布在网络的边缘,直接向用户终端提供内容。应用 CDN 技术,可以将内容服务从原来的单一中心结构变为分布式结构。

在网络电视中,CDN 用于承载流媒体业务,向用户提供视频点播服务。通过 CDN 把视频内容分发到靠近用户端的 CDN 节点后,可以有效解决访问量大、服务器分布不均匀对骨干网络造成的拥塞问题。

8.137　前端设备(front-end device)

有线电视系统中,位于信号源和干线传输系统之间的设备。前端设备包括天线放大器、频道变换器、频道处理器、电视调制器、导频信号发生器、混合器等,其作用是将来自信号源的各种电视信号,进行滤波、变频、放大、调制、混合,转换为不同频道的射频电视信号,并将其混合成一路,输出到干线传输系统。

8.138　清晰度(definition)

人眼宏观看到的图像的清晰程度。是由系统和设备客观性能的综合结果造成的主观感觉。可以用可分辨的黑白相间的线条数量来衡量,分为垂直清晰度和水平清晰度。一般来讲,图像的分辨率越高,则清晰度越高。

8.139　三刺激值(tristimulus value)

三色系统中,与待测光达到颜色匹配时所需要的 3 种原色的刺激量。经实验和计算确定,匹配标准白光的等能 RGB 三原色的亮度比为 1.0000 : 4.5907 : 0.0601。以此为基准定义三刺激值的单位(R)、(G)、(B),使匹配等能白光的三刺激值的比例为 1(R) : 1(G) : 1(B)。

8.140　三基色(three primary colours)

相互独立的 3 种颜色。其中任一颜色均不能由其他两种颜色混合产生。三基色按一定比例的混合能得到人眼可识别的绝大多数颜色。从多种颜色中可挑选出多种三基色,在图像通信中采用红、绿、蓝作为三基色。国际照明委员会规定,波长为 700 nm 的红光为红基色光,波长为 546.1 nm 的绿光为绿基色光,波长为 435.8 nm 的蓝光为蓝基色光。

同彩色三要素一样,不同比例的三基色组合也唯一确定了一种颜色。红、绿、蓝三分量的代数和等同于颜色的亮度。这样,传送颜色信号可以分别传送红、绿、蓝三分量信号,也可以传送亮度信号、任意两个色度信号分别与亮度信号的差信号(称为色差信号)。

8.141　扫描(scanning)

按照预定的方法逐次地将一幅图像分解为多个像素的过程,或按预定的方法逐次将各个像素合并为一幅图像的过程。将一幅图像分为若干行,如果按照从左到右,从上到下的顺序依次扫描,则称为逐行扫描;如果先扫奇数行,再扫偶数行,则称为隔行扫描。每行按照从左到右的次序进行扫描。

每扫描一行,相当于画了一条线。故把电视画面中每帧扫描的行数,称为扫描线数。扫描线数是衡量画面清晰度的重要指标。各类电视系统的扫描线数见表 8.5。

表 8.5　各类系统的每帧扫描线数

序号	每帧扫描线	系统
1	525	NTSC 系统
2	625	PAL 系统、SECAM 系统
3	655	24 fps 电子电影系统
4	675	EIA 工业电视标准
5	729	EIA 工业电视标准
6	750	RCA 和国际汤姆逊隔行扫描建议
7	819	CCIR E 系统(用于法国)
8	875	EIA 工业电视标准
9	900	国际隔行扫描标准建议
10	945	EIA 工业电视标准
12	1023	EIA 工业电视标准
13	1029	EIA 工业电视标准
14	1049	双倍 NTSC 分辨率隔行扫描
16	1125	ATSC/SMPTE HDEP 标准
18	1225	EIA 工业电视标准
19	1249	非 NTSC 制式双倍清晰度隔行扫描系统
20	1250	非 NTSC 制式双倍清晰度逐行扫描系统
23	2625	RCA 电子电影系统建议

8.142　色饱和度(color saturation)

色彩的鲜艳程度,又称相对色浓度。单色光的色饱和度为 100%,白色光的色饱和度为 0。色光中掺入的白光越多,饱和度越小;反之,饱和度越大。

8.143　色彩分辨率(color resolution)

像素编码可以表示的色彩数。若颜色编码位数为 n,则色彩分辨率为 2^n。

8.144　色差信号(colour difference signal)

基色信号与亮度信号相减后的信号。色差信号有红色差信号(R-Y)、蓝色差信号(B-Y)和绿色差信号(G-Y)。根据 Y=R+G+B,由两个色差信号可恢复出第三个色差信号,因此只传送两个色差信号即可。由于 G-Y 最弱,抗干扰性差,因此彩色电视采用(R-Y)和(B-Y)作为色差信号。

8.145　色度(chrominance)

色调和色饱和度的合称。色度既代表彩色光的颜色类别,又代表颜色的深浅程度。

8.146　色键(chroma key)

利用彩色电视信号的色度分量,实现前景图像与背景图像相互叠加的电视特技。前景图一般用深饱和度的单色幕布做背景拍摄而成。当前景图中出现所选中的颜色(如单色幕布的颜色)时,产生色键信号,使该颜色所占据的区域被背景图对应的区域填充,从而产生前景和背景的合成画面。

8.147　色同步信号(color burst signal)

用于解调色差信号的同步信号。在 NTSC 制和 PAL 制彩色电视信号传送中,两个色差信号采用正交平衡调幅方式,抑制了副载波分量。为了相干解调色差信号,需要在电视信号中插入色同步信号。该信号是一个 8~11 个周期的正弦信号,频率与副载波频率相同,在行消隐期间传送。

8.148　色温(color temperature)

表示光源光谱分布最通用的指标之一,单位为绝对温度(K)。如果一辐射体能够将传给它的所有热量全部转化为光的形式辐射出去,则该辐射体称为绝对黑体。绝对黑体辐射出的光谱随绝对黑体的温度变化而变化。任一光源辐射出的光谱特性与绝对黑体某一温度下辐射出的光谱特性相同。此时绝对黑体的温度即该光源的色温。一般来讲,光源的色温越低,辐射出的红色光越多;色温越高,辐射出的蓝光越多。

8.149　视场(field of view)

镜头摄取景物的最大范围,常用视场角表示视场的大小。视场角为以镜头为顶点,由视场中两条边缘构成的夹角。远摄镜头的视角一般在 20°之内,标准镜头的视角一般在 50°左右,广角镜头的视角一般在 60°以上。视场的大小也可以用千米处的可视宽度来表示,如 158 m/1000 m。

8.150　视觉分辨率(visual resolution)

视觉分辨景物细节的能力。用能清晰分辨两个点的视觉分辨角来衡量。在中等亮度的条件下,正常人的视觉分辨角为 1′~1.5′。在电视系统设计中,通常以人眼每度可分辨 60 个电视线为参考。常用电视系统的最大可分辨观看距离与电视垂直分辨率的关系见表 8.6。

表 8.6　最大可分辨距离与电视垂直分辨率的关系

垂直视觉分辨率			最大可分辨距离
电视行数	有效行	垂直可视角	
525	485	8.08°	$7.1h$(1)或 $5.3w$(2)
625	575	9.58°	$6.0h$(1)或 $4.5w$(2)
1125	1035	17.25°	$3.3h$(1)或 $1.9W$(3)

注：(1) h 是显示器垂直高度。
(2) w 是 4∶3 显示器水平宽度。
(3) W 是 16∶9 显示器水平宽度。

8.151　视频编解码器(video decoder)

对视频信息进行压缩编码和/或解压缩编码的设备或者程序。如图 8.14 所示,视频编码器一般由信源编码器、视频复合编码器、发送缓冲器、传输编码器以及编码控制器所构成。信源编码是整个编码器的核心部分,通常采用预测、运动补偿和变换编码等技术在空域和时域上对视频信号的冗余进行压缩编码,视频复用编码器则将变换系数和运动矢量转换为传输符号。视频解码则是编码的逆过程。

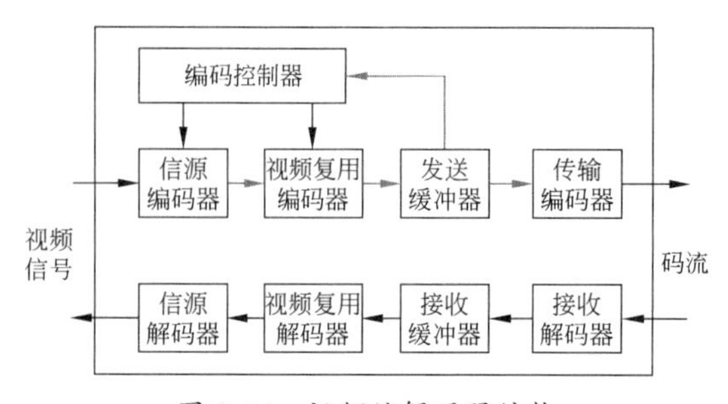

图 8.14　视频编解码器结构

常用的视频编解码器有:

(1) H.261,主要在旧的视频会议和视频电话产品中使用。

(2) H.263,主要用在视频会议、视频电话和网络视频上。

(3) MPEG-1 第二部分,主要用在 VCD 上,有些在线视频也使用这种格式。该编解码器的质量大致和原有的 VHS 录像带相当。

(4) MPEG-2 第二部分,等同于 H.262,用在 DVD、SVCD 和大多数数字视频广播系统和有线电视系统中。

(3) MPEG-4 第二部分,广泛使用在网络传输、广播和媒体存储上。与 MPEG-2 和第一版的 H.263 相比,其压缩性能有所提高。

(4) MPEG-4 第十部分,技术上和 H.264 是相同的标准。该标准引入了一系列新技术,使高码率和低码率编码特性都得到显著提高。

(5) AVS,我国制定的音视频压缩编码标准。主要目的是通过采用与 H.264 不同的专利授权方式,来避免付出大笔的专利授权费用。在技术上,AVS 的视频编码部分采用的技术与 H.264 相似。

(6) DivX,XviD 和 3ivx,基本上使用了 MPEG-4 第二部分的技术,可以播放“*.avi”“*.mp4”“*.ogm”或者“*.mkv”类型的文件。

(7) WMV,是微软公司的视频编解码器家族,可以看作 MPEG-4 的一个增强版本,包括 WMV 7、WMV 8、WMV 9、WMV 10。

(8) RealVideo,是由 Real Networks 公司开发的视频编解码器。

(9) Sorenson 3,是由苹果公司的软件 QuickTime 使用的一种编解码器。很多因特网上的 QuickTime 格式的视频都是由这种编解码器压缩的。

8.152　视频点播(video on demand)

根据用户要求,为不同用户播放定制的视频节目服务,简称 VOD。用户通过终端进行节目信息检索,确定所需点播的节目。系统根据用户确定的点播节目信息,将存放在系统中的相应片源检索出来,以音视频流的形式传送给用户终端。

8.153　视频多画面处理器(video multiplexer)

将多路视频信号合成为一个统一画面以及将一路视频信号分割为多个画面的图像处理设备。视频多画面处理器一般支持多种视频信号格式的输入。在大屏幕显示中,可用来将多路视频图像灵活地组合成一个多画面形式显示。在传输带宽受限的情况下,可用来将多路图像合成为一路图像传输。

8.154　视频分配器(video distributor)

将一路视频信号分成多路输出的设备。视频分配器仅对视频信号分路放大,不进行其他处理。按视频信号类型分类,常见的有 SDI、VGA 和 CVBS 视频分配器;按分配路数分类,常见的有 1 分 2、1 分 4、1 分 8 等。

8.155　视频监控系统(video surveillance system)

利用视频技术探测、监视设防区域并实时显示、记录现场图像的监控系统。早期的视频监控系统采用模拟视频技术,称为模拟视频监控系统。目前的视频监控系统均采用先进的数字压缩,以及网络传输、数字存储技术,所以又称为网络视频监控系统。

8.156　视频接口转换器(video interface converter)

不同视频接口相互转换的设备。常用的视频接口转换器有以下几类:计算机和电视系统之间的VGA-TV 转换器,模拟与数字接口之间的 AV-HDMI/AV-SDI 转换器,以及数字接口之间的 DVI-HDMI 转换器等。

8.157　视频切换矩阵(video matrix switcher)

具有多路视频输入及多路视频输出,可将任何一路输入信号切换至任意一路输出的视频设备。为了消除视频信号切换过程中由于信号帧失步所引起的图像抖动现象,早期的模拟视频切换矩阵需要外接帧同步设备,而现在的数字视频切换矩阵一般内置帧同步器。

8.158　视频切换器(video switcher)

从多路输入视频信号中选取其中一路输出的设备。视频切换器可以对多路视频信号进行自动或手动控制,使一台监视器能监视多路视频信号,以实现集中监视和记录。视频切换器的输入端(视型号而定)分为 2、4、6、8、12、16 路,输出端分为单路和双路。

8.159　视频信号(video signal)

携带可视信息的基带信号。对于模拟电视系统而言,视频信号包括将亮度/色度混合传输的复合信号,以及将亮度和色度分别传输的 S-Video、YCrCb 和 VGA 分量信号。对数字电视和显示系统而言,视频信号指对模拟视频信号进行数字化处理后的信号,包括 SDI、HDMI 和 DVI 等类型。

8.160　梳状滤波器(comb filter)

从复合视频信号中将亮度信号和色度信号分离的滤波器件。复合视频信号中的亮度信号(Y)和色度信号(C)的频谱交织,相应地,滤波器幅频通带和阻带交织,就能将 Y 信号和 C 信号分离开来。这种频通带和阻带交织的滤波器的幅频特性曲线形状如梳子,故称梳状滤波器。如图 8.15 所示,复合视频信号进入梳状滤波器后分为三路:一路送加法器,一路送减法器,一路送时延器。复合视频信号与其时延信号相加,得到亮度信号;与其时延信号相减,得到色度信号。时延的时间等于电视一行(NTSC 制)或两行(PAL 制)的扫描时间。

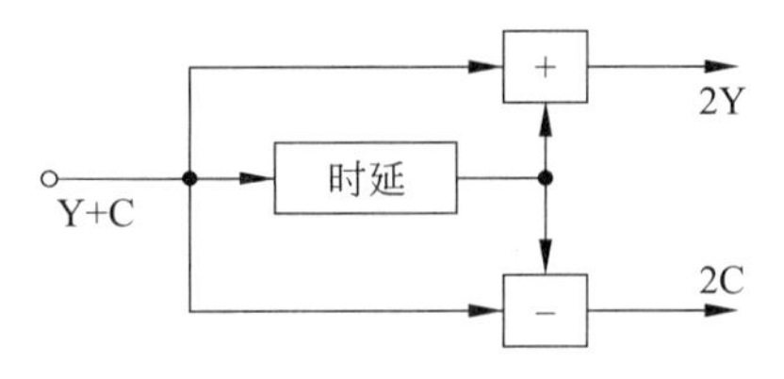

图 8.15　梳状滤波器原理

8.161　数字电视(digital TV)

电视信号采集、编辑、传播、接收等环节中全面数字化的电视系统。由于信号格式、编码方式、调制方式的不同,数字电视形成了 ATSC、DVB 和 ISDB 三大标准体系。数字电视可传送多种业务,具有图像质量高、节目容量大和伴音效果好的特点,现已基本取代模拟电视。

8.162　数字电影(digital cinema)

电影数字化技术的统称,又称数字影院。数字电影涵盖多媒体数据压缩编码、文件打包封装、多媒体信息传输、大容量数据传输、信号处理、光电转换、信息安全与数字版权管理等技术。数字电影图像的编解码采用 JPEG 2000 标准的第一部分,即 ISO/IEC 15444-1《信息技术——JPEG 2000 图像编码系统:核心编码系统》。数字电影的图像分辨率最低为 2K,高的可达 4K。数字电影系统由数字节目源获取、数字节目制作、数字节目发行(传输)、数字节目接收与放映(显示)组成。

8.163　数字分量并行接口(parallel digital component interface)

采用并行方式传输的数字分量信号接口。主要用于数字电视演播室设备之间的连接。ITU-R BT601-2 数字分量为 YCbCr,采样格式为 4∶2∶2。Y、Cb、Cr 的 8 位并行码由 8 对传输线并行传输,每对线上的传输速率为 27 Mb/s,传输顺序为 Cb、Y、Cr、Y、Cb、Y、Cr、Y……。每一数字有效行都叠加有定时时序 SAV 和 EAV,标志有效视频的起始点和终点,以便在接收端进行数据再生。另用一对线传输 27 MHz 的时钟信号。数字分量并行接口采用 DB25 超小型连接器,其插针分配见表 8.7。接口传输距离无均衡时不超过 50 m,采用均衡补偿措施后可达 200 m。

表 8.7　数字分量并行接口连接器插针分配

插针	信号线	插针	信号线	插针	信号线
1	时钟 A	10	数据 2A	19	数据 6B
2	系统地	11	数据 1A	20	数据 5B
3	数据 9A (MSB)	12	数据 0A	21	数据 4B
4	数据 8A	13	电缆屏蔽	22	数据 3B
5	数据 7A	14	时钟 B	23	数据 2B
6	数据 6A	15	系统地	24	数据 1B
7	数据 5A	16	数据 9B	25	数据 0B
8	数据 4A	17	数据 8B		
9	数据 3A	18	数据 7B		

8.164　数字分量视频(digital component video)

将三基色(RGB)或亮度和彩色差分信号(YUV)的各分量独立编码,并形成单一串行数字流的视频信号编码格式。SMPTE 125M 规定了 525 线、59.94 场/s 电视系统的数字分量电视信号格式,SMPTE 224M、225M、226M、227M,RP 155 和 EG10 则规定了 525 线电视、13.5 MHz 数字分量视频信号的特性要求。

8.165　数字复合并行接口(parallel composite digital interface)

采用并行方式传输的数字复合视频信号接口。主要用于数字电视演播室主要设备之间的连接。SMPTE 和 EBU 分别制订了 NTSC 制和 PAL 制系统的模拟复合视频信号的采样格式,其采样率是色同步载频的 4 倍,分别为 14.3 MHz(NTSC)和 17.7 MHz (PAL)。与数字分量信号相同的是,数字复合信号的有效行中含有表示模拟信号的有效行和消隐信号的信息;不同的是,数字复合信号还传递表示场同步和均衡脉冲的信息。数字复合并行接口的连接器及其插针分配与数字分量并行接口相同。

8.166　数字复合视频(digital composite video)

将复合模拟视频信号数字化的串行数字流编码格式。SMPTE 244M 描述了 525 线、59.94 场/s 电视系统的数字复合视频格式;D2 VTR 规定了用于 525 线或 625 线电视数字磁带记录设备的数字复合视频格式;SMPTE 245M、246M、247M、248M,EG 20 和 RP 155 则规定了 525 线电视、14.32 MHz 数字复合视频信号的特性要求。

8.167　数字图像压缩编码(digital image compression encoding)

在保持一定图像质量的条件下,以降低数据量为目的对原始数字图像进行的编码,简称图像压缩编码或图像编码。原始数字图像在空间、时间和视觉上存在着大量可供压缩的冗余信息,为了满足存储和传输等应用要求,需要对原始数字图像进行压缩处理。

数字图像压缩编码一般由三部分组成,即变换、量化和统计编码。变换又称映射,指对表示信号的形式进行某种变换,用一组代表空间频率分布的变换系数表示一组空间几何位置的像素值。通过这种变换可以消除或减弱图像信号的相关性,降低结构上存在的冗余度。量化指在满足一定图像质量的前提下,减少表示信号的精度。统计编码指利用熵编码来消除统计冗余度。

数字图像压缩编码的方法很多,按照不同分类规则可有多种分类方法。按解码重建图像和原始图像是否相同,可分为有损压缩编码和无损压缩编码两类。按照压缩编码算法的原理,可分为基于图像统计特性、基于人眼视觉特性、基于内容和基于模型等类型。在基于图像统计特性类型中,又分为预测编码、变换编码、霍夫曼编码、算数编码及游程编码等;在基于人眼视觉特性和基于内容编码中,又分为子带编码、多分辨率编码、矢量量化、形状编码和纹理编码等;在基于模型的编码中,分为模型基编码和语义基编码。按照其作用域所在的空间域或频率域,可分为空间方法、变换方法和混合方法等类型。根据是否自适应,可分为自适应编码和非自适应编码两类。上述预测编码和变换编码的研究历史最长,应用最广泛,由这两种编码构成的混合型编码是目前活动图像的主流编码类型。

8.168　数字硬盘录像机(digital video recoder)

以计算机硬盘为存储媒体的图像记录设备,简称 DVR。数字硬盘录像机是一套具有图像存储处理功能的计算机系统,采用图像压缩和硬盘存储技术实现视频图像的长时间存储。在视频监控系统中,数字硬盘录像机常常将画面分隔、视频切换、云台控制、硬盘记录、网络传输、视频报警及报警联动等多种功能集于一体,支持多路输入输出,可作为小型的集成化监控中心。

8.169　水平分辨率(vertical resolution)

水平方向上画面细节的表现能力。通常用可区分的垂直交替黑白线条的最大数量来衡量。图像水平分辨率除了与摄像机和显示器的像素有关外，主要与电视信号传输系统的高频响应性能有关。

8.170 算术编码(arithmetic coding)

一种无损压缩编码。算术编码采用递推形式进行连续编码，将整个信源符号序列映射为[0,1)区间内的一个实数区间。这个区间随着每个信源符号的加入而逐步减小，每次减少的程度取决于当前加入的信源符号的概率，而用来表达区间所需的比特数量变大。每个符号序列中的符号根据出现的概率确定其区间长度。算术编码与霍夫曼编码的区别在于，输入序列的长度可变，且不需要传送霍夫曼码表。算术编码的优点是序列具有自适应性、编码效率高，缺点是编码过程复杂，误码扩散比分组码严重。

8.171 条件接收系统(conditional access system)

只允许符合条件的用户接收到广播电视节目的系统，简称CAS。通过CAS的控制和管理，用户只能收看经过授权的广播电视节目，从而实现广播电视节目的有偿服务。CAS一般由用户管理系统、节目信息管理系统、加扰解扰系统、加密解密系统等组成。其基本原理是，前端对用户信息进行加扰传输，并通过复用的方式，传输加密的授权密钥和加密的控制字。用户端智能卡(插入机顶盒中)存储用户分配密钥，用该密钥对加密的授权密钥进行解密，得到授权密钥。用授权密钥对加密的控制字进行解密，得到控制字。用控制字对加扰的节目流进行解扰，恢复出原节目流。如此，通过控制用户分配密钥，即可实现电视节目的授权收看。

8.172 图像(image)

人的视觉器官所感知的，与空间位置相关联的亮度信息和色度信息。大多数图像源于自然景物，与文字、语音信息相比，具有信息量大、直观性强、易于理解等特点。按照亮度等级划分，可分为二值图像和灰度图像。前者只有黑白两种亮度等级，后者有多种亮度等级。按照光谱特性，可分为黑白图像和彩色图像。按照是否随时间变化，可分为静止图像和活动图像。按照所占空间的维数，可分为平面的二维图像和空间的三维图像。

8.173 图像传感器(imaging sensor)

将光学图像转换成电信号的器件。早期的图像传感器采用摄像管。目前，图像传感器主要采用半导体集成技术制成，分为电荷耦合器件(CCD)和互补金属氧化物半导体(CMOS)两类。二者均被广泛应用在数码相机、摄像机和其他电子光学设备中。

8.174 图像信号(image signal)

视频信号中仅包含图像信息的信号。图像信号是对图像进行扫描串行化后得到的信号，其带宽正比于图像画面的大小和更新频率。在全电视信号中，图像信号指除复合消隐脉冲、复合同步脉冲和色同步信号之外的部分，其带宽高达6 MHz，远高于音频信号的带宽。

8.175 图像预测编码(image predictive coding)

利用图像信号时间和空间相关性的特点，预测当前图像的像素，然后对预测误差进行编码的编码技术。图像预测编码的基本原理如图8.16所示，原始图像数据与预测的图像数据相减，获得预测误差。对预测误差进行编码后，经信道传送到接收端。接收端解码获得预测误差，与预测的图像数据相加，就得到原始的图像数据。

对于活动图像而言，预测编码又分为帧内预测和帧间预测两种编码类型。帧内预测利用图像背景的单调特性可以很好地消除图像数据中的空间冗余，帧间预测利用图像序列的相似特性可以很好地去除视频序列中的时间冗余。在帧间预测编码中，根据画面运动情况对图像加以补偿再进行帧间预测

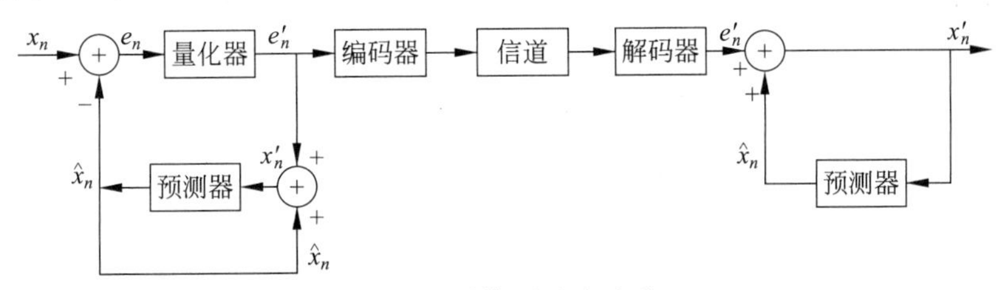

图8.16 图像预测编码原理

的方法称为运动补偿预测编码。

8.176　图像子带编码(image sub-band coding)

将图像信号所在的频域分割成若干个子频带的图像编码。其基本方法是将子频带搬移至零频处进行子带取样,再对每一个子带用一个与其统计特性相匹配的编码器进行压缩编码。在接收端,将解码信号搬移至原始频率位置,然后同步相加,合成为原始图像信号。子带编码的关键技术是正确选用实现无失真子带分割和恢复所需的解析综合滤波器组。高分辨率图像可以在低分辨率图像的基础上,通过增加子带来实现,故子带编码适合于分辨率可分级的图像编码。

8.177　微分相位(differential phase)

亮度信号幅度变化引起的色度信号的相位失真,又称微分相位失真,差分相位,简称 DP,单位为度。将未经相位调制的恒定小幅度色度副载波叠加在亮度信号上并加至被测视频通道的输入端。当亮度信号从消隐电平变到白电平而平均图像电平保持在某一特定值时,测出的输出端副载波的相位变化即为微分相位。微分相位常用 X,Y 和微分相位峰峰值 $X+Y$ 表示:

$$\begin{cases} X = |\phi_{\max} - \phi_0| \\ Y = |\phi_0 - \phi_{\min}| \\ X + Y = |\phi_{\max} - \phi_{\min}| \end{cases} \tag{8-13}$$

式中:φ_0——消隐电平上的副载波相位;

$\phi_{\max}$——载波相位的最大值;

$\phi_{\min}$——载波相位的最小值。

微分相位是由传输系统的非线性引起的。在 NTSC 系统中,微分相位代表了色调的变化,而人眼对色调的变化十分敏感,所以微分相位对图像质量的影响比较大。在 PAL 系统中,由于采用了逐行倒相技术,使得色调的变化转化为了色饱和度的变化。

8.178　微分增益(differential gain)

亮度信号幅度变化引起的色度信号的幅度失真,又称微分增益失真,差分增益,简称 DG,用百分比或 dB 衡量。将恒定小幅度的色度副载波叠加在不同电平的亮度信号上,并加至被测视频通道的输入端。当亮度信号从消隐电平变到白电平,并且平均电平保持在某一特定值时,输出端副载波幅度的变化即为微分增益。微分增益常用 X、Y 和微分增益峰峰值 $X+Y$ 表示:

$$\begin{cases} X = \left|\dfrac{A_{\max}}{A_0} - 1\right| \times 100\% \\ Y = \left|\dfrac{A_{\min}}{A_0} - 1\right| \times 100\% \\ X + Y = \left|\dfrac{A_{\max} - A_{\min}}{A_0}\right| \times 100\% \end{cases} \tag{8-14}$$

式中:A_0——消隐电平上的副载波幅度;

$A_{\max}$——副载波幅度的最大值;

$A_{\min}$——副载波幅度的最小值。

微分增益是由传输系统的非线性引起的,影响图像的色饱和度。

8.179　卫星直播(direct broadcasting satellite)

卫星直接到户的广播电视服务,简称 DBS。用户直接接收卫星信号,天线口径不能太大,一般要求不大于 0.6 m,故工作频段一般选择在 Ku 以上频段。卫星转发器的等效辐射功率(EIRP)比通信卫星转发器大。

8.180　无失真压缩编码(lossless compression encoding)

不丢失信息量的压缩编码,又称熵编码,信息保持编码,无损压缩编码。对于图像压缩编码而言,无失真压缩就是编码后的图像可经译码完全恢复出原图像。理论分析表明,无失真压缩编码的码字平均长度不能低于图像信息源的熵。因此无失真压缩编码就是寻找码字平均长度等于或尽可能接近图像信息源熵的编码。常用的无失真压缩编码有哈夫曼编码、游程编码、算术编码和 LZW 编码等。在 H.261、JPEG、MPEG 等图像压缩编码标准中,将哈夫曼编码和游程编码结合起来使用,称为哈夫曼游程编码。JPEG、H.263、JBIG(传真机用)等标准中采用了算术编码。GIF 和 PNG 格式的图像压缩,文件压缩和磁盘压缩采用了 LZW 编码。

8.181　像素(pixel)

图像基本组成单位,等同于图像中不可再分割的点。像素的阵列组成一幅图像。黑白图像的一个像素由一个亮度值唯一确定。彩色图像的一个像素由 3 个独立的分量唯一确定。这 3 个分量可以是 R、G、B,Y、I、Q,Y、U、V 或 Y、Cb、Cr 等。单位面积内的像素越多,则分辨率越高,图像细节越丰富,清晰度越高。

8.182　小波变换(wavelet transform)

基函数为小波的数学变换,简称 WT。小波就是小区域、长度有限、均值为 0 的波形,其中,小指具有衰减性;波指具有正负相间的振荡形式。图像编码中使用的小波变换为离散小波变换(DWT),其定义如下:

$$\begin{cases} W(m,n) = \int_{-\infty}^{+\infty} f(t)\varphi_{m,n}^{*}(t)\,\mathrm{d}t \\ f(t) = \sum_{m=-\infty}^{+\infty}\sum_{n=-\infty}^{+\infty} W(m,n)\varphi_{m,n}(t) \\ \varphi_{m,n}(t) = a_0^{\frac{m}{2}}\varphi(a_0^m t - nb_0) \end{cases} \tag{8-15}$$

如果 t 也离散化,则离散小波变换为

$$\begin{cases} W(m,n) = \sum_{i} f(i)\varphi_{m,n}^{*}(i) \\ f(i) = \sum_{m=-\infty}^{+\infty}\sum_{n=-\infty}^{+\infty} W(m,n)\varphi_{m,n}(i) \\ \varphi_{m,n}(i) = a_0^{\frac{m}{2}}\varphi(a_0^m i - nb_0) \end{cases} \tag{8-16}$$

小波变换具有平移、尺度、能量守恒、局部特性等性质。与傅里叶变换相比,小波变换是时间(空间)频率的局部化分析,通过平移、伸缩运算对信号(函数)逐步进行多尺度细化,最终达到高频处时间细分,低频处频率细分,能自动适应视频信号分析的要求,从而可聚焦到信号的任意细节。故小波变换被称为“数学显微镜”。小波变换将图像信号分解成不同的空间分辨率、频率特征和方向特征的子图像信号,便于在失真编码中综合考虑人眼的视觉特性,同时也有利于图像的分级传输。另外,小波变换作用于图像的整体,在有效去除图像的全局相关性的同时,使量化误差分散到整个图像中,避免了离散余弦变换带来的块效应。

8.183　消隐信号(blanking signal)

为消除扫描的逆程痕迹,使电子束在逆程期间被截止的信号。分为场消隐信号和行消隐信号。场消隐信号位于电视信号每场末尾,用于隐去场的回扫线。行消隐信号位于一场内每行扫描的末尾,用于隐去行的回扫线。

8.184　液晶显示器(liquid crystal display)

采用液晶材料制成的显示器,简称 LCD。液晶是一种可在液态和晶态间相互转换的物质。加电时,液晶排列变得有序,使光线容易通过;不加电时排列混乱,阻止了光线通过。液晶所加的电压越高,通过的光就越多;反之就越少。一个像素由 3 个液晶单元格组成,3 个液晶单元格前面分别装有红(R)、绿(G)、蓝(B)过滤器。当 3 个液晶单元格分别施加 R、G、B 电压信号后,光线经过液晶和颜色过滤器后,3 种不同强度的基色光混合,形成一个有确定亮度和色度的像素。液晶显示器就是由众多这样的像素排列而成的。

8.185　用户分配网络(user distribution network)

采用电缆或光缆,通过分配、分支等手段,将射频电视信号送到用户住所的网络。用户分配网络以分配器和分支器连接电缆或光缆为主构建。分配器为无源器件,其功能是将一输入信号的功率平均分配给数路输出。分配器的输出一般直接送到用户。分支器也是无源器件,其功能是将一输入信号的功率取出一小部分平均分配给数路输出,大部分功率通过干线端口输出。末端分支器(电缆)的干线端口应接 75 Ω 匹配电阻,防止信号反射。当距离较长时,可在线路中加装用户分配放大器和支线延长放大器。用户分配网络根据是否使用放大器,分为有源分配网络和无源分配网络。根据分配器和分支器的使用方式,用户分配网络的组成形式有分配—分配形式、分支—分支形式、分配—分支形式、分配—分支—分配形式等。

8.186　游程编码(run length coding)

一种无损压缩编码,又称游程长度编码、行程长度编码、行程编码,简称 RLC。其基本思想是将相同数值、连续出现的信源符号构成的符号串用其数值及串的长度表示,从而使符号长度少于原始数据长度。游程编码的优点是算法简单、易于实现;缺点是对于特定的不连续符号序列,会出现编码后数据量增加的问题。游程编码对于二值图像的编码最为有效。

8.187　有线电视(cable television)

以电缆和光缆为主要传输手段向用户传送电视信号的电视系统,简称 CATV。如图 8.17 所示,有线电视由信号源、前端设备、干线传输系统和用户分配网络组成。信号源产生和引入电视信号,常见的有卫星电视接收机、开路广播电视接收天线、运营者的自办电视节目、来自上级骨干网的电视信号等;前端设备将信号源来的多路电视信号整合成一个复合的射频电视信号;干线传输系统将其传送至用户分配网

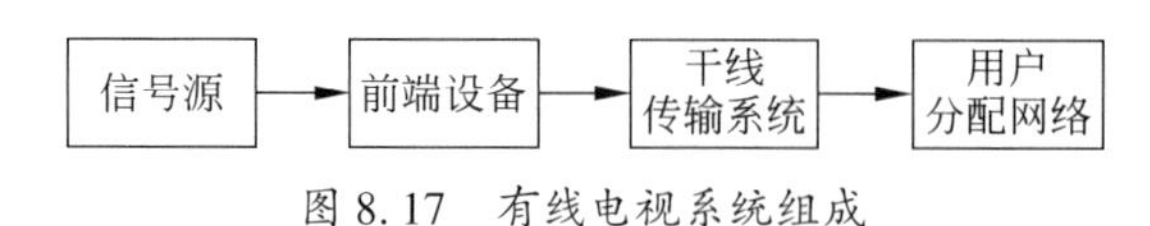

图 8.17　有线电视系统组成

络；用户分配网将其分路，送到用户住所。有线电视系统按其是否利用相邻频道，可分为邻频系统和隔频系统。其中邻频系统按工作频率又分为 300 MHz、450 MHz、550 MHz、750 MHz、862 MHz、958 MHz 系统；隔频系统按工作频段又分为 VHF、UHF 和全频道系统。

数字电视的出现，三网融合引进的技术竞争，促进了有线电视向数字化和双向化发展，在现有有线电视网的基础上，增加因特网、电话、视频点播等双向业务，正逐步向现代有线电视系统发展。现代有线电视系统仍然采用由信号源、前端设备、干线传输系统和用户分配网络组成的架构，但设备全面数字化，前端设备演变成为一个数字多媒体交互平台，干线传输采用双向的光纤同轴电缆混合系统（HFC），用户分配网络引入机顶盒和电缆调解器（CM），用于连接用户现有的电视机和计算机。此外，位于前端的条件接收系统通过机顶盒对用户能够收看的节目进行限制。

在国防科研试验中，指挥控制中心等常安装有线电视系统，将多路试验任务电视画面传送到指挥大厅各个工作台上。

8.188　运动补偿（motion compensation）

在活动图像编码中，利用前一帧图像中的运动子块对当前帧中的子块进行的预测。通常，视频图像只有其中的部分区域在运动，同一场景相邻的两帧重复的部分很多，因此只须传送运动的子块、运动的方向和运动量即可。这样，可大幅降低活动图像编码的数据量。

将活动图像的每一帧划分为大小相同、互不重叠的子块。按照一定的判断准则，在前一帧中寻找与待编码子块最匹配的子块。这一过程称为运动估计。同一个子块在两个相邻帧之间的位置变化称为运动矢量。用该子块对本帧对应的子块进行预测，称为运动补偿，其基本原理如图 8.18 所示，根据前一帧 $f_{i-1}(x,y)$ 和当前帧 $f_i(x,y)$，进行运动估计，得到运动矢量。根据 $f_{i-1}(x,y)$ 和运动矢量，进行预测，得到当前帧的估计值。再用当前帧的实际值减去估计值，得到预测误差即运动补偿 $e(x,y)$。将运动补偿量化后同运动矢量一起编码，传送到接收端。接收端根据运动补偿和运动矢量即可恢复出原来的图像。

8.189　云台（pan-tilt）

安装、固定摄像机，并能调整摄像机角度的装置。分为固定云台和电动云台两种。固定云台只能人工调整水平和俯仰的角度，达到合适的角度后，锁定调整机构即可。电动云台的水平和俯仰角度的调整分别由两个电动机完成。操作人员操纵控制器，向云台发送控制信号。云台电动机在控制信号的作用下，产生水平和俯仰方向的转动，从而实现远程控制云台，改变摄像机监视区域的目的。电动云台根据是直流驱动还是交流驱动，又分为交流云台和直流云台。交流云台转速低而且转速固定，直流云台转速高而且转速可调。衡量电动云台的主要指标有载重量、水平旋转角度范围、水平旋转角速度、垂直旋转角度范围、垂直旋转角速度等。

一般来讲，固定云台适用于监视范围不大的情况，电动云台比较灵活，适用大范围扫描监视。在国防科研试验中，大多数云台均为电动云台。

8.190　云台镜头控制器（camera PTZ controller）

用于控制摄像机、摄像镜头、云台以及防护装置完成规定功能的设备，简称控制器。当与切换矩阵配套使用时，还可以兼做切换矩阵的控制器，实现对多路摄像机信号的切换。

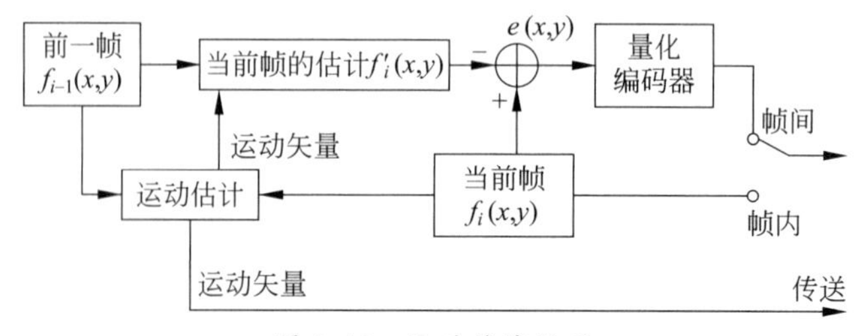

图 8.18　运动补偿原理

8.191　载波互调比(carrier to inter modulation ratio)

衡量有线电视系统非线性失真的指标之一,简称 IM,单位为 dB。载波互调指各个频道的图像载频相互之间产生的差频、和频和倍频分量落在某个频道内对该频道造成的干扰。对于复合视频信号,同一频道内的图像载波、彩色副载波和伴音副载波之间也会产生载波互调干扰。载波互调对图像质量的影响表现为网纹干扰。IM 的定义式为

IM=20lg(指定频道的图像载波电压/落入该频道规定的互调产物电压)　(8-17)

规定的互调产物分别为二次互调、三次互调和频道内互调,对应的载波互调比为二次互调比(IM_2)、三次互调比(IM_3)和频道内互调比($IM_{内}$)。我国标准规定,$IM_2 \geqslant 57$ dB,$IM_3 \geqslant 57$ dB,$IM_{内} \geqslant 54$ dB。

8.192　载波组合二次差拍比(carrier to composite second order beat ratio)

衡量有线电视系统非线性失真的指标之一,简称 C/CSO,单位为 dB。C/CSO 的定义式为

C/CSO=20lg(指定频道上图像载波电压/落入该频道内成簇集聚的二次差拍产物的复合电压)　(8-18)

我国标准规定,C/CSO 大于 54 dB。

8.193　载波组合三次差拍比(carrier to composite triple beat ratio)

衡量有线电视系统非线性失真的指标之一,简称 C/CTB,单位为 dB。C/CTB 定义式为

C/CTB=20lg(指定频道上图像载波电压/图像载波附近群集的组合三次差拍产物加权电压)　(8-19)

三次差拍对图像质量的影响表现为电视图像上的水平间隔条纹。在频道数较多时,三次差拍是影响图像质量的最主要因素。减少组合三次差拍的方法主要有:①选用质量较高,组合三次差拍少的放大器;②适当降低射频信号输出电压或降低放大器的增益。我国标准规定,C/CTB 应大于 54 dB。

8.194　照度(illuminance)

光源照射在被照物体单位面积上的光通量,单位为勒克斯,lux 或 lx。每平方米上的光通量为 1 lm,记为 1 lux。对于同一光源而言,光源离被照面越远,照度越小,光源离被照面越近,照度越大;垂直照射与倾斜照射相比,垂直照射的照度大,倾斜照射的照度小。

8.195　真彩色(true color)

显示系统各基色显示强度直接对应于像素各基色的编码。一个像素中的每个基色用 5 bit 表示,则为 15 位真彩色;每个基色用 8 bit 表示,则为 24 位真彩色。人眼所能识别的颜色在 1000 万左右,15 位真彩色的颜色数量为 3 万多个,24 位真彩色的颜色数量已超过 1600 万。与之相对的是伪彩色,伪彩色的像素编码与显示颜色没有直接对应关系,需要通过色彩查找表(CLUT)将色彩编码转换为各基色强度。在许多场合,真彩色又常指 24 位 RGB 图像编码。

8.196　逐行扫描(progressive scanning)

按照自上而下的顺序逐行扫描一帧图像的扫描方式。每行均按照从左到右的顺序进行扫描。NTSC 制电视采用逐行扫描,PAL 制电视和 SECAM 制电视则采用隔行扫描。逐行扫描与隔行扫描相比,画面清晰无闪烁,动态失真较小,但对幅度失真和相位失真较为敏感。

8.197　专业摄像机(professional video camera)

针对新闻摄影和专业摄像行业设计的一类高品质摄像机。专业摄像机有两种类型,一种是便携式摄录一体机;另一种是不具备记录功能的固定式摄像机。专业摄像机追求图像的清晰度和逼真度,一般采用 1/2 in 以上的图像感光器件,以及失真度小和锐度高的镜头,但其价格远高于工业级和家用摄像机。

8.198　字幕机(caption adder)

将图文等信息叠加到视频信号中的设备。字幕机一般由字幕制作计算机和字幕叠加器组成。字幕叠加器串接在视频通道中,并与字幕制作计算机相连。字幕制作计算机生成所需叠加的图文字幕,通过字幕叠加器将字幕实时叠加到背景画面上。在没有非线性编辑系统之前,字幕叠加均需通过字幕机完成,而现在后期节目制作的字幕由非线性编辑系统完成,只有实时的字幕才由字幕机来完成。

8.199 最小转换差分信号(transition minimized differential signal)

运用最小转换编码算法把每个基色的 8 bit 数据编码为 10 bit 数据,然后采用差分方式输出的视频信号,简称TMDS。TMDS 10 位数据的前 8 位由原始数据通过后一位与前一位逐位进行 XOR 或 XNOR 运算,并按最小转换原则选择运算方式;第 9 位指示运算方式;第 10 位用来进行直流平衡。与 LVDS、TTL 相比,TMDS 有较好的电磁兼容性能,可以用低成本的专用电缆实现长距离、高质量的数字信号传输。在 DVI 与 HDMI 接口中,均采用了 TMDS。

第9章 时间统一系统

9.1 1ppm 信号(1ppm signal)

周期为1 min的时间脉冲信号。信号的准时点通常与世界统一时间(UTC)的整分钟时刻对齐。信号采用TTL或ITU-T V.11电平输出。

9.2 1pps 信号(1pps signal)

周期为1 s的时间脉冲信号,又称秒信号。信号的准时点通常与UTC的整秒时刻对齐。信号采用TTL或ITU-T V.11电平输出。

9.3 B(AC)码(B(AC) code)

B时间码的交流输出格式,又称交流码。用B(DC)码信号对1 kHz正弦信号进行幅度调制即为B(AC)码信号。载波频率与码元速率严格相关,为码元速率的10倍,其正交过零点与调制码元的前沿重合。B(AC)码信号输出幅度0.5~10 V,调制比为2:1到6:1可调,负载为600 Ω,平衡输出。B(AC)码可在有线或无线的话音信道中传输,适用于长距离(1000 m以上)传输,但时间同步精度不如B(DC)码。

9.4 B(DC)码(B(DC) code)

B时间码的基带输出格式,又称直流码。B(DC)码采用ITU-T V.11电平输出,直接采用平衡电缆传输,传输最远距离以1000 m为宜。与B(AC)码相比,其时间同步精度高,但传输距离近。

9.5 BPL 时号(BPL timing signal)

由中国科学院国家授时中心发播的长波标准授时信号。BPL发播台位于陕西省蒲城,发射天线的地理坐标为(109°32′35″E,34°56′55″N),24 h连续发播。发播信号采用罗兰-C主台信号格式,波形如图9.1所示,发播频率为100 kHz,每个脉冲组由9个载频相位编码脉冲组成,组重复周期为60 000 μs,TOC间隔为3 s。与罗兰-C信号不同的是BPL在TOC时刻只发播脉冲组中的头尾两个脉冲,并在非TOC时刻加发秒脉冲信号,秒脉冲信号的样式与脉冲组的单脉冲相同。

BPL的有效地波作用半径为1000~2000 km,有效天波作用半径为3000 km,天地波结合可覆盖全国陆地和近海海域。由于长波的地波传播幅度和相位稳定,BPL的定时精度和校频精度都很高,地波定时精度优于±(0.5~0.7) μs,校频精度可达±(1.0~3.0)×10^{-12}/d。天波定时精度优于±1.2 μs,校频精度可达±1.1×10^{-11}/d。

9.6 BPM 时号(BPM timing signal)

由中国国家授时中心发播的短波标准授时信

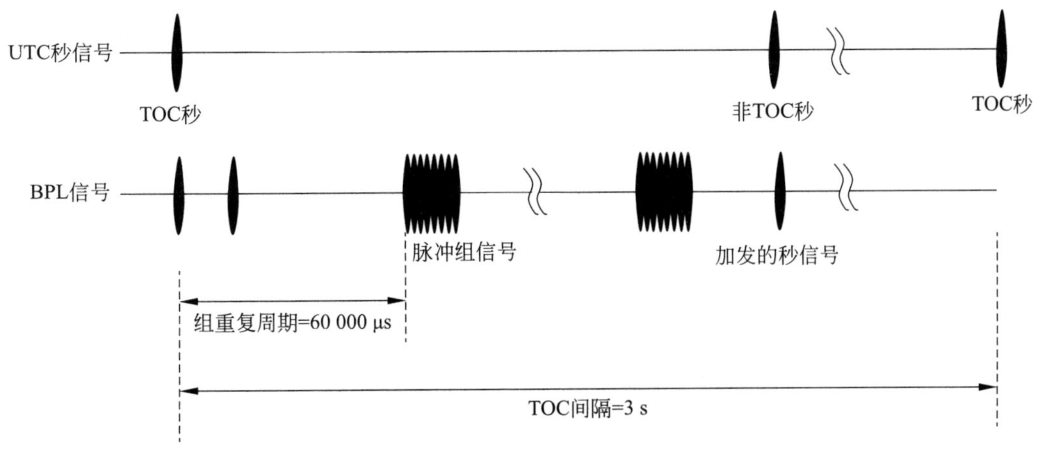

图9.1 BPL信号波形

号。BPM 时号采用 2.5 MHz、5 MHz、10 MHz、15 MHz 4 个标准频率每天 24 h 交替发播，并根据季节变化选择两个以上的频率同时工作，24 h 的连续发播。其发播程序周期为每半小时循环 1 次：0～10 min、15～25 min、30～40 min、45～55 min 发播 UTC 时号，UTC 时号采用 1 kHz 正弦波信号，秒信号持续 10 个周期，分信号持续 300 个周期；25～29 min、55～59 min 发播 UT1 时号，秒信号持续 100 个周期，分信号持续 300 个周期；10～15 min、40～45 min 发播无调制载波；29～30 min、59～60 min 为授时台呼号，用莫尔斯电码发播 BPM 呼号并有“标准时间标准频率发播台”女声汉语普通话通告。

BPM 采用不同频率组合，可覆盖全国。为避免相互干扰，BPM 发播的 UTC 时刻超前 20 ms。BPM 时号的授时精度为毫秒量级。

9.7　B 时间码（B time code）

GJB 2991A—2008《B 时间码接口终端通用规范》规定的时间编码信号格式，简称 B 码。B 码源于 IRIG-B 时间码，是国防科研试验的标准时间码。B 码的帧周期为 1 s，每帧 100 个码元，码元间隔为 10 ms，每个码元的准时点是上升沿。为便于索引计数，每个码元均分配一个索引计数，第一个码元的索引计数为 0，最后一个码元的索引计数为 99，以此类推。

每帧以基准码元 Pr 开始。Pr 的码元宽度为 8 ms，上升沿为准时点，即该帧 B 码的秒信号时刻。

每帧有 10 个位置识别标志码元，码元宽度均为 8 ms，按先后顺序分别为 P1～P9，P0，等间隔插在 B 码帧中，其索引计数个位为 9。前一帧的 P0 和当前帧的 Pr 组成基准标志，该基准标志的码元图案在 B 码中唯一，便于接收端同步。

B 码传送的时间信息有年（a）、天（d）、时（h）、分（min）、秒（s），这些码元称为码字。B 码的时间信息采用二一十进制编码，次序由低位到高位。0 值的码元宽度为 2 ms，1 值的码元宽度为 5 ms。时间信息的编码规则如下。

秒：取值范围为 00～59，索引计数 1～4 表示秒的个位，6～8 表示秒的十位。

分：取值范围为 00～59，索引计数 10～13 表示分的个位，15～17 表示分的十位。

时：取值范围为 00～23，索引计数 20～23 表示时的个位，25～26 表示时的十位。

天：取值范围为 001～365 或 366，即将每年的 1 月 1 日编为第 001 天，而将 12 月 31 日编为第 365 天或第 366 天（闰年时）。索引计数 30～33 表示天的个位，35～38 表示天的十位，40～41 表示天的百位。

年：取值范围为 00～99，表示 2000—2099 年。年的信息在两帧内传送，索引计数 43 的码元值为 0 时，索引计数 45～48 传送的是年的个位数，否则传送的是年的十位数。

索引计数为 27 和 28 的码元用来提示闰秒，正闰秒为 01，负闰秒为 10。

B 码的特标控制信息用于时统设备向各用户设备发出统一的启动信号，或者向用户设备送出特殊标志信号，以备事后查找某些特殊事件的发生时刻等，B 时间码格式如图 9.2 所示。

9.8　B 时间码参考标志（B time code reference sign）

B 时间码的帧格式中每帧的第一个码元。码元脉冲宽度为 8 ms，紧跟上一帧的 P0 后。码元的上升沿与秒信号的准时点对齐。

9.9　B 时间码接口终端（B time code interface terminal）

将 B 时间码信号转换为用户设备所需的时间信息和定时脉冲信号的电子装置，简称 B 码终端。B 码终端是用户设备的组成部分。标准化时统设备提供给用户的是标准格式的 B 时间码信号，一般并不能被用户直接使用，需将接收到的 B 时间码信号转换为用户所需信号。B 码终端输出的信号类型主要有并行时间码、1 pps、10 pps、20 pps、100 pps 等。

GJB 2991A—2008《B 时间码接口终端通用规范》规定了 B 时间码接口终端的基本技术要求。按接口方式分为 A 型和 B 型，A 型接口终端只具有 B（DC）码接口；B 型接口终端同时具有 B（AC）码和 B（DC）码接口。按频率源等级分为Ⅰ、Ⅱ、Ⅲ和Ⅳ型，其性能见表 9.1。

表 9.1　B 码接口终端频率源等级分类

类别	Ⅰ型	Ⅱ型	Ⅲ型	Ⅳ型
频率准确度	优于 1×10^{-10}	优于 5×10^{-8}	优于 4.6×10^{-6}	无源
保持周期/a	—	1	1	不适用

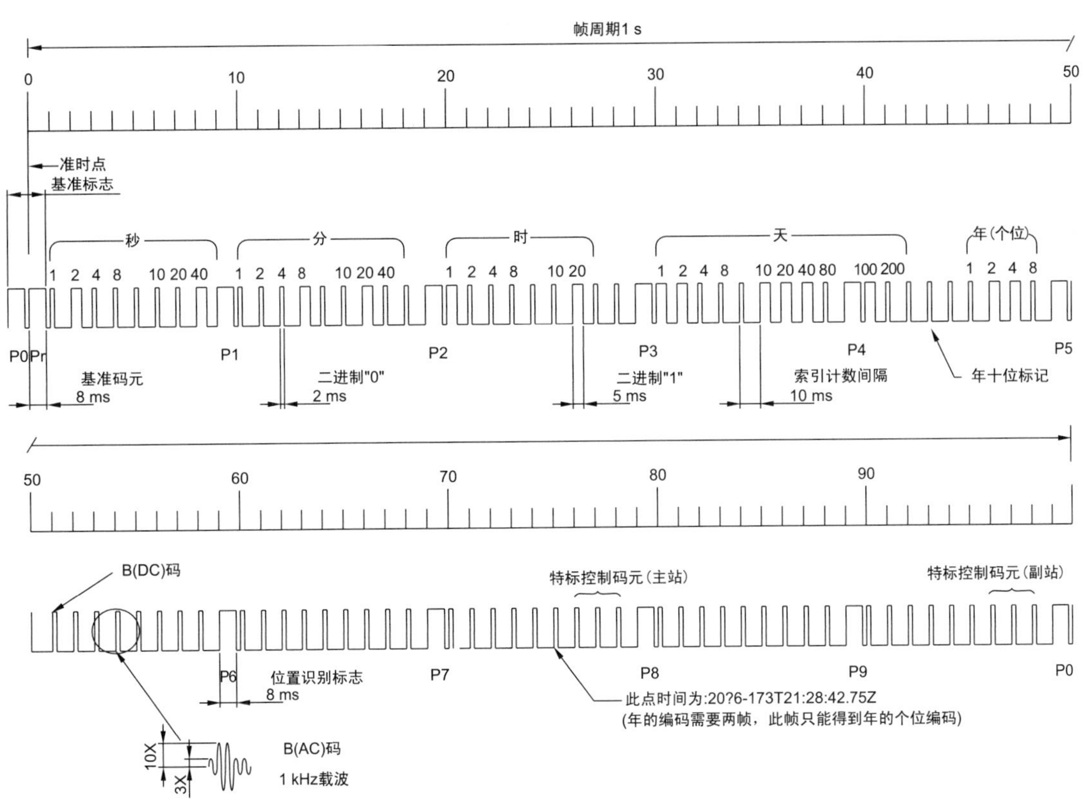

图 9.2 B 时间码格式

9.10 《B 时间码接口终端通用规范》(General specification for B time code interface terminal)

中华人民共和国国家军用标准之一,标准代号为 GJB 2991A—2008。该标准代替 GJB 2991—97《B 时间码接口终端》,2008 年 3 月 30 日,中国人民解放军总装备部发布,自 2008 年 6 月 1 日起施行。该标准规定了 B 时间码接口终端的通用技术要求、质量保证规定以及交货准备方面的共性要求,适用于测量、测控、计算、通信等设备中 B 码接口终端的设计、研制、生产、交付和验收环节。标准内容包括范围、引用文件、要求、质量保证规定、交货准备、说明事项、附录 A(B 时间码格式)。

9.11 EUROFIX 技术(EUROFIX technique)

在不影响罗兰-C 导航系统原有功能的基础上,利用罗兰-C 载频传输差分 GPS 等信息的技术。1989 年,荷兰达尔富技术学院导航专家提出了 EUROFIX 的概念,其基本原理是,在参考站(尽量利用罗兰-C 发播站)上安装 GPS 接收机,计算参考站给定的精确坐标和由 GPS 观测信息计算的坐标之间的差值。采用平衡调制方式,将 GPS 差分信息调制到罗兰-C 的导航信号上,向用户发播。用户解调后,获得差分 GPS 信息,从而提高 GPS 的定位精度。同时,GPS 和罗兰-C 互相备份,互相检核,可提高系统可靠性。EUROFIX 设置有 8 个通道,除发播差分 GPS 信息外,还可以发播其他信息。

9.12 GLONASS(Global Navigation Satellite System)

由俄罗斯建立的全球卫星导航定位系统,俄语"全球卫星导航定位系统"的缩写,中文译名为全球导航卫星系统。该系统由 24 颗卫星组成,均匀分布在 3 个轨道平面上,每个平面上分布 8 颗卫星。轨道倾角为 64.8°,轨道平面相互间隔 120°。GLONASS 支撑系统由地面上的 5 个跟踪站和 9 个监测站组成。GLONASS 时间溯源于俄罗斯国家标准时间 UTC(SU),系统采用频分多址技术传输 GLONASS 卫星的导航电文。为进一步提高 GLONASS 系统的各项性能,俄政府将原系统升级为 GLONASS-M 系统,系统定位精度为 10~15 m,授时精度为 20~30 ns,测速精度为 0.01m/s。

9.13 GPS(global positioning system)

由美国建立的高精度卫星全球导航定位系统,中文译名为全球定位系统。该系统在 6 个 55°倾角、20 200 km 高圆轨道上布设了 24 颗导航卫星,使世界上任一地区的地面用户在任一时间可观察到 4 颗以上的导航卫星。地面监控系统由 1 个主控站、3 个注入站和 5 个监测站组成,负责跟踪观测卫星,计算编制卫星星历、监测和控制卫星的工作状况,保持精确的时间系统,向卫星注入导航电文和控制指令。用户设备即 GPS 接收机,接收导航卫星发射的伪码扩频信号,获得该卫星的位置和时间信息,测出到该卫星的伪距及其变化率,从而求解出用户的三维位置、三维速度和时间。

GPS 采用直接序列扩频调制向用户发送导航电文。导航电文速率为 50 b/s。早期的系统有 C/A 码和 P 码两种信号。C/A 码码长 1023 位,码周期 1 ms,供全球用户免费使用,又称粗测码、明码/捕获码。P 码码长为 $2.354\,695\,927\,65\times10^{14}$ 位,码周期为 266 d 9 h 45 m 55.5 s,实际使用中将 P 码的周期截断为 1 星期,供美国军方使用,又称精测码、保护码。L_1 载波(1575.42 MHz)上同时调制 C/A 码和 P 码,L_2 载波(1227.60 MHz)上仅调制 P 码。C/A 码定位精度优于 10 m,测速精度优于 0.01 m/s,时间同步误差可达 1 μs。P 码伪码速率是 C/A 码的 10 倍,测距分辨率高,测量误差小,抗干扰能力强、保密性高。

9.14 GPS 定时接收机(GPS timing receiver)

具有实时输出标准时间信号功能的 GPS 接收机,简称 GPS 接收机。该接收机内部具有一个可以调整的本地时钟,根据解算出的本地时钟与 GPS 系统时钟的时差对本地时钟进行调整,使其锁定在 GPS 系统时间上,实现时间同步,并输出标准时间信号,同时显示其地理位置信息。有的接收机还具有频率校准功能,通过时差比对算法对外接频率源准确度进行测量。

按同时接收的载波数量分类,GPS 接收机分为单频接收机和双频接收机。单频接收机只能接收 L1 载波信号,双频接收机可同时接收 L1、L2 载波信号。

9.15 GPS 时(GPS time)

GPS 系统定义的时间,简称 GPST。GPST 采用原子秒长,原点于 1980 年 1 月 6 日 0 时与 UTC 时刻一致。GPST 是一个连续的时间,没有闰秒,比国际原子时(TAI)迟后 19 s。GPST 以星期数和每星期的秒数来计时。星期数在周六/周日的午夜递增 1,计满 1024 后清零,重新开始。

9.16 GPS 驯服振荡器(GPS disciplined quartz crystal oscillator)

用 GPS 信号自动校准的频率振荡器,分为 GPS 驯服晶振和 GPS 驯服铷频标。由于 GPS 接收机输出的秒信号长期稳定度高,但短期稳定度较差,存在一定的相位抖动,因此需对相位误差数据进行平滑滤波处理,滤除抖动量,才能用来校准振荡器。其基本原理是通过鉴相器测量振荡器的秒信号与 GPS 秒信号的相位差,据此采用卡尔曼滤波等算法对振荡器参数进行估计,然后将该估计值转换成振荡器的压控电压或频率调节值,对振荡器进行频率调整。

GPS 驯服振荡器综合 GPS 长期稳定度高和振荡器短期稳定度高的优点,并实现对振荡器的自动校准,经驯服后的振荡器的准确度可达到 10^{-12}/d 量级。

9.17 IRIG-B 时间码(IRIG-B time code)

美国靶场仪器组制定的一种串行时间码格式,简称 IRIG-B 码。国防科研试验中使用的 B 时间码格式源于 IRIG-B 码。IRIG-B 码编码信息为天、时、分、秒,码元速率为 100 b/s,帧周期为 1 s。秒标志和位置识别符的脉冲宽度为 8 ms。表示二进制“1”的码字宽度为 5 ms,表示二进制“0”的码字宽度为 2 ms。脉宽调制的 IRIG-B 码称为 IRIG-B(DC)码,用 IRIG-B(DC)码对 1 kHz 正弦信号进行幅度调制的 IRIG-B 码称为 IRIG-B(AC)码。

9.18 信号控制台(T0 console)

获取 T0 时刻信号并向外输出 T0 编码信息的设备,简称 T0 控制台。T0 为导弹、火箭、炮弹等测量对象由静止到运动的时刻,即发射时刻。T0 控制台收到 T0 时刻信号,由内部时钟打上时间戳并编码形成 T0 信息后,通过 HDLC(简化的高级数据链路控制规程)、IP 两种数据传输协议向外发送。例如,在火箭发射中,发射台装有一个起飞触点,火箭静止时处于断开状态。当火箭起飞时,起飞触点在弹力的作用下闭合,产生起飞触点信号,传送给 T0 控制台。

T0 控制台标记起飞触点信号到来的时刻,产生 T0 信号,传送给中心计算机等设备。

9.19　TOC 时刻(time of coincidence)

长波授时脉冲与 UTC 秒重合的时刻。长波发播台发射的脉冲组中,定期使某一脉冲组的第 1 个脉冲与 UTC 秒的起点重合,实现与 UTC 秒的对准。重合的时刻称为 TOC 时刻,该秒称为 TOC 秒。利用该机制可以使长波导航系统具备授时功能。

9.20　阿仑方差(Allan variance)

美国人阿仑(D. W. Allan)提出的频率稳定度的时域表征方法。其表达式为

$$\sigma_y^2(\tau) = \left\langle \frac{(\bar{f}_{i+1} - \bar{f}_i)^2}{2} \right\rangle \qquad (9\text{-}1)$$

式中:σ_y^2——狭义阿仑方差;
τ——取样时间;
$\langle\,\rangle$——无穷取样的统计平均;
$\bar{f}_i$——取样时间 τ 的平均相对频率偏差。

在实际工作中,测量样本总是有限的,因此,只能得到阿仑方差的估算值,其表达式为

$$\sigma_y^2(\tau) = \frac{1}{2(m-1)f_0^2}\sum_{i=1}^{m-1}(f_{i+1} - f_i)^2 \qquad (9\text{-}2)$$

式中:σ_y^2——狭义阿仑方差;
τ——取样时间,等于取样周期;
m——取样次数;
f_0——频率标准的标称频率;
f_i——第 i 次取样测得的频率。

阿仑方差的估算值描述的是取样时间为 τ 的无间歇测量的相邻两个测量频率的起伏值。具体测量中,m 不可能为无穷大,典型取值为 101。

9.21　搬运钟定时法(flying clock timing method)

利用搬运高精度原子钟实现异地两时钟时间同步的方法,简称搬运钟法。其基本原理是将高稳定性和精确守时特性的原子钟搬运至不同地点,对不同地点的低等级时钟进行测量,实现不同地点时钟的同步。实际中最常用的搬运钟方法是闭环搬运。先在 A 点测量搬运钟与 A 点时钟的钟差,然后将搬运钟搬运至 B 点,测量搬运钟与 B 点时钟的钟差,再从 B 点返回到 A 点,测量搬运钟与 A 点时钟的钟差。根据上述 3 个钟差以及测量间隔时间,可计算出 B 点时钟与 A 点时钟的钟差,其计算式如下:

$$T_{AB} = T_{A0} + \left(\frac{T_{Ad} - T_{A0}}{t_d - t_o}\right)t_{AB} - T_B \qquad (9\text{-}3)$$

式中:T_{AB}——B 点时钟与 A 点时钟的钟差;
T_{A0}——第一次测得的 A 点时钟与搬运钟的钟差;
T_{AD}——第二次测得的 A 点时钟与搬运钟的钟差;
t_d-t_0——前后两次测量 A 点时钟的时间差;
T_B——测得的 B 点时钟与搬运钟的钟差;
t_{AB}——搬运钟从 A 点到 B 点所经历的时间。

该方法的定时精度主要取决于搬运钟的稳定性和守时精度,因此搬运原子钟的性能不能低于被校时钟的性能,且在搬运过程中不能断电。一般利用飞机搬运原子钟,并且在搬运过程中,必须注意各种环境条件对搬运钟性能的影响。当它们对搬运钟的时间累积影响过大或不可忽略时,应当分别加以适当修正。随着时间比对技术的发展,在国防科研试验任务中已很少采用这种方式。

9.22　标准频率信号(standard frequency signal)

时统设备向用户输出的具有溯源性的频率信号。信号频率有 1 MHz、5 MHz、10 MHz,信号波形为正弦,信号幅度为 0.5~1.5 V(rms)可调,输出阻抗为 50 Ω。频率准确度和稳定度根据使用要求而定。在国防科研试验中,通常要求标准频率信号的频率准确度在 10^{-11} 量级,频率稳定度优于 1×10^{-11}/s。

9.23　标准频率信号分配放大器(standard frequency signal distributer and amplifier)

时统设备中对标准频率信号进行分路和放大的装置,又称频标分配放大器。频标分配放大器从频标切换器输入一路标准频率信号,通过分频、倍频、分路和放大,输出多路频率信号。输出口连接器一般为 BNC 插座。GJB 2242-94 规定输出信号隔离度为:用 50 MHz 加至除 10 MHz 外任一输出端,所有其他输出端反向串扰小于-55 dB,加之 10 MHz 输出端,所有其他输出端反向串扰小于-45 dB。

9.24　"北斗二号"卫星导航定位系统(BEIDOU-2 satellite navigation positioning system)

中国自主开发的第二代全球卫星导航定位系

统。该系统由 5 颗静止轨道卫星和 30 颗非静止轨道卫星组成,可覆盖全球,提供开放服务和授权服务。开放服务是在服务区提供定位、测速和授时服务,定位精度为 10 m,授时精度为 50 ns,测速精度 0.2 m/s。授权服务是向授权用户提供更安全的定位、测速、授时和通信服务以及系统完好性信息。

9.25 “北斗一号”卫星导航定位系统(BEIDOU-I satellite navigation positioning system)

中国自主开发的第一代卫星导航定位系统,又称双星定位系统。该系统由 1 个地面控制中心站、若干个地面监测站、两颗位于地球赤道上空的同步轨道卫星和 1 颗在轨备份卫星组成。系统采用有源工作方式,用户终端需要向卫星发射信号。其服务范围包括中国大陆及台湾地区、南沙及其岛屿、中国海和日本海、太平洋部分海域及部分周边地区。其覆盖范围是北纬 5°~55°,东经 70°~140°的地区,上大下小,最宽处在北纬 35°左右。工作频率为 2491.75 MHz。其三维定位精度约几十米,授时精度约 100 ns。

9.26 北京时间(Beijing standard time)

中国统一使用的标准时间,简称 BST。北京时间为东八时区时间,在时刻上比 UTC 超前 8 h。国防科研试验采用北京时间,但纪日不同,而是采用年内不用月的纪日法。每年的 1 月 1 日为第 1 日,逐日累计直至年终。

9.27 比时法(time comparison)

通过比较两个信号的时间差来测量频率信号和时间信号指标的方法。比时法所使用的仪器为时间间隔计数器,常用来测量时间同步精度、频率准确度、频率稳定度、频率漂移率等。

9.28 比相法(phase comparison)

通过比较两个信号的相位差来测量频率信号指标的方法。比相法所使用的仪器为比相仪,主要用于测量取样时间较大的平均频率差,取样时间 100 s 到 1 d 不等,适用于测量频标的长期稳定度和准确度。

9.29 测频法(frequency measurement)

通过比较两个信号的频率差来测量频率信号指标的方法。测频法所使用的仪器称为通用计数器和频差倍增器,常用来测量频率准确度、频率漂移率等。

当被测频率标准与参考频率标准的频差很小时,若直接测量则误差很大。这时通过频差倍增器将该频差倍增若干倍后再用通用计数器测量扩大后的频差,可大大减小测量误差。这种测频方法称为频差倍增测频法。

9.30 差分 GPS(difference GPS)

对 GPS 信号进行差分处理,以获得更高定位精度的技术,简称 DGPS。具体方法是,将一台 GPS 接收机安置在基准站上进行观测。根据基准站已知精密坐标,计算出基准站到 GPS 卫星的距离修正数,并由基准站实时将这一数据发播出去。用户接收机在进行 GPS 观测的同时,接收到基准站发播的修正数,对其定位结果进行修正。差分 GPS 分为位置差分和距离差分,距离差分又分为伪距差分和载波相位差分。伪距差分是应用最广的一种差分。在基准站上,观测所有卫星,根据基准站已知坐标和各卫星的坐标,求出每颗卫星每一时刻到基准站的真实距离。再与测得的伪距比较,得出伪距修正数,将其发播至用户接收机。这种差分能达到米级的定位精度。载波相位差分是实时处理两个测站载波相位观测量的差分方法,即将基准站采集的载波相位发播给用户接收机,进行求差解算坐标。这种差分能达到厘米级的定位精度。

9.31 差拍法(beat method)

通过混频得出两个频率信号的差频信号,然后测量差频周期的测量方法。频差倍增测频法和频差倍增测周法受频差倍增器自身噪声的影响,很难测量高稳定度频率标准的频率稳定度。差拍法改用噪声非常小的低噪声混频电路直接得到差频信号,然后通过滤波器和过零检测,输出给高精度周期计数器,进行周期测量。

9.32 长波定时校频接收机(long wave standard time and frequency signal receiver)

通过接收长波 BPL 时号或罗兰-C 导航台的信号,向用户提供标准时间信号和标准频率信号的电子设备,简称长波接收机。长波接收机一般具有频差测试功能,当接入被校频率源的标准频率信号时,能自动测试并显示被校频率源与发播的标准频率信号之间的频差。利用地波信号时,长波接收机的定时精度一般为微秒量级,校频精度一般为 $(1\sim3)\times10^{-12}$/d。

9.33 “长河二号”导航系统(CHANGHE-2 navigation system)

中国自主建立的陆基无线电导航定位系统。该系统采用罗兰-C信号体制，由北海、东海和南海3个导航台链的6个发射台组成。该系统覆盖范围北起日本海，东至西太平洋，可辐射中国大部分海域和沿海陆地，与BPL长波授时台一起形成了中国的罗兰-C资源。系统定位采用时间—相位测距离差的双曲线导航定位体制，通过接收机测量两地面台站发射的同步脉冲信号到达的时间差，然后利用电波传输速度稳定的原理将时间差转换为距离差，进而获得距离差双曲线位置线，两条位置线相交点即为导航接收机的当前位置坐标。

9.34 倒计时系统(countdown time system)

以T0(发射时刻)为基准点的递减计时装置。倒计时系统显示的是距离T0的时间，一般以s为单位递减。为保证时间显示的准确性，由时间统一系统标校其时间信号。在试验任务最后准备阶段，倒计时系统显示发射前的剩余时间，提示参试人员按照既定程序完成有关准备工作。

9.35 电视定时(television timing)

在广播电视信号中插入标准时间和标准频率信号进行定时的方法。将标准时间信号、标准时间编码信息和标准频率信号插入到电视场消隐期间的任意两行同步脉冲之间，通过广播电视系统发射出去。由于插入信号的极性与电视行同步脉冲的极性相反，这样既不影响电视的正常收看，又容易提取这些插入信号。中国有关标准规定，插入的信息是1 pps信号、20位的二一十进制时间编码信息、1 MHz的正弦信号。上述信息插入到第16行。用户端安装全电视信号接收机，从全电视信号中提取行同步信息，再从行同步信号中提取所需的时间信号和频率信号。时间信号经延迟补偿后获得标准时间信号，频率信号用于锁定本地频标，由后者输出标准频率信号。由于电视信号传送途径不确定，时延精确测定困难，影响了电视定时的广泛应用。

9.36 定时(timing)

使本地时间与授时台发播的标准时间相一致的过程。天、时、分等时间很容易与标准时间一致，因此时间统一系统中的定时主要指使本地秒信号与标准时间一致。不同的授时手段，一般有不同的定时方法，分为短波定时、长波定时、卫星定时、电视定时和网络定时等。短波定时和网络定时精度可达毫秒级，长波定时和电视定时精度可达微秒级，卫星双向定时精度可达纳秒级。

9.37 定时误差(timing error)

时统设备定时完成后与标准时间之差，又称对时误差。时统设备用定时校频接收机进行定时操作，无法将自己的时间与标准时间完全对齐，因此不可避免地会存在误差。定时误差主要来源于信号的传播误差、设备噪声、时钟调节分辨率等。

9.38 短波定时仪(short wave timing receiver)

接收短波时号向用户提供标准时间信号的电子设备，又称短波时号接收机。短波时号主要通过电离层反射传播，作用距离远，但定时精度较差，一般为1~3 ms。随着卫星定时的普及，这种接收机已经很少被使用。国防科研试验常用的短波定时仪有BPM-Ⅲ和PO23，均由国家授时中心研制，设备可以选择接收2.5 MHz、5 MHz、10 MHz、15 MHz这4个频点的短波授时信号，并对短波时号时延进行补偿，输出毫秒量级定时精度的标准时间信号，自动跟踪误差为±1.5 ms，自动跟踪范围为±10 ms。

9.39 格林尼治标准时间(Greenwich mean time)

英国伦敦郊区的皇家格林尼治天文台的标准时间，简称GMT。1884年在美国首都华盛顿召开的国际子午线会议上约定，格林尼治天文台子午仪所在的子午线为地球经度计量的起算子午线，称为本初子午线，其经度值为零。由本初子午线向东、向西分别计量，各称为东经和西经，数值为0°~180°。在本初子午线上测得的从平正午起算的平太阳时称为格林尼治平时即格林尼治标准时间。

9.40 国际日期变更线(international date line)

大致与180°经线重合的日期分界线。按照规定，从东向西越过这条线时，日期加1天；从西向东越过这条线时，日期减1天。为避免在一个国家同时存在两种日期，国际日期变更线并非完全与180°经线重合，而是一条折线。第一折线处在俄罗斯东部即白令海峡；第二折线处在美国的阿拉斯加地区、阿留申群岛；第三折线处在南太平洋，向东突出，以便使斐济群岛等属于东十二区。

9.41　国际原子时(international atomic time)

1970 年国际计量委员会确定,并经 1971 年国际计量大会确认的原子时,简称 TAI。1973 年 6 月底,国际时间局开始计算 TAI。先用世界各国守时实验室的原子钟读数进行加权平均,得到自由时标(EAL),再用世界公认的准确度最高的实验室型铯束原子频标对其速率进行校正,然后输出 TAI。TAI 以天、时、分、秒计算时间,起点规定为 1958 年 1 月 1 日 0 时,即规定在这一时刻国际原子时时刻与世界时 UT1 时刻重合。TAI 的准确度和稳定度都达到了 10^{-15} 量级,是所有标准中最高的。国际原子时与世界时的时刻之差为 0.0039 s。

9.42　恒温晶体振荡器(oven controlled crystal oscillator)

放在恒温槽内的石英晶体谐振器,简称恒温晶振或 OCXO。晶体振荡器性能受温度影响大,当控制在拐点温度上时,其频率准确度和稳定度受温度变化影响最小,因此,高性能的晶体振荡器多采用恒温槽控制工作温度。恒温晶振通常利用由热敏电阻构成的"电桥"获取温度控制信号,控制加热电路,使恒温槽温度保持恒定。OCXO 开机后,需经过一段时间的预热,才能使石英晶体谐振器达到稳定状态。

9.43　伽利略卫星导航系统(GALILEO satellite navigation system)

由欧盟主导建设的民用卫星导航系统。系统设施包括空间段和地面段两大部分。空间段由 30 颗卫星组成,其中 27 颗为工作卫星,3 颗为备份星,运行于 3 个倾角为 56°轨道平面上,卫星轨道高度 23 616 km。地面段由完好性监控系统、轨道测控系统、时间同步系统和系统管理中心组成。地面设施包括位于欧洲的两个控制中心,29 个分布全球的传感器站、5 个 S 波段上行站和 10 个 C 波段上行站。系统定位精度达到 1 m 量级,授时精度达到 100 ns 量级,优于 GPS 系统的民用服务性能。

9.44　简单网络时间协议(simple network time protocol)

简化版的网络时间协议,简称 SNTP。SNTP 在保证时间精度的前提下,对网络时间协议涉及有关访问安全、服务器自动筛选部分进行了简化。SNTP 与网络时间协议具有互操作性。SNTP 客户端可以与网络时间协议服务器协同工作,网络时间协议客户端也可以接收 SNTP 服务器的授时信息。目前,该协议最新版本为 IETF RFC 4330(V4)。

9.45　校频(frequency calibration)

用高等级的时频基准对设备或仪器的频率源校准的过程,又称频率校准。首先用高等级的时频基准信号测出被校设备与标准频率之差,然后根据测出的频率差值,修正被校设备的频率标准,将二者差值限定在允许的范围内。主要有直接测频、频差倍增、比时和比相等方法。由于导航系统的时间基准都与 UTC 同步,因此现在多利用导航接收机输出的定时信号,采用比时法进行校频。

9.46　校频精度(frequency calibration precision)

频率校准后被校准频率源频率与标称频率偏离的程度,又称校频误差。校频精度与测量系统的误差和基准频率源的频率准确度有关。在工程中常采用时差法测量被校频率源和基准频率源的秒信号差,由此计算出相对频差,其计算式如下:

$$\frac{\Delta f}{f}=\frac{\Delta t_2-\Delta t_1}{t_2-t_1} \tag{9-4}$$

式中:$\frac{\Delta f}{f}$——相对频差;

t_1——测量开始时刻;

t_2——测量结束时刻;

Δt_1——测量开始时被校频率源与基准频率源的秒信号时间差;

Δt_2——测量结束时被校频率源与基准频率源的秒信号时间差。

如果对校频精度要求不高,可用一次测量的相对频差作为校频精度值,否则应进行多次测量。对测量的结果进行必要的数据处理后,作为校频精度值。数据处理的方法有多种,如用($\Delta t_2-\Delta t_1$)的平均值或均方根值代替($\Delta t_2-\Delta t_1$),采用最小二乘法进行拟合等。

9.47　精密时间协议(precision time protocol)

IEEE 1588《网络测量与控制系统的精密时钟同步协议》的简称,又称 PTP 协议或 IEEE 1588 协议。符合 PTP 协议的时钟同步系统由多个节点组成,每个节点即为一个时钟,时钟之间通过支持组播的局域网(如以太网)交互 PTP 协议报文,从而使系统中所有的时钟保持同步。由于引入了设备驻留时延和链路时延的测量,并根据这些时延测量值进行时钟校正,因此其时间同步精度远高于网络时间协议(NTP)的同步精度,可达 100 ns 量级。

PTP 协议规定了普通时钟(OC)、边界时钟(BC)、端到端透明时钟(E2E TC)、对等透明时钟(P2P TC)和管理节点等 5 种基本类型的节点。普通时钟只有一个 PTP 端口,既可作为系统中的主时钟使用,也可作为从时钟使用。边界时钟有多个 PTP 端口,其中只有一个端口处于从钟状态,而其他端口处于主钟状态。边界时钟通过从钟端口与上级时钟建立同步关系,然后再通过主钟端口将同步信息传递至下级时钟。透明时钟自身不恢复时间和频率,只对 PTP 协议报文透明转发,并做延时修正。一个时钟与其他时钟进行 PTP 协议报文交互的端口称为 PTP 端口。PTP 端口的状态有 3 种:主钟状态、从钟状态和被动状态。主钟状态意味着该端口作为上游端口向下游端口发送时钟信息。从钟状态意味着该端口作为下游端口接收上游端口发送的时钟信息。被动状态意味着该端口不转发 Sync 报文,不传递相关时钟信息。位于局域网内的这些时钟通过相邻时钟端口交换状态数据,通过 BMC(最佳主钟)算法自主构成一个分布式主从时钟系统。该系统呈树形结构,树的根节点为高级主钟,系统内所有其他时钟均溯源于高级主钟。如图 9.3 所示,由普通时钟和边界时钟构成简单的主从结构。

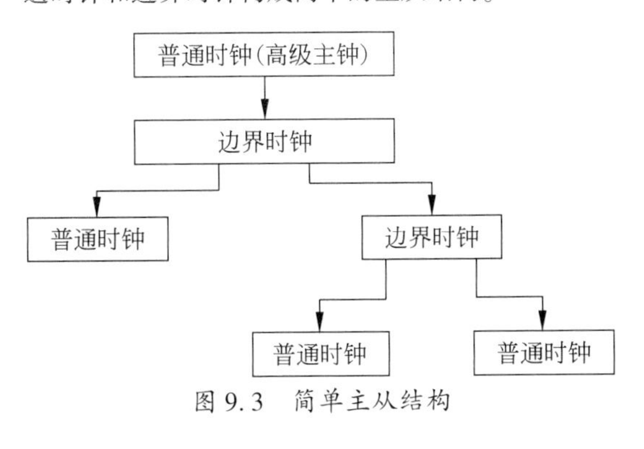

图 9.3　简单主从结构

PTP 协议定义两类报文,用于时钟同步和系统管理。第一类为事件报文,节点时钟为事件报文加盖到达时间戳和离开时间戳。事件报文有同步报文(Sync)、时延请求报文(Delay_Req)、链路时延请求报文(Pdelay_Req)、链路时延响应报文(Pdelay_Resp)。第二类为普通报文,不需要加盖时间戳。普通报文有通告报文(Announce)、跟随报文(Follow_Up)、时延响应报文(Delay_Resp)、链路时延响应跟随报文(Pdelay_Resp_Follow_Up)、管理报文(Management)、信令报文(Signaling)。

在以太网中,支持 PTP 协议的交换机应具有透明时钟功能。端到端透明时钟对 PTP 协议报文进入和离开的时间进行测量,将报文的驻留时间添加到输出的 PTP 协议报文的修正域内。对等透明时钟除了具有端到端透明时钟的功能外,还测量上行链路(与报文入端口相连)的传输时延。该传输时延通过主从时钟交互 Pdelay_Req 报文、Pdelay_Resp 报文和 Pdelay_Resp_Follow_Up 报文而获得。获得的传输时延添加到输出的 PTP 报文的修正域内。管理节点使用 Management 报文与其他时钟进行交互,对其进行参数配置和监视。

系统建立时,首先基于最佳主时钟算法(BMC),确定每个时钟每个 PTP 端口的状态,从而构建主从时钟关系和系统的树状结构。各个时钟发送 Announce 报文,向其他时钟告知自己的优先级、时钟准确度等关键参数。一个时钟收到其他时钟的 Announce 报文后,与自己的时钟参数进行比较,从而选出质量最佳的主时钟。主时钟确定后,再确定各个 PTP 端口的状态。

PTP 协议采用延时询问—应答机制实现从钟与主时钟之间的同步。时钟同步的关键在于准确测量主从时钟的时间偏差 offset。测量分为偏移测量和时延测量两种。偏移测量实现主时钟与从时钟之间的时间偏移量的测量。如图 9.4 所示,偏移测量时,主时钟周期性地(通常以 2 s 为一个周期)向从时钟发送 Sync 报文,并测量其精确的发送时间 t_1。然而 Sync 报文中并不携带精确发送时刻,其精确发送时刻由随后的 Follow_Up 报文发送。从时钟接收 Sync 报文,并测量其精确的到达时间 t_2。当从钟收到 Follow_Up 报文后,便可根据 t_2 和 t_1 计算主从时钟之间的时间偏差 offset。其计算式如下:

$$\text{offset} = t_2 - t_1 - t_{ms} \tag{9-5}$$

式中:t_{ms}—— 主从时钟间 Sync 报文的传输延时。

当 t_{ms} 可忽略不计时,不必再进行时延测量,从时钟可直接用偏移量(t_2-t_1)作为主从时钟之间的时间偏差进行同步,当需要考虑 t_{ms} 的影响时才进行时延测量。如图 9.4 所示,从时钟向主时钟发送一个 Delay_Req 数据包,并测量数据包精确的发送时刻 t_3。主时钟收到 Delay_Req 数据包后,测量数据包到达的时刻 t_4,并用一个延时响应包(Delay_Resp)将 t_4 发送给从时钟。假定网络传输的双向时延相等，从时钟可由式(9-6)和式(9-7)求得 Sync 报文的传输延时 delay：

$$delay = [(t_2 - t_1) + (t_4 - t_3)]/2 \quad (9\text{-}6)$$

由此，可得到主从时钟之间的时间偏差 offset 为

$$offset \approx (t_2 - t_1) - delay = [(t_2 - t_1) - (t_4 - t_3)]/2 \quad (9\text{-}7)$$

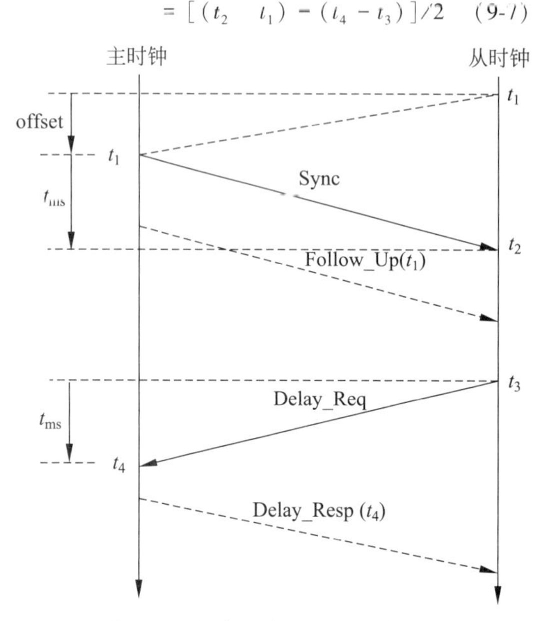

图 9.4　偏移测量和时延测量过程

根据主从时钟误差公式估算得到的时延偏差，从时钟步进式地补偿当前时钟偏差，经过多个周期的修正，从时钟最终实现与主时钟的同步。

9.48　绝对时(absolute time)

试验任务中采用法定时间尺度计时的方式。该时间尺度与 UTC 相关联，如超前 UTC 8 h 的北京时间。用绝对时方式代替相对时记录试验数据的采样时间，可以给数据处理带来很大方便。因此，在国防科研试验中以北京时间记录各事件的发生时刻。

9.49　历书时(ephemeris time)

以地球绕太阳的轨道运动为基础的时间尺度，简称 ET。历书时起点取 1900 年太阳几何平黄经为 279°414 804′的瞬间。历书时秒定义为 1900 年 1 月 0 日 12 时整开始的回归年长度的 1/31 556 925. 9747。历书时是 1960—1967 年国际上公认的时间测量基准。为方便观察和提高观测精度，在实际工作中，通过观测月球绕地球的轨道运动来获得回归年的长度。

9.50　罗兰-C 系统(LORAN-C system)

一种典型的远程双曲线长波导航系统。罗兰是"Long Range Navigation"词头缩写的译音。罗兰系统有 A、B、C、D、F 等类型，最常用的是罗兰-C。一个罗兰-C 导航台链通常由一个主台和 2~3 个副台组成。罗兰-C 导航采用双曲线原理，用户通过测量主、副台信号的时间差即可获得主、副台的距离差，距离差保持不变的轨迹是一条双曲线；同时测量主台与两个副台的时间差，可以确定两条双曲线，两条双曲线的交叉点即为用户的位置。系统工作频率 100 kHz，作用距离 2000 km，定位精度 500 m 以内。

9.51　秒(second)

国际单位制时间的基本单位，符号为 s。1960 年以前，国际计量大会以地球自转为基础，将 1s 定义为平太阳日的 1/86 400，其稳定度为 10^{-8} 量级。1960 年，国际计量大会改为以地球公转为基础，将秒定义为公元 1900 年 1 月 0 日 12 时整开始的回归年长度的 1/31 556 925. 9747，其稳定度为 10^{-9} 量级。1967 年，国际计量大会改用原子秒，其定义为位于海平面上的铯(Cs-133)原子基态的两个超精细能级间在零磁场中跃迁振荡 9 192 631 770 个周期所持续的时间，其稳定度可达 10^{-15} 量级。此定义一直延续至今。

9.52　频标分配放大器(frequency standard signal distributor and amplifier)

将频率标准输出的一路标准频率信号分为多路输出的装置，又称频标区分放大器。早期的频标分配放大器是一个独立的设备单元，现在多采用板卡形式插在时统设备主机插槽中。当需要多种类型标准频率信号输出时，频标分配放大器还须采用倍频、分频或频率综合的方法对输入信号进行变频处理。为了减小频标分配放大器对频标信号质量的影响，一般要求频标分配放大器有较低的本底噪声和较高的端口间隔离度。

9.53　频标切换时间(time in frequency standard switching)

冗余型时统设备中，由一个频率标准切换到另一个频率标准所需要的时间。为提高设备的可靠性，时统设备常采用 1+N 的冗余设计。当主用频率标准性能不满足要求时，系统自动切换到备用频率

标准。在切换时会出现信号消失、相位不连续等不稳定的现象，导致频率信号周期计数减少，由此产生时间误差。因此，在工程中将该时间误差作为频标切换时间。

9.54　频差倍增测周法（period measurement with beat multiplication）

在频差倍增的基础上，不直接测量差频的频率而是测量差频周期的测量方法。频差倍增测频法比直接测频法的测量误差已大为减小，但受频率计数器测频方法的限制，在进行高稳定原子频率标准稳定度的测试时，其测量误差显得太大。如果在频差倍增的基础上不直接测量差频的频率而是测量差频的周期，则测量误差远小于直接测频法。其原理如图9.5所示，图中f_0为标称频率，f_x为被测频率，M为频差倍增倍数，F为一拍频频率。

9.55　频率标准（frequency standard）

能够产生高准确度和高稳定度的标准频率信号的设备单元，简称频标。标准频率信号通常是频率为5 MHz或10 MHz，不含外调制、寄生调制和波形失真很小的正弦信号。频率标准是时间统一系统的计时尺度，主要作用是为时码产生器提供计时基准，保证时统设备计时的准确性，此外还向测量设备提供频率测量的基准。常用的频率标准分为石英晶体频率标准和原子频率标准两类，其主要性能指标和适用场合如表9.2所示。

表9.2　常用频率标准特性

频标分类	准确度	稳定度	适用场合
恒温晶体振荡器	1×10^{-8}	$(1\sim10)\times10^{-10}/(10\text{ ms})$ $(0.5\sim3)\times10^{-11}/\text{s}$	用于对频率准确度要求不高的场合。
铷原子频标	1×10^{-10}	$(1\sim3)\times10^{-11}/\text{s}$	应用广泛，不适用于有高短稳要求的场合。
氢原子频标	$<5\times10^{-12}$	$(0.5\sim3)\times10^{-14}/\text{s}$	用于对频率准确度和稳定度要求很高的场合。
铯原子频标	$<5\times10^{-12}$	$1\times10^{-11}\sim1\times10^{-13}/\text{s}$	

9.56　频率标准切换器（frequency standard switcher）

对互为备份的多台频率标准进行切换的装置，简称频标切换器。为保证时间统一系统的可靠性，频率标准应采用冗余配置。频标切换器根据各频率标准输出信号的监测结果进行切换。频标切换器由前判、后判、开关等电路组成。由它引入的频率稳定度损失和切换时造成的时间中断应不影响时间统一系统的时间和频率精度。

9.57　频率重现性（frequency reproducibility）

长期断电的频率标准重新加电后保持原频率准确度的能力，又称频率复现性。计算式为

$$\text{频率重现性} = \frac{|f_2 - f_1|}{f_0} \tag{9-8}$$

式中：f_0——频率标准标称输出频率或定义值；

f_1——断电前频率标准稳定工作时的输出频率；

f_2——重新给频率标准加电至稳定工作后的输出频率。

频率标准断电至重新加电的时间间隔一般不小于24 h，重新加电后至稳定工作的时间一般不小于2 h。$|f_2-f_1|$值越小，重新加电后至稳定工作的时间就越短，频率重现性就越好；反之，频率重现性就差。频率重现性指标一般用来衡量原子频率标准的性能，而石英晶体频率标准的重现性较差，一般不对其作具体要求。

9.58　频率磁场特性（frequency magnatic field characteristic）

频率标准输出信号的频率随外部磁场变化而变

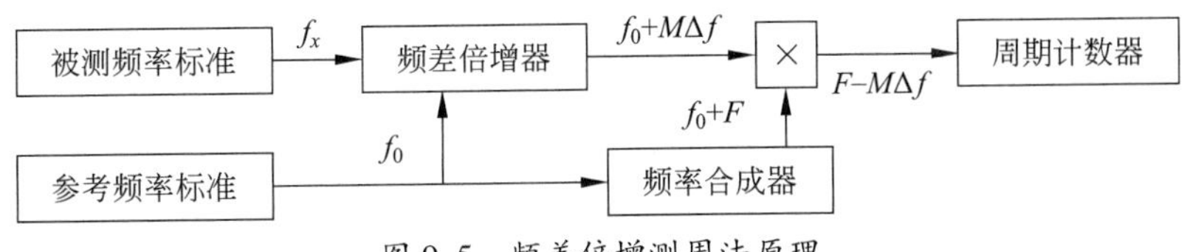

图9.5　频差倍增测周法原理

化的特性。石英晶体频率标准依靠晶体的机械振动进行工作,因此几乎不受外部磁场的影响。而原子频率标准依靠原子能级的跃迁进行工作,原子的能级会随磁场的变化而改变,所以需要对原子频率标准进行磁屏蔽。一般,氢原子频率标准频率磁场特性指标可达 1×10^{-14}/gauss。

9.59　频率电压特性(frequency voltage characteristic)

频标源输出频率受供电电压变化影响的特性,简称电压特性。在工程中,把外接供电电压变化10%时,频标输出频率的最大相对变化量作为衡量频率电压特性的指标。

9.60　频率负载特性(frequency load characteristic)

频标源输出频率受负载变化影响的特性,简称负载特性。在工程中,以频标在空载和额定负载条件下输出频率的相对变化量作为衡量频率负载特性的指标。

9.61　频率开机特性(frequency power on characteristic)

频率源从开机加电开始到稳定工作的过程,简称开机特性。开机特性用稳定工作时间和开机过程来衡量。稳定工作时间又称开机时间,指频率标准从开机到达稳定工作状态,各项技术性能指标均满足要求所需的时间。开机过程指频率标准在开机至稳定工作这段时间的性能,一般用频率标准的输出频率随时间的变化曲线表示。原子频标的开机特性,还用锁定时间来衡量,指从原子频率标准开机到内部晶体振荡器的频率被锁住的时间。工程应用的频率标准由于开关机频繁,又希望尽可能缩短从开机到能正常使用的过程,因此十分重视频率标准的开机特性。例如,铷原子频标开机特性的指标要求是开机 10 min 时,频率准确度达到 2×10^{-10}。

9.62　频率漂移率(frequency drift rate)

频率标准输出频率随运行时间单调变化趋势的斜率,简称漂移率。晶体振荡器的频率漂移率常称为老化率。频率标准在连续运行中,由于谐振器或其他部件的老化,其输出的频率随运行时间单调增加或减小,这一单调变化用频率漂移率来衡量。测量漂移率的常用方法有测频法、比相法和比时法。测量时间段的取值通常为日、月、年。例如,对铷原子频标频率漂移率为 $(1\sim3)\times10^{-12}$/d,晶振频率老化率为 $10^{-9}\sim10^{-10}$/d 量级。

9.63　频率牵引效应(frequency pulling effect)

一个频率源的输出频率受另一个频率源的影响而发生变化的现象。当两个频率源安装距离较近时,如安装在同一机箱内、共电源或输出接在同一切换开关上等,隔离度不好,产生耦合,使两个频率源相互关联,出现频率牵引现象。

9.64　频率调整范围(frequency adjustment range)

通过改变频率源内部器件的参数来调整频率源输出频率的能力。频率调整的主要作用是补偿频率源输出频率的漂移(老化),保证其在正常使用条件下和寿命期内能将输出信号频率值调至标准值附近。不同类型的频率标准具有不同的调整范围。例如,铷原子频标的频率调整范围一般为 10^{-8} 量级,恒温晶体的频率调整范围一般为 10^{-7} 量级。

9.65　频率调整分辨率(frequency setting resolution)

频率源调整频率时的最小可调整的相对频率值,简称分辨率。最小可调整频率值越小,则调整分辨率越高。频率调整分辨率用以保证频率标准的输出频率能校准至所需的准确度。不同类型的频率标准所能达到的准确度不一样,频率调整分辨率也不相同,一般要求频率调整分辨率高于所能校准的准确度。

9.66　频率稳定度(frequency stability)

衡量频率信号的频率随机起伏大小的指标。频率稳定度分为时域和频域稳定度。时域频率稳定度常用阿仑偏差(阿仑方差的平方根)来表征。按取样时间又可分为长期频率稳定度和短期频率稳定度,分别简称为长稳和短稳。长期频率稳定度取样时间一般大于 100 s,短期频率稳定度取样时间为 1 ms~100 s。由于不同采样时间的频率稳定度不具有可比性,因此在频率稳定度指标中,应注明取样时间,一般在指标后用“/取样时间”注明。时域频率稳定度测量方法有频差倍增测频法、频差倍增测周法、差拍法、双混频时差法、比相法和比时法。频域频率稳定度常用单边带相位噪声来表征。单边带相位噪声用表或图的方式表示单边带相位噪声电平随频率变化的情况,其测量方法常用正交鉴相法。

时域测量,无法发现杂散干扰。而频域测量,可以通过对频域的谱分析找出频率稳定度变差的原因。

9.67 频率稳定度损失(frequency stability degradation)

频标区分放大器和频标切换器等设备对频率信号的劣化量。工程中以设备的短期稳定度损失来衡量,按式(9-9)计算:

$$[\sigma_{y出}^2(\tau) - \sigma_{y入}^2(\tau)]^{\frac{1}{2}}, \quad \sigma_{y出}(\tau) \geqslant \sigma_{y入}(\tau) \tag{9-9}$$

式中:$\sigma_{y入}(\tau)$——设备输入信号的短期频率稳定度;

$\sigma_{y出}(\tau)$——设备输出信号的短期频率稳定度。

9.68 频率温度特性(frequency temperature characteristic)

频率标准输出频率随环境温度变化的特性,简称温度特性。温度特性的表征通常有两种方法:其一是给出在温度变化范围内引起的频率最大变化量,其二是给出在一定温度范围内频率的温度系数,即在规定的环境条件下温度每变化 1 ℃引起频率的变化量。恒温晶体振荡器常采用后者测量频率标准的温度特性。在工作温度范围内选取若干个温度值作为环境温度进行测量。环境温度在每个被选的温度值上应保持足够的时间,以保证频标内部温度与外界温度达到平衡,从而保证测试的准确性。

9.69 频率准确度(frequency accuracy)

频率实际值与频率标称值的相对偏差。频率准确度计算式为

$$A = \frac{f_x - f_0}{f_0} \tag{9-10}$$

式中:A——频率准确度;

f_x——被测频率标准的实际频率值;

f_0——被测频率标准的标称频率值。

因无法直接测量实际频率值与标称频率值的偏差,因此用参考频率标准来测量实际频率值。参考频率标准的准确度比被测频率标准高一个数量级以上。频率准确度的测量方法有测频法、比相法和比时法,分别用测频仪、比相仪和时间间隔计数器进行测量。

频率准确度反映的是频率离标称频率远近程度,频率稳定度反映的是频率变化范围。对于同一个频率信号,二者并不完全一致,有时会出现稳而不准或准而不稳的现象。

9.70 平太阳(mean sun)

一个假想的天体。平太阳每年和真太阳同时从春分点出发,在天赤道上从西向东匀速运行,其角速度相当于真太阳在黄道上运行的平均速度,最后和真太阳同时回到春分点。平太阳两次通过格林尼治天文台天顶的时间间隔为一个平太阳日。一个平太阳日等分为 24 个平太阳时,86 400 平太阳秒。世界时是基于平太阳日的时间。平太阳概念的提出,解决了真太阳日作为时间标准的不均匀性问题。

9.71 氢原子频率标准(hydrogen atomic frequency standard)

以氢原子基态超精细结构两能级之间的跃迁频率(1 420 405 752 Hz)为基准的原子频率标准,又称氢原子钟,简称氢原子频标、氢钟。氢原子频率标准既具有很高的频率准确度,又具有很高的短期频率稳定度和长期频率稳定度,但设备体积庞大,结构复杂,工作条件要求较高,价格昂贵。氢原子频率标准依其工作机理分为主动型(氢脉泽)和被动型(无源型或称原子鉴别器型)。

9.72 儒略日(Julian Day)

以儒略历公元前 4713 年 1 月 1 日格林尼治正午起算日期,逐日累计的纪日法,简称 JD。例如,1963 年 1 月 21 日 12 时的儒略日为 2 438 050。由于儒略日的数字很大,而在一般应用中前两位都不变,而且儒略日是以正午为新的一日的开始,与通常习惯及时间标准的定义不一致,因此常用约化儒略日(MJD)来纪日。两者的关系为 MJD=JD-2 400 000.5。如 1993 年 7 月 12 日的 MJD 为 49 180。

通常的年、月、日时间表示法虽然符合人们的生活习惯,但涉及 3 个单位,换算较为麻烦,若采用儒略日纪日法,可简化换算关系。

9.73 铷原子频率标准(rubidium atomic frequency standard)

以铷原子(Rb-87)基态超精细结构两能级之间

的跃迁频率(6834.684 211 MHz)为基准的原子频率标准,又称铷原子钟,简称铷频标、铷钟。铷原子频率标准按工作原理分为铷抽运型和铷激射型两种。铷激射型频标短期频率稳定度高,但价格也高。国防科研试验用的是较为经济的铷抽运型原子频率标准。在原子频标中,铷原子频标体积最小,质量最轻,预热时间短,价格最便宜,但频率准确度差,频率漂移率大,仅能用作二级频率标准。

9.74　闰秒(leap second)

为保持 UTC 与 UT1 之差小于 0.9 s,在 UTC 上引入的修正秒。闰秒分为正闰秒和负闰秒,正闰秒将某分钟增加 1 s,负闰秒将某分钟减少 1 s。闰秒可发生在任何一个月(UTC 时间)的最后 1 s,但最优选择是 12 月底或 6 月底,次优选择是 3 月底或 9 月底。到目前为止,发生的都是正闰秒,说明 UTC 的时间比 UT1 快。

9.75　三冗余(three redundancy)

标准化时统设备时间码产生器的备份模式。因该模式配置 3 个时间码产生器,故称三冗余。3 个时间码产生器同时接收频率标准信号,并将各自产生的时间码信号输出至故障判别及切换装置,由该装置选取一路输出。选取采用大数原则,即对 3 个时间码产生器的时间进行相互比对,将多数一致的判定为工作正常,与多数不一致的判定为故障。三冗余的备份模式提高了时统设备的工作可靠性。

9.76　铯原子频率标准(cesium atomic frequency standard)

以铯原子(Cs-133)基态超精细结构两能级之间的跃迁频率(9 192 631 770 Hz)为基准的频率标准,又称铯原子钟,简称铯频标、铯钟。铯原子频率标准分为商品型标准和实验室型标准两类。商品型铯束管尺寸小,频率准确度为 10^{-12} ~ 10^{-13} 量级;实验室型铯束管体积较大,频率准确度可达 10^{-14} 量级甚至更高。实验室型铯原子频标对环境条件要求比较严格,如恒温、防电磁干扰、防震等。国防科研试验所用的是商品型铯原子频率标准。

9.77　时间(time)

最基本的物理量之一,基本单位为 s。通常所说的时间有两种含义,其一指时刻,其二是两个时刻之间的间隔。时间早被人们所认识,人们通过事物的变化来感受时间和测量时间。时间是国防科研试验的重要参数之一,用来标志试验重要事件的时刻,为试验测量系统提供统一的时间基准,为试验控制系统提供准确的控制时刻。国防科研试验对时间精度的要求因应用场合不同而存在较大的差异,低者在毫秒量级,高者在微秒量级甚至纳秒量级。

9.78　时间比对(time comparison)

利用比对装置测定两个时钟在同一时刻(时间基准)的时钟读数偏差(钟差)的过程。时间比对是实现时间同步的重要环节。在工程中,通过同一时间基准 UTC 来确定分布在不同地点的两个时钟之间的钟差。此时,时间比对误差取决于各个时钟相对于 UTC 的测量偏差。还可以采用双向时钟传递的方法直接测量两个时钟的钟差。此时,时间比对误差取决于信号双向传递的对称性。

9.79　时间补偿(time compensation)

时统设备中可预置的本地时钟相对于外同步时间信号的时间偏差。用于对标准时号的发播提前量和时间信号传播路径的时延进行补偿,又称时延修正。时统站的时间补偿范围一般为 1 s,时统终端的时间补偿范围一般不小于 100 ms。例如,时统设备一般要对长波、短波的传输时延进行时间补偿,短波需要修正 20 ms 的发播超前量,长波需要修正传播的线路时延。

9.80　时间间隔计数器(time interval counter)

用于时间间隔测量的仪器,简称计数器。时间间隔计数器有开门信号和关门信号两个输入端。两个待测的时间信号分别接入这两个输入端,开门信号上升沿触发计数器计数,关门信号上升沿停止计数器计数。如图 9.6 所示,由此测得的两个时间信号的时间差为 $(N-1)T_c+t_1-t_2$,其中 N 为计数器的脉冲计数,T_c 为时钟脉冲的周期。将 t_1 和 t_2 展宽后精确测量,可得到 t_1-t_2。当测量精度要求较高时,可外接高精度的频率标准,作为时钟脉冲的基准。

9.81　时间码产生器(time code generator)

时统设备中产生 B 时间码信号的装置,简称时码产生器。对输入的标准频率信号分频,得到年、天、时、分、秒时间信息,并按 B 码格式编码输出。通过接收标准时间信号使输出的 B 时间码信号与其精确同步。另外还具有人工置钟、调钟、时间补偿

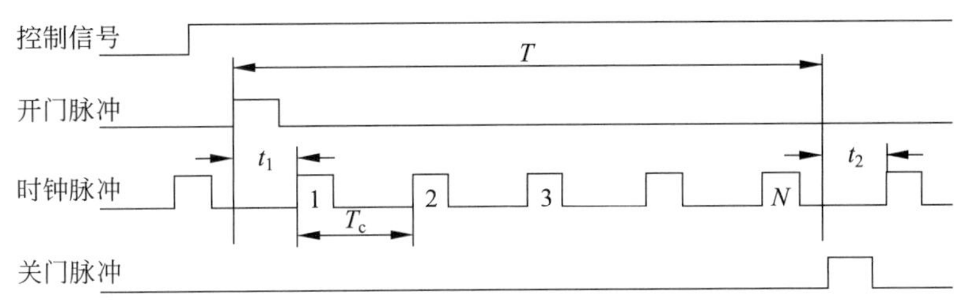

图9.6　时间间隔计数器测量原理

等功能。除B码信息外,通常还输出1pps信号用于测试。

9.82　时间码切换器(time code switcher)

选择和切换B时间码信号的装置,简称时码切换器、B码切换器。在冗余型时统设备中,为提高系统可靠性,B码切换器对多个时间码产生器送来的1pps、B(DC)码、B(AC)码等信号进行时间信息和相位信息的比对,并通过大数判别原则从中选择正确的信号输出。

9.83　时间码切换损失(time code switching loss)

B时间码切换过程中产生的输出信号丢失时间,简称切换损失。时间码切换损失的最大值为1 s。

9.84　时间码区分放大器(time code distributor and amplifier)

将B码产生器或切换器输出的单路B(AC)码、B(DC)码、1pps等信号分路放大输出给多个用户使用的装置,又称时间码分配放大器。对于B(DC)码和1pps信号可采用脉冲放大器来实现信号的分配,设备一般具有接口转换功能,可以将TTL接口转换为V.11接口,进行远距离传输。对于B(AC)码信号,可以采用线性放大器来实现信号的分配。为减小信号传输中的噪声干扰,输出接口一般采用600 Ω平衡变压器隔离输出。

9.85　时间偏差(time offset)

被测时钟相对于参考时钟的时刻差。通常采用时间间隔计数器直接测量两时钟1pps信号上升沿的时差。测量时,把参考时钟的1pps信号作为开门信号,被测时钟的1pps信号作为关门信号。时间间隔小于0.5 s表示被测时钟滞后参考时钟,否则表示被测时钟超前参考时钟。

9.86　时间同步(time synchronization)

依据时间比对的结果,调整被测时钟的时间,使之与参考时钟的时间达到一致的过程,又称时间校准。

9.87　时间同步误差(errors of time synchronization)

时间同步后两时钟之间的残余偏差,又称时间同步精度。根据参考时间的不同,时间同步误差分为绝对时间同步误差和相对时间同步误差。前者指时间统一系统的时间与时间基准之差;后者指时间统一系统内部各站之间的时间之差。时间同步误差是时间统一系统最重要的技术指标,其中相对时间同步误差对国防科研试验测量系统的测量精度影响最大。

按时钟传递过程,时间同步误差又分为站间时间同步误差、站内时间同步误差和时间码接口终端时间同步误差三部分。站间时间同步误差指时间统一系统各站时间信号之间的误差。站内时间同步误差指同一站内送到各用户设备的时间信号与时统站秒信号之间的误差。时间码接口终端时间同步误差指终端输入的时间信号与输出的时间信号之间的误差。

时间同步误差的测量以测试时的参考秒信号为基准,被测秒信号滞后参考秒信号时,其时间同步误差为正,反之为负。时间同步误差通常用时间间隔计数器来测量。

9.88　时间统一系统(timing system)

同步于统一的时间频率基准,向用户提供标准时间信号和标准频率信号的系统,简称时统。如图9.7所示,广义的时间统一系统由授时和用户两部分组成。授时部分包括国家或国际时间基准以及相应的发播系统。用户部分由位于不同地点的时统

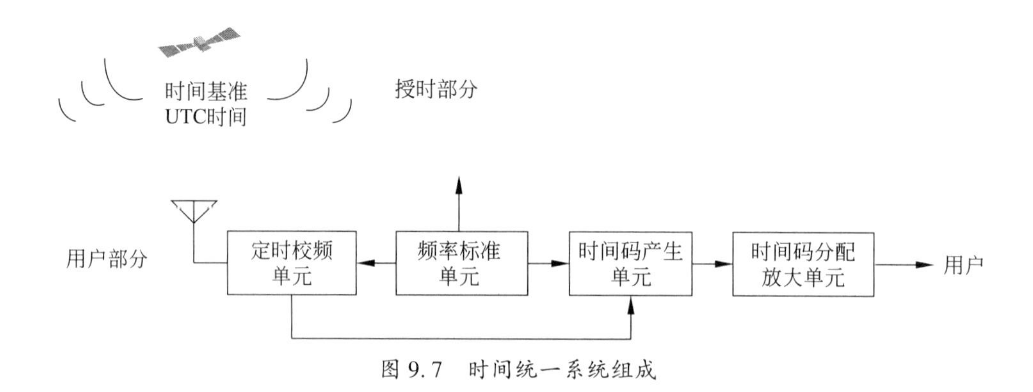

图 9.7　时间统一系统组成

站组成。国防科研试验领域所指的时间统一系统只包括用户部分。

时统设备是向国防科研试验各个参试设备提供标准时间信号和标准频率信号的设备，由定时校频单元、频率标准及标频放大单元、时间信号产生及放大单元 3 个部分组成。定时校频单元接收标准时间频率信号，用于校准本地频率标准的频率。频率标准的标准频率信号通过标频放大单元供需要的用户使用，实现整个系统的频率统一；标频放大单元的标准频率信号，是时间信号产生及放大单元的钟频信号。时间信号产生及放大单元产生供用户使用的标准时间信号，用定时校频单元输出的标准时间信号与 UTC 实现同步。

定时校频单元配置的设备可选择 BPL 长波定时校频接收机、BPM 短波定时接收机、GPS 定时校频接收机、GLONASS 定时校频接收机、北斗定时校频接收机。频率标准及标频放大单元一般由频率标准模块、频率标准切换模块和标频区分放大模块组成。频率标准可选择石英晶体频标、铷原子频标、铯原子频标和氢原子频标等。时间信号产生及放大单元由时间码产生模块、时间码切换模块和区分放大模块等组成。频率标准及标频放大单元向用户输出 1 MHz、5 MHz、10 MHz 的标准频率信号，时间信号产生及放大单元向用户输出 B(DC)码和 B(AC)码等标准时间信号。

按时钟配置数量，时统设备分为基本型和冗余型两种类型；基本型设备只配置一个时钟，主要用于小型团站。其中，基本型的便携式设备体积更小，便于搬运，主要用于机动站。冗余型设备配置两个以上时钟，主要用于大型团站或可靠性要求的场合。其中，冗余型的高精度时统设备主要用于对时间频率有较高要求的测量系统。

国家军用标准 GJB 2242—94《时统设备通用规范》规定了时统设备的技术要求、质量保证规定以及交货准备等。

9.89　时间信号周期抖动(time signal periodic jitter)

时间信号的周期围绕理想值左右抖动的现象。常用标准偏差来表征该抖动的大小。在实际测量中，要求连续测量 100 个信号周期数据，进行标准偏差计算，计算式如下：

$$\sigma_T = \sqrt{\frac{\sum_{i=1}^{100}(T_i - \bar{T})^2}{100 - 1}} \tag{9-11}$$

式中：σ_T——时间信号周期抖动标准偏差；

T_i——第 i 次测量的时间信号周期；

$\bar{T}$——100 次测量的时间信号周期的平均值。

9.90　世界时(universal time)

以平子夜作为 0 时开始的格林尼治平太阳时，简称 UT。经典的世界时测量方法是光学方法，常用的是观测恒星过观测者所在子午圈时刻的中天观测法。此外，还有观测恒星过等高圈时刻的等高观测法等。

直接测定的世界时称为 UT0。地球的自转轴并不是固定不变的，而是在地球体内有一微小的摆动。自转轴的摆动使地球表面的地极有相应的移动，称为极移。极移使各地测得的地方平太阳时归算到世界时，产生了偏差。对 UT0 进行极移修正后的世界时称为 UT1。地球自转速率随季节发生变化。通常春季慢，秋季快，快的一天和慢的一天相差 1 ms 左右。为了使世界时变得更加均匀，对 UT1 进行季节变化修正后得到的世界时称为 UT2。

9.91　时区(time zone)

对地球以经度15°为间隔划分的区域。全球划分为24个时区,即0时区、东1区到东12区,西1区到西12区。0时区从东经7.5°至西经7.5°。东12区和西12区以东西经180°为界,各跨经度7.5°。每个时区的中央经线上的时间为该时区的时间。相邻时区的时间相差1 h,向西减1 h,向东加1 h。

9.92　时统分站(slaved timing station)

接收时统主站的B时间码信号,与时统主站保持同步,并向用户提供标准时间和标准频率信号的时统站,简称分站或副站。分站时统设备主要由同步接口单元、频率标准单元、时码产生单元、时码区分放大单元等组成。

9.93　《时统设备通用规范》(General specification for timing equipments)

中华人民共和国国家军用标准之一,标准代号为GJB 2242—94,1994年12月13日,国防科学技术工业委员会发布,自1995年7月1日起施行。该标准规定了时统设备的技术要求、质量保证规定以及交货准备等,适用于各试验基地的时统设备。标准内容包括范围、引用文件、要求、质量保证规定、交货准备、说明事项等。

9.94　时统主站(master timing station)

直接同步于国家或国际标准时间和标准频率系统,向用户提供标准时间和标准频率信号的时统站,简称主站。时统主站的设备由定时校频单元、频率标准单元、时码产生单元、时码区分放大单元等组成。对于远距离的用户群,因不便向这些用户传送大量时统信号,故采用主—分站体制。由主站向分站传送一路标准时间信号,再由分站分出多路送给多个用户。由于卫星定时校频设备成本降低,时统分站也都配备定时校频设备,不再直接同步于时统主站,目前,时统主—分站体制已趋于淘汰。

9.95　石英晶体频率标准(quartz crystal frequency standard)

利用石英晶体的压电效应产生稳定振荡电信号的频率标准,简称石英频标。石英频标的输出频率短期稳定度较高,长期稳定度较低,老化漂移较严重,在使用过程中需要卫星定时接收机实时校准。时间统一系统通常配备通用石英晶体频标和快速预热石英晶体频标两种。通用石英晶体频标输出信号的稳定度较高,1 s采样的频率稳定度达10^{-12}量级,10 ms采样的频率稳定度达10^{-10}量级,但开机预热时间较长,一般在24 h以上,适用于要求较高、环境条件较好的固定场合,快速预热石英晶体频标开机预热时间短,一般能在开机2 h后进入稳定工作状态,但稳定度较差,适用于要求开机时间短的机动场合。

9.96　守时(timing keeping)

时统设备独立保持时间的工作过程。定时校频接收机接收授时台的标准时间信号,使本地时间同步于标准时间后,时统设备可独立工作,向用户提供满足要求的标准时间信号。但一段时间后,时统设备保持的时间精度下降,满足不了时间同步误差的指标要求,需与标准时间再同步,两次同步的时间间隔反映了时统设备的守时能力,称为守时时间。守时时间取决于时统设备的频率源的性能,与初始同步误差,频标的漂移率、初始相对频率偏差的关系如下:

$$\Delta t = \Delta t_0 + D \times T + 1/2a \times T^2 \qquad (9\text{-}12)$$

式中:T——守时时间;

Δt_0——初始同步误差;

Δt——同步误差指标要求;

a——漂移率;

D——初始相对频率偏差。

9.97　授时(time service)

授时台发播标准时间信号的过程。传统的授时方法是,授时台用无线电波对外定时发播标准时间信号。固定授时台一般采用长波和短波波段,卫星授时采用微波波段。随着技术的发展和需求的多样化,出现了专线授时、电话授时、电视授时和网络授时等多种手段。

9.98　双混频时差法(2-mixer time comparison)

将参考频率标准信号和被测频率标准信号分别进行混频、滤波、放大整形后,再用时间间隔计数器比对时间的方法。参考频率标准输出的f_0和被测频率标准输出的f_x信号,通过两个双平衡混频器分别与来自公共振荡器输出的f_c信号进行混频。公共振荡器的输出频率$f_c=f_0-F$,F为差频信号的频率,其值根据测试的需要而定。如测秒以上稳定度,$F=$

1 Hz;如测毫秒以上稳定度,$F=1$ kHz。混频器输出的差频信号经低通滤波后送入放大整形电路,该电路在差频信号的正交过零点处形成前沿陡峭的触发信号送时间间隔计数器。时间间隔计数器测量出两路输入信号之间的时差。根据连续测得的一组时差和相关计算式,可计算出被测频标的时域频率稳定度。公共振荡器的误差在双混频时差法电路中被抵消,可有效提高比对精度,常用于测量频标的短期稳定度。

9.99　溯源(traceability)

通过授时和同步关系,将一时间信号与指定的时间基准联系起来的特性。我国的时间统一系统应通过军用时间标准(CMTC)或国家授时中心保持的UTC(NTSC)溯源到UTC。

9.100　索引计数(index count)

B时间码码元的序号。B时间码一帧有100个码元,按先后顺序为每个码元分配一个索引计数,从0开始至99结束。

9.101　外同步信号(exterior synchronization signal)

用于同步时码产生器时钟的标准时间输入信号。外同步信号包含参考秒和对应的时间信息。时码产生器的外同步接口具有多种类型,靶场时统设备常采用B时间码作为外同步的接口信号。另一种是秒信号与时间码数据的组合形式,如1pps加RS-232串行时间码接口。

9.102　网络时间协议(network time protocol)

互联网工程任务组(IETF)提出的在IP网内发布精确时间以同步网络终端时间的应用协议,简称NTP协议。目前有3个版本,分别是V2(RFC1119)、V3(RFC1305)和V4(RFC5905)。通过该协议,网络终端与时间服务器交互协议报文,获取时间,与时间服务器保持时间同步。一般在局域网上,可实现1 ms的同步精度,在广域网上可实现数十毫秒的同步精度。另外,该协议还提供加密确认的方式,以防止恶意的协议攻击。

9.103　卫星单向定时法(one-way satellite timing method)

利用卫星单向链路传输秒相位信息实现异地两个时钟时间同步的方法,简称卫星单向法。A地时钟的秒相位信息经卫星链路发往B地,B地根据该信息测量出与其时钟之间的时间间隔ΔT。ΔT减去信号的传输时延$\Delta\tau$便得到两时钟的时差Δt。对其中一个时钟调整Δt,即可实现两时钟的时间同步。卫星单向定时法的时间同步精度取决于$\Delta\tau$的估算精度,星历误差是影响$\Delta\tau$的主要因素。

9.104　卫星共视定时法(common view satellite timing method)

处于两个不同位置的观测者,采用在同一时刻观测同一颗卫星上同一信号中的同一标志实现时间同步的方法,简称共视法。其基本原理是,卫星利用自己的时钟向地面广播时间信号。不同位置的观测者,利用本地钟的1pps信号打开时间间隔计数器闸门,再用接收到的卫星钟的1pps秒信号关闭该闸门。计数器得到的时间间隔值减去卫星到本地的路径延迟,即为卫星钟与本地钟的时间差。两地之间的钟差就是两地的卫星钟与本地钟的时间差之差。虽然同时观测同一时间信源,卫星时钟误差被全部消除,但不能完全消除星历误差。

9.105　卫星双向定时法(two-way satellite timing method)

利用卫星双向链路传输秒相位信息实现异地两个时钟时间同步的方法,简称卫星双向法。A地时钟的秒相位信息经卫星链路发往B地,B地用计数器测量收到的A地时钟信号与本地时钟信号的时间间隔$\Delta T1$。A地采用同样方法测得B地时钟信号与本地时钟信号的时间间隔$\Delta T2$。$(\Delta T2-\Delta T1)/2$即为两地时钟之间的时间误差。由于卫星双向链路的对称性,可以消除电离层、对流层对时钟比对的影响,所以此方法是一种高精度的时间同步方法。

9.106　位置识别标志(position recognition sign)

在B码的帧格式中,为方便获取B码中的信息而设置的码元。每帧有10个位置识别标志码元,码元宽度均为8 ms,按先后顺序分别为P1～P9,P0,等间隔插在B码帧中,其索引计数个位为9。

9.107　误码判别(error code discrimination)

B码终端对B时间码正确性判别的机制。判别方法是用前一帧的时间加1 s,与当前帧的时间相比较。二者时间一致时判当前帧时间正确,否则判当前帧时间错误。如此连续比较3帧,均正确者判定时间正确,否则判定时间错误。

9.108　相对频率偏差(fractional frequency offset)

两个频率标准输出频率值的相对偏差。其定义如式(9-13)所示:

$$D = \frac{f_A - f_B}{f_0} \tag{9-13}$$

式中:D——频率标准A和B的频率偏差;

f_A——频率标准A的输出频率;

f_B——频率标准B的输出频率;

f_0——频率标准A和B的标称频率。

9.109　相对时(relative time)

以特定事件发生时刻为历元的计时,度量单位采用国际单位制s。在国防科研试验时,通常把导弹或运载火箭的起飞时刻作为相对时的原点,以该相对时标识导弹或运载火箭起飞前的准备工作和起飞后的测量、控制等事件发生的时间。

9.110　相位微越计(phase microstepper)

能够对频率信号的相位和频率进行精密调整的仪器或装置。其时间调整分辨率可达皮秒量级,频率调整分辨率可达10^{-14}~10^{-15}量级。一般用于对原子频标信号的相位和频率进行微调。

9.111　协调世界时(universal time coordinated)

以原子时为基础,与UT1相协调的世界时。记为UTC。UTC通过闰秒的方法,将自己的时刻与UT1的时刻保持在±0.9 s以内。每年的6月30日和12月31日的最后1 s作为实施闰秒的候选日期。

9.112　原子秒(atomic second)

位于海平面上铯(Cs-133)原子在其基态的两个超精细能级间跃迁辐射9 192 631 770个周期所持续的时间。1967第十三届国际计量大会通过决议,将原子秒作为国际单位制的秒。

9.113　原子能级(atomic energy level)

按大小分级的原子能量状态。一个原子的能量是离散的,这些离散的能量值构成原子能级。最低能级具有最小能量,称为基态。其他能级称为激发态。在同一能级内,可分为若干能级,称为精细能级。精细能级又可分为超精细能级,超精细能级再分为超精细磁能级。能级取决于原子的电子组态,精细能级取决于电子的自旋,超精细能级取决于原子核自旋和电子自旋,超精细磁能级取决于外来磁场。

当一个原子从一个能级跃迁到另一个能级时,以一个光子的形式辐射或吸收电磁能量,电磁波频率f由式(9-14)决定:

$$hf = E_2 - E_1 \tag{9-14}$$

式中:h——普朗克常数,6.62×10^{-34} J·s;

E_2-E_1——原子跃迁的两个能级的能量差。

原子的能级非常稳定和准确,这是原子钟的输出频率之所以稳定和准确的主要原因。能级相差越大,频率也越高。为了把频率限制在无线电射频范围内,原子钟采用超精细能级间跃迁来产生频率信号。

9.114　载波相位法(carrier phase method)

在共视比对的基础上,利用卫星载波相位信息提高测量精度的方法。首先测量卫星载频信号从卫星到地面接收天线所累积的相位值,然后用该相位值乘以载频的周期,即可准确得到载频信号在空间的传输时间。两地各自测出本地时钟相对卫星信号载频的相位差,从而求出两地时钟的钟差。与常规的码相关测量技术相比,由于载频远远大于码元的频率,故传输时间的测量不确定度可以大幅度减少,因此,载波相位法可显著提高共视比对的精度。

9.115　正交鉴相法(quadrature phase discrimination method)

频率标准单边带相位噪声测试方法之一。正交鉴相法的基本原理如图9.8所示,为保证鉴相器的高灵敏度和低噪声,要求被比较的两信号在相位上要正交。鉴相器的输出经低通滤波器和直流放大后被送至参考频率标准的压控信号输入端,构成锁相环路,以保证鉴相器始终工作在正交鉴相的状态。低通滤波器的另一路输出经低噪声放大后送频谱

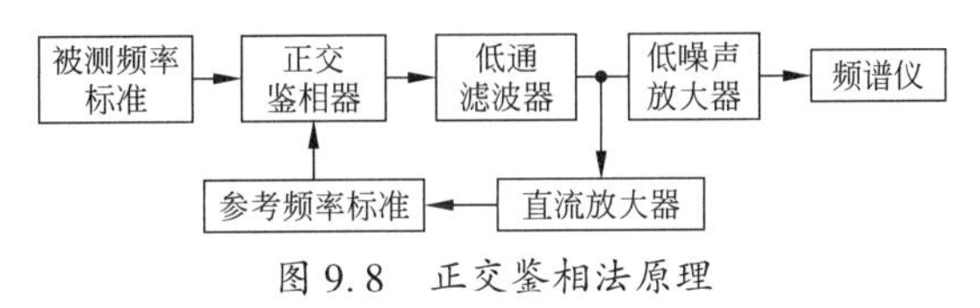

图9.8　正交鉴相法原理

仪，以提高测试系统的灵敏度。正交鉴相法实质上是通过抑制载频，用鉴相器检出相位噪声电压，故又称零拍法。

根据频谱仪测得的噪声电压，可计算出被测频率标准的单边带相位噪声，计算式如下：

$$\pounds(f) = 20\lg U_{rms}(f) - 20\lg K_d - 20\lg K_A - 3 \quad (9\text{-}15)$$

式中：$\pounds(f)$——傅里叶频率 f 处的单边带相位噪声，单位为 dBc/Hz；

K_d——鉴相器灵敏度；

K_A——放大器增益；

$U_{rms}(f)$——频谱仪测得的 1 Hz 带宽内的均方根电压。

9.116 准时点(on-time point)

时间信号波形中表征该信号所代表时刻的位置点。在 B 码帧中，P_r 码元的上升沿表征该 B 码帧所表示的时间的起始时刻，故 P_r 码元的上升沿所对应的点为准时点。

9.117 组合型频率标准(combination frequency standard)

由不同性能优势的频率标准组合而成的频率标准。组合型频率标准“取长补短”，性能指标优于参加组合的单个频率标准。铷原子频标与石英晶体频标组合的频率标准，用铷原子频标锁定石英晶体频标，使其输出的信号既有高准确度又有铷原子频标所不具有的良好的短期频率稳定度。将频率标准与高精度定时校频接收机相结合的频率标准，利用接收到的标准时间信号或频率信号校准本地频率标准的频率，使其保持较高的准确度。这种类型的组合型频率标准常见的有驯服铷原子频率标准、驯服石英晶体频率标准。石英晶体频率标准由于受晶体老化等因素的影响，其输出频率有较大的老化率，并且其重现性也较差。铷原子频率标准的重现性是原子频率标准中最差的，而且其漂移率也是最大的。通过接收 GPS、GLONASS、长波等标准时间信号和频率信号，使本地频率标准的频率跟踪这些信号，可有效减小重现性、老化或漂移对频率准确度的影响。

第 10 章　通信保密与安全

10.1　AES(Advanced Encryption Standard)

美国标准技术研究所(NIST)2002 年发布的用于替代数据加密标准(DES)的加密标准,中文名称为高级加密标准。AES 明文分组的长度为 16 B,密钥长度可以为 128 bit、192 bit 或 256 bit。根据密钥长度,算法被称为 AES-128、AES-192 和 AES-256。AES 每轮计算由 4 个阶段组成,包括 1 个置换和 3 个代替,分别为字节代替、行移位、列混淆和轮密钥加。首先对 16 B 的输入进行逐字节替换,再将其以字节为单位进行打乱处理,然后以 4 B 为一组进行比特运算,将其变为另一个 4 B 值,最后将其与密钥进行异或计算。经过多轮计算后,输出最终的密文。

10.2　ARP 攻击(ARP attack)

主动发送 ARP 应答报文,对被攻击主机进行 MAC 地址欺骗的攻击手段。ARP 协议是一个无状态的协议,在没有发送请求报文的情况下,可以接收应答报文并更新 ARP 缓存表,ARP 攻击就是利用这一安全性缺陷实施攻击的。假设攻击主机为 A,被攻击主机为 B,B 信任的主机或网关为 C。A 主动向 B 发送 ARP 应答报文,报文中绑定 C 的 IP 地址与 A 的 MAC 地址。B 收到报文后,会主动更新本机的 ARP 缓存表,导致后续与 C 地址的通信都封装为 A 的 MAC,实际成为与 A 之间进行通信。由于 ARP 协议报文直接封装在 MAC 帧内,因此 ARP 攻击只存在于二层网络内部,不能跨路由器攻击。

10.3　DES(Data Encryption Standard)

美国国家标准局(NBS)1976 年发布的基于分组密码体制的加密标准,中文名称为数据加密标准。DES 的数据分组长度为 64 bit,其密钥长度为 64 bit(由于每个字节的第 8 bit 是前 7 bit 的奇偶校验位,所以有效密钥长度为 56 bit)。DES 采用 16 轮循环,每一轮的计算流程如下。

(1) 将输入的 64 bit 明文均分为左、右两半。

(2) 右半边直接发送到轮输出的右侧,同时也发送到轮函数中。

(3) 轮函数以右半边的明文和子密钥为输入,计算出 32 bit 的比特序列。具体方法为,首先将 56 bit 密钥进行压缩置换,得到 48 bit 的子密钥,然后将 32 bit 明文进行扩展置换,得到 48 bit 明文输入,将明文与子密钥异或得到 48 bit 的比特序列,再对该序列进行多次代替和置换操作,最终得到 32 bit 的比特序列。

(4) 将第 3 步得到的比特序列与左半边的明文进行异或,得到轮输出的左侧。

一轮计算完成后,将该轮输出的左右两侧对调,作为下一轮计算的输入。经过 16 轮计算后,输出最终的密文。

10.4　DNS 欺骗(DNS spoofing)

使请求域名解析的主机得到错误 IP 地址的攻击行为。主机根据域名,查询域名系统(DNS),可获得该域名对应的 IP 地址,从而访问该域名所代表的网站。如果得到的 IP 地址不正确,不但无法访问到欲访问的网站,反而会访问到其他网站。DNS 欺骗的目的就是引导主机访问恶意网站或者访问不到欲访问的网站。常见的 DNS 欺骗有以下几种类型。

(1) 恶意修改主机 DNS 缓存中的内容。主机在进行 DNS 解析的时候,首先查询本机的 DNS 缓存,如果在缓存中能查到,就使用缓存中的 IP 地址,而不再向 DNS 服务器发送请求。这样,恶意程序入侵主机后,通过修改 DNS 缓存,就能达到欺骗的目的。

(2) 恶意修改主机的 DNS 服务器地址。恶意程序入侵主机后,修改主机配置的 DNS 服务器地址,使主机向非法的 DNS 服务器发送请求,从而得到错误的 IP 地址。

(3) DNS 劫持,又称域名劫持。主机向 DNS 服务器发送的请求包含一个识别码,用于识别对该请求的响应。攻击主机拦截到被攻击主机发送的请求,向被攻击主机发送一个包含该识别码的假响应,从而使被攻击主机接受假的查询结果,而忽略合法 DNS 服务器的后续响应。

(4) 缓存投毒。一个 DNS 服务器并非保存所有的域名解析结果。当收到一个 DNS 请求后,如果发现本地没有该域名的解析结果,就会向其他 DNS

服务器发出请求,并将得到的结果保存到自己的缓存中。攻击主机向被攻击的 DNS 服务器发送 DNS 请求,然后抢在合法 DNS 服务器响应前,发送一个假响应给被攻击的 DNS 服务器。这样,被攻击的 DNS 服务器就将这一错误结果(毒药)保存到自己的缓存中。

(5) 恶意修改 DNS 服务器的域名数据库。恶意程序入侵 DNS 服务器后,对域名数据库的内容进行更改,将错误的 IP 地址指定给特定的域名。这样,当主机请求查询这个特定域名的 IP 地址时,就会得到错误的 IP 地址。

10.5 IPsec 传输模式(IPsec transmission mode)

只对 IP 包的载荷提供保护的封装模式。在 IP 报头和净荷之间插入一个 IPsec 报头(AH 或 ESP),封装后的 IP 报头与原始报头相同,只是 IP 协议字段被改为 51(AH)或 50(ESP),并重新计算 IP 报头校验和。如果插入 AH 报头,则对信息提供完整性校验和抗重放攻击保护,如果插入 ESP 报头,则对信息提供加密、完整性校验和抗重放攻击保护,如图 10.1 所示为传输模式下的报文封装。

IP Header	AH/ESP Header	Data

图 10.1 传输模式下的报文封装

10.6 IPSec 解释域(IPSec domain of interpretation)

规定因特网密钥交换协议(IKE)协商内容的文档,简称 IPSec DOI 或 DOI。IKE 定义了安全参数如何协商,以及共享密钥如何建立,但没有规定协商的内容,而把协商内容交由 DOI 规定。DOI 为使用 IKE 进行安全关联协商的协议统一分配标识符。共用同一个 DOI 的协议,从一个共同的名字空间中选择安全协议和变换、共享密码以及交换协议的标识符等。

10.7 IPsec 隧道模式(IPsec tunnel mode)

对整个 IP 包提供保护的封装模式。将原始 IP 包作为净荷封装成一个新的 IP 包,并在原始 IP 报头和新增 IP 报头之间插入一个 IPsec 报头(AH 或 ESP),原 IP 报头中的地址等信息被隐藏。如果插入 AH 报头,则对信息提供认证、完整性校验和抗重放攻击保护,如果插入 ESP 报头,则对信息提供加密、认证、完整性校验和抗重放攻击保护,如图 10.2 所示为隧道模式下的报文封装。

New IP Header	AH/ESP Header	IP Header	Data

图 10.2 隧道模式下的报文封装

10.8 IP 保密机(IP encryption equipment)

工作在网络层对 IP 报文进行加解密的保密机。分为两类:一类采用 IPsec 协议,另一类采用专有(私有)协议。IP 保密机具有包过滤功能,根据 IP 报文的源/目的 IP 地址、源/目的端口号及协议类型等五元组信息选择对报文进行加解密、明传或丢弃处理。IP 保密机可以实现一对多加密,相对于点对点工作的专线保密机,可节省保密机的配置数量,由此也带来了策略配置和密钥协商复杂等问题。IP 保密机部署在局域网出口处,一般串接在路由器与出口交换机之间。

10.9 IP 地址欺骗(IP address spoofing)

用其他主机的 IP 地址作为源地址,与目的主机进行通信的行为。在正常情况下,IP 网只根据目的地址转发 IP 报文,这样,一台主机即使用其他主机的 IP 地址作为源地址,也能将 IP 报文发送至目的主机。采用 IP 地址欺骗进行攻击的一般方法是,假如攻击者欲攻击主机 A,需要首先找到主机 A 信任的主机 B,并采用 TCP SYN 淹没等多种攻击手段使 B 瘫痪,然后攻击者使用 B 的 IP 地址作为源地址与 A 通信,使 A 接受攻击者发送的报文并进行处理,从而达到攻击的目的。

10.10 IP 封装安全载荷(IP encapsulating security payload)

IPsec 协议中,用于提供信息加密、认证的封装头和尾部,简称 ESP,为 IP 报文提供加密、完整性校验和抗重放攻击保护。ESP 支持传输模式和隧道模式。

ESP 报文头插入在 IP 报文头和 IP 报文净荷之间,ESP 报文尾插入在 IP 报文净荷后,ESP 在 IP 报文头中的协议号为 50,封装格式如图 10.3 所示。

ESP 报文头包括以下内容。

(1) SPI:安全参数索引,32 bit,标识安全关联。

(2) Sequence Number:序列号,32 bit,从 1 开始递增,唯一地标识每一个发送的数据包。

(3) IV:初始化向量,32 bit,为密码算法提供初

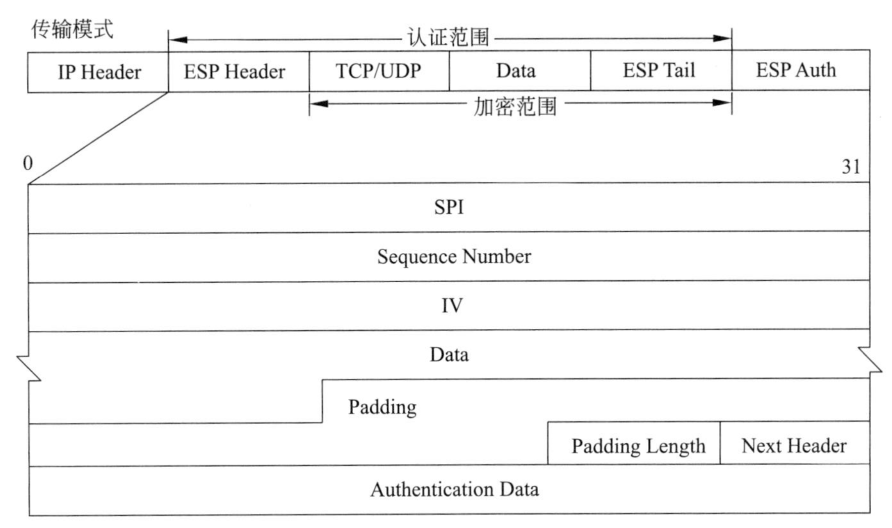

图 10.3　ESP 报文封装格式

始输入。

ESP 报文尾包括以下内容。

(1) Padding：填充项，0~255 B，根据密码算法的需要进行填充，以使被加密字段达到 *N* B 的整数倍。

(2) Padding Length，填充项长度，8 bit，发送方注明填充项长度，接收方根据该字段长度去除填充字段。

(3) Next Header：下一个头，8 bit，表示 ESP 报文尾部后面的下一个协议类型。

(4) ESP Auth：认证数据，长度为 32 bit 整数倍的数据域，ESP 将完整性检查值(ICV)写入该字段。

ESP 支持传输模式和隧道模式。

10.11　IP 认证头部(Authentication Header)

IPsec 协议中，用于提供信息认证的扩展头，简称 AH。AH 支持传输模式和隧道模式，为 IP 报文提供完整性校验和抗重放攻击保护，但它不具备加密功能。

AH 头插入在 IP 报文头和 IP 报文净荷之间，在 IP 报文头中的协议号为 51，封装格式如图 10.4 所示。

(1) Next Header：下一个头，8 bit，表示 AH 头后面 IP 报文净荷的协议类型，如 IP 报文净荷为 UDP，则该字段的值为 17。

(2) Payload Length：载荷长度，8 bit，表示 AH 头的字节长度。

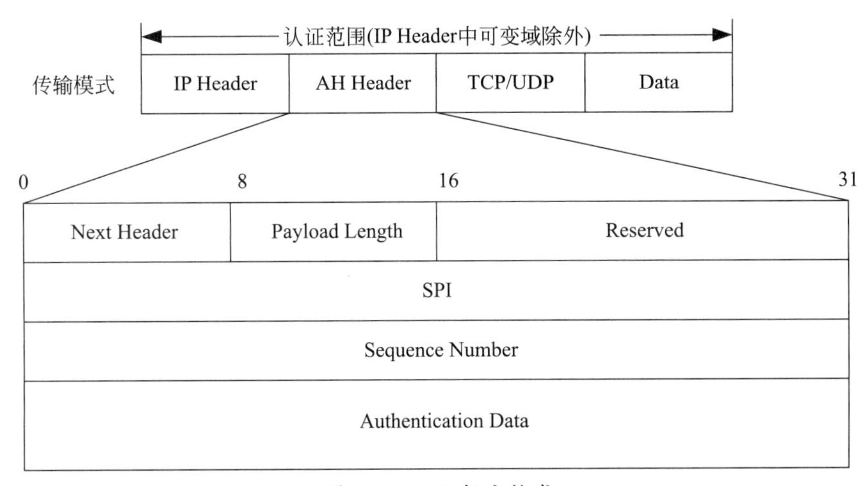

图 10.4　AH 报文格式

（3）Reserved：保留字段，16 bit，用于后续扩展应用，发送方将该字段置0。

（4）SPI：安全参数索引，32 bit，接收方根据SPI查找安全关联（SA）数据库，找到对应的SA。如果该字段为0，则表示无SA。

（5）Sequence Number：序列号，32 bit，从1开始递增，标识每一个发送的数据包及其发送顺序。

（6）Authentication Data：认证数据，长度为32 bit整数倍的数据域，AH将完整性检查值（ICV）写入该字段。

AH通过一个单向散列函数计算数据包的散列值，得到ICV，接收方收到带有ICV的数据包后，执行同样的计算，将得到的散列值与接收的散列值做比较，如果完全一致则说明数据是完整的，这样就可以为数据提供完整性保护；通过序列号可以为数据提供抗重放保护。

10.12　IP网安全协议（IP security protocol）

因特网工程任务组（IETF）制订的为IP网提供安全服务的协议簇，简称IPsec。IPsec工作在IP层，对IP报文提供用户数据加密、信息完整性校验、抗重放攻击、安全的在线密钥生成机制等安全服务。IPsec包括认证头部协议（AH）、封装安全载荷协议（ESP）、因特网密钥交换协议（IKE）和若干用于网络认证及加密的算法。AH提供数据完整性保护，ESP可以提供数据加密和完整性保护，二者可同时使用。AH和ESP均支持传输模式和隧道模式。IKE提供密钥协商、分发机制服务。

在实际应用中，IPSec主要有以下4种配置方案。

（1）主机配置方案。采用传输模式或隧道模式，提供端到端的安全保护。任意两个主机配置IPSec，即可在IP网上进行安全的通信。

（2）路由器配置方案。采用隧道模式，提供虚拟专用网（VPN）的安全保护。在连接内外网的路由器上配置IPSec，从而在多个这样的路由器间建立安全通道，构成IPSec VPN。通过IPSec VPN，一个受保护的内网，就可以安全地与受保护的远程内网通信。

（3）主机和路由器配置方案，又称Road Warrior。对连接到公用IP网上的主机配置IPSec，使其与一个配置IPSec路由器连接的内网进行安全通信。

（4）嵌套式配置方案。为适应分级保护的需要，对IP包进行多次IPSec封装。在对内网进行IPSec保护的情况下，在对内网中的子网单独进行IPSec保护时，可使用嵌套配置方案。

10.13　MD5算法（message-digest algorithm 5）

IETF在RFC 1321文档中提出的一种用于计算消息摘要的散列函数，中文名称为消息摘要算法第5版。MD5算法的基本原理是，首先对输入的消息进行填充，使其长度比512 bit比特长度整数倍小64 bit，然后在后面附上64 bit的消息长度字段（填充前）；再以每512 bit为一个分组，每一分组又划分为16个32 bit的子分组来处理输入文本；最后得到4个子分组，将它们级联就得到一个128 bit的消息摘要。一般来讲，当一个消息遭到篡改时，其消息摘要也会改变，因此，MD5算法可用来验证消息的完整性。

10.14　SHA算法（secure hash algorithm）

美国国家标准技术研究院（NIST）发布的一种用于计算消息摘要的算法。中文名称为安全哈希算法。为应对MD5的潜在缺陷所带来的安全威胁，1993年，SHA作为联邦信息处理标准（FIPS PUB 180）发布；1995年发布修订版（FIPS PUB 180-1）。SHA包括SHA-0、SHA-1、SHA-2等一系列算法，通常使用SHA-1。SHA与MD5的工作原理类似，以SHA-1为例，首先对消息进行填充，使其长度为512 bit的整数倍，然后以512 bit为分组进行计算，最后得到5个32 bit的子分组，将其级联后输出长度为160 bit的消息摘要。自从MD5被攻破后，SHA逐步取代MD5，得到了更加广泛的应用。

10.15　SSL欺骗（SSL spoofing）

利用安全套接层协议（SSL）的漏洞，冒充合法客户端和服务器的网络攻击行为。SSL协议位于传输层协议与各种应用层协议之间，负责对传送的数据进行加密。攻击者通常冒充服务器，使用明文协议与客户端建立连接，同时冒充客户端与真正的服务器建立SSL加密连接。这样合法的客户端与合法服务器之间的全部通信经过攻击者代为转发。将客户端的加密连接请求转到攻击者控制的服务器上是实现SSL欺骗的前提，一般通过ARP欺骗、DNS欺骗等手段实现。

10.16　URL欺骗（uniform resource locator spoofing）

攻击者采用诱骗手段，使被攻击者访问其指定的统一资源定位符(URL)所指向的网页。URL是互联网上标准资源的地址,也称为网页地址。通常,攻击者仿造与常见URL地址相像的地址,诱使用户点击,从而进入攻击者指定的网页。

10.17 安全参数索引(security parameter index)

唯一标识一个安全关联(SA)的数值,简称SPI。SPI长32 bit,用作安全关联数据库(SAD)的索引值。在IPsec发送端,将SPI添加到认证头(AH)和ESP包头部分。在接收端,根据SPI,在SAD中查找到对应的记录项,即可得到处理所需的AH和ESP参数。

10.18 安全策略数据库(security policy index)

存放IPSec策略的数据库,简称SPD。SPD的结构如图10.5所示,由多个记录项组成。每个记录项包括源IP地址、目的IP地址、执行协议(可执行AH或ESP,也可同时执行AH及ESP)、源端口号、目的端口号、封装模式(传输模式或隧道模式)。每个记录项规定了一个需要经IPSec通道传输的数据流。

每个发送的IP数据包,首先由SPD进行匹配。如果匹配上,则该数据包经IPsec通道传输,然后查找安全关联数据库(SAD),确定使用的安全关联(SA)。如果没有对应的SA,则通过因特网密钥交换协议(IKE)建立SA,并将其添加到SAD。

10.19 安全超文本传输协议(secure hypertext transfer protocol)

对HTTP连接提供安全保护的协议,简称HTTPS。将SSL作为HTTP应用层的子层,使用TCP 443端口进行通信。认证中心首先为服务器分发一个经过认证的证书(公钥),客户机通过发送认证请求得到公钥,然后将自己随机产生的对称密钥在公钥的保护下发送给服务器,服务器得到该对称密钥后,双发开始加密通信。HTTPS可以为服务器与客户机之间的通信提供加密、防篡改等保护。

10.20 安全关联(security association)

IPsec两个端点之间对使用的协议类型、封装模式、加密算法、密钥以及密钥有效期等要素的约定,又称为安全联盟,简称SA。SA由安全参数索引(SPI)、目的IP地址、安全协议号组成的三元组来唯一标识。其中,SPI是用于唯一标识SA的一个32 bit数值,对端根据SPI选择合适的SA处理接收包;目的IP地址即数据包的下一跳地址;安全协议号标示该数据包是采用AH封装还是ESP封装。

SA是单向的,在两个IPsec端点之间的双向通信,最少需要两个SA来分别对两个方向的数据流进行安全保护。而且,如果两个端点希望同时使用AH和ESP来进行安全通信,则每个端点都会针对每一种协议来分别构建一个独立的SA。

建立SA的方式有手工配置和因特网密钥交换(IKE)自动协商两种。其中,手工配置方式建立的SA永久有效,不会老化,这意味着密钥会一直使用,具有安全隐患;IKE自动协商方式通过业务数据流的触发、根据业务流是否加密等安全策略自动完成SA的建立。

10.21 安全关联数据库(security association database)

存放安全关联(SA)参数的数据库,简称SAD。SAD为每个SA建立和维护一条记录项,每条记录项包括安全参数索引(SPI)、目的IP地址、执行协议(AH和/或ESP)、AH验证算法、AH验证的加密密钥、ESP验证算法、ESP验证的加密密钥、ESP的加密算法、ESP的加密密钥、封装模式等安全关联参数。对于进入处理,SAD的记录用三元组“目的IP地址,SPI,执行协议”标识。对于外出处理,在安全参数数据库(SPD)中查找SA的指针。然后根据该

源IP地址	目的IP地址	执行协议	源端口号	目的端口号	封装模式
192.168.0.1	192.168.0.10	AH/ESP	不限	110	传输
192.168.0.10	192.168.0.1	AH/ESP	110	不限	传输
192.168.0.1	192.168.0.20	ESP	不限	1433	传输
192.168.0.20	192.168.0.1	ESP	1433	不限	传输

图10.5 SPD数据库结构

指针在 SAD 中查找对应的 SA 记录项。如果未查到,则建立 SA,并将 SPD 中的记录项与 SAD 的记录项关联起来。

10.22　安全套接层协议(secure sockets layer)

网景通信公司制定的,为网络连接提供安全性保护的协议,简称 SSL。采用 TCP 封装,为应用层提供安全服务。SSL 采用公开密钥和对称密钥两种加密体制对服务器和客户机的通信提供保密性、数据完整性和认证。客户机向服务器发送服务请求后,服务器向其发送公钥。客户机随机产生一个对称密钥,通过该公钥加密后传送给服务器。服务器通过私钥解密得到对称密钥,然后双方用对称密钥对通信信息进行加密。

SSL 协议栈如图 10.6 所示,分为两层,包括 4 个协议。SSL 记录协议位于传输层和应用层之间,为应用层协议提供数据封装、压缩、加密等基本功能的支持。SSL 握手协议、SSL 修改密码规范协议和 SSL 警报协议位于应用层,在 SSL 记录协议之上,用于通信双方进行身份认证、协商加密算法、交换加密密钥等。握手完成后,应用层的其他协议可以直接使用 SSL 记录协议提供的服务。

<table>
<tr><td>SSL握手协议</td><td>SSL修改密码规范协议</td><td>SSL警报协议</td><td>HTTP</td></tr>
<tr><td colspan="4">SSL记录协议</td></tr>
<tr><td colspan="4">TCP</td></tr>
<tr><td colspan="4">IP</td></tr>
</table>

图 10.6　SSL 协议栈

10.23　安全外壳协议(secure shell protocal)

IETF 的网络工作小组制定的,为网络连接提供安全通道的协议,简称 SSH。协议框架中最主要的部分是 3 个协议:传输层协议、用户认证协议和连接协议。传输层协议提供服务器认证,数据机密性,信息完整性等的支持;用户认证协议为服务器提供客户端的身份鉴别;连接协议将加密的信息隧道复用成若干个逻辑通道,提供给更高层的应用协议使用。同时还可以为许多高层的网络安全应用协议提供扩展支持。各种高层应用协议可以相对地独立于 SSH 基本体系之外,并依靠这个基本框架,通过连接协议使用 SSH 的安全机制。

在客户端,SSH 提供两种级别的安全验证:第一种级别(基于密码的安全验证),知道账号和密码,就可以登录到远程主机,并且所有传输的数据都会被加密。但是无法避免被别的服务器冒充;第二种级别(基于密钥的安全验证),需要依靠密钥,也就是必须创建一对密钥,并把公有密钥放在需要访问的服务器上。客户端软件向服务器发出请求,请求用密钥进行安全验证。服务器收到请求后,把存储的公有密钥与客户端发过来的公有密钥进行比较。如果两个密钥一致,服务器就用公有密钥加密"质询"(challenge)并把它发送给客户端软件。

在服务器端,SSH 提供两种安全验证方案。方案一:服务器将公钥分发给客户端,客户端在访问服务器端时,使用公钥来加密数据,服务器私钥来解密数据,从而实现服务器密钥认证,确保数据的保密性。方案二:设置一个密钥认证中心,服务器将自己的公钥提交给认证中心,客户端只需保存一份认证中心的公钥。客户端访问服务器前,必须先访问认证中心获取服务器的公钥。

此外,SSH 还可以对其传输的数据进行压缩,提高传输效率。

10.24　安全域(security domain)

具有相同的安全保护需求、相互信任、并具有相同的安全访问控制和边界控制策略的网络或系统。安全域一般根据业务类型或安全级别进行划分,不同安全域之间需要通过防火墙、安全网关等设备进行安全防护。

10.25　包过滤(packet filtering)

根据一定的规则,对数据包进行检查,滤除不合规数据包的行为。一般通过查看源/目的 IP 地址、源/目的端口号、协议类型等参数,对数据包进行匹配,丢弃不合规数据包。包过滤一般用于防火墙等网络安全设备,阻断内外网之间的非法访问等。

10.26　保密机(encryption equipment)

对信息进行加解密的设备,又称为密码机。保密机种类繁多,按照不同的分类标准分为上架式、插卡式、U 盘式和软件式;模拟式和数字式;终端式和线路式;专线式和 IP 式;话音保密机、图像保密机、数据保密机;单路保密机、群路保密机。

保密机主要由接口模块、主控模块和加解密模块组成。接口模块负责信息的收发处理,主控模块负责信息调度、策略匹配,加解密模块负责密钥处理、算法适配、信息加解密。对于话音或图像等业务的专用保密机,还应具有话音处理或图像处理模块等。保密机正常启动后,加载密码算法、获取密钥,对输入的明文加密后输出密文,对输入的密文解密后输出明文。保密机需要有相应的密钥分发设备配合使用。

10.27　病毒(virus)

编制者在计算机程序中插入的破坏计算机功能或者破坏数据,影响计算机使用,并且能够自我复制的一组计算机指令或程序代码。病毒具有传染性、破坏性、隐蔽性、潜伏性、可激发性、表现性。病毒的生命周期包括开发期、传染期、潜伏期、发作期、发现期、消化期和消亡期。按照病毒的特点,其分类方法有以下几种。

(1) 按照病毒攻击的系统分类。可将病毒分为攻击 DOS 系统的病毒、攻击 Windows 系统的病毒、攻击 UNIX 系统的病毒、攻击 OS/2 系统的病毒等。

(2) 按照病毒的攻击机型分类。可将病毒分为攻击微型计算机的病毒、攻击小型机的病毒和攻击工作站的病毒等。

(3) 按照病毒的链接方式分类。可将病毒分为源码型病毒、嵌入型病毒、外壳型病毒和操作系统型病毒等。

(4) 按照病毒的破坏情况分类。可将病毒分为良性病毒和恶性病毒。

(5) 按照病毒的寄生部位或传染对象分类。可将病毒分为磁盘引导区传染的病毒、操作系统传染的病毒和可执行程序传染的病毒等。

10.28　病毒隔离(virus isolation)

将疑似染毒文件进行隔离存储,抑制病毒发作并可将该文件恢复的技术。杀毒软件将疑似感染了病毒的文件存储在隔离区中,任何外来程序都无法访问隔离区中的文件,隔离区中的应用程序软件也不能运行,从而保证了病毒无法在隔离区中发作。一旦用户需要,也可以将该区中的文件恢复至查杀前的状态。

10.29　病毒库(virus database)

存放病毒特征码的数据库。杀毒软件需要根据病毒的特征来判断文件是否为病毒或是否已经感染病毒,而这些病毒的特征会被记录在一个文件中,这个文件就是病毒库。由于病毒特征码的提取总是滞后于病毒,因此病毒库需要经常更新以应对新发现的病毒。杀毒软件的优劣体现在病毒库和杀毒引擎上,病毒库涵盖的病毒种类应尽量全面;杀毒引擎的检查算法,应能高速、有效地完成待查文件与病毒库的比对。

10.30　病毒特征码(virus attribute code)

为了识别病毒,从病毒体内不同位置提取的一系列字节,简称特征码。特征码是病毒的标志,杀毒软件将特征码与目标文件和处理程序作对比,从而判定文件或进程是否感染病毒。为了防止出现病毒的误查杀,可以利用多段特征码进行比对。

10.31　并发连接数(simultaneous browser connections)

防火墙等设备能够同时处理的点对点连接的最大数目。每个连接包括源/目的地址、源/目的端口号等参数,防火墙等设备根据访问控制策略,自动生成并维护一张并发连接表,表内存放所有的合法连接,表的大小即其所能支持的最大并发连接数。并发连接数是防火墙等设备的重要技术指标,反映了对连接的处理和支持能力。

10.32　补丁(patch)

用于堵塞软件系统安全漏洞或更新系统功能的一段程序。当软件系统运行过程中暴露出危及系统安全的漏洞,或者软件研制者需要更新软件功能但还不足以更新软件版本时,一般会通过分发补丁的方式对软件进行完善。按照影响的大小,补丁分为以下几种。

(1) “高危漏洞”的补丁,这些漏洞可能会被木马、病毒利用,应立即修复。

(2) 软件安全更新的补丁,用于修复一些流行软件的严重安全漏洞,建议立即修复。

(3) 可选的高危漏洞补丁,这些补丁安装后可能引起电脑和软件无法正常使用,应谨慎选择。

(4) 其他及功能性更新补丁,主要用于更新系统或软件的功能,可根据需要选择性进行安装。

10.33　端口扫描(ports scanning)

探测目标主机开放的 TCP 和 UDP 端口的方法。端口扫描通过逐一与目标主机 TCP/IP 端口建立连接并请求某些服务,记录目标主机的应答,确定端口的开放和使用情况,从而发现目标主机的安全漏洞。

10.34　对称密码(symmetric cipher)

加密密钥与解密密钥相同的密码,又称为传统密码或单密钥密码。对称密码对明文加密的基本方法是代替和置换,代替是指将信息进行映射,置换是指改变原有的信息位置。为了提高加密强度,一般同时采用代替和置换。对称密码的密钥可以由密钥管理设备在线或离线分发,也可以由加密端和解密端在线协商产生。对称密码的安全使用需满足两个条件,一是加密强度要足够高,二是密钥分发要保证安全。

10.35　恶意软件(malicious software)

在未明确提示用户或未经用户许可的情况下,在用户计算机或其他终端上安装运行,侵犯合法权益的软件,俗称流氓软件。恶意软件一般至少具有以下行为中的一种。

(1) 强制安装,未明确提示用户或未经用户许可,在用户计算机或其他终端上安装软件的行为。

(2) 难以卸载,未提供通用的卸载方式,或在不受其他软件影响、人为破坏的情况下,卸载后仍然有活动程序的行为。

(3) 浏览器劫持,未经用户许可,修改用户浏览器或其他相关设置,迫使用户访问特定网站或导致用户无法正常上网的行为。

(4) 广告弹出,未明确提示用户或未经用户许可,利用安装在用户计算机或其他终端上的软件弹出广告的行为。

(5) 恶意收集用户信息,未明确提示用户或未经用户许可,恶意收集用户信息的行为。

(6) 恶意卸载,未明确提示用户、未经用户许可,或误导、欺骗用户卸载其他软件的行为。

(7) 恶意捆绑,在软件中捆绑已被认定为恶意软件的行为。

(8) 其他侵犯用户知情权、选择权的恶意行为。

广义上讲,所有在计算机系统上执行恶意任务的程序,均可称为恶意软件,如病毒、蠕虫、木马、间谍软件等。

10.36　分布式拒绝服务攻击(distribution denial of service)

将分散的攻击源联合起来对单一目标进行拒绝服务攻击的手段,简称DDoS。DoS攻击一般是一对一的攻击,DDoS攻击则是多对一或多对多的攻击,危害程度更高,攻击效果也更为明显。

10.37　分组密码(block cipher)

每次运算对明文中的一组比特进行加密的密码。其原理是将明文消息编码表示后的数字序列,划分成长度为N的组,每组分别在密钥的控制下变换成等长的输出数字(密文)序列。分组密码主要包括以下4种模式。

(1) 电子密码本(ECB)模式。将明文分成若干固定长度的明文分组,然后用同一密钥对每个明文分组进行加密,如果最后一组数据不足分组长度,则添加填充位。其特点是每次加密使用相同的密钥,即对于给定的密钥,明文分组只有固定的密文分组与之对应,即如果一段消息中有几个相同的明文组,那么会出现几个相同的密文组。因此,ECB模式适合加密短而随机的数据。

(2) 密码分组链接(CBC)模式。明文被加密之前,与前面的密文进行异或运算,每一分组的加密都依赖前面的分组。第一个明文分组与初始化向量(IV)进行异或后再加密。第一个明文分组被加密后,其结果保存在反馈寄存器中,与下一个明文分组进行异或作为下一次加密的输入。后续分组加密以此类推。

(3) 输出反馈(OFB)模式。用分组算法实现序列加密,该模式中的密钥序列不是按位产生,而是以分组方式产生。首先使用分组密码加密IV,得到第一组密钥序列,然后将该序列作为密钥反馈给分组密码,用于产生下一组密钥序列,以此类推。

(4) 密码反馈(CFB)模式。与OFB模式一样采用分组算法实现序列加密,不同的是,CFB模式中反馈的是密文。首先使用分组密码加密IV,得到第一组密钥序列,用其对明文加密得到密文,然后将该组密文反馈给分组密码,用于产生下一组密钥序列,以此类推。

10.38　高级持续性威胁(advanced persistent threat)

利用先进的攻击手段对特定目标进行长期持续性网络攻击的攻击形式,简称APT攻击。其特点是有针对性、高级、持续攻击。有针对性是指攻击目标和攻击目的明确,攻击目标通常都是具有深厚背景的政治、经济、军事等部门,攻击目的通常都是窃取、控制、破坏攻击目标所掌握的重要资源。高级是指攻击手段高级,主要体现在人力、物力、财力以及技术代价上,例如,耗费大量人力、物力、财力进行情报搜集,利用社会工程学诱骗,利用零日漏洞或特种木马攻击,利用物理摆渡直接从内部发起攻击等。持续是指攻击过程持续时间长。攻击过程的高难度决定了需要先寻找机会进行纵向突破进入攻击目标网络,再进行横向摸索渗透。为了避免暴露攻击行为,攻击需隐匿在目标网络正常行为中,因此整个攻击过程需历经数月甚至数年。

APT 攻击过程一般分为以下 5 个阶段。

(1) 定向情报搜集。主要搜集对象为目标组织的网络系统和员工信息,主要途径是现实生活世界和虚拟网络世界,主要方法包括网络隐蔽扫描和社会工程学方法等。从目前所发现的 APT 攻击手法来看,大多数 APT 攻击都是从目标组织的员工入手,因此攻击者非常注意搜集目标组织员工的信息,包括员工的微博、博客等,以便了解他们的社会关系及其爱好,然后通过社会工程方法来攻击该员工电脑,从而进入目标组织网络。

(2) 纵向攻击突破。攻击者在掌握了攻击目标的足够情报之后,就开始尝试找到突破口进入目标组织网络。突破的途径分为外部和内部两种。外部突破途径包括外部渗透攻击和外部诱骗攻击等,内部突破途径包括间谍攻击和物理摆渡攻击等。

(3) 隐蔽信道构建。攻击者控制了目标组织的电脑后,构建某种隐蔽信道,长期与之保持联系,以发送攻击指令及后期数据回传。为了避免被发现,攻击者通常会采用目标网络的合法网络协议搭建隐蔽信道,目前常用的有 HTTP、HTTPS、DNS、ICMP 协议等。

(4) 横向摸索渗透。攻击者以突破的某台电脑为跳板,进行横向渗透,最终找到攻击目标的重要资源。

(5) 完成最终攻击。攻击者在通过长期渗透得到目标组织重要资源的控制权后,即可展开实质性攻击,包括操控资源、破坏资源、窃取资源等,以实现最终的攻击目的。

针对 APT 攻击的防范方法主要包括主机文件保护、恶意代码检测、网络入侵检测和大数据分析检测等。

10.39 公开密钥密码(public key cipher)

加密和解密使用不同密钥的密码,又称为非对称密码或双钥密码。在公开密钥密码中,每个用户都有两个密钥,其中一个是公开的密钥(简称公钥),另一个是私有的密钥(简称私钥)。密码学理论证明,根据公钥和密文很难推算出私钥,因此只要保护好私钥,则可保证密码系统的安全。

公钥密码用作数据加密时,在发送端,使用接收者的公钥对明文进行加密;在接收端,使用接收者的私钥进行解密。由于私钥只有接收者自己掌握,因此只有接收者可以正确解密。公钥密码用作数字签名时,在发送端,使用发送者的私钥对明文进行加密;在接收端,使用发送者的公钥进行解密。由于私钥只有发送者自己掌握,因此只要用与其配对的公钥解密成功,则可确认数据是由发送者产生的。数据加密和数字签名可同时使用,可同时起到认证和加密作用。

10.40 公钥基础设施(public key infrastructure)

用公钥概念和技术实施的,支持公开密钥的管理并提供真实性、保密性、完整性以及可追究性安全服务的具有普适性的安全基础设施,简称 PKI。一个完整的 PKI 系统由下列 5 部分组成。

(1) 认证机构(CA):数字证书的申请及签发机关,CA 必须具有权威性。

(2) 数字证书库:用于存储已签发的数字证书及公钥,用户可由此获得所需的其他用户的证书及公钥。

(3) 密钥备份及恢复系统:为防止用户丢失密钥,PKI 提供备份与恢复密钥的机制。密钥的备份与恢复必须由可信的机构来完成。

(4) 证书作废系统:PKI 的一个必备的组件,提供证书有效期内作废证书的一系列机制。

(5) 应用接口(API):保证各种应用能够以安全、一致、可信的方式与 PKI 交互,实现安全网络环境的完整性和易用性。

10.41 核心密码(core cipher)

信息加密等级为绝密级的密码系统,简称核密。

10.42 洪泛攻击(flood attack)

攻击者向目标系统发送大量数据,导致目标系统主机瘫痪或网络拥塞的行为。根据网络协议特点,可以采取多种措施产生网络信息洪泛,主要有 SYN 洪泛攻击、DHCP 报文洪泛攻击、ARP 报文洪泛攻击、Ping 洪泛攻击等方式。

(1) SYN 洪泛攻击。

SYN 攻击利用的是 TCP 的三次握手机制,攻击端利用伪造的 IP 地址向被攻击端发出请求,而被攻击端发出的响应报文将永远发送不到目的地,那么被攻击端在等待关闭这个连接的过程中消耗了资源,如果有成千上万的这种连接,主机资源将被耗尽,从而达到攻击的目的。

(2) DHCP 报文洪泛攻击。DHCP 报文洪泛攻击是指:恶意用户利用工具伪造大量 DHCP 报文发送到服务器,一方面恶意耗尽了 IP 资源,使合法用户无法获得 IP 资源;另一方面,如果交换机上开启了 DHCP Snooping 功能,会将接收到的 DHCP 报文上送到 CPU,因此大量的 DHCP 报文攻击设备会使 DHCP 服务器高负荷运行,甚至会导致设备瘫痪。

(3) ARP 报文洪泛攻击。ARP 报文洪泛类似 DHCP 洪泛,同样是恶意用户发出大量的 ARP 报文,造成三层网络设备的 ARP 表项溢出,影响正常用户的转发。

(4) Ping 洪泛攻击。攻击者向受害者发送许多很大的 ping 数据包,消耗受害者网络连接的带宽。

10.43　后门(trap door)

通过特定的用户识别码,绕过安全策略、口令密码等获得系统访问权限的安全漏洞,又称为陷门。最初的陷门是程序员在程序开发过程中为了调试、测试程序而设立的,一般在程序开发完成后会将其删除。未被删除的陷门和故意设置的"陷门"易被攻击者利用,逐步成为一种安全漏洞。

10.44　缓冲区溢出(buffer overflow)

人为造成缓冲区溢出,导致程序改变执行流程的攻击手段。攻击者向程序的缓冲区写入超过预期长度的数据,造成缓冲区的溢出,从而破坏程序的堆栈,使程序转而执行其他命令。缓冲区溢出攻击可导致程序运行失败,造成系统宕机、重启,甚至执行非授权指令,使攻击者获得系统最高权限。

10.45　计算机病毒(computer virus)

编制者在计算机程序中插入的破坏计算机功能或者数据,并且能够自我复制的一组计算机指令或者程序代码,简称病毒。病毒一般通过各种方式植入内存,获取系统最高控制权,然后感染在内存中运行的程序。病毒具有以下特点。

(1) 繁殖性。病毒可以像生物病毒一样进行繁殖,当正常程序运行时,也能进行自身复制。是否具有繁殖、感染的特征是判断某段程序是否为病毒的首要条件。

(2) 破坏性。计算机中毒后,可能会导致正常的程序无法运行,计算机内的文件被删除或受到不同程度的损坏。通常表现为增、删、改、移。

(3) 传染性。病毒能够通过介质或网络在计算机之间传播,甚至产生变种。传染性是病毒的基本特征。

(4) 潜伏性。病毒可以设计为在指定时间发作或满足指定的条件后发作。

(5) 隐蔽性。病毒会采取加密、封装外壳等手段进行隐蔽,不易查杀。

10.46　间谍软件(spyware)

窃取用户信息的程序。攻击者通过来历不明的软件、欺诈邮件、存在恶意代码的网页等途径,将间谍软件安装在用户的计算机上。间谍软件一经安装,便可以监视用户的网络活动。它往往在用户不知情的情况下,利用其网络连接窃取地址、电话、银行账号、密码等用户私密信息。

10.47　拒绝服务攻击(denial of service)

以使目标服务器无法向用户提供服务为目的的攻击手段,简称 DoS。DoS 通过频繁建立连接、发送大量数据包等洪泛措施对服务器进行攻击,使服务器资源耗尽、无法响应合法用户的服务请求,迫使其把已建立的连接复位,影响合法用户的连接。拒绝服务攻击的手段主要有 SYN Flood 攻击、Teardrop 攻击、UDP Flood 攻击和 Smurf 攻击等。

10.48　可信计算(trusted computing)

通过在终端上加载安全芯片实现终端平台安全的技术,简称 TC。其产生的初衷在于彻底解决终端安全,采用主动防御的方式从源头上实现信息的安全产生和传输。可信计算从容错计算开始,主要针对计算机的物理缺陷和设计错误、人为故障造成的各种系统失效,解决"可靠"问题。1983 年,美国国防部颁布《可信计算机系统评价标准》(TCSEC),又称橙皮书,将关注点扩展到操作系统。1999 年,由 Intel、Compaq、HP、IBM、Microsoft 发起"可信计算平台联盟"(TCPA),2003 年改组为可信计算集团(TCG)。

可信计算包括 3 个方面的主要内容:一是平台的可信性,即保证终端上运行的程序是安全的,产生的数据是正确的;二是用户身份证明,即通过数字证书的方式保证用户的合法性、数据的唯一性;三是数据安全保护,即保证数据只能在可信的平台上处理,维护数据安全。

10.49　快速重连接(reset connection quickly)

允许同一 TCP 会话频繁建立和释放的行为,又称为快速连接重用。正常使用情况下,TCP 握手成功后,进行数据传输,数据传输完毕后才释放连接,因此连接将维持一段时间。如果该连接频繁地建立、释放,则防火墙默认这是一种攻击行为,从而将其阻断。但某些应用程序,如某些 RTP 服务的 Hello 报文需要频繁的交互,其每次交互都是一次连接的建立和释放过程。这时,需打开防火墙的快速重连接开关,允许频繁建立连接。

10.50　零日漏洞(zero-day vulnerability)

攻击者发现的、被攻击者尚未察觉到的,可被恶意利用的漏洞。由于被攻击者缺少对零日漏洞的防范措施,因此攻击者针对该漏洞做出的攻击容易造成巨大的破坏。

10.51　漏洞(vulnerability)

可以被攻击者利用,危及信息系统安全的缺陷和弱点。漏洞可能来自应用软件或操作系统设计时的缺陷或编码时产生的错误,也可能来自业务在交互处理过程中的设计缺陷或逻辑流程上的不合理之处。这些缺陷、错误或不合理之处可能被有意或无意地利用,从而对网络运行造成不利影响。防护者一般通过漏洞扫描系统检查、发现系统中存在的漏洞,通过打补丁或软件升级的方式消除漏洞带来的安全隐患。

10.52　漏洞扫描(vulnerability scanning)

基于漏洞数据库,通过扫描等手段检测信息系统存在的安全漏洞。根据扫描对象的不同,可以分为主机漏洞扫描、网络漏洞扫描和服务器漏洞扫描。

通过对网络的扫描,能了解网络的安全设置和运行的应用服务,发现安全漏洞,客观评估网络风险等级。网络管理员能根据扫描的结果更正网络安全漏洞和系统中的错误设置,在黑客攻击前进行防范。如果说防火墙和网络监视系统是被动的防御手段,那么安全扫描就是一种主动的防范措施,能有效避免黑客攻击行为,做到防患于未然。

10.53　蜜罐(honeypot)

故意设置漏洞、引诱攻击者对其进行攻击的虚假信息系统。蜜罐是为保护真实信息系统安全而设置的诱饵,具有以下作用。

(1) 保护信息系统安全。迷惑攻击者,延缓或阻止其对真实信息系统的攻击。

(2) 研究攻击行为。通过对攻击行为的监控,收集新的攻击方式、分析技术实现途径、研究防御措施。

10.54　密码(cipher)

由密钥和密码算法决定的数学变换。早期的密码是一符号集,通过约定的秘密规则与明文所用的符号集建立确定的一一对应关系。通过密码,可将明文变成用密码符号表示的密文,也可将密文译回明文。现代的密码,可看作一种复杂的数学变换,通过这一变换将明文变换成密文,或将密文变换成明文。

10.55　密码分析(cryptanalysis)

在不掌握密钥的情况下试图恢复出明文的技术。在已知加密算法的前提下,密码分析有以下 5 种。

(1) 唯密文攻击(ciphertext only)。已知待破译密文,对密码进行分析。

(2) 已知明文攻击(known plaintext)。已知一个或多个明文/密文对,对密码进行分析。

(3) 选择明文攻击(chosen plaintext)。在选定明文消息,能够得到其对应密文的条件下,对密码进行分析。

(4) 选择密文攻击(chosen ciphertext)。在选定密文消息,能够得到其对应明文的条件下,对密码进行分析。

(5) 选择文本攻击(chosen text)。选择明文攻击与选择密文攻击相结合,对密码进行分析。

10.56　密码算法(encryption algorithm)

与密钥相结合,对明文进行运算的规则,又称加密算法。明文经过密码算法计算后成为密文。密码算法由算法逻辑和算法参数组成,用于保证信息的安全,提供机密性、完整性和可用性等服务。

密码算法可分为对称算法和公钥算法。对称算法又称为传统密码算法,加密密钥与解密密钥相同。对称算法可再分为序列算法和分组算法。序列算法对明文进行逐比特运算,分组算法则一次对明文中的一组比特进行运算。公钥算法的加密密钥与解密密钥不同,而且解密密钥不能根据加密密钥计算出来。在点对点加密中,一般使用对称算法,如 DES、AES 等;在身份认证系统中,一般使用公钥算法,如

RSA、椭圆曲线算法等。

10.57　密码同步(cipher synchronization)

使密码系统收方的数据加密密钥对业务流的作用位置与发方保持一致的过程。发方发送消息密钥,告知收方其对业务流的作用位置;收方收到消息密钥后,据此实现与发方的密码同步。在一次同步密码系统中,密码系统首先建立密码同步,一旦同步完成后,发方不再发送消息密钥,直至由于链路中断等原因产生失步后,才重新开始新的同步过程。在多次同步密码系统中,每一个数据包都携带消息密钥,密码同步过程一直存在,不会产生失步的问题。

10.58　密文(ciphertext)

对明文进行加密后的信息。密文表现为杂乱、不可理解的信息。在加密系统中,密文既是加密端的输出,也是解密端的输入。只有掌握密钥和密码算法,才能从密文中恢复出明文。

10.59　密钥(key)

密码算法的输入参数。密钥是一段二进制数字,长度一般不小于 128 bit。对于同样的明文信息和同样的密码算法,密钥不同,产生的密文也不同。密码系统的安全性依赖密钥,而不是密码算法,即使密码算法公开,只要不掌握密钥,也无法从密文中恢复出明文。

根据加解密密钥是否相同,密钥可分为对称密钥和非对称密钥。对称密钥又称为传统密钥;非对称密钥是一个由公钥和私钥组成的密钥对,若用公钥加密,则用私钥解密,反之亦然。根据保护对象不同,密钥可分为主密钥、密钥加密密钥、数据加密密钥和消息密钥等。密码系统中,密钥一般采取分层体系,高层密钥逐级为下一层密钥提供加密保护,如典型的三层密钥体系中,顶层密钥为主密钥,第二层密钥为密钥加密密钥,底层密钥为数据加密密钥。

10.60　密钥长度(key length)

密钥的二进制位数。一般来说,密钥长度越长,加密强度越高,但是加密运算也会越复杂。

10.61　密钥空间(key space)

一个密码系统所有可能的密钥组成的集合。设密钥长度为 N,则该密码系统的密钥空间为 2^N。在实际使用中,可用的密钥要小于 2^N,因为要去掉不符合密钥使用要求的部分,如全 0、全 1 等不具有随机性特征的值。

10.62　密钥周期(key cycle)

密钥不重复使用的最长时间。密钥周期是根据可供使用的所有密钥数量和单位时间内的密钥使用数量计算出来的结果。

10.63　明文(plain text)

未经加密的信息。明文一般为原始可理解的图像、话音、数据等信息。在加密系统中,明文既是加密端的输入,也是解密端的输出。

10.64　普通密码(common cipher)

信息加密等级为机密级以下的密码系统,简称普密。

10.65　前向安全(forward secure)

密码系统的要求之一。当一组密钥被截获后,仍能保证该组之前的密钥所加密的信息是安全的。对于一般的密码系统而言,一旦密钥被截获,整个密码系统都面临着被破译的风险。密码系统如果是前向安全的,即使某一组密钥被截获,不影响其他密钥加密信息的安全性。高等级的密码系统均要求具有前向安全性。

10.66　群路保密机(group encryption equipment)

对复接后的群路数字信号进行加解密的保密机。分为两类:一类识别帧结构,采用帧头中的某些比特位传递消息密钥,逐帧同步,另一类不识别帧结构,透明传输,密码失步后需终端侧设备提供失步告警信号,进行再同步。群路保密机成对使用、密钥协商简单。群路保密机接口一般为 RS422、V.35、E1 或 E3,终端侧连接复接设备,信道侧连接光传输、卫通等信道设备。

10.67　认证中心(certificate authority)

为网络用户发放和管理数字证书的权威机构,简称 CA。为网络用户提供其所要通信对象的公钥,是 PKI 系统中所有用户都信任的实体。

CA 发放的数字证书中绑定了公钥数据和相应私钥拥有者的身份信息,并带有 CA 的数字签名,用户可以通过 CA 获得自己的身份信息、通信对象的公钥信息,以及确认 CA 的真实可靠性。用户的公钥可以通过证书获得,CA 的公钥可通过权威媒体或硬盘、光盘等介质等获取。

10.68　蠕虫病毒(worm virus)

能自我复制和广泛传播,以占用系统和网络资源为主要目的的病毒。在 DOS 环境下,该病毒发作时会在屏幕上出现一条类似蠕虫的图形,吞吃屏幕上的字母,故称之为蠕虫病毒。蠕虫病毒一般利用操作系统和应用程序的漏洞主动进行攻击。按照传播途径,蠕虫可进一步分为邮件蠕虫、即时消息蠕虫、U 盘蠕虫、漏洞利用蠕虫等。

10.69　入侵防御系统(intrusion prevention system)

通过对网络流量的采集与分析,及时发现入侵行为并进行阻断的系统,简称 IPS。入侵防御系统与入侵检测系统功能类似,区别在于 IPS 是串接在网络边界的设备,发现入侵行为后直接做阻断处理并产生告警,而 IDS 是将入侵行为进行告警。

10.70　入侵检测系统(intrusion detection system)

通过对网络流量的采集与分析,及时发现入侵行为并做出告警的系统,简称 IDS。IDS 有多种分类方法,按检测原理可分为异常检测型和特征检测型,按数据来源可分为基于主机的 IDS(HIDS)和基于网络的 IDS(NIDS)。IDS 的主要功能是检测信息流中的入侵行为,对潜在的攻击进行预警,并不直接阻断入侵行为。IDS 一般包括事件产生器、事件分析器、响应单元和事件数据库。事件产生器负责采集网络流量,将其送给事件分析器,分析器从流量中检测出非法的入侵行为,告知响应单元,响应单元对分析结果做出告警等响应,数据库存放各种中间数据和处理结果。

在试验任务 IP 网中,IDS 接入核心交换机,通过镜像方式抓取出入城域/局域网的流量,实施入侵检测。

10.71　散列函数(hash function)

能将任意长度的输入序列通过散列算法,变换成具有固定长度输出序列的函数,又称哈希函数、杂凑函数、压缩函数。散列函数具有如下特点。

(1) 固定性:输入长度任意,输出长度固定。

(2) 单向性:对于给定的输入,计算出散列值很容易,但是由散列值无法还原出原始输入。

(3) 相异性:两个不同的输入产生相同散列值的概率极小,在计算上不可行。

(4) 雪崩效应:原始输入中任何细微的变化,都会使输出散列值产生很大的变化。

基于上述特点,散列函数主要应用于验证信息的完整性,如用户 A 通过散列函数计算出原始数据的散列值,然后将散列值和原始数据一起发送给用户 B,用户 B 采用相同的散列函数计算收到的原始数据获取散列值,将其与收到的散列值比较,若一致,则由散列函数的相异性和雪崩特点可知,原始数据完整。

常用的散列函数有 MD5(128 位散列值)和 SHA-1(160 位散列值)。

10.72　深度包检测(deep packet inspection)

对应用层数据包内容进行的检测,简称 DPI。传统的包过滤技术,只检测网络层和传输层,而深度包检测则要对应用层包头及载荷进行检查。DPI 主要有 3 种实现途径。

(1) 基于“特征字”的识别。每一种应用层协议都有一定的特征,如端口、字符串或特定的比特序列。基于“特征字”的识别技术就是根据上述特征对信息进行检测,确定其协议类型。

(2) 应用层网关识别。某些业务的控制流和业务流是分离的,这时就需要采用应用层网关识别技术,即先识别出控制流,并根据控制流识别出相应的业务流。

(3) 行为模式识别。通过对用户行为的分析,判断业务流采用的协议。

10.73　数据二极管(data diode)

具有数据单向传递特性的装置。数据二极管通常采用光电耦合器实现,其原理是把发送的电信号调制成光信号,光信号通过单向控制器发送给对方,对方将接收到的光信号再转换成电信号,解出数据包。由于是单向的“盲发”,即发送方不知道对方接收到没有,接收方也不知道收到的数据是否完整,因此为了保证接收数据的质量,发送方一般会增加发送的冗余度或加入校验码。数据二极管主要应用在单向网闸中,既保证了外网数据能传输到内网,满足内网获取外网数据的需求,同时保证内网数据不会发送至外网。

10.74　数据加密密钥(data enciphering key)

与密码算法共同配合对明文进行加密的密钥,

也称工作密钥。数据加密密钥是直接作用于明文的密钥,需要定期改变,当在线传递时,须由高层密钥提供加密保护。

10.75 数字签名(digital signature)

基于公钥体制和数字摘要技术,用于确定发送端身份真实性的方法。用户 A 将原始信息的一部分作为输入,经散列算法计算得到散列值 H,即数字摘要。然后用私钥对散列值 H 加密得到数字签名。用户 A 将数字签名与完整的原始信息传递给用户 B,用户 B 利用用户 A 的公钥对数字签名解密得到散列值 H,同时采用相同的输入和散列算法计算散列值 H′。将 H 与 H′作比较,如果一致则可以确认用户 A 是合法的,而且消息是完整的。

10.76 数字水印(digital watermark)

为识别载体是否被篡改或载体归属,而在载体中加入的隐藏信息。原始载体如图像、音视频、文件等,与密钥、水印共同作用于水印嵌入算法,实现将水印加载到载体中;检测时,将含水印的载体与密钥、水印共同作用于提取算法,观察是否能提取出水印,用于正确性检测。

数字水印一般应有如下的几个基本特征。

(1) 可证明性。水印能为受到保护载体的正确性提供完全和可靠的证据。水印被嵌入到保护对象中,能在需要的时候将其提取出来,并能够监视被保护数据的传播、真伪鉴别以及非法拷贝控制等。

(2) 不可感知性。包含两方面的含义:一方面指视觉或听觉上的不可见性,即嵌入水印不会导致文件或音视频发生视觉或听觉上的变化;另一方面指水印用统计方法也是不能恢复的,即对大量的用同样方法和水印处理过的载体,无法用统计方法提取水印或确定水印的存在。

(3) 鲁棒性。指数字水印应该能够承受大量的、不同的物理和几何失真。在经过一系列失真后,仍能从含水印的载体中提取出嵌入的水印或证明水印的存在。

10.77 数字证书(digital certificate)

由认证中心发布、可以唯一确定网络用户身份的信息。数字证书包括用户的公开密钥、名称以及认证中心的数字签名等。数字证书采用公钥体制,每个用户用私钥进行解密和签名,用公钥进行加密和验证签名。数字证书可以实现信息传输的保密性、数据交换的完整性、发送信息的不可否认性和用户身份的确定性。

10.78 算法参数(algorithm parameter)

控制密码算法某些变化逻辑的关键参数,也称分割参数。算法参数是一段二进制数字,长度一般在 256 B 以上。在同一算法逻辑下,改变算法参数,也就改变了密码算法。

10.79 算法逻辑(algorithm logic)

密码算法固有的逻辑结构,也称算法模式。算法逻辑与算法参数共同构成密码算法。

10.80 特洛伊木马(Trojan horse)

使攻击者获得目的主机远程访问和控制系统权限的恶意程序,简称木马。木马包括客户端和服务器端两部分。客户端位于攻击者一侧,用于远程控制被攻击的主机。服务器端即为木马程序,植入到被攻击的主机上。攻击者首先通过邮件附件、软件下载或软件漏洞等方式,将木马植入到被攻击的主机上。当木马程序在被攻击的主机上成功运行以后,攻击者就可以使用客户端与服务器端建立连接,控制被攻击的主机。客户端和服务器端之间绝大多数采用 TCP 协议,少量采用 UDP 协议。当木马在被攻击的主机上运行以后,它一方面采取各种伪装方法防止被发现;另一方面监听某个特定的端口,等待客户端与其取得连接。此外,为了保证计算机重启后能正常工作,木马程序一般会通过修改注册表等方法,成为自启动程序。

10.81 统一威胁管理设备(unified threat management)

融合了防火墙、入侵防御、VPN 网关和防病毒功能的安全防护设备,简称 UTM。为了减少网络中串接的安全防护设备数量,UTM 将各个分散设备的功能整合在统一的硬件平台上,在对 IP 报文进行一次分析的基础上,通过加载不同的模块实现访问控制、入侵检测、攻击防护、VPN 和病毒查杀等功能。

10.82 网络安全审计(network security audit)

对网络行为、流量特征按照安全策略进行匹配检查,发现安全隐患、系统漏洞和入侵行为。网络安全审计包括网络信息的审计和用户网络行为的审计两部分。网络信息的审计是指查看网络中的信息流是否存在攻击行为、流量是否正常，主要通过辨识特定的攻击特征、流量统计等手段实现；用户网络行为审计是指查看用户终端的收发信息是否符合其特征，主要通过匹配用户的信息收发策略实现。

10.83　网络钓鱼(phishing)

利用欺骗性的电子邮件和伪造的Web站点获取私人信息的手段。网络钓鱼的主要方法包括发送电子邮件，以虚假信息引诱用户；建立虚假网站，骗取用户账号密码；利用木马和黑客技术等手段获取用户信息；利用用户弱口令等漏洞破解、猜测用户账号和密码等。

10.84　网页挂马(ollydebug)

通过在网页中嵌入恶意代码或链接，将木马自动植入访问该网页计算机的手段。当网页被挂上木马后，一旦访问该网页，浏览器便会自动将木马程序下载到计算机上。网页挂马有如下几种常见形式。

(1) 将木马伪装为页面元素。

(2) 利用脚本运行的漏洞下载木马。

(3) 利用脚本运行的漏洞释放隐含在网页脚本中的木马。

(4) 将木马伪装为缺失的组件，或和缺失的组件捆绑在一起。

(5) 通过脚本运行调用某些com组件，利用其漏洞下载木马。

(6) 在渲染页面内容的过程中利用格式溢出下载或释放木马。

10.85　网闸(gap)

具有数据调度和控制功能、剥离传输层以下协议、保证同一时刻只有单向数据传递的一种内外网信息安全交换设备。网闸放置于两个安全等级不同的网络边界处，被保护的一侧称为内网，另一侧称为外网，其设计原则是在安全的前提下，尽可能保证内外网互联互通。按照信息传递方向，有双向网闸和单向网闸两种类型。双向网闸一般采取2+1架构，即内网单元、外网单元和数据安全摆渡单元，物理形式上可以是一台主机集成3个单元，也可以是3台独立的主机。

以数据由外网向内网传递为例，当外网单元接收到数据后，首先匹配安全策略，直接丢弃非法数据，对于合法的数据作协议落地、数据剥离处理，即去除IP头部、传输层协议头部，只保留传输层协议的载荷部分，然后将载荷交给数据安全摆渡单元。该单元可选择对载荷作病毒查杀、内容过滤、恶意代码检查等，然后以安全的协议格式将载荷摆渡到内网单元。内网单元根据安全策略将载荷重新进行封装，发送至内网。对于双向网闸，数据安全摆渡单元保证在同一时刻，只向一个方向摆渡数据。

网闸采用摆渡技术，断开传输层以下协议的交互，不存在物理及逻辑上的内外网连接通道，因此相对于防火墙等网络安全防护设备，网闸的安全性是最高的。

10.86　消息密钥(message key)

用于密码同步及数据加密的密钥。在分组密码中，一般称为初始化向量(IV)。在一次同步系统中，用于同步互相通信的两个密码机。在多次同步系统中，除了同步外，还和工作密钥同时作为算法的输入，经过一定的运算，形成直接作用于明文的密钥。消息密钥的特点是长度较短，容易在线传递，且一般每帧都发生变化。

10.87　消息认证码(message authentication code)

基于对称密码系统，用于确定发送端身份真实性的固定密文数据块，又称消息鉴别码，简称MAC。用户A通过密钥和密码算法计算出明文的MAC，将明文与MAC一同发送给用户B。用户B在同样的密钥和密码算法作用下计算出明文的MAC′，将MAC与MAC′作比较，如果一致则可以确定该明文是由用户A发送的，且传输过程中未被篡改。

10.88　消息摘要(message digest)

一个消息代入散列函数计算得到的值，又称为数字摘要。消息摘要用十六进制表示，不同的消息代入散列函数计算会得到不同的值。因此，消息摘要可用于验证消息的完整性。当对一个消息进行完整性验证时，计算其消息摘要，若与之前计算的相同，则证明该消息未被改动，否则说明该消息已被改动。

10.89　信息安全(information secuity)

信息处于免遭破坏、篡改、泄露的状态。为保证信息安全，应从物理、技术和管理等多个方面采取措施。

(1) 物理方面

在物理层面上，着重解决信息设备的毁坏、失效问题。采取的安全措施有机房场地选择、电磁屏蔽、防火、防水、防雷、防盗、防毁、电源保护、空调、综合布线、设备备份等。

（2）技术方面

在技术层面上，着重解决信息从生成到销毁各个阶段的保密性、完整性、可用性、可靠性和不可抵赖性。采取的技术手段有加密、访问控制、入侵检测、隔离、防病毒、漏洞扫描、补丁分发、审计、主机管控、身份认证、数字签名、数字水印、容灾备份等。

（3）管理方面

在管理层面上，着重解决信息安全工作中的计划、组织、协调和控制问题。信息安全管理的主要方法有风险管理方法和过程方法。信息安全管理的主要措施有实施信息安全管理体系、实施信息安全等级保护和参照有关标准进行安全建设等。

10.90　序列密码（stream cipher）

每次运算只对明文中的一个比特进行加密的对称密码。序列密码的加密过程是首先通过密钥序列发生器在密钥的作用下生成密钥序列，然后将密钥序列同明文序列进行逐位相加生成密文序列发送给接收者。接收者用相同的密码序列进行逐位相加来恢复明文序列。

在加密端，密钥序列发生器产生密钥序列位，在解密端，另一个发生器产生出完全相同的密钥序列位。如果密文传输中发生误码，只有误码位不能正确解密，不影响其他位的解密，故序列密码不扩散传输错误。

10.91　一次一密（one-time pad）

使用与明文长度完全匹配且无重复的密钥对明文加密的方式。由于一个（组）密钥只用于一次加密运算，密钥不重复使用，极大提高了密钥的安全性，因此一次一密在理论上被认为是绝对安全的加密方式。

10.92　已知明文攻击（known plaintext attack）

利用一些已知的明文及其对应的密文，求解其他密文所对应明文的密码分析方法。密码分析者拥有密码算法及明文统计特性，并已知一些明文及其用同一密钥加密的密文时，可采用已知明文攻击进行密码分析，破解密码。

10.93　因特网密钥交换协议（inernet key exchange protocol）

IETF RFC 4306 规定的用于在 IPsec 安全体系架构中协商和建立安全关联（SA）、维护安全关联数据库（SAD）的协议，简称 IKE。IKE 建立在因特网安全关联与密钥管理协议（ISAKMP）定义的框架之上，沿用了 OAKLEY 的密钥交换模式以及 SKEME 的共享和密钥更新技术。IKE 利用 IASKMP 的信息格式进行协商，分两个阶段创建 IPSec SA：第一阶段，协商创建 IKE 的安全关联（IKE SA），即创建一个保密和验证无误的通信信道。IKE 定义了两种建立 IKE SA 的方式，即主模式交换和野蛮模式交换。主模式交换具有完全的协商能力，野蛮模式交换只用到主模式交换的一半信息，协商能力受到一定限制。第二阶段，利用第一阶段建立的 IKE SA，建立 IPSec SA。IKE 使用快速模式交换建立 IPSec SA。此外，IKE 还独自定义了另外两种交换：为通信各方协商一个新的 Diffie-Hellman 组（不同的组具有不同的加密算法）的新组模式交换；在 IKE 通信双方间传送错误及状态消息的 ISAKMP 信息交换。

IKE 不仅用来协商和建立安全关联（SA），而且可以为简单网络协议（SNMP）、路由信息协议（RIP）、开放最短路径优先（OSPF）等任何要求保密的协议协商安全参数。

10.94　战略保密机（strategy encryption equipment）

对战略信息进行加解密的保密机。因应用于军事作战中的战略场合而得名。战略信息是指涉及范围广，时效性长，密级高的信息，加密等级一般为机密级以上。

10.95　战术保密机（tactics encryption equipment）

对战术信息进行加解密的保密机。因应用于军事作战中的战役/战术场合而得名。战术信息是指涉及范围小，保密期限要求短，密级低的信息，加密等级一般为机密级以下。

10.96　中间人攻击（man-in-the-middle attack）

利用网络设备和网络协议的漏洞，间接攻击主机的网络攻击方法，简称 MITM 攻击。两台主机进行通信时，攻击者控制二者通信通道上的某个网络设备，并通过这个网络设备攻击主机。这个被攻击者控制的网络设备称为中间人。很多网络协议在设计时,假设协议双方是互相可信的,因此没有特别考虑监听、冒充、恶意等安全问题。大多数中间人攻击正是利用这些协议的安全漏洞而展开。中间人攻击时,攻击者把自己扮演成网络设备或合法用户。在网络不中断,也不在两端主机安装木马的情况下,完成攻击,因此很难被发现。中间人攻击主要有以下几种攻击方式。

(1) 基于监听的信息窃取。采用端口映射,接入分路器、集线器、交换机等手段,窃取用户信息。

(2) 基于监听的身份仿冒。根据监听到的信息,然后仿冒合法用户,进行攻击。

(3) 基于中间代理的攻击。包括地址解析协议(ARP)欺骗、域名服务系统(DNS)欺骗、安全套接层(SSL)欺骗等。

10.97　主动防御(active defense)

通过对程序进行行为特征分析、实时监控和自动跟踪,分析判断该程序是否为可疑程序的一种防病毒技术。需要说明的是,在网络安全方面也有主动防御的概念,主要是指通过漏洞检测、信息统计分析、蜜罐等技术实现,这里的主动防御是防病毒领域的概念。主动防御的主要特点是摆脱防病毒软件对病毒特征码的依赖,即对于新型病毒的查杀不再滞后于病毒发作。主动防御的基本思路是,通过对病毒行为规律的分析、归纳和总结,提炼出病毒行为识别规则知识库,将程序行为与知识库匹配,实现对病毒的自动识别。

10.98　主密钥(master key)

为密钥加密密钥或数据加密密钥等其他密钥提供加密保护的密钥。主密钥是顶层密钥,无密钥对其加密,因此采用离线方式分发给各加密设备。在对称密码系统中,当低层密钥在线传递时,可由主密钥对其进行加密保护。

第11章 网络管理

11.1 BER(basic encode rules)

国际标准化组织(ISO)在ISO 8825中规定的数据编码规则,中文名称为基本编码规则。该规则根据抽象语法标记一(ASN.1)定义的数据类型格式进行二进制编码/解码。

BER编码后的数据由三部分构成:标记(Tag)+长度(Length)+值(Value)。其中标记指明数据的类型,长度指明值占用的字节数,值表示具体的信息。BER编码数据分为四大类:通用类、应用程序类、上下文有关类和私有类,其中每一类又细分为简单型和结构型。常见的整型、布尔型、字符串型等属于通用类的简单型数据,IP地址、计数器等属于应用程序类的简单型数据,SNMP中的5类PDU属于上下文有关类的结构型数据。

SNMP使用BER作为编码方案,数据首先经过BER编码,再经由传输层协议(一般是UDP)发送至接收方。接收方在SNMP端口收到PDU后,经过BER解码后,得到具体的SNMP操作数据。

11.2 CMIP协议(common management information protocol)

国际标准化组织(ISO)提出的实现管理信息传输服务的应用层协议,中文名称为通用管理信息协议。CMIP根据通用管理信息服务(CMIS)规定的服务功能,接受网络管理应用进程的服务原语,构造出对应的应用层协议数据单元(PDU),通过会话层及其他协议层传送到对等的CMIP实体。CMIP协议结构如图11.1所示。

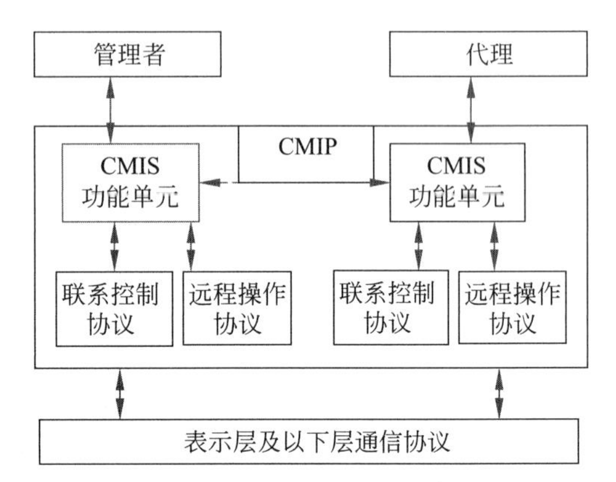

图11.1 CMIP协议结构

CMIP规定了通报(m-Event-Report)、获取数据(m-Get)、替换数据(m-Set)、动作(m-Action)、建立对象(m-Create)、删除对象(m-Delete)等10个协议数据单元(PDU)。PDU的通用格式如表11.1所示。

表11.1 CMIP的PDU通用格式

Invoke ID	Operation Value	BOC/MOC	BOI/MOI	Information
标识远程的对等实体	标识不同的服务原语	服务原语参数,所有PDU中均有这两个参数		除BOC/MOC和BOI/MOI之外的其他服务原语参数

与SNMP相比,CMIP是一种更加复杂、更加详细的网络管理协议。CMIP所使用的变量不仅可以像SNMP那样在网络管理系统和终端之间传递信息,还可以用来执行各种在SNMP中不可能实现的任务。例如,如果网络上的一台终端在预先设定的时间内无法访问文件服务器,CMIP就可以及时向有关人员发出事件提示,从而避免了整个过程中的人工干预。此外CMIP内置了安全管理设备,支持验证、访问控制和安全日志等安全防范措施,其自身是安全的系统,显著优于SNMP的安全性。但另一方面CMIP的完备性也带来了复杂性的问题,协议实现时所占用的网络和系统资源显著高于SNMP。正是这一复杂性使其难于实现,迄今为止还没有一个实用化的CMIP网络管理系统。

11.3 CMIS服务(common management information service)

ISO 9595规定的管理应用层向管理者和代理提供的管理信息传送服务,中文名称为通用管理信息服务。CMIS以服务原语的形式描述了以下7种标准化的服务。

（1）M-EVENT-REPORT：代理向管理者报告发生或发现的有关被管对象的事件。

（2）M-GET：管理者向代理提取被管对象的信息。

（3）M-CANCEL-GET：管理者向代理取消前面发出的 M-GET 请求。

（4）M-SET：管理者通过代理修改被管对象的属性值。

（5）M-ACTION：管理者通过代理对被管对象执行指定的操作。

（6）M-CREAT：管理者通过代理创建新的被管对象实例。

（7）M-DELETE：管理者通过代理删除被管对象的实例。

11.4 CORBA（common object request broker architecture）

国际对象管理组织（OMG）制定的一种面向对象的分布式处理体系结构，中文名称为公用对象请求代理体系结构。主要思想是将分布计算模式和面向对象思想结合在一起，构建分布式应用，着重解决面向对象的软件在分布、异构环境下的可重用、可移植和互操作问题。

CORBA 的体系结构如图 11.2 所示。

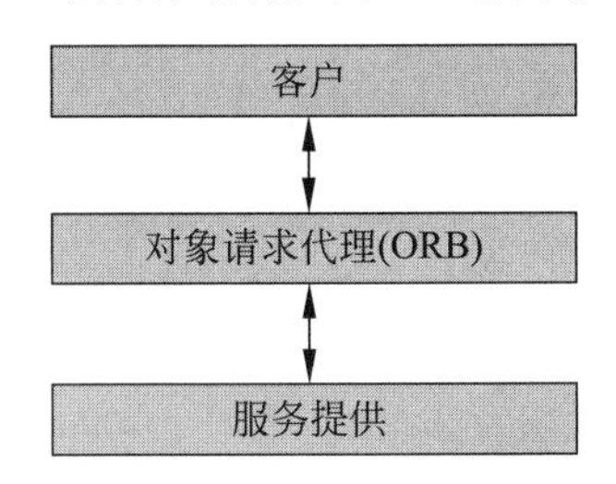

图 11.2　CORBA 体系结构

CORBA 技术适用于现代网络管理远程监控、逻辑管理的基本框架，被管对象可迅速地被设计、实现、配置和管理。使用接口定义语言（IDL）可以描述对象的复杂操作和定义。目前在试验通信网中，光纤传输网络应用 CORBA 技术实现专业网管体系架构。

11.5 eTOM（enhanced telecom operations map）

电信管理论坛（TMF）发布的信息和通信服务行业的业务流程框架，中文名称为增强的电信运营图，又称增强的电信运营过程框架。eTOM 是基于 TOM（Telecom Operations Map）发展而来的，是下一代运营支撑系统（NGOSS）的重要概念和关键组成元素。TOM 侧重的是电信运营行业的服务管理业务流程模型，关注的焦点和范围是运营和运营管理，但是没有充分地分析电子商务对商业环境、业务驱动力、电子商务流程集成化要求的影响，也没有分析日渐复杂化的服务提供商的业务关系。eTOM 把 TOM 扩展到整个企业架构，并说明了其对电子商务的影响。

如图 11.3 所示，eTOM 通过将企业中所有业务活动进行分类和综合，提出了一个通用的参考过程框架。目前 eTOM 主要关注两个方面的内容：首先是对业务过程作进一步细分，建立从企业最高层面过程框架逐级分解和细化到尽可能底层的过程层面；其次分别从不同视点角度出发分析过程框架，如基于企业组织架构、企业管理功能架构以及企业内部或外部的关联关系等，在过程中考虑不同过程单元之间划分和组合的关系。

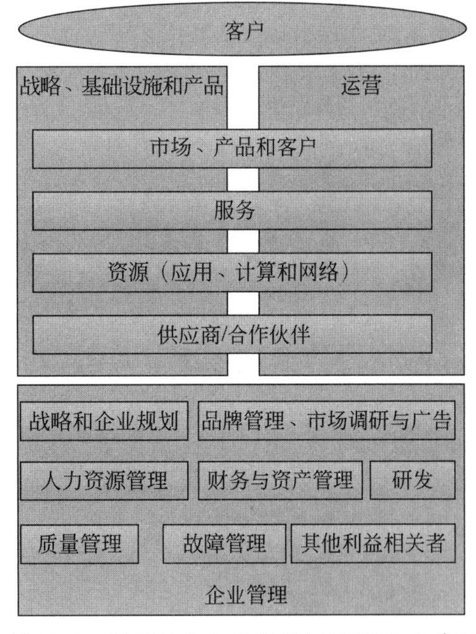

图 11.3　增强的电信运营图（eTOM）企业管理

eTOM 的主要特点和功能是：

（1）不但不与 TOM 相抵触，反而增强了 TOM；

（2）不仅解决了运营和维护方面的问题，而且还涵盖了所有重要的企业过程区；

（3）面向电子商务，引入了客户忠诚度，一种新的商务关系环境模型，供应商/合作伙伴关系管理等许多新概念；

(4) 不仅涵盖了网络管理区，而且还把范围扩大到了应用方面和计算机管理，以及管理集成；

(5) 把生命周期管理(包括开发过程)从运营和日常过程中分离出来；

(6) 不仅可以表示框架(静态)，还可以表示过程的过程流(动态)视图，其中包括了用于与自动化方案实现强连接的高级信息要求和商务规则。

11.6 IDL(interface definition language)

对象管理组织(OMG)规定的一种描述性的框架语言，中文名称是接口定义语言。IDL是CORBA规范中的一部分，用于标识对象所提供服务的接口操作及其数据参数。客户方可以根据IDL描述的方法向服务方提出业务请求。IDL与具体的编程语言无关，因此多用于跨平台开发。

IDL提供一套通用的数据类型，并以这些数据类型定义更为复杂的数据类型。数据类型包括整数、字符、浮点数、字符串、Boolean、octet或枚举型和数组类型，但不能是any类型或用户定义的类型。IDL采用ASCII字符集构成标识符，标识符由字母、数字和下划线的任意组合构成，但第一个字符必须是ASCII字母。例如，管理者向被管对象请求其当前服务状态，用IDL语言可描述为GetServiceStatus模块：

```
module GetServiceStatus
{
    typedef string T_objectIDs;      //类型定义
exception NoThisObject { string objectID; };
                                     //异常定义
    interface Status                 //接口 Status 定义
    {
//getStatus 方法定义,通过对象 ID 获取对象状态
//如果对象不存在,返回 NoThisObject 异常
int getStatus( in T_objectIDs objectID) raises( NoThisObject);
    }//返回结果: 0 为不可用,1 为可用

}
```

该模块中定义了一个接口Status，接口中定义一个方法getStatus，该方法以对象ID(objectID)作为输入参数，请求结果为被管对象的服务状态。

11.7 ITIL(information technology infrastructure library)

英国商务部(OGC)组织世界各地的有关专家开发的一套IT服务管理(ITSM)公共框架，中文名称是信息技术基础架构库。ITIL由英国国家计算机和电信局(CCTA)于20世纪80年代末开发，现由OGC负责管理。ITIL把全球各个行业在IT管理方面的最佳实践归纳起来变成规范，形成一套流程和准则，已成为IT服务管理领域事实上的标准。ITIL主要包括业务管理、服务管理、ICT基础架构管理、IT服务管理规划与实施、应用管理和安全管理这6个模块，结构框架如图11.4所示，其中核心模块是服务管理。

服务管理模块分为服务提供和服务支持两大流程组，包括一项管理职能和10个核心流程。一项管理职能为服务台，10个核心流程为服务级别管理、IT服务财务管理、IT服务持续性管理、可用性管理、能力管理、事故管理、问题管理、配置管理、变更管理、发布管理。

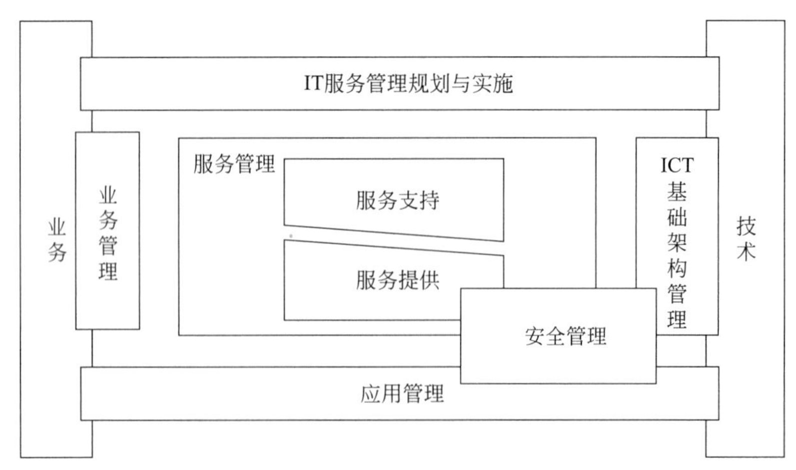

图 11.4 ITIL 体系结构

ITIL 遵循以流程为向导、以服务为中心的管理理念,通过整合 IT 服务与业务需求,提升网络运行维护的服务水平,实现从平台到业务的全面管理。

11.8　MIB(management information base)

网络管理系统中所有被管对象类型及其参数变量的集合,中文名称为管理信息库。MIB 遵循管理信息结构(SMI)规范,规定了各被管对象的参数变量结构和编码方式。在 MIB 中,每个被管对象具有唯一的名字和对象标识符。MIB 分为公有 MIB 和私有 MIB。

目前 MIB 有 MIB-Ⅰ和 MIB-Ⅱ两个版本。IETF 在 1988 年定义 MIB-Ⅱ(RFC 1066)。它包含 8 个对象组,共 114 个对象,提供了一个基于 SNMP 的最小管理集合,主要针对故障管理和配置管理,特别是路由器和网关的故障和配置管理。经过对 MIB-I的不断修改和扩充,1990 年形成了 MIB-Ⅱ(RFC 1213),增加两个对象组和 57 个对象。其定义的 10 个被管对象组如下。

(1) 系统组。
(2) 接口组。
(3) 地址转换组(目前已经不推荐使用)。
(4) IP 组。
(5) ICMP 组。
(6) TCP 组。
(7) UDP 组。
(8) EGP 组。
(9) 传输组。
(10) SNMP 组。

11.9　OAM(operation, administrationan and maintenance)

对网络的操作、管理和维护提供手段和工具的系统。OAM 的主要功能如下。

(1) 性能监控并产生维护信息,根据这些信息评估网络的稳定性。

(2) 通过定期查询的方式检测网络故障,产生各种维护和告警信息。

(3) 通过调度或者切换到其他实体,旁路失效实体,保证网络的正常运行。

(4) 将故障信息传递给管理实体。

11.10　OID(object identifier)

为每一个被管对象分配的唯一编码,中文名称为对象标识符,又称 MIB 变量名。IETF 按照图 11.5 所示的树形结构定义 OID,被管对象和对象组与树形结构的节点一一对应,其形式为: $X1, X2, X3, \cdots, Xi$(Xi 为非负整数,$i=1, \cdots, n$)。

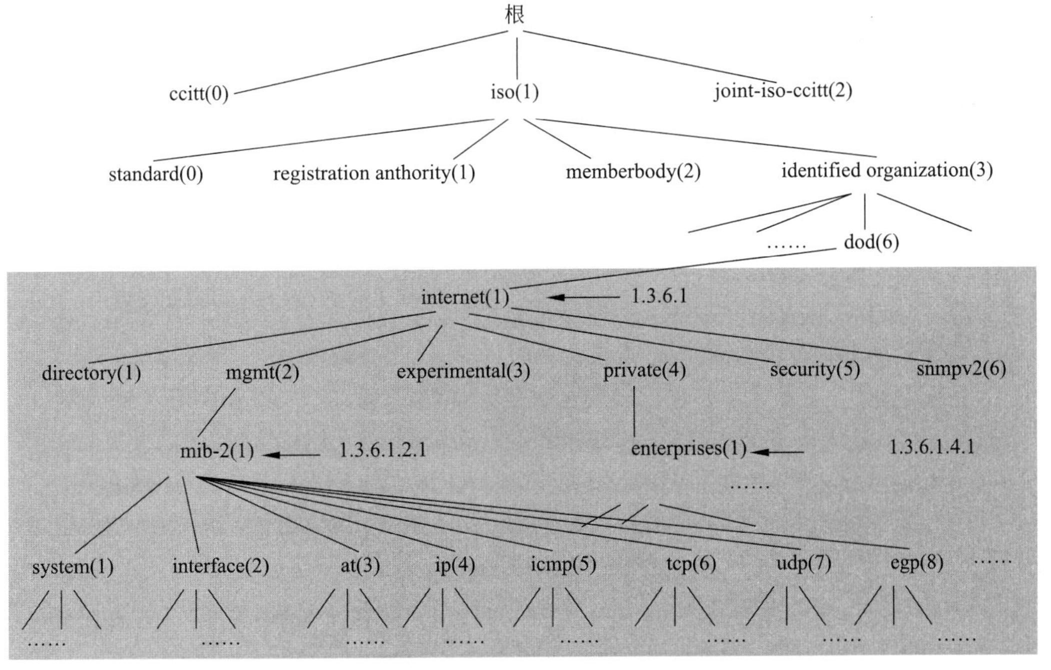

图 11.5　OID 树形结构

通信网管系统使用的 OID 均位于 1.3.6.1 的节点之下。如图 11.6 所示，在试验通信网管系统中，选取 1.3.6.1.4.1.63000.2 作为专有被管对象的根节点。公有部分的根节点为 1.3.6.1.4.1.63000.2.1；私有部分的根节点为 1.3.6.1.4.1.63000.2.2。

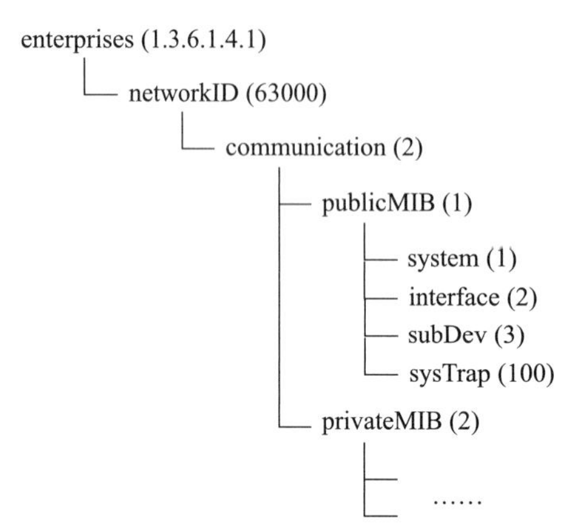

图 11.6　试验通信网网管系统 OID 树形结构

如果被管对象有多个实例，则通过增加一层结构来表示。如交换机接口带宽的 OID 为 1.3.6.1.2.1.2.2.1.5，则该交换机的第一个接口带宽的 OID 可表示为 1.3.6.1.2.1.2.2.1.5.1，以此类推。

11.11　ORB(object request broker)

CORBA 中在服务请求和服务提供之间建立连接的中间件，中文名称为对象请求代理。在 CORBA 体系中，对象并非被管理的资源，而是分布式服务的提供者。客户通过向 ORB 发送请求调用服务，ORB 定位对象并传递该请求、返回结果。客户不直接和对象通信，因此无需知道对象的位置。利用 ORB，可解决面向对象的软件在分布、异构环境下的可重用、可移植和互操作问题。

11.12　OSI 网络管理(OSI network management)

国际标准化组织(ISO)在 ISO 7498-4 标准中制定的信息网络管理框架。OSI 网络管理从体系结构的角度定义了网络管理模型，规定了网络管理的需求、概念和基本功能。

OSI 网络管理体系结构如图 11.7 所示，由管理者、代理、管理信息库和网络管理协议等部分构成。管理者负责发出管理操作的指令，并接收来自代理的管理信息。代理直接管理所代理的被管对象，维护本地的管理信息库，接收并响应管理者发来的命令。管理信息库是被管对象信息的集合，记录被管对象的状态和参数。网络管理协议是管理者与代理之间的通信协议，负责在二者之间交互管理信息。

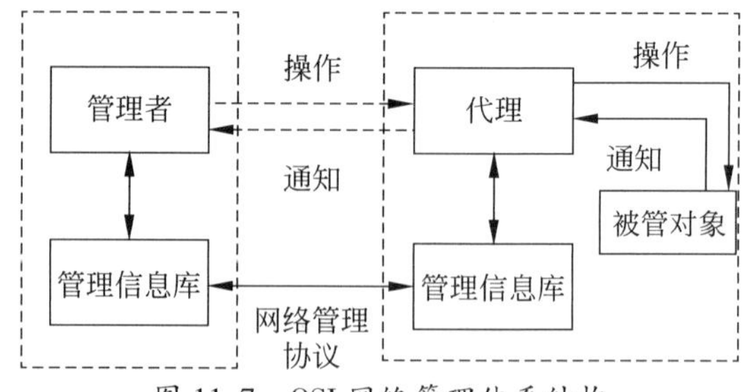

图 11.7　OSI 网络管理体系结构

11.13　RMON(remote network monitoring)

IETF 发布的远程网络监视管理信息库，中文名称为远程网络监视。RMON 包含了一组统计数据和性能指标，可用来监控网络利用率，用于网络规划，性能优化和协助进行网络故障诊断。RMON 由 SNMP 的管理信息库扩展而来，基于 SNMP 体系结构实现。

目前有 RMON 和 RMONv2 两个版本。RMON 用于基本网络监控，主要监控物理层和数据链路层。IETF RFC 2819《远程网络监视管理信息库》中规定了统计组(1)、历史组(2)、告警组(3)、主机组(4)、排序主机组(按照规定取前 *N* 个主机)(5)、矩阵组(6)、过滤器组(7)、分组捕获组(8)、事件组(9)这 9 个功能组。RMONv2 是 RMON 的扩展，主要监控数据链路层以上的 IP 层和应用层。IETF RFC 4502《远程网络监视管理信息库版本 2》中规定了协议目录组(11)、协议分布组(12)、地址映射组(13)、网络层主机组(14)、网络层矩阵组(15)、应用层主机组(16)、应用层矩阵组(17)、用户历史组(18)、探针配置组(19)这 9 个功能组。

RMON 功能完备，但也非常耗费设备资源。因此除了在一些专业的网络产品和个别边缘接入产品中得以完全实现外，目前大多数网络产品实现的是 RMON 中的 1、2、3 和 9 这 4 个功能组，称为 mini-RMON。只有专门的流管理产品才能支持完整的 RMON 功能。

11.14　SMI(structure of management information)

IETF 发布的用于定义和构造管理信息库

(MIB)的通用框架,中文名称为管理信息结构。SMI按照树型结构定义被管对象。根据 SMI 的规定,被管对象具有以下 3 个属性。

(1) 名字:每一个被管对象都有唯一的描述符和标识符(OID)。

(2) 语法:采用抽象语法记法 1(ASN.1)定义,描述被管对象的数据结构。

(3) 编码:采用基本编码规则(BER)对被管对象的数据信息进行编码,形成 SNMP 协议数据单元。

SMI 有 v1 和 v2 两个版本,分别对应 SNMP v1 和 SNMP v2,SMI v2 改进了数据类型定义,引入了信息模块的概念,进一步扩展了宏的应用。

11.15 SNMP (simple network management protocol)

IETF 提出的实现网络管理信息传输服务的应用层协议,中文名称为简单网络管理协议。SNMP 运行在 TCP/IP 之上,使用 UDP 封装其协议数据单元(PDU)。在网络管理系统中,管理者和代理采用 SNMP 交互网络管理信息。

SNMP 协议目前有 v1、v2、v3 三类版本。SNMPv1(RFC1157)是在简单网关监测协议(SGMP)的基础上发展而来的,于 1989 年发布。针对 SNMP v1 的不足,1996 年发布了 SNMP v2(RFC1905)。SNMP v2 做了如下改进。

(1) 支持管理者之间的通信。

(2) 扩展了数据类型。

(3) 增加了批量查询报文(get-bulk-request)功能,提高了信息传输效率。

(4) 丰富了故障处理能力。

(5) 增加了集合处理功能。

(6) 加强了数据定义语言。

1996 年,将 SNMP v2 的数据定义和协议操作与 SNMP v1 的安全机制相结合,发布了 SNMP v2 的简化版本 SNMP v2c(RFC 1901、RFC 1905、RFC 1906)。目前支持 SNMP v2 的设备,大部分采用的是 SNMPv2c。在试验通信网管系统中,也采用 SNMPv2c 实现管理者与代理之间的管理信息交互。

1998 年发布 SNMP v3(RFC 3410-3415)。它在 SNMP v2 的基础之上增加了安全和管理机制,定义了包含 SNMP v1、SNMP v2 所有功能在内的体系框架,以及包含验证服务和加密服务的安全机制,同时还规定了一套专门的网络安全和访问控制规则。

11.16 SNMP PDU(SNMP protocol data unit)

SNMP 规定的管理者与代理之间交换信息的数据格式,中文名称为简单网络管理协议数据单元,又称 SNMP 报文。SNMP PDU 封装在 UDP 报文中,使用 UDP 的 161 端口和 162 端口。SNMP PDU 的格式如表 11.2 所示。

表 11.2 SNMP PDU 格式

version	community	PDU
版本号	用于管理者和代理之间的身份验证	报文的具体内容,格式视报文种类而定

SNMP v1 规定了以下 5 种 PDU。

(1) 查询(get-request)

由管理者发往代理,用于获取被管对象的状态和参数信息,使用 UDP 的 161 端口。

(2) 查询下一条(get-next-request)

由管理者发往代理,用于按字典顺序,获取下一个被管对象的状态和参数信息,使用 UDP 的 161 端口。

(3) 设置(set-request)

由管理者发往代理,用于设置被管对象的参数,使用 UDP 的 161 端口。

(4) 应答(get-response)

由代理发往管理者,用于响应管理者的查询和设置报文,使用管理者的 UDP 发送端口。

(5) 主动上报(trap)

由代理主动发往管理者,用于报告发生的事件,使用 UDP 的 162 端口。

SNMP v2 在上述 5 种 PDU 的基础上,又增加了以下两种 PDU。

(1) 批量查询(get-bulk-request)

由管理者发往代理,用于批量获取被管对象的状态和参数信息,使用 UDP 的 161 端口。

(2) 通告(inform)

由一个管理者发往另一个管理者,用于管理者之间的信息交互,通常是一些异常情况的报告,使用 UDP 的 161 端口。

11.17 SOAP(simple object access protocol)

万维网联盟(W3C)提出的用于 Web 服务的协议,中文名称为简单对象访问协议。SOAP 以可扩展标记语言(XML)格式交换数据,与编程语言、平台和硬件无关。SOAP 包括以下 4 部分。

（1）封装：用一个标准化的框架，描述数据内容、发送者、接收者和处理方法。

（2）编码规则：用于对应用程序需要使用的数据进行编码。

（3）远程过程调用表示：用于规定远程过程调用和应答的方式。

（4）绑定：与 HTTP、TCP、SMTP、UDP 等下层协议建立绑定关系。

SOAP 描述了传递信息的格式，具有独立于编程语言、可扩展性、简单性等优点。它与 HTTP 等下层协议配合，可方便使用不同操作环境中的分布式资源，支持从消息系统到远程过程调用等大量的应用程序，在互联网上得到了广泛应用。

11.18　SSH（secure shell）

IETF RFC 4250～4256 规定的用于安全远程主机登录和其他安全网络服务的协议，中文名称是安全外壳协议。远程主机登录时，使用 TELNET 协议会将用户会话的所有内容，包括用户名和密码都以明文方式传送。为了增强安全性，可以选择具有加密功能的 SSH（Secure Shell）协议。SSH 服务器端使用 TCP 的 22 号端口。SSH 通过提供认证、加密和鉴别来保证网络通信的安全性，支持基于密码的安全验证和基于密钥的安全验证，而且 SSH 传输的数据是经过压缩的，可以加快传输的速度。

11.19　syslog（system log）

IETF 在 RFC 3164 中提出的在 TCP/IP 网络中传递记录信息的协议，中文名称为系统日志协议。在各类通信系统和设备中，系统日志记录了系统和设备发生的各类事件，是重要的管理信息资源。网管系统的日志服务器通过 syslog 协议获取被管系统和设备的日志信息，写入指定文件，供后台数据库管理和应用使用。syslog 是被管系统和设备到日志服务器的单向信息传输协议，使用 UDP 作为底层传输层协议，占用 UDP 的 514 端口。

syslog PDU 采用 ASCII 编码，总长度不超过 1024 B，其格式为：<优先级> 头部 消息文本。

优先级（PRI）：表示优先级，有效范围值为 0～191。PRI 的计算方法为 PRI＝facility * 8＋level。其中 facility 为设备标识号，可选值 0～23，level 为事件严重等级，可选值 0～7。

头部（HEADER）：包含时间戳和主机名两部分信息，时间戳为事件发生的时间，主机名为设备的 IP 地址或设备名。

消息文本（MESSAGE）：描述事件的文本串。

11.20　TL1 电信管理协议（transaction language 1）

贝尔通信研究所制定的电信管理协议。TL1 是一种基于 ASCII 字符的人机交互协议，具有标准命令行接口。其主要功能特点如下。

（1）延迟激活功能：可将请求消息缓存在网元中，延迟到预定时间后执行。该请求执行前，也可以被新的请求取消执行或改变执行时间。

（2）主动上报功能：网元可以将当前的性能、告警或其他用户感兴趣的事件实时地、主动地上报给用户。

（3）消息确认机制：可对输入命令消息进行简短的应答确认。

TL1 在电信领域广泛使用，能管理多种宽带网和接入网设备。

11.21　TMN（telecommunication management network）

ITU-T 在 M. 3000 系列中制定的一套电信网络管理标准，中文名称为电信管理网。TMN 提供一个有组织的体系结构，实现各种操作系统以及电信设备之间的互联，利用标准协议和接口交换管理信息，用于支持与电信网络有关的网络管理活动，包括规划、供应、安装、操作和网络服务的管理。

TMN 的标准主要有以下几类。

（1）ITU-T M. 3010《TMN 总体原则》：包括 TMN 的总体要求，设计总体原则，体系结构，逻辑分层结构和基本功能要求。

（2）ITU-T M. 3020《管理接口规范方法体系》：规定了 TMN 的接口规范定义方法。

（3）ITU-T M. 3100《通用网络信息模型》：规定了 TMN 的通用管理信息模型。

（4）ITU-T M. 3200《TMN 管理业务》：规定了 TMN 的管理业务及各种电信网上的管理业务标准。

（5）ITU-T M. 3400《TMN 管理功能》：规定了 TMN 的管理功能。

TMN 虽然采用了 OSI 网络管理的概念和体系结构，但专门应用于电信网络的管理，因此 TMN 可视为 OSI 网络管理的一个实例。

11.22　TMN 参考点（TMN reference point）

TMN 定义的两个相连功能模块之间的虚拟连接点。利用参考点划定功能模块之间的边界，规范功能模块之间交换的信息。如表 11.3 所示，TMN

表 11.3 TMN 功能模块之间的参考点

	网络单元功能	操作系统功能	中介功能	适配器功能	工作站功能	其他 TMN 的操作系统功能	非 TMN 系统
网络单元功能		q3	qx				
操作系统功能	q3	q3	q3	q3	f	x	
中介功能		q3	qx	qx	f		
适配器功能		q3	qx				m
工作站功能		f	f				g
其他 TMN 的操作系统功能		x					
非 TMN 系统				m	g		

根据功能模块间的连接关系，定义了 q、f、x、g、m 这 5 类参考点，其中 q 参考点又分为 q3 和 qx 两种。

11.23 TMN 功能接口（TMN function interface）

TMN 在不同的参考点上定义的接口。主要包括 Q3、Qx、F、X 这 4 类。

（1）Q3 接口

Q3 接口位于 q3 参考点上，是将被管对象纳入网管系统的标准接口，用于将网元（NE）或适配器（QA）通过数据通信网（DCN）与操作系统功能模块（OSF）连接起来。Q3 接口包括了 OSI 模型的全部七层功能。

（2）QX 接口

QX 接口位于 qX 参考点，是将被管对象纳入网络管理系统的间接接口，用于将 NE 或 QA 通过 DCN 连接中介功能模块（MF），再通过 DCN 与 OSF 连接起来。Qx 接口包括了 OSI 模型的第一层和第二层功能。

（3）F 接口

F 接口位于 f 参考点，用于将工作站通过 DCN 与 OSF 和 MF 连接起来。

（4）X 接口

X 接口位于 x 参考点，用于连接两个不同的 TMN，也适用于一个 TMN 与另外一个非 TMN 的连接。

11.24 TMN 功能模块（TMN function）

ITU-T M.3010 对电信管理网（TMN）管理功能的逻辑划分。共有以下 5 类功能模块。

（1）操作系统功能（OSF）。用来处理与 TMN 相关的信息，对电信网的通信功能和管理功能进行监控和协调，支持电信网管理应用功能的实现。

（2）网络单元功能（NEF）。是电信网设备和设施中的附加部分，为 TMN 提供管理网元所需要的通信与支持功能，使网元能够被 TMN 所监控。

（3）中介功能（MF）。提供了一组网关和/或中继功能，用来对 OSF 与 NEF 以及 OSF 与 QAF 之间的信息进行传送处理，提供符合各功能模块接口信息要求的信息通道，具有对传输信息进行存储、适配、过滤、压缩等功能。

（4）Q 适配功能（QAF）。用来实现 TMN 与非 TMN 的 NEF 或 OSF 的连接，完成 TMN 参考点与非 TMN 参考点之间的信息转换。

（5）工作站功能（WSF）。提供了 TMN 与网络管理人员之间的交互能力，包括网络管理信息的显示和操作员控制命令的输入，完成 TMN 内部信息格式与用户界面信息格式之间的相互转换。

TMN 的各个功能模块之间通过一个 TMN 参考点相连，利用 TMN 的数据通信功能（DCF）交互信息。交互信息主要发生在 OSF 之间、OSF 与 NEF 之间、NEF 之间、WSF 与 OSF 之间、WSF 与 NEF 之间。

11.25 TMN 体系结构（TMN architecture）

TMN 的总体框架。如图 11.8 所示，TMN 体系结构可以看作由管理层次、管理业务域和管理功能域构成的一个立体架构。

管理层次由事务管理层、业务管理层、网络管理层、网元管理层这 4 个逻辑分层构成。事务管理层由支持整个企业决策的管理功能构成，如产生经济分析报告、质量分析报告、任务和目标等；业务管理层包括业务提供、业务监控与监测，以及与业务相关的计费管理；网络管理层提供网络的管理功能，管理网络资源，控制可用的网络容量和能力，提供合适的服务质量；网元管理层对一个或多个网元进行管理，

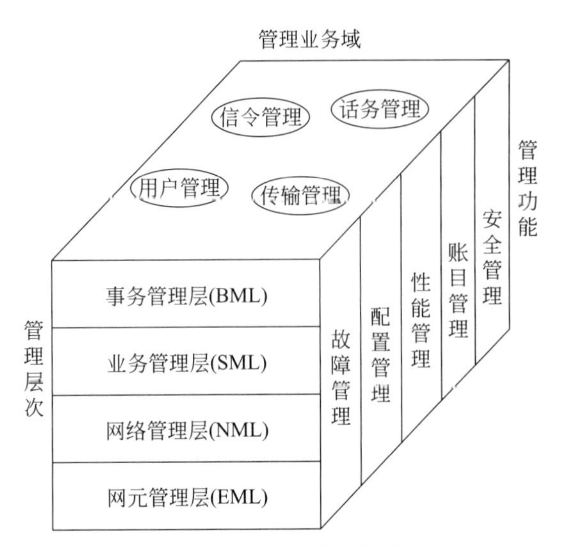

图 11.8 TMN 体系结构模型

如路由器、交换机等远端操作维护,以及设备软件、硬件的管理。

管理业务域由信令管理、话务管理、用户管理、传输管理等其他电信业务管理构成。

管理功能域由故障管理、配置管理、性能管理、账目管理、安全管理功能构成。

11.26 TMN物理体系结构(TMN physical architecture)

TMN 软件和硬件等物理实体及其组织结构组成的体系结构。TMN 物理体系结构包括以下部分。

(1) 操作系统(OS):是对管理信息进行处理,以实现对电信网的监视、协调和控制功能的物理实体。

(2) 数据通信网(DCN):TMN 中的通信网络,用于支撑通信功能。

(3) 工作站(WS):实现操作维护管理的用户终端,用户通过工作站实现对电信网络的控制。提供接入登记、用户识别、输入输出管理等功能。

(4) 网元(NE):电信设备和支撑设备等属于电信范畴的任意系统。

(5) 中介设备(MD):应操作系统要求,对来自网元、适配器的管理信息进行处理,具有部分管理功能。

(6) Q 接口适配器(QA):用于某些实体的非标准通信接口和标准 Q 接口的转换。

11.27 TMN 信息体系结构(TMN information architecture)

TMN 的管理信息模型和组织模型的统称。管理信息模型描述了被管对象及其特性,规定可以用什么消息来管理所选择的目标,以及这些消息的含义。它采用一致的描述模板和描述语言对描述对象进行组织、分类和抽象概括。组织模型用于描述网络管理中管理任务的分配和组织,即管理者和代理的能力,以及管理者与代理之间的关系。管理者的任务是发送管理命令和接收代理回送的通知;代理的任务是直接管理有关的管理目标,响应管理者发来的命令,并回送反映目标行为的通知给管理者。

11.28 TNMP (T network management protocol)

试验通信网专用管理协议,又称 T 网络管理协议。TNMP 是专门为试验通信网内不支持 SNMP 等标准网管协议的通信系统和设备而制定的,主要工作在物理层上,也可以工作在数据链路层、网络层和传输层上。

TNMP 设计有 Get、Get-next、Response、Set 和 Trap 共 5 种 PDU,其通用格式如表 11.4 所示。

表 11.4 TNMP PDU 格式

字段标号	字段含义	长度/B	说明
1	报文开始标志	2	0x5555
2	报文类型	1	Get: 0x0B Get-next: 0x0C Response: 0x0D Set: 0x0E Trap 0x0F
3	报文编号	1	
4	目的地址	4	
5	源地址	4	
6	报文长度	2	
7	变量表	若干	
8	保留字段	若干	可选
9	报文结束标志	2	0xAFAF

TNMP 采用客户—服务器的通信模式,按照 SNMP 网络管理的管理者—代理模型,采用轮询与

事件驱动相结合的机制。正常情况下,管理者向代理发出请求报文,代理回送应答报文。发生异常情况时,代理主动向管理者发送告警报文,告警的条件和内容将依据被管对象的实际情况确定。

11.29　TOM(telecom operations map)

描述电信运营过程的高层抽象视图,中文名称为电信运营图,又称电信运营过程框架。TOM 是电信管理论坛(TMF)以 ITU-T 提出的电信管理网(TMN)模型为基础提出来的。如图 11.9 所示,TOM 是一个自上而下的、端到端的、面向客户服务的公共过程框架。TOM 并没有涉及运营过程的各个方面,而是为运营商开发和执行业务提供一个公共过程框架,每个运营商可根据具体的任务和策略来添加和修改该过程框架。

TOM 将运营过程按照横向和纵向两个维度划分。横向分为客户服务、业务开发与运营、网络与系统管理。其中,客户服务强调与客户的直接交互,业务开发与运营强调业务的交付和管理,网络与系统管理将网元管理层和业务管理层次集成起来,确保网络和系统能够为业务的交付提供支持。纵向分为服务开通、服务保障和服务计费。服务开通、服务保障、服务计费为用户提供了 3 个基本的端到端的过程。其中,服务开通强调及时准确地提供客户订购的服务,服务保障强调对一个服务的各个方面的跟踪、报告、管理和采取行动,服务计费强调与费用相关的部分。

11.30　TR-069 技术规范(TR-069 technical regulation)

DSL 论坛发布的对下一代网络中家庭网络设备进行管理配置的通用框架和协议。主要用于对家庭网络中的网关、路由器、机顶盒等设备进行远程集中管理。TR-069 充分利用了互联网上的各种底层通信协议,在 SOAP 之上定义了用于配置、查询、诊断等操作的远程过程调用(RPC)方法,管理服务器和用户管理设备都可以通过 RPC 对家庭网络设备进行管理。为了确保管理配置系统的安全,TR-069 建议使用安全套接层(SSL)/传输层安全(TLS)对用户设备进行认证,也可使用 HTTP1.1 中定义的认证方式对用户设备进行认证。

11.31　UDDI(universal description, discovery and integration)

结构化信息标准促进组织(OASIS)制定的一种发布和发现 Web 服务相关信息的标准方法,中文名称为统一描述、发现和集成。UDDI 统一描述采用 XML Schema 描述 WSDL 接口,描述内容包括商业实体信息、服务信息、绑定信息、技术模型信息、发布者说明信息、服务调用规范的说明信息共 6 种信息,形成 WSDL 文件,发布到 Web 服务器。UDDI 发现和集成的流程如图 11.10 所示。

(1) 服务提供者向 UDDI 注册中心通过服务注册发布 API,注册服务的 WSDL 描述;

(2) UDDI 注册中心给每个服务指定一个唯一的标识符(UUID),形成统一的服务目录;

(3) 服务使用者采用服务发现 API,访问 UDDI 注册中心服务目录,获取所需要的 WSDL 接口描述;

(4) 服务使用者直接调用服务提供者提供的服务,将其动态集成到服务使用者的应用进程之中。

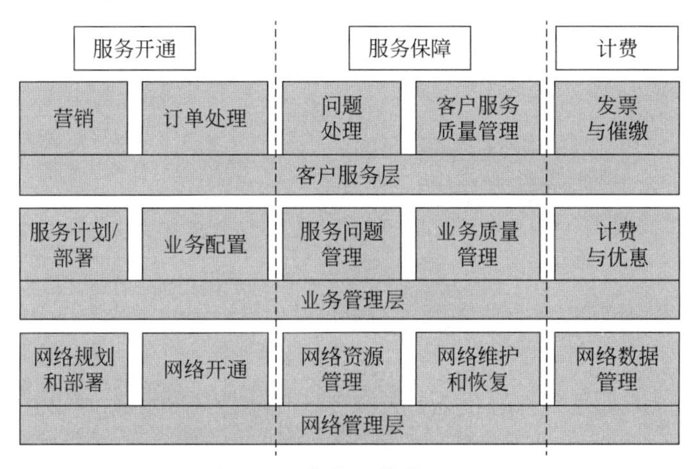

图 11.9　电信运营图(TOM)

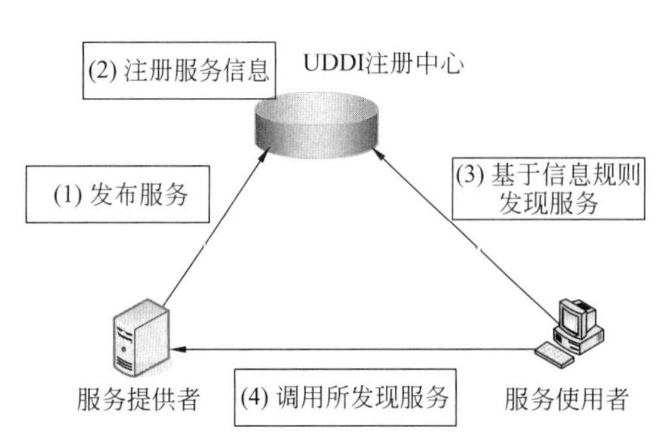

图 11.10　UDDI 发现和集成流程

11.32　Web 服务(Web service)

一种通过 Web 进行远程过程调用的技术。Web 服务是自包含、自描述的模块化应用,采用 Web 接口描述语言(WSDL)描述所调用的接口,使用简单对象访问协议(SOAP)进行交互,从而实现跨编程语言和跨操作系统平台的远程调用。

11.33　WSDL(web service describe language)

万维网联盟(W3C)制定的用于定义 Web 服务接口的语言,又称 Web 接口描述语言。WSDL 基于可扩展标记语言(XML),提供详细的接口描述说明,包括 Web 服务及其函数、参数和返回值等。一个描述 Web 服务接口的 WSDL 文档由以下元素组成。

(1) 定义(definitions):定义了 WSDL 文档所使用的命名空间。

(2) 类型(types):包含 simpleType 和 complexType 两种 Data Type,定义了在 WSDL 文档中的其他位置使用的复杂数据类型与元素。

(3) 消息(message):包含 Part 元素,使用 type 元素定义消息的有效负载。

(4) 接口类型(portType):包含 operation 元素,定义了 Web 服务的接口及操作方法。

(5) 绑定(binding):将 portType 元素和 operation 元素与通信协议和编码样式绑定。

(6) 接口(port):定义单个服务访问点,访问点为 Web 访问地址与对应的协议/数据格式的组合。

(7) 服务(service):服务访问点的集合。

各元素之间的关系如图 11.11 所示。

11.34　XML(extensible markup language)

万维网联盟(W3C)规定的一种结构化标记语言,中文名称为可扩展标记语言。XML 源于标准通用标记语言(SGML),1995 年形成 W3C 草案,1998 年 2 月发布 XML1.0 标准。

XML 是一种允许用户对自己的标记语言进行定义的元语言,提供统一的方法描述结构化数据,可

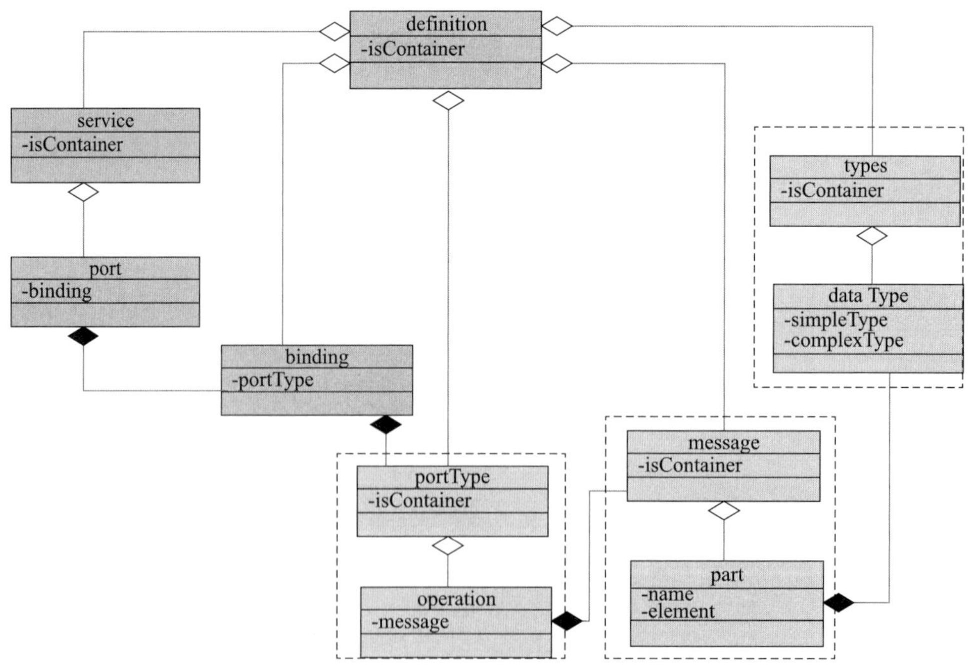

图 11.11　WSDL 各元素之间的关系

以用来标记跨系统、跨平台的数据和数据类型。用 XML 语言标记的数据由标记和内容两部分组成。例如,网络管理系统中故障数据可用 XML 语言标记如下:

```
<? xml version="1.0" encoding="UTF-8"? >
<session sId="12345">
    <cmd>
      <alarm>
        <reportAlarm >
            <data >
                <! --指定网络中指定设备的故障
                级别、类型、起始时间和描述-->
                <nameValue netId="05" objID="
                401c00a7" level="01" type="02"
                sTime="20130815180000"  desc=
                " "/>
            </data>
        </reportAlarm >
      </alarm>
    </cmd>
</session>
```

在网络管理系统中,管理信息被 XML 标记后,在服务器与客户端之间传送;同时该数据表示方式也可以应用于服务模式,用于描述专业网管系统向综合网管系统的北向接口。

11.35　安全管理(security management)

保护网络中的服务、数据、系统以及业务免受侵扰和破坏的一组管理功能。是 OSI 系统管理五大功能之一。

ISO7498-2《信息处理系统—开放系统互联—基本参考模型第 2 部分:安全体系结构》,定义了安全管理的 8 种机制。

(1) 加密机制:用于报文加密和密钥管理。

(2) 数字签名机制:用于保证信息的合法性和真实性。

(3) 访问控制机制:判别访问者的身份和权限,实现对信息资源的访问控制。

(4) 数据完整性机制:保证信息单元及序列的完整,以防止信息在存储及传输过程中被假冒、丢失、重发、插入及篡改。

(5) 认证机制:通过交换表示信息使通信双方相互信任。

(6) 伪装业务流机制:在无信息传输时发送随机序列,防止盗听者分析通信内容。

(7) 路由控制机制:为需要保密的信息选择安全的通信路由。

(8) 公证机制:建立公证仲裁机构,解决通信双方不信任问题。

安全管理与故障管理、配置管理、性能管理、计费管理等其他管理功能密切相关。安全管理要调用配置管理中的系统服务,对网络中的安全设施进行控制和维护。当网络发现安全方面的故障时,要向故障管理通报安全故障事件以便进行故障诊断和恢复。安全管理功能还要接收计费管理发来的与访问权限有关的计费数据和访问事件通报。

由于安全问题在网络中的重要性日益突出,安全管理已逐渐发展成为一个独立的系统。因此,在试验通信网管理系统中,安全管理功能逐渐弱化,仅保留了对网管系统自身的安全管理。

11.36　被管对象(managed object)

对实际被管资源的特性进行抽象后的管理信息,简称 MO。被管对象是不可再分的管理信息,其集合构成管理信息库(MIB),SNMP MIB 中的每个被管对象都有一个唯一的名字和唯一的对象标识符(OID)。具体的被管设备可以用一系列参数、状态等抽象表示,这些参数和状态即可视为被管对象。例如,路由器的被管对象包括机架号、扩展槽数、网络地址、路由表、接口速率等。

11.37　被管设备标识码(managed device identification)

用于识别被管设备的专用编码。被管设备标识码是为具体设备起的"别名",具有全局唯一性。被管设备标识码是人为定义的,没有相关的国际标准,任何一个网管系统都可独自规定被管对象标识码的命名原则。在试验通信网管系统中,被管设备标识码采用 4 个字段的编码形式定义:XX.XX.XX.XX,每个字段的长度为 8 bit 的整数倍。第 1 字段表示试验任务专业系统(测控、通信、测发、气象等),其中通信专业代码为 2;第 2 字段表示专业系统内分系统类别代码,其中通信系统各分系统类别代码见表 11.5;第 3、4 字段表示同一分系统同一专业内的某一特定设备。

表 11.5　通信系统各分系统类别代码

类别	类别简称	类别代码
光纤通信	OC	1
卫星通信	SC	2

续表

类别	类别简称	类别代码
微波通信	MW	3
短波通信	HF	4
超短波天地通信	VHF	5
IP 网络	NW	6
移动通信	MC	7
电话交换系统	PBX	8
数据传输	DC	9
安全保密	SC	10
时间统一	TM	11
调度系统	VC	12
数字电视	DTV	13
网络管理	NMS	14
电视监视	TVW	15
通信电源	POW	16
测试及环境监测	TS	17
扩声	PA	18
协同通信与信息服务	CI	19
实况电视	LTV	20
遥测图像	TI	21

11.38　北向接口(northbound interface)

网络管理系统中下级网管系统接入上级网管系统的接口。在试验通信网中,光传输系统、卫星通信系统、试验通信 IP 网等均有各自专业的网管系统,这些系统接入通信综合网管系统中,均采用北向接口。常用的北向接口及其功能如表 11.6 所示。

表 11.6　常用北向接口及其功能

北向接口类型	接口功能
SNMP 北向接口	提供统一的告警管理功能,支持路由、城域、传送和接入设备
CORBA 北向接口	提供统一的告警管理功能,支持路由、城域、传送和接入设备;提供城域和传送域性能、存量、业务发放管理功能
syslog 北向接口	提供统一的告警管理功能,支持路由、城域、传送和接入设备
XML 北向接口	提供统一的告警、性能、存量、业务发放管理功能,支持路由、城域、传送和接入设备
TL1 北向接口	提供接入域业务发放(xDSL、xPON、宽带、窄带业务)、存量查询、存量发放等功能
FTP 性能北向接口	提供性能统计数据导出功能,将性能统计数据导出到指定的 FTP 服务器,供 OSS 系统分析
MML 测试北向接口	接入 MML 测试系统,支持窄带接入网设备(线路和终端)的测试和 ADSL 线路测试

11.39　代理(agent)

位于被管设备一侧,接受管理者命令,直接对被管对象实施管理的功能实体,又称网管代理。代理按照驻留位置可分为嵌入式和非嵌入式,按照是否进行网管协议转换可分为委托代理和非委托代理。通常每一个被管设备都包含大量被管对象,代理可以看作管理者派往被管设备的代表,负责对这些被管对象进行直接管理、建立和维护本地的管理信息库。代理采用标准的网络管理协议与管理者通信,采用各厂商自行制定的接口与被管对象进行信息交换。

11.40　带内管理(inband management)

网络的管理控制信息通过业务信道传送的管理模式。带内管理的优点是不单独为网络管理建立传输通道,节省带宽资源;缺点是当网络出现故障时,业务信息和管理信息都无法正常传输。目前试验通信网使用的网络管理手段基本上采用这种管理模式。

11.41　带外管理(outband management)

网络的管理控制信息通过独立的信道传送的管理模式。带外管理将网管数据与业务数据分别在不同的信道中传输,当业务网络出现故障时,网管系统仍能正常工作,提高了网管系统的可靠性和安全性。但是,需要在业务信道之外另外建设专门的网管信道,增加了建设成本。

11.42　电信管理论坛(telecommunication management forum)

一个为电信运营和管理提供策略建议和实施方

案的全球性非赢利社团联盟,简称 TMF。TMF 成立于 1988 年,主要成员有服务提供商、硬件软件提供商及系统集成商这 3 类,TMF 会员的绝大多数是世界知名的电信服务提供商,如美国的 AT&T、思科,中国的移动、电信和华为等。TMF 专注于通信行业运营支持系统(OSS)和管理问题,提出的业务过程框架、信息框架以及应用程序框架等已被广泛采用,成为电信行业的事实标准。

11.43 多技术操作系统接口(multi-technology operations systems interface)

电信管理论坛(TMF)制定的基于多技术网络管理(MTNM)对象模型的操作系统接口,简称 MTOSI。MTOSI 采用 Web 服务技术,基于 XML 实现,将 Web 服务应用到网络管理中。MTOSI 扩展了 MTNM 模型,从侧重于网络管理系统与网元管理系统之间的交互扩充到不同操作系统之间的交互。与 MTNM 相比,MTOSI 在网络管理功能的基础上增加了业务处理功能。

11.44 多技术网络管理(multi-technology network management)

电信管理论坛(TMF)定义的由网元管理系统集成为网络管理系统的框架和信息交互接口,简称 MTNM。MTNM 采用 CORBA 技术,基于 IDL 实现,将多个不同的网元管理系统集成到综合网络管理系统,实现多个厂商、多种技术设备的综合管理。

11.45 分布式网络管理(distributed network management)

分区设立网管中心的管理模式,又称为分布式管理模式。按照行政区域、技术管理区域、被管设备或系统种类等方式,把网络划分为若干个管理区域,每个区域设置一个网管中心负责该区域的网络管理。各网管中心之间可以是对等协同关系,也可以是有行政划分的上下级关系。

对于复杂的大型通信网络,如覆盖范围广、由多种通信子网和多厂商设备所构成的通信网络,无论从技术实现上还是从行政管理上,都很难采用集中式管理模式,故一般采用分布式管理模式。试验通信网是一个典型的复杂大型通信网络,其网管系统也采用了分布式管理模式。

11.46 分布式组件对象模型(distributed component object model)

微软公司推出的分布式计算环境标准,简称 DCOM。DCOM 对组件对象模型技术(COM)进行了扩展,使其能够支持在局域网、广域网甚至互联网上不同计算机的对象之间的通信。DCOM 的局限性在于仅支持 Windows 的开发平台,缺乏移植性和灵活性。使用 DCOM,客户端程序对象能够请求来自网络中另一台计算机上的服务器程序对象。例如,网管服务 1 使用 DCOM 接口远程调用网管服务 2 的过程,如图 11.12 所示。

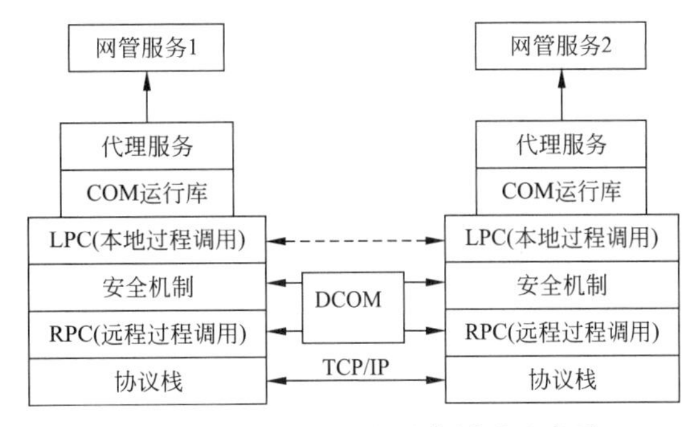

图 11.12 DCOM 远程服务调用示意图

网管服务 1 和网管服务 2 分别包含一个相应的代理服务,针对每个代理服务提供一个 COM 运行库,两个 COM 运行库之间通过本地过程调用(LPC)完成,使网管服务 1 和网管服务 2 之间的通信能够以一种完全透明的方式进行。如果网管服务 1 和网管服务 2 处于两个不同的服务器上,LPC 将采用 TCP/IP 协议,并且使用远程过程调用(RPC)和安全机制产生标准网络数据包,来实现服务器之间的网络通信。

11.47 告警(alarm)

系统或设备以声、光、电等形式即时通告事件的行为和过程。告警是网管系统实现故障管理功能的重要手段之一。当系统或设备异常时,根据预先设定的规则产生不同级别的告警,提醒操作维护人员及时处理。常见的告警形式有指示灯、蜂鸣音、语音播报、屏幕显示、电子邮件、短消息等。

11.48 告警过滤(alarm filter)

屏蔽低级别告警的行为和过程。在大规模的网络中,系统和设备易产生大量的告警,其中很多是通知类的非故障型告警,不需要实时处理。过滤掉这些告警,可减轻网管人员的工作量,使之可优先处理重要告警。网管系统根据故障等级标准和黑、白名单等,过滤告警信息。被过滤的告警信息并未被删除,仍然在网管系统内保存一段时间,供网管人员查阅。

11.49　告警相关性分析(alarm correlation analysis)

对同时存在的多个告警之间的关联性进行的分析。告警相关性分析是对网管数据的深层分析和挖掘,是确定网络故障根源、定位故障的一种有效途径。当一个故障引发多个告警时,这些告警之间必然存在相关性。这些相关性包括依赖、派生、同源、推测等关系。通过相关性分析,可快速识别出故障的根源告警,对其他告警进行压缩和抑制,使维护管理人员能够抓住主要矛盾,集中处理故障的根源告警。告警相关性分析方法包括基于规范的推理方法、基于规则的相关性分析方法、人工神经网络等。

11.50　共同体(community)

SNMP 网络管理系统中具有合法身份可以相互访问的管理者和代理的集合,也称团体。每一个共同体被赋予一个名字,称为共同体名,以字符串形式表示,常用的有“public”“private”等。一个管理者或代理可以同时成为多个共同体的成员。

SNMP v1 和 SNMP v2 都使用共同体名作为安全认证机制。在 SNMP 报文中,设置有共同体名字段,当管理者或代理收到 SNMP 报文的时候,将报文中的共同体名与本地的共同体名单进行匹配。匹配成功则进行后续处理,否则丢弃该报文。

针对每一个共同体,代理规定了每一个被管对象的访问权限。访问权限包括不可读写、只读、只写、可读写这 4 种。代理在验明发送报文的管理者的身份后,对其访问的被管对象进行权限检查,检查合规后进行响应,否则不予响应。

11.51　公有 MIB(public MIB)

根据 OID 树形结构,各标准化组织发布的 MIB。例如,IETF 发布的 MIB-Ⅱ是应用最广泛的公有 MIB,其根节点为 1.3.6.1.2.1。在试验通信网管系统中,也指以 1.3.6.1.4.1.63000.2.1 为根节点构建的 MIB,包括系统组、接口组、子设备组和告警组。

11.52　故障处置经验库(fault base)

故障管理中使用的故障及其处置方法的信息库。对历史告警、故障处理的过程进行收集、汇总、分类后,记录在故障处置经验库中供用户使用。记录的信息包括故障发生的时间、故障设备名称及标识、故障影响域、故障处置方法与步骤、故障处理结果等。网管系统在故障处理完毕后,在故障处置经验库中予以记录。基于故障处置经验库,网管系统可实现更加智能化的故障处理方式,自动对故障进行判别,提示故障处理方案、步骤等,指导维护人员处理故障。故障处置经验库是一个内容不断丰富的信息库,随着处置经验的不断增加,其在故障处理中的作用愈加明显。

11.53　故障等级(failure level、fault level)

根据故障的严重程度对故障进行的分类。OSI 网络管理将故障分为以下 6 级。

(1) 紧急告警(critical):急待解决的告警,否则子网或设备将无法运行。

(2) 重要告警(major):核心子网或设备不能完成其主要功能,影响到部分业务的提供。

(3) 次要告警(minor):子网或设备不能完成其主要功能,但子网或设备不属于核心子网或设备,未对其他子网或设备造成影响。

(4) 警告(warning):子网或设备发生局部故障,使其性能降低,但未影响主要业务功能。

(5) 不确定(indeterminate):未能确定是否故障的事件。

(6) 已清除(cleared):已自愈和已被排除的故障。

在试验通信网管系统中,故障等级参照 OSI 网络管理标准,分为严重告警、主要告警、次要告警、警告、不确定、正常。

11.54　故障管理(fault management)

网络管理系统中处理各种故障的一组管理功能,又称失效管理。故障管理是 OSI 网络管理五大功能之一,具体包括告警监测、故障定位、测试、业务恢复、故障修复以及故障日志维护等。

网管系统以轮询或被管系统(设备)主动上报的方式获取故障信息。根据预先设定的故障等级,网管系统以对应级别的告警方式通告网管人员,网管人员根据故障处理预案予以相应处理。对于可通过系统或设备的自愈能力纠正的故障,仅进行记录备案,在条件允许时再处理;对于低级别不直接影响业务运行的故障,可暂不处理或延后处理;对于高级别的故障,应立即处理。

故障管理与配置管理、性能管理、安全管理、计费管理密切相关。例如,故障管理可以参考配置管理的资源识别网络元素。故障会导致网络性能下降,网络性能下降也会导致故障的发生,因此故障管理与性能管理常常配合进行。

11.55　管理功能(management function)

网管系统向网络管理人员提供的管理服务。OSI 网络管理规定的管理功能分为故障管理、配置管理、性能管理、安全管理和计费管理共 5 个功能域。

11.56　管理功能域(management functional area)

对管理功能进行的划分,简称 MFA。OSI 网络管理将管理功能分为故障管理、配置管理、性能管理、安全管理和计费管理这 5 类,每一类称为一个管理功能域。在试验通信网管理系统中,对 OSI 提出的管理功能域进行了扩展,增加了网络规划、试验任务管理、勤务管理和资源管理等业务管理功能域。

11.57　管理节点标识码(management node identification)

试验通信网管理系统中用于标识网管节点的专用编码,又称管理节点号,简称节点号。网管节点包括网管中心和网管站。管理节点标识码相当于网管节点的名字,具有全局唯一性。管理节点标识码采用两字节编码形式定义,表示为: XX. XX,其中,第 1 字节表示网管节点所在场区的编号,取值为 1~255;第 2 字节表示网管节点在场区内的编号,取值为 1~255,其中,1~10 表示网管中心,11~255 表示网管站。例如,某场区网管中心的节点号为: 26. 01,该场区内某网管站的节点号为: 26. 12。

11.58　管理者(manager)

位于管理系统一侧,负责发出管理操作的指令,并接收代理信息的功能实体。通常管理者接受上层管理进程的指令,通过网络管理协议转发至各代理,并将代理发来的信息进行汇集和处理。

11.59　计费管理(account management)

负责采集和统计用户使用的网络资源量并计算其费用的一组管理功能,又称账户管理。计费管理是 OSI 网络管理五大功能之一。它从用户的角度对通信网络的资源利用情况进行监控,以实现通信网络资源和信息资源的有偿使用和合理分配。主要功能包括用户注册登记,使用情况管理,网络资源利用情况统计,建立和维护账户,建立和维护计费数据库等内容。在试验通信网中,网络的使用不涉及费用问题,因此该项功能不包括费用计算部分。

11.60　基于 Web 的网络管理(web-based management)

管理人员以浏览器/服务器(B/S)方式管理网络的模式,简称 WBM。WBM 有两种实现方式:一种是在网络管理平台上叠加 Web 服务器,向基于浏览器的管理用户提供网络管理服务;另一种是将 Web 服务器嵌入到被管设备中,每个被管设备都有自己的 Web 地址,管理员利用浏览器可直接访问被管设备。

最初网管系统采用客户机/服务器(C/S)模式,各厂商独立开发自己的系统,没有统一标准,相互之间兼容性差,很难集成到同一台客户机,建设成本高。基于 Web 的网络管理统一采用浏览器/服务器模式,解决了多厂商异构问题,只需安装一套标准的 Web 浏览器即可管理多个厂商的设备,灵活性实用性强,开发维护成本较低。WBM 融合了 Web 技术和网络管理技术,管理人员可以使用 Web 浏览器在任何地点、任何网络平台上监视和管理网络。

11.61　基于策略的网络管理(policy-based network management)

通过策略自动管理网络的方法,简称 PBNM。基于策略的网络管理系统配置有策略库,预先存储了若干管理策略。策略针对管理目标,规定了具体的网络配置、安全防护、服务质量管理等方法和步骤,是一系列管理命令的有序组合。根据用户的策略服务请求或网络事件触发,PBNM 查询策略库,确定具体的策略。通过执行该策略,自动完成对网络的管理,从而提高了管理效率和准确度,减少了管理人员的工作量。

11.62　基于视图的访问控制模型(view-based access control model)

IETF 在 RFC 2575 中提出的对被管对象进行访问控制的模型,简称 VACM。仅适用于 SNMP v3。视图是代理的 MIB 库中被管对象的一个子集,子集中的被管对象具有相同的访问权限。VACM 根据访问权限的不同,将视图分为读视图、写视图和通告视图三类。具有读视图权限的用户,可以对该视图内的被管对象进行查询操作;具有写视图权限的用户,可以对该视图内的被管对象进行设置操作;具有通告视图权限的用户,允许代理向其主动发送通告。VACM 通过建立视图与用户组之间的对应关系,从而确定了用户具体的访问控制权限。

11.63 基于用户的安全模型(user-based security model)

IETF 在 RFC 2274 和 RFC 3414 中提出的 SNMP v3 安全模型,简称 USM。用户是网络管理操作的发起者,是操作的主体。USM 以用户为核心,为每个用户分配一个用户标识、应用不同的安全策略,提供数据完整性、数据源认证、数据保密和数据时限服务,从而有效防止非授权用户对管理信息的篡改、伪装和窃听。

USM 通过认证、加解密、时效性检查等实现用户操作的安全性,并提供认证加密、认证无加密和无认证无加密 3 种安全级别。认证使用信息摘要算法 5(MD5)或安全哈希算法(SHA)生成数字摘要,以确保数据完整性、数据源的正确性;加解密使用数据加密标准(DES)的密码分组链接(CBC)模式;使用严格同步的计时器,通过判定时间窗口进行时效性检查,防御非法信息攻击。

11.64 集中式网络管理(centralized network management)

全网只设立一个网管中心的管理模式,又称集中式管理模式。集中式网络管理能够保持管理的一致性,减少中间环节,及时响应各种事件并快速进行处理。但是,随着网络规模的扩大,网管中心的负荷也随之增大,实时性和可靠性显著降低,仅靠单一网管中心很难维持有效的管理。因此,集中式管理模式仅适用于网络规模较小、管理的内容及传送的信息量有限、网络地理分布比较集中的网络系统。

11.65 南向接口(southbound interface)

网络管理系统中上级网管系统接纳下级网管系统的接口。在试验通信网中,光传输系统、卫星通信系统、试验通信 IP 网等均有各自专业的网管系统,通信综合网系统连接这些系统时,均采用南向接口。常用的南向接口有 SNMP、CORBA、syslog、XML 等。南向接口是站在上级网管系统的角度定义的,而北向接口是站在下级网管的角度定义的,二者实际上是同一个接口。

11.66 配置管理(configuration management)

负责网络的建立、业务的展开以及相应数据维护的一组网络管理功能,是 OSI 网络管理五大功能之一。主要功能包括定义和配置网络和网元、收集当前网络状态信息、获取网络重要变化的信息、识别网络拓扑、绘制网络拓扑图、建立和维护配置数据库、设定和调整网络和网元配置参数等内容。

配置管理是一项中长期的活动,管理的是网络扩容、设备更新、新技术应用、业务开通和撤销、用户加入与迁移等原因所导致的网络配置的变更。网络规划与配置管理关系密切。在实施网络规划的过程中,配置管理发挥最主要的管理作用。

11.67 嵌入式代理(embedded agent)

直接嵌入到被管设备中的网管代理。嵌入式代理一般以软件形式驻留在被管设备中,与被管设备紧密结合,无需增加额外的硬件设备,管理者可通过标准的网络管理协议直接管理被管设备。

11.68 勤务管理(service management)

与值勤工作相关的一组管理功能,是试验通信网络管理系统专有的管理功能之一,主要功能包括制定值勤计划、填写情况报告、生成值班日志、记录紧急事件处置等内容。

11.69 任务管理(task management)

直接与试验任务相关的一组管理功能,是试验通信网络管理系统专有的管理功能之一,主要功能包括制定试验任务计划,生成任务工作流程,提供在线支持,形成任务情况总结等内容。

11.70 设备监控(equipment monitor)

对通信设备进行监视和控制的管理行为。设备监控将组成系统的各个设备视为彼此没有联系的单元进行监控,是最早产生的管理形式。在现在的网络管理系统中,可将其纳入到单元管理部分。

11.71 私有 MIB(private MIB)

OID 树形结构中 1.3.6.1.4 节点之下的 MIB。

目前,该节点的唯一子分支是 enterprise(1),其中都是厂商定义的被管对象。IANA 管理这一分支中的 OID 编号,每个厂商可以向 IANA 申请。如 CISCO 厂商的编号是 9,节点 1.3.6.1.4.1.9 下的所有被管对象都是 CISCO 单方面定义的。在试验通信网管系统中,选取 1.3.6.1.4.1.63000.2 作为根节点,构建其专有的 MIB,下设公有部分和私有部分。

11.72　拓扑发现(topology discovery)

根据网络节点的增减自动更新拓扑图的功能。利用拓扑发现可以获取和维护网络节点的存在信息和它们之间的连接关系信息。拓扑发现包括网络层拓扑发现和数据链路层拓扑发现。网络层的拓扑发现,主要利用 SNMP 协议和路由器 MIB-Ⅱ中的接口表(ifTable)、IP 地址表(ipAddrTable)和 IP 路由表(ipRouteTable)等获取网络层设备及其之间的连接关系。数据链路层的拓扑发现,主要利用 MAC 地址转发表(AFT)、生成树算法和端口流量获取路由器与交换机、交换机与交换机、交换机与主机等设备之间的连接关系。

11.73　网管节点(network management node)

实施网络管理活动的汇聚点。在等级结构的网络管理系统中,高等级的节点称为网管中心,最低等级的节点称为网管站。试验通信网管理系统采用三级组织结构,设有一级网管中心、二级网管中心和网管站。网管节点主要由网管服务器、网管客户机、非标设备的网管数据采集器等硬件设备和网络管理软件组成。网管服务器运行网络管理软件的服务端进程,完成网络管理的主体功能。网管客户机运行网络管理软件的客户端进程或浏览器,提供管理员和网管系统的人机接口。非标设备的网管数据采集器连接非标被管设备,并通过标准协议连接网管服务器。

11.74　网管站(network management workstation)

最低等级的网管节点。试验通信网的网管站设立在各场区下属的大型站点,负责站点范围内通信网络被管设备的接入,实现和上级网管中心的信息交换。

11.75　网管中心(network management center)

全网或区域范围内的最高网管节点。试验通信网中设有一个一级网管中心和若干二级网管中心。一级网管中心是通信网的最高网管节点,负责全网范围的管理事务,管辖下属的二级网管中心和网管站。二级网管中心是区域范围的最高网管节点,负责场区范围的管理事务,接受一级网管中心的管理,管辖下属的网管站。

11.76　网管组织结构(network management organization architecture)

网络管理系统中网管节点的组织形式。网管组织结构确定了一个网管系统内网管中心和网管站的分布特性和它们之间的作用关系,主要内容包括网管节点的等级划分、管辖范围、管理内容,以及管理信息的传输关系、协作关系等。网管组织结构包括集中式组织结构和分布式组织结构两种结构。试验通信网管理系统的组织结构参照行政管理机构,采用分布式网络管理结构,设立了一级网管中心、二级网管中心和网管站三级结构。

11.77　网络管理(network management)

为确保网络正常运行而进行的一组管理活动的集合。网络管理涉及管理人员、管理工具和被管理的网络。三者的关系如图 11.13 所示,管理人员是从事网络管理的主体,主导网络管理的活动;网络是网络管理的客体,属于被管理的对象;管理工具即网络管理系统,介于管理人员和被管网络之间,是实现管理活动的功能实体。

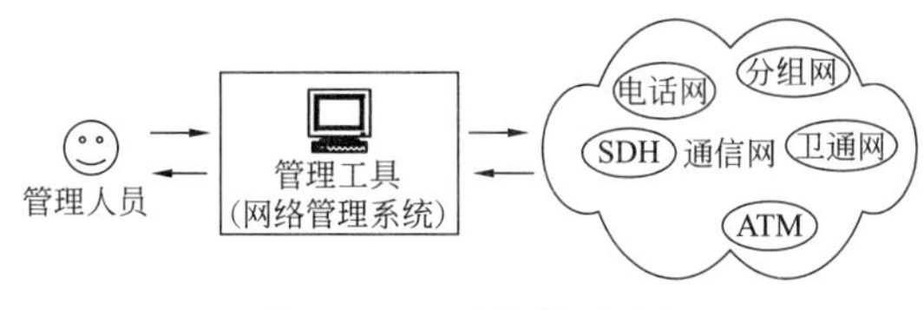

图 11.13　网络管理过程

11.78　网络管理软件(network management software)

运行在网管系统平台之上的主体应用软件。网络管理软件遵从网管协议,实现网管功能模型提出的各种网管功能,在网络管理系统中起着核心作用。

试验通信网管系统中,网络管理软件按照层次划分为协议适配层、信息交换层、业务逻辑层、界面呈现层和网管通用构件。如图 11.14 所示,协议适配层主要完成网络管理软件与被管设备的协议转换、数据收发、统一信息格式功能;信息交换层主要

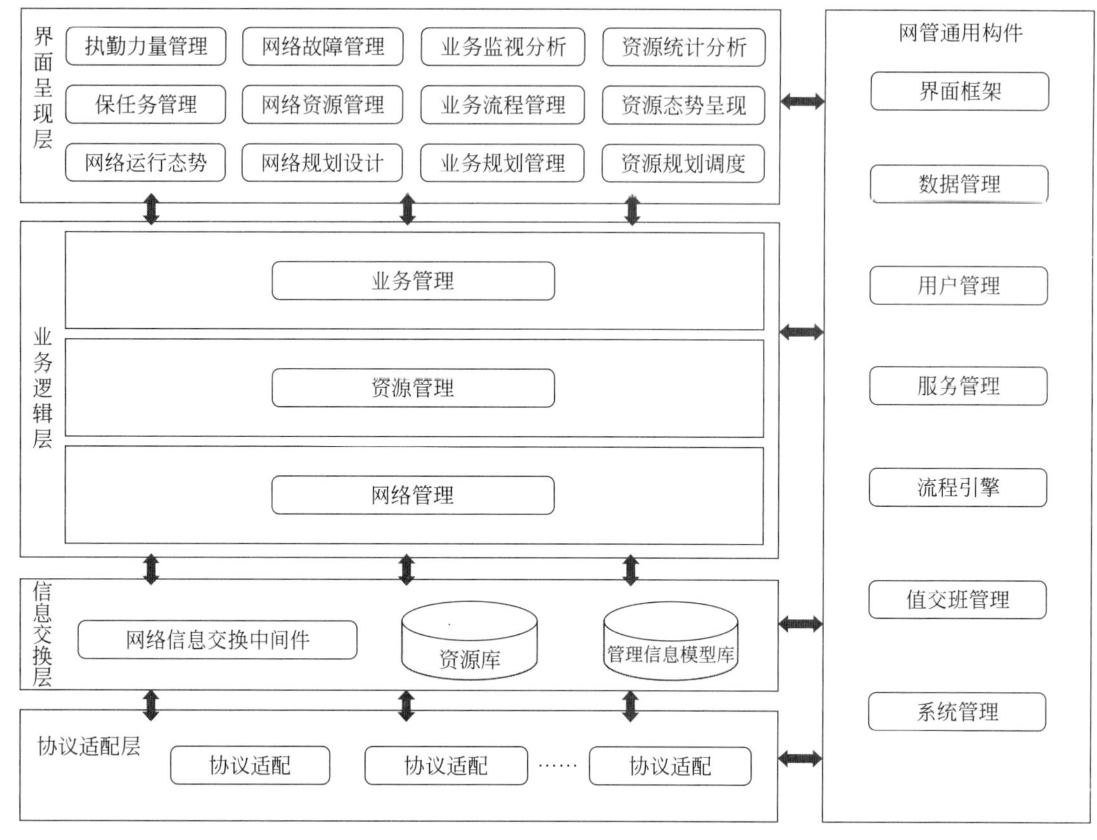

图 11.14　网络管理软件功能模块结构

完成信息交换和信息存储功能，包括网管信息交换中间件、资源库和管理信息模型库；业务逻辑层实现网络管理主体功能的后台逻辑处理，包括网络基本管理、资源管理、业务管理功能；界面呈现层包括网络故障管理、网络资源管理、业务监视分析、业务流程管理、资源统计分析、资源态势呈现等界面呈现；网管通用构件提供了可被各层使用的公共模块，包括界面框架、数据管理、用户管理、服务管理、流程引擎、值交班管理和系统管理构件。

11.79　网络管理系统（network management system）

基于计算机和通信技术对网络进行管理的应用系统，简称网管系统或 NMS。网管系统包括配置管理、性能管理、故障管理、账户管理和安全管理这 5 项基本功能，及可选的若干扩展功能。

按照是否分区设立网管节点（包括网管中心和网管站），可将网络管理系统分为分布式和集中式两种，大型的网络管理系统一般为分布式网络管理模式，采用“网管中心—网管站”的等级组织结构。网管节点主要由网管服务器、网管客户机、非标设备的网管数据采集器等硬件设备和网络管理软件组成。

按照被管理网络（设备）的不同，网管系统可分为设备监控、专业网络管理和综合网络管理这 3 个层次。设备监控是对通信设备进行监视和控制的管理系统；专业网络管理是对单一通信专业网络进行管理的管理系统，综合网络管理是对所有专业网络及设备进行综合化管理的管理系统。三者之间的关系如图 11.15 所示，设备监控可以获得设备最全面的管理信息，通常以标准或非标准接口接入专业网络管理系统或综合网络管理系统，主要用户是设备操作维护人员。专业网络管理系统管理本专业内的各种设备，并通过一个或多个北向接口接入综合网络管理系统，主要用户是专业系统的管理人员；综合网络管理综合化处理各专业网络管理或设备监控的信息，主要用户是网络管理员。通常上层并不需要

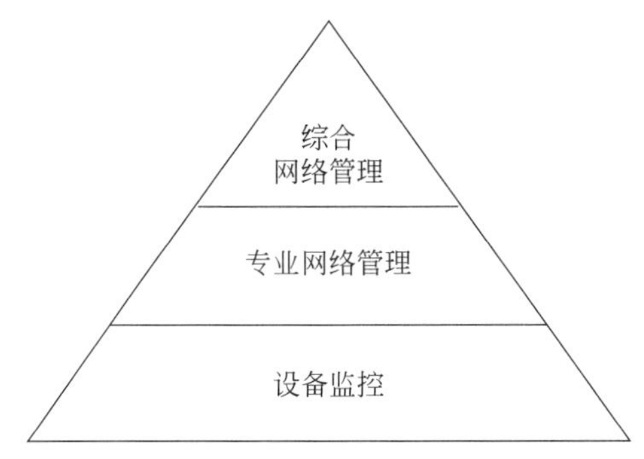

图 11.15　网络管理系统的层次结构

下层的所有管理信息,因此下层对其管理信息进行筛选等处理后传送给上层。

11.80　网络管理系统平台(network management system platform)

用于支持网络管理系统运行的硬件设备、软件操作系统以及相应辅助软件组成的网管软件运行环境。硬件设备包括网管服务器、网管客户机、非标设备的网管数据采集器、网络交换机、大屏幕显示设备等;软件操作系统包括 Windows 和 Linux 等;辅助软件包括数据库、数据维护、主机管理等。根据网管服务器与客户机的功能关系,网络管理系统平台分为以下 3 种模式。

(1) 主机终端模式:一种早期的系统平台构成模式。数据和应用程序存放在主机上,所有的计算任务和数据管理任务都集中在该主机上。终端即客户机,是主机输入/输出设备的延长,用户通过终端设备向主机发出指令,实施管理。

(2) 客户机/服务器模式:目前常用的系统平台构成模式。服务器专门用于对数据进行管理,并为客户机提供数据处理服务。客户机执行客户端应用程序,将应用请求通过网络传送至服务器。服务器接到该请求后,对其进行处理并将结果传送至客户机。

(3) 浏览器/服务器模式:以 Web 技术为基础的系统平台模式。服务器部分由一个数据服务器和一个或多个应用服务器(Web 服务器)组成,客户机采用通用的 Web 浏览器软件代替专用的客户机软件,从而构成“数据服务器—应用服务器—浏览器”三层结构的网络管理系统平台模式。

11.81　网络管理协议(network management protocol)

管理者与代理之间交互管理信息的协议。网络管理协议属于应用层协议,标准化的网络管理协议有 IETF 发布的简单网络管理协议(SNMP),ISO 发布的公共管理信息协议(CMIP)。在试验通信网管理系统中,还专门为不支持 SNMP 等标准网管协议的通信系统和设备制定了 T 网络管理协议(TNMP)。

11.82　网络管理专家系统(network management expert system)

具有智能处理能力,辅助网管系统进行决策的工具。网络管理专家系统是人工智能技术在网络管理中的应用,强调利用知识和推理规则解决通信网络管理问题。它将专家在网络规划、管理和控制方面的成功经验积累成为知识库,并抽象为一系列处理规则。网络管理专家系统按功能可分为维护类、提供类和管理类。维护类提供网络监控、故障修复、故障诊断等功能,保证网络的效率和可靠性;提供类辅助制定和实现灵活的网络发展规划;管理类负责管理网络业务,当发生意外情况时辅助制定和执行可行的策略。

11.83　网络规划业务(network planning business)

利用网管系统提供的资源、信息和工具进行网络系统的拓扑设计、资源分配等工作的管理业务。在网络管理系统中积累了大量的网络运行数据,这些数据可以用来优化网络设计、调整网络资源。根据试验通信网管理系统提供的设备负载、电路性能、业务流量分布等信息,可完善网络规划方案,包括网络拓扑结构、电路带宽、路由策略、QoS 级别等。

11.84　网络流量管理(network traffic management)

对网络中的数据流进行识别、分类,并按照预定的策略实施流量控制、优化,保障关键业务正常传输的一组功能。流量管理和网络的服务质量(QoS)密切相关,服务质量的衡量维度包括时延、抖动、丢包率、吞吐量、可用性等。流量管理的目的就是满足用户的各项服务质量指标。实施网络流量管理的过程包括流量监视与采集、流量信息的分析统计,根据预定的流量管理策略自动或人工进行流量控制等。其中实现流量监视与采集的技术有基于 SNMP 的流量采集、深度流检测、Netflow 等;实现流量信息分析统计的技术有 Netflow、数据挖掘等;实现流量控制的技术有带宽管理、流量优化等。

11.85　网络流协议(netflow)

思科公司发布的一款用于分析网络数据报文信息的工具包。Netflow 技术最早被用于网络设备对数据交换进行加速,并同步实现对转发数据流的测量和统计。其本意是将高 CPU 消耗的路由表软件查询匹配作业部分转移到硬件实现的快速转发模块上。在 NetFlow 技术的演进过程中,开发出了 5 个主要的实用版本,即 Netflow V1、V5、V7、V8 和 V9。IETF 在 Netflow V9 的基础上制定了 IP 流信息输出(IPFIX)标准,用于规范 IP 流量统计信息从网络设备的导出。

Netflow 以"流"为采集单位对数据进行统计,一个 Netflow 流的所有报文具有同样的源 IP 地址、目的 IP 地址、源端口号、目的端口号、协议类型、服务类型和输入逻辑接口。Netflow 技术根据上述 7 个特征,可快速区分网络中传送的各种不同类型的业务数据流,并对区分出的每个数据流进行单独地跟踪和准确计量,记录其传输方向、目的地、起始时间、服务类型,以及包含的数据包数量和字节数量等信息。

11.86　网络配置和管理协议(network configuration protocol)

基于可扩展标记语言(XML)的用于网络配置的协议,简称 NETCONF 协议。NETCONF 协议提出了一套对网络设备的配置信息和状态信息进行管理的机制。NETCONF 采用 XML 作为配置数据和协议消息的编码方式,以客户机/服务器和远程过程调用方式来获取、更新或删除被管设备中的管理信息。

NETCONF 协议从逻辑上分为应用协议层、远程调用层、操作层、内容层共 4 层。应用协议层提供管理者和代理之间进行安全可靠的信息交互方式,包括安全外壳协议(SSH)、可扩展交换协议(BEEP)、简单对象访问协议(SOAP)等;远程调用层提供了 RPC 原语,使管理者使用请求—响应模式调用代理的各类功能,为远程调用模块的编码提供与协议无关的机制;操作层是 NETCONF 的核心,定义了对网络可进行的操作的集合,即获取状态数据、获取配置数据、编辑配置数据、拷贝配置数据、删除配置数据、锁定数据库、解锁数据库、关闭会话、强行结束会话等 9 种基本操作;内容层是 NETCONF 操作对应的所有配置数据的集合。

11.87　网络态势(network situation)

由网络设备运行状况、网络行为以及用户行为等因素构成的整个网络的当前状态和变化趋势。网络态势可分为安全态势、生存性态势、传输态势和流量态势等。安全态势指网络入侵行为的监测、入侵者身份的识别、网络的入侵率等状态和变化趋势,反映了网络的安全性;生存性态势指当网络遭受攻击、故障或意外事故时,系统是否能够及时完成关键任务的状态和变化趋势,反映了网络的可用性;传输态势指时延、时延抖动、丢包率、吞吐量等指标代表的状态和变化趋势;流量态势指网络中各类信息流传输的状态和变化趋势。传输态势和流量态势共同反映了网络的传输性能。

网络态势是一个宏观的概念,网络上发生的任何单一情况或状态都不能称为态势,通过获取、理解、分析影响网络态势发生变化的要素,可以对网络进行评估并预测网络未来发展的趋势。

11.88　网元(net element)

电信管理网体系架构中可以监视和管理的最小单位,简称 NE,又称网络元素。网元通常是一个独立的设备,如光纤通信中的分插复用器、终端复用器、再生中继器、数字交叉连接设备、PCM 设备等。

11.89　网元管理系统(element management system)

管理网元的系统,简称 EMS。EMS 位于 TMN 层次模型的基础部分,只管理网元本身,但不涉及不同网元之间的相互关系。EMS 利用 Q 接口与网元交互管理信息。

11.90　委托代理(proxy agent)

对网络管理协议进行转换的代理。当被管设备采用非标准化的网络管理协议时,一般无法直接接入网管系统,需要采用委托代理进行协议转换。委托代理以代理的身份,接入网管系统,与管理者通过标准的网络管理协议交互管理信息。同时,以管理者的身份,与被管设备连接,通过专用的网络管理协议交互管理信息。

11.91　系统软件(system software)

网管软件运行的软件环境。一般包括操作系统、驱动程序、通信软件等基础性软件和编译器、编辑器、测试工具、文件管理、设计辅助工具等工具性软件。

11.92　下一代运营支撑系统(next generation operation support system)

电信管理论坛(TMF)提出的新一代运营支撑

系统的体系架构，简称 NGOSS。现有的运营支撑系统普遍存在“同一电信运营公司的 OSS 系统彼此分立”“提供业务需要跨部门的人工控制操作流程”“不同的电信运营公司的 OSS 系统具有不同的数据表示形式”等缺陷。为此，TMF 发起和领导，多家电信运营公司参与，提出了 NGOSS 的行业规范，描述了基于组件的松散耦合的分布式 OSS 系统的设计原则和流程，为新一代 OSS 软件的开发、交付和使用提供一致遵循的标准，帮助开发商迅速开发支撑系统，满足电信运营商对运营支撑系统建设的需要，从而使运营支撑系统的设计开发从满足个别电信运营商的个体需求转变到满足电信运营商的整体需求上来。

NGOSS 从系统、过程、信息、产品共 4 个方面保证运营支撑系统的标准化和逐步演进的特征，从而实现互连互操作、端到端的管理和高度自动化。在 NGOSS 中，所有功能被分解为对象。NGOSS 定义了各种对象、对象活动，以及对象之间的接口。对象间的交互采用面向操作的客户/服务器结构或面向数据流的异步消息机制。NGOSS 包括增强的电信运营图（eTOM）、共享信息和数据模型（SID）、技术中立的软件体系结构（TNA）等部分。eTOM 的作用是确定 NGOSS 的范围及边界。SID 包括概念模型和与平台无关的逻辑模型，其作用是提供企业全局的数据语义和数据模型定义的元数据。TNA 的作用是描述 NGOSS 的功能性、互操作性和可移植性。

11.93　性能管理（performance management）

对网络和设备的性能进行统计、评估并产生相应报告的一组功能，是网络管理的五大功能之一。性能管理的目的是维护网络服务质量（QoS）和网络运营效率，因此性能管理须提供性能监测功能、性能分析功能以及性能管理控制功能，同时还为网络规划，故障管理，业务提供、维护和测量提供支持。性能管理的主要内容如下。

（1）性能监控，包括设备监控、链路监控和应用监控。

（2）阈值管理。

（3）性能数据管理与分析。

（4）可视化的性能报告。

（5）实时性能监控监测，包括主动监测和被动监测。

（6）被管对象性能查询。

（7）基于策略的性能管理。

11.94　移动代理（mobile agent）

被网管站派遣，可在被管节点间迁移的代理，简称 MA。移动代理表现为一个具有唯一的名字的程序实体，具有一定的智能和判断能力，能自主地决定下一个迁移的目的地。它可以在执行的任一点挂起，等迁移到另一个节点后再继续执行。基于移动代理的网络管理模型如图 11.16 所示，管理者负责生成、派遣移动代理并处理其收集到的数据。移动代理可以按照管理者预先规定的路线和策略在各被管节点间迁移并进行网管操作和收集数据。被管节点上需有移动代理执行环境和节点原有代理，执行环境接受移动代理并且提供对本地资源的访问，移动代理与节点原有代理交互完成管理者赋予的网管任务。

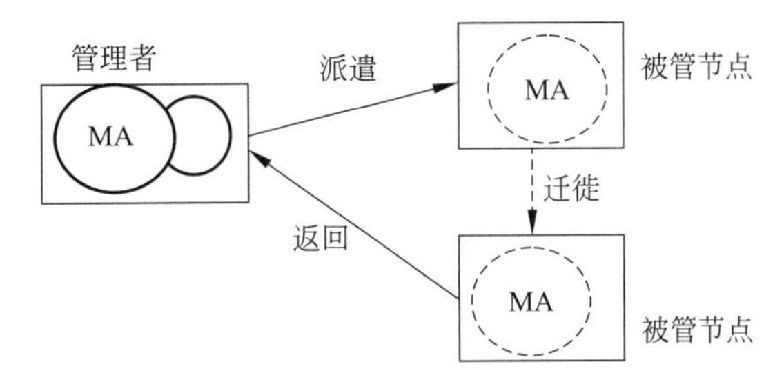

图 11.16　基于移动代理的网管模型

移动代理解决了集中式网络管理所带来的问题，将原本完全或大部分由管理者承担的管理计算任务分布到网络各节点上，从而减轻了管理者的工作负荷，减少了网络管理对带宽的要求，同时提高了网络管理功能的灵活性和可重构性。

11.95　远程登录协议（TELNET protocol）

IETF RFC 0854《TELNET 协议规范》规定的用于远程主机登录服务器的协议，简称 TELNET。TELNET 属于 TCP/IP 协议簇的应用层协议，采用客户机/服务器的架构，以传输控制协议（TCP）作为传输层协议，服务器端使用 TCP 的 23 号端口。

TELNET 以软件的形式实现，包括 TELNET 客户端和 TELNET 服务器程序。用户可在本地 TELNET 客户端上远程登录到 TELNET 服务器上。本地输入的命令传送到服务器上，并在服务器上执行。服务器把执行的结果返回到本地，如同直接在服务器控制台上操作一样。TELNET 的人机接口为命令行接口（CLI）方式，用户直接在 TELNET 人机界面上，键盘输入操作命令。

在网络管理系统中，TELNET 用于远程访问网元，对网元进行维护配置操作。

11.96 运行管理系统(The Operation Management System)

对国防科研试验信息系统进行状态监视、控制和管理的系统，简称运管系统。运行管理系统的管理范围除包含传统的网络管理外，还包括试验信息系统的测试发射、测量控制、气象和工程勤务等专业。运行管理系统通过对试验信息系统的状态收集、配置控制、性能检测、故障处理，实现系统运行态势的分析与评估、资源的分配与调度、能力的检测与调优。通信网管系统是运行管理系统的一个子集，在运行管理系统中被称作通信运管。通信运管与运行管理系统通过协商的协议，通常为 SNMP 协议，实现二者之间信息的交互。

11.97 运营支撑系统(operation support system)

为电信运营商提供全面电信运营服务的系统，简称 OSS。ITU-T M. 3010《TMN 总体原则》将其描述为对支撑网络运营的操作、维护、管理系统和服务提供系统(OAM&P)的抽象，其管理功能分布在企业管理、业务管理、网络管理和网元管理这 4 个逻辑层次上。OSS 可以看作由网管支撑系统、业务支撑系统和管理支撑系统组成的体系。网管支撑系统是面向网元/网络管理的支撑系统，包括传输系统网管、话务网管、数据网管等各种专业网管系统。业务支撑系统是面向客户服务与业务的系统，主要包括计费系统、客服系统等。管理支撑系统是面向企业管理的支撑系统，包括办公自动化、财物管理和人力资源管理等。

11.98 智能代理(intelligent agent)

具有自主能力，能够自动执行用户委托任务的计算实体。智能代理来源于分布式人工智能，具有自治性、自适应性、交互性、协作性、交流性等特性。目前对智能代理实体的界定还没有统一标准，一个代理只包含以上部分特性即可认为是一个智能代理，如一段子程序、一个进程、一个软件模块或一个复杂的软件实体。智能代理运行于动态环境中，随时感知环境的变化，并采取相应的行动，建立自己的行动规划。在通信网管系统中，利用智能代理技术可以代替管理者和代理的部分功能，实现分布式、智能化的网络管理。

11.99 专业网络管理系统(professional network management system)

对单一通信专业网络进行管理的网管系统。专业网管包含该专业的网元管理部分，通常对专业网络的操作维护依靠专业网管实现。在试验通信网中，主要包括卫星通信网、光纤通信网、IP 业务承载网和公用电话交换网(PSTN)等专业网络管理系统。专业网管系统通过北向接口接入综合网管系统，综合网管系统对被管设备的监视一般通过专业网管系统实现。

11.100 资源管理(resource management)

收集通信网资源信息并进行统计、查询、分析的一组管理功能。收集的资源信息主要包括通信电路、设备、板卡、带宽容量等内容。

11.101 综合网络管理系统(integrated network management system)

在一个网络管理平台上对多个网络管理系统进行综合化管理的网管系统，简称 INMS。通过该系统，网络管理员可以使用一套管理界面实现对被管领域中各种异构网络的全面管理。综合网络管理系统一般建立在专业网络管理系统和设备监控系统的基础上。它充分利用专业网络管理系统的功能，实现对通信网络的综合化管理。

第 12 章　通信线路电源机房

12.1　5 类线(category 5 cable)

符合 ANSI/TIA/EIA-568A 标准的双绞线电缆,综合布线铜缆双绞线 5 类电缆的简称。5 类线由 4 对 100 Ω 双绞线、外护套以及撕裂绳构成,分屏蔽(STP)和非屏蔽(UTP)两种。通常采用 24AWG(线径为 0.5 mm)或 26AGW(线径为 0.4 mm)的实心铜导体作为电导线,以实心聚烯烃、低烟无卤阻燃聚烯烃或聚全氟乙丙烯等作为绝缘材料。4 对双绞线通常用不同颜色标识,第 1 对线是白蓝、蓝,第 2 对线是白橙、橙,第 3 对线是白绿、绿,第 4 对线是白棕、棕。撕裂绳用来撕开外护套。屏蔽电缆在双绞线和外护套之间有金属屏蔽层,内部还有一根排流线,可连接接地装置,以泄放屏蔽层的电荷。屏蔽电缆比非屏蔽电缆具有更高的抗干扰能力。5 类线的单线对最高数据传输速率为 100 Mb/s,主要应用于 100BASE-T 网络环境,标称最大传输距离为 100 m。

12.2　6 类线(category 6 cable)

符合 ANSI/TIA/EIA-568B.2-1 标准的双绞线电缆,综合布线铜缆双绞线 6 类电缆的简称。6 类双绞线在外形和结构上与 5 类或超 5 类线都有一定的差别,6 类双绞线增加了绝缘的十字骨架,将双绞线的 4 对线分别置于十字骨架的 4 个凹槽内,电缆中央的十字骨架随长度的变化而旋转角度,将 4 对双绞线卡在骨架的凹槽内,保持 4 对双绞线的相对位置,提高了电缆的平衡特性和串扰衰减。电缆的线径变粗,改为 23AWG(线径为 0.57 mm)。6 类线的单线对最高数据传输速率为 500 Mb/s,主要应用于 1000BASE-T 网络环境,标称最大传输距离为 100 m。

12.3　BNC 连接器(BNC connector)

BNC 型射频同轴连接器的简称,又称 BNC 插头座、BNC 头。BNC 是英文 Bayonet Nut Connector 的缩写。BNC 连接器是一种英制连接器,专为连接同轴电缆而设计,具有卡口结构以加强连接的牢固性,分为插头、插座。插头带有插针,通常安装于电缆头上,结构如图 12.1 所示,有直式和弯式两种。插座带有插孔,通常安装于设备上,结构有螺母安装、法兰盘安装、印制板焊装等方式。特性阻抗为 50 Ω 或 75 Ω,分别用来连接 50 Ω 和 75 Ω 的同轴电缆。根据工作用途,BNC 连接器分为 BNC-T 型连接器、BNC 桶型连接器、BNC 缆线连接器和 BNC 终端匹配器。BNC-T 型连接器,用于连接计算机网卡和网络中的缆线;BNC 桶型连接器,用于把两条细缆连接成一条更长的缆线;BNC 缆线连接器,用于焊接或拧接在缆线的端部;BNC 终端器,用于防止信号到达电缆末端后反射回来产生干扰。BNC 终端器是一种特殊的连接器,内部有一个精心选择的匹配网络电缆特性的电阻。每一个 BNC 终端器必须接地。

图 12.1　BNC 连接器

BNC 连接器与 Q9 型连接器结构十分相似,外形几乎一模一样,很难辨认,仅在接口尺寸上存在些许差异,主要差别是 BNC 的插针芯要细一点、离接头的边沿要远一点,BNC 连接器与 Q9 型连接器可以互联代用。

BNC 连接器用于模拟视频信号接口、射频信号接口、PDH 和 SDH 的高速不平衡数字接口。

12.4　DB-15 连接器(DB-15 connector)

2 排共 15 插针的 D 型连接器。如图 12.2 所示,国际标准 ISO 4903：1989《15 插针 DTE/DCE 接

图 12.2 DB-15 连接器

口连接器和接触件编号分配》中详细规定了该连接器的结构和尺寸。该连接器用于数据通信串行同步平衡接口,被 ITU-T X. 21 接口采用。

12.5 DB-25 连接器(DB-25 connector)

2 排共 25 插针的 D 型连接器。如图 12.3 所示,国际标准 ISO 2110：1989《25 插针 DTE/DCE 接口连接器和接触件编号分配》详细规定了该连接器的结构和尺寸。该连接器用于数据通信串行接口,被 RS-232 接口,RS530 接口和 ITU-T V. 24 接口采用。

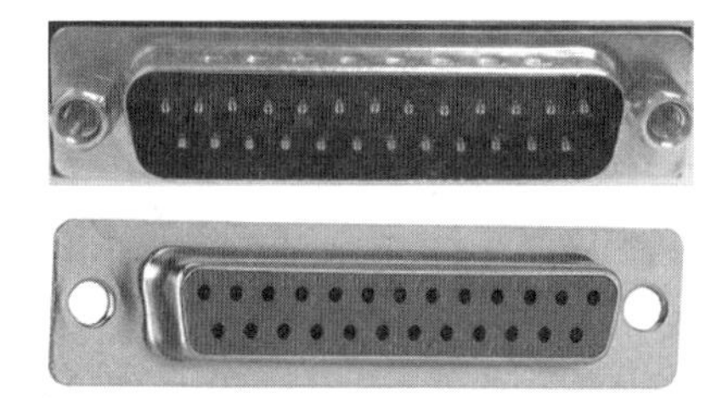

图 12.3 DB-25 连接器

12.6 DB-37 连接器(DB-37 connector)

两排共 37 插针的 D 型连接器。如图 12.4 所示,国际标准 ISO 4902：1989《37 插针 DTE/DCE 接口连接器和接触件编号分配》详细规定了该连接器的结构和尺寸。该连接器常用做数据通信串行同步平衡接口,被 ITU-T V. 24 接口,RS-449 接口采用。

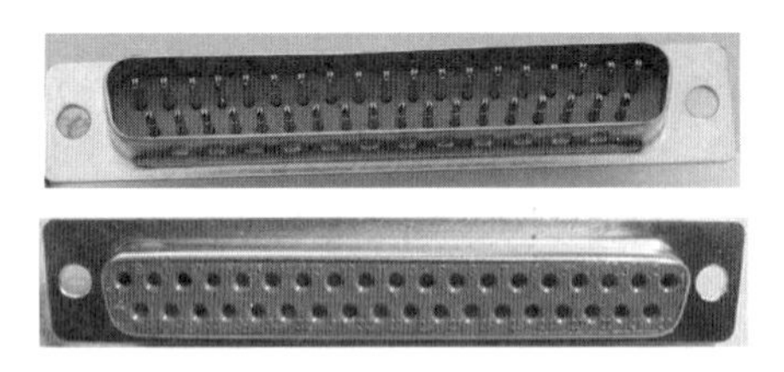

图 12.4 DB-37 连接器

12.7 DB-9 连接器(DB-9 connector)

两排共 9 插针的 D 型连接器。如图 12.5 所示。在要求小型化的场合下,常用来代替尺寸较大的 DB-25 连接器,如计算机串行通信接口的连接器。

图 12.5 DB-9 连接器

12.8 DIN 连接器(DIN connector)

德国标准化学会(DIN)制定的一组连接器。插针数量不等,但插头直径均为 13.2 mm,采用圆形金属屏蔽裙来保护插针,确保插头以正确方向插入,防止损坏插针。视频 S 端子采用了 4 插针的 DIN 连接器(见图 12.6)。

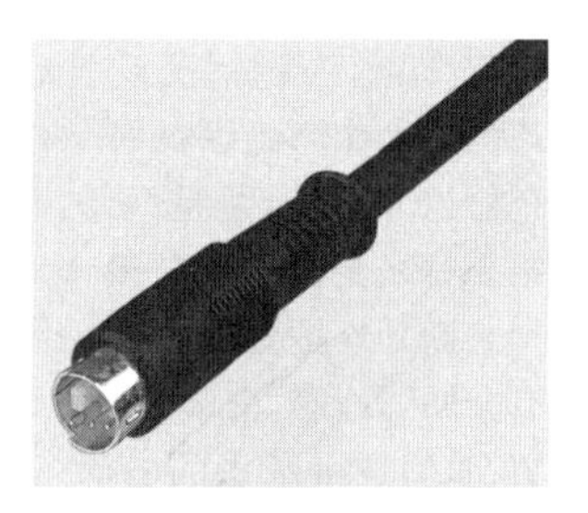

图 12.6 BIN 连接器插头

12.9 D-sub 连接器(D-sub connector)

3 排每排 5 插针的 D 型连接器。D-sub 连接器的连接界面如图 12.7 所示,上宽下稍窄,状似倒下的“D”。sub 是 subminiature 的缩写,意为超小型。D-sub 连接器常用于 VGA 视频接口,如微机显卡与显示器或投影仪的连接接口。

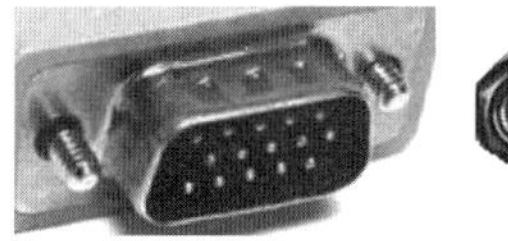

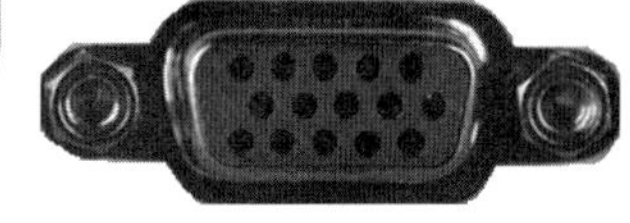

图 12.7 D-sub 连接器

12.10 DVI 连接器(digital video interface connector)

数字视频接口连接器的简称。数字视频接口是 1999 年由 Intel、IBM、HP、NEC、富士通等公司组成的数字显示工作组(DDWG)推出的接口标准。DVI 连接器是该接口标准采用的连接器。如图 12.8 所示,DVI 连接器有 DVI-D 和 DVI-I 两类。DVI-D 有 18+1 和 24+1 两种规格。18+1 指连接器有 18 个插针和 1 个辅助插针,其余以此类推。18+1 用于单通道传

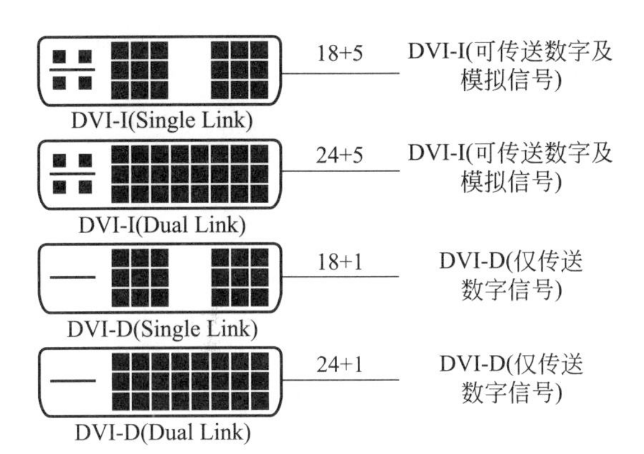

图 12.8　DVI 连接器

输,24+1 用于双通道传输。双通道传输速率是单通道的两倍,可达 130 Mb/s。DVI-I 有 18+5 和 24+5 两种规格。与 DVI-D 相比,多出的 4 个插针,用于传输 VGA 模拟信号。

12.11　FC 型光纤连接器(FC optical fiber connector)

光纤活动连接器的一种。FC 是 ferrule connector 的缩写,意为其外部加强方式采用金属套,紧固方式为螺丝扣如图 12.9 所示。光纤插入直径为 2.5 mm 的圆柱体中作为插针。插针用 M8×0.75 的螺帽与适配器连接,通过其中的弹性套筒或者刚性内孔实现光纤对准。FC 型光纤连接器有单模和多模之分。根据插针端面形式的不同,又分为 FC/PC 型和 FC/APC 型。FC/PC 型的插针端面为微球面,FC/APC 型的插针端面为斜角微球面。FC 型光纤连接器插入损耗通常小于 0.5 dB。

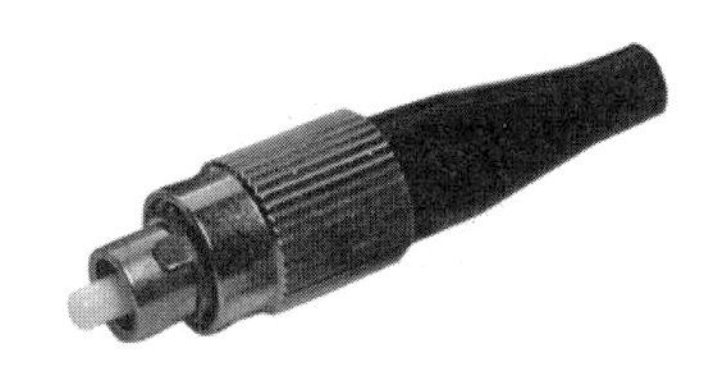

图 12.9　FC 型光纤连接器

12.12　LC 型光纤连接器(LC optical fiber connector)

一种插拔式光纤活动连接器。如图 12.10 所示,LC 型光纤连接器采用矩形结构和弹性卡子锁紧机构,其中包含一个耦合用的销键和在光轴方向上外径为 1.25 mm 的弹性插针。插头有一个插入式开关,用于定位和限位。光纤对准通过弹性套筒或者刚性内孔来实现。LC 型光纤连接器有单模和多模之分。根据组装形式,又分为单芯连接器和双芯连接器。根据插针端面的形式,又分为 LC/PC 型和 LC/APC 型。LC/PC 型的插针端面为球面,LC/APC 型的插针端面为斜角微球面。LC 型光纤连接器插入损耗通常小于 0.5 dB。

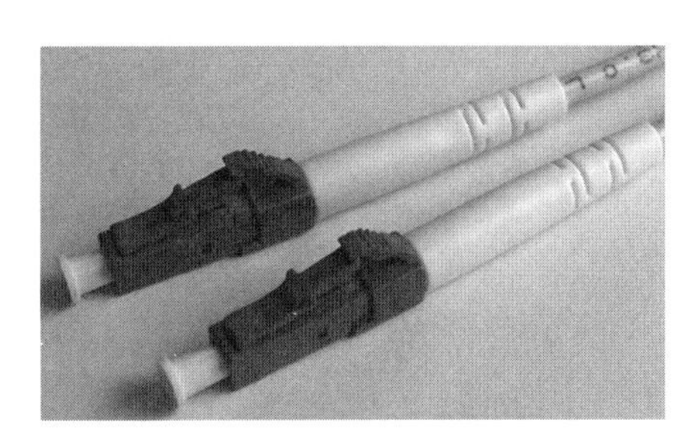

图 12.10　LC 型光纤连接器

12.13　MPO 型光纤连接器(MPO optical fiber connector)

一种多芯多通道插拔式光纤活动连接器。如图 12.11 所示,MPO 型光纤连接器的插针体为 6.4 mm×2.5 mm 的矩形体,端面上左右有两个 0.7 mm 直径的导针孔与导针进行定位对中。插入损耗通常小于 1.0 dB。

图 12.11　MPO 型光纤连接器

12.14　MT-RJ 型光纤连接器(MT-RJ optical fiber connector)

一种插拔式光纤活动连接器。如图 12.12 所示,MT 是一种模块式、高集成化的对接方式,可实现多芯同时对接。RJ 指其外观与 RJ-45 连接器相同。MT-RJ 型光纤连接器的光纤对准通过导针和导孔精确配合来实现,因此需要阴型(导孔)和阳型(导针)配对。适配器采用弹性卡子的锁紧来完成阴型(导孔)和阳型(导针)配对对接。按照功能,分为阴型(导孔)和阳型(导针);按照芯数,又分为单芯、两芯和四芯;按用途,又分为单模和多模;按照适配器功能,又分为平行式、交叉式、插座式和平行交

图 12.12　MT-RJ 型光纤连接器

叉式。MT-RJ 型光纤连接器具有高密集、小型化的特点,插入损耗通常小于 0.5 dB。

12.15　MU 型光纤连接器(MU optical fiber connector)

一种插拔式光纤活动连接器。如图 12.13 所示,MU 型光纤连接器采用矩形结构和弹性卡子锁紧机构,插针外径为 1.25 mm,光纤对准通过弹性套筒或者刚性内孔来实现。MU 型光纤连接器插入损耗通常小于 0.5 dB。

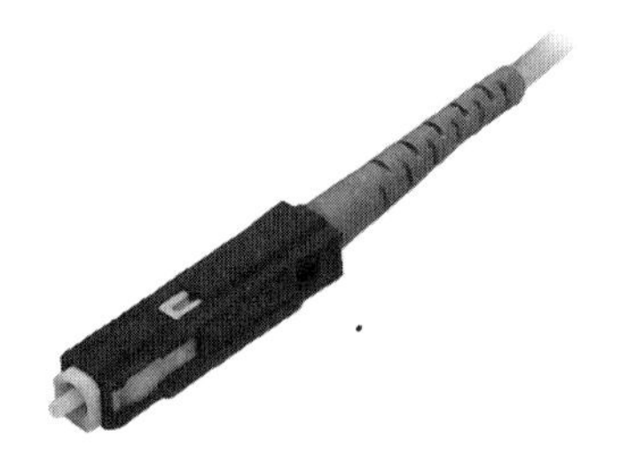

图 12.13　MU 型光纤连接器

12.16　N 型连接器(N connector)

N 型射频同轴连接器的简称,又称 N 插头座,N 头。N 型连接器是一种英制连接器,具有螺纹连接结构,分为插头和插座,如图 12.14 所示。插头带有插针,通常安装于电缆头,结构有直式和弯式两种。插座带有插孔,通常采用法兰盘固定于设备上。特性阻抗为 50 Ω 或 75 Ω。N 型连接器一般用于传输功率较大、频率较高的射频信号场合,如低噪声放大器的输出端、功率放大器的输入端、微波收发信机与调制解调器互联、频谱分析仪的输入端等。N 型连接器与国家标准规定的 L16 型连接器的结构和外形相似,只是接口尺寸不同。N 型连接器与 L16 型连接器不能完全互联代用。

图 12.14　N 型连接器插头(左)和插座(右)

12.17　Q9 型连接器(Q9 connector)

Q9 型射频同轴连接器的简称,又称 Q9 插头座,Q9 头。Q9 型连接器是一种公制连接器,专为连接同轴电缆而设计,具有卡口结构以加强连接的牢固性,分为插头、插座。插头带有插针,通常安装于电缆头,结构有直式和弯式两种。插座带有插孔,通常安装于设备上,采用螺母、法兰盘、印制板焊装等安装方式。特性阻抗有 50 Ω 和 75 Ω 两种。一般用作模拟视频信号、基带数字信号、70 M/140 M/L 频段中频信号接口的连接器。

Q9 型连接器与 BNC 型连接器的结构和外形相似,接口尺寸略有差异,主要差别是前者的插针芯要粗一点、离接头的边沿要近一点。Q9 型连接器与 BNC 型连接器可以互联代用。

12.18　RG-11 电缆(RG-11 cable)

美国军用标准 MIL-HDBK-216 中规定的一种 75 Ω 射频同轴电缆,等同于 SYV 75-9。RG 源自"Radio Guide"。电缆外径大约为 12 mm,传输距离大致是 600 m。常用时频信号传输。

12.19　RG-59 电缆(RG-59 cable)

美国军用标准 MIL-HDBK-216 中规定的一种 75 Ω 射频同轴电缆,等同于 SYV 75-5。电缆外径为 6 mm,黑白和彩色视频信号传输距离分别可以达到 300 m 和 250 m。常用于中等规模闭路电视系统。

12.20　RJ 型连接器(RJ connector)

在美国联邦通信委员会登记注册的用于电话和数据网络接口的连接器。RJ 是"registered jack"的缩写,含义为已向美国联邦通信委员会登记注册的连接器。RJ 型连接器分为插头和插座两部分,插头安装在线缆上,插座安装在设备上。插头只能沿固定方向插入插座。插入到位后,弹性卡子自动锁紧,防止插头脱落。

RJ 型连接器分为 4 种基本类型,常用的有 RJ-11 和 RJ-45,如图 12.15 所示。RJ-11 用作电话机接口连接器,有 6 个插针位置,一般只用中间的 2 个或 4 个。

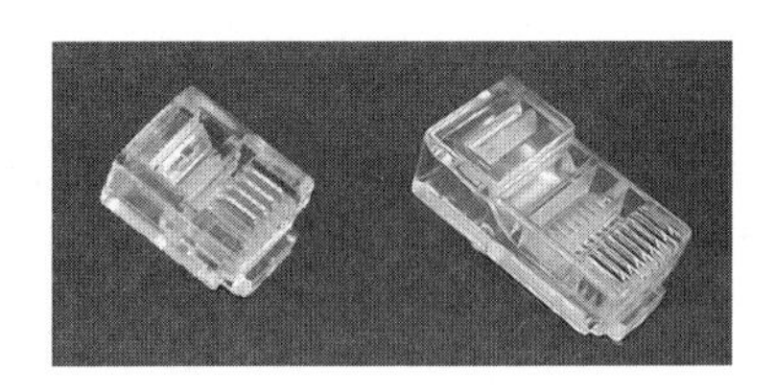

图 12.15　RJ-11(左)和 RJ-45(右)插头

RJ-45 用作以太网接口连接器,有 8 个插针位置。

12.21　SC 型光纤连接器(SC optical fiber connector)

一种插拔式结构的光纤活动连接器。如图 12.16 所示,SC 型光纤连接器采用矩形结构和弹性卡子锁紧机构,其中包含一个耦合用的销键和在光轴方向上外径为 2.5 mm 的弹性插针。光纤对准通过弹性套筒或者刚性内孔来实现。连接器插头上具有一个插入式开关,用于定位和限位。SC 型光纤连接器有单模和多模之分,根据插针端面形式的不同分为 SC/PC 型和 SC/APC 型。SC/PC 型的插针端面为球面,SC/APC 型的插针端面为斜角球面。SC 型光纤连接器插入损耗通常小于 0.5 dB,常用于网络设备端。

图 12.16　SC 型光纤连接器

12.22　ST 型光纤连接器(ST optical fiber connector)

光纤活动连接器的一种。如图 12.17 所示,ST 型光纤连接器的插针为直径 2.5 mm 的圆柱体,内插光纤,通过适配器用卡口方式实现光纤的活动连接。由于插针端面为凸球面,因此 ST 型光纤连接器又称为 ST/PC 型光纤连接器,插入损耗通常小于0.7 dB。

图 12.17　ST 型光纤连接器

12.23　被复线(field wire)

野战环境中使用的单对绝缘通信线,又称被覆线,由导电线芯、加强元件、绝缘层组成。导电线芯由导电元件和加强元件绞合而成,绞合方向为 S 向。导电线芯外包裹一层或多层绝缘材料,成为绝缘线芯。两根单线绝缘线芯对绞而形成被复线,绞合方向为 Z 向。被复线音频通信距离通常大于 20 km。GJB 882A—2002《被复线通用规范》规定了被复线的技术性能。被复线的主要特点是结构强度高,抗毁性好;线外绝缘皮抗严寒和高温,可常年在恶劣的气候条件下使用;可以重复收放,便于携带。常用的被复线有 TGE-701 聚氯乙烯被复线、TGE-701A 耐寒聚氯乙烯被复线、TGE-702 聚乙烯被复线、TGE-703 橡皮被复线、TGE-704 尼龙被复线、TGE-705 聚乙烯平行被复线、TGE-706 芳纶被复线、TGE-707 铜包钢被复线。

12.24　标准机箱(standard cabinet)

外观尺寸符合国家标准 GB/T 3047.2—1992《高度进制为 44.45 mm 的面板、机架和机柜的基本尺寸系列》的机箱。该标准规定机箱面板的宽度有 482.6 mm(19 in)、609 mm(24 in)和 762 mm(30 in)共 3 种规格。面板高度以 44.45 mm 为进制,将 44.45 mm 称为 1U。为了机箱上架时留有必要的间隙,nU 高度的机箱实际面板高度(单位: mm)为 $n\times44.45-0.8$。试验通信系统上架设备的机箱宽度一般选择 19 in。

12.25　不间断电源(uninterruptible power system)

能够将直流转换为交流确保交流供电不中断的设备,全称为不间断交流电源,简称 UPS。UPS 由整流设备、蓄电池、逆变器、控制装置等组成,逆变器是 UPS 的核心,其作用是将蓄电池的直流电转换为交流电。整流设备和蓄电池组可以和其他电源系统共用。正常情况下,UPS 的输出为市电,当市电中断时,UPS 将输出切换为蓄电池逆变的交流电。

UPS 有多种分类方法:按照输入输出相数,UPS 分为单进单出、三进三出、三进单出;按照功率大小,分为微型(小于 3 kV · A)、小型(3~10 kV · A)、中型(10~100 kV · A)、大型(100 kV · A 以上);按照工作模式,分为后备式和在线式;按照输出波形,分为正弦波和方波。

UPS 的性能指标有输入电压、输入电流、输入频率、输出电压、输出容量、后备时间、功率因数、效率、输出波形及失真度、输出频率、过载能力、开关频率、过载保护、工作噪声等。

12.26　补助配线(assistance wiring)

通过补助配线箱实现用户线路网配线的方式。如图 12.18 所示,在用户线路网设置补助配线箱,来自电话局的配线电缆分为两类,接入分线点的配线电缆称为正用线,接入补助配线箱的配线电缆称为备用线,补助配线箱和分线点之间建立补助线。当某一分线点有新的电话用户需要接入电话局而该分线点正用线又被占满时,可通过该分线点的补助线、补助配线箱、备用线迂回连接至电话局,或者通过该分线点的补助线、补助配线箱、其他分线点的补助线与正用线迂回连接至电话局。补助配线方式的优点是网络通融性好,调度线对灵活方便;缺点是配线复杂,施工和维护较为困难。目前这种方式已很少被采用。

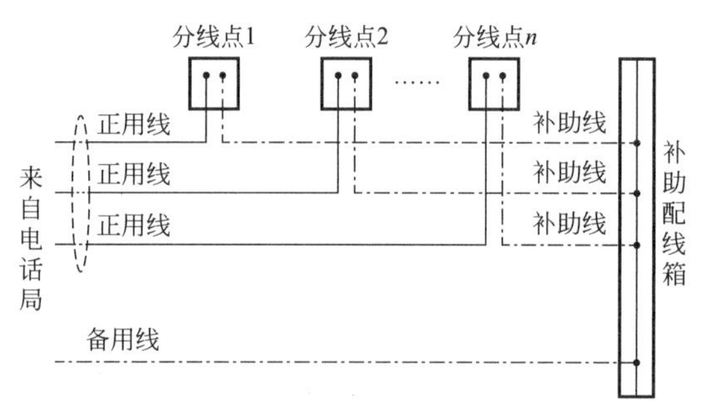

图 12.18　补助配线

12.27　超 5 类线(exceed category 5 cable)

符合 ANSI/TIA/EIA-568-B.1 标准的双绞线电缆,综合布线铜缆双绞线超 5 类电缆的简称。超 5 类线与 5 类线基本相同,但在物理结构上采用了更紧密的线对间绞距,改善了 5 类线的近端串扰等性能指标,使单线对数据传输速率达到了 250 Mb/s。超 5 类线主要应用于 100BASE-T 网络环境,但也支持 1000BASE-T 网络环境。标称最大传输距离为 100 m。

12.28　成端电缆(terminating cable)

端接在外线电缆两端的电缆。外线电缆指市话电缆中的馈线电缆和配线电缆。早期外线电缆为纸介质,由于纸介质既吸潮又易燃,因此外线电缆进入电话局后,须换成具有抗潮和阻燃性能的成端电缆接至配线架;同样,外线电缆进入电缆交接箱、电缆分线设备时,也须换成成端电缆。外线电缆均采用全塑市话电缆后,电缆的防潮问题得到了解决,外线电缆可直接进入电缆交接箱和电缆分线设备。但是由于全塑电缆没有阻燃功能,外线电缆仍不能直接接至电话局的配线架,仍需要成端电缆,故现在成端电缆专指电话局内、外线电缆进线室至配线架之间的电缆。成端电缆的结构与全塑市话电缆类似,但不加石油膏作为填充物。常用的成端电缆为铜芯聚氯乙烯绝缘聚氯乙烯护套配线电话电缆,简称全聚氯乙烯配线电话电缆,电缆型号为 HPVV。

12.29　《大楼通信综合布线系统第 1 部分:总规范》(Telecommunication Generic Cabling system for Building Part 1: Generic Specification)

中华人民共和国通信行业标准之一,标准代号为 YD/T 926.1—2009,2009 年 6 月 15 日,中华人民共和国工业和信息化部发布,自 2009 年 9 月 1 日起实施。标准适用于线路长度不超过 2000 m 的布线区域。标准内容包括范围、规范性引用文件、术语定义缩略语和符号、符合性、综合布线系统结构、对称布线的性能、对称布线的常规设计导则、光纤布线的性能、屏蔽施工要求、管理、附录 A(对称永久链路和集合点链路性能)、附录 B(测试程序)、附录 C(电磁特性)、附录 D(支持的应用)、附录 E(对称布线用信道和永久链路模型)、附录 F(具有两个连接装置的 F 级信道和永久链路)、附录 G(ISO/IEC 11801:2008 与 YD/T 926—2009 各章对照)等。

12.30　《大楼通信综合布线系统第 2 部分:综合布线用电缆、光缆技术要求》(Telecommunication Generic Cabling System for Building Part 2: Cable Requirements for Generic Cabling)

中华人民共和国通信行业标准之一,标准代号为 YD/T 926.2—2001,2001 年 10 月 19 日,中华人民共和国信息产业部发布,自 2001 年 11 月 1 日起实施。标准适用于综合布线用对称电缆、光缆的设计、生产与选用。标准内容包括范围、引用标准、定义、要求、试验方法、检验规则、附录 A(100 Ω 和 150 Ω 对称软电缆技术要求)等。

12.31　单相三线制(single-phase three wire system)

由相线 L(L1 或 L2 或 L3)、中性线 N 和保护线

PE 构成的低压交流配电制式。单相三线制系统是三相五线制系统中采用单相供电的一种方式。其要求与三相五线制系统相同。

12.32　地(earth,ground)

为电流提供公共回路的等电位体。大地具有导电作用和无限大的电容量,是名副其实的地。固定通信站的防雷地、保护地和电源的工作地均以大地为地。无法接大地的飞机和船只,以壳体和结构件共同组成的导体为地。通信设备内部,以与电源正极或负极相连通的印制板铜箔和线路为地,称为设备的工作地。设备的工作地并不一定要求接大地。

12.33　底盘(chassis)

未加改装的汽车,汽车底盘的简称。底盘是由传动系、行驶系、转向系、制动系以及汽车发动机、有关部件等总成的可行驶平台。传动系主要由离合器、变速器、万向节、传动轴和驱动桥等组成。行驶系主要由车架、车桥、车轮和悬架等组成。转向系主要由方向盘、转向器、转向节、转向节臂、横拉杆、直拉杆等组成。制动系主要由制动操纵机构和制动器组成。底盘通常分为三类,一类底盘为整车;二类底盘没有车(货)厢;三类底盘没有驾驶室和车(货)厢。通信车通常是在二类底盘的基础上改装而成的。

12.34　电池容量(battery capacity)

蓄电池在一定放电条件下所能输出的电量,单位为安培小时(A · h)或毫安时(mA · h)。蓄电池有理论容量、额定容量和实际容量之分。理论容量是蓄电池活性物质全部反应释放出来的电量,常用比容量即单位体积(L)或单位质量(kg)所含的电量衡量其大小。额定容量是指在规定的放电小时率、放电电流和电池电解液温度条件下,蓄电池电压下降到放电终止电压所输出的电量。放电小时率有 10 h、3 h 和 1 h,对应的放电终止电压分别为 1.8 V、1.8 V 和 1.75 V,放电电流为放电小时率的倒数。通常蓄电池的容量以额定容量给出,记为 C_{10},含义为在放电小时率为 10 h,放电终止电压为 1.8 V,电池电解液温度为 25 ℃的条件下电池的额定容量。实际容量是指在实际应用条件下蓄电池输出的电量。

12.35　电话软线(telephone flexible cable)

电话机与接线盒之间,电话机与受话器之间的连接线。连接电话机与接线盒的电话软线常用聚氯乙烯绝缘聚氯乙烯护套电话软线,型号为 HRV。连接电话机与受话器的电话软线常用聚氯乙烯绝缘聚氯乙烯护套弹簧型电话软线,型号为 HRVT。

12.36　电缆成端设备(cable terminating equipment)

用户线路网中终接馈线电缆、配线电缆、用户引接线的设备。电缆成端设备的主要作用是实现电缆线对的灵活连接和和调配,包括总配线架、电缆交接箱和电缆分线设备。

12.37　电缆分线设备(cable junction equipment)

连接配线电缆与用户引接线的设备。电缆分线设备是电缆成端设备的一种,其用途是建立配线电缆线对与用户引接线对的灵活连接,接线容量通常在 100 对以下。习惯上,将接线容量较大、安装有保安装置的电缆分线设备称为分线箱(见图 12.19),将接线容量较小、没有安装保安装置的电缆分线设备称为分线盒(见图 12.20)。电缆分线设备的接线方式有螺丝拧接、接线柱绕接、接线柱焊接、接线子压接和接线模块卡接;安装方式有嵌入(墙)式和壁挂式两种方式。

图 12.19　电缆分线箱

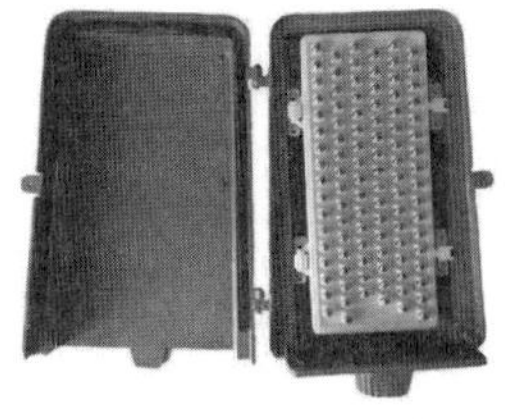

图 12.20　电缆分线盒

12.38　电缆交接箱(cable switching box)

连接馈线电缆和配线电缆的设备,简称交接箱。交接箱是电缆成端设备的一种,其用途是建立馈线电缆线对与配线电缆线对的灵活连接,提高线路的使用率和通融性。如图 12.21 所示,交接箱由箱体

图 12.21　电缆交接箱

外壳、底座、接线排、跳线环、标志牌、接地端子等组成,接线容量最小为 150 回线,最大为 3600 回线。接线方式有螺丝拧接、接线柱绕接、接线柱焊接、接线子压接和接线模块卡接;安装方式有落地式、H 杆架空式和壁挂式。

12.39　电缆色谱(cable color code)

对电缆中线对颜色进行的规定和分配。市话电缆的全色谱采用 10 种颜色,其中白红黑黄紫为领示色,蓝橘绿棕灰为循环色。每对线中,一根为领示色,另一根为循环色。1 号线对用白蓝标示,2 号线对用白橘表示,……25 号线对用紫灰表示,26 号线对起再从白蓝标示,以此类推。

12.40　电缆线对(cable pair)

对称电缆中绞合在一起的两根对称导线,简称线对。线对也是电缆容量的单位。

12.41　电缆型号(cable type,cable model)

按照一定规则标示电缆类型的字母、数字和符号的组合。我国通信电缆型号由汉语拼音字母和阿拉伯数字组成,共 7 项,具体如下。

第 1 项,分类及用途。
H:市内电话电缆;
HE:长途通信电缆;
HJ:局用电话电缆;
HP:配线电话电缆(室内成端电缆);
HO:干线同轴电缆;
HU:矿用电话电缆;
HD:铁道电气化通信电缆;
HS:电视电缆;
HB:通信线和广播线;
HR:电话软线;
SE:对称射频电缆;
S:同轴射频电缆;
HH:海底电缆;
NH:农村通信电缆。

第 2 项,导体种类。
G:钢;
L:铝;
T:铜(省略不标);
GL:铝包钢;
HL:一般铝合金;
HT:一般铜合金;
J:钢铜绞合芯线。

第 3 项,绝缘种类及其结构。
M:棉纱;
Z:纸(省略不写);
Y:实心聚乙烯;
YF:泡沫聚乙烯;
YP:泡沫/实心皮聚乙烯;
B:聚苯乙烯;
V:聚氯乙烯。

第 4 项,内护层结构。
A:铝聚乙烯综合粘接护层;
BM:棉纱编织;
G:钢管;
GW:皱纹钢管;
L:铝管;
LW:皱纹铝管;
Q:铅包;
S:钢铝聚乙烯;
V:聚氯乙烯;
Y:聚乙烯;
H:普通橡皮;
AG:轧纹复合铝带型铝塑综合粘接护层。

第 5 项,主要特征。
B:扁平式;
C:自承式;
J:交换机用;
P:屏蔽;
T:填充石油膏;
L:防雷;
G:高频隔离;
Z:综合。

第 6 项,外护层结构。
02:聚氯乙烯套;
03:聚乙烯套;
20:裸钢带铠装;
21:钢带铠装纤维外被;

22：钢带铠装聚氯乙烯套；
23：钢带铠装聚乙烯套；
30：裸细钢丝铠装；
31：细钢丝铠装纤维外被；
32：细钢丝铠装聚氯乙烯套；
33：细钢丝铠装聚乙烯套；
40：裸粗钢丝铠装；
41：粗钢丝铠装纤维外被；
42：粗钢丝铠装聚氯乙烯套；
43：粗钢丝铠装聚乙烯套；
441：双粗钢丝铠装纤维外被；
241：钢带——粗钢丝铠装纤维外被；
2441：钢带——双粗钢丝铠装纤维外被；
53：单层轧纹钢带纵包铠装聚乙烯套；
553：双层轧纹钢带纵包铠装聚乙烯套。
第 7 项，派生类型。
1：第 1 种；
2：第 2 种；
252：252 kHz；
120：120 kHz。

一个具体的电缆型号可由上述 7 项中的部分项组成。

12.42　电源壁盒(power supply wall box)

嵌入车壁上，实现交流电源进出车厢的装置。如图 12.22 所示，电源壁盒由防护盖、盒体、电源接口板(电源转接板)等组成。防护盖不使用时关闭锁紧，使用时打开，同时起到防雨作用。盒体用于安装电源接口板。电源接口板(见图 12.23)是电源壁盒的重要组件，通常安装 220 V/380 V 电源开关、电源避雷器、220 V/380 V 电源输入插座、220 V 电源输出插座、电源故障指示灯、照明灯、测量地、车体地等部件。

图 12.22　电源壁盒

图 12.23　电源接口板

12.43　《电子信息系统机房施工及验收规范》(Code for Construction and Acccep-tance of Electronic Information System Room)

中华人民共和国国家标准之一，标准代号为 GB 50462—2008，2008 年 11 月 12 日，中华人民共和国住房和城乡建设部、国家质量监督检验检疫总局联合发布，自 2009 年 6 月 1 日起实施。标准适用于建筑中新建、改建和扩建的电子信息系统机房工程的施工及验收。标准内容包括总则、术语、基本规定、供配电系统、防雷与接地系统、空气调节系统、给水与排水系统、综合布线、监控与安全防范、消防系统、室内装饰装修、电磁屏蔽、综合测试、工程竣工验收与交接等。

12.44　《电子信息系统机房设计规范》(Code for Design of Electronic Information System Room)

中华人民共和国国家标准之一，标准代号为 GB 50174—2008，2008 年 11 月 12 日，中华人民共和国住房和城乡建设部、国家质量监督检验检疫总局联合发布，自 2009 年 6 月 1 日起实施。标准适用于建筑中新建、改建和扩建的电子信息系统机房的设计。标准内容包括总则、术语、机房分级与性能要求、机房位置及设备布置、环境要求、建筑与结构、空气调节、电气技术、电磁屏蔽、机房布线、机房监控与安全防范、给水排水、消防等。

12.45　对称电缆(symmetrical cable)

由对地特性一致的绝缘导线组成的电缆。对称电缆中每一对芯线线质、线径相同，相对位置固定，以保证其对地的绝缘电阻、电感和电容等特性一致。

12.46　对绞电缆(twisted pair cable)

每对芯线的两根绝缘芯线相互扭绞在一起构成的电缆,又称双绞线。芯线的对绞可以减少串音和对噪声的敏感。对绞电缆根据是否具有屏蔽层,分为屏蔽对绞电缆和非屏蔽对绞电缆两大类。

12.47　二次电源(secondary power supply)

设备内部的电源,又称第三级电源。二次电源是通信设备的组成部分,其输入为交流基础电源或直流基础电源,输出为通信设备内部所需的各种不同、交直流电。

12.48　方舱(shelter)

装载设备和人员并提供所需要的工作条件和环境防护的,由夹芯板组装成型的可移动厢体。方舱按照结构和用途等可分为大板式方舱(见图 12.24)、框架式方舱;非扩展方舱、扩展式方舱;国际标准型方舱和非国际标准型方舱;电子类方舱、电源类方舱;电磁屏蔽方舱、非电磁屏蔽方舱等多种类型。与厢式车、轿车相比,方舱实现了厢、车分离,能够快速装卸,可适应汽车、火车、飞机多种运输方式。在试验任务中,通信方舱多采用大板式结构,使用车载运输方式,以保证机动布站通信。通信方舱除了安装各类通信设备外,还安装空调、加热器、工作台、发电机、配电、照明、换气等设备,以满足设备和人员所需要的工作条件。

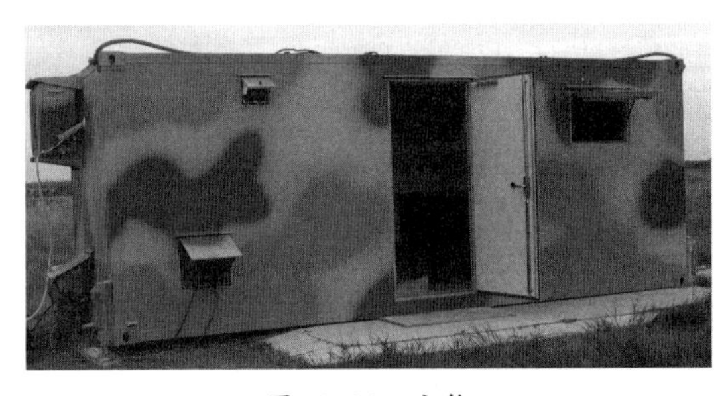

图 12.24　方舱

12.49　防雷(lighting protection)

为防止建筑物和设施遭受雷击而采取的保护措施。防雷系统通常由避雷针(接闪器)、接地系统以及各级浪涌保护装置组成,构成一个与地等电位的连接体。避雷针通常安装在建筑物和设施顶部或者附近的上方。当发生雷击时,避雷针首先为雷电提供通路,引雷入地,从而避免建筑物和设施遭受雷击。

12.50　风/光互补供电系统(wind/PV hybrid power supply system)

利用风能和太阳能向用电设备提供电力的一种集发电和蓄电于一体的组合装置。风力发电与太阳能发电相互补充,可解决单一发电受气象条件限制的问题,为负载提供更加可靠、稳定的电源。如图 12.25 所示,风/光互补供电系统由风力发电机

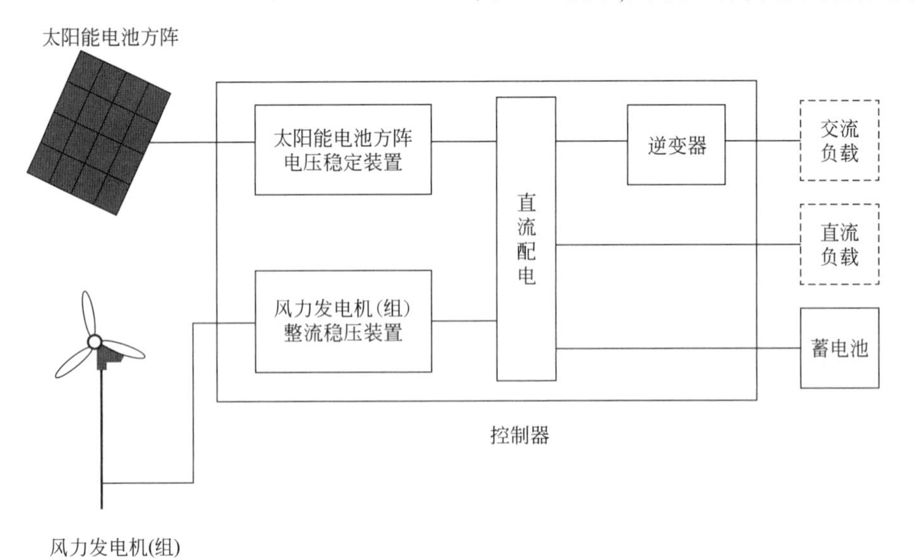

图 12.25　风/光互补供电系统

(组)、太阳能电池方阵、控制器和蓄电池组成。控制器包括风力发电机组整流稳压装置、太阳能电池方阵电压稳定装置和直流配电、逆变器等部件。风/光互补供电系统分为在网型和离网型两大类，在网型风/光互补供电系统与公共电网互联并向电网供电。离网型风/光互补供电系统不与公共电网互联，常用于为野外无供电基础的通信设备(如山区微波中继站、戈壁沙漠移动通信基站)供电。

12.51　风力发电机(wind driven generator)

将风能转换为电能的发电机。风力发电机可分为桨叶绕垂直轴转动的风力发电机(见图12.26)和桨叶绕水平轴转动的风车式风力发电机(螺旋桨型风力发电机，见图12.27)两种类型，常用的是风车式风力发电机。

图12.26　桨叶绕垂直轴转动的风力发电机

图12.27　桨叶绕水平轴转动的风力发电机

风车式风力发电机通常由塔架、风轮、变速器、发电机、尾翼、风力发电机控制器等部分组成。塔架用于将风力发电机架高，以便风轮接受更大的风力。风轮是受风装置，在风的吹动下能够转动。变速器连接风轮和发电机，将不稳定的风轮转速转变为相对稳定的转速，带动发电机转动发电。尾翼用于调节风力发电机转向使风轮正对风向，在风速很大时，也能调整风力发电机转向使风轮偏离风向一定角度，降低风轮转速。风力发电机控制器通常安装在室内，监测、控制风力发电机运行。

因风量不稳定，风力发电机通常与整流器、蓄电池、逆变器等构成风力发电系统，以提供相对稳定的电源。多台风力发电机可组成风力发电机组，以输出更大功率。

12.52　伏安(V·A)

交流电源输出的视在功率的单位，伏特安培的简称。在交流的情况下，由于电路中存在电感和电容器件，输出的功率并没有完全被负载消耗掉，而是有一部分储存在这些器件之中，这部分功率称为无功功率，而被负载消耗掉的功率称为有功功率。视在功率的平方等于有功功率的平方与无功功率的平方之和。因为有功功率的单位是瓦(W)，为加以区别，视在功率的单位改用伏安(V·A)。

12.53　浮充(floating charge)

蓄电池组的一种充电工作方式。在这种方式中，整流器的输出和蓄电池组并联，向负载供电。正常情况下，整流器的输出电压(浮充电压)略高于蓄电池组的端电压，蓄电池组获得少量充电电流以补偿其自放电损失。这样蓄电池组在正常情况下，损失的电量随时得到补充，从而始终保持充电满足状态。由于充电电压不高，因此又不至于过分充电，故将这种充电方式称为浮充。当负载较轻，整流器输出电压较高时，则对蓄电池组充电。当负载较重或电源发生意外中断时，蓄电池组则放电，分担部分或全部负载。浮充的优点是，蓄电池组与整流器输出并联，市电中断或整流器发生故障时，可保证对通信设备的供电不中断；对交流信号进行旁路，起到平滑滤波作用，可以提高稳压等性能；与完全充放电方式相比，可提高蓄电池的使用寿命。工程应用时，一般单体电池浮充电压选择2.25 V。

12.54　复接配线(multiplexing wiring)

在来自交换局的一个电缆线对上，通过并接引出多个线对的配线方式。复接配线是用户线路网配线方式的一种,在引出的多个线对中,只在其中一个连接用户线,其他闲置备用。根据复接方式和位置的不同,复接配线分为分接设备复接和电缆复接两大类。复接配线方式的优点是当用户位置改变时,局端配线保持不变,用户线路调整小;缺点是有复接损耗,对话音通信会产生附加衰减。

12.55 负载均分(load sharing)

多台电源并联运行的大功率电源系统中,平均分配各电源负载的技术措施。负载均分的基本原理是,比较总电流和各电源输出的电流,获得相应修正量,然后根据修正量来调整各电源的输出电压,从而使各电源输出电流大小保持一致。

12.56 割接(cutover)

用新系统替换正在使用的系统或将业务从一个网上迁移到另外一个网上的过程。割接一词最早用于固定电话网。当新系统投入使用,部分用户要移入新系统时,这部分用户就要从原系统切断,接入新系统。切断原系统称为割,接入新系统称为接,合起来称为割接。根据割接对象的不同,割接分为设备割接、线路割接、网络割接、业务割接等多种。根据割接是否中断通信,割接分为中断通信和不中断通信两种。为尽量减少通信中断时间甚至不中断,割接中经常采用复接的方式,即将新系统和原系统并接起来,确保无误后,再切断原系统。

割接一旦失败,往往会对业务等造成很大的负面影响甚至是损失。因此,重要的割接要制定详细的割接方案和应急预案,并报有关部门批准,才能实施。正式割接前要进行周密的测试和数据的备份等工作。割接在业务不繁忙的时段进行,如休息日子夜零点开始至凌晨六点前割接完毕,以不影响第二天的业务保障。

12.57 供电方式(power supply mode)

向通信局站供电的方式。根据供电可靠性要求的不同,供电方式分为4类。第1类,具有两路独立来源的市电线路且不会同时检修停电。该方式可靠性要求为,平均月市电故障次数不大于1次,平均每次故障持续时间不大于0.5 h。第2类,具有两个独立的电源,或者具有1条稳定可靠的市电线路。该方式可靠性要求为,平均月市电故障次数不大于3.5次,平均每次故障持续时间不大于6 h。第3类,具有1条市电线路。该方式可靠性要求为,平均月市电故障次数不大于4.5次,平均每次故障持续时间不大于8 h。第4类,具有1条市电线路,但无法达到第3类的可靠性要求。该方式没有具体量化的可靠性指标。

12.58 功率因数(power factor)

电源输出的有功功率与视在功率之比。在直流的情况下,功率因数为1。在交流而没有谐波的情况下,功率因数等于电压与电流相位差的余弦值。当存在谐波的情况下,功率因数为

$$\lambda = \mu\cos(\varphi_1) \tag{12-1}$$

式中:λ——功率因数;

μ——畸变系数,等于基波电流与总电流之比;

φ_1——基波电压与基波电流的相位差,$\cos(\varphi_1)$称为位移因数。

提高功率因数,可降低电源对电网的谐波干扰。对于位移因数,通过加装移相电容或者电感等方式可以进行补偿校正。对于畸变因数,无法通过加装移相电容或者电感等方式进行补偿校正,需要采用较为复杂的电路实现,常用的校正方法有无源功率因数校正和有源功率因数校正。应用最多、效果最好的是有源功率因数校正。开关电源的功率因数主要受制于畸变因数,采用有源功率因数校正后,其功率因数可达0.99以上。

12.59 管道线路(conduit line)

可穿进通信电缆光缆以形成通信线路的地下管道。管道线路是通信工程室外线路建筑方式的一种,是城市通信线路的主要形式,主要用于敷设光缆电缆条数多且不允许直埋或架空的场合。根据材料的不同,管道有水泥管道、硬质聚氯乙烯管道、石棉水泥管道、陶瓷管道、铸铁管道、钢管道、木浆管道等多种类型。工程上常采用水泥管道、硬质聚氯乙烯管道。与直埋线路相比,管道线路具有维修检修方便、更换电缆光缆容易、对电缆光缆保护效果好等优点。

12.60 光缆交接箱(fiber cable cross connection cabinet)

通过跳纤方式,将主干光缆和配线光缆连接起来的线路设备。如图12.28所示,光纤交接箱由箱体、底座、光纤活动连接器及组件、跳线环、标志牌等

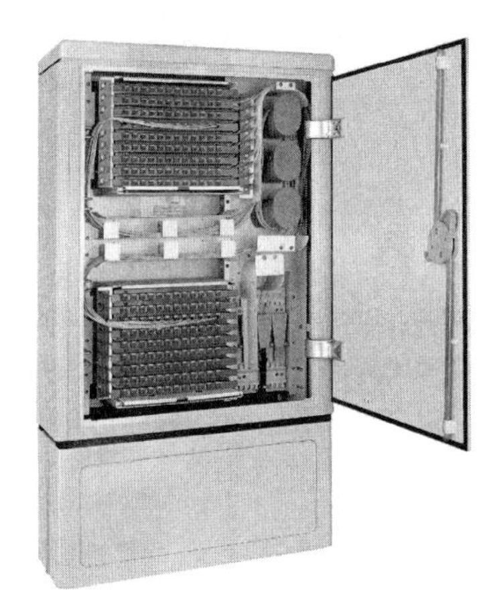

图 12.28　光缆交接箱

组成,分室内和室外型,可采用落地、架空、壁挂等安装方式。

12.61　光缆接头盒(fiber cable joint box)

光缆线路中对光缆接头起保护作用的盒状装置。如图 12.29 所示,光缆接头盒由外护套及密封组件、护套及支撑组件、光缆加强件(芯)的连接组件组成,对被连接的光缆的外护套进行密封保护,并提供足够的机械强度。主要类型有无金属连接型、热缩管连接型、不锈钢护套橡胶密封连接型、高强度塑料护套橡胶密封连接型、箱体式弹性衬垫密封连接型等。

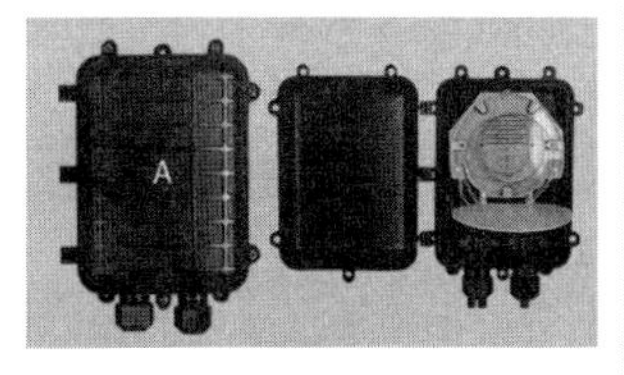

图 12.29　光缆接头盒

12.62　光纤配线架(optical distribution frame)

通信局站内,实现光缆和光通信设备之间、光通信设备之间光路灵活调配的线路设备,简称 ODF。光纤配线架主要有机柜式(见图 12.30)、机架式和壁挂式 3 种结构。光纤配线架除了可实现光纤线路的灵活调度和分配外,还具备下列功能:对进架光缆实施固定、保护、接地和光缆终接(纤芯与尾纤熔接);提供测试光端口用于线路和光通信设备测试;贮存冗余光纤及尾纤。

图 12.30　光纤配线架

12.63　航空插头(aviation plug)

符合航空标准要求的一大类连接器的统称,又称航空连接器,军工插头。航空插头有多种分类方法:按照频率,分为高频航空插头、低频航空插头;按照外形,分为圆形连接器(见图 12.31 左)、方形连接器(见图 12.31 右);按照用途,分为机柜用航空插头,音响设备用航空插头,电源航空插头,特殊用途航空插头如大电流航空插头、防水航空插头、真空气密封航空插头、滤波航空插头、电力航空插头等。

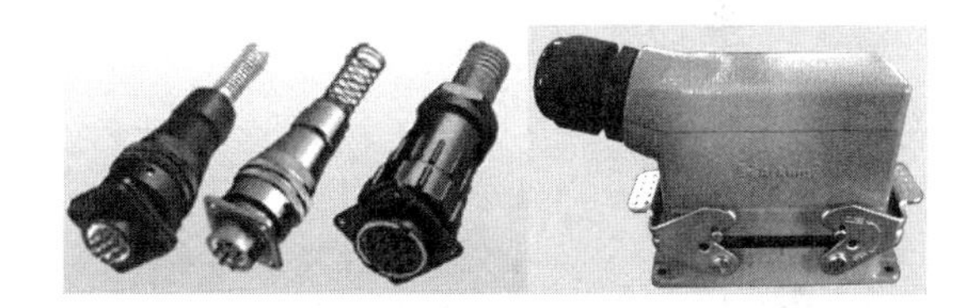

图 12.31　航空插头示例

航空插头的主要技术参数有额定电压、额定电流、接触电阻、屏蔽性、绝缘电阻、耐压、燃烧性、机械寿命、接触对数目和针孔性、连接方式(分为螺纹式连接,卡口式连接和弹子式连接)、安装方式和外形、环境温度、湿度、温度急变、大气压力和腐蚀环境、端接方式(分为焊接、压接、绕接、刺破连接、螺钉连接)等。

与其他类型的插头相比,航空插头接触牢固、抗震动、屏蔽性强、密闭性好,在试验通信中,常用于车载、机载和船载等特殊场合下通信设备的连接。

12.64 活动铁塔车(antenna tower pedestal motor vehicle)

天线铁塔和运载车辆机电一体化综合体,简称塔车。如图 12.32 所示,活动铁塔车主要由汽车底盘、可升降塔体装置、自动调平装置、液压传动系统、系统电控箱、防风拉线机构、电缆自动收放机构、云台和天线对准系统、避雷装置等部分组成。

图 12.32　活动铁塔车

汽车底盘作为运载和承载设备,通常选用军用越野汽车,以适应越野环境。

可升降塔体装置由塔体起竖机构、塔体、塔体升降机构、塔体控制单元组成。塔体起竖机构采用液压驱动方式实现塔体起立、竖直和锁定以及塔体回平和锁定;塔体为多节方形桁架式结构,采用塔节嵌套的方式构成;塔体升降机构采用液压驱动钢丝绞盘,通过钢丝绳和滑轮带动各塔节上升和下降;塔体控制单元位于系统电控箱内,用于实现塔体各种操作的控制。

自动调平装置包括 4 个调平支腿、4 个支腿扩展臂和位于系统电控箱内的调平控制单元。调平支腿通过支腿扩展臂连接至汽车底盘,调平控制单元根据其水平仪传感器测量到的车辆水平状态,通过液压驱动方式调整支腿的伸缩,从而实现车体的调平。此外,调平控制单元还控制支腿扩展臂的扩展和收拢。

液压传动系统由液压油箱、油泵、电磁换向阀、溢流阀、塔体起竖缸、支腿扩展缸、支腿缸、液压锁定装置、油管管路、压力表等部件组成,分塔体起卧、塔体升降、支腿扩展收拢、支腿收缩这 4 个回路。在塔体控制单元、调平控制单元作用下,汽车发动机带动取力器驱动油泵,实现 4 个回路的液压传动。

系统电控箱综合集成了调平控制单元和塔体控制单元,是活动铁塔车的控制中枢。

防风拉线机构由底层拉绳、顶层拉绳、拉绳弹力绕线盘、拉绳锁定装置组成,可保证活动铁塔车在预设风速环境下可靠工作。

电缆自动收放机构由塔顶电缆固定架和电缆弹力绕线盘组成。上塔的微波电缆、避雷电缆、云台控制电缆等缠绕在电缆弹力绕线盘上,在塔体上升和下降过程中,可实现电缆的自动收放。

云台和天线对准系统由云台、云台控制器、双北斗定位定向仪器等组成。云台承载微波天线,在云台控制器作用下,依靠本端双北斗定位定向仪器测量的位置信息和对端位置信息,计算出本端天线方位角和俯仰角,然后驱动云台进行方位和俯仰调整,从而实现天线的自动对准。

避雷装置由避雷针、避雷电缆和接地棒组成,用于防止活动铁塔车遭受雷击。

活动铁塔车通常应用于机动通信场合架设微波天线、移动通信天线等设备。活动铁塔车主要技术指标参数有:载车性能、天线塔展开距地高度、天线塔顶载荷能力、展开时地面允许倾斜度、塔车自动调平精度、塔顶摆动角度、云台对准精度、云台最大载荷、展开撤收时间、环境条件要求。

12.65 集合点(consolidation point)

水平布线子系统中,楼层配线架与信息插座之间的连接点,简称 CP。CP 是可选的,在楼层配线架和任一信息插座之间最多允许有一个集合点。集合点只包含无源连接硬件,并且不使用交叉连接。此外,还需满足以下要求。

(1) 集合点的定位应使每个工作区至少有一个集合点可用。

(2) 每个集合点最多可连接12个工作区。

(3) 集合点宜位于容易接近的地方。

(4) 对于对称布线,集合点距楼层配线架应在15 m之外。

(5) 集合点应是管理系统的一部分。

12.66　《架空光(电)缆通信杆路工程设计规范》(Design Specifications for Pole Line of Optical(Copper) Cable Communication Engineering)

中华人民共和国通信行业标准之一,标准代号为YD 5148—2007。2007年10月25日,中华人民共和国信息产业部发布,自2007年12月1日起实施。标准适用于新建长途和本地通信架空光(电)缆线路工程的杆路设计,扩建、改建及其他工程的杆路设计可参照执行。内容包括总则、杆路测量、杆路建筑规格设计、架空光(电)缆吊线设计、长杆档及飞线设计要求、原杆路上架挂光(电)缆的杆路要求、附录A(本规范用词说明)、附录B(架空光(电)缆杆线与其他建筑物间隔距表)、附录C(电杆埋深)、附录D(风力分级表)、附录E(角杆的角深与转角度数的关系及测量)、附录F(通信用电杆规格)、附录G(镀锌钢绞线及电缆挂钩的规格)、附录H(水泥杆杆顶接高方式)、附录J(电杆根部加固保护方式)、附录K(水泥绑桩安装方式)、附录L(架空光(电)缆吊线原始安装垂度表)、附录M(架空光(电)缆吊线规格选用)、附录N(吊线抱箍及穿钉规格)等。

12.67　架空线路(overhead line)

利用电杆、墙壁等支撑物,将通信电缆光缆架设起来所形成的通信线路。架空线路是通信工程室外线路建筑方式的一种。电杆有木质杆和钢筋混凝土杆两种,目前常用钢筋混凝土杆。架空安装方式有拖挂式、绑绕式和自承式。利用墙壁作为支撑物的架空安装方式有吊线式、钉固式和自承式。

12.68　建筑群主干布线子系统(campus backbone cabling subsystem)

建筑群配线架至建筑物配线架之间的所有设施。包括建筑群主干缆线、建筑物引入设备内的所有布线部件、建筑群配线架中的跳线和接插软线以及端接建筑群主干缆线的连接硬件(在建筑群配线架和建筑物配线架上)。

12.69　建筑物主干布线子系统(building backbone cabling subsystem)

建筑物配线架至各楼层配线架之间的所有设施。包括建筑物主干缆线、建筑物配线架中的跳线和接插软线以及端接建筑物主干缆线的连接硬件(在建筑物配线架和各楼层配线架上)。

12.70　《角钢类通信塔技术条件》(Technical Specifications for Communcation Towers of Angle Steel)

中华人民共和国通信行业标准之一,标准代号为YD/T 757—2013,2013年4月25日,中华人民共和国工业和信息化部发布,自2013年6月1日起实施。标准规定了角钢类通信塔的生产制造、检验规则、包装标记、存贮运输等技术要求,适用于构件主要采用角钢制造和紧固件连接且热浸镀锌防腐的移动通信塔、微波通信塔等通信塔及类似钢结构的设计和制造。内容包括范围、规范性引用文件、总则、材料、技术要求、检验规则、包装标记、储存运输、附录A(热浸镀锌层厚度测量——涂层测厚仪测试法)、附录B(热浸镀锌层均匀性试验——硫酸铜试验方法)、附录C(热浸镀锌层附着性试验——落锤试验方法)、附录D(热浸镀锌层附着量测试——溶解承重试验方法)等。

12.71　交接配线(switching wiring)

采用电缆交接箱将馈线电缆与配线电缆连接起来的配线方式。来自电话交换局的馈线电缆接入电缆交接箱,从电缆交接箱再引出配线电缆接至分线设备,然后由分线设备引出接户线路至用户。在电缆交接箱内,根据需要,通过跳线的方式,可实现馈线电缆和配线电缆之间的任意线对相互连接。由于交接配线具有配线电缆通融性好、馈线电缆使用率高等优点,在用户线路网中得到了广泛应用。

12.72　交流基础电源(AC fundamental power supply)

通过市电或者油机发电机组为通信局站提供的

低压交流电，又称第一级电源。交流基础电源保证提供能源，但不保证不间断。中国的交流基础电源标称电压为单相 220 V、三相 380 V，标称频率为 50 Hz。

12.73 交流静态开关（AC static state switch）

无触点、无机械切换动作的开关，简称静态开关、静止开关。静态开关由两个快速可控硅反向并联组成，在控制电压作用下，能使可控硅导通（开）或截止（关）。相对于常规的有触点、在切换时有切换动作的继电器和闸刀开关，因其无触点、无机械切换动作，故称为静态开关。静态开关常用于大中功率不间断电源系统多路电源的切换和并联。

静态开关分为转换型和并机型开关。转换型开关主要用于两路电源供电的系统，其作用是实现从一路到另一路的自动切换，即当一路电源发生故障时，可自动切换至另一路电源工作。并机型开关主要用于逆变器与市电并联或者多台逆变器的并联场合，其作用是在多台逆变器输出与市电保持频率、相位和幅度相同情况下，使多路并联输出为一路电源供给负载，当某一路发生故障时，只切断故障支路电源，仍保持其他路并联输出。

静态开关的工作方式有同步切换和非同步切换两种。同步切换方式是先通后断。该方式能保证在切换的过程中供电不间断，但是要求在切换的过程中，多路电源必须保持频率和相位一致。非同步切换方式是先断后通，该方式会造成负载短时间断电，但不要求在切换的过程中，多路电源保持频率和相位一致。转换型开关可以工作于同步切换方式，也可以工作于非同步切换方式。并机型开关只能工作于同步切换方式。

12.74 交流配电（AC distribution）

将输入的交流电汇集或选切后分为多路输出的电源分配方式。根据交流电压的高低，交流配电分为高压交流配电和低压交流配电。通信电源采用的是 220 V/380 V 的低压交流配电。根据电源和用电设备的接地方式，低压交流配电分为 TN、TT 和 IT 3 种形式。其中，第 1 个大写字母 T 表示电源变压器的中性线直接接地，I 表示电源变压器的中性点不接地或者通过高阻抗接地；第 2 个大写字母 T 表示用电设备的外壳直接接地，但和电源的接地没有直接的连接关系；N 表示用电设备的外壳和电源中性线相连接。完成低压交流配电的设备通常是指低压配电屏，其主要功能是受电、计量、控制、功率因数补偿、分路输出等。配有油机发电机提供备份电源的，配电设备还应包括油机发电机组控制屏（柜）和市电油机电转换屏。

12.75 接地（grounding）

通过导体将设备或设施与地连接起来的措施。接地的主要目的是防止设备机壳“带电”、雷击等危及设备和人身安全，同时也可避免由于不接地造成的电磁干扰。接地分为工作接地、保护接地和防雷接地。工作接地指设备工作电压基准参考点的接地；保护接地指设备外壳、屏蔽体、防静电体接地；防雷接地指防雷保护系统接地。接地系统通常由接地体、接地引入线、接地汇集线、接地汇流排和接地线等组成。接地系统的接地方式分为分设接地和联合接地两种。分设接地指工作接地、保护接地和防雷接地三者的接地体分开，成为彼此独立的接地系统。联合接地指工作接地、保护接地和防雷接地共用同一个接地体。联合接地具有统一的零基准电位点、地电位均衡、电磁兼容性好等优点，已成为目前广泛采用的接地方式。

12.76 接地电阻（grounding resistance）

接地引入线对地的电阻。接地电阻是衡量接地系统的主要技术指标，包括接地引入线电阻、接地体电阻和接地体对地电阻。一般情况下，接地引入线电阻和接地体电阻很小，可忽略不计，因此接地电阻主要由接地体对地电阻决定。接地体对地电阻包括接地体与大地土壤接触电阻、接地体周边呈现电流区域范围内的散流电阻两部分。深埋接地体，保持接地体周围土壤潮湿，有利于降低接地电阻。

根据 GB 50689—2011《通信局（站）防雷与接地工程设计规范》、GB 50057—2010《建筑物防雷设计规范》和 GB/T 2887—2000《电子计算机场地通用规范》的规定，独立的防雷保护接地电阻不大于 10 Ω，独立的安全保护接地电阻不大于 4 Ω，独立的交流工作接地电阻不大于 4 Ω，独立的直流工作接地电阻不大于 4 Ω，防静电接地电阻一般要求不大于 100 Ω，联合接地的接地电阻不大于 1 Ω。

12.77 接地端子（grounding terminal）

接地系统中用于连接设备的端子。接地端子通常位于接地汇流排和接地汇集线上，与设备地线有螺栓、卡接和焊接等多种连接方式。

12.78　接地汇集线(grounding assembling bus)

用于汇接多条接地线或接地汇流排的主干接地线。通信站建筑物内,接地汇集线分为水平接地分汇集线和垂直接地总汇集线两部分。水平接地分汇集线位于同一个楼层,覆盖同一楼层各机房,为设备就近接地提供便利。垂直接地总汇集线贯穿各楼层,上与各楼层结构中的钢筋和水平接地分汇集线相连,下与接地引入线相连。通常采用条状铜排、扁钢等具有良好导电性能的材料作为接地汇集线。

12.79　接地汇流排(grounding bus bar)

接地汇集线和各类接地线之间的连接装置。通过接地汇流排实现各类接地线汇集至接地汇集线。接地汇流排通常采用矩形铜排,上面安装有接地端子,与设备地线连接。

12.80　接地体(lightning proof grounding body)

埋设于地下,实现与大地电气连接的一根或一组良好导体。接地体通常为镀锌钢管或者角铁,垂直埋设于地下的称为垂直接地体,水平埋设于地下的称为水平接地体。

12.81　接地网(grounding grid)

将分布的多个接地体连接在一起所形成的网状设施。接地网通常采用扁钢等良导体将多个接地体连接为一个整体,有利于减小接地电阻。在联合接地系统中,接地网还包括建筑物混凝土中的钢筋。

12.82　接地引入线(grounding leadin)

连接接地体(网)和接地汇集线的导线。接地引入线由于与接地体(网)相连接,其中一部分埋入土中,因此应当做防腐处理。

12.83　接户线路(line to home)

从分线设备至用户室内的线路,又称用户引入线。接户线路位于电缆网的末端,可直接或经过用户保安设备连接用户终端。根据实际情况,接户线路可室内或室外布设。室外布设时又分为架空和地埋两种方式,通常选用电缆线径较粗的自持或自承的室外电缆。

12.84　接近角(approach angle)

汽车满载水平静止时,侧面视图上前端突出点向前轮所引切线与地平面的夹角。如图 12.33 所示,斜坡 A 的坡度大于汽车的接近角,汽车的前轮未上坡,而汽车前端突出点已抵住斜坡,导致汽车不能爬上斜坡;斜坡 B 的坡度小于汽车的接近角,汽车就能够爬上斜坡。因此,接近角用于衡量汽车的爬坡通过能力,接近角越大,汽车能够通过的斜坡的坡度越大。与民用汽车相比,军用汽车的接近角较大,以适应越野环境。军用通信车的接近角要求不小于 35°。

12.85　接闪器(lightning arrester)

专门用来接收直击雷的金属物体,可分为避雷针,避雷线和避雷网 3 种类型。由接闪器、雷电引下线(接地线)、接地引入线和接地体组成的防雷保护系统,称为接闪器系统。

12.86　接线盒(telephone connect wire box)

终接室内安装线的专用装置。接线盒上安装有 RJ-11 连接器的插孔座,用于与电话机的连接。对于暗管走线的安装线,接线盒一般嵌入在暗管末端处的墙壁上。

12.87　局内电缆(office cable)

用于电话局室内,连接交换机、配线架以及附属

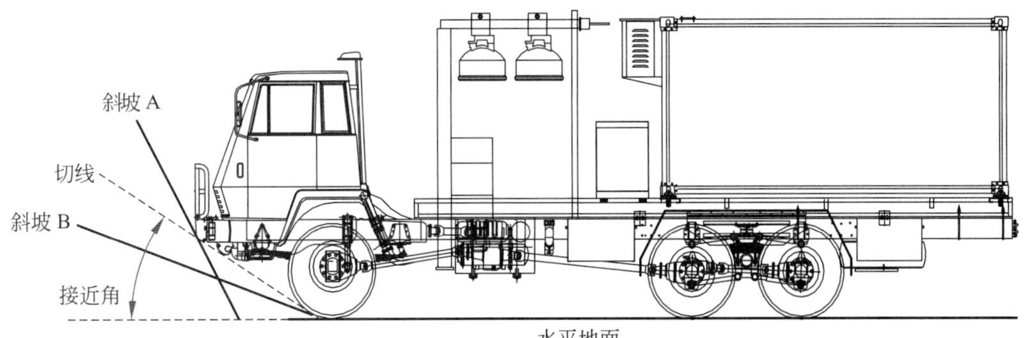

图 12.33　接近角

通信设备的电缆,又称局内用电缆、局用电话电缆、交换机电缆。局内电缆结构与市话电缆类似。对局内电缆的基本要求是抗潮、阻燃、对数大。由于局内电缆主要用于设备之间,经常要变动、调整且拐弯多,曲率半径小,因此还要求局内电缆柔软、结实、耐磨,容易识别、剪切、卡接或焊接。常用的局内电缆有铜芯聚氯乙烯绝缘聚氯乙烯护套局用电话电缆(型号为 HJVVP)、铜芯聚氯乙烯绝缘聚氯乙烯护套屏蔽型局用电话电缆(型号为 HJVV)。工程中常选用导体线径为 0.5 mm、对数不大于 200 对的电缆。

12.88　均充(average charging)

蓄电池组的一种充电方式,是均衡充电的简称。当蓄电池组放电后容量不足或电池端电压不一致时,为快速补充蓄电池的电量,需进行均充。均充采用限流恒压方式,单体电池充电电压比浮充高,一般选择为 2.35 V。

12.89　《军用方舱通用规范》(General Specification for Military Shelters)

中华人民共和国国家军用标准之一,标准代号为 GJB 6109—2007,2007 年 8 月 6 日,中国人民解放军总装备部发布,自 2007 年 11 月 1 日起实施。内容包括范围、引用文件、要求、质量保证规定、交货准备、说明事项等。

12.90　《军用通信车通用规范》(General Specification for Military Communication Vehicle)

中华人民共和国国家军用标准之一,标准代号为 GJB 219B—2005,2005 年 10 月 2 日,中国人民解放军总装备部发布,自 2006 年 1 月 1 日起实施。标准适用于采用已定型越野汽车或底盘改装的通信车,其他类型的通信车可参照执行。内容包括范围、引用文件、要求、质量保证规定、交货准备、说明事项、附录 A(通信车不合格分类)、附录 B(车辆的一般检查)、附录 C(车门、车窗可靠性试验方法)、附录 D(行驶可靠性试验路面标准)等。

12.91　卡农头(XLR connector)

XLR 连接器的俗称,卡农是 Cannon 的音译。卡农头最初是由 James H. Cannon 设计的,系列产品称为"Cannon X"。卡农头后来被改进,增加了一个插销(Latch)作为锁定装置,更名为"Cannon XL",又围绕着接头的金属触点,增加了橡胶封口胶(Rubber compound),最后称为"XLR connector",即 XLR 连接器。卡农头的插针数量不等,普遍使用的是 3 插针卡农头(见图 12.34)。在音响系统中,卡农头常用于话筒与音响设备的连接。

图 12.34　插针(孔)卡农头

12.92　开关电源(switch power system)

采用开关整流器作为整流设备的直流电源系统,又称高频开关电源。开关电源由开关整流器、交流配电箱、直流配电箱和监测告警装置组成。

开关整流器是开关电源的基础和核心,如图 12.35 所示,由输入回路、功率变换器、输出回路以及控制器组成。其基本原理是,输入的交流电通过输入回路转换为平坦的高压直流电,经功率变换器转换为高频脉冲电压,再经输出回路转换为稳定的直流电压,输出给负载。功率变换器是开关整流器的核心,由功率开关和高频变压器组成。功率开关的开关频率在 20 kHz 以上,最高可达数十万赫兹。通过高频率的导通和截止,功率开关将输入的直流变换为高频脉冲。控制功率开关的导通时间,可调节输出电压的大小。

开关电源分为脉宽调制型(PWM)和谐振型两大类。脉宽调制型工作在强迫关断、强迫导通状态,即电流不为零时关断,电压不为零时导通。谐振型工作在零电流时导通或关断,零电压时导通或关断的状态。与脉宽调制型相比,谐振型的关断和导通"顺其自然",故功率损耗小。谐振型又细分为串联谐振型、并联谐振型和准谐振型 3 类。

与传统的相控电源相比,开关电源的主要优点是,功率变换器可在很大范围内调整输出电压,因此不需要工频(市电频率)变压器,使整流器的体积减小原来的 1/10;采用功率因数调整技术,将整流器的功率因数由最高 70%提高到了 99%以上,并且基本上不受负载变化的影响;工作噪声由 60 dB 以上降到 45 dB 左右;电源效率显著提高,由不到 70%提高到 85%(PWM 型)和 93%(谐振型)以上。其缺点

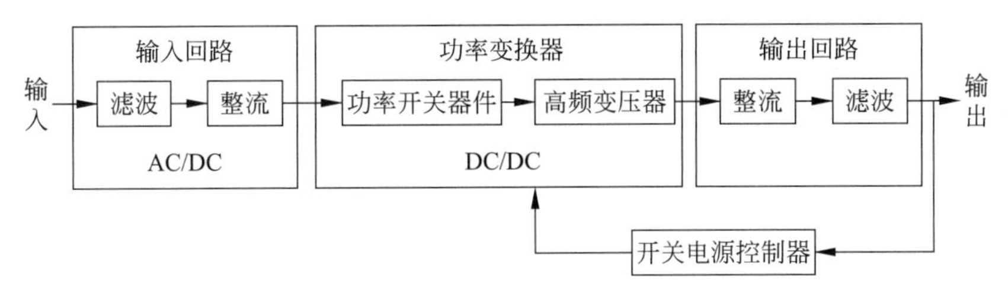

图 12.35　开关整流器基本组成

是存在固有的开关干扰。在试验通信领域,开关电源已取代传统的相控电源,成为了主流的直流电源。

12.93　离去角(departure angle)

汽车满载静止时,侧面视图上,自车身后端突出点向后车轮引切线与路面之间的夹角。如图 12.36 所示,斜坡 A 的坡度大于汽车的离去角,在汽车下坡的过程中,汽车后端突出点碰触坡面,使汽车后轮悬空,无法下坡;斜坡 B 的坡度小于汽车的离去角,汽车能够顺利下坡。离去角影响汽车的下坡通过能力。离去角越大,车辆就能从越陡的斜坡上下来。军用通信车的离去角要求不小于 26°。

12.94　莲花插头(RCA connector)

RCA 连接器的俗称。如图 12.37 所示,因金属屏蔽裙呈分片状,形似莲花而得名。RCA 是 Radio Corporation of American 的缩写。因该公司发明莲花插头,故称 RCA 连接器。莲花插头常用作视频信号和音频信号接口的连接器。

12.95　脉宽调制(pulse width modulation)

开关型稳压电路中,对控制信号的脉冲宽度进行调制以调整输出电压大小的技术,又称脉冲宽度调制,简称 PWM。开关器件的通断时间比由控制信号脉冲占空比决定,在控制信号周期不变的情况下,改变信号脉冲宽度,即可对开关器件的通断时间进行控制,从而调整输出电压的大小。高频开关整流器和逆变器中常用正弦波脉宽调制(SPWM),其脉冲宽度按正弦规律变化。

图 12.37　莲花插头

12.96　免维护电池(maintenance-free battery)

阀控式密封铅酸蓄电池的俗称,因其在使用期间不需要加酸(电解液)加水进行维护,故称免维护电池。免维护电池是直流电源和 UPS 电源的重要组成部分,由正负极板组、极柱、隔板、电解液、安全阀、壳体以及接线端子等组成。负极采用活性物质过量设计,不会由于充电造成电解液析出氢气而损失电解液;采用安全阀结构的密封壳体,防止电池失

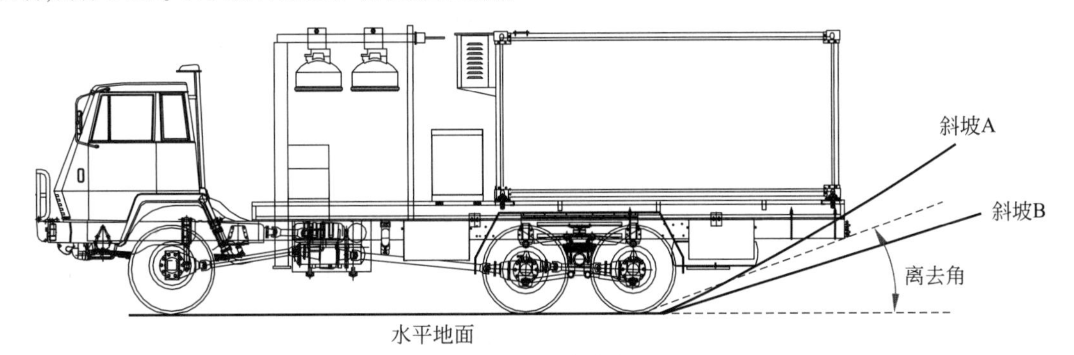

图 12.36　离去角

水。因此，正常使用时无需加酸加水。当蓄电池内部气压超过预定值时，安全阀自动打开，释放气体，当蓄电池内部气压下降后，安全阀又自动关闭并密封电池，防止外部空气进入蓄电池内部。免维护电池在实际使用中并不是完全免维护，还需要定期进行充放电等其他技术维护。

12.97　逆变器(inverter)

把直流电变换成交流电的设备，因与整流器的作用相反，故称逆变器，又称直流—交流变换器(DC/AC)。通信系统中，逆变器分为UPS电源用逆变器和通信逆变器。UPS电源用逆变器输入的直流电压高，通信逆变器输入电压通常为-48 V；UPS电源用逆变器输出一般为50 Hz、220 V或380 V交流电，通信逆变器输出除了50 Hz、220 V或380 V交流电外，有的还有输出25 Hz、75 V铃流电压。目前逆变器普遍采用脉宽调制、波形叠加技术以及推挽逆变电路、全桥逆变电路或者是三相桥逆变电路实现。逆变器与蓄电池配合使用，作为交流市电的备份电源。

12.98　配线架(distribution frame)

终接电(光)缆，并在电(光)缆的线对之间建立灵活连接的设备。配线架由横列架和直列架组成，两架之间通过跳线建立线对之间的连接。配线架安装在室内，一般室外电(光)缆终接在直列架，室内电(光)缆终接在横列架。根据终接电(光)缆线对的不同，配线架分为音频配线架、数字配线架和光配线架。配线架接线方式有螺丝拧接、接线柱绕接、接线柱焊接、接线子压接和接线模块卡接等，常用的是接线模块卡接方式。外形结构有架式、柜式和箱式3种。柜式和架式采用地面固定安装，箱式采用壁挂式安装。

12.99　人孔(manhole)

建设在地下通信管道上，能容得下人进去操作的孔型建筑物，又称人井。其主要用途是，为电缆光缆的敷设、接续、分支、引上，再生中继器的安装，管道路由的转向、分支或管道组件断面的变换等，提供安装和操作空间。人孔由上覆、四壁、基础和附属配件组成。常用的有混凝土人孔、砖砌人孔和装配式人孔这3种。

12.100　三相五线制(three-phase five wire system)

由相线L1、L2、L3、中性线N和保护线PE构成的低压交流配电制式，简称TN-S。如图12.38所示。N线用来通过单相负载电流、三相不平衡电流，又称工作零线。PE线是为了防止触电而设置的，它与接地系统电气连接，所有设备的外露可导电部分只与PE线相连，由于它对触电起保护作用，又称保护零线。三相五线制系统由于设置了专用接地线，配合重复接地措施，可以大大减小甚至避免漏电的发生。

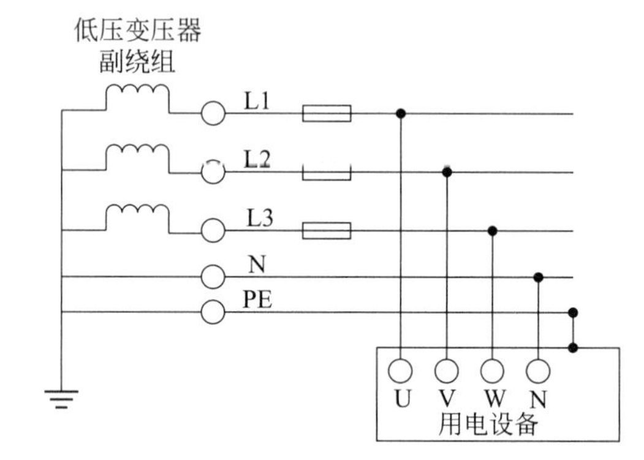

图12.38　三相五线制系统

三相五线制系统中，通常有如下严格要求。

(1) PE线必须采用黄绿双色绝缘电线，任何情况下不准使用黄绿双色线作负荷线。

(2) PE线的截面积不得小于相线的一半，应与N线的截面积相同。

(3) PE线应随线路单独敷设，与N线严格区分，与重复接地线作电气连接。

(4) PE线不得装设开关、熔断器、漏电保护器等隔离装置或保护装置。

(5) 正常情况下，PE线应连接到用电设备不带电的外露导电部分。

(6) 对产生振动的设备，其PE线的连接点应不少于两处。

12.101　室内安装线(indoor line)

从用户保安器或室内室外线连接端子至室内接线盒之间的电线，分明处走线和暗管走线两种。为保证有足够的机械强度，线径不宜小于0.6 mm，常用0.65 mm和0.8 mm。绝缘采用聚氯乙烯或聚丙烯。电线有2芯、3芯和4芯，常用2芯。

12.102　市内电话电缆(telephone cable)

电话交换局覆盖范围之内所使用的通信电缆，简称市话电缆。电话交换局早期均建在城市内，故有此称，延续至今。市话电缆主要由护层、缆芯构成。护层分为内户层和外户层两类。内护层对缆芯提供基本保护,外护层是为适应特殊情况采取的附加措施。缆芯构成主体是线元或者由众多线元组合构成的群组,线元之间介质为空气,或者为了防水而加石油膏作为填充物。线元由导线星绞或者对绞组成。覆盖绝缘材料的导体构成导线,导体的主要材料是铜,绝缘材料通常是塑料,即聚乙烯、聚丙烯、聚氯乙烯。导体线径有 0.32 mm、0.4 mm、0.5 mm、0.6 mm、0.63 mm、0.7 mm、0.8 mm、0.9 mm。施工和维护中为了辨认各线对的位置,对线元采用不同颜色加以区分,称为电缆的色谱。市内电缆缆芯对数最大可达 6000 对,最小 10 对。

在模拟通信时代,最细线径也是工程中使用最多的线径为 0.5 mm。通信数字化后,虽然每个市话局的用户网的半径扩大了,但以主局和远端模块局为中心的用户电缆线路网的覆盖半径却比模拟通信时代单市话局时大为减少,而且用户线传输损耗限制由 4.34 dB 增加到 7 dB,这为降低线径提供了有利条件。公用市话网已经将 0.4 mm 线径作为工程首选。表 12.1 列出了常用的市话电缆型号。

表 12.1 常用市话电缆型号

型号	名称	使用场合
HYA	铜芯实心聚乙烯绝缘挡潮层聚乙烯护套市话电缆	管道
HYFA	铜芯泡沫聚乙烯绝缘挡潮层聚乙烯护套市话电缆	管道
HYPA	铜芯带皮泡沫聚乙烯绝缘挡潮层聚乙烯护套市话电缆	管道
HYAT	铜芯实心聚乙烯绝缘填充式挡潮层聚乙烯护套市话电缆	管道
HYAC	铜芯实心聚乙烯绝缘自承式挡潮层聚乙烯护套市话电缆	架空
HYAG	铜芯实心聚乙烯绝缘隔离式内屏蔽挡潮层聚乙烯护套市话电缆	管道

12.103 室内线路电缆(indoor line cable)

适合室内环境使用的线路电缆。从电缆交接箱引出的配线电缆,或从分线设备至用户终端之间的接户电缆,总会有一部分路段敷设于室内。敷设于室内的这一段电缆应该采用与室外电缆不同的要求,即阻燃要求高于抗潮和耐温要求。因此,室内线路电缆通常采用阻燃的聚氯乙烯作为护层。由于室内线路电缆一端连接用户设备,线对一般小于 200 对,导体的线径通常为 0.4 mm。常用的室内线路电缆为铜芯聚乙烯绝缘聚氯乙烯护套市内电话电缆,型号为 HYV。

12.104 手孔(handhole)

建设在地下通信管道上,能容得下人手进去操作的孔型建筑物。其主要用途是,为电缆抽放提供操作空间;作为管道的终点,将接户线引入建筑物。手孔由上覆、四壁、基础和附属配件组成。常用的有混凝土手孔、砖砌手孔和组装式手孔这 3 种。

12.105 水平布线子系统(plane cabling subsystem)

楼层配线架延至同楼层信息插座的所有设施,又称配线子系统。包括楼层配线架和跳线、水平缆线(光缆或双绞线)和端接硬件、信息插座。

12.106 太阳能电池(solar cell)

通过光电效应或者光化学效应直接将光能转化为电能的装置,又称为太阳能光伏,简称光伏(PV)。目前,采用光电效应的太阳能电池技术成熟,得到广泛应用,主要有三大类:硅太阳能电池、砷化镓太阳能电池和硫化镉太阳能电池。其中硅太阳能电池最常用。其发电原理是太阳光照射太阳能电池,太阳能电池吸收特定波段范围内的光能(如硅太阳能电池只能吸收光谱范围为 0.4~1.1 μm 的光能),将光能转变为电能输出。实际应用时,通常需要把太阳能电池串联组装为太阳能电池板(见图 12.39(a)),

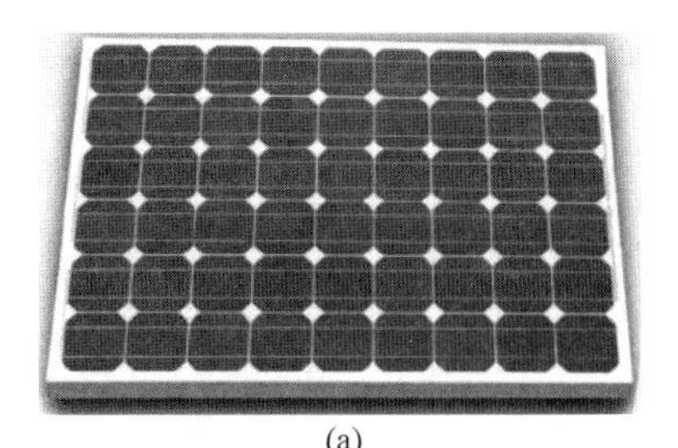

(a)

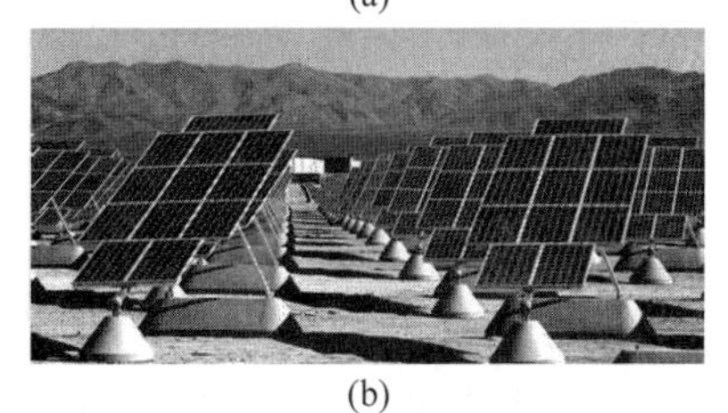

(b)

图 12.39 太阳能电池

再把太阳能电池板进行串联和并联,形成太阳能电池阵列(见图 12.39(b)),以满足负载要求的电压和电流。太阳能电池阵列可采用固定支架架设,也可采用可转动支架架设,采用可转动支架架设的太阳能电池阵列,可使太阳能电池阵列在白天工作时始终对准太阳方向,以输出最大电能。在阴雨天、夜晚等环境下,因太阳能电池发电能力不足和不能发电,故太阳能电池(阵列)通常配备控制器并与蓄电池、逆变器共同组成太阳能电池发电系统,以提供相对稳定的电源。

12.107　天线杆(antenna mast)

用于架设天线的、多节可伸缩的杆状装置及附件。按照驱动方式,可分为钢丝绞盘式、丝杠式、气动式、液压式等类型。按照承载能力,可分为轻载型(顶部承载不大于 20 kg)、标准型(顶部承载 20~50 kg)、重载型(顶部承载 50~100 kg)、超重载型(顶部承载大于 100kg)。

钢丝绞盘式天线杆将钢丝绳作为天线杆各节之间的动力传动机构,依靠手摇钢丝绞盘实现天线的升降。钢丝绞盘式天线杆一般为轻载型和标准型。丝杠式天线杆依靠电机作为动力,通过传动机构带动丝杠相对螺母转动,使螺母连接的天线杆各节相对移动,从而实现天线杆的升降。丝杠式天线杆通常设计为电动和手摇两种方式,以电动为主,手摇应急为辅。气动天线杆依靠空气压缩机作为动力,对天线杆内部的空气压力进行调节,使天线杆各节伸缩,从而实现天线杆的升降。液压天线杆依靠液压系统对天线杆内部的液压油油量进行调节,使天线杆各节伸缩,从而实现天线杆的升降。丝杠式天线杆、气动天线杆和液压天线杆一般为标准型、重载型、超重载型。目前丝杠式天线杆和液压天线杆最常用。

与天线杆有关的主要技术参数有:总高度、收缩后高度、顶部承载能力、抗风力、抗风拉绳层数和根数、抗风拉绳半径、杆体节数、自重、电源功率、外形尺寸等。图 12.40 为某型天线杆安装架设展开图。

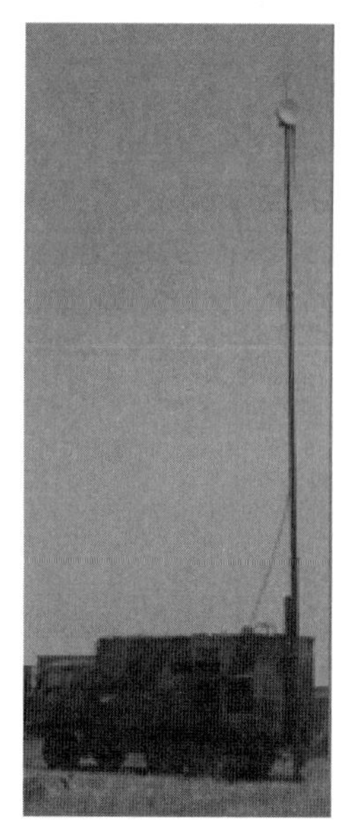

图 12.40　安装架设展开后的某型天线杆

12.108　跳纤(optical fiber jumper)

一根两端都带有光纤连接器插头的光纤。跳纤用于光纤配线架光纤通路的跳接。

12.109　跳线(jumper)

配线架直列架电缆和横列架电缆之间的跳接线对。跳线直接以绞合体为成品,有 2 芯、3 芯、4 芯和 5 芯。常用的跳线为 2 芯,线径 0.5 mm,线对颜色为红、白,采用聚氯乙烯绝缘。

12.110　通过角(ramp angle)

汽车满载静止时,汽车侧面视图上从车体下部某部位分别向前、后车轮外缘作切线,两条切线相交所形成的最小锐角,又称“纵向通过角”。如图 12.41 所示,只要小丘、拱桥等障碍物位于两条切线以下,则汽车可无障碍通过。通过角越大,两条切线与水平地面所围的三角形高度越高,则汽车的通过性越好。

12.111　通信电缆(communication cable)

传输通信信号的电缆。通信电缆内部是由多根互相绝缘的导线或导体构成的缆芯,外部是密封护套。由于使用环境、传输性能要求、材料和结构的多样性,通信电缆种类繁多,分类方式多样。按照敷设方式,分为架空电缆、自承式电缆、直埋电缆、管道电缆、水底电缆。按照传输频谱,分为低频电缆、高频电缆和射频电缆。按照电缆结构,分为对称电缆和同轴电缆。按照电缆的绝缘材料和绝缘结构,分为空气纸绝缘电缆、实心聚乙烯绝缘电缆和泡沫聚乙烯绝缘电缆。按照绝缘线芯绞合及成缆方式,分为对绞电缆、星绞电缆、层绞电缆、单位绞电缆。按照护层的种类,分为铅包电缆、铝包电缆、橡套电缆、塑套电缆、综合护层电缆、钢带铠装电缆、钢丝铠装电

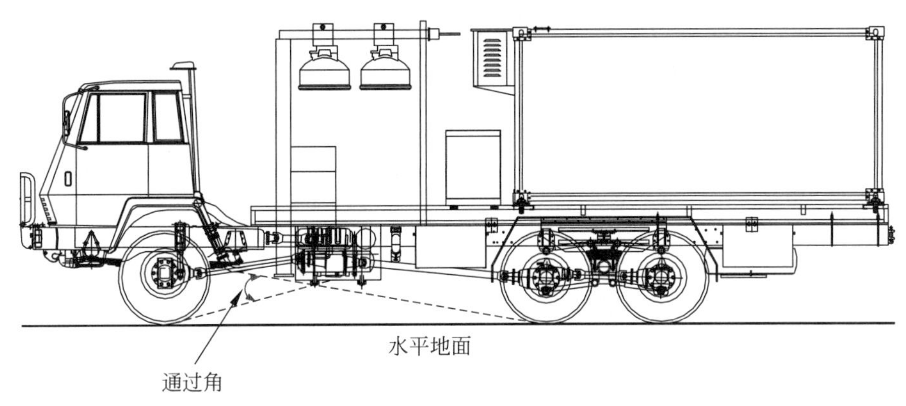

图 12.41　通过角

缆。按照用途来划分,主要分为长途通信电缆、干线同轴电缆、市内电话电缆、局用电话电缆、配线电话电缆(室内成端电缆)、同轴射频电缆、数字通信电缆等多种。

12.112　通信电源(power system of communication station)

为通信设备和设施供电的专用电源。通信电源通常包括交流供电系统和直流供电系统。交流供电系统的输入来自市电和油机电。高压市电经降压变压器变换为低压市电后,和油机电一同接入低压交流配电屏,经选切,输出至整流器、空调以及照明设备等。另外 UPS 电源也可视为交流供电系统的一部分。直流供电系统主要由整流器、蓄电池组、直流配电屏等组成。整流器完成交流到直流的转换,为设备供电和蓄电池组充电;蓄电池组用于交流中断后的供电,以保证供电不间断;直流配电屏将直流电分路输出至不同负荷的设备。目前直流供电系统普遍采用-48 V 输出。

12.113　《通信管道与通道工程设计规范》(Communication Conduit and Passage Engineering Designing Standard)

中华人民共和国通信行业标准之一,标准代号为 YD 5007—2003,2003 年 9 月 13 日,中华人民共和国信息产业部发布,自 2003 年 11 月 1 日起实施。标准适用于新建的本地电话网的配线、局间中继线、长途进局线以及高等级公路等通信管道与通道工程,改、扩建工程可参照执行。内容包括总则、通信管道与通道规划原则、通信管道与通道路由和位置确定、通信管道容量的确定、通信管道材料及选择、通信管道及人孔建筑、通信管道埋设深度、通信管道弯曲与段长、电缆通道、电缆进线室的设计、附录 A(本规范用词说明)等。

12.114　通信建筑(communication building)

主要安装通信设备的建筑及其附属建筑。在试验通信中,一般指以通信设备机房为主体的建筑,又称综合通信楼、通信楼。通信楼一般设有电缆进线室、配线室、光传输机房、网络机房、交换机房、人工长途机房、卫通机房、微波机房、短波机房、话务员室、配电室、电源机房、蓄电池间、备品备件室以及值班室、培训室等。与一般建筑相比,通信建筑还应根据通信设备的特点,考虑配电、防雷接地、布线、电磁兼容等特殊要求。

12.115　《通信局(站)电源系统总技术要求》(General Requirements of Power Supply System for Telecommunication Stations/Sites)

中华人民共和国通信行业标准之一,标准代号为 YD/T 1051—2010,2010 年 12 月 29 日,中华人民共和国工业和信息化部发布,自 2011 年 1 月 1 日起实施。标准规定了通信局站电源系统的技术要求,适用于各类通信局(站)的电源系统设计和建设。内容包括范围、规范性引用文件、总则、外市电引入、电源系统组成、电源系统类型及应用原则、基础电源、交流供电方式、直流供电方式、电源系统可靠性和设备参考配置、接地与防雷、监控、环境要求、附录 A(变配电设备主要系列和技术要求)等。

12.116 《通信局(站)防雷与接地工程设计规范》(Code for Design of Lightning Protection and Earthing Engineering for Telecommunication Bureaus (Stations))

中华人民共和国国家标准之一,标准代号为 GB 50689—2011,2011 年 4 月 2 日,中华人民共和国住房和城乡建设部和国家质量监督检验检疫总局联合发布,自 2012 年 5 月 1 日起实施。标准适用于新建、改建和扩建的通信局(站)防雷与接地工程的设计。内容包括总则、术语、基本规定、综合通信大楼的防雷与接地、有线通信局(站)的防雷与接地、移动通信基站的防雷与接地、小型通信站的防雷与接地、微波与卫星地球站的防雷与接地、通信局(站)雷电过电压保护设计、附录 A(防雷区)、附录 B(网状、星形和星形—网状混合型接地)、附录 C(防雷器保护模式要求)、附录 D(土壤电阻率的测量)、附录 E(接地电阻的测量)、附录 F(全国主要城市年平均雷暴日数统计表)、附录 G(全国年平均雷暴日数区划图)、本规范用词说明、引用标准名录等。

12.117 《通信线路工程设计规范》(Design Specifications for Telecommunication Cable Line Engineering)

中华人民共和国通信行业标准之一,标准代号为 YD 5102—2010,2010 年 5 月 14 日,中华人民共和国工业和信息化部发布,自 2010 年 10 月 1 日起实施。标准适用于新建陆地通信传输系统的线路工程设计,改建、扩建及其他类似线路工程可参照执行。内容包括总则、术语和符号、通信线路网、光(电)缆及终端设备选择、通信线路路由选择、光(电)缆线路敷设和安装、光(电)缆线路的防护、局站站址选择与建筑要求和长途光缆线路维护、附录 A(本规范用词说明)等。

12.118 《通信用阀控式密封铅酸蓄电池》(Valve-regulated Lead Acid Batteries for Telecommunications)

中华人民共和国通信行业标准之一,标准代号为 YD/T 799—2010,2010 年 12 月 29 日,中华人民共和国工业和信息化部发布,自 2011 年 1 月 1 日起实施。标准适用于通信用阀控式密封铅酸蓄电池,不适用于室外型通信电源用蓄电池。内容包括范围、规范性引用文件、定义、符号、型号命名、要求、试验方法、检验规则、标志、包装、运输、贮存等。

12.119 同轴电缆(coaxial cable)

内导体和外导体同轴心的电缆。同轴电缆由外护套、外导体、绝缘层、内导体组成。外护套一般为聚乙烯,外导体为金属网或金属管,绝缘层为聚乙烯或者是半空的支撑介质,内导体为实心或管状金属导体。同轴电缆按照阻抗分为 50 Ω、75 Ω 和 100 Ω。常用的同轴电缆为实心聚乙烯绝缘聚氯乙烯护套同轴电缆,型号为 SYV。

12.120 尾巴电缆(stub cable)

从电缆和设备上引接下来的一小段电缆。例如,在分线设备内,尾巴电缆从内层接线端子引出。平时不用时,尾巴电缆的末端用塑料或短段热缩套管封合。使用时打开,可接入所需设备,如测试设备等。

12.121 微波铁塔(microwave steel tower)

用于架设微波天线的通信铁塔。通常由塔靴、塔身、平台、爬梯、天线支架、馈线架及避雷针、避雷引下线等部分组成。自立式微波铁塔,多采用角钢材料辅以钢板材料、钢管材料,各构件之间采用螺栓连接,且各构件在加工完毕后必须进行热镀锌防腐处理。微波铁塔的高度为塔脚基础顶面至避雷针安装处之间的垂直距离,塔顶应设置禁航灯,微波天线的扭转角和铁塔的挠度角应满足微波通信技术要求。

12.122 尾纤(tail fiber)

从光缆上引接下来的一小段光纤。尾纤的一端采用熔接的方式与光缆相连,另一端安装有活动连接器,便于灵活地接入设备。尾纤与跳纤区别是尾纤只有一端安装活动连接器,跳纤两端均安装活动连接器。

12.123 稳压电源(stabilized voltage supply)

为负载提供稳定电压的电子装置。分为交流稳压电源和直流稳压电源两大类。

交流稳压电源按照工作原理可分为参数调整型、自耦调整型和功率补偿型。参数调整型以 LC 串联谐振电路为基础实现稳压;自耦调整型以自耦变压器为基础实现稳压;功率补偿型把线性变压器的次级串联在输入和输出主电路中，控制变压器初级电压，从而调整次级电压，对输出电压进行补偿，实现稳压。交流稳压电源的主要技术性能参数有源电压范围、电压调整率、负载调整率、失真度、效率、输出容量、负载功率因数、稳压精度等。

直流稳压电源又称直流稳压器，其供电电源多为交流电源，其作用是当交流供电电源电压或负载电阻发生变化时，保持直流输出电压稳定。直流稳压电源按照工作原理分为可控整流型、斩波型、变换器型。可控整流型通过改变晶闸管的导通时间来调整输出电压。斩波型通过改变开关电路的通断比得到单向脉动直流，再经滤波后得到稳定直流电压。变换器型不直接稳定直流电压，而是先经逆变器变换成高频交流电，经变压、整流、滤波后，得到直流电压输出，再将直流输出电压取样，反馈控制逆变器工作频率，从而达到稳定输出直流电压的目的。直流稳压电源的主要技术性能参数有源电压范围、输出电压和调整范围、稳压精度、输出端杂音电压、效率等。

12.124　信号壁盒(signal wall box)

安装在车壁上，实现车舱内外各类信号线缆连接的盒形装置。如图 12.42 所示，信号壁盒由防护盖、盒体、信号接口板(转接板)组成。防护盖不使用时关闭锁紧，使用时打开，同时起到防雨作用。盒体用于安装信号接口板。信号接口板(见图 12.43)通常安装各类同轴插座、航空插座、光纤连接器、电话接线柱、信号地(接地柱)等部件，实现内外各类信号线缆的转接。有的信号转接板上还开圆形过线孔，以便光电缆直接进入通信车。

图 12.42　信号壁盒

12.125　信息插座(telecommunications outlet)

水平布线子系统中，端接水平缆线，提供工作区布线接口的固定连接装置。每个单独的工作区至少

图 12.43　信号接口板

应提供两个信息插座。第一个信息插座只应端接 4 对对称电缆，第 2 个信息插座可以端接光纤或 4 对对称电缆。

12.126　《野战通信线缆品种系列》(Breeds and Series of the Field Communications Wires and Cables)

中华人民共和国国家军用标准之一，标准代号为 GJB 424A—2007，2007 年 3 月 2 日，中国人民解放军总装备部发布，自 2007 年 7 月 1 日起实施。标准适用于野战通信线缆的研制和使用。内容包括范围、引用文件、术语和定义、野战通信线缆品种系列和型号、野战通信线缆的主要技术要求、附录 A(野战电源电缆主要技术要求)、附录 B(野战通信线缆用绝缘料和护套料)等。

12.127　用户保安器(subscriber protector)

串接在室外接户线和室内安装线之间的保护设备。当室外接户线引入雷电、强电时，用户保安器切断内外线的连接，从而达到保护室内人员和设备安全的目的。根据能否自动恢复连接，用户保安器分为自复式和非自复式两类。自复式一般为充气放电管或陶瓷保安器，非自复式一般采用熔断方式。

12.128　用户线路网(subscriber line network)

本地电话网中，一个交换区域内全部用户线路的总称。如图12.44所示，用户线路网由馈线电缆、电缆交接箱、配线电缆、电缆分线设备、接户线路、管道和杆路等组成。用户线路网以交换区域界线为范围，与交换局一一对应。

一个交换区划分为若干配线区，每个配线区设一个电缆交接箱和若干电缆分线设备。交换局至电缆交接箱的电缆称为馈线电缆。大的交换区将馈线电缆分为主干馈线电缆和分支馈线电缆，分支馈线电缆从主干馈线电缆上分下。电缆交接箱至电缆分线设备的电缆称为配线电缆。电缆分线设备至用户终端间的电线/电缆称为接户线路。电缆交接箱馈线电缆一侧可辅助采用主干与分支之间的缆根复接或交接箱之间的局线复接；配线电缆一侧一般不对配线电缆和分线设备复接。为延伸用户线路，跨越无法敷设电缆的区域等所用的有线/无线传输设备，也属于用户线路网的组成部分。馈线电缆、配线电缆、接户线路根据实际采用管道敷设或杆路架设。

12.129　油机(oil electrical generator)

以柴油或汽油为燃料的发电机，柴油发电机或汽油发电机的简称。油机主要由燃油发动机和发电机组成。燃油发动机由燃油系统、润滑系统、冷却系统、启动系统、曲轴连杆机构、配气机构等组成。发电机通常由定子、交流励磁机、转子和旋转整流器等组成。完整的油机发电系统还配有油机发电机控制屏。固定通信站中，油机用作备用交流电源；车载通信系统中，油机作为通信设备的主用交流电源。

12.130　杂音电压(noise voltage)

整流器输出电压中的交流成分。杂音电压是周期性函数，其波形由一系列不同频率、幅度和相位的交流正弦波组成。从频率域来看，是一系列离散的

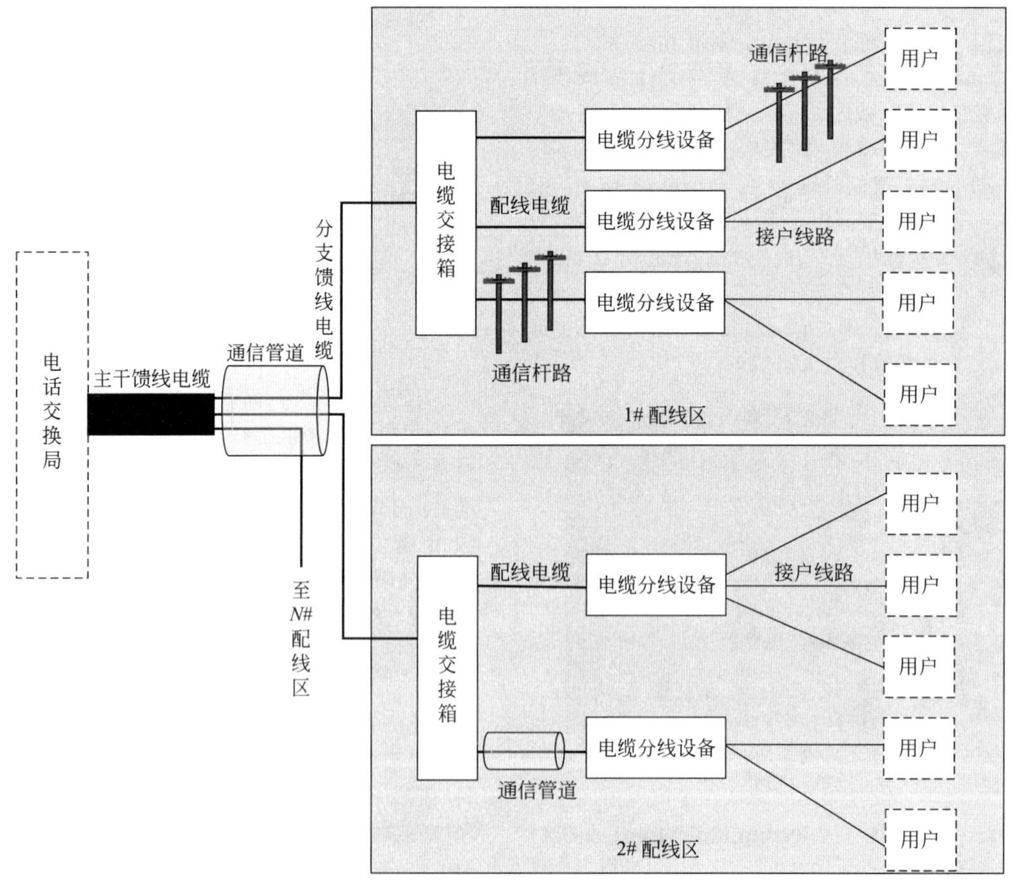

图12.44　用户线路网

功率谱。杂音电压会对通信设备产生干扰,通常用电话衡重杂音电压、峰峰杂音电压、宽频杂音电压、窄频和离散杂音电压等参数表示。对杂音电压的主要要求见表 12.2。

表 12.2　杂音电压限值

杂音电压参数	数值
电话衡重杂音电压	≤2 mV(300~3400 Hz)
峰峰杂音电压	≤400 mV(0~300 kHz)
宽频杂音电压	≤100 mV(3400~150 kHz)
	≤30 mV(150~30 000 kHz)
窄频和离散杂音电压	≤5 mV(3400~150 kHz)
	≤3 mV(150~200 kHz)
	≤20 mV(200~500 kHz)
	≤1 mV(500~30 000 kHz)

12.131　整舱(whole shelter)

安放所有设备和设施且能正常工作的方舱。

12.132　整流器(rectifier)

将交流电变换成直流电的设备,又称交流—直流变换器(AC/DC)。整流器是直流电源的重要设备,通常由滤波器、工频整流、功率因数校正、直流滤波输出、控制单元、监控显示等模块组成。整流器的主要技术参数有直流输出电压及调节范围、稳压精度、浮充工作时候的温度补偿、输出端杂音电压、输出限流和电池充电限流、功率限制和恒功率输出特性、动态响应、效率、功率因数等。对于标称值为-48 V 的整流器,输出电压范围为-43~-59 V,稳压精度应小于 1%,效率应大于 92%,功率因数应大于 0.99。目前直流电源多采用高频开关型整流器。

12.133　直流电源(DC power supply)

输出为直流的电源,在通信系统中,为各类设备提供直流的电源,又称为直流基础电源或第二级电源(相对于交流电为第一级电源而言)。直流电源由交流配电设备、整流设备、蓄电池组、直流配电设备等组成,可保证供电不中断。根据输出直流电压大小的不同,直流电源主要有-48 V、24 V、240 V 这 3 种类型。-48 V 电源处于主流地位,如固定站的电话交换设备和光通信设备均使用-48 V 电源供电。

12.134　直流配电(DC distribution)

将输入的直流电汇集或选切后分为多路输出的技术。直流配电将整流器、蓄电池输入的直流电汇接后,通过熔断器或者开关,分出多路,分别向不同容量的负载供电。直流配电设备通常指直流配电屏,除了具有配电功能外,还具有测量、告警和保护等功能。

12.135　直埋线路(direct-buried line)

将通信电缆、光缆直接埋设于地下所形成的通信线路。直埋线路是通信工程室外线路建筑方式的一种。除了采用满足直埋要求的电缆光缆外,直埋线路还要根据线路的地形条件和安全要求,采取其他必要的保护和防护措施,防止机械损伤、鼠害和蚁害、腐蚀等。

12.136　直通配线(through wiring)

来自交换局的一个电缆线对只会出现在一个分线点上的配线方式,又称直接配线。直通配线是用户线路网配线方式的一种,其优点是配线简单,便于施工、维护和检修,但通融性差,使用率低。

12.137　综合布线系统(generic cabling system)

建筑群内部将话音、图像、数据等多种布线集成为一体的系统。如图 12.45 所示,综合布线系统分为建筑群主干布线子系统、建筑物主干布线子系统、

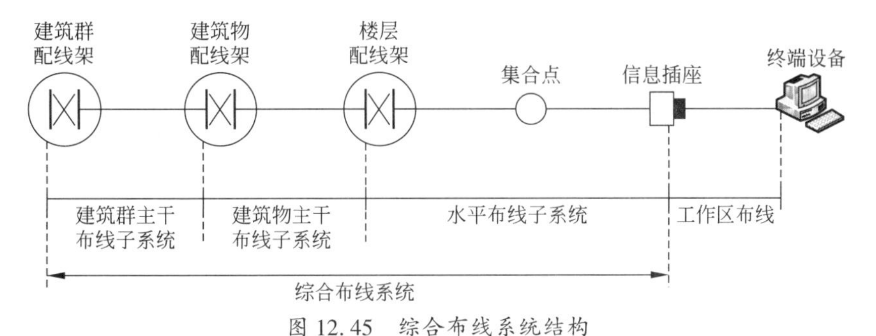

图 12.45　综合布线系统结构

水平布线子系统等部分,具体由配线架、通信电缆光缆、信息插座等组成。整个建筑群设一个建筑群配线架,每个建筑物设一个建筑物配线架,每个楼层设一个楼层配线架。配线架之间可有多种不同的连接方式,形成不同的拓扑结构,如总线型、星型和环型等。

12.138　总配线架(main distribution frame)

电话局内连接电话交换设备与入局馈线电缆的配线架,又称主配线架。其用途是建立电话交换设备端口与入局馈线电缆线对的灵活连接。总配线架的接线容量大小不一,对于大容量电话局,可多达数十万回线。总配线架放置在专用机房,其内接线端(横列架)与电话交换设备连接,外接线端(直列架)通过成端电缆与入局馈线电缆连接。为了防止外来电压对电话交换设备和人员的伤害,总配线架的外接线端配置有保安装置,此外总配线架还具有告警功能和测试端口。

12.139　最大爬坡度(maximum climb angle)

汽车满载时在良好路面上能够爬越斜坡的最大坡度。如图 12.46 所示,爬坡度用坡度的角度值(以度数表示)或者以斜坡起止点的高度差与其水平距离的比值(正切值)的百分数(百分比坡度)来表示。最大爬坡度代表汽车的爬坡能力。影响最大爬坡度的因素有汽车动力性能、轮胎抓地能力、接近角和离去角。一般来讲,汽车动力性能越好、轮胎抓地能力越强、接近角和离去角越大,则最大爬坡度越大,爬坡能力越强。

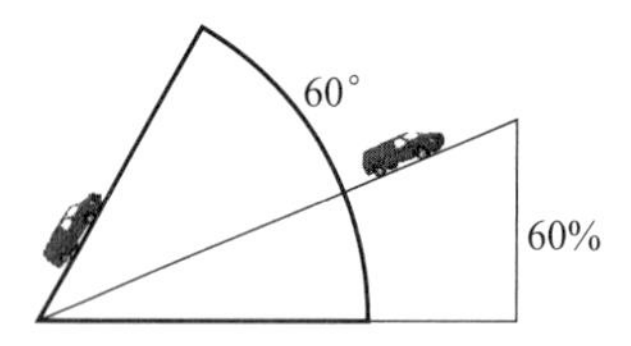

图 12.46　坡度与百分比坡度

12.140　最小离地间隙(minimum ground clearance)

汽车在满载静止时,底盘最低点距离水平地面的距离。如图 12.47 所示,最小离地间隙表征了汽车无碰撞通过有障碍物或凹凸不平地面的能力。最小离地间隙越大,车辆通过有障碍物或凹凸不平的地面的能力就越强,但重心偏高,稳定性差。最小离地间隙越小,车辆通过有障碍物或凹凸不平地面的能力就越弱,但重心低,稳定性强。

图 12.47　最小离地间隙

12.141　最小转弯半径(minimum radius of turning circle)

当方向盘转到极限位置时,汽车外侧前轮轨迹圆的半径。如图 12.48 所示,当方向盘转到右极限位置时,汽车左外侧前轮在地面上的运动轨迹为一个圆,该圆的半径即为最小转弯半径。最小转弯半径代表了汽车的转弯能力,最小转弯半径越小,转弯能力越强。最小转弯半径与汽车的轴距、轮距及转向轮的极限转角有关。一般来讲,轴距和轮距越小,转向轮的极限转角越大,则最小转弯半径越小。

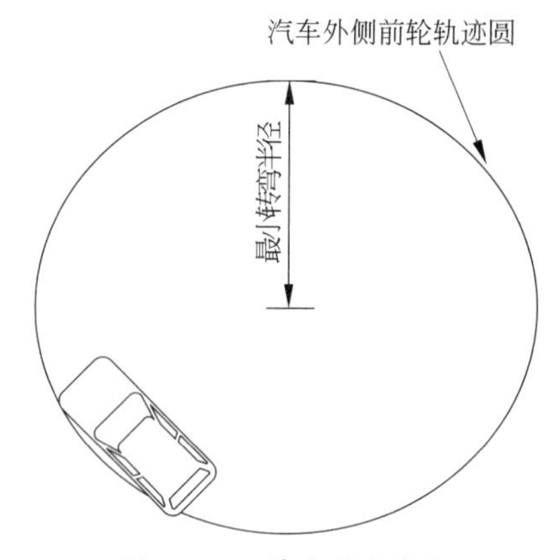

图 12.48　最小转弯半径

第13章　新　技　术

13.1　大数据(big data)

规模大到在获取、存储、管理、分析方面大大超出了传统数据库软件工具能力范围的数据集合。大数据具有大量、多样、高速和价值这4个特征。所谓大量,指数据体量巨大,从TB级别,跃升到PB级别;所谓多样,指数据类型繁多;所谓高速,指处理速度快,可从各种类型的数据中快速获得高价值的信息,这和传统的数据挖掘技术有着本质的不同。所谓价值,指只要合理利用数据并对其进行正确、准确的分析,将会带来高价值回报。在总数据量相同的情况下,与个别分析独立的小型数据集相比,大数据将各个小型数据集合并后进行分析可得出许多额外的信息和数据关系性。大数据无法用单台计算机进行处理,必须采用分布式架构。对海量数据进行分布式数据挖掘,须依托云计算的分布式处理、分布式数据库和云存储、虚拟化技术等。

13.2　第五代移动通信系统(the fifth generation mobile communication system)

继第四代之后,面向2020年以及未来的移动通信系统,简称5G。5G的主要技术场景可概括为连续广域覆盖、热点高容量、低功耗大连接和低时延高可靠性等。主要技术场景所对应的关键性能见表13.1。

表13.1　5G主要技术场景与关键性能

场景	关键性能
连续广域覆盖	100 Mb/s的用户体验速率
热点高容量	用户体验速率:1 Gb/s 峰值速率:数十Gb/s 流量密度:数十Tb/s
低功耗大连接	连接数密度:$10^6/km^2$ 超低功耗,超低成本
低时延高可靠性	空口时延:1 ms 端到端时延:ms量级 可靠性:接近100%

5G技术创新集中在无线技术和网络技术两个领域。在无线技术领域,采用大规模天线阵列、超密集组网、新型多址和全频谱接入等技术;在网络技术领域,采用基于软件定义网络(SDN)和网络功能虚拟化(NFV)的新型网络架构。此外,基于滤波的正交频分复用(F-OFDM)、滤波器组多载波(FBMC)、全双工、灵活双工、终端直通(D2D)、多元低密度奇偶检验(Q-ary LDPC)码、网络编码、极化码等也被认为是5G重要的潜在无线关键技术。

在5G演进路线上,4G及其演进系统与5G系统将长期共存,并与其他无线宽带技术(如下一代无线局域网)紧密融合。4G演进主要面向6 GHz以下频段,满足部分5G场景和需求,5G新空中接口则同时工作在低频段和高频段,满足全部5G场景和需求。

13.3　泛在网(ubiquitous network)

广泛存在的网络,简称U网。泛在网具有超强的环境感知、内容感知及智能性,为个人和社会提供泛在的、无所不含的信息服务和应用。泛在网的通信对象可以是人对人、物对物、人对物。泛在网的体系结构如图13.1所示,由感知/延伸层、网络层、应用层以及应用于各层的公共技术构成。对泛在网进行垂直分割,可分为用户(数据)平面、控制平面和认知平面。

泛在网络并不是颠覆性的网络革命,而是对传统网络潜力的挖掘和网络效能的提升,需要解决的关键技术问题有异构网络/终端共存与协同,上下文感知、移动性管理、业务适配与合成,管理与安全等。

13.4　分组通信数据网(packet telecommunication data network)

中国通信标准化协会基于从根本上解决IP网体系结构缺陷而提出的具有层次化结构的分组承载网络,简称PTDN。PTDN架构如图13.2所示,分为核心层、汇聚层和接入层,主要网络设备有核心路由器(CR)、汇聚路由器(MR)、接入路由器(AR)、边缘设备(ED)、网管设备(NM)、地址翻译器(ADT)。PTDN主要涉及数据链路层和网络层技术,支持面向连接和不面向连接两种工作模式。路由模型有最

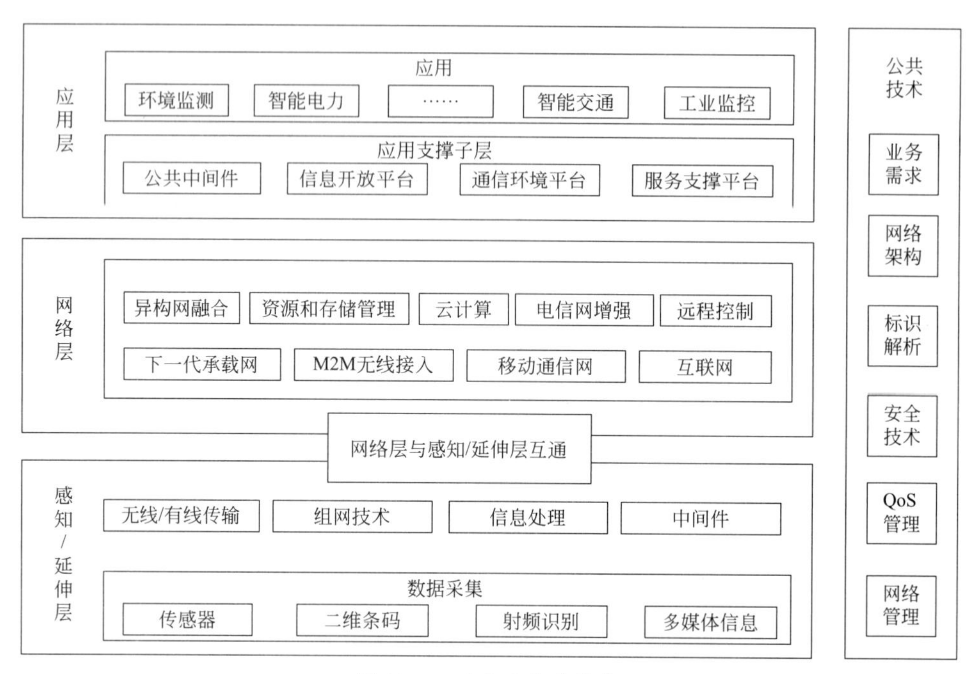

图 13.1 泛在网体系结构

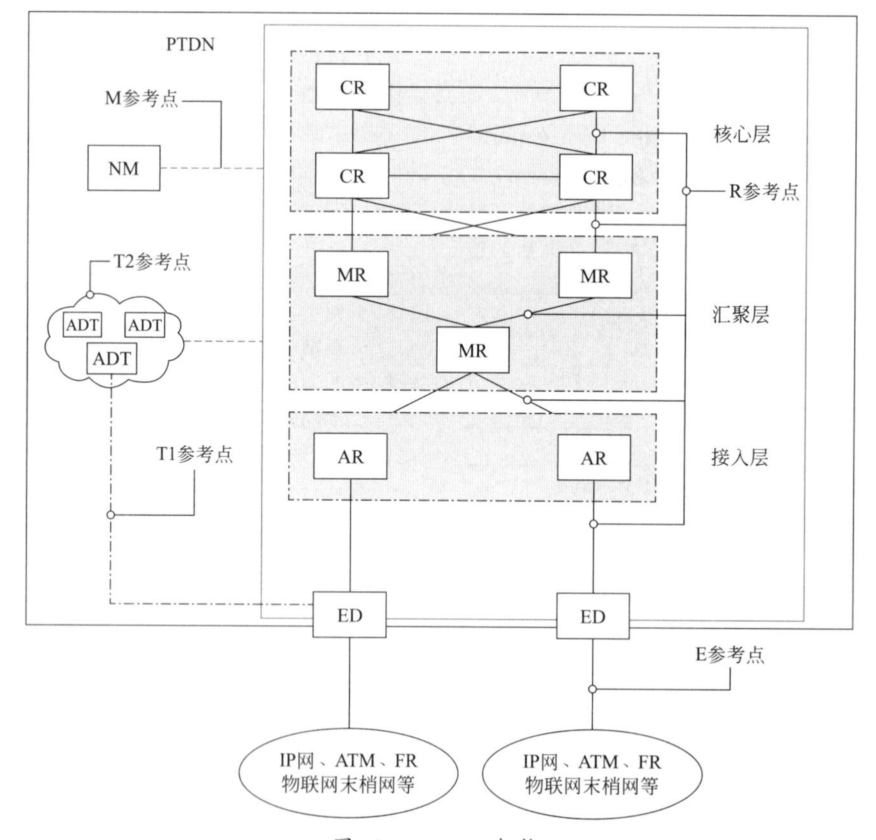

图 13.2 PTDN 架构

短路由、双路由和多路由模型。PTDN 的编址依据地域和层次化形成有序的地址结构。网络中的每一个节点设备在入网时,根据网络规划获得一个确定地址。从网络的控制平面、管理平面和数据平面采取相应的安全机制和服务质量保证措施,来解决安全问题和服务质量保证问题。

13.5 量子通信(quantum telecommunication)

利用量子纠缠效应进行的信息传递。在量子通信中,信息由量子态携带。量子态是指原子、中子、质子等量子的状态,可用能量、旋转、运动、磁场以及其他的物理特性表示。量子纠缠指,两个同源的量子,不管相距多远,只要一个量子的量子态发生变化,另一个量子的量子态随之发生相应的变化。两个量子的量子态变化是在同一时间完成的,与两个量子的距离无关。

量子通信依靠量子隐形传态完成,其基本原理如图 13.3 所示,量子 A 的量子态携带从甲地传送到乙地的信息。量子 B 和量子 C 为量子纠缠源产生的一对纠缠量子,分别传送到甲地和乙地。对量子 A 和量子 B 实施测量,测量的结果为 4 种可能的状态之一,并通过经典信道将测量的结果传送到乙地。测量改变了甲地量子 B 的量子态。由于量子 B 和量子 C 为一纠缠对,因此量子 C 的量子态也随之改变。乙地在收到甲地的测量结果之后,对量子 C 做相应的操作(变换),使量子 C 的量子态与原量子 A 的量子态完全相同。这样,量子 C 的量子态就具有了量子 A 的量子态所携带的信息。

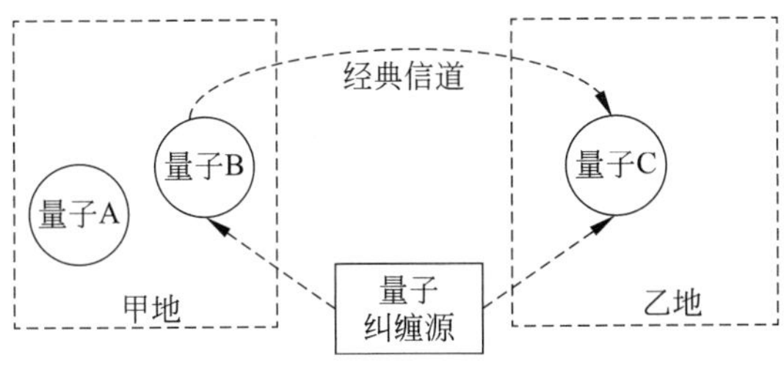

图 13.3　量子隐形传态原理

在上述过程中,量子 A 并没有从甲地传到乙地,传统信道中传送的是测量结果,也不是量子 A 的量子态。在甲地测量前,量子 B 和量子 C 与量子 A 无关,故称这种量子态的传递方式为量子隐形传态。量子隐形传态是量子通信无法截获,保密性强的根本原因。

为了进行远距离的量子隐形传态,甲乙两地需要事先共同拥有量子纠缠态。由于存在各种不可避免的环境噪声,量子纠缠态的品质会随着传送距离的增加而变得越来越差。如何提纯高品质的量子纠缠态是量子通信研究中的重要课题。

13.6 面向服务的架构(service-oriented architecture)

用独立于硬件平台、操作系统和编程语言的接口,将各个服务(应用程序中的功能单元)联系起来的计算机软件模型,简称 SOA。SOA 服务的接口和服务的具体实现是相分离的,且服务的请求方采用基于文档方式(消息方式)来请求调用服务提供方的服务。在 SOA 中,服务请求方和服务提供方可以是完全异构的实现。服务是标准的和开放的。通过标准描述格式,定义服务提供的操作、消息格式和消息交换模式,这样无论是调用者还是被调用者均无需关心其他诸如具体地址、具体实现技术等信息。SOA 具有以下 5 个基本特征。

(1) 可重用:一个服务创建后能用于多个应用和业务流程。

(2) 松耦合:客户端和服务端建立在文档形式的服务契约上,服务之间、服务接口和服务实现之间、服务的接口协议和传输协议之间、服务请求者与服务提供者位置之间、服务与软硬件平台之间、服务与服务流程之间相对独立。

(3) 明确定义的接口:服务交互必须是明确定义的。Web 服务描述语言(WSDL)被用于描述服务请求者所要求的绑定到服务提供者的细节。WSDL 不包括服务实现的任何技术细节。服务请求者不知道也不关心服务究竟是由哪种程序设计语言编写的。

(4) 无状态的服务设计:服务是独立的、自包含的请求,在实现时它不需要获取从一个请求到另一个请求的信息或状态。服务不应该依赖其他服务的上下文和状态。当产生依赖时,它们可以定义成通用业务流程、函数和数据模型。

(5) 基于开放的标准:SOA 的一般实现形式是 Web 服务,基于的是公开的标准。

13.7 喷泉码(foutain codes)

一种基于删除信道模型的前向纠错编码。喷泉码的基本思想是,发送端随机编码,由 k 个原始分组生成任意数量的编码分组,在不知道这些原始分组是否被成功接收的情况下,持续发送编码分组。而接收端只要收到 N(稍大于 k)个编码分组的任意子集,就能通过译码以高概率(和 N 有关)成功地恢复全部 k 个原始分组。发送端就如同源源不断产生水滴(编码分组)的喷泉,而接收端如同接收水滴的杯子,只要接收到足够数量的水滴,即可满足饮用(成功译码)的需求。喷泉码分为卢比变换码(LT 码)和 Raptor 码两类。LT 码由 Michael Luby 提出,是喷泉码的第一次具体实现。Amin Shokrollahi 对 LT 码进行了改进,提出了第二类喷泉码,即 Raptor 码。

与传统的信道纠错编码相比,喷泉码具有以下优势。

(1) 与反向重传纠错机制相比,喷泉码作为一种前向纠错编码,避免了信号往返的延时,提高了系统的可扩展性,同时避免了广播和组播应用中的反馈爆炸问题。

(2) 与传统的前向纠错编码相比,喷泉码仅仅基于原始分组数量,而与信道模型无关,其非固定码率特性使得发送端能够生成无限多的编码分组,当接收端发现信道条件不好,丢包较多时,只要接收更多的编码分组即可,不需要发送端重新设计编码方案,重新发送。

(3) 与传统的 RS 等纠错编码相比,喷泉码具有更低的编译码复杂度。喷泉码生成每个编码分组需要的运算量是与原始分组数 k 无关的常数,而成功译码获得 k 个原始分组是关于 k 的线性函数,即具有线性编译码复杂度。

(4) 喷泉码对异质用户或网络的支持好。由于喷泉码的非固定码率特性,不同的用户可以根据自己的接收状况,灵活地确定接收数据的长度,具有不同的丢包率或带宽的用户互不影响,系统无需为了个别用户的接收质量而影响其他用户。

喷泉码最大的特点是码率无关性,适合在广播和组播中使用。

13.8　全球信息栅格(global information grid)

美军为克服 C^4ISR 系统的不足,提出和建设的用于军队全球作战的栅格化信息系统,简称 GIG。GIG 是由连接到全球任意两点或多点的信息传输能力、实现相关软件和对信息进行处理的操作使用人员组成的栅格化信息综合体。

C^4ISR 系统是各军兵种独立开发的"烟囱式结构",形成了纵向一条线或组网一个面的连接模式,无法实现全球覆盖,不能对大量战场信息进行有效加工,设备兼容性不好,特别是系统只能链接和处理通过计算机通信联网的信息,而对其他设备的数字化信息,如战场前端的传感器、作战要素的火器、射击系统等仍不具备兼容共享的能力。GIG 为克服这些缺点,按照联合作战体系结构,连接成一体化的系统,建立栅格状的信息网系,以便从结构上为实现全球任意点,不同需求之间的信息沟通提供环境条件。

GIG 系统分为基础、通信、计算、全球应用和使用人员 5 个层次。基础层包括体系结构、频谱分配、法规标准、管理措施等。通信包括光纤、卫星、无线通信以及国防基础信息系统网、远程接入点、移动用户管理业务。计算包括网络服务、软件管理、数据库和电子邮件。全球应用包括全球指挥控制系统、全球战斗支持系统、日常事务处理程序以及后勤保障系统等。使用人员包括陆军、海军、空军、天军及特种部队。

13.9　软件定义网络(software defined network)

Emulex 公司提出的一种新型网络创新架构,简称 SDN。SDN 将控制功能从网络节点中分离出来,以可编程的方式控制流量,构建动态、开放、可控的网络环境。

作为 SDN 的核心部件,SDN 控制器以软件平台的方式存在并享有集中的控制权,其算法、逻辑、规则均可配置。交换机在接收到 SDN 控制器发来的指令后,更新本地规则,完成数据转发。由于控制信息可以预见,交换设备不需要专门的高性能转发芯片处理控制信息,降低了成本和软硬件功能的耦合性。一旦网络需要动态的平衡资源,SDN 控制器可以利用端到端的监控能力重新分配资源和流量。

OpenFlow 论坛提出的 OpenFlow 模型,以其良好的灵活性、规范性,成为了 SDN 事实上的标准。OpenFlow 模型主要由 OpenFlow 交换机、OpenFlow 协议和控制器组成。

控制器对全局网络拓扑具有可见性和可控性,借助开放的协议对不同交换机和路由器中的数据流表进行编程,从而决定每个数据包的流向,并实现一些特殊网络设备才具有的功能,如防火墙、负载均衡器等。Nox/Pox 作为便捷的控制器软件,可以帮助研究人员使用 C++或 Python 开发自己的控制器算法、运行应用程序。

OpenFlow 协议为 OpenFlow 交换机和控制器通信提供开放、标准化的接口。借助于事先定义好的应用程序接口(API),控制器就可以接受交换机的请求,发送指令修改交换机中的流表,进而控制数据流的走向。

OpenFlow 交换机由安全通道和流表组成,硬件功能得到简化。安全通道使交换机和控制器之间的指令和数据可以基于安全套接层(SSL)进行安全传输。当数据包到达交换机时,会先在流表中进行查找,匹配成功则执行相应操作;否则发送到控制器,根据控制器的响应完成相应操作。

OpenFlow 将传统的由交换机/路由器控制的报文转发过程转换为由控制器和 OpenFlow 交换机共同完成,从而实现路由控制和数据转发的分离。通过将控制权从交换机/路由器中分离出来,网络管理者可以借助自定义的策略,来控制网络中数据流的走向及行为。这种控制权与交换设备的解耦合,为网络带来了更大的灵活性、可控性。

13.10　软交换(soft switch)

在下一代网中,实现呼叫控制和连接管理,支配网络资源等控制层功能的核心设备。由于这些功能主要靠软件实现,而这些功能又是传统交换机的主要功能之一,故称为软交换。

软交换的基本含义就是将呼叫控制功能从媒体网关中分离出来,通过软件实现基本呼叫控制功能,包括呼叫选路、管理控制、连接控制和信令互通,从而实现呼叫传输与呼叫控制的分离,为控制、交换和软件可编程功能建立分离的平面。软交换主要提供连接控制、翻译和选路、网关管理、呼叫控制、带宽管理、信令、安全性和呼叫详细记录等功能。与此同时,软交换还将网络资源、网络能力封装起来,通过标准开放的业务接口和业务应用层相连,从而可方便地在网络上快速提供新业务。

13.11　三网融合(convergence of three networks)

电信网、广播电视网、互联网的相互渗透、互相兼容、并逐步整合成为统一的信息通信网络,又称三网合一。三网融合的内容包括网络融合、接入融合、终端融合、业务与服务融合、运营监管融合。其中,网络融合指打破三网分立的局面,每张网均能做全业务的传送网。运营监管融合指国家统一由一个部门进行运营监管。

三网融合并不是指三大网络的物理合一,而主要是指高层业务应用的融合。三网通过技术改造,其技术功能趋于一致,业务范围趋于相同,网络互联互通、资源共享,每一个网均能为用户提供语音、数据和广播电视等多种服务。

13.12　数据中心(data center)

集中众多服务器和存储设备并接入互联网等外部网络的信息基础设施。数据中心向用户提供服务器托管和网络应用服务。服务器托管指数据中心提供机房环境和接入互联网等外部网络的带宽,用户将自己的服务器等设备放在租用的空间内。网络应用指数据中心不仅向用户提供机房环境,而且还提供所需要的软硬件资源,用户无须有自己物理上的服务器等设备,只需要在分配的资源上运行自己的应用软件即可。网络应用服务所需的资源,数据中心通常采用虚拟的方法提供。

数据中心设备包括服务器、存储设备、网络设备。网络设备将服务器、存储设备连接起来,并接入互联网等外部网络。采用云计算的数据中心,运行云计算操作系统,进行虚拟化、弹性计算、资源管理等。在云计算操作系统的支持下,通过系统数据库、开发接口等中间件,建立并提供应用服务。

数据中心机房为服务器等设备提供可靠的工作环境,主要包括供电、空调、监控,安保、消防、防雷接地、综合布线等设备设施。国际上,根据可靠性要求的高低,将数据中心分为 T1～T4 四级,各级的可靠性指标要求见表 13.2。

表 13.2　数据中心等级及主要可靠性指标

可靠性指标	基本(T1)	冗余单元(T2)	可并行维护(T3)	容错(T4)
可用度/%	99.671	99.749	99.982	99.995
每年服务中断时间/h	28.8	22.0	1.6	0.4
建筑类型	租用	租用	自建	自建
线路冗余	N	N+1	1 主+1 备	双主
多运营商线路	否	否	是	是
主干线冗余	否	否	是	是
水平配线冗余	否	否	是	可选
供电线路	1 路	1 路	1 主+1 备	2 路热备
UPS 电源冗余	N	N+1 冗余	N+1 冗余	2N 冗余

13.13 统一通信(unified communications)

计算机技术与传统通信技术融为一体的通信模式,简称UC。统一通信系统将语音、传真、电子邮件、移动短消息、多媒体和数据等信息类型合为一体,使人们无论何时何地,都可以通过任何设备、任何网络,获得数据、图像和声音的自由通信。

13.14 网络功能虚拟化技术(network functions virtualization)

采用服务器、存储设备等通用硬件以及虚拟化技术,替代专用网络设备的技术,简称NFV。NFV最初的目的是使用低成本的通用硬件,降低网络设备的成本。NFV通过软硬件解耦及功能抽象,使网络设备功能不再依赖专用硬件,从而使资源可以充分灵活共享,实现新业务的快速开发和部署,并基于实际业务需求进行自动部署、弹性伸缩、故障隔离和自愈等。

欧洲通信标准协会(ETSI)提出的NFV通用架构如图13.4所示,由NFV架构层(NFVI)、虚拟网络功能层(VNF)、OSS/BSS及协同层、NFV管理与编排(MANO)等构成。NFV架构层(NFVI)包括硬件资源池和对其虚拟化后的虚拟化资源池,解决将网络功能部署在通用硬件上的问题。NFVI将所有虚拟资源纳入到一个统一共享的资源池中,不受制或者特殊对待某一个具体的虚拟网络功能。虚拟网络功能层(VFN)为软件实现,通过虚拟化网元和网元管理,提供网络服务。OSS/BSS及协同层完成业务支撑和运维支撑以及虚拟网络功能的协同。NFV管理与编排(MANO)提供了NFV的整体管理和编排。各种硬件资源和虚拟资源只有在合理编排下,才能协调一致工作,完成各种虚拟网络功能。MANO由NFV编排(NFVO)、虚拟网络功能管理(VNFM)和

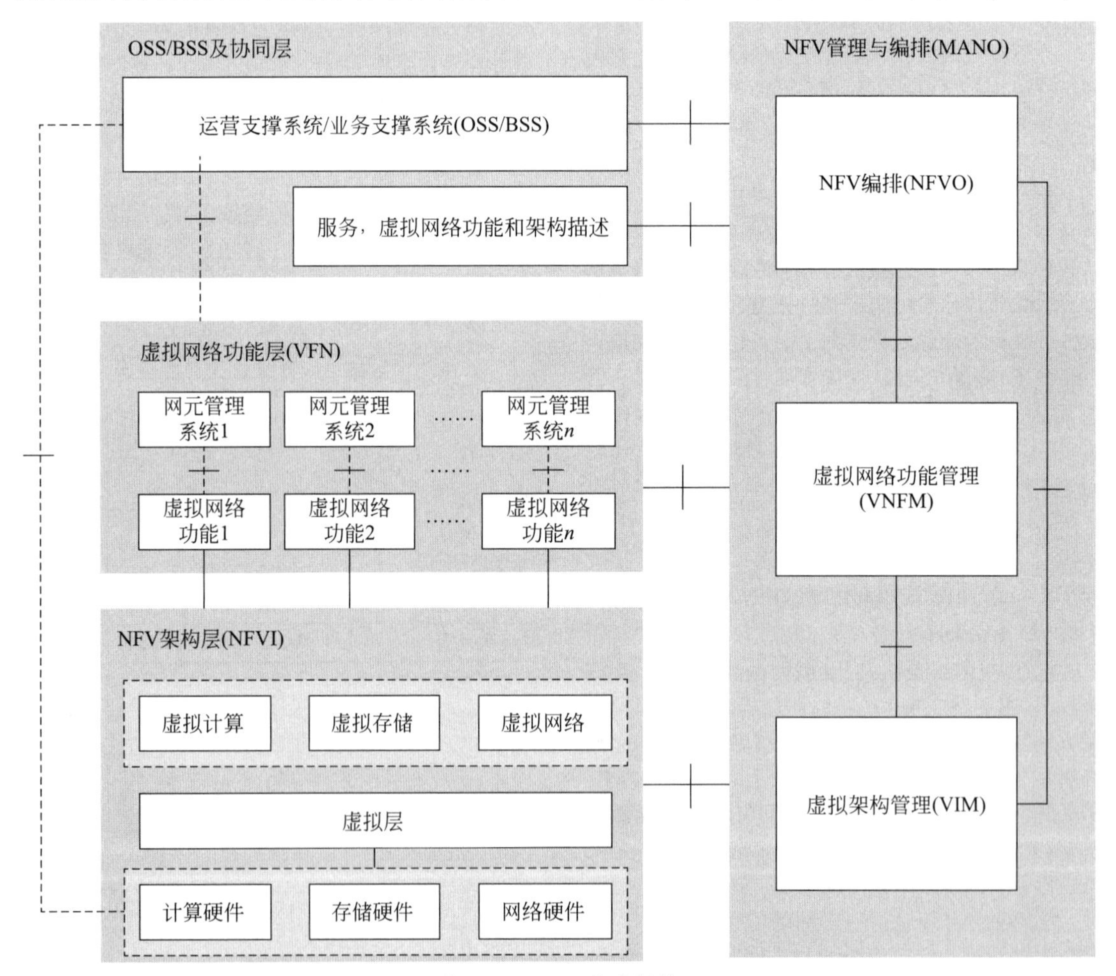

图13.4 NFV通用架构

虚拟架构管理(VIM)组成。

NFV与软件定义网络(SDN)的主要区别在于:

(1) NFV处理的是OSI模型中的第4~7层,而SDN处理的是第2层和第3层。

(2) NFV主要优化网络的功能,比如负载均衡、防火墙等,而SDN主要优化网络基础设施架构,如以太网交换机、路由器等。

(3) NFV将网络设备的功能从网络硬件中解耦出来,将电信硬件设备从专用产品转为商业化产品,数据平面可编程,而SDN将控制平面和数据平面分离,使用通用化的路由器和交换机,控制面可编程。

13.15 网络态势感知(network sitiuation awareness)

在大规模网络环境中,对引起网络态势发生变化的要素进行获取、理解、显示以及预测的技术,简称NSA。网络态势是指由各种网络设备运行状况、网络行为以及用户行为等因素所构成的整个网络的当前状态和变化趋势。掌握网络态势,有助于从整体和全局上把握网络状态,为管理决策提供支持。态势感知的基本原理是,向下从网络的流量监测系统、管理系统、安全系统等获取各类网络运行和使用数据,对这些数据进行融合,提取出态势信息,以可视化等形式展现出来。

态势感知技术包括知识表示、态势感知模型、态势评估、态势预测和可视化。知识表示解决用什么样的态势信息对复杂网络进行准确、全面、详尽描述的问题。常用树状的层次化结构表示态势信息。态势感知模型解决如何进行数据融合,从大量基础数据中获取态势信息的问题。感知模型以数据融合模型为基础,其特点是以功能划分模块、循环迭代、反馈闭环。常用的态势感知模型有JDL模型、Body控制循环模型、Endlsey模型、智能循环模型、瀑布模型、知觉推理模型等。态势评估解决如何合理解释网络当前状态的问题,是态势感知的核心功能。评估方法分为基于数学模型的方法、基于知识推理的方法和基于模式识别的方法这3类,常用的有贝叶斯推理、人工神经网络、模糊逻辑技术等。态势预测用来预测网络态势的发展趋势,常用的预测方法有回归分析、支持向量机、马尔可夫链、人工神经网络等。可视化解决态势的直观呈现问题。态势是复杂且动态变化的,传统的文本形式无法直观地将结果呈现给用户。可视化以图形方式呈现态势,使态势更加直观、易于理解。可视化使用的技术和方法很多,如虚拟现实、三维动画、数据驱动显示、多维空间的分层显示等。

13.16 网真(telepresence)

运用高清晰度视频、音频和交互式组件,在网络上创建的具有现场逼真感的远程视频会议技术,又称智真,远程呈现。

网真系统一般由多个摄像机、多个显示屏、立体声音频设备、图像和音频编解码器、网真管理器、网真多点交换机、呼叫控制器、以太网交换机以及特殊设计的会议桌等组成。网真系统还留有外接第三方设备的接口,如高清晰视频接口,用于将第三方的摄像机加入到系统之中。摄像机,显示屏,立体声音频设备经相应的图像和音频编解码器,连接到以太网交换机上。以太网交换机除连接图像和音频编解码器外,还连接网真管理器、网真多点交换机,呼叫控制器以及外部的IP网。通过外部的IP网,与远程的网真会议室相连。

网真系统采用超高清晰度的大型显示屏,显示真人大小的视频图像。安装在显示屏侧的高清晰度摄像机组,从画面人员的视角摄取会议室画面,传往远端会场。这样使参会者感觉远程的对方如同坐在会议桌的对面。多声道的分散音频使参会者无论坐在会议桌的哪个位置,都可获得与远程的对方面对面交谈的感觉。参会者走动时,可对其进行语音跟踪,进一步增强了现场感。此外,对照明、音效、会议桌、座椅等环境因素都有增强现场感的专门设计。

13.17 物联网(internet of thing)

对物品的智能化识别、定位、跟踪、监控和管理的网络,简称IOT。物联网是在互联网基础上延伸和扩展的网络,采用“五横一纵”的技术架构。如图13.5所示,五横指信息感知层、物联接入层、网络传输层、技术支撑层和应用接口层;一纵指公共技术。信息感知层采用传感技术获取物品的原始信息,并将其转化为可供传输和处理的数字化信息。物联接入层将信息感知层采集到的信息,通过各种网络技术进行汇总,将大范围内的信息进行整合。网络传输层利用互联网、移动通信网、传感器网络及其融合技术等多种传输手段,传输感知到的信息。技术支撑层负责物联网基础信息运营与管理,是物联网基础设施与架构的主体。它对网络传输层的网络资源进行认知,实现自适应传输的目的;向应用接

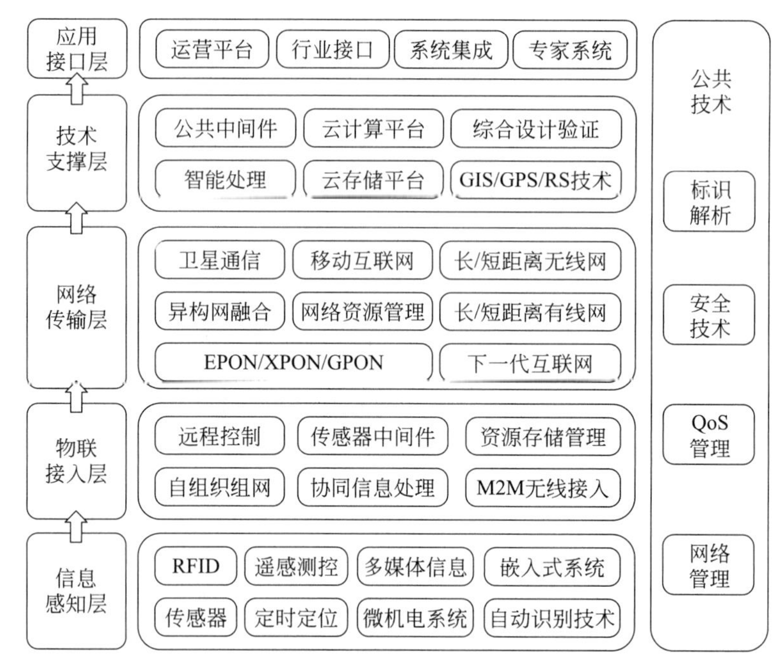

图 13.5　物联网技术架构

口层提供统一的接口与虚拟化支撑。应用接口层是物联网和用户的接口,与实际应用需求结合,实现物联网的智能应用,其主要任务是服务发现和服务呈现。公共技术包括标识解析、安全技术、服务质量(QoS)和网络管理。公共技术不属于物联网技术的某个特定层面,而是同时与多个层面发生联系。

13.18　下一代网(next generation network)

采用新的体制和技术,逐渐淘汰现有主流网络而成为未来主流网络的网络,简称 NGN。NGN 的内涵随着技术的发展,也在不断丰富和完善。一般认为 NGN 的特征主要有 IP 化,业务融合、业务和控制分离等。

13.19　延迟容忍网络(delay/disrupting-tolerant netwok,DTN)

在信道长时延和频繁中断的条件下,仍能保证可靠传输的网络,又称容延迟网络、中断容忍网络、容中断网络。在深空、海底、战场等特殊场合,长时延、节点资源有限、间歇性连接、不对称数据速率、低信噪比和高误码率等情况比较突出。IP 网等基于短时延和中断不频繁的网络,无法在上述情况下使用。DTN 着重解决上述情况所带来的效率低、可靠性差、安全性差甚至无法通信的问题。

延迟容忍网络架构是一个覆盖网的架构。DTN 在多种不同类型的传输层之上、应用层之下添加了一个 DTN 层,在应用层上以代理的形式实现。这样可充分利用下层网络提供的服务进行数据传输。当节点物理地连接两个或多个异种网络时,它在异种网络之间提供存储转发的网关功能。

为路由 DTN 消息使用名字元组的标识符来标识对象或对象组。名字元组由可变长度的两部分组成。第一部分为全局唯一的、分层结构的区域名字,由 DTN 路由器解释,用于寻找去往指定区域边界的一个或多个 DTN 网关的路径。名字元组的第二部分标识了指定区域内的一个可解析名字,不要求全局唯一。

DTN 的路由由一连串时间独立的接触(通信机会)组成,这些接触将消息从产生地传向目的地。一个接触用相对于源的开始时间和结束时间、容量、延迟、端点和方向来描述。如何确定接触的存在和可预测性,在高延迟的环境下如何获取尚未处理的消息的状态,如何将消息高效地分配给接触及确定它们的传输顺序,都是路由选择和消息调度所要解决的关键问题。

DTN 的保管传输类似于将投递邮件的责任委托给承诺人或部门。保管传输可以防止数据的高丢失率,解除资源受限的端节点维护端到端连接状态的责任,特别是端节点通常不需要保存已经被保管传递到下一跳 DTN 的数据拷贝。

DTN 提供会聚和重传功能。会聚层在要求增强的传输层上增加了可靠性、消息边界和其他特性。当可靠投递由底层传输协议提供时,其对应的会聚层只需要管理连接状态,以及在一个连接断开时启动重传。在面向连接的协议中,连接中断的检测一般通过应用接口提供。当没有对失效检测的直接支持时,捆绑转发功能可以设置一个粗粒度的定时器,在它认为消息丢失时重启消息的传输。

DTN 的安全需求与传统网络的安全模型不同,其安全主体除了通信端点外还包括 DTN 网关。为实现 DTN 的安全模型,每个消息包括一个不变的邮戳,邮戳中包括一个可验证的发送者标识、对该消息所请求的服务类型的许可及批准机构、用于验证消息内容正确性的其他常规加密信息。在 DTN 的每一跳,路由器检查消息携带的邮戳,并尽早丢弃未通过认证的消息。DTN 使用公钥体制对所传信息进行加密。

在 DTN 中,流量控制是指限制 DTN 节点向下一跳 DTN 节点的发送速度,拥塞控制是指在 DTN 网关上处理对永久存储器的竞争。处理这些问题的机制分为积极的方法和反应式的方法两类。积极的方法一般包括某种形式的接纳控制,以避免拥塞的产生;反应式的方法则在拥塞发生后直接进行流量控制。

13.20　云计算(cloud computing)

一种对基于网络的、可配置的共享计算资源池能够方便、随需访问的模式。这些可配置的共享计算资源池称为云,包括网络、服务器、存储、应用和服务。从技术的角度讲,云计算将一定范围内的服务器、存储等基础设施以及网络整合到统一的平台上,将技术和业务结合起来交付给用户使用。因此,云计算由云计算平台和云服务应用两个层面组成。

美国国家技术与标准局(NIST)给出的云计算架构如图 13.6 所示,包括部署模式、服务模式,基本特征和共同特征。

按照部署模式,云计算分为私有云、社区云、公共云和混合云。私有云只向一个组织内部的用户提供服务。社区云向若干个组织的用户提供服务。公共云向公众用户提供服务。混合云的基础设施由多

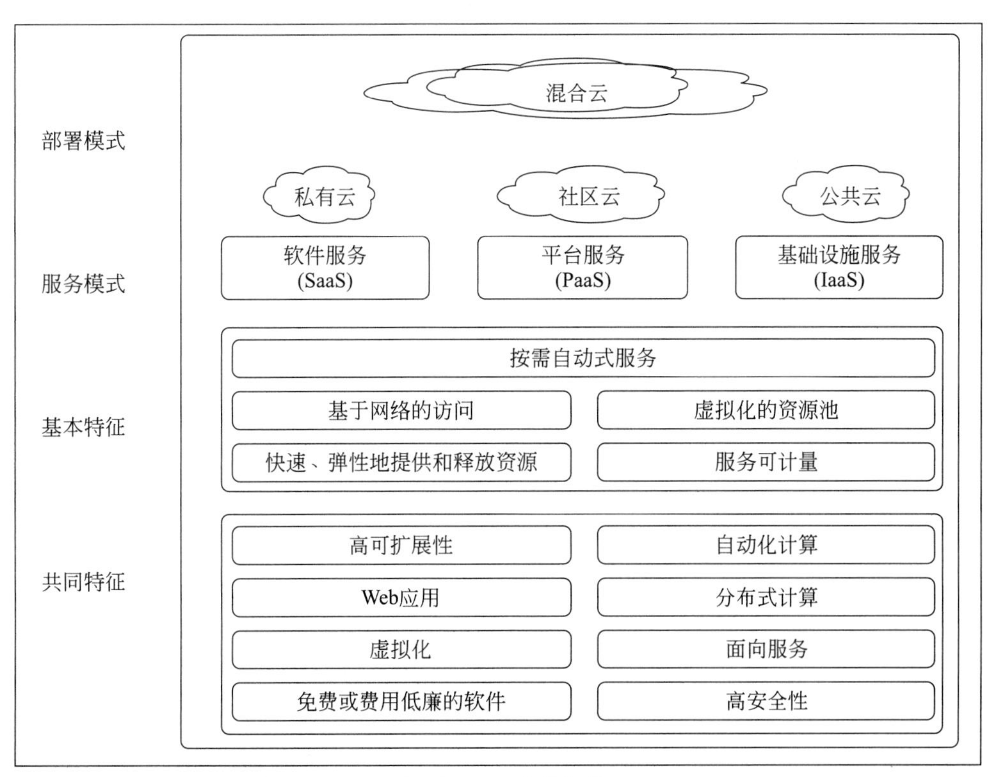

图 13.6　云计算架构

个云组成,通过标准或技术策略实现数据应用的互操作。

云计算向用户提供的服务分为 3 种模式：云基础设施服务(IaaS)、云平台服务(PaaS)和云软件服务(SaaS)。云基础设施服务向用户提供处理、存储、网络和基础计算资源,相当于通过网络向用户提供虚拟机器。用户不必管理和控制云的基础设施,但用户可以自行部署和运行任意软件,包括操作系统和应用软件。云平台服务向用户提供开发平台,如编程语言和工具。用户不必管理和控制基础设施、操作系统或存储,但须控制部署应用和配置应用环境。云软件服务向用户提供独立的应用。用户不必管理和控制基础设施、操作系统、存储、应用,但有可能需要配置应用环境。

云计算的特征分为基本特征和共同特征。基本特征包括按需自助式服务、基于网络的访问和虚拟化的资源池,快速而又弹性地提供和释放资源,服务可计量。共同特征包括高可扩展性、自动化计算、Web 应用、分布式计算、虚拟化、面向服务、免费或费用低廉的软件、高安全性等。

云计算仍在演进过程中,其定义、属性和特征仍没有固化。

参考文献

[1] 朗格. 色度学与彩色电视[M]. 张永辉,王宽相,邱成忠,徐淑敏,译. 北京：中国电影出版社,1985.

[2] 查奥奇. 物联网：连接一切物体的网络[M]. 林水生,周亮,译. 北京：国防工业出版社,2011.

[3] 克莱姆. 网络管理技术架构[M]. 詹文君,杜晓峰,刘玉鹏,译. 北京：人民邮电出版社,2008.

[4] 特南鲍姆. 计算机网络：第4版[M]. 潘爱民,译. 北京：清华大学出版社,2004.

[5] 斯克拉. 数字通信——基础与应用(第二版)[M]. 徐平平,译. 北京：电子工业出版社,2002.

[6] 希尔. Cisco完全手册[M]. 肖国尊,贾蕾,等译. 北京：电子工业出版社,2006.

[7] 巴特利特B,巴特利特J. 实用录音技术[M]. 朱慰中,译. 北京：人民邮电出版社,2010.

[8] 施耐德. 应用密码学：协议、算法与C源程序[M]. 吴世忠,祝世雄,张文政,等译. 北京：机械工业出版社,2000.

[9] 凯思罗,帕夫利琴科. CISCO CCI认证：网桥、路由器和交换机[M]. 苏金树,胡光明,郑静,等译. 北京：机械工业出版社,2000.

[10] 帕尔,佩尔茨尔. 深入浅出密码学——常用加密技术原理与应用[M]. 马小婷,译. 北京：清华大学出版社,2012.

[11] 亨特. TCP/IP网络管理[M]. 翟炯,石祥生,石秋云,译. 北京：电子工业出版社,1997.

[12] 科林斯. VoIP技术与应用[M]. 舒华英,李勇,译. 北京：人民邮电出版社,2003.

[13] 科默,史蒂文斯. 用TCP/IP进行网际互连(第2卷：设计、实现和内部结构(第2版))[M]. 张娟,王海,译. 北京：电子工业出版社,1998.

[14] 科默,史蒂文斯. 用TCP/IP进行网际互连(第3卷：客户机—服务器编程和应用(第2版))[M]. 赵刚,林瑶,蒋慧,等译. 北京：电子工业出版社,1998.

[15] 科默. 计算机网络与因特网(第4版)[M]. 林生,译. 北京：机械工业出版社,2005.

[16] 科默. 用TCP/IP进行网际互连(第1卷：原理、协议和体系结构(第3版))[M]. 林瑶,蒋慧,杜蔚轩,等译. 北京：电子工业出版社,1998.

[17] 凯泽. 光纤通信(第三版)[M]. 李玉权,崔敏,蒲涛,等译. 北京：电子工业出版社,2002.

[18] 赫尔德. 语音与数据网络组网[M]. 北京华中兴业科技发展有限公司,译. 北京：人民邮电出版社,2003.

[19] 赫尔德. 调制解调器参考大全[M]. 田雪峰,王刚,等译. 北京：电子工业出版社,1996.

[20] 赫尔德. 以太网(第三版)[M]. 戴志涛,郑岩石,译. 北京：人民邮电出版社,1999.

[21] 惠特克,本森. 数字电视技术工程手册(第四版)[M]. 陈晓春,周祖成,杨平,编译. 北京：科学出版社,2005.

[22] 多伊尔,卡罗尔. TCP/IP路由技术(第一卷)(第二版)[M]. 葛建立,吴剑章,译. 北京：人民邮电出版社,2007.

[23] 多伊尔,卡罗尔. TCP/IP路由技术(第二卷)[M]. 夏俊杰,译. 北京：人民邮电出版社,2009.

[24] 盖查德,福舍尔,瓦瑟尔. MPLS网络设计权威指南[M]. 陈武,译. 北京：人民邮电出版社,2007.

[25] 普罗基斯. 数字通信(第四版)[M]. 张力军,张宗橙,郑宝玉,等译. 北京：电子工业出版社,2006.

[26] 乌斯利. 信息安全完全参考手册(第2版)[M]. 李洋,段洋,叶天斌,译. 北京：清华大学出版社,2014.

[27] 卡特肖夫. 频率与时间[M]. 漆贯荣,沈韦,郑恒秋,等译. 西安：时间频率公报,1982.

[28] 李清,神明达哉,岛庆一. IPv6详解卷2：高级协议实现[M]. 王嘉祯,彭德云,文家福,等译. 北京：人民邮电出版社,2009.

[29]　李清,神明达哉,岛庆一. IPv6 详解卷 1：核心协议实现[M]. 陈涓,赵振平,译. 北京：人民邮电出版社,2009.

[30]　马里克. 网络安全原理与实践[M]. 李晓楠,译. 北京：人民邮电出版社,2013.

[31]　哈内德. 简单网络管理协议教程(第 2 版)[M]. 胡谷雨,张巍,倪桂强,等译. 北京：电子工业出版社,1999.

[32]　托马斯二世. OSPF 网络设计解决方案[M]. 卢泽新,彭伟,白建军,等译. 北京：人民邮电出版社,2004.

[33]　斯齐格蒂. 端到端 QoS 网络设计[M]. 田敏,宋辉,译. 北京：人民邮电出版社,2007.

[34]　罗素. 最新网络通信协议[M]. 叶栋,黄雷君,张子屹,等译. 北京：电子工业出版社,1999.

[35]　博兰普拉格德,肯哈利德,韦恩纳. IPsec VPN 设计[M]. 袁国忠,译. 北京：人民邮电出版社,2012.

[36]　阿马托. 思科网络技术学院教程[M]. 韩江,马刚,译. 北京：人民邮电出版社,2000.

[37]　史蒂文斯. TCP/IP 详解卷 1：协议[M]. 范建华,胥光辉,张涛,译. 北京：机械工业出版社,2009.

[38]　海因,格里菲思. 简单网络管理协议的理论与实践 SNMP(第 1 版、第 2 版)[M]. 邢国光,杨永亭,王培良,译. 北京：国防工业出版社,1999.

[39]　竹下隆史,村山公保,荒井透,等. 图解 TCP/IP(第 5 版)[M]. 乌尼日其其格,译. 北京：人民邮电出版社,2013.

[40]　American National Standards Institute. Commercial Building Wiring Standard：ANSI/TIA/EIA-568-A[S]. New York：American National Standards Institute,1995.

[41]　American National Standards Institute. Commercial Building Telecommunications Cabling Standard：ANSI/TIA/EIA-568-B[S]. New York：American National Standards Institute,2001.

[42]　中国电力企业联合会. 电力通信站光伏电源系统技术要求：DL/T 1336—2014[S]. 北京：国家能源局,2014.

[43]　Electronic Industries Association. Interface between Data Terminal Equipment and Data Circuit Terminating Equipment Employing Serial Binary Data Interchange：EIA RS-232-C[S]. Arlington, Virginia：Electronic Industries Association,1969.

[44]　Electronic Industries Association. Electrical Characteristics of Balanced Voltage Digital Interface Circuits：EIA RS-422-B[S]. Arlington, Virginia：Electronic Industries Association,2000.

[45]　Electronic Industries Association. Electrical Characteristics of Unbalanced Voltage Digital Interface Circuits：EIA RS-423[S]. Arlington, Virginia：Electronic Industries Association,1996.

[46]　Electronic Industries Association. General Purpose 37-Position Interface for Data Terminal Equipment and Data Circuit-Terminating Equipment Employing Serial Binary Data Interchange：EIA RS-449[S]. Arlington, Virginia：Electronic Industries Association, 1980.

[47]　Electronic Industries Association. Electrical Characteristics of Generators and Receivers for Use in Balanced Digital Multipoint Systems：EIA RS-485-A[S]. Arlington, Virginia：Electronic Industries Association, 1998.

[48]　Electronic Industries Association. High Speed 25-Position Interface for Data Terminal Equipment and Data Circuit-Terminating Equipment, Including Alternative 26-Position Connector：EIA RS-530-A[S]. Arlington, Virginia：Electronic Industries Association,1992.

[49]　European Telecommunications Standards Institute. Digital Video Broadcasting (DVB); Second Generation DVB Interactive Satellite System(DVB-RCS2);Part2：Lower Layers for Satellite Standard：ETSI EN 301 545-2 V1. 1. 1[S]. Nice,France：European Telecommunications Standards Institute,2012.

[50]　European Telecommunications Standards Institute. Digital Video Broadcasting (DVB);Interaction Channel for Satellite Distribution Systems：ETSI EN 301 790 V1. 5. 1[S]. Nice,France：European Telecommunications Standards Institute,2009.

[51]　European Telecommunications Standards Institute. Digital Video Broadcasting (DVB); Second Generation

Framing Structure, Channel Coding and Modulation Systems for Broadcasting, Interactive Services, News Gathering Other Broadband Satellite Applications: ETSI EN 302 307 V1. 2. 1[S]. Nice, France: European Telecommunications Standards Institute, 2009.

[52] European Telecommunications Standards Institute. Digital Video Broadcasting (DVB); Second Generation DVB Interactive Satellite System(DVB-RCS2); Part1: Overview and System Level Specification: ETSI TS 101 545-1 V1. 1. 1[S]. Nice, France: European Telecommunications Standards Institute, 2012.

[53] European Telecommunications Standards Institute. Digital Video Broadcasting (DVB); Second Generation DVB Interactive Satellite System(DVB-RCS2); Part3: Higher Layers Satellite Specification: ETSI TS 101 545-3 V1. 1. 1[S]. Nice, France: European Telecommunications Standards Institute, 2012.

[54] 国家标准化管理委员会. 计算机信息系统　安全保护等级划分准则: GB 17859—1999[S]. 北京: 中国标准出版社, 1999.

[55] 全国防爆电气设备标准化技术委员会. 爆炸性气体环境用电气设备: GB 3836—2000[S]. 北京: 国家质量技术监督局, 2000.

[56] 中华人民共和国住房和城乡建设部. 建筑物防雷设计规范: GB 50057—2010[S]. 北京: 中国建设出版社, 2010.

[57] 中华人民共和国住房和城乡建设部. 厅堂扩声系统设计规范: GB 50371—2006[S]. 北京: 中国计划出版社, 2006.

[58] 中华人民共和国住房和城乡建设部. 通信局(站)防雷与接地工程设计规范: GB 50689—2011[S]. 北京: 中国计划出版社, 2011.

[59] 国家技术监督局. 卫星通信地球站无线电设备测量方法: GB/T 11299. 1—1989[S]. 北京: 中国标准出版社, 1989.

[60] 国家技术监督局. 射频电缆总规范: GB/T 12269—1990[S]. 北京: 中国标准出版社, 1990.

[61] 国家技术监督局. 国内卫星通信地球站地面接口要求: GB/T 13563—1990[S]. 北京: 中国标准出版社, 1990.

[62] 国家技术监督局. 卫星通信地球站和地面微波站之间协调区的确定和干扰计算方法: GB/T 13620—1992[S]. 北京: 中国标准出版社, 1992.

[63] 中国通信标准化协会. 同步数字体系(SDH)的比特率: GB/T 14731—2008[S]. 北京: 中国标准出版社, 2008.

[64] 中华人民共和国工业和信息化部. 电信术语　天线: GB/T 14733. 10—1993[S]. 北京: 中国标准出版社, 1993.

[65] 中华人民共和国工业和信息化部. 电信术语　传输: GB/T 14733. 11—2008[S]. 北京: 中国标准出版社, 2008.

[66] 中华人民共和国工业和信息化部. 电信术语　电信、信道和网: GB/T 14733. 1— 1993[S]. 北京: 中国标准出版社, 1993.

[67] 中华人民共和国工业和信息化部. 电信术语　光纤通信: GB/T 14733. 12—2008[S]. 北京: 中国标准出版社, 2008.

[68] 中华人民共和国工业和信息化部. 电信术语　传输线与波导: GB/T 14733. 2—1993[S]. 北京: 中国标准出版社, 1993.

[69] 中华人民共和国工业和信息化部. 电信术语　可靠性、可维护性和业务质量: GB/T 14733. 3—1993[S]. 北京: 中国标准出版社, 1993.

[70] 中华人民共和国工业和信息化部. 电信术语　交换技术: GB/T 14733. 4—1993[S]. 北京: 中国标准出版社, 1993.

[71] 中华人民共和国工业和信息化部. 电信术语　使用离散信号的电信方式、电报、传真和数据通信: GB/T 14733. 5—1993[S]. 北京: 中国标准出版社, 1993.

[72] 中华人民共和国工业和信息化部. 电信术语　空间无线电通信: GB/T 14733. 6—1993[S]. 北京: 中国标准出版社,1993.
[73] 中华人民共和国工业和信息化部. 电信术语　振荡、信号和相关器件: GB/T 14733. 7—2008[S]. 北京: 中国标准出版社,2008.
[74] 中华人民共和国工业和信息化部. 电信术语　电话: GB/T 14733. 8—1993[S]. 北京: 中国标准出版社,1993.
[75] 中华人民共和国工业和信息化部. 电信术语　无线电波传播: GB/T 14733. 9—2008[S]. 北京: 中国标准出版社,2008.
[76] 中华人民共和国工业和信息化部. 可搬移式卫星通信地球站设备通用技术要求: GB/T 15296—1994[S]. 北京: 中国标准出版社,1994.
[77] 中国通信标准化协会. 同步数字体系信号的帧结构: GB/T 15409—2008[S]. 北京: 中国标准出版社,2008.
[78] 中国通信标准化协会. 同步数字体系信号的基本复用结构: GB/T 15940—2008[S]. 北京: 中国标准出版社,2008.
[79] 中华人民共和国工业和信息化部. 同步数字体系(SDH)光缆线路系统进网要求: GB/T 15941—2008[S]. 北京: 中国标准出版社,2008.
[80] 中华人民共和国工业和信息化部. 同步数字体系(SDH)复用设备技术要求: GB/T 16712—1996[S]. 北京: 中国标准出版社,1996.
[81] 中华人民共和国工业和信息化部. 卫星通信中央站通用技术要求: GB/T 16952—1997[S]. 北京: 中国标准出版社,1997.
[82] 全国广播电视标准化技术委员会. 卫星电视上行站通用规范: GB/T 16953—1997[S]. 北京: 中国标准出版社,1997.
[83] 全国电子设备用高频电缆及连接器标准化技术委员会. 同轴通信电缆 第 1 部分: 总规范 总则、定义和要求: GB/T 17737. 1—2013[S]. 北京: 中国标准出版社,2013.
[84] 全国电子设备用高频电缆及连接器标准化技术委员会. 射频电缆　第 2 部分: 聚四氟乙烯(PTFE)绝缘半硬射频同轴电缆分规范: GB/T 17737. 2—2000[S]. 北京: 中国标准出版社,2000.
[85] 全国信息技术标准化技术委员会. 基于以太网技术的局域网系统验收测评规范: GB/T 21671—2008[S]. 北京: 中国标准出版社,2008.
[86] 全国信息技术标准化技术委员会. 信息系统安全等级保护基本要求: GB/T 22239—2008[S]. 北京: 中国标准出版社,2008.
[87] 全国信息技术标准化技术委员会. 电子计算机场地通用规范: GB/T 2887—2000[S]. 北京: 中国标准出版社,2000.
[88] 全国电工术语标准化技术委员会. 电工术语　可信性与服务质量: GB/T 2900. 13—2008[S]. 北京: 中国标准出版社,2008.
[89] 全国电工术语标准化技术委员会. 电工术语　无线电通信 发射机、接收机、网络和运行: GB/T 2900. 54—2002[S]. 北京: 中国标准出版社,2002.
[90] 全国电工术语标准化技术委员会. 电工术语　电信网、电信业务和运行: GB/T 2900. 68—2005[S]. 北京: 中国标准出版社,2005.
[91] 中国通信标准化协会. 通信钢管铁塔制造技术条件: GB/T 29860—2013[S]. 北京: 中国标准出版社,2013.
[92] 中国通信标准化协会. 电信传输单位分贝: GB/T 3383—1982[S]. 北京: 中国标准出版社,1982.
[93] 全国无线电干扰标准化技术委员会. 电工术语 电磁兼容: GB/T 4365—2003[S]. 北京: 中国标准出版社,2003.

[94] 电子工业部标准化研究所. 厅堂扩声特性测量方法：GB/T 4959—1995[S]. 北京：中国标准出版社，1995.

[95] 中华人民共和国住房和城乡建设部. 室内混响时间测量规范：GB/T 50076—2013[S]. 北京：中国建筑工业出版社,2013.

[96] 中华人民共和国住房和城乡建设部. 波分复用(WDM)光纤传输系统工程验收规范：GB/T 51126—2015[S]. 北京：中国计划出版社,2015.

[97] 中华人民共和国住房和城乡建设部. 波分复用(WDM)光纤传输系统工程设计规范：GB/T 51152—2015[S]. 北京：中国计划出版社,2015.

[98] 全国广播电视标准化技术委员会. 数字电视术语：GB/T 7400. 11—1999[S]. 北京：中国标准出版社,1999.

[99] 全国信息技术标准化技术委员会. 信息技术 系统间远程通信和信息交换 高级数据链路控制(HDLC)规程：GB/T 7421—2008[S]. 北京：中国标准出版社,2008.

[100] 中华人民共和国工业和信息化部. 数字网系列比特率电接口特性：GB/T 7611—2001[S]. 北京：中国标准出版社,2001.

[101] 国防科学技术工业委员会. 卫星通信系统通用规范：GJB 1034—1990[S]. 北京：中国标准出版社,1990.

[102] 中国航空综合技术研究所. 光缆总规范：GJB 1427A—1999[S]. 北京：中国人民解放军总装备部,1999.

[103] 中国航空综合技术研究所. 光缆通用规范：GJB 1428B—2009[S]. 北京：中国人民解放军总装备部,2009.

[104] 中国航空综合技术研究所. 军用设备和分系统电磁发射和敏感度要求：GJB 151A—1997[S]. 北京：中国人民解放军总装备部,1997.

[105] 中国航空综合技术研究所. 靶场指挥调度设备规范：GJB 1570A—2012[S]. 北京：中国人民解放军总装备部,2012.

[106] 中国航空综合技术研究所. 军用通信车通用规范：GJB 219B—2005[S]. 北京：中国人民解放军总装备部,2005.

[107] 中国航空综合技术研究所. 时统设备通用规范：GJB 2242—94[S]. 北京：中国人民解放军总装备部,1994.

[108] 中国航空综合技术研究所. 车载式卫星通信地球站通信设备通用规范：GJB 2383—1995[S]. 北京：中国人民解放军总装备部,1995.

[109] 中国航空综合技术研究所. 导弹、航天器飞行试验地面测控设备接口：GJB 2696—96[S]. 北京：中国人民解放军总装备部,1996.

[110] 中国航空综合技术研究所. 通信卫星通信系统测试方法：GJB 2707—96[S]. 北京：中国人民解放军总装备部,1996.

[111] 中国航空综合技术研究所. 通信设备话音质量等级标准与评测方法：GJB 2763—96[S]. 北京：中国人民解放军总装备部,1996.

[112] 中国航空综合技术研究所. B时间码接口终端通用规范：GJB 2991A—2008[S]. 北京：中国人民解放军总装备部,2008.

[113] 中国航空综合技术研究所. 偏振保持光缆规范：GJB 3439—1998[S]. 北京：中国人民解放军总装备部,1998.

[114] 中国航空综合技术研究所. 军用通信保密系统通用要求：GJB 4068—2000[S]. 北京：中国人民解放军总装备部,2000.

[115] 中国航空综合技术研究所. 野战通信线缆品种系列：GJB 424A—2007[S]. 北京：中国人民解放军总装备部,2007.

[116] 中国航空综合技术研究所. 军用卫星通信应用系统通用要求: GJB 4911—2003[S]. 北京: 中国人民解放军总装备部,2003.
[117] 中国航空综合技术研究所. 军用数字程控调度机通用规范: GJB 4935—2003[S]. 北京: 中国人民解放军总装备部,2003.
[118] 中国航空综合技术研究所. 野战光缆引接系统通用要求: GJB 5655—2006[S]. 北京: 中国人民解放军总装备部,2006.
[119] 中国航空综合技术研究所. 光缆引接车规范: GJB 5694—2006[S]. 北京: 中国人民解放军总装备部,2006.
[120] 中国航空综合技术研究所. 军用方舱通用规范: GJB 6109—2007[S]. 北京: 中国人民解放军总装备部,2007.
[121] 中国航空综合技术研究所. 军用通信系统安全通用要求: GJB 663A—2012[S]. 北京: 中国人民解放军总装备部,2012.
[122] 中国航空综合技术研究所. 被复线通用规范: GJB 882A—2002[S]. 北京: 中国人民解放军总装备部,2002.
[123] IEEE standard association. Standard for a Precision Clock Synchronization Protocol for Networked Measurement and Control Systems: IEEE Std 1588—2008. IEEE[S]. New York: Institute of Electrical and Electronic Engineers,2008.
[124] IEEE standard association. Wireless LAN Medium Access Control (MAC) and Physical Layer (PHY) Specifications: IEEE Std 802. 11—2016[S]. New York: Institute of Electrical and Electronic Engineers, 2016.
[125] IEEE standard association. Virtual Bridged Local Area Networks Amendment 4: Provider Bridges: IEEE Std 802. 1ad—2005[S]. New York: Institute of Electrical and Electronic Engineers,2005.
[126] IEEE standard association. Virtual Bridged Local Area Networks Amendment 7: Provider Backbone Bridges: IEEE Std 802. 1ah—2007[S]. New York: Institute of Electrical and Electronic Engineers,2007.
[127] IEEE standard association. Link Aggregation: IEEE Std 802. 1ax—2008[S]. New York: Institute of Electrical and Electronic Engineers,2008.
[128] IEEE standard association. 1D—2004. Media Access Control Bridges: IEEE Std 802[S]. New York: Institute of Electrical and Electronic Engineers,2004.
[129] IEEE standard association. Virtual Bridged Local Area Networks(VLAN): IEEE Std 802. 1Q—2005[S]. New York: Institute of Electrical and Electronic Engineers,2005.
[130] IEEE standard association. Virtual Bridged Local Area Networks: IEEE Std 802. 1V—2001[S]. New York: Institute of Electrical and Electronic Engineers,2001.
[131] IEEE standard association. Carrier Sense Multiple Access with Collision Detection (CSMA/CD) Access Method and Physical Layer Specifications: IEEE Std 802. 3—2008[S]. New York: Institute of Electrical and Electronic Engineers,2008.
[132] IETF. Domain Names-Concepts and Facilities: IETF RFC 1034[S]. Wilmington: Internet Engineering Task Force,1987.
[133] IETF. Domain Names-Implementation and Specification: IETF RFC 1035[S]. Wilmington: Internet Engineering Task Force,1987.
[134] IETF. Management Information Base for Network Management of TCP/IP-based Internets: IETF RFC 1066[S]. Wilmington: Internet Engineering Task Force,1988.
[135] IETF. TCP Extensions for Long-Delay Paths: IETF RFC 1072[S]. Wilmington: Internet Engineering Task Force,1988.

[136] IETF. Distance Vector Multicast Routing Protocol: IETF RFC 1075[S]. Wilmington: Internet Engineering Task Force, 1988.

[137] IETF. Requirements for Internet Hosts—Communication: IETF RFC 1122[S]. Wilmington: Internet Engineering Task Force, 1989.

[138] IETF. Requirements for Internet Hosts—Application and Support: IETF RFC 1123[S]. Wilmington: Internet Engineering Task Force, 1989.

[139] IETF. Structure and Identification of Management Information for TCP/IP-based Internets: IETF RFC 1155[S]. Wilmington: Internet Engineering Task Force, 1990.

[140] IETF. Management Information Base for Network Management of TCP/IP-based Internets: IETF RFC 1156[S]. Wilmington: Internet Engineering Task Force, 1990.

[141] IETF. A Simple Network Management Protocol (SNMP): IETF RFC 1157[S]. Wilmington: Internet Engineering Task Force, 1990.

[142] IETF. The Point-to-Point Protocol (PPP) Initial Configuration Options: IETF RFC 1172[S]. Wilmington: Internet Engineering Task Force, 1990.

[143] IETF. Management Information Base for Network Management of TCP/IP-based Internets: MIB-II: IETF RFC 1213[S]. Wilmington: Internet Engineering Task Force, 1991.

[144] IETF. OSPF Version 2: IETF RFC 1247[S]. Wilmington: Internet Engineering Task Force, 1991.

[145] IETF. A Border Gateway Protocol 3 (BGP-3): IETF RFC 1267[S]. Wilmington: Internet Engineering Task Force, 1991.

[146] IETF. Network Time Protocol (Version 3) Specification, Implementation and Analysis: IETF RFC 1305[S]. Wilmington: Internet Engineering Task Force, 1992.

[147] IETF. TCP Extensions for High Performance: IETF RFC 1323[S]. Wilmington: Internet Engineering Task Force, 1992.

[148] IETF. The Point-to-Point Protocol (PPP) for the Transmission of Multi-protocol Datagrams over Point-to-Point Links: IETF RFC 1331[S]. Wilmington: Internet Engineering Task Force, 1992.

[149] IETF. The PPP Internet Protocol Control Protocol (IPCP): IETF RFC 1332[S]. Wilmington: Internet Engineering Task Force, 1992.

[150] IETF. PPP Link Quality Monitoring: IETF RFC 1333[S]. Wilmington: Internet Engineering Task Force, 1992.

[151] IETF. PPP Authentication Protocols: IETF RFC 1334[S]. Wilmington: Internet Engineering Task Force, 1992.

[152] IETF. Type of Service in the Internet Protocol Suite: IETF RFC 1349[S]. Wilmington: Internet Engineering Task Force, 1992.

[153] IETF. Structure of Management Information for version 2 of the Simple Network Management Protocol (SNMPv2): IETF RFC 1442[S]. Wilmington: Internet Engineering Task Force, 1993.

[154] IETF. Physical Link Security Type of Service: IETF RFC 1455[S]. Wilmington: Internet Engineering Task Force, 1993.

[155] IETF. Definitions of Managed Objects for Bridges: IETF RFC 1493[S]. Wilmington: Internet Engineering Task Force, 1993.

[156] IETF. An Architecture for IP Address Allocation with CIDR: IETF RFC 1518[S]. Wilmington: Internet Engineering Task Force, 1993.

[157] IETF. PPP over SONET/SDH: IETF RFC 1619[S]. Wilmington: Internet Engineering Task Force, 1994.

[158] IETF. The Point-to-Point Protocol(PPP): IETF RFC 1661[S]. Wilmington: Internet Engineering Task Force, 1994.

[159] IETF. A Border Gateway Protocol 4(BGP-4): IETF RFC 1771[S]. Wilmington: Internet Engineering Task Force, 1995.

[160] IETF. Requirements for IP Version 4 Routers: IETF RFC 1812[S]. Wilmington: Internet Engineering Task Force, 1995.

[161] IETF. Internet Protocol, Version 6 (IPv6) Specification: IETF RFC 1883[S]. Wilmington: Internet Engineering Task Force, 1995.

[162] IETF. Introduction to Community-based SNMPv2: IETF RFC 1901[S]. Wilmington: Internet Engineering Task Force, 1996.

[163] IETF. Protocol Operations for Version 2 of the Simple Network Management Protocol (SNMPv2): IETF RFC 1905[S]. Wilmington: Internet Engineering Task Force, 1996.

[164] IETF. Transport Mappings for Version 2 of the Simple Network Management Protocol (SNMPv2): IETF RFC 1906[S]. Wilmington: Internet Engineering Task Force, 1996.

[165] IETF. The PPP Multilink Protocol(MP): IETF RFC 1990[S]. Wilmington: Internet Engineering Task Force, 1996.

[166] IETF. Dynamic Host Configuration Protocol: IETF RFC 2131[S]. Wilmington: Internet Engineering Task Force, 1997.

[167] IETF. Internet Group Management Protocol, Version 2: IETF RFC 2236[S]. Wilmington: Internet Engineering Task Force, 1997.

[168] IETF. OSPF Version 2: IETF RFC 2328[S]. Wilmington: Internet Engineering Task Force, 1998.

[169] IETF. Virtual Router Redundancy Protocol: IETF RFC 2338[S]. Wilmington: Internet Engineering Task Force, 1998.

[170] IETF. Protocol Independent Multicast-Sparse Mode(PIM-SM): Protocol Specification: IETF RFC 2362[S]. Wilmington: Internet Engineering Task Force, 1998.

[171] IETF. Definition of the Differentiated Services Field (DS Field) in the IPv4 and IPv6 Headers: IETF RFC 2474[S]. Wilmington: Internet Engineering Task Force, 1998.

[172] IETF. SIP: Session Initiation Protocol: IETF RFC 2543[S]. Wilmington: Internet Engineering Task Force, 1999.

[173] IETF. Benchmarking Methodology for Network Interconnect Devices: IETF RFC 2544[S]. Wilmington: Internet Engineering Task Force, 1999.

[174] IETF. View-based Access Control Model (VACM) for the Simple Network Management Protocol (SNMPv3): IETF RFC 2575[S]. Wilmington: Internet Engineering Task Force, 1999.

[175] IETF. Structure of Management Information Version 2(SMIv2): IETF RFC 2578[S]. Wilmington: Internet Engineering Task Force, 1999.

[176] IETF. Multiprotocol Encapsulation over ATM Adaptation Layer 5: IETF RFC 2684[S]. Wilmington: Internet Engineering Task Force, 1999.

[177] IETF. Remote Network Monitoring Management Information Base (RMON): IETF RFC 2819[S]. Wilmington: Internet Engineering Task Force, 2000.

[178] IET. Benchmarking Methodology for LAN Switching Devices: FIETF RFC 2889[S]. Wilmington: Internet Engineering Task Force, 2000.

[179] IETF. The BSD syslog Protocol: IETF RFC 3164[S]. Wilmington: Internet Engineering Task Force, 2001.

[180] IETF. SIP: Session Initiation Protocol: IETF RFC 3261[S]. Wilmington: Internet Engineering Task Force, 2002.

[181] IETF. Reliability of Provisional Responses in Session Initiation Protocol (SIP): IETF RFC 3262[S]. Wilmington: Internet Engineering Task Force, 2002.

[182] IETF. Session Initiation Protocol (SIP): Locating SIP Servers: IETF RFC 3263[S]. Wilmington: Internet Engineering Task Force, 2002.
[183] IETF. An Offer/Answer Model with Session Description Protocol (SDP): IETF RFC 3264[S]. Wilmington: Internet Engineering Task Force, 2002.
[184] IETF. Session Initiation Protocol (SIP)-Specific Event Notification: IETF RFC 3265[S]. Wilmington: Internet Engineering Task Force, 2002.
[185] IETF. Internet Group Management Protocol, Version 3: IETF RFC 3376[S]. Wilmington: Internet Engineering Task Force, 2002.
[186] IETF. An Architecture for Describing Simple Network Management Protocol (SNMP) Management Frameworks: IETF RFC 3411[S]. Wilmington: Internet Engineering Task Force, 2002.
[187] IETF. Simple Network Management Protocol (SNMP) Applications: IETF RFC 3413[S]. Wilmington: Internet Engineering Task Force, 2002.
[188] IETF. User-based Security Model (USM) for version 3 of the Simple Network Management Protocol (SNMPv3): IETF RFC 3414[S]. Wilmington: Internet Engineering Task Force, 2002.
[189] IETF. Version 2 of the Protocol Operations for the Simple Network Management Protocol (SNMP): IETF RFC 3416[S]. Wilmington: Internet Engineering Task Force, 2002.
[190] IETF. Transport Mappings for the Simple Network Management Protocol(SNMP): IETF RFC 3417[S]. Wilmington: Internet Engineering Task Force, 2002.
[191] IETF. Management Information Base (MIB) for the Simple Network Management Protocol (SNMP): IETF RFC 3418[S]. Wilmington: Internet Engineering Task Force, 2002.
[192] IETF. RTP: A Transport Protocol for Real-Time Applications: IETF RFC 3550[S]. Wilmington: Internet Engineering Task Force, 2003.
[193] IETF. An Overview of Source-Specific Multicast (SSM): IETF RFC 3569[S]. Wilmington: Internet Engineering Task Force, 2003.
[194] IETF. Multicast Source Discovery Protocol (MSDP): IETF RFC 3618[S]. Wilmington: Internet Engineering Task Force, 2003.
[195] IETF. Extreme Networks' Ethernet Automatic Protection Switching (EAPS) Version 1: IETF RFC 3619[S]. Wilmington: Internet Engineering Task Force, 2003.
[196] IETF. Virtual Router Redundancy Protocol (VRRP): IETF RFC 3768[S]. Wilmington: Internet Engineering Task Force, 2004.
[197] IETF. Definitions of Managed Objects for Bridges: IETF RFC 4188[S]. Wilmington: Internet Engineering Task Force, 2005.
[198] IETF. Remote Network Monitoring Management Information Base Version 2: IETF RFC 4502[S]. Wilmington: Internet Engineering Task Force, 2006.
[199] IETF. Protocol Independent Multicast—Sparse Mode (PIM-SM): Protocol Specification (Revised): IETF RFC 4601[S]. Wilmington: Internet Engineering Task Force, 2006.
[200] IETF. Classless Inter-domain Routing (CIDR): The Internet Address Assignment and Aggregation Plan: IETF RFC 4632[S]. Wilmington: Internet Engineering Task Force, 2006.
[201] IETF. Bootstrap Router (BSR) Mechanism for Protocol Independent Multicast (PIM): IETF RFC 5059[S]. Wilmington: Internet Engineering Task Force, 2008.
[202] IETF. The Syslog Protocol: IETF RFC 5424[S]. Wilmington: Internet Engineering Task Force, 2009.
[203] IETF. User Datagram Protocol: IETF RFC 768[S]. Wilmington: Internet Engineering Task Force, 1980.
[204] IETF. Internet Protocol: IETF RFC 791[S]. Wilmington: Internet Engineering Task Force, 1981.

[205] IETF. Internet Control Message Protocol: IETF RFC 792[S]. Wilmington: Internet Engineering Task Force, 1981.

[206] IETF. Transmission Control Protocol: IETF RFC 793[S]. Wilmington: Internet Engineering Task Force, 1981.

[207] IETF. Service Mappings: IETF RFC 795[S]. Wilmington: Internet Engineering Task Force, 1981.

[208] IETF. Address Mappings: IETF RFC 796[S]. Wilmington: Internet Engineering Task Force, 1981.

[209] IETF. Ethernet Address Resolution Protocol: IETF RFC 826[S]. Wilmington: Internet Engineering Task Force, 1982.

[210] IETF. Telnet Protocol Specification: IETF RFC 854[S]. Wilmington: Internet Engineering Task Force, 1983.

[211] IETF. A Reverse Address Resolution Protocol: IETF RFC 903[S]. Wilmington: Internet Engineering Task Force, 1984.

[212] IETF. Exterior Gateway Protocol Formal Specification: IETF RFC 904[S]. Wilmington: Internet Engineering Task Force, 1984.

[213] IETF. File Transfer Protocol: IETF RFC 959[S]. Wilmington: Internet Engineering Task Force, 1985.

[214] INTELSAT. Performance Characteristic for INTELSAT Business Service (IBS): INTELSAT Earth Station Standard (IESS) 306[S]. McLean: International Telecommunications Satellite Organization, 2000.

[215] INTELSAT. INTELSAT TDMA/DSI System Specification: INTELSAT Earth Station Standard (IESS) 307[S]. McLean: International Telecommunications Satellite Organization, 1991.

[216] INTELSAT. Performance Characteristic for Intermediate Data Rates (IDR) Digital Carriers Using Convolutional Encoding/Viterbi Encoding and QPSK Modulation: INTELSAT Earth Station Standard (IESS) 308[S]. McLean: International Telecommunications Satellite Organization, 2000.

[217] INTELSAT. Performance Characteristic for INTELSAT Business Service (IBS): INTELSAT Earth Station Standard (IESS) 309[S]. McLean: International Telecommunications Satellite Organization, 2000.

[218] INTELSAT. Earth Station Verification Tests: INTELSAT Satellite Systems Operation Guide (SSOG) 210[S]. McLean: International Telecommunications Satellite Organization, 2001.

[219] INTELSAT. QPSK IDR Carrier Line-Up: INTELSAT Satellite Systems Operation Guide (SSOG) 308[S]. McLean: International Telecommunications Satellite Organization, 2000.

[220] INTELSAT. QPSK IBS Carrier Line-Up: INTELSAT Satellite Systems Operation Guide (SSOG) 309[S]. McLean: International Telecommunications Satellite Organization, 2000.

[221] ISO. Information Technology—Data Communication—25-pole DTE/DCE Interface Connector and Contact Number Assignments: ISO 2110—1989[S]. Geneva: International Organization for Standardization, 1989.

[222] ISO. Information Technology—Data Communication—37-pole DTE/DCE Interface Connector and Contact Number Assignments: ISO 4902: 1989[S]. Geneva: International Organization for Standardization, 1989.

[223] ISO. Information Technology—Data Communication—15-pole DTE/DCE Interface Connector and Contact Number Assignments: ISO 4903: 1989[S]. Geneva: International Organization for Standardization, 1989.

[224] ISO. Information Technology—Coding of Moving Pictures and Associated Audio for Digital Storage Media at Up to about 1, 5 Mbit/s—Part 1: Systems: ISO/IEC 11172-1: 1993[S]. Geneva: International Organization for Standardization, 1993.

[225] ISO. Information Technology—Coding of Moving Pictures and Associated Audio for Digital Storage Media at up to about 1,5 Mbit/s—Part 2: Video: ISO/IEC 11172-2: 1993[S]. Geneva: International Organization for Standardization, 1993.

[226] ISO. Information Technology —Coding of Moving Pictures and Associated Audio for Digital Storage Media at up to about 1, 5 Mbit/s—Part 3: Audio: ISO/IEC 11172-3: 1993[S]. Geneva: International Organization for Standardization, 1993.

[227] ISO. Information Technology—Generic Coding of Moving Pictures and Associated Audio Information—Part 1: Systems: ISO/IEC 13818-1: 2015[S]. Geneva: International Organization for Standardization,2015.

[228] ISO. Information Technology—Coding of Audio-visual Objects—Part 1: Systems: ISO/IEC 14496-1: 2010 [S]. Geneva: International Organization for Standardization, 2010.

[229] ISO. Information Technology—Coding of Audio-visual Objects—Part 2: Visual: ISO/IEC 14496-2: 2004 [S]. Geneva: International Organization for Standardization, 2004.

[230] ISO. Information Technology—Open Systems Interconnection—Basic Reference Model: The Basic Model: ISO/IEC 7498-1: 1994[S]. Geneva: International Organization for Standardization,1994.

[231] ISO. Information Processing Systems—Open Systems Interconnection—Basic Reference Model—Part 2: Security Architecture: ISO/IEC 7498-2-1989[S]. Geneva: International Organization for Standardization, 1989.

[232] ISO. Information Processing Systems—Open Systems Interconnection—Basic Reference Model—Part4: Management framework: ISO/IEC 7498-4: 1989 [S]. Geneva: International Organization for Standardization,1989.

[233] ITU. Characteristics of a 50/125 μm Multimode Graded Index Optical Fibre Cable for the Optical Access Network: ITU-T G. 651. 1[S]. Geneva: International Telecommunication Union,2007.

[234] ITU. Characteristics of a Single-mode Optical Fibre and Cable: ITU-T G. 652[S]. Geneva: International Telecommunication Union,2016.

[235] ITU. Characteristics of a Dispersion-shifted, Single-mode Ooptical Fibre and Cable: ITU-T G. 653[S]. Geneva: International Telecommunication Union,2010.

[236] ITU. Characteristics of a Cut-off Shifted Single-mode Optical Fibre and Cable: ITU-T G. 654[S]. Geneva: International Telecommunication Union,2016.

[237] ITU. Characteristics of a Non-zero Dispersion-shifted Single-mode Optical Fibre and Cable: ITU-T G. 655 [S]. Geneva: International Telecommunication Union,2009.

[238] ITU. Characteristics of a Fibre and Cable with Non-zero Dispersion for Wideband Optical Transport: ITU-T G. 656[S]. Geneva: International Telecommunication Union,2010.

[239] ITU. Optical Interfaces for Single Channel STM-64 and Other SDH Systems with Optical Amplifiers: ITU-T G. 691[S]. Geneva: International Telecommunication Union,2006.

[240] ITU. Optical Interfaces for Multichannel Systems with Optical Amplifiers: ITU-T G. 692[S]. Geneva: International Telecommunication Union,1998.

[241] ITU. Spectral Grids for WDM Applications: DWDM Frequency Grid: ITU-T G. 694. 1[S]. Geneva: International Telecommunication Union,2012.

[242] ITU. Spectral Grids for WDM Applications: CWDM Wavelength Grid: ITU-T G. 694. 2[S]. Geneva: International Telecommunication Union,2003.

[243] ITU. Physical/electrical Characteristics of Hierarchical Digital Interfaces: ITU-T G. 703[S]. Geneva: International Telecommunication Union,2016.

[244] ITU. Generic Framing Procedure: ITU-T G. 7041/Y. 1303[S]. Geneva: International Telecommunication Union,2016.

[245] ITU. Link Capacity Adjustment Scheme (LCAS) for Virtual Concatenated Signals: ITU-T G. 7042/Y. 1305[S]. Geneva: International Telecommunication Union,2006.

[246] ITU. Network Node Interface for the Synchronous Digital Hierarchy (SDH): ITU-T G. 707/Y. 1322[S]. Geneva: International Telecommunication Union,2007.

[247] ITU. Management Aspects of Synchronous Digital Hierarchy (SDH) Transport Network Elements: ITU-T G. 784[S]. Geneva: International Telecommunication Union,2008.

[248] ITU. Architecture of Transport Networks Based on the Synchronous Digital Hierarchy (SDH): ITU-T G. 803[S]. Geneva: International Telecommunication Union,2000.

[249] ITU. Error Performance of an International Digital Connection Operating at a Bit Rate Below the Primary Rate and Forming Part of an Integrated Services Digital Network: ITU-T G. 821[S]. Geneva: International Telecommunication Union,2002.

[250] ITU. End-to-end Error Performance Parameters and Objectives for International, Constant Bit-rate Digital Paths and Connections: ITU-T G. 826[S]. Geneva: International Telecommunication Union,2002.

[251] ITU. Availability Performance Parameters and Objectives for End-to-end International Constant Bit-rate Digital Paths: ITU-T G. 827[S]. Geneva: International Telecommunication Union,2003.

[252] ITU. Architecture of Optical Transport Networks: ITU-T G. 872 [S]. Geneva: International Telecommunication Union,2017.

[253] ITU. Optical Interfaces for Equipments and Systems Relating to the Synchronous Digital Hierarchy: ITU-T G. 957[S]. Geneva: International Telecommunication Union,2006.

[254] ITU. Optical Transport Network Physical Layer Interfaces: ITU-T G. 959. 1[S]. 2016.

[255] ITU. Video Codec for Audiovisual Services at P×64 kbits/s: ITU-T H. 261[S]. Geneva: International Telecommunication Union,1993.

[256] ITU. Information Technology-Generic Coding of Moving Pictures and Associated Audio Information: Video: ITU-T H. 262[S]. Geneva: International Telecommunication Union,2012.

[257] ITU. Video Coding for Low Bit Rate Communication: ITU-T H. 263 [S]. Geneva: International Telecommunication Union,2005.

[258] ITU. Advanced Video Coding for Generic Audiovisual Services: ITU-T H. 264[S]. Geneva: International Telecommunication Union,2017.

[259] ITU. Overview of TMN Recommendation: ITU-T M. 3000[S]. Geneva: International Telecommunication Union,2000.

[260] ITU. Principle for a Telecommunications Management Network: ITU-T M. 3010 [S]. Geneva: International Telecommunication Union,2000.

[261] ITU. Management Interface Specification Methodology: ITU-T M. 3020 [S]. Geneva: International Telecommunication Union,2017.

[262] ITU. Generic Network Information Model: ITU-T M. 3100[S]. Geneva: International Telecommunication Union,2005.

[263] ITU. TMN Management Services and Telecommunications Managed Areas: Overview: ITU-T M. 3200 [S]. Geneva: International Telecommunication Union,1997.

[264] ITU. TMN Management Functions: ITU-T M. 3400[S]. Geneva: International Telecommunication Union, 2000.

[265] ITU. Error Performance Measuring Equipment Operating at the Primary Rate and Above: ITU-T O. 151 [S]. Geneva: International Telecommunication Union,1992.

[266] ITU. Error Performance Measuring Equipment for Bit Rates of 64 kbit/s and N×64 kbit/s: ITU-T O. 152 [S]. Geneva: International Telecommunication Union,1992.

[267] ITU. Basic Parameters for the Measurement of Error Performance at Bit Rates below the Primary Rate: ITU-T O. 153[S]. Geneva: International Telecommunication Union,1992.

[268] ITU. ISDN User-network Interface-Data Link Layer Specification: ITU-T Q. 921 [S]. Geneva: International Telecommunication Union,1997.

[269] ITU. ISDN Data Link Layer Specification for Frame Mode Bearer Services: ITU-T Q. 922[S]. Geneva: International Telecommunication Union,1992.

[270] ITU. International Telegraph Alphabet No. 2: ITU-T S. 1[S]. Geneva: International Telecommunication Union, 1993.

[271] ITU. International Reference Alphabet (IRA) (Formerly International Alphabet No. 5 or IA5)-Information Technology-7-bit Coded Character Set for Information Interchange: ITU-T T. 50[S]. Geneva: International Telecommunication Union, 1992.

[272] ITU. Electrical Characteristics for Unbalanced Double-current Interchange Circuits Operating at Data Signalling Rates Nominally up to 100 kbit/s: ITU-T V. 10[S]. Geneva: International Telecommunication Union, 1993.

[273] ITU. Electrical Characteristics for Balanced Double-current Interchange Circuits Operating at Data Signalling Rates up to 10 Mbit/s: ITU-T V. 11[S]. Geneva: International Telecommunication Union, 1996.

[274] ITU. List of Definitions for Interchange Circuits between Data Terminal Equipment (DTE) and Data Circuit-terminating Equipment (DCE): ITU-T V. 24[S]. Geneva: International Telecommunication Union, 2000.

[275] ITU. 4800 Bits per Second Modem with Manual Equalizer Standardized for Use on Leased Telephone-type Circuits: ITU-T V. 27[S]. Geneva: International Telecommunication Union, 1988.

[276] ITU. Electrical Characteristics for Unbalanced Double-current Interchange Circuits: ITU-T V. 28[S]. Geneva: International Telecommunication Union, 1993.

[277] ITU. 9600 Bits per Second Modem Standardized for Use on Point-to-point 4-wire Leased Telephone-type Circuits: ITU-T V. 29[S]. Geneva: International Telecommunication Union, 1988.

[278] ITU. Interface between Data Terminal Equipment (DTE) and Data Circuit-terminating Equipment (DCE) for Terminals Operating in the Packet Mode and Connected to Public Data Networks by Dedicated Circuit: ITU-T X. 25[S]. Geneva: International Telecommunication Union, 1996.

[279] ITU. Fundamental Parameters of a Multiplexing Scheme for the International Interface between Synchronous Data Networks: ITU-T X. 50[S]. Geneva: International Telecommunication Union, 1988.

[280] ITU. Fundamental Parameters of a Multiplexing Scheme for the International Interface between Synchronous Data Networks using 10-bit Envelope Structure: ITU-T X. 51[S]. Geneva: International Telecommunication Union, 1988.

[281] ITU. Fundamental Parameters of a Multiplexing Scheme for the International Interface between Synchronous Non-switched Data Networks Using no Envelope Structure: ITU-T X. 58[S]. Geneva: International Telecommunication Union, 1988.

[282] ITU. Information Technology-Abstract Syntax Notation One (ASN. 1): Specification of Basic Notation: ITU-T X. 680[S]. Geneva: International Telecommunication Union, 2008.

[283] ITU. Ethernet over LAPS: ITU-T X. 86/Y. 1323[S]. Geneva: International Telecommunication Union, 2001.

[284] ITU. Internet Protocol Data Communication Service-IP Packet Transfer and Availability Performance Parameters: ITU-T Y. 1540[S]. Geneva: International Telecommunication Union, 2006.

[285] ITU. Network Performance Objectives for IP-based Services: ITU-T Y. 1541[S]. Geneva: International Telecommunication Union, 2006.

[286] ITU. Framework for Achieving End-to-end IP Performance Objectives: ITU-T Y. 1542[S]. Geneva: International Telecommunication Union, Geneva: International Telecommunication Union, 2006.

[287] ITU. Measurements in IP Networks for Inter-domain Performance Assessment: ITU-T Y. 1543[S]. 2007.

[288] 中华人民共和国电子工业部. 军用光纤通信术语: SJ 20561—1995[S]. 北京: 电子工业出版社, 1995.

[289]　中华人民共和国电子工业部. 移动通信术语：SJ/T 10597—1994[S]. 北京：电子工业出版社,1994.

[290]　中华人民共和国信息产业部. 帧中继技术体制：YD 009—1996[S]. 北京：北京邮电大学出版社,1996.

[291]　中华人民共和国信息产业部. 通信管道与通道工程设计规范：YD 5007—2003[S]. 北京：北京邮电大学出版社,2003.

[292]　中华人民共和国信息产业部. 波分复用(WDM)光纤传输系统工程设计规范：YD 5092—2014[S]. 北京：北京邮电大学出版社,2014.

[293]　中华人民共和国信息产业部. 同步数字体系(SDH)光纤传输系统工程设计规范：YD 5095—2014[S]. 北京：北京邮电大学出版社,2014.

[294]　中华人民共和国信息产业部. 通信局(站)雷电过电压保护工程设计规范：YD 5098—2005[S]. 北京：北京邮电大学出版社,2005.

[295]　中华人民共和国信息产业部. 通信线路工程设计规范：YD 5102—2010[S]. 北京：北京邮电大学出版社,2010.

[296]　中华人民共和国信息产业部. 波分复用(WDM)光纤传输系统工程验收规范：YD 5122—2014[S]. 北京：北京邮电大学出版社,2014.

[297]　中华人民共和国信息产业部. 架空光(电)缆通信杆路工程设计规范：YD 5148—2007[S]. 北京：北京邮电大学出版社,2007.

[298]　中华人民共和国工业和信息化部. 光传送网(OTN)工程设计暂行规定：YD 5208—2014[S]. 北京：北京邮电大学出版社,2014.

[299]　中华人民共和国工业和信息化部. 光传送网(OTN)工程验收暂行规定：YD 5209—2014[S]. 北京：北京邮电大学出版社,2014.

[300]　电信科学研究规划院. 同步数字体系(SDH)网络节点接口：YD/T 1017—2011[S]. 北京：中华人民共和国邮电部,2011.

[301]　电信科学研究规划院. 帧中继网技术体制：YD/T 1036—2000[S]. 北京：中华人民共和国邮电部,2000.

[302]　中国通信标准化协会. 通信局(站)电源系统总技术要求：YD/T 1051—2010[S]. 北京：中华人民共和国工业和信息化部,2010.

[303]　中华人民共和国信息产业部电信研究院. 光波分复用系统(WDM)技术要求——32×2.5 Gbit/s 部分：YD/T 1060—2000[S]. 北京：人民邮电出版社,2000.

[304]　中国通信标准化协会. 同步数字体系(SDH)上传送 IP 的 LAPS 技术要求：YD/T 1061—2003[S]. 北京：人民邮电出版社,2003.

[305]　中华人民共和国信息产业部电信研究院. 光波分复用系统(WDM)技术要求——16×10 Gb/s、32×10 Gb/s 部分：YD/T 1143—2001[S]. 北京：人民邮电出版社,2001.

[306]　中华人民共和国信息产业部电信研究院. 光波分复用(WDM)系统测试方法：YD/T 1159—2001[S]. 北京：人民邮电出版社,2001.

[307]　中华人民共和国信息产业部电信研究院. IP 网络安全技术要求——安全框架：YD/T 1163—2001[S]. 北京：人民邮电出版社,2001.

[308]　中华人民共和国信息产业部电信研究院. IP 网络技术要求——网络性能参数与指标：YD/T 1171—2001[S]. 北京：人民邮电出版社,2001.

[309]　中华人民共和国信息产业部电信研究院. 在同步数字体系(SDH)上传送以太网帧的技术规范：YD/T 1179—2002[S]. 北京：人民邮电出版社,2002.

[310]　中华人民共和国信息产业部电信研究院. 光波分复用(WDM)终端设备技术要求——16×10 Gb/s、32×10 Gb/s 部分：YD/T 1273—2003[S]. 北京：人民邮电出版社,2003.

[311]　中华人民共和国信息产业部电信研究院. 光波分复用系统(WDM)技术要求——160×10 Gb/s、80×10 Gb/s 部分：YD/T 1274—2003[S]. 北京：人民邮电出版社,2003.

[312] 中华人民共和国信息产业部电信研究院. 同步数字体系(SDH)网络性能技术要求 通道、复用段和再生段误码: YD/T 1300—2004[S]. 北京: 人民邮电出版社,2004.
[313] 中华人民共和国信息产业部电信研究院. 光传送网(OTN)接口: YD/T 1462—2011[S]. 北京: 人民邮电出版社,2011.
[314] 中华人民共和国信息产业部电信研究院. 光传送网(OTN)物理层接口: YD/T 1634—2007[S]. 北京: 人民邮电出版社,2007.
[315] 中华人民共和国信息产业部电信研究院. 离网型通信用风光互补供电系统: YD/T 1669—2007[S]. 北京: 人民邮电出版社,2007.
[316] 中华人民共和国信息产业部电信研究院. 电信级 IP QoS 体系架构: YD/T 1703—2007[S]. 北京: 人民邮电出版社,2007.
[317] 中华人民共和国信息产业部电信研究院. 通信中心机房环境条件要求: YD/T 1821—2008[S]. 北京: 人民邮电出版社,2008.
[318] 中华人民共和国信息产业部电信研究院. N×10 Gbit/s 超长距离波分复用(WDM)系统技术要求: YD/T 1960—2009[S]. 北京: 人民邮电出版社,2009.
[319] 中华人民共和国信息产业部电信研究院. 光传送网(OTN)网络总体技术要求: YD/T 1990—2009[S]. 北京: 人民邮电出版社,2009.
[320] 中华人民共和国信息产业部电信研究院. N×40 Gbit/s 光波分复用(WDM)系统技术要求: YD/T 1991—2009[S]. 北京: 人民邮电出版社,2009.
[321] 中华人民共和国信息产业部电信研究院. 现场组装式光纤活动连接器 第 1 部分: 机械型: YD/T 2341. 1—2011[S]. 北京: 人民邮电出版社,2011.
[322] 中华人民共和国信息产业部电信研究院. N×100 Git/s 光波分复用(WDM)系统技术要求: YD/T 2485—2013[S]. 北京: 人民邮电出版社,2013.
[323] 中华人民共和国信息产业部电信研究院. 数字同步网工程设计规范: YD/T 5089—2005[S]. 北京: 人民邮电出版社,2005.
[324] 中华人民共和国信息产业部电信研究院. 角钢类通信塔技术条件: YD/T 757—2013[S]. 北京: 人民邮电出版社,2013.
[325] 中华人民共和国信息产业部电信研究院. 通信用阀控式密封铅酸电池: YD/T 799—2010[S]. 北京: 人民邮电出版社,2010.
[326] 中华人民共和国信息产业部电信研究院. 大楼通信综合布线系统 第 1 部分: 总规范: YD/T 926. 1—2009[S]. 北京: 人民邮电出版社,2009.
[327] 中华人民共和国信息产业部电信研究院. 大楼通信综合布线系统 第 2 部分: 综合布线电缆、光缆技术要求: YD/T 926. 2—2009[S]. 北京: 人民邮电出版社,2009.
[328] 中华人民共和国信息产业部电信研究院. 大楼通信综合布线系统 第 3 部分: 连接硬件和接插软线技术要求: YD/T 926. 3—2009[S]. 北京: 人民邮电出版社,2009.
[329] 中华人民共和国信息产业部电信研究院. 数字程控调度机技术要求和测试方法: YD/T 954—1998[S]. 北京: 人民邮电出版社,1998.
[330] 中华人民共和国邮电部科学技术司. 邮电部电话交换设备总技术规范书: YDN 065—1997[S]. 北京: 中华人民共和国邮电部,1997.
[331] 中华人民共和国邮电部电信科学研究规划院. 光同步传送网技术体制(暂行规定): YDN 099—1998[S]. 北京: 中华人民共和国邮电部,1998.
[332] 中华人民共和国信息产业部科学技术司. 光波分复用系统总体技术要求: YDN 120—1999[S]. 北京: 中华人民共和国信息产业部,1999.
[333] 海吉. 网络安全技术与解决方案(修订版)[M]. 田果,刘丹宁,译. 北京: 人民邮电出版社,2010.
[334] 白同云,吕晓德. 电磁兼容设计[M]. 北京: 北京邮电大学出版社,2001.

[335] 边居廉,王慧连. 试验通信技术[M]. 北京:国防工业出版社,2000.
[336] 曹学军. 无线电通信设备原理与系统应用[M]. 北京:机械工业出版社,2006.
[337] 常春泉. 通信电源[M]. 北京:国防工业出版社,2002.
[338] 陈芳烈,章燕翼. 现代电信百科[M]. 2版. 北京:电子工业出版社,2007.
[339] 陈芳允,贾乃华. 卫星测控手册[M]. 北京:科学出版社,1992.
[340] 陈豪. 卫星通信与数字信号处理[M]. 北京:上海交通大学出版社,2011.
[341] 陈淑凤,马蔚宇,马晓庆. 电磁兼容试验技术[M]. 北京:北京邮电大学出版社,2001.
[342] 程根兰. 数字同步网[M]. 北京:人民邮电出版社,1998.
[343] 崔鸿雁,蔡云龙,刘宝玲. 宽带无线通信技术[M]. 北京:人民邮电出版社,2008.
[344] 邓忠礼,杜森,陈继努,等. 数字传输系统测试[M]. 北京:人民邮电出版社,1995.
[345] 邓忠礼,赵辉. 光同步数字传输系统测试(修订本)[M]. 北京:人民邮电出版社,2001.
[346] 邓忠礼. 光同步传送网和波分复用系统[M]. 北京:清华大学出版社,2003.
[347] 电声词典编写组. 电声词典[M]. 北京:国防工业出版社,2007.
[348] 董健. 物联网与短距离无线通信技术[M]. 北京:电子工业出版社,2012.
[349] 董兆鑫,杨述明. 数字通信原理[M]. 长沙:国防科技大学出版社,1990.
[350] 杜治龙. 分组交换工程[M]. 北京:人民邮电出版社,1995.
[351] 樊昌信,徐炳祥,詹道庸,等. 通信原理[M]. 北京:国防工业出版社,1988.
[352] 方烈敏,张晓蓉. 现代电视传输技术[M]. 上海:上海大学出版社,2008.
[353] 方睿. 网络测试技术[M]. 北京:北京邮电大学出版社,2010.
[354] 冯明. 实用网络管理技术[M]. 北京:人民邮电出版社,1995.
[355] 傅海阳. SDH数字微波传输系统[M]. 北京:人民邮电出版社,1998.
[356] 傅珂,李雪松. 通信线路工程[M]. 北京:北京邮电大学出版社,2010.
[357] 高鹏,赵培,陈庆涛. 3G技术问答[M]. 2版. 北京:人民邮电出版社,2011.
[358] 高星忠,陈锦章,张有才. 分组交换[M]. 北京:人民邮电出版社,1994.
[359] 高攸纲. 电磁兼容总论[M]. 北京:北京邮电大学出版社,2001.
[360] 工业和信息化部无线电管理局. 无线电频谱知识百问百答[M]. 北京:人民邮电出版社,2008.
[361] 龚双瑾,刘多,张雪丽,等. 下一代网关键技术及发展[M]. 北京:国防工业出版社,2006.
[362] 龚双瑾,刘多. 下一代电信网的关键技术[M]. 北京:国防工业出版社,2003.
[363] 龚双瑾,王鸿生. 智能网[M]. 北京:人民邮电出版社,1996.
[364] 顾畹仪,李国瑞. 光纤通信系统(修订版)[M]. 北京:北京邮电大学出版社,2006.
[365] 桂海源. IP电话技术与软交换[M]. 北京:邮电大学出版社,2004.
[366] 郭军. 网络管理[M]. 3版. 北京:北京邮电大学出版社,2008.
[367] 郭庆. 卫星通信系统[M]. 北京:电子工业出版社,2010.
[368] 《通信设备接口技术及其应用》编写组. 通信设备接口技术及其应用[M]. 北京:人民邮电出版社,2009.
[369] 《通信设备接口协议手册》编写组. 通信设备接口协议手册[M]. 北京:人民邮电出版社,2005.
[370] 国家计量局. 国家计量检定规程汇编(时间·频率)[M]. 北京:中国计量出版社,1989.
[371] 杭州华三通信技术有限公司. 路由交换技术第1卷[M]. 北京:清华大学出版社,2011.
[372] 杭州华三通信技术有限公司. 路由交换技术第2卷[M]. 北京:清华大学出版社,2012.
[373] 杭州华三通信技术有限公司. 路由交换技术第3卷[M]. 北京:清华大学出版社,2012.
[374] 杭州华三通信技术有限公司编著. 路由交换技术第4卷[M]. 北京:清华大学出版社,2012.
[375] 何宝宏. IP虚拟专用网技术[M]. 北京:人民邮电出版社,2002.
[376] 何小梅,杨晓敏. 数字图像通信[M]. 成都:四川大学出版社,2010.
[377] 黄俊,代少升,王小平. 现代有线电视网络技术及应用[M]. 北京:机械工业出版社,2012.

[378] 季文敏. 程控用户交换机手册[M]. 北京: 人民邮电出版社,1993.
[379] 蒋林涛. 多媒体通信网[M]. 北京: 人民邮电出版社,1999.
[380] 金纯,齐岩松,于鸿洋,等. IPTV 及其解决方案[M]. 北京: 国防工业出版社,2006.
[381] 金明. 数字电视原理与应用[M]. 南京: 东南大学出版社,2005.
[382] 金勇. 录音技术与数字音频制作[M]. 北京: 铁道出版社,2012.
[383] 晋东立,丘伟超,胡敏. 指挥通信技术[M]. 北京: 国防工业出版社,2004.
[384] 孔令萍. 电信管理网[M]. 北京: 人民邮电出版社,1997.
[385] 赖世能,慕家骁. 通信系统防雷接地技术[M]. 北京: 人民邮电出版社,2008.
[386] 兰巨龙,程东年,刘文芬,等. 信息网络安全与防护技术[M]. 北京: 人民邮电出版社,2014.
[387] 兰少华,杨余旺,吕建勇. TCP/IP 网络与协议[M]. 北京: 清华大学出版社,2006.
[388] 雷万云. 云计算技术、平台及其应用案例[M]. 北京: 清华大学出版社,2011.
[389] 黎连业. 网络工程与综合布线系统[M]. 北京: 清华大学出版社,1997.
[390] 黎连业. 网络综合布线系统与施工技术[M]. 北京: 机械工业出版社,2000.
[391] 李栋. 数字音频广播电视(DAB)技术[M]. 北京: 北京广播学院出版社,1998.
[392] 李俊民. 网络安全与黑客攻防宝典[M]. 3 版. 北京: 电子工业出版社,2011.
[393] 李小平. 多媒体通信技术[M]. 北京: 北京航空航天大学出版社,2004.
[394] 李孝辉,杨旭海,刘娅,等. 时间频率信号的精密测量[M]. 北京: 科学出版社,2010.
[395] 李鑫,叶明. OPNET Modeler 网络建模与仿真[M]. 西安: 西安电子科技大学出版社,2006.
[396] 李晔. 数字语音编码技术[M]. 北京: 电子工业出版社,2013.
[397] 梁前熠. 试验任务卫星通信系统[M]. 北京: 国防工业出版社,2016.
[398] 刘达. 数字电视技术[M]. 2 版. 北京: 电子工业出版社,2007.
[399] 刘南平,吉红. 通信电源[M]. 西安: 西安电子科技大学出版社,2004.
[400] 刘鹏. 云计算[M]. 2 版. 北京: 电子工业出版社,2012.
[401] 刘涛,魏巍,张世杰. 通信用 UPS 及逆变电源[M]. 北京: 人民邮电出版社,2008.
[402] 刘希禹. 通信电源与空调及环境集中监控系统[M]. 北京: 人民邮电出版社,1999.
[403] 刘莹,徐恪. Internet 组播体系结构[M]. 北京: 科学出版社,2008.
[404] 娄莉. 图像通信原理与技术[M]. 北京: 清华大学出版社,2010.
[405] 栾正禧. 中国邮电百科全书(电信卷)[M]. 北京: 人民邮电出版社,1993.
[406] 罗海银. 导弹航天测控通信技术词典[M]. 北京: 国防工业出版社,2001.
[407] 罗森林,王越,潘丽敏. 网络信息安全与对抗[M]. 北京: 国防工业出版社,2011.
[408] 吕海寰,蔡剑铭,甘仲民,等. 卫星通信系统(修订本)[M]. 北京: 人民邮电出版社,1994.
[409] 马凤鸣. 时间频率计量[M]. 北京: 中国计量出版社,2009.
[410] 梅文华,蔡善法. JTIDS/Link16 数据链[M],北京: 国防工业出版社,2007.
[411] 糜正琨. IP 网络电话技术[M]. 北京: 人民邮电出版社,2000.
[412] 糜正琨. 七号共路信令系统[M]. 北京: 人民邮电出版社,1996.
[413] 苗新. 光纤通信技术[M]. 北京: 国防工业出版社,2002.
[414] 裴昌幸,朱畅华,聂敏,等. 量子通信[M]. 西安: 西安电子科技大学出版社,2013.
[415] 彭木根,游思晴,胡春静,等. 无线通信导论[M]. 北京: 北京邮电大学出版社,2011.
[416] 漆贯荣. 时间科学基础[M]. 北京: 高等教育出版社,2006.
[417] 綦朝辉. 下一代 Internet 技术[M]. 北京: 国防工业出版社,2005.
[418] 钱士雄,王恭明. 非线性光学——原理与进展[M]. 上海: 复旦大学出版社,2001.
[419] 强磊. 基于软交换的下一代网络组网技术[M]. 北京: 人民邮电出版社,2005.
[420] 秦顺友. 卫星通信地面站天线工程测量技术[M]. 北京: 人民邮电出版社,2006.
[421] 邱焱,肖雳. 电磁兼容标准与论证[M]. 北京: 北京邮电大学出版社,2001.

[422] 全国科学技术名词审定委员会. 通信科学技术名词[M]. 北京：科学出版社,2007.
[423] 芮静康. 视听工程技术问答[M]. 北京：机械工业出版社,2013.
[424] 邵军力,杨心强,钱水春. 数据通信技术基础[M]. 成都：成都电讯工程学院出版社,1988.
[425] 沈民谊,蔡镇远. 卫星通信天线、馈源、跟踪系统[M]. 北京：人民邮电出版社,1993.
[426] 石晶林,丁炜. MPLS 宽带网络互联技术[M]. 北京：人民邮电出版社,2001.
[427] 石志国,贺也平,赵悦. 信息安全概论[M]. 北京：清华大学出版社.
[428] 《数字通信测量仪器》编写组. 数字通信测量仪器[M]. 北京：人民邮电出版社,2007.
[429] 孙晨华,张亚生,何辞,等. 计算机网络与卫星通信网络融合技术[M]. 北京：国防工业出版社,2016.
[430] 唐朝京,魏急波. 数字微波通信技术[M]. 北京：国防工业出版社,2002.
[431] 唐道济. Hi-Fi 音响入门指南[M]. 北京：人民邮电出版社,2010.
[432] 《通信设备接口技术及其应用》编审委员会. 通信设备接口技术及其应用[M]. 北京：人民邮电出版社,2009.
[433] 《通信设备接口协议手册》编审委员会. 通信设备接口协议手册[M]. 北京：人民邮电出版社,2005.
[434] 童宝润. 时间统一系统[M]. 北京：国防工业出版社,2003.
[435] 中国人民解放军总装备部军事训练教材编辑工作委员会. 时间统一技术[M]. 北京：国防工业出版社,2004.
[436] 汪春霆,张俊祥,潘申富,等. 卫星通信系统[M]. 北京：国防工业出版社,2012.
[437] 汪润生,周师熊. 数据通信工程[M]. 北京：人民邮电出版社,1996.
[438] 王宝生,吕绍和、陈琳,等. 未来宽带网络的关键支撑技术[M]. 北京：人民邮电出版社,2014.
[439] 王秉均. 现代卫星通信系统[M]. 北京：电子工业出版社,2004.
[440] 王达. 华为交换机学习指南[M]. 北京：人民邮电出版社,2014.
[441] 王达. 华为路由器学习指南[M]. 北京：人民邮电出版社,2014.
[442] 王鸿麟,叶治政,张秀澹,等. 现代通信电源[M]. 北京：人民邮电出版社,1987.
[443] 王鸿生,龚双瑾. 通信网基本技术[M]. 北京：人民邮电出版社,1993.
[444] 王健全,杨万春,张杰,等. 城域 MSTP 技术[M]. 北京：机械工业出版社,2005.
[445] 王景中,徐小青. 计算机通信信息安全技术[M]. 北京：清华大学出版社,2006.
[446] 王擎天. 数字程控交换技术[M]. 北京：国防工业出版社,2001.
[447] 王坦. 短波通信系统[M]. 北京：电子工业出版社,2008.
[448] 中国人民解放军总装备部军事训练教材编辑工作委员会. 通信网管理技术[M]. 北京：国防工业出版社,2003.
[449] 王义遒. 原子钟与时间频率系统[M]. 北京：国防工业出版社,2012.
[450] 王志良,王粉花. 物联网工程概论[M]. 北京：机械工业出版社,2011.
[451] 韦乐平,张成良. 光网络：系统、器件与联网技术[M]. 北京：人民邮电出版社,2006.
[452] 韦乐平. 光同步数字传输网[M]. 北京：人民邮电出版社,1997.
[453] 韦乐平. 接入网[M]. 北京：人民邮电出版社,1997.
[454] 《卫星通信设备操作维护手册》编写组. 卫星通信设备操作维护手册[M]. 北京：人民邮电出版社,2009.
[455] 邬贺铨. 脉码通信话路传输特性[M]. 北京：人民邮电出版社,1990.
[456] 邬江兴,兰巨龙,程东年,等. 新型网络体系结构[M]. 北京：人民邮电出版社,2014.
[457] 吴承治,徐敏毅. 光接入网工程[M]. 北京：人民邮电出版社,1998.
[458] 吴达金. 室内电话线路技术手册[M]. 北京：人民邮电出版社,1985.
[459] 吴世忠,李斌,张晓菲,等. 信息安全技术[M]. 北京：机械工业出版社,2014.

[460] 吴巍,吴渭,骆连合. 物联网与泛在网通信技术[M]. 北京: 电子工业出版社,2012.
[461] 武孟军. 精通 SNMP[M]. 北京: 人民邮电出版社,2010.
[462] 夏海涛,詹志强. 新一代网络管理技术[M]. 北京: 北京邮电大学出版社,2003.
[463] 肖德宝,徐慧. 网络管理理论与技术[M]. 武汉: 华中科技大学出版社,2010.
[464] 谢干跃,宁书存、李仲杰,等. 可靠性维修性保障性测试性安全性概论[M]. 北京: 国防工业出版社,2012.
[465] 谢桂月,谢沛荣. 通信线路工程设计[M]. 北京: 北京邮电大学出版社,2008.
[466] 谢希仁. 计算机网络[M]. 5 版. 北京: 电子工业出版社,2008.
[467] 熊红凯,孙军,王嘉,等. 数字电视信源编码技术与应用[M]. 北京: 电子工业出版社,2012.
[468] 徐小涛. 数字集群移动通信系统原理与应用[M]. 北京: 人民邮电出版社,2008.
[469] 许瑞钧,杨全胜. 通信线路[M]. 北京: 国防工业出版社,2001.
[470] 许生旺,李清. 图像通信技术[M]. 北京: 国防工业出版社,2002.
[471] 许文丽,王命宇,马君. 数字水印技术及应用[M]. 北京: 电子工业出版社,2013.
[472] 许文龙,胡信国. 现代通信电源技术[M]. 北京: 人民邮电出版社,2000.
[473] 许志祥. 数字电视与图像通信技术[M]. 北京: 清华大学出版社,2009.
[474] 薛燕红. 物联网技术及应用[M]. 北京: 清华大学出版社,2012.
[475] 杨大豪. 频率稳定度特性和测量技术[M]. 上海: 微型电脑编辑部,1982.
[476] 杨峰义. LTE/LTE-Advanced 无线宽带技术[M]. 北京: 人民邮电出版社,2012.
[477] 杨国良,李阳春,伍佑明,等. IPv6 技术、部署与业务应用[M]. 北京: 人民邮电出版社,2011.
[478] 杨云江. 计算机网络管理技术[M]. 北京: 清华大学出版社, 2005.
[479] 杨运年. VSAT 卫星通信网[M]. 北京: 人民邮电出版社,1997.
[480] 杨正洪,周发武. 云计算和物联网[M]. 北京: 清华大学出版社,2011.
[481] 姚天任. 数字语音编码[M]. 北京: 电子工业出版社,2011.
[482] 叶敏. 程控数字交换与交换网[M]. 北京: 北京邮电学院出版社,1993.
[483] 易克初,田斌,付强. 语音信号处理[M]. 北京: 国防工业出版社,2000.
[484] 殷琪. 卫星通信系统测试[M]. 北京: 人民邮电出版社,1997.
[485] 《邮电通信名词解释》编写组. 邮电通信名词解释[M]. 北京: 人民邮电出版社,1997.
[486] 云南省无线电管理委员会,云南省科普作家协会. 无线电科普和管理知识问答[M]. 昆明: 云南科技出版社,2007.
[487] 翟造成,张为群,蔡勇,等. 原子钟基本原理与时频测量技术[M]. 上海: 上海科学技术文献出版社,2009.
[488] 中国人民解放军总装备部军事训练教材编辑工作委员会. 天地通信技术[M]. 北京: 国防工业出版社,2002.
[489] 张冬辰,周吉. 军事通信[M]. 2 版. 北京: 国防工业出版社,2008.
[490] 张尔扬. 短波通信技术[M]. 北京: 国防工业出版社,2002.
[491] 张飞碧,项钰. 现代音响技术设计手册[M]. 北京: 机械工业出版社,2006.
[492] 张更新. 卫星移动通信系统[M]. 北京: 人民邮电出版社,2001.
[493] 张宏科,张思东,苏伟. 路由器原理与技术[M]. 北京: 国防工业出版社,2005.
[494] 张杰. 自动交换光网络 ASON[M]. 北京: 人民邮电出版社,2004.
[495] 张开栋. 通信电缆施工[M]. 北京: 人民邮电出版社,2008.
[496] 张禄林,雷春娟,郎晓红. 蓝牙协议及其实现[M]. 北京: 人民邮电出版社,2001.
[497] 张守信,黄学德. GPS 技术与应用[M]. 北京: 国防工业出版社,2004.
[498] 张新有. 网络工程技术与实验教程[M]. 北京: 清华大学出版社,2005.
[499] 张应中,张德民,温敢荣,等. 数字通信工程[M]. 北京: 人民邮电出版社,1996.

[500] 章燕翼. 现代电信名词术语解释[M]. 2 版. 北京：人民邮电出版社,2009.
[501] 赵慧玲,石友康. 帧中继技术[M]. 北京：人民邮电出版社,1998.
[502] 赵慧玲,叶华. 以软交换为核心的下一代网络技术[M]. 北京：人民邮电出版社, 2002.
[503] 赵学军,陆立,林伶,等. 软交换技术与应用[M]. 北京：人民邮电出版社,2004.
[504] 赵梓森等. 光纤通信工程(修订本)[M]. 北京：人民邮电出版社,1994.
[505] 赵宗印,贾波,吕文彪. 数据通信技术[M]. 北京：国防工业出版社,2001.
[506] 郑祖辉,张炎钦,周万梁,等. 集群移动通信工程[M]. 北京：人民邮电出版社,1996.
[507] 职业技能鉴定教材编审委员会. 音响调音员[M]. 北京：中国劳动社会保障出版社,2001.
[508] 《中国军事通信百科全书》总编组. 中国军事通信百科全书[M]. 北京：中国大百科全书出版社,2009.
[509] 中国通信学会信息通信科学传播专家团队,中兴通信学院. 信息通信技术百科全书[M]. 北京：人民邮电出版社,2015.
[510] 中华人民共和国工业和信息化部. 中华人民共和国无线电频率划分规定[EB/OL]. (2017-11-01)[2014-01-29]. https://www.miit.gov.cn/zwgk/zcwj/wjfb/txy/art/2020/art_066386284cd2449493586c81ccafed11.html.
[511] 中华人民共和国国务院：中华人民共和国中央军事委员会令第 672 号, 中华人民共和国无线电管理条例[EB/OL]. (2017-11-01)[2016-11-11]. http://www.gov.cn/zhengce/2020-12/25/content_5574572.htm.
[512] 钟玉琢,向哲,沈洪. 流媒体和视频服务器[M]. 北京：清华大学出版社,2003.
[513] 周伯扬. 下一代计算机网络技术[M]. 北京：国防工业出版社,2006.
[514] 朱洪波,谢飞波. 国际电信联盟无线电通信标准术语与定义[M]. 北京：人民邮电出版社,2008.
[515] 朱立东. 卫星通信导论[M]. 3 版. 北京：电子工业出版社,2010.
[516] 朱雄世. 新型电信电源系统与设备[M]. 北京：人民邮电出版社,2002.
[517] 总装备部司令部通信局,信息产业部电子 41 研究所. 现代通信测量仪器[M]. 北京：军事科学出版社,1999.
[518] 中国人民解放军总装备部军事训练教材编辑工作委员会. 电磁兼容技术[M]. 北京：国防工业出版社,2005.

索　引

数字

0 比特插入法(0 bit insert)　232
1080i/1080p (1080-interlaced-scanning/1080-progressive-scanning)　306
1 dB 压缩点(1 dB compression point)　73
1ppm 信号(1ppm signal)　339
1pps 信号(1pps signal)　339
2047 码(2047 code)　232
2B1Q 码(2B1Q code)　232
3CCD(three charge-coupled device)　306
3GPP(3rd Generation Partnership Project)　113
3GPP2(3rd Generation Partnership Project 2)　113
3σ 准则(3σ rule)　1
4k 分辨率(4k resolution)　306
5.1 声道(5.1 channel)　268
511 码(511 code)　232
5 类线(category 5 cable)　399
6σ 准则(6σ rule)　1
6 类线(category 6 cable)　399
7.1 声道(7.1 channel)　268
"8"字形漂移(8-character drift)　73
9600 型调制解调器(9600 modem)　232

外文

Access 端口(access port)　156
AC' 97(audio codec 97)　268
Ad Hoc 网(Ad Hoc network)　114
ADSL(asymmetric digital subscriber line)　233
AES(Advanced Encryption Standard)　359
ALOHA(additive links on-line)　73
Alpha 通道(Alpha channel)　306
AMI 码(alternative mark inversion code)　233
APSK(amplitude and phase shift keying)　233
ARP 攻击(ARP attack)　359
ARP 缓存表(ARP cache table)　156
ASCII 码 (american standard code for information interchange)　233
ASF(advanced streaming format)　306
ASI 接口(asynchronization serial interface)　306
ASN.1(abstract syntax notation one)　234
ATSC(advnced television system committee)　306
AVS(audio video coding standard)　307
AV 接口(audio-video interface)　307
A 律(A-law)　268
B(AC)码(B(AC)code)　339
B(DC)码(B(DC)code)　339
BCH 码(Bose-Chaudhuri-Hocquenghem code)　234
BECN(backward explicit congestion notification)　234
BER(basic encode rules)　376
BNC 连接器(BNC connector)　399
BORSCHT(battery feed, over-voltage protection, ringing control, supervision, code, hybrid, test)　269
BPL 时号(BPL timing signal)　339
BPM 时号(BPM timing signal)　339
BT.601　307
BT.656　307
BT.709　307
B 时间码(B time code)　340
B 时间码参考标志(B time code reference sign)　340
B 时间码接口终端 (B time code interface terminal)　340
《B 时间码接口终端通用规范》(General specification for B time code interface terminal)　341
B 帧(B frame)　307
C^4ISR 系统 (command, control, communicatons, computers, intelligence, surveillance and reconnaissance system)　1
CAP(carrierless amplitude/phase modulation)　234
CCD(charge coupled device)　307
CDMA 2000(code division multiple access 2000)　114
CIF(common intermediate format)　307
CMIP 协议 (common management information protocol)　376
CMIS 服务 (common management information service)　376
CMI 码(coded mark inversion code)　234
CMMB(China mobile multimedia broadcasting)　307

CMOS(complementary metal-oxide semiconductor)　307
cobranet　269
Console 端口(console port)　156
CORBA (common object request broker architecture)　377
CPU 占用率(CPU utilization)　156
CRT 显示器(cathode ray tube display)　308
C-RP 通告报文(C-RP advertisement)　156
C 波段(conventional C band)　31
D1　308
DB-15 连接器(DB-15 connector)　399
DB-25 连接器(DB-25 connector)　400
DB-37 连接器(DB-37 connector)　400
DB-9 连接器(DB-9 connector)　400
DCN 网(data communication network)　31
DCT 录制格式(DCT recording format)　308
DDN 广播(broadcast of digital data network)　234
DDN 业务(DDN service)　235
DE(discard eligibility indicator)　235
DES(Data Encryption Standard)　359
DID(direct inward dialing)　269
DIN 连接器(DIN connector)　400
DisplayPort　308
DivX　308
DMI 码(differential mode inversion code)　235
DNS 欺骗(DNS spoofing)　359
DOD(direct outward dialing)　269
DTE-DCE 接口(DTE-DCE interface)　235
DVB(digital video broadcasting)　308
DVB-RCS(digital video broadcasting-return channel via satellite)　73
DVI 接口(digital video interface)　308
DVI 连接器(digital video interface connector)　400
D-sub 连接器(D-sub connector)　400
E_b/N_0 (average bit energy versus noise spectrum density)　74
EC IP 话音指挥调度系统(EC VoIP command and dispatch system)　269
EIRP(equivalent isotropically radiated power)　74
EM 接口(EM interface)　270
EM 信令(EM signalling)　270
eTOM(enhanced telecom operations map)　377
EUROFIX 技术(EUROFIX technique)　341
E 波段(extended band)　31
FC 型光纤连接器(FC optical fiber connector)　401
FECN(forward explicit congestion notification)　235
FR 帧传送时延(frame transmission delay)　235
FR 帧丢失率(frame loss rate)　235
FXO 接口(foreign exchange office interface)　270
FXS 接口(foreign exchange station interface)　270
G. 651 光纤(G. 651 fiber)　31
G. 652 光纤(G. 652 fiber)　31
G. 653 光纤(G. 653 fiber)　31
G. 654 光纤(G. 654 fiber)　31
G. 655 光纤(G. 655 fiber)　32
G. 656 光纤(G. 656 fiber)　32
G. 703 2048 kHz 同步接口(G. 703 2048 kHz synchronizaton interface)　235
G. 703 2 M 接口(G. 703 2 M interface)　236
G. 711 语音编码(G. 711 voice coding)　271
G. 722 语音编码(G. 722 voice coding)　271
G. 723. 1 语音编码(G. 723. 1 voice coding)　271
G. 726 语音编码(G. 726 voice coding)　271
G. 728 语音编码(G. 728 voice coding)　271
G. 729 语音编码(G. 729 voice coding)　272
GLONASS(Global Navigation Satellite System)　341
GPRS(general packet radio service)　114
GPS(global positioning system)　342
GPS 定时接收机(GPS timing receiver)　342
GPS 时(GPS time)　342
GPS 驯服振荡器(GPS disciplined quartz crystal oscillator)　342
GSM(global system for mobile communications)　114
H. 261　309
H. 263+　309
H. 263　309
H. 264　309
H. 323　310
HDB3 码(high density bipolar of order 3 code)　236
HDBaseT 接口(HDBaseT interface)　310
HDCP (high bandwidth digital content protection)　310
HDLC(high data link control)　237
HDLC 透明数据业务(HDLC transparent data service)　237
HDLC 帧(HDLC frame)　237
HDMI 接口(high-definition multimedia interface)　310
HDSL(high-speed digital subscriber line)　237
Hybrid 端口(hybrid port)　157

I/O 通道(I/O channel) 237
ICMP 重定向(ICMP redirect) 157
IDL(interface definition language) 378
IEEE 1394 接口(IEEE 1394 interface) 310
IEEE 802.3x 流控(802.3x flow control) 157
IGMP 查询路由器(IGMP querier router) 157
IGMP 窥探(IGMP snooping) 158
IGMP 协议(internet group management protocol) 158
IP OVER SDH 32
IP OVER WDM 32
IPsec 传输模式(IPsec transmission mode) 360
IPSec 解释域(IPSec domain of interpretation) 360
IPsec 隧道模式(IPsec tunnel mode) 360
IPTV(internet protocol television) 310
IP-Trunk 接口(IP-Trunk interface) 158
IP 包时延(IP packet tansfer delay) 159
IP 包时延抖动(IP packet delay variation) 159
IP 包吞吐量(IP packet throughput) 159
IP 保密机(IP encryption equipment) 360
IP 报文分片(IP packet fragmentation) 159
IP 地址(IP address) 159
IP 地址欺骗(IP address spoofing) 360
IP 电话(IP telephone) 272
IP 丢包率(IP packet loss rate) 160
IP 多媒体子系统(IP multimedia subsystem) 161
IP 封装安全载荷(IP encapsulating security payload) 360
IP 服务质量等级(IP network QoS class) 161
IP 广播(IP broadcast) 162
IP 话音网关(IP voice gateway) 273
IP 话音网守(IP voice gatekeeper) 273
IP 路由(IP route/routing) 162
IP 认证头部(Authentication Header) 361
IP 数字微波通信系统(IP digital microwave communication system) 114
IP 网安全协议(IP security protocol) 362
《IP 网络技术要求——网络性能参数与指标》(IP Network Specification—Network Performance Parameters and Objectives) 162
《IP 网络技术要求——网络性能测试方法》(IP Network Technical Requirements—Network Performance Testing Methods) 162
IP 协议(internet protocol) 162
IP 业务可用性百分比(percent IP service availability) 163
IP 优先级(IP precedence) 164
IRE(institute of radio engineers) 311
IRIG-B 时间码(IRIG-B time code) 342
ISDB(integrated services digital broad-casting) 311
ISM 频段(industrial scientific medical band) 115
ISP-1000 综合指挥调度系统(ISP-1000 integrated command and dispatch system) 273
IS-95 115
ITIL(information technology infrastructure library) 378
I 帧(Intrapictures frame) 311
JPEG(Joint Photographic Experts Group) 311
LAPF 协议(link access procedures to frame mode bearer services) 238
LC 型光纤连接器(LC optical fiber connector) 401
LINk/2+ 238
LMDS(local multipoint distribution system) 115
LNB(low noise block) 74
LTE(long term evolution) 115
LTE-A(LTE-Advanced) 116
L 波段(long wavelength band) 32
MAC 地址(MAC address) 164
MAC 地址表(MAC address table) 165
MAC 地址学习(MAC address learning) 165
MATLAB 1
mBnB 码(mBnB code) 239
McWiLL(multi-carrier wireless information local loop) 116
MD5 算法(message-digest algorithm 5) 362
MIB(management information base) 379
MID(musical instrument digital) 273
MIDI 接口(musical instrument digital interface) 273
MIMO(multiple input multiple output) 116
MP3 音频编码(MPEG-1 audio layer-3 coding) 273
MP@HL(main profile at high level) 314
MP@ML(main profile at main level) 314
MPEG(Moving Picture Experts Group) 311
MPEG-1(moving picture experts group 1) 312
MPEG-2 档次(MPEG-2 profile) 312
MPEG-2(moving picture experts group 2) 312
MPEG-2 级(MPEG-2 level) 312
MPEG-4 312
MPEG 码流数据层次(MPEG stream data level) 313
MPO 型光纤连接器(MPO optical fiber connector) 401
MSS 虚拟路由器(MSS virtual router) 239

MT-RJ 型光纤连接器(MT-RJ optical fiber connector) 401
MU 型光纤连接器(MU optical fiber connector) 402
Netstream 流量监测系统(Netstream monitoring system) 165
NRZ 码(non-return-to-zero code) 239
NTSC 制(national television system committee) 314
NULL 接口(NULL interface) 165
《N×100 Gb/s 波分复用(WDM)系统技术要求》(Technical Requirements for N × 100 Gb/s Wavelength Division Multiplexing(WDM)System) 32
《N×10 Gb/s 超长距离波分复用(WDM)系统技术要求》(Technical Requirements for Ultra Long Haul N × 10 Gb/s Wavelength Division Multiplexing (WDM)System) 32
《N×40 Gb/s 波分复用(WDM)系统技术要求》(Technical Requirements for N × 40 Gb/s Wavelength Division Multiplexing (WDM) System) 33
N 型连接器(N connector) 402
OAM(operation,administrationan and maintenance) 379
OID(object identifier) 379
OPNET 1
ORB(object request broker) 380
OSI 网络管理(OSI network management) 380
OSPF 链路状态数据库(OSPF link-state database) 165
OSPF 链路状态通告(OSPF link-state advertisement) 165
OSPF 邻接(OSPF adjacency) 166
OSPF 邻居(OSPF neighbor) 166
OSPF 路由器(OSPF router) 167
OSPF 区域(OSPF area) 167
OSPF 网络类型(OSPF network type) 167
OSPF 协议(open shortest path first routing protocol) 168
O 波段(original band) 33
PAL 制(phase alternation line) 314
PAT(program association table) 314
PCM 标准发送侧(PCM standard send side) 274
PCM 标准接收侧(PCM standard receive side) 274
PCM 数字参考序列(PCM digital reference sequence) 274
PCM 音频编码(PCM audio coding) 274
PCM 音频通路(PCM voice channel) 275
PCM 终端机(pulse coding modulation equipment) 33
PCR(program clock reference) 314
PDH(plesiochronous digital hierarchy) 33
PDH 光端机(PDH optical transmission equipment) 33
PID(packet ID) 314
PIM-DM 嫁接(PIM-DM graft) 168
PIM-DM 扩散(PIM-DM flooding) 168
PIM-DM 模式(protocol independent multicast-dense mode) 169
PIM-SM 模式(protocol independent multicast-sparse mode) 169
PIM-SM 域(PIM-SM domain) 169
PIM 协议(protocol independent multicast) 169
PIM 仲裁(PIM assert) 169
Ping 命令(packet internet groper) 170
PMT(program map table) 314
POS 接口(interface of packet over SDH) 170
PPPoE(point-to-point protocol over ethernet) 170
PPP 密码验证协议(PPP password authentication protocol) 171
PTT 开关(push to talk) 116
PTZ(camera-pan, tilt and zoom) 314
P 帧(predictive-coded picture) 314
Q9 型连接器(Q9 connector) 402
QCIF(quarter common intermediate format) 315
QinQ(802. 1Q-in 802. 1Q) 171
QSIF(quarter source input format) 315
RAKE 接收机(rake receiver) 116
RFC 文档(request for comments) 171
RGB 颜色空间(RGB color space) 315
RG-11 电缆(RG-11 cable) 402
RG-59 电缆(RG-59 cable) 402
RJ 型连接器(RJ connector) 402
RMON(remote network monitoring) 380
RP 自举(RP bootstrap) 171
RS-232 接口(RS-232 interface) 239
RS-422 接口(RS-422 interface) 240
RS-449 接口(RS-449 interface) 240
RS-530 接口(RS-530 interface) 241
RTP 报文头压缩(compressed RTP) 171
RZ 码(return-to-zero code) 241
SC 型光纤连接器(SC optical fiber connector) 403

SDH(synchronous digital hierarchy) 33
SDH 承载以太网(ethernet over SDH) 34
SDH 定位(SDH aligning) 34
SDH 段开销(SDH section overhead) 34
SDH 分插复用器(SDH add and drop multiplexer) 34
SDH 复用(SDH multiplexing) 34
SDH 复用结构(SDH multiplexing structure) 34
SDH 管理单元(SDH administrative unit) 36
SDH 光传送网(SDH transport network) 36
SDH 净荷(SDH payload) 36
SDH 容器(SDH container) 36
SDH 数字交叉连接设备(SDH digital cross-connection equipment) 36
SDH 通道开销(SDH path overhead) 36
SDH 同步传送模块(SDH synchronous transport module) 36
SDH 系统误码性能指标(SDH system error performance index) 36
SDH 虚容器(SDH virtual container) 38
SDH 映射(SDH mapping) 38
SDH 帧(SDH frame) 38
SDH 支路单元(SDH tributary unit) 39
SDH 指针(SDH pointer) 39
SDH 终端复用器(SDH terminal multiplexer) 39
SDH 自愈环(SDH self-healing ring) 39
SDI 接口(serial digital interface) 315
SECAM 制(sequential color and memory) 315
SHA 算法(secure hash algorithm) 362
SIF(source input format) 315
SMI(structure of management information) 380
SNMP PDU(SNMP protocol data unit) 381
SNMP(simple network management protocol) 381
SOAP(simple object access protocol) 381
SSH(secure shell) 382
SSL 欺骗(SSL spoofing) 362
SSPB(solid state high power amplifier with built-in block upconverter) 74
ST 型光纤连接器(ST optical fiber connector) 403
syslog(system log) 382
S 波段(short wavelength band) 39
S 端子(separated video port) 315
TCP/IP 协议族(TCP/IP protocol suite) 172
TCP 窗口(TCP window) 172
TCP 端口(TCP port) 172
TCP 慢启动(TCP slow start) 173
TCP 全局同步(TCP global synchronization) 173
TCP 三次握手(three-way handshake) 174
TCP 协议(transmission control protocol) 174
TCP 协议加速器(TCP protocol accelerator) 74
TCP 粘包(TCP stick packet) 173
TDMA 突发(TDMA burst) 74
TD-SCDMA(time division-synchronous code division multiple acces) 117
TELNET 协议(TELNET protocol) 175
TestCenter 2
TL1 电信管理协议(transaction language 1) 382
TMN 体系结构(TMN architecture) 383
TMN(telecommunication management network) 382
TMN 参考点(TMN reference point) 382
TMN 功能接口(TMN function interface) 383
TMN 功能模块(TMN function) 383
TMN 物理体系结构(TMN physical architecture) 384
TMN 信息体系结构(TMN information architecture) 384
TNMP(T network management protocol) 384
TOC 时刻(time of coincidence) 343
TOM(telecom operations map) 385
ToS(type of service) 176
traceroute 命令(traceroute) 176
Trunk 端口(trunk port) 177
TR-069 技术规范(TR-069 technical regulation) 385
Turbo 码(turbo code) 242
UDDI(universal description, discovery and integration) 385
UDP 端口(UDP port) 177
UDP 协议(user datagram protocol) 177
UMTS 地面无线接入网(UMTS terrestrial radio access network) 117
URL 欺骗(uniform resource locator spoofing) 362
U-NII 频段(unlicensed national information infrastructure band) 117
U 波段(ultra wavelength band) 39
V. 10 接口(V. 10 interface) 242
V. 11 接口(V. 11 interface) 243
V. 24 接口(V. 24 interface) 243
V. 27 调制解调器(V. 27 modem) 244
V. 28 接口(V. 28 interface) 244
V. 29 调制解调器(V. 29 Modulator-Demodulator) 245

V. 35 接口(V. 35 interface) 245
VDSL(very-high-bit-rate digital subscriber line) 245
VGA(video graphics array) 315
VGA 接口(VGA interface) 316
Viterbi 译码(viterbi decoding) 245
VLAN(virtual local area network) 177
VLAN 标签(VLAN tag) 178
VLAN 聚合(VLAN aggregation) 178
VoIP(voice over IP) 275
VPN(virtual private network) 178
VSAT 网(very small aperture terminal network) 75
WAV 音频文件格式(wave audio file format) 275
WCDMA(wide band code division multiple access) 117
Web 服务(Web service) 386
WiMAX (worldwide interoperability for microwave access) 118
Wi-Fi(wireless fidelity) 117
WMA 音频编码(windows media audio coding) 275
WMV(windows midia video) 316
WSDL(web service describe language) 386
X. 25 接口(X. 25 interface) 246
X. 50 复用(X. 50 mutiplex) 246
X. 51 复用(X. 51 mutiplex) 246
X. 58 复用(X. 58 mutiplex) 246
xDSL(x digital subscribe line) 246
XML(extensible markup language) 386
Xvid 316
YCbCr 317
YIQ 317
YPbPr 317
YUV 317
YUV 采样格式(YUV sampling format) 317
YUV 格式(YUV format) 318
ZigBee 118
Z 接口(Z interface) 275

希文

μ 律(μ-law) 268

A

阿仑方差(Allan variance) 343
安全参数索引(security parameter index) 363
安全策略数据库(security policy index) 363
安全超文本传输协议(secure hypertext transfer protocol) 363
安全关联(security association) 363
安全关联数据库(security association database) 363
安全管理(security management) 387
安全套接层协议(secure sockets layer) 364
安全外壳协议(secure shell protocal) 364
安全域(security domain) 364
按需分配多址接入(demand assignment multiple access) 75

B

八相相移键控(8-phase shift keying) 247
《靶场指挥调度设备规范》(specification for command and dispatch equipment of range) 275
白电平(white level) 318
白平衡(white balance) 318
白噪声(white noise) 2
百兆以太网(100 Mb/s ethernet) 178
搬运钟定时法(flying clock timing method) 343
半导体光放大器(semiconductor optical amplifier) 40
半导体激光器(semiconductor laser diode) 40
包过滤(packet filtering) 364
包基本流(packet elementary stream) 318
包数据交换协议(packet data exchange protocol) 178
饱和功率(saturated power) 75
保密机(encryption equipment) 364
"北斗二号"卫星导航定位系统(BEIDOU-2 satellite navigation positioning system) 343
"北斗一号"卫星导航定位系统(BEIDOU-I satellite navigation positioning system) 344
北京时间(Beijing standard time) 344
北向接口(northbound interface) 388
备份(back-up) 2
背板容量(backboard capacity) 179
背到背(back-to-back) 179
背景误块(background block error) 40
背景误块比(background block error ratio) 40
背压式流控(back-pressure based flow control) 179
倍频程(octave) 276
被复线(field wire) 403
被管对象(managed object) 387
被管设备标识码(managed device identification) 387
被叫(called party) 276

本底噪声(ground noise) 276
泵浦(pump) 40
比时法(time comparison) 344
比特(bit) 247
比特透明数据业务(bit trasparent data service) 247
比相法(phase comparison) 344
闭路电视(closed circuit TV) 318
边界路由器(border router) 179
边界网关协议(border gateway protocol) 179
边界网关协议多协议扩展(multiprotocol extensions for BGP) 179
边缘路由器(edge router) 180
编码(coding) 2
编码增益(coding gain) 247
编码正交频分复用(coded orthogonal frequency division multiplexing) 119
便携卫星通信地球站(portable Earth station) 75
辨认发音人时间(duration of identification speaker) 276
标称中心频率(nominal center frequency) 40
标签(label) 180
标签分发(label distribution) 180
标签分发协议(label distribution protocol) 180
标签合并(label merge) 181
标签交换路径(label switched path) 181
标签交换路由器(label switching router) 181
标签映射(label mapping) 181
标签栈(label stack) 181
标签转发信息库(label forwarding information base) 181
标清电视(standard definition TV) 318
标准白(standard white) 319
标准机箱(standard cabinet) 403
标准频率信号(standard frequency signal) 343
标准频率信号分配放大器(standard frequency signal distributer and amplifier) 343
表色系(color specification system) 319
并发连接数(simultaneous browser connections) 365
并行传输(parallel transmission) 3
并行接口(parallel interface) 247
病毒(virus) 365
病毒隔离(virus isolation) 365
病毒库(virus database) 365
病毒特征码(virus attribute code) 365
波长转换器(wavelength converter) 40
波导(waveguide) 119
波道配置(radio channel configuration) 119
波分复用(wavelength division multiplexing) 41
《波分复用(WDM)光纤传输系统工程设计规范》(Design Specifications for Wavelength Division Multiplexing (WDM) Fiber Transmission Engineering) 41
《波分复用(WDM)光纤传输系统工程验收规范》(Code for Acceptance of Wavelength Division Multiplexing(WDM) Optical Fiber Transmission System Engineering) 41
波分复用器件(wavelength division multiplexing device) 42
波束宽度(wave beam width) 76
波特(baud) 248
波形编码(waveform coding) 276
补充业务(supplementary service) 3
补丁(patch) 365
补助配线(assistance wiring) 404
不间断电源(uninterruptible power system) 403
不间断转发(non stop forwarding) 182
不可用时间(period of unavailability time) 42
步进跟踪(step tracking) 76

C

彩色副载波(colour subcarrier) 319
彩色三要素(three factors of color) 319
彩条信号(color bar) 319
参考帧(anchor frame) 319
参数编码(parameter coding) 277
残余误码率(residual bit error ratio) 119
测频法(frequency measurement) 344
测试光源(test light source) 42
测试卡(test card) 319
测试声源(measuring sound source) 277
策略路由(policy routing) 182
层(layer) 3
层次感(layering) 277
插话(forced insertion) 277
差错秒(errored second) 42
差错秒比(errored second ratio) 42
差分 GPS(difference GPS) 344
差分两相码(differential binary phase-code) 248
差分脉码调制(differential pulse code modulation) 277

差拍法(beat method)　344
掺铒光纤放大器(erbium-doped fibre amplifier)　43
产品型谱(product spectrum)　3
长波定时校频接收机(long wave standard time and frequency signal receiver)　344
长波通信(long-wave communication)　119
"长河二号"导航系统(CHANGHE-2 navigation system)　345
场(field)　320
场区号(area number)　182
场区通信(site area communication)　3
场同步信号(field synchronizing signal)　320
超5类线(exceed category 5 cable)　404
超短波电台(ultrashort wave station)　120
超短波通信(ultrashort wave communication)　120
超短波信号光端机(ultra-short wave signal optical terminal)　43
超宽带(ultra wide band)　120
超外差接收机(superheterodyne receiver)　120
超网(supernetting)　182
超文本传输协议(hyper text transfer protocol)　182
《车载式卫星通信地球站通信设备通用规范》(General Specification of Communication Equipments for Vehicular Satellite Communication Earth Station)　76
成端电缆(terminating cable)　404
承诺访问速率(committed access rate)　182
承诺突发尺寸(committed burst size)　182
承诺信息速率(committed information rate)　183
承载(bear)　3
承载业务(bearer service)　3
城域网(metropolitan area network)　183
程控交换机(stored program control switching system)　277
程序跟踪(program tracking)　76
冲突域(collision domain)　183
抽样(sampling)　3
抽样定理(sampling theorem)　3
传递(transfer)　4
传声器(microphone)　277
传声增益(audio gain)　277
传输(transmission)　4
传输线路(transmission line)　4
传送(transport)　4
传送流(transport stream)　320
船摇隔离度(ship-shaking isolation)　76
船载卫星通信地球站(ship-borne satellite communication station)　77
串行传输(serial transmission)　4
串行接口(serial interface)　248
串音(crosstalk)　278
垂直分辨率(vertical resolution)　320
从时钟(slave clock)　248
粗波分复用(coarse wavelength division multiplex)　43
存储转发(store-and-forward)　183

D

《大楼通信综合布线系统第1部分：总规范》(Telecommunication Generic Cabling system for Building Part 1: Generic Specification)　404
《大楼通信综合布线系统第2部分：综合布线用电缆、光缆技术要求》(Telecommunication Generic Cabling System for Building Part 2: Cable Requirements for Generic Cabling)　404
大楼综合定时供给系统(building-integrated timing supply system)　248
大气窗口(atmospheric window)　120
大气损耗(atmospheric loss)　77
大气吸收衰减(atmospheric absorption loss)　120
大气折射(atmospheric refraction)　121
大数据(big data)　427
大有效面积光纤(large effective area fiber)　43
代理(agent)　388
代码(code)　248
带宽(bandwidth)　4
带宽按需分配(bandwidth on demand)　77
带内管理(inband management)　388
带外辐射(out-of-band emission)　77
带外管理(outband management)　388
带外信号鉴别(out-off-band signal identification)　278
单臂路由器(router-on-a-stick)　183
单边带通信(single sideband)　121
单播(unicast)　183
单播反向路径转发(unicast reverse path forwarding)　183
单点故障(single point of failure)　4
单方(one-way)　4
单工(simplex)　4

单呼(private conversation) 121
单极性码(single polar code) 249
单路单载波(single channel per carrier, SCPC) 78
单脉冲跟踪(monopulse tracking) 78
单模光纤(single-mode fiber) 44
单声道(monophony) 278
单速率三色着色法(a single rate three color marker) 183
《单通路 STM-64 和其他具有光放大器的 SDH 系统的光接口》(Optical Interfaces for Single Channel STM-64 and Other SDH Systems with Optical Amplifiers) 44
单位间隔(unit interval) 249
单相三线制(single-phase three wire system) 404
单向(unidirectional) 4
单向中继(unidirectional trunk) 249
宕机(down) 4
导频(pilot frequency) 121
倒计时系统(countdown time system) 345
等价路由(equal cost multi-path) 184
等离子显示器(plasma display panel) 320
等响度技术(equal loudness technology) 278
等效地球半径(equivalent earth radius) 121
等效噪声温度(equivalent noise temperature) 78
低密度奇偶校验码(low density parity check code) 249
低水峰光纤(low water peak fiber) 44
低噪声放大器(low noise amplifier) 80
迪杰斯特拉算法(Dijkstra algorithm) 184
底盘(chassis) 405
地(earth,ground) 405
地理增益(geographic gain) 78
地面波(ground wave) 122
地球同步轨道卫星(geosynchronous orbit satellite) 78
地球站品质因数(figure of merit) 78
地球站入网验证测试(earth station verification test) 79
地球站天线(antenna of earth station) 79
地址解析协议(address resolution protocol) 184
第二代移动通信系统(the second generation mobile communication system) 121
第三代移动通信系统(the third generation mobile communication system) 122
第四代移动通信系统(the fourth generation mobile communication system) 123
第五代移动通信系统(the fifth generation mobile communication system) 427
第一代移动通信系统(the first generation mobile communication system) 123
点对点协议(point-to-point protocol) 185
电波传播(radio wave propagation) 124
电池容量(battery capacity) 405
电磁干扰(electromagnetic interference) 4
电磁兼容(electromagnetic compatibility) 4
电磁敏感度(electromagnetic susceptibility) 4
电磁频谱(electromagnetic spectrum) 5
电磁骚扰(electromagnetic disturbance) 5
电话号码(telephone number) 278
电话衡重杂音(telephone weighted noise) 278
电话交换局(telephone exchange office) 279
电话软线(telephone flexible cable) 405
电话网(telephone network) 279
电缆成端设备(cable terminating equipment) 405
电缆调制解调器(cable modem) 320
电缆分线设备(cable junction equipment) 405
电缆交接箱(cable switching box) 405
电缆色谱(cable color code) 406
电缆线对(cable pair) 406
电缆型号(cable type,cable model) 406
电离层(ionosphere) 124
电离层闪烁(ionospheric scintillation) 80
电路(circuit) 5
电平(level) 5
电气和电子工程师学会(The Institute of Electrical and Electronics Engineers) 5
电容话筒(capacitance microphone) 279
电视伴音(television audio,television sound) 321
电视测试信号(television test signal) 321
电视定时(television timing) 345
电视频道(television channel) 321
电视墙(video-wall,TV-wall) 322
电视上行站(satellite television up-link earth station) 80
电视制式(television system) 322
电信工业协会(Telecommunication Industries Association) 5
电信管理论坛(telecommunication management forum) 388
电压轴比(voltage axial ratio) 80
电压驻波比(voltage standing wave ratio) 124

电影与电视工程师学会(the Society of Motion Picture and Television Engineers) 322
电源壁盒(power supply wall box) 407
电子工业协会(Electronical Industries Association) 5
电子示波器(electronic oscilloscope) 5
《电子信息系统机房设计规范》(Code for Design of Electronic Information System Room) 407
《电子信息系统机房施工及验收规范》(Code for Construction and Accceptance of Electronic Information System Room) 407
调度操作控制台(dispatch operation console) 279
调度单机(dispatch set) 279
调度点名(dispatch call) 280
调度岗位(dispatch post) 280
调度沟通(dispatch link-up) 280
调度广播(dispatch broadcast) 280
调度中继端口(dispatch trunk port) 280
调度主机(dispatch exchange) 280
调幅调相转换(amplitude modulation to phase modulation conversion) 99
调音台(sound mixing console) 297
调制(modulation) 22
掉头路由器(u-turn router) 186
定时(timing) 345
定时误差(timing error) 345
定时信号(timing signal) 250
定位感(positioning sense) 281
定压功率放大器(power amplifier with fixed voltage) 281
定制队列(custom queuing) 186
定阻功率放大器(scheduled resistance power amplifier) 281
动圈话筒(dynamic microphone) 281
动态范围(dynamic range) 281
动态路由(dynamic route) 186
动态主机配置协议(dynamic host configuration protocol) 187
“动中通”车载卫星通信地球站(satcom on the move, SOTM) 80
毒性反转(poison reverse) 187
独特码(unique word) 81
杜比数码(dolby digital) 281
端到端(end-to-end) 6
端到端测试(end-to-end test) 250
端口绑定(port bind) 187
端口隔离(port isolation) 187
端口隔离度(port isolation) 81
端口光功率(port optical power) 187
端口镜像(port mirroring) 188
端口扫描(ports scanning) 365
短波电台(short wave station) 124
短波定时仪(short wave timing receiver) 345
短波发信机(short wave transmitter) 125
短波后选器(HF postselector) 125
短波接收机(short wave receiver) 125
短波频率预报(frequency forecast for short-wave communication) 125
短波通信(short-wave communication) 125
短波信号数字化传输光端机(shortwave signal digitization transmission optical terminal) 44
短波预选器(short wave preselector) 125
短波自适应(short wave adaption) 125
短波自适应控制器(short wave adaptive controller) 126
对比度(contrast) 322
对称电缆(symmetrical cable) 407
对称密码(symmetric cipher) 366
对等体(peer entity) 6
对等网络模式(peer-to-peer mode) 6
对绞电缆(twisted pair cable) 408
对流层电波传播(troposphere radiowave propaoation) 126
对外联网(network interconnection) 188
对星(aiming at satellite) 81
多波长计(multi-wavelength meter) 44
多波束天线(multiple beam antenna) 81
多点多路分布业务(multichannel multipoint distribution services) 126
多点控制器(multipoint control unit) 322
多技术操作系统接口(multi-technology operations systems interface) 389
多技术网络管理(multi-technology network management) 389
多径效应(multipath effect) 127
多链路点对点协议(PPP multilink protocol) 188
多路按键话筒(multi-route push-button microphone) 281
多路单载波(multiple channel per carrier, MCPC) 81

多模光纤(multi-mode fiber) 44
多频互控(multifrequency control) 282
多频记发器(multifrequency register) 282
多频记发器信令(multifrequency register signalling) 282
多频时分多址(multi-frequency time division multiple access, MF-TDMA) 81
多普勒效应(Doppler effect) 127
多生成树协议(multiple spanning tree protocol) 189
多协议标签交换(multiprotocol label switch) 189
多业务传送平台(multi-service transport platform) 44
多业务交换机(muti-service switch) 250
多用户检测(multiple user detection) 127
多载波调制(multi-carrier modulation) 127
多址干扰(multiple access interference) 127
多址接入(multiple accessing) 127

E

恶意软件(malicious software) 366
耳机(earphone) 282
二/四线转换(two wire-four wire transformation) 282
二层交换机(layer 2 switch) 190
二层隧道协议(layer two tunneling protocol) 190
二次电源(secondary power supply) 408
二纤单向通道保护环(two-fiber unidirectional path protection ring) 45
二纤双向复用段倒换环(two-fiber bidirectional multiplex section protection ring) 45
二线话音电路(two-wire vice circuit) 283
二线环路中继接口 C2(2-wire loop trunk interface C2) 283
二相相移键控(binary phase shift keying) 250

F

发光二极管(light-emitting diode) 45
发光强度(luminous intensity) 322
发射(transmitting,emitting) 6
发送时钟(transmitter clock) 251
法拉第旋转(Faraday rotation) 82
反射面天线(reflector antenna) 127
反向地址解析协议(reverse address resolution protocol) 190
反向复用(inverse multiplexing) 251
反向路径转发(reverse path forwarding) 190
泛在网(ubiquitous network) 427
方舱(shelter) 408
方位—俯仰—交叉天线座(azimuth-elevation-cross pedestal) 82
方位—俯仰天线座(azimuth-elevation pedestal) 82
防爆等级(explosion-proof grade) 6
防爆电视(explosion-proof television) 322
防爆调度单机(explosion-proof dispatch set) 283
防雷(lighting protection) 408
访问控制列表(access control list) 191
非平衡接口(unbalanced interface) 251
非网状测试(non-meshed test) 191
非线性编辑(non-linear editing) 323
费涅尔区(Fresnel zone) 128
分贝(decibel) 6
分辨率(resolution) 323
分布式拒绝服务攻击(distribution denial of service) 366
分布式网络管理(distributed network management) 389
分布式组件对象模型(distributed component object model) 389
分隔(separation) 284
分合路器(divider and combiner) 83
分级(grade) 284
分集接收(diversity reception) 128
分类编址(classful addressing) 191
分片(fragment) 7
分群(group division) 284
分组交换(packet switching) 251
分组密码(block cipher) 366
分组通信数据网(packet telecommunication data network) 427
粉红噪声(pink noise) 284
风/光互补供电系统(wind/PV hybrid power supply system) 408
风力发电机(wind driven generator) 409
峰值平均功率比(peak-to-average power ratio) 129
峰值突发尺寸(peak burst size) 191
峰值信息速率(peak information rate) 191
峰值信噪比(peak signal-to-noise ratio) 323
蜂窝系统(cellular system) 128
伏安(V · A) 409
服务等级协议(service level agreement) 191
服务原语(service primitive) 7

服务质量(quality of service) 7
俘获效应(capture effect) 129
浮充(floating charge) 409
负载均分(load sharing) 410
负载均衡(load balance) 192
复合视频信号(composite video baseband signal) 323
复接配线(multiplexing wiring) 409
复用(multiplexing) 7
副瓣电平(sidelobe level) 83
覆盖网(overlay network) 7

G

伽利略卫星导航系统(GALILEO satellite navigation system) 346
伽马校正(gamma correction, gamma calibration) 323
干扰容限(interference margin) 129
干线放大器(trunk amplifier) 323
感觉编码(perceptual coding) 284
高保真(high-fidelity) 284
高保真系统(Hi-Fi system) 284
高功率放大器(high power amplifier) 83
高级持续性威胁(advanced persistent threat) 366
高级音频编码(advanced audio coding) 284
高清电视(high definition television) 324
《高清晰度电视节目制作及交换用视频参数值》(Video Parameter Values for the HDTV standard for Production and Programme Exchange) 324
高斯噪声(Gaussian noise) 8
高速分组接入(high-speed packet access) 129
告警(alarm) 389
告警过滤(alarm filter) 389
告警相关性分析(alarm correlation analysis) 390
割接(cutover) 410
格林尼治标准时间(Greenwich mean time) 345
隔离器(isolator) 129
隔行扫描(interlaced scanning) 324
根端口(root port) 192
根网桥(root bridge) 192
跟踪接收机(tracking receiver) 83
跟踪损耗(tracking loss) 83
工业电视(industry television) 324
工作组交换机(workgroup switch) 193
公共信道信令(common channel signalling) 285
公开密钥密码(public key cipher) 367
公有 MIB(public MIB) 390
公钥基础设施(public key infrastructure) 367
功分器(power splitter) 130
功率放大器(power amplifier) 285
功率回退(power back-off) 130
功率计(power meter) 8
功率谱密度(power spectral density) 8
功率通量密度(power flux density) 83
功率因数(power factor) 410
供电方式(power supply mode) 410
共同体(community) 390
共享式以太网(shared ethernet) 192
共享树(shared tree) 193
共信道干扰(co-channel interference) 84
沟通(linking up) 8
孤岛(isolated island, silo) 8
骨干路由器(core router) 193
固定编码调制(constant coding and modulation) 251
固态功率放大器(solid state power amplifier) 84
故障(failure) 9
故障处置经验库(fault base) 390
故障等级(failure level、fault level) 390
故障管理(fault management) 390
故障弱化(fail soft) 130
故障树(fault tree) 9
挂机(hanging up) 285
关调度(dispatch off) 285
关口站(gateway station) 84
管道线路(conduit line) 410
管理功能(management function) 391
管理功能域(management functional area) 391
管理节点标识码(management node identification) 391
管理者(manager) 391
《光波分复用(WDM)系统测试方法》(Test Methods of Optical Wavelength Division Multiplexing (WDM) System) 46
《光波分复用(WDM)系统技术要求—16×10 Gb/s、32×10 Gb/s 部分》(Technical Requirements of Optical Wavelength Division Multiplexing(WDM) System—16×10 Gb/s、32×10 Gb/s Parts) 46
《光波分复用(WDM)系统技术要求—32×2.5 Gb/s 部分》(Technical Requirements of Optical Wavelength Division Multiplexing (WDM) System—32×2.5 Gb/s Part) 46

《光波分复用(WDM)系统总体技术要求(暂行规定)》(General Technical Requirements of Optical Wavelength Division Multiplexing(WDM) System (Provisional Regulations)) 47
光传输段层(optical transmission section-layer) 47
光传送网(optical transport network) 47
《光传送网(OTN)工程设计暂行规定》(Provisional Design Specifications for Optical Transport Network(OTN)Engineering) 47
《光传送网(OTN)工程验收暂行规定》(Provisional Acceptance Specifications for Optical Transport Network(OTN)Engineering) 47
《光传送网(OTN)网络总体技术要求》(General Technical Requirements for Optical Transport Network(OTN)Engineering) 48
光调制器(optical modulator) 53
光端机(optical transceiver) 48
光放大器(optical amplifier) 48
光分波器(optical demultiplexer) 48
光分插复用器(optical add and drop multiplexer) 48
光分组交换(optical packet switch) 48
光分组同步(optical packet synchronization) 48
光分组再生(optical packet regeneration) 48
光复用段层(optical multiplexing section layer) 49
光隔离器(optical isolator) 49
光功率放大器(optical booster amplifier) 49
光功率计(optical power meter) 49
光孤子通信(optical soliton communication) 49
光合波器(optical multiplexer) 49
光监控通路(optical supervisory channel) 49
光检测器(optical photodetector) 49
光交叉连接设备(optical cross-connection equipment) 50
光接口(optical interface) 50
光接口应用代码(optical interface application code) 50
光接入网(optical access network) 50
光接收机(optical receiver) 50
光接收机灵敏度(sensitivity of optical receiver) 50
光开关(optical switch) 51
光缆(optical fiber cable) 51
光缆交接箱(fiber cable cross connection cabinet) 410
光缆接头盒(fiber cable joint box) 411
《光缆通用规范》(Cables, Fibre Optics, General Specification for) 52
《光缆引接车规范》(Specification for Optic Fiber Communication Vehicle) 52
光猫(optical modem) 251
光模块(optical transceiver) 193
光耦合器(optical coupler) 52
光配线网(optical distribution network) 52
光谱分析仪(spectrometer) 52
光前置放大器(optical pre-amplifier) 52
光圈(aperture) 325
光时分复用(optical time division multiplexing) 52
光时域反射计(optical time domain reflectometer) 52
光衰减器(optical attenuator) 53
光通道代价(optical path penalty) 53
光通量(luminous flux) 325
光通路层(optical channel layer) 53
光通路开销(optical channel overhead) 53
光通信(optical communication) 53
光通信波段(optical communication band) 54
《光同步传送网技术体制(暂行规定)》(Optical Synchronous Transport Network Technology System (Provisional Regulations)) 53
光网络单元(optical network unit) 54
光纤(optical fiber) 54
光纤非线性效应(fiber nonlinear effects) 54
光纤光栅(fiber bragg grating) 55
光纤活动连接器(optic fiber connector) 55
光纤拉曼放大器(fiber Raman amplifier) 55
光纤耦合器(fiber coupler) 55
光纤配线架(optical distribution frame) 411
光纤熔接机(fiber fusion splicer) 55
光纤收发器(fiber optical transceiver) 56
光纤通信(fiber communication) 56
光纤同轴电缆混合网(hybrid fiber coax) 325
光纤无线电(radio on fiber) 130
光纤线路码(optical fiber line code) 56
光纤线路自动切换保护装置(optical fiber line auto switch protection equipment) 56
光线路放大器(optical line amplifier) 55
光信噪比(optical signal-to-noise ratio) 57
光虚拟专用网(optical virtual private network) 57
光因特网(optical internet) 57
光源(light source) 57
光源消光比(extinction ratio) 57
光中继器(optical repeater) 57

广播(broadcast) 193
广播风暴(broadcast storm) 193
广播级(broadcast quality) 325
广播域(broadcast domain) 193
广域网(wide area network) 193
归零(closing of all action items) 9
国际 2 号码(international telegraph alphabet No. 2 code) 251
国际 64°卫星(Intelsat IS-906 Satellite) 84
国际标准化组织(International Organization for Standardization) 9
国际参考编码字符集(international reference alphabet) 251
国际电工委员会(International Electrical Commission) 9
国际电信联盟(International Telecommunication Union) 10
国际电信联盟区域划分(ITU regions and areas) 130
国际海事卫星组织(International Maritime Satellite Organization) 85
《国际恒定比特率数字通道和连接的端到端差错性能参数和指标》(End-to-end Error Performance Parameters and Objectives for International, Constant bit-rate Digital Paths and Connections) 57
国际日期变更线(international date line) 345
国际卫星通信商用业务(INTELSAT business service) 85
国际卫星通信组织(International Telecommunications Satellite Organization, INTELSAT) 86
国际无线电咨询委员会(Consultative Committee of International Radio) 130
国际移动卫星通信系统(International Mobile Satellite Communication System) 86
国际原子时(international atomic time) 346
国际照明委员会(International Commission on Illumination) 325

H

哈斯效应(Hass effect) 285
海事 A 站(maritime A station) 86
海事 BGAN 站(maritime broadband global area network station) 86
海事 B 站(maritime B station) 87
海事 C 站(maritime C station) 87
海事第四代通信卫星(the Forth Generation International Moblie Communication Satellite) 87
航空插头(aviation plug) 411
毫米波通信(millimeter-wave communication) 131
合成轴比(composite axial ratio) 87
核心层(core layer) 194
核心交换机(core switch) 194
核心密码(core cipher) 367
黑场(black burst) 325
黑电平(black level) 325
黑洞 MAC 地址(blackhole MAC address) 194
黑洞路由(blackhole route) 194
恒温晶体振荡器(oven controlled crystal oscillator) 346
红外线通信(infrared communication) 131
洪泛攻击(flood attack) 367
后馈天线(feedback antenna) 88
后门(trap door) 368
厚度感(sense of thickness) 285
呼叫接通率(call connection rate) 285
呼损(call loss) 285
呼吸效应(breath effects) 131
互操作(interoperability) 10
互调(intermodulation) 131
互连(interconnection) 10
互通(interworking) 10
滑动(slip) 252
滑环(slide ring) 88
话带调制解调器(voice modem) 251
话筒灵敏度(microphone sensitivity) 285
话筒指向性(microphone directionality) 286
话务量(traffic) 286
话音电平(electrical speech level) 286
话音激活检测(voice activity detection) 286
话音信息共享系统(voice information sharing system) 286
环回(loopback) 252
环回地址(loopback address) 194
环回接口(loopback interface) 194
环焦天线(ring focus antenna) 88
环境噪声(ambient noise) 286
环行器(circulator) 132
缓冲区溢出(buffer overflow) 368
灰度(grey scale) 326

回波抵消器(echo cancellor) 287
回波损耗(return loss) 132
回波抑制器(echo suppressor) 287
汇聚层(distribution layer) 194
汇聚点(rendezvous point) 194
汇聚交换机(distribution switch) 194
会话初始协议(session initiation protocol) 287
会议(conference) 288
会议电视系统(video conference system) 326
混合编码(hybrid coding) 289
混合自动重传请求(hybrid automatic repeat request) 132
混响(reverberation) 289
活动铁塔车(antenna tower pedestal motor vehicle) 412
霍夫曼编码(Huffman coding) 326

J

机顶盒(set-top box) 326
机载卫星通信地球站(airborne earth station) 89
鸡尾酒会效应(cocktail party effect) 289
基本码流(elementary stream) 326
基本业务(basic service) 10
基带传输(baseband transmission) 10
基带调制解调器(baseband modem) 252
基带信号(baseband singnal) 10
基于 Web 的网络管理(web-based management) 391
基于策略的网络管理(policy-based network management) 391
基于视图的访问控制模型(view-based access control model) 391
《基于同步数字体系(SDH)的传送网体系结构》(Architecture of Transport Networks Based on the Synchronous Digital Hierarchy(SDH)) 58
《基于以太网技术的局域网系统验收测评规范》(Acceptance Test Specification for Local Area Network (LAN) System Based on Ethernet Technology) 194
基于用户的安全模型(user-based security model) 392
基站子系统(base station sub-system) 133
基准参考时钟(primary reference clock) 252
激光大气通信机(atmosphere laser communication equipment) 58
激光二极管(laser diode) 58
激励器(stimulator) 289
极化(polarization) 132
极化角(polarization angle) 89
极化面调整(polarization plane adjustment) 89
极化模色散(polarization mode dispersion) 58
极化损耗(polarization loss) 89
极化校正(polarization correction) 89
集成式 WDM 系统(integrated WDM system) 58
集合点(consolidation point) 412
集群调度台(dispatching console) 132
集群方式(trunking mode) 132
集群移动通信系统(trunking mobile communication system) 133
集中式网络管理(centralized network management) 392
计费管理(account management) 391
计算机病毒(computer virus) 368
技术规范书(technical specification) 10
技术建议书(technical recommendation) 10
技术协议书(technical agreement) 10
技术状态冻结(freezing of technical status) 11
加权公平队列(weighted fair queuing) 195
加权随机早期检测(weighted random early detection) 195
家乡代理(home agent) 195
《架空光(电)缆通信杆路工程设计规范》(Design Specifications for Pole Line of Optical (Copper) Cable Communication Engineering) 413
架空线路(overhead line) 413
假负载(dummy load) 133
假设参考光通道(hypothetical reference optic path) 59
假设参考通道(hypothetical reference path) 11
间谍软件(spyware) 368
剪枝(prune) 196
简单网络时间协议(simple network time protocol) 346
简单文件传输协议(trivial file transfer protocol) 195
简单邮件传输协议(simple mail transfer protocol) 195
简化 HDLC(simplified HDLC) 252
建筑群主干布线子系统(campus backbone cabling subsystem) 413

建筑物主干布线子系统(building backbone cabling subsystem)　413
交叉极化干扰抵消(cross polarization interference cancellation)　133
交叉极化隔离度(cross-polarization isolation)　90
交叉极化鉴别率(cross-polarization discrimination)　90
交叉网线(ethernet cross-over wire)　196
交叉相位调制(cross phase modulation)　59
交调(cross-modulation)　133
交换(exchange,switch)　11
交换机堆叠(stack of switch)　196
交换式以太网(switched ethernet)　196
交换网络(switching network)　289
交接配线(switching wiring)　413
交流基础电源(AC fundamental power supply)　413
交流静态开关(AC static state switch)　414
交流配电(AC distribution)　414
交扰调制比(cross-modulation ratio)　326
交织(interleaving)　253
焦距(focal length)　326
《角钢类通信塔技术条件》(Technical Specifications for Communcation Towers of Angle Steel)　413
接地(grounding)　414
接地电阻(grounding resistance)　414
接地端子(grounding terminal)　414
接地汇集线(grounding assembling bus)　415
接地汇流排(grounding bus bar)　415
接地体(lightning proof grounding body)　415
接地网(grounding grid)　415
接地引入线(grounding leadin)　415
接户线路(line to home)　415
接近角(approach angle)　415
接口(interface)　11
接口缓冲存储器(interface buffer memory)　253
接口限速(limit rate)　197
接口震荡(port link-flap)　197
接入(access)　12
接入层(access layer)　197
接入交换机(access switch)　197
接闪器(lightning arrester)　415
接收时钟(receiver clock)　253
接收天线共用器(receiving antenna multicoupler)　134
接线盒(telephone connect wire box)　415
节点(node)　11
节目码流(program stream)　326
截止波长(cuto-ff wavelength)　59
介质独立接口(media dependent interface)　197
紧急呼叫(emergency call)　134
尽力而为服务模型(best-effort)　197
精密时间协议(precision time protocol)　346
静区(dead belt)　134
静态 ARP 表项(static ARP entry)　197
静态路由(static route)　197
静中通”车载卫星通信地球站(movable vehicular Earth station)　91
镜像干扰(image interference)　134
局间数字型线路信令(interoffice junction digital line signalling)　290
局间直流线路信令(interoffice direct signalling)　290
局内电缆(office cable)　415
局域网(local area network)　198
《局域网交换设备的基准测试》(Benchmarking Methodology for LAN Switching Devices)　198
句子可懂度(sentence intelligibility)　290
拒绝服务攻击(denial of service)　368
《具有光放大器的多通路系统的光接口》(Optical Interfaces for Multichannel Systems with Optical Amplifiers)　59
距离矢量路由协议(distance-vector routing protocol)　197
卷积码(convolutional code)　253
绝对参考频率(absolute frequency reference)　59
绝对时(absolute time)　348
《军用方舱通用规范》(General Specification for Military Shelters)　416
军用光纤(military fiber)　60
《军用设备和分系统电磁发射和敏感度要求》(Electromagnetic Emission and Susceptibility Requirements for Military Equipment and Subsystems)　12
《军用通信车通用规范》(General Specification for Military Communication Vehicle)　416
均充(average charging)　416

K

卡农头(XLR connector)　416
卡赛格伦天线(Cassegrain antenna)　91
开放式 WDM 系统(free WDM system)　60

开放系统互连参考模型(open system interconnection/reference model) 12
开关电源(switch power system) 416
开通(establishing circuit) 13
勘点(field survey) 13
抗扰度(immunity) 13
颗粒度(granularity) 14
《可搬移式卫星通信地球站设备通用技术要求》(General Specification of Equipments for Transportable Satellite Communication Earth Station) 91
可变长子网掩码(variable length subnet mask) 198
可靠度(reliability) 14
可靠交换控制协议(reliable exchange control protocol) 198
可靠性(reliability) 14
可逆变长编码(reversible variable length code) 327
可信计算(trusted computing) 368
可用度(avaliability) 14
可用性(avaliability) 14
可用性比(availability ratio) 61
克尔效应(Kerr effect) 61
客户机/服务器模式(client/server mode) 14
空分多址(space division multiple accessing) 134
空分交换(space division switching) 291
空间感(sense of space) 291
空间数据系统咨询委员会(Consultative Committee for Space Data Systems) 15
空间无线电通信(space radio communication) 134
空闲信道噪声(idle channel noise) 291
空中接口(air interface) 135
空中平台通信(air platform communication) 135
控制字符(control character) 254
跨场区通信(cross-site area communication) 15
快门(shutter) 327
快速生成树协议(rapid spanning tree protocol) 199
快速重连接(reset connection quickly) 369
快速重路由(fast reroute) 199
宽波分复用(wide wavelength division multiplexing) 61
宽带卫星通信(broadband satellite communication) 92
宽高比(aspect ratio) 327
馈线损耗(feed line loss) 92
馈源喇叭(feed horn) 92
馈源网络(feed network) 92
馈源相位中心(feed phase center) 93
扩频(spread spectrum) 135
扩频处理增益(spread spectrum processing gain) 135
扩频数字微波通信系统(spread spectrum digital microwave communication system) 135
扩声系统(sound reinforcement system) 291
扩展突发尺寸(excess burst size) 199

L

蓝牙(Bluetooth) 136
勒克斯(lux) 327
冷熔连接(cold fusion connection) 61
离去角(departure angle) 417
离散多频音调制(discrete multitone modulation) 254
离散余弦变换(discrete cosine transform) 327
里德—所罗门编码(Reed-Solomon code) 254
历书时(ephemeris time) 348
立体感(three-dimensional sense) 291
立体声(stereo) 291
立项论证(feasibility study for project authorization) 15
连续相位频移键控(continuous phase frequency shift keying) 254
莲花插头(RCA connector) 417
联合法系统设计(joint method system design) 61
链路(link) 15
链路分片与交叉(link fragment and interleave) 199
链路聚合控制协议(link aggregation control protocol) 199
链路容量调整方案(link capacity adjustment scheme, LCAS) 61
链路设计余量(margin of link design) 93
链路预算(link budget) 136
链路状态路由协议(link-state routing protocol) 200
链路自适应(link adaptation) 136
两相码(binary phase-code) 254
亮度(luminance) 328
量化(quantization) 15
量化失真(quantization distortion) 291
量子通信(quantum telecommunication) 429
邻道干扰(adjacent channel inetrference) 136
邻星干扰(neighbour satellite interference) 93

铃流(ringing current) 292
零日漏洞(zero-day vulnerability) 369
零色散波长(zero-dispersion wavelength) 62
零色散斜率(zero-dispersion slope) 62
零中频接收机(zero-IF receiver) 136
令牌桶(token bucket) 200
浏览器/服务器模式(browser/server mode) 15
流(stream) 15
流量分类(traffic classifying) 200
流量监管(traffic policing) 201
流量整形(traffic shaping) 201
流星余迹通信(meteor burst communication) 136
六性(6-performance) 15
漏洞(vulnerability) 369
漏洞扫描(vulnerability scanning) 369
录音(sound recording) 292
录音服务器(sound recording server) 292
路径保护(path protection) 62
路径余隙(path clearance) 137
路由(route,routing) 15
路由表(routing table) 201
路由聚合(route aggregation) 201
路由器(router) 201
路由器标识(router ID) 201
路由收敛(routing convergence) 201
路由协议(routing protocol) 202
路由信息协议(routing information protocol) 202
路由优先级(route priority) 202
路由振荡(route flap, route oscillation) 202
路由转发表(forwarding information base) 203
滤波器(filter) 137
率失真函数(rate distortional function) 16
乱序(out-of-order) 203
罗兰-C 系统(LORAN-C system) 348
逻辑链路控制子层(logical link control) 203

M

码分多址(code division multiple access) 137
码激励(code-excited) 292
码间串扰(intersymbol interference) 255
码距(code distance) 255
码片(chip) 137
码速调整(justification) 255
码型(code pattern) 255
码元(code element) 256
码重(code weight) 256
脉宽调制(pulse width modulation) 417
曼彻斯特编码(Manchester code) 256
漫游(roaming) 137
忙时试呼次数(busy hour call attempts) 292
媒体(medium) 16
媒体访问控制子层(media access control) 203
每跳行为(per hop behavior) 203
门限载噪比(threshold carrier to noise ratio) 93
密集波分复用(dense wavelength division multiplexing) 62
密码(cipher) 369
密码分析(cryptanalysis) 369
密码算法(encryption algorithm) 369
密码同步(cipher synchronization) 370
密文(ciphertext) 370
密钥(key) 370
密钥长度(key length) 370
密钥空间(key space) 370
密钥周期(key cycle) 370
蜜罐(honeypot) 369
免维护电池(maintenance-free battery) 417
面向服务的架构(service-oriented architecture) 429
面向连接(connection-oriented) 16
秒(second) 348
明文(plain text) 370
模场直径(mode field diameter) 62
模拟电视(analogue television) 328
模拟分量视频(component analog video) 328
模拟信号(analogue signal) 16
模数转换(A/D convertion) 16
莫尔斯电码(Morse code) 137
目标传输距离(object transmission distance) 62

N

奈奎斯特准则(Nyquist criterion) 16
南向接口(southbound interface) 392
内存占用率(memory utilization) 203
内容分发网络(content distribution network) 328
逆变器(inverter) 418

O

欧氏距离(Euclidean distance) 256
欧洲电信标准化协会(European Telecommunications Standards Institute) 16

耦合器(coupler) 137

P

旁瓣(side lobe) 93
旁路(bypass) 256
配线架(distribution frame) 418
配置管理(configuration management) 392
喷泉码(foutain codes) 429
偏置天线(offset antenna) 93
偏置正交相移键控(offset quadrature phase shift keying) 256
频标分配放大器(frequency standard signal distributor and amplifier) 348
频标切换时间(time in frequency standard switching) 348
频差倍增测周法(period measurement with beat multiplication) 349
频道(frequency channel) 16
频段(frequency band) 16
频分多址(frequency division multiple accessing) 137
频分双工(frequency division duplex) 138
频率标准(frequency standard) 349
频率标准切换器(frequency standard switcher) 349
频率磁场特性(frequency magnatic field characteristic) 349
频率电压特性(frequency voltage characteristic) 350
频率调整范围(frequency adjustment range) 350
频率调整分辨率(frequency setting resolution) 350
频率负载特性(frequency load characteristic) 350
频率开机特性(frequency power on characteristic) 350
频率漂移率(frequency drift rate) 350
频率牵引效应(frequency pulling effect) 350
频率温度特性(frequency temperature characteristic) 351
频率稳定度(frequency stability) 350
频率稳定度损失(frequency stability degradation) 351
频率啁啾(frequency chirp) 62
频率重现性(frequency reproducibility) 349
频率准确度(frequency accuracy) 351
频谱分析仪(spectrum analyzer) 17
平衡回输损耗(balance return loss) 293
平衡接口(balanced interface) 257
平滑重启(graceful restart) 203
平均故障间隔时间(mean time between failure) 17
平均故障修复时间(mean time to repair) 17
平均意见评分(mean opinion score) 293
平面(plane) 17
平台(platform) 17
平太阳(mean sun) 351
屏蔽(shield) 292
普通密码(common cipher) 370

Q

七号信令(signaling system number 7) 293
奇偶校验(parity check) 252
千兆以太网(1000 Mb/s ethernet) 204
前端设备(front-end device) 328
前馈天线(feedforward antenna) 93
前向安全(forward secure) 370
前置放大器(preliminary amplifier) 293
嵌入式代理(embedded agent) 392
抢代通(line recovery through emergency repair or equipment replacement) 17
勤务管理(service management) 392
勤务话(service telephone) 293
氢原子频率标准(hydrogen atomic frequency standard) 351
清晰度(definition) 328
区分服务码点(diffServ code point) 204
区分服务模型(differentiated service) 204
去极化效应(depolarization effect) 94
全程传输损耗(full range transmission loss) 294
全光波长转换器(all optical wavelength converter) 62
全光通信(all optical communication) 62
全呼(all call) 138
全球海上遇险与安全系统(global maritime distress and safety system) 138
全球信息栅格(global information grid) 430
全球星系统(global star system) 94
全区合练(system rehearsal) 17
缺省路由(default route) 205
群路保密机(group encryption equipment) 370
群时延(group delay) 257
群时延失真(group delay distortion) 294
群外用户(out of group subscriber) 294

R

扰码(scramble) 257

绕射(diffraction propagation)　138
热点(hot spot)　138
热熔连接(hot fusion connection)　63
热线电话(hot-wire telephone)　294
人工长途台(artificial toll station)　294
人孔(manhole)　418
认证中心(certificate authority)　370
认知无线电(cognitive radio)　138
任务保驾(specialist support for mission operation)　17
任务管理(task management)　392
任意播(anycast)　205
任意源组播(any source multicast)　205
日常通信(routine communication)　18
日凌(sun outage)　94
容错(fault tolerance)　18
铷原子频率标准(rubidium atomic frequency standard)　351
儒略日(Julian Day)　351
蠕虫病毒(worm virus)　371
入侵防御系统(intrusion prevention system)　371
入侵检测系统(intrusion detection system)　371
软件定义网络(software defined network)　430
软件工程(software engineering)　18
软件设计(software design)　18
软件生命周期(software life cycle)　18
软件生命周期模型(software life cycle model)　18
软件无线电(software radio)　139
软件需求分析(software requirement analysis)　19
软交换(soft switch)　431
软扩频(tamed spread spectrum)　139
闰秒(leap second)　352

S

赛博空间(cyberspace)　19
三层交换机(layer 3 switch)　205
三刺激值(tristimulus value)　328
三横两纵(3-horizontal-2-vertical architecture)　19
三基色(three primary colours)　328
三阶互调(3rd order intermodulation)　94
三冗余(three redundancy)　352
三图两表一案(3 diagrams-2 tables-1 emergency solution)　19
三网融合(convergence of three networks)　431
三相五线制(three-phase five wire system)　418
散列函数(hash function)　371
散射通信(scatter communication)　139
扫描(scanning)　328
色饱和度(color saturation)　329
色彩分辨率(color resolution)　329
色差信号(colour difference signal)　329
色度(chrominance)　329
色度色散系数(chromatic dispersion coefficient)　63
色键(chroma key)　329
色散(dispersion)　63
色散补偿光纤(dispersion compensating fiber)　63
色同步信号(color burst signal)　329
色温(color temperature)　329
铯原子频率标准(cesium atomic frequency standard)　352
上变频器(up converter)　95
上联端口(uplink port)　205
上行功率控制(up power control)　95
上行链路(uplink)　95
设备监控(equipment monitor)　392
设计评审(design reviews)　19
设计确认(design confirmation)　19
设计验证(design verification)　19
射频拉远(remote radio head)　139
射频识别技术(radio frequency identification)　139
射频信号(radio frequency signal)　95
深度包检测(deep packet inspection)　371
深空通信(deep space communication)　95
生成树协议(spanning tree protocol)　205
生存时间(time to live)　206
声场(sound field)　294
声道(sound channel)　294
声反馈(acoustic feedback)　294
石英晶体频率标准(quartz crystal frequency standard)　355
时分多址(time division multiple accessing)　140
时分交换(time division switching)　295
时分双工(time division duplex, TDD)　140
时间(time)　352
时间比对(time comparison)　352
时间补偿(time compensation)　352
时间间隔计数器(time interval counter)　352
时间码产生器(time code generator)　352
时间码切换器(time code switcher)　353
时间码切换损失(time code switching loss)　353

时间码区分放大器(time code distributor and amplifier) 353
时间偏差(time deviation) 257
时间偏差(time offset) 353
时间同步(time synchronization) 353
时间同步误差(errors of time synchronization) 353
时间统一系统(timing system) 353
时间信号周期抖动(time signal periodic jitter) 354
时区(time zone) 355
时统分站(slaved timing station) 355
《时统设备通用规范》(General specification for timing equipments) 355
时统主站(master timing station) 355
时隙(time slot) 20
时延(time delay) 20
时钟(clock) 20
时钟同步(clock synchronization) 257
实时(real-time) 19
实时传输控制协议(realtime transport control protocol) 206
实时传输协议(realtime transport protocol) 207
实时信道估算(real time channel evaluation, RTCE) 140
矢量量化(vector quantization) 295
世界时(universal time) 354
市内电话电缆(telephone cable) 418
试验床(test bed) 20
试验任务数据交换网(the Data Switching Network of Test Mission) 257
试验通信(test communication) 20
试验文书(documentation of test communication) 20
试运行(trial-operation) 20
视场(field of view) 329
视距传播(line-of-sight propagation) 140
视觉分辨率(visual resolution) 329
视频编解码器(video decoder) 330
视频点播(video on demand) 330
视频多画面处理器(video multiplexer) 330
视频分配器(video distributor) 330
视频监控系统(video surveillance system) 330
视频接口转换器(video interface converter) 331
视频切换矩阵(video matrix switcher) 331
视频切换器(video switcher) 331
视频信号(video signal) 331
视图(viewpoint) 19
室内安装线(indoor line) 418
室内单元(indoor unit) 95
室内线路电缆(indoor line cable) 419
室外单元(outdoor unit) 95
手动跟踪(manual tracking) 95
手孔(handhole) 419
守时(timing keeping) 355
受激布里渊散射(stimulated Briliouin scattering) 63
受激拉曼散射(stimulated Raman scattering) 64
授时(time service) 355
梳状滤波器(comb filter) 331
输出回退(output backoff) 95
输入回退(input backoff) 96
数据包(data packet) 20
数据报(datagram) 258
数据传输(data transmission) 258
数据传输速率(data trasmission rate) 258
数据电路(data circuit) 258
数据电路终接设备(date circuit terminating equipment) 258
数据二极管(data diode) 371
数据复用(data multiplexing) 258
数据加密密钥(data enciphering key) 371
数据交换(data switching) 258
数据链(data link) 20
数据链路(data link) 259
数据链路控制协议(data link control protocol) 259
数据链路连接标识符(data link connection identifier) 259
数据通信(data communication) 259
数据通信基本型控制规程(basic mode control procedures for data communications) 259
数据中心(data center) 431
数据终端设备(data terminal equipment) 259
数模转换(D/A convertion) 21
《数字程控自动电话交换机技术要求》(technical requirements of digital SPC automatic telephone exchange) 295
数字电视(digital TV) 331
数字电影(digital cinema) 331
数字分量并行接口(parallel digital component interface) 331
数字分量视频(digital component video) 332
数字复合并行接口(parallel composite digital interface) 332

数字复合视频(digital composite video)　332
数字交叉连接设备(digital cross-connection equipment)　64
数字签名(digital signature)　372
数字视音频光传输设备(digital video and audio optical transmission equipment)　64
数字数据网(DDN)技术体制(Digital Data Network Technical System)　260
数字数据网(digital data network)　259
数字数据网节点编号(DDN node number)　260
数字水印(digital watermark)　372
数字同步网(digital synchronization network)　260
数字图像压缩编码(digital image compression encoding)　332
数字网假设参考通道(hypothetical reference path of digital network)　64
数字微波接力通信系统(digital microwave relay communtcation system)　140
数字信号(digital signal)　21
数字音频媒体矩阵(digital audio media matrix)　295
数字影院系统(digital theater systems)　295
数字硬盘录像机(digital video recoder)　332
数字证书(digital certificate)　372
衰减器(attenuator)　141
衰减失真(attenuation distortion)　295
衰减系数(attenuation coefficient)　65
衰落(fading)　141
双方(both-way)　21
双工(duplex)　21
双工器(duplexer)　96
双归属(dual homing)　207
双混频时差法(2-mixer time comparison)　355
双极化天线(double polarization antenna)　96
双速率三色着色法(a two rate three color marker)　208
双向(bidirectional)　21
双向不对称中继(asymmetric trunk)　260
双向转发检测(bidirectional forwarding detection)　208
双音多频(dual-tone multi-frequency)　295
水平布线子系统(plane cabling subsystem)　419
水平分辨率(vertical resolution)　332
私有 IP 地址(private IP address)　208
私有 MIB(private MIB)　392
四波混频(four-wave mixing)　65
四声道环绕(4-channel surround)　296
四纤双向复用段倒换环(four-fiber bidirectional multiplex section protection ring)　65
四线话音电路(four-wire voice circuit)　296
四线模拟中继接口 C1(4-wire analog trunk interface C1)　296
速率(rate)　21
溯源(traceability)　356
算法参数(algorithm parameter)　372
算法逻辑(algorithm logic)　372
算术编码(arithmetic coding)　333
随机早期检测(random early detection)　209
随路信令(channel associated signalling)　296
隧道(tunnel)　209
缩位拨号(abbreviated dialling)　296
索引计数(index count)　356
锁相环(phase-locked loop)　21

T

太阳能电池(solar cell)　419
套接字(socket)　209
特洛伊木马(Trojan horse)　372
特殊用户(special subscriber)　296
天波(sky wave)　141
天地超短波通信系统(ultrawave communication system between spacecraft and ground)　141
天地话音(space-ground voice communication)　297
天馈伺跟系统(antenna feeding servo and tracking system)　96
天线(antenna)　142
天线方向图(antenna pattern)　96
天线杆(antenna mast)　420
天线跟踪精度(antenna tracking accuracy)　96
天线极化(antenna polarization)　142
天线交换器(antenna switching unit)　142
天线控制单元(antenna control unit)　97
天线口径(antenna aperture)　97
天线驱动单元(antenna drive unit)　97
天线效率(antenna efficiency)　97
天线仰角(antenna elevation)　97
天线噪声(antenna noise)　98
天线增益(antenna gain)　98
天线指示精度(antenna indication accuracy)　98
天线指向精度(antenna point accuracy)　98
天线轴比(antenna axial ratio)　99

条件接收系统(conditional access system) 333
跳频(frequency hopping) 142
跳时(time hopping) 142
跳纤(optical fiber jumper) 420
跳线(jumper) 420
《厅堂扩声特性测量方法》(methods of measurement for the characteristics of sound reinforcement in auditoria) 297
听阈(hearing threshold) 297
通播(special broadcast) 297
通道(path) 22
通道化电路(channelized circuit) 209
通过角(ramp angle) 420
通信(communication,telecommunication) 22
通信电缆(communication cable) 420
通信电源(power system of communication station) 421
通信工程设计(communication engineering design) 22
《通信管道与通道工程设计规范》(Communication Conduit and Passage Engineering Designing Standard) 421
通信建筑(communication building) 421
《通信局(站)电源系统总技术要求》(General Requirements of Power Supply System for Telecommunication Stations/Sites) 421
《通信局(站)防雷与接地工程设计规范》(Code for Design of Lightning Protection and Earthing Engineering for Telecommunication Bureaus (Stations)) 422
通信距离方程(communication range equation) 99
通信联调(co-adjustment of communications) 22
通信联试(co-exercise of communications) 22
通信手段(communication means) 22
通信网(commnnication network) 23
通信卫星(communication satellite) 99
通信系统(communication system) 23
《通信线路工程设计规范》(Design Specifications for Telecommunication Cable Line Engineering) 422
通信业务(communication service) 23
通信应急预案(emergency plan of communication) 23
《通信用阀控式密封铅酸蓄电池》(Valve-regulated Lead Acid Batteries for Telecommunications) 422
通信总体技术方案(test communication general technical design) 23
通信组织实施方案(test communication organization and implementation design) 24
通用成帧规程(general framing procedure) 67
通用路由封装协议(general routing encapsulation) 209
通用移动通信系统(universal mobile telecommunications system) 143
同步(synchronization) 22
同步接口(synchronous interface) 260
同步时分复用(synchronous time-division multiplexing) 260
《同步数字体系(SDH)的网络节点接口》(Network Node Interface for the Synchronous Digital Hierarchy(SDH)) 65
《同步数字体系(SDH)光缆线路系统进网要求》(Requirements for Synchronous Digital Hierarchy (SDH) Optical Fiber Cable Line Systems) 66
《同步数字体系(SDH)光纤传输系统工程设计规范》(Design Specification for Synchronous DigitalHierarchy (SDH) Optical Fiber Cable Transmission System Project) 67
《同步数字体系(SDH)网络节点接口》(Network Node Interface for the Synchronous Digital Hierarchy(SDH)) 67
《同步数字体系信号的基本复用结构》(Basic Multiplexing Structure for Synchronous Digital Hierarchy Signals) 67
《同步数字体系信号的帧结构》(Frame Structure for Synchronous Digital Hierarchy Signal) 67
同信道干扰(shared channel inetrference) 143
同轴电缆(coaxial cable) 422
统计法系统设计(statistics method system design) 67
统计时分复用(statistics time-division multiplexing) 261
统一通信(unified communications) 432
统一威胁管理设备(unified threat management) 372
统一资源定位符(uniform resource locator) 209
透明(transparent) 24
透明网桥(transparent bridge) 210
突发通信(burst communication) 143
图像(image) 333
图像传感器(imaging sensor) 333
图像信号(image signal) 333
图像预测编码(image predictive coding) 333
图像子带编码(image sub-band coding) 334

脱网工作(talk around)　143
拓扑发现(topology discovery)　393
拓扑结构(topological structure)　24

W

外地代理(foreign agent)　210
外同步信号(exterior synchronization signal)　356
万维网(world wide web)　210
万兆以太网(10 Gb/s ethernet)　210
网格编码调制(trellis coded modulation)　261
网关(gateway)　24
网管节点(network management node)　393
网管站(network management workstation)　393
网管中心(network management center)　393
网管组织结构(network management organization architecture)　393
网络安全审计(network security audit)　372
网络地址(network address)　24
网络地址转换(network address translator)　210
网络钓鱼(phishing)　373
网络功能虚拟化技术(network functions virtualization)　432
网络管理(network management)　393
网络管理软件(network management software)　393
网络管理系统(network management system)　394
网络管理系统平台(network management system platform)　395
网络管理协议(network management protocol)　395
网络管理专家系统(network management expert system)　395
网络规划业务(network planning business)　395
《网络互连设备的基准测试》(Benchmarking Methodology for Network Interconnect Devices)　211
网络连通性测试(network connectivity test)　211
网络流量管理(network traffic management)　395
网络流协议(netflow)　396
网络配置和管理协议(network configuration protocol)　396
网络融合(network convergence)　24
网络时间协议(network time protocol)　356
网络态势(network situation)　396
网络态势感知(network sitiuation awareness)　433
网络音频输入/输出接口机(network audio input and output interface)　297
网络拥塞(network congestion)　211
网络子系统(network sub-system)　143
网桥协议数据单元(bridge protocol data unit)　211
网守(gatekeeper)　24
网同步(network synchronization)　24
网页挂马(ollydebug)　373
网元(net element)　396
网元管理系统(element management system)　396
网闸(gap)　373
网真(telepresence)　433
网状测试(meshed test)　212
微波铁塔(microwave steel tower)　422
微波通信(microwave communication)　143
微波信号光端机(microwave signals optical terminal)　68
微分相位(differential phase)　334
微分增益(differential gain)　334
卫通多址方式(multiple access mode of satellite communication)　99
卫通链路计算(link budget of satellite communication)　99
卫通网管系统(satellite communication network management system)　100
卫通信道损耗(satellite communication channel loss)　100
卫通信道组播(satellite channel multicast)　212
卫星波束(satellite beam)　101
卫星单向定时法(one-way satellite timing method)　356
《卫星电视上行站通用规范》(General Specification for Satellite Television Up-link Communication Earth Station)　101
卫星共视定时法(common view satellite timing method)　356
卫星轨道(satellite orbit)　101
卫星激光通信(satellite laser communication)　101
卫星摄动(satlellite perturbation)　101
卫星数字电视直播(digital video broadcasting for satellite)　101
卫星双向定时法(two-way satellite timing method)　356
卫星通信(satellite communication)　101
卫星通信地球站(earth station of satellite communication)　102
卫星通信调制解调器(satellite communication modem)　103

卫星通信频段(satellite communication frequency band) 102
卫星通信体制(satellite communication scheme) 103
《卫星通信系统通用规范》(General Specification for Communication System of Satellites) 103
卫星通信信道(satellite communication channel) 103
《卫星通信中央站通用技术要求》(General Specification of Satellite Communication Center Station) 103
卫星移动通信(satellite mobile communication) 103
卫星直播(direct broadcasting satellite) 334
伪首部(pseudo header) 212
伪随机序列(pseudo-random sequence) 262
位同步(symbol synchronization) 262
位置识别标志(position recognition sign) 356
尾巴电缆(stub cable) 422
尾部丢弃(tail drop) 212
尾纤(tail fiber) 422
委托代理(proxy agent) 396
文件传输协议(file transfer protocol) 213
稳态声场不均匀度(steady sound field nonuniformity) 298
稳压电源(stabilized voltage supply) 422
无缝连接(seamless connection) 25
无类域间路由(classless inter-domain routing) 214
无失真压缩编码(lossless compression encoding) 334
无线 Mesh 网(wireless mesh network, WMN) 144
无线城域网(wireless MAN) 144
无线传感器网络(wireless sensor network) 144
无线电波(radio wave) 145
无线电管理(radio management) 145
无线电管制(radio control) 145
《无线电规则》(Radio Regulations) 146
无线电监测(radio monitoring) 146
无线电台(radio station) 146
无线对讲机(walkie-talkie) 147
无线个人区域网(wireless personal area network) 147
无线广域网(wireless wide area network) 148
无线接入(wireless access) 148
无线接入点(access point) 149
无线接入控制器(access controller) 149
无线接入网桥(wireless access bridge) 149
无线局域网(wireless local area network) 149
无线通信(wireless communication) 149
无线网络控制器(radio network controller) 150
无线应用协议(wireless application protocol) 150
无源光网络(passive optical network, PON) 68
五性(5-performance) 25
五元组(five tuple) 214
物联网(internet of thing) 433
误比特率(bit error ratio) 262
误差(error) 25
误块(errored block, EB) 68
误码测试仪(code error rate tester) 262
误码率(code error rate) 262
误码判别(error code discrimination) 356

X

吸声材料(sound-absorbing material) 298
吸声系数(sound-absorbing coefficient) 298
系统软件(system software) 396
下变频器(down converter) 104
下联端口(downlink port) 214
下行链路(downlink) 104
下一代网(next generation network) 434
下一代运营支撑系统(next generation operation support system) 396
先进卫星广播系统(advanced broadcasting system for satellite) 104
先进先出队列(first in first out queuing) 214
纤芯同心度误差(concentricity error of optical fiber core) 68
线端阻塞(head of line blocking) 214
线路信令(line signalling) 298
线群(line group) 298
线速转发(line-speed forwarding) 214
线天线(wire antenna) 150
线性分组码(linear block code) 262
线性预测(linear prediction) 298
相对频率偏差(fractional frequency offset) 357
相对时(relative time) 357
相关带宽(coherence bandwidth) 150
相控阵天线(phased array antenna) 105
相位不连续性(phase discontinuity) 262
相位模糊(phase ambiguity) 262
相位微越计(phase microstepper) 357
相位噪声(phase noise) 105

响度(loudness,volume) 299
响度当量(loudness reference equivalent) 299
响度评定值(loudness rating) 299
像素(pixel) 334
消息密钥(message key) 373
消息认证码(message authentication code) 373
消息摘要(message digest) 373
消隐信号(blanking signal) 335
小波变换(wavelet transform) 335
校频(frequency calibration) 346
校频精度(frequency calibration precision) 346
校相(phase-calibration) 90
协调世界时(universal time coordinated) 357
协议(protocol,agreement) 25
协议数据单元(protocol data unit) 26
协议栈(protocol stack) 26
协议转换器(protocol converter) 26
协作分集(cooperative diversity) 150
协作无线通信(cooperative wireless communication) 150
谐波失真(harmonic distortion) 25
心理声学模型(psychoacoustic model) 299
心跳线(heartbeat line) 214
信标(beacon) 105
信道(channel) 26
信道编码效率(channel coding efficiency) 263
信道倒换(switching of channel) 26
信道均衡(channel equalization) 263
信道容量(channel capacity) 26
信号(signal) 26
信号壁盒(signal wall box) 423
信号控制台(T0 console) 342
信号频谱(frequency spectrum) 26
信号音(signal tone) 299
信纳德(signal plus noise plus distortion to noise plus distortion ratio) 150
信息(information) 26
信息安全(information secuity) 373
信息插座(telecommunications outlet) 423
信息系统(information system) 27
星上处理及交换(satellite processing and switching) 106
星蚀(satellite eclipse) 106
行(line) 325
行波管放大器(travelling wave tube amplifier) 105
行同步信号(line synchronizing signal) 325
性能管理(performance management) 397
虚电路(virtual circuit) 263
虚拟(virtual) 27
虚拟路由器冗余协议(virtual router redundancy protocol) 214
虚容器级联(concatenation of virtual container) 68
需求分析(requirement analysis) 27
序列密码(stream cipher) 374
询问握手认证协议(challenge handshake authentication protocol) 215
循环码(cyclic code) 263

Y

压力测试(pressure test) 215
亚太六号卫星(Apstar Ⅵ Satellite) 106
亚太七号卫星(Apstar Ⅶ Satellite) 106
延迟容忍网络(delay/disrupting-tolerant netwok, DTN) 434
延伸电话(extension of the telephone) 300
严重差错秒(severely errored second) 68
严重差错秒比(severely errored second ratio) 69
掩蔽效应(masking effect) 300
验收(acceptance) 27
扬声器(loudspeaker) 300
野战便携光传输箱(field portable optical fiber transmission trunk) 69
野战光传输通信车(field optical fiber transmission communication vehicle) 69
野战光接入设备(field optical access equipment) 69
野战光缆(field optical fiber cable) 70
野战光缆车(field optical fiber cable vehicle) 70
野战光缆连接器(field optical fiber cable connector) 70
野战光缆收放架(field optical fiber cable take-up and pay-off stand) 70
野战光缆引接系统(field optic fiber cable linking system) 70
《野战光缆引接系统通用要求》(General Requirement for Field Optic Fiber Cable Linking System) 71
野战光纤被复线传输设备(field optical fiber cable and telephone wire transmission equipment) 71
《野战通信线缆品种系列》(Breeds and Series of the Field Communications Wires and Cables) 423
业务指导关系(professional guidance relationship) 27

液晶显示器(liquid crystal display) 335
一次一密(one-time pad) 374
一点多址微波通信系统(point to multipoint access microwave communication system) 150
一对多/多对一测试(one-to-many/many-to one test) 215
一体化(integration) 27
铱星系统(Iridium system) 106
移动IP(mobile IP) 215
移动代理(mobile agent) 397
移动交换中心(mobile switching center) 151
移动台(mobile station) 151
移动台遥毙(mobile terminal inhibit) 151
移动通信(mobile communication) 151
移交(transfer,handover) 27
已知明文攻击(known plaintext attack) 374
以太网(Ethernet) 216
以太网端口自协商(Ethernet port auto-negotiation) 217
以太网反射器(Ethernet reflector) 217
以太网服务类别(Ethernet class of service) 217
以太网供电(power over Ethernet) 218
以太网光纤收发器(Ethernet fiber-optic transceiver) 218
以太网集线器(Ethernet hub) 218
以太网交换机(Ethernet switch) 218
以太网链路捆绑(eth-trunk) 218
以太网网桥(Ethernet bridge) 219
以太网帧(Ethernet frame) 219
以太网帧间隙(inter frame gap) 220
以太网子接口(Ethernet subinterface) 220
异步(asynchronization) 27
异步接口(asynchronous interface) 263
异构网(heterogeneous network) 27
因特网工程任务组(Internet Engineering Task Force) 220
因特网号码分配局(Internet Assigned Numbers Authority) 220
因特网控制报文协议(Internet control message protocol) 220
因特网密钥交换协议(inernet key exchange protocol) 374
阴影衰落(shadow fading) 151
音调(pitch) 300
音节清晰度(syllable articulation) 301
音乐功率(music power output) 302
音频编码(audio coding) 301
音频均衡器(equalizer) 301
音频群时延(audio group delay) 301
音频信号(audio signal) 301
音色(tone colour) 301
音箱(speaker) 302
音箱阻抗(speaker impedance) 302
音质(audio quality) 302
引入路由(import route) 220
拥塞避免(congestion avoidance) 221
拥塞管理(congestion management) 222
用户(user,subscriber) 28
用户保安器(subscriber protector) 423
用户到用户(user-to-user) 28
用户分配网络(user distribution network) 335
用户环路(subscriber loop) 302
用户数据单元(subscriber data unit) 28
用户线路网(subscriber line network) 424
用户线信令(subscriber line signalling) 302
用户终端业务(terminal service) 28
优先级队列(priority queuing) 223
优先级映射(precedence mapping) 223
邮局协议(post office protocol) 222
油机(oil electrical generator) 424
游程编码(run length coding) 335
游牧(nomadic) 28
游牧接入(nomadic access) 151
有线电视(cable television) 335
有效载荷(payload) 107
有效载荷在轨测试(payload in orbit test) 107
有源光网络(active optical network, AON) 71
有源树(source tree) 223
雨衰(rain fade,rain attenuation) 151
语音编码(voice coding) 303
语音信号(voice signal) 303
预分配(pre-assignment) 107
域名(domain name) 223
域名解析(domain name resolution) 224
域名系统(domain name system) 224
原子秒(atomic second) 357
原子能级(atomic energy level) 357
圆极化器(circular polarizer) 107
圆锥扫描跟踪(conical scanning tracking) 107
远程登录协议(TELNET protocol) 397

远程协同系统(remote collaborative system) 27
远近效应(near-far effect) 152
越级(upgrade) 302
越区切换(hand off) 152
云计算(cloud computing) 435
云台(pan-tilt) 336
云台镜头控制器(camera PTZ controller) 336
运动补偿(motion compensation) 336
运行管理系统(The Operation Management System) 398
运营支撑系统(operation support system) 398

Z

杂散(spurious signal) 108
杂散干扰(spurious interference) 152
杂音电压(noise voltage) 424
载波等效噪声带宽(carrier equivalent noise bandwidth) 108
载波叠加(carrier in carrier) 108
载波分配带宽(carrier alloted bandwidth) 108
载波功率占用率(carrier power utilization ratio) 108
载波互调比(carrier to inter modulation ratio) 337
载波频带占用率(carrier bandwidth utilization ratio) 108
载波频谱监视(carrier spectrum monitoring) 108
载波同步(carrier synchronization) 263
载波相位法(carrier phase method) 357
载波占用带宽(carrier occupational bandwidth) 109
载波侦听多址访问/冲突检测(carrier sense multiple access/collision detection) 224
载波组合二次差拍比(carrier to composite second order beat ratio) 337
载波组合三次差拍比(carrier to composite triple beat ratio) 337
载噪比(carrier to noise ratio) 109
在线(on-line) 28
噪声(noise) 28
噪声等效带宽(equivalent noise width) 110
噪声系数(noise figure) 110
增益(gain) 28
增益波动(gain fluctuation) 110
增益稳定度(gain stability) 110
增益斜率(gain slope) 110
增值业务(value-added service) 29
摘机(off hooking) 303
战略保密机(strategy encryption equipment) 374
战术保密机(tactics encryption equipment) 374
站型(station type) 110
照度(illuminance) 337
真彩色(true color) 337
整舱(whole shelter) 425
整流器(rectifier) 425
正交幅度调制(quadrature amplitude modulation) 266
正交鉴相法(quadrature phase discrimination method) 357
正交模耦合器(ortho-mode transducer) 110
正交频分多址接入(orthogonal frequency division multiple access) 152
正交频分复用(orthogonal frequency division multiplex) 152
正交相移键控(quadrature phase shift keying) 266
帧(frame) 29
帧定位信号(frame alignment signal) 263
帧同步(frame synchronization) 264
帧同步保护(frame synchronization protection) 264
帧同步搜捕校核(search check for frame synchronization) 264
帧校验序列(frame check sequenc) 264
帧中继(frame relay) 265
帧中继带宽控制(FR bandwidth control) 265
帧中继网技术体制(Frame Relay Technical System) 265
帧中继拥塞恢复(FR congestion recovery) 265
帧中继拥塞控制(FR congestion control) 266
直放站(repeater) 153
直接序列扩频(direct sequence spread spectrum) 153
直连路由(direct route) 225
直连网线(Ethernet straight-through wire) 225
直流电源(DC power supply) 425
直流配电(DC distribution) 425
直埋线路(direct-buried line) 425
直通工作方式(direct mode opreation) 153
直通配线(through wiring) 425
直通转发(cut-through forward) 225
指定端口(designated port) 224
指定网桥(designated bridge) 224
指定源组播(source specific multicast) 224
指定源组播映射(source specific multicast mapping) 225

指挥调度系统(command and dispatch system) 303
指向跟踪(pointing tracking) 110
指向角度(directional angle) 304
智能代理(intelligent agent) 398
智能天线(smart antenna) 153
中波通信(middle-wave communication) 153
中等速率数据传输业务(intermediate data rate) 111
中国1号信令(China signalling system No. 1) 304
中国宽带无线IP标准工作组(China Broadband Wireless IP Standard Group) 154
中国通信标准化协会(China Communications Standards Association) 29
中继(relay) 29
中继线路(trunk line) 304
中间件(middleware) 29
中间人攻击(man-in-the-middle attack) 374
中频信号(intermediate frequency signal) 111
中心频率偏移(center frequency offset) 71
中星十号卫星(Chinasat-10 Communication Satellite) 111
终端(terminal) 29
重点保障(key support) 29
轴角编码器(angular encoder) 111
逐行扫描(progressive scanning) 337
主从同步(master-slave sychronization) 266
主动防御(active defense) 375
主机(host) 225
主机路由(host route) 225
主叫(calling party) 304
主密钥(master key) 375
主通道接口(main path interface, MPI) 71
抓包(packet capture) 226
专向(special) 305
专业摄像机(professional video camera) 337
专业网络管理系统(professional network management system) 398
转发等价类(forwarding equivalent class) 226
转发器(transponder) 111
转发器输入输出特性(input and output performance of transponder) 111
转发器增益档位(transponder gain step) 112
转接(transfer) 305
装船要素(element of shipment) 29
准时点(on-time point) 358
准同步(plesiochronization) 266
准同步时分复用(plesiochronous time-division multiplexing) 266
资源管理(resource management) 398
资源预留协议(resource reservation protocol) 226
子接口(sub-interface) 30
子网(subnet) 226
子网连接保护(sub-network connection protection) 72
子网掩码(subnet mask) 226
自动交换光网络(automatic switched optical network) 71
自动频率控制(automatic frequency control) 154
自动天线调谐器(automatic antenna tuner) 154
自动增益控制(automatic gain control) 154
自跟踪(auto tracking) 112
自举路由器(bootstrap router) 226
自适应编码调制(adaptive coding and modulation) 267
自适应差分脉码调制(adaptive differential pulse code modulation) 305
自适应调制编码(adaptive modulation and coding) 154
自适应天线(adaptive antenna) 154
自相位调制(self phase modulation) 72
自由空间传输损耗(free-space transmission loss) 155
自愈网(self-healing network) 30
自治系统(autonomous system) 227
自组织网(self-organizing network) 155
字段(segment,field) 30
字幕机(caption adder) 337
总配线架(main distribution frame) 426
总体设计(general design) 30
综合布线系统(generic cabling system) 425
综合服务模型(integrated service model) 227
综合网络管理系统(integrated network management system) 398
阻尼(damping) 305
阻塞干扰(barrage jamming) 155
组播(muliticast) 227
组播IP地址(muliticast IP address) 227
组播MAC地址(muliticast MAC address) 227
组播VPN(multicast in BGP/MPLS IP VPNs) 228
组播静态路由(multicast static route) 229
组播路由表(multicast routing table) 229

组播协议(mulíticast protocol)　229
组播业务模型(mulíticast service model)　229
组播源(mulíticast source)　229
组播源发现协议(multicast source discovery protocol)　229
组播源注册(multicast source register)　230
组播转发表(mulíticast forwarding table)　231
组播转发树(mulíticast forwarding tree)　231
组播组(mulíticast group)　231
组播组成员(mulíticast group member)　231
组合型频率标准(combination frequency standard)　358
组呼(talkgroup call)　155
组网(networking)　30
最大传输单元(maximum transmission unit)　30
最大爬坡度(maximum climb angle)　426
最大声压级(maximum sound pressure level)　305
最大时间间隔误差(maximum time interval error)　267
最坏值法系统设计(worst-case method system design)　72
最小离地间隙(minimum ground clearance)　426
最小频移键控(minimum-shift keying)　267
最小通路间隔(mini pathway space)　72
最小转换差分信号(transition minimized differential signal)　338
最小转弯半径(minimum radius of turning circle)　426